中国石化“十三五”重点科技图书出版规划项目
炼油工艺技术进展与应用丛书

炼油总流程技术进展与应用

田宏斌 主编

中国石化出版社

内 容 提 要

本书全面系统地介绍了炼油总流程相关技术及方法，主要包括国内外炼油行业的进展，原油性质及评价，产品结构和产品质量，不同馏分加工路线，氢气系统优化及利用，配套系统和能量系统优化，炼油主要技术经济指标计算，投资项目经济评价，企业财务评价分析，碳排放计算方法，典型的炼油厂加工总流程案例及未来发展趋势等方面的内容，重点突出了物流流向和平衡的概念、优化的概念、成本和效益的概念以及全局的概念。

本书具有很强的实用性和学术性，对从事炼油总流程领域的科研、设计、生产和管理人员及高等院校有关专业师生有较大的学习参考价值。

图书在版编目(CIP)数据

炼油总流程技术进展与应用 / 田宏斌主编. —北京：中国石化出版社，2025. 5. —ISBN 978-7-5114-7301-1

Ⅰ. TE624

中国国家版本馆 CIP 数据核字第 20243884DT 号

中国石化出版社出版发行

地址：北京市东城区安定门外大街 58 号

邮编：100011 电话：(010)57512500

发行部电话：(010)57512575

http://www.sinopec-press.com

E-mail：press@sinopec.com

北京艾普海德印刷有限公司印刷

全国各地新华书店经销

*

787 毫米×1092 毫米 16 开本 52.5 印张 1344 千字

2025 年 5 月第 1 版　2025 年 5 月第 1 次印刷

定价：298.00 元

《炼油总流程技术进展与应用》编委会

撰　稿　人

第一章　贾　塱
第二章　冒昕烨　于　博
第三章　王　威　李明洋　吴　昊(石科院)　李志军　初人庆
第四章　王　琪
第五章　吴子明　范思强
第六章　吴子明　范思强　丁　贺
第七章　于　博
第八章　庄肃青　李瑞敏　陈建军
第九章　向明燕　吴　迪　吴群英　张立新　王　宁　李晋楼
　　　　江盛阳　郭晓园　时海涛　马立国
第十章　张　楠
第十一章　马友梅　张　楠　赵永明　常征　沈海啸　王璐瑶
第十二章　田　涛
第十三章　王天潇
第十四章　吴　昊(经研院)
第十五章　徐　彬　陈大强
第十六章　李延军　蔡立乐　吴　昊(石科院)
第十七章　庄肃青　向明燕　王金兰　孔　亮　毛会林
第十八章　庄肃青　向明燕　吴子明　史晓迪　于　博　刘必心
　　　　　李明洋　王　威　解增忠　董叶伟
第十九章　贾　塱　史晓迪　李明洋

前　言

炼油厂由不同的工艺技术单元和相应的配套系统组合而成。炼油加工总流程与原油资源可获得性、产品市场消费需求、产品质量标准要求以及安全环保要求密不可分。炼油加工总流程决定了炼油厂对原油的适应性、主要产品结构及调整的灵活性，最终决定了炼油厂的经济效益。我国炼油厂早期以加工国内原油为主，炼油产品以生产交通运输用油为主，因此主要以燃料型和燃料润滑油型为主。随着我国石油化工产业发展的需要，部分炼油厂建成了燃料-化工型炼油厂，同时满足化工原料和成品油的需要。“十四五”以来，我国成品油消费增速减缓，柴油消费达峰，而石油化工增速较快，出现了化工型炼油厂，主要以生产化工原料为主。在炼油加工总流程变化的同时，炼油厂规模扩大，复杂性提高以及安全环保要求的提高，炼油厂的公用工程和配套系统也同时进行优化调整。

随着我国交通能源发生实质性变革以及碳达峰碳中和目标的要求，炼油加工总流程需要随之进行调整。炼油厂需要随着市场消费结构的变化，调整产品结构，减少成品油收率，增产化工原料及低碳烯烃，增产特色特种产品；在原料方面，可能需要处理多种化石能源和可再生能源；要选择高效率、低能耗、低碳排的工艺技术；同时公用工程及配套系统需要进行结构性调整。因此对炼油厂来说，系统研究炼油总流程、公用工程、配套系统现状及未来面临新的形势和要求显得尤为重要，加快培养相关的专家和技术人员更是重中之重。

2016年，中国石化股份公司炼油事业部在时任中国石化主要领导戴厚良院士的指示下，恢复举办了炼油核心装置专家班，2019年又拓展到炼油总流程专业，中国石化股份公司炼油事业部适时组织授课的专家依据授课内容编写了《炼油总流程技术进展与应用》一书。

本书共19章，系统介绍了国内外炼油行业的发展历程、现状及趋势，原油性质及评价，产品结构及质量指标，不同馏分加工路线，氢气系统优化及利用，配套系统和能量系统优化，炼油主要技术经济指标计算，投资项目经济评价，企业财务评价分析，碳排放计算方法，典型的炼油厂加工总流程案例及未来发展等方面的内容，重点突出了物料流向和平衡的概念、优化的概念、成本和效益的概念以及工厂全局评价。

参与本书编写的作者均是多年来一直从事总流程教学、科研、设计、生产和管理的专家。这些同志都具有较高的理论水平和丰富的实践经验，为本书的质量提供了基本保证。本书具有很强的实用性和学术性，对从事炼油总流程领域的科研、设计、生产和管理的广大人员及高等院校有关专业师生有较大的实用价值。

本书的编写力求做到理论与实践相结合，工艺与工程相结合，以使内容具有科学性、新颖性、系统性和实用性。由于多数撰写者都有繁忙的本职工作，时间有限，虽经多次审查、讨论和修改，仍难免有不妥和不足之处，敬请广大读者批评指正。

在本书编写过程中，总流程专家班前后三期部分学员参与了资料收集和编写工作，在此一并表示感谢。

目　录

第一章　绪论

第一节　世界和我国炼油行业发展历程及现状

一、世界炼油行业发展历程及现状

石油炼制工业始于 19 世纪初，经过 200 多年的发展，现在已成为最大的加工工业之一。图 1-1-1 是 1965—2023 年世界石油产量、消费量和炼油能力的变化情况，石油产量从 1.5Gt/a 逐步增长到超过 4.5Gt/a，消费量变化趋势与产量基本保持一致，炼油能力从 1.7Gt/a 逐步增长到超过 5.0Gt/a。其中，几次产量显著波动分别是 1973 年第一次石油危机、1979 年第二次石油危机、2008 年金融危机和 2020 年新冠疫情，第二次石油危机还造成了炼油能力的显著下降。2020 年，受新冠疫情影响，世界能源需求下降，石油产量和消费量增势未能延续，总产量为 4.17Gt/a，同比下降 6.8%，需求量为 4.0Gt/a，同比下降 9.3%。自 2021 年 4 月以来，疫情影响减小，石油需求量恢复，油价快速回升，各国开始逐步提升石油产量，2023 年世界石油产量为 4.5Gt/a，同比增长 1.8%，需求量为 4.5Gt/a，同比增长 2.5%，炼油能力为 5.1Gt/a，同比增长 2.1%。

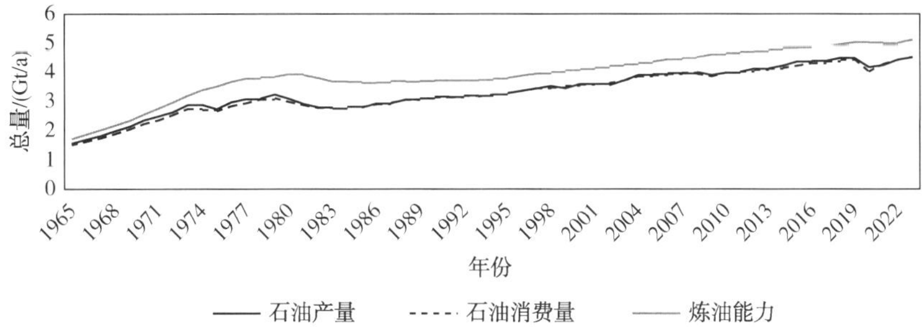

图 1-1-1　世界石油产量、消费量和炼油能力

注：数据来源为 BP(英国石油公司)《世界能源统计年鉴》。

各地区石油消费量和占比情况如图 1-1-2 和图 1-1-3 所示，从 1965 年至今，亚太、中东、非洲地区石油消费量持续增加，独联体地区在 1980 年后就开始下降，2000 年后又逐步回升，欧洲(注：第一章中欧洲均不含独联体国家)和北美地区在 2000 年以后开始下降，中南美地区波动中上升。

2023 年，亚太、北美和欧洲三地区为世界主要石油消费地，石油消费量占世界的消费量接近八成，其中亚太地区石油消费量为 1.7Gt/a，占世界总消费量的 39%；北美地区石油消费量为 1.0Gt/a，占世界总消费量的 22%；欧洲石油消费量为 0.7Gt/a，占世界消费量的 14%。

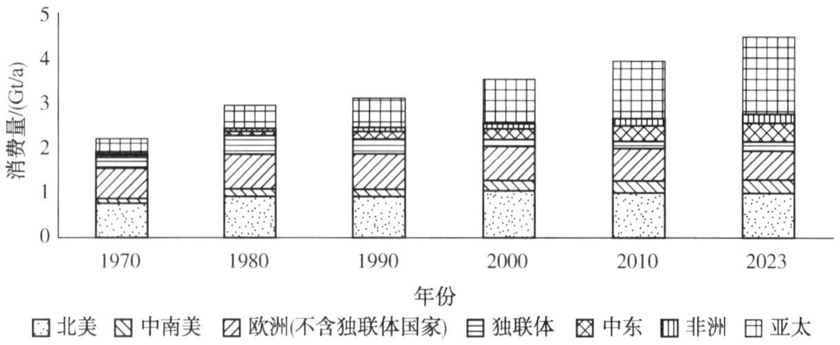

图 1-1-2　分地区石油消费量

注：数据来源为 BP《世界能源统计年鉴》。

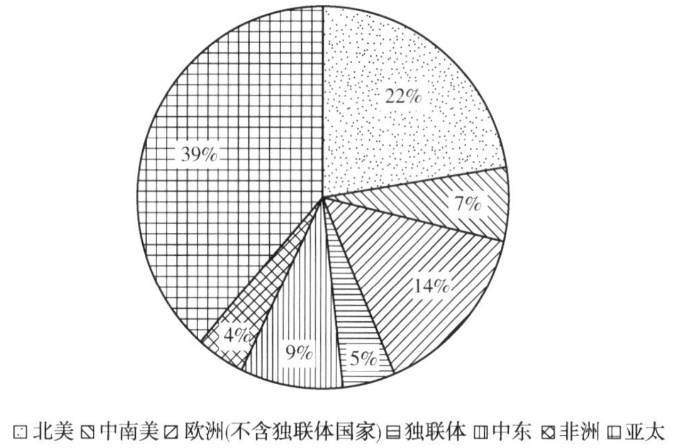

图 1-1-3　2023 年石油消费量份额

注：数据来源为 BP《世界能源统计年鉴》。

世界炼油能力、石油加工量和开工率变化如图 1-1-4 所示，自 1986 年至今，石油加工量在波动中增长，开工率保持在 70%～85%。2023 年，世界石油加工量达到 4.1Gt/a，开工率为 80%。全球炼油中心东移趋势越加明显，如图 1-1-5 和图 1-1-6 所示，亚太和中东地区产能显著增加，欧洲产能逐步减少，2023 年，亚太、北美、欧洲、中东炼油产能占比分别为 36%、21%、15%、11%。

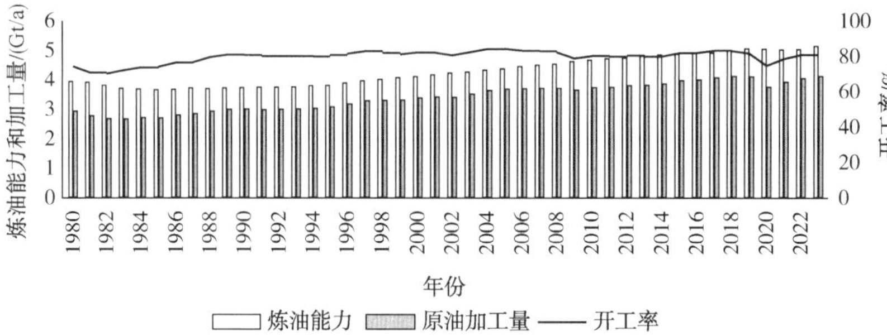

图 1-1-4　世界炼油能力、原油加工量和开工率

注：数据来源为 BP《世界能源统计年鉴》。

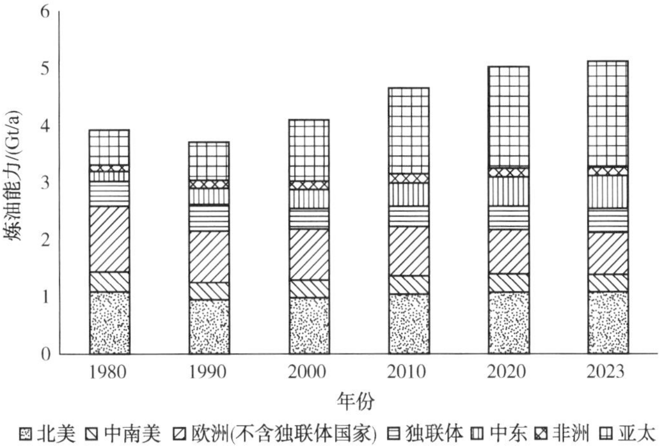

图 1-1-5 分地区炼油能力

注：数据来源为 BP《世界能源统计年鉴》。

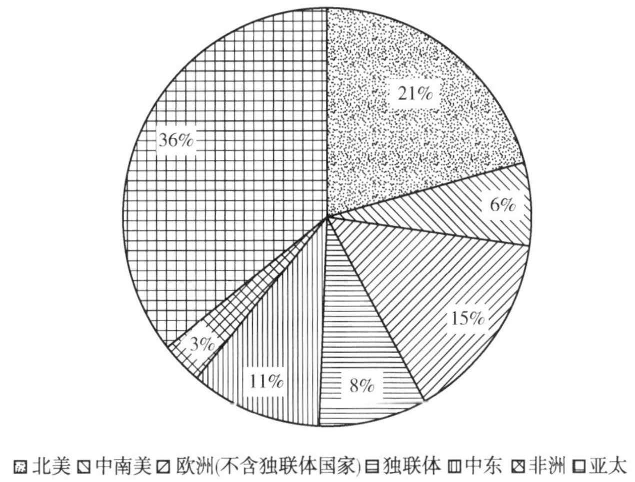

图 1-1-6 2023 年炼油能力份额

注：数据来源为 BP《世界能源统计年鉴》。

二、世界主要区域国家炼油装置构成及变化

亚太、北美和欧洲是目前世界三大炼油中心，2010 年后，中东炼油能力快速发展，成为世界炼油能力增长的新星。因此，主要介绍以上四个地区重点国家炼油装置构成及变化情况。

(一) 北美地区

北美地区和美国炼油能力、原油加工量情况如图 1-1-7 所示。北美地区炼油能力在 20 世纪 80 年代初期短暂降低，之后逐步回升，在疫情期间有所波动。2023 年，北美地区炼油能力为 1.1Gt/a，原油加工量为 0.9Gt/a。

自 2007 年以来，美国水平井和水力压裂技术突破推动页岩油气开发取得巨大进步，页岩油产量大幅增长，页岩油属于轻质低硫石油，但美国大部分炼油厂是以中东重质高硫石油为原料设计的，加工页岩油会导致轻质油处理能力不足，重质油加工的二次装置又开不满，

使炼油厂出现结构性消纳困难。但西北欧、拉美和加勒比海地区对美国的成品油出口需求较高，因此在这个阶段美国建造了一批规模不是很大，尼尔森复杂系数比较低的炼油厂，总炼油能力增加，并且部分炼油厂也进行了轻质化改造来适应页岩油的加工。2023 年，美国炼油能力为 0.9Gt/a，原油加工量为 0.8Gt/a。

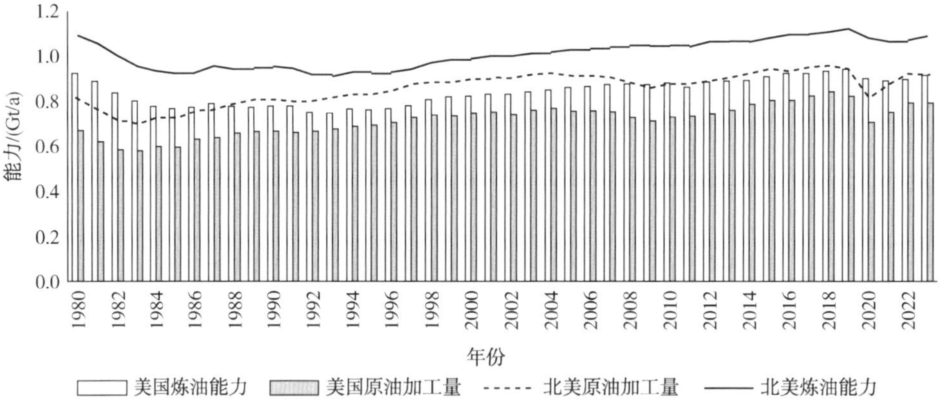

图 1-1-7 北美和美国炼油能力和原油加工量

注：数据来源为 BP《世界能源统计年鉴》。

图 1-1-8 和图 1-1-9 是美国炼油装置能力及比例情况。北美炼油产品消费以成品油为主，小型汽车主要是汽油车，成品油中汽油占比最高，柴油占比较低，柴汽比在 0.5 左右。因此，以汽油为主要目标产品的催化裂化和重整装置能力占比较高，催化裂化相对常压蒸馏装置的处理能力占比在 30%左右，重整装置相对常压蒸馏装置的处理能力占比在 20%左右。

2000 年以前，美国催化装置产能增加较快，2000 年以后，成品油质量标准不断提升，一方面汽油和柴油硫含量要求更加严格，另一方面降低了汽油中烯烃和芳烃的含量上限。因此，加氢裂化、加氢精制等装置产能迅速提高，而由于催化裂化汽油是汽油中烯烃的主要贡献者，因此催化裂化的产能增速减缓，甚至开始降低。

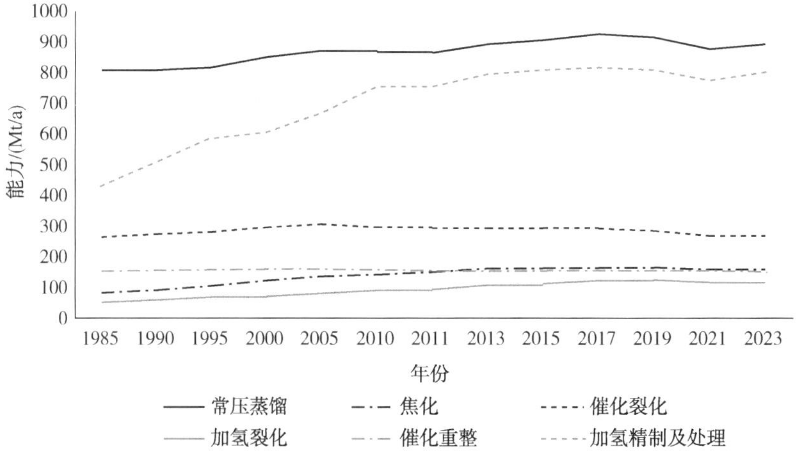

图 1-1-8 美国炼油装置能力

数据来源：S&P Global、《Oil & Gas Journal》。

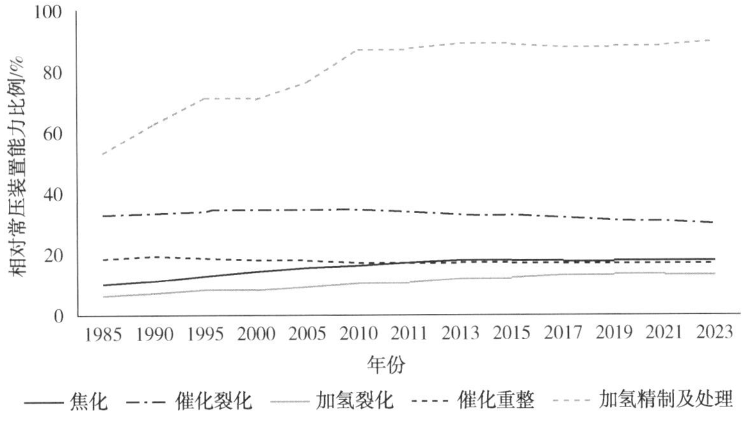

图 1-1-9　美国炼油装置能力相对常压装置能力

数据来源：S&P Global、《Oil & Gas Journal》。

（二）中东地区

中东地区是世界最大的石油产地，其石油产量远大于其石油消费量和炼油能力，大部分石油用于出口。近年来，受市场需求增长和相关政策鼓励的影响，中东地区正在谋求将单一的石油出口转向下游炼化加工，炼油工业迅速发展，炼油能力快速增长。2023 年，中东地区炼油能力达到 574Mt/a，原油加工量 463Mt/a，增加的能力主要来自沙特、阿联酋、伊朗和科威特等国家。中东地区炼油能力和原油加工量情况如图 1-1-10 所示。

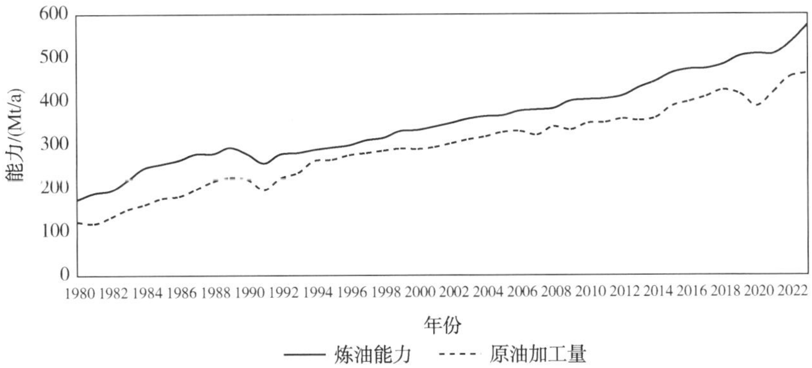

图 1-1-10　中东地区炼油能力和原油加工量

注：数据来源为 BP《世界能源统计年鉴》。

图 1-1-11 和图 1-1-12 是沙特炼油装置能力及比例分布情况。沙特炼油能力呈现逐渐增长态势，2023 年达到 154Mt/a。在 2013 年前，沙特没有焦化装置，近年来也逐渐加大焦化装置建设力度。其他二次装置能力也随炼油能力增长，加氢裂化和加氢精制能力增幅较大。

（三）欧洲地区

欧洲是大多数炼油技术起源地，也曾经是世界炼油工业最发达的地区，但自 1980 年起，欧洲炼油工业逐渐萎缩。2023 年，欧洲地区炼油能力下降至 736Mt/a，原油加工量 588Mt/a。欧洲地区炼油能力和原油加工量情况如图 1-1-13 所示。

欧洲地区大部分炼油厂建设时间较早，且多年来装置未进行改造升级，二次装置能力占比整体较低。欧洲小型汽车使用柴油机的比例很高，当地炼油厂需要以柴油收率最大化为生产目的，催化裂化和重整装置的占比较小。

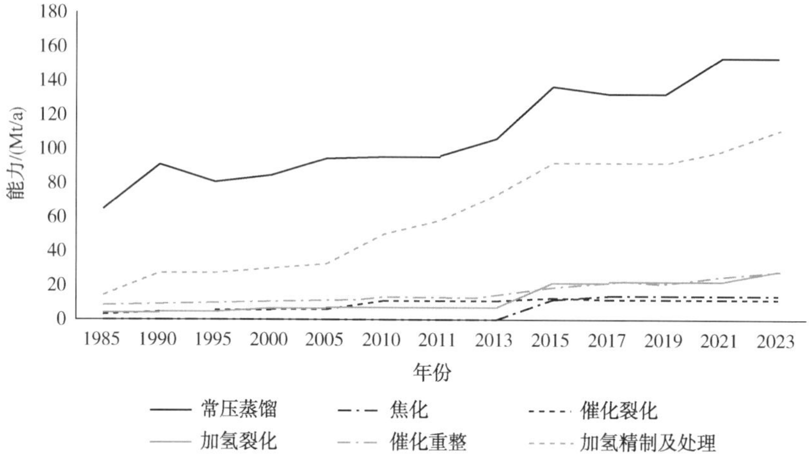

图 1-1-11 沙特炼油装置能力

数据来源：S&P Global、《Oil & Gas Journal》。

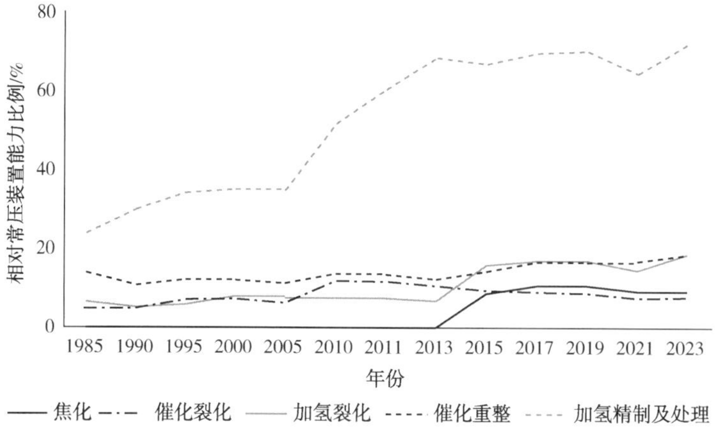

图 1-1-12 沙特炼油装置能力相对常压蒸馏能力

数据来源：S&P Global、《Oil & Gas Journal》。

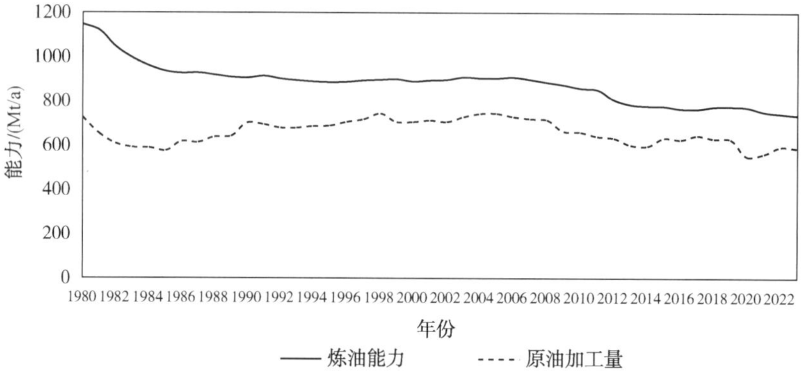

图 1-1-13 欧洲地区炼油能力和原油加工量

注：数据来源为 BP《世界能源统计年鉴》。

图 1-1-14 和图 1-1-15 是德国炼油装置能力及比例情况。德国炼油能力在 2008 年后开始逐步下降，2023 年常压装置能力为 101Mt/a，其他二次装置能力也基本同步下降，2015 年以来，炼油能力和二次装置能力基本不变。

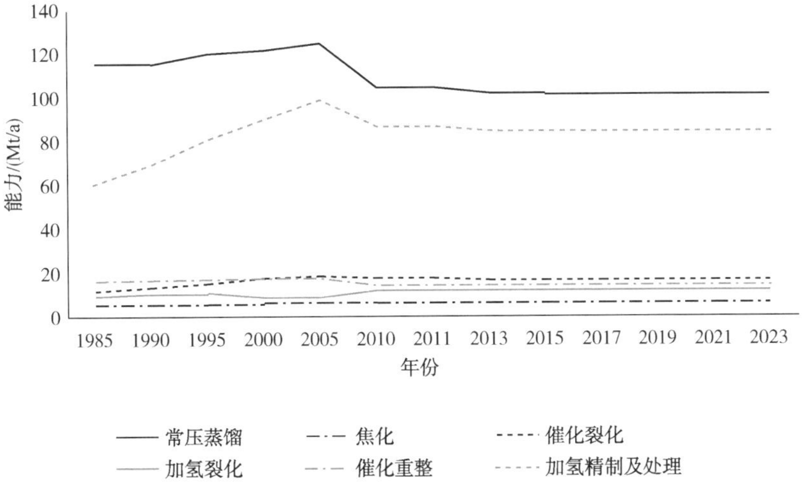

图 1-1-14　德国炼油装置能力

数据来源：S&P Global、《Oil & Gas Journal》。

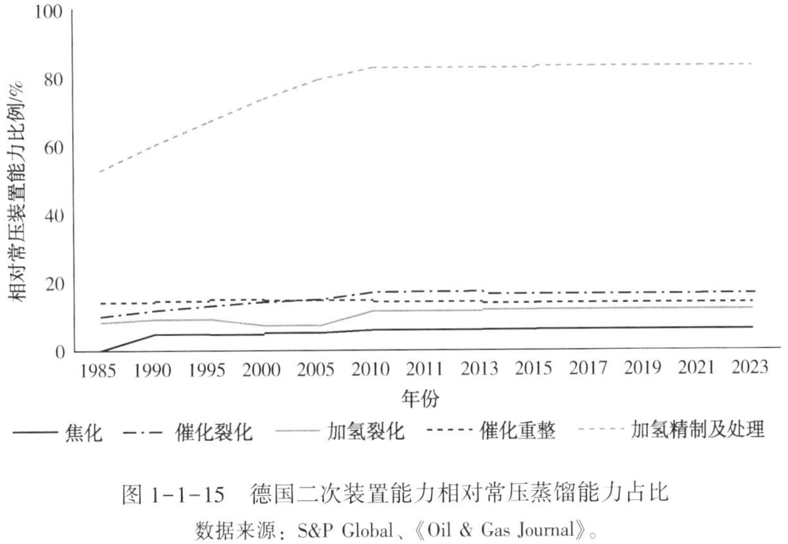

图 1-1-15　德国二次装置能力相对常压蒸馏能力占比

数据来源：S&P Global、《Oil & Gas Journal》。

图 1-1-16 和图 1-1-17 是意大利炼油装置能力及比例情况。意大利炼油能力在 2009 年后开始逐步下降，2023 年，常压装置能力为 84Mt/a，其他二次装置能力也基本同步下降。

（四）亚太地区

亚太地区炼油能力和原油加工量均呈现快速增长。2023 年，炼油能力达到 1.85Gt/a，原油加工量为 1.53Gt/a。亚太地区炼油能力的增长主要来自于中国和印度两国。亚太地区炼油能力和原油加工量情况如图 1-1-18所示。

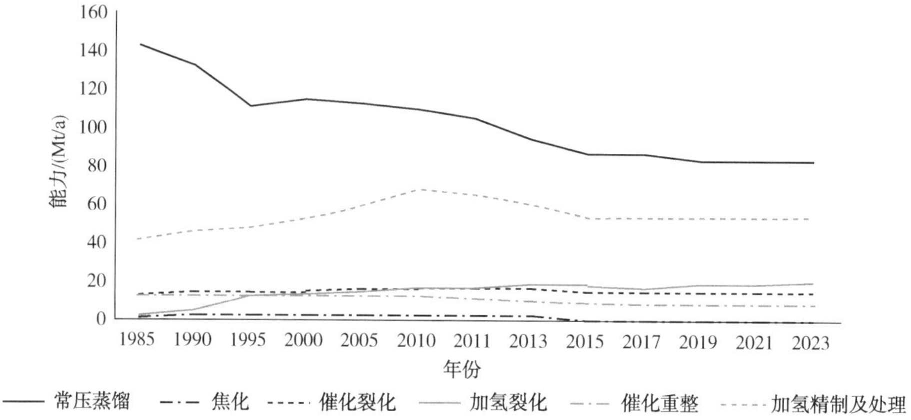

图 1-1-16　意大利炼油装置能力

数据来源：S&P Global、《Oil & Gas Journal》。

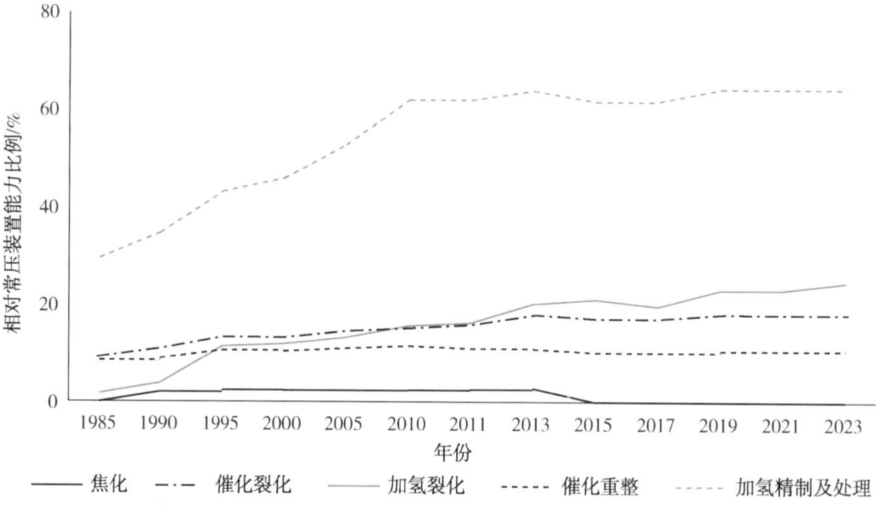

图 1-1-17　意大利二次装置能力相对常压蒸馏能力占比

数据来源：S&P Global、《Oil & Gas Journal》。

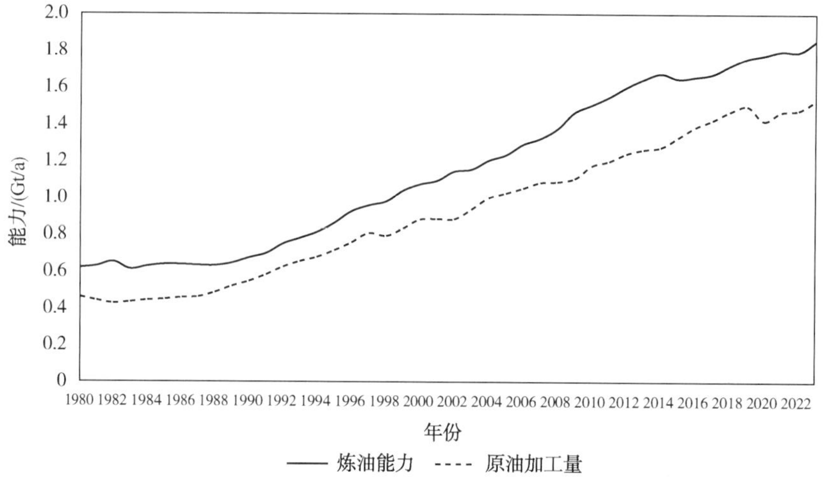

图 1-1-18　亚太地区炼油能力和原油加工量

注：数据来源为 BP《世界能源统计年鉴》。

三、我国炼油行业发展趋势及装置构成情况

新中国成立 70 多年来，我国炼油工业规模由小到大、能力从弱到强，年加工能力从新中国成立时的 0.17Mt/a 增长到 2023 年的 945Mt/a。2023 年，原油加工量达到 748Mt/a，开工率为 82%。图 1-1-19 是我国炼油能力和原油加工量情况。

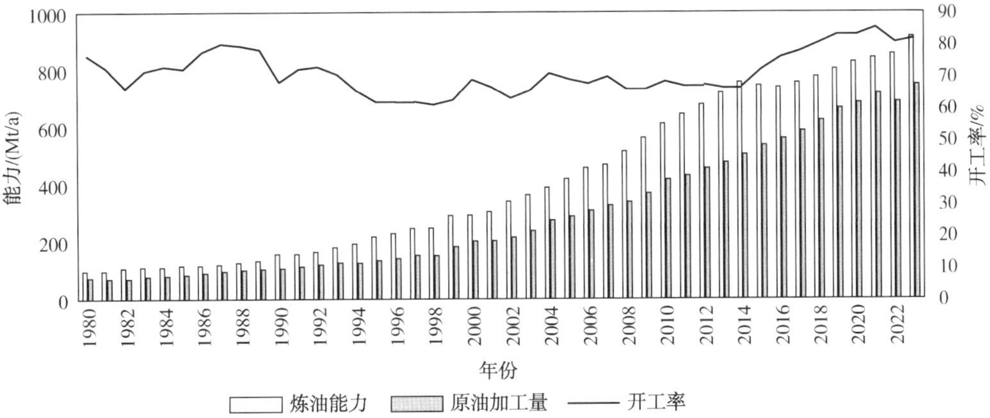

图 1-1-19　中国炼油能力、原油加工量和开工率

注：数据来源为 BP《世界能源统计年鉴》。

新中国成立初期，我国炼油工业基础十分薄弱，仅在玉门、上海、大连等地拥有小型炼油厂，大部分石油产品依靠进口，远不能满足国民经济发展的需要。从新中国成立到第一个五年计划实施完成，我国炼油工业进行了恢复生产和初步发展。1958 年，在苏联技术援助下，我国第一个百万吨级大型炼油厂——兰州炼油厂投产，标志着我国开始拥有现代化的炼油工业。之后的十几年间，伴随着国内石油产量快速增长，炼油技术不断取得突破。截至 1970 年底，全国炼油能力达到 44.02Mt/a，全年加工石油 27.68Mt，生产汽煤柴油 13.50Mt，基本结束了中国人民使用“洋油”的历史，取得了具有重大历史意义的胜利。在这一阶段，我国进口石油很少，主要炼制国内石油。我国石油总体密度较高，重馏分收率高，重馏分二次加工装置在炼油总流程中起着至关重要的作用。因此，我国加快了催化裂化技术的国产化研发和应用。1965 年，我国首套自主研发的 600kt/a 蜡油催化裂化装置投产，标志着我国流化催化裂化的开始；20 世纪 60 年代后期，发达国家为了适应沸石催化剂，进一步研发了提升管催化裂化技术，我国紧跟国际研究步伐，相继建成多套提升管催化裂化装置；1982 年，我国第一套大型同轴式催化裂化装置在兰州炼油厂开车成功；1983 年，我国进行了大庆常压渣油催化裂化全馏分试验；1987 年，大庆常压渣油催化裂化进一步改进为两段再生，轻质油收率达到预期。我国持续在催化裂化的各项技术和工艺上不断改进提升，推动我国催化裂化技术走向世界前列，更推动催化裂化装置在我国炼油总流程中广泛应用。

改革开放以来，国民经济快速发展，我国石油产量难以满足工业发展需要，因此我国逐步开始进口石油。自 1996 年起，我国由石油净出口国变为石油净进口国。我国进口石油以中东石油为主，与国内石油相比，中东进口石油的硫和钒含量较高，对后续反应装置和催化剂等有较大危害，因此，在炼油总流程中通过加氢处理减少石油中硫、钒含量的技术变得日趋重要，我国加氢处理技术的研发和应用也加快了步伐。我国不同类型的直馏馏分油、二次加工汽柴油、特种蜡产品等均有了对应的加氢处理工艺，满足了我国炼油总流程的发展需要。

进入 21 世纪以来，随着石油开采技术的提升和开采深度的增加，重质石油的产量逐年增加，我国进口石油的重质油比例也随之增加，重质油加工技术在总流程中的重要性再次提升，因此，蜡油加氢、渣油加氢装置能力及汽柴油加氢精制装置能力提高幅度较大。

近年来，我国柴油需求基本达峰，汽油需求也即将达峰，但随着芳烃、乙烯等化工产品需求的不断增长，以石脑油为代表的化工原料需求不断提高，炼油厂向化工转型成为趋势，增产化工原料的重整和加氢裂化装置能力进一步提高。我国炼油装置能力和二次装置相对能力如图 1-1-20 和图 1-1-21 所示。

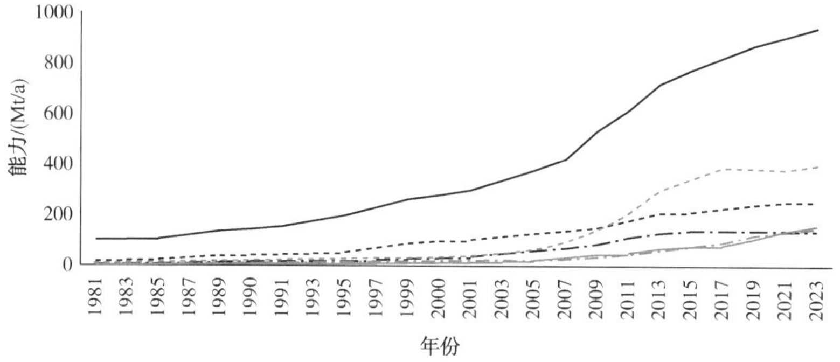

图 1-1-20　中国炼油装置能力

数据来源：中国石化。

图 1-1-21　中国二次装置能力相对常压蒸馏能力占比

数据来源：中国石化。

第二节　世界石油资源现状及趋势

一、世界石油资源现状

（一）石油储量

世界石油储量分布非常不均衡，约四分之三的石油资源集中于东半球，并且主要集中在北纬 20°~40°和 50°~70°两个纬度带内。北纬 20°~40°包含波斯湾、墨西哥湾两大油区和北非油田，该纬度带集中了 51.3%的世界石油储量。北纬 50°~70°纬度带包含北海油田、俄罗斯伏尔加及西伯利亚油田和阿拉斯加湾油区。

随着勘探技术的提高，世界石油探明储量逐步提升，图 1-2-1 是世界石油储量变化情况，图 1-2-2 是 2020 年世界石油储量分地区份额情况。2020 年，受新冠疫情影响，世界经济衰退，石油需求量减少，石油探明资源储备受到影响。截至 2020 年，世界石油探明储量达 235.1Gt。石油资源主要分布在中东地区和美洲地区，其中，中东地区石油储量占比达到 48%，美洲占比达 33%（中南美 19%、北美 14%）。其次是以俄罗斯为主导的独联体占比 8%，非洲地区储量占比 7%。从各国来看，2020 年，委内瑞拉储量位居世界首位，达到 41.2Gt，其次是沙特（40.4Gt）、加拿大（22.8Gt）、伊朗（21.4Gt）、伊拉克（19.7Gt）和俄罗斯（14.6Gt）。

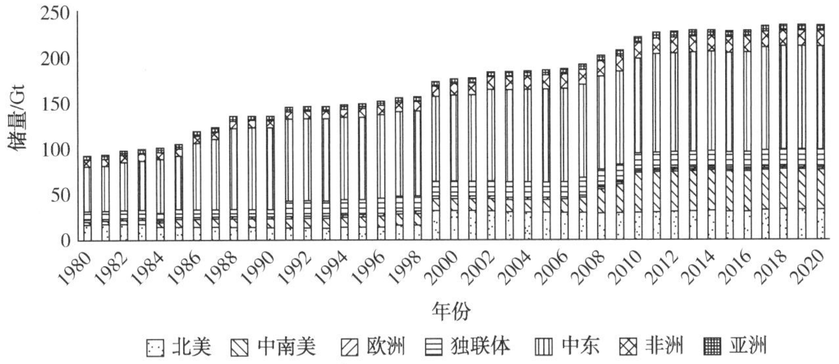

图 1-2-1　世界石油储量

数据来源：BP《世界能源统计年鉴》，BP 未更新 2020 年后储量数据。

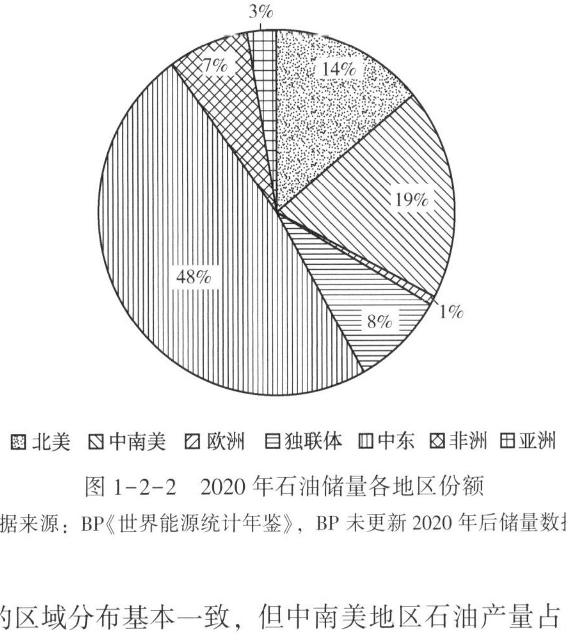

图 1-2-2　2020 年石油储量各地区份额

数据来源：BP《世界能源统计年鉴》，BP 未更新 2020 年后储量数据。

（二）石油产量

石油产量与储量的区域分布基本一致，但中南美地区石油产量占比远小于其储量占比，产量占比仅为 8%。2020 年，受新冠疫情影响，世界石油产量降低了 6.8%。自 2021 年起，石油产量逐步恢复，2023 年达到 4.5Gt/a。随着美国页岩油、加拿大油砂等非常规油气资源崛起，北美地区在世界石油供应中的占比不断提升。2010—2023 年，北美地区年均石油产量增幅为 5%，2023 年产量占比为 27%。中东和独联体地区近五年石油产量增幅有所放缓，2023 年产量占比分别为 31%和 15%。欧洲、非洲、亚洲地区的石油产量呈现缓慢递减趋势，中南美洲石油产量近年来处于 0.3～0.4Gt/a，从各国来看，2023 年，美国石油产量位居首位，其次是俄罗斯、沙特、加拿大、伊朗、伊拉克和中国。图 1-2-3 是世界石油产量变化情况，图 1-2-4 是 2023 年世界石油产量各地区份额情况。

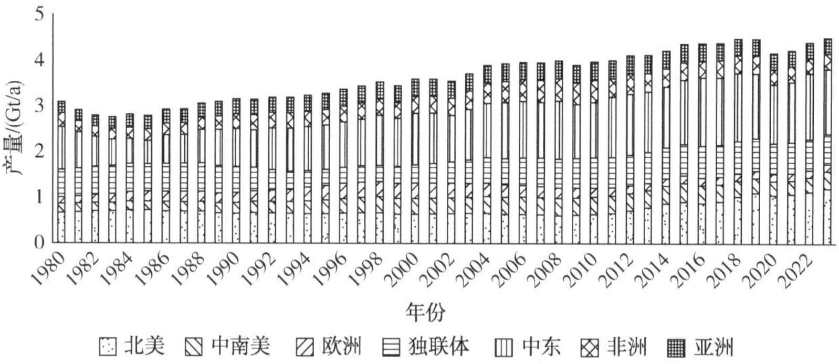

图 1-2-3　世界石油产量

注：数据来源为 BP《世界能源统计年鉴》。

世界轻质石油产区主要集中于美国和西北欧地区，中质和重质石油产区集中在委内瑞拉、墨西哥、加拿大、伊拉克等国。目前，世界石油产量从品质结构来看，中质油占比最高，约占 50%以上，其次为轻质油，约占 30%以上，重质油占比最低。自 2000 年以来，世界石油供应品质结构变化可分为两个阶段：2000 年到美国页岩油革命前，轻质石油产量在世界石油供应中的占比不断下降，中质、重质油占比不断提高，石油品质劣质化趋势明显，2010 年以后，美国页岩油革命爆发后，轻质油占比回升，重质油占比略有提高，中质油占比下降。

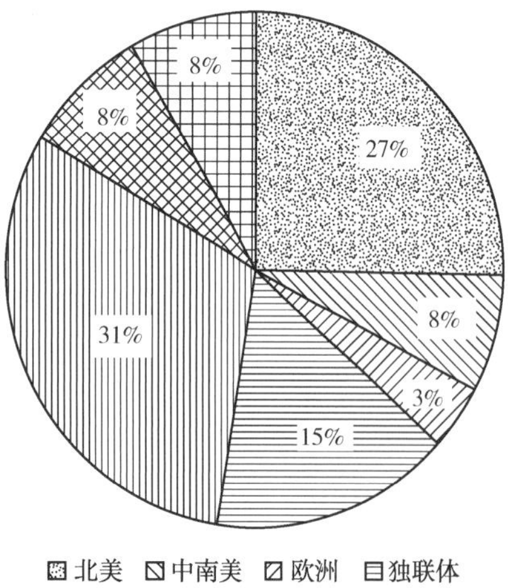

图 1-2-4　2023 年石油产量各地区份额

注：数据来源为 BP《世界能源统计年鉴》。

二、世界石油资源贸易情况

从世界石油供需结构可以发现，石油资源的供给量和需求量在区域分布上存在显著的不平衡现象，特别是亚太地区和欧洲地区存在着较大的需求缺口。2023 年，亚太地区供需缺口达到了 1.4Gt/a，欧洲地区供需缺口为 0.5Gt/a。中东、独联体、北美非洲地区呈现供给过剩的供需格局，2023 年，过剩量分别为 0.99Gt/a、0.46Gt/a、0.2Gt/a 和 0.15Gt/a。北美和中南美地区石油供需结构相对平衡。

世界石油供需不均衡决定了世界范围内石油贸易的流通方向。中东地区是主要的石油出口地区，2023 年，中东出口石油 875Mt，其中，沙特出口 349Mt，伊拉克出口 184Mt，阿联酋出口 171Mt，科威特出口

81Mt。北美地区的石油出口量也较大，其中加拿大出口 207Mt，美国出口 185Mt，墨西哥出口 54Mt。非洲出口总量为 237Mt。俄罗斯出口量达 241Mt。

世界主要的石油进口国包括美国、欧洲地区各国和亚洲地区的中国、印度和日本等国。其中，中国是石油进口量最大的国家，2023 年，石油进口量达到了 564Mt，印度进口 231Mt，日本进口 126Mt，美国进口 324Mt，欧洲总计进口 437Mt。2023 年，世界贸易流向见表 1-2-1。

表 1-2-1　2022 年世界跨大洲石油贸易表　Mt/a

出口 \ 进口	加拿大	美国	中南美	欧洲	俄罗斯	独联体	中东	非洲	澳大利亚	中国	印度	日本	新加坡	其他亚太	总计
加拿大	—	192.9	—	6.7	—	—	—	—	—	7.5	—	—	—	0.1	207.2
墨西哥	—	36.5	—	8.0	—	—	—	—	—	1.6	3.4	—	—	4.3	53.8
美国	16.9	—	9.6	80.4	—	—	0.1	0.7	1.4	14.3	11.3	2.4	11.6	36.5	185.0
中南美洲	0.6	42.9	—	18.2	7.6	—	2.9	1.0	—	52.1	7.0	1.9	2.5	4.5	141.2
欧洲	0.2	2.3	0.1	—	—	—	—	0.3	—	3.1	5.1	—	0.2	0.8	12.1
俄罗斯	—	†	0.3	32.4	—	18.0	—	—	—	107.0	81.8	0.1	0.3	0.9	240.8
其他独联体	—	1.6	0.1	72.7	—	—	2.4	0.8	—	6.4	0.4	—	0.1	6.7	91.4
伊拉克	—	10.6	—	49.2	—	—	0.3	0.3	—	59.3	48.8	—	0.9	14.8	184.2
科威特	—	1.1	—	3.4	—	—	†	1.7	—	24.5	8.1	11.5	0.1	30.8	81.1
沙特	2.5	17.4	3.2	40.7	—	—	11.7	2.9	—	85.9	35.3	51.4	4.9	93.3	349.1
阿联酋	—	0.8	—	5.4	—	—	—	0.1	—	41.8	13.2	48.6	11.1	49.7	170.7
其他中东	—	0.4	—	1.8	—	—	3.6	—	—	49.6	3.2	8.2	5.5	17.6	90.0
北非	—	5.1	1.9	56.5	—	—	1.6	0.3	0.6	3.5	2.2	—	0.2	3.7	75.6
西非	4.8	11.9	5.4	56.9	—	—	0.3	4.5	0.2	48.1	9.3	—	1.2	16.0	158.6
东非和南非	—	—	—	1.1	—	—	†	†	—	0.7	0.1	—	0.5	0.8	3.2
澳大利亚	—	0.1	—	0.1	—	—	0.2	—	—	2.0	—	0.5	1.5	5.6	10.0
中国	—	—	—	0.4	—	—	—	—	—	—	—	—	—	0.8	1.2
印度	—	—	—	1.9	—	—	—	—	—	—	—	—	—	—	1.9
日本	—	—	—	—	—	—	—	—	—	—	—	—	—	—	†
新加坡	—	—	—	0.1	—	—	—	—	—	0.3	—	—	—	1.6	2.0
其他亚太	—	—	—	0.7	—	—	—	—	6.1	56.2	2.0	1.0	1.9	—	67.9
总计	25.0	323.8	20.7	436.6	7.7	18.0	23.2	12.4	8.4	563.9	231.0	125.5	42.3	288.5	2127.1

注：数据来源为 BP《世界能源统计年鉴》。

† 小于 0.05Mt/a 数据未显示，大洲内贸易流向未计入。

（一）美国石油及石油产品贸易情况

美国页岩油气革命前，其石油消费量远大于产量，石油及石油产品进口量从 1980 年的 330Mt/a 最高增长至 2007 年的 680Mt/a，出口量不足 100Mt。页岩油气革命后，美国油气产量大幅增加，一方面继续进口大量中重质原油，但进口量显著减少；另一方面大量出口轻质原油，出口量迅速增加。2023 年，美国石油产量 827Mt，消费量 816Mt，石油及石油产品进口量 418Mt/a，出口量 446Mt/a，是罕见的“大出大进”国家。图 1-2-5 是美国石油及石油产品贸易情况。

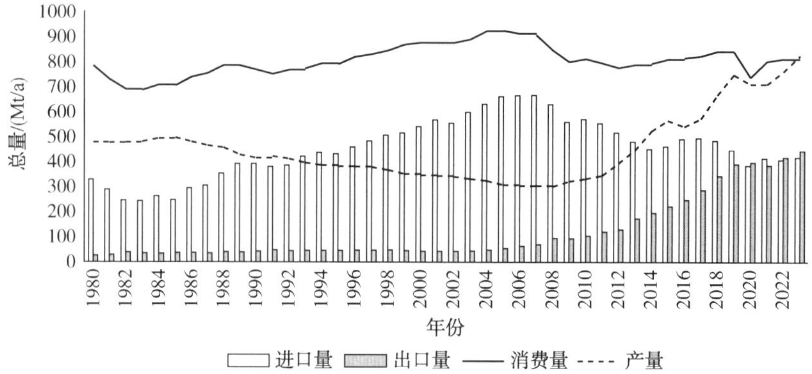

图 1-2-5　美国石油供需、石油及成品油贸易

注：数据来源为 BP《世界能源统计年鉴》。

（二）欧洲石油及石油产品贸易情况

欧洲地区石油产量不高，远小于其石油消费量，石油及石油产品进口量在 400~750Mt/a 之间。2023 年，欧洲石油产量 152Mt/a，消费量 654Mt/a，石油及石油产品进口量 628Mt/a，出口量 115Mt/a。图 1-2-6 是欧洲石油及石油产品贸易情况。

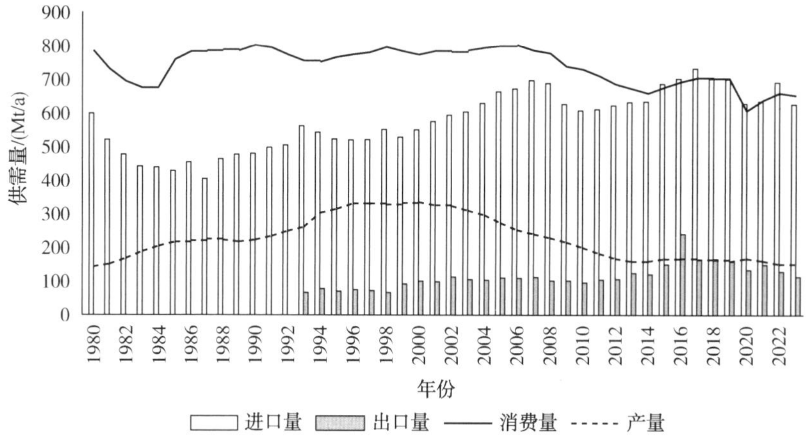

图 1-2-6　欧洲石油供需、石油及成品油贸易

注：数据来源为 BP《世界能源统计年鉴》。

（三）印度石油及石油产品贸易情况

印度石油产量很小，只有 40Mt 左右，但石油消费量快速增长，石油消费量从 1993 年的 60Mt/a 增长至 2023 年的 249Mt/a。石油及石油产品进口量随之快速增长，从 1993 年的 42Mt/a 增长至 2023 年的 283Mt/a。图 1-2-7 是印度石油及石油产品贸易情况。

（四）日本石油及石油产品贸易情况

日本是石油消费大国，但其石油基本全部依靠进口，石油消费量从 1980 年的 240Mt/a 最高增长至 1996 年的 276Mt/a，后逐步下降至 2023 年的 151Mt/a，石油及石油产品进口量也呈现同样的变化趋势。2023 年，石油及石油产品进口量为 163Mt/a。图 1-2-8 是日本石油及石油产品贸易情况。

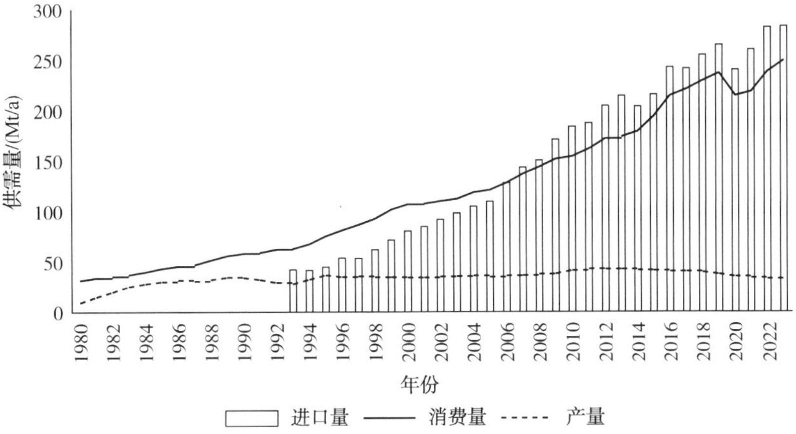

图 1-2-7 印度石油供需、石油及成品油贸易

注：数据来源为 BP《世界能源统计年鉴》，无 1993 年以前进口量数据。

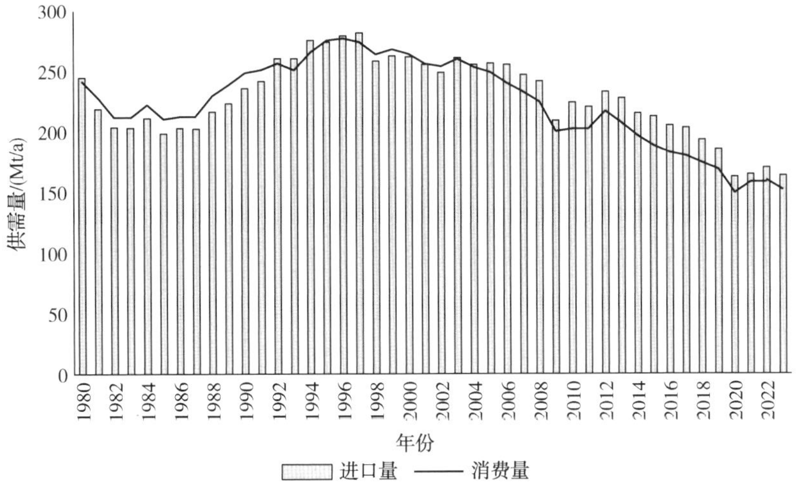

图 1-2-8 日本石油供需、石油及成品油贸易

注：数据来源为 BP《世界能源统计年鉴》。

(五) 中国石油及石油产品贸易情况

中国石油消费量逐年增长，从 1980 年的 83Mt/a 增长至 2023 年的 769Mt/a，石油产量从 106Mt/a 增长至 209Mt/a，消费量远大于产量，石油及石油产品进口量逐年增长。2023 年，石油及石油产品进口量为 679Mt/a。图 1-2-9 是中国石油及石油产品贸易情况。

三、世界主要地区原油性质

(一) 中东地区

中东地区地处欧、亚、非三洲的枢纽位置，石油资源非常丰富，被誉为“世界油库”。在世界石油储量排名前十位的国家中，中东地区占了五位，依次是沙特阿拉伯、伊朗、伊拉克、科威特和阿联酋。中东原油通常氮含量低、酸值低、蜡和胶质含量较低，但硫含量高、金属钒含量高、镍含量低、碳和沥青质含量较高，基本上属于含硫和高硫中间基原油。石脑

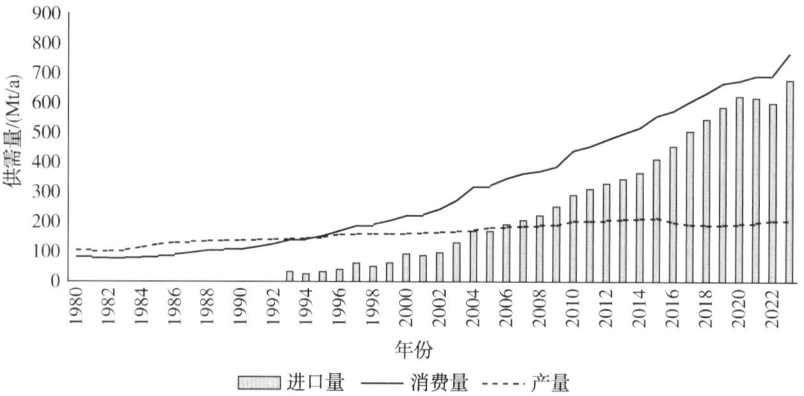

图 1-2-9　中国石油供需、石油及成品油贸易

注：数据来源为 BP《世界能源统计年鉴》，无 1993 年以前进口量数据。

油收率高，芳烃指数低，柴油馏分收率高，凝点低，十六烷值高，适于生产低凝优级柴油；减压渣油蜡含量低，饱和烃含量低，是生产高等级道路沥青的优质原料。

阿曼原油为含硫中质油，石脑油收率高，是优质的乙烯原料；柴油馏分性能较好，渣油残炭和金属含量低，是优质的渣油加氢原料，并且阿曼原油还是中东地区计价原油。沙轻、沙中和沙重原油均为高硫中质油，柴油馏分性能较好，减压渣油的残炭和金属含量随着密度增加而增加，沙轻减渣适合作为渣油回氢原料，沙中减渣适合作为渣油加氢或焦化原料，沙重减渣适合作为焦化或沥青原料。伊轻和伊重原油均为高硫中质油，石脑油可作为优质芳烃原料，柴油馏分性能较好，减压渣油残炭和金属含量较高，可作为焦化原料。表 1-2-2 是中东地区主要原油性质。

表 1-2-2　中东地区主要原油性质

中文名称	英文名称	产地	API°	硫含量/%(质)	酸值/(mgKOH/g)	残炭/%	镍/(mg/L)	钒/(mg/L)	原油类别
迪拜	Dubai	阿联酋	31.2	1.935	0.05	4.24	13	43	中间基
阿布扎库姆	Upper Zakum	阿联酋	33.53	2.21	0.17	5.1	11.07	11.84	中间基
穆尔班	Murban	阿联酋	40.3	0.79	0.08	1.41	2.45	2.84	中间基
阿曼	Oman	阿曼	31.71	1.4	0.5	5.16	12.2	10.2	中间基
埃尔沙辛	Al Shaheen	卡塔尔	28.93	2.4	0.21	4.9	7.8	23.6	中间基
卡塔尔海上	Qatar Marine	卡塔尔	30.85	2.3	0.14	5.4	9.3	26	中间基
卡塔尔陆上	Qartar land	卡塔尔	41.7	1.4	0.1	3.37	6.9	21.2	石蜡基
科威特	Kwait	科威特	30.77	2.9	0.13	6	11.3	38	中间基
沙重	Arab H	沙特	27.5	3.1	0.24	8	17.7	55	中间基
沙中	Arab M	沙特	30.5	2.48	0.22	6.15	28.8	35.1	中间基
沙轻	Arab L	沙特	33.4	2	0.05	4.32	3	10.2	中间基
巴士拉轻油	Basrah Light	伊拉克	30.44	2.92	0.14	6.4	12.15	46.03	中间基
索鲁士	Soroosh	伊朗	18.7	3.7	0.44	13.3	35.8	105	中间基
伊重	Iranian l	伊朗	29.2	2.02	0.11	6.19	25.7	85.7	中间基
伊轻	Iran Light	伊朗	32.78	1.5	0.12	4.35	16.5	44.7	中间基

注：数据来源为中国石化。

（二）非洲地区

非洲是近几年石油探明储量和产量增长最快的地区，被誉为“第二个海湾地区”，石油主要分布于西非几内亚湾地区和北非地区。利比亚、尼日利亚、阿尔及利亚、安哥拉和苏丹是非洲石油储量排名前五位。非洲原油一般属于低硫石蜡基石油，轻质馏分收率高，硫含量低，酸值低。安哥拉的原油如卡滨达、吉拉索、凯萨杰等属于低硫中质油，硫含量低、石脑油和渣油收率适中，减压渣油可作为催化掺渣原料。尼日利亚的原油如阿科坡、艾若、阿梅纳姆、卡伊博等属于低硫轻质油，硫含量低，石脑油收率高，渣油收率低。乍得的多巴原油为高酸重质油，减渣收率高，柴油十六烷值低。刚果的可可原油是重要的石蜡基原油。苏丹的达混原油为低硫重质高酸石油，石脑油收率不高，柴油馏分性能较好，渣油收率高，残炭和金属含量低，是优质的催化原料。利比亚的萨里尔原油是石蜡基原油，用于生产润滑油基础油，其他如阿姆纳、埃斯锡德等原油柴油组分质量好，渣油也是优质的催化掺渣料。表 1-2-3是非洲地区主要原油性质。

表 1-2-3 非洲地区主要原油性质

中文名称	英文名称	产地	*API*°	硫含量/%(质)	酸值/(mgKOH/g)	残炭/%	镍/(mg/L)	钒/(mg/L)	原油类别
达连	Dalia	安哥拉	23.9	0.49	1.13	4.54	19.8	8.8	环烷基
帕兹夫罗	Pazflor	安哥拉	25.1	0.42	1.45	4.33	17.6		中间基
罕戈	Hungo blend	安哥拉	28.4	0.65	0.59	5.22	19.3	17.1	中间基
凯萨杰	Kissanje	安哥拉	30.4	0.39	0.44	3.49	13.6	4.5	中间基
吉拉索	Girassol	安哥拉	30.8	0.34	0.34	2.99	10.1	4.1	中间基
普鲁托尼	Plutonio	安哥拉	32.34	0.39	0.16	4.4	21.5	7.4	中间基
卡滨达	Cabinda	安哥拉	33.5	0.13	0.15	3.59	15.4	1.4	中间基
杰诺	Djeno	刚果(布)	27.3	0.36	0.72	4.88	24.2	9.5	中间基
可可	Coco	刚果(金)	30.42	0.15	0.19	4.19	19.8	1.5	中间基
艾若	Erha	尼日利亚	34.91	0.17	0.35	0.93	4.1	0.1	中间基
布拉斯	Brass	尼日利亚	42.3	0.087	0.11	0.47	1.35	0.12	中间基
阿科坡	Akpo	尼日利亚	46.1	0.07	0.1	0.48	1	0.1	中间基
奥索	Oso	尼日利亚	47.4	0.05	0.14	0.33	0.57	0.07	石蜡基
卡伊博	Qua Iboe	尼日利亚	35	0.07	0.32	1.31	4.6	0.5	中间基
阿梅纳姆	Amenam Blend	尼日利亚	40.3	0.08	0.29	0.8	2.7	0.2	中间基
达混	Dar Blend	苏丹	22.4	0.21	3.12	8.23	72.63	12.49	石蜡基
尼罗	Nile	苏丹	30.1	0.07	0.95	4.44	8.8	0.1	石蜡基
多巴	Doba	乍得	21.87	0.11	3.92	5.35	9.6	0.3	中间基
萨里尔	Sarir	利比亚	38.5	0.15	0.06	5.07	3.4	0.1	石蜡基

注：数据来源为中国石化。

（三）独联体地区

俄罗斯石油探明储量排名世界前十，中亚的哈萨克斯坦也是该地区石油储量较为丰富的国家。俄罗斯的 ESPO 原油为低硫轻质油，减压渣油性质好，是优质催化掺渣料。哈萨克斯坦的 CPC 混合油为低硫轻质油，石脑油是较好的重整原料，柴油性质好，渣油残炭低，金属含量低，是优质催化掺渣料，类似的原油还有阿塞拜疆的阿扎瑞原油。乌拉尔原油为含硫中质原油，渣油金属含量高，主要作为焦化原料。表 1-2-4 是独联体地区主要原油性质。

表 1-2-4　独联体地区主要原油性质

中文名称	英文名称	产地	API°	硫含量/%(质)	酸值/(mgKOH/g)	残炭/%	镍/(mg/L)	钒/(mg/L)	原油类别
萨哈林	Sakhalin	俄罗斯	28.1	0.33	0.64	1.87	4.69	1.13	环烷基
乌拉尔(轻)	Urals Light	俄罗斯	31.6	1.4	0.06	3.71	11	30	中间基
埃斯坡	ESPO	俄罗斯	34.5	0.88	0.07	2.86	4	5.8	中间基
西伯利亚轻	Siberian	俄罗斯	36.5	0.63	0.02	2.35	8	8.6	中间基
奥克瑞兹诺	Okruzhnoye	俄罗斯	38.2	0.29	0.12	1.31	5.3	0.5	环烷基
索克尔	Sokol	俄罗斯	39.7	0.24	0.13	0.7	1.1	0.2	中间基
威特亚兹	Vityaz	俄罗斯	42.7	0.24	0.12	0.67	1.87	0.73	中间基
俄罗斯管混油	CPC Bland	俄罗斯	43.3	0.59	0.11	0.9	1.8	3.5	中间基
库姆克尔	komkol	哈萨克斯坦	39.7	0.15	0.11	1.87	8.4	2.6	石蜡基
CPC	CPC BLAND	哈萨克斯坦	44.6	0.58	0.08	0.74	0.7	1.6	中间基
坦齐兹	Tengiz	哈萨克斯坦	47.2	0.55	0.09	0.36	0.23	0.81	石蜡基

注：数据来源为中国石化。

（四）美洲地区

北美洲石油储量丰富，排名前三的国家是加拿大、美国和墨西哥。中南美洲是世界重要的石油生产和出口地区之一，也是世界石油储量和石油产量增长较快的地区之一，委内瑞拉和巴西是该地区石油储量最丰富的国家。中南美地区的原油一般属于重质原油，酸含量高，硫含量高。委内瑞拉原油以重质改质油为主，受渣油高金属含量的影响，加工路线以焦化为主。厄瓜多尔的原油以高硫重质油为主，石脑油收率低，煤油和柴油馏分性质一般，减压渣油残炭和金属含量都较高，以焦化路线为主。墨西哥的玛雅原油为高硫重质油，加工路线以焦化为主，类似的原油还包括加拿大的冷湖等原油。巴西原油主要分为高酸重质油和低硫中质油两类，前者如马林原油，加工路线以焦化为主，后者如卢拉原油，加工路线以催化掺渣或渣油加氢为主。美国 WTI 原油是低硫轻质油，是世界石油市场上的三大基准价格之一。表 1-2-5 是美洲地区主要原油性质。

表 1-2-5　美洲地区主要原油性质

中文名称	英文名称	产地	API°	硫含量/%(质)	酸值/(mgKOH/g)	残炭/%	镍/(mg/L)	钒/(mg/L)	原油类别
埃尔滨重质	Albian　H	加拿大	20.15	2.52	0.38	10.04	40.9	93.6	环烷基
冷湖	Cold Lake Blend	加拿大	22.54	3.6	1.01	11.2	52	137	中间环烷基
彩虹	Rainbow	加拿大	40.8	0.31	0.09	1.56	1.75	1.61	石蜡基
阿拉斯加	ANS	美国	31	0.95	0.09	4.22	10.7	22.84	中间基
WTI	WTI	美国	42.7	0.13	0.05	0.52	0.6	0.7	中间基
玛雅	Maya	墨西哥	20.94	3.83	0.18	12.5	55.1	274	中间基
伊斯姆斯	Isthmus	墨西哥	32.1	1.8	0.09	5.52	19.1	95	中间基
荣卡多重质	Roncador Heavy	巴西	18.36	0.67	2.63	6.61	12.8	19.8	环烷基
奥斯特拉	Ostra	巴西	18.87	0.36	3.24	5.34	7.8	10.9485	环烷基
图巴劳阿祖	Tubarao Azul	巴西	19	1.1	0.24	9.46	23.5	22.4	环烷基

续表

中文名称	英文名称	产地	API°	硫含量/%(质)	酸值/(mgKOH/g)	残炭/%	镍/(mg/L)	钒/(mg/L)	原油类别
马林	Marlin	巴西	19.56	0.76	1.35	6.95	19.5	27	环烷基
帕尔沃	Palvo	巴西	20.2	1.1	0.49	8.83	22.9	30.4	中间基
阿尔巴克拉	Albacro	巴西	20.7	0.6	2.15	6.04	8.8	16.2	中间基
马林轻质	Marlim Light	巴西	23.43	0.67	0.65	5.95	12.3	18.1	中间基
比祖	Biju	巴西	28.4	0.54	0.29	4.4	7.9	12	中间基
荣卡多轻质	Roncador Light	巴西	28.6	0.54	0.17	3.77	5.6	8.7	中间基
萨宾诺	Sapinhoa	巴西	29.8	0.37	0.29	3.14	8.9	8.7	中间基
卢拉	Lula	巴西	30.38	0.33	0.25	3.18	9.2	8.5	中间基
纳波	Napo	厄瓜多尔	18.3	2.08	0.25	13.51	129	353	中间基
澳瑞特	Oriente	厄瓜多尔	22.8	1.6	0.14	10.8	70.1	181.3	中间基
卡斯蒂利亚	Castilla Blend	哥伦比亚	15.57	1.52	0.22	12.29	53.35	209	环烷-中间基
马格达莱纳	Magdalena	哥伦比亚	20.17	1.4	1.47	8.85	51	161	中间基
瓦斯科尼亚	Vasconia	哥伦比亚	26.28	0.85	0.31	6.45	36	85	中间基
多拉多	Dorado	哥伦比亚	27.6	1.1	0.43	7.41	38.9	95.5	中间基
利盟	Columbian bian	哥伦比亚	29.5	0.51	0.13	5.1	36	13.6	中间基
迈兹克拉	Mezcla	哥伦比亚	30	0.4	0.72	5.11	13.9	21	中间基
洛兰特	Loreto	秘鲁	16.9	1.1	0.1	10.69	91.7	202.5	环烷基
拉塔姆(轻质)	Latam(l)	秘鲁	28.4	1.2	0.11	8.54	52.7	136	中间基
委内瑞拉 BCF-17	BCF-17	委内瑞拉	17.55	2.5	2.22	10.5	49	360	环烷基
梅萨	Mesa	委内瑞拉	29.88	1.39	0.62	6	26.3	85.5	中间基

注：数据来源为中国石化。

(五) 亚太地区

亚太地区是目前世界石油产量增长较快的地区之一，中国、印度、印度尼西亚、越南和马来西亚是该地区石油探明储量最丰富的国家。亚太地区大部分原油的轻质馏分收率较高，硫含量低，酸值低。马来西亚、越南和文莱等国家原油均为低硫轻质原油，石脑油收率高，渣油收率低，渣油加工以催化掺渣为主。澳大利亚原油主要分为低硫重质油和低硫轻质油两类，前一种以比利牛斯等为代表，石脑油和渣油收率低，柴油和蜡油收率高，但柴油和蜡油馏分性质较差。后一种以 NWS 凝析油为代表，适合需要大量提供石脑油的炼油厂。表 1-2-6 是亚太地区主要原油性质。

表 1-2-6　亚太地区主要原油性质

中文名称	英文名称	产地	API°	硫含量/%(质)	酸值/(mgKOH/g)	残炭/%	镍/(mg/L)	钒/(mg/L)	原油类别
兰花	Bunga Orkid	马来西亚	36.01	0.0804	0.12	0.84	1.2	0.3	中间石蜡基
阿布	Abu	马来西亚	36.87	0.07	0.15	3.5	3.41	0.49	中质石蜡基
菊花	Bunga Kekwa	马来西亚	39.56	0.05	0.14	0.51	0.7	0.1	石蜡基
塔皮斯	Tapis	马来西亚	45.5	0.03	0.17	0.32	1.41	0.04	石蜡基
莲花	Bualuang	泰国	26.38	2	0.06	8.92	11.8	103.9	中间基

续表

中文名称	英文名称	产地	*API*°	硫含量/%(质)	酸值/(mgKOH/g)	残炭/%	镍/(mg/L)	钒/(mg/L)	原油类别
钱皮恩	Champion	文莱	31.4	0.1	0.37	0.45	0.8	0.1	环烷基
诗里亚	Seria light	文莱	36.2	0.06	0.25	0.19	0.33	0.01	环烷基
文莱轻油	Brunei light	文莱	40.3	0.048	0.06	0.28	0.35	0.04	环烷基
杜里	Duri	印尼	23.27	0.29	1.72	7.23	40	7.7	中间基
辛塔	Cinta	印尼	30.3	0.12	0.48	5.5	12.3	0.8	石蜡基
米纳斯	Minas	印尼	33.91	0.12	0.1	3.08	11.5	0.9	石蜡基
马杜里	Madura	印尼	43.92	0.19	0.15	1	5.4	0.6	中间基
贝莱那克	Belanak	印尼	51.57	0.01	0.02	0.18	<0.1	<0.1	石蜡基
格瑞斯克凝析油	Grissik Condensate	印尼	55.34	0.0099	0.02	0.34	1.8	0.1	石蜡基
大熊	Dai Hung	越南	29.7	0.09	0.8	3.15	4	0.21	中间基
鲁比	Ruby	越南	34.14	0.24	0.48	3.44	12.7	9.1	中间石蜡基
黑狮	sutuden	越南	35.6	0.06	0.05	4.03	4.8	0.2	石蜡基
白虎	Bach ho	越南	38.6	0.031	0.04	1	0.93	0.09	石蜡基
荣东	Rang dong	越南	39.73	0.08	0.12	1.66	3.5	0.3	石蜡基
白犀牛	Te Giac Trang	越南	41.3	0.06	0.05	1.61	4.7	0.2	中间石蜡基
梵高	Van Gogh Blend	澳大利亚	17.02	0.33	1.14	2.9	10.1	0.1	环烷基
文森特	Vincent	澳大利亚	17.2	0.4	1.614	2.36	1.4	0.1	环烷基
比利牛斯	Pyrenees	澳大利亚	19.34	0.2	1.58	1.62	1.1	0.1	环烷基
拜若	Barrow	澳大利亚	35.64	0.05	0.08	0.36	1.5	<0.1	环烷中间基
普鲁托凝析油	Pluto Condensate	澳大利亚	61.52	0.0082	0.03	<0.05	<0.1	<0.1	石蜡基
澳洲轻油	NWS Condensate	澳大利亚	62.5	0.0058	0.02	0.05	7	3	中间基
澳洲轻油	NWS Condensate	澳大利亚	62.5	0.0058	0.02	0.05	7	3	中间基
巴尤乌当凝析油	Bayu Undan Condensate	澳大利亚	63.27	0.006	0.02	0.05	0	0	中间基

注：数据来源为中国石化。

(六) 中国

我国石油资源集中分布在渤海湾、松辽、塔里木、鄂尔多斯、准噶尔、珠江口、柴达木和东海陆架八大盆地。我国原油整体偏重，中质、重质原油产量占比约80%，轻质油收率低，硫含量低，蜡含量高，残炭较高，金属含量镍比钒高，高酸值的原油种类不多，但数量大。

轻质油主要包括吐哈、惠州、长庆、延长等原油，特点是密度小，酸值、残炭、硫含量、镍含量、氮含量都较低，除吐哈原油钒含量为13.4mg/g外，其他原油的钒含量也都较低。

中质油主要包括江苏、大庆、中原、江汉、塔里木、华北、河南、青海、玉门等原油。江汉、中原、塔里木等三种原油的硫含量较高，其他原油的硫含量都在0.36%以下。这些中质油的氮含量均小于0.3%，镍含量分布范围较宽，吉林、中原、大庆、塔里木原油的镍含量较低，其他原油的镍含量较高。钒含量除塔里木原油较高外，其他原油的钒含量都较低。大庆和吉林原油的酸值很小。我国中质油蜡含量普遍较高。

重质油主要包括冀东、胜利、辽河、渤海、塔河、大港等原油。特点是残炭较高，氮含量较高，硫含量除胜利和塔河原油较高外，其他原油的硫含量小于0.35%。镍含量除冀东原油较低外，其他原油的镍含量都较高。与轻质油和中质油相比，重质油的酸值较高。表 1-2-7 是我国主要原油性质。

表 1-2-7 中国主要原油性质

中文名称	API°	硫含量/%(质)	酸值/(mgKOH/g)	残炭/%	镍/(mg/kg)	钒/(mg/kg)	原油类别
大庆	31.6	0.1	0.04	3.2	3.4	<0.1	石蜡基
华北	30.3	0.5	0.3	5.3	10.8	0.6	石蜡基
冀东	30.3	0.1	0.9	3.8	2.8	<0.1	中间基
长庆	34.6	0.1	<0.02	2.5	2.9	1.4	中间基
吐哈	31	0.2	0.3	5	13.4	0.7	石蜡基
塔里木	31.7	0.8	0.3	5.9	5.8	30.9	中间基
塔河	16.8	2.1	0.1	15.3	39	240.5	中间基
江汉	32.3	1.7	0.4	4.3	16.8	1.1	石蜡基
中原	31.6	0.5	0.5	5.3	5	2.2	石蜡基
江苏	30.2	0.3	0.4	4.3	13.1	0.2	石蜡基
惠州	36.5	0.1	0.1	2.7	2.2	0.1	石蜡基
胜利	17.4	1.8	2.1	8.6	23.8	2.4	中间基
渤海	15.6	0.3	3.6	9	44.7	1.1	中间基

注：数据来源为中国石化。

四、世界石油资源发展趋势

轻质和重质油产量均增加。轻质油方面，美国页岩油产量的快速提高和大量出口，短期内将是世界石油产量和贸易量增长的最主要来源，但多家机构预计 2025—2030 年，美国石油产量将进入峰值平台期。由于大量易开采、产量高的区块被优先开采，美国页岩油老井的产量递减加快。除二叠纪盆地外，巴肯、鹰滩等几大页岩油盆地产量已呈现下降趋势。此外，页岩油开采技术进步也到达“天花板”，因此，美国石油产量可能在 2030 年后开始下降。重质油方面，中东地区储量优势凸显，将是长期石油产量增长的最主要来源。南美地区石油产量增长潜力也较大，加拿大油砂产量也会有较大幅度提升。

世界石油贸易的重心从石油转向成品油。一是由于美国页岩油气革命后，北美地区从中东等地进口石油减少。二是随着亚太地区炼油能力进一步增长，在满足区域内成品油需求的情况下，将有大量富余资源可以出口，亚太地区成品油出口的地位进一步提升。三是中东产油国大力发展炼油业，成品油出口量不断增加。四是随着欧洲炼油工业的衰落，区域内成品油需求更加依赖于进口。

世界石油贸易东移趋势加速。中长期看，亚太地区仍是世界石油需求增长的主要地区，随着该地区炼油行业进一步扩张，石油贸易总规模将进一步扩大，世界主要石油资源地区均将瞄准亚洲市场，努力加大对亚洲地区的石油出口。从供应来看，随着北美地区石油供应自给能力不断提高，该地区石油进口量下降，出口量增加，将进一步加速世界石油贸易东移的趋势。

第三节　世界不同地区炼油产品结构变化趋势

一、全球

图 1-3-1 是全球炼油产品需求预测图，汽油需求预计在 2026 年达到峰值 1. 17Gt/a，之后逐步下降，到 2050 年降至 0. 8Gt/a。喷气燃料需求量保持小幅增长，从 2020 年的 190Mt/a，增长到 2050 年的 0. 45Gt/a。柴油需求将在 2025 年达到峰值 1. 44Gt/a，之后逐步下降，到 2050 年降至 1. 15Gt/a。石脑油需求保持增长，从 2020 年的 0. 29Gt/a 增长到 2050 年达到 0. 42Gt/a。燃料油需求在 2024 年达到峰值 0. 33Gt/a，之后逐步下降至 2050 年的 0. 18Gt/a。

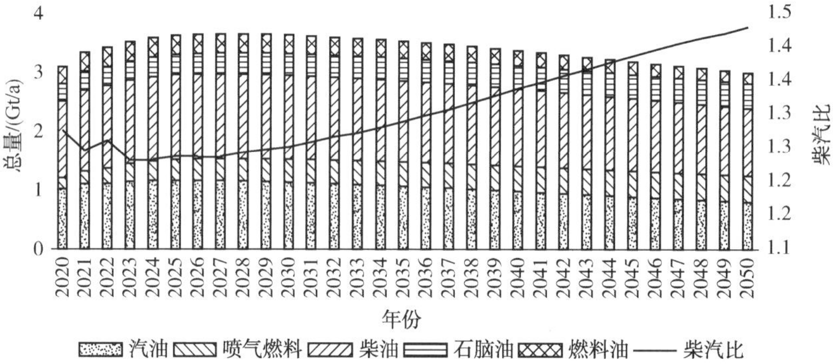

图 1-3-1　全球炼油产品需求预测

数据来源：S&P GLOBAL。

二、主要地区

（一）北美地区

图 1-3-2 是北美地区炼油产品需求预测图，汽油需求已在 2022 年达到峰值 416Mt/a，之后大幅下降，到 2050 年降至 112Mt/a。喷气燃料需求基本稳定在 100Mt/a。柴油需求在 2024 年达到峰值 232Mt/a，之后逐步下降，到 2050 年降至 134Mt/a。石脑油需求量由 2023 年的 8. 5Mt/a，增长至 2050 年的 18Mt/a。燃料油需求在 2022 年到达峰值 19Mt/a，之后逐步下降，到 2050 年降至 5. 4Mt/a。

（二）欧洲

图 1-3-3 是欧洲炼油产品需求预测图，汽油需求将在 2025 年达到峰值 97Mt/a，之后逐步下降，到 2050 年降至 37Mt/a。喷气燃料需求将在 2039 年达到峰值 80Mt/a，之后基本保持稳定。柴油需求在 2022 年达到峰值 233Mt/a，之后逐步下降，到 2050 年降至 134Mt/a。石脑油需求基本稳定在 40Mt/a。燃料油需求从 2025 年的 47Mt/a，逐步下降至 2050 年的 17Mt/a。

（三）亚太地区

图 1-3-4 是亚太地区炼油产品需求预测图，汽油需求将在 2026 年达到峰值 352Mt/a，之后逐步下降，到 2050 年降至 290Mt/a。喷气燃料需求量持续增长，从 2020 年的 68Mt/a，增长至 2050 年的 172Mt/a。柴油需求将在 2034 年达到峰值 525Mt/a，之后逐步下降至 2050 年的 446Mt/a。石脑油需求持续增长，从 2020 年的 215Mt/a，增长至 2050 年的 320Mt/a。燃

料油需求在 2025 年达到峰值 129Mt/a，之后逐步下降，到 2050 年降至 55Mt/a。

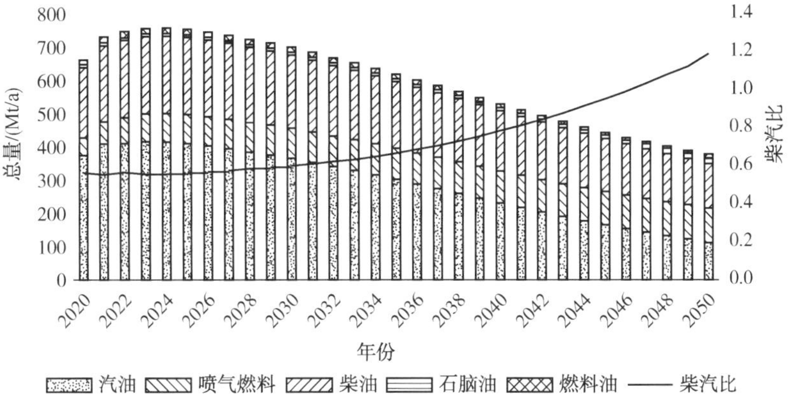

图 1-3-2　北美地区炼油产品需求预测

数据来源：S&P GLOBAL。

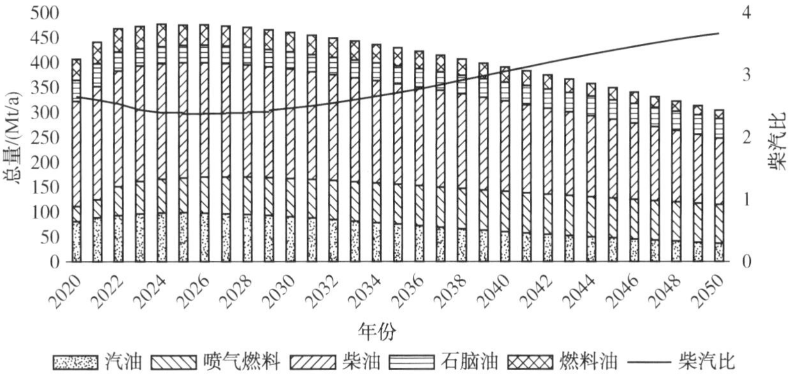

图 1-3-3　欧洲地区炼油产品需求预测

数据来源：S&P GLOBAL。

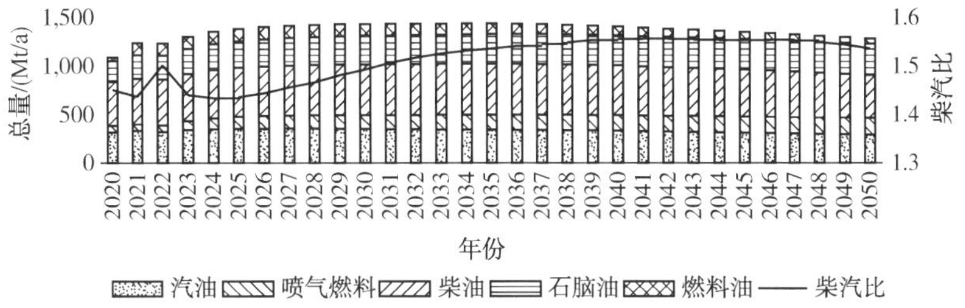

图 1-3-4　亚太地区炼油产品需求预测

数据来源：S&P GLOBAL。

（四）中东地区

图 1-3-5 是中东地区炼油产品需求预测图，汽油需求将在 2040 年达到峰值 98Mt/a，之后基本保持稳定。喷气燃料需求量持续增长，从 2020 年的 12Mt/a，增长至 2050 年的 32Mt/a。柴油需求量将在 2028 年左右达到峰值 84Mt/a，之后小幅下降，2050 年降至 62Mt/a。石脑油需求量较小但持续增长，从 2020 年的 6Mt/a，增长至 2050 年的 15Mt/a。燃料油需求量在 2028 年达到峰值 86Mt/a，之后逐步下降，到 2050 年降至 63Mt/a。

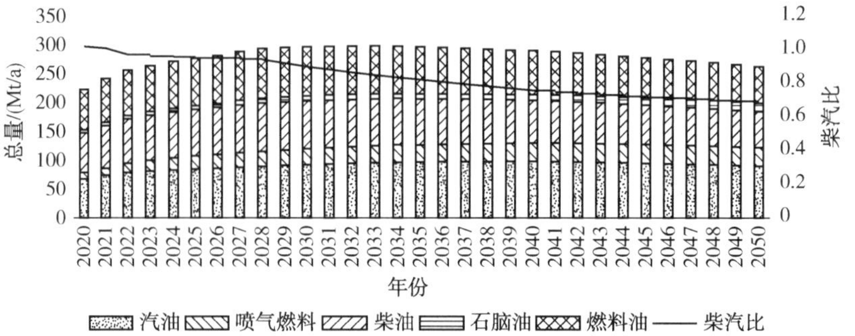

图 1-3-5　中东地区炼油产品需求预测

数据来源：S&P GLOBAL。

第四节　世界和我国炼油行业发展趋势

一、石油的能源属性向原料属性转型

世界成品油受汽车行业调整和替代燃料的冲击，需求量增长乏力，预计交通行业用油需求将于 2030 年前后达到约 3.0Gt/a 的峰值，2050 年缓慢下降到约 2.8Gt/a，但交通行业用油占石油总消费的比例仍超过 50%，主要是由于航空、航海以及货运领域石油需求仍难以替代。

随着绿色低碳经济快速发展，环保要求日趋严格，新能源汽车、氢能、生物基液体燃料等快速发展，预计我国石油需求将在 2030 年前后达到 790Mt/a 的峰值，成品油需求将在 2025 年前后达到 360Mt/a 的峰值，2025 年后仅有喷气燃料需求保持增长。其中，乘用车市场进入发展后期，国家节油、环保政策下汽车燃料油经济性不断提高，加之新能源汽车发展突飞猛进，预计汽油需求在 2025 年达到 160Mt/a 的峰值，之后将快速下降；煤油需求在疫情影响因素消散后仍具备持续增长的潜力，在中长期内仍将保持稳定增长，峰值预计在 2040 年前后达到；受国内经济增速放缓及替代影响，我国柴油消费近年来增速快速回落，2015 年前后基本达到平台期，未来将加速下降。

世界化工品需求方面，随着发展中国家经济快速增长，化工市场规模继续扩大，化工行业用油需求将显著增长。预计 2030 年，世界化工品市场产值总量将达到 7 万亿美元，2015—2050 年，世界化工用油需求年均增速约 0.6%。

我国化工品需求方面，人民生活水平的提升为高端石化产品发展带来巨大的市场需求。预计 2025 年，我国高端材料消费量将达到 47.08Mt，年均消费增速 7.3%，其中高性能纤维增速 17%、可降解材料增速 12%、电子化学品增速 10%、高端膜材料增速 9%、高端聚烯烃增速 7%、高端合成橡胶增速 6%以及工程塑料增速 5%。

综上所述，未来世界石油需求的增长将从主要由成品油需求推动转向主要由石化产品需求推动，石油的能源属性将逐步向原料属性转型。

二、炼油厂的大型化、一体化、集群化

1. 大型化

炼油行业具有显著的规模效应，生产规模直接决定生产成本、资源利用率和市场竞争

力。随着炼油工程设计、设备制造和工程建设技术的进步，大型化成为新建炼油厂和装置的必然选择。研究表明，建设 1 座 10.0Mt/a 炼油厂和分别建设 2 座 5.0Mt/a 炼油厂相比，可节约投资 20%左右。1 座 10.0Mt/a 炼油厂与 2 座 5.0Mt/a 炼油厂相比，生产运行费用可降低 15%左右。1 座 10.0Mt/a 炼油厂与同样类型的 2 座 5.0Mt/a 炼油厂相比，可提高劳动生产率 21%以上。炼油生产的规模化使得副产品加工利用也更具有经济性，有利于提高副产品的综合利用程度和企业经济效益。

目前，我国千万吨级以上炼油厂超过 30 个，百万吨级乙烯(以石油为基础原料)企业近 20 个，建成茂名、惠州、宁波、大连、舟山等 2000 万吨级炼油基地。

2. 一体化

一体化发展主要有以下三种形式及其组合：一是炼油和化工一体化发展；二是油田和炼化企业一体化；三是炼化生产和热电或热电联产一体化。其中，炼油和化工一体化模式应用最多，从世界范围看，近年来投产和新建的炼化项目绝大部分为大型炼化一体化项目，单独的炼油项目已很少。炼化一体化的原则是宜烯则烯、宜芳则芳、宜油则油、宜化则化，并且进一步提升传统炼化工艺的烯烃和芳烃产率，将催化裂化、催化裂解、渣油加氢裂化等技术与蒸汽裂解装置和芳烃联合装置集成，增产石化原料，使产品结构多元化，下游将涉及专用化学品等领域。

炼化一体化具有以下优点：一是减少投资，降低生产成本；二是降低原料成本，提高石油资源的利用效率；三是拓宽石化原料来源，满足市场不断增长的需求；四是提高生产灵活性，应对油品和石化产品市场的变化；五是实现产品多样化，延伸价值链，提高经济效益。

3. 集群化

石化产业集群的核心是在一定空间范围内产业的高集中度，这有利于降低企业的制造成本(包括生产成本、交换成本)，提高规模经济效益和范围经济效益，提高产业和企业的市场竞争力。产业集群会带来的优势主要有以下几个方面：一是产业规模逐步扩大，产业长链条形成，规模效应明显。二是质量效益稳步提升，产业体系进一步健全，基础原材料和化工新材料保障能力、高端产品占比显著提升。三是能吸引各类人才，创新能力明显增强，能够培育一批业务精湛、结构合理的创新型人才队伍，科研投入和效果产出会变得明显。四是绿色发展全面推进，产业集群会形成绿色发展方式和节约资源、保护环境的产业结构，产业耦合进一步加强，主要污染物和有毒有害特种污染物排放量将显著下降。

国外已经形成美国墨西哥湾沿岸、日本东京湾、新加坡裕廊岛、沙特朱拜勒和延布石化工业园等一批世界级炼化基地，其中美国墨西哥湾沿岸是世界最大的炼化工业基地之一，炼油能力约 460Mt/a，占美国炼油总能力的 52%，乙烯能力 27.0Mt/a，占美国乙烯总能力的 95%。国内沿海炼化产业集群发展迅速，形成长江三角洲、珠江三角洲、环渤海地区三大石化产业集群。“十三五”期间重点建设了大连长兴岛、河北曹妃甸、江苏连云港、浙江宁波、上海漕泾、广东惠州和福建漳州古雷等七大石化基地。

三、炼油工艺的绿色化、低碳化

2015 年，世界近两百个国家通过了《巴黎协定》，为世界合作应对气候变化指明了方向和目标。按照这一协定，各方将共同加强举措，应对气候变化威胁，减少温室气体排放，制定了到本世纪末将世界平均温升控制在工业化水平前的2℃以内，并努力追求1.5℃温控目标。为了应对世界气候变化和能源资源的约束，世界各国正积极探索、转变发展模式，降低炼油行业碳排放。

2020年，我国正式宣布“二氧化碳排放力争于2030年前达到峰值，努力争取2060年前实现碳中和”的“双碳”目标。2021年10月，国务院印发《2030年前碳达峰行动方案》，提出了到2025年，单位国内生产总值(GDP)能源消耗比2020年下降13.5%、单位GDP二氧化碳排放比2020年下降18%的目标。

近年来，国家对石化工业的安全环保要求日趋严格，先后颁布了《水污染防治法》《大气污染防治法》《土壤污染防治行动计划》《固体废物污染环境防治法》《石化行业VOCs污染源排查工作指南》《石油炼制工业污染物排放标准》《石油化学工业污染物排放标准》等一系列环保法规。

石化行业作为传统能源行业面临着巨大碳减排压力，是继火力发电、钢铁、水泥之后的我国第四大二氧化碳排放源。2020年，石化行业(不包括上游勘探开发及煤化工)二氧化碳排放量约500Mt，占全国排放的5%左右。

“双碳”目标和严格的环境约束下，我国炼油企业需要进一步在降低能耗、减少排放、提高石油转化率上下功夫，通过过程强化、工艺改进、技术组合、流程优化、分子管理等方式，保证能源和原料消耗最小化、装置运行效率和生产灵活性最大化，大力研发推广低碳技术和低碳产品，培育和发展低碳产业和绿色经济，全面提升绿色低碳发展水平，加快形成新的绿色发展方式，顺应绿色低碳经济发展趋势。

四、炼化原料的多元化

在中长期内，石油仍是炼化行业的主要原料，但受到“双碳”目标的驱动，其他原料也将作为炼油原料的补充。一是生物质能源。将木质纤维素、植物油脂、动物油脂等生物质处理后与石油或馏分油混合，经加氢处理等工艺可以生产低碳强度油品。目前，生物质替代化石原料成本仍然较高，但生物质原料的多样性、获得便利性及政策支持，有可能使其成为未来炼油低碳原料的重要组成部分。美国几家炼油厂正在进行改造，将生物质原料与化石燃料混炼，生产可再生柴油或低碳航空燃料。BP公司计划在炼油厂进行加氢植物油和废弃油脂与化石原料混炼加工，生产低碳生物柴油和生物航空燃料。二是废塑料等废弃化工产品。关于废塑料循环利用的研究一直在推进，一些公司已经实现了工业化应用。2023年，我国废弃塑料累积量为62Mt，回收量为19Mt，回收利用方式主要是物理回收，回收率仅为31%。2021年以来，国家印发了《关于加快建立健全绿色低碳循环发展经济体系的指导意见》《“十四五”循环经济发展规划》《关于印发汽车产品生产者责任延伸试点实施方案通知》等多项政策法规，强调加强废塑料等再生资源回收利用，构建循环经济发展模式。在市场和政策的推动下，废塑料回收利用技术受到高度关注，化学回收技术的成熟和推广，可减少原生料的消耗，继而减少化工原料需求，从而降低碳排放。

五、炼油厂的数字化、智能化

随着炼油厂规模的扩大和装置结构日趋复杂，数字化和智能化技术的作用日益凸显，已成为炼油行业发展的重点方向，受到世界各大炼化企业的关注。

数字化技术在快速响应原料和产品需求变化、炼油厂优化运行、远程监控和诊断、预测性检维修、现场操作、科研创新等方面将发挥更加重要的作用。通过数字化技术的应用降低成本、提升客户服务质量、增强市场敏感度，是炼油企业降低风险、挖掘现有业务链更多的价值、保持盈利能力的关键策略之一。

未来数字化将进一步向智能化方向发展，数字化数据将转化为更有价值的信息，由现有数据衍生“知识”和“智慧”，通过智能规划及过程控制来提高过程效率。以物联网、大数据、云计算、人工智能为代表的新一代信息技术与传统炼化行业融合创新，将数字化和智能化贯穿企业设计、建设、生产运维、经营管理、新产品开发、产品营销、技术支持与服务等全过程，从工艺流程优化、生产管控、供应链管理、设备管理、用能管理、HSE 管理等多方面，增强企业动态感知、优化协同、预测预警、科学决策的能力，推动传统炼化行业改造，提升行业整体竞争能力。

第二章　原油

第一节　原油的化学性质

一、原油的一般性质、元素组成和馏分组成

1. 原油的一般性质

从地下深处开采出来的流动或半流动的可燃性黏稠液体，被称作天然石油（或原油），常与天然气并存，主要是由烃类和含氧、硫、氮的非烃衍生物组成的复杂混合物。

天然石油的相对密度一般小于1，绝大多数的石油相对密度在0.80~0.98之间。但也有个别例外，如伊朗某原油的相对密度高达1.016，而美国加利福尼亚某地原油的相对密度仅为0.701。表2-1-1列出了国内外部分油区所产原油的一般性质，由表可见，我国主要油区原油的凝点及蜡含量较高，沥青质含量较低，相对密度大多在0.85~0.95之间，属偏重的常规原油。

表2-1-1　国内外部分原油的一般性质

原油名称	大庆	胜利	孤岛	辽河	华北	中原	新疆吐哈	阿根廷埃斯卡兰特	伊朗轻油	哈萨克斯坦
密度（20℃）/（g/cm^3）	0.8554	0.9005	0.9495	0.9204	0.8837	0.8466	0.8197	0.9077	0.8536	0.8095
运动黏度（50℃）/（mm^2/s）	20.19	83.36	333.7	109.0	57.1	10.32	2.72	150.8	4.67	2.05
凝点/℃	30	28	2	17（倾点）	36	33	16.5	-7	-5.0	-24
蜡含量/%（质）	26.2	14.6	4.9	9.5	22.8	19.7	18.6	—	4.13	4.5
沥青质/%（质）	0	<1	2.9	0	<0.1	0	0	3.92	0.55	<0.1
残炭/%（质）	2.0	6.4	7.4	6.8	6.7	3.8	0.90	7.9	3.69	1.13
硫含量/%（质）	0.10	0.80	2.09	0.24	0.31	0.52	0.03	0.16	1.49	0.68
氮含量/%（质）	0.16	0.41	0.43	0.40	0.38	0.17	0.05	0.35	0.12	0.08

近年来，由于常规原油资源逐渐减少，国内外相继对蕴藏量丰富的重质原油进行开采。重质原油是指相对密度大于0.92的原油。表2-1-2列出了国内外几种重质原油的一般性质。我国重质原油的特点是密度、黏度、胶质、残炭量均高，凝点和蜡含量低，沥青质和硫含量（除孤岛原油外）一般不高，但氮含量均高，尤其是辽河高升原油达1.07%。我国将重质原油按其黏度的大小又分为稠油和沥青，见表2-1-3。目前，我国中质和重质稠油已有开采，辽河油田及中海36-1油田是重要的稠油开发基地。

表 2-1-2 国内外几种重质原油的一般性质

原油名称	单家寺	欢喜岭	新疆（九区）	井楼	委内瑞拉（博斯坎）	加拿大（冷湖）	加拿大（阿萨巴斯卡）
密度（20℃）/（g/cm^3）	0.9731	0.9434	0.9273	0.9531	0.9991	1.0013	1.030
运动黏度（50℃）/（mm^2/s）	8108	287	381	1539	1832（60℃）	670（100℃）	—
凝点/℃	5	-20	-18	11	—	15.6	10
蜡含量/%（质）	3.4	2.2	7.4	9.6	—	—	—
沥青质/%（质）	1.2	0	0	0	15.2	15.0	16.9
残炭/%（质）	9.7	4.8	5.4	9.1	15.0	13.1	18.5
酸值/（mgKOH/g）	7.4	—	3.4	4.9	—	0.71	—
硫含量/%（质）	0.82	0.26	0.15	0.32	5.7	4.4	4.9
氮含量/%（质）	0.72	0.41	0.35	0.74	0.44	0.64	0.40

表 2-1-3 我国重油分类

分类	脱气油黏度/（mPa · s）	密度（20℃）/（g/cm^3）	分类	脱气油黏度/（mPa · s）	密度（20℃）/（g/cm^3）
中质稠油	100~1000	0.92	特稠油	1000~50000	>0.95
重质稠油	1000~10000	>0.92	沥青	>50000	>0.958

此外，还有一类相对密度小于 0.80 的轻质原油，该类原油的特点是相对密度小、轻油收率高、渣油含量少。这类原油目前在世界上的探明储量及产量均较少，表 2-1-4 为我国及国外几种轻质原油的一般性质。

表 2-1-4 我国及国外几种轻质原油的一般性质

原油名称	青海（冷湖 5 号）	新疆（塔南）	新疆（塔中 1 号）	南海西部（涠洲北 2 号）	也门（麦瑞波）	印尼（巴达）	印尼（波唐米克斯）
密度（20℃）/（g/cm^3）	0.8042	0.7864	0.7632	0.7719	0.7986	0.7845	0.7907
运动黏度（50℃）/（mm^2/s）	1.46	2.28	—	1.72	1.52	1.00	1.36
凝点/℃	-9	9	-56	17	-24	<-30	<-30
蜡含量/%（质）	—	—	0.22	11.9	3.94	2.50	—
沥青质/%（质）	0	0	1.89	0.05	0.12	0.02	0.20
残炭/%（质）	0.2	0	0.02	0.3	0.82	0.15	0.29
硫含量/%（质）	0.02	0.04	0.02	—	0.08	0.48	0.05
氮含量/%（质）	—	0.09	<0.3	—	—	—	0.03

2. 原油的元素组成

世界上各种原油的性质虽然差别甚远，但基本上由五种元素即碳、氢、硫、氮、氧组成。原油中碳的质量分数一般为 83.0%~87.0%，氢的质量分数为 11.0%~14.0%，硫的质量分数为 0.05%~8.00%，氮的质量分数为 0.02%~2.00%，氧的质量分数为 0.05%~2.00%。

（1）碳、氢含量和氢碳原子比

表 2-1-5 为国内外一些原油中的碳、氢含量和氢碳原子比。在组成原油的五种主要元素中，碳、氢这两种元素一般占 95%（质）以上，而硫、氮、氧等杂原子总含量不到 5%

(质)。由于不同原油中杂原子含量相差甚大，所以不宜单纯用碳含量或氢含量进行比较。原油的氢碳原子比则更能反映原油的属性，一般说来，轻质原油或石蜡基原油氢碳原子比较高，如表 2-1-5 中的大庆原油和印尼米纳斯原油(约为 1.9)，而重质原油或环烷基原油氢碳原子比较低，如欢喜岭等原油(约为 1.5)。氢碳原子比还包含重要的结构信息，是一个与其化学结构有关的参数。由表 2-1-6 可以看出，对于不同系列的烃类，在相对分子质量相近的情况下(碳原子数相同)其氢碳原子比大小顺序是烷烃>环烷烃>芳香烃(简称芳烃)。随着烷烃相对分子质量增加以及环烷烃和芳香烃环数的增加，其氢碳原子比逐渐降低。

表 2-1-5　原油中的碳、氢含量和氢碳原子比

原油名称	C/%(质)	H/%(质)	(C+H)/%(质)	H/C(原子比)
大庆	85.87	13.73	99.60	1.90
胜利	86.26	12.20	98.46	1.68
孤岛	85.12	11.61	96.73	1.62
辽河	85.86	12.65	98.51	1.75
新疆	86.13	13.30	99.43	1.84
大港	85.67	13.40	99.07	1.86
欢喜岭	86.36	11.13	97.49	1.53
井楼	85.06	12.10	97.16	1.69
江汉	83.00	12.81	95.81	1.84
伊朗(轻质)	85.14	13.13	98.27	1.84
印尼(米纳斯)	86.24	13.61	99.85	1.88
美国(加州文图拉)	84.00	12.70	96.70	1.80
美国(堪萨斯)	84.20	13.00	97.20	1.84
格罗兹尼(苏联)	85.59	13.00	98.59	1.81
杜依玛兹(苏联)	83.90	12.30	96.20	1.75

表 2-1-6　氢碳原子比与烃类结构的关系

分子式	H/C(原子比)	分子式	H/C(原子比)	分子式	H/C(原子比)
C_6H_{14}	2.33	 C_6H_{12}	2.00	 C_6H_6	1.00
$C_{10}H_{22}$	2.20	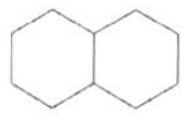 $C_{10}H_{18}$	1.80	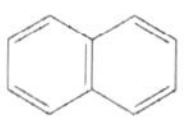 $C_{10}H_8$	0.80
$C_{14}H_{30}$	2.14	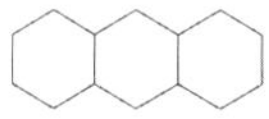 $C_{14}H_{24}$	1.71	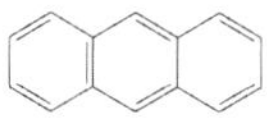 $C_{14}H_{10}$	0.71
$C_{18}H_{38}$	2.11	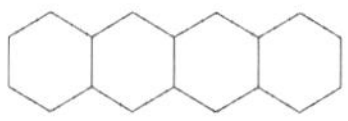 $C_{18}H_{30}$	1.67	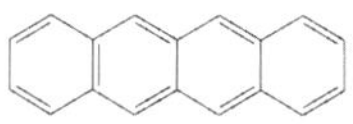 $C_{18}H_{12}$	0.67

在石油的各种加工过程中，氢碳原子比也是一个重要的参数和指标。对于脱碳加工过程，在生成氢碳原子比高的轻质产物的同时，必然得到氢碳原子比低的重质产物，整个加工过程氢碳原子比将保持守恒。

（2）硫、氮、氧的含量

在石油的元素组成中，除了碳、氢外，还有硫、氮、氧以及一些微量元素。在石油中氧含量较少，一般不直接测定，常用减差法估算。世界上104种原油中，仅有20种原油的硫含量高于或等于2.0%。与世界上大多数原油相比，我国原油除孤岛和江汉原油外，其他原油的硫含量均低于1%。从氮含量来看，在统计过的210种原油中，氮含量高于0.3%的原油只有31种，而我国原油大部分的氮含量在0.3%以上。所以硫含量较少，氮含量较高，是我国原油元素组成的特点之一。表2-1-7为国内外部分原油中的硫、氮元素含量。

表2-1-7　原油中的硫氮含量

中国原油			国外部分原油		
原油名称	硫含量/%(质)	氮含量/%(质)	原油名称	硫含量/%(质)	氮含量/%(质)
大庆	0.10	0.16	沙特(轻质)	1.91	0.09
胜利	0.80	0.41	沙特(中质)	2.42	0.12
孤岛	2.09	0.43	沙特(轻重混合)	2.55	0.09
新疆	0.05	0.13	伊朗	1.40	0.12
大港	0.12	0.23	科威特	2.30	0.14
欢喜岭	0.26	0.41	英国(北海)	0.35	0.07
高升	0.56	0.72	苏联(杜依玛兹)	2.67	0.33
井楼	0.32	0.74	美国(堪萨斯)	1.90	0.45

3. 原油的馏分组成

原油是由数目众多的烃类和非烃化合物组成的多组分的复杂混合物，很难完成从化合物的水平上全分离或全分析。因此，在对原油进行研究或加工利用时，都是将原油按其组分的沸点差异分离成几个部分，即采用“分馏”方法，将原油“切割”成各“馏分”。馏分仍是一个复杂的混合物，它所包含的组分数目比原油要少。

一般把原油在常压下蒸馏从开始馏出的温度（初馏点简称IBP）到180℃或200℃之间的轻馏分称为称石脑油（naphtha）；常压蒸馏180℃（或200℃）与350℃之间的中间馏分称柴油（atmospheric gas oil，简称AGO）；大于350℃的馏分称为常压渣油或常压重油（atmospheric residue，简称AR）。由于从350℃开始，原油有明显分解现象，所以在减压条件下，蒸馏出相当于常压下350~570℃的馏分称减压馏分（vacuum gas oil，简称VGO），减压蒸馏后残留的部分称为减压渣油（vacuum residue，简称VR）。

由石油直接蒸馏得到的馏分称为直馏馏分，其中基本保留了石油本来的化学组成，例如，几乎不含不饱和烃。馏分油如石脑油馏分、柴油馏分等，一般作为生产汽油、柴油等产品的原料，还需要将馏分进一步加工处理以满足石油产品质量标准的要求。

表2-1-8是国内外部分原油的直馏馏分组成。可以看出，与国外原油相比，我国原油中渣油含量较高，石脑油馏分含量较少。

表 2-1-8　国内外部分原油直馏馏分的组成　　%

原油名称	石脑油馏分（IBP~180℃）	中间馏分（180~350℃）	减压馏分（350~500℃）	渣油（>500℃）
大庆	9.8	21.4	26.0	42.8
胜利	6.1	19.0	27.5	47.4
孤岛	1.9	14.0	28.9	55.2
任丘	4.9	21.1	34.9	39.1
大港	7.8	27.1	36.4	28.7
玉门	12.3	29.2	25.2	33.2
克拉玛依低凝油	9.1	26.2	27.0	37.7
吉林扶余	7.7	20.6	31.9	39.8
科威特	18.1	25.3	21.1	32.2
哈桑买希	31.0	30.2	27.3	9.6
阿根廷埃斯卡兰特	7.19	20.8	22.7	49.4
卡宾达	11.9	26.2	26.8	35.1
韦杜里	4.6	21.1	34.1	40.2

二、原油馏分的烃类组成

从化合物组成来看，石油主要含有烃类和非烃类这两大类物质。烃类和非烃类存在于石油的各馏分中，但因石油的产地及种类不同，烃类和非烃类的相对含量差别很大。有的石油(轻质石油)烃类含量可高达90%以上，但有的石油(重质石油)烃类含量甚至低于50%。在同一原油中，随着馏分沸程增高，烃类含量降低而非烃类含量增加。在最轻的轻油馏分中，非烃类含量很少，烃类占绝大部分，即使从含硫原油中得到的石脑油馏分，烃类的含量也可达98%~99%。反之，在高沸点的石油馏分，尤其是在减压渣油中，烃类的含量明显降低。

石油中的烃类主要是由烷烃、环烷烃和芳香烃，以及在分子中兼有这三类烃结构的混合烃构成。下面着重讨论石油的烃类组成表示方法以及烃类在石油及其馏分中的分布。

1. 石油烃类组成表示方法

在前文已经介绍了石油的元素组成，这种烃类组成的表示方法最为简单，而且氢碳原子比也是表征石油的平均化学结构的重要参数。但仅靠元素组成来认识石油是不够的，往往不能满足生产和科研的要求，还需要分析其单体烃组成、族组成和结构族组成。

(1) 单体烃组成

单体烃组成用于表示石油及其馏分中每一单体化合物的含量。石油及其馏分中的单体化合物数目繁多，而且随着石油馏分沸程的增高(或相对分子质量增大)，其单体化合物数目急剧增加。由于分析和分离手段有限，目前单体烃组成表示法还只限于阐述石油气及石油低沸点馏分的组成时采用。例如，利用气相色谱技术已可分析鉴定出石脑油馏分中的几百种单体化合物。

(2) 族组成

元素组成表示法太简单，而单体烃组成表示法又过于繁琐。介于这两者之间的烃类组成表示法即为族组成，所谓族是指化学结构相似的一类化合物。族组成表示法简单实用，至于要分成哪些族则取决于分析方法与实际需要。如果对石脑油馏分分析要求更细致些，则可将烷烃再分成正构烷烃和异构烷烃，将环烷烃再分为环己烷系和环戊烷系等。一般对直馏石脑油馏分的族组成分析，以烷烃、环烷烃含量来表示。

对于煤油、柴油和减压馏分，由于所用分析方法不同，其分析项目也不同。若采用液相色谱法，族组成通常是以饱和烃（烷烃和环烷烃）、轻芳烃（单环芳烃）、中芳烃（双环芳烃）、重芳烃（多环芳烃）及非烃组分等项目来表示。若采用质谱法，则族组成可用烷烃（正构烷烃、异构烷烃）、环烷烃（一环、二环、多环环烷烃）、芳香烃（一环、二环及多环芳香烃）和非烃组分胶质等项目来表示。对于减压渣油，一般还是采用溶剂处理和硅胶柱色谱法，分成饱和分、芳香分、胶质、沥青质四个组分。如有需要还可将芳香分或胶质分别再进一步分离为轻、中、重三个亚组分，得到减压渣油的六组分或八组分组成。

值得注意的是，按照族组成的分析方法，凡分子结构中有一个芳香环者即归属为单环芳烃，两个芳香环者即为双环芳烃，以此类推。实际上，这些芳香烃分子中除有芳香环外，还会含有环烷环和烷基链。而所谓的环烷烃分子中除有环烷环外往往还有烷基侧链，因此石油中的烃类分子大多数是混合烃，即在一个分子中既有芳香环，也有环烷环，还有烷基侧链。

（3）结构族组成

在较高沸点的石油馏分中，有的烃类分子结构中同时含有芳香环、环烷环及烷基链三种基团。

例如，对于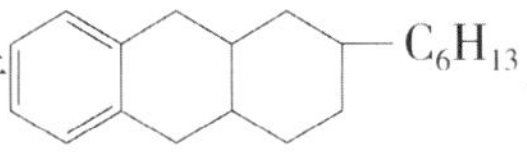与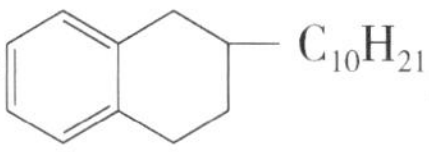这两个化合物，它们的相对分子质量接近，如按照族组成分类它们都属于单环芳烃。由于所含的环烷环和烷基侧链不同，因而二者的物理与化学性质不同，为此人们又提出了用结构族组成来描述这种混合类型化合物的结构。按照结构族组成概念，任何烃类化合物，不论其结构如何复杂，都可以看成是由烷基、环烷基和芳香基三种结构单元所构成。结构族组成分析的数据只表示在分子中这三种结构单元的含量，并不涉及它们的结合方式。

根据结构族组成的观点，可以将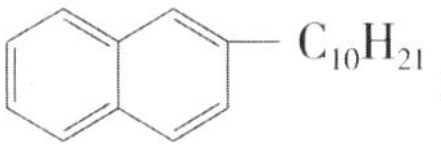这个化合物分解成、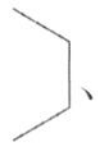、$—C_{10}H_{21}$三个结构单元。这三种结构单元在整个分子中所占的份额一般用$\%C_A$（芳香碳数占总碳数的百分数）、$\%C_P$（烷基碳数占总碳数的百分数）、$\%C_N$（环烷碳数占总碳数的百分数）来表示。

就上述化合物而言，其各种结构单元在分子中所占份额为：

$$\%C_A = 6/20\times100 = 30\%$$

$$\%C_N = 4/20\times100 = 20\%$$

$$\%C_P = 10/20\times100 = 50\%$$

此外，分子结构中的环数还可以用下列三个结构参数来表示：

芳香环数　$R_A = 1$

环烷环数　$R_N = 1$

总环数　$R_T = R_A + R_N = 2$

因此，可以用%C_A、%C_P、%C_N、R_A、R_N、R_T 这六个结构参数来表征一个复杂烃分子的结构特征。上述六个结构参数中只有四个是独立的。

对于石油馏分，也可以用结构族组成来表示，即将整个馏分(各种烃类分子组成的复杂混合物)用一种能代表其平均结构组成的"平均分子"来表示。

例如：若有由三个化合物构成的混合物，其中每个化合物所占的比例(摩尔分数)为：

$C_{15}H_{32}$　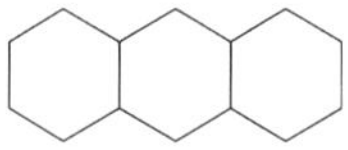　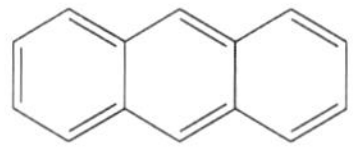

33.3%　33.3%　33.3%

该混合物可以看成是由具有下列结构参数的平均分子所组成，其中：%C_A为 32.6%，%C_P为 34.8%，%C_N 为 32.6%，R_A 为 1.0，R_N 为 1.0，R_T 为 2.0。

石油馏分的结构族组成通常根据其折射率、密度、相对分子质量(n-d-M 法)进行计算或通过查图表求得。

渣油的结构族组成一般不用上述物理性质进行关联，而是以核磁共振波谱为基础进行平均结构参数的计算。主要的结构参数有平均分子中的芳香碳、环烷碳和烷基碳的分率(f_A、f_N、f_P)及芳香环数、环烷环数及总环数(R_A、R_N、R_T)。

结构族组成广泛应用于石油高沸点馏分的组成分析，可以借此比较不同原料的化学特征，考察减压馏分油及渣油在加工过程中(如溶剂抽提、溶剂脱蜡)平均化学结构的变化规律。

2. *石油气体及石油馏分的烃类组成*

(1) 天然气的烃类组成

天然气是指埋藏于地层中自然形成的气体，可分为伴生气和非伴生气。伴生气伴随原油共生与原油同时被采出；非伴生气包括纯气田天然气和凝析气田天然气，两者在地层中均为气相。凝析气田天然气从井口流出后，经减压、降温分离成气液两相。气相经净化后成为商品天然气，液相主要是凝析油。纯气田天然气的主要成分是甲烷，一般占 90%(体)以上，此外还有少量的乙烷、丙烷、丁烷和非烃气体，例如氮、硫化氢和二氧化碳等。纯气田天然气一般称为干气。凝析气田天然气虽然以甲烷为主，但其中乙烷、丙烷、丁烷的含量明显增加，可达 10%~20%(体)，甚至还含有少量戊烷和己烷。凝析气田天然气一般称为湿气。原油伴生气的组成与凝析气田天然气的组成比较接近。

在天然气中还会有非烃气体，其中最主要的是二氧化碳，含量从千分之几到百分之几。在个别天然气井中，二氧化碳含量可高达 90%(体)以上，如美国新墨西哥的圣安得烈气田，我国胜利油田滨南油区的天然气中二氧化碳含量也很高。除二氧化碳外，氮气在天然气中也经常可见，一般含量低于 2%(体)。在天然气中有时也有氦气存在，如美国犹他州桑卡尼昂气田氦气含量高达 1.3%(体)，我国四川威远气田氦气含量也达 0.316%(体)，具有工业开采价值。氦气是很有价值的惰性气体，工业上氦的主要来源于天然气。在含硫石油产地的天然气中，常有硫化氢存在，硫化氢含量有时可达百分之一至百分之几。天然气中一般不含氧，也不含一氧化碳和不饱和烃。天然气中氢气含量极少，一般为万分之几至十万分之几。表 2-1-9 列出了天然气组成的典型数据。

表 2-1-9　天然气的组成　　%(体)

类型	产地	CH_4	C_2H_6	C_3H_8	$i-C_4H_{10}$	$n-C_4H_{10}$	$i-C_5H_{12}$	$n-C_5H_{12}$	H_2S	CO_2	N_2	Ar	He	H_2
纯气田气	四川自流井	97.76	0.53	0.07	—	—	—	—	0.04	0.89	0.67	0.004	0.029	0.008
	四川阳高寺	96.15	1.54	0.43	0.050	0.069	0.151		0	0.16	1.38	—	0.060	0.005
	四川卧龙河	94.07	0.83	0.16	0.044	0.073	0.011	0.010	3.83	0.12	0.73	0	0.022	0.004
	四川威远	87.58	0.17	0.07	—	—	—	—	1.22	4.13	6.48	—	0.22	0.09
凝析气田气	四川遂南	84.76	9.58	3.04	14.13				0	0.12	0.95	0.007	0.032	0
	四川中坝	88.60	7.02	1.90	0.024	0.247	0.115	0.057	—	0.35	1.47	—	—	—
	美国宾州	87.84	5.38	2.51	0.30	0.73	0.18	0.22	—	0.33	1.05	—	—	—
	前苏联加涅夫	88.5	3.8	2.9	1.7		0.4		—	—	0.6			
油田伴生气	大庆油田	82.76	5.76	5.88	2.6		0.4		0.002	0.5	1.59	—	—	—
	胜利油田	86.6	4.2	3.5	0.7	1.9	0.6	0.5	—	0.6	1.1	—	—	—
	辽河油田	81.5	8.5	8.5	5.0		—	—	—	1.0	1.0	—	—	—
	华北油田	74.31	11.90	6.75	3.56		1.31	—	1.62	0.55	—	—	—	

（2）石油馏分的单体烃组成

1）直馏石脑油馏分的单体烃组成。

石脑油馏分中的单体烃组成与其使用和加工性能有直接的关系，是重要的基础数据。表 2-1-10 为国内几种主要石脑油馏分中部分含量较高的单体烃组成。

表 2-1-10　石脑油馏分中主要的单体烃含量　　%(质)

项　　目		大庆	胜利	新疆	大港
沸程/℃		IBP～130	IBP～130	IBP～150	IBP～165
正构烷烃	正戊烷	7.69	2.89	8.30	3.53
	正己烷	10.15	6.37	4.7	4.47
	正庚烷	12.12	8.77	5.5	4.41
	正辛烷	11.07	5.40	5.2	4.63
	正壬烷	—	—	0.4	4.24
	合计	41.03	23.53	24.1	21.28
异构烷烃	2-甲基戊烷	2.46	3.67	4.9	2.32
	3-甲基戊烷	1.48	2.68	0.8	1.50
	2-甲基己烷	1.46	2.73	1.3	1.32
	3-甲基己烷	1.91	3.06	1.8	1.53
	2-甲基庚烷	2.28	3.04	6.0	1.80
	合计	9.59	15.18	14.8	8.47
环烷烃	甲基环戊烷	3.91	6.21	1.4	2.56
	环己烷	5.29	4.35	3.1	3.13
	甲基环己烷	9.61	9.12	5.2	7.18
	二甲基环戊烷	3.28	2.60	2.5	2.90
	二甲基环己烷	0.87	1.02	5.7	1.36
	合计	22.96	23.30	17.9	17.13

续表

项　目		大庆	胜利	新疆	大港
沸程/℃		IBP～130	IBP～130	IBP～150	IBP～165
芳香烃	苯	—	0.80	0.2	0.85
	甲苯	0.78	4.98	1.3	2.67
	对二甲苯	0.49	0.96	0.5	—
	间二甲苯	2.27	0.31	1.8	2.10
	邻二甲苯	0.27	0.38	0.8	1.20
	合计	3.81	7.43	4.6	6.82

由表 2-1-10 可见，各种单体烃的含量相差悬殊，所列 20 种单体烃含量大体占石脑油馏分的 60%以上。

由表 2-1-10 和表 2-1-11 可见，正构烷烃和只带一个甲基的异构烷烃是直馏石脑油馏分的主要成分，而带两个或三个甲基的异构烷烃含量较低。同碳数的烷烃，其含量随异构化程度的增加而减少。仅带一个甲基支链的异构烷烃占整个异构烷烃的一半以上，同时甲基大多在主链的一端(2 位或 3 位)。

直馏石脑油中的环烷烃只有环戊烷系和环己烷系两类化合物，在环戊烷系中主要是甲基环戊烷和二甲基环戊烷的异构体，在环己烷系中主要是环己烷和甲基环己烷，其中甲基环己烷的含量最高，我国直馏石脑油馏分中环己烷系烃类的含量高于环戊烷系。

至于芳香烃，苯在直馏石脑油中含量很低，甲苯和二甲苯的含量相对较高。在二甲苯中，间二甲苯的含量较高，对二甲苯及邻二甲苯的含量较少。

表 2-1-11　石脑油馏分中环烷烃及异构烷烃的分布

项　目	原油名称			
	大庆	胜利	新疆	大港
沸程/℃	60～145	60～145	60～130	60～153
环己烷类/环戊烷类	2.3	1.9	1.9	3.1
仅有一个甲基支链的异构烷烃占总异构烷烃的分率	0.56	0.50	0.60	0.49

2）直馏柴油馏分及减压馏分中的环烷烃及芳香烃化合物。

和石脑油馏分相似，石油的中间及高沸馏分中除含有烷烃外，还有相对分子质量较大的环烷烃和芳香烃。就环烷烃而言，在石脑油馏分中只有单环环烷烃，而在更重的馏分中除含有带较长侧链的单环环烷烃外，还有双环以及三环到六环的多环环烷烃，它们的环烷环大多是通过两个公用的碳原子缩合在一起。双环环烷烃有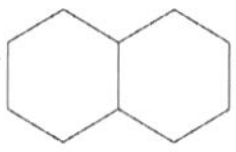和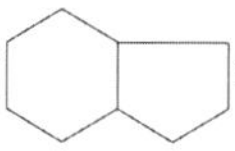等类型。已鉴定出的三环环烷烃有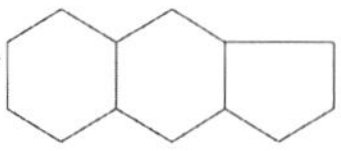、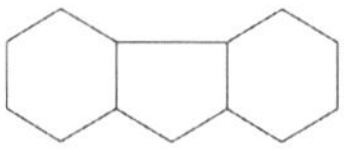、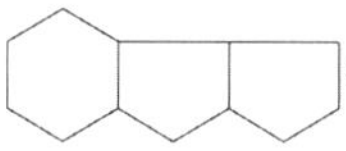等类型，并具有特殊立体结构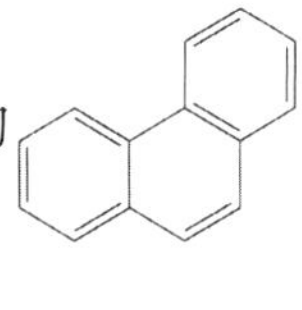的金刚烷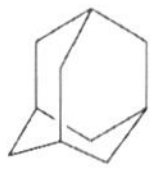及衍生物；四环环烷烃具有下列结构的胆甾烷

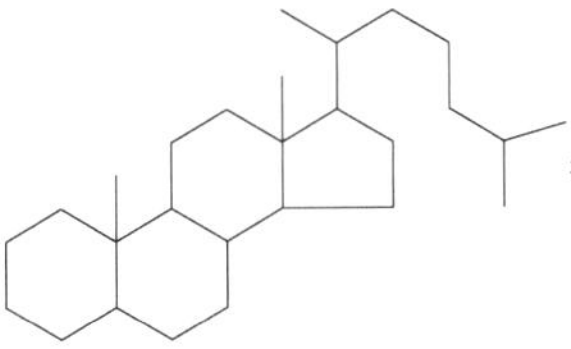等。

在较重馏分中的芳香烃除带有更多更长侧链的单环芳烃外，还含有双环及多环芳香烃。双环芳香烃中有萘类及联苯类，以萘类结构为主，且萘的含量一般要比其甲基衍生物少得多。此外，在更重的馏分中还发现三环、四环直到八环的稠环芳烃。这些芳香烃的稠合方式可以是渺位缩合的，如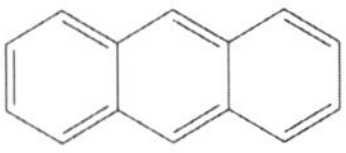、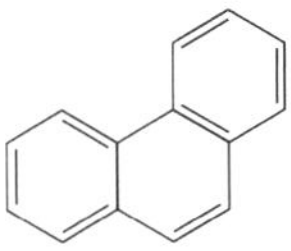、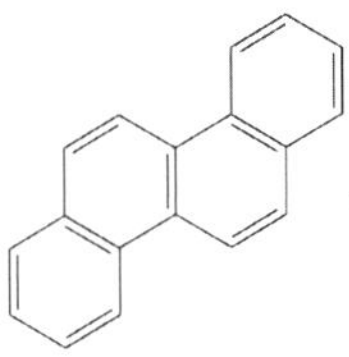，也有结构更为紧凑的迫位缩合的多环芳烃，如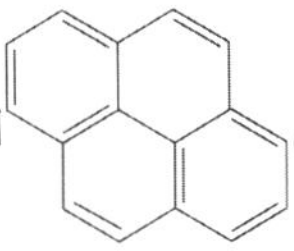。

石油中所含的芳烃以单环、双环、三环较多。研究结果表明，各种类型的芳香烃占总芳香烃的平均含量为：苯类 67%，萘类 18%，蒽及菲类 9%，菌及芘类 5%，其他芳烃 1%。

此外，在石油中尚有大量兼有环烷烃及芳香烃的环烷-芳香烃化合物，在柴油馏分中其结构如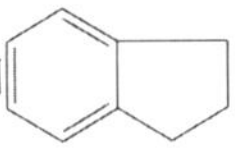、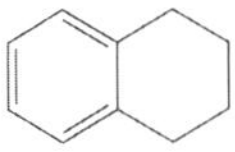、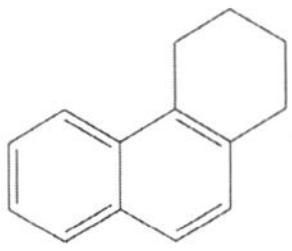、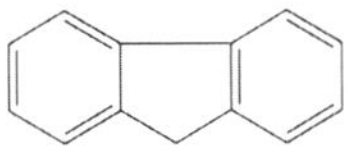、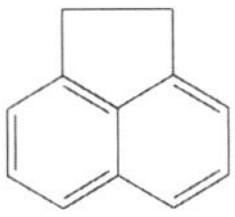。

在高沸点馏分中还有环数更多的环烷-芳香混合烃。

(3) 石油馏分的族组成

1) 石脑油馏分的族组成。

石脑油馏分可以用单体烃组成来表示，但有时并不需要了解石脑油馏分的单体烃组成。石脑油馏分的族组成是一种比较常用而又简单的表示方法。

石脑油馏分族组成可用气相色谱、液相色谱及苯胺点法测定。其典型数据见表 2-1-12。

表 2-1-12　石脑油馏分的族组成

原油名称	沸程/℃	族组成/%		
		烷烃	环烷烃	芳香烃
大庆	IBP~180	57.0	40.0	3.0
胜利	60~180	48.4	42.1	9.5
孤岛	IBP~180	29.4	63.0	7.6
辽河	IBP~180	44.0	42.4	13.6
伊朗，轻质	40~200	57.9	25.8	16.3
美国宾夕法尼亚	60~180	70	22	8

由表 2-1-12 可见，石脑油馏分中烷烃含量在 30%~70%；环烷烃含量在 20%~60%；芳烃含量相对较低，一般在 20%以下。

一般石蜡基原油的石脑油馏分中烷烃含量较高，环烷基原油中的环烷烃含量较高，而中间基原油中的烷烃与环烷烃的含量差不多。

2）煤油、柴油馏分及减压馏分的族组成。

煤油、柴油馏分及减压馏分的族组成可用质谱法或液相色谱法得到。

使用液相色谱法得到减压馏分的族组成见表 2-1-13。

表 2-1-13　减压馏分的族组成(液相色谱法)

原油名称	馏分(沸程)/℃	族组成/%(质)				
		饱和烃	轻芳烃	中芳烃	重芳烃	胶质
大庆	350~400	86.5	7.5	2.1	2.4	0.7
	400~450	84.0	8.6	2.1	2.7	1.6
	450~500	76.2	9.9	3.8	3.2	3.7
羊三木	350~400	56.0	24.4	8.9	3.2	4.0
	400~450	57.8	19.4	8.9	5.4	4.9
	450~500	61.4	8.6	8.6	6.6	7.2
欢喜岭	350~400	54.2	22.7	10.5	4.9	3.0
	400~450	57.3	17.3	9.4	7.4	5.0
	450~500	59.0	12.4	9.1	8.8	9.0

从表 2-1-13 中可以看出，减压馏分中饱和烃(烷烃和环烷烃)的含量显著高于芳烃及非烃含量，轻芳烃含量比较高，并含有少量的重芳烃和胶质。石蜡基的大庆减压馏分的饱和烃含量明显高于环烷基的羊三木和欢喜岭的减压馏分，而环烷基原油中的芳烃和胶质含量则高于石蜡基原油。

用液相色谱法得到的族组成数据还不够详细，把烷烃和环烷烃归并为饱和烃，而且轻、中、重芳烃也并非完全对应于单环、多环和多环芳烃。用质谱法可以得到更为详细的化学组成信息。表 2-1-14 是用质谱法得到大庆原油 200~500℃馏分的族组成。

表 2-1-14　大庆原油 200~500℃馏分的族组成　　%(质)

族组成	沸点范围/℃					
	200~250	250~300	300~350	350~400	400~450	450~500
烷烃	55.7	62.0	64.5	63.1	52.8	44.7
正构烷烃	32.6	40.2	45.1	41.1	23.7	15.7
异构烷烃	23.1	21.8	19.4	22.0	29.1	29.0
环烷烃	36.6	27.6	25.6	24.8	33.2	39.0
一环烷烃	25.6	18.2	17.1	11.8	13.6	17.4
二环烷烃	9.7	6.9	5.7	6.8	8.4	10.6
三环烷烃	1.3	2.5	2.8	2.6	5.3	7.3
四环烷烃	0	0	—	2.9	3.3	3.1
五环烷烃	0	0	0	0.7	1.8	0.6
六环烷烃	0	0	0	0	0.8	—
芳香烃	7.7	10.4	9.9	11.8	13.8	15.9

续表

族组成	沸点范围/℃					
	200~250	250~300	300~350	350~400	400~450	450~500
单环芳烃	5.2	6.6	6.8	6.5	7.8	9.0
双环芳烃	2.5	3.6	2.5	3.2	3.3	3.8
三环芳烃	0	0.2	0.6	1.5	1.4	1.6
四环芳烃	0	0	0	0.5	0.8	0.8
五环芳烃	0	0	0	0	0.1	0.3
未鉴定芳烃	0	0	0	0.1	0.4	0.4
噻吩类	0	0	0	0.3	0.2	0.4

从表 2-1-14 可以看出，随着馏分沸点的升高，大庆原油 200~500℃馏分中的烷烃尤其是正构烷烃的含量趋于减少，而芳烃的含量趋于增加。

表 2-1-15 是用质谱法得到的我国五种原油 400~450℃馏分的族组成。

表 2-1-15　不同原油 400~450℃馏分的族组成　　%(质)

族组成	原油名称				
	大庆	胜利	华北	中原	羊三木
烷烃	52.8	27.5	38.8	49.1	0.8
正构烷烃	23.7	13.9	31.4	30.2	0
异构烷烃	29.1	13.6	7.4	18.9	0.8
环烷烃	33.2	45.6	43.8	31.5	51.9
一环烷烃	13.6	7.4	5.6	9.9	1.6
二环烷烃	8.4	7.5	5.3	5.4	10.9
三环烷烃	5.3	8.8	6.9	3.6	17.1
四环烷烃	3.3	19.4	23.5	12.4	18.7
五环烷烃	1.8	1.9	1.7	0.2	3.3
六环烷烃	0.8	0.6	0.8	0	0.3
芳香烃	13.8	20.6	15.4	15.8	42.2
单环芳烃	7.8	9.5	6.8	8.3	14.6
双环芳烃	3.3	6.2	4.7	4.3	12.1
三环芳烃	1.4	2.8	2.2	1.8	6.5
四环芳烃	0.8	0.8	0.9	0.90	4.8
五环芳烃	0.1	0	0	0	0.7
未鉴定芳烃	0.4	1.3	0.8	0.5	3.5
非烃	0.2	6.3	2.0	3.6	5.1
噻吩	0.2	0.4	0.3	0.2	1.0
胶质		5.9	1.7	3.4	4.1

从表 2-1-15 中可以看出，不同原油 400~450℃馏分的烃族组成差别较大，石蜡基如大庆和中原原油的烷烃含量高达 50%左右，而芳烃含量仅为 15%左右；环烷基如羊三木原油中几乎不含烷烃，而芳烃含量高达 42.2%；中间基如胜利和华北原油烃族组成介于石蜡基与环烷基之间。

3）减压渣油的族组成。

减压渣油是原油中沸点最高、相对分子质量最大、非烃化合物含量最高的部分。

目前，比较常用的方法是四组分法，即将减压渣油分成饱和分(saturate)、芳香分(aromatics)、胶质(resin)、沥青质(asphaltene)四个组分，称之为减压渣油四组分(SARA)。

表 2-1-16 为国内外几种原油的减压渣油四组分组成。

表 2-1-16　减压渣油的四组分组成　%(质)

原油名称	饱和分	芳香分	胶质	沥青质
大庆	40.8	32.2	26.9	<0.1
胜利	19.5	32.4	47.9	0.2
孤岛	15.7	33.0	48.5	2.8
中原	23.6	31.6	44.6	0.2
印尼米拉斯	46.8	28.8	22.6	1.8
科威特	15.7	55.6	22.6	6.1
沙特哈夫奇	13.3	50.8	22.3	13.6

从表 2-1-16 中可以看到，我国减压渣油中胶质含量比较高，大多数减压渣油在 40%以上，沥青质含量较少，基本低于 1%，芳香分含量约占 30%，除大庆减压渣油的饱和分含量在 40%以上外，大部分减压渣油的饱和分含量在 20%左右。

表中几种国外减压渣油的胶质含量只有 20%左右，沥青质含量差别较大，一般都超过 1%，有的高达 13%以上，芳香分含量普遍较高，大多在 50%以上，饱和分含量(除米纳斯原油外)也在 20%左右。

将芳香分和胶质进一步分成轻、中、重芳烃和轻、中、重胶质，这样可以得到减压渣油的八组分，表 2-1-17 是我国五种原油减压渣油的八组分组成。

表 2-1-17　减压渣油的八组分组成　%(质)

组　成	原油名称				
	大庆	胜利	孤岛	华北	中原
饱和分	40.8	19.5	15.7	19.5	23.6
轻芳烃	8.9	7.8	6.2	5.4	6.1
中芳烃	6.5	6.9	6.1	5.3	6.0
重芳烃	17.4	18.3	22.8	18.9	14.3
轻胶质	11.1	14.2	16.0	14.1	12.1
中胶质	6.1	7.7	8.2	8.9	7.4
重胶质	8.8	11.9	13.7	17.7	15.0
戊烷沥青质	0.4	13.7	11.3	10.1	15.5

如表 2-1-17 所示，我国减压渣油中戊烷沥青质含量除大庆减渣外均高于 10%。在三种芳烃中，重芳烃含量显著高于轻芳烃和中芳烃含量之和。在三种胶质中，轻胶质和重胶质含量较高，中胶质含量明显低于轻胶质、重胶质含量。

(4) 石油馏分的结构族组成

对于较重的馏分和减压渣油，由于其相对分子质量大，分子结构复杂，所含的单体化合物的数量巨多，无法测定其单体烃组成，而烃族组成又无法描述其结构特征，一般采用结构族组成表示。结构族组成就是将某一馏分看成一个平均分子，将该平均分子的碳氢结构部分用几个平均结构参数($\%C_A$、$\%C_P$、$\%C_N$、R_A、R_N、R_T)来加以定量描述。

此方法简单，应用范围广泛，可以比较不同原油在平均结构上的差异，也可用来考察在石油加工过程中平均结构的变化。

表 2-1-18 中列出了胜利原油 200~500℃范围内各 50℃馏分及减压渣油的结构族组成。可以看出，虽然沸点相差很多，但是 200~500℃各馏分的$\%C_A$、$\%C_P$、$\%C_N$ 的分布差别不大，$\%C_P$ 在 60%左右，$\%C_N$ 在 25%左右，$\%C_A$ 在 12%左右，这表明同一原油的化学属性是相似的；表中所列的大于 500℃减压渣油数据是用核磁共振氢谱法求得的，与前面的馏分相比，渣油中的$\%C_A$ 较高，$\%C_N$ 较低，而$\%C_P$ 接近。从平均结构中的 R_A 和 R_N 来看，均随着沸点的升高而增加。

表 2-1-18 胜利原油 200~500℃范围内各 50℃馏分及减压渣油的结构族组成

结构族组成	馏分(沸程)/℃						
	200~250	250~300	300~350	350~400	400~450	450~500	>500(^{1}H-NMR)
$\%C_P$	55.4	62.1	64.7	62.2	59.7	58.6	61
$\%C_N$	33.6	25.4	24.6	26.4	27.1	27.8	17
$\%C_A$	11.0	12.5	10.7	11.4	13.2	13.6	22
R_N	0.77	0.62	0.71	0.99	1.62	1.89	3.1
R_A	0.24	0.31	0.31	0.38	0.58	0.68	3.2

表 2-1-19 列出我国几种原油 350~500℃馏分的结构族组成数据。可以看出，石蜡基原油(大庆原油和中原原油)的$\%C_P$ 显著较高(约 70%)，而$\%C_N$ 和$\%C_A$ 较低；R_A 和 R_N 也较低。环烷-中间基原油(如孤岛原油)的$\%C_P$ 较低(约 50%)，而$\%C_N$ 和$\%C_A$ 较高；R_A 和 R_N 也较高。中间基原油(如胜利、华北、辽河原油)的$\%C_P$、$\%C_N$、$\%C_A$、R_A、R_N 介于石蜡基原油和环烷基原油之间。

表 2-1-19 不同原油 350~500℃馏分的结构族组成

原油名称	$\%C_P$	$\%C_N$	$\%C_A$	R_N	R_A
大庆	70.1	20.2	9.7	1.02	0.40
胜利	62.4	25.1	12.5	1.50	0.56
孤岛	50.5	32.0	17.5	2.20	0.80
华北	66.5	22.3	11.2	1.24	0.47
中原	74.5	15.9	9.6	0.80	0.43

续表

原油名称	$\%C_P$	$\%C_N$	$\%C_A$	R_N	R_A
辽河	62.5	23.5	14.0	1.41	0.62
新疆	64.0	29.4	6.6	1.80	0.32

近些年，随着核磁共振技术的发展，对于减压渣油等重质油，普遍采用的是以氢谱NMR及碳谱^{13}C-NMR为基础数据来计算其平均结构的改进的Brown-Ladner法（简称B-L法）。该方法主要使用重油的碳含量、氢含量、数均分子量M_n（VPO法）以及H-NMR氢分率数据H_A、H_α、H_β和H_γ等原始数据，计算得到芳香环部分、环烷部分和烷基链部分的结构参数。芳香环部分结构参数有芳碳率f_A、芳香环系缩合度H_{Au}/C_A、结构单元重USW（unit sheet weight）、芳香环系周边碳取代率σ、芳香内碳C_I（连接2个或3个芳环芳香碳原子）及迫碳C_F（连接3个芳环的芳香碳原子）、芳香环数R_A等；环烷部分结构参数有环烷环数R_N、环烷碳率f_N等；烷基链部分结构参数有烷基碳率f_P、烷基链平均链长L等。

表2-1-20为用^{1}H-NMR法得到减压渣油的结构族组成。可以看出，大庆减压渣油的f_A、f_N、R_A、R_N最小，f_P最大，而孤岛减压渣油的f_A、f_N、R_A、R_N最大，f_P最小；胜利减压渣油的结构参数介于前两者之间。国外两种重质原油的减压渣油的结构参数与孤岛减压渣油具有相似的分布规律。用这些结构参数表征减压渣油的平均化学属性，指导加工和利用。

表2-1-20 减压渣油的平均结构参数

原油名称	f_A	f_N	f_P	R_N	R_A
大庆	0.16	0.11	0.73	2.3	3.0
胜利	0.22	0.17	0.61	3.1	3.2
孤岛	0.29	0.23	0.48	4.3	4.9
科威特	0.33	0.15	0.52	3.0	5.0
加拿大，阿萨巴斯卡	0.30	0.24	0.46	2.5	2.0

渣油结构参数与渣油的加工和使用性能是有密切内在联系的，例如芳碳率较低、烷基碳率较高、芳香环数较少及平均链长较长的减压渣油易于轻质化；而芳碳率较高、烷基碳率较低、芳香环数较多及平均链长较短的减压渣油则较适合制取沥青。各种减压渣油的同一种组分在结构上是有其共性的，但也随其化学属性不同而有所区别。例如同为芳香分和胶质，环烷基原油减压渣油的芳碳率要高于石蜡基原油减压渣油的芳碳率。

（5）采用超临界溶剂萃取技术评价分析渣油

近年来，中国石油大学重质油国家重点实验室将超临界溶剂萃取技术应用于渣油评价，发展分离渣油的超临界溶剂萃取分馏技术（SFEF）。利用此技术可以将渣油大体上按相对分子质量大小在较低的温度下（<250℃）分离成多个窄馏分，所抽出的馏分油的累计收率可达减压渣油的80%~90%。其中，最重的窄馏分的平均沸点（相当于常压下）可达850℃以上。该技术所得试样量大，可以对各窄馏分和抽余残渣油进行组成、性质的测定，从而得到详细的渣油组成和性质数据。

用超临界溶剂萃取分馏技术可以基本上按相对分子质量大小对渣油进行分离。总的来说，随着窄馏分收率的增大(或相对分子质量的提高)，馏分的氢碳原子比降低、残炭和镍含量增大。对于其他的性质和组成，也有相应的变化规律。

另外，利用中国石油大学重质油国家重点实验室研究并提出的表征渣油化学特性的特征化参数 K，可与渣油的重要性质及反应性能进行关联。特征化参数 K 能较好地表征渣油的化学特性，为此，重质油国家重点实验室建议按 K_H 值将减压渣油分为三类：

第一类：$K_H>7.5$，二次加工性能好；

第二类：$6.5<K_H<7.5$，二次加工性能中等；

第三类：$K_H<6.5$，二次加工性能差。

三、原油中的非烃化合物

原油中含有相当数量的非烃化合物，尤其在重质馏分和减压渣油中含量更高。原油中硫、氮、氧等杂元素总量一般占 1%～5%。但由于这些元素主要是以化合物形态存在。因此，作为非烃化合物在原油中的含量就相当可观。

非烃化合物对于石油的加工工艺以及石油产品的使用性能都有很大影响。例如，大部分精制过程以及催化剂的中毒问题，石油化工厂的环境污染问题和石油产品的储存、使用等许多问题都与非烃化合物密切相关。

原油中的非烃化合物主要包括含硫、含氮、含氧化合物以及胶状沥青状物质。

1. 原油中的含硫化合物

(1) 原油及馏分中硫的分布

硫是原油的组成元素之一。不同原油的含硫量相差很大，跨度从万分之几到百分之几，例如，我国克拉玛依原油含硫量只有 0.04%～0.09%(质)，委内瑞拉原油含硫量高达 5.5%(质)。由于硫对石油加工、油品产品质量和环境保护的影响很大，因此含硫量常作为评价原油的一项重要指标。

通常将含硫量高于 2.0%(质)的原油称为高硫原油，低于 0.5%(质)的称为低硫原油，介于 0.5%～2.0%(质)之间的称为含硫原油。由表 2-1-7 中可看出，我国原油大多属于低硫原油(如大庆等原油)和含硫原油(如孤岛等原油)。

硫在原油馏分中的分布一般是随着馏分沸程的升高而增加，大部分硫集中在重馏分和渣油中。表 2-1-21 为我国部分原油各馏分中硫的分布。石脑油馏分的硫含量最低，减压渣油的硫含量最高，除吐哈和轮一联原油外，我国大多数原油中约有 70%的硫集中在减压渣油中。表 2-1-22 为中东地区部分原油各馏分中硫的分布。随着石油馏分沸程的升高，中东地区原油硫含量也呈增多的趋势。

表 2-1-21　我国原油各馏分中硫的分布

馏分(沸程)/℃	硫含量/(mg/kg)							
	大庆	胜利	孤岛	辽河	中原	江汉[①]	吐哈	轮一联
原油	1000	8000	20900	2400	5200	18300	300	8589
<200	108	200	1600	60	200	600	20	30
200～250	142	1900	5200	130	1300	4400	110	250
250～3000	208	3900	8800	460	2200	5900	200	980

续表

馏分(沸程)/℃	硫含量/(mg/kg)							
	大庆	胜利	孤岛	辽河	中原	江汉[①]	吐哈	轮一联
300~350	457	4600	12300	880	2800	6300	300	3020
350~400	537	00	14200	1190	3400	10400	350	5540
400~450	627	6300	11020	1100	3400	15400	440	6640
450~500	802	5700	13300	1460	4300	16000	680	8570
>500(渣油)	1700	13500	29300	3600	9400	23500	940	16700
$\frac{渣油中硫}{原油中硫}$/%	74.7	73.3	75.0	70.0	68.0	72.2	30.1	38.1

①江汉原油的馏分切割温度稍有差异。

表 2-1-22 中东等地区原油各馏分中硫的分布

馏分(沸程)/℃	硫含量/(mg/kg)						
	伊朗轻质	沙特中质	沙特重质	沙特轻质	阿联酋	阿曼	安哥拉
原油	14000	24200	28500	18000	8300	9500	2170
<200	800	700	790	410	270	300	80
200~250	4300	28400	3230	1730	1030	1400	250
250~300	9300	8120	10960	10310	5600	2900	540
300~350	14400	14230	20400	16110	9300	6200	750
350~400	17000	19590	25200	22100	11600	7400	1090
400~450	17000	22420	27100	23400	12500	9200	1100
450~500	20000	25400	30100	25700	13500	11600	1250
>500(渣油)	34000	38100	55000	39300	16000	21700	2400
$\frac{渣油中硫}{原油中硫}$/%	55.9	48.2	57.3	43.4	30.6	66.1	38.8

必须指出，有一部分含硫化合物由于热不稳定，在原油蒸馏过程中容易分解成分子较小的硫化物，因而测定蒸馏产物中的含硫量往往并不能准确反映原来石油馏分中硫的真正分布情况。

(2) 原油及其馏分中硫的存在形态

硫在原油中以元素硫、硫化氢和硫醇、硫醚、二硫化物、噻吩等有机含硫化合物的形态存在，此外尚有少量其他类型的含硫化合物。这些含硫化合物按性质划分可分为两大类：活性硫化物和非活性硫化物。活性硫化物主要包括元素硫、硫化氢和硫醇等，其共同特点是对金属设备有较强的腐蚀作用；非活性硫化物主要包括硫醚、二硫化物和噻吩等对金属设备无腐蚀作用的硫化物，一些非活性硫化物经受热分解后会转变成活性硫化物。

表 2-1-23 列出了国外几种原油硫的分布类型，表中的“其余硫”主要是噻吩硫。可以看出，虽然不同原油之间的硫化物类型含量差别较大，但原油中的含硫化合物一般以硫醚类和噻吩类为主。表中数据表明原油中元素硫含量很少，硫化氢含量极少。硫化氢一般是由原油中的硫化物受热后分解而产生的，而硫化氢又能被氧化生成元素硫，所以原油中的元素硫和

硫化氢并不一定都是原油中本来就有的。

表 2-1-23　国外几种原油中硫分布的类型　%(质)

原油产地	原油中硫含量	馏分中硫分布类型					
		元素硫	硫化氢	硫醇	硫醚	二硫化物	其余硫
美国，得克萨斯州，威逊	1.85	0.1	0	15.3	24.6	7.4	52.6
美国，密执安州，得波利法	0.58	0.0	0	45.9	3.0	22.5	28.6
美国，俄克拉荷马州，瓦尔玛	1.36	0.4	0	1.1	53.9	0.7	43.9
伊朗，阿卡加里	1.36	0.0	0	8.5	22.4	3.4	65.7
伊拉克，克利考克	1.93	0.0	0	7.9	45.5	3.5	41.0
美国，加利福尼亚，萨塔玛利亚	4.99	0.0	0	0.2	41.6	0.0	58.2
美国，怀俄明州，阿米哥巴斯	3.25	0.3	0	1.7	28.5	1.3	68.2
美国，得克萨斯州，斯洛塔	2.01	1.2	0	10.8	30.0	9.2	48.8
美国，密西西比州，哈衣得巴克	3.76	0.0	0	0.0	19.5	0.2	80.3
美国，得克萨斯州，克鲁多苏米斯	2.17	42.5	0	10.6	20.7	8.4	17.3

1）硫醇。

原油中硫醇(RSH)的含量一般不多，且多存在于轻馏分中，轻馏分中硫醇硫含量占其总硫含量的40%～50%。随着馏分沸程升高，硫醇含量急剧降低，在350℃以上的高沸点馏分中硫醇的含量极少(见表 2-1-24)。硫醇中的 R 基可为烷基，也可以是环烷基或芳香基(如苯硫酚)，有的硫醇同时含有芳香基和烷基，如苄硫醇以及混合结构更为复杂的硫醇。低分子的甲硫醇(CH_3SH)、乙硫醇(CH_3CH_2SH)等具有极为强烈的特殊臭味，空气中含甲硫醇浓度为 $2.2\times10^{-12}g/m^3$ 时，人们就可以闻到，因此，可以作为煤气漏气的警报信号。

硫醇对热不稳定，低分子硫醇如丙硫醇在300℃下即分解生成硫醚和硫化氢，当温度高于400℃时，硫醇分解生成相应的烯烃和硫化氢。硫醇可与氢氧化钠反应生成硫醇钠：

$$RSH+NaOH \longrightarrow RSNa+H_2O$$

硫醇随着相对分子质量的增大其酸性减弱，使得所生成的硫醇钠更容易发生水解，从而使碱洗脱硫醇变得更加困难。此外，硫醇在一定条件下可以氧化生成二硫化物，从而脱除臭味。

2）硫醚。

硫醚(RSR′)是石油中含量较高的硫化物，它在石油的轻馏分和中间馏分中的含量往往可达该馏分含硫量的50%～70%(见表 2-1-24)。

表 2-1-24　原油各馏分中的硫化物类型分布

原油	馏分		馏分中硫化物类型分布/%(质)					
	馏程/℃	硫含量/%(质)	元素硫	硫化氢	硫醇	硫醚	二硫化物	其余硫
达留斯	<38	0.0100	—	—	84.00	—	—	16.00
	38～110	0.0410	0.98	9.76	46.34	39.02	—	3.90
	110～150	0.1137	3.52	7.04	50.14	29.45	7.04	2.81
	150～200	0.1780	2.13	3.37	18.87	64.43	5.00	6.18
	200～250	0.3650	—	—	1.26	65.75	0.63	32.36
	250～300	1.1800	—	0.06	0.40	30.76	0.34	68.44
	300～350	1.7600	—	0.04	0.06	26.55	0.07	73.27

续表

原油	馏分		馏分中硫化物类型分布/%(质)					
	馏程/℃	硫含量/%(质)	元素硫	硫化氢	硫醇	硫醚	二硫化物	其余硫
阿拉贡中质	20~100	0.05	0.00	2.14	49.00	35.4	9.00	4.45
	100~150	0.07	0.00	1.80	43.60	33.99	4.29	16.32
	150~200	0.11	0.00	0.36	16.36	54.55	2.27	26.45
	200~250	0.41	0.00	0.00	0.73	48.25	0.12	50.90
	250~300	1.06	0.00	0.00	0.26	25.28	0.00	74.44
	300~350	1.46	0.00	0.00	0.18	21.23	0.00	78.59

硫醚的存在形态有很多，硫醚中的R基可以是烷基(正构或异构)、环烷基或芳香基。当R基为环烷基时称环硫醚。环硫醚是硫原子在环结构上的硫醚，在石油中的环硫醚多为五元环或六元环，但也发现了少量其他结构的环硫醚。研究表明，在多数原油的柴油及减压馏分中，所含的硫醚主要是环硫醚。此外，也存在R基为芳香基的硫醚(例如二苯硫醚)。芳香硫醚和环硫醚的热稳定性相当高，在400~450℃或更高的温度下才开始分解。但当有硅酸铝(催化裂化催化剂)存在时，硫醚加热到300~450℃时就开始分解而生成硫化氢等产物。

硫醚属于中性液态物质，因此不能用碱除去。低分子硫醚无色但有臭味，沸点比相应的醚类高。硫醚不溶于水，也不与金属发生反应，但其分子中的硫原子有形成高价的倾向。在室温下，硫醚与硝酸或过氧化物作用生成亚砜；在较高温度下，双氧水-冰醋酸溶液能使硫醚直接氧化成砜。其反应式如下：

$$CH_3—S—CH_3+H_2O_2 \longrightarrow CH_3—\overset{\overset{\large O}{\|}}{S}—CH_3+H_2O$$

$$CH_3—S—CH_3+2H_2O_2\text{-}CH_3COOH \xrightarrow{加热} CH_3—\underset{\underset{\large O}{\|}}{\overset{\overset{\large O}{\|}}{S}}—CH_3+2H_2O+2CH_3COOH$$

3）二硫化物。

二硫化物(RSSR′)在石油馏分中含量很少，一般不超过该馏分含硫量的10%(质)，而且较多集中于石油的低沸点馏分中。二硫化物也属中性，不与金属作用，它与硫醚相比热稳定性较差，受热后分解成硫醚和元素硫，也可分解成硫醇、烯烃和元素硫，反应式如下：

$$\begin{array}{l} R—CH_2CH_2—S \\ \qquad\qquad\qquad\;\, | \\ R—CH_2CH_2—S \end{array} \xrightarrow{加热} \begin{array}{l} R—CH_2CH_2 \diagdown \\ \qquad\qquad\qquad\quad S+S \\ R—CH_2CH_2 \diagup \end{array}$$

$$\begin{array}{l} R—CH_2CH_2—S \\ \qquad\qquad\qquad\;\, | \\ R—CH_2CH_2—S \end{array} \xrightarrow{加热} R—CH_2CH_2SH+R—CH=CH_2+S$$

4）噻吩。

噻吩(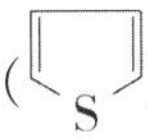)及其同系物是一种芳香性的杂环化合物，它们是石油中一类主要的含硫化合物。噻吩的物理化学性质与苯系芳香烃很接近，例如易溶于浓硫酸中，容易被磺化等。噻吩没有难闻的气味，对热的稳定性很高，故在热分解产物中噻吩含量相当高。目前在石油馏分中已分离出许多噻吩的同系物，例如：

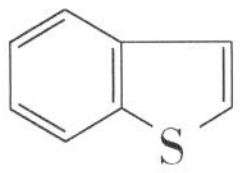
苯并噻吩

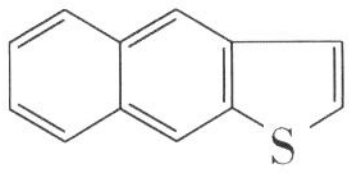
二苯并噻吩

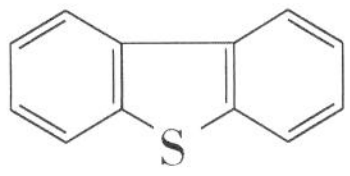
萘并噻吩

苯并噻吩系、二苯并噻吩系和萘并噻吩系化合物主要集中于石油重质馏分中，它们的结构及性质都与苯系稠环化合物相似，热稳定性都很高，也不活泼。

除上述含硫化合物外，原油中还有一部分硫存在于渣油的胶质、沥青质中。

2. 原油中的含氮化合物

（1）原油中的氮含量及其分布

原油中的氮含量一般比硫含量低，通常在0.05%～0.5%(质)范围内，仅有约4%的原油的氮含量超过0.6%(质)。原油中的氮分布也随着馏分沸程的升高，氮含量迅速增加，约有80%的氮集中在400℃以上的重油中。我国原油含氮量偏高，而且大多数原油的渣油中浓集了约90%的氮(见表2-1-25)。

表2-1-25　原油中各馏分中氮的分布

馏分(沸程)/℃	氮含量/(mg/kg)								
	大庆	胜利	孤岛	中原	二连[①]	轮南	惠州	伊朗轻质	阿曼
原油	1600	4100	4300	1700	3600	1100	390	1200	1600
<200	0.8	3.0	2.4	1.6	<24	1.3	1.2	2.7	1.7
200～250	6.4	12.4	17.6	11.0	47	4.7	4.2	9.5	2.6
250～300	12.4	77.4	44.3	41.0	148	15.5	13	87.5	8.4
300～350	67.0	111	199	102	531	—	35	558	94.4
350～400	176	776	927	280	1221	240	127	1072	132
400～450	414	1000	1060	440	1770	615	427	1518	906
450～500	705	1600	1710	660	1900	1265	750	1948	1300
>500(渣油)	2900	8500	8800	5300	5400	2800	3098	3700	5200
$\frac{渣油中氮}{原油中氮}$/%	90.9	92.2	92.5	93.5	89.2	64.9	73.6	70.4	88.9

① 二连的吉尔格郎图地区。

原油中的含氮化合物对催化加工和产品的使用性能都有不利的影响，可以使催化剂中毒失活，或使石油产品的安定性变差，易生成胶状沉淀，发动机燃料中的氮化合物燃烧时生成氮氧化合物危害人体健康、污染环境，所以必须尽可能加以脱除。

(2) 原油中含氮化合物的类型

原油中的含氮化合物按其酸碱性通常分成两大类：碱性含氮化合物和非碱性含氮化合物。碱性含氮化合物是指在冰醋酸(体积分数为50%)和苯(体积分数为50%)的样品溶液中能够被高氯酸滴定的含氮化合物，不能被高氯酸滴定的含氮化合物为非碱性含氮化合物。

为了更详细地研究石油中的含氮化合物，可根据高氯酸的滴定曲线，按 pK_a 值将其进一步分成强碱性、弱碱性和非碱性含氮化合物，即 $pK_a>2$ 的为强碱性含氮化合物，$-2<pK_a<2$ 的为弱碱性含氮化合物，$pK_a<-2$ 的为非碱性含氮化合物。一般认为，吡啶、喹啉类属于强碱性含氮化合物，吡咯、酰胺类属于弱碱性含氮化合物，而咔唑类属于非碱性含氮化合物(见表2-1-26)。但这种区分并不严格，而且碱性的强弱仅具有相对意义，在一定条件下，碱性与非碱性含氮化合物之间能够相互转化。例如，在加氢过程中含氮杂环会发生部分饱和，使非碱性或弱碱性含氮化合物转化为碱性或强碱性含氮化合物，如非碱性含氮化合物咔唑加氢时部分饱和转化成碱性的四氢咔唑：

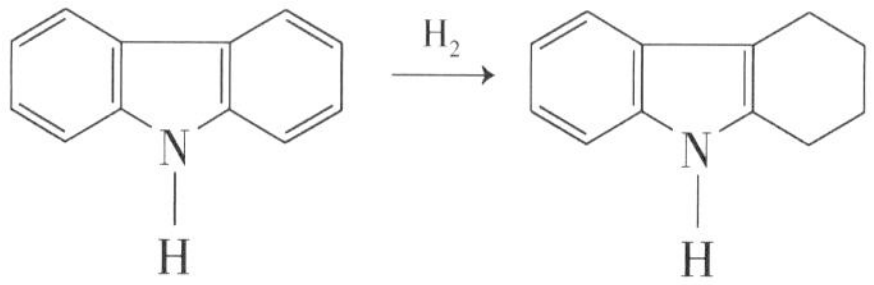

表2-1-26　一些典型含氮化合物的 pK_a 值

项目	化合物名称	pK_a 值	项目	化合物名称	pK_a 值
胺类	二乙胺	11.0	吡咯、吲哚类	吡咯	-0.27
	三甲胺	9.8		吲哚	-2.4
	四氢吡咯	11.3		咔唑	<-2
	苯胺	4.6		2-甲基吡咯	0.2
	2,6-二甲基苯胺	3.9		*N*-甲基吡咯	-1.8
吡啶、喹啉类	吡啶	5.21	酰胺类	乙酰基苯胺	-1.6
	2-甲基吡啶	6.5		苯甲酰胺	-1.8
	2,4-二甲基吡啶	6.99		乙酰胺	-0.5
	喹啉	4.9		苯酰基苯胺	-2
	异喹啉	5.42			
	2,4-二甲基喹啉	5.12			
	吖啶	5.58			
	3,4-二苯并喹啉	4.61			

研究表明，尽管各种原油的产地、性质不同，但它们碱性氮与总氮的比例关系大体相同。一般说来，原油中的碱性氮占总氮含量的25%~30%(见表2-1-27)，但原油的轻馏分中碱性氮与总氮之间尚无此规律，而在渣油中碱性氮与总氮之间的比例关系基本符合上述规律(见表2-1-28)。

表 2-1-27 原油中碱性氮与总氮含量的关系

原油名称	碱性氮(N_B)含量/%(质)	总氮(N_T)含量/%(质)	N_B/N_T/%
杰克逊	0.01	0.04	25
米兰都	0.01	0.04	25
斯库利哥提	0.02	0.06	33
东得克萨斯	0.02	0.08	25
西得克萨斯	0.03	0.11	27
堪萨斯	0.04	0.12	33
密得康蒂南	0.025	0.10	25
圣大玛利	0.19	0.66	29
文图拉	0.13	0.42	31
凯特曼	0.14	0.41	34
威明顿	0.14	0.50	28
蒂博比丘利	0.033	0.13	25
格依哥利欧	0.02	0.08	25
科威特	0.03	0.12	25

表 2-1-28 石油渣油中碱性氮与总氮含量关系

原油名称	碱性氮(N_B)含量/%(质)	总氮(N_T)含量/%(质)	N_B/N_T/%
大庆减渣	0.156	0.52	30.0
孤岛减渣	0.344	0.90	38.2
单家寺减渣	0.342	1.03	33.2
威明顿渣油	0.34	1.13	30.1
圣大玛利渣油	0.26	0.93	28.0
科威特渣油	0.09	0.35	25.7

石油及其馏分中的碱性含氮化合物主要有吡啶系、喹啉系、异喹啉系和吖啶系，苯胺类衍生物的含量极少。随着馏分沸程的升高，其碱性含氮化合物的环数也相应增多。从表 2-1-29 可以看出，在威明顿原油的轻馏分中，碱性含氮化合物主要以烷基吡啶和环烷基吡啶的衍生物为主，随着馏分沸程升高，吡啶衍生物的含量降低而喹啉衍生物的含量增加。目前，已检测到的含氮化合物，其氮原子均处在环结构中，为氮杂环系化合物。脂肪族含氮化合物在石油中较少存在。

表 2-1-29 威明顿原油中各馏分中碱性含氮化合物

碱性含氮化合物类型	各馏分中碱性含氮化合物的类型分布/%(质)		
	130~250℃馏分	250~300℃馏分	300~350℃馏分
烷基吡啶	37	5	0
环烷基吡啶	55	45	18
苯基吡啶	0	19	5
烷基喹啉	8	31	60
环烷基喹啉	0	0	10
苯并喹啉	0	0	7

原油及其馏分中的弱碱性和非碱性含氮化合物主要有吡咯系、吲哚系和咔唑系。随着馏分沸程升高，非碱性含氮化合物增加，更集中在石油较重的馏分以及渣油中。石油中的非碱性含氮化合物(如吡咯、吲哚等衍生物)性质不稳定，易被氧化和聚合，导致石油二次加工油品颜色变深，产生沉淀。

原油中还有另一类重要的非碱性含氮化合物，即卟啉化合物。卟啉化合物是重要的生物标志物质，在研究石油的成因中有重要的意义。卟啉化合物的基本结构单元是卟吩或卟啉核。卟吩是由四个吡咯环对称地与四个次甲基交替相连而构成的一种复杂共轭环系结构。当卟吩的吡咯环上带有各种取代基时，便形成各种卟啉化合物。石油中的卟啉化合物大多是与钒(VO^{2+})或镍(Ni^{2+})以配合物的形式存在的。石油中卟啉化合物的类型有很多，其中最主要的两种类型是脱氧叶红初卟啉(简称 DPEP)和初卟啉Ⅲ(简称 ETIO)，其结构如下：

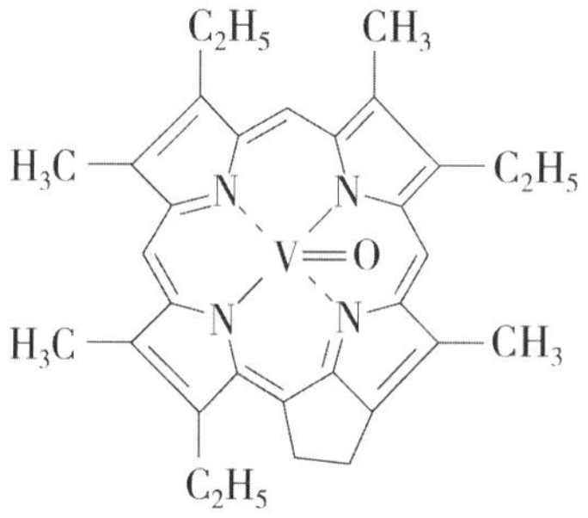

脱氧叶红初卟啉

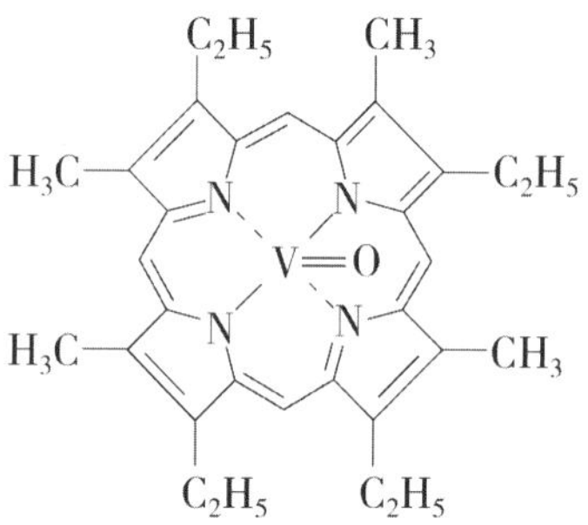

初卟啉Ⅲ

研究表明，由于卟啉中四个吡咯环构成高度稳定的共轭双键体系，因此在紫外和可见光范围内有强烈的特征吸收峰。游离卟啉在 500/600μm 处有四个特征吸收峰，金属卟啉化合物则在 515/535μm 和 550/575μm 处各有一个吸收峰。

原油中金属卟啉化合物主要是钒卟啉化合物和镍卟啉化合物。大部分存在原油重馏分中，尤其是减压渣油中(>500℃)。一般说来，含硫的原油中钒卟啉化合物含量较高，而低硫、高氮的原油中镍卟啉化合物含量较高。我国原油多为低硫、高氮原油，因而卟啉化合物多以镍卟啉化合物为主，钒卟啉化合物的含量较少。

3. 原油中的含氧化合物

原油中的含氧量一般在千分之几内，个别原油含氧量较高，可达 2%~3%。若原油在加工前或加工后长期暴露在空气中，其含氧量就会大大增加。原油中的含氧量多是在元素分析中用减差法计算出得的(即用 100%减去碳、氢、硫、氮的含量)，实际上包含了全部的分析误差，因此，数据并不十分可靠。原油中的含氧量虽然很低，但含氧化合物的数量仍然可观。

原油中的氧元素都是以有机含氧化合物的形式存在，可分为酸性含氧化合物和中性含氧化合物。酸性含氧化合物包括环烷酸、芳香酸、脂肪酸和酚类等，总称为石油酸。中性含氧化合物包括酮、醛和酯类等，一般含量极少，因此原油中的含氧化合物以酸性含氧化合物为主。

(1) 原油中酸性含氧化合物的含量及其酸度(或酸值)

原油中酸性含氧化合物的含量一般借助酸度(或酸值)来间接表示。酸度是指中和 100mL 油样中的酸性化合物所需的氢氧化钾毫克数(mgKOH/100mL)，一般适用于轻质油品；酸值是指中和 1g 油样中的酸性化合物所需的氢氧化钾毫克数(mgKOH/g)，一般适用于重质油品。需指出，酸度(或酸值)与酸含量并不是等同的概念。油样中的酸性化合物含量不仅与其酸度(或酸值)有关，而且与其平均相对分子质量有关。当油样的酸度(或酸值)相同时，相对分子质量越大表明其中酸性化合物的含量越高。倘若样品的相对分子质量相同，那么酸度(或酸值)越高，表明其中酸性化合物的含量也越高。表 2-1-30 为我国原油的酸值。由表可看出，环烷基原油的酸值较高，其中单家寺原油的酸值高达 7.4mgKOH/g，而石蜡基原油的酸值较低。

表 2-1-30　我国部分原油的酸值

原油产地	酸值	原油类别	原油产地	酸值	原油类别
大庆	0.045	低硫石蜡基	二连浩特	0.24	低硫石蜡基
欢喜岭	2.01	低硫环烷基	吉尔格朗图	2.93	低硫环烷基
曙光	0.81	低硫中间基	冀中	0.34	低硫石蜡基
兴隆台	0.18	低硫中间-石蜡基	大港	0.64	低硫中间基
坨子里	1.82	低硫环烷-中间基	井楼	5.85	低硫环烷基
胜利	1.08	含硫中间基	克拉玛依 0 号	0.08	低硫中间基
孤岛	1.28	含硫环烷-中间基	克拉玛依 1 号	1.02	低硫中间基
孤东	2.36	低硫中间基	克拉玛依 2 号	0.74	低硫中间基
单家寺	7.4	含硫环烷基	克拉玛依 3 号	1.32	低硫中间基
中原	0.45	低硫石蜡基	塔南(柯克亚)	0.02	低硫石蜡基
南阳.	0.73	低硫石蜡基	吐哈	0.025	低硫石蜡基
江汉	0.30	含硫石蜡基	轮南	0.79	含硫中间基

原油中的酸值一般不随其沸点升高而逐渐增大，而是呈现若干个峰值，不同原油其峰值并不相同，大多数原油在 300~450℃ 馏分有一个酸值最高峰。

(2) 原油中的酸性含氧化合物

1) 原油中的环烷酸。

一般认为，原油中小于 8 个碳原子的羧基酸多为脂肪酸，一般地，脂肪酸含量很少，主要是环烷酸，约占原油酸性含氧化合物的 90%。环烷酸的含量因石油产地和原油类型不同而异。石蜡基原油的环烷酸含量较少，中间基和环烷基原油的环烷酸含量较多。环烷酸一般在中间馏分(沸程约为 250~400℃)中含量最高。例如，我国克拉玛依原油在沸程为 250~400℃ 时其环烷酸含量最高，而纯环烷酸的酸值则随馏分沸程升高(或相对分子质量增大)而降低(见表 2-1-31)。

表 2-1-31　克拉玛依混合原油各馏分的环烷酸含量

沸程范围/℃	占原油/%	环烷酸占馏分油/($t/10^4t$)	环烷酸占原油/($t/10^4t$)	纯环烷酸酸值/(mgKOH/g)
200~250	6.86	0.63	0.04	245.2
250~300	7.05	15.0	1.06	240.5
300~350	9.32	30.0	2.80	166.2
350~400	9.13	58.0	5.30	101.5
400~450	7.90	55.0	4.35	81.9
450~500	11.61	39.0	4.53	74.3

环烷酸一般是一元羧酸，其环烷环数有1~5个，且多为稠合环系。碳数为6~10的低分子环烷酸主要是环戊烷的衍生物；碳数为12以上的高分子环烷酸既有五元环又有六元环，但以六元环为主，其羧基有的直接与环烷环相连，也有的与环烷环之间以若干个亚甲基相连。高分子环烷酸中甚至还存在环烷-芳香混合环的环烷酸。

环烷酸的物理性质与分子的大小有关。通常从低沸点馏分中分离出的环烷酸，其相对分子质量都比较小，黏度也不大，是一种有特殊气味的液体，颜色一般也较浅；但从高沸点馏分中分离出的环烷酸，其相对分子质量较大，且是一种黏稠的甚至是半固态的物质，颜色也深得多，一般为暗褐色。环烷酸的相对密度一般在0.93~1.02之间，随着相对分子质量增加，环烷酸的酸值降低。环烷酸在水中的溶解度很小，高分子的环烷酸不溶于水，但易溶于石油烃类和许多有机溶剂。

环烷酸的化学性质和脂肪酸相似，它具有普通羧酸的一切性质。在中和时，环烷酸很容易生成各种盐类，较重馏分中的环烷酸在碱洗时易乳化而难以分离。环烷酸会对加工设备造成腐蚀，特别是低分子环烷酸酸性较强易对设备造成腐蚀，尤其是酸值高，温度也高的情况下对设备腐蚀更严重。

虽然环烷酸对石油加工和产品应用不利，但却是非常有用的化工产品，以环烷酸为主要成分的石油酸(也称阿西多)，是石油中间馏分经氢氧化钠精制后从碱渣中分离出的有机酸混合物，广泛用作木材防腐剂或环烷酸皂的原料。石油酸的钠盐易溶于水，是很好的水包油型表面活性剂以及乳化沥青的乳化剂，也可用作油包水型原油乳状液的破乳脱水剂以及植物生长的促进剂。石油酸的锰、钙、锌、铁、镍等盐类还可作为燃料和润滑油的添加剂。石油酸本身还可作为许多稀土金属的萃取剂。

2）石油酚类。

在石油的酸性含氧化合物中，除环烷酸外，还存在脂肪酸和酚类，其含量通常不超过酸性含氧化合物总量的10%。

酚类大多存在于石油的热转化和催化裂化的油品中，低沸点馏分中的酚大多是重质油中热稳定性较差的高分子酚类热分解的产物，主要是甲酚、二甲酚，同时也含有三甲酚及萘酚等。酚类的结构特征是分子中有一个或几个羟基官能团与芳香环相连，它具有酸性，能与碱作用生成盐，并溶解在碱性溶液中。

酚的铁盐是一种强染色剂，与三氯化铁反应能显示出强烈的紫色。该方法可定性检出酚类。

酚类结构中的羟基由于直接连在苯环上，使邻、对位上的氢原子更活泼，更容易被取代，因此，酚能发生缩合反应、氧化反应，甚至空气中的氧也能使酚氧化变黑。

(3) 原油中的中性含氧化合物

原油中的中性含氧化合物由于含量极少，而且组成非常复杂(包括醇、酯、醛、酮及苯并呋喃等)，因此至今研究得较少。

原油中的醇类是比较稳定的化合物，只在一定条件下才能发生氧化作用。石油中的羰基化合物(醛和酮)的反应能力较强，易氧化生成酸。石油中还含有酯类，主要存在于350℃以上馏分和渣油中。此外，石油中也发现含有醚类，常为环状醚，还发现有苯并呋喃、二苯并呋喃及环烷并呋喃等中性含氧杂环化合物。

四、原油中的微量元素

原油中的微量元素与碳、氢、硫、氮、氧这五种元素相比，其含量要少得多，质量分数一般为 10^{-9}～10^{-6}。但其中有些元素对加工过程，特别是对催化剂的活性有很大影响，因此，必须对石油中的微量元素的含量、存在形态及其分布等加以研究。到目前为止，已从石油中检测出 59 种微量元素，其中金属元素 45 种。我国大庆、胜利、大港等原油的灰分中也检测出 34 种元素。石油中的微量元素按其化学属性可划分成如下三类：

① 变价金属，如 V、Ni、Fe、Mo、Co、W、Cr、Cu、Mn、Pb、Ga、Hg、Ti 等。

② 碱金属和碱土金属，如 Na、K、Ba、Ca、Sr、Mg 等。

③ 卤素和其他元素，如 Cl、Br、I、Si、Al、As 等。

1. *石油中微量元素的含量*

表 2-1-32 列出了我国五种原油中 13 种微量元素的含量。表 2-1-33 列出国外六种原油中 22 种微量元素的含量。在原油中含量最多的微量元素首先是钒(V)，最高可达 1000mg/kg 以上(如委内瑞拉原油)；其次是镍(Ni)，其最高含量可达 100mg/kg 以上(如我国高升原油及委内瑞拉原油)。在上述几十种微量元素中，对加工影响最大的元素有钒(V)、镍(Ni)、铁(Fe)、铜(Cu)、钙(Ca)，是催化裂化催化剂的毒物，而且在重油固定床加氢过程中也能造成催化剂失活和床层堵塞。此外，砷(As)是催化重整催化剂的毒物；钠(Na)和钾(K)也会使催化剂减活。在燃气透平中，燃料油中 V 的存在会对透平叶片产生严重的熔蚀和烧蚀作用。

表 2-1-32　我国五种原油中微量元素的含量　mg/kg

元素	高升	王官屯	孤岛	胜利	羊三木
Fe	22.0	8.2	12.0	13.0	7.0
Ni	122.5	92.0	21.1	26.0	25.8
Cu	0.4	0.1	<0.2	0.1	0.17
V	3.1	0.5	2.0	1.6	0.9
Pb	0.1	0.1	0.2	0.2	0.1
Ca	1.6′	15.0	3.6	8.9	38.0
Mg	1.2	3.0	3.6	2.6	2.5
Na	29.0	30.0	26.0	81.0	1.2
Zn	0.6	0.4	0.5	0.7	0.5
Co	17.0	13.0	1.4	3.1	3.9
As	0.21	0.09	0.25	—	0.14
Mn	<0.1	<0.1	0.1	0.1	0.2
Al	0.5	0.5	0.3	12.0	1.1

表 2-1-33　国外六种原油中微量元素的含量　mg/kg

元素	加利福尼亚(美国)	利比亚	博斯坎(委内瑞拉)	阿尔伯达(加拿大)	阿萨巴斯卡(加拿大)	伊朗(轻质)
As	0.655	0.077	0.284	0.024	0.111	0.095
Br	0.29	1.33	—	0.072	0.491	0.016
Cd	0.004	—	—	—	—	—

续表

元素	加利福尼亚（美国）	利比亚	博斯坎（委内瑞拉）	阿尔伯达（加拿大）	阿萨巴斯卡（加拿大）	伊朗（轻质）
Cl	1.47	1.81	—	25.5	39.3	2.27
Co	13.5	0.032	0.178	0.0027	0.054	0.30
Cr	0.640	0.0023	0.430	—	0.093	0.017
Cu	0.93	0.19	0.21	—	—	0.032
Fe	68.9	4.94	4.77	0.696	10.8	1.4
Ga	0.30	0.01	—	—	—	—
Hg	23.1	—	0.027	0.048	0.051	—
I	—	—	—	1.36	0.719	—
K	—	4.93	—	—	—	—
Mn	1.20	0.79	0.21	0.048	0.01	—
Mo	—	—	7.85	—	—	—
Na	13.2	13.0	20.3	2.92	3.62	0.6
Ni	98.4	49.1	117	0.609	9.38	12
Sb	0.056	0.055	0.303	—	—	—
Sc	0.0009	0.0003	0.004	—	0.0008	—
Se	0.364	1.10	0.369	0.0094	0.0052	0.058
U	—	0.015	—	—	—	—
V	7.5	8.2	1110	0.682	13.6	53
Zn	9.76	62.9	0.692	0.670	0.046	0.324

原油中钒、镍等微量元素的含量与石油的属性有关。一般来说，相对密度比较大的环烷基原油(或稠油)，其微量金属 Ni(或 V)的含量高于相对密度较小的石蜡基原油。表 2-1-34 为国内一些原油中 Ni、V、Fe、Cu 的含量。数据表明，我国绝大多数原油的 Ni 含量明显高于 V 含量，除少数油田(例如新疆轮南)外，镍钒比(Ni/V)均大于 1。表 2-1-35 表明，国外原油中有的镍含量高于钒，有的钒含量高于镍。一般说来，在含硫量高、相对密度较大及海相成油的石油中含钒较多，而在低硫、高氮及陆相成油的石油中镍含量较高。

表 2-1-34　我国原油的主要微量元素含量

原油名称	微量金属含量/(mg/kg)				Ni/V
	Ni	V	Fe	Cu	
大庆	3.1	0.04	0.7	0.25	78
胜利	26.0	1.6	13.0	0.1	26
孤岛	21.1	2.0	12.0	<0.2	11
辽河	32.5	0.6	9.3	0.3	54
华北	15.0	0.7	1.8	<0.3	21
中原	3.3	2.4	8.2	0.4	1.4
单家寺	42.3	3.4	17.6	—	12
欢喜岭	19.0	0.22	3.6	—	86
新疆混合	5.6	0.07	—	0.55	80

续表

原油名称	微量金属含量/(mg/kg)				Ni/V
	Ni	V	Fe	Cu	
新疆九区	15.4	0.66	28.6	—	23
新疆吐哈	0.5	0.03	6.6	0.35	16
新疆轮南	6.0	64.0	3.5	0.6	0.09
南海惠州	0.33	0.11	0.58	0	3.0
江汉	12.0	0.4	<1.0	0.5	30
渤海埕北	22.5	0.8	5.9	<1.2	28
南海涠洲	0.64	0.07	1.67	0.12	9.1

表 2-1-35 国外原油的主要微量金属含量

原油名称	微量金属含量/(mg/kg)				Ni/V
	Ni	V	Fe	Cu	
哈萨克斯坦	8.33	21.08	7.76	1.02	0.39
伊朗	8.7	88.8	4.0	0.07	0.10
沙特混合原油	11.2	37.1	1.4	0.08	0.30
沙特中质原油	11.1	31.4	1.9	0.06	0.35
沙特轻质原油	1.34	5.34	1.7	0.25	0.25
尼日利亚(布拉斯河)	1.22	0.12	4.7	0.13	10.2
阿联酋(穆尔班)	1.38	1.35	2.44	0.04	1.02
美国(东得克萨斯)	1.7	1.2	3.2	0.4	1.4
美国(威明顿)	46	4.1	28	0.6	11
科威特	6.0	22.5	0.7	0.1	0.27
利比亚(锡尔提加)	14.2	3.62	17.1	0.09	3.92
也门(麦瑞波)	0.8	0.05	0.48	0.18	16.0
安哥拉(卡赛达)	15.0	1.4	2.0	0.06	10.7
英国(北海)	0.59	3.46	0.23	0.26	0.17
西非(加蓬拉比)	8.9	0.11	0.96	0.10	80.9
印尼(米纳斯)	8.8	0.14	5.4	0.35	63
委内瑞拉(博斯坎)	117	1110	4.8	0.2	0.11

表 2-1-36 为我国一些原油中的钙含量及其与酸值的关系。数据表明，钙含量高是我国原油的另一特点。原油中的钙无论对催化裂化工艺，还是对加氢裂化工艺都有不良影响，原油中钙含量的增高很容易造成催化剂失活、加氢反应器压降升高以及催化裂化催化剂结块等。一般来说，钙含量与原油的酸值存在一定的关系：酸值增加，钙含量也增加。

表 2-1-36 我国原油钙含量及其酸值

原油名称	钙含量/(mg/kg)	酸值/(mgKOH/g)
冀东重油	340	3.4
南阳稠油	132	5.85
孤东	238	2.36
孤岛	45.25	1.28

续表

原油名称	钙含量/(mg/kg)	酸值/(mgKOH/g)
东营	44.75	1.07
胜坨	1.7	0.81
曙光	24.6	1.95
兴隆台	1.1	0.18
辽河	46.1	1.78
克拉玛依	143.0	4.28
新疆混合	32.5	1.05
鲁宁管线	16.24	1.36
大庆	1.52	0.09
吉林	2.3	0.14
陕北	12.6	0.10

2. 原油中微量元素的分布

与氮、硫等元素的分布规律类似，原油中微量元素的含量也是随着沸程的升高而增加，主要是浓集在>500℃的渣油中。表 2-1-37 为我国一些原油中五种微量元素含量分布随沸程的变化。表 2-1-38 为我国一些原油及其减压渣油中钙的分布。

表 2-1-37　我国原油各馏分中五种微量元素的含量分布

原油名称	馏分(沸程)/℃	含量/(mg/kg)				
		Fe	Ni	Cu	V	As
大庆	原油	0.7	3.1	<0.2	0.04	0.900
	初馏~200	<0.4	<0.1	<0.2	<0.01	0.200
	200~350	<0.4	<0.1	<0.2	<0.01	0.500
	350~500	<0.4	<0.1	<0.2	0.01	0.700
	>500	2.4	7.2	<0.2	0.1	1.700
胜利	原油	13	26	0.1	1.6	—
	200~350	0.5	0.05	0.08	0.03	0.059
	350~500	2.5	0.08	0.4	0.03	0.026
	>500	15.0	75	<0.3	4.1	0.054
华北	原油	1.8	15	<0.3	0.73	0.220
	200~350	0.4	0.05	0.08	0.04	0.033
	350~500	0.96	0.08	0.06	0.03	0.020
	>500	—	56.9	0.5	1.5	—
辽河	原油	9.3	32.5	0.3	0.6	0.045
	350~500	1.2	0.2	0.1	0.01	—
	>350	17.7	34.9	0.2	0.8	—
	>500	36.8	64.7	0.3	2.2	—
大港	原油	—	18.5	0.76	<1	—
	350~500	—	1.86	0.38	<0.1	—
	>500	—	67.5	2.6	<1	—

表 2-1-38 我国原油及其减压渣油中钙的分布

原油名称	原油中钙含量/(mg/kg)	>500℃渣油中钙含量/(mg/kg)	>500℃渣油产率/%	>500℃渣油钙占比/%
辽河	46	106	43.22	99.9
冀东	340	898	36.62	96.7
克拉玛依	145	428	33.32	98.3
大港	2300	1060	54.90	96.9

由表 2-1-37 可以看出，95%以上的镍和钒集中在>500℃的渣油中，其浓集程度高于硫、氮等元素。由表 2-1-38 可以看出，96%以上的钙是集中在>500℃的渣油中。

3. *原油中微量元素的存在形态*

在原油中，一部分微量金属以水溶性无机盐形式存在，例如钾、钠的氯化物盐。这些金属盐主要存在于原油乳化的水相里。在原油脱盐过程中，可通过水洗或加破乳剂而除去。另一部分微量金属以油溶性有机化合物或配合物形式存在，例如镍、钒、铁、铜等，经过蒸馏后，少部分进入馏分中而大部分浓集于渣油中。此外，一些微量金属还可能以极细的矿物质微粒形态悬浮于原油中。经过脱盐、脱水的原油中，微量金属主要以有机化合物或配合物形式存在。存在的形态有多种可能，例如，与碳原子以化学键形态相结合，形成有机酸盐形态；与氧、氮、硫原子形成配位化合物；目前研究最多的是镍、钒等与卟啉形成的金属卟啉配合物。

金属卟啉配合物是石油中的一种复杂金属配合物，是在由四个吡咯环所构成的卟啉环的中间的空隙里，以共价键和配位键形式与不同金属元素(如镍、钒等)相结合而形成的配合物。

原油中常见的金属卟啉配合物是镍或钒的卟啉配合物。在镍卟啉配合物中，镍以 Ni^{2+} 存在，而在钒卟啉配合物中，钒则以 VO^{2+} 形式存在。原油中金属卟啉配合物的沸点在 565~650℃之间，相对分子质量为 500~800，是一种结晶状固体，极易溶于石油烃中。金属卟啉配合物主要浓集在渣油中，但由于原油中的金属卟啉配合物挥发性大，因此，蒸馏时可能会被携带进入馏分油中。

石油中的钒和镍并非全以金属卟啉配合物的形式存在，卟啉镍与卟啉钒仅占钒和镍总量的 10%~55%。表 2-1-39 为我国五种原油中总镍与卟啉镍的含量，数据表明，我国这五种原油中卟啉镍约占总镍的 30%~61%。表 2-1-40 国外五种原油中卟啉镍和卟啉钒的总量，数据表明，卟啉镍及卟啉钒含量仅占总镍及总钒量的 12%~34%。

表 2-1-39 我国五种原油中卟啉镍的含量

原油名称	胜利	孤岛	辽河(高升)	大港(羊三木)	大港(王官屯)
Ni/(mg/kg)	26.0	21.1	122.5	25.8	92.0
卟啉 Ni/(mg/kg)	15.8	7.4	59.2	10.1	27.6
卟啉 Ni/总 Ni/%	60.8	35.1	48.3	39.1	30.0

表 2-1-40 国外五种原油中卟啉金属含量

原油名称	阿加贾利(伊朗)	博斯坎(委内瑞拉)	加奇萨兰	科威特	马拉
Ni+V/(mg/kg)	44	1385	140	39	195
卟啉 Ni+卟啉 V/(mg/kg)	15	320	22	5	23
卟啉(Ni+V)/总(Ni+V)/%	34	25	16	13	12

石油中的金属卟啉配合物中钒和镍的卟啉配合物最稳定，镍卟啉配合物的热稳定性最高。在重质油加氢脱硫反应过程中，也伴随着脱金属的反应，通常钒比镍更容易脱除，因此，钒比镍更容易沉积在加氢催化剂的表面。

五、胶质、沥青质

我国减压渣油中沥青质含量较低，而胶质的含量大多为40%~50%。原油中的大部分硫、氮、氧以及绝大多数金属均集中在减压渣油的胶质、沥青质中。

关于胶质和沥青质，目前国际上尚没有统一的分析方法和严格的定义。胶质、沥青质的成分并不十分固定，它们是各种不同结构的高分子化合物组成的复杂混合物。由于分离方法和所采用的溶剂不同，所得结果也不相同。目前的方法大多是根据胶状和沥青状物质在各种溶剂中的溶解度不同来区分的。一般把石油中不溶于低分子(C_5~C_7)正构烷烃，但能溶于热苯的物质称为沥青质。在生产和研究中常用到的是正戊烷沥青质和正庚烷沥青质。既能溶于苯，又能溶于低分子(C_5~C_7)正构烷烃的物质称为可溶质，因此渣油中的可溶质实际上包括了饱和分、芳香分和胶质。

1. 胶质

我国原油减压渣油中的胶质用氧化铝吸附色谱法，从正庚烷可溶质中分离出饱和分、芳香分而得到的(即四组分分析法)。由于分离方法及分离条件的差别，胶质的含量和性质会有较大的差异。

胶质通常为褐色至暗褐色的黏稠且流动性很差的液体或无定形固体，受热时熔融。胶质的相对密度在1.0左右，是石油中相对分子质量及极性仅次于沥青质的大分子非烃化合物。

胶质具有很强的着色能力，在无色汽油中只要加入极少量胶质，汽油就被染成草黄色。从不同沸点馏分中分离出来的胶质，其相对分子质量随着馏分沸程的升高而逐渐增大。减压渣油中胶质的元素组成和平均相对分子质量如表2-1-41所示。

表2-1-41　减压渣油中胶质的元素组成和平均相对分子质量

石油产地	平均相对分子质量(VPO法)	元素组成/%(质)				H/C(原子比)
		C	H	N	S	
大庆	1780	86.7	10.6	0.99	0.31	1.47
胜利	1730	84.3	10.2	1.44	1.61	1.45
孤岛	1380	85.8	10.0	1.49	3.31	1.40
华北	2260	86.3	10.4	1.42	—	1.44
中原	2780	85.4	10.0	1.07	—	1.39
科威特	860	83.1	10.2	0.5	5.6	1.47
加拿大	790	86.1	11.9	0.5	0.4	1.66

胶质和沥青质的杂原子含量明显高于饱和分和芳香分。减压渣油中大约有80%的氮和60%的硫以及绝大多数金属浓集在胶质、沥青质中。表2-1-44数据进一步表明，尽管我国原油的产地不同，但其胶质的氢碳原子比变化范围很小，在1.4~1.5之间。

胶质的平均相对分子质量(VPO法)约为1000~3000，由于是由不同的物质组成的很复杂的多分散体系，所以平均相对分子质量分布范围很宽。

胶质的化学稳定性很差，即使在常温下，也易被空气氧化而缩合为沥青质。胶质对热很不稳定，即使在没有空气的情况下，若温度升高到260~300℃，胶质也能缩合成沥青质。当温度升高到350℃以上，胶质即发生明显的分解，产生气体产物、液体产物、沥青质以及焦。胶质很容易被磺化而溶解在硫酸中，因此可用硫酸来脱除油料中的胶质以及测定硫酸法胶质的含量。胶质还能与金属氯化物（如四氯化钛）等生成配合物。

胶质是道路沥青、建筑沥青、防腐沥青等沥青产品的重要组分之一，其主要作用是提高了石油沥青的延伸度。但在油品中含有胶质则会使油品在使用时生成炭渣，造成机器零件磨堵塞，所以一般应将其脱除。

2. 沥青质

从复杂的多组分系统（石油或渣油等）中分离沥青质的主要依据是沥青质在不同溶剂中具有不同的溶解度。因此，溶剂的性质以及分离条件直接影响沥青质的组成和性质。所以在涉及沥青质时，必须指明它是用什么溶剂分离得到的，人们常采用正庚烷沥青质和正戊烷沥青质。

从原油或渣油中用 $C_5 \sim C_7$ 正构烷烃沉淀分离的沥青质是无定形的固体物质，颜色为深褐色至黑色，相对密度稍高于胶质，略大于1.0，加热时不熔化，但当温度升高到300℃以上时，会分解成气态产物、液态产物以及缩合生焦。沥青质一般不挥发，石油中的沥青质都集中在减压渣油中。

沥青质是石油中相对分子质量最大，结构最为复杂，含杂原子最多的物质。由于测定相对分子质量的方法不同以及所用溶剂和测定条件的不同，所得的沥青质相对分子质量数值相差很大。例如，某沥青质样品用质谱法测得沥青质的平均相对分子质量约为1000，而用超离心法测得的平均相对分子质量却为几十万。目前，人们常用的沥青质相对分子质量测定法是以苯为溶剂的蒸气压平衡法（VPO法）。沥青质的元素组成及平均相对分子质量数据见表2-1-42。

表2-1-42　沥青质的元素组成和平均相对分子质量数据表

石油产地	平均相对分子质量（VPO法）	元素组成/%（质）				H/C（原子比）
		C	H	N	S	
胜利	3410	84.0	9.0	1.73	2.27	1.28
孤岛	5620	81.0	7.8	1.36	7.37	1.16
单家寺	9730	85.1	9.0	1.86	1.53	1.27
欢喜岭	6660	87.4	8.2	1.90	—	1.11
巴夫林（苏联）	—	83.5	7.8	1.15	3.78	1.12
罗马什金（苏联）	—	83.7	7.9	1.19	4.52	1.13
杜依玛兹（苏联）	—	84.4	7.9	1.24	4.45	1.12

3. 胶质、沥青质的结构特征

由于胶质、沥青质是由各种不同结构的非烃化合物所构成的多分散复杂混合物体系，因而研究胶质、沥青质的结构存在许多困难。20世纪50年代以来，以晏德福（T. F. Yen）为代表的一些学者，采用了各种近代物理仪器分析方法（核磁共振波谱、电子自旋共振波谱、X射线衍射光谱、红外光谱等），并配合元素分析和相对分子质量测定等手段，对胶质、沥青质的结构进行了研究。

关于胶质、沥青质分子的基本结构，目前一般认为是以稠合的芳香环系为核心，且并合若干个环烷环，在芳香环和环烷环上带有若干长度不等的烷基侧链，在其分子中还有各种含硫、氮、氧的基团，并配合有镍、钒、铁等金属。胶质、沥青质分子由若干个上述的以稠合芳香环系为核心的单元结构(或称单元薄片)组成，各单元结构一般以长度不等的烷基桥或硫醚桥等相连接。胶质的单元结构数较少，一般为1~3个，沥青质的单元结构数较多，一般为4~6个，但它们单元结构的质量差别不大，一般为800~1200。

目前，对胶质、沥青质的化学结构研究，多以核磁共振波谱方法为主，计算其平均结构参数。虽然胶质、沥青质中含有较多的杂原子，但碳、氢仍然是其主要元素，因此其主要结构特征仍由其碳、氢骨架所决定。表2-1-43为减压渣油中芳香分、胶质、沥青质分子的平均结构参数的一般范围。

表2-1-43　减压渣油中芳香分、胶质、沥青质平均结构参数的一般范围

结构参数	芳香分	胶质	沥青质
H/C	1.5~1.7	1.4~1.5	1.1~1.3
M	700~1100	1000~3000	3000~10000
n	1	1~3	4~~6
USW	700~1100	800~1200	800~1200
f_A	0.2~0.3	0.3~0.4	0.4~0.5
f_P	0.5~0.7	0.45~0.55	0.35~0.45
R_T	5~6	7~10	11~14
R_A	2~4	5~7	7~10
R_N	2~3	2.5~3.5	3.5~4.5
R_A/R_N	0.8~1.3	1.6~2.3	2~3
H_{AU}/C_A	0.6~0.8	0.5~0.6	0.4~0.5
L	4~7	4~5	3~4

胶质、沥青质集中了石油中绝大部分杂原子，但杂原子的结合状态至今尚不十分清楚。由于胶质、沥青质的分子中往往同时含有两个或两个以上的杂原子，因此，按单个官能团分离难以实现。

研究表明，胶质、沥青质中的氮绝大部分以环状结构(五元环吡咯类或六元环吡啶类的杂环)形式存在；其中的硫以硫醚和噻吩类结构居多，如烷基取代的噻吩、苯并噻吩、二苯并噻吩，以及五元环硫醚和六元环硫醚等系列；胶质、沥青质中氧的存在往往是引起沥青质缔合及具有表面活性的重要原因。胶质、沥青质中氧的含量与其来源、经历的变化等密切相关。由于空气中的氧很容易结合到沥青质中去，所以沥青质中的氧含量常变化不定，且难以准确测定。因此，确定胶质、沥青质中氧的存在形态和分布较为困难，一般认为这些含氧化合物主要是以醇、酮、酸、亚砜、酯以及钒氧卟啉等形式存在。

在石油中的金属90%以上都存在于胶质、沥青质中，除了卟啉类金属外，有很大一部分以非卟啉形式存在。已有研究表明，卟啉金属或者通过与沥青质缔合，或者被包容于沥青质的胶束结构中，甚至还可能以化学键连于沥青质的大分子结构中。

胶质、沥青质的存在使原油或渣油形成一种比较稳定的胶体分散体系。在这个分散体系中，分散相以沥青质为核心，外围附有部分胶质而构成的胶束；分散介质则主要由油分和其余部分胶质组成。胶体分散体系的稳定性与体系中分散相和分散介质的相对含量及二者的结构性质(如芳香度、黏度、相对分子质量等)密切相关。上述因素的改变将会破坏胶体分散体系的稳定性，从而导致沥青质聚沉。

第二节　原油及油品的物理性质

一、蒸气压、沸程和平均沸点

1. 蒸气压

蒸气压是在某温度下一种物质的液相与其上方的气相呈平衡状态时的压力，也称饱和蒸气压。蒸气压表示该液体在一定温度下蒸发和汽化的能力，蒸气压越高的液体越易于汽化。蒸气压是石油加工设备设计的重要基础物性数据，也是某些轻质油品的质量指标。

(1) 纯烃的蒸气压

对于同一族烃类，在同一温度下，相对分子质量较大的烃类的蒸气压较小。就某种纯烃而言，其蒸气压是随温度的升高而增大的。

当体系的压力不太高时，液相的摩尔体积与气相的摩尔体积相比可以忽略。气相可看作理想气体时，纯化合物的蒸气压与温度间的关系可用下列 Clapeyron—Clausius 方程表示：

$$\frac{\mathrm{d}\ln P}{\mathrm{d}T}=\frac{\Delta H_{\mathrm{V}}}{\mathrm{R}T^{2}} \tag{2-2-1}$$

式中，ΔH_{V} 为摩尔蒸发热，J/mol；R 为摩尔气体常数，8.3143J/(mol·K)；P 为化合物在 T(K)时的蒸气压，Pa。

当温度变化不大时，ΔH_{V} 可视为常数，则可将上式积分得到：

$$\ln P=\frac{\Delta H_{\mathrm{V}}}{\mathrm{R}T}+C \tag{2-2-2}$$

或

$$\ln\frac{P_1}{P_2}=\frac{\Delta H_{\mathrm{V}}}{\mathrm{R}}\left(\frac{1}{T_2}-\frac{1}{T_1}\right) \tag{2-2-3}$$

即 $\ln P$ 与 $1/T$ 之间呈线性关系。

在实际应用中，常用经验的或半经验的方法来求定纯烃的蒸气压，其中比较简单的如 Antoine 方程：

$$\ln P=A-\frac{B}{T+C} \tag{2-2-4}$$

式中，A、B、C 是常数，其大小随烃类不同而异，可从有关数据手册查得。

当已知烃类的临界性质和偏心因子时，建议用式(2-2-5)计算其蒸气压：

$$\ln P_{\mathrm{r}}^{*}=(\ln P_{\mathrm{r}}^{*})^{(0)}+w(\ln P_{\mathrm{r}}^{*})^{(1)} \tag{2-2-5}$$

$$P_{\mathrm{r}}^{*}=P^{*}/P_{\mathrm{C}} \tag{2-2-6}$$

$$T_r = T/T_C \tag{2-2-7}$$

$$(\ln P_r^*)^{(0)} = 5.92714 - 6.09648/T_r - 1.28862\ln T_r + 0.169347T_r^6 \tag{2-2-8}$$

$$(\ln P_r^*)^{(1)} = 15.2518 - 15.6875/T_r - 13.4721\ln T_r + 0.43577T_r^6 \tag{2-2-9}$$

式中，P_r^* 为对比蒸气压；P^* 为蒸汽压，kPa；P_C 为临界压力，kPa；W 为偏心因子(表征分子大小和形状的参数)；T_r 为对比温度；T 为温度，K；T_c 为临界温度，K。

上式仅适用于非极性化合物，对比温度要大于 0.3，且不能用于冰点以下温度。当对比温度大于 0.5 时本法最为可靠。

(2) 烃类混合物及石油馏分的蒸气压

当体系压力不高，气相近似于理想气体，与其相平衡的液相近似于理想溶液时，对于组分比较简单的烃类混合物，其总的蒸气压可用 Dalton-Raoult 定律求得：

$$P = \sum_{i=1}^{n} P_i X_i \tag{2-2-10}$$

式中，P，P_i 分别为混合物和 i 组分的蒸气压，Pa；x_i 为平衡液相中 i 组分的摩尔分数。

与纯烃不同，烃类混合物的蒸气压不仅取决于温度，同时也取决于其组成。在一定的温度下，只有其气相、液相或整体组成一定时，其蒸气压才是定值。

石油尤其是其中较重馏分的组成极其复杂，尚难以测定其单体烃组成，因此无法用 Dalton-Raoult 定律求取其蒸气压。对于纯烃化合物或沸点范围较窄的石油馏分(指实沸点蒸馏温度差小于 30℃的馏分)，可根据其特性因数 K(为一种表征石油馏分烃类组成的参数)和平均沸点，利用下列各式通过迭代法计算其蒸气压。

① 当蒸气压 $P^* < 0.27$kPa($X > 0.0022$)时：

$$\lg P^* = \frac{3000.538X - 6.761560}{43X - 0.987672} - 0.8752041 \tag{2-2-11}$$

② 当 $0.27\text{kPa} \leqslant P^* \leqslant 101.3\text{kPa}$($0.0013 \leqslant X \leqslant 0.0022$)时：

$$\lg P^* = \frac{2663.129X - 5.994296}{95.76X - 0.972546} - 0.8752041 \tag{2-2-12}$$

③ 当 $P^* > 101.3$kPa($X < 0.0013$)时：

$$\lg P^* = \frac{2770.085X - 6.412631}{36X - 0.989679} - 0.8752041 \tag{2-2-13}$$

式中，X 为温度(T，K)和沸点(T_b，K)的函数，由式(2-2-14)计算：

$$X = \frac{T'_b/T - 0.00051606T'_b}{748.1 - 0.3861T'_b} \tag{2-2-14}$$

式中，T'_b 为校正到特性因数 $K = 12$ 时的沸点，其校正式(2-2-15)如下：

$$T'_b = T_b - 1.39f(K - 12)\lg(P^*/101.3) \tag{2-2-15}$$

式中，f 为校正因子，对于蒸气压小于 0.1MPa 和沸点高于 204℃的物质，其 $f = 1$；对于沸点低于 93℃的物质，其 $f = 0$；对于沸点大于 0.1MPa 和沸点在 93~204℃之间的物质，其 f 值由式(2-2-16)算得：

$$f = (T_b - 366.5)/111.1 \tag{2-2-16}$$

当蒸气压接近常压时，此方法较为可靠。

2. 沸程

对于液态纯物质，其饱和蒸气压等于外压时的温度，称为该液体在该外压下的沸点。因此，在一定的外压下，液态纯物质的沸点为一定值。如不加以说明，物质的沸点一般都是指其在常压下的沸腾温度。当液体为若干种化合物的混合物时，在一定外压下其沸腾温度并不是恒定的，随着汽化过程中液相较重组分的不断富集，其沸点会逐渐升高。所以，对于石油馏分这类组成复杂的混合物，一般常用沸点范围来表征其蒸发及汽化性能，沸点范围又称沸程。

石油馏分沸程的数值，会因所用的蒸馏设备不同而不同。对于同一种油品，当采用分离精确度较高的蒸馏设备时，其沸程较宽，反之则较窄。因此，在列举石油馏分的沸程数据时，需说明所用的蒸馏设备和方法。一般通过某种标准试验方法所得到的沸程数据，习惯上称为馏程，常见的标准方法包括实沸点蒸馏、恩氏蒸馏、减压蒸馏等。在石油加工生产和设备计算中，常常以标准试验方法得到的馏程数据来表征石油馏分的蒸发和汽化性能。

对轻质石油产品的馏程测定是在标准设备中，按照GB/T 6536—2010规定的方法进行简单蒸馏。国外将此类方法称为ASTM(American Society for Testing Material，美国材料试验学会)蒸馏或恩氏(Engler)蒸馏(ASTM D86标准)。由于这种蒸馏属于渐次汽化，基本不具有精馏作用，所以随着温度的逐渐升高，不断汽化和馏出的是组成范围较宽的混合物。因而，馏程只是概略地表示该油品的沸点范围和一般蒸发性能。只有严格按照所规定的条件进行测定，其结果才有意义，才能相互进行比较。馏程测定过程是，将100mL按要求温度储存的油品放入标准的蒸馏瓶中，按规定的速度进行加热，馏出第一滴冷凝液时的气相温度称为初馏点。随后，其温度逐渐升高，而液体不断地馏出，依次记下馏出液达10mL、20mL直至90mL时的气相温度，称为10%、20%……90%馏出温度(蒸发温度)。气相温度升高到一定数值后，就不再上升反而回落，这个最高的气相温度称为终馏点。蒸馏烧瓶中最底部的最后一滴液体汽化时的一瞬间所观察到的温度计读数称为干点。有时根据产品规格要求，需要测定95%、98%或97.5%时的馏出温度。在大多数液体燃料规格中，只要求测定其具有代表性的10%、50%、90%时的馏出温度及终馏点即可。

根据馏程测定的数据，以气相馏出温度为纵坐标，以馏出液体积分数为横坐标作图，即可得到该油品的蒸馏曲线。往往可以用蒸馏曲线的10%~90%之间的斜率S(℃/%)来表示该油品馏程的宽窄，即当石油馏分的馏程越宽时，其蒸馏曲线的斜率越大。具体计算式如下：

$$\text{斜率}\ S=\frac{90\%\text{馏出温度}-10\%\text{馏出温度}}{90-10} \tag{2-2-17}$$

此斜率表示从馏出10%到90%之间，每馏出1%液体的沸点平均升高值。例如，某石油馏分恩氏蒸馏曲线中的10%点为78℃，90%点为180℃，则其斜率为：

$$S=\frac{180-78}{90-10}=1.2℃/\% \tag{2-2-18}$$

由于石油中部分相对分子质量较大的组分对热不稳定，所以蒸馏时的液相温度一般不能超过350℃，否则就会发生分解现象。因此，对于较重的石油馏分需要在减压下进行蒸馏，以降低其馏出温度。从所测得的减压下的馏出温度，可借助有关的图表或计算式求得其相应的常压下的馏出温度。

3. 平均沸点

在求定石油馏分的各种物性参数时，为简化起见，常用平均沸点来表征其汽化性能。石油馏分的平均沸点的定义有以下五种。

① 体积平均沸点 t_V(℃)：

体积平均沸点 A 由馏程测定过程中得到的 10%、30%、50%、70%、90%这五个馏出温度(分别对应于 t_{10}、t_{30}、t_{50}、t_{70}、t_{90})计算得到。

$$t_V=\frac{t_{10}+t_{30}+t_{50}+t_{70}+t_{90}}{5} \tag{2-2-19}$$

② 质量平均沸点 t_W(℃)：

$$t_W=\sum_{i=1}^{n} w_i t_i \tag{2-2-20}$$

③ 实分子平均沸点 t_m(℃)：

$$t_m=\sum_{i=1}^{n} x_i t_i \tag{2-2-21}$$

④ 立方平均沸点 T_{cu}(K)：

$$T_{cu}=(\sum_{i=1}^{n} \varphi_i T_i^{\frac{1}{3}})^3 \tag{2-2-22}$$

⑤ 中平均沸点 t_{Me}(℃)：

$$t_{Me}=\frac{t_m+t_{cu}}{2} \tag{2-2-23}$$

各式中，w_i、x_i、φ_i 分别为相应 i 组分的质量分数、摩尔分数和体积分数；t_i、T_i，分别为 i 组分在常压下的摄氏温度沸点,℃，绝对温度沸点，K。

二、密度、特性因数和平均相对分子质量

1. 密度及相对密度

原油及油品的密度和相对密度在生产和储运过程中有着重要意义，在原料及产品的计量以及炼油装置的设计等方面都是必不可少的。有的石油产品如喷气燃料，在质量标准中对其相对密度有严格的要求。此外，油品的相对密度还与其化学组成有密切的内在联系，可以它为基础关联油品的其他重要的性质参数(如特性因数 K 值等)。

(1) 石油及油品的密度、相对密度

密度是物质的质量与其体积的比值，其单位为 g/cm^3 或 kg/m^3。由于油品的体积随温度的升高而膨胀，密度则随之变小。所以，密度还应标明温度，例如，油品在温度为 t 时的密度用 ρ_t 来表示。我国规定油品在 20℃时的密度为其标准密度，表示为 ρ_{20}。

物质的相对密度是其密度与规定温度下水的密度之比，其量纲为 1。因为水在 4℃时的密度等于 1.0000g/cm^3，所以通常以 4℃的水为基准，将温度为 t 的油品密度与 4℃时的水的密度之比称为相对密度，常用 d_4^t 来表示，它在数值上等于油品在温度为 t 时的密度。我国常用 d_4^{20} 表示相对密度，欧美各国则常用 $d_{15.6}^{15.6}$(即 $d_{60℉}^{60℉}$)表示。$d_{15.6}^{15.6}$与 d_4^{20} 之间可按式(2-2-24)进行换算：

$$d_{15.6}^{15.6}=d_4^{20}+\Delta d \tag{2-2-24}$$

式中，校正值 Δd 的范围为 0.0037～0.0051，具体的数值可从有关图表中查得，也可以直接按杨朝合给出的拟合公式计算得到。计算值可以精确到查表值的小数点后第四位，拟合公式为：

$$\Delta d=\frac{1.598-d_4^{20}}{176.1-d_4^{20}} \tag{2-2-25}$$

在欧美各国，对油品尤其是原油的相对密度还常用比重指数来表示，它又可称为 API 度($API°$)。API 度的定义为：

$$\text{比重指数}(API°)=\frac{141.5}{d_{15.6}^{15.6}}-131.5 \tag{2-2-26}$$

可见，相对密度越小，则 $API°$越大，而相对密度越大则 $API°$越小。

气体的密度一般以 kg/m^3 为单位，其相对密度是该气体的密度与空气在标准状态(0℃，0.1013MPa)下的密度之比，空气在标准状态下的密度为 $1.2928kg/m^3$ 在较低的压力下(<0.3MPa)，气体的密度和比容(密度的倒数)可用理想气体状态方程式计算。而当压力较高时，就需要用计算真实气体的状态方程式来求取。

(2) 液体油品相对密度与温度、压力的关系

当温度升高时，油品的体积就会膨胀，导致其密度和相对密度减小。当温度变化不大时，油品的体积膨胀系数 γ 只随油品相对密度的变化而有所变化，其范围为 0.0006～0.00101/℃。当温度在 0～50℃范围内时，不同温度下的相对密度可按式(2-2-27)换算：

$$d_4^t=d_4^{20}-\gamma(t-20) \tag{2-2-27}$$

其中的 γ 值可以查得。若温度与 20℃差别较大，则需查专门的图表(GB/T 1885—1998)。

由于液体受压后体积变化很小，通常压力对液体油品密度的影响可以忽略，只有在几十兆帕的极高压力下才考虑其影响。

任意温度和压力下的石油馏分液体密度可用式(2-2-28)计算：

$$\frac{\rho_0}{\rho}=1.0-\frac{P}{B_T} \tag{2-2-28}$$

式中，ρ 为温度 T 和压力 P 下的密度，g/cm^3；P 为压力，MPa；ρ_0 为常压下温度 T 时的密度，g/cm^3；B_T 为等温正割体积模数。

B_T 的定义如下：

$$B_T=-\frac{1}{\rho_0}\left(\frac{\Delta P}{\Delta V}\right)_T \tag{2-2-29}$$

B_T 的计算方法如下：

$$B_T=(mX+B_1) \tag{2-2-30}$$

$$m=188.1+0.03739\times P+2.2735\times10^{-4}\times P^2-1.9396\times10^{-7}\times P^3 \tag{2-2-31}$$

$$B_1=22.744+4.395\times P-0.002954\times P^2+1.6283\times10^{-6}\times P^3 \tag{2-2-32}$$

$$X=\frac{B_{138}-564.0}{197.1} \tag{2-2-33}$$

$$\lg B_{138}=-1.098\times10^{-3}\times(T-273.15)+0.7133\rho_0+2.7737 \tag{2-2-34}$$

式中，B_{138}为在 138MPa 和在给定温度下的正割体积模数。

(3) 混合油品的密度

当属性相近的两种或多种油品混合时，其混合物的密度可近似地按可加性计算，即：

$$\rho_{混} = \sum_{i=1}^{n} \varphi_i \rho_i = \frac{1}{\sum_{i=1}^{n} \frac{w_i}{\rho_i}} \tag{2-2-35}$$

式中，φ_i、w_i 分别为 i 组分的体积分数和质量分数；ρ_i、$\rho_{混}$分别为 i 组分和混合油品的密度，g/cm^3。

一般情况下，油品混合时，体积基本是可加的，按式(2-2-35)计算不会引起很大误差。但当属性相差很大的两类组分(如烷烃和芳香烷)混合时，体积可能会增大；而密度相差悬殊的两类组分(如重油和轻烃)混合时，体积可能收缩，这样便须加以校正。

低相对分子质量烃类原油混合时其体积可能收缩，可用式(2-2-36)计算其收缩因子：

$$S = 2.14 \times 10^{-3} \varphi_1^{-0.0704} R^{1.76} \tag{2-2-36}$$

$$R = \frac{141.5(d_h - d_1)}{d_h d_1} \tag{2-2-37}$$

式中，S 为收缩因子，以轻组分体积分数计；φ_1 为轻组分在混合物中的体积分数；R 为相对密度的函数；d_h 为原油在 15.6℃时的相对密度；d_1 为轻组分在 15.6℃时的相对密度。

(4) 相对密度与化学组成及相对分子质量的关系

表 2-2-1 列出了部分烃类的相对密度，可以看出，各族烃类的相对密度是有相当差别的。当分子中碳原子数相同时，芳香烃的相对密度最大，环烷烃的次之，烷烃的最小，烯烃的稍大于烷烃的。可见，烃类的相对密度与其分子结构相关，芳香烃的芳香环中碳与碳之间的键长最短，其结构最紧凑，按每个碳原子计的分子体积最小，所以它的相对密度最大。环烷烃的分子结构较烷烃的紧凑，所以其相对密度也大于烷烃。

表 2-2-1　部分烃类的相对密度(d_4^{20})

烃　类	C_6	C_7	C_8	C_9	C_{10}
正构烷烃	0.6594	0.6837	0.7025	0.7161	0.7300
正构 α-烯烃	0.6732	0.6970	0.7149	0.7292	0.7408
正烷基环己烷	0.7785	0.7694	0.7879	0.7936	0.7992
正烷基苯	0.8789	0.8670	0.8670	0.8620	0.8601

从表 2-2-1 还可以看出，就正构烷烃和正烷基环己烷而言，其相对密度都是随着相对分子质量的增大而增大的。而正烷基苯的相对密度则是随着相对分子质量的增大而减小的，这是当其相对分子质量增大时，其苯环在分子结构中所占的比例下降所致。

表 2-2-2 为原油及其馏分相对密度的一般范围，显然，沸程越高的馏分其相对密度越大。表 2-2-3 中大庆、胜利、孤岛、羊三木四种原油各馏分的相对密度数据表明，不同原油的相同沸程的馏分的相对密度是有相当差别的，而且与原油的基属有关，其大小顺序为：环烷基>中间基>石蜡基。显然，这是由其烃族组成所决定的。环烷基原油的馏分中环烷烃及芳香烃含量较高，所以其相对密度也较大；而石蜡基原油的相应馏分中则烷烃含量较高，因而其相对密度较小。所以，对于沸点范围相近的馏分，根据其相对密度的大小即可大致判明其化学属性。

表 2-2-2　原油及其馏分相对密度的一般范围(d_4^{20})

油　　品	相对密度	油　　品	相对密度
原油	0.8~1.0	轻柴油	0.82~0.87
汽油	0.74~0.77	减压馏分	0.85~0.94
航空煤油	0.78~0.83	减压渣油	0.92~1.00

表 2-2-3　不同原油各馏分的相对密度(d_4^{20})

馏分沸程/℃	大庆原油	胜利原油	孤岛原油	羊三木原油
初馏~200	0.7432	0.7446	—	0.7650
200~250	0.8039	0.8204	0.8625	0.8630
250~300	0.8167	0.8270	0.8804	0.8900
300~350	0.8283	0.8350	0.8994	0.9100
350~400	0.8368	0.8606	0.9149	0.9320
400~450	0.8574	0.8874	0.9349	0.9433
450~500	0.8723	0.9067	0.9390	0.9483
>500	0.9221	0.9698	1.0020	0.9820
原油全馏分	0.8554	0.9005	0.9495	0.9492
原油基属	石蜡基	中间基	环烷—中间基	环烷基

另外，石油中各馏分的相对密度是随其沸程的升高而增大的，这是由于相对分子质量的增大，但更重要的是由于较重的馏分中芳香烃的含量一般较高。至于减压渣油，则不仅因为其中含有较多的芳香烃(尤其是多环芳烃)，还含有较多的胶质和沥青质，所以其相对密度最大，接近甚至超过1.0。

2. 特性因数 *K* 值

特性因数 *K* 值，又称 Watson *K* 值或 UOP *K* 值，它是油品的平均沸点和相对密度的函数，其具体关系式如下：

$$K=\frac{1.216T^{\frac{1}{3}}}{d_{15.6}^{15.6}} \tag{2-2-38}$$

式中，T 为油品平均沸点的绝对温度，K，此处的 T 最早是分子平均沸点，后改用立方平均沸点，现一般使用中平均沸点。

由式(2-2-38)可见，在平均沸点相近时，K 值取决于其相对密度，相对密度越大则 K 值越小。前已述及，当相对分子质量相近时，相对密度大小的顺序为芳香烃>环烷烃>烷烃。因此，如表2-2-4所示，烷烃的 K 值最大，约为12.7，环烷烃的次之，为11~12，芳香烃的 K 值最小，为10~11。K 值是表征油品化学组成的重要参数，常用于关联其他物理性质。但对于含有大量烯烃、二烯烃和芳香烃的二次加工产物以及渣油，特性因数并不能准确地表征其化学属性，使用时会导致较大误差。

中国石油大学重质油国家重点实验室研究并提出了表征渣油化学特性的特征化参数 K_H，它可以由三个较易测定的性质求得：

$$K_H=10\times\frac{R_{H/C}}{M^{0.1236}\times\rho_{20}} \tag{2-2-39}$$

式中，$R_{H/C}$ 为氢碳原子比；M 为平均相对分子质量；ρ_{20} 为20℃时的密度，kg/m^3。

除特性因数 K 外，相关指数 $BMCI$（即美国矿务局相关指数，United States Bureau of Mines Correlation Index 的略写），也是一个与相对密度及沸点相关联的指标，其定义如式（2-2-40）：

$$BMCI=\frac{48460}{t_V+273}+473.7\times d_{15.6}^{15.6}-456.8 \qquad (2-2-40)$$

对于烃类混合物，式中的 t_V 为体积平均沸点（℃），对于纯烃，t_V 即为其沸点（℃）。

表 2-2-4　烃类的特性因数和相关指数

化合物		特性因数 K	相关指数 $BMCI$
烷烃	正己烷	12.81	0.01
	正庚烷	12.71	0.10
	正辛烷	12.67	-0.03
	正壬烷	12.66	-0.21
	正癸烷	12.67	-0.27
环烷烃		10.98	51.75
	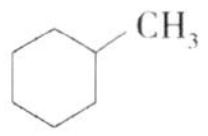	11.32	39.87
	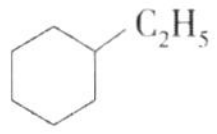	11.36	38.58
	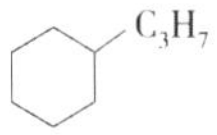	11.52	34.21
	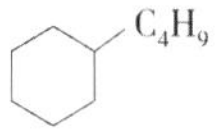	11.64	30.73
芳香烃		9.72	99.84
	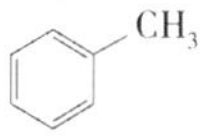	10.14	82.91
	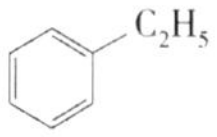	10.36	74.99
	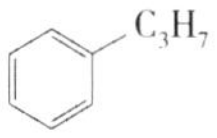	10.62	66.15
	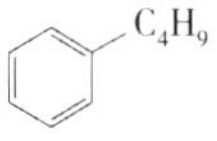	10.83	59.32

表 2-2-4 还表明，正构烷烃的相关指数最小，基本为零，芳香烃的相关指数最大(苯约为 100)，环烷烃的相关指数居中(环已烷约为 52)。换言之，油品的相关指数越大表示其芳香性越强，相关指数越小则表示其石蜡性越强，其关系正好与特性因数 *K* 值相反。相关指数广泛用于表征裂解制乙烯原料的化学组成。

表 2-2-5 为各种原油实沸点蒸馏窄馏分的特性因数和相关指数，可以清楚地看出这两种指标都可以大体反映原油的化学属性。

表 2-2-5　各种原油实沸点蒸馏窄馏分的特性参数范围

原油名称	特性因数 *K*	相关指数 *BMCI*	黏重常数 *VGC*	原油基属
大庆	12.0~12.6	17~24	0.78~0.81	石蜡基
华北	11.9~12.5	14~33	0.76~0.83	石蜡基
中原	11.7~12.6	17~29	0.76~0.81	石蜡基
新疆	11.8~12.4	19~32	0.71~0.83	石蜡—中间基
胜利	11.2~12.2	14~39	0.81~0.85	中间基
辽河	11.4~11.9	28~47	0.84~0.88	中间基
孤岛	11.1~-11.7	36~57	0.82~0.88	环烷—中间基
羊三木	11.1~11.7	49~62	0.82~0.90	环烷基

表 2-2-5 中列有各种原油窄馏分的黏重常数(Viscosity-gravity constant，简称 VGC)，其定义为：

$$VGC=\frac{10d_{15.6}^{15.6}-1.0752\lg(v_{37.8}-38)}{10-\lg(v_{37.8}-38)} \tag{2-2-41}$$

式中，$v_{37.8}$为 37.8℃时油品的赛氏通用黏度(SUS)。黏重常数也是一种表征油品化学组成的参数，烷烃的黏重常数较小，而芳香烃的黏重常数较大。

3. 平均相对分子质量

在进行炼油设备设计计算、关联石油物性及研究石油的化学组成时，相对分子质量是必不可少的原始数据。由于石油及其产品都是复杂的混合物，而所含化合物的相对分子质量是各不相同的，其范围往往又很宽，所以只能用平均相对分子质量来加以表征。

(1) 平均相对分子质量的定义

对于石油及其产品这种含有众多相对分子质量不同组分的不均一多分散体系，用不同的统计方法可以得到不同定义的平均相对分子质量。下面介绍两种石油常用的数均相对分子质量和重均相对分子质量。

数均相对分子质量$\overline{M}_{\rm n}$是应用最广泛的一种平均相对分子质量，它是依据溶液的依数性(冰点下降法、沸点上升法、蒸气压渗透法等)来进行测定的。它的定义是体系中各种分子的摩尔分数与其相应的相对分子质量的乘积的总和，也就是体系的质量除以其中所含各类分子的摩尔数总和的商，具体可由下式表达：

$$\overline{M}_{\rm n}=\sum_{i=1}^{n}x_iM_i=\frac{\sum_{i=1}^{n}N_iM_i}{\sum_{i=1}^{n}N_i}=\frac{\sum_{i=1}^{n}W_i}{\sum_{i=1}^{n}N_i} \tag{2-2-42}$$

式中，x_i 为 i 组分的摩尔分数；M_i 为 i 组分的相对分子质量；N_i 为 i 组分的摩尔数，mol；W_i 为 i 组分的质量，g。

重均相对分子质量$\overline{M}_{\mathrm{w}}$ 是用光散射等方法测定的。其定义是体系中各种分子的质量分数与其相应的相对分子质量的乘积的总和，具体可表示如下：

$$\overline{M}_{\mathrm{w}}=\sum_{i=1}^{n} w_i M_i=\frac{\sum_{i=1}^{n} w_i M_i}{\sum_{i=1}^{n} w_i}=\frac{\sum_{i=1}^{n} N_i M_i^2}{\sum_{i=1}^{n} N_i M_i} \tag{2-2-43}$$

式中，w_i 为 i 组分的质量分数。

对于同一个混合体系，$\overline{M}_{\mathrm{n}}$ 与$\overline{M}_{\mathrm{w}}$ 是不相等的。这是由于混合物中低相对分子质量部分对$\overline{M}_{\mathrm{n}}$ 的影响较大，而$\overline{M}_{\mathrm{w}}$ 则主要受其中高相对分子质量部分的影响。对于同一体系，一般来说，$\overline{M}_{\mathrm{w}}>\overline{M}_{\mathrm{n}}$。$\overline{M}_{\mathrm{w}}$ 与$\overline{M}_{\mathrm{n}}$ 的比值(即多分散系数)的大小可以表征该体系的多分散程度，也就是说，当体系中相对分子质量的分布范围越宽时，其$\overline{M}_{\mathrm{w}}/\overline{M}_{\mathrm{n}}$ 值也就越大。

在炼油设备计算中所用的石油馏分相对分子质量一般是指其数均相对分子质量。

(2) 石油馏分平均相对分子质量的近似计算方法

在不具备实测条件的情况下，石油馏分的平均相对分子质量还可用一些经验公式近似地计算得到。现将有关的经验公式介绍如下。

1) Riazi 关联式。

$$M=42.965[\exp(2.097\times10^{-4}T-7.78712S+2.0848\times10^{-3}TS)]T^{1.26007}\times S^{4.98308} \tag{2-2-44}$$

式中，T 为石油馏分的中平均沸点，K；S 为相对密度 $d_{15.6}^{15.6}$。

该方法又称为 API-87 方法，适用的范围为相对分子质量为 70~700，中平均沸点为 305~840K 的石油馏分。

2) 寿德清-向正为关系式。

$$M=184.5+2.295T-0.2332KT+1.329\times10^{-5}(KT)^2-0.6222\rho T \tag{2-2-45}$$

式中，T 为中平均沸点，K；K 为特性因数；ρ 为 20℃时的密度，g/cm^3。

此式是用国产原油直馏馏分油、催化裂化和焦化馏分油实测数据回归得到的。

3) 杨朝合-孙昱东关联式。

目前，普遍使用的计算方法在石油馏分的相对分子质量较大时，计算误差较大，无法满足实际需要，主要原因是得到重质石油馏分的馏程数据非常困难。近年来，模拟蒸馏方法得到广泛应用，在测定重质石油馏分的馏程数据时表现出显著优势。杨朝合-孙昱东在充分考虑油品代表性的前提下，收集了包括 31 种纯化合物(烷烃、烯烃、环烷烃、烷基苯、多环芳烃)和 79 种石油馏分(39 种国外馏分油和 40 种国内馏分油)的实测相对分子质量、20℃时的密度和模拟实沸点蒸馏的 50%点温度等物性数据，在文献方法的基础上，得到计算相对分子质量的关联式：

$$M=0.010726\times T_{\mathrm{b}}^{1.52849+0.06435\ln\left(\frac{T_{\mathrm{b}}}{1078-T_{\mathrm{b}}}\right)}/d_4^{20} \tag{2-2-46}$$

式中，T_b 为常压沸点，或模拟蒸馏 50%点温度，实沸点蒸馏 50%点温度，或中平均沸点，K；d_4^{20} 为相对密度；1078 为无限长碳链化合物的渐进沸点，K。

上式的适用范围为 $M=76\sim1685$，$T_b=303\sim1013$K，$d_4^{20}=0.63\sim1.09$。

当两种或两种以上油品混合时，混合油品的平均相对分子质量可用加和法计算：

$$M_m=\frac{\sum_{i=1}^{n}W_i}{\sum_{i=1}^{n}\frac{W_i}{M_i}} \tag{2-2-47}$$

式中，M_m，M_i 分别为混合油和 i 组分的相对分子质量，g/mol；W_i 为 i 组分的质量，g。

(3) 石油及其馏分的平均相对分子质量

原油中所含化合物的相对分子质量是从几十到几千。表 2-2-6 列出了几种原油不同馏分的相对分子质量，可见，其各馏分的平均相对分子质量是随其沸程的上升而增大的。当沸程相同时，各原油相应馏分的平均相对分子质量还是有差别的。显然石蜡基原油如大庆原油的相对分子质量最大，中间基原油如胜利原油的次之，而环烷基原油如欢喜岭原油的最小。

表 2-2-6　几种原油不同馏分的相对分子质量

沸程/℃	大庆原油	胜利原油	欢喜岭原油
200~250	193	180	185
250~300	240	205	190
300~350	270	244	234
350~400	323	298	273
400~450	392	374	337
450~500	461	414	362
>500	1120	1080	1030
原油基属	石蜡基	中间基	环烷基

尽管如此，石油各馏分的平均相对分子质量还是有大致的范围。如表 2-2-7 所示，一般情况下，汽油馏分的平均碳数约为 8，其平均相对分子质量为 100~120；轻柴油馏分的平均碳数约为 16，其平均相对分子质量为 220~240；减压馏分的平均碳数约为 30，其平均相对分子质量为 370~400；减压渣油的平均碳数约为 70，其平均相对分子质量约为 1000。

表 2-2-7　石油各馏分的平均相对分子质量

馏分	沸程/℃	碳数范围	平均碳数	平均相对分子质量
汽油馏分	<200	$C_5\sim C_{11}$	~8	100~120
轻柴油馏分	200~350	$C_{11}\sim C_{20}$	~16	220~240
减压馏分	350~500	$C_{20}\sim C_{35}$	~30	370~400
减压渣油	>500	$>C_{35}$	~70	900~1100

三、油品的黏度

黏度是评定油品流动性的指标，是油品特别是润滑油质量标准中的重要项目，也是炼油工艺计算中不可缺少的物理性质。任何真实的流体，当其内部分子之间做相对运动时，都会因流体分子之间的摩擦而产生内部阻力。黏度值就是用以表示流体运动时分子间摩擦阻力大小的指标。

1. 黏度的单位

(1) 绝对黏度

原油的黏度常用绝对黏度(η)表示，绝对黏度又称动力黏度或物理黏度，它是由下列牛顿方程式所定义的：

$$\frac{F}{A}=\eta\frac{\mathrm{d}v}{\mathrm{d}l} \tag{2-2-48}$$

式中，F 为做相对运动的两流体层间的内摩擦力(剪切力)，N；A 为两流体层间的接触面积，m^2；$\mathrm{d}v$ 为两流体层间的相对运动速度，m/s；$\mathrm{d}l$ 为两流体层间的距离，m；η 为流体内摩擦系数，即该流体的绝对黏度，Pa·s。

绝对黏度不随剪切速度梯度 $\mathrm{d}v/\mathrm{d}l$ 的变化而变化的体系称为牛顿体系，其绝对黏度在一定温度下为定值。若绝对黏度不是定值，而是随 $\mathrm{d}v/\mathrm{d}l$ 的变化而变化时，此体系称为非牛顿体系。一般的液体油品均为牛顿体系，但当有蜡析出或含有较多的沥青质，或加入聚合物添加剂后，则往往是非牛顿体系。在过去所用的 CGS 单位制中，绝对黏度 η 的单位是泊(P，poise)，其百分之一是厘泊(cP，centipoise)，在现用的 SI 制中它的单位是 Pa·s，这两者的关系是：

$$1\mathrm{Pa\cdot s}=1000\mathrm{cP}=10\mathrm{P} \tag{2-2-49}$$

(2) 运动黏度

在石油产品的质量标准中常用的黏度是运动黏度(ν)，它是绝对黏度 η 与相同温度和压力下该液体密度 ρ 之比：

$$\nu=\frac{\eta}{\rho} \tag{2-2-50}$$

在 c·g·s 制中运动黏度的单位是斯(St，Stoke)，其百分之一为厘斯(cSt，centistoke)，在现用的 SI 制中以 mm^2/s 为单位，这两者的关系是：

$$1\mathrm{cSt}=1\mathrm{mm^2/s} \tag{2-2-51}$$

(3) 条件黏度

1) 恩氏黏度(Engler Viscosity)。

它是以油品在某温度下从恩氏黏度计中流出 200mL 的时间与水在 20℃时流出 200mL 的时间之比值(°E)作为指标。恩氏黏度源于德国，目前我国燃料油的质量标准中仍用恩氏黏度作为指标。

2) 赛氏黏度(Saybolt Viscosity)。

它是以 60mL 油品从赛氏黏度计中流出的时间(s)为指标。具体有赛氏通用黏度(Saybolt Universal Viscosity，单位为 SUS)、赛氏重油黏度(Saybolt Furol Viscosity，单位为 SFS)之别。美国习惯用赛氏通用黏度作为润滑油的指标。

3) 雷氏黏度(Redwood Viscosity)。

英国采用的是雷氏黏度，它是以 50mL 油品从雷氏黏度计中流出的时间(s)作为指标，单位为 RIS。

这几种黏度之间的关系可参见有关图表。它们之间的近似比值为：运动黏度(mm^2/s)：恩氏黏度(°E)：赛氏通用黏度(SUS)：雷氏黏度(RIS)= 1：0.132：4.62：4.05。

2. 黏度的测定方法

最常用的黏度的测定方法是毛细管黏度计法（GB/T 265—1988《石油产品运动粘度测定法和动力粘度计算法》）。当油品在层流状态下流经毛细管时，其流动状态符合关系式(2-2-52)：

$$\frac{Q}{t}=\frac{\Delta p\pi R^4}{8\eta l} \tag{2-2-52}$$

式中，Q/t 为单位时间内的体积流量，mL/s；Δp 为两端压差，Pa；R 为毛细管的半径，cm；l 为毛细管的长度，cm；η 为流体的绝对黏度，Pa · s。

由于在毛细管黏度计中油品流动的推动力是其自身所受的重力，所以 Δp 与其密度呈正比。这样，对于一定型式的黏度计，油品的运动黏度 ν 是与一定体积的该油品流经毛细管的时间 t 呈正比的，即，

$$\nu=c\cdot t \tag{2-2-53}$$

式中，c 为黏度计常数，mm^2/s^2，每支毛细管黏度计均有其特定的黏度计常数，需用已知黏度的标准油品加以标定。

还需说明，毛细管黏度计只能用来测定属于牛顿型体系的油品黏度。对于非牛顿型体系的流体，由于其黏度是剪切速率的函数，故不能用毛细管黏度计，而需用旋转式黏度计来测定其流变特性。

3. 黏度与化学组成的关系

黏度反映液体内部分子之间的摩擦力，必然与分子的大小与结构有密切的联系。表 2-2-8、表 2-2-9 和表 2-2-10 分别列出了几种烃类的黏度、烃类分子中环数对黏度的影响、环状烃类分子中侧链长度对黏度的影响，由这三个表可以看出：

① 对于同一系列的烃类，除个别情况外，化合物的相对分子质量越大，其黏度也越大。

② 当相对分子质量相近时，具有环状结构的分子的黏度大于链状结构的，而且分子中的环数越多则其黏度也越大。因此，习惯上有分子中的环状结构是其黏度载体的说法。这也说明了液体的黏度也包含它的分子结构的信息。

③ 当烃类分子中的环数相同时，其侧链越长则其黏度也越大。

表 2-2-8　烃类的黏度（25℃）

烃类	绝对黏度/(mPa · s)	烃类	绝对黏度/(mPa · s)	烃类	绝对黏度/(mPa · s)
正己烷	0. 298		0. 895		0. 601
正庚烷	0. 396	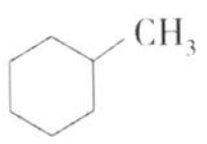	0. 683	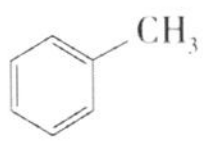	0. 550
正辛烷	0. 514	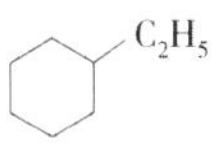	0. 785	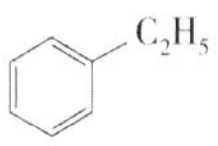	0. 635
正壬烷	0. 668	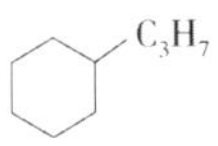	0. 931	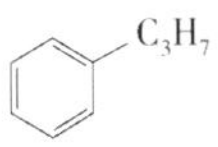	0. 796
正癸烷	0. 859	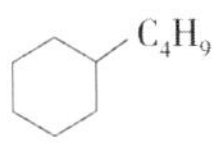	1. 204	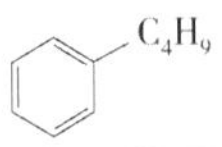	0. 957

表 2-2-9　烃类分子中环数对黏度的影响

化合物	运动黏度(ν_{98})/(mm^2/s)	化合物	运动黏度(ν_{98})/(mm^2/s)
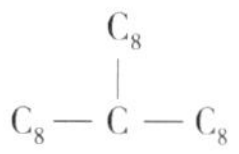	2.49	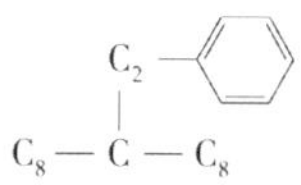	2.53
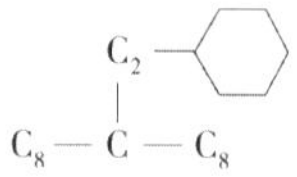	3.29	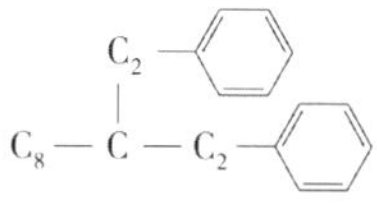	2.74
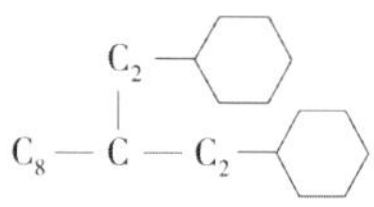	4.98		
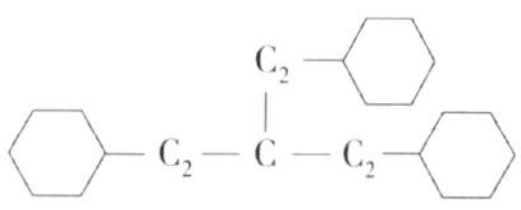	10.10	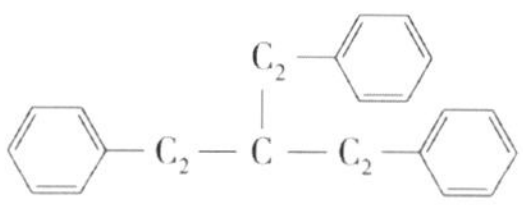	3.82

表 2-2-10　环状烃类双线分子中侧链长度对黏度的影响

化合物	赛氏通用黏度/SUS(100℃)	化合物	赛氏通用黏度/SUS(100℃)
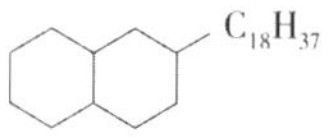	148.0	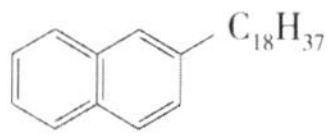	113.5
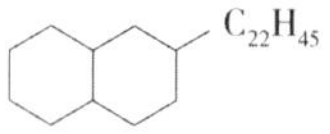	208.0	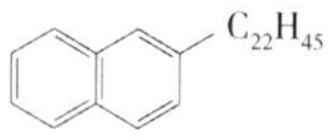	168.0

4. 黏度与温度的关系

油品的黏度随其温度的升高而减小，而润滑油往往是在环境温度变化较大的条件下使用的，所以要求它的黏度随温度的变化幅度不要太大。

(1) 油品黏度随温度变化的关系式

油品黏度与温度的关系一般可用下列经验式关联：

$$\lg\lg(\nu+a)=b+m\lg T \tag{2-2-54}$$

式中，ν 为运动黏度，mm^2/s；T 为绝对温度，K；a，b，m 为经验常数，对于我国的油品，常数 α 取 0.6。

若已知某油品在两个不同温度下的黏度，即可求得该油品的 b 及 m，这样便能利用上式算出在其他温度下的黏度。也可用作图法以 $\lg\lg(\nu+0.6)$ 为纵坐标，以 $\lg T$ 为横坐标求取。此法比较简便，但不很准确，外延过远时误差更大，而且只适用于牛顿体系。

(2) 黏温性质的表示方法

润滑油黏度随温度变化的情况是衡量其性质的重要指标。目前，常用的表征黏温性质的指标有以下两种。

1) 黏度指数。

黏度指数(VI)是目前世界通用的表征黏温性质的指标，我国也采用此指标。此法是选定两种标准油，一种黏温性质良好(称为 H 标准油)，人为地规定其黏度指数为100；另一种黏温性质不好(称为 L 标准油)，规定其黏度指数为0。一般油品的黏度指数介于两者之间，黏度指数越大表明其黏温性质越好。油品的黏度指数可按照国家标准 GB/T 1995—1998，用下面的公式算得到。

当黏度指数为0~100时：

$$VI=\frac{L-U}{L-H}\times 100 \tag{2-2-55}$$

当黏度指数等于或大于100时：

$$VI=\frac{10^{N}-1}{0.00715}+100 \tag{2-2-56}$$

$$N=\frac{\lg H-\lg U}{\lg Y} \tag{2-2-57}$$

式中，U 为油品在40℃下的运动黏度，mm^2/s；Y 为油品在100℃下的运动黏度，mm^2/s；H 为与油品100℃时运动黏度相同、黏度指数为100的 H 标准油在40℃时的运动黏度，mm^2/s；L 为与油品100℃时运动黏度相同、黏度指数为0的 L 标准油在40℃时的运动黏度，mm^2/s。

H 和 L 的数值可以根据油品在40℃和100℃条件下的运动黏度，利用 GB/T 1995—1998 查表或根据相应的公式计算得到，然后用式(2-2-55)~式(2-2-57)计算得到油品的黏度指数。当油品的黏度指数范围不确定时，需要试差计算。油品的黏度指数还可以用油品40℃及100℃的运动黏度从石油产品黏度指数算表(GB/T 2541—1981)中直接查得。此外，从有关的列线图也可求得油品的黏度指数，但准确性较差。对于黏温性质很差的油品，其黏度指数可以是负值。

2) 黏度比。

黏度比是表征油品黏温性质的一种简单方法，通常指油品在50℃条件下的运动黏度与其100℃的运动黏度之比，即 ν_{50}/ν_{100}。对于黏度水平相当的油品，这个比值越小，表示该油品的黏温性质越好；但当黏度水平相差较大时，则不能用黏度比进行比较。

(3) 黏温性质与分子结构的关系

烃类的黏温性质与分子的结构有密切的关系，表2-2-11列出了几种烃类的黏度指数，可以看出如下规律：

① 正构烷烃的黏温性质最好，分支程度较小的异构烷烃的黏温性质比正构烷烃的稍差，随其分支程度的增大，黏温性质越来越差。

② 环状烃(包括环烷烃和芳香烃)的黏温性质都比链状烃的差。当分子中只有一个环时，黏度指数虽有下降，但下降不多。但当分子中环数增多时，则黏温性质显著变差，甚至黏度指数变为负值。

③ 当分子中环数相同时，其侧链越长则黏温性质越好，侧链上如有分支也会使黏度指数下降。

基于表2-2-11比较不同基属原油，含有较多烷烃和少环长侧链环状烃的石蜡基油黏温性质最好，其次是中间基油，最差的是环烷基油。这是因为在该类型原油中，含有大量多环短侧链的环状烃。同时，石油馏分沸程升高，含环状烃增加，馏分的黏温性质也会变差。

表 2-2-11　各种烃类的黏度指数

化　合　物	黏度指数	化　合　物	黏度指数
n-C_{26}	177	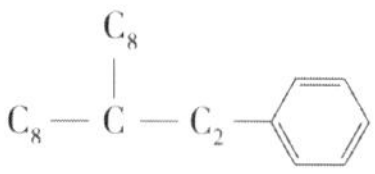	108
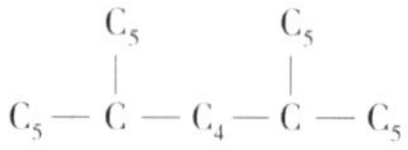	72	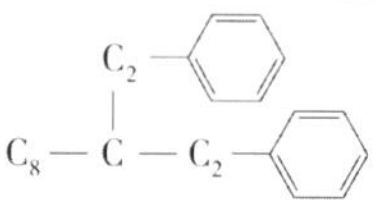	77
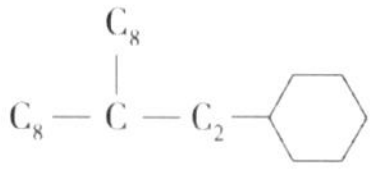	101	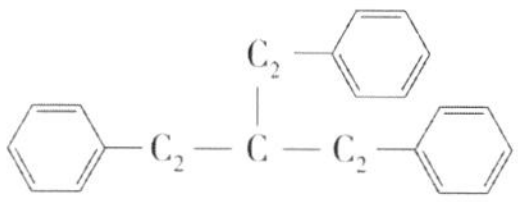	-15
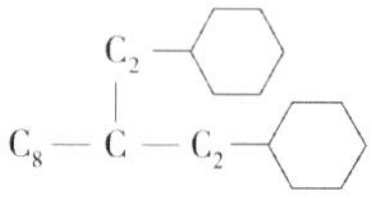	70	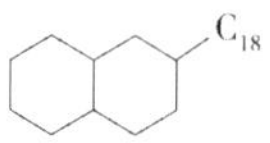	144
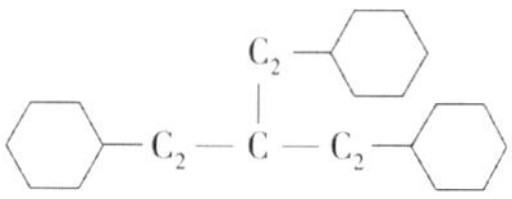	-6	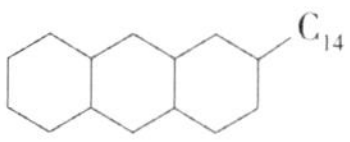	40
		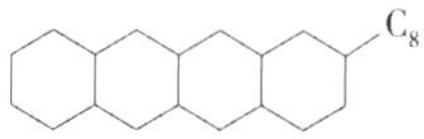	-70

5. 黏度与压力的关系

当液体所受的压力增大时，其分子间的距离缩小，引力也就增强，导致其黏度增大。对于石油产品而言，只有当压力增大到 20MPa 时，对黏度才有显著的影响，如当压力达到 35MPa 时，油品的黏度约为常压下的两倍。当压力进一步增加时，黏度的变化率增大，直至使油品变成膏状半固体。黏度的这种性质对于在重负荷下应用的润滑油(如齿轮油)特别重要。石油馏分在高压下的黏度可用下列经验方程计算：

$$\lg\frac{\eta}{\eta_0}=\frac{p}{6.89476}(-0.0102+0.04042\ \eta_0^{0.181}) \qquad (2-2-58)$$

式中，η 为在温度 T、压力 P 下的黏度，mPa · s；η_0 为在温度 T 和大气压力下的黏度，mPa · s；P 为压力，MPa。

此式不宜用于压力大于 70MPa 的情况。

6. 石油及其馏分的黏度和黏温性质

石蜡基及中间基的原油均含有一定量的蜡，它们在较低温度下往往呈现非牛顿流体的特性。所以，对于原油或其重馏分除测定其不同温度下的黏度外，往往还要测定其流变曲线，以便了解其黏度随剪切速率变化的情况。这对于原油和重质油的输送和利用都是很重要的。

表 2-2-12 列出了几种石油减压馏分的黏度和黏温性质，表中数据表明，石油各馏分的黏度都是随其沸程的升高而增大的，这是由于其相对分子质量增大，更是由于随馏分沸程的升高，其中环状烃增多所致。当馏分的沸程相同时，石蜡基原油的黏度最小，环烷基的最大，中间基的居中。至于黏温性质，则是石蜡基原油馏分的最好，中间基的次之，环烷基的最差。这是由其化学组成所决定的，也就是说在石蜡基原油中含有较多的黏度较小、黏温性质较好的烷烃和少环长侧链的环状烃，而在环烷基原油中，则含较多的黏度较大而黏温性质不好的多环短侧链的环状烃。

表 2-2-12 石油减压馏分的黏度和黏温性质

原油	沸程/℃	v_{50}/(mm²/s)	v_{100}/(mm²/s)	黏度比/(v_{50}/v_{100})	黏度指数 VI
大庆 (石蜡基)	350~400	6.91	2.66	2.60	200
	400~450	15.82	4.65	3.40	140
	450~500	—	8.09	—	—
新疆 (中间基)	350~400	13.00	3.70	3.51	80
	400~450	39.74	7.45	5.33	70
	450~500	128.8	16.20	7.96	60
孤岛 (环烷-中间基)	350~400	16.03	3.99	4.02	40
	400~450	102.0	12.15	8.40	12
	450~500	219.3	19.22	11.41	0
羊三木 (环烷基)	350~400	23.27	4.72	4.93	0
	400~450	146.3	13.66	10.71	-35
	450~500	356.9	23.37	15.27	<-100

7. 气体的黏度

气体分子间的距离很大，相互间的引力很小，所以气体的黏滞性与液体有本质区别。根据气体分子运动论，可以认为气体的黏滞性取决于分子间的动量传递速度。当温度升高时，气体分子的运动加剧，其动量传递速度加快，从而导致在相对运动时其层间的阻力增大。所以，与液体相反，气体的黏度是随温度的升高而增大的。

四、临界性质、压缩因子及偏心因子

1. 石油馏分的临界性质

在炼油工艺计算过程中，经常会利用石油馏分的临界性质来关联计算其他重要物理性质的数据。

当纯物质的实际气体处于临界状态时，其液态与气态的分界面消失。温度高于临界点时，气体便不能液化，因而临界点的温度是实际气体能够液化的最高温度，称为临界温度 T_c；在临界温度下能使该实际气体液化的最低压力称为临界压力 P_c；实际气体在其临界温度与临界压力下的摩尔体积称为临界体积 V_c。

2. 压缩因子和对比状态

实际气体的 $p-V-T$ 关系常用式(2-2-59)表示：

$$Z=\frac{pV}{RT} \tag{2-2-59}$$

式中，Z 称为压缩因子，表示实际气体偏离理想气体行为的程度。实际气体的 Z 值不但随气体种类而异，并且同一种气体在不同状态下的 Z 值也是不同的。

当实际气体处于临界点时，此时的压缩因子称为临界压缩因子 Z_c，即，

$$Z_c=\frac{p_c V_c}{RT_c} \tag{2-2-60}$$

鉴于对比温度 $T_r=T/T_c$、对比压力 $P_r=P/P_c$、对比体积 $V_r=V/V_c$，上面两个公式还可以

表示为：

$$Z=\frac{p_r V_r}{RT_r}\cdot\frac{p_c V_c}{T_c}=Z_c\,\frac{p_r V_r}{T_r} \tag{2-2-61}$$

根据对比状态定律，当实际气体的对比温度和对比压力相同时，其对比体积也相同。实验数据表明，许多实际气体的临界压缩因子 Z_c 比较接近，大多在 0.25~0.31 之间。

3. 偏心因子

(1) 偏心因子的定义

由于实际气体的 Z_c 并不都等于 0.27，为了提高关联的准确性，引入另一个参数——偏心因子 w，而把压缩因子 Z 看作是 p_c、T_c 与 w 三者的函数。

偏心因子 w 的定义为：

$$w=-\lg p^*_{r,0.7}-1.0 \tag{2-2-62}$$

式中，$p^*_{r,0.7}$为 $T_r=0.7$ 时的对比蒸气压(p^*/p_c)。偏心因子是反映物质分子形状、极性和大小的参数。对于小的球形分子如氩、氪、氙等惰性气体，其 $w=0$，这类物质称为简单流体。其余的物质称为非简单流体，它们的 $w>0$。换言之，偏心因子可表征特定物质的对比蒸气压与简单球形分子间的偏差。

偏心因子的更通用的表达式为：

$$w=\frac{\ln p_r^*-(\ln p_r^*)^{(0)}}{(\ln p_r^*)^{(1)}} \tag{2-2-63}$$

式中，p_r^* 为任意对比温度下的对比蒸气压；$(\ln p_r^*)^{(0)}$，$(\ln p_r^*)^{(1)}$均为关联项。

表 2-2-13 为一些烃类的偏心因子 w 值。由表可见，对于同一系列烃类，相对分子质量越大，其偏心因子也越大；当分子中的碳数相同时，烷烃的偏心因子较大，环烷烃和芳香烃的较小。对于实际体系，引入偏心因子是必要的，否则会引起较大误差。

表 2-2-13　一些烃类的偏心因子w 值

化合物	甲烷	乙烷	正己烷	正十六烷	正二十烷	2-甲基戊烷	环己烷	苯	甲苯
偏心因子 w	0.0115	0.0908	0.2957	0.7468	0.9065	0.2791	0.2144	0.2100	0.2566

混合物的偏心因子 w 可由式(2-2-64)计算：

$$w=\sum_{i=1}^{n}x_i w_i \tag{2-2-64}$$

式中，n 为混合物中组分数；x_i 为 i 组分的摩尔分数；w_i 为 i 组分的偏心因子。

(2) 石油馏分偏心因子的求定

石油馏分的偏心因子 w 可用下列经验式进行估算：

$$w=\frac{3}{7}\left[\frac{T_{Me}}{T_c-T_{Me}}(\lg p_c+1)\right]-1.0 \tag{2-2-65}$$

式中，T_{Me}为中平均沸点，K；T_c 为临界温度，K；p_c 为临界压力，MPa。

五、热性质

在石油加工过程中，石油及其馏分的温度、压力和相状态都可能发生变化，往往还伴随热效应。要计算热效应的大小，就必须知道其焓值、质量热容、汽化潜热等热性质。这些性质还常用作关联石油馏分其他物性的参数。若过程中还发生化学变化，则尚需知道其反应热、生成热等。此处只涉及与石油及其馏分的物理变化有关的热性质。

1. 焓

焓又称热函，是体系的热力学状态函数之一，通常用符号 H 表示，其定义为：

$$H=U+PV \tag{2-2-66}$$

式中，U、P、V 分别代表体系的内能、压力、体积。焓的量纲与能量相同。焓是体系的单值函数，其增量 $\Delta H=H_2-H_1$ 取决于体系的始态与终态，而与变化的途径无关。在恒压且只作膨胀功的条件下：

$$\Delta H=\Delta U+P\Delta V=Q_p \tag{2-2-67}$$

式中，Q_p 为恒压热。此式表示在上述情况下，体系所吸收的热等于体系焓的增量。

因为，内能 U 及体积 V 都是容量性质，所以焓 H 也是体系的容量性质。由于体系内能的绝对值无法测得，因此焓的绝对值也无法确定，只能测定焓的变化值。为了便于计算，往往人为地规定某个状态下的焓值为零，称该状态为基准状态，而将体系从基准状态变化到指定状态时发生的焓变称为该体系在该指定状态下的焓值，工程上常以 kJ/kg 或 kJ/kmol 为单位。由此可见，这样定义的焓值只具有相对的意义，它是随所选的基准状态的不同而不同的。

在焓值的计算中，其基准状态的压力通常选用常压，即 1atm(0.1013MPa)；其基准温度则可有多种选择，如0℃、0K、-17.8℃(0℉)或-129℃(-200℉)。因此，当计算某个体系物理变化的焓变时，一定要注意其始态和终态焓值的基准状态必须相同，否则无法比较。

2. 质量热容

单位质量物质温度升高1℃所吸收的热量称为该物质的质量热容，用 c 表示，其单位是 kJ/(kg·℃)。但是，物质的质量热容与其所处的温度有关。严格地讲，质量热容的定义应为：单位质量物质在某一温度 T 下，所吸热量 $\mathrm{d}Q$ 与温度升高值 $\mathrm{d}T$ 之比。即：

$$c=\frac{\mathrm{d}Q}{\mathrm{d}T} \tag{2-2-68}$$

为简便起见，常采用平均质量热容 $\bar{c}$ 进行工艺计算。当单位质量物质的温度从 T_1 改变 T_2 时，若吸收的热量为 Q，则其平均质量热容 $\bar{c}$ 为：

$$\bar{c}=\frac{Q}{T_2-T_1} \tag{2-2-69}$$

若温度变化范围不大，则可近似地取平均温度$(T_1+T_2)/2$ 处的质量热容为平均质量热容。但是，当温度变化范围较宽或接近临界点时，则不能这样计算。

由热力学可知，质量热容不仅与温度的高低有关，还与其压力和体积的变化情况有关。在体积恒定时的质量热容称为质量定容热容(c_V)，当压力恒定时的质量热容称为质量定压热容(c_P)。即

$$c_V=\left(\frac{\partial U}{\partial T}\right)_V \tag{2-2-70}$$

$$c_P=\left(\frac{\partial H}{\partial T}\right)_P \tag{2-2-71}$$

对于液体和固体，质量定压热容和质量定容热容相差很小，而对于气体则两者相差较大。对于理想气体，这两者的差值为摩尔气体常数：

$$C_P - C_V = R \tag{2-2-72}$$

通过实验测定烃类的质量热容时可以发现，不论是液态还是气态，其质量热容都随温度的升高而逐渐增大。压力对液态烃类质量热容的影响一般可以忽略；但气态烃类的质量热容随压力的增高而明显增大，当压力高于 0.35MPa 时，其质量热容需进行压力校正。

液态烃类的质量热容小于水的质量热容，其范围约为 1.6~3.0kJ/(kg·℃)。不同族的烃类当相对分子质量接近时，烷烃的质量热容最大，环烷烃的次之，芳香烃的最小。

3. 汽化热

单位质量物质在一定温度下由液态转化为气态所吸收的热量称为汽化热，其单位为 kJ/kg。物质的汽化热是随其温度、压力的变化而变化的，当温度和压力升高时，其汽化热逐渐减小。如不特殊说明，通常汽化热是指在常压沸点下的汽化热。

纯烃的汽化热可从有关图表中查得。石油馏分可查取或计算其在该条件下气相和液相的焓值，此两者的差值即为其汽化热。

六、其他物理性质

1. 表面张力及界面张力

(1) 表面张力

液体的表面分子不同于内部分子，内部分子在各方向所受到的其他分子的引力相同，而表面分子受上方气相分子的引力远小于受内部液相分子的引力。这种内向引力使液体有尽量缩小其表面积的倾向。表面张力的定义为液体表面相邻两部分单位长度上的相互牵引力，其方向与液面相切且与分界线垂直，单位为 N/m，常用符号 σ 表示。表面张力还可定义为液体增大单位表面积时所需要的能量($J/m^2 = N/m$)，也称为液体的表面能或表面自由能。液体表面张力的大小与液体的化学组成、温度及表面气氛等因素有关。

在石油加工过程中常需用蒸馏、吸收等方法进行分离操作，此类气液传质设备设计中涉及的雾沫和泡沫等问题，都与液体的表面张力有关。

1) 烃类的表面张力。

烃类等纯化合物的表面张力数据可从图表集中查得。表 2-2-14 列出了几种烃类在不同温度下的表面张力，可以看出，当温度相同、相对分子质量接近时，芳香烃的表面张力最大，环烷烃的次之，烷烃的最小。以 C_6 烃类为例，苯、环己烷、正己烷在 20℃时的表面张力分别为 28.8×10^{-3}N/m、25.2×10^{-3}N/m 和 18.0×10^{-3}N/m。正构烷烃的表面张力是随相对分子质量的增大而增大的，环烷烃则不一定如此，而芳香烃的表面张力随相对分子质量变化而变化的程度较小。

表 2-2-14 烃类在不同温度下的表面张力

烃类		表面张力/(10^{-3}N/m)			
		20℃	40℃	60℃	80℃
正构烷烃	正戊烷	16.0	13.9	11.8	9.7
	正己烷	18.0	16.0	14.0	12.1
	正庚烷	20.2	18.2	16.3	14.4
	正辛烷	21.5	19.6	17.8	16.0

续表

烃类		表面张力/(10^{-3}N/m)			
		20℃	40℃	60℃	80℃
环烷烃	环戊烷	22.0	19.6	17.2	14.9
	环己烷	25.2	22.9	20.6	18.4
	甲基环己烷	23.5	21.5	19.5	17.5
	乙基环己烷	25.2	23.3	21.5	19.6
芳香烃	苯	28.8	26.3	23.7	21.2
	甲苯	28.5	26.2	23.9	21.7
	乙苯	29.3	27.1	25.0	22.9
	丙苯	29.0	27.0	24.9	23.0

此外，液体的表面张力还受压力和所接触气体的性质影响，增高压力通常使气体的溶解度增大。液体的表面张力随压力的增高而减小，其减小的幅度则随所接触气体性质的不同而不同。

2）石油馏分的表面张力。

石油馏分在常温下的表面张力一般在24×10^{-3}～39×10^{-3}N/m之间，汽油约为26×10^{-3}N/m，煤油约为30×10^{-3}N/m，润滑油约为34×10^{-3}N/m。未经精制的石油馏分中还含有一些非烃类物质，它们一般具有表面活性，会在表面富集从而降低体系的表面张力。

原油和石油馏分的表面张力可用经验式(2-2-73)求取：

$$\sigma=\{673.7[(T_c-T)/T_c]^{1.232}/K\}\times10^{-3} \tag{2-2-73}$$

式中，σ为液体的表面张力，N/m；T_c为临界温度，K；T为体系温度，K；K为特性因数。

(2) 界面张力

界面张力是指每增加一个单位的液-液相界面面积时所需的能量，单位是N/m。与液体的表面能相似，两个液相界面上的分子所处的环境和内部分子所处的环境不同，因而能量也不同。界面张力对于萃取等液-液传质过程有重要影响。虽然温度和压力对于界面张力都有影响，但温度的影响要大得多。

石油在地质储层中或在生产、加工过程中常与水接触，油-水相界面上的界面张力受两相化学组成及温度等因素的影响。油或水中原有的或外加的少量表面活性物质会显著影响其界面张力，可增加或降低其界面膜的强度，从而导致油水乳状液的稳定或破坏。

对于烃类与水的界面张力可近似用式(2-2-74)计算：

$$\sigma_{HW}=\sigma_H+\sigma_W-1.10(\sigma_H\times\sigma_W)^{1/2} \tag{2-2-74}$$

式中，σ_{HW}为烃、水间的界面张力，N/m；σ_H为烃类的表面张力，N/m；σ_W为水的表面张力，N/m。

上式主要适用于包含五个或更多碳原子的饱和烃，当烃相的T_r>0.53时，此法的精确度迅速下降。

2. 折射率

光在介质中的传播速度与介质的化学组成和结构有关，因此在石油的研究和产品的质量检验中，常常用油品的光学性质如折射率、分子折射和色散率等来关联其化学组成和结构。

折射率是光在真空中的速度与在介质中的速度之比，其数值均大于 1.0。油品的折射率一方面取决于其化学组成与结构，另一方面还取决于温度及入射光的波长。常用的测定折射率的仪器是阿贝折光仪。这种折光仪的光源虽然是来自阳光或电灯，但因其中装有消除色散的补偿器，所以测得的是钠黄光的 D 线(波长为 589.3nm)的折射率，用%表示。标准 SH/T 0724—2002 详细介绍了液态烃折射率的测定方法。

折射率受温度的影响，温度升高折射率减小。可用式(2-2-75)以温度为 t_0 时测得的折射率 $n_D^{t_0}$ 估算温度为 t 时的折射率 n_D^t：

$$n_D^t = n_D^{t_0} - \gamma(t - t_0) \qquad (2-2-75)$$

式中，γ 为折射率的温度系数，其值大多在 0.0004~0.0006 之间。一般油品常在 20℃下测定其折射率 n_D^{20}；而含蜡较多、熔点较高的油品，则须在 70℃下测定其折射率 n_D^{70}。

(1) 烃类和石油馏分的折射率

从表 2-2-15 可以看出，在各族烃中，烷烃的折射率最小，一般在 1.3~1.4 之间，芳香烃的折射率 n_D^{20} 最大，约为 1.5，环烷烃则介于两者之间。在同一系列的烃中，烷烃和环烷烃的折射率一般随其相对分子质量的增大而增大；而单环芳香烃的折射率则随其相对分子质量的增大而减小，但相对分子质量对折射率的影响远不如分子结构的影响显著。总地看来，折射率与分子结构的关系和相对密度与分子结构的关系是相似的。

表 2-2-15　烃类的折射率

烃　类	n_D^{20}	烃　类	n_D^{20}	烃　类	n_D^{20}
正己烷	1.3749	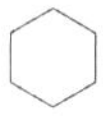	1.4262		1.5011
正庚烷	1.3876	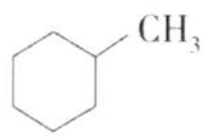	1.4231	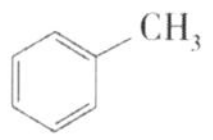	1.4969
正辛烷	1.3974	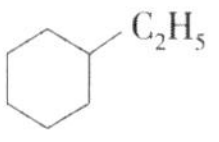	1.4330	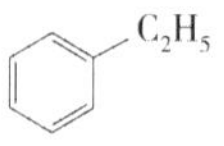	1.4959
正壬烷	1.4054	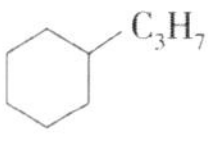	1.4371	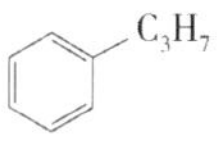	1.4920
正癸烷	1.4119	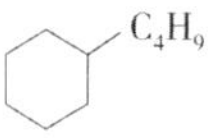	1.4408	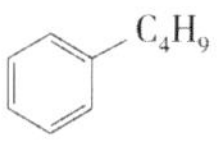	1.4898

表 2-2-16 为大庆、胜利、孤岛和羊三木原油各馏分的折射率。可以看出，一方面，对于沸程相同的馏分，石蜡基的大庆原油的折射率最小，环烷基的羊三木原油的折射率最大，中间基的胜利原油的折射率居中，这显然反映了它们化学组成上的差别；另一方面，对于同一种原油，其馏分的折射率随沸程的升高而增大，这主要是较重的馏分中芳香烃的含量较多所致。

表 2-2-16　石油馏分的折射率

馏分沸程/℃	大庆原油	胜利原油	孤岛原油	羊三木原油
200~250	1.4484	1.4580	1.4774	1.4714
250~300	1.4561	1.4630	1.4888	1.4897

续表

馏分沸程/℃	大庆原油	胜利原油	孤岛原油	羊三木原油
300~350	1.4627	1.4670	1.5009	1.5053
350~400	1.4493①	1.4583①	1.5102	1.5190
400~450	1.4598①	1.4770①	1.5024①	1.5230
450~500	1.4680①	1.4840①	1.5609①	1.5260
原油基属	石蜡基	中间基	环烷-中间基	环烷基

① 为 70℃时的折射率。

（2）石油馏分折射率的计算方法

石油馏分的折射率可由其沸点、密度和相对分子质量用式(2-2-76)、式(2-2-77)推算：

$$n=\left(\frac{1+2I}{1-I}\right)^{0.5} \tag{2-2-76}$$

$$I=3.587\times10^{-3}T_{\mathrm{Me}}^{1.0848}\left(\frac{M}{\rho}\right)^{0.4439} \tag{2-2-77}$$

式中，n 为 20℃时的折射率；I 为 20℃ Hnang 特性参数；T_{Me} 为中平均沸点，K；M 为相对分子质量；ρ 为 20℃时的密度，g/cm^3。

对于国产原油直馏馏分和催化裂化、焦化馏分的折射率，借助寿德清-向正为提出的经验式(2-2-78)，可得到较准确的结果：

$$n_D^{20}=0.520545+0.854754\rho+\frac{0.193995}{\rho} \tag{2-2-78}$$

式中，ρ 为馏分油 20℃时的密度，g/cm^3。

3. 导热系数

导热系数又称热导率，反映物质的热传导能力，其定义为单位温度梯度(在 1m 长度内温度降低 1K)在单位时间内经单位导热面积所传递的热量，常用 λ 表示，单位是 W/(m·K)。导热系数是对换热器等传热设备进行计算时必不可少的物性数据。

（1）气体的导热系数

理想气体的导热系数不受压力影响，只是温度的函数。而当压力较高时，则需考虑压力的影响以加以校正。

对于石油馏分低压蒸气，可近似地看作是理想气体，用经验式(2-2-79)进行计算：

$$\lambda=\mathrm{A}+\frac{\mathrm{B}}{M}+\frac{\mathrm{C}}{M^2}+(T-255.37)\left(\mathrm{D}+\frac{\mathrm{E}}{M}+\frac{\mathrm{F}}{M^2}\right) \tag{2-2-79}$$

式中，λ 为导热系数，W/(m·K)；T 为温度，K；M 为相对分子质量；A 为 0.0023103；B 为 0.42624；C 为 1.9891；D 为 1.0208×10^{-4}；E 为 1.3047×10^{-4}；F 为 0.0057405。

当气体中含有少量氢气时，其误差较大，此式不适用。

（2）液体的导热系数

当压力低于 3.4MPa 时，液体的导热系数不受压力影响，它随温度的增高而减小，两者基本呈线性关系。而当对比温度大于 0.8 时，其导热系数则随温度的增高而急剧下降。

液体石油馏分低压下的导热系数可用式(2-2-80)估算：

$$\lambda = 0.1322 - 1.420\times10^{-4}(T-273.15) \tag{2-2-80}$$

4. 闪点、燃点和自燃点

石油及其产品都是极易着火的物质，因此测定它们与爆炸、燃烧有关的性质如闪点、燃点和自燃点，对于油品的生产、储存、运输、加工以及应用过程的安全都具有重要意义。

闪点是指在规定条件下，加热油品所溢出的蒸气和空气组成的混合物与火焰接触时发生瞬间闪火时的最低温度。这种闪火现象的实质是爆炸，其必要条件是混合气中燃料蒸气的浓度要在一定的范围内，这个范围就称为该燃料的爆炸极限(或燃烧极限)。燃料蒸气的浓度在爆炸极限以内的混合气称为可燃混合气。由于燃烧过程的化学反应速度或释放出热能的速度取决于燃料蒸气和空气的浓度，因此其中任何一个浓度过低，均会使反应速度减小并使释放的热量不足以补偿其散失，而使混合气不能点燃，这就是混合气浓度过低或过高都不能发生爆炸的原因。通常把混合气能够点燃时其中燃料蒸气的最低浓度称为其爆炸下限，其最高浓度称为爆炸上限。一些可燃物质在空气中的爆炸极限见表 2-2-17，在使用过程中应注意安全。

表 2-2-17　一些可燃物质在空气中的爆炸极限

可燃物质	爆炸极限/%(体)		可燃物质	爆炸极限/%(体)	
	下限	上限		下限	上限
氢气	4.0	75	苯	1.4	7.1
一氧化碳	12.5	74	正庚烷	1.2	6.7
甲烷	5.3	14	甲苯	1.4	6.7
乙烷	3.0	12.5	辛烷	1.0	—
乙烯	3.1	36	二甲苯	1.0	6.0
乙烷	2.5	81	丙酮	3.0	11
丙烷	2.2	9.5	甲醇	7.3	36
正丁烷	1.9	8.5	乙醇	4.3	19
正戊烷	1.5	7.8	车用汽油①	1.3	7.1
正己烷	1.2	7.5	航空汽油①	1.4	7.1
环己烷	1.3	8.0			

① 因产品具体规格不同，其爆炸极限会有所变化。

燃点是在规定条件下加热油品，当火焰靠近油品表面的油气和空气组成的混合物时着火，并持续燃烧至规定时间所需的最低温度。油品的闪点和燃点主要与其馏分组成有关，油品的沸程越高，其闪点和燃点越高，油品越轻其闪点和燃点也越低。

自燃点是指在规定条件下，油品在没有火焰时自发着火的最低温度。自燃点与闪点和燃点不同，不需要外部火源，是由于在一定温度下油品与空气发生剧烈氧化而导致自行燃烧的现象。自燃点与油品的沸程有关，但与闪点和燃点相反，油品越轻、相对分子质量越小，其自燃点越高。例如汽油的自燃点常在 400℃ 以上，柴油的自燃点只有 220~250℃，渣油的自燃点则更低。因此，在加工或使用过程中，对于高沸程的油品尤其是重质油品，一定要防止其泄漏，以防它与空气接触而自燃，引起火灾。部分烃类及燃料在空气中的自燃点如表 2-2-18 所示。

表 2-2-18　部分烃类及燃料在空气中的自燃点

物质名称	自燃点/℃	物质名称	自燃点/℃
乙烷	515	苯	562
正丁烷	405	甲苯	536
正戊烷	287	间二甲苯	528
正己烷	234	萘	526
正庚烷	220	α-甲基萘	528
正壬烷	206	蒽	540
异辛烷	418	航空汽油	440
正癸烷	208	1 号喷气燃料	228
正十六烷	205	2 号喷气燃料	238
环己烷	200	3 号喷气燃料	242

油品闪点的测定有闭口杯法(GB/T 261—2021)和开口杯法(GB/T 267—1988)，前者轻质油品和重质油品都可以测定，后者一般用于测定重质油品。燃点则应用开口杯法测定。

5. 浊点、结晶点、冰点、倾点和凝点

纯化合物在一定的压力下的熔点与结晶点(或凝点)是相同的，是一个定值。

石油中烃类的熔点随其相对分子质量及结构不同而异，各种烃类的熔点一般都随其相对分子质量的增大而升高，其中正构烷烃的熔点最高。例如，分子中碳数为 16 的正十六烷的熔点为 18.2℃，在常温下已是固态，异构烷烃的熔点一般低于正构烷烃。除环己烷和苯外，碳数相同时，环烷烃和芳香烃的熔点一般低于烷烃。由于石油及其产品都是含有多种组分的复杂混合物体系，因此，在石油及其产品指标中经常出现的浊点、结晶点、倾点和凝点等没有定值，都是在规定条件下测得的数据。

(1) 浊点、结晶点和冰点

浊点是在规定试验条件(GB/T 6986—2014)下，清澈、洁净的液体石油产品在降温过程中，由于出现蜡结晶而呈雾状或浑浊时的最高温度。

结晶点是指在规定试验条件(SH/T 0179—2013)下，轻质石油产品在降温过程中，由于出现蜡结晶而先呈现雾状或浑浊，当用肉眼可以看出试样中有结晶时的最高温度。

冰点是在规定试验条件(GB/T 2430—2008)下，轻质石油产品在降温过程中出现结晶后，再使其升温原来形成的烃类结晶消失的最低温度。

(2) 凝点和倾点

凝点是指试样在规定条件(GB/T 510—2018)下冷却至停止移动时的最高温度；倾点是指试样在规定条件(GB/T 3535—2006)下能流动的最低温度。

石油及其产品是复杂的混合物体系，油品在低温下失去流动性与纯化合物的凝固是不同的。纯化合物冷却到其结晶点后即开始出现结晶，并在这个恒定温度下，结晶逐渐增多，直至完全凝固。而油品在冷却过程中，随着温度的下降其流动性逐渐变差，并无温度恒定的现象，所以只能根据人为规定的条件来定义其失去流动性的温度。油品失去流动性的原因有两种情况。一种是对于含蜡较多的油品，随温度下降，其中正构烷烃等高熔点烃类的结晶不断析出，进而连接形成结晶骨架，并把此时尚处于液态的油品包在骨架中，从而使整个油品失去流动性，这就是所谓结构凝固。另一种情况是对于含蜡很少的油品，当温度降低时虽还没有结晶析出，但因其组成分子中环状结构较多，在低温下其黏度很大，直至由于过度黏滞而丧失流动性，这就称为黏温凝固。一般情况下，油品失去流动性，是结构凝固和黏温凝固共同作用的结果。

第三节　原油分类

一、原油评价方法概论

确定一种原油的加工方案是炼油厂设计和生产的首要任务。人们根据所加工原油的性质、市场对产品的需求、加工技术的先进性和可靠性，以及经济效益等方面的大量信息，进行全面的综合分析、研究对比，制订出合理的加工方案。在上述的诸多考虑因素中，原油性质是最基本的因素。原油评价就是通过实验和分析，取得对原油性质的全面认识。

原油评价按其目的不同，大体可分为三个层次：

① 原油的基本性质。

② 常规评价。除了原油基本性质外，还包括原油实沸点蒸馏数据及窄馏分性质。

③ 综合评价。包括直馏产品的产率和性质，根据需要，也可增加某些馏分的化学组成、某些重馏分或渣油的二次加工性能等。

根据不同的目的和需要，可以选择不同的评价内容以及具体的分析测试项目。通常，在取得详细的原油性质数据的基础上，还需对该原油的加工方案提出建议。

以下对原油评价的基本内容和方法分别予以说明。

1. 原油的一般性质

在测定原油性质之前，应先测定原油的含水量、含盐量和机械杂质。若原油含水量大于0.5%应先脱水。表2-3-1列出了几种国产原油的基本性质。

表2-3-1　几种国产原油的基本性质

性质		大庆	胜利	大港	克拉玛依	辽河
密度(20℃)/(g/cm^3)		0.8587	0.9005	0.8826	0.8808	0.8818
运动黏度(50℃)/(mm^2/s)		19.5	83.4	17.3	32.3	21.9
凝点/℃		32	28	28	-57	21
含蜡量(吸附法)/%		25.1	14.6	15.4	2.1	8.7
沥青质/%		0.1	5.1	13.1	0.5	—
硅胶胶质/%		8.9	23.2	9.7	15.0	15.7
酸值/(mgKOH/g)		—	—		0.74	0.98
残炭/%		3.0	6.4	3.2	3.8	4.8
元素分析/%	C	86.3	86.3	85.7	86.1	—
	H	13.5	12.6	13.4	13.3	—
	S	0.15	0.88	0.12	0.12	0.18
	N	—	0.41	0.23	0.27	0.31

续表

性　　质		大庆	胜利	大港	克拉玛依	辽河
微量金属/(mg/kg)	V	<0.1	1.0	<0.1	—	0.6
	Ni	2	26	18	—	32
<300℃馏出/%		25.6	18.0	26.0	31.0	—

2. *原油实沸点蒸馏及窄馏分性质*

实沸点蒸馏是在规定的试验装置和操作条件下来考察石油馏分组成的试验方法。试验装置是一种间歇式精馏设备，精馏柱的理论板数为15～17，精馏过程在回流比为5∶1的条件下进行。馏出物的最终馏出温度一般为500～560℃，釜底残留物为渣油。为避免原油的裂解，蒸馏时釜底温度不得超过350℃。因此，整个蒸馏过程分为三段进行：常压蒸馏、减压蒸馏(10mmHg)、二段减压蒸馏(1～2mmHg，不带精馏柱)。

原油在实沸点蒸馏装置中按沸点高低被切割成多个窄馏分和渣油。一般按照每3%～5%取作一个窄馏分，目前，大多数按照25℃或30℃沸点范围作为一个窄馏分。将窄馏分按馏出顺序编号、称重及测量体积，然后测定各窄馏分和渣油的性质。

3. *直馏馏分的性质及产率*

直馏馏分一般是较宽的馏分，为了取得其较准确的性质数据作为设计和生产的依据，必须由实验实际测定。通常的做法是先由实沸点蒸馏将原油切割成多个窄馏分和渣油，然后根据产品的需要把相邻的几个馏分按其在原油中的含量比例混合，测定该混合物的性质。也可以直接由实沸点切割得到相应与该产品的宽馏分。

二、原油的分类方法

不同地区和不同地层所开采的原油，有一些化学组成和物理性质比较相似，在加工过程中所遇到的问题类似。因此，原油按一定的指标进行分类。依据原油的类别，可以大致推测它的性质和加工方案，判断适宜生产的产品以及产品质量等。原油可以按工业、地质或化学等的观点来区分，每一大类中又有多种分类法。例如，化学分类法中就有关键馏分特性分类法、特性因数分类法、相关系数分类法、结构族组成分类法等。本节主要介绍关键馏分特性分类法和商品分类法。

1. *关键馏分特性分类法*

1935年，美国矿务局提出了原油的关键馏分特性分类法。此分类法能较好地反映原油的化学组成特性，我国也使用此方法。

用原油简易蒸馏装置在常压下蒸馏得到250～275℃馏分作为第一关键馏分，残油用没有填料柱的蒸馏瓶在40mmHg残压下蒸馏，切取275～300℃馏分(相当于常压395～425℃)作为第二关键馏分。分别测定上述两个关键馏分的密度，对照表2-3-2中的相对密度(或比重指数*API*°)分类标准，决定两个关键馏分的属性，最后按照表2-3-3确定该原油属于所列七种类型中的哪一类。表2-3-2中括号内的特性因数*K*值是根据关键馏分的中平均沸点和比重指数计算得来的，不作为分类标准，仅作为参考数据。

上述关键馏分也可以取实沸点蒸馏装置蒸出的250～275℃和395～425℃馏分分别作为第一和第二关键馏分。

为了更全面地反映原油的性质，可考虑把商品分类法中的硫含量分类作为关键馏分特性分类的补充，即硫含量<0.5%的为低硫原油，0.5%~2.0%为含硫原油，>2.0%为高硫原油。

表 2-3-2 关键馏分的分类指标

关键馏分	石蜡基	中间基	环烷基
第一关键馏分	d_4^{20}<0.8210 $API°$>40 (K>11.9)	d_4^{20}=0.8210~0.8562 $API°$=33~40 (K=11.5~11.9)	d_4^{20}>0.8562 $API°$<33 (K<11.5)
第二关键馏分	d_4^{20}<0.8723 $API°$>30 (K>12.2)	d_4^{20}=0.8723~0.9305 $API°$=20~30 (K=11.5~12.2)	d_4^{20}>0.9305 $API°$<20 (K<11.5)

表 2-3-3 原油的关键馏分特性分类

序号	第一关键馏分的属性	第二关键馏分的属性	原油类别
1	石蜡基	石蜡基	石蜡基(P)
2	石蜡基	中间基	石蜡-中间基(P-I)
3	中间基	石蜡基	中间-石蜡基(I-P)
4	中间基	中间基	中间基(I)
5	中间基	环烷基	中间-环烷基(I-N)
6	环烷基	中间基	环烷-中间基(N-I)
7	环烷基	环烷基	环烷基

表 2-3-4 列出了我国几种原油根据此建议进行分类的情况。同一类原油，具有明显的共性。石蜡基原油一般含烷烃量超过 50%，其特点是密度较小、含蜡量较高、含硫和胶质较少，是属于地质年代古老的原油。这种原油生产的直馏石脑油辛烷值低，而柴油的十六烷值较高；喷气燃料的相对密度较小而结晶点较高；可以生产黏温性质良好的润滑油，但是脱蜡的负荷很大；重馏分和渣油中重金属含量少，是良好的裂化原料，但难以生产质量较好的沥青。大庆原油是典型的石蜡基原油。环烷基原油的特点是含环烷烃和芳烃较多，凝点低，一般含硫、胶质和沥青质较多，是地质年代较年轻的原油。它所生产的石脑油中含环烷烃多、辛烷值较高；喷气燃料的密度大、质量热值和体积热值都较高，可以生产大密度喷气燃料；柴油的十六烷值较低、润滑油的黏温性质差。环烷基原油中的重质原油含有大量的胶质和沥青质，又称为沥青基原油，孤岛原油就属于这一类原油。部分沥青基原油可用来生产各种高质量的沥青。中间基原油的性质介于这两类之间。

表 2-3-4 几种国产原油的分类

原油名称	硫含量/%(质)	第一关键馏分 d_4^{20}	第一关键馏分 d_4^{20}	原油的关键馏分特性分类	建议原油分类命名
大庆混合	0.11	0.814 (K=12.0)	0.850 (K=12.5)	石蜡基	低硫石蜡基
克拉玛依	0.04	0.828 (K=11.9)	0.895 (K=11.5)	中间基	低硫中间基

续表

原油名称	硫含量/%(质)	第一关键馏分 d_4^{20}	第一关键馏分 d_4^{20}	原油的关键馏分特性分类	建议原油分类命名
胜利混合	0.88	0.832 (K=11.8)	0.881 (K=12.0)	中间基	含硫中间基
大港混合	0.14	0.860 (K=11.4)	0.887 (K=12.0)	环烷中间基	低硫环烷中间基
孤岛	2.06	0.891 (K=10.7)	0.936 (K=11.4)	环烷基	高硫环烷基

2. 商品分类法

国际石油市场根据原油密度、硫含量及酸值高低进行分类。原油密度决定一次加工轻质油收率，硫含量高则增加加工成本，酸值高则会导致设备严重腐蚀增加设备投资，因此这类参数影响原油的价格。

(1) 按密度分类

轻质原油：$API°>34$，$\rho_{20}<0.852g/cm^3$；

中质原油：$API°=34\sim20$，$\rho_{20}=0.852\sim0.930g/cm^3$；

重质原油：$API°=20\sim10$，$\rho_{20}=0.931\sim0.998g/cm^3$；

特稠原油(油砂沥青)：$API°<10$，$\rho_{20}>0.998g/cm^3$。

(2) 按硫含量分类

低硫原油：硫含量<0.5%；

含硫原油：硫含量=0.5%~2.0%；

高硫原油：硫含量>2.0%。

(3) 按酸值分类

低酸原油：酸值<0.5mgKOH/g；

含酸原油：酸值=0.5~1.0mgKOH/g；

高含酸原油：酸值>1.0mgKOH/g。

实际上，在石油交易中，使用多种按质论价的分类方法。例如，以某种原油为标准，按所交易原油的密度及硫含量与标准原油的差别来计算价格。近年来，在计算原油价格时还考虑原油的氮含量及金属含量等因素。另外，国际石油交易中还常用“净值反算法(Netback Calculation)”论价。所谓净值反算法，就是以产品的估计收率所得各种产品在某港口的现货价的总价值为依据，反算原油的价格。

第四节　不同原油加工要求

一、石蜡基原油

大庆、吉林、中原、青海等原油属石蜡基原油，具有含硫低、镍和钒含量不高、残炭低、无沥青质、含蜡高、凝点高的特点，其中中原原油含硫量稍高。此外，还有一些原油如华北原油，在分类上虽属石蜡基，但其某些馏分，尤其重油部分并不都具备石蜡基油的特性。这类原油虽具有含蜡多、凝点高的石蜡基原油特征，而其残炭、胶质、镍含量比一般石蜡基原油高。

在石蜡基原油中，华北、中原等原油，含有一定数量的硫、氮、氧化合物，其直馏石脑油、喷气燃料(或煤油)、柴油及催化裂化柴油需要适当精制。其减压馏分油作为润滑油原料时，因脱蜡油的黏度指数较低，即使经深度溶剂精制也难以有很大程度提高。这一类原油的减压渣油，采用溶剂脱沥青工艺进行处理，得到的沥青数量大，质量难以满足沥青产品品质要求；进延迟焦化加工时焦炭收率较高，焦化石脑油、柴油需要深度的加氢精制；馏分油催化裂化中掺炼较多的减压渣油，但其柴油安定性差，必须精制，且柴油的十六烷值低，需要通过调和或加氢来改善产品质量。

低硫石蜡基原油以大庆原油为代表，其加工过程的特点是：

① 原油含硫少，氮含量也不高，已经不能满足新的油品质量要求。

② 减压馏分油是催化裂化和加氢裂化的好原料，同时也是生产润滑油的好原料。

③ 含蜡高，是生产石蜡(包括液体石蜡)的好原料。

④ 轻馏分饱和烃包括正构烷烃含量高，作为裂解原料，乙烯收率高。

⑤ 减压渣油的残炭低，含杂质少，因此，可以采用所有的重油加工工艺进行加工，如采用溶剂脱沥青工艺，可以得到优质催化裂化原料油或残渣润滑油原料。采用延迟焦化工艺，可以得到低硫焦炭；焦化石脑油、柴油精制后，可以作为产品调和组分；减压馏分可以作为催化裂化或加氢裂化原料。减压馏分的催化裂化原料中，可以掺入一定比例的减压渣油，甚至全减压渣油进行催化裂化。

二、中间基与石蜡-中间基原油

这类原油与石蜡基原油相比，蜡含量较低，镍含量一般稍高，如胜利、辽河、大港和北疆等原油。

这类原油，如胜利原油等的加工特点是：

① 直馏产品酸度高，需要精制。直馏石脑油的芳烃潜含量较高，适于作催化重整原料。

② 减压馏分油中，C_P 值较低，催化裂化过程中生焦量大。其催化裂化柴油的十六烷值低需要加氢改质或加入添加剂。各馏分芳烃含量都较高，不适合作为裂解原料。

③ 此类原料的渣油大多可以生产合格的沥青。

三、环烷和环烷-中间基原油

属于此类的原油有孤岛、单家寺(胜利油区)、羊三木(大港油区)、高升(辽河油区)、塔河等原油。这类原油产量小，大多是密度大于 0.93g/cm^3 的重质原油，含蜡少、凝点低，胶质、残炭、酸值和镍含量都较高。

我国环烷基及环烷-中间基原油，如辽河、孤岛、单家寺等原油，大多含石脑油少，酸值高。喷气燃料馏分的密度大、冰点低，但安定性不好或芳烃含量过高，需要精制。柴油酸度高、十六烷值低。这类原油的减压馏分中含大量芳烃，不是好的催化裂化原料。有些环烷基原油的润滑油馏分不需要脱蜡，经适当精制可直接生产变压器油、冷冻机油等。这类原油是生产沥青的好原料，多数原油只经蒸馏即可得到合格道路沥青。

上述三类原油，虽然它们 350~500℃ 馏分的镍、钒含量和残炭都很低，但结构族组成有明显的区别。第一类减压馏分的 C_P 值高，其余两类的 C_A 值高，作为催化裂化原料，第一类最好。

大庆常压渣油残炭低，是较好的渣油催化裂化原料。第二类中胜利与辽河原油的大于350℃渣油性质很接近，其镍含量较高，氢碳比较低，因此，去催化裂化加工时较困难。至于第三类常压渣油，某残炭和重金属含量都高，一般要经过预处理才能进行催化裂化加工。

四、含硫和高硫原油

这类原油以中东原油为代表，其加工特点是：

① 石脑油收率高，且 *BMCI* 值低，适于炼化一体化炼油厂加工。

② 各类直馏馏分以及催化裂化原料的硫含量都很高，必须采取加氢精制等方法脱硫。

③ 柴油馏分的收率高，凝点低，十六烷指数高，适于生产低凝优级柴油。

④ 减压渣油蜡含量低，饱和烃含量低，是生产高等级道路沥青的优质原料。

五、含酸和高酸原油

目前，世界上主要的含酸原油产地有西非、南北美洲、西北欧及远东等地区，产量较大的国家有巴西、委内瑞拉、安哥拉、苏丹、乍得、挪威、加拿大以及中国等。我国东北的辽河油田、山东胜利油田、华北大港油田、新疆克拉玛依油田，直到渤海海域，都有较大的含酸原油区块，其中渤海海域具有相当丰富的含酸原油储备，有较大的增产远景。高酸原油以其低廉的价格被人们称为“机会原油”。然而，其油质差、腐蚀性高的特点使得许多炼油厂难以加工。

与普通原油相比，含酸原油普遍具有密度大、轻组分少、重金属含量高、多为环烷基或环烷中间基重质原油等特点。含酸原油的这些特性决定了对其不能采取常规的加工模式。目前，国内外主要采取的加工模式有：

① 对装置材质进行升级集中加工；

② 蒸馏装置集中加工二次装置混合加工；

③ 与低酸原油混合加工；

④ 直接进二次装置加工。

第五节　原油调和

一、原油调和的目的

随着进口原油品种和数量的增多，加工进口原油为主的炼油厂每年加工原油种类达几十种，多油种的频繁变化影响常减压装置稳定运行，也对优化生产操作带来困难。通过原油调和，将性质差异大的不同原油按照常减压装置设防值控制混合，可以稳定常减压进料性质，改善常减压装置操作，平稳操作运行，提高安全性；同时，可以掺炼部分价格低廉的劣质原油；降低原油采购成本。国际上通常认为理想并稳定供应的原油对于大型炼油厂来说，应能带来2%~3%的利润的增加。原油调和已成为部分炼油厂必要的生产工序。

二、原油调和的概念

原油调和是将不同来源、不同物性的原油，按照一定的调和比例进行混合，用以满足蒸馏装置对原油性质设防值的要求以及二次加工装置或产品对进料性质的要求。

国内炼化企业的早期原油调和大多根据历史原油评价数据或者凭经验进行人工计算，调和效果受到极大限制。现有原油调和模型优化的控制指标以常见的原油酸值、硫含量、侧线收率等指标为主，配方优化大多采用线性优化方法。

与成品油调和相对比，原油调和经验和技术积累较少，发展步伐较慢。原油调和和成品油调和既有相似性又有不同点，成品油调和的组分油性质波动较小，设定的调和目标复杂度不高，而参与原油调和的组分油常常来源于不同地区，不同种类的组分原油的性质及价格差异均比较大，调和的指标多，既需要符合质量指标，又需要完成经济效益的优化，还需要考虑加工量、全厂计划等因素，需要同时考虑多个指标权衡选择。此外，原油调和和成品油调和在数量以及性质复杂度上均有差别，成品油调和的组分数量有限，而企业用于原油调和的常炼组分原油往往达到几十种；成品油调和的比例优化一般以线性为主，而原油的性质范围覆盖从低硫低酸到高硫高酸，如针入度、倾点、烟点、冰点等物性需要借助非线性优化方法进行求解。

原油调和可以分为狭义的原油调和与广义的原油调和，如图 2-5-1 所示。

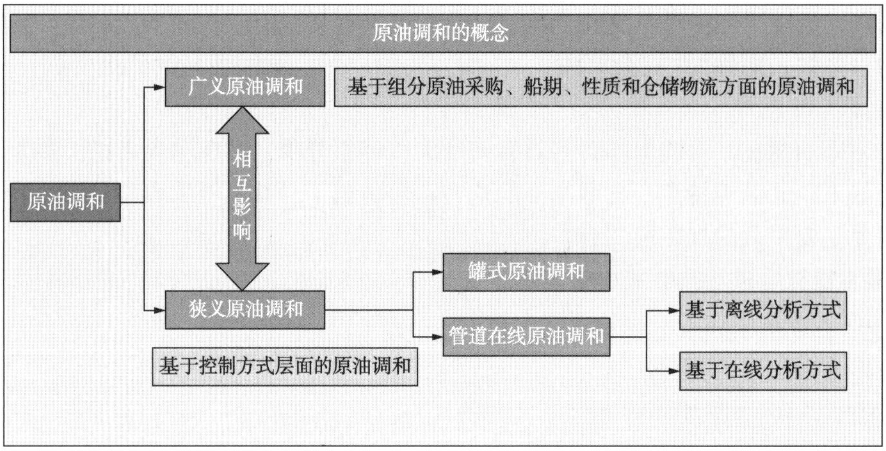

图 2-5-1　原油调和的概念

狭义的原油调和是指人们通常所说的原油调和，主要实现原油调和的精准控制，是基于控制方式层面的原油调和，包括两种调和方式：即罐式原油调和、管道在线原油调和。其中管道在线原油调和又可以根据组分原油性质的分析方式分为基于离线分析和在线分析的两种调和方式。

罐式原油调和通常将各组分原油按要求从重到轻的顺序逐一倒入调和目标罐，并通过重力沉降原理实现组分原油的调和，经过静置脱水后再向常减压装置供料，因而通常需要准备 3 座调和目标罐（1 收 1 付 1 静置）。罐式原油调和存在较为明显的缺点：①原油调和效率和效果不及管道在线调和方式好；②因调和目标罐内的原油需事先调好，因而面对生产、市场变化，不能快速反应和调整；③原油资源进厂后多了一道进出罐过程，增加了呼吸损失、能耗损失，降低了资源周转效率；④因需要设置调和目标罐，额外占用了罐容，且相应的原油库存也增加了资金占用。因此，本书后续所涉及的原油调和方式主要指管道在线原油调和。

狭义的原油调和实现的前提，是参与调和的组分原油按照要求的品种、数量和比例在原油罐区内同时存在。所以，按照生产要求准备好相关组分原油是实现狭义的原油调和的基础。而参与调和的组分原油通常是提前2~3个月采购的，经过1个月左右的远洋运输，再经过顺序靠卸、顺序转输才能进罐，经静置后参与调和。要按照生产要求准备好组分原油，就需要统筹做好长周期原油资源与短周期生产需求的衔接，做好短周期原油资源的调运。因此，将基于组分原油采购、船期、性质和仓储物流方面的原油调和称为广义的原油调和。

由上述所知，狭义的原油调和如不能做好精准控制，则影响各组分原油数量的消耗，对组分原油的仓储管输调运、码头靠卸、船期安排及采购均将造成一定影响；同时，广义的原油调和如不能按照生产要求衔接好原油资源，准备好参与调和的各组分原油，将影响狭义的原油调和的实现。因此，两者互相影响，相辅相成，不可分割。

三、原油调和的工艺

原油调和工艺主要分为油罐调和和管线调和两大类，分别具有各自的特点，并适用于不同的应用场景。其中油罐调和有时也称为离线调和或者间歇调和，是将组分原油按提前计算的优化比例，送入调和罐中，再充分混合，主要采用罐内循环调和和批次调和。油罐调和方法操作简单，但是调和时间较长，调和比例精度相对较低；管道调和也称为在线调和或者连续调和，主要采用泵出口管道调和和泵入口管道调和，利用自动化仪表检测和控制组分原油，按照所优化的配比送入调和头混合，各组分原油在总管道中形成均匀混流。

1. 油罐调和

(1) 罐内循环调和

罐内循环调和是将原油组分按照调和配方所要求的比例和数量，依次打入原油调和罐，然后通过循环泵或者机械搅拌器，完成原油在罐内的调和。

循环泵的作用是从罐内抽出部分油品再返回，通过装在罐内的喷嘴射流混合。高速射流在低速流体中穿过时，推动其前方的液体运动，同时在射流边界上存在的高剪切速率造成大量漩涡把周围液体卷入射流中。这样把高速流体动量传给低速流体，同时使两部分流体很好混合。这一方法适用于调和比例变化范围较大，批量较大和中、低黏度原油的调和，设备简单，效率高，操作方便。

机械搅拌器对于原油黏度的适应性更广，调和设施的搅拌器安装方式，主要有罐侧壁伸入式及旋转喷射式两大类。罐侧壁伸入式搅拌器由罐侧壁伸入罐内，每个罐可装一个或多个搅拌器，需要配电使用。搅拌器的叶轮是螺旋桨型，叶轮转动时，罐内原油产生两个方向运动：一个是沿螺旋桨的轴线方向向前运动，受到罐壁障碍时，沿罐壁上升至另一侧下降，形成垂直方向的圆周运动；另一个是沿桨的旋转方向做圆周运动，使油品上下翻腾，最终达到均匀混合的目的。旋转喷射式搅拌器主要由旋转喷嘴和传动箱内的传动装置组成。将旋转喷射搅拌器安装在油罐底板上，外部设置的循环油泵作为驱动源。通过油泵，原油从喷嘴中高速射出，使罐内原油发生对流；同时由于喷嘴的喷射方向偏离其中心，会因喷射的反动力而驱动旋转喷嘴进行360°自动旋转运转，从而使油品产生涡流，使沉积物溶解，起到全方位搅拌的作用。一般来说，影响搅拌调和所需功率的几个因素包括：罐的容积与高径比、原油黏度、搅拌时间、搅拌运行方式等。

该方法调和的均匀程度比较高，对于性质相差较大的原油调和也可达到预期效果。但目前国内炼油厂的原油罐基本都是底进底出，循环费时费力，调和周期长，运行费用比较高，不适用于原油库容低的炼油厂。

（2）原油批次调和

原油批次调和是相对稳定且有大量实践经验积累的手段，本质上仍是罐调和，但取消了罐外循环步骤，而是通过设置不同密度原油的进罐次序，在重力作用下实现自行混合。其优点是工艺简单，比例准确，运行费用低，对原油储罐没有特殊要求。但一般需要保证沉降时间在 24h 以上，调和周期长，不适用于原油库容低或罐容紧张的炼油厂，对密度差别不大的原油调和效果也会受到影响。原油批次调和已有大量的应用案例，如大连石化公司基于密度扩散理论，采用单罐沉降的调和工艺，实现原油批次调和。

2. 管道调和

管道调和是将各个原油组分按预定比例同时送入总管进行均匀混合的方法。一般在总管道设置静态混合器，静态混合器是指一种借助流体管路的不同结构，得以在很宽的范围内使流体混合，而没有机械转动的流体管路结构体。流体在流经静态混合器时，受混合元件的约束，产生分流、合流、旋转，使流体达到充分的混合。静态混合器的工作原理，就是让流体在管线中流动冲击各种类型板元件，增加流体层流运动的速度梯度或形成紊流。其作用在于流体逐次流过混合器内每一混合元件前缘时，即被分割一次并交替变换，最后由分子扩散达到均匀混合状态。管道调和可减少基础调和组分的储存罐，取消专用调和罐，可随用随调，这样可减少油品的非生产性储存，合理利用油罐容量。在调和过程中可精确调整各组分的比例，利用较高的自动化程度，减少人工频繁操作设备和采样分析等工作量，节省人力，可进一步配合在线分析和在线优化控制，既避免质量不合格，又避免质量过剩，可以合理利用调和组分，同时提高一次调和合格率，提高经济效益。

（1）泵入口管道调和

泵入口管道调和是相对简单的管道调和工艺，组分罐内的不同原油先在管道内混合后再经原油输送泵进入混合原油罐。不需要设置流量计、调节阀和自动控制系统，通过观察罐内液位变化估算各组分用量，人工手动调节组分罐的出口阀门开度来控制各原油组分的抽出量，实现原油按比例调和。该方法运行费用比较低，设备条件要求不高，我国很多炼油厂采用该工艺。主要缺点是调和比例不易精确掌握和控制，受油罐液位计量以及人工操作水平影响较大，调和后容易混合不均。一般适用于两个原油组分罐液位相似、以大致比例调和原油的情况。

（2）泵出口管道调和

泵出口管道调和是先进的调和工艺，又被称为在线调和。参与调和的原油分别储存在组分罐内，通过输送泵按照调和比例分别抽出引至泵出口总管，各种原油在管道内充分混合后，进入混合原油罐。各组分原油管线上设置原油快速评价采样点流量计和调节阀，泵出口总管可以设置静态混合器以提高混合效果，采用 DCS 等进行自动控制。在线调和设施运行数据控制指令往往配合先进的原油快评和调和优化控制技术，形成原油在线调和系统。这一技术的应用可使原油资源利用更加合理，可以提高炼油厂加工劣质原油的能力，改善蒸馏装置以及下游二次加工装置的运行操作，提高原油调和的自动化和原油区罐区工艺设施信息化水平，是当前原油调和技术的主要发展方向。

管道调和适用于大批量的调和。根据企业需求和实际条件，既可利用先进的在线分析和控制、优化技术，使用计算机实现高自动化程度的管道调和方式；也可使用常规自控仪表、人工给定调和比例的手动操作管道调和；或者是介于两者之间的半自动调和系统。近年来，采用成套先进调和技术的管道调和系统明显增多。

原油混输和调和应同时关注调度和操作两个层面，如采用先进的管道调和成套技术，可依据蒸馏装置的设防值精确控制进料性质，发掘加工更高比例劣质原油和机会原油的潜力，降低原油采购成本；显著降低蒸馏装置进料性质的波动，进而实现全厂装置的平稳操作；合理利用原油储运设施，减少非必要周转和存储带来的原油损耗和电力能耗；提高生产自动化和管理信息化水平。

四、原油在线调和系统

国内炼油厂大量加工进口原油，原油品种多，性质变化大，这些变化使得以往原油随着存储、输送过程自然混合的方式已经无法适应炼油厂的原料供应需求，必须依靠专用的调和设施和先进的调和技术。与批次调和相比较，在线调和技术复杂性更高，调和效率更高，时间更短，但投资大，实施难度也较高。原油批次调和技术和原油在线调和技术并没有好坏之分，两者技术基础都是建立在原油调和离线模拟和原油调和规则之上，调和的最终目标都是达到常减压及二次加工装置的稳定和安全运行，两个技术的应用完全取决于炼化企业自身的实际情况和需求。国外炼油厂综合考虑调和、计划、调度和控制等不同级别的操作，选择符合企业现有设施基础和生产需求的原油调和方式。国内原油调和技术也在不断发展，一些管理成熟、批次调和经验充足的炼化企业，在原油加工量加大、罐存紧张、提升效率、优化工艺等需求的驱动下，已经对在线调和技术展开研究和应用。

1. 原油性质快速评价技术

在原油加工过程中，及时、准确、全面的原油评价是炼油企业生产、加工和储运不可缺少的技术准备。原油快速分析技术是原油在线调和过程的重要支撑技术，可以快速获取选定原油的性质数据，从而为原油性质实时监控以及在线调和优化提供数据基础。原油调和的依据是准确掌握原油的性质，而传统原油评价耗时长、成本高，无法适应调和需求。近年来，发展了原油的快速评价技术，原油快评该技术主要由近红外光谱仪或核磁分析仪、原油快评软件、原油谱图数据库以及原油评价数据库等组成，可在几分钟内得到单一原油或混合原油的数十个重要性质，以支持原油调和。

原油在线检测的核心是原油快速分析技术，国内外大型石化企业大多基于现代分析仪器研发出相应的原油快速分析技术，包括核磁共振（NMR）、气相色谱（GC）、质谱（MS）、红外/近红外光谱（IR/NIR）等现代分析仪器。近几年，基于近红外光谱的原油快速分析技术的快速发展，推动了原油在线调和技术的工业应用和推广。近红外光谱快速分析技术是原油及中间料产品快速分析的一个重要手段。近红外光谱快速分析技术由近红外光谱检测技术和过程分析技术（PAT）建模方法两部分组成，NIR 光谱的吸收带较宽且重叠严重，必须采用过程分析技术建立较为复杂的模型，才能得到可靠精准的分析结果。近红外光谱快速分析技术具有成熟可靠、分析速度快、操作简便、精密度高、多项性质指标可同时检测等优点，能在短时间内分析得到原油性质数据，易于实现在线检测分析，基于近红外光谱的快速分析技术可为炼化企业实时提供包括一般性质数据、实沸点蒸馏数据、直馏产品性质在内的 300 多项原油性质数据。近红外光谱快速分析的一般过程包括：原油样本进入预处理系统，首先经过过滤器和热交换器，然后进行脱水处理(常见的脱水处理方法有高压釜法、蒸馏法)，随后进行脱盐和脱机械杂质处理，处理后的原油样本进入恒温样品池；接着从样品池中取出样本进行分析，获取样本光谱数据存入数据库，采用过程分析技术方法进行建模；最后利用已建立的预测模型对待测原油样本进行分析。

2. 原油混输调度优化技术

原油混输和调和我国炼油厂加工原油的品种普遍较多，厂内同时储存和加工数种原油是普遍情况。这些原油的组成、*API*°、酸含量、硫含量等差异较大，无法单独进入蒸馏装置加工，必须混合进料。由于原油的储运流程长、占用储罐多，部分炼油厂还存在不同罐区之间的长输管线、接卸油的码头等，因此将原油从进入炼油厂到供料之间的储运工艺过程统称为原油混输和调和，简称原油调和。

原油混输调度就是根据生产计划的需求，在满足各种操作约束和保证常减压装置能正常运行的前提下，将调度方案的成本降到最低。最初解决原油混输调度采用数学规划法，但由于问题复杂，数学规划模型在求解上很困难，因此，近年来开发了很多其他方法，如随机搜索法和智能算法等。

原油混输调度和原油调和处于炼油厂工艺流程的最前端，对于加工混合原油的炼油厂，原油调和是炼油生产中的第一道工序，与蒸馏装置和后续加工流程相互影响，因此，必须重视并解决调度层面如何编制合理的原油混输和调和方案的问题。在实际操作中，调度人员往往认为原油相关方案的编排最耗时、最困难、影响最大。

图 2-5-2 是原油混输系统的示意图，包含油轮、码头罐、厂区罐、蒸馏装置以及不同设备之间的连接管线和辅助设备。其调度过程可归纳为：安排在未来一段时间内，原油卸载、储存、运输、混合和蒸馏装置加工过程中各操作的执行时间、执行顺序和原油操作量。一个优化的原油混输调度方案能够减少装置进料切换，保证装置运行平稳，避免油轮滞期，在满足装置进料设防值要求的前提下尽可能多地加工劣质原油。

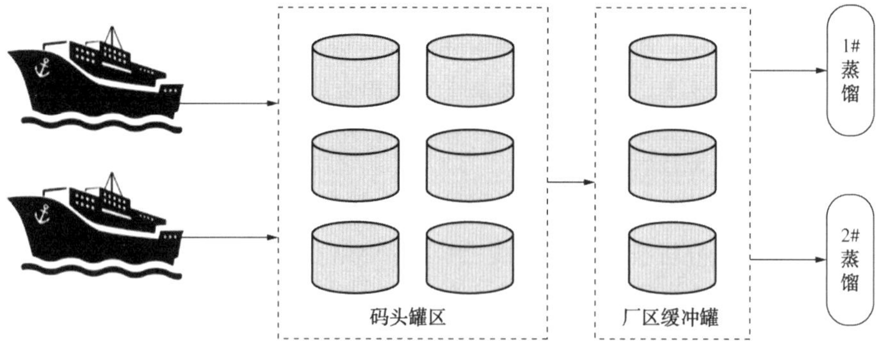

图 2-5-2　原油混输系统的示意图

原油混输调度的方案编制有以下 3 种方法：

(1) 手工法

调度人员依靠丰富的工作经验，借助 Excel 电子表格等简单工具，通过不断试算迭代，能够编制出易于操作的调度方案。但是，手工编制方式存在以下不足之处：由于调度人员的经验和精力是有限的，编制出的方案往往只能立足于局部，很难实现全过程资源的均衡分配，且手工编制耗时较长，编制1旬的调度方案往往需要消耗调度人员1天的工作时间，因此很难对诸如油轮到港延误、蒸馏装置加工需求变化等突发情况做出及时响应。另外，由于缺乏优化评估机制，所以很难编制出油轮滞期最短、装置操作最为平稳、加工经济效益最好等实现一定优化目标的调度方案。

(2) 商业调度软件法

随着技术的不断发展，炼油厂开始引入商业调度软件来辅助编制原油调度方案，其中发展比较成熟的软件有 Aspen ORION、Honeywell Production Scheduler、M3Tech SIMTO Scheduling 等。不过这些调度软件只能起着模拟器或者计算器的作用，调度人员仍需人工编制初始方案，然后通过软件模拟确定初始方案的可行性，根据软件提示逐步调整，最终制定决策方案。虽然商业调度软件可以提升调度人员的编制效率，但是这些软件仍然以调度经验为导向，并未实现方案的自动编制，也不具有自动优化调度方案的功能。

(3) 数学模型法

为了更好地应对原油混输调度问题，可以利用数学规划法、约束规划法、启发式算法和元启发式算法，搭建原油调度数学模型，通过计算机测算实现自动编制原油调度方案。基本思路是将整个原油混输过程描述为一个优化模型，以经济效益和操作优化为目标，以物料平衡、操作规则和装置要求为约束，并应用数学规划等方法进行求解以获得最优或较优的调度方案。通过数据接口和人机交互的操作，计算机可自动获取建模所需参数，优化计算出原油混输调度方案。此方法具有速度快、方案优的特点，大幅提高了原油调和的技术水平。数学模型法对基础模型和应用技巧都有较高要求。对复杂原油混输系统建立的模型是包含大量整数变量、非线性约束、时间序列的超大规模优化模型，其求解是一个典型的混合整数非线性规则(NINLP)问题，如果没有高超的建模技巧和强大的求解能力，往往无法在有限时间内完成计算。同时，实际生产中各种工艺限制和调度人员的意图等，必须及时准确地输入数学模型中，否则编制的方案可能不具备可行性。目前，国内研究机构在数学模型法上已有较为成熟的技术成果，开发的软件工具已应用于工业生产中。

除以上介绍的炼油厂原油调和外，管网公司在通过长距离输送管线向其他罐区或炼油厂输送混合原油时，也存在原油调和的需求。相比炼油厂，长输管线上的原油调和所需的工艺设施和控制设备类似；对输送方案的编制要求更高，需考虑长周期的原油收付平衡，多用户存在时的原油需求协调和配方优化，以及长距离输送产生的油头位置计算、切换等；对混合原油性质稳定的控制精度可低于炼油厂。

3. 原油调和优化控制系统

在线优化与控制系统在原油管道调和中的作用是：自动控制调和生产过程，控制n种指定数量、指定油种的原油组分经掺炼线按利弊输送给静态混合器进行充分混合，以获得期望性质的目标原油，再进入蒸馏装置加工处理。原油管道调和配比控制基于多路串级控制策略，通过原油流量偏差滚动修正、原油管道防过压报警以及原油流量同步控制，实现组分原油按高配比精度自动调和。原油在线调和控制流程如图2-5-3所示。

原油管道调和高精度配比控制系统由设备层、控制层和监控层构成。设备层和控制层通过现场总线或信号线连接；控制层和监控层通过冗余工业以太网连接。原油管道调和高精度配比控制策路运行于控制层的冗余可编程序控制器(PLC)中。设备层由储罐、原油掺炼线、静态混合器等工艺设备及安装于其上的传感器、分析仪、执行器构成，实现对原油管道调和

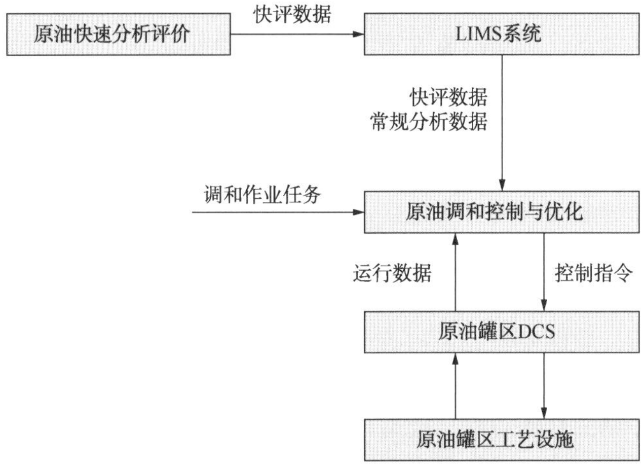

图 2-5-3　原油在线调和控制流程

过程的信号采集、原油性质分析及组分流量调节。控制层是整个配比控制系统的核心，通过对现场设备及仪表的监控，运行高精度配比控制算法，实现原油管道中组分原油调和的自动监测与高精度配比控制。控制层运用基于可编程序控制器(PLC)+现场总线(FCS)+分布式系统框架，采用冗余设计，确保系统的高可靠性。监控层一般为自主开发的原油管道调和高精度配比控制系统监控程序，主要实现调和工艺监控、调和方案管理、历史趋势、报警查询、参数设置及权限管理等功能。

五、原油调和案例

1. 原油调和的目的

某炼化企业设计原油加工规模为 10.0Mt/a，设计加工油种为科威特。由于原油资源市场单次可买数量及原油成本难以满足生产经营要求，需通过三个或四个油种的组合来满足设计加工科威特油种的性质。

此外，随着原油的开采，同一品种原油的性质也在发生变化。且原油从靠卸到厂内加工，经过多次罐混、管混，实际组成已发生变化，人工跟踪的组成已严重失真，罐内原油的实际性质与理论性质差异较大。

由图 2-5-4 可知，100%巴士拉原油收进罐 1(罐底油为科威特油)后，转输至罐 2(罐底油为沙中油)，再转输至罐 3(罐底油为沙轻油)，如此经过三次罐混后，罐 3 内巴士拉原油的理论浓度变为 67%，原油浓度发生了较大变化。

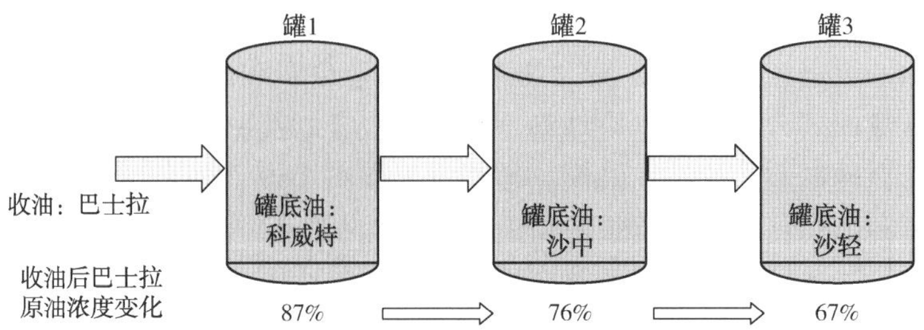

图 2-5-4　巴士拉原油经过三次罐混后的浓度变化示意

在实际生产中，传统分析手段在时效性上难以满足生产对罐内原油实际性质(尤其是石脑油、煤油、柴油、蜡油、渣油等宽馏分收率及馏分性质)的要求。因此，仅依据理论的原油性质和跟踪组成来安排生产，将导致常减压装置实际进料性质与计划要求的性质偏差较大，“忽轻忽重”，导致装置频繁调整操作，或造成各组分收率“忽高忽低”变化，进而导致二次加工装置负荷波动，从而引发全厂生产波动。

基于以上原因，为保证常减压装置安全稳定运行，需将不同的组分原油合理统筹安排，形成原油调和方案，并根据组分原油实际性质进行优化调和，保证调和后原油性质(硫含量、酸值，以及石脑油、煤油、柴油、蜡油、渣油等宽馏分收率及馏分性质)连续稳定，且符合设计要求或计划优化要求的常减压装置加工目标，从而为全厂安全稳定优化生产创造条件。

2. 原油调和的效果

通过实施原油调和系统，可以实现以下效果。

(1) 提高储罐利用效率，减少储罐租赁(建设)费用和滞期费用

通过原油罐区应用规划，可增加有效罐容，并依靠原油调和系统全面、科学地制定原油船期计划和原油仓储管输调度计划，可提高储罐利用效率，减少滞期费用。

(2) 做好原油资源衔接，优化原油库存管理，减少资金占用

通过原油调和系统，滚动智能制定长周期原油船期计划和短周期原油调度计划，实现计划与调度衔接、长短周期衔接，可控制好日常生产中各组分原油的库存量，做好资源衔接，优化原油库存管理。在保证安全库存的基础上，实现较低库存下的运营，减少资金占用，从而降低原油成本。

对于一个原油加工能力为10.0Mt/a的炼化企业，若能降低1天加工量的冗余库存，则减少资金占用约为1亿元，每年可节约库存原油资金占用的利息约为400万元。(节约利息=降低库存数量×吨桶比×原油价格×汇率×企业贷款利率，测算数据基准：原油价格为75美元/桶，吨桶比为7，汇率为6.8，企业贷款利率4%)

(3) 稳定常减压进料性质，充分利用装置的富余能力，提高效益

在稳定常减压装置进料性质并满足加工要求的情况下，充分利用装置的富余能力，提高进料的硫含量，可获得高低硫原油价差产生的效益。

某石化企业原油调和系统投用前，不能稳定常减压装置进料性质，为避免常减压进料硫含量超设防值，只能将加工原油的平均硫含量控制在2.0%左右。而常减压装置硫含量设防值为2.5%，因此，该常减压装置还有富余能力未被利用。在原油调和系统投用后，实现了常减压进料性质的稳定控制，为充分利用该常减压装置的富余能力提供了条件。原油调和系统投用后，常减压装置进料平均硫含量由2.0%提高到2.25%显著提高了效益如图2-5-5所示。

在稳定常减压进料性质的情况下，假设提高加工原油平均硫含量为0.1%，高低硫原油价差以平均2~3美元/桶计算，按照10.0Mt/a的原油加工规模，则每年可降低原油成本1400万~2100万美元(以吨桶比7计算)。

(4) 稳定常减压进料性质，节省能耗和操作成本

通过稳定常减压装置进料性质，实现常减压装置侧线产品收率和性质稳定，进而可实现中间料罐存的稳定，避免了中间罐液位的大幅波动，也就减少了抬升这些中间罐液位所需的

能耗。同时，为下游加工装置的化学反应提供了性质稳定的原料，可促进反应效率的提高，节省能耗和操作成本。

常减压装置侧线产品收率和性质稳定，为各装置 APC/RTO 的投用创造了必要条件，有利于在保证产品质量的前提下实现能耗最低。

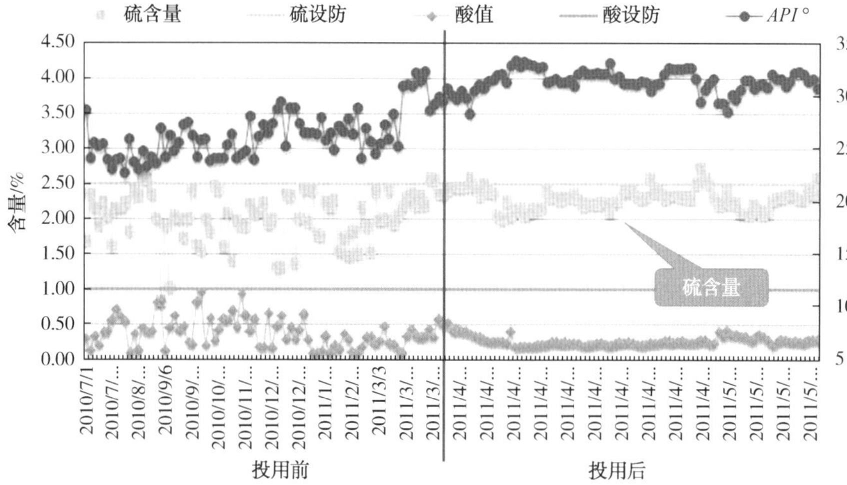

图 2-5-5　投用前后对比

第三章　产品结构和产品质量

第一节　石油产品分类及结构

一、石油产品分类

由于石油产品使用的场合众多、目的各异，因而对其使用性能提出了不同的要求，而油品的使用性能与其化学组成之间有着密切的内在联系。在制定各种石油产品的质量指标时，既要考虑尽量满足各种使用要求，也要考虑石油及其经过相应的加工过程后所得产物的组成和性能。随着社会经济的发展、环境保护意识的增强，以及科学技术水平的提高，石油产品的品种和质量指标也是不断变化的。一般来讲，石油产品并不包括以石油为原料合成的各种石油化工产品。现有的石油产品约800种，如果包括石油化工产品则达数千种。我国按照现行标准(GB/T 498—2014)将石油产品分为下列五大类：

① 燃料。燃料包括气体燃料、液化石油气、馏分燃料[汽油、喷气燃料(航空煤油)、柴油]、残渣燃料、石油焦等。

② 溶剂和化工原料。包括制取乙烯的原料(轻质油品)，以及石油芳烃和各种溶剂油。

③ 润滑剂、工业润滑油和有关产品。润滑剂和有关产品包括润滑油和润滑脂，主要用于减少机件之间的摩擦和防止磨损，以降低能耗和延长机械寿命。

④ 蜡。石油蜡属于石油中的固态烃类，是轻工、化工和食品等工业部门的原料。

⑤ 沥青。石油沥青用于道路、建筑及防水等方面。

二、石油产品结构

2019—2023年，我国原油加工量、主要石油产品产量及消费量数据分别见表3-1-1和表3-1-2。其间，除了2022年我国原油加工量出现了负增长，其他年份均为正增长，2023年，我国原油年加工量为734.78Mt。

表3-1-1　我国原油加工量、主要石油产品产量及产率

类别	原油加工量及石油产品产量/Mt					2023年产率/%
	2019年	2020年	2021年	2022年	2023年	
原油	651.98	674.41	703.55	675.90	734.78	—
汽油	141.21	131.72	154.57	146.35	161.38	21.96
喷气燃料	53.23	41.29	40.44	29.63	49.68	6.76
柴油	166.38	159.05	163.37	192.90	217.29	29.57

续表

类别	原油加工量及石油产品产量/Mt					2023 年产率/%
	2019 年	2020 年	2021 年	2022 年	2023 年	
燃料油	45. 06	57. 81	60. 41	62. 25	53. 65	7. 30
石脑油	38. 96	42. 32	49. 52	58. 93	78. 38	10. 67
液化气	42. 10	44. 89	47. 86	48. 49	51. 73	7. 04
沥青	50. 39	62. 80	55. 52	38. 49	37. 49	5. 10
石油焦	28. 04	29. 20	30. 30	30. 03	33. 43	4. 55

表 3-1-2　我国主要石油产品表观消费量　Mt

类别	石油产品表观消费量					2023 年供需差量
	2019 年	2020 年	2021 年	2022 年	2023 年	
汽油	136. 28	127. 67	142. 42	132. 77	149. 10	12. 28
喷气燃料	39. 50	33. 52	34. 90	20. 74	34. 23	15. 45
柴油	149. 18	142. 83	151. 97	157. 82	203. 65	13. 64
燃料油	46. 90	53. 65	54. 89	54. 71	61. 73	-8. 08
石脑油	45. 99	50. 21	57. 13	63. 99	90. 72	-12. 34
液化气	60. 66	62. 21	68. 26	77. 32	—	—
沥青	31. 65	36. 79	63. 62	46. 68	—	—
石油焦	35. 88	37. 09	41. 28	41. 59	45. 16	-11. 73

1. *成品油*

成品油是石油炼制产品中占比最大的产品，成品油的需求量及结构随我国社会经济的发展尤其是交通运输业的发展而发生变化。2019—2023 年，受疫情影响国内汽油、柴油和喷气燃料的消费量出现较大波动，疫情过去后，成品油消费量迅速恢复和提升。2023 年，我国汽油和柴油的消费量分别为 149. 1Mt 和 203. 65Mt，喷气燃料的年消费量还未达到疫情前水平，为 34. 23Mt。

国内石脑油、柴油和喷气燃料的供应充足，2023 年，我国汽油、柴油和喷气燃料的产量分别为 161. 38Mt、217. 29Mt 和 49. 68Mt，三大油品的总产率达到原油加工量的 58. 29%。

2. *燃料油*

2019—2023 年期间，燃料油的消费量除了 2022 年略有降低，均为正增长。2023 年，我国燃料油的消费量为 61. 73Mt。2023 年国内燃料油产量出现下滑为 53. 65Mt，国内产量不能满足市场需求，需要进口。

3. *石脑油*

石脑油是仅次于汽油和柴油的第三大石油产品。我国是石化产品生产大户，因此石脑油也是炼油厂的主要产品之一。2019—2023 年，国内石脑油的产量和消费量逐年增加，2023 年，石脑油产量为 78. 38Mt，消耗量为 90. 72Mt，国内产量不能满足市场需求，需要进口。

4. 液化气

2019—2023年，国内液化气的产量和消费量逐年增加，2023年，国内液化气产量为51.73Mt。

5. 沥青

沥青下游消费需求主要集中在道路建设及防水卷材两大行业，受行业的影响，沥青消费量波动较大。2023年，国内沥青产量为37.49Mt。

6. 石油焦

2019—2023年，国内石油焦的产量和消费量逐年增加，2023年，石油焦产量为33.43Mt，消耗量为45.16Mt，国内产量不能满足市场需求，需要进口。

第二节　燃料类产品及质量要求

一、汽油

在汽油机中，燃料是由电火花点燃的，故又称点燃式发动机。汽油机主要用于轻型汽车，也可用于采用活塞式发动机的飞机及快艇等。

按燃料供给方式的不同，汽油机又可分为化油器式及喷射式(或称电喷式)两大类。化油器常见于老车型的发动机上，现在大部分发动机使用喷射式燃料供给方式。在喷射式汽油机中，汽油可在进气口喷射，也可在进气冲程期间直接向气缸内喷射；喷油过程可由计算机程序控制，燃料可更均匀地分配给各个气缸；同时，由于不需要喉管而减少了进气的阻力等，可提高气缸内的平均有效压力和热效率，还可以减弱或避免爆震燃烧。喷射式汽油机的结构示意图，如图3-2-1所示。

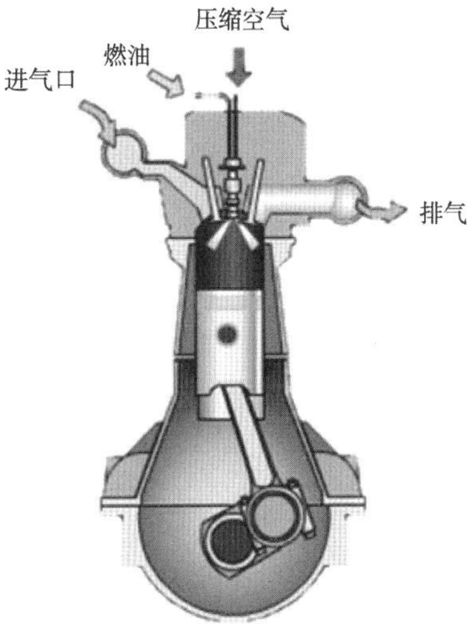

图3-2-1　喷射式汽油机的结构示意图

活塞在气缸中上行所能达到的最高位置称为上止点，下行所能达到的最低位为下止点。图3-2-2为汽油机上止点与下止点示意图，其中，V_1为活塞处于下止点时气缸的容积，V_2为活塞处于上止点时气缸的容积，两者之比V_1/V_2称为压缩比。在许多发动机内，在上止点时，活塞的顶部与气缸体的顶部齐平，燃烧室容积就是活塞上方气缸盖内的空腔容积，但这部分容积会因活塞顶部的形状而稍有改变。因此，压缩比的精确定义应该是，在下止点时总的气缸容积与上止点时总的燃烧室容积之比。压缩比是表征发动机性能的一个重要指标。上止点到下止点之间的直线距离称为冲程。

汽油机一般是以四冲程循环工作，依次完成进气、压缩、燃烧膨胀做功、排气这四个过程，有的汽油机是两冲程的。

① 进气冲程。

在这一冲程中，进气门打开、排气门关闭，活塞从上止点向下止点移动，活塞上方的容积增大，气缸内的压力降低。空气经进气支管被吸入，与喷油器以细小油滴喷出的燃油

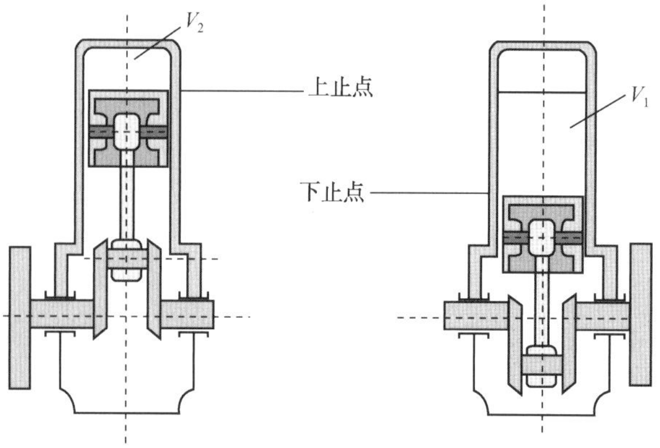

图 3-2-2　汽油机上止点与下止点示意图

混合，随后不断吸热蒸发，逐渐形成均匀的可燃混合气体进入气缸。可燃混合气进入气缸后，因受到气缸和活塞等高温机件及残留废气的加热，使得进气终了时的混合气温度达到85~130℃。

② 压缩冲程。

在压缩冲程中，进气门和排气门均关闭，活塞由下止点向上止点运动。气缸中的可燃混合气被逐渐压缩，其压力和温度都随之逐渐升高。当活塞运动到上止点、压缩冲程终了时，被压缩混合气的压力和温度取决于其压缩比，其压力范围在0.7~1.5MPa，温度可达300~450℃。

③ 做功冲程(点火燃烧)。

在整个做功冲程中，进气门和排气门都是关闭的。当活塞运动到接近上止点时，火花塞即发出电火花点燃混合气，火焰以20~30m/s的速度迅速向四周传播。混合气燃烧产生大量的热能，使气缸内气体的温度和压力骤增。其最高燃烧温度达2000~2500℃，最高压力为3.0~4.0MPa。由于高温高压气体的膨胀，将活塞向下止点推动，通过连杆使曲轴旋转而对外做功。随着活塞向下移动，活塞上方容积增大，气体的温度、压力也随之降低。当活塞到达下止点、做功过程结束时，燃气的温度降至900~1200℃，压力降至0.4~0.5MPa。

④ 排气冲程。

当做功冲程结束后，进气门仍保持关闭，排气门开启，活塞由下止点向上运动，燃烧后的废气被排出气缸，废气的温度为700~800℃。

经历上述四个过程后，汽油机就完成了一个工作循环，紧接着进入下一个工作循环，如此周而复始，循环进行。一般汽油机都是由四个或六个气缸按一定顺序组合而连续进行工作的。

摩托车等小型汽油机一般是二冲程的，其工作循环由压缩(及换气)与膨胀(及换气)两个冲程来完成。

1. 车用汽油

点燃式发动机对汽油的使用要求主要有：

① 在所有的工况下，具有足够的挥发性以形成可燃混合气；

② 燃烧平稳，不产生爆震燃烧现象；

③ 储存安定性好，生成胶质的倾向小；

④ 对发动机没有腐蚀作用；

⑤ 燃烧后排出的污染物少。

（1）汽油的蒸发性

汽油在发动机气缸内，必须迅速汽化并与空气形成均匀的可燃混合气，这主要是由汽油本身的蒸发性所决定。当汽油具有良好的蒸发性时，它就较容易与空气形成均匀的可燃混合气，在气缸内的燃烧也较完全，发动机能正常运转。如果汽油的蒸发性太差，它就不能在气缸中完全汽化，汽油机功率降低，还会造成启动和加速（尤其是冬季）困难。反之，如果汽油的蒸发性太强，对于化油器式进油系统的发动机，汽油易在导油管中汽化形成气阻，最终造成供油不足，这种现象在夏季尤其容易发生。对于电喷式发动机，燃油泵在燃油箱内将燃油加压后，使其直接进入供油管，不易发生气阻现象。但是，汽油的蒸发性太强，在储存和运输过程中会造成较大损失。

反映汽油蒸发性能的指标是其馏程和饱和蒸气压。

汽油规格标准中用恩氏蒸馏的馏程数据来描述其蒸发性能，对10%、50%、90%馏出温度和终馏点作出了具体要求。

1）10%馏出温度。

它表示汽油中所含的低沸点馏分的量，对汽油机启动的难易有决定性影响。10%馏出温度越低，表明汽油中所含低沸点馏分越多、蒸发性越强，能使汽油机在低温下易于启动。汽油的10%馏出温度与发动机能迅速启动的最低温度之间的关系见表3-2-1。

表3-2-1　汽油的10%馏出温度与发动机能迅速启动的最低温度之间的关系

10%馏出温度/℃	54	60	66	71	77	82
最低启动温度/℃	-21	-17	-13	-9	-6	-2

GB 17930—2016《车用汽油》中要求其10%蒸发温度不高于70℃。

2）50%馏出温度。

它表示汽油的平均蒸发性能，与汽油机启动后升温时间的长短以及加速是否及时均有密切关系。汽油的50%馏出温度低，在正常温度下便能较多地蒸发，从而能缩短油气均匀混合的时间，同时，还可使发动机加速灵敏、运转柔和。如果50%馏出温度过高，当发动需要由低速转换为高速、供油量急剧增加时，汽油来不及完全汽化，导致燃烧不完全，严重时甚至会突然熄火。

我国车用汽油质量标准中要求50%馏出温度不高于110℃。

3）90%馏出温度和终馏点。

这两个温度表示汽油中重馏分的含量。如果温度过高，说明汽油中含有的重馏分多，难以保证汽油在使用条件下完全蒸发和完全燃烧。这将导致气缸内积炭增多，耗油率上升；同时蒸发不完全的汽油重质部分还会沿气缸壁流入曲轴箱，使润滑油稀释而加大磨损。汽油干点与发动机活塞磨损及汽油消耗量的关系见表3-2-2。

当使用干点为225℃的汽油时，发动机活塞的磨损比使用干点为200℃的汽油大一倍，汽油消耗量也增加7%。

我国车用汽油质量标准中要求90%馏出温度不高于190℃，终馏点不高于205℃。

表 3-2-2 汽油终馏点与发动机活塞磨损及汽油消耗量的关系

汽油终馏点/℃	发动机活塞相对磨损/%	汽油相对消耗量/%
175	97	98
200	100	100
225	200	107
250	500	140

汽油的饱和蒸气压是用规定的仪器，在燃料蒸汽与液体的体积比为 4∶1，以及 37.8℃的条件下测定的，国外将此指标称为雷德蒸气压（RVP）。汽油的饱和蒸气压越大，蒸发性也就越强，发动机越易于冷启动，但同时蒸发损耗也越大，因而带来环境污染。我国车用汽油质量标准中规定从 11 月 1 日至次年 4 月 30 日使用的汽油饱和蒸气压不高于 85kPa。从 5 月 1 日至 10 月 31 日使用的汽油，饱和蒸气压不高于 65kPa。

对航空汽油来说，由于高空气压低，燃料中轻质馏分更易蒸发，因此要求饱和蒸气压比车用汽油的要低得多。我国航空汽油质量标准（GB 1787—2018）中规定 75 号和 95 号汽油的饱和蒸气压为 27~48kPa，100 号汽油的饱和蒸气压为 38~49kPa。

（2）汽油的安定性

汽油在常温和液相条件下抵抗氧化的能力称为汽油的氧化安定性，简称安定性。安定性不好的汽油，在储存和输送过程中容易发生氧化反应，生成胶质，使汽油的颜色变深甚至会产生沉淀。例如：使用过程中在油箱、滤网、汽化器中形成黏稠的胶状物，严重时会影响供油；胶质沉积在火花塞上在高温下会形成积炭引起短路；沉积在进气门、排气门上会结焦，导致阀门关闭不严；沉积在气缸盖和活塞上将形成积炭，造成气缸散热不良、温度升高，导致发动机的压缩比增加，以致爆震燃烧的倾向增强。由此可见，汽油的安定性不好会严重影响发动机的正常工作。

影响汽油安定性的最根本原因是其化学组成，汽油中的烷烃、环烷烃和芳香烃在常温下均不易发生氧化反应，而其中的各种不饱和烃则容易发生氧化和叠合等反应，从而生成胶质。所以，汽油中所含有的不饱和烃是导致其性质不安定的主要原因。在不饱和烃中，由于化学结构的不同，氧化的难易也有差异。其产生胶质的倾向递增次序：链烯烃<环烯烃<二烯烃。在链烯烃中，直链的 α-烯烃比双键位于中心附近的异构烯烃更不稳定。在二烯烃中，尤其共轭二烯烃、环二烯烃（如环戊二烯）最不稳定，燃料中如含有此类二烯烃，除它们本身很容易生成胶质外，还会促使其他烃类氧化。此外，带有不饱和侧链的芳香烃也较易氧化。

除不饱和烃外，汽油中的含硫化合物，特别是硫酚和硫醇，也能促进胶质的生成。含氮化合物的存在也会导致胶质的生成，使汽油在与空气接触时颜色变红变深，甚至产生胶状沉淀物。

直馏石脑油不含不饱和烃，所以它的安定性很好；而二次加工生成的石脑油（如裂化汽油等）含有大量不饱和烃以及其他非烃化合物，其安定性就较差。

提高汽油的安定性，一方面可以采取适当的方法加以精制，以除去其中某些不饱和烃（主要是二烯烃）和非烃化合物等不安定组分；另一方面可以加入适量的抗氧剂和金属钝化剂。

（3）汽油的抗爆性

汽油在发动机中燃烧不正常时，会出现机身强烈震动的情况，并发出金属敲击声。同时，发动机功率下降，排气管冒黑烟，严重时导致机件的损坏。这种现象便是爆震燃烧，也叫敲缸。究其发生的原因有两个方面，一是与发动机结构和工作条件有关，二是取决于所用燃料的质量。衡量燃料是否易于发生爆震的性质称为抗爆性。

据研究，在激烈爆震的情况下，汽油机的最大功率会降低10%左右。爆震现象的产生与发动机的压缩比有密切的联系。发动机的压缩比越大，压缩终了时气缸内混合气的温度和压力就越高。这就加速了未燃混合气中过氧化物的生成和聚积，自燃的倾向增大，更易于发生爆震。对于结构已确定的发动机，如果燃料的自燃点低，就比较容易产生爆震现象。

汽油的抗爆性是用辛烷值(Octane Number，简称ON)来表示的，它是在标准的试验用可变压缩比单缸汽油发动机中，将待测试样与参比燃料试样进行对比试验而测得的。所用的参比燃料是异辛烷(2,2,4-三甲基戊烷)、正庚烷及其混合物。人为地规定抗爆性极好的异辛烷的辛烷值为100，抗爆性极差的正庚烷的辛烷值为0。两者的混合物则以其中异辛烷的体积百分含量值为其辛烷值。例如，80%(体)异辛烷和20%(体)正庚烷的混合物的辛烷值即为80。

车用汽油辛烷值的测定方法主要有两种，即马达法及研究法，所测得的辛烷值分别用MON及RON表示。汽油的抗爆性取决于其化学组成。对于同族烃类，其辛烷值随相对分子质量的增大而降低。当相对分子质量相近时，各族烃类抗爆性优劣的大致顺序如下：芳香烃>异构烷烃和异构烯烃>正构烯烃及环烷烃>正构烷烃。目前，我国车用汽油的主要组分是催化裂化汽油，它因含有较多的芳香烃、异构烷烃和烯烃，所以抗爆性较好，其RON达到90左右。

(4) 汽油的腐蚀性

汽油在使用和运输过程中均与金属相接触，为此要求控制汽油及其燃烧产物对金属的腐蚀性，汽油中会引起腐蚀的物质主要包括：硫及含硫化合物、有机酸和水溶性酸或碱等。

1）硫及含硫化合物。

硫及含硫化合物在燃烧后均生成SO_2及SO_3，它们对金属有腐蚀作用，特别是当温度较低遇冷凝水形成亚硫酸及硫酸后，腐蚀性更强烈。目前，国内车用汽油质量标准规定其硫含量不大于10mg/kg。

元素硫在常温下对铜等有色金属有强烈的腐蚀作用，当温度较高时它也能腐蚀铁。汽油中所含的含硫化合物中有相当一部分是硫醇，硫醇不仅有恶臭还有较强的腐蚀性。当汽油中不含硫醇时，元素硫的含量达到50mg/kg会引起铜片的腐蚀；而当汽油中含有10mg/kg的硫醇时，只要有10mg/kg的元素硫就会使铜片出现腐蚀。因此，在汽油的质量标准中不仅规定了硫含量指标，同时还规定必须通过检测硫醇含量的博士试验，以及铜片腐蚀试验(50℃，3h)不大于1级。

2）有机酸。

汽油中的有机酸一般情况下主要是原油中就含有的环烷酸，在储存过程中也可能由于氧化而生成少量的有机酸。这些有机酸对金属有腐蚀作用，其中相对分子质量较小的有机酸腐蚀性更强。汽油中有机酸的含量用酸度(mgKOH/100mL)来表示。

3）水溶性酸或碱。

正常生产出的汽油本不应该含有水溶性酸或碱，但是，如果生产过程中控制不严，或在储存运输过程中容器不清洁，均有可能混入少量水溶性酸或碱。水溶性酸对钢铁有强烈腐蚀作用，水溶性碱则能强烈地腐蚀铝及铝合金。因此汽油的质量标准规定不允许含有水溶性酸或碱。

（5）车用汽油产品标准

汽油按其用途分为车用汽油和航空汽油（航空活塞式发动机燃料），各种汽油均按辛烷值划分牌号。车用汽油（ⅥB）按研究法辛烷值分为89号、92号、95号和98号4个牌号，它们分别适用于压缩比不同的汽油机。

GB 17930—2016车用汽油中要求，车用汽油（ⅥB）硫含量小于10mg/kg，烯烃含量小于15%（体），芳香烃含量不大于35%（体），苯含量不大于0.8%（体）。

2. 航空汽油

（1）质量要求

航空汽油（Avgas）用作活塞式航空发动机燃料的石油产品，具有足够低的结晶点（-60℃以下）、较高的发热量、良好的蒸发性和足够的抗爆性。航空汽油只用于往复式发动机的飞机上，亦曾经用于赛车中喷气式飞机和涡轮螺旋桨式飞机则使用喷气燃料。

中国航空汽油主要含有催化裂化汽油的精制组分，并添加适量的异丙苯、烷基化汽油、工业异辛烷、异戊烷和四乙基铅，以及10万分之几的抗氧剂，有时还加入少量腐蚀抑制剂及少量油溶性染料。汽油颜色因染料而异。100号的航空汽油，马达法辛烷值不小于99.6，品度值不小于130。为方便飞行员分辨不同种类的航空汽油，航空汽油会加入染料，95号是橙色，100号是绿色，而100LL号是蓝色。喷气燃料，例如JET A-1，本身是无色或草黄色的，而且不加染料。

航空汽油挥发性比车用汽油低，较不容易汽化。

（2）航空汽油产品标准

我国根据辛烷值的不同将航空汽油按GB 1787—2018分为75号、UL91号，95号、100号和100LL号五个牌号。其中"UL"代表无铅，"LL"代表低铅。

表3-2-3为我国航空汽油质量标准GB 1787—2018。

表3-2-3　我国航空汽油质量标准GB 1787—2018

项目		质量指标					试验方法
		75号	UL91号	95号	100号	100LL号	
马达法辛烷值	≥	75	91	95	99.6	99.6	GB/T 503
品度	≥	—	—	130	130	130	SH/T 0506
铅含量							ASTM D 5059
四乙基铅/(g/kg)	≤	—	0.028	3.2	2.4	1.2	
铅/(g/L)	≤	—	0.013	1.48	1.12	0.56	
净热值/(MJ/kg)	≥	—	43.5	43.5	43.5	43.5	GB/T 384
颜色		无色	无色	橙色	绿色	蓝色	ASTM D2392
染色剂加入量/(mg/L)	≤						—
蓝色		—	—	—	2.7	2.7	—
黄色		—	—	—	2.8	—	—
橙色		—	—	14.5	—	—	—
密度(20℃)/(kg/m³)		报告					GB/T 1884 GB/T 1885

续表

项　　目		质量指标					试验方法
		75 号	UL91 号	95 号	100 号	100LL 号	
馏程							GB/T 6536
初馏点/℃	≥	40	报告	40	报告		
10%蒸发温度/℃	≤	80	75	80	75		
40%蒸发温度/℃	≥	—	75	—	75		
50%蒸发温度/℃	≤	105	105	105	105		
90%蒸发温度/℃	≤	145	135	145	135		
终馏点/℃	≤	180	170	180	170		
10%与 50%蒸发温度之和/℃	≥	—	135	—	135		
残留量/%(体)	≤	1.5	1.5	1.5	1.5		
损失量/%(体)	≤	1.5	1.5	1.5	1.5		
蒸气压/kPa		27~48	38~49	27~48	38~49		SH/T 0794
酸度(mgKOH/100mL)	≤	1.0	—	1.0	—		GB/T 258
冰点/℃	≤	-58					GB/T 2430
硫含量/%(质)	≤	0.05					SH/T 0689
氧化安定性(5h 老化)							SH/T 0585
潜在胶质/(mg/100mL)	≤	6					
显见铅沉淀/(mg/100mL)	≤	—		3			
铜片腐蚀(100℃，2h)/级	≤	1					GB/T 5096
水溶性酸或碱		无					GB/T 259
机械杂质及水分		无					目测
芳烃/%(体)	≤	30	—	35	—		GB/T 11132
水反应							GB/T 1793
体积变化/mL	≤	±2					

3. 醇类汽油机燃料

(1) 质量要求

在各种可以替代汽油的物质中，甲醇和乙醇可由天然气、煤或植物转化而得。这些醇类物质的辛烷值都相当高，甲醇的 RON、MON 分别为 114、95，乙醇的 RON、MON 分别为 111、94，其调和辛烷值则更高。

在点燃式发动机中，它们的动力性能接近于一般汽油。醇类燃料在燃烧过程中不易积炭或冒黑烟，发动机较为清洁。使用醇类燃料时，排气中污染物较少，对保护环境是有利的。但是，醇类燃料由于含氧使其低发热值比一般汽油小很多，其汽化热远大于一般汽油，这会给寒区冬季汽车的冷启动带来困难。此外，醇类对金属有一定的腐蚀性，对橡胶及塑料部件也易产生不良影响。所以，在使用醇类燃料时，发动机需要作相应的改装。

此外尚需指出，甲醇具有毒性，饮入会使人眼睛失明，饮量多时可以致死。吸入甲醇蒸气或长期与甲醇蒸气接触也会引起中毒，因此，在使用中应特别注意防毒。此外，醇类易溶于水，在储运过程中容易发生损耗。

国内外单纯用醇类作为汽油机燃料的情况还较少，但将醇类作为高辛烷值组分，以一定比例掺入汽油以提高其抗爆性的情况则逐渐增多。含有醇类15%以下的汽油在原汽油机上(不需要改造)就可使用。低分子醇与油调和时必须使其相溶而不分层，其相溶性取决于基础汽油的组成、醇浓度以及调和油中的水分。烃类中芳香烃与醇的互溶性最好，饱和烃最差。水分的存在能迅速恶化调和油的相溶性。所以在汽油中掺入低分子醇的量不能过多，一般应低于15%，同时还需加入少量高级醇类等作为助溶剂，以增加其稳定性，避免分相。

(2) 醇类汽油产品标准

目前，应用比较广泛的是乙醇汽油。所谓车用乙醇汽油，就是在普通汽油中添加一定量的变性燃料乙醇(加入变性剂后不能饮用的乙醇)，经过均匀混合的一种含有乙醇的汽油。燃料乙醇的加入量根据发动机对燃油指标的要求确定。

巴西车用乙醇汽油规定乙醇的体积含量为22%，美国规定为5.5%~10%，我国的国家标准规定为8%~12%。

我国车用乙醇汽油(E10)(ⅥB)(GB 18351—2017)按研究法辛烷值划分为89号、92号、95号三个牌号，具体质量指标见表3-2-4。

表3-2-4 我国车用乙醇汽油(E10)(ⅥB)(GB 18351—2017)质量标准

项　目		质量指标			试验方法
		89	92	95	
抗爆性					GB/T 5487
研究法辛烷值(RON)	≥	89	92	95	
抗爆指数(RON+MON)/2	≥	84	87	90	GB/T 5487 GB/T 503
铅含量/(g/L)	≤	0.005			GB/T 8020
馏程					GB/T 6536
10%蒸发温度/℃	≤	70			
50%蒸发温度/℃	≤	110			
90%蒸发温度/℃	≤	190			
终馏点/℃	≤	205			
残留量/%(体)	≤	2			
蒸气压/kPa					GB/T 8017
11月1日至4月30日		45~85			
5月1日至10月31日		40~65			
胶质含量/(mg/100mL)	≤				GB/T 8019
未洗胶质含量(加入清洁剂前)		30			
溶剂洗胶质含量		5			
诱导期/min	≥	480			GB/T 8019
硫含量/(mg/kg)	≤	10			SH/T 0689
硫醇(博士试验)		通过			NB/SH/T 0174

续表

项　目		质量指标		试验方法
		89	92	95	
铜片腐蚀(50℃，3h)/级	≤	1			GB/T 5096
水溶性酸或碱		无			GB/T 259
机械杂质		无			GB/T 511
水分/%(质)	≤	0.2			SH/T 0246
乙醇含量/%(体)		10±2			NB/SH/T 0663
其他有机含氧化合物含量/%(质)	≤	0.5			NB/SH/T 0663
苯含量/%(体)	≤	0.8			SH/T 0693
芳烃含量/%(体)	≤	35			GB/T 30519
烯烃含量/%(体)	≤	15			GB/T 30519
锰含量/(g/L)	≤	0.002			SH/T 0711
铁含量/(g/L)	≤	0.01			SH/T 0712
密度(20℃)/(kg/m^3)		720~775			GB/T 1884 GB/T 1885

二、柴油

柴油是压燃式发动机的燃料。根据柴油机转速的不同，应使用不同类型的柴油。转速在1000r/min以上的高速柴油机以柴油为燃料，转速为500~1000r/min的中速柴油机及转速低于500r/min的低速柴油机则使用重柴油。本书中所涉及内容主要是轻柴油，即车用柴油。

柴油机主要用于农用机械、重型车辆、坦克、铁路机车、船舶舰艇、工程和矿山机械等。柴油机与汽油机相比，具有良好的燃油经济性。自然吸气直接喷射(SDI)，直喷式涡轮增压(TDI)、电控直喷共轨(CRDI)等一系列新技术在柴油发动机上的应用，进一步提高了其燃油经济性和环保性能。

图3-2-3所示为柴油机(压燃式发动机)结构示意图。柴油机的工作循环和汽油机基本一样，有进气、压缩、膨胀做功和排气四个过程，其主要的差别是：

① 柴油机的压缩比高于汽油机约一倍，一般为16~30。压缩后气体的温度、压力都比较高，分别可达到500~700℃、3~5MPa，此时温度超过了柴油的自燃点。

② 汽油发动机的进气是空气-燃油混合气，而柴油发动机在进气过程只吸入空气，在压缩过程接近上止点时开始喷入燃油。

③ 柴油是用高压油泵喷入气缸中，经雾化后的细小油滴与被压缩的高温空气混合，并迅速蒸发汽化、自燃发火，不需要用电火花点火。其燃烧气体温度高达1500~2000℃，压力猛增至5~12MPa，随之即膨胀。

柴油机与汽油机的这些差别导致柴油和汽油的质量指标显著不同。

由于柴油机的压缩比及气缸内的温度和压力都显著高于汽油机，因此其热效率一般比汽油机高。当二者功率相同时，柴油机可节约燃料20%~30%。目前，有不少柴油机采用增压技术。柴油机增压就是将空气在进入气缸前进行压缩，提高进入气缸内空气的密度，以增加

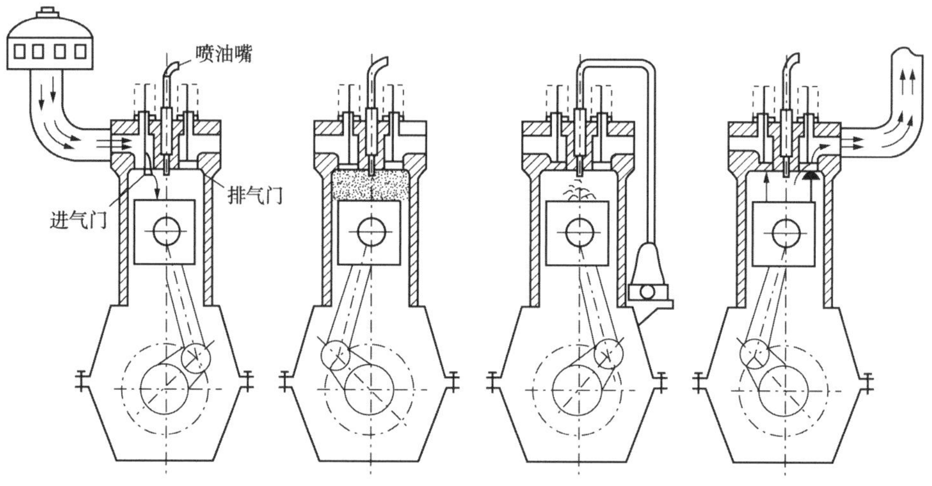

图 3-2-3　柴油机(压燃式发动机)结构示意图

充气量，相应便可增加每次循环的燃料供应量，从而提高柴油机的功率和经济性。

同时，由于采用增压技术能使柴油机气缸内的燃烧温度提高，因而可降低 CO 及未燃烃等污染物的排放量，有利于保护环境。

1. 车用柴油

柴油是可用作压燃式发动机燃料的石油轻质馏分，其使用要求主要有：

① 具有良好的雾化性能、蒸发性能和燃烧性能；

② 具有良好的燃料供给性能；

③ 对机件没有腐蚀和磨损作用；

④ 良好的储存安定性和热安定性；

⑤ 低污染排放。

(1) 柴油的燃烧性

柴油的燃烧性好是指喷入燃烧室内与高温空气形成均匀的可燃混合气之后，能在较短的时间内发火自燃，并正常地完全燃烧。

十六烷值(Cetane Number，简称 CN)是衡量燃料在压燃式发动机中发火性能的指标。十六烷值高，表明该燃料在柴油机中发火性能好，滞燃期短，燃烧均匀且完全，发动机工作平稳。十六烷值低则表明燃料发火困难，滞燃期长，发动机工作状态粗暴。但十六烷值过高，也将会由于局部不完全燃烧，而产生少量黑色排烟。不同转速的柴油机对柴油的十六烷值有不同的要求。高速柴油机的燃料其十六烷值应为 40~60，一般使用十六烷值为 45~50 的燃料；中速柴油机可使用十六烷值为 30~35 的燃料；对于低速柴油机，即使用十六烷值低于 25 的燃料，其燃烧也不会发生特殊的困难。

和汽油的辛烷值相似，柴油的十六烷值也是在规定操作条件下，在标准的试验用单缸柴油机中测定的(GB/T 386)。所用的标准燃料是正十六烷和七甲基壬烷。正十六烷具有很短的发火延迟期，自燃性能很好，因而规定其十六烷值为 100。而七甲基壬烷发火延迟期较长，自燃性能较差，规定其十六烷值为 15。将这两种化合物按不同比例掺合，即可配成十六烷值不同的标准燃料。把所测燃料与标准燃料进行对比，与其发火性能相同的标准燃料的十六烷值即为所测燃料的十六烷值。

标准燃料的十六烷值按式(3-2-1)计算：

$$十六烷值=100\phi_{正十六烷}+15\phi_{七甲基壬烷} \tag{3-2-1}$$

我国车用柴油标准(GB 19147—2016)规定车用柴油的十六烷值不低于47。

在没有条件直接测定燃料的十六烷值的情况下，可用下列经验公式从柴油的理化性质来关联其燃烧性能。

1）十六烷指数。

十六烷指数按照GB/T 11139的方法，可以通过馏分油的密度和中平均沸点用式(3-2-2)计算十六烷指数：

$$\begin{aligned}十六烷指数=&431.29-1586.88\rho_{20}+730.79(\rho_{20})^2+12.392(\rho_{20})^3\\&+0.0515(\rho_{20})^4-0.554t_{50}+97.803(\lg t_{50})^2\end{aligned} \tag{3-2-2}$$

式中，ρ_{20}为馏分油在20℃时的密度，g/cm^3；t_{50}为馏分油的中平均沸点，即用GB/T 6536方法对油品进行蒸馏时，馏出50%体积时的相应温度，℃。

同一柴油的十六烷指数一般与十六烷值比较接近。

2）柴油指数。

$$柴油指数=\frac{(1.8A+32)\times(141.5-131.5d_{15.6}^{15.6})}{100d_{15.6}^{15.6}} \tag{3-2-3}$$

式中，A为其苯胺点，℃，$d_{15.6}^{15.6}$为相对密度，是15.6℃时油品密度与15.6℃时水的密度的比值。苯胺点是等体积的油样和苯胺混合时能完全互溶的最低温度。

同一柴油油样的柴油指数和十六烷值并不相等，但两者的数值比较接近。

3）十六烷值计算公式。

我国石油商业部门根据我国柴油性质的大量实测数据回归出如下相对密度与十六烷值的关联式：

$$十六烷值=442.8-462.9d_4^{20} \tag{3-2-4}$$

式中，d_4^{20}为相对密度，是20℃的油品密度与4℃水的密度的比值。

此式的平均偏差为±3.5。

柴油的十六烷值取决于其化学组成，各种烃类的十六烷值不同，其大体规律如下：

① 烷烃。

正构烷烃的十六烷值最高，并且相对分子质量越大，十六烷值越高。碳数相同的异构烷烃的十六烷值比正构烷烃的低。相对分子质量相同的异构烷烃，其十六烷值随支链数的增加而降低。然而，单取代基和许多二取代基异构烷烃的十六烷值在40~70之间，也具有较好的自燃性。

② 烯烃。

正构烯烃有相当高的十六烷值，但稍低于相应的正构烷烃。支链的影响与烷烃相似。

③ 环烷烃。

环烷烃的十六烷值低于碳数相同的正构烷烃和正构烯烃，有侧链的环烷烃的十六烷值比无侧链的环烷烃的更低。

④ 芳香烃。

无侧链或短侧链的芳香烃的十六烷值最低，且环数越多，十六烷值越低。带有较长侧链的芳香烃的十六烷值则相对较高，而且随侧链链长的增长其十六烷值增高。

由于化学组成的差异，石蜡基原油的直馏柴油的十六烷值要比环烷基原油的高。我国部分原油的直馏柴油馏分十六烷值见表 3-2-5，大庆、华北等石蜡基原油的柴油馏分的十六烷值接近 70，而环烷基的羊三木原油柴油馏分的十六烷值不到 40。

表 3-2-5　我国原油中直馏柴油馏分十六烷值

原油名称	类别	十六烷值	原油名称	类别	十六烷值
大庆	石蜡基	68	孤岛	环烷-中间基	42
华北	石蜡基	67	羊三木	环烷基	37
胜利	中间基	58			

（2）柴油的蒸发性

柴油在柴油机气缸中发火和燃烧都是在气态下进行的，因而必须先汽化并与空气形成可燃混合气后，才能使柴油机启动和正常工作。所以柴油的滞燃期不单是取决于其十六烷值，同时还受其蒸发性的影响。

柴油机内可燃混合气形成的速度主要由柴油的蒸发速度决定，而柴油蒸发速度的快慢，又由燃烧室内空气温度的高低和柴油馏分的轻重决定。温度越高，轻馏分越多，则蒸发速度越快。柴油机的转速越快，它的每一工作循环的时间越短，要求柴油的蒸发速度越快，所用柴油馏分也应更轻。

如柴油的馏分过重，则蒸发速度太慢，从而使燃烧不完全，导致功率下降、油耗增大，以及由于润滑油被稀释而磨损加重等。若柴油的馏分过轻，则蒸发速度太快使发动机气缸压力急剧上升，也会导致柴油机的工作不稳定。

由于柴油机可燃混合气的形成与气缸内的空气运动有关，所以，不同类型燃烧室的柴油机对柴油蒸发性能的要求也有所差异。

由于对柴油需求的日益增多，为了多产柴油，其馏程趋于放宽，我国车用柴油的馏程一般控制在 180~380℃。

评定柴油蒸发性的指标通常为馏程和闪点。

1）馏程。

柴油的馏程是按 GB/T 6536 规定的方法测定的，主要的项目是 50%馏出温度、90%馏出温度及 95%馏出温度。

50%馏出温度越低，说明柴油中的轻馏分越多，柴油机易于启动。我国柴油国家标准（GB/T 19147—2016）规定车用柴油的 50%馏出温度不高于 300℃。研究表明，柴油中 <300℃馏分的量对耗油量的影响很大，<300℃馏分含量越高，则耗油量越小。

90%馏出温度及 95%馏出温度越低，说明柴油中的重馏分越少。GB/T 19147—2016 规定车用柴油的 90%馏出温度不高于 355℃，95%馏出温度不高于 365℃。

2）闪点。

为了控制柴油的蒸发性不至于过强，国家标准中规定了各种牌号柴油的闭口杯法闪点，要求-35 号及-50 号车用柴油的闪点不低于 45℃，-20 号车用柴油的闪点不低于 50℃，其余各牌号柴油的闪点均要求不低于 60℃。从储存和运输来看，馏分过轻的柴油不仅蒸发损失大，而且也不安全。所以柴油的闪点也是保证安全性的指标。

（3）柴油的流动性

1）黏度。

柴油的黏度对柴油机供油量的大小以及雾化的好坏有密切的关系。

柴油的黏度过小，就容易从高压油泵的柱塞和泵筒的间隙中漏出，因而会使喷入气缸的燃料减少，造成发动机功率下降。同时，柴油的黏度越小，雾化后液滴直径就越小，喷出的油流射程也越短，因而不能与气缸中全部空气均匀混合，会造成燃烧不完全。

柴油的黏度过大会造成供油困难，同时，喷出的油滴的直径过大，油流的射程过长，使油滴的有效蒸发面积减小，蒸发速度减慢，这样也会使混合气组成不均匀、燃烧不完全、燃料的消耗量增大。

在柴油的质量标准中对各种牌号柴油都规定了允许的黏度范围。柴油的黏度大小与柴油的化学组成有关。一般含烷烃较多的石蜡基原油的柴油黏度较小，而环烷基原油的柴油黏度较大。

2）低温流动性。

柴油在低温下的流动性能，不仅关系到柴油机燃料供给系统在低温下能否正常供油，而且与柴油在低温下的储存、运输等作业能否正常进行有密切的关系。柴油的低温流动性与其化学组成有关，其中正构烷烃的含量越高，则低温流动性越差。我国评定柴油低温流动性能的指标为凝点和冷滤点。

我国的车用柴油质量标准中规定按 GB/T 510 测定凝点。凝点是指在规定的实验条件下，试样开始失去流动性时的温度。因为柴油在凝固之前，可能已先出现石蜡晶体，所以严格来说凝点并不能确切表明柴油实际使用的最低温度。

冷滤点是指按照 SH/T 0248 规定的测定条件，当油品通过过滤器的流量每分钟不足20mL 时的最高温度。由于冷滤点测定的条件近似于使用条件，所以可以用来粗略地判断油能使用的最低温度。冷滤点的高低与柴油的低温黏度和含蜡量有关。低温下的黏度大或出现的蜡结晶多，都会使柴油的冷滤点升高。

我国大部分原油含蜡量较多，其直馏柴油的凝点一般都较高。改善柴油低温流动性能的主要途径有三种：

① 脱蜡，柴油脱蜡成本高而且收率低，在特殊情况下才采用。

② 调入二次加工柴油。

③ 添加低温流动改进剂。向柴油中加入低温流动改进剂，可防止、延缓石蜡形成网状结构，从而使柴油凝点降低。此种方法较经济且简便，因此采用较多。

（4）柴油的安定性、腐蚀性和洁净度

1）柴油的安定性。

柴油的安定性一般是用总不溶物和10%蒸余物残炭来评定的。安定性差的柴油在储存中颜色容易变深，甚至产生沉淀，严重时会造成喷油嘴和滤清器堵塞等，并导致气缸中沉积物增加、磨损加剧。10%蒸余物残炭可在一定程度上大致反映柴油在喷油嘴和气缸零件上形成积炭的倾向。我国车用柴油的质量标准中规定总不溶物不能大于2.5mg/100mL，10%蒸余物残炭不大于0.3%。

柴油的安定性取决于其化学组成。二烯烃、多环芳香烃、含硫化合物、含氮化合物，以及酚类都是不安定组分，它们能使发动机中沉积物的数量显著增加。因此，必须通过各种精制方法减少这些化合物的含量。

2）柴油的腐蚀性。

柴油中含硫化合物对发动机的工作寿命影响很大，其中活性含硫化合物（如硫醇等）对金属有直接的腐蚀作用。所有的含硫化合物在气缸内燃烧后都生成 SO_3 和 SO_2，这些氧化硫不仅会严重腐蚀高温区的零部件，而且还会与气缸壁上的润滑油发生反应，加速漆膜和积炭的形成。同时，柴油机排出尾气中的硫化物还会污染环境。因此，为了保护环境及避免发动机腐蚀，我国车用柴油的质量标准中规定含硫量不大于 10mg/kg。

为防止腐蚀，在质量标准中还要求柴油中不含有水溶性酸或碱，并对其酸度限定不大于 7mgKOH/100mL。

3）柴油洁净度。

影响柴油洁净度的物质主要是水分和机械杂质。精制良好的柴油一般不含水分和机械杂质，但在储存、运输和加注过程中都有可能混入。柴油中如有较多的水分，在燃烧时将降低柴油的发热值，在低温下会结冰，从而使柴油机的燃料供给系统堵塞。而机械杂质的存在除了会引起油路堵塞外，还可能加剧喷油泵和喷油器中精密零件的磨损。因此，在柴油的质量标准中不允许有机械杂质，对车用柴油水分含量要求为痕迹。

（5）柴油产品标准

随着人们对环境保护的日益重视，为减少汽车排气污染，提高柴油质量已成为必然。车用柴油的重要指标就是低硫和超低硫含量，以及对多环芳香烃和总芳香烃含量的严格限制。

柴油中所含的硫直接影响柴油车尾气排放中颗粒物的组成。这种颗粒物主要是炭、可溶性有机物和硫酸盐。柴油中硫含量越高，生成的硫酸盐就越多，容易引起人体呼吸系统疾病，并可能致癌。柴油车如果安装了高效尾气转化器，则柴油中的硫很容易使催化剂中毒，使其功能大幅度降低，增加尾气排放。此外，柴油中的芳香烃也是直接造成柴油车尾气排放物中氮氧化物和颗粒物浓度较高的原因之一。因此，车用柴油标准对芳香烃和多环芳香烃含量的限制逐步趋严。

车用柴油按凝点划分为 5 号、0 号、-10 号、-20 号、-35 号和-50 号六个牌号。GB 19147—2016中要求，车用柴油（Ⅵ）硫含量不大于 10mg/kg，多环芳烃含量不大于 7%（质），5 号、0 号和-10 号柴油的十六烷值不小于 51，-20 号柴油的十六烷值不小于 49，-35号和-50 号柴油的十六烷值不小于 47。

2. 生物柴油

（1）特点与质量要求

生物柴油（Biodiesel），又称脂肪酸甲酯（Fatty Acid methy Ester）。它是利用甲醇或乙醇等醇类物质与天然植物油或动物脂肪中的主要成分甘油三酸酯发生酯交换反应，利用甲氧基取代长链脂肪酸上的甘油基，将甘油三酸酯断裂为脂肪酸甲酯，从而缩短碳链长度，降低油料的黏度，改善油料的流动性和汽化性能，达到作为燃料使用的要求。

生物柴油含硫量极低，芳香烃含量少，含氧量高，十六烷值高，闪点高，废气逸出少。燃烧后逸出的废气中颗粒物、总碳氢化合物和一氧化碳含量少。此外，它还是一种无毒性的物质，具有环境友好及健康效应。与其他替代燃料如压缩天然气、液体天然气、液化石油气、甲醇和乙醇等相比，使用生物柴油系统投资少，原有的发动机、加油设备、储存设备、保养设备等基本不需进行改动。生物柴油既可以作为燃料使用，也可以作为添加剂与普通柴油以任意比例混合。但与普通柴油相比，生物柴油仍存在黏度较大、凝点较高、容易氧化、酸值较高等不足。

烃基生物柴油(HVO)，又称第二代生物柴油，是采用加氢技术生产的以烷烃为主的生物柴油，与化石柴油结构更相近，具有更好的低温流动性、更高的十六烷值、更优的氧化安定性等性能指标。标准为 NB/T 10897—2021 烃基生物柴油。

(2) 生物柴油产品标准

B5 柴油是指体积分数为 1%～5%的 BD100 生物柴油与体积分数为 95%～99%的石油柴油的调和燃料。表 3-2-6 为 B5 车用柴油(Ⅵ)(GB 25199—2017)质量标准。

表 3-2-6　B5 车用柴油(Ⅵ)质量标准

项目		质量指标			试验方法
		5 号	0 号	-10 号	
氧化安定性(总不溶物)/(mg/100mL)	≤	2.5			SH/T 0175
硫含量/(mg/kg)	≤	10			SH/T 0689
酸值/(mgKOH/g)	≤	0.09			GB/T 7304
10%蒸余物残炭/%(质)	≤	0.3			GB/T 17144
灰分/%(质)	≤	0.01			GB/T 508
铜片腐蚀(50℃，3h)/级	≤	1			GB/T 5096
水含量/%(质)	≤	0.03			SH/T 0246
总污染物含量/(mg/kg)	≤	24			GB/T 33400
运动黏度(20℃)/(mm^2/s)		2.5～8.0			GB/T 265
闪点(闭口)/℃	≥	60			GB/T 261
冷滤点/℃	≤	8	4	-5	SH/T 0248
凝点/℃	≤	5	0	-10	GB/T 510
十六烷值	≥	51			GB/T 386
密度(20℃)/(kg/m^3)		810～845			GB/T 1884 GB/T 1885
馏程					GB/T 6536
50%回收温度/℃	≤	300			
90%回收温度/℃	≤	355			
95%回收温度/℃	≤	365			
润滑性 校正磨斑直径(60℃)/μm	≥	460			SH/T 0765
脂肪酸甲酯含量/%(体)					GB/T 23801
	>	1			
	≤	5			
多环芳烃含量/%(质)	≤	7			GB/T 25963

三、喷气燃料

第二次世界大战以后，喷气发动机在航空上得到越来越广泛的应用，目前，已基本取代了点燃式航空发动机。点燃式航空发动机受高空空气稀薄及螺旋桨效率所限，只能在 10^4m 以下的空域飞行，时速也无法超过 900km。喷气发动机是借助高温燃气从尾喷管喷出时所形成的反作用力推动前进的，它的突出优点是可以在 2×10^4m 以上高空以 2 马赫(马赫数即为速度与音速的比数，通常用 M 表示。音速约为 1190km/h)以上高速飞行。喷气发动机根据燃料燃烧时所需要氧化剂的来源分为两大类：一类是火箭发动机，燃料燃烧时所需要的氧化剂是自身携带的；另一类是空气喷气发动机，自身只携带燃料，利用空气中的氧气作为氧化剂。本文所介绍的喷气发动机，即指空气喷气发动机，所用的燃料是喷气燃料，俗称航空煤油。

喷气发动机的推力是燃料的热能转变为燃气的动能产生的。这个能量的转换过程是在高空飞行条件下实现的，所以对燃料的质量要求非常严格，以保证安全可靠。对喷气发动机燃料质量的主要要求有：良好的燃烧性能；适当的蒸发性；较高的热值和密度；良好的安定性和低温性；无腐蚀性；良好的洁净性；较小的起电性；适当的润滑性。

1. 喷气燃料的燃烧性

喷气燃料的燃烧性能良好，是指热值高，燃烧稳定，不易因工作条件变化而熄火，一旦高空熄火后容易再启动，燃烧完全，产生的积炭要少。

喷气发动机燃料不仅应保证发动机在严寒冬季能迅速启动，而且使发动机在高空熄火时也能迅速再点燃，恢复正常燃烧，以保证飞行安全。要保证发动机在高空低温下再次启动，必须要求燃料能在 0.01~0.02MPa 和-55℃的低温下形成可燃混合气并能顺利点燃并稳定地燃烧。燃料的启动性取决于燃料的自燃点、着火延滞期、燃烧极限、可燃混合气发火所需的最低点火能量、燃料的蒸发性大小和黏度等。

在冷燃烧室中是否容易形成适当的可燃混合气，主要取决于燃料中的轻质组分，轻质组分多，则低温下容易形成可燃混合气，发动机即易于启动。合适的低温黏度，能保证发动机在低温启动时燃料达到必需的雾化程度。燃料在喷气发动机中能够连续而稳定地燃烧意义重大。如果燃烧不稳定，不仅会使发动机的功率降低，严重时还会因熄火而酿成事故。燃料燃烧的稳定性除与燃烧室结构及操作条件有关外，还和燃料的烃类组成及馏分轻重有密切关系。研究结果表明，正构烷烃和环烷烃的燃烧极限较芳香烃的宽，特别是在温度较低的情况下更为明显。所以，从燃烧的稳定性角度来看，烷烃和环烷烃是较理想的组分，而芳香烃的燃烧极限较窄，容易熄火。此外，燃料的馏分组成对燃烧稳定性也有影响，如果馏分太轻，燃烧极限也会太窄。所以，喷气燃料一般采用燃烧极限较宽、燃烧比较稳定的煤油馏分。

所谓燃烧完全度是指单位质量燃料燃烧时实际放出的热量占燃料净热值的百分数，它直接影响飞机的动力性能、航程远近和经济性能。燃料的燃烧完全度一方面受进气压力、进气温度和飞行高度等工作条件的影响，另一方面也受燃料的黏度、蒸发性和化学组成的影响，现将后者分述如下。

(1) 黏度

燃料的黏度与其雾化的质量有直接联系。燃料的雾化程度越好，越能加快可燃混合气的形成，因而也就加快了燃烧速度，有利于燃烧的稳定和完全。如果黏度过大，则燃料的喷射角小、液滴大、射程远因而雾化不良，从而使燃烧完全度下降。黏度较小的燃料一般燃烧完全度较高，但黏度也不能太小，否则会由于燃料的喷射角大、射程短而引起燃烧室的局部过热。

（2）蒸发性

燃料的蒸发性对燃烧完全度的影响也很大。馏分较轻、蒸发性较好的喷气燃料，能较快地与空气形成可燃混合气，其燃烧完全度较高。馏分过重的燃料不易挥发，形成可燃混合气的速度较慢，其燃烧完全度也就较低。因此，一般喷气燃料的终馏点都控制在300℃以下。

（3）化学组成

研究表明，各种烃类的燃烧完全度高低顺序是：正构烷烃>异构烃>单环环烷烃>双环环烷烃>单环芳香烃>双环芳香烃。由此可见，燃料中芳香烃含量越高，其燃烧完全度越差，这是在喷气燃料中限制芳香烃含量不大于20%（体）的重要原因之一。

2. 喷气燃料的安定性

喷气燃料的安定性包括储存安定性和热安定性。

（1）储存安定性

喷气燃料在储存过程中容易变化的质量指标有胶质、酸度及颜色等。胶质和酸度增加是由于其中含有少量不安定的成分，如烯烃、带不饱和侧链的芳香烃以及非烃等。喷气燃料质量标准中对实际胶质、碘值以及硫、硫醇含量都做了严格的规定。储存条件对喷气燃料的质量变化有很大影响，其中最重要的是温度。当温度升高时，燃料氧化的速度加快，使胶质增多及酸度增大，同时也使燃料的颜色变深。此外，与空气的接触、与金属表面的接触以及水分的存在，都能促进喷气燃料氧化变质。

（2）热安定性

当飞行速度超过音速以后，由于与空气摩擦生热，飞机表面温度上升，油箱内燃料的温度也上升，可达100℃以上。在这样高的温度下，燃料中的不安定组分更容易氧化而生成胶质和沉淀物。这些胶质沉积在热交换器表面上，导致冷却效率降低；沉积在过滤器和喷嘴上，则会使过滤器和喷嘴堵塞，并使喷射的燃料分配不均，引起燃烧不完全等。因此，对长时间作超音速飞行的喷气燃料，要求具有良好的热安定性。

喷气燃料的热安定性主要取决于其化学组成。研究表明，喷气燃料中饱和烃生成的沉淀物很少，而加入芳香烃后沉淀物就成十倍地增多；而燃料中的胶质和含硫化合物也会使其热安定性显著变差，使产生的沉淀物量大大增加。

3. 喷气燃料的低温性能

喷气燃料的低温性能是指在低温下燃料在飞机燃料系统中能否顺利地泵送和过滤的性能，即不能因产生烃类结晶体或所含水分结冰而堵塞过滤器，影响供油。喷气燃料的低温性能是用结晶点或冰点来表示的。对喷气燃料低温性能的要求，取决于地面的最低温度和在高空中油箱里燃料可能达到的最低温度。我国3号喷气燃料要求冰点不高于-47℃。

不同烃的结晶点相差悬殊，因此燃料的低温性能在很大程度上取决于其化学组成。相对分子质量较大的正构烷烃及某些芳香烃的结晶点较高，而环烷烃和烯烃的结晶点则较低；在同族烃中，结晶点大多随其相对分子质量的增大而升高。燃料中含有的水分在低温下形成冰晶，也会造成过滤器堵塞，供油不畅等问题。水分在油中不仅可能以游离水形式存在，还可能以溶解状态存在。

4. 喷气燃料的腐蚀性

喷气燃料的腐蚀主要是指喷气燃料对储运设备和发动机燃料系统产生的腐蚀。对金属材料有腐蚀作用的主要是燃料中的含氧化合物、含硫化合物和水分。需要注意的是，喷气发动机的高压燃料油泵一般都使用了镀银机件，而银对于硫化物的腐蚀极为敏感。因此，喷气燃料质量标准中除规定了酸度、水溶性酸或碱、含硫量、硫醇硫含量、铜片腐蚀等指标外，还增加了银片腐蚀试验。

5. 喷气燃料的洁净度

喷气发动机燃料系统机件的精密度很高，因而，即便较细的颗粒物质也会造成燃料系统故障。引起燃料脏污的物质主要有水、表面活性物质、固体杂质及微生物。

我国喷气燃料质量标准中，用外观和水反应试验等技术指标来保证喷气燃料的洁净度。水反应实验的目的是检查喷气燃料中的表面活性物质及其对燃料和水界面的影响。

6. 喷气燃料的起电性

喷气发动机的耗油量很大，在机场往往用高速加油。在泵送燃料时，燃料和壁管、阀门、过滤器等高速摩擦，油面就会产生和累积大量静电电荷，其电势可达到数千伏，到一定程度就会产生火花放电，如果遇到可燃气体，就会引起爆炸失火酿成重大灾害。

影响静电荷积累的因素很多，其中之一是燃料本身的电导率。电导率小的燃料，在相同条件下，静电荷消失得慢而积累得快；电导率大的燃料，静电荷消失速度快而不易积累。

质量标准中要求喷气燃料的电导率为50~600pS/m，但加油安全主要是通过加油设备的技术进步和严格的操作规范来保证的。

7. 喷气燃料的润滑性

在喷气发动机中，燃料泵的润滑依靠自身泵送的燃料。当燃料的润滑性能不足时，燃料泵的磨损增大，这不仅降低油泵的使用寿命，还影响油泵的正常工作，引起发动机运转失常甚至停车等故障，威胁飞行安全。

燃料的润滑性是由它的化学组成决定的。据研究，燃料组分的润滑性能按照非烃化合物>多环芳香烃>单环芳香烃>环烷烃>烷烃的顺序依次降低。这是由于非烃化合物具有较强的极性，易被金属表面吸附，形成牢固的油膜，可有效地降低金属间的摩擦和磨损。含有少量的极性物质对喷气燃料的润滑性能是有利的。当然，含量不能过多，否则会引起腐蚀等其他问题。由此可见，对喷气燃料的精制深度要适当，若精制过深，则会使其润滑性能变差。

8. 喷气燃料产品标准

表3-2-7为3号喷气燃料(GB 6537—2018)质量标准。

表3-2-7 3号喷气燃料质量标准

项目		指标	试验方法
外观		室温下清澈透明，目视无不溶解水及固体物质	目测
颜色	≥	+25	GB/T 3555
组成			
总酸值(KOH)/(mg/g)	≤	0.015	GB/T 12574
芳烃/%(体)	≤	20.0	GB/T 11132
烯烃/%(体)	≤	5.0	GB/T 11132
总硫/%(质)	≤	0.2	SH/T 0689
硫醇硫/%(质)	≤	0.002	GB/T 1792

续表

项　　目		指　　标	试 验 方 法
博士试验		通过	NB/SH/T 0174
直馏组分/%		报告	—
加氢精制组分/%(体)		报告	—
加氢裂化组分/%(体)		报告	—
合成烃组分/%(体)		报告	—
挥发性			
初馏点/℃		报告	GB/T 6536
10%回收温度/℃	≤	205	
20%回收温度/℃		报告	
50%回收温度/℃	≤	232	
90%回收温度/℃		报告	
终馏点/℃	≤	300	
残留量/%(体)	≤	1.5	
损失量/%(体)	≤	1.5	
闪点(闭口)/℃	≥	38	GB/T 21789
密度(20℃)/(kg/m^3)		775~830	GB/T 1884 GB/T 1885
流动性			
冰点/℃	≤	-47	GB/T 2430
运动黏度/(mm^2/s)			GB/T 265
20℃	≥	1.25	
-20℃	≤	8.0	
燃烧性			
净热值/(MJ/kg)	≥	42.8	GB/T 384
烟点/mm	≥	25.0	GB/T 382
或烟点最小为20mm 萘系烃含量/%(体)	≤	3.0	SH/T 0181
腐蚀性			
铜片腐蚀(100℃, 2h)/级	≤	1	GB/T 5096
铜片腐蚀(50℃, 4h)/级	≤	1	SH/T 0023
安定性			
热安定性(260℃, 2.5h)			GB/T 9169
压力降/kPa	≤	3.3	
管壁评级/级		小于3且无孔雀蓝色或异常沉淀物	
洁净性			
胶质含量/(mg/100mL)	≤	7	GB/T 8019
水反应			GB/T 1793

续表

项　目		指　标	试验方法
界面情况/级	≤	1b	
分离程度/级	≤	2	
固体颗粒污染物含量/(mg/L)	≤	1.0	SH/T 0093
导电性			
电导率/(pS/m)		50~600	GB/T 6539
水分离指数			SH/T 0616
未加抗静电剂	≥	85	
或加入抗静电剂	≥	70	
润滑性			
磨痕直径 WSD/mm	≤	0.65	SH/T 0687

四、燃料油

燃料油一般是指广泛应用于家庭、船舶发动机或工业燃烧器的石油基燃料，与用于内燃机的汽油、柴油和喷气燃料相比，一般都属于馏分组成较重的燃料或残渣燃料。目前根据不同的用途，我国燃料油标准分为炉用燃料油、燃汽轮机液体燃料和船用燃料油。

燃料油应具有良好的雾化性能和低腐蚀性，并含有较少的胶质和沥青质，以使其能充分燃烧及较少结焦，使设备的使用周期得以延长。

1. 燃料油的黏度

黏度是燃料油的重要指标。黏度过大会导致燃料的雾化性能恶化，喷出的油滴过大，造成燃烧不完全、燃烧炉热效率下降。所以，使用黏度较大的燃料油时必须经过预热，以达到喷嘴要求的适当黏度。低黏度燃料油的质量指标中规定了其 40℃ 运动黏度的范围，而对于高黏度燃料油则以其 100℃ 运动黏度为指标。此外，船用残渣燃料油采用 50℃ 运动黏度为指标。

燃料油的黏度与其化学组成有关。石蜡基原油生产的燃料油中含蜡较多，含胶质较少，当加热到倾点以上后其流动性较好、黏度较小。而中间基尤其是环烷基原油生产的燃料油，含胶质较多，黏度也较高。

2. 燃料油的低温性能

燃料油的低温性能一般用倾点来评定。燃料油的倾点与其含蜡量有关，石蜡基原油生产的燃料油因其含蜡较多而倾点较高。对于低黏度的燃料油，质量标准中要求其倾点不能太高，以保证它在储运和使用中的流动性。而对于黏度较大的燃料油，因使用时均需加热，所以一般不控制其倾点。

3. 燃料油的含硫量

燃料油中的含硫化合物在燃烧后均生成 SO_2 和 SO_3，污染环境，危害人体健康，同时遇水后变成的亚硫酸和硫酸会严重腐蚀金属设备。

4. 燃料油的安定性

高黏度燃料油往往是以减黏渣油为原料通过调和生产的。由于渣油在热转化过程中，其化学组成与物理结构均会发生变化，若所用的条件不当，就有可能导致在储存及使用中出现沉淀、分层现象，从而会影响输送供油并降低传热效率。为此，要求高黏度的燃料油具有较好的热安定性和储存安定性。

5. 船用燃料油质量指标

船用燃料油按燃料类型分为馏分燃料(D组)和残渣燃料(R组)两大类。按用途和性能细分，馏分燃料分为DMX、DMA、DMZ和DMB四种，残渣燃料分为RMA、RMB、RMD、RME、RMG和RMK六种。根据船用燃料油国家标准第1号修改单(国家标准公告2018年第17号)规定，对内河船用燃料油提出了更严格的质量要求。海[洋]船用燃料油应符合表3-2-8或表3-2-9的性能指标要求，内河船用燃料油应符合表3-2-10的性能指标要求。

表3-2-8　海[洋]船用馏分燃料油质量标准

项　目		指标				试验方法
		DMX	DMA	DMZ	DMB	
运动黏度(40℃)/(mm^2/s)	≤	5.500	6.000	6.000	11.00	GB/T 265
	≥	1.400	2.000	3.000	2.000	
密度/(kg/m^3)(满足下列要求之一)						GB/T 1884 GB/T 1885
15℃	≤	—	890.0	890.0	900.0	
20℃	≤	—	886.5	886.5	896.5	
十六烷指数	≥	45	40	40	35	SH/T 0694
硫含量/%(质)						GB/T 17040
Ⅰ	≤	1.00	1.00	1.00	1.50	
Ⅱ	≤	0.50	0.50	0.50	0.50	
Ⅲ	≤	0.10	0.10	0.10	0.10	
闪点(闭口)/℃	≥	60.0	60.0	60.0	60.0	GB/T 261
硫化氢/(mg/kg)	≤	2.00	2.00	2.00	2.00	IP 570
酸值/(mgKOH/g)	≤	0.5	0.5	0.5	0.5	GB/T 7304
总沉淀物(热过滤法)/%(质)	≤	—	—	—	0.10	SH/T 0701
氧化安定性/(mg/100mL)	≤	2.5	2.5	2.5	2.5	SH/T 0175
10%蒸余物残炭/%(质)	≤	0.30	0.30	0.30	—	GB/T 17144
残炭/%(质)	≤	—	—	—	0.30	
浊点/℃	≤	-16	—	—	—	GB/T 6986
倾点/℃						GB/T 3535
冬季	≤	—	-6	-6	0	
夏季	≤	—	0	0	6	
外观		清澈透明				目测
水分/%(体)	≤	—	—	—	0.30	GB/T 260
灰分/%(质)	≤	0.010	0.010	0.010	0.010	GB/T 508
润滑性						SH/T 0765
校正磨迹直径(WS1.4)(60℃)/μm	≤	520	520	520	520	

表 3-2-9　海[洋]船用残渣燃料油质量标准

项　目		指标											试验方法
		RMA 10	RMB 30	RMD 80	RME 180	RMG 180	RMG 380	RMG 500	RMG 700	RMK 380	RMK 500	RMK 700	
运动黏度(50℃)/(mm^2/s)	≤	10.00	30.00	80.00	180.0	180.0	380.0	500.0	700.0	380.0	500.0	700.0	GB/T 11137
密度/(kg/m^3)(满足下列要求之一)													GB/T 1884 GB/T 1885
15℃	≤	920.0	960.0	975.0	991.0	991.0				1010.0			
20℃	≤	916.5	956.6	971.6	987.6	987.6				1006.6			
碳芳香度指数(CCAI)	≤	850	860	860	860	870				870			标准附录
硫含量/%(质)													GB/T 17040
Ⅰ	≤	3.50		3.50									
Ⅱ	≤	0.50		0.50									
Ⅲ	≤	0.10											
闪点(闭口)/℃	≥	60.0	60.0	60.0	60.0	60.0				60.0			GB/T 265
硫化氢/(mg/kg)	≤	2.00	2.00	2.00	2.00	2.00				2.00			IP 570
酸值/(mgKOH/g)	≤	2.5	2.5	2.5	2.5	2.5				2.5			GB/T 7304
总沉淀物(老化法)/%(质)	≤	0.10	0.10	0.10	0.10	0.10				0.10			SH/T 0702
残炭/%(质)	≤	2.50	10.00	14.00	15.00	18.00				20.00			GB/T 17144
倾点/℃													GB/T 3535
冬季	≤	0	0	30	30	30				30			
夏季	≤	6	6	30	30	30				30			
水分/%(体)	≤	0.30	0.50	0.50	0.50	0.50				0.50			GB/T 260
灰分/%(质)	≤	0.040	0.070	0.070	0.070	0.100				0.150			GB/T 508
钒/(mg/kg)	≤	50	150	150	150	350				450			IP 501
钠/(mg/kg)	≤	50	100	100	50	100				100			IP 501
铝+硅/(mg/kg)	≤	25	40	40	50	60				60			IP 501
净热值/(MJ/kg)	≥	39.8											GB/T 384
使用过的润滑油(ULO)/(mg/kg)		燃料油应不含 ULO。符合下述条件之一，认为燃料油含有 ULO：											IP 501
钙和锌		钙>30 且锌>15											
钙和磷		钙>30 且磷>15											

表 3-2-10　内河船用燃料油质量标准

项　目		指标		试验方法
		DMA(S10)	DMB(S10)	
运动黏度(40℃)/(mm^2/s)		2.000～6.000	2.000～11.00	GB/T 265
密度(20℃)/(kg/m^3)	≤	886.5	896.5	GB/T 1884 GB/T 1885
十六烷指数	≥	42	40	SH/T 0694
硫含量/(mg/kg)	≤	10		SH/T 0689
闪点(闭口)/℃	≥	60.0		GB/T 261
酸值/(mgKOH/g)	≤	0.5		GB/T 7304
氧化安定性/(mg/100mL)	≤	2.5		SH/T 0175
10%蒸余物残炭/%(质)	≤	0.30	—	GB/T 17144
残炭/%(质)	≤	—	0.30	
冷滤点/℃		报告		SH/T 0248
倾点/℃				GB/T 3535
冬季	≤	-6	0	
夏季	≤	0	6	
外观		清澈透明		目测
灰分/%(质)	≤	0.010		GB/T 508
润滑性				SH/T 0765
校正磨迹直径(WS1.4)(60℃)/μm	≤	520		

第三节　溶剂及化工原料

一、溶剂

1. 概述

石油溶剂是对某些物质起溶解、稀释、洗涤和抽提等作用的轻质石油产品。石油溶剂是由原油经常压蒸馏所得沸点范围较窄的轻质油馏分经酸碱等精制而得，也可由催化重整的产物经芳烃抽提后的抽余物再进行蒸馏精制而成，主要成分为烷烃、环烷烃和少量芳烃，不含任何添加剂。

石油溶剂多属易燃、易挥发的液体，使用时应特别注意预防火灾及爆炸。经常吸入石油溶剂蒸气也会对人体健康产生危害，因此使用石油溶剂时应设置密闭或排气、换气设备，及定期对作业环境空气中油气浓度进行测试，依测试结果采取必要的防护措施。

2. 石油溶剂特点

(1) 易燃性

石油溶剂是闪点低、易燃的液体，且易挥发成油气，空气中油气浓度在爆炸上、下限范围内时，遇火花即爆炸，故应采取严防火灾及防爆的安全措施。常见的石油溶剂闪点，着火温度和爆炸范围见表 3-3-1。

表 3-3-1 常用石油溶剂闪点、着火温度及爆炸范围

溶剂名称	闪点/℃（闭口杯法）	着火温度/℃	爆炸范围(空气中蒸气体积分数/%)	
			最低浓度(下限)	最高浓度(上限)
正戊烷	<-40	260	1.5	7.8
正己烷	-22	225	1.1	7.5
石油醚	-18	288	1.1	5.9
正庚烷	-4	204	1.05	6.7
苯	-11	498	1.3	7.1
甲苯	4	480	1.2	7.1
间二甲苯	27	528	1.1	7.0
邻二甲苯	32	646	1.0	6.0
对二甲苯	27	529	1.1	7.0

（2）导电性

石油溶剂导电性低，产生的静电不易分散，故要防止在运输过程中油料晃动或在管中流动因摩擦产生的静电累积发生危险。因此抽油、灌油、倒油前须有消除静电设备，如接地或两桶用电线夹接，使带电消除或电位平衡，以防静电火花的发生。

（3）毒性

石油溶剂与皮肤长期接触，可使皮肤脱脂，引起皮肤炎症。吸入大量溶剂油气，对人体神经系统、呼吸系统、肝脏、肾脏及造血系统均会产生不同程度的影响。对于脂肪族烃类溶剂和芳香族烃类溶剂在使用过程中环境油气的极限浓度要求不同，脂肪族烃(包括石油醚、正己烷、去渍油、橡胶溶剂、打火机油、干洗油、通用油剂等)所含芳香烃及环烷烃极少故毒性较低，但仍应避免在较高浓度中长期工作，如长期暴露于正己烷蒸气下可导致罹患多发性神经病变。芳香族烃(包括苯、甲苯、二甲苯、油漆溶剂、杀虫剂溶剂等)中苯具有高度毒性，短时间内吸入高浓度的苯蒸气可使人中毒，因此相关工作(每日工作 8h)环境中，苯蒸气浓度不得超过 10mg/L，甲苯、二甲苯不得超过 100mg/L，油漆溶剂、杀虫剂溶剂不得超过 200mg/L。

（4）溶解性

溶解性是石油溶剂的主要特性之一，常用苯胺点及混合苯胺点、Korui-Butanol 值(K-B 值)、稀释比和溶解度参数四种方法来评估溶剂的溶解性。苯胺点越低，溶剂的溶解性越好，反之，苯胺点越高，则溶解性越差。油漆工业往往依据苯胺点高低，来判断稀释用溶剂的溶解性。石油溶剂因其组成特性不同，苯胺点也有所不同。如脂肪族溶剂苯胺点较高，芳香族溶剂较低，环烷烃族溶剂则介于两者之间。如正己烷的苯胺点为 54℃，环己烷的苯胺点为 31℃，苯的苯胺点为-30℃。若以苯胺点高低，来判断溶剂溶解性，则芳香族溶剂最强，环烷族溶剂次之，脂肪族溶剂最弱。

有时在测定苯胺点时，若苯胺点过低，因冷却温度过低，导致析出固体苯胺。为弥补此不足，通常以两倍容积苯胺，混以一倍容积正庚烷，以及一倍容积的溶剂进行测试。由此测得的最低温度，称为混合苯胺点(Mixed Aniline point)。

另外，也用K-B值表示石油溶剂的溶解性，K-B值越大，溶解性也越好。对石油溶剂而言，芳香族溶剂的K-B值最高，环烷基溶剂次之，脂肪族溶剂最小，一般脂肪族石油溶剂的K-B值在20~30，纯芳香族如甲苯、二甲苯则高达100以上，K-B值在涂料工业使用较为广泛。

在喷漆应用方面稀释比较常用。通常由醋酸丁酯与硝化棉配成标准溶液，然后滴入石油溶剂，直到有沉淀产生为止。此时，记录加入溶剂体积，并以溶剂与标准硝化棉溶液体积比的10倍为稀释比。其值越大，表示溶解性越好。如以醋酸丁酯与硝化棉配成标准溶液10mL，以2.8mL甲苯滴入正好有沉淀析出，若改用脂肪族通用溶剂则仅需1.3mL溶剂就会有沉淀析出，此时甲苯稀释比为2.8，脂肪族通用溶剂之稀释比为1.3。

溶解度参数(Solubility Parameter，简称SP值)，也常作为测定溶剂对橡胶、树脂、塑料等高分子物质之间相互溶解性的标准。各种物质都有一定的SP值，各种溶剂也有特定SP值，两者SP值越接近，则越容易溶解。因此，常用SP值来选用合适的溶剂。如聚苯乙烯的SP值为9.1，故可溶于二甲苯($SP=8.8$)、甲苯($SP=8.9$)、乙酸乙酯($SP=9.1$)、甲基乙基酮($SP=9.3$)及三氯乙烯($SP=9.3$)。而不溶于乙醚($SP=7.4$)及丙酮($SP=10.0$)。当然，溶解度参数只是表明溶解方向，最重要的还是要去试验。

3. 分类

溶剂油的化学组成以饱和烃为主，其馏分范围较窄，馏分又轻，是一种蒸发性很强的易燃品。油漆与清洗用溶剂油主要用做油漆溶剂(或稀释剂)、干洗溶剂以及金属零部件的清洗剂。橡胶工业用溶剂油主要用于橡胶工业前溶剂。

(1) 油漆及清洗用溶剂油

GB 1922—2006《油漆及清洗用溶剂油》标准中按照产品馏程分为五个牌号分别是：

1号——中沸点；

2号——高沸点、低干点；

3号——高沸点；

4号——高沸点、高闪点；

5号——煤油型。

高沸点溶剂油按照芳烃含量进一步分为3种类型：

普通型—芳烃含量8%~22%(体)；

中芳型—芳烃含量2%~8%(体)；

低芳型—芳烃含量0%~2%(体)。

中沸点和煤油型分为中芳型和低芳型两种类型，见表3-3-2。

表3-3-2　中沸点和煤油型分类表

序号	项　　目	1号		2号			3号			4号			5号	
		中芳型	低芳型	普通型	中芳型	低芳型	普通型	中芳型	低芳型	普通型	中芳型	低芳型	中芳型	低芳型
1	芳烃含量/%(体)	2~8	0~2	8~22	2~8	0~2	8~22	2~8	0~2	8~22	2~8	0~2	2~8	0~2
2	闪点(闭口)/℃　≥	4		38			38			60			65	

续表

序号	项目		1号 中芳型	1号 低芳型	2号 普通型	2号 中芳型	2号 低芳型	3号 普通型	3号 中芳型	3号 低芳型	4号 普通型	4号 中芳型	4号 低芳型	5号 中芳型	5号 低芳型
3	馏程														
	初馏点/℃	≥	115		150			150			175			200	
	50%蒸发温度/℃	≤	130		175			180			200			—	
	终馏点/℃	≤	155		185			215			215			300	
	残留量/%(体)	≤	—		1.5			1.5			1.5			—	

（2）橡胶工业用溶剂油

SH 004—1990《橡胶工业用溶剂油》按照质量分为优级品、一级品和合格品三种等级，见表3-3-3。

表3-3-3　橡胶工业用溶剂油分类

项目		质量指标 优级品	质量指标 一级品	质量指标 合格品
密度(20℃)/(kg/m³)	≤	700	730	—
馏程				
初馏点/℃	≥	80	80	80
110℃馏出量/%	≥	98	93	—
120℃馏出量/%	≥	—	98	98
残留量/%	≤	1.0	1.5	—
溴值/(gBr/100g)	≤	0.12	0.14	0.31
芳烃含量/%	≤	1.5	3.0	3.0
硫含量/%	≤	0.018	0.020	0.050

二、化工原料

化工原料是指石油及其馏分油、凝析油、天然气(包括油田伴生气)和炼厂气等。这些原料主要用于生产乙烯、丙烯、丁二烯、苯、甲苯、二甲苯、萘、乙炔及合成气等重要的基本有机化工原料。加工的主要方法是烃类裂解、催化重整、烃类蒸汽转化及烃类部分氧化等。其中烃类裂解与催化重整过程可提供大量的烯烃和芳香烃，在石油化工中具有最重要地位。

1. 烃类裂解原料

烃类裂解，指石油烃类(如乙烷、石脑油、瓦斯油等石油化工原料)在高温(750℃以上)作用下分子发生断裂、脱氢、聚合、缩合等反应，主要生成低分子烷烃、烯烃、炔烃、芳烃及少量大分子产物的化学过程。烃类裂解的主要目的是制取乙烯，同时可得丙烯、丁二烯和苯、甲苯、二甲苯等产品，是石油化工的基础。

（1）乙烯裂解原料结构

乙烯裂解原料来源很广。主要有两个方面：一是来自油田的伴生气和来自气田的天然气，两者都属于天然气范畴。二是来自炼油厂的一次加工油品(如石脑油、喷气燃料、柴油等)、二次加工油品(如焦化石脑油、加氢裂化尾油等)以及副产的炼厂气，另外还有乙烯装置本身分离出来循环裂解的乙烷等。

1）炼厂气。

炼厂气是原油在炼油厂加工过程中所得副产干气、液化气的总称，它主要包括重整气、加氢裂化气、催化裂化气、焦化气等。炼厂气含有丰富的丙烯和丁烯，可不经裂解由气体分离装置直接回收利用，分离出来的烷烃可作为裂解原料。

2）石脑油。

初馏点~200℃的馏分称为全程石脑油，初馏点~130℃的馏分称为轻石脑油。按加工深度不同分为直馏石脑油和二次加工石脑油。直馏石脑油是原油经常压蒸馏分馏出的馏分；二次加工石脑油是指由炼油厂中焦化装置、加氢裂化装置等二次加工后得到的石脑油。由于原油产地不同、性质不同，直馏石脑油的收率相差很大，低的收率仅为原油的2%~3%，高的收率可达30%~40%。我国原油一般较重，石脑油收率仅为5%~15%，由于重整装置需要的是60℃以上的馏分，因此石脑油进重整装置前，需将60℃以下的馏分拔掉，通常称这一部分为拔头油。拔头油主要是C_3~C_6烃类，属石脑油范畴，是较好的裂解原料。

3）重整抽余油。

重整生成油经芳烃抽提装置抽提出芳烃后，剩下的馏分称为重整抽余油，其主要成分是C_6~C_8烷烃，是较好的裂解原料。

4）直馏柴油。

原油常压蒸馏时所得馏程范围在200~400℃的馏分为直馏柴油。一般称200~350℃的馏分为轻柴油，称250~400℃的馏分为重柴油。由于柴油裂解性能比相应的石脑油差，故不是理想的裂解原料。

5）加氢裂化尾油。

加氢裂化是20世纪60年代发展起来的工艺。加氢裂化通过重质原料脱硫、脱氮、芳烃饱和、多环烷烃加氢开环，将重质馏分转化为石脑油、中间馏分和加氢裂化尾油(一般大于350℃)。加氢裂化尾油是很好的裂解原料。

（2）原料质量要求

原料性质对裂解结果有着决定性的影响，因此，研究表征原料裂解的特性十分重要。表征原料裂解性能的指标有很多，对于已知组成的烃类混合物，可用各组分的特性来表征；对于石油馏分，由于组分复杂，分析困难，则常用烃组成、族组成、馏程、密度、氢含量、平均分子量、特性因素(K)、关联指数($BMCI$)等指标来衡量其裂解性能。

1）族组成。

裂解原料是由各种烃类组成的，按其结构可分为四大族，即烷烃族、烯烃族、环烷烃族和芳烃族。这四大族的族组成以PONA值来表示，其含义如下：P为烷烃，较易裂解生成乙烯、丙烯。其中正构烷烃(n-P)的乙烯收率比异构烷烃(i-P)高。O为烯烃，裂解困难，易造成结焦。N为环烷烃，环己烷裂解生成乙烯、丁二烯、芳烃，环戊烷裂解生成乙烯、丙烯。但环烷烃裂解的乙烯、丙烯及C_4的收率不如烷烃高，而且容易生成芳烃。A为芳烃，裂解困难，易生成重质芳烃，并造成结焦。测定裂解原料的PONA值，就能在一定程度上了解其裂解反应的性能。裂解原料中，烷烃含量特别是正构烷烃含量越高，三烯收率也越高。

2）氢含量。

裂解原料的氢含量是指烃分子中氢的质量百分含量。原料的氢含量是衡量该原料裂解性能和乙烯潜在含量的重要特性。原料氢含量越高，裂解性能越好。烷烃氢含量最高，环烷烃次之，芳烃最低。氢含量越高，乙烯收率越大。

3）特性因数(K)。

特性因数是反映原油及其馏分的烃类组成特性的因数。烷烃 K 值最高，环烷烃次之，芳烃最低。K 值越高，烃类裂解性能越好。

4）关联指数($BMCI$)。

石脑油中环烷烃和芳烃大部分是单环的，而柴油中环烷烃和芳烃有相当部分是双环和多环的，这在 PONA 值中反映不出来。而 $BMCI$ 则可表征这一特点。由于正己烷的 $BMCI=0$，苯的 $BMCI=100$，故 $BMCI$ 是一个芳烃性指标，其值越大，芳烃性越高。因此，$BMCI$ 也可称为芳烃指数。直链烷烃的 $BMCI$ 值接近于 0，较多支链的烷烃 $BMCI$ 值为 10~15。烃类化合物的芳香性越强，则 $BMCI$ 值越大。$BMCI$ 值越小，乙烯收率越高，$BMCI$ 值越大，乙烯收率越低。因此，$BMCI$ 值较小的馏分油是较好的裂解原料。

2. 重整原料

(1) 原料结构

重整原料包括直馏石脑油和二次加工石脑油，其中含有烷烃、环烷烃和芳烃。含较多环烷烃的原料是良好的重整原料。催化重整用于生产高辛烷值汽油时，进料为宽馏分，沸点范围一般为 80~180℃；用于生产芳烃时，进料为窄馏分，沸点范围一般为 60~165℃。重整原料中的烯烃、水及砷、铅、铜、硫、氮等杂质会使催化剂中毒而丧失活性，需要在进入重整反应器之前除去。

(2) 原料质量要求

衡量重整原料质量的主要标准是芳烃潜含量与族组成。含有较多环烷烃的原料是良好的重整原料，一般以芳烃潜含量表示重整原料的族组成。芳烃潜含量是指原料中的环烷烃全转化为芳烃的芳烃量与原料中原有芳烃量之和占原料的质量百分数。其计算方法如下：

$$\text{芳烃潜含量}(\%)=\text{苯潜含量}+\text{甲苯潜含量}+C_8\ \text{芳烃潜含量} \qquad (3-3-1)$$

$$\text{苯潜含量}(\%)=C_6\ \text{环烷}(\%)\times 78/84+\text{苯}(\%) \qquad (3-3-2)$$

$$\text{甲苯潜含量}(\%)=C_7\ \text{环烷}(\%)\times 92/98+\text{甲苯}(\%) \qquad (3-3-3)$$

$$C_8\ \text{芳烃潜含量}(\%)=C_8\ \text{环烷}(\%)\times 106/112+C_8\ \text{芳烃}(\%) \qquad (3-3-4)$$

一般情况下，重整原料芳烃潜含量越高，族组成越理想。

第四节　润滑剂和石蜡类

一、润滑剂

1. 概述

润滑剂包括润滑油和润滑脂，是重要的石油产品，所有带有运动部件的机器都需要润滑剂，润滑剂不仅可减少机械设备的磨损，也可达到节能的目的。虽然润滑剂的产量仅占原油加工量的 2%左右，但因其使用条件千差万别，润滑剂的品种多达数百种，而且对其质量的要求非常严格，其加工工艺也较为复杂。

2. 润滑油

(1) 润滑油的分类

由于各种机械的使用条件相差很大，它们对所需润滑油的要求也大不一样，因此，润滑油按其使用的场合和条件不同，分类也有很多种。各类润滑油的性质各异，均有其特定的用途，切不可随意使用，不然，会影响机器的正常运转，甚至导致机件的烧损。

我国按照国际标准化组织的 ISO 6743—99：2002 润滑剂分类标准制定了 GB/T 7631.1—2008 国家标准，把润滑剂分为 18 组，具体见表 3-4-1。

表 3-4-1　润滑剂和有关产品的分类(GB/T 7631.1—2008)

组别	应用场合	组别	应用场合
A	全损耗系统	N	电气绝缘
B	脱模	P	气动工具
C	齿轮	Q	热传导液
D	压缩机(包括冷冻机及真空泵)	R	暂时保护防腐蚀
E	内燃机油	T	汽轮机
F	主轴、轴承和离合器	U	热处理
G	导轨	X	用润滑脂的场合
H	液压系统	Y	其他应用场合
M	金属加工	Z	蒸汽气缸

为方便起见，习惯上将润滑油按其使用场合分为以下几类。

内燃机润滑油：包括汽油机油、柴油机油等。这是消费量最多的一类润滑油，约占润滑油总量的 50%。

齿轮油：在齿轮传动装置上使用的润滑油，其特点是它在机件间所受的压力很高。

液压油及液力传动油：在传动、制动装置及减震器中用来传递能量的液体介质，同时也起润滑及冷却作用。

工业设备用油：包括机械油、汽轮机油、压缩机油、汽缸油，以及并不起润滑作用的电绝缘油、金属加工油等。

我国等效采用 ISO 3448—1992 标准制定了 GB/T 3141—1994 标准，将工业液体润滑剂按其 40℃时的运动黏度(mm^2/s)分为 20 个等级，见表 3-4-2。此外，内燃机润滑油和车辆齿轮油则是按其 100℃时的运动黏度和低温下的黏度划分等级。

表 3-4-2　ISO 黏度分类

ISO 黏度等级	中间点运动黏度(40℃)/(mm^2/s)	运动黏度范围(40℃)/(mm^2/s)	
		最小	最大
2	2.2	1.98	2.42
3	3.2	2.88	3.52

续表

ISO 黏度等级	中间点运动黏度(40℃)/(mm^2/s)	运动黏度范围(40℃)/(mm^2/s)	
		最小	最大
5	4.6	4.14	5.06
7	6.8	6.12	7.48
10	10	9.00	11.00
15	15	13.5	16.5
22	22	19.8	24.2
32	32	28.8	35.2
46	46	41.4	50.6
68	68	61.2	74.8
100	100	90.9	110
150	150	135	165
220	220	198	242
320	320	288	352
460	460	414	506
680	680	612	748
1000	1000	900	1100
1500	1500	1350	1650
2200	2200	1980	2420
3200	3200	2880	3520

(2) 润滑油基础油

由于机械的要求和使用条件千差万别，润滑油的品种多达数百种，目前，各国都采取先制成一系列符合一定规格的、黏度不同的基础油，然后根据市场需要将不同牌号的若干种基础油进行调和，加入适量的添加剂，以制得符合各种规格的润滑油商品。这样不仅使润滑油的生产规范化，同时还易于根据市场的变化及时调整产品结构。

基础油又可分为矿物油和合成油两大类。矿物油，是以原油的减压馏分或减压渣油为原料，根据需要经过脱沥青、脱蜡和精制等过程而制得的润滑油基础油。矿物油是目前生产各种润滑油的主要原料。矿物油有时不具备航空、航天和国防等特殊场合所要求的耐低温、耐高温、高真空、抗燃、抗辐射等性能。因此，还需通过合成制取一些具有特殊性能的合成润滑油。合成润滑油包括聚 α-烯烃类、硅油类、聚乙二醇类、双酯类、磷酸酯类、硅酸酯类、全氟烃类、氟氯碳油类、聚醚类等。

美国石油协会(API)将润滑油基础油按饱和烃含量、硫含量和黏度指数分为五类，即API Ⅰ、API Ⅱ、API Ⅲ、API Ⅳ和API Ⅴ类基础油，如表3-4-3所示。API Ⅰ类基础油硫含量和芳烃含量较高，可通过常规的溶剂精制获得；API Ⅱ类基础油硫和芳烃含量较低，一般不能通过常规的溶剂精制工艺获得，而是通过加氢工艺得到；API Ⅲ类基础油不仅硫和芳烃含量低，而且黏度指数很高，一般要通过深度加氢裂化或加氢异构脱蜡获得。

表 3-4-3　API 基础油分类

基础油类别	饱和烃%/(质)	硫含量%/(质)	黏度指数
Ⅰ	<90	>0.03	80~120
Ⅱ	≥90	≤0.03	80~120
Ⅲ	≥90	≤0.03	≥120
Ⅳ	聚 α-烯烃(PAO)		
Ⅴ	除以上四类以外的其他基础油		

对于从原油制取的润滑油基础油，我国原来按原油类别将其质量标准分为石蜡基基础油系列、中间基基础油系列及环烷基基础油系列。实际上基础油的性质不仅与原油的基属有关，很大程度上还取决于加工方法，日益广泛应用的加氢技术可使基础油的质量有很大改善。黏度指数是润滑油的重要质量指标，而原用的润滑油基础油分类方法无法体现基础油在这方面的差别。因此，我国现已采用润滑油基础油的新的分类方法。这种新的分类方法将润滑油基础油按其黏度指数分为超高黏度指数、很高黏度指数、高黏度指数、中黏度指数及低黏度指数 5 类，它们的黏度指数相应为≥140、≥120、≥90、≥40 及<40。同时根据生产和使用的需要，每一类又分为通用基础油和专用基础油，专用基础油分为低凝和深度精制两个品种。

各类润滑油基础油代号见表 3-4-4。表中 VI 为“黏度指数”(Viscosity Index)，UN 为“超高”(Ultra High)，VH 为“很高”(Very High)，H 为“高”(High)，M 为“中”(Middle)，L 为“低”(Low)。此外，W 为“Winter”，表示低凝；S 为“Super”，表示深度精制。

表 3-4-4　润滑油基础油分类

润滑油基础油黏度指数			超高黏度指数 VI≥140	很高黏度指数 VI≥120	高黏度指数 VI≥90	中黏度指数 VI≥40	低黏度指数 VI<40
润滑油基础油代号	通用润滑油		UHVI	VHVI	HVI	MVI	LVI
	专用基础油	低凝	UHVIW	VHVIW	HVIW	MVIW	LVIW
		深度精制	UHVIS	VHVIS	HVIS	MVIS	LVIS

习惯上，将从原油减压馏分制取的基础油称为中性油，将从减压渣油制取的基础油称为光亮油。每类中性油又按其黏度分为若干牌号，如 HVI350、MVIS75 等，其牌号中的数字表示的是该基础油在 37.8℃时的赛氏通用黏度秒数(SUS)的大约值。每类光亮油也按其黏度分为若干牌号，如 HVIW120BS 及 MVIS90BS 等，其牌号中的数字表示的是该基础油在 210℉时的赛氏通用黏度秒数(SUS)的大约值，BS 则是光亮油(Bright Stock)的英文字头。我国部分基础油的牌号见表 3-4-5。

表 3-4-5 我国部分基础油的牌号

类别	牌号
HVI	75，100，150，200，350，400，500，650，120BS，150BS
HVIW	75，100，150，200，350，400，500，650，120BS
HVIS	75，100，150，200，350，400，500，650，120BS，150BS
MVI	60，75，100，150，250，500，600，750，900，90BS，125/140BS，200/220BS
MVIW	60，75，100，150，250，500
MVIS	60，75，100，150，250，500，600，750，900，90BS，125/140BS
LVI	60，75，100，150，300，500，900，1200，90BS，230/250BS

（3）内燃机润滑油

内燃机润滑油简称内燃机油，也称发动机油或曲轴箱油，是润滑油中耗量最多的一类。内燃机润滑油有四个主要作用，即润滑、冷却、清洁及密封发动机的各种部件。由于其在汽油机或柴油机中的工作条件相当苛刻，质量要求也就比较高，所以除需经过严格精制外，还要加入一系列相当量的各类添加剂后才能符合其质量指标。

1）作用。

润滑作用。使用润滑油，可以减少内燃机各运动部件之间的磨损和因摩擦引起的功率损失和摩擦热，增加了机械的有效功率，降低了燃料的消耗，节约了能量，同时也延长了机械的使用寿命。

冷却发动机部件。燃料在内燃机中燃烧产生很高的温度，如不对机件加以冷却，内燃机就不能正常工作。内燃机的冷却介质是润滑油、水或空气等。新近设计的内燃机常采用风冷而不是水冷，这就更增加了润滑油冷却作用的负荷，要求润滑油有更好的耐高温性能和冷却发动机的性能。

密封作用。发动机中的活塞环与缸套、活塞环与环槽之间都有一定的间隙，如得不到密封，燃气就会窜入曲轴箱内，使燃烧室压力降低，从而降低发动机的功率。润滑油在这些部位能起到密封作用，防止窜气，保证发动机的正常工作。

保持摩擦部件清洁。内燃机工作时，其各个部位都会出现各种类型由润滑油及燃料形成的沉积物。这就要求内燃机润滑油具有将这些沉积物从机件上清洗下来分散在润滑油中，并送到润滑油滤清器的能力。

防锈和抗腐蚀。燃料在发动机中燃烧会产生一定量的水和硫的氧化物，它们随着窜气进入曲轴箱，对各金属部件造成腐蚀作用。为此，便要求内燃机润滑油还具有防锈和抗腐蚀性能。

2）主要质量要求。

内燃机润滑油的质量要求很多，主要有以下六个方面。

① 黏度。

要使摩擦时保持液体润滑，润滑油黏度的大小必须足以使它能在机件之间形成连续的油膜。假如润滑油的黏度太小，就会导致油膜厚度太薄，从而加大机件的磨损，甚至烧坏；假如润滑油的黏度太大，则用于克服液体内摩擦所耗的能量就会太大，这也是不经济的。此外，从润滑油的冷却作用来看，黏度较小的润滑油冷却效果较好；而从密封作用来看，则要求润滑油的黏度不能太小。至于黏度以多大为宜，则要根据不同内燃机的具体工作条件来确定。因此，往往需要生产一系列黏度不同的内燃机润滑油以供用户选择。

润滑油的黏度取决于其馏分组成与化学组成。润滑油的沸程越高，其黏度也越大，所以，当要求黏度较大时，往往要以较重的减压馏分甚至减压渣油作为原料。当相对分子质量相近时，具有环状结构的分子的黏度大于链状结构的，而且，分子中的环数越多，其黏度也就越大。

② 黏温性质。

内燃机在正常运转时，有些部位的温度可高达300℃，而在启动时温度比较低。在高寒地区的冬季，室外的气温甚至低到零下几十摄氏度。假如润滑油的黏度随温度的变化太大，在高温时太稀，不能保持必要厚度的油膜，这将使机器的磨损加大；而在低温时太稠，这不仅造成启动困难，同时也会导致磨损。这就要求内燃机润滑油的黏度随温度的不同而变化较小，即具有较高的黏度指数。

烃类的黏温性质取决于其分子结构，大体上说，烃类中除正构烷烃的黏温性质最好外，带有少分支的长烷基侧链的少环烃类和分支程度不大的异构烷烃的黏温性质也比较好，而多环短侧链的环状烃类的黏温性质是很差的。

③ 抗氧化安定性。

内燃机润滑油不仅使用的温度高，而且是循环使用，不断与含氧气体接触，所以很容易因氧化而变质。因此，需要设法提高润滑油的抗氧化安定性，以延长其在内燃机中的使用寿命。

烃类组成对氧化安定性的影响。润滑油中烃类的氧化反应大体可分为两种途径。一是烷烃、环烷烃和带长侧链（C_5以上）的芳香烃的氧化，其特点是烷基的氧化，大致过程为：烃—过氧化物—单官能团含氧化合物（醇、醛、酮、酸）—双官能团含氧化合物（羟基酸、酮酸等）—半交酯、酯类等缩合产物；二是无侧链或短侧链芳香烃的氧化，其特点是芳香基的氧化，大致过程为：烃—过氧化物—酚类—胶质—沥青质。通过这两种途径反应生成的氧化产物对机械设备都是有害的。生成的酸性物质对金属部件有腐蚀作用；产生的缩合产物和胶质会附着于金属表面，从而导致机件过热、磨损加剧；同时也会使润滑油的黏度增大，损耗更多的能量。研究表明，在高温条件下，润滑油所含的各类烃单独存在时，烷烃最容易氧化，环烷烃次之，芳香烃最不易氧化。而在混合条件下，其氧化的结果与单体烃氧化有显著区别。当饱和烃与多环芳香烃同时存在时，饱和烃氧化生成过氧化物促进多环芳香烃的氧化，而多环芳香烃的氧化产物酚类能抑制饱和烃的氧化。

含硫化合物对氧化安定性的影响。实践证明，润滑油中的含硫化合物具有抗氧化作用，含有一定量的硫会使其更加安定。研究发现，在各类含硫化合物中，硫醚类尤其是环硫醚类对润滑油氧化的抑制作用最为明显，而噻吩类则影响很小。硫醚类化合物对氧化的抑制，是由于其能分解润滑油氧化时所产生的过氧化物，从而阻滞了氧化的链反应。

含氮化合物对氧化安定性的影响。研究表明，含氮化合物对润滑油的氧化是起促进作用的。碱性含氮化合物和非碱性含氮化合物的含量增多都会使润滑油的氧化安定性下降，相比之下，碱性含氮化合物的影响更显著。含氮化合物在润滑油的氧化过程中起引发或促进自由基形成及加快抗氧剂消耗的作用。由于润滑油的烃类和非烃类组成对其氧化安定性的影响比较复杂，迄今还没有比较成熟的看法。但是，总的来说，在润滑油中饱和烃和单环芳香烃的含量高有利于改善其氧化安定性。同时，含有一定量的硫对烃类的氧化能起抑制作用，而多环芳香烃和碱性氮化物的含量高则对润滑油的氧化安定性不利。针对我国大部分原油含氮量高、含硫量低的特点，为了改善润滑油的氧化安定性，必须通过精制把其中所含的氮尤其是碱性氮脱到相当低的水平，但同时又要注意保存一定量的硫。

实际上，单靠用精制手段来除去非理想组分的方法，还不能使其符合内燃机润滑油氧化安定性的要求，一般还需添加适量的抗氧抗腐添加剂。

④ 清净分散性。

内燃机润滑油在使用过程中的老化、衰败，虽然可以采取措施在一定程度内控制，但在苛刻的条件下是不可能完全避免的。由于润滑油本身的氧化和缩合以及与燃料燃烧产物的相互作用，在内燃机中会产生各种沉积物。其沉积物可以分为三类，即积炭、漆膜和油泥。

积炭是高温分解的产物，为棕色到黑色的固态物质，其氢碳原子比约为 0.7。它主要生成于活塞顶部、燃烧室壁、阀门等高温部位，会使金属部件磨损甚至烧蚀。漆膜是氧化缩合的产物，为淡棕色到黑色的薄而坚固的膜，其氢碳原子比约为 1.2。它主要生成于活塞环槽及活塞裙部等处，会使活塞环黏结及传热变差，导致密封不严及磨损增大。油泥是由水、润滑油及固态杂质等形成的乳状沉积物，为灰棕色到黑色的凝块。它主要沉积于曲轴箱及输油管等低温部位，会导致油路堵塞。

为此，内燃机润滑油还要具有把各类沉积物尽量从金属表面上洗涤下来并分散于润滑油中的功能。由于基础油本身并不具备这种功能，所以必须加入各种类型的清净分散添加剂。内燃机润滑油的清净分散性是否符合要求，需要经过规定的台架试验或模拟试验加以测定。

⑤ 低温流动性。

由于内燃机在冬季的启动温度很低，润滑油如果没有良好的低温流动性，便不能正常地泵送，这样运动部位就不能达到正常的润滑状态，因而导致磨损。影响润滑油低温流动性的因素主要有两方面，一是在使用温度下因形成蜡结晶结构而丧失流动性；二是在使用温度下因黏度大、流动太慢而造成润滑油泵抽空或供油不足。

从化学组成来看，各种烃类中正构烷烃的凝点最高，易于凝固，这对于低温性能是不利的。此外，多环烃类的低温黏度一般较大，所以从低温流动性角度来看，它们都不是理想组分。

一般情况下，倾点可以作为评定润滑油低温性能的参考指标。但是，即使环境温度高于润滑油的倾点，润滑油也不一定能被泵送，发动机也不一定能启动。为了使润滑油在低温下能在内燃机中正常循环以保证良好的润滑性能，在内燃机润滑油质量指标中还规定了其低温动力黏度及边界泵送温度。

低温动力黏度的测定采用冷启动模拟机法（GB/T 6538—2022），此法适用于测定内燃机油在高剪切速度下，在-30～-5℃时的低温表观黏度，所得结果与内燃机油的低温启动性有关。该模拟机的核心部件是由一个断面为缺圆圆柱体的转子和一个铜制定子构成的。试样置于定子与转子之间的间隙中，并用制冷剂循环控温。转子由电机带动，其转速受润滑油黏度的影响，当黏度增大时转动的阻力也增大，转子的转速就会相应减小。经用一系列标准油样标定后，便可从转子的转速关联出润滑油在该温度下的低温动力黏度。用冷启动模拟机法测得的低温动力黏度能较好地反映发动机在低温下启动时的实际情况。

边界泵送温度就是能把内燃机油连续、充分地供给润滑油泵入口的最低温度。测定时，试样在 10h 内，以非线性降温程序冷却，由 80℃冷却到试验要求的温度，恒温 16h。然后在微型旋转黏度计上，逐步施加规定的扭矩，观察并测定其转动速度。根据不同试验温度下所得到的结果可确定该试样的边界泵送温度。内燃机中润滑油泵供油不正常有两种情况。一种情况是因为油的流动性太差，当泵吸油时，周围的油不能流过来而使油泵抽空；另一种情况则由于油过于黏稠，导致进口滤网和进口管的阻力太大，因而不能有足量的油流过。前一种情况叫作气阻，后一种情况叫作流动限制。这两种情况均与在极低的剪切速率下的黏度有关。

⑥ 抗磨性。

由于油膜很难在气缸壁上维持，所以，气缸壁与活塞之间经常处于边界润滑或混合润滑状态，同时，在主轴承和连杆轴承上的负荷也比较大，这就要求内燃机润滑油具有良好的抗磨性能。各种烃类的抗磨性能虽有差别，但都还不能满足要求，这就需要加入具有抗磨作用的添加剂来改善这方面的性能。

综上所述，内燃机润滑油的各种质量要求中，除清净分散性和抗磨性是靠加入相应的添加剂来改善外，主要还是取决于基础油的化学组成结构以及馏分组成。就黏度而言，其大小既与润滑油原料馏分的轻重有关，又与其化学结构有关。一般来说，环状烃的黏度比链状烃的大。至于黏温性质，正构烷烃的最好，少环长侧链的环状烃及少分支的异构烷烃也比较好，多环短侧链结构的烃类最差。而抗氧化安定性的情况比较复杂，据研究，内燃机润滑油中饱和烃和单环芳烃含量高有利于改善其抗氧化安定性，而多环芳烃含量高则是不利的。同时，非烃的含量也有较大的影响，一般认为，一定量的含硫化合物可以对氧化起抑制作用，而即使很少量的含氮化合物，也会促进烃类的氧化。再者，润滑油低温性能的主要是因其中的正构烷烃和其他高熔点烃类的含量影响。对于内燃机润滑油，其理想的组分是少环长侧链的烃类以及少分支的异构烷烃，而多环短侧链烃类和正构烷烃则是非理想组分，应该用脱蜡和精制等方法将它们除去。

3）内燃机润滑油的分类。

我国内燃机润滑油，采用了国际上通用的SAE（Society of Automotive Engineers，美国汽车工程师学会）黏度等级分类和API（美国石油学会）的质量等级分类。

① 内燃机油黏度等级的分类。

我国内燃机油黏度分类的国家标准GB/T 14906—2018见表3-4-6。

表3-4-6　内燃机油的黏度分类GB/T 14906—2018

黏度等级	低温启动黏度/(mPa·s) ≤	低温泵送黏度/(mPa·s) ≤	运动黏度(100℃)/(mm^2/s) ≥	运动黏度(100℃)/(mm^2/s) <	高温高剪切黏度(150℃)/(mPa·s) ≤
0W	6200(-35℃)	60000(-40℃)	3.8	—	—
5W	6600(-30℃)	60000(-35℃)	3.8	—	—
10W	7000(-25℃)	60000(-30℃)	4.1	—	—
15W	7000(-20℃)	60000(-25℃)	5.6	—	—
20W	9500(-15℃)	60000(-20℃)	5.6	—	—
25W	13000(-10℃)	60000(-15℃)	9.3	—	—
8	—	—	4.0	6.1	1.7
12	—	—	5.0	7.1	2.0
16	—	—	6.1	8.2	2.3
20	—	—	6.9	9.3	2.6

续表

黏度等级	低温启动黏度/(mPa·s) ≤	低温泵送黏度/(mPa·s) ≤	运动黏度(100℃)/(mm^2/s) ≥	运动黏度(100℃)/(mm^2/s) <	高温高剪切黏度(150℃)/(mPa·s) ≤
30	—	—	9.3	12.5	2.9
40	—	—	12.5	16.3	3.5(0W-40，5W-40和10W-40等级)
50	—	—	16.3	21.9	3.7
60	—	—	21.9	26.1	3.7

内燃机油黏度等级分为含字母W及不含字母W两个系列，其中含字母W的黏度等级对低温性能有特殊要求。含字母W的黏度系列中的0W、5W、10W、15W、20W、25W各号则是以其低温启动黏度、低温泵送黏度和100℃时运动黏度来划分的。不含字母W的黏度系列中的8、12、16、20、30、40、50、60各号是以其100℃时运动黏度和150℃时高温高剪切黏度来划分的。

近年来，内燃机中越来越多地使用多级油。所谓多级油是指其100℃时运动黏度和150℃时高温高剪切黏度在某一非W黏度等级范围内，而同时其低温启动黏度和低温泵送黏度又能满足某一W黏度等级的指标，可表示为5W-30、10W-30及20W-40等。多级油大多是由较低黏度的基础油添加黏度添加剂稠化后制成的，所以也称稠化机油。多级油的黏温性质显著优于单级油，它的使用不受地区和季节的限制，冬、夏季和南、北地域通用，同时还可以节约燃料。

② 内燃机油质量等级的分类。

我国参照SAE J183分类方法，S代表汽油机油系列，分为SE、SF、SG、SH、SJ、SL、SM及SN等质量等级，为了体现对燃料经济性的要求，汽油机油增加了GF系列，包括GF-1、GF-2、GF-3、GF-4和GF-5等级。柴油机油系列则用C代表，分为CC、CD、CF、CF-2、CF-4、CG-4、CH-4、CI-4及CJ-4等质量等级，其质量水平都是顺序依次提高。

在内燃机润滑油中还有一类既可用于汽油机又可用于柴油机的产品，它们称为通用内燃机油，其牌号可用SE/CC、SF/CC、SG/CD等表示。此类通用内燃机油的性能全面、适应面宽，可简化油品管理、方便使用。

③ 内燃机润滑油的品种。

我国国家标准规定的汽油机油的品种见表3-4-7，柴油机油的品种见表3-4-8。

表3-4-7　汽油机油的品种(GB/T 11121—2006)

质量等级	黏度等级
SE、SF、SG、SH、SJ、SL GF-1、GF-2、GF-3	0W-20、0W-30 5W-20、5W-30、5W-40、5W-50 10W-30、10W-40、10W-50 15W-30、15W-40、15W-50 20W-40、20W-50 30、40、50

表 3-4-8　柴油机油的品种(GB/T 11122—2006)

质量等级	黏度等级
CC、CD、CF、CF-4、CH-4、CI-4	0W-20、0W-30、0W-40 5W-20、5W-30、5W-40、5W-50 10W-30、10W-40、10W-50 15W-30、15W-40、15W-50 20W-40、20W-50、20W-60 30、40、50、60

尚需指出，我国现行的内燃机油质量标准中除规定了其理化性能外，还提出了发动机试验要求。内燃机油的发动机试验包括轴瓦腐蚀试验、剪切安定性试验、低温锈蚀试验、高温清净性和抗磨性试验，以及按照不同程序进行的发动机性能评定试验。除符合上述要求外，对于新研制的内燃机油，往往还要进行长距离的实地行车试验，才能评定其质量是否合格。每类润滑油都有特定的评定方法和指标体系，柴油机油的要求比汽油机油的要求更为苛刻。

除此以外，对于二冲程汽油机润滑油、铁路内燃机车柴油机润滑油、船用柴油机润滑油和航空润滑油还各有其牌号及质量指标。

(4) 齿轮油

齿轮传动是机械传动中最主要的一种方式。由于它具有传动比恒定、传递动力准确可靠、传递功率较高等特点，因而在汽车、拖拉机、机床和轧钢机等机械设备中已得到广泛应用。齿轮油是专用于齿轮传动装置的润滑油。

1）工作条件。

齿轮之间的接触面积很小，基本是线接触，而在运动过程中既有滚动摩擦，又有滑动摩擦，因此，齿轮油的工作条件与其他润滑油存在较大差别。由于齿轮间接触面积小，所以其承受的压力很大。一些载重机械的减速器齿轮的齿面压力达 400~1000MPa。汽车传动装置中双曲线齿轮的使用条件更为苛刻，负荷更大，其接触部位的压力可高达 1000~4000MPa。在如此高的压力下，润滑油极易从齿间被挤压出来，容易引起齿面的擦伤和磨损。为此，齿轮油要具有在高负荷下使齿面处于边界润滑和弹性流体动力润滑状态的性能。

2）主要性能。

与内燃机油相同，齿轮油也要求有适当的黏度以及良好的黏温性质、抗氧化安定性和防腐性等。尤其是要求具有良好的抗磨损、耐负荷的性能，也就是要有较高的承载能力。但各种烃类的承载能力都比较低，其抗磨性能都不能满足齿轮油的要求。所以，齿轮油中必须加入相应的抗磨添加剂，这些添加剂中都含有极性的或具有化学活性的化合物。

3）分类。

我国的齿轮油分为工业齿轮油及车辆齿轮油两大类。

工业齿轮油按使用场合的不同，分为工业闭式齿轮油和工业开式齿轮油。工业闭式齿轮油分为 L-CKB、L-CKC、L-CKD 三个品种，按 40℃时运动黏度的中心值，L-CKB 分为 100、150、220 和 320 四个等级，L-CKC 和 L-CKD 分为 32、46、68、100、150、220、320、460、680、1000 和 1500 十一个等级(GB 5903—2011)。普通开式齿轮油按 100℃时运动黏度的中心值分为 68、100、150、220、320 五个等级[SH/T 0363—1992(2007)]。按其质量要求(GB/T 7631.7—1995)，工业闭式齿轮油分为 CKB、CKC、CKD、CKE、CKS、CKT、CKG 七个等级，工业开式齿轮油分为 CKH、CKJ、CKL、CKM 四个等级。

车辆齿轮油按其使用条件的苛刻程度分为GL-3、GL-4、GL-5和MT-1四种，分别对应普通车辆齿轮油、中负荷车辆齿轮油、重负荷车辆齿轮油和非同步手动变速箱油(GB/T 28767—2012)。汽车齿轮油根据高温和低温下润滑剂的黏度划分黏度等级，分为70W、75W、80W、85W、80、85、90、110、140、190和250十一个黏度等级，详见表3-4-9(GB/T 17477—2012)。近年来，标号为80W-90、85W-90、85W-140等多级齿轮油应用较广，它们同时具有良好的低温启动性和高温润滑性。

表3-4-9　汽车齿轮油黏度分类(GB/T 17477—2012)

类别	达到150Pa·s的最高温度/℃	100℃运动黏度/(mm^2/s)	
		最低	最高
70W	-55	4.1	—
75W	-40	4.1	—
80W	-26	7.0	—
85W	-12	11.0	—
80	—	7.0	11.0
85	—	11.0	13.5
90	—	13.5	18.5
110	—	18.5	24.0
140	—	24.0	32.5
190	—	32.5	41.0
250	—	41.0	—

(5)液压油及液力传动油

液体静压系统和液体动力系统所使用的工作介质分别为液压油及液力传动油两大类，它们可由矿物油或合成烃制成。

液压油是根据帕斯卡(Pascal)原理传递液体静压能的介质，可用以操纵各种机械。由于液压传动具有结构紧凑、反应灵敏、易于实现自动化等优点，所以在机床、冶金、船舶、建筑及航空航天等行业得到广泛的应用。液压油又可分为抗磨液压油、低凝液压油及数控液压油等。

液力传动油中主要是汽车自动传动液，它适用于轿车和轻型卡车的自动变速系统，使汽车能自动适应行驶阻力的变化，做到启动无冲击，变速震动小，乘坐舒适；也适用于大型装载车的变速传动箱、动力转向系统，农用机械的分动箱。其主要功能为在扭矩转换器中作为流体动能的传动介质；在伺服机构和压力环路系统中作为静压能的传递介质；在离合器中作为滑动摩擦能的传递介质。它同时还起润滑及冷却作用：

1)主要性能。

液压油在系统中除了传递静压能外，它还具有润滑、冷却、防锈、减震等作用，以保证液压系统在不同的环境和工作条件下长期、有效地工作。为此，液压油除像一般润滑油一样要求有合适的黏度、良好的黏温性质、抗氧化安定性等之外，还有以下一些特殊的要求。

① 抗磨性。

在系统中各种摩擦元件经常处于边界润滑状态，所以往往需要加入抗磨添加剂，以便在摩擦副中形成边界润滑膜。

② 抗乳化性。

在液压元件的搅动下，如有水存在很容易形成乳状液，这样便会增大机件的腐蚀和磨损。

③ 抗泡沫性。

液压油在循环时，溶于油中的空气量会不断增加，从而导致气泡的生成，这样便会影响液压机构传递能量的稳定性和效率。因此，要求液压油具有良好的空气释放能力和消泡能力。

④ 抗剪切安定性。

液压油在高压、高速使用条件下，通过泵、阀件、微孔等元件，要经受剪切速度很高的剪切作用，这就要求添加增黏剂的液压油具有良好的抗剪切安定性，以免因黏度降低过多而造成磨损。

⑤ 对密封材料的适应性。

液压系统一般以橡胶为密封件，所以要求液压油不侵蚀橡胶，不使其过分溶胀，也不允许使其收缩或硬化，以免降低其密封性能。以石油为原料制成的液压油，芳烃含量越高，对橡胶的侵蚀越厉害。

液力传动油是性能更为全面的油品，要求它具有良好的扭矩转换性能、低温流动性能、抗烧结和抗磨损性能、抗氧化性能、清净分散性能、抗泡沫性能、防锈性能、与各种密封材料的适应性能以及适当的摩擦特性。它虽然没有像内燃机油对抗氧化性和清净分散性要求那样严格，也没有像齿轮油对抗磨性要求那样苛刻，但它却集中了对内燃机油、齿轮油和液压油各方面性能的全面要求，而且还增加了对摩擦特性的要求。

2）分类。

我国适用于流体静压系统的矿物油型和合成烃型液压油分为L-HH、L-HL、L-HM、L HR、L HV、L HS和L-HG七个品种(GB/T 7631.2—2003)。每一类品种中，还包括若干不同的黏度等级(GB 11118.1—2011)。

（6）电器绝缘油

电器绝缘油的品种有变压器油、电缆油、电容器油和断路器油等，其中变压器油占95%以上。

1）主要质量要求。

电器绝缘油的功能并不是起润滑作用，所以对其性能的要求与一般润滑油有很大差别。其主要的质量要求如下。

① 电气性能。

电器绝缘油的电气性能要求，主要有绝缘击穿电压及介质损失角正切值这两项。目前我国有6kV、35kV、220/110kV、330kV及500kV这五种输电电压系统，这就需要击穿电压大于上述电压的变压器油。

在理想状态下，电容器中的介质在交变电场作用下不会引起电能的损失，其电压和电流的相位差是90°。而实际介质(如变压器油等)在交变电场中因介质中某些分子的扭动和位移会引起电能的损失。损失的电能转变为热能使油温升高，这样便导致电流和电压的相位差并不正好是90°，而是比90°要小一个δ角，这个δ角就称为介质损失角。介质损失角的正切

值 $\tan\delta$，又称介质损耗因数，其数值是表明在交变电场作用下在介质中电能损失的大小。一般要求变压器油的介质损耗因数不大于 0.005。

② 黏度。

变压器是靠变压器油的循环流动来散热的，黏度过大会影响油的循环而导致变压器超温而不能正常工作。所以，一般要求在保证闪点不过低的条件下，黏度尽量低，同时还要有较好的黏温特性。

③ 抗氧化安定性。

变压器油等电器绝缘油的工作温度并不高，大体为 60~80℃。但变压器油一般要求使用 10 年甚至 15 年以上。长期与空气、铜和铁等金属接触，假如油的抗氧化安定性不好，就会生成酸类、缩聚物和水等，从而导致油的电气性能变坏以及设备腐蚀等弊病。

④ 析气性。

电器绝缘油的析气性是指它在高压电场下发生化学变化而析出气体的性能。这是由于在高电场强度下，会出现瞬间放电和边缘放电，从而使油品发生脱氢反应。所生成的氢气若不能被油品本身吸收，则会形成气泡，如析出气体过多，会使电气设备内压力增大，甚至引起爆炸和燃烧。

2）分类。

国家标准 GB 2536—2011《电工流体、变压器和开关用的未使用过的矿物绝缘油》将矿物绝缘油分为变压器油和低温开关油两类。变压器油根据最低冷态投用温度分为 0℃、-10℃、-20℃、-30℃和-40℃五个型号，其倾点要求分别不高于-10℃、-20℃、-30℃、-40℃和-50℃。它们的介质损耗因数要求不大于 0.005。击穿电压未处理油要求不小于 30kV，经处理油要求不小于 70kV。低温开关油根据最低冷态投用温度要求只有-40℃一个品种，其倾点要求不高于-60℃。

国家标准 GB/T 41631—2022《充油电缆用未使用过的矿物绝缘油》根据某些物理性质（如黏度、闪点和倾点）将电缆油分成Ⅰ号油、Ⅱ号油和Ⅲ号油三种型号。它们的介质损耗因数要求不大于 0.002。击穿电压要求不小于 40kV。

3. 润滑脂

（1）概述

润滑脂是一种稠厚的油脂状半固体，润滑脂主要由矿物油（或合成润滑油）和稠化剂调制而成，其作用主要是润滑、保护和密封。

绝大多数润滑脂用于润滑，称为减摩润滑脂。减摩润滑脂主要起降低机械摩擦，防止机械磨损的作用，同时还兼起防止金属腐蚀的保护作用，及密封防尘作用。有一些润滑脂主要用来防止金属生锈或腐蚀，称为保护润滑脂。例如，工业凡士林等有少数润滑脂专用作密封，称为密封润滑脂，例如螺纹脂。润滑脂大多具有独特的流动性。

润滑脂的工作原理是稠化剂将油稠化，将其保持在需要润滑的位置上，有负载时，稠化剂将油释放出来，从而起到润滑作用。

在常温和静止状态时它类似于固体，能保持自己的形状而不流动，能黏附在金属上不滑落。在高温或受到超过一定限度的外力时，它又像液体能产生流动。润滑脂在机械中受到运动部件的剪切作用时，它能产生流动并进行润滑，减小运动表面间的摩擦和磨损；当剪切作用停止后，它又能恢复一定的稠度。润滑脂的这种特殊的流动性，决定它可以在不适于用润滑油的部位进行润滑。此外，由于它是半固体状物质，其密封作用和保护作用比润滑油好。

润滑脂主要是由基础油、稠化剂、添加剂三部分组成。一般润滑脂中稠化剂含量10%~20%，基础油含量为75%~90%，添加剂及填料的含量在5%以下。

基础油是润滑脂分散体系中的分散介质，它对润滑脂的性能有较大影响。一般润滑脂多采用中黏度及高黏度的石油润滑油作为基础油，也有一些润滑脂为适应在苛刻条件下工作的机械润滑及密封的需要，采用合成润滑油作为基础油，如酯类油、硅油、聚 α-烯烃油等。

稠化剂是润滑脂的重要组分，稠化剂分散在基础油中并形成润滑脂的结构骨架，使基础油被吸附和固定在结构骨架中。润滑脂的抗水性及耐热性主要由稠化剂所决定。用于制备润滑脂的稠化剂有两大类。皂基稠化剂(即脂肪酸金属盐)和非皂基稠化剂(烃类、无机类和有机类)。皂基稠化剂分为单皂基(如钙基脂)、混合皂基(如钙钠基脂)、复合皂基(如复合钙基脂)三种。90%的润滑脂是用皂基稠化剂制成的。

添加剂主要有两部分构成，一类添加剂是润滑脂所特有的，叫胶溶剂，它使油皂结合更加稳定，如甘油与水等。例如，钙基润滑脂中一旦失去水，其结构就完全被破坏，不能成脂；甘油在钠基润滑脂中可以调节脂的稠度。另一类添加剂和润滑油中的添加剂一样，如抗氧、抗磨和防锈剂等，但用量一般较润滑油中多，如磷酸酯、ZDDP、复合剂、滴点提高剂等。有时，为了提高润滑脂抵抗流失和增强润滑的能力，常添加一些石墨、二硫化钼和炭黑等作为填料。

润滑脂主要质量指标是滴点、针入度、灰分和水分等。用来评价润滑脂胶体稳定性的指标为分油试验、滚动轴承性能试验等。滚筒试验是测试滚压作用下稠度变化的试验方法。流动性试验是评价在低温下润滑脂可泵送性的试验方法。抗水淋性试验是评价润滑脂对水淋洗出的抵抗能力的试验方法。胶体安定性是润滑脂在贮存和使用中保持胶体稳定，液体矿油不从脂中析出的性能。机械安定性是表示润滑脂在机械工作条件下抵抗稠度变化的性能。滚珠轴承扭矩试验是评价润滑脂低温性能的一种试验方法。润滑脂是将稠化剂分散于液体润滑剂中所组成的一种稳定的固体或半固体产品，其中可以加入改善润滑脂某种特性的添加剂及填料。润滑脂在常温下可附着于垂直表面不流失，并能在敞开或密封不良的摩擦部位工作，具有其他润滑剂所不可替代的特点。因此，在汽车和工程机械上的许多部位都使用润滑脂作为润滑材料，即我们常说的黄油。

（2）分类

润滑脂品种复杂，牌号繁多，分类工作十分重要。原先采用的按稠化剂进行分类的GB 501—65已不能适应润滑脂发展及使用的要求，并于1988年4月1日宣布废止。GB 7631.8—90规定了按使用要求对润滑脂进行分类的体系，这个分类体系等效采用了ISO的分类方法，已代替了GB 501—65。生产销售与使用的润滑脂尚未完全纳入新的分类体系之中。因而，为了说明新旧分类体系的具体不同，有必要对新旧分类体系进行比较对照。

1）旧分类GB 501—65。

GB 501—65是按稠化剂组成分类的，即分为皂基脂、烃基脂、无机脂与有机脂4类。

皂基按所含皂类不同又分为单一皂基，如钙基、钠基、锂基、铝基、钡基、铅基和其他基；混含皂基，如钙钠基、钙铝基、铅钡基、铝钡基；复合皂基，如复合钙基、复合铝基等。

旧分类中润滑脂的命名按下列顺序进行：牌号—尾注—组别名称或级别名称—类别。

例如：1 号合成钙基润滑脂(代号为 ZG-1H)。

其中：1 号—牌号(锥入度系列号)；

合成—尾注(合成脂肪酸)；

钙基—组别(稠化剂)；

润滑脂—类别(润滑脂)。

润滑脂按稠化剂组成分类，局限性较大，使用同一种稠化剂可以生产出许多种具有不同性能的润滑脂，即使是不同类型的稠化剂生产的润滑脂，其性能也往往难以准确区分。所以，以稠化剂分类会令使用者感到混淆不清，从分组、命名和代号中看不出润滑脂的使用条件，必须再查找这个代号的润滑脂标准，不依据使用经验及查找对应标准就难以选用。因此，给使用者正确选用带来困难，容易发生错用，造成润滑事故。

2）分类 GB 7631. 8—90。

新分类标准适用于润滑各种设备、机械部件、车辆等种类的润滑脂，不适用于特殊用途的润滑脂。也就是说，只对起润滑作用的润滑脂适用，对起密封、防护等作用的专用脂均不适用。新分类标准是按操作条件进行分类的。在这个标准的分类体系中，一种润滑脂对应一个代号，这个代号与该润滑脂在应用中最严格的操作条件(温度、水污染和负荷条件等)相对应。实际上，GB 7631. 8—90 仅仅是提供润滑脂按操作条件分组的一个代号，而这个代号是由 5 个大写英文字母组成的。

3）两种分类标准的对比。

这两种分类标准本无对比性，但是由于 GB 501—65 使用时间很长，润滑脂的生产销售尚未完全纳入新体系之中。为了能更加清楚地说明问题及加深对新标准体系的认识，故作简单对比。

GB 501—65 是按稠化剂来分类的，并用皂基脂的拼音字母首字母作为符号分组，而 GB 7631. 8—90 是按润滑脂应用时的操作条件进行分类的。

在命名与代号方面，GB 501—65 的命名与代号规定得很详细，从命名可以知道润滑脂稠化剂的类型，但专用润滑脂类有时看不出稠化剂类型。代号中也可以反映出稠化剂类型和牌号。GB 7631. 8—90 只反映了润滑脂的代号。它是用 5 个英文字母组成，从代号中看不出稠化剂类型，但能反映出稠度牌号。

在适用范围方面，GB 501—65 适用于所有润滑脂，不管是用于润滑，还是密封、防护等。一个润滑脂原则上按此标准可进行命名、代号、分类。因此，用 GB 501—65 分组、命名和代号的润滑脂越多，用户越难选用。而 GB 7631. 8—90 只适用于以润滑为主的润滑脂，其他用途的润滑脂不适用于此标准。

(3）主要质量要求

1）滴点。

润滑脂的滴点是指润滑脂受热融化，开始滴落时的最低温度，是润滑脂的重要指标之一，用来表征润滑脂的耐温性能。润滑脂的滴点越高，其耐温性能越好，使用温度也就越高。从润滑脂滴点的高低可以确定润滑脂使用的最高温度，一般来讲，润滑脂的使用温度应低于滴点 20~30℃。根据滴点，可以大致判断润滑脂的品种，如钙基润滑脂的滴点一般为

70~100℃，钙-钠基润滑脂的滴点为20~150℃，钠基润滑脂的滴点为130~160℃，滴点高于200℃的润滑脂大多为合成润滑脂。

2）锥入度。

润滑脂的锥入度是表征润滑脂稠度或软硬度的指标，它是指在规定的负荷、时间和温度条件下锥体落入试样的深度，单位以0.1mm表示。锥入度值越大，表示润滑脂越软，反之就越硬。测定锥入度的仪器为锥入度测定计，测定方法为国家标准GB/T 269—2023，其等效采用国际标准ISO 2137：2020，主要检测润滑脂的非工作锥入度和工作锥入度。

润滑脂的锥入度过大，易流失，过小则流动性差。锥入度过小的润滑脂，不适用于高转速的摩擦副，也不适用于管道压力送脂的润滑装置。锥入度也可以表示润滑脂的塑性强度，从锥入度可以初步了解润滑脂的抗极压、抗剪切能力，便于合理使用。

3）安定性。

润滑脂的安定性包括胶体安定性、化学安定性和机械安定性。润滑脂在贮存和使用中的抑制析油的能力，称为润滑脂的胶体安定性。胶体安定性差的润滑脂，析油严重，不宜长期贮存。润滑油在贮存和使用过程中抵抗氧化的能力，叫作润滑脂的化学安定性。皂基脂比较容易氧化，严重氧化的皂基脂颜色变深，有恶臭，会对金属产生腐蚀，自身变软或结块。润滑脂的机械安定性，是指润滑脂受到机械剪切时稠度立即下降，当剪切作用停止后，其稠度又可恢复(但不能恢复到原来的程度)。机械安定性差的润滑脂，其使用寿命短。

4）水分。

水分在润滑脂中有两种形式：一种是结构水，形成结晶水合物，这种水是润滑脂的稳定剂，是不可缺少的成分，允许在润滑脂中存在；另一种是游离水，被吸附或夹杂在润滑脂中，对润滑脂有害，会降低润滑脂的润滑性、机械安定性和化学安定性。如游离水过多，会对机件产生腐蚀。钙基润滑脂含有1.5%~3%的结构水，这种润滑脂的使用温度不能超过70~80℃，否则会失去水分，破坏脂的结构，引起油皂分离，失去润滑作用。

二、石蜡类

1. 概述

蜡广泛存在于自然界，在常温下大多为固体，按其来源可分为动物蜡、植物蜡和从石油或煤中得到的矿物蜡。在化学组成上，石油蜡和动、植物蜡有很大的区别，前者是烃类，而后两者则是高级脂肪酸酯类。石油蜡主要包括液蜡、石蜡和微晶蜡，是具有广泛用途的一类石油产品。我国原油多数为含蜡原油，蜡的资源十分丰富，其中含蜡较高的有大庆、华北、南阳、沈阳原油。

液蜡一般是指C_9~C_{16}的正构烷烃，它在室温下呈液态。液蜡一般由天然石油的直馏馏分经尿素脱蜡或分子筛脱蜡而得到，可以制成烯烃、氯化烷烃、仲醇等，用于生产合成洗涤剂、农药乳化剂、塑料增塑剂等化工产品。

下面重点介绍石蜡和微晶蜡。

2. 石蜡

石蜡又称晶形蜡，它是从减压馏分中经精制、脱蜡和脱油而得到的固态烃类。其烃类分

子的碳原子数为 C_{17} ~ C_{35}，平均相对分子质量为 300~450。

（1）化学组成

石蜡的主要组成是正构烷烃。从石蜡基原油得到的石蜡中，烷烃的含量占 90%(质)以上，而正构烷烃含量一般在 80%(质)以上。此外，尚有少量的环烷烃，而芳香烃的含量甚微。从中间基原油得到的石蜡，异构烷烃和环烷烃的含量比石蜡基原油中的要高一些，但仍以正构烷烃为主。随着馏分沸程的升高，其中所含石蜡的熔点也逐渐升高，而正构烷烃含量则是逐渐下降的。

从结晶形态上看，单体正构烷烃为多晶型物质，在熔点下生成的结晶是六方型纤维状的，当温度降至晶型转变温度后又转变为斜方型片状晶体。从异构烷烃结晶得到的是细长的针状晶体。环烷烃特别是芳香烃的晶体细小而呈针状。在混合物中当有足够量的正构烷烃存在时，它仍可生成斜方型片状晶体。

由于石蜡是多种烃类的混合物，其结晶过程十分复杂，不仅会出现单一烃类组分的单晶，而且还会生成不同烃类的共晶混合体。石蜡的晶体结构除与原料中石蜡的烃类组成有关外，还与晶体的生成条件有关。例如，冷却速度就是一个重要条件，当冷却速度过快时，液相中突然生成大量的晶核，从而导致晶体尺寸很小；而当冷却速度适当时，则会形成较大尺寸的片状石蜡晶体。

（2）主要指标

石蜡的主要性能指标是熔点、含油量和安定性。

1）熔点。

石蜡是烃类的混合物，因此并不像化合物那样具有严格的熔点。所谓石蜡的熔点，是指在规定的条件下，冷却熔化了的石蜡试样，当冷却曲线上第一次出现停滞期的温度。各种蜡制品都对石蜡要求有良好的耐温性能，即在特定温度下不熔化或软化变形。按照使用条件、使用地区和季节以及使用环境的差异，要求商品石蜡具有一系列不同的熔点。

影响石蜡熔点的主要因素是所选用原料馏分的轻重，从较重馏分脱出的石蜡熔点较高。此外，含油量对石蜡的熔点也有很大的影响，石蜡中含油越多，则其熔点就越低。

2）含油量。

含油量是指石蜡中所含低熔点烃类的量。含油量过高会影响石蜡的色度和储存的安定性，还会使它的硬度降低。所以从减压馏分中脱出的含油蜡膏，还需用发汗法或溶剂法进行脱油，以降低其含油量。但大部分石蜡制品中需要含有少量的油，这对改善制品的光泽和脱模性能是有利的。

3）安定性。

石蜡制品在造型或涂敷过程中，长期处于热熔状态，并且与空气接触，假如安定性不好，就容易氧化变质，颜色变深，甚至发出臭味。此外，使用时处于光照条件下石蜡也会变黄。因此，要求石蜡具有良好的热安定性、氧化安定性和光安定性。

影响石蜡安定性的主要因素是其含有的微量的非烃化合物和稠环芳烃杂质。为提高石蜡的安定性，就需要对石蜡进行深度精制，以脱除这些杂质。

（3）品种及用途

石蜡产品按其精制程度及用途，可分为粗石蜡、半精炼石蜡、全精炼石蜡、食品添加剂石蜡等，各种石蜡又按熔点分为不同的牌号。

1）粗石蜡。

粗石蜡是以含油蜡为原料，经发汗或溶剂脱油，不经精制脱色所得到的石蜡产品。粗石蜡(GB/T 1202—2016)按熔点分为50号、52号、54号、56号、58号、60号、62号、64号、66号、68号和70号共11个牌号，50~58号要求含油量不大于2.0%，60~70号要求含油量不大于3.0%。粗石蜡主要作为橡胶制品、篷帆布、火柴及其他工业用原材料。

2）半精炼石蜡。

半精炼石蜡是以含油蜡为原料，经发汗或溶剂脱油，再经白土或加氢精制所得到的石蜡产品。半精炼石蜡原称白石蜡，是石油蜡产品中产量最大、应用最广的品种。半精炼石蜡(GB/T 254—2022)按熔点分为46号、48号、50号、52号、54号、56号、58号、60号、62号、64号、66号、68号、70号和72号共14个牌号，要求含油量均不大于2.0%。半精炼石蜡主要应用于制造蜡烛、蜡笔、包装用纸、一般电讯材料及木材加工、轻工和化工原料等方面。

3）全精炼石蜡。

全精炼石蜡又称精白蜡，是经过深度脱油精制而成的。全精炼石蜡(GB 446—2023)按照含油量、颜色质量指标及是否对苯含量、甲苯含量、稳定性、稠环芳烃技术指标有要求分为全精炼石蜡(Ⅰ)和全精炼石蜡(Ⅱ)两类，其含油量要求分别小于0.75%和0.50%。两类全精炼石蜡按熔点又细分为48号、50号、52号、54号、56号、58号、60号、62号、64号、66号、68号和70号共12个牌号。全精炼石蜡主要应用于工艺蜡烛、电子行业、航空航天、建筑建材、电力行业、精密铸造和涂料等领域。

4）食品添加剂石蜡。

食品添加剂石蜡是以含油蜡为原料，经发汗或溶剂脱油，再经白土或加氢精制所得到的石蜡产品。我国食品添加剂石蜡(GB 1886.26—2016)按熔点分为52号、54号、56号、58号、60号、62号、64号和66号共8个牌号，其含油量要求均小于0.5%。由于涉及人体健康，所以对食品添加剂石蜡的质量有严格的规定，如要求限制稠环芳烃含量和嗅味等。

3. 微晶蜡

我国过去把微晶蜡称为地蜡，地蜡原指天然存在的矿地蜡，目前这种资源已经枯竭，但有时仍沿用这个旧称。微晶蜡是从石油减压渣油中脱出的蜡，经脱油和精制而得，它的碳原子数为30~60，平均相对分子质量为450~800。我国微晶蜡的资源相当丰富，南阳原油和沈阳原油都是生产微晶蜡的理想原料。

(1) 化学组成

微晶蜡的化学组成与石蜡不同，微晶蜡中正构烷烃的含量一般较少，而其主要成分是带有正构或异构烷基侧链的环状烃，尤其是环烷烃。

由于减压渣油中蜡的主要成分一般并不是正构烷烃，而是以带有长侧链的环状烃为主，而环烷烃尤其是芳香烃所形成的结晶都很小，这样便导致减压渣油中蜡的结晶形态不像石蜡那样是尺寸较大的片状晶体，所以称为微晶蜡。

(2) 主要指标

微晶蜡的相对分子质量比石蜡大，所以比石蜡更难熔化。由于其组成比石蜡复杂，所以无明显的熔点，一般用滴点或滴熔点表示其耐热性能。滴点的测定方法与润滑脂的相同。滴熔点的含义是在规定的条件下，将已冷却的温度计垂直浸入试样中，使试样黏附在温度计球上，然后把附有试样的温度计置于试管中，通过水浴加热使试样熔化，直至从温度计球部滴落第一滴试样为准，此时温度计的温度读数即为试样的滴熔点。滴熔点一般比滴点高1～2℃，微晶蜡的滴熔点取决于其化学组成和含油量，其范围为70～90℃。

微晶蜡不像石蜡那样容易脆裂，具有较好的延性、韧性和黏附性。微晶蜡的密度、黏度与折光率均明显高于石蜡，而其安定性较石蜡差。

（3）品种及用途

我国微晶蜡（NB/T 0013—2019）以产品颜色、含油量和稠环芳香烃含量作为分级指标，分为合格品、一级品和食品级；同时又按其滴熔点将一级品和食品级的微晶蜡分为70号、75号、80号、85号四个牌号，将合格品的微晶蜡分为70号、75号、85号三个牌号。

微晶蜡的主要用途之一是作润滑脂的稠化剂。由于它的黏附性和防护性能好，可制造密封用的烃基润滑脂等。微晶蜡的质地细腻、柔润性好，经过深度精制的微晶蜡是优质的日用化工原料，可制成软膏及化妆品等。微晶蜡也是制造电子工业用蜡、橡胶防护蜡、调温器用蜡、军工用蜡、冶金工业用蜡等特种蜡的基本材料。微晶蜡还可作为石蜡的改质剂。向石蜡中添加少量微晶蜡，即可改变石蜡的晶型，提高其塑性和挠性，从而使石蜡更适用于防水、防潮、铸模、造纸等各领域。

第五节　沥青及石油焦

一、沥青

1. 沥青分类及主要性能指标

石油沥青是主要的炼油产品之一，常温下是黑色或暗褐色的固体或半固体物质，具有良好的黏结性、绝缘性、不透水性。作为国民经济建设重要的基础材料，石油沥青被广泛用于道路工程、建筑工程、水利工程、石油开采、电器电子等多个领域。2022年，我国沥青表观消费量46.68Mt，国内沥青总产量38.49Mt，其中用于道路工程建设的沥青约占总消费量的80%。石油沥青按照主要用途，可以分为道路沥青、建筑沥青、水工沥青、专用沥青等，各类沥青产品根据不同的性能指标和技术要求分为不同的牌号。

沥青是一种热塑性黏弹材料，主要基于流变学和化学指标对其使用性能进行评价。世界各国的沥青产品标准体系基本上都是基于流变学指标进行分类，分为针入度分级、黏度分级、性能分级三大类。目前我国多数采用按25℃针入度对沥青产品进行分级的针入度分级标准体系，主要性能指标包括针入度、软化点、延度、黏度、蜡含量、密度、闪点、溶解度等。

（1）针入度

针入度是在规定条件下，标准针垂直穿入沥青试样的深度，以1/10mm表示。针入度反映沥青在特定温度下的稠度，除作为沥青分级的主要依据外，还可以用不同温度下的针入度或针入度与软化点、黏度进行关联表征沥青的感温性。

（2）软化点

软化点是在规定条件下，加热沥青试样使其软化至一定稠度时的温度，以℃表示。软化点通常用环球法测定，将规定大小和质量的钢球放置在规定尺寸金属环内试样上，以恒定升温速率加热介质，沥青试样随温度升高逐渐软化，软化到一定程度时，在重力作用下钢球和试样从环上下落至规定距离，此时的温度即为沥青的软化点。软化点反映沥青在特定条件下的等黏温度，常用于评价沥青的高温性能，软化点高表明沥青在同样黏度下的耐受温度高，高温稳定性好。

（3）延度

延度是在规定条件下，将沥青标准试件拉伸至断裂时的长度，以 cm 表示。延度反映了沥青在外力作用下的塑性变形能力，通常用来表征沥青抵抗低温开裂的性能。

（4）黏度

黏度是流体流动时内摩擦力的量度。沥青一般测定动力黏度，常用的测定方法有真空毛细管法和旋转黏度计法，以 Pa · s 表示。夏季路面温度可达 50~70℃，沥青通常测定 60℃黏度，接近夏季路面实际使用情况，反映了沥青的高温使用性能。黏度大的沥青在车辆载荷作用下产生的塑性形变较小，弹性恢复能力强，抵抗高温车辙的性能好。

（5）蜡含量

蜡含量是在规定条件下，沥青试样经过裂解蒸馏得到的馏出油中脱出的蜡量，以质量百分数表示。蜡含量的测定是严格的条件实验，测定方法的不同会使蜡含量的测定结果产生较大差异。一般认为，蜡的存在会对冬季沥青路面抵抗低温开裂的性能产生不良影响，因此，许多国家的沥青产品标准中列入了蜡含量指标。

（6）闪点

闪点是在规定条件下，加热石油产品所逸出的蒸气和空气组成的混合物与火焰接触发生瞬间闪火时的最低温度。石油沥青采用开口杯法测定闪点，以℃表示。闪点代表沥青施工时的安全性，闪点低通常表明沥青中含有较多的低沸点易挥发性组分。

（7）溶解度

溶解度是沥青试样在规定溶剂（三氯乙烯）中可溶解的量，以质量分数表示。溶解度反映了沥青中有效成分和杂质的含量。

（8）抗老化性能

抗老化性能是评价沥青产品使用性能的一项重要指标，通常采用薄膜烘箱试验或旋转薄膜烘箱试验来测定。薄膜烘箱试验是在规定条件下加热沥青试样，并检验其加热前后特定的物性变化（质量、针入度、延度、黏度等）以判断沥青抗热老化性能的试验。薄膜烘箱试验模拟了沥青与石料热拌和过程中发生的性质变化，反映沥青在高温条件下受空气中的氧气作用引起的氧化老化，以及由于轻组分挥发导致的硬化。

（9）感温性

感温性指沥青对温度的敏感程度，通常表征为黏度或稠度随温度变化而改变的程度。沥青感温性通常用针入度指数来表示，可以用沥青的针入度和软化点计算而得，也可以用三个或三个以上不同温度下测得的沥青针入度计算而得。

（10）四组分组成

石油沥青是原油加工过程中得到的最重馏分，化学组成非常复杂，沥青的使用性能本质上是由其化学组成和胶体结构决定的。沥青的化学组成与原油来源和加工工艺密切相关，目前国内外比较通用的方法是利用氧化铝吸附色谱，按极性进行分离，将沥青分为饱和分、芳香分、胶质、沥青质四种组分。

2. 道路石油沥青

道路石油沥青是消费量最大的沥青产品，目前我国沥青生产和道路施工企业采用最多的道路沥青标准是交通运输行业标准 JTG F40—2004《公路沥青路面施工技术规范》，其他比较重要的标准还有国家标准 GB/T 15180—2010《重交通道路石油沥青》和石油化工行业标准 NB/SH/T 0522—2010《道路石油沥青》。

（1）重交通道路石油沥青

符合高速公路、一级公路、城市快速路、主干路等重交通量道路使用并符合《重交通道路石油沥青技术要求》的道路石油沥青，简称重交通道路沥青。我国于 1994 年提出了"高等级道路石油沥青"国家标准，2000 年、2010 年分别对标准进行了修订，将标准名称修改为《重交通道路石油沥青》，增加了蜡含量、低温延度等指标，并根据需求情况增加了AH-30 牌号及其技术要求。重交通道路石油沥青技术要求见表 3-5-1。

表 3-5-1　重交通道路石油沥青技术要求(GB/T 15180—2010)

项　目		质量指标						试验方法
		AH-130	AH-110	AH-90	AH-70	AH-50	AH-30	
针入度(25℃)/(1/10mm)		120-140	100-120	80-100	60-80	40-60	20-40	GB/T 4509
延度(15℃)/cm	≥	100	100	100	100	80	报告	GB/T 4508
软化点/℃		38-51	40-53	42-55	44-57	45-58	50-65	GB/T 4507
溶解度/%	≥	99.0	99.0	99.0	99.0	99.0	99.0	GB/T 11148
闪点/℃	≥	230	230	230	230	230	260	GB/T 267
密度(25℃)/(kg/m³)		报告						GB/T 8928
蜡含量/%	≤	3.0	3.0	3.0	3.0	3.0	3.0	SH/T 0425
薄膜烘箱试验								GB/T 5304
质量变化/%	≤	1.3	1.2	1.0	0.8	0.6	0.5	GB/T 5304
针入度比/%	≥	45	48	50	55	58	60	GB/T 4509
延度(15℃)/cm	≥	100	50	40	30	报告	报告	GB/T 4508
报告应为实测值								

（2）公路沥青路面施工技术规范

交通运输部于 2005 年 1 月 1 日颁布实施的《公路沥青路面施工技术规范》，参照美国的路面最新研究成果，在我国首次提出了沥青路面使用性能气候分区的概念，并将道路沥青按照适用范围划分为 A、B、C 三个等级。其中，A 级沥青适用于各个等级的公路以及任何场合和层次，是生产和使用最多的沥青品种；B 级沥青适用于高速公路、一级公路沥青下面层及以下层次、二级及二级以下公路的各个层次；C 级沥青适用于三级及三级以下公路的各个层次。沥青路面采用的沥青牌号，按照公路等级、气候条件、交通条件、路面类型及结构层中的层位、施工方法等，经技术论证后确定。道路石油沥青技术要求(JTG F40—2004)见表 3-5-2。

表 3-5-2 道路石油沥青技术要求(JTG F40—2004)

指标	单位	等级	沥青标号																	试验方法
			160 号	130 号	110 号			90 号					70 号					50 号	30 号	
针入度(25℃)	0.1mm		140~200	120~140	100~120			80~100					60~80					40~60	20~40	T 0604
适用的气候分区					2-1	2-2	3-2	1-1	1-2	1-3	2-2	2-3	1-3	1-4	2-2	2-3	2-4	1-4		
针入度指数 *PI*		A	-1.5~+1.0																	T 0604
		B	-1.8~+1.0																	
软化点 ≥	℃	A	38	40	43			45			44		46		45			49	55	T 0606
		B	36	39	42			43			42		44		43			46	53	
		C	35	37	41			42					43					45	50	
动力黏度(60℃) ≥	Pa·s	A	—	60	120			160			140		180		160			200	260	T 0620
延度(10℃) ≥	cm	A	50	50	40			45	30	20	30	20	20	15	25	20	15	15	10	T 0605
		B	30	30	30			30	20	15	20	15	15	10	20	15	10	10	8	
延度(15℃) ≥	cm	A、B	100															80	50	
		C	80	80	60			50					40					30	20	
蜡含量 ≤	%	A	2.2																	T 0615
		B	3.0																	
		C	4.5																	
闪点 ≥	℃		230					245					260							T 0611
溶解度 ≥	%		99.5																	T 0607
密度(15℃)	g/cm³		实测记录																	T 0603
薄膜烘箱试验或旋转薄膜烘箱试验																				T 0610
质量变化 ≤	%		±0.8																	或 T 0609
针入度比 ≥	%	A	48	54	55			57					61					63	65	T 0604
		B	45	50	52			54					58					60	62	
		C	40	45	48			50					54					58	60	
残留延度(10℃) ≥	cm	A	12	12	10			8					6					4	—	T 0605
		B	10	10	8			6					4					2	—	
残留延度(15℃) ≥	cm	C	40	35	30			20					15					10	—	

（3）道路石油沥青

石油化工行业标准《道路石油沥青》（NB/SH/T 0522—2010）是根据我国中、低等级道路及城市道路非主干道沥青路面的需要和沥青生产技术的发展修订的，主要技术指标相比国标和交通运输行标总体上低一些，对沥青生产企业来说是相对比较容易达到的标准，见表 3-5-3。

表 3-5-3　道路石油沥青技术要求（NB/SH/T 0522—2010）

项　目		质量指标					试验方法
		200 号	180 号	140 号	100 号	60 号	
针入度（25℃）/（1/10mm）		200~300	150~200	110~150	80~110	50~80	GB/T 4509
延度（25℃）/cm	≥	20	100	100	90	70	GB/T 4508
软化点/℃		30~48	35~48	38~51	42~55	45~58	GB/T 4507
溶解度/%	≥	99.0	99.0	99.0	99.0	99.0	GB/T 11148
闪点（开口）/℃		180	200	230	230	230	GB/T 267
密度（25℃）/（g/cm³）		报告					GB/T 8928
蜡含量/%	≤	4.5					SH/T 0425
薄膜烘箱试验							
质量变化/%	≤	1.3	1.3	1.3	1.2	1.0	GB/T 5304
针入度比/%		报告					GB/T 4509
延度（25℃）/cm		报告					GB/T 4508

注：如 25℃延度达不到，15℃延度达到时，也认为是合格的，指标要求与 25℃延度一致。

（4）硬质道路石油沥青

除上述通用道路沥青标准外，我国还专门针对低标号沥青制定了硬质道路沥青标准。硬质沥青是指 25℃标准条件下针入度小于 50 1/10mm 的沥青，近年来在道路工程中的应用逐渐增多，主要用于重载及以上荷载等级的公路。用硬质道路沥青设计的沥青路面具有劲度模量高、抗车辙能力强的优点，可以明显提高路面的耐久性和高温稳定性。硬质道路沥青标准主要是国标 GB/T 38075 和交通运输行标 JT/T 1309，将针入度分级范围收窄为 10 个单位。硬质沥青需要根据工程用途及沥青混合料的类型来选择适宜牌号的产品。硬质道路石油沥青技术要求见表 3-5-4。路用硬质沥青技术要求见表 3-5-5。

表 3-5-4　硬质道路石油沥青技术要求（GB/T 38075—2019）

项　目		质量指标				试验方法
		HA-15	HA-25	HA-35	HA-45	
针入度（25℃）/（1/10mm）		10~20	20~30	30~40	40~50	GB/T 4509
延度（25℃）/cm	≥	10	30	50	80	GB/T 4508
软化点/℃	≥	60	57	55	50	GB/T 4507
动力黏度（60℃）/（Pa·s）	≥	2000	1100	600	350	SH/T 0557
溶解度/%	≥	99.0				GB/T 11148

续表

项　目	质量指标				试验方法
	HA-15	HA-25	HA-35	HA-45	
闪点①(开口杯法)/℃　≥	260				GB/T 267 或 GB/T 3536
密度(25℃)/(kg/m³)	报告				GB/T 8928
蜡含量/%　≤	3.0				SH/T 0425
老化试验②：薄膜烘箱试验或旋转薄膜烘箱试验					GB/T 5304 或 SH/T 0736
质量变化/%　≤	±0.3	±0.3	±0.3	±0.3	GB/T 5304
针入度比/%　≥	70	67	65	63	GB/T 4509
延度(25℃)/cm	报告				GB/T 4508

① 闪点测定可选择 GB/T 267 或 GB/T 3536，但仲裁时采用 GB/T 267。

② 老化试验可选择 GB/T 5304 或 SH/T 0736，但仲裁时采用 GB/T 5304。

表 3-5-5　路用硬质沥青技术要求(JT/T 1309—2020)

项　目	不同标号指标控制值				试验方法
	15 号	25 号	35 号	45 号	
针入度(25℃)/(1/10mm)	10~20	20~30	30~40	40-50	GB/T 4509
软化点/℃　≥	60.0	57.0	55.0	50.0	GB/T 4507
动力黏度(60℃)/(Pa·s)　≥	2000	1000	500	300	SH/T 0557
动力黏度(135℃)/(Pa·s)	不超过生产厂内控值				SH/T 0557
延度(25℃)/cm	不超过生产厂内控值				GB/T 4508
密度(15℃)/(kg/m³)	不超过生产厂内控值				GB/T 8928
溶解度/%　≥	99.5				GB/T 11148
闪点/℃　≥	260				GB/T 267
蜡含量/%　≤	3.0				SH/T 0425
薄膜烘箱试验或旋转薄膜烘箱试验					GB/T 5304 或 SH/T 0736
质量变化/%　≤	±0.6	±0.6	±0.6	±0.6	GB/T 5304
针入度比/%　≥	65	65	65	65	GB/T 4509
延度(25℃)/cm	不超过生产厂内控值				GB/T 4508

注：各指标的内控值在生产厂的相关技术资料中明示；对相同和不同批次之间的内控值的要求，可由供需双方商定。

3. 建筑石油沥青

建筑石油沥青是指用于建筑防水工程，并满足相关性能要求的沥青产品。沥青在建筑行业主要用于防水、防腐与黏结，应用范围包括用作防水卷材基质沥青、密封材料、保温材料、涂料、黏结剂等。建筑沥青应具有良好的黏结性、高温稳定性、低温柔性、防渗透性以及抵抗温度和光老化的性能。建筑石油沥青标准主要有国家标准 GB/T 494—

2010《建筑石油沥青》、建材行业标准 JC/T 2218—2014《防水卷材沥青技术要求》和石油化工行业标准 NB/SH/T 0981—2019《防水材料用沥青》。国标《建筑石油沥青》按针入度划分为 10 号、30 号、40 号三个牌号，10 号沥青主要用作涂抹于屋顶沥青防水层或屋顶防水用油毡的外层涂层，30 号、40 号沥青用作屋面或地下的油毡防水层的黏结材料。符合建材行标《防水卷材沥青》要求的产品适用于生产改性沥青防水卷材和自黏改性沥青防水卷材；符合石化行标《防水材料用沥青技术要求》要求的产品可用于涂抹屋面沥青防水层或生产沥青基防水卷材。建筑石油沥青技术要求见表 3-5-6；防水卷材沥青技术要求见表 3-5-7；防水材料用沥青技术要求见表 3-5-8。

表 3-5-6 建筑石油沥青技术要求(GB/T 494—2010)

项 目		技术要求			试验方法
		10 号	30 号	40 号	
针入度(25℃，100g，5s)/(1/10mm)		10~25	26~35	36~50	GB/T 4509
针入度(46℃，100g，5s)/(1/10mm)		报告	报告	报告	
针入度(0℃，200g，5s)/(1/10mm)	≥	3	6	6	
延度(25℃)/cm	≥	1.5	2.5	3.5	GB/T 4508
软化点/℃	≥	95	75	60	GB/T 4507
溶解度/%	≥	99.0			GB/T 11148
蒸发后质量变化/%	≤	1			GB/T 11964
蒸发后 25℃针入度比/%	≥	65			GB/T 4509
闪点(开口杯法)/℃	≥	260			GB/T 267

表 3-5-7 防水卷材沥青技术要求(JC/T 2218—2014)

项 目		Ⅰ	Ⅱ	试验方法
针入度(25℃)/(1/10mm)		25~120		GB/T 4509
软化点/℃	≥	43		GB/T 4507
延度(25℃)/cm	≥	10	50	GB/T 4508
闪点/℃	≥	230		GB/T 267
密度(15℃或 25℃)/(kg/m^3)	≤	1.08		GB/T 8928
柔性/℃	≤	8	10	附录 A
溶解度/%	≥	99.0		GB/T 11148
蜡含量/%	≤	4.5		SH/T 0425
黏附性/(N/mm)	≥	0.5	1.5	附录 B
沥青组分(四组分法)/%				SH/T 0509
饱和分		报告		
芳香分		报告		
胶质		报告		
沥青质		报告		

表 3-5-8 防水材料用沥青技术要求(NB/SH/T 0981—2019)

项目		单位	F10	F40	F80	F150	F300	F400	试验方法
针入度(25℃, 100g, 5s)		1/10mm	0~20	20~60	60~100	100~200	200~400	—	GB/T 4509
针入度(4℃, 50g, 5s)		1/10mm	—	—	—	—	—	200~300	GB/T 4509
软化点(环球法)	≥	℃	60	46	40	35	32	—	GB/T 4507
柔度	≤	℃	12	8	6	2	-2	-10	GB/T 328.14
溶解度	≥	%	99.0						GB/T 11148
闪点	≥	℃	230					200	GB/T 267
蜡含量	≤	%	4.5						SH/T 0425
蒸发损失	≤	%	1.0				3.0		GB/T 11964
酸碱性(pH值)		—	6~8						附录 A

4. 专用石油沥青

(1) 水工石油沥青

除主要用于道路工程外，石油沥青独特的性能使其在水电站、防洪、灌溉、航运等水利水电工程中也得到广泛应用。沥青混凝土抗渗透能力强，具有良好的变形适应性和损伤自我修复性能，对坝体变形和裂缝具有良好的适应性。沥青混凝土作为水坝的防渗材料，微小的表面裂缝将会造成严重后果，再加上坝体常出现下沉变形等因素，要求水工沥青具有更好的防渗性、抗裂性、感温性、柔性及耐久性等性能。石油化工行业标准 SH/T 0799—2007《水工石油沥青》的颁布，为水工沥青的生产和应用创造了良好条件。水工沥青按使用要求分为 3 个牌号见表 3-5-9，其中，1 号、2 号适用于水工结构心墙和面板防渗层与整平胶结层等，3 号用于水工结构封闭层。

表 3-5-9 水工石油沥青技术要求(SH/T 0799—2007)

项目		1号	2号	3号	试验方法
针入度(25℃)/(1/10mm)		70~90	60~80	40~60	GB/T 4509
软化点/℃		44~52	46~55	48~60	GB/T 4507
延度(15℃, 5cm/min)/cm	≥	150	150	80	GB/T 4508
延度(4℃, 1cm/min)/cm	≥	20	15	—	GB/T 4508
溶解度/%	≥	99.0	99.0	99.0	GB/T 11148
脆点/℃	≤	-12	-10	-8	GB/T 4510
闪点(开口)/℃	≥	230	230	230	GB/T 267
蜡含量/%	≤	2.2	2.2	2.2	SH/T 0425
灰分/%	≤	0.5	0.5	0.5	SH/T 0422
密度(25℃)/(kg/m^3)		报告	报告	报告	GB/T 8928
薄膜烘箱试验					GB/T 5304
质量变化/%	≤	0.6	0.5	0.4	GB/T 5304
针入度比/%	≥	65	65	65	GB/T 4509
延度(15℃, 5cm/min)/cm	≥	100	80	10	GB/T 4508
延度(4℃, 1cm/min)/cm	≥	6	4	—	GB/T 4508
脆点/℃	≤	-8	-6	-5	GB/T 4510
软化点升高/℃	≤	6.5	6.5	6.5	GB/T 4507

（2）电缆沥青

电缆沥青主要用作电缆防护层防腐防潮，作为动力电缆和通信电缆的外涂层，具有密封、防腐、绝缘等功能，对于改善电缆的使用条件及延长使用寿命具有重要作用。电缆沥青的技术要求见石油化工行业标准 NB/SH/T 0001—2019《电缆沥青》，按产品用途和应用区域分为 3 个牌号，1 号适用于南方地区陆用电缆，2 号适用于北方地区陆用电缆，3 号适用于海底电缆。技术指标除了针入度、软化点外，还规定了与使用性能相关的冷冻弯曲性、黏附性和热稳定性见表 3-5-10。

表 3-5-10　电缆沥青技术要求（NB/SH/T 0001—2019）

项　目		1 号	2 号	3 号	试验方法
软化点/℃		85～100	85～100	80～100	GB/T 4507
针入度（25℃）/（1/10mm）	≥	35	35	50	GB/T 4509
闪点（开口）/℃	≥	260	260	260	GB/T 267
垂度（70℃）/mm	≤	60	60	60	SH/T 0424
溶解度/%	≥	99.0	99.0	99.0	GB/T 11148
冷弯（0℃）/cm		合格	—	—	附录 A
（-10℃）/cm		—	合格	—	附录 A
（-15℃）/cm		—	—	合格	附录 A
黏附率（0℃）/%	≥	95	95	95	SH/T 0637
热稳定性					附录 B
软化点升高/℃	≤	15	15	15	附录 B
针入度比/%	≥	80	80	80	附录 B

（3）绝缘沥青

绝缘沥青主要用作各种电器材料和电器设备涂料及绝缘填充物。绝缘沥青的技术要求见石油化工行业标准 SH/T 0419—1994《绝缘沥青》。绝缘沥青按软化点分为六个牌号，其中 70 号、90 号、110 号沥青适用于灌注电缆接线中间盒和终端盒作绝缘填充；130 号、140 号、150 号沥青适用于灌注避电器、镇流器等电器，或作为调制特种蓄电池封口剂的配料。技术要求除了针入度、软化点外，增加了冻裂点、绝缘电压、收缩率、黏附率等，见表 3-5-11。

表 3-5-11　绝缘沥青技术要求（SH/T 0419—1994）

项　目		70 号	90 号	110 号	130 号	140 号	150 号	试验方法
软化点/℃		65～75	85～95	105～115	125～135	135～145	145～155	GB/T 4507
针入度（25℃）/（1/10mm）		>35	>30	>25	15～25	10～20	5～15	GB/T 4509
溶解度/%	≥	99	99	99	99	99	99	GB/T 11148
闪点（开口）/℃	≥	240	240	240	260	260	260	GB/T 267
冻裂点/℃	≤	-40	-30	-20	—	—	—	SH/T 0060
绝缘电压（60℃）/kV	≥	35	35	35	20	20	20	附录 A
收缩率（150℃冷至 20℃）/%	≤	8	8	8	8	8	8	附录 B
黏附率（20℃）/%	≥	95	95	95	—	—	—	SH 0001 附录 B

(4) 油漆石油沥青

油漆石油沥青对水、酸、碱等化学品具有良好的耐受性，易溶于苯等有机溶剂，常用于制造各种类型的沥青漆。油漆石油沥青的技术要求(表 3-5-12)见石油化工行业标准 SH/T 0523—1992《油漆石油沥青》，适用于石油渣油加工制得的油漆石油沥青。油漆沥青根据使用特性分为 3 个牌号，1 号主要用于制取具有良好装饰性的沥青烘干清漆，2 号适于制取一般装饰和防腐沥青清漆，3 号适于制取满足防腐要求的沥青清漆。

表 3-5-12　油漆石油沥青技术要求(SH/T 0523—1992)

项　目		1 号	2 号	3 号	试验方法
外观		黑亮，无杂质			目测
软化点/℃		140~165	125~140	105~125	GB/T 4507
针入度(25℃)/(1/10mm)	≤	6	6	10	GB/T 4509
溶解度/%	≥	99.5			GB/T 11148
闪点(开口)/℃	≥	260			GB/T 267
灰分/%	≤	0.3			SH/T 0422
油溶性(沥青：亚麻油)		完全(1：0.5)	完全(1：1)	完全(1：1)	附录 A

(5) 管道防腐沥青

管道防腐沥青主要用于输油、输气、供水埋地管线的外涂层防腐，要求具有较高的软化点，输送高温介质时不发生软化，并具有良好的黏附性，能够牢固地黏附于金属表面，不致因受外力作用而脱落。管道防腐沥青的技术要求(表 3-5-13)见石油化工行业标准 SH/T 0098—1991《管道防腐沥青》，按管道输送介质温度要求分为两个牌号，1 号适用于输送温度低于 50℃的介质，2 号适用的输送介质温度在 51~80℃之间。

表 3-5-13　管道防腐沥青技术要求(SH/T 0098—1991)

项　目		1 号	2 号	试验方法
软化点/℃		95~110	125~140	GB/T 4507
延度(25℃)/cm	≥	2	1	GB/T 4508
针入度(25℃)/(1/10mm)	≥	15	5	GB/T 4509
溶解度/%	≥	99.0	99.0	GB/T 11148
闪点(开口)/℃	≥	230	230	GB/T 267
黏附率(20℃)/%		实测	实测	附录 A
(0℃)/%		实测	实测	附录 A
脆点/℃	≤	-3	0	GB/T 4510
蒸发损失/%	≤	1	1	SY 2828

5. 路用沥青再生剂

沥青混凝土路面使用过程中受应力、光、热等外界因素作用会发生老化现象，导致路面使用性能下降。老化或损坏的沥青路面可以通过添加沥青再生剂和适当的工艺再生，恢复其使用性能。路面再生使沥青和集料得到重复利用，避免了大量污染环境的路面废弃物的产生。随着我国建设的各个等级公路逐渐进入维修养护期，沥青再生剂在道路工程中的应用越来越广泛，其中，应用最多的是路面热再生工艺使用的沥青再生剂。沥青再生剂主要由富含芳烃的溶剂精制抽出油、渣油、催化油浆、高分子聚合物等原料调和生产。路用沥青再生剂相关标准主要有国标 GB/T 25033—2010《再生沥青混凝土》、交通运输行业标准 JTG T5521—2019《公路沥青路面再生技术规范》和石油化工行业标准 NB/SH/T 0819—2010《热拌用沥青再生剂》。这 3 个标准都根据 60℃黏度由小到大的顺序，将沥青再生剂分为 6 个不同牌号，主要区别是国标要求芳香分的含量不低于 30%，见表 3-5-14～表 3-5-16。

表 3-5-14　沥青再生剂要求(GB/T 25033—2010)

检验项目		RA-1	RA-5	RA-25	RA-75	RA-250	RA-500	试验方法
60℃黏度/(mm^2/s)		50～175	176～900	901～4500	4501～12500	12501～37500	37501～60000	T 0619
闪点/℃	≥	220	220	220	220	220	220	T 0611
饱和分/%	≤	30	30	30	30	30	30	T 0618
芳香分/%	≥	30	30	30	30	30	30	T 0618
薄膜烘箱试验前后黏度比	≤	3	3	3	3	3	3	T 0619
薄膜烘箱试验前后质量变化/%	≤	4	4	3	3	3	3	T 0609 T 0610

表 3-5-15　沥青再生剂技术要求(JTG T5521—2019)

检验项目		RA-1	RA-5	RA-25	RA-75	RA-250	RA-500	试验方法
60℃黏度/(mm^2/s)		50～175	176～900	901～4500	4501～12500	12501～37500	37501～60000	T 0619
闪点/℃	≥	220	220	220	220	220	220	T 0611
饱和分含量/%	≤	30	30	30	30	30	30	T 0618
芳香分含量/%		实测	实测	实测	实测	实测	实测	T 0618
薄膜烘箱试验前后黏度比	≤	3	3	3	3	3	3	T 0619
薄膜烘箱试验前后质量变化	≤	4	4	3	3	3	3	T 0609 T 0610
密度(15℃)/(g/cm^3)		实测	实测	实测	实测	实测	实测	T 0603

表 3-5-16　热拌用沥青再生剂技术要求(NB/SH/T 0819—2010)

项　目		RA-1	RA-5	RA-25	RA-75	RA-250	RA-500	试验方法
60℃黏度/(mm^2/s)		50～175	176～900	901～4500	4501～12500	12501～37500	37501～60000	SH/T 0654
闪点/℃	≥	220	220	220	220	220	220	GB/T 267
饱和分含量/%	≤	30	30	30	30	30	30	SH/T 0509
密度(25℃)/(g/cm^3)		报告	报告	报告	报告	报告	报告	GB/T 8928
外观		表面均匀，无分层现象						观察
薄膜烘箱或旋转薄膜烘箱试验								GB/T 5304
黏度比	≤	3	3	3	3	3	3	
质量变化/%	≤	3	4	4	3	3	3	

二、石油焦

1. 石油焦分类及主要性能指标

(1) 石油焦的分类

石油焦通常有三种分类方法。

按加工方法的不同，石油焦可分为生焦和熟焦。由延迟焦化装置直接得到的焦称为生焦，它含有较多的挥发分，强度较差。由于焦化原料性质的不同，生焦在性质和外形上也有差距。生焦经过高温煅烧(1300℃)处理除去水分和挥发分而得到的焦称为熟焦，或称作煅烧焦。

按硫含量的高低，石油焦可分为高硫焦(硫含量>4%)、中硫焦(硫含量2%～4%)和低硫焦(硫含量<2%)。硫含量增加，焦炭质量降低，其用途亦随之改变。石油炭的硫含量主要取决于原料的硫含量。

按显微结构形态的不同，石油焦可分为海绵焦和针状焦。海绵焦多孔如海绵状，又称普通焦，一般是由胶质、沥青质含量多的原料生成的焦炭。针状焦致密如纤维状，又称优质焦，主要是从芳烃含量高且非烃含量少的原料制得。此外，从焦炭的结构形态还可分为弹丸焦和蜂窝焦。

(2) 石油焦的主要性能指标

石油焦的主要性能指标有挥发分、硫含量和灰分。

石油焦中挥发分的量，会影响石油焦煅烧时焦炭的粒度，如石油焦中所含挥发分的量太多，在煅烧时焦炭易破碎。

硫含量是石油焦最关键的质量要求。因为在生产石墨电极焦时，即使在高温煅烧石墨化过程中，硫也不能全部释出，仍残留在石墨电极里。但当电极处在1500℃以上的高温时，硫就会分解出来，使电极晶体膨胀，再冷却时又会收缩，致使电极破裂。对于化学工业用石油焦，硫含量高也有不良影响，如生产电石时会生成硫化氢污染环境。

在高温石墨化过程中，部分灰分会挥发而形成孔隙，从而使成品电极的机械强度和电性能降低。此外，石墨电极中灰分的存在还会影响冶金产品的纯度。

2. 石油焦质量标准

(1) 石油焦(生焦)

普通石油焦(生焦)按灰分和硫含量的大小及用途分为1号、2A、2B、2C、3A、3B、3C七个牌号。(生焦)1号主要适用于在炼钢工业中制作普通功率石墨电极，也适用于炼铝工业中制作铝用碳素；2A、2B和2C主要适用于炼铝工业中制作铝用碳素；3A、3B和3C主要用于制作碳化硅、工业硅，炼铝工业中制作铝用碳素等。

NB/SH/T 0527—2019中普通石油焦(生焦)质量指标，见表3-5-17。

表3-5-17 普通石油焦(生焦)质量指标

项 目		质量指标							试验方法
		1号	2A	2B	2C	3A	3B	3C	
硫含量/%(质)	≤	0.5	1.0	1.5	1.5	2.0	2.5	3.0	GB/T 214—2007 中第四章
挥发分/%(质)	≤	12.0	12.0	12.0	12.0	12.0	12.0	12.0	SH/T 0026

续表

项　目	质量指标							试验方法
	1号	2A	2B	2C	3A	3B	3C	
灰分/%(质)　≤	0.30	0.35	0.40	0.45	0.50	0.50	0.50	SH/T 0029
总水分/%(质)	报告							SH/T 0032、GB/T 211
真密度(煅烧1300℃，5h)/(g/cm^3)　≥	2.05	—	—	—	—	—	—	SH/T 0033
粉焦量/%(质)　≤	35	报告	报告	报告	—	—	—	NB/SH/T 0527—2019
微量元素/(mg/kg)　≤								YS/T 63.16
硅	300	300	报告	—	—	—	—	
钒	150	300	报告	—	—	—	—	
铁	250	300	报告	—	—	—	—	
钙	200	300	报告	—	—	—	—	
镍	150	250	报告	—	—	—	—	
钠	100	200	报告	—	—	—	—	
氮含量/%(质)	报告	—	—	—	—	—	—	NB/SH/T 0656

（2）锂离子电池石墨类负极材料

该标准适用于锂离子电池作为负极的石墨类负极材料。其中对石油普焦人造石墨的相关指标作出规定(GB/T 24533—2019)，见表3-5-18。

表3-5-18　人造石墨石油普焦分级标准

级别	首次放电比容量/(mA·h/g)	首次库伦效率/%	粉末压实密度/(g/cm^3)	石墨化度/%	固定碳含量/%	磁性物质含量/(mg/kg)	铁含量/(mg/kg)	RoHS
Ⅰ	≥350.0	≥95.0	≥1.40	≥94	≥99.97	≤0.1	≤20	通过
Ⅱ	≥330.0	≥93.0	≥1.20	≥90	≥99.95	≤0.1	≤50	通过
Ⅲ	≥300.0	≥90.0	≥1.00	≥85	≥99.70	≤1.5	≤100	通过

注：1. 产品指标需要满足该等级产品的所有指标，否则不归于该等级。
2. RoHS认证是指通过限用物质含量检测认证。

三、针状焦

1. 针状焦分类及主要性能指标

针状焦根据原料来源不同可划分为煤系针状焦和油系针状焦。其中，煤系针状焦多以煤焦油沥青及其馏分油为原料；而油系针状焦多以重质馏分油为原料。

影响针状焦质量的指标包括真密度、硫含量、氮含量、挥发分、灰分、热膨胀系数、振实密度等。

真密度是碳材料质量与真体积(不包括气孔在内)的比值。

硫含量是碳素材料中总硫的质量占比，以百分数来表示。

氮含量是碳素材料中总氮的质量占比，以百分数来表示。

挥发分指碳素材料在隔绝空气的情况下，将一定量的试样在规定的温度、时间下进行加热，样品损失的总质量占原试样量的百分质量。

灰分是碳素材料空气干燥试样在规定的温度下灼烧至恒重的残留物占原试样量的百分含量。

热膨胀系数是指材料受热膨胀程度的变量。当温度升高1℃时，单位长度的固体材料所引起的沿某一特定方向上的膨胀量称为该材料沿那个方向上的线膨胀系数。

振实密度是选取一定颗粒粒径范围的碳素材料，将一定量的试样通过轻拍或振动直至试样体积不再发生变化后测定其体积，由已知的质量除以测定的体积即为振实密度。

2. 针状焦质量标准

(1) 石油针状焦(生焦)

标准NB/SH/T 0527—2019适用于进口以及国内销售的石油针状焦(生焦)。石油针状焦(生焦)按热膨胀系数和硫含量的大小分为1号、2号和3号。1号石油针状焦(生焦)主要适用于制作超高功率、高功率石墨电极；2号、3号石油针状焦(生焦)主要适用于制作高功率石墨电极。1号、2号石油针状焦(生焦)也可适用于制作锂离子电池负极材料。

石油针状焦(生焦)的质量指标见表3-5-19。

表3-5-19 石油针状焦(生焦)质量指标

项目		质量指标			试验方法
		1号	2号	3号	
硫含量/%(质)	≤	0.4	0.5	0.5	GB/T 214—2007中第四章
挥发分/%(质)	≤	6.00	8.00	10.0	SH/T 0026
灰分/%(质)	≤	0.10	0.25	0.30	SH/T 0029
总水分/%(质)	≤	报告	报告	报告	SH/T 0032；GB/T 211
真密度(煅烧1300℃，5h)/(g/cm^3)	≥	2.12	2.11	2.10	SH/T 0033
粉焦量/%(质)	≤	35	报告		NB/SH/T 0527—2019
热膨胀系数(CTE)(室温~600℃)/(10^{-6}/℃)	≤	1.3	1.5	1.7	GB/T 3074.4
微量元素/(mg/kg)	≤				YS/T 63.16
硅		100	报告	报告	
钒		80	报告	报告	
铁		150	报告	报告	
钙		100	报告	报告	
镍		100	报告	报告	
钠		100	报告	报告	
氮含量/%(质)	≤	0.5	0.6	报告	NB/SH/T 0656

(2) 煤系针状焦

标准GB/T 32158—2015适用于以煤沥青为原料，经原料预处理、延迟焦化装置生产，并通过高温煅烧后制成的针状焦，可用作高功率、超高功率石墨电极、特碳等的原料。煤系针状焦技术指标见表3-5-20。

表 3-5-20　煤系针状焦技术指标

项　目		指标		
		优级	一级	二级
真密度/(g/cm³)	≥	2.13	2.13	2.12
硫/%(质)	≤	0.40	0.40	0.50
氮/%(质)	≤	0.50	0.60	0.70
挥发分/%(质)	≤	0.30	0.40	0.40
灰分/%(质)	≤	0.20	0.30	0.30
水分/%(质)	≤	0.15		
热膨胀系数(室温至600℃)(CTE)/(10^{-6}/℃)	≤	1.0	1.3	1.5
电阻率(ρ)/(μΩ·m)	≤	600	600	600
振实密度(1~2mm)/(g/cm³)	≥	0.90	0.88	0.85

(3) 油系针状焦

标准 GB/T 37308—2019 适用于以含芳烃的石油类重质油为原料，经原料预处理、延迟焦化生产的煅前针状焦及经煅烧的煅后针状焦，可用作石墨电极、锂离子电池负极材料、特种碳素制品等的原料。

锂离子电池负极材料用煅前油系针状焦技术指标见表 3-5-21。

表 3-5-21　锂离子电池负极材料用煅前油系针状焦技术指标

项　目		指标	
		YFDQ-Ⅰ	YFDQ-Ⅱ
真密度/(g/cm³)	≥	1.35	1.35
硫含量/%(质)	≤	0.40	0.50
氮含量/%(质)	≤	0.50	0.60
挥发分/%(质)		5~12	5~12
灰分/%(质)	≤	0.10	0.40
干燥基水分/%(质)	≤	5.0	5.0

锂离子电池负极材料用煅后油系针状焦技术指标见表 3-5-22。

表 3-5-22　锂离子电池负极材料用煅后油系针状焦技术指标

项　目		指标	
		YFDH-Ⅰ	YFDH-Ⅱ
真密度/(g/cm³)	≥	2.12	2.10
硫含量/%(质)	≤	0.40	0.50
氮含量/%(质)	≤	0.40	0.50
挥发分/%(质)	≤	0.30	0.40
灰分/%(质)	≤	0.20	0.50
干燥基水分/%(质)	≤	0.15	
振实密度(1~2mm)/(g/cm³)	≥	0.88	0.85

石墨电极用煅后油系针状焦技术指标见表3-5-23。

表3-5-23　石墨电极用煅前油系针状焦技术指标

项目		指标	
		YDDH-Ⅰ	YDDH-Ⅱ
真密度/(g/cm³)	≥	2.13	2.12
硫含量/%(质)	≤	0.40	0.50
氮含量/%(质)	≤	0.40	0.50
挥发分/%(质)	≤	0.30	0.40
灰分/%(质)	≤	0.15	0.30
干燥基水分/%(质)	≤	0.15	
热膨胀系数(室温~600℃)(CTE)/(10^{-6}/℃)	≤	1.0	1.3
振实密度(1~2mm)/(g/cm³)	≥	0.88	0.85

(4)石墨电极用油系针状焦

中国炭素行业协会团体标准T/ZGTS 002—2019为石墨电极用油系针状焦标准，适合于以含芳烃的石油类重质油为原料，经原料预处理、延迟焦化、煅烧生产的煅后针状焦，可用作高功率、超高功率石墨电极的原料。

石墨电极用油系针状焦技术指标，见表3-5-24。

表3-5-24　石墨电极用油系针状焦技术指标

项目		指标			试验方法
		特级	Ⅰ级	Ⅱ级	
真密度/(g/cm³)	≥	2.140	2.130	2.130	GB/T 24203
硫/%(质)	≤	0.35	0.45	0.50	GB/T 24526
氮/%(质)	≤	0.10	0.20	0.30	GB/T 19227
挥发分/%(质)	≤	0.40	0.40	0.40	YB 5189
灰分/%(质)	≤	0.50	0.10	0.10	GB/T 1429
水分/%(质)	≤		0.10		GB/T 2001
振实密度1~2mm/(g/cm³)	≥	0.92	0.90	0.87	GB/T 21354
颗粒强度系数/%	≥	25	20	15	T/ZGTS 002—2019
热膨胀系数CTE/(10^{-6}/℃)	≤	1.05	1.20	1.30	GB/T 3074.4
粒度/%					
粒度/mm		粒度特级	粒度Ⅰ级	粒度Ⅱ级	试验方法
20	≥	25	20	15	标准筛
12	≥	35	30	25	标准筛
8	≥	40	35	30	标准筛
1	≤	15	20	25	标准筛

（5）锂离子电池石墨类负极材料

标准 GB/T 24533—2019 适用于锂离子电池的石墨类负极材料。其中对用针状焦生产的人造石墨的相关指标作出规定，见表 3-5-25。

表 3-5-25　用针状焦生产的人造石墨针状焦分级标准

级别	首次放电比容量/（mA·h/g）	首次库仑效率/%	粉末压实密度/（g/cm^3）	石墨化度/%	固定碳含量/%	磁性物质含量/（mg/kg）	铁含量/（mg/kg）	RoHS
Ⅰ	≥355.0	≥94.0	≥1.25	≥94	≥99.97	≤0.1	≤20	通过
Ⅱ	≥340.0	≥93.0	≥1.20	≥90	≥99.95	≤0.1	≤50	通过
Ⅲ	≥320.0	≥90.0	≥1.00	≥85	≥99.70	≤1.5	≤100	通过

第六节　汽柴油调和

一、汽油调和

1. 调和性质要求

车用汽油（ⅥB）按研究法辛烷值分为 89 号、92 号、95 号和 98 号 4 个牌号。

我国车用汽油标准自 2023 年 1 月 1 日起执行车用汽油（ⅥB）技术要求。表 3-6-1 为我国车用汽油（GB 17930—2016）（ⅥB）质量标准。

表 3-6-1　我国车用汽油（GB 17930—2016）（ⅥB）质量标准

项　目		质量指标			试验方法
		89	92	95	
抗爆性					
研究法辛烷值（RON）	≥	89	92	95	GB/T 5487
抗爆指数（RON+MON）/2	≥	84	87	90	GB/T 503 GB/T 5487
铅含量/（g/L）	≤	0.005			GB/T 8020
馏程					GB/T 6536
10%蒸发温度/℃	≤	70			
50%蒸发温度/℃	≤	110			
90%蒸发温度/℃	≤	190			

续表

项　目		质量指标			试验方法
		89	92	95	
终馏点/℃	≤	205			
残留量/%(体)	≤	2			
蒸气压/kPa					GB/T 8017
11 月 1 日至 4 月 30 日		45~85			
5 月 1 日至 10 月 31 日		40~65			
胶质含量/(mg/100mL)					GB/T 8019
未洗胶质含量	≤	30			
溶剂洗胶质含量	≤	5			
诱导期/min	≥	480			GB/T 8018
硫含量/(mg/kg)	≤	10			SH/T 0689
硫醇(博士试验)		通过			NB/SH/T 0174
铜片腐蚀(50℃, 3h)/级	≤	1			GB/T 5096
水溶性酸或碱		无			GB/T 259
机械杂质及水分		无			目测
苯含量/%(体)	≤	0.8			SH/T 0713
芳烃含量/%(体)	≤	35			GB/T 30519
烯烃含量/%(体)	≤	15			GB/T 30519
氧含量/%(质)	≤	2.7			NB/SH/T 0663
甲醇含量/%(质)	≤	0.3			NB/SH/T 0663
锰含量/(g/L)	≤	0.002			SH/T 0711
铁含量/(g/L)	≤	0.01			SH/T 0712
密度(20℃)/(kg/m^3)		720~775			GB/T 1884 GB/T 1885

2. 调和计算公式

汽油调和就是将性质接近的两种或两种以上的汽油组分按照规定比例，利用一定设备，通过一定方法，达到混合均匀而生产新产品的过程。油品调和后的性质由调和组分间线性和非线性关系决定，即在组分间有无加和效应。某一调和特性等于其中每个组分按其浓度比例叠加的称为线性调和，反之称为非线性调和。

辛烷值在调和时无固定的通用公式，这里介绍两种方法，一种是调和因素法，一种是线性回归比较法。

调和因素法：

$$N=\frac{V_{a}(CN_{a})+V_{b}(N_{b})}{100} \quad (3\text{-}6\text{-}1)$$

式中，N 为混合汽油的辛烷值（RON 或 MON）；V 为每种调和组分的体积分数，%；C 为调和因数（用于辛烷值大的组分）。

线性回归法：

$$RON = \sum_{i}^{n} RON_{i} \times V_{i} \quad (3\text{-}6\text{-}2)$$

式中，V_i 为各组分的体积分数，%；RON_i 为各组分的辛烷值。

线性回归比较法属于经验加和型计算公式，计算方便，容易操作，但计算结果比实际调和结果小，在实际生产中按照不同组分的掺调比例很容易找到实际调和偏差点。该方法将非线性问题在数学意义上进行了线性化，减小了问题的复杂度，对于可加和或近似加和的质量指标都可用该方法进行计算，比如硫含量、芳烃、烯烃等，但在实际操作中应掌握不同油品性质用该方法调和时的正负效应。

硫含量调和计算公式：

$$S = \sum_{i}^{n} S_{i} \times M_{i} \quad (3\text{-}6\text{-}3)$$

式中，M_i 为各组分的质量分数，%；S_i 为各组分的硫含量，%。

芳烃含量调和计算公式：

$$A = \sum_{i}^{n} A_{i} \times V_{i} \quad (3\text{-}6\text{-}4)$$

式中，V_i 为各组分的体积分数，%；A_i 为各组分的芳烃含量，%。

蒸气压的调和计算公式

针对无法线性计算的性质，通常可采用质量调和指数计算的方法，将非线性函数线性化，如蒸气压指数。

蒸气压指数计算公式：

$$RVI_{i}=RVP_{i}^{1.25} \quad (3\text{-}6\text{-}5)$$

式中，RVP_i 为各组分的雷氏蒸气压，kPa；RVI_i 为各组分的蒸气压指数。

蒸气压指数调和计算公式：

$$RVI = \sum_{i}^{n} RVI_{i} \times V_{i} \quad (3\text{-}6\text{-}6)$$

式中，V_i 为各组分的体积分数，%。

二、柴油调和

1. 调和性质要求

车用柴油按凝点分为 6 个牌号：5 号车用柴油，0 号车用柴油，-10 号车用柴油，-20 号车用柴油，-35 号车用柴油，-50 号车用柴油。

我国车用汽油标准自 2019 年 1 月 1 日起执行车用柴油(Ⅵ)技术要求。表 3-6-2 为我国车用柴油(GB 19147—2016)(Ⅵ)质量标准。

表 3-6-2　我国车用柴油(GB 19147—2016)(Ⅵ)质量标准

项　目		质量标准						试验方法
		5 号	0 号	-10 号	-20 号	-35 号	-50 号	
氧化安定性/(mg/100mL)	≤	2.5						SH/T 0175
硫含量/(mg/kg)	≤	10						SH/T 0689
酸度/(mgKOH/100mL)	≤	7						GB/T 258
10%蒸余物残炭/%(质)	≤	0.3						GB/T 17144
灰分/%(质)	≤	0.01						GB/T 508
铜片腐蚀(50℃, 3h)/级	≤	1						GB/T 5096
水含量/%(体)	≤	痕迹						GB/T 260
润滑性								SH/T 0765
校正磨痕直径(60℃)/μm	≤	460						
多环芳烃含量/%(质)	≤	7						SH/T 0806
总污染物含量/(mg/kg)	≤	24						GB/T 33400
运动黏度(20℃)/(mm^2/s)	≤	3.0~8.0		2.5~8.0		1.8~7.0		GB/T 265
凝点/℃	≤	5	0	-10	-20	-35	-50	GB/T 510
冷滤点/℃	≤	8	4	-5	-14	-29	-44	SH/T 0248
闪点(闭口)/℃	≥	60			50	45		GB/T 261
十六烷值	≥	51			49	47		GB/T 386
十六烷指数	≥	46			46	43		SH/T 0694
馏程								GB/T 6536
50%回收温度/℃	≤	300						
90%回收温度/℃	≤	355						
95%回收温度/℃	≤	365						
密度(20℃)/(kg/m^3)		810~845			790~840			GB/T 1884 GB/T 1885
脂肪酸甲酯含量/%(体)	≤	1.0						NB/SH/T 0916

2. 调和计算公式

与汽油调和类似，在柴油调和过程中不同性质的调和计算也可以大致分为线性计算与非线性计算。硫含量、多环芳烃等为可加和或近似加和的质量指标，均可用线性计算方法进行计算。

对于呈非线性关系的特性，可采用质量调和指数转化为线性计算。

黏度指数：

$$VSI=\ln[\ln\times(VS+0.8)] \tag{3-6-7}$$

式中，VS 为该组分的黏度，mm^2/s(20℃)。

闪点指数：

$$FLI = 10^{-6.1188+4345.2/(1.8\times FLS+415)} \qquad (3-6-8)$$

式中，*FLS* 为该组分闪点，℃。

凝固点指数：

$$SLI = e^{0.03\times(1.8\times SLD+32)} \qquad (3-6-9)$$

式中，*SLD* 为凝固点，℃。

由于柴油的十六烷值可由其烷烃、环烷烃、芳香烃百分含量 *P*、*N*、*A*(3-6-10)计算：

$$\text{十六烷值} = 0.85P+0.1N-0.2A \qquad (3-6-10)$$

因此，调和柴油的十六烷值可用线性加和关系估算。

三、汽柴油在线调和案例

汽柴油调和是炼油企业生产成品汽柴油的最后一道工序，也是保证汽柴油质量指标满足使用要求的重要手段。汽柴油在线调和是自动化连续生产过程，采用 DCS 控制实施底层的调和控制、在线分析仪实时检测汽柴油的性质参数，采用优化软件进行调和优化，在满足质量指标的前提下合理利用各调和组分，调和出质量合格的成品汽柴油，减少了调和时间和对罐容的需求，流量控制精度高，有效提高一次调和效率，降低油品损耗和能耗，进一步提高企业的经济效益。

1. 汽柴油在线调和系统建设

汽柴油在线调和系统建设主要包括软件部分和硬件部分。

(1) 软件部分

汽柴油在线调和系统软件部分主要包括调和监控、调和优化、调和调度及系统整体集成。

调和监控软件负责完成调和调度指令的管理，调和过程的控制和操作，调和过程主要数据的监控等重要功能，通过在 DCS 的基础上开发实施完成，实现实时监控调和产品质量目标。调和控制功能，包括：配方的执行，调和批次指令的管理，调和批次的切换，调和批次的操作，调和过程的监测，故障报警和处理等。

调和优化软件根据现场在线测量数据(在线仪表、罐底油等)，以调和模型为基础，对调和配方进行在线优化和更新。根据给定调和目标，应用调和优化软件实时优化调节各组分流量，实现质量目标的靠近。

调和调度软件其主要功能包括：调和批次指令的离线核算与测算(组分，配方，约束等)，调和批次指令的下达与管理，调和批次结果的分析与建议，实现调和任务的线上下达和管理。

系统整体集成包括：调和监控软件，调和优化软件，调和调度软件与现场在线分析仪表和现场设备的整体集成，以及系统的初步设计，数据核算，项目跟踪，整体调试投用等。

(2) 硬件部分

汽柴油在线调和系统(图 3-6-1)硬件部分主要包括软件应用所需要的服务器、控制器，现场工艺控制所需要的机泵、调节阀、流量控制、静态混合器、在线加剂系统，在线检测所需要的在线仪表及预处理等。在线仪表应选用技术先进、可靠，确保在线仪表的长期、稳定运行；机泵应按照组分罐、工艺流程等要求进行合理选择，确保流量稳定；调节阀、流量计应处于最优工况。静态混合器负荷要与实际需要相匹配，根据设计要求合理控制操作压力。在线加剂要在静态混合器前根据流量按比例连续加注，确保充分混合均匀。

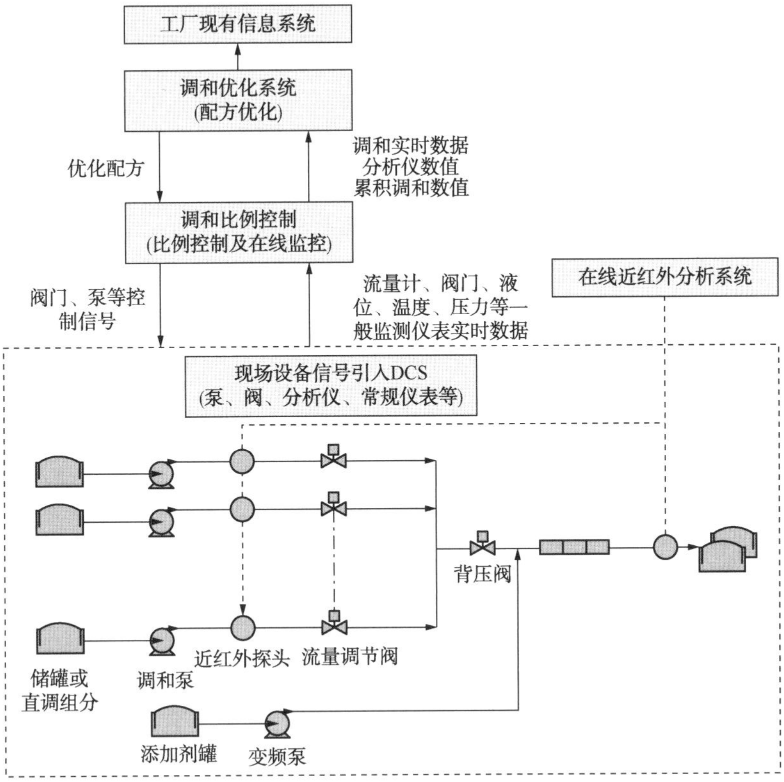

图 3-6-1　成品油在线调和系统

2. 汽柴油在线调和系统应用

汽柴油在线调和系统能否有效应用关键是调和优化软件和调和在线分析系统。调和在线分析系统，目前企业多采用近红外与总硫分析仪表结合的方式。近红外仪表的精度和稳定性在很大程度上影响到后期的优化投用率和仪表在投用后的维护服务。

调和优化软件的基础为调和模型，调和模型根据组分油属性和配方对成品油属性进行预测。为了保证调和模型在较大工况范围内有效，需要对调和模型进行定期的维护，为进行配方的优化提供可靠的模型基础。

为推进汽柴油在线调和系统的有效应用，初步从调和控制方式、一次调和合格率、调和优化投用率及调和准确率四方面建立汽柴油在线调和系统应用标准。

（1）调和控制方式

调和控制方式分为比例调和控制和优化调和控制。企业应逐步实现优化调和控制。

（2）一次调和合格率

满足汽柴油内控标准为一次调和合格，一次调和合格率=每月一次调和合格罐数/每月总调和罐数。一次调和合格率分为 4 档，<90%；≥90%，<95%；≥95%，<98%；≥98%。投用初期达到>90%，逐步达到 98%以上。

（3）调和优化投用率

在线质量分析仪投运的前提下，汽柴油调和优化投用率=每月优化投用罐数/每月满足优化投用条件的罐数。调和优化投用率分为4档，<80%；≥80%，<90%；≥90%，<95%；≥95%。

① 比例调和控制是汽柴油调和优化的底层控制，在调和优化软件未投用时，DCS根据操作员输入的调和经验配方进行流量和压力PID自动控制；调和优化软件投用后，DCS接受来自优化程序的流量给定值设定进行控制，使各组分油按照配方比例进行调和。常规调和控制的另一个任务就是实现调和的开停工控制，调和正常完成和异常终止都要对装置的泵和阀门的起、停进行逻辑联锁控制，确保装置能调和出合格的汽柴油产品和安全可靠运行。常规调和控制过程中，在线分析数据只作显示，不参与闭环控制。

② 调和优化控制是实施调和质量的卡边控制，可根据调和组分油回路在线分析仪实时测量数据、产品要求、相关流量等数据，实时计算出最优化的调和配方，实现闭环的油品品质控制调和比率。同时系统具备实时预测调和结束时成品油罐成品油质量进行实时优化，并把优化计算的流量结果作为给定值送给DCS进行流量闭环控制。

（4）调和优化准确率

调和优化准确率=调和结束后软件的预测值和化验分析数据偏差的绝对值。建议指标：辛烷值≤0.3、硫含量≤4mg/kg。调和优化准确率分为3档，<90%；≥90%，<95%；≥95%。见表3-6-3。

表3-6-3　汽柴油在线调和系统应用标准

项　目	权重	控制情况	分值	得分
调和控制方式	30%	未投用	0	0
		比例调和	5	1.5
		优化调和	10	3.0
一次调和合格率	30%	<90%	0	0
		≥90%，<95%	5	1.5
		≥95%，<98%	10	3.0
		≥98%	15	4.5
调和优化投用率	20%	<80%	0	0.0
		≥80%，<90%	5	1.0
		≥90%，<95%	10	2.0
		≥95%	15	3.0
调和准确率	20%	<90%	0	0
		≥90%，<95%	5	1.0
		≥95%	10	2.0

3. 成品油在线调和效果的关键点

（1）组分油调和比例控制的准确性

① 在调和方案中，将S Zorb、LCO汽油全部参与调和，重整汽油、非芳汽油、MTBE等作为参调组分进入调和总管，装置的处理量的波动将直接影响调和结果，需要随时调整参调品种的流量。

② 添加剂的调入比例只有1~2mg/L，如果不能满足在线调和，单罐调和完成后，仍然

需要空白循环，达不到在线调和的效果。

（2）在线分析仪表的准确性

① 总硫分析仪对油品的清洁度要求很高，在进入分析仪前必须进行预处理，脱除杂质、水分等，过滤使用的纸膜消耗量较大，维护难度大，任意环节出现错误将会造成分析中断或成绩不准确。

② 近红外分析仪需要建立大量的数据模型，并与实验室数据比对，模型需要定期维护，以确保分析数据的准确性。

（3）质量卡边控制

通过在线分析仪表实时数据、自动优化调和配方，降低调和成本，实现辛烷值、十六烷值等质量卡边控制。

（4）工艺流程设置的合理性

组分油数量和性质的波动、分析仪器的准确性出现偏差，都有可能造成成品汽油不合格，因此，每台成品汽油罐需要具备一次调和不合格情况下重新调和的功能，否则将增大调和难度。

4. 成果转化

（1）调和比例控制系统

① 在 DCS 上完成开发和实施，精确控制组分油比例。②对调度发出的调和任务进行管理和自动执行。③自动批次切换，实现连续不间断调和。④添加剂全程自动连续注入，取消倒罐循环。⑤集中监控，减小劳动强度，增强可靠性。

（2）调和优化系统

在调和进行的过程中对配方进行优化，以克服调和过程中组分油指标和流量的波动对产品指标的影响。

三种关键技术：调和模型技术、模型的在线校正技术以及在线优化技术。

5. 经济效益和环保效益

彻底取消了倒罐循环，添加剂实现了连续添加。提高储罐的利用率，平均节省 6~8h 的储罐占用时间，同时有效减少了倒罐循环造成的油气挥发损失，也降低了挥发油气的回收治理成本。

最直接的经济效益体现在保证产品一次调和合格率（>95%）、充分利用低成本的组分油，降低质量过剩。

① 假设炼油厂调和汽油共计 4.15Mt/a，相比线下调和，产品 *RON* 指标整体降低了 0.1，以 $92^{\#}$汽油为基础计算 0.1 个辛烷值每吨价格为 8.9 元，计算产生经济效益：3693.5 万元。

② 在线管道调和设施投用后，油罐避免了循环损耗，根据标定结果，$1\times10^4m^3$ 油罐每次循环损耗有 3t，$2\times10^4m^3$ 油罐每次循环损耗达 6t，管道在线调和系统投用后，每年可以减少循环损耗近 1.8kt，折合效益达 900 万元，同时也减少了环境污染。

③ 添加剂均匀注入后，提高了添加效果，加剂比由原来 5×10^{-6}降低至 0.5×10^{-6}，成本减少 90%以上。

④ 缩短调和时间，油罐周转率高，库存占用低，职工劳动强度大幅降低，具备大批次调和功能。

第七节　重质燃料油调和

一、调和组分和调和性质要求

重质燃料油可用炼油厂生产的不同馏分调和而成，调和组分主要包括常压渣油、减压渣油、热裂化或减黏裂化渣油、加氢渣油、催化裂化油浆、催化裂化循环油、催化柴油、焦化蜡油、乙烯焦油、润滑油溶剂精制抽出油等。重质燃料油组成变化范围较宽，主要取决于炼油厂装置配置以及加工的原油品种。

根据国家标准，我国目前的重质燃料油主要包括船用燃料油、炉用燃料油和燃气轮机液体燃料，其中用量最大的是船用残渣燃料油。船用残渣燃料油按照黏度和密度分为 RMA、RMB、RMD、RME、RMG 和 RMK 共 6 类，并根据黏度进一步细分为 RMA10、RMB30、RMD80、RME180、RMG180、RMG380、RMG500、RMG700、RMK380、RMK500 和 RMK700 共 11 个牌号，其质量要求见表 3-2-9。在我国的船用燃料油实际生产和销售中，经常使用 RMG180 和 RMG380 两个牌号，通常被称为 180#和 380#船用燃料油。

二、调和计算公式

1. 燃料油的调和相容性

不同燃料油的调和相容性直接影响调和产品的安定性，而燃料油的安定性直接关系燃料油的使用性能。不安定的燃料油特别是裂化残渣燃料油在使用过程中会产生大量沉渣，形成油泥，使加热器、喷嘴和过滤器堵塞，造成燃烧不良或引起燃烧故障等情况。为了确保船用燃料油的储存安定性，国家标准（GB 17411—2015）要求采用老化法测定燃料油的总沉淀物不大于 0.10%。

根据“相似相溶”理论，若两种燃料油的组成和胶体结构相近，其调和相容性就好。国内残渣燃料油通常采用高黏度渣油掺入稀释油的方法进行调和，而渣油与稀释油的组成差别较大，容易导致沥青质的析出。在相容性不确定的情况下，最好用斑点试验或其他方法测定其相容性，根据试验结果确定掺混比例，以确保燃料油的安定性。

此外，需要注意重质燃料油的调和顺序，应把轻馏分油掺合到渣油中，否则可能引起沥青质的絮凝而影响燃料油的安定性。

2. 非线性调和

重质燃料油性质中的黏度、闪点和倾点等，调和后性质远远偏离线性加和关系，称为非线性调和。密度、硫含量、酸值、水分、残炭、灰分和金属等性质可按照线性加和关系计算，称为线性调和。

对于黏度、闪点和倾点的非线性调和，首先将黏度、闪点和倾点转化为具有线性加和关系的黏度指数、闪点指数和倾点指数，然后再进行线性调和。

倾点指数 POI 的计算公式如下：

$$POI = e^{0.03\times(1.8\times POR+32)} \tag{3-7-1}$$

式中，POR 为该组分的倾点，℃。

黏度指数的计算公式见式(3-6-7)。闪点指数的计算公式见式(3-6-8)。

碳芳香度指数($CCAI$)由重质燃料油的密度和黏度决定，计算公式如下：

$$CCAI=\rho_{15}-18-141\times\lg[\lg(v+0.85)]-483\times\lg[(T+273)/323] \tag{3-7-2}$$

式中，T 为测定运动黏度的温度，℃；v 为运动黏度，mm^2/s；ρ_{15} 为 15℃ 下的密度，kg/m^3。

三、调和方法和设备

1. 油品调和传质机理

油品的液-液均相混合主要是分子扩散、湍流扩散和主体对流扩散三种扩散机理的综合作用。

① 分子扩散。由分子的相对运动引起的物质传递，是在分子尺度范围的空间内进行。

② 湍流扩散。当机械能传递给液体物料时，处于高速和低速流体分界面上的流体受到强烈的剪切作用，产生大量漩涡，造成对流扩散。此扩散在局部范围的漩涡空间内进行。

③ 主体对流扩散。指大范围的液体循环流动所引起的物质传递，这种混合传质过程是在大空间内进行的。主体对流扩散只能把不同物料以较大“团块”的形式混合起来，通过大“团块”界面间的湍流扩散，把不均匀程度迅速降低到漩涡大小。此时虽没有达到均质混合，但“团块”已经很小，数量很多，“团块”间的接触面积大大增加，为加速分子扩散创造了条件，最终使全部油料达到完全均匀的分布状态，实现均相混合。

油品调和中同时存在上述三种扩散过程。但由于轻质油品、重质油品的黏度差别很大，在实际调和时哪种扩散过程起到主体作用是不尽相同的。对于高黏度的重质燃料油调和，在机械能传递给物料时，主要是在剪切作用下把被调和的物料撕拉成很薄的薄层，再通过分子扩散达到均匀混合。对于低黏度油品混合时，湍流扩散将起到重要作用，但最终还是由分子扩散达到完全均匀的混合。

2. 油品混合方法

重质燃料油调和主要采用 5 种混合方法。

① 加热。使罐内物料能够自然循环以达到混合效果。

② 搅拌。通过固定或可调的螺旋桨搅拌器来完成，这种方法十分常用且有效。

③ 循环。该方法通过将油品由罐底抽出并经循环泵重新泵入罐内较高位置来完成。

④ 自重力混合。最先泵入较轻的油，较轻的油在向上移动过程中会和较重的油进行混合。该方法的混合效果较为有限，不如搅拌和循环方式有效。

⑤ 在线混合。使用定量泵或电脑控制的变量泵，将原料送到装有静态混合器的同一条管线内进行混合，此法混合效果好。

3. 调和设备

调和装置的通用设备主要是泵，由于调和的工艺条件一般不太苛刻，所以可根据调和装置的能力和物料性质直接选用合适的泵。调和装置关键设备是混合设备，如调和罐均化器、静态混合器等，这些混合设备直接影响着调和效率和调和质量。

调和罐的基本结构是由带油料进、出口的罐体和蒸汽盘管加热器组成。为了强化混合，提高调和效率，一般又在罐内加装喷嘴、喷射系统或机械搅拌器。单个调和罐的大小主要由调和能力、调和速率所决定，但也要考虑油品黏度大小的影响。

油罐喷嘴分为单头喷嘴、多头喷嘴、旋转式喷嘴和喷射系统。喷嘴调和适用于调和比例变化范围大、批量较大的中黏度或低黏度油品的调和。根据油罐结构的不同、油品特性、循环泵的性能，喷嘴类型的选择也不一样。外浮顶油罐、拱顶油罐结构多采用单头喷嘴和喷射系统，内浮顶油罐结构多采用多头喷嘴和旋转式喷嘴。

油罐搅拌器主要包括顶部伸入搅拌器和侧向伸入搅拌器。批量少，质量要求高的燃料油调和可选用顶部伸入搅拌器，批量大的燃料油调和通常采用侧向伸入搅拌器。

静态混合器是指一种内部没有转动元件，而是通过固定在管内的不动元件，使流体通过后达到混合目的的设备。静态混合器的工作原理就是让流体在管线中流动冲击各种类型板元件，增加流体层流运动的速度梯度或形成湍流。由于混合元件的作用，使流体时而左旋，时而右旋，不断改变流体方向，从而造成良好的径向混合效果，均匀混合。

第四章　石脑油馏分及加工路线

第一节　石脑油馏分的特点及主要加工流向

石脑油馏分一般是指初馏点～180℃的馏分，其碳数分布为 C_5～C_{12}。其中≤65℃的称为轻石脑油，主要是 C_5、C_6组分；65～180℃为重石脑油，主要是 C_6～C_{12}。石脑油馏分来源，一是常减压的初馏塔塔顶和常压塔塔顶生产的石脑油，一般称为直馏石脑油；二是二次加工装置生产的石脑油，主要是加氢石脑油、焦化石脑油、催化石脑油(汽油)和重整生成油(又可分为芳烃和抽余油)等，不同来源的石脑油其性质和组成不同。

一、直馏石脑油

1. 性质特点

石脑油馏分是炼油厂中轻端馏分。表 4-1-1 和表 4-1-2 是部分典型石脑油的基本性质，表 4-1-3 和表 4-1-4 为典型石脑油组成。

表 4-1-1　典型低硫原油直馏石脑油性质

性质名称	标准单位	低硫石蜡基(阿姆纳)		低硫中间基(伊拉谢玛)		低硫环烷基(钱皮恩)	
		15～140℃	15～180℃	15～140℃	15～180℃	15～140℃	15～180℃
馏分段收率	%(体)	14.14	20.62	13.94	20.14	16.09	22.82
馏分段收率	%(质)	11.86	17.75	11.49	17.07	13.57	19.74
20℃密度	g/cm^3	0.7026	0.7215	0.7106	0.7304	0.7304	0.7496
硫	%(质)	0.0036	0.0091	0.0213	0.0226	0.0009	0.0033
酸值	mgKOH/g	0.0071	0.0069	0.0352	0.037	0.0027	0.004
链烷烃	%(体)	65.79	64.65	58.15	56.36	44.88	39.6
正构烷烃	%(体)	36.18	35.69	30.23	27.37	17.32	15.9
异构烷烃	%(体)	29.61	28.96	27.92	28.99	27.56	23.7
环烷烃	%(体)	28.66	26.67	34.59	32.74	45.73	43.32
芳烃	%(体)	5.55	8.46	7.23	10.62	8.95	16.46
总氮含量	mg/kg	0	1	0.5	0.5	1	2

续表

性质名称	标准单位	低硫石蜡基(阿姆纳)		低硫中间基(伊拉谢玛)		低硫环烷基(钱皮恩)	
		15~140℃	15~180℃	15~140℃	15~180℃	15~140℃	15~180℃
恩氏蒸馏							
初馏点	℃	42	45	40	41	46	49
10%	℃	63	71	65	71.8	71	80
30%	℃	81	97	81.2	95.7	85	100
50%	℃	96	118	96	116.6	98	118
70%	℃	109	136	109.2	135.5	109	136
90%	℃	125	157	124.2	157	123	158
终馏点	℃	145	178	142	174.8	138	179

表 4-1-2　典型含硫和高硫石脑油性质

性质名称	标准单位	含硫中间基(阿曼)		高硫中间基(科威特)	
		15~140℃	15~180℃	15~140℃	15~180℃
馏分段收率	%(体)	16.09	22.82	16.2	22.91
馏分段收率	%(质)	13.57	19.74	12.88	18.79
20℃密度	g/cm^3	0.7304	0.7496	0.6915	0.7136
硫	%(质)	0.0009	0.0033	0.0131	0.0277
酸值	mgKOH/g	0.0027	0.004	0.002	0.002
链烷烃	%(体)	44.88	39.6	77.99	73.34
正构烷烃	%(体)	17.32	15.9	40.71	36.52
异构烷烃	%(体)	27.56	23.7	37.28	36.82
环烷烃	%(体)	45.73	43.32	14.91	15.29
芳烃	%(体)	8.95	16.46	7.12	11.28
总氮含量	mg/kg	1	2	3	3
恩氏蒸馏					
初馏点	℃	46	49	36	41
10%	℃	71	80	59	67
30%	℃	85	100	74	90
50%	℃	98	118	90	114
70%	℃	109	136	107	137
90%	℃	123	158	123	158
终馏点	℃	138	179	139	175

表 4-1-3 石蜡基石脑油族组成 %(质)

族组成	烷烃	环烷烃	芳烃	合计
C_5	3.00	0.21	0	3.21
C_6	14.77	3.34	0.48	18.59
C_7	15.40	6.96	1.81	24.17
C_8	15.13	6.68	2.88	24.69
C_9	10.99	5.00	2.16	18.15
C_{10^+}	7.02	3.65	0.52	11.19
合计	66.31	25.84	7.85	100.00

表 4-1-4 环烷基石脑油族组成 %(质)

族组成	烷烃	环烷烃	芳烃	合计
C_5	3.6	0.7		4.3
C_6	3.4	6.2	0.1	9.7
C_7	4.8	14.4	0.4	19.6
C_8	4.1	19.2	3.6	26.9
C_9	3.2	17.7	3.2	24.1
C_{10^+}	4.3	10.4	0.7	15.4
合计	23.4	68.6	8.0	100.0

2. 加工去向

直馏石脑油在炼油厂中的主要用途有：

① 用作乙烯裂解原料；

② 用作催化重整的原料，生产高辛烷值汽油组分或芳烃产品；

③ 用于车用汽油的调和；

④ 用于低芳烃溶剂油的原料。

二、异构化汽油

C_5/C_6烷烃异构化技术是生产优质清洁汽油调和组分的重要手段之一，该技术利用碳数相同时，异构烷烃的辛烷值高于正构烷烃的辛烷值，且异构程度越高辛烷值越高的原理，在贵金属催化剂的作用下，正构烷烃发生异构化反应，生成辛烷值较高的异构烷烃。虽然异构化汽油的辛烷值低于醚化油和烷基化油等汽油调和组分，但异构化油可提高汽油的前端辛烷值，使汽油具有较好的抗爆性，防止汽车发动机在低速条件下的爆震。同时，异构化汽油中几乎不含硫、烯烃、芳烃和苯，是理想的清洁汽油调和组分。

1. 烷烃异构反应

汽油调和组分的辛烷值能够表征燃料组分的抗爆性能，表 4-1-5 所示为 C_5/C_6烷烃的辛烷值，从表中可见多支链的己烷异构体 2，2-DMB 的研究法辛烷值比正己烷高出 67 个单位，单支链的异构体 2-MP 只比正己烷高 49 个单位。因此，带支链的异构烷烃，尤其是多支链的异构烷烃是汽油的理想调和组分。

表 4-1-5　C_5/C_6烷烃辛烷值

项目	沸点/℃	研究法辛烷值 *RON*	马达法辛烷值 *MON*	(*RON*+*MON*)/2
正丁烷	-0.5	93.8	89.6	91.7
异丁烷	-11.8	100.4	97.6	99.0
正戊烷	36	61.7	62.6	62.2
异戊烷	28	92.3	90.3	91.3
环戊烷	49.2	102.3	85.0	93.7
正己烷	69	24.8	26.0	25.4
2-甲基戊烷	60	73.4	73.5	73.4
3-甲基戊烷	63	74.5	74.3	74.4
2，2-二甲基丁烷	50	91.8	93.4	92.6
2，3-二甲基丁烷	58	101.0	94.3	97.6

2. 异构化主要的反应路径

烷烃异构化最有效的催化剂是具有贵金属和酸性两种功能的双功能催化剂，反应通过烯烃中间体进行，烷烃在催化剂金属活性中心上进行脱氢反应生成烯烃：

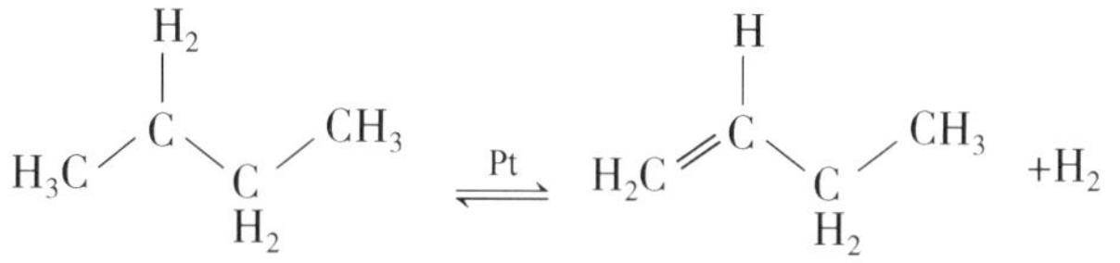

(4-1-1)

在异构反应条件下，反应(4-1-1)的烷烃平衡转化率很低，但是仍然有足够多的烯烃在强 Br 酸活性中心的催化作用下转化为正碳离子，即反应式(4-1-2)。

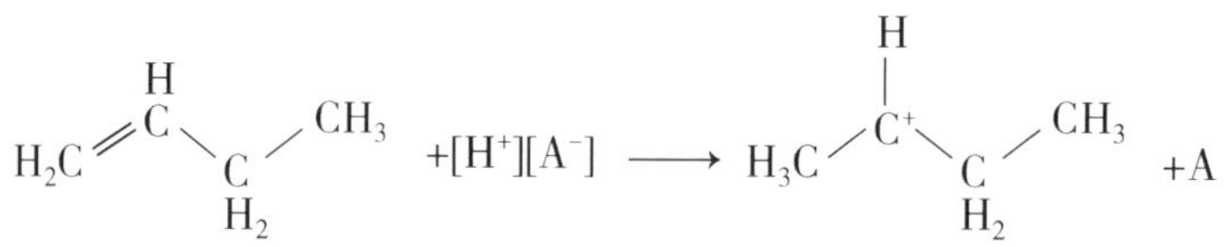

(4-1-2)

正碳离子的生成消耗了烯烃，使得反应(4-1-1)的平衡可以继续进行，反应(4-1-2)生成的正碳离子通过一个环烷中间体发生骨架异构反应，见反应(4-1-3)。

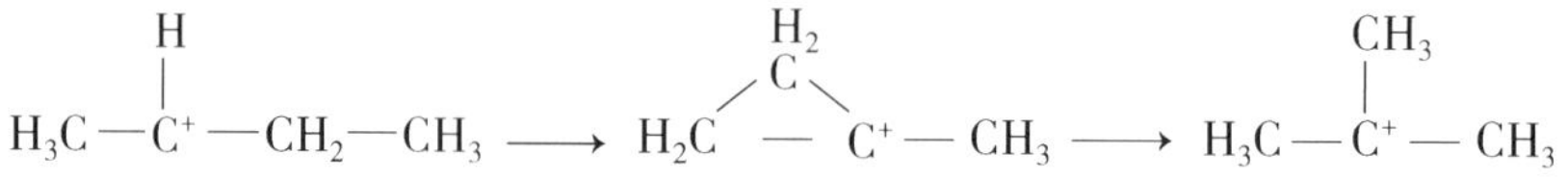

(4-1-3)

环丙烷基正碳离子

反应(4-1-3)是较难发生的，因为这一反应需要基于伯正碳离子，然而，催化剂上的强酸中心可以提供足够的推动力使该反应较快进行，异构烷烃的正碳离子可能会由于催化剂活性中心作用而失去一个质子变成烯烃，然后很快在加氢作用下变为相应的异构烷烃，这一步的反应机理还存在争议，见反应(4-1-4A)和反应(4-1-4B)。

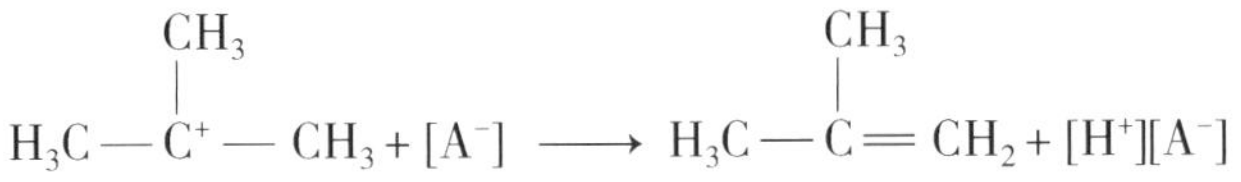

(4-1-4A)

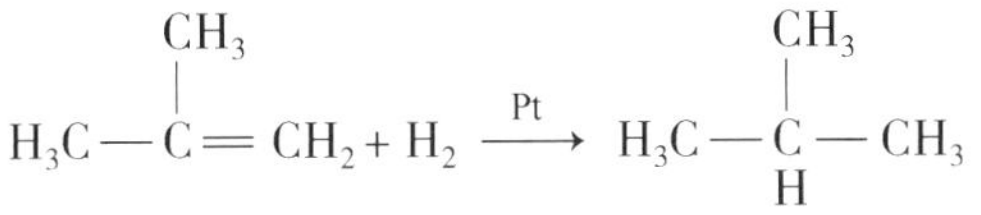

(4-1-4B)

或

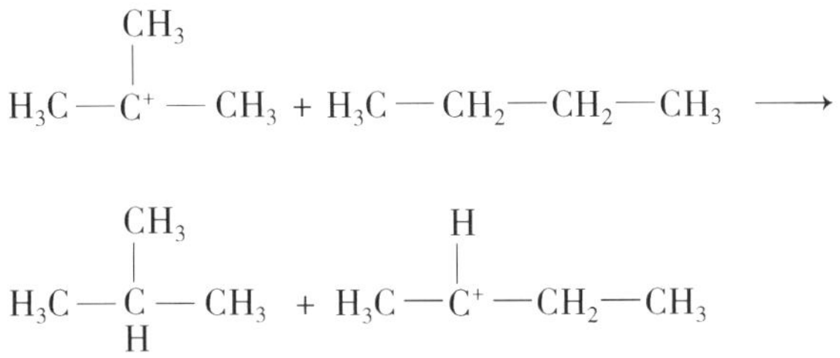

(4-1-5)

或者从正构烷烃利用氢化物特殊反应生成异构烷烃，同时也生成一个正构正碳离子中间体，见反应(4-1-5)。

除了上述的主要反应路径外，还有文献提到存在双分子反应机理，尤其是对于丁烷异构反应的研究，烯烃中间体发生二聚反应，内部的碳原子质子化，并发生骨架异构化反应，二聚体再发生 β 断裂继而生成异构烷烃。

综上所述，轻石脑油异构化反应有以下反应特征：

① 异构化反应是在临氢及强酸性含铂(钯)催化剂的条件下，正构 C_5和正构 C_6分子转化为相应的异构烷烃的反应。

② 反应温度与催化剂的酸性强度匹配优化，一般催化剂的酸性强度越强，所需的反应温度越低。

③ 反应转化率受热力学平衡限制，热力学平衡常数随反应温度升高而降成低，反应温度越低，平衡转化率越高，产物辛烷值越高。

④ 整体来看，异构化反应是一种产物辛烷值增高，蒸气压也增高的反应。

3. 工艺选择

目前，工业应用的 C_5/C_6异构化催化剂主要有沸石、氯化氧化铝和固体超强酸三种类型。为保证催化剂的活性，三种催化剂对原料的要求差异较大，每种催化剂对原料中的杂质和重组分均有明确的控制指标。表 4-1-6 列举了三种催化剂对原料性质的基本要求。

表 4-1-6　不同类型的催化剂对原料杂质含量限值指标

杂质含量	氯化氧化铝催化剂		沸石催化剂		固体超强酸催化剂	
	原料油	氢气	原料油	氢气	原料油	氢气
硫含量/(mg/kg)	<0.1	<0.1	<35	<10	<20	<20
水含量/(mg/kg)	<0.1	<0.1	<75	<30	<5	<5
氮含量/(mg/kg)	<0.1	—	<1.0	—	<1.0	—
烯烃含量/%	<0.1	—	<0.1	—	<0.1	—
苯含量/%	<3	—	<3	—	<3	—
庚烷及以上含量/%	<3	—	<3	—	<3	—

4. 进料组成对异构化反应的影响

进料组成对异构化反应有以下影响：

① C_7 组分在异构化反应中发生较多裂解，生成液化气，影响液收。通常控制在 3% 以下。

② 苯在异构化反应中发生加氢、开环再异构反应，是辛烷值降低的反应，另外，苯加氢反应热较大，引起反应器超温，通常含量控制在 3% 以下。

③ 严格控制原料中溶解氧含量，轻石脑油采用直供料，防止进入罐区而污染。一旦原料进入罐区，需先进预加氢再进异构化装置。

④ 石脑油中异构烷烃的质量分数在 40%左右，正构烷烃质量分数在 58%左右，C_5 烷烃与 C_6 烷烃的质量比为 0.78~0.88。原料中异构烷烃与正构烷烃的比值越小，经异构化反应后辛烷值增量越大。C_5 烷烃与 C_6 烷烃的质量比大，原料轻，低环组分含量较多，适合采用超强酸催化剂，经过异构化反应后，蒸气压较高。

三、重整拔头油

重整装置的原料需进行预分馏，利用预分馏塔将重整进料中约 80℃以下的馏分进行分离，预分馏塔塔顶切出的馏分称为重整拔头油，该组分较轻，基本上为饱和烷烃。

饱和 C_5 烷烃中的正戊烷、异戊烷和环戊烷在工业领域中有广泛的应用。国内利用环戊烷取代氟利昂作为聚氨酯工业的发泡剂，可完全替代进口产品，同时环戊烷还是一种重要的基础化工原料，可生产氯代环戊烷、环戊二烯等。异戊烷可作为合成聚乙烯的催化剂溶剂，也可作为发性聚苯乙烯的发泡剂以及聚氨酯泡沫体系的发泡剂，还可作为炼油装置溶剂脱沥青的溶剂，异戊烷也是重要的基础化工原料，可生产异戊醇和异戊二烯等。正戊烷可用作分子筛脱蜡工艺的脱附剂，正戊烷与异戊烷以不同比例进行调和后，可满足不同过程的发泡需求，正戊烷和异戊烷的混合物还可作为聚乙烯的催化剂，同时正戊烷还可作为化工原料，生产正戊醇和正戊醛等产品。

1. 调和车用汽油

重整拔头油可作为车用汽油的调和组分，但在资源有效利用及汽油调和质量方面不是理想去向。一方面，重整拔头油的辛烷值较低，调入汽油后会使汽油辛烷值下降；另一方面，拔头油组分较轻，较易挥发，调入汽油后会使汽油中戊烷甚至更轻质烃类的浓度相对增加，调和后汽油蒸气压增加，挥发损耗增加，同时随着油气在大气中的逸散会造成空气污染，同时增加了不安全因素。一般炼油厂会利用重整拔头油不含烯烃、芳烃的特性，在汽油池辛烷值和蒸气压指标比较富裕的情况下适量添加，以降低汽油池的烯烃和芳烃含量

2. 去催化裂化装置处理

重整拔头油去催化裂化装置处理的方法有两种，一种是将拔头油直接送至催化裂化稳定塔进料换热器前，与稳定塔进料混合后进稳定塔，C_3、C_4并入液化气物流，C_5及以上组分进汽油；或者将拔头油送到催化裂化分馏塔顶回流罐，汽化部分进气压机，未汽化部分和粗汽油混合进吸收塔，C_3、C_4并入液化气物流，C_5及以上组分进汽油。该方案的实施受催化裂化装置能力的限制，这种方法同样存在将辛烷值低的拔头油混入催化裂化汽油中，降低催化裂化汽油辛烷值的问题。

另一种方法是将重整拔头油直接进催化裂化装置提升管进行改质以多产液态烃，这样可

避免影响催化裂化汽油的辛烷值，但经济是否可行需要核算。

3. 重整拔头油分离后生产戊烷油和发泡剂

将重整拔头油分离后，C_3、C_4并入液化气中或用于生产烃类气雾剂，C_5进一步加工生产发泡剂戊烷油。该方案使拔头油中的C_5得到进一步利用，生产高附加值产品，具有较好的应用前景。

(1) 生产高纯度戊烷油

重整拔头油中戊烷含量高达40%~50%，若将这部分切割出来可作气相法低密度聚乙烯(LLDPE)工艺中的载溶剂。齐鲁石化公司胜利炼油厂建设的我国第一套戊烷油生产装置，即以胜利拔头油为原料，采用加氢精制、分馏、分子筛脱水干燥工艺，生产出质量完全符合要求的戊烷油。

重整拔头油进装置原料罐，在原料罐中先脱水，经流量控制器进入反应系统，与氢气缓冲罐来的氢气混合，与反应产物换热，再经原料加热器加热达到加氢反应温度后进入加氢反应器，在一定的氢分压及反应条件下，重整拔头油在催化剂作用下进行加氢反应。反应产物经与原料换热及水冷却进入第一分离器(高分)，被分离出的氢气和轻质油气进入燃料管网。经第一分离器分离后的反应产物减压后进入第二分离器(低分)。在低压下，轻质油气和溶解氢基本全部分离出去。

分离氢气后的加氢生成油经精馏换热器进入脱C_4精馏塔，塔顶轻组分经冷凝器冷却成液相进入回流罐，未冷凝的C_1、C_2轻组分排入燃气管网，液相泵入塔作为回流，部分送液化丙烷气(LPG)罐区。脱C_4精馏塔底的C_5、C_6组分进入脱C_6精馏塔，轻组分戊烷油从塔顶馏出，经冷凝器冷却进入回流罐，部分作回流，产品经冷却后进入脱水干燥器。塔底C_6组分冷却后用泵送出界区。拔头油生成的戊烷油质量指标见表4-1-7。

表4-1-7 拔头油生产的戊烷油质量指标

项目	数据	项目	数据
组分/%(质)		密度(20℃)/(g/cm^3)	0.6223
丙烷	0.08	含硫量/(mg/kg)	1.28
丁烷	2.08	含水量/(mg/kg)	11.3
正戊烷	49.87	酸度/(mg/kg)	1.31
异戊烷	47.20		
己烷	0.77		

(2) 生产EPS(可发性聚苯乙烯)发泡剂

用戊烷混合物作发泡剂时，EPS的牌号不同，正戊烷和异戊烷的比例也不同，通常正、异戊烷比为3∶1。

吉林化学工业股份有限公司(吉化公司)研究所用重整拔头油作原料，经二级精馏拔头，可生产出纯度达到90%的混合C_5馏分油作EPS的中发泡剂。再经过精制可生产纯度达80%的正戊烷油和(或)80%的异戊烷油作EPS的重或轻发泡剂，经试验证实，用该发泡剂的EPS发泡倍数理想，产品洁白无硬芯，弹性好，含油率适中，可压制成各种形状的优良板材。

大连石化公司一套以拔头油为原料的年设计能力为50kt/a的EPS发泡剂生产装置，为简化操作，减少投资，在工艺上使用单塔流程，塔顶出液化气，塔底出发泡剂，侧线出高辛烷值汽油调和组分，C_5以上组分通过预分馏塔控制。当原料为稳定塔中的戊烷油 5.8kt 和预分馏拔头油 44.1kt 时，可年产液化石油气 14.9kt，发泡剂 9.2kt，高辛烷值汽油调和组分 25.8kt。

（3）生产硬质聚氨酯发泡剂

氟利昂会对臭氧层产生破坏进而对人类健康与环境造成危害，已引起世界各国的普遍重视。近年来国外泡沫塑料的生产厂和制造商一直致力于开发泡沫塑料生产中替代物新技术，许多技术已取得一定成效。在可以用作硬质聚氨酯发泡剂 CFC-11 的许多替代物中，烷烃化合物因臭氧消耗潜值（ODP）为零、温室效应很小、无毒、对环境影响极小而受到重视。

有实用价值的烷烃发泡剂主要是液态环戊烷、正戊烷、异戊烷，可统称为“戊烷类发泡剂”。由于环戊烷蒸气热导率与正、异戊烷相比要低些，国外主要工业国家目前均选用它作发泡剂。

我国引进、改造冰箱发泡剂生产线也是采用此工艺。但异戊烷价格比环戊烷低，且沸点比环戊烷低，故异戊烷或正、异戊烷混合发泡剂成为 ODP 发泡剂发展的方向。将重整拔头油分离成高纯度的正戊烷和异戊烷产品，或按不同比例混兑，以满足作硬质聚氨酯发泡剂的要求。

4. 作为蒸汽裂解的原料

重整拔头油可直接作为蒸汽裂解的原料，但不能充分发挥原料的优势。异构烃和正构烃的蒸汽裂解性能不同，烯烃收率不同，正构烷烃裂解性能优于异构烷烃，异构烷烃是生产汽油的理想原料。通过正异构分离工艺对重整拔头油等轻石脑油馏分进行分离，分离出的正构轻石脑油作为蒸汽裂解原料，可大幅度提高乙烯收率，分离出的异构轻石脑油可为汽油池提供低烯烃、低芳烃以及较高辛烷值的调和组分。

四、重整汽油

1. 性质特点

重整汽油是催化重整装置的主要产物，一般用于高辛烷值汽油的调和组分，或作为芳烃（如苯、甲苯、二甲苯和 C_{9+}芳烃）的来源，表 4-1-8 和表 4-1-9 为辛烷值为 97.5 和 100 的重整生成油组成。

表 4-1-8 *RON* 97.5 重整生成油的组成 %（质）

族组成	烷烃	芳烃	合计
C_4	1.73		1.7
C_5	2.0		2.0
C_6	9.0	4.1	13.1
C_7	11.5	12.5	24.0
C_8	4.2	25.6	29.8
C_{9+}	4.6	24.9	29.5
合计	32.9	67.1	100.0

表 4-1-9　*RON* 100 重整生成油的组成　%(质)

族组成	烷烃	芳烃	合计
C_4	2.46		2.5
C_5	2.7		2.7
C_6	8.8	4.5	13.3
C_7	9.7	14.1	23.7
C_8	2.3	27.2	29.5
C_{9^+}	2.2	26.2	28.4
合计	28.1	71.9	100.0

辛烷值是车用燃料的主要参数，是衡量燃料抗爆性的指标。若油品辛烷值较低，在内燃机的快速燃烧中会表现出爆震现象，爆震可以在发动机中听到震爆声或者砰的声响。具有较高辛烷值的烃类，在内燃机中可表现出较低的爆震性，车用燃料辛烷值在发动机低转速(研究法辛烷值 *RON*，测量方法是 ASTM D2699)，或者在发动机高转速(马达法辛烷值 *MON*，测量方法是 ASTM D2700)下进行测量。表 4-1-10 列出了美国石油学会(API)提供的各种纯烃组分辛烷值。

表 4-1-10　纯组分的研究法和马达法辛烷值

组　　成	*RON*	*MON*
烷烃		
正庚烷	0.0	0.0
2-甲基己烷	42.4	46.3
3-乙基戊烷	65.0	69.3
2，4-二甲基戊烷	83.1	83.8
2，2，4-三甲基戊烷	100.0	100.0
芳烃		
甲苯	120.1	103.2
乙苯	107.4	97.9
异丙苯	113.0	99.3
1-甲基-3-乙苯	112.1	100.0
1，3，5-三甲苯	>120	>120

纯烃组分或烃类混合物的辛烷值通过将其抗爆性与正庚烷(定义辛烷值为 0)和 2，2，4-三甲基戊烷或异辛烷(定义辛烷值为 100)的各种混合物进行比较来确定。当与组成不同的其他碳氢化合物混合时，碳氢化合物的辛烷值可能不同，此时被称为“调和辛烷值”，并且可能与单组分化合物的实际辛烷值显著不同。表 4-1-11 表明对于某些化合物而言，研究法辛烷值和调和辛烷值之间的差异是显著的。

表 4-1-11 调和辛烷值和研究法辛烷值

组成	*RON*	调和辛烷值
2，2-二甲基丁烷	92.8	89
2-甲基-1-丁烯	102	146
环戊烷	101	141
1，4-二甲苯	117	146

2. 加工去向

重整生成油的下游去向分为两个方向：车用汽油调和组分和生产芳烃，重整反应可通过改变操作温度来选择车用燃料模式和芳烃模式运行，选取哪种操作模式取决于下游处理装置和产品需求。

（1）车用汽油调和组分

车用汽油由多种汽油组分调和而成，包括精制催化裂化汽油、烷基化汽油、异构化汽油以及重整生成油等。部分汽油还含有乙醇，通过添加氧化剂来降低排放量，提高辛烷值。

不同国家和地区的汽油标准有所差异，但均包括降低铅含量，最大限度减少硫、苯、芳烃、烯烃的含量，这些指标限制重整汽油调入比例。例如欧Ⅵ汽油标准限制：芳烃最大允许体积分数为35%，烯烃最大允许体积分数为18%，苯最大允许体积分数为1%。美国环境保护局（EPA）制定了汽油标准，这些标准在美国各州之间存在一些差异。加利福尼亚州（加州）通常是最严格的。由加州空气资源委员会（CARB）设立的车用汽油有以下限制：芳烃最大允许体积分数为35%，一般限值为25%，平均限值为22%；苯最大允许体积分数为1.1%，一般限制为0.8%，平均限值为0.7%；烯烃最大允许体积分数为10%，一般限制为6%，平均限值为4%；乙醇最大允许体积分数为10%，雷氏蒸气压为6.4~7.2 psi以及硫含量小于20mg/kg。值得注意的是，到2017年，由美国EPA制定的TIER 3排放标准中，硫含量的最大允许值已经被限定为10mg/kg。

我国对汽油中苯和芳烃的要求见表4-1-12。

表 4-1-12 国标汽油中苯和芳烃指标

汽油标准	国Ⅲ	国Ⅳ	国Ⅴ	国ⅥA	国ⅥB
苯/%(体)	1	1	1	0.8	0.8
芳烃/%(体)	40	40	40	35	35

（2）生产芳烃

大约1/3的重整装置产能用于生产苯、甲苯和二甲苯，主要为生产对二甲苯的装置提供富含芳烃的原料。

苯主要用于生产乙苯、异丙苯和环己烷。由乙苯脱氢生成苯乙烯，苯乙烯进一步制得塑料和聚合物。由异丙苯制得苯酚进一步制得树脂和黏合剂。环己烷用于生产尼龙。多数重整装置生产混合芳烃，然后再将其转化和提纯苯。有一些催化重整装置专门用于苯的生产，该工艺对苯具有很高的选择性。

甲苯是涂料、油漆、橡胶、油墨、黏合剂、硅酮密封剂、聚氨酯泡沫中常用的溶剂，并且是生产TNT的原料。

C_8芳烃中最有价值的是对二甲苯，用于制备聚酯。对二甲苯可转化为精对苯二甲酸（PTA），聚合得到聚对苯二甲酸乙二醇酯（PET）。大约2/3PET用于生产长丝和短纤维；1/3用于生产PET瓶、包装物和薄膜。

五、重整抽余油

1. 性质特点

抽余油指催化重整生成油经芳烃抽提后剩余的混合馏分，为无色、透明的液体，沸程在35~130℃之间，其密度与一般油品类似，相对密度约为0.7。重整抽余油极其容易挥发，燃点低，与水溶解性很差，几近不溶，而与绝大多数的有机溶剂，如氯仿、乙醇、乙醚等可以混溶。

2. 加工去向

（1）作乙烯裂解原料

重装抽余油辛烷值较低，可以用作汽油的调和组分或作为乙烯裂解的原料。

（2）生产溶剂油

重整抽余油由于其芳烃含量、硫含量、氮含量、重金属含量极低、沸程宽，容易蒸馏切割，可制备溶剂油。以某厂重整抽余油为例，抽余油组成见表4-1-13。可以看出，正己烷、异己烷、甲基环戊烷、正庚烷等具有高附加值组分的含量较高，其中，120#溶剂油馏分含量高达28%，而在120#溶剂油中可抽提出正庚烷与甲基环己烷等经济价值极高的精细化学品原料。表4-1-14为重整抽余油的性质示例。

表4-1-13　重整抽余油组成

组成	含量/%（质）	组成	含量/%（质）
C_5	1.14	正庚烷	5.87
异己烷	22.4	甲基环戊烷	2.30
烯烃	1.32	120#溶剂油	28.19
苯	0.008	>120#重组分	29.09
正己烷	9.68		

表4-1-14　重整抽余油性质

项目	单位	数值	项目	单位	数值
密度（20℃）	kg/m^3	670.6	馏程		
硫含量	mg/kg	0.5	初馏点	℃	61.8
烯烃	%（体）	0	10%	℃	71.9
芳烃	%（体）	0.7	50%	℃	78.2
RON		61	90%	℃	98.2
MON		60.8	终馏点	℃	121
蒸气压	kPa	50			

（3）生产精细化工品

重整抽余油经过加氢精制、精馏，得到高附加值的精细化工产品，比如在精细化工行业应用较多的正己烷及其异构体甲基环戊烷、正庚烷及其异构体甲基环己烷等。

正己烷的主要用途是溶剂，它是一种非常具有代表性的烃类、非极性溶剂，使用范围广、用量大。正己烷由于具备良好的清洗能力，用作电子电工及印刷行业中的清洗剂、脱脂剂。在食用油加工行业中作为浸出剂，在塑料制造业作为丙烯、乙烯聚合用溶剂，精油稀释剂，橡胶糊用剂，制造农药以及萃取过程中的萃取剂等，另外，在液相色谱中也作为非极性标准液使用。

正己烷产品按其含量的高低进行区分，其产品用途由其规格决定。根据正己烷产品纯度的高低，可将正己烷产品分为以下 3 类，具体见表 4-1-15。

表 4-1-15　正己烷分类

类别	含量/%(质)
植物油用抽提级	≥60
橡胶用医药级	≥80
高纯正己烷	97/99

不同纯度的正己烷产品主要用途有所差异，含量为 60%的正己烷用作食品加工行业的食用油浸出溶剂，含量为 70%的正己烷用作橡胶和涂料溶剂、医药工业抽提溶剂，含量为 80%的正己烷用作医药中间体合成试剂、不同油脂类及精油类的萃取溶剂。高浓度正己烷(≥90%)主要用作化学试剂、液相色谱检测标准液等。

甲基环戊烷可用作有机合成溶剂、气相色谱分析标准溶剂，在罐装喷漆、汽车车身抛光剂、一般性能的密封胶、洗衣粉制剂、润滑脂、润滑油、油漆和清漆剂、油漆稀释剂、合成树脂及橡胶胶黏剂、防水化合物等。

正庚烷与正己烷一样，也是一种非常有代表性的非极性溶剂，广泛应用在橡胶工业、油脂萃取、涂料助剂和涂料添加剂、有机合成的中间体、溶剂清洗剂、印刷用清洗溶剂、橡皮胶合剂。高纯正庚烷作为燃料，可用来测定市售汽油的辛烷值，还可用来制备其他常用有机合成实验试剂。

甲基环己烷作为一种重要的有机溶剂以及性能良好的萃取溶剂，已经广泛用于塑料和橡胶制品、燃料和燃料添加剂、清漆、油脂及胶黏剂和密封剂等行业，还可作为标准物校正温度计的标准温度。

六、加氢裂化石脑油

1. 性质特点

表 4-1-16 为加氢裂化典型原料的基本性质，表 4-1-17 和表 4-1-18 是加氢裂化轻、重石脑油的性质。

表 4-1-16　加氢裂化装置典型原料性质

原料	减压蜡油	减压蜡油	减压蜡油	减压蜡油+柴油
装置规模/(Mt/a)	1.8	1.2	2.6	3.16
流程特点	双剂串联 一次通过	双剂串联 尾油全循环	两段全循环 (中间馏分油型)	两段全循环 (石脑油型)

续表

原料	减压蜡油	减压蜡油	减压蜡油	减压蜡油+柴油
密度(20℃)/(g/cm³)	0.9181	0.8945	0.9255	
馏程/℃(TBP)				
初馏点	178	279	330	174
5%	322		351	
10%	353	339	373	207
50%	463	430	438	334
90%	512	512	490	504
终馏点	550	559	530	564
金属含量			1	
硫/%(质)	2.88	1.21	2.96	1.79
氮/%(质)	0.066	0.08	0.087	0.0424
残炭/%	0.16	0.15	0.3	

表 4-1-17　加氢裂化装置轻石脑油产品典型性质

原料	减压蜡油	减压蜡油	减压蜡油	减压蜡油+柴油
装置规模/(Mt/a)	1.8	1.2	2.6	3.16
流程特点	双剂串联 一次通过	双剂串联 尾油全循环	两段全循环 (中间馏分油型)	两段全循环 (石脑油型)
馏程范围/℃	$C_5 \sim C_8$	$C_5 \sim C_8$	$C_5 \sim C_8$	$C_5 \sim C_8$
馏程/℃				
初馏点	26	26	32	38
10%	29	29	41	51
30%	31	31	49	56
50%	35	35	54	60
70%	41	41	63	66
90%	54	54	74	71
终馏点	63	63	88	84
族组成/%(质)				
烷烃	83.5			
环烷烃	14.4			
芳烃	2.1			

续表

原料	减压蜡油	减压蜡油	减压蜡油	减压蜡油+柴油
密度(20℃)/(g/cm^3)	0.6599			
硫含量/(mg/kg)	<1	<1		<5
氮含量/(mg/kg)	0.5	0.5		<1

表 4-1-18　加氢裂化装置重石脑油产品典型性质

原料	减压蜡油	减压蜡油	减压蜡油	减压蜡油+柴油
装置规模/(Mt/a)	1.8	1.2	2.6	3.16
流程特点	双剂串联 一次通过	双剂串联 尾油全循环	两段全循环 (中间馏分油型)	两段全循环 (石脑油型)
馏程范围/℃	65~175	65~175	C_6~149	85~174
馏程/℃				
初馏点	67	69	97	87
10%	99	85	108	106
30%	113	99	115	115
50%	127	122	122	124
70%	141	127	131	133
90%	161	149	143	150
终馏点	172	163	159	180
族组成/%(质)				
烷烃	32.4			41.9
环烷烃	55.4			55.2
芳烃	12.2			2.9
密度(20℃)/(g/cm^3)	0.7576	0.7409	0.7451	0.7380
硫含量/(mg/kg)	0.5	0.5	2~5	<0.5
氮含量/(mg/kg)	0.5	0.5	0.5	<0.5

2. 加工去向

(1) 加氢裂化轻石脑油

如表 4-1-19 所示，加氢裂化轻石脑油中主要是 C_5 和 C_6 组分。直馏轻石脑油中正构烷烃质量分数最高，为 46.64%，其次是异构烷烃，质量分数为 43.54%，环烷烃和芳烃质量分数较低，分别为 8.45%和 1.37%，*RON* 较低，仅为 67.1；加氢裂化轻石脑油中异构烷烃质量分数较高，为 75.08%，其次是正构烷烃，质量分数为 15.41%，环烷烃和芳烃质量分数较低，分别为 7.76%和 1.03%。由于异构烷烃含量较高，其辛烷值较高，*RON* 为 81.2。由于加氢裂化轻石脑油中的异构烷烃较高，因此在许多炼油厂中，加氢裂化轻石脑油被直接用作汽油调和组分。

表 4-1-19　直馏轻石脑油和加氢裂化轻石脑油组成和 *RON*

项　目	直馏轻石脑油	加氢裂化轻石脑油	项　目	直馏轻石脑油	加氢裂化轻石脑油
组成/%(质)			组成/%(质)		
正丁烷	0.63		2，2-二甲基丁烷	1.28	13.70
正戊烷	24.94	13.70	2，3-二甲基丁烷	2.59	0
异戊烷	17.46	30.26	甲基环戊烷	6.51	7.42
环戊烷	1.94	0.34	苯	1.37	1.03
正己烷	21.07	1.71	2，2-二甲基戊烷	0.57	
2-甲基戊烷	13.02	6.16	*RON*	67.1	81.2
3-甲基戊烷	8.62	25.68			

轻石脑油中主要的 C_5、C_6 组分进行蒸汽裂解的烯烃收率见表 4-1-20，正己烷裂解的乙烯收率可以达到 39.3%，而 2-甲基戊烷裂解的乙烯收率为 24.2%，二者相差 15.1 个百分点；2，3-二甲基丁烷裂解的乙烯收率更低，仅为 16.0%，与正己烷相差 23.3 个百分点。由此可见，正构烷烃裂解的乙烯收率比相同碳数异构烷烃裂解的乙烯收率高，同时，随着甲基侧链数的增加，异构烷烃裂解的乙烯收率明显降低。蒸汽裂解原料的裂解性能与原料的族组成密切相关。

表 4-1-20　轻石脑油各主要组分进行蒸汽裂解时的烯烃收率　%(质)

原　料	乙烯	丙烯	丁二烯
正戊烷	41.8	16.8	4.2
正己烷	39.3	17.3	5.0
2-甲基戊烷	24.2	28.6	4.4
2，3-二甲基丁烷	16.0	31.8	3.7
环己烷	37.0	11.0	8.8
甲基环戊烷	18.3	33.2	7.8

通过对轻石脑油各组分 *RON* 和裂解性能的分析可知，轻石脑油中的低碳直链烷烃最适合用作蒸汽裂解原料，而异构烷烃更适合用作汽油调和组分。由于加氢裂化轻石脑油的异构烷烃含量较高，如果对其进行正异构烷烃吸附分离，则分离出的非正构组分辛烷值进一步提升，正构组分可作为蒸汽裂解原料，提高乙烯收率。

(2) 加氢裂化重石脑油

加氢裂化重石脑油主要作为重整装置原料。加氢裂化重石脑油芳烃潜含量一般为 55%～60%，远高于直馏石脑油(35%～40%)，是很好的重整原料。其中，单程转化加氢裂化工艺的重石脑油芳烃潜含量更高。

加氢裂化工艺是炼化一体化的核心装置，但氢耗高、加工成本高，而催化重整可富产大量的廉价氢气。加氢裂化-催化重整组合工艺可以弥补加氢裂化工艺加工成本高的缺点，通过加工蜡油和高芳潜含量的重石脑油，可提供80%左右的化工原料。

七、焦化石脑油

1. 性质特点

焦化石脑油的性质与焦化生产过程有关。由于原料渣油中存在天然的表面活性剂，容易形成大量泡沫，对生产过程有诸多不利影响。为了消泡和抑泡，在生产过程中加入了大量消泡剂。这些消泡剂通常含有1%~10%的硅，消泡剂在焦化过程中部分裂解后形成环硅氧烷，大部分进入了馏程较低的焦化石脑油，导致其中硅含量达到10mg/kg以上。

此外，焦化石脑油含有大量的烯烃、二烯烃、焦粉，实际胶质含量也较高。如安庆石化公司焦化石脑油烯烃体积分数达到29.6%，二烯烃体积分数达到5%，实际胶质达到0.15mg/mL；金陵石化公司焦化石脑油烯烃体积分数达到38.6%，二烯烃体积分数达到3.3%，实际胶质达到0.12mg/mL。这些数值都大大高于同等馏程的直馏石脑油。

焦化石脑油馏程较低，因此，其含硫组分主要是容易脱除的硫醇硫和噻吩硫。一般硫醇硫占50%左右，噻吩硫占40%左右，硫醚和二硫化物含量较少。

表4-1-21为不同原料焦化石脑油的性质。随着馏分变重，焦化石脑油硫、氨及芳烃含量逐步增加，而烯烃含量分布规律则相反，馏分越轻，烯烃含量越高。因此，焦化石脑油需要经过加氢后进一步利用。

表4-1-21　几种减压渣油焦化石脑油馏分性质

原料油	中东混合减压渣油	塔里木混合减压渣油	胜利减压渣油	鲁宁管输减压渣油	辽河减压渣油	大庆减压渣油
密度(20℃)/(g/cm³)	0.7270	0.7350	0.7329	0.7413	0.7401	0.7414
溴值/(gBr/100g)	80	80	57	53	58	7.27
硫/(mg/kg)	7000	3000		4200	1100	100
氮/(mg/kg)	110	150		200	330	140
辛烷值(马达)			61.81	62.4	60.8	58.5
馏程/℃						
初馏点	48	56	54	57	57	58
10%	74	87	84	91	88	89
50%	117	125	119	129	128	129
90%	159	157	159	167	164	162
终馏点	181	180	184	192	201	192

2. 加工去向

焦化石脑油的辛烷值较低，仅为60左右；溴价高，为40~80gBr/100g；安定性差，易变色，胶质含量高、抗爆性不好。加氢精制后焦化石脑油安定性可以改善。焦化石脑油馏分中正构烃含量较高并富含烷烃，干点为200~230℃的焦化石脑油 *PONA* 值显示其链烷烃含量高，因此，经过加氢精制饱和烯烃及除去有害杂质后的焦化石脑油是优质的乙烯裂解原料。延迟焦化操作循环比的变化对延迟焦化石脑油的辛烷值的影响不大。

八、预加氢石脑油

催化重整所用的贵金属催化剂对硫、氮、砷、铅、铜等杂质非常敏感，烯烃和水也影响其活性。另外，催化重整原料油的馏程通常需要根据重整反应的要求进行切割，因此，催化重整原料油在进入重整反应系统之前需要进行原料预处理，以切取合适的馏分和除去有害的杂质。经过加氢分馏后不作为重整原料的石脑油，即为预加氢石脑油，可以作为乙烯裂解原料或汽油调和组分。

九、催化汽油

汽油是催化裂化的主要产品，质量收率通常为原料油的38%~54%，一般规律为石蜡基原料收率高于中间基原料收率，渣油原料收率低于馏分油原料收率。

催化汽油的主要组分为异构烷烃、异构烯烃和芳烃，生产工艺和原料对汽油的组成有很大的影响，对辛烷值、蒸气压、实际胶质和诱导期等性质也有重要影响，表4-1-22为采用不同工艺技术的催化裂化汽油性质。

表4-1-22 采用不同工艺技术的催化裂化汽油性质

原料	大灰蜡油+大庆渣油		卡宾达渣油		苏北常压渣油	大灰蜡油+渣油+焦化蜡油	常压渣油+加氢尾油
工艺技术	RFCC	MIP	RFCC	MIP-CGP	ARGG	TSRFCC	DCC-Ⅰ
密度/(g/cm³)	0.703	0.707	0.7194	0.71317	0.7113	0.7208	0.82
馏程/℃							
初馏点	44	42			41		42
50%	80	77			86		129
终馏点	180	196	203	202	192	201	187
辛烷值							
RON	89.2	90.9	92.6	93.6	92.1	90.9	99
MON	79.1	80.3		81.9	80.5		87
诱导期/min	412	>637	540	928	535		
烯烃/%(体)	40.10	28.9	39.9	17.8		38	10.4
芳烃/%(体)	9.4	12.2	21.2	27.2		24.5	75.1

十、催化裂解汽油

重油深度催化裂解工艺技术（DCC）由中国石化石油化工科学研究院开发，以重质油为原料，采用特殊配方的专用催化剂，在提升管内进行催化裂解反应，生产乙烯、丙烯，同时产催化裂解汽油。催化裂解是将大分子烷烃和环烷烃转化为分子质量较小的烯烃，而芳烃一般很难发生裂解反应，这部分芳烃会存在于催化裂解汽油馏分中（占催化裂解汽油质量分数的 40%~80%），因此，催化裂解汽油是很好的芳烃抽提原料。表 4-1-23 为典型催化裂解汽油性质，可以看出催化裂解汽油主要为 $C_5 \sim C_9$ 馏分，苯、甲苯和二甲苯质量分数超过 50%。

表 4-1-23　典型催化裂解汽油性质

项目	数值	项目	数值
密度/（g/cm^3）	0.83	砷/（ng/g）	413
馏程/℃	45~170	≤C_5馏分/%（质）	10.66
双烯/（gI/100g）	18.23	$C_6 \sim C_8$馏分/%（质）	71.32
溴价/（gBr/100g）	78.04	≥C_9馏分/%（质）	11.32
硫含量/（mg/kg）	283	BTX/%（质）	54.38

催化裂解汽油组分复杂，富含芳烃、环烷烃、烯烃和一定量的二烯烃，需通过加氢脱硫脱氮烯烃饱和，然后通过芳烃抽提技术分离出合格的芳烃产品。

催化裂解汽油中的环烷烃、芳烃和烯烃均易溶于环丁砜，难以分离；单独使用芳烃抽提装置，环烷烃在原料中占比大，需要通过大量的溶剂和回流将环烷烃和芳烃分离，同时考虑催化裂解汽油原料处理量和投资经济性，单独处理并不适宜。将加氢后的催化裂解汽油和重整生成油一同送入芳烃抽提装置，借助现有装置，降低分离的难度，可提高产品附加值。

十一、烷基化油

烷基化油是由烷基化装置生产的一种多支链烷烃混合物，具有辛烷值高、蒸气压低、低硫、无芳烃、无烯烃等诸多优点，是优良的航空汽油和车用汽油的理想调和组分。

烷基化工艺根据采用催化剂的不同分为氢氟酸烷基化和硫酸烷基化。这两种烷基化技术都有长远的发展历史，技术成熟，各具特点，已有装置的生产能力也大体相当，但两种工艺均有易腐蚀、易危害人健康和污染环境等缺点。为克服上述缺点，固体酸烷基化技术正成为研究重点。

1. 原料质量对烷基化油的影响

烷基化工艺对原料的基本要求包括烷烯比和杂质含量两个方面：

烷/烯比是指进入烷基化装置新鲜原料中异丁烷与烯烃的摩尔比。由于烷基化反应是等摩尔比反应，异丁烷与烯烃的理论摩尔比应为 1∶1，但由于少量异丁烷不可避免地会随正丁烷及烷基化油带出装置，因此，要求进装置新鲜原料中异丁烷与烯烃的摩尔比不得低于

1.05(质量比约为1.098)。

原料杂质是指混合C_4馏分原料中对酸耗影响大的组分，如水分、丁二烯、含氧化合物等。一般原料中对杂质的要求见表4-1-24。

表4-1-24 烷基化工艺对原料杂质的要求

项目	质量要求	项目	质量要求
水分	不含游离水	硫化物	越低越好，一般20~100mg/kg
丁二烯含量	以≤100mg/kg为宜	甲醇	≤50mg/kg
含氧化合物	含量越低越好		

2. 原料组成对产品的影响

原料中影响烷基化油产品质量的主要组成为烯烃，不同的烯烃会对烷基化油的辛烷值有一定的影响，表4-1-25为烯烃对产品辛烷值的影响。

表4-1-25 烯烃对产品辛烷值的影响

项目	氢氟酸法		硫酸法	
	RON	*MON*	*RON*	*MON*
1-丁烯	90~91	88~89	97~98	93~94
2-丁烯	96~97	92~93	97~98	93~94
异丁烯	94~95	91~92	90~91	88~89
丙烯	91~93	89~91	89~92	88~90
戊烯	90~92	88~89	89~92	88~90

3. 烷基化产品性质

烷基化装置的主要产品为烷基化油，其他副产品包括丙烷、丁烷等，产品性质见表4-1-26。

表4-1-26 烷基化装置产品性质

项目	单位	数值	项目	单位	数值
密度(20℃)	kg/L	0.69~0.70	丙烷	%(质)	>75
雷氏蒸气压	kPa	35~50	异丁烷	%(质)	<25
研究法辛烷值		93~97	正丁烷	%(质)	>85
马达法辛烷值		90~94	异丁烷	%(质)	<5
干点(硫酸法)	℃	202	C_{5+}	%(质)	<10
干点(氢氟酸法)	℃	197			

十二、轻烃非临氢改质石脑油

轻烃非临氢改质是利用改性沸石分子筛催化剂，将 C_4液化气、拔头油、油田轻烃等低分子烃，通过裂化、齐聚、芳构等反应，转化为苯、甲苯、二甲苯或汽油等轻质芳烃的技术。20 世纪 80 年代以来，国内外相关单位，对该工艺技术进行了大量研究，形成了不同的轻烃芳构化工艺技术。石科院开发的轻烃芳构化系列技术，以饱和液化气、混合 C_4、轻石脑油等为原料，采用择形分子筛催化剂的固定床或移动床工艺技术，其最大特点是原料无需精制，反应无需临氢，产品可以根据市场需求灵活调节。根据产品类型，芳构化技术可分为汽油型、芳烃型和丙烷型技术。

汽油型芳构化技术采用固定床反应器，主要产品是 *RON* 为 80~93 的汽油组分，副产品为饱和液化气(丙烷、丁烷)和少量的干气。

芳烃型芳构化技术采用移动床反应器，主要产品为芳烃质量分数达 98%以上的混合芳烃，其中 BTX 占 90%以上，副产品为氢气、甲烷、乙烷和丙烷。

丙烷型芳构化技术采用固定床或移动床反应器，主要产品为丙烷，副产混合芳烃和少量干气。

1. 汽油型芳构化技术

表 4-1-27 和表 4-1-28 分别列出了以不同 C_4为原料及石脑油掺 C_4的汽油型芳构化结果。由表 4-1-27 可见，以不同 C_4为原料的汽油型芳构化的主要产品为 *RON* 在 92.8~99.6 的汽油组分，另一种主要产品为饱和液化气，可以作为车用液化气，也可以作为蒸汽裂解原料。

表 4-1-27　以不同 C_4为原料的汽油型芳构化结果

项目	单位	醚后 C_4	催化裂化 C_4	重 C_4
原料中丁烯	%(质)	53.9	72.8	89.1
产物质量收率				
干气	%	0.39	0.41	0.58
液化气	%	56.98	49.75	46.17
C_{5+}汽油	%	42.63	49.84	53.25
C_{5+}汽油 *RON*	%	92.8	95.6	99.6

表 4-1-28　以石脑油掺炼 C_4为原料的汽油型芳构化结果

项目	单位	原料掺 C_4/%(质)		
		0	15.77	36.85
干气和损失收率	%(质)	0.64	1.06	1.42
液化气收率	%(质)	25.15	23.83	31.92
C_{5+}汽油收率(对进料)	%(质)	74.21	75.11	66.66
C_{5+}汽油收率(对石脑油)	%	74.21	89.18	105.56

续表

项目	单位	原料掺 C_4/%(质)		
		0	15.77	36.85
C_{5+}汽油性质				
研究法辛烷值		86.3	89.7	87.5
硫	%(质)	0.005	0.011	0.010
芳烃	%(质)	25.7	33.4	28.3
烯烃	%(质)	0.5	1.0	2.1
饱和烃	%(质)	73.8	65.6	69.6

由表4-1-28可见，以直馏石脑油及掺入C_4为原料，芳构化的主要产品为汽油和饱和液化气。随着掺入C_4原料比例的增加，汽油辛烷值不断提高，相对于石脑油进料，汽油收率可以超过100%。也就是说，通过掺入C_4中的烯烃来提高汽油的辛烷值；饱和液化气产品既可作为车用液化气，也可以作为蒸汽裂解原料。

汽油型芳构化技术于2003年8月在扬州石油化工厂完成首次工业应用，以直馏石脑油和C_4为原料，汽油产品的收率达到74%，*RON*达到85以上，干气产率低于2%。催化剂单程运转周期在3个月以上，总使用寿命超过3年。该技术为轻石脑油和C_4馏分的升值利用开辟了一条新的途径，已在国内30余套工业装置上得到推广应用。

2. 芳烃型芳构化技术

石科院研发了三代芳烃型芳构化催化剂及技术，以轻烯烃和C_3以上烷烃，包括炼厂气、液化气、混合C_4、裂解C_5及油田轻烃等为原料。第三代技术采用固定床或移动床反应形式，反应温度为480~550℃，反应压力为0.2~0.5MPa，质量空速为0.5~1.5h^{-1}，主要产品为苯、甲苯和二甲苯，副产氢气、优质液化气及燃料气。第三代技术已经实现工业化。

表4-1-29给出了C_4芳构化的液体产品典型组成。C_4芳构化的芳烃分布与催化重整的芳烃分布不同，主要产品为甲苯，其次为苯和二甲苯。此技术特别为蒸汽裂解原料轻质化导致的芳烃供给结构的变化提供了技术解决方案。

表4-1-29 C_4芳构化的液体产品典型组成

组分	收率/%(质)	组分	收率/%(质)
C_5	0.10	乙苯	2.28
C_6	0.02	二甲苯	19.93
苯	22.11	C_{9+}芳烃	9.51
甲苯	46.05		

3. 丙烷型芳构化技术

石科院研发的丙烷型芳构化技术可以丁烷或C_5~C_6轻石脑油为原料，产品为丙烷、混合芳烃和少量干气(见表4-1-30)。反应条件为：非临氢，反应温度为360~420℃，反应压力为0.3~1.0MPa，质量空速为0.5~1.0h^{-1}。反应器可以是固定床或移动床。

表 4-1-30　丙烷型芳构化技术的产物分布

项目	收率/%(质)	
	丁烷	C_5~C_6轻石脑油
H_2	0.21	0.22
C_1	1.03	1.53
C_2	4.99	4.43
C_3	73.83	65.43
C_4	0.58	0.40
C_5	4.30	5.77
苯	1.13	1.70
其他 C_6	1.09	1.73
甲苯	3.95	5.91
其他 C_7	0.25	0.35
二甲苯	4.33	5.29
其他 C_8	0.06	0.11
C_{9+}芳烃	4.25	6.13

第二节　典型石脑油馏分加工路线案例

一、重整加工路线

1. 工艺技术概况

催化重整装置将石脑油转变成富含芳烃的高辛烷值汽油(重整汽油)，或者苯、甲苯及二甲苯等化工原料，并副产大量氢气。连续重整联合装置包括预处理、连续重整、催化剂再生、PSA 氢提纯、重整油分馏以及装置内公用工程系统。本装置的原料主要包括常减压的初顶石脑油和常顶石脑油以及高压加氢重石脑油和中压加氢重石脑油等。PSA 单元的原料包括重整产氢、高压加氢装置低分气、柴油加氢尾氢、膜分离氢气等。主要产品包括混合二甲苯、高辛烷值汽油调和组分、C_6馏分、高纯氢、戊烷、液化气、拔头油、重组分、解吸气、含硫燃料气和含硫污水等。

2. 原料预处理及主要原料

(1) 原料预处理

催化重整所用的贵金属催化剂对硫、氮、砷、铅、铜等杂质非常敏感，烯烃和水也影响其活性，这些杂质是催化剂的毒物，可使催化剂暂时或永久性失活。因此，催化重整对原料中杂质的含量要求非常严格。另外，催化重整原料油的馏程通常需要根据重整反应的要求进行切割，因此，催化重整原料油在进入重整反应系统之前需要进行原料预处理，以切取合适的馏分和除去有害的杂质。原料预处理通常包括预分馏、预加氢、汽提塔三个部分。

1）原料预分馏。

馏程是炼油厂对重整原料油进行控制的一个重要参数。按照一般炼油厂的加工流程，石脑油的终馏点由上游装置的蒸馏塔控制，石脑油的初馏点由预分馏塔控制。重整装置目的产品不同，要求原料油的馏程也不同。为了提高重整装置的经济性，需要通过原料预分馏切割合适的馏分。

2）原料预加氢。

预加氢是在催化剂和氢的作用下，将原料油中的硫、氮、氧化合物等有机杂质转化为硫化氢、氨和水等无机杂质，同时使有机金属化合物分解沉积在催化剂上，以除去重整催化剂的毒物，如果原料油中砷含量和氯含量超高，则需设置专门的脱砷和脱氯设施。

3）汽提塔。

预加氢反应的液体产物中溶解有反应生成的硫化氢、氨和水，需要通过汽提塔脱除。

经过原料预处理后，制备出馏程和杂质含量都能满足要求的重整原料。

（2）主要原料

炼油厂可以作为催化重整原料的有直馏石脑油、加氢裂化石脑油，以及经过加氢精制的催化裂化汽油、焦化石脑油、乙烯裂解汽油抽余油等。大部分炼油厂催化重整装置主要加工常减压装置的低辛烷值直馏石脑油和加氢裂化重石脑油。也有些炼油厂，为了提高全厂汽油辛烷值，或得到更多的芳烃资源，将催化裂化汽油、焦化石脑油经加氢精制后也送到催化重整装置进行处理。

1）直馏石脑油。

直馏石脑油是指原油经常压蒸馏后，得到的石脑油沸程范围内的烃类化合物。按其沸程可分为轻直馏石脑油和重直馏石脑油，重直馏石脑油可以作为催化重整进料。

直馏石脑油的数量及性质取决于原油的性质，我国原油普遍偏重，石脑油馏分含量较低。直馏石脑油馏分辛烷值低，而且10%馏出温度偏高，一般只作为重整原料。我国原油的直馏重整原料油，除大庆、新疆油砷含量较高外，其他杂质含量都较少。大庆原油直馏石脑油芳烃潜含量低于40%，其他原油直馏石脑油的芳烃潜含量均在45%左右。

2）二次加工石脑油。

除直馏石脑油外，可作为催化重整装置原料的还有加氢裂化石脑油、焦化石脑油、乙烯抽余油等二次加工石脑油馏分。

① 加氢裂化石脑油。

加氢裂化石脑油的密度与直馏石脑油的密度相差不大。由于经过了加氢，烯烃基本被饱和，硫、氮及其他杂质含量均能满足重整进料要求，可不经过预加氢直接作为催化重整进料，是理想的重整原料。表4-2-1和表4-2-2为一种典型的加氢裂化石脑油的性质及组成。

表4-2-1　一种典型的加氢裂化石脑油的性质

密度(20℃)/(kg/cm^3)	738.6				
馏程/℃	初馏点	10%	50%	90%	终馏点
	83	95	115	144	157

表 4-2-2 一种典型的加氢裂化石脑油的组成

族组成	烷烃(P)数/%(质)	环烷烃(N)/%(质)	芳香烃(A)/%(质)
C_5	7.47	0.15	0.00
C_6	8.97	4.59	0.17
C_7	8.83	7.55	1.49
C_8	14.11	12.61	0.62
C_9	11.26	11.13	0.27
C_{10}	6.72	2.78	0.02
C_{11}	1.20	0.04	0.00
合计	58.56	38.86	2.58

② 焦化石脑油。

焦化石脑油由延迟焦化装置生产。与直馏石脑油和加氢裂化石脑油相比，焦化石脑油中硫含量较高，且变化较大，约为直馏石脑油硫含量的 10~20 倍。另外，焦化石脑油中氮含量也比较高，有时高达上百毫克每千克。烯烃含量较高且变化较大，溴价在 40~60gBr/100g。因此，焦化石脑油必须经过加氢处理，才能作为重整装置的合格原料。焦化石脑油除了杂质含量和烯烃含量较高外，原料环烷烃含量少，芳烃潜含量也很低，不是理想的重整原料。表 4-2-3和表 4-2-4 为一种典型的加氢焦化石脑油的馏程及组成。

表 4-2-3 一种典型的加氢焦化石脑油的性质

密度(20℃)/(kg/cm^3)	722.4						
馏程/℃	初馏点	10%	30%	50%	70%	90%	终馏点
	80	95	113	127	140	157	180

表 4-2-4 一种典型的加氢焦化石脑油的组成

族组成	烷烃(P)/%(质)	环烷烃(N)/%(质)	芳烷烃(A)/%(质)
C_3	0.08	0.00	0.00
C_4	4.29	0.00	0.00
C_5	12.29	0.00	0.00
C_6	12.06	0.94	0.00
C_7	10.34	3.88	0.32
C_8	9.95	5.19	1.20
C_9	8.05	5.54	3.36
C_{10}	7.74	6.95	3.41

续表

族组成	烷烃(P)/%(质)	环烷烃(N)/%(质)	芳烷烃(A)/%(质)
C_{11}	1.74	2.16	0.41
C_{12}	0.03	0.05	0.02
合计	66.57	24.71	8.71

③ 乙烯裂解汽油抽余油。

乙烯裂解汽油经抽提后的抽余油可以作为重整原料。由于在抽提前，裂解汽油需要经过加氢处理，因此，乙烯裂解汽油抽余油中烯烃含量较低，硫、氮杂质含量低于 0.5mg/kg，一般能够满足重整进料的要求。但是考虑到抽提装置操作波动时，抽余油可能携带溶剂等组分，会对重整催化剂造成污染，因此，乙烯裂解汽油抽余油最好先经过预加氢处理后再进入重整装置。裂解汽油抽余油芳烃潜含量较高，是很好的重整原料。表 4-2-5 和表 4-2-6 分别为一种乙烯裂解汽油抽余油的性质和组成。

表 4-2-5 一种乙烯裂解汽油抽余油的性质

密度(20℃)/(kg/cm^3)	747.7				
馏程/℃	初馏点	10%	50%	90%	终馏点
	74	80	89	131	170
硫含量/(mg/kg)	<0.5				
氮含量/(mg/kg)	<0.5				

表 4-2-6 一种乙烯裂解汽油抽余油的组成

族组成	链烷烃/%(质)	环烷烃/%(质)	芳烃/%(质)
C_6	73.09	4.05	0.00
C_7	18.42	1.36	0.00
C_8	2.91	0.17	0.00
合计	94.42	5.58	0.00

3. 典型操作条件

(1) 预加氢

1) 工艺技术。

原料油预分馏是根据重整产物的要求切割一定沸程范围的馏分。根据预分馏塔在预处理系统中的前后位置不同，可以分为先分馏后加氢工艺流程和先加氢后分馏工艺流程。

① 先分馏后加氢工艺。

先分馏后加氢工艺是过去典型的原料预处理工艺，全馏分石脑油先经预分馏塔切除轻组分，塔底物料进入预加氢反应部分处理。采用这种工艺可以降低预加氢反应部分的处理负荷，但是预分馏塔顶的拔头油没有经过加氢处理，含有一定的杂质，因此，该工艺适用于对拔头油中硫、氮等杂质含量要求不高的装置。

先分馏后加氢工艺流程见图4-2-1。直馏石脑油由上游装置泵送进装置，与预分馏塔塔底物换热后进入预分馏塔。根据目的产品要求不同，在预分馏塔塔顶拔出<60℃或<80℃的馏分作为拔头油送出装置。塔底物作为预加氢反应的进料。塔底热源通常为3.5MPa蒸汽或加热炉。

预分馏塔底的直馏石脑油与进料换热并由预加氢进料泵升压后，与从预加氢循环氢压缩机来的氢气混合，经与预加氢产物换热、加热炉加热至反应温度后，进入预加氢反应器。反应产物又经与进料换热、预加氢产物空冷器、预加氢产物后冷器冷却后进入预加氢气液分离罐进行气液相分离。气液分离器顶部的含氢气体返回预加氢循环氢压缩机入口循环使用。气液分离器底部液体与预加氢汽提塔塔底物料换热后送入汽提塔。汽提塔脱除预加氢产物中的硫化氢、氨和水，塔底为合格的重整进料，送往重整反应部分。汽提塔通常采用加热炉加热。

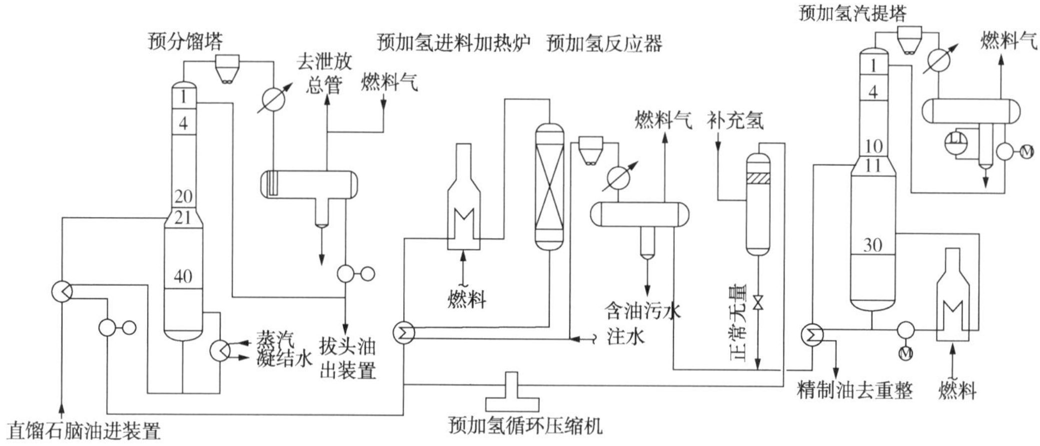

图4-2-1　先分馏后加氢工艺流程

② 先加氢后分馏工艺。

大部分重整装置的拔头油用作化工原料，需要去除拔头油中的杂质。因此，需要对预处理原料油进行全馏分加氢，然后再切除轻组分，即采用先加氢后分馏工艺。采用这种工艺，预加氢反应部分的规模较大，但是原料油全馏分经过加氢处理，可得到清洁的拔头油。因此，目前新建重整装置基本采用先加氢后分馏的原料预处理工艺。

先加氢后分馏工艺根据汽提塔和分馏塔的不同配置方案，又可分为先汽提后分馏和先分馏后汽提两种流程。

a. 先汽提后分馏流程。

这种工艺流程的特点是分馏塔设在汽提塔下游。预加氢反应生成油与汽提塔塔底物料换热后送入汽提塔，以脱除其中的硫化氢、氨和水。汽提塔塔底物料与石脑油分馏塔塔底物料换热后，进入石脑油分馏塔。轻组分从分馏塔塔顶拔出，分馏塔塔底油为合格的重整进料。由于石脑油分馏塔操作压力较低，为了满足重整进料的要求，需要在塔底设置重整进料泵。采用该流程的全部重整进料都进入汽提塔和分馏塔，因此，这两个塔的规格尺寸均较大。

先汽提后分馏流程图见图 4-2-2。

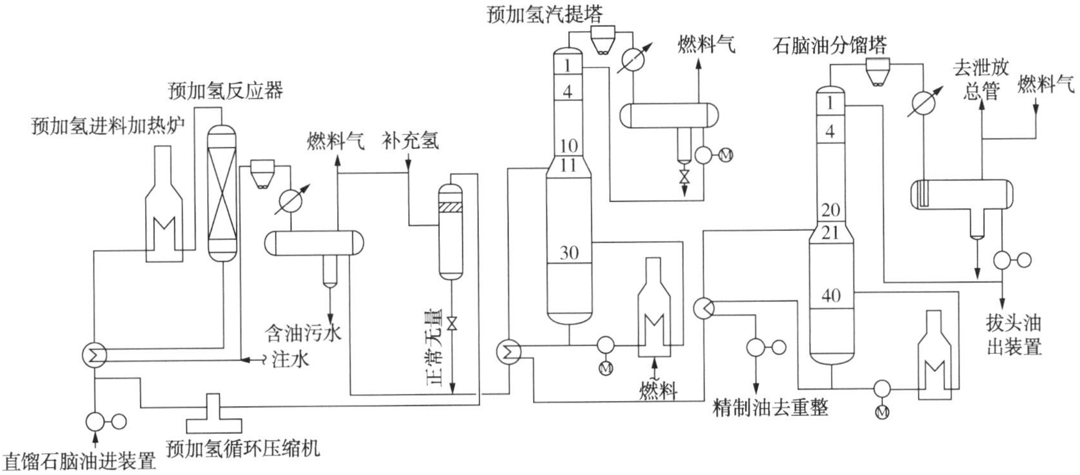

图 4-2-2　先汽提后分馏流程图

b. 先分馏后汽提流程。

这种工艺流程是设置一台汽提分馏塔和一台拔头油汽提塔。汽提分馏塔兼顾了汽提和分馏两个功能，预加氢生成油在汽提分馏塔中进行拔头、脱水、脱硫、脱氨。汽提分馏塔底油为合格的重整进料。汽提分馏塔顶拔出含 H_2S、NH_3、水和拔头油。拔头油再送入拔头油汽提塔，脱除 H_2S、NH_3、水和杂质。拔头油汽提塔为全回流操作，塔底为清洁的拔头油。

这种流程的拔头油汽提塔仅处理拔头油，处理量较小，因此，塔的规格尺寸较小，并且塔底重沸器可用低压蒸汽作为热源，装置投资和能耗低。先分馏后汽提的原则流程见图 4-2-3。

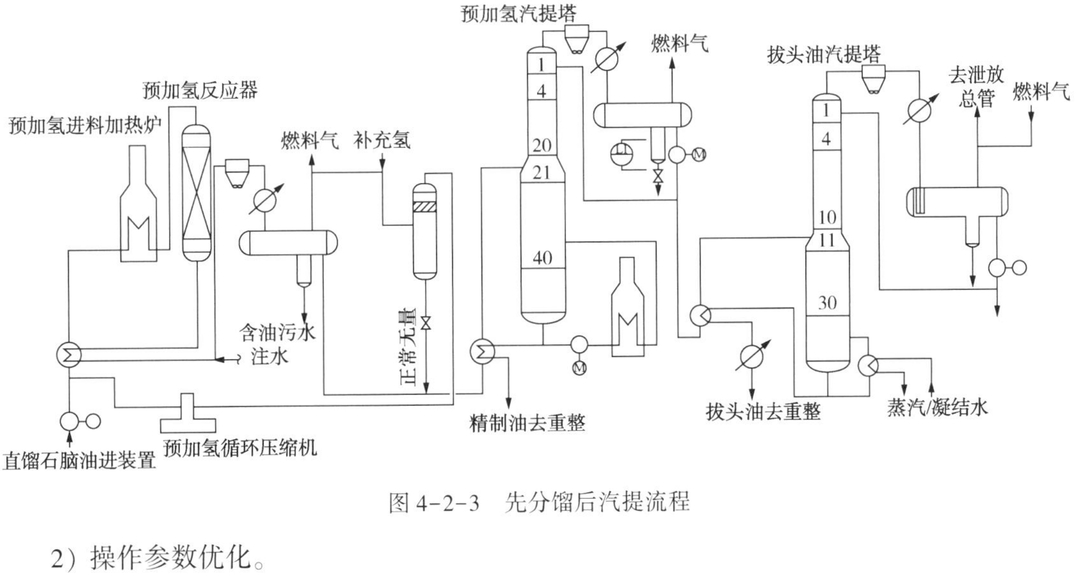

图 4-2-3　先分馏后汽提流程

2）操作参数优化。

影响加氢反应的操作参数主要有温度、压力、氢油比和空速。

① 温度。

加氢反应是放热反应，反应过程中催化剂床层会有一定的温升，烯烃含量越高温升越大。但因重整装置所加工的石脑油杂质含量，尤其是烯烃含量很少，实际温升往往不明显。对于直馏石脑油，提高反应温度，脱硫、脱氮反应速度加快，但是温度过高，催化剂生焦速度加快，会降低催化剂活性。装置开工初期，反应器入口温度通常控制在所需要的最低值。随着装置运转时间增加，催化剂活性逐渐降低，可以通过提高反应温度来补偿。但是，最高反应温度通常不超过340℃，超过此值后，催化剂生焦速度急剧加快。同时，烯烃和 H_2S 反应生成硫醇，使脱硫率降低。

掺有焦化石脑油的原料中含有烯烃，预加氢原料中如果烯烃含量较高，反应过程中会释放大量的反应热，使床层温度难以控制，因此，应该适当控制掺炼的二次加工石脑油数量。

② 压力。

反应压力是预加氢的基本操作参数，影响催化剂的活性。较高的反应器氢分压有利于抑制脱氢反应，促进加氢反应，提高脱硫、脱氮及烯烃饱和率，减少催化剂表面积炭的生成，提高催化剂的稳定性。但是反应压力过高会导致设备设计压力升高从而增加设备投资和操作费用，因此，在装置设计时需要根据原料中杂质含量情况确定适宜的反应压力。对于加工一般的直馏石脑油来说，反应压力通常在2.5MPa(表)。

③ 氢油比。

氢油比表示循环氢量与预加氢进料量的比值，通常定义为循环气中纯氢与液体进料的摩尔比；对于预加氢装置，更常见的是用气油比来表示循环氢量与液体进料量的比值，定义为标准状态下循环气体与液体进料的体积流量的比值。

氢油比的大小直接影响氢分压的高低，反应器内的氢分压越大，对加氢脱硫、加氢脱氮反应越有利，同时可以减缓催化剂表面积炭的生成，延长催化剂的使用寿命。

对于加工一般的直馏石脑油来说，氢油体积比通常为50~120，对于掺炼二次加工石脑油的原料，则需要采用较高的氢油比，在掺炼比不高的情况下，适合的氢油体积比范围为200~300。

④ 空速。

空速是预加氢反应的一个重要参数，表征反应原料与催化剂接触时间的长短，用单位时间内通过催化剂的原料油的量来计量，一般以体积空速(LHSV)或质量空速(WHSV)表示。空速高意味着装置处理能力大，但是空速的选择受反应速率的限制。直馏石脑油中所含硫化物结构相对简单，易于脱除，可以采用较高的空速，一般为 $6 \sim 8h^{-1}$。加工掺炼二次加工石脑油时，由于原料中含有较多的噻吩类硫化物，反应速率相对较慢。如果空速太高，原料油与催化剂接触时间较短，这些硫化物不能完全被脱除。如果要深度脱硫，满足重整进料的要求，则需要采用较低的空速，增加反应时间。

(2) 催化重整

催化重整工艺按其催化剂再生方式不同通常可分为半再生(固定床)和连续再生(移动床)两种类型。

半再生重整工艺就是采用固定床反应器，在较高的反应压力和较高的氢油比条件下操作，必须在停工后对催化剂进行再生。

半再生重整具有工艺流程简单，投资少等优点，但为保持催化剂较长的操作周期，产品辛烷值不能太高，同时重整反应必须维持在较高的反应压力和较高的氢油比下操作，因而重整反应产物液体收率较低，氢气产率也低，并且随着操作周期延长，催化剂活性因结焦逐渐降低，重整产物 C_{5+}液体收率及氢气产率也将逐渐降低，需逐步提高反应温度直至停工对催化剂进行再生。

连续再生重整工艺就是采用移动床反应器，并且设置一套催化剂连续再生系统。在正常操作条件下，催化剂在反应和再生系统连续地循环流动，可把因结焦失活的重整催化剂从反应区连续地输送至再生系统，从再生系统出来的经再生后的新鲜催化剂再被循环输送至反应区。

连续重整增加了一个催化剂连续再生系统，可将因结焦失活的重整催化剂连续进行再生，从而保持重整催化剂活性稳定。重整反应可在低压、低氢油比的苛刻条件下操作，充分发挥催化剂的活性及选择性。重整产物的 C_{5+}液体收率及氢气产率都较高，并且随着操作周期的延长，催化剂的性能基本保持稳定，装置能维持较长的操作周期。由于增加了催化剂连续再生系统，连续重整工艺流程较为复杂，相应投资也高，但产品的辛烷值高，收率高，装置开工周期长，操作灵活性大。

通常装置的规模越大，原料越差，对产品的苛刻度要求越高，连续重整的优越性也就越突出。目前，新建的大型重整装置大都采用连续重整技术。

表 4-2-7 列出了半再生重整和连续再生重整主要操作条件和技术的对比。考虑到半再生重整技术上受到积炭的限制，为了不使操作周期过短，半再生重整的反应苛刻度按 *RON*95 来考虑，连续重整按 *RON*102 考虑。

表 4-2-7 半再生重整和连续再生重整主要操作条件和技术的对比

项目	单位	半再生重整	连续再生重整
原料质量组成			
链烷烃	%	45.2	45.2
环烷烃	%	43.0	43.0
芳烃	%	11.8	11.8
C_{5+}产品辛烷值 *RON*		95	102
体积空速	h^{-1}	1.8	1.8
平均反应压力(表)	MPa	1.2	0.35
反应器压力(表)	MPa	1.0	0.24
氢油分子比		3.3/6.6(一段/二段)	2.2
反应器入口温度	℃	490	530
再接触压力(表)	MPa	2.0	2.0
再接触温度	℃	4	4
催化剂类型		Rt-Re	Pt-Sn
C_{5+}液体收率	%(质)	87.0	89.96
纯氢产率	%(质)	2.60	3.63

从表4-2-7可以看出：由于连续再生重整采用了催化剂连续再生技术，重整反应能在较低的反应压力和氢油比下操作，不仅产品辛烷值高了7个单位，而且可获得更高的液体收率和氢气产率。

① C_{5+}产品液体收率增加2.96个百分点，按重整进料量1Mt/a计算，每年可多产高辛烷值汽油组分29.6kt。

② 纯氢产率增产了约40%，按重整进料量1Mt/a计算，采用连续再生重整技术每年可多产纯氢10kt，并且产氢纯度可提高约2%(体)。

连续再生重整工艺技术包括：

1）顺流式连续重整工艺。

目前，已经工业化的连续重整技术有美国环球油品公司(UOP)和法国石油研究院(IFP/Axens)及国内相关公司开发的技术。

UOP和IFP/Axens连续重整工艺技术反应条件基本相同，水平大致相当，但在反应器布置、再生系统控制方法、催化剂烧焦、还原技术上存在一些差异，在工程上最主要的差别有两点：

① 反应器布置：UOP采用重叠式，IFP/Axens采用并列式；

② 再生回路流程：UOP采用热循环，IFP/Axens采用冷循环。

从工艺角度分析，UOP、IFP/AXENS和国内开发的连续重整专利技术，在本质上是相同的，即催化剂都是“顺流”的，从再生器出来的再生后的催化剂(下称再生催化剂)被提升输送至第一重整反应器，然后依次通过第二重整反应器直至最后一个反应器，从最后一个反应器出来的催化剂上积累一定量的焦炭(下称待生催化剂)，被提升输送至再生器，完成整个催化剂的循环。在这种催化剂的循环中，催化剂在反应器之间的移动方向与反应物流是一致的，即都是从一反至二反直至末反，称之为“顺流”输送。在这种“顺流”输送中，催化剂从一反移至最后一个反应器其焦炭量不断积累，再生催化剂积炭为零，待生催化剂积炭为5%左右；催化剂的活性逐渐降低，一反催化剂活性最高，四反催化剂活性最低。

重整化学反应是在几个(通常为3~4个)反应器中在催化剂的作用下进行的。通过对重整主要化学反应的分析可以看出，有些反应是酸性功能催化反应，而另一些反应则是金属功能催化反应。对于连续重整工艺，随着催化剂从第一反应器向最后一个反应器的“顺流”移动及反应的不断加深，催化剂积炭不断增加，活性下降。重整反应物依次通过一反、二反、三反和四反，相对容易进行的反应，在前面的有高活性催化剂的反应器中进行，而难进行的反应在后面的低活性催化剂的反应器中进行，这种催化剂的循环使反应的难易程度与催化剂的活性不相匹配。

2）逆流式连续重整工艺。

针对现有连续重整反应器中催化剂的活性状态与其进行的反应的难易程度不相匹配的弊病，中国石化开发了逆流连续重整工艺。该工艺有3~4个并列布置的重整反应器和一个再生器，再生器的操作压力介于第一重整反应器和最后一个反应器之间。其反应也是在超低压的条件下进行，特点是催化剂的流动方向与反应物料相反，再生催化剂先提升输送至最后一个重整反应器，再依次输送至前面的反应器，直至第一重整反应器；待生催化剂从第一重整反应器提升至再生器，完成整个催化剂的循环。

因逆流连续重整工艺在每个反应器中催化剂的活性状态与反应的难易程度是相匹配的，所以每个反应器中催化剂的活性都能得以充分发挥，最大的优点就是第四重整反应器床层平均温度降低。加氢裂化反应主要发生在第四重整反应器中，该反应使重整液体收率下降。由于高温有利于该反应的进行，所以，在相同苛刻度的反应（辛烷值相同）条件下，逆流连续重整的液收比顺流式的传统连续重整高。同时因逆流连续重整比顺流重整的催化剂平均活性高，氢产率高。

逆流连续重整在工程方面的特点：

① 反应部分。反应器为单个并列布置，结构简单，制造容易，操作维修方便。

② 催化剂再生部分：

再生器压力介于一反和四反之间，既有利于催化剂的再生，又有利于催化剂的输送。

烧焦区采用二段径向移动床烧焦。通过控制一段烧焦区入口氧浓度及二段烧焦区出口过剩氧以保证烧焦安全。

再生气循环采用脱氯、冷却、干燥、压缩、换热及电加热流程，无热风机。

再生器采用普通不锈钢，不需特殊材质。

再生放空气经脱氯罐或碱洗除去其中的微量氯，减少对环境的污染。

③ 催化剂输送循环部分：

整个催化剂循环输送过程为无阀连续操作过程。

因再生器压力介于一反和四反之间，因此从反应向再生的催化剂提升和从再生向反应的催化剂输送都为“顺差压”输送，即从高压向低压输送。反应器之间的催化剂输送虽呈逆压差，但压差很小，易于处理，不需要设置闭锁料斗。

由反应部分向再生部分的提升气为氮气，由再生器向反应部分的提升气为氢气，各反应器之间的催化剂提升气为氢气。

影响重整反应的参数，除原料油性质和催化剂的性能以外，主要有反应温度、反应压力、空速及氢油比等。这些参数的改变将影响产品质量、产率和催化剂的失活速率。

① 温度。

催化重整的主要反应如环烷烃的脱氢反应和烷烃的环化脱氢反应为强吸热反应。无论从化学平衡还是从反应速度的角度都希望采用较高的反应温度，但温度过高会促进加氢裂化反应等副反应，使液收下降，而且使催化剂上积炭加快。

因为催化重整的主要反应是吸热反应，所以催化剂床层有温降。为了避免温降过大，不使下部催化剂床层的温度降低到催化剂要求的有效反应温度（一般为 390~400℃）以下，采用多段反应，即采用几个反应器串联。在两个反应器之间设置加热炉进行加热以保证所希望的反应温度。根据原料油性质（主要是烃类族组成）不同，一般采用 3~4 段反应。

为了保证一定的操作周期，半再生重整的反应温度低些。在操作初期因催化剂活性高而采用较低的反应器入口温度。根据原料油性质和催化剂的性能不同以及产品辛烷值要求不同，一般为 470~490℃。随着操作周期的延长，催化剂上的积炭逐渐增加，活性逐渐降低。为了弥补催化剂活性的降低，而逐渐提高反应器入口温度直至停工再生。在操作末期反应器入口温度一般为 510~520℃。

环烷烃脱氢等容易发生的反应在前面反应器中进行，而烷烃脱氢环化等相对较难发生的反应在后面的反应器中进行，重整反应器一般采用相同的反应器入口温度，反应器床层平均温度前低后高。连续重整工艺因有催化剂连续再生系统，可将因结焦失活的重整催化剂进行连续再生，从而保持重整催化剂活性稳定，并且随着操作周期的延长催化剂的性能基本保持稳定，使重整催化剂始终保持新鲜状态。因此，连续重整工艺采用较高的温度，并且可长期保持相同的反应器入口温度。根据原料油性质和催化剂的性能不同以及产品辛烷值要求不同，连续重整的反应器入口温度一般都超过500℃，最高可达540℃。

一般重整采用3~4段反应，每个反应器的入口温度不同，床层温度也是变化的，所以常用加权平均温度(或称权重平均温度)来表示反应温度。加权平均温度又分为加权平均入口温度(WAIT)和加权平均床层温度(WABT)两种，其定义如下：

WAIT为各反应器催化剂装量百分数与反应器入口温度乘积之和。

WABT为各反应器催化剂装量百分数与反应器进出口平均温度乘积之和。

② 反应压力。

提高反应压力对环烷烃脱氢、烷烃的环化脱氢等主反应不利，相反的却有利于加氢裂化等副反应。在较低的反应压力下，可得到较高的液收及芳烃产率，同时氢气的产率及纯度也较高。但是较低的反应压力催化剂上积炭速度较快。

半再生重整反应压力较高，主要是为了保证一定的操作周期。目前，国内的半再生重整装置气液分离器的压力大多都在1.0~1.2MPa，反应压力为1.2~1.4MPa。

连续重整因有催化剂连续再生系统，可将重整催化剂上的积炭连续地烧掉，所以可采用较低的反应压力。目前，最新一代的连续重整装置气液分离器的压力在0.25MPa左右，反应压力为0.35MPa左右。

催化重整采用多个反应器串联，每个反应器的入口压力不同，所以常用平均反应压力来表示反应压力。因为最后一个反应器的催化剂藏量接近总催化剂装量的一半，该反应器的入口压力基本代表反应系统的平均压力，所以通常所说的反应压力就是指最后一个反应器的入口压力。

③ 空速。

空速反映了原料油与催化剂接触时间的长短。空速的大小决定了反应器体积的大小和催化剂装填量的多少，是影响装置投资大小的主要操作参数。而空速的大小主要取决于催化剂的活性和原料的性质及产品要求等因素。

不同类型的重整反应其相对反应速率是不同的。有些反应如环烷烃脱氢反应速度很快，很容易到达化学平衡，反应时间的长短对其影响不大；而另一些反应速度慢，不容易到达化学平衡，如烷烃的环化脱氢反应等，延长反应时间会有较大的影响。因此，空速的高低对不同的重整反应影响不尽相同。影响空速选择的因素较多，一般情况下，要根据原料的组成和要求的产品的辛烷值高低，并且要综合考虑氢油比和反应温度等其他操作参数来最终确定。原料的芳烃潜含量高，对产品的辛烷值要求低，则可采用较高的空速；反之，应采用较低的空速。

根据原料油的芳烃潜含量及产品的辛烷值要求的不同，连线重整的体积空速一般在1~3h^{-1}。而半再生重整一般为2h^{-1}左右。

④ 氢油比。

在催化重整中，使用循环氢的目的是抑制生焦反应，减少催化剂上积炭，保护催化剂；

也起到热载体的作用，减小反应床层内的温降，提高反应器内的平均温度。此外，还可以稀释原料，使原料更均匀地分布于催化剂床层。

催化重整的主要反应是环烷脱氢生成芳烃的反应，提高氢油比也就是提高了氢分压，对脱氢反应不利。另外，氢油比高也就意味着循环氢量大，压缩机消耗的功率大。

氢油比的选择要综合各种不同因素。一般情况下，对于稳定性较高的催化剂和生焦倾向性小的原料，可采用较小的氢油比，反之则需要较大的氢油比。

重整反应的特点是环烷脱氢等容易进行的反应在前面反应器中进行，生焦量少，氢油比大对反应不利；但异构化和加氢裂化等相对较难的反应在后面的反应器中进行，生焦量大，氢油比加大对抑制生焦有利，并且氢油比的大小对异构化等希望发生的反应基本不影响。根据重整反应的特点，半再生重整大都采用分段混氢工艺，即前面的反应器采用较小的氢油比。后面的反应器采用较大的氢油比。如采用四个反应器，则部分循环氢先与反应进料混合，经过一、二反后，再在第三反应加热炉之前混入另外一部分循环氢。

一般情况下，采用分段混氢工艺的半再生重整，一段混氢的氢油比为(500~600)：1；二段混氢的氢油比为(1000~1200)：1。这里所说的氢油比是指标准状态下循环氢气体的体积与油的体积比。连续重整的氢油摩尔比一般为1.5~3.0。

4. 主要产品质量指标

(1) 馏程

重整反应中最主要也是最希望发生的是生成芳烃的反应，这类反应大多是分子中碳原子数不变的反应。因此，在选择原料的馏程时应根据烃类的碳原子数来确定。C_5及以下组分在重整过程中不能转化为芳烃，进入重整反应器后不能增加芳烃产率，而且会降低装置的有效处理能力。甲基环戊烷和环己烷是生成苯的组分，因此重整原料中一般包括C_6及以上烷烃和环烷烃，不包括C_5及以下烷烃和环烷烃。C_6、C_7、C_8烃类的沸点分别为60~81℃、80~111℃、110~145℃，因此，重整原料的最低ASTM初馏点通常为60℃。

沸点较高的烃在重整过程中形成多环芳烃的量明显增加，多环芳烃会加速催化剂积炭速率，缩短催化剂寿命。另外，石脑油经过重整反应后，生成油的终馏点一般增加20~30℃，我国车用汽油标准规定，汽油的终馏点为205℃，因此，用于生产汽油调和组分的重整原料的终馏点最高为180℃。焦化石脑油终馏点越高，在重整反应时生焦倾向越严重，因此，焦化石脑油作重整原料时，一般要求其终馏点(ASTM D86)不大于176℃。

生产芳烃的催化重整装置主要目的产物是苯、甲苯、二甲苯等轻质芳烃，重整原料应包括能生成苯的甲基环戊烷和环己烷，初馏点要低，适宜的馏程是60~145℃。由于可以利用催化重整装置得到C_9芳烃、C_{10}芳烃甚至C_{11}芳烃，通过歧化及烷基转移装置生产C_8芳烃，以最大限度得到生产C_8芳烃的资源，此时适宜的馏程是60~180℃。

生产高辛烷值汽油调和组分时，一般采用80~180℃馏分。C_6及以下的烷烃辛烷值较高，但汽油质量标准对于苯含量有限制，所以重整原料一般应切除C_6及以下馏分，重整进料初馏点一般选取80℃。

(2) 杂质含量

重整原料中杂质含量要求与所使用催化剂的类型和反应压力密切相关，一般来说，非贵金属催化剂的杂质耐受力优于贵金属催化剂，反应压力较高时催化剂杂质耐受力优于较低反应压力。目前广泛应用的双金属催化剂连续重整工艺对杂质的限制非常严格。表4-2-8列出了我国双(多)金属催化剂对重整原料杂质含量的限制。

表4-2-8 我国双(多)金属催化剂对重整原料杂质含量的限制

杂质含量	半再生催化剂	连续重整催化剂	杂质含量	半再生催化剂	连续重整催化剂
As/(ng/g)	<1	<1	S/(mg/kg)	<0.5	0.25~0.5
Pb/(ng/g)	<10	<10	Cl/(mg/kg)	<0.5	<0.5
Cu/(ng/g)	<10	<10	H_2O/(mg/kg)	<5	<5
N/(mg/kg)	<0.5	<0.5			

5. 工艺装置物料平衡

以中国石化1.0Mt/a逆流移动床连续重整工艺技术为例，装置主要物料平衡情况见表4-2-9。

表4-2-9 连续重整装置物料平衡

项目		对装置进料/%(质)	对重整进料/%(质)	流量/(kg/h)	流量/(10kt/a)
入方	直馏石脑油	100.00	80.00	95238	80.00
	加氢裂化石脑油	37.40	29.92	35625	29.92
	饱和气回收轻烃	2.99	2.39	2848	2.39
	高压加氢低分气	3.09	2.47	2936	2.47
	蜡油加氢/LTAG低分气	1.15	0.92	1093	0.92
	膜分离氢气	1.58	1.26	1500	1.26
	合计	146.20	116.96	139240	116.96
出方	拔头油	11.79	9.43	11231	9.43
	含硫燃料气	0.81	0.65	770	0.65
	戊烷	2.79	2.23	2660	2.23
	液化气	5.79	4.63	5516	4.63
	重整汽油	54.38	43.50	51780	43.50
	混合二甲苯	29.66	23.73	28252	23.73
	重组分	1.38	1.10	1315	1.10
	C_6、C_7馏分	22.01	17.61	20961	17.61
	燃料气	0.01	0.01	6	0.01
	氢气	5.59	4.47	5327	4.47
	解吸气	11.99	9.59	11422	9.59
	合计	146.20	116.96	139240	116.96

重整油分馏部分物料平衡见表4-2-10。

表 4-2-10　重整油分馏部分物料平衡

项目		对装置进料/%(质)	对重整进料/%(质)	流量/(kg/h)	流量/(10kt/a)
入方	脱戊烷塔底油	107.43	85.94	102308	85.94
	合计	107.43	85.94	102308	85.94
出方	C_6、C_7馏分	22.01	17.61	20961	17.61
	重整汽油	54.38	43.50	51780	43.50
	混合二甲苯	29.66	23.73	28252	23.73
	重组分	1.38	1.10	1315	1.10
	合计	107.43	85.94	102308	85.94

6. 装置公用工程消耗

以中国石化 1.0Mt/a 逆流移动床连续重整工艺技术为例，装置的公用工程消耗总量见表 4-2-11。

表 4-2-11　重整装置公用工程消耗总量一览表

名称	单位	消耗量	备注
生产水	t/h	(5)	间断
循环水	t/h	1492.4	不含间断用量
除盐水	t/h	49	不含间断用量
电	kW	13308.5	不含间断用量
燃料气	kg/h	10631	不含间断用量
3.5MPa 蒸汽	t/h	-32	不含间断用量
1.0MPa 蒸汽	t/h	4.6	不含间断用量
加热设备凝结水	t/h	-3.2	不含间断用量
净化风	Nm^3/h	2390	不含间断用量
非净化风	Nm^3/h	(4000)	间断
氮气	Nm^3/h	415	不含间断用量

注：1. 燃料气热值为 40382kJ/kg。
2. 负值表示装置外送量。

二、蒸汽裂解加工路线

1. 技术概况及特点

乙烯主要是通过裂解石油产品获得，长期以来，各种热裂解制乙烯的技术朝着提高温度、缩短停留时间、降低烃分压、加大操作弹性、增长运转周期、简化操作等方面发展，以期达到高效率、低能耗、对原料变化适应性强、裂解炉运转周期长、维修方便的目的。近年来，在提高反应选择性、对原料的灵活性和增加单炉裂解能力等方面取得了很大进展。

目前，世界上乙烯生产主要技术路线是管式炉蒸汽裂解和深冷分离。分离流程则主要有顺序分离流程、前脱乙烷前加氢流程和前脱丙烷前加氢流程。

乙烯装置可供选择的工艺技术很多，主要有 Lummus、S&W(现为 TP 所有)、KBR 和 Linde 等技术商的技术。国内乙烯裂解工业起步较晚，中国石化和中国石油均有自主开发的技术。

裂解技术的差异主要反映在炉型上。管式裂解炉型有很多种，但按照辐射段炉管的结构形式可分为两大类：直通式和分支式。Lummus 和 Linde 和中国石化主要采用分支式炉管，S&W、KBR 和中国石油则采用直通式。两大类炉型各有千秋，但应用效果的差别主要取决于各家的工程经验。

随着乙烯装置的大型化，裂解炉也在向大型化发展。在实现大型化的途径方面，各家也有些差异。一种是通过加宽辐射室宽度，以容纳更多组炉管；另一种是通过采用两个辐射室共用一个对流段(双炉膛)来容纳双倍数量的炉管。

对于裂解炉的热效率，主要考虑装置的经济性。由于北美、中东能源价格比较便宜，一般达到 92.5%的设计热效率足够了，过高的效率会增加投资，延长投资回收期。我国能源价格较高，裂解炉热效率也设计得高一些，特别是在使用低硫燃料的情况下，裂解炉热效率均可达到 94%。

2. *原料类型与性质*

(1) 直馏石脑油

直馏石脑油生产成本低，裂解所得收率高，是较理想的裂解原料。

由于原油不同，直馏石脑油的组成和性质也有很大差别，相应裂解所得产品收率也相差较大。石蜡基原油其直馏石脑油烷烃含量高，相应含氢量也高，因而裂解产品中烯烃收率也高，而芳烃收率则较低。环烷基原油直馏石脑油芳烃含量高，相应其含氢量较低，裂解产品中烯烃收率较低，而芳烃收率则较高。

表 4-2-12 为国内几类不同直馏石脑油裂解产品收率对比表。在相同裂解条件下，由于石脑油组成不同，所得裂解产品中烯烃收率和芳烃(苯、甲苯和二甲苯)收率相差较大。

石脑油的族组成(石脑油所含直链烷烃、环烷烃、烯烃和芳烃的含量)是影响石脑油裂解收率的主要因素。石脑油中直链烷烃含量高，则烯烃收率高；相反，如果芳烃和环烷烃含量高，则烯烃收率低，芳烃收率高。为评价石脑油裂解性能，通常需要分析石脑油的族组成。除族组成外，也常用石脑油的氢含量衡量其裂解性能，随着原料氢含量的升高，裂解得到的烯烃收率随之提高。

表 4-2-12　不同直馏石脑油裂解产品收率的比较

石脑油种类	大庆直馏石脑油（石蜡基）	胜利直馏石脑油（中间基）	大港直馏石脑油（环烷基）
原料含氢/%(质)	14.80	14.10	13.40
裂解收率/%(质)			
氢气	0.88	0.81	0.76
甲烷	16.17	17.51	16.50
乙炔	0.73	0.70	0.68
乙烯	31.30	26.00	23.80
乙烷	3.85	3.65	3.45

续表

石脑油种类	大庆直馏石脑油（石蜡基）	胜利直馏石脑油（中间基）	大港直馏石脑油（环烷基）
甲基乙炔+丙二烯	1.25	1.06	1.02
丙烯	15.21	14.10	13.50
丙烷	0.26	0.30	0.32
丁二烯	5.00	4.80	4.50
丁烯	5.49	5.10	4.90
丁烷	0.19	0.25	0.30
C_5 馏分	3.99	4.10	4.15
$C_6 \sim C_8$ 非芳烃	2.00	3.20	3.30
BTX	8.94	12.65	14.80
$C_8 \sim 204℃$ 馏分	0.86	1.90	2.40
燃料油	3.86	4.23	5.62
合计	100.00	100.00	100.00

注：停留时间 0.30s，炉出口压力 0.203MPa。

（2）二次石脑油

焦化石脑油含有大量烯烃，直接作为管式炉的裂解原料，不进辐射段和废热锅炉结焦严重，甚至可能造成对流段结焦。焦化石脑油经过加氢处理饱和其中的烯烃组分后，其烷烃含量大大增加，为较理想的裂解原料。

表 4-2-13 为国内大庆和胜利原油加氢焦化石脑油裂解产品收率的实验室评价数据，可以看出，大庆加氢焦化石脑油的裂解产品中乙烯收率略低于直馏石脑油，但是胜利加氢石脑油中乙烯收率则明显高于相应的直馏石脑油，其裂解性能大体与大庆加氢焦化石脑油相当。

焦化石脑油的加氢深度应保证其烯烃和二烯烃达到饱和，加氢后油品溴价大约控制在 3gBr/100g 油以下。此时，裂解的结焦程度与直馏油品相当，也不致发生对流段的结焦。

表 4-2-13　加氢焦化石脑油裂解产品收率

原料油种类	胜利原油直馏石脑油	胜利油加氢焦化石脑油	大庆油加氢焦化石脑油
油品性质			
相对密度	0.7374	0.7400	
平均分子量	118	121.6	
氢/%（质）	14.6	15.2	
裂解条件			
炉出口温度/℃	840	840	840

续表

原料油种类	胜利原油 直馏石脑油	胜利油 加氢焦化石脑油	大庆油 加氢焦化石脑油
稀释蒸汽/烃	0.65	0.65	0.65
停留时间	0.396	0.396	0.42
主要产品收率/%(质)			
氢气	0.88	0.95	0.82
甲烷	14.25	14.85	12.60
乙烯	24.84	29.24	29.49
丙烯	14.14	13.15	14.86
丁烯	4.21	29.24	3.23
丁二烯	4.59	4.24	4.57
裂解汽油	26.59	23.40	24.60
苯	7.00	6.59	5.82
甲苯	4.43	3.50	3.10
轻质燃料油	2.27	3.80	1.65
重质燃料油	3.02	2.69	1.78

(3) 加氢裂化石脑油

加氢裂化装置在不同操作条件下可获得不同量的液化气、轻石脑油、重石脑油、煤油、柴油和加氢裂化尾油。其中，重石脑油主要作为重整原料经进一步生产高辛烷值汽油或芳烃，煤油可作为航空煤油，柴油为低凝柴油。这些油品价值较高，通常不用作乙烯裂解原料，而液化气和轻石脑油是较理想的裂解原料。以中东减压蜡油(VGO)为原料、经缓和加氢裂化所得各馏分油性质及裂解产品收率见表4-2-14。由表可见，C_5~85℃轻石脑油馏分的乙烯收率达27%，但85~195℃的重石脑油乙烯收率只有17%，不宜作为裂解原料。

表4-2-14　中东减压蜡油加氢裂化各馏分有裂解收率

项目	C_5~85℃石脑油	85~195℃石脑油	项目	C_5~85℃石脑油	85~195℃石脑油
油品收率/%(质)	2.29	13.73	甲烷	16.00	9.80
相对密度	0.6852	0.7857	乙烯	27.00	17.00
组成/%(质)			乙烷	3.80	3.20
链烷烃	72.00	27.70	丙烷	14.80	12.50
环烷烃	23.00	56.10	裂解汽油	20.20	36.30
芳烃	5.00	16.20	芳烃	15.00	15.00
裂解产品收率/%(质)			燃料油	5.30	11.30

(4) 重整抽余油

重整生成油经芳烃抽提后的抽余油可以作为乙烯裂解装置的原料。重整抽余油烷烃含量高，但烷烃中支链烷烃含量可能较高。不同裂解抽余油裂解所得裂解产物中乙烯收率可能相差较大。表4-2-15是两种不同重整抽余油的裂解产品收率。

表 4-2-15　抽余油裂解产品收率

裂解产品收率/%(质)	重热抽余油（裂解停留时间 0.3s）	重热抽余油（裂解停留时间 0.1s）
氢气	0.65	1.08
甲烷	12.40	16.10
乙炔	0.43	0.90
乙烯	23.50	35.50
乙烷	3.50	4.10
甲基乙炔+丙二烯	0.63	1.20
丙烯	15.35	16.42
丙烷	0.44	0.50
丁二烯	5.25	5.90
丁烯	5.15	4.44
丁烷	0.10	0.10
C_5馏分	6.35	3.80
裂解汽油	23.00	9.96
燃料油	3.25	1.00
合计	100.00	100.00

（5）裂解 C_5

裂解 C_5 馏分可与裂解汽油一起经两段加氢而使 C_5 馏分中的炔烃、烯烃饱和，加氢后的裂解 C_5 馏分是比较理想的裂解原料，其裂解产物主要产品的收率见表 4-2-16。

表 4-2-16　加氢裂解 C_5 馏分裂解产品收率

裂解产品收率/%	加氢裂解 C_5	裂解产品收率/%	加氢裂解 C_5
乙烯	32.5	混合 C_4	12.7
乙烷	3.2	裂解汽油中 C_6~C_8馏分	4.1
丙烯	17.1		

3. 产品质量指标

乙烯产品规格取决于下游加工产品及加工工艺技术的要求。由于聚烯烃装置高效催化剂对杂质的要求越来越高，目前对乙烯产品中杂质的限制也越来越严格。表 4-2-17 列出典型乙烯产品规格的要求。

表 4-2-17　典型乙烯产品规格

组分	单位	典型规格	组分	单位	典型规格
C_2H_4	%(摩尔)	99.95	CO_2	$\times10^{-6}$(摩尔)	5
CH_4+C_2H_6	$\times10^{-6}$(摩尔)	500	H_2	$\times10^{-6}$(摩尔)	10
C_2H_2	$\times10^{-6}$(摩尔)	5	S(按 H_2S 计)	$\times10^{-6}$(摩尔)	1
C_3S	$\times10^{-6}$(摩尔)	50	H_2O	$\times10^{-6}$(摩尔)	5
O_2	$\times10^{-6}$(摩尔)	5	CH_3OH	$\times10^{-6}$(摩尔)	
CO	$\times10^{-6}$(摩尔)	1			

4. 装置物料平衡

以 1.2Mt/a 蒸汽裂解装置为例，典型物料平衡见表 4-2-18。

表 4-2-18　装置物料平衡表

进装置		出装置	
项目	数量/(10kt/a)	项目	数量/(10kt/a)
富乙烯气	4.65	氢气	5.17
丙烷	2.49	富甲烷气	46.83
液化气	29.77	乙烯	120.00
富乙烷气	25.23	丙烯	57.22
轻烃回收轻石脑油	31.26	裂解 C_4	32.94
重整抽余油	44.29	裂解汽油	53.35
直馏石脑油	30	燃料油	12.58
非芳柴油	151.68	损失	0.31
外购饱和液化气	8.59		
丁二烯尾气	0.34		

5. 工艺流程概述

本装置主要由原料预处理单元、裂解炉单元、极冷单元、压缩单元、冷分离单元、热分离单元、制冷单元、废碱氧化单元及蒸汽等辅助设施和相关公用工程组成。典型单元说明如下：

(1) 原料预处理单元

原料预热系统主要是利用低温热量来预热裂解炉原料。

自罐区来的分离后轻石脑油、直馏石脑油和重整抽余油，在石脑油进料/急冷水加热器预热到 60℃后，进入石脑油进料/中油加热器预热到 80℃后进入液体裂解炉。

自罐区来的非芳柴油，在重油进料加热器中经中油预热到 100℃后进入液体裂解炉，自界区外来的液化气和来料加工返回饱和液化气在轻烃进料/蒸汽换热器汽化后，再经过热器预热到 80℃后进入液体裂解炉。

自界区来的丙烷及循环丙烷经丙烷进料汽化器由急冷水汽化后，与来自界区外富乙烷气和来自装置的循环乙烷混合，进一步经乙烷/丙烷进料过热器过热到 60℃后，进入气体原料裂解炉。

自界区来的富乙烯气、化工返回的丁二烯尾气和裂解汽油加氢尾气进入分离单元，直接分离、回收其中的组分。

(2) 裂解炉系统

某乙烯裂解装置裂解炉共设置 7 台液体进料裂解炉和 2 台气体进料裂解炉。液体炉 6 开 1 备，液体炉公称规模为 170kt/a 乙烯。其中，4 台为重质原料裂解炉，可以裂解加裂尾油，也可裂解石脑油，其中一台为备用裂解炉，可裂解加裂尾油、石脑油；3 台为轻质原料裂解炉，可以裂解石脑油和 LPG 等原料，其中 2 台还可以裂解 C_2/C_3 进料。2 台为气体炉，气体炉公称规模为 180kt/a 乙烯，可裂解 C_2/C_3 进料。此设置综合考虑了裂解炉原料切换的灵活性、清焦时对下游系统的影响，操作灵活方便。液体裂解炉为双辐射室共用对流段结构，全部底烧，辐射炉管为两程，炉管内局部设有强化传热元件，提高传热效率及选择性，降低了结焦倾向，延长了清焦周期。

6. 公用工程消耗

国内某 1.2Mt/a 蒸汽裂解装置典型公用工程消耗见表 4-2-19。

表 4-2-19 某蒸汽裂解装置公用工程消耗表

名称	单位	年耗	名称	单位	年耗
循环水	m^3	449990109	低低压蒸汽(0.4MPa)	t	-1121600
除盐水	m^3	2456000	冷凝胶	m^3	-1552000
高压电	kW · h	49870904	锅炉给水	m^3	-145600
低压电	kW · h	42491066	仪表空气	m^3	33755258
高压蒸汽(11.5MPa)	t	-26400	工厂空气	m^3	7499835
中压蒸汽(3.5MPa)	t	2148000	燃料气	t	487189
低压蒸汽(1.0MPa)	t	-1544000	氮气	m^3	2999934

三、C_5/C_6正异构烷烃分离加工路线

1. 技术概况及特点

以中国石化 C_5/C_6正异构烷烃吸附分离技术为例，原料经预处理单元精制后，通过 C_5/C_6正异构烷烃吸附分离技术，将正构烷烃与异构烷烃分开。此装置生产的纯度约 99.0%(质)的正构烷烃送至乙烯装置作为原料，异构烷烃作为汽油调和组分。本装置主要由原料预处理、吸附分离和公用工程三部分组成。

2. 原料性质及产品要求

本装置的典型原料包括连续重整轻石脑油、重整戊烷油、加氢轻石脑油等，组成见表 4-2-20。

表 4-2-20 典型的原料组成

组成/%(质)	含量	组成/%(质)	含量
C_3丙烷	0.02	C_6烯烃	0.25
iC_4异丁烷	0.41	nC_6正己烷	9.08
C_4烯烃	0.01	MCP 环己烷	2.61
nC_4正丁烷	1.39	苯	1.11
iC_5异戊烷	35.66	C_{7+}	1.73
C_5烯烃	0.05	合计	100.00
nC_5正戊烷	27.66	正构烷烃小计	38.15
CP 环戊烷	1.96	异构烷烃小计	61.54
iC_6异己烷	18.06	烯烃小计	0.31

按照 700kt/a 处理量的装置，其产品数量及用途见表 4-2-21。

表 4-2-21　主要产品数量及用途

产品	数量/(10kt/a)	用途
异构烷烃	44.58	汽油调和组分
正构烷烃	23.67	乙烯原料
燃料气	0.5	加热炉使用
合计	68.75	

主要产品规格见表 4-2-22 和表 4-2-23。

表 4-2-22　异构轻石脑油主要性质

项目	数值	项目	数值
密度(20℃)/(kg/m^3)	623	iC_5	54.36
RON	87.7	nC_5	4.23
MON	84.3	CP	2.99
抗爆指数	86.0	iC_6	27.86
蒸气压/kPa	106	nC_6	1.39
组成/%(质)		MCP+CH	5.7
iC_4	0.64	C_{7+}	2.63
nC_4	0.21	合计	100

表 4-2-23　正构轻石脑油主要性质

项目	数值	项目	数值
密度(20℃)/(kg/m^3)	613	nC_5	71.80
RON	56.4	CP	0.03
蒸气压/kPa	105	iC_6	0.31
组成/%(质)		nC_6	23.57
iC_4		MCP+CH	0.067
nC_4	3.61	C_{7+}	0.047
iC_5	0.56	合计	100

3. 主要操作条件

预处理反应操作条件和吸附分离操作条件见表 4-2-24 和表 4-2-25。

表 4-2-24　预处理反应条件

项目	初期	末期
入口反应压力/MPa	2.0~2.5	2.0~2.5
入口反应温度/℃	120	158
反应温度/℃	1	1
入口体积氢油比	1~3(正常 2)	1~3(正常 2)
入口摩尔氢油比	0.005~0.015	约 0.010
体积空速/h^{-1}	10	10

表 4-2-25　吸附分离主要操作条件

项目	初期	项目	初期
型式	立式，12 个吸附床层	筛油比(吸附剂/吸附进料)/h^{-1}	3.84
操作温度/℃	135~145	剂油比(解吸剂循环量/吸附进料)	1.622
操作压力/MPa	2.0(塔底)	吸附剂装填量/t(m^3)	312(422)

4. 装置物料平衡

以装置工程处理量 1.0Mt/a 为例，吸附分离部分物料平衡见表 4-2-26。

表 4-2-26　装置物料平衡表

项目	物料名称	对吸附分离进料/%(质)
进料	轻质石脑油	100
	合计	100
出料	异构轻石脑油	65.33
	正构轻石脑油	34.67
	合计	100

5. 工艺流程说明

(1) 原料预处理部分

来自界区外的 C_5/C_6 原料经过滤器过滤并经进料泵增压后，与脱烯烃反应产物初步换热，再经 1.0MPa 蒸汽进一步加热至反应温度(120℃/158℃对应反应初期/末期)后进入反应器底部。补充氢经过滤器去除铁屑等颗粒杂质后进入反应器底部，与原料油在反应器底部混合段内进行高效混合，混合物料自下而上流经管式反应器内催化剂床层，在催化剂的作用下发生烯烃饱和等加氢反应。反应产物经反应器出口调节阀控制压力，与原料换热后进入脱烯烃产物分离罐进行气液分离。罐顶气体进入燃料气管网，罐底液体送至吸附分离部分作原料。反应补充氢气量按与原料体积比(1~3)：1(正常工况 2：1)的比例控制，氢气加热器在开停工时投用提供吹扫热氢，正常工况停用。

(2) 吸附分离部分

该部分主要由吸附塔、抽出液塔和抽余液塔等三部分组成。经过原料预处理满足吸附分离要求的精制轻石脑油先经吸附进料/循环解吸剂换热器与循环解吸剂正壬烷换热升温，再进入吸附进料过滤器，脱除固体微粒后，进入吸附塔吸附区。在吸附剂的作用下，正构烷烃被吸附在吸附剂上，经解吸剂解吸后作为抽出液送出吸附塔。吸附区底部物料为富含异构烃和解吸剂的抽余液，在压力控制下送出吸附塔。循环解吸剂经解吸剂过滤器过滤掉固体微粒后，进入吸附塔解吸区。解吸剂自上而下流过吸附剂床层，一部分在提纯区顶部和解吸下来的正构烷烃一起作为抽出液抽出；另一部分作为抽余液从吸附区底部抽出。

抽余液送至抽余液塔，抽余液塔塔顶气经冷凝后送至塔顶回流罐。回流罐底液体经泵升压后分为两股，一股作为回流返回抽余液塔，另一股作为产品出装置。塔顶采出异构烷烃，作为高辛烷值汽油调和组分。抽余液塔底为正壬烷解吸剂，返回吸附塔循环使用。抽余液塔采用加热炉加热。

从吸附塔抽出的抽出液送至抽出液分离塔，抽出液塔塔顶气经冷凝后送至塔顶回流罐。回流罐底液体经泵升压后分为两股，一股作为回流返回抽出液塔，另一股作为正构烷烃产品出装置。通过吸附分离工艺得到的正构烷烃纯度高达99%以上，正构烷烃单程收率达90%。抽出液塔底为正壬烷解吸剂，返回吸附塔循环使用。抽出液塔采用加热炉加热。

6. 公用工程消耗

以装置处理量1.0Mt/a为例，本工艺技术的典型公用工程消耗量见表4-2-27。

表4-2-27　公用工程消耗表

名称	单位	消耗量	名称	单位	消耗量
循环水	t/h	210.2	加热设备凝结水	t/h	-5.19
电	kW	1947.08	净化风	Nm^3/h	200
燃料气	t/h	1.131	氮气	Nm^3/h	40
1.0MPa蒸汽	t/h	5.19			

注：1. 燃料气热值为37572kJ/kg。2. 负值表示装置外送量。

四、S Zorb加工路线

1. 技术概况及特点

本工艺技术为催化汽油吸附脱硫。装置的原料主要为催化裂化装置的稳定汽油，采用系统管网氢气作为氢源，生产硫含量低于10mg/kg的低硫清洁汽油。该技术具有辛烷值损失和氢耗少、操作费用低的优点，可以生产低硫清洁汽油产品，全厂汽油调和后，汽油产品的硫含量满足欧Ⅵ汽油标准要求。

2. 原料组成与性质

原料来源通常为催化裂化装置生产的催化稳定汽油。某装置设计原料中的平均硫含量约为600mg/kg，典型催化汽油的性质及模拟组成见表4-2-28和表4-2-29。

表4-2-28　典型的原料油性质

催化汽油原料	典型催化汽油1	典型催化汽油2
进料比率/%(质)	75	25
相对密度，ASTM D 4052	0.72	0.72
硫含量，ASTM D 4294/(mg/kg)	600	600

续表

催化汽油原料	典型催化汽油 1	典型催化汽油 2	
PIONA(GC)/%(摩尔)	ASTM D1319	ASTM D1319/%(体)	ASTM D6839/%(质)
正构烷烃			33.37
烯烃①	19.4	51.5	37.67
环烷烃			8.25
芳烃	24.0	16.5	20.10
RVP/kPa　ASTM 5191	55~75	55~75	
ASTM D86 蒸馏曲线/℃			
初馏点	40	39	
T_{10}	56	56	
T_{50}	96	95	
T_{90}	159	166	
终馏点	182(97%)	196(97%)	
溴指数②	53	81	
胶质(洗前)/(g/100mL)	3	3	

① 设计按烯烃含量为30%(摩尔)考虑。②根据提供的烯烃含量，专利商提供的估算值。

表 4-2-29　原料油组成表　%(质)

组成	烷烃(P)	环烷烃(N)	烯烃(O)	芳香烃(A)
C_4	0.79	—	1.69	
C_5	11.46	0.17	9.66	
C_6	9.57	1.9	6.32	0.56
C_7	6.17	2.73	4.12	3.44
C_8	4.65	2.79	0.57	7.40
C_9	3.53	1.25	0.56	8.13
C_{10+}	3.61	0.59	0.05	8.23
H_2O	400mg/kg			
合计	39.78	9.43	22.97	27.76

注：平均分子量 M=93.8，根据专利商模拟数据折算值。

3. 产品种类与去向

本装置的主要产品为超低硫精制汽油，副产少量的燃料气，其用途见表 4-2-30，生成油的组成见表 4-2-31。

表 4-2-30　主要产品去向表

名称	产量/(10kt/a)	去向或用途
精制汽油	118.69	硫含量为10mg/g，作为汽油调和组分送出装置
燃料气	1.89	去装置燃料气管网

表 4-2-31　精制汽油主要组成　%质

组成	烷烃(P)	环烷烃(N)	烯烃(O)	芳香烃(A)
C_4	0.98	—	0.73	
C_5	13.43	0.24	7.87	
C_6	10.61	2.1	5.28	0.57
C_7	6.48	2.80	3.56	3.48
C_8	4.75	2.82	0.47	7.49
C_9	3.61	1.48	0.52	8.02
C_{10+}	3.66	0.59	0.05	8.24
H_2O	1200mg/kg			
合计	43.52	10.03	18.53	27.8

平均相对分子质量 M 为 93.8，温度为 40℃，压力为 0.8MPa(表)。

4. 装置物料平衡

以装置处理量 1.2Mt/t 为例，每年按 8400h 操作计算，以生成油硫含量 10mg/g 作为基准。全装置物料平衡见表 4-2-32。

表 4-2-32　装置物料平衡表

项目	物料名称	含量(对进料)/%(质)	进行流量/(kg/h)	处理量/10kt/a
进料	催化汽油	100	142857	120.00
	含氢气体	0.36	514	0.43
	水*	0.12	177	0.15
	合计	100.48	143548	120.58
出料	稳定低硫汽油	98.9	141296	118.69
	燃料气	1.58	2252	1.89
	合计	100.48	143548	120.58

* 其中进料中的水为吸附反应、吸附剂还原生成的水。

5. 工艺流程概述

S Zorb 吸附脱硫技术，基于吸附作用原理对汽油进行脱硫，通过吸附剂选择性地吸附含硫化合物中的硫原子而达到脱硫目的。与传统的加氢技术比较，采用该技术处理催化汽油，不但可以得到超低硫的精制汽油产品，而且辛烷值损失少、氢耗少、液收率高和能耗低。本装置具有以下主要特点：

① 本装置反应器采用流化吸附反应床，反应物料自反应器下部进入。

② 装置中吸附剂连续再生，再生器也采用流化反应，再生空气一次通过。

③ 反应部分为高压临氢环境，再生部分为低压含氧环境，通过闭锁料斗步序控制实现氢氧环境的隔离和吸附剂的输送。

④ 再生部分设置内取热系统，用于降低再生器和再生器接收器内部的温度。

⑤ 为了避免工艺物料携带出吸附剂，再生器内通过旋风分离器实现气固分离；反应器、闭锁料斗、吸附剂储罐等设备则设置精密过滤器。

⑥ 为了降低能耗，反应产物分离部分采用热高分流程。

本装置采用先进的分散控制系统（DCS），集中处理过程数据，进行数据采集、信息处理、过程控制、安全报警等系统功能。装置还设有闭锁料斗专用控制系统（LMCS）和两套过滤器反吹系统，分别用于自动控制吸附剂在反应和再生系统之间的输送速率和氢氧环境的隔离及过滤器的在线清扫。为了安全操作，本装置设置了一套独立于 DCS 的安全仪表系统（SIS）实现对装置闭锁料斗以外部分及压缩机组的紧急停车及安全联锁保护功能。

本装置主要包括进料与脱硫反应、吸附剂再生、吸附剂循环、产品稳定和公用工程五个部分，详细见图 4-2-4 及表 4-2-33。

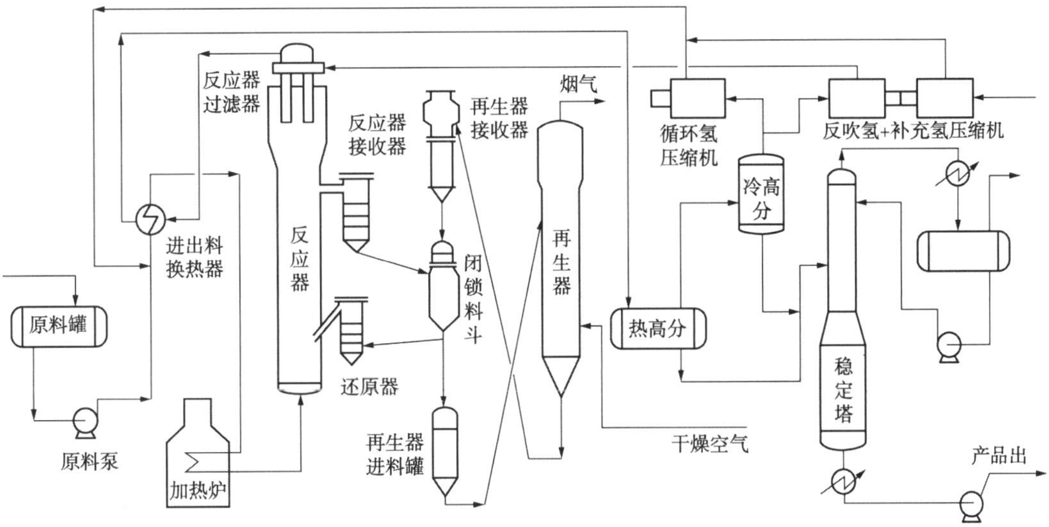

图 4-2-4　提升管催化裂化反应-再生部分工艺流程

表 4-2-33　主要工艺部分设备表

名称	包括的设备
进料与脱硫反应部分	原料罐、进料泵、进料换热器、加热炉、反应器等
吸附剂再生部分	再生器、取热系统、吸附剂储罐等
吸附剂循环部分	闭锁料斗系统
产品稳定部分	稳定塔系统
公用工程部分	公用部分设施

6. 公用工程消耗

以装置处理量 1.2Mt/a 为例，典型装置公用工程消耗见表 4-2-34。

表 4-2-34 公用工程消耗表

公用工程项目	单位	数量	备注
循环冷却水	t/h	278. 2	不含间断用量
除氧水	t/h	0. 82	
加热设备凝结水	t/h	-7. 31	产出量
新鲜水	t/h	3	不含间断用量
燃料气	kg/h	1088	低热值：26388. 9kJ/kg
电	kW	1057. 5	不含间断用量
1. 0MPa 级蒸汽	t/h	-0. 27	不含间断用量
3. 5MPa 级蒸汽	t/h	8. 31	不含间断用量
氮气	Nm^3/h	275	瞬时最大 $723Nm^3/h$
仪表空气	Nm^3/h	400	不含间断用量

第五章　煤油馏分及加工路线

第一节　煤油馏分的特点及主要加工去向

煤油馏分是碳原子数为 $C_9 \sim C_{16}$ 的烃类混合物，通常为常一线馏分，具有密度适宜、热值高、燃烧性能好、清洁度高、硫含量少、对机件腐蚀小的特点，能够迅速、稳定、完全燃烧，可满足寒冷地区和高空飞行对油品流动性的要求。煤油馏分主要用于生产喷气燃料。

一、直馏煤油典型性质

国内主要原油直馏煤油馏分性质见表 5-1-1，部分国外原油直馏煤油馏分性质见表 5-1-2。可以看出，煤油馏分的收率、主要指标与切割点有关。作为喷气燃料的煤油馏分的主要指标是烟点和冰点，要求烟点高，冰点低，这两者是互相制约的。由于我国大部分原油含正构烷烃多，而沸点高的正构烷烃冰点高，因此，当生产冰点要求更为严格的 1 号或 2 号喷气燃料时，只能将终沸点切割较低，馏程也相应的比较窄，故产品收率较低。国内原油直馏煤油馏分硫含量比国外低但酸度高，对喷气燃料加氢精制设备的腐蚀性较大。

表 5-1-1　国内原油直馏煤油馏分性质

原油	大庆	胜利	辽河	华北	新疆	中原
实沸点范围/℃	130~230	130~230	130~230	130~240	130~240	145~230
收率/%(质)	8.6	6.9	8.1	7.3	13.9	11.1
密度(20℃)/(g/cm³)	0.7782	0.7932	0.8033	0.7798	0.7883	0.7891
馏程/℃						
初馏点	141	134	142	139	157	154
10%	160	157	168	160	169	171
50%	183	181	183	186	192	198
90%	212	214	215	220	227	234
98%	224	230	230(干点)	230(干点)	—	261(干点)
运动黏度/(mm²/s)						
20℃	1.13	1.35	1.51	1.49	1.66	1.57
-40℃	5.08	5.27	—	6.26	8	7.66
酸度/(mgKOH/100mL)	0.9	9.27	1.1	1.02	2.76	20.1
闪点(闭口)/℃	32	31	—	6.26	8	7.66
冰点/℃	-57	-63	<-60	-54	-63	-52

续表

原油	大庆	胜利	辽河	华北	新疆	中原
碘值/(gI/100g)	3.11	0.21	0.36	0.65	4.81	0.15
芳烃含量/%(质)	<13	17.4	16	7	<10	19
硫/%(质)	0.04	0.079	—	0.02	0.003	0.05
硫醇性硫含量/%(质)	0.001	0.002	0.0002	0.0003	—	—
净热值/(kJ/kg)	43811	43208	43124	43777	43459	43610
净热值/(kcal/kg)	10464	10320	10300	10456	10380	10416
无烟火焰高度/mm	>25	—	21	33	35	33

表 5-1-2　部分国外原油直馏煤油馏分性质

原油	沙中原油	沙轻原油	科威特原油	卡斯蒂利原油	阿曼原油
实沸点范围/℃	170~220	140~240	130~230	175~250	175~250
收率/%(质)	7.02	17.53	14.4	3.61	9.59
密度(20℃)/(g/cm^3)	0.789	0.782	0.7705	0.8556	0.7953
馏程/℃					
初馏点	171.7	151	131	201	182.4
10%	179.1	166	150	224.6	194.1
50%	187.7	—	171	238.9	210.3
90%	204.6	218	204	250.5	231.9
终馏点	218.3	230	—	259.3	246.2
运动黏度/(mm^2/s, 20℃)	1.594	1.41	1.184	3.325	2.0324
酸度/(mgKOH/100mL)	—	0.38363	1.64	1.54	—
闪点(闭口)/℃	40	49	33	80	63
冰点/℃	-49.5	-56	<-60	—	—
倾点/℃	—	—	—	<-35	<-25
芳烃含量/%(质)	18.5	19.4	—	—	—
硫/%(质)	0.26	0.09	0.08	0.022	0.015
硫醇性硫含量/%(质)	0.0132	0.0061	—	—	—
无火焰高度/mm	>21	>21	25	>33	>21

二、直馏煤油加工流向

直馏煤油馏分主要加工流向如下。

1. 生产喷气燃料

世界上大多数国家的煤油馏分主要用于生产喷气燃料。多数直馏煤油馏分的硫含量、硫醇硫含量、酸值较高，颜色较深，安定性较差，在某些情况下可能还含有一些烯烃或其他污染物，必须经过适当的加工，才能符合喷气燃料规格要求。

直馏煤油加工的方法主要分非临氢法和临氢法两类。非临氢法主要有抽提、吸附及抽提和氧化组合等工艺技术。非临氢法煤油精制装置投资费用较低，技术成熟，但都存在不同程度污染，并且对原料变化的适应性较差等问题，氧化抽提工艺的产物需经过水洗、盐脱水、白土脱色等工艺过程，特别是加工硫醇含量高的原料油时，由于氧化深度高，需要经常更换白土，不仅增加了操作费用，而且带来了新的环境污染问题。煤油加氢精制工艺是指在催化剂、氢气和一定的压力及温度条件下，通过对含硫、含氮和含芳烃高的煤油馏分进行加氢脱硫、脱氮及部分芳烃饱和，以改善其燃烧性能，生产合格的喷气燃料。目前，生产喷气燃料主要采用临氢法。

目前，以煤油馏分为原料，通过加氢精制生产喷气燃料的工艺主要有两种：一是低压煤油馏分加氢脱硫醇技术；二是煤油馏分液相加氢生产喷气燃料技术。

(1) 直馏煤油低压加氢精制技术

以直馏煤油馏分为原料，在其冰点、密度、馏程、燃烧性能指标基本符合要求的情况下，采用低压临氢脱硫醇技术得到合格的喷气燃料。此法的生产成本低，目前是大多数炼油厂采用的方法。大量研究和应用实践表明，喷气燃料组成中最理想的组分是环烷烃和异构烷烃，它们具有优良的燃烧性、热安定性和低温流动性。芳烃的燃烧性能不好，且含量高时对聚合物弹性材料密封件有负面影响，因此，要限制芳烃含量(特别是多环芳烃含量)。

硫化物是煤油馏分中常见的含量相对较高的杂质，其含量过高对发动机燃烧室的清洁性有负面影响。硫醇是一种活性硫化物，它对飞机零件有腐蚀性，而且使油品有臭味，因而喷气燃料规格中对总硫和硫醇硫含量均有限制。我国 3 号喷气燃料要求硫醇硫含量不大于 20mg/kg，硫含量不大于 0.20%。煤油馏分中的硫化物主要是硫醇、硫醚、二硫化物、噻吩和苯并噻吩等。煤油馏分中的氮化物一般以杂环形式存在，含氮化合物对产品质量的稳定性有较大的危害，其加氢难度比硫化物困难得多。煤油馏分中含有微量烯烃，烯烃加氢反应速率较快，生成同碳数的烷烃或环烷烃。氧化物通常以环烷酸的形式存在于直馏馏分油中，对煤油馏分的主要影响是酸值。含氧化合物加氢相对比较容易，氧最终以水的形式脱除。

国内低压加氢煤油精制工艺主要有中国石化大连石油化工研究院开发(FRIPP)的低压煤油加氢精制技术，非常适合于煤油、柴油加氢脱硫反应，脱硫深度高，裂解活性低，氢耗低，在满足煤油质量标准[硫含量不大于 0.2%(质)]的基础上，使产品喷气燃料硫含量能降低到 10mg/kg 的较低水平。石科院开发的专门用于直馏煤油临氢脱硫醇的 RHSS 技术。RHSS 技术采用直馏煤油临氢脱硫醇专用催化剂 RSS-1A。该工艺具有氢油比低、空速高、操作条件缓和等特点，同时集合了非临氢及加氢两种工艺的优点，在投资及操作费用较低的条件下，克服了常规非临氢脱硫醇法用于高硫原料油生产煤油时质量不稳定的弱点。国内以上两种催化剂及工艺技术均具有装置操作条件缓和、投资省、氢耗低、目的产品收率高等特点，并经多套装置连续、稳定应用，均达到了较好的效果。

直馏煤油低压加氢精制技术的操作条件：高分压力为 1.0~3.0MPa，反应温度为 210~300℃，氢油比为 50~150，体积空速为 2.0~6.0h^{-1}。FRIPP 开发的 FH-40 系列加氢精制催化剂具有加氢脱硫及脱酸活性高、选择性好、裂解活性低等特点，并且在大空速操作条件下，稳定性表现良好。该技术可以将直馏煤油馏分的硫醇硫降低至 10mg/kg 以下，同时改善油品的酸值和颜色，产品的抗磨性能较好，能生产合格 3 号喷气燃料，并满足工业上长周期运转的需要。

(2) 煤油馏分液相加氢技术

液相加氢技术利用油品中的溶解氢作为化学反应耗氢，将加氢反应从传统的气、液、固三相反应变为液、固两相反应，有效减小了氢气扩散限制，提高了反应效率。传统滴流床加氢技术需要设置循环氢系统，循环氢的主要作用是维持较高氢分压、控制床层温升、稀释杂质浓度等[3,6]。所需主要设备为循环氢压缩机，在整套装置投资中占比较高，会增加建设投资费用。另外，循环氢系统的气体流量大，为保证循环氢压缩机安全使用，氢气在进入压缩机前要冷凝至合适温度，造成装置能耗高。液相加氢技术无需使用氢气循环，可以省去循环氢系统，运作操作简单，氢气溶解和漏损降低，氢气利用率增加，动设备数量减少，大幅降低了装置能耗。煤油馏分液相加氢装置可以采用灵活的工艺流程，尤其侧线煤油馏分液相加氢流程，将喷气燃料生产从一套装置缩减为一个反应单元和汽提单元，大幅降低企业设备投资及操作能耗。氢气在原料中溶解度随着温度和压力的提高而提高。一般而言，常一线加氢生产 3 号喷气燃料时，化学氢耗约为 0.05%，在压力 3.5MPa、温度 240℃以上的条件下所溶解的氢气即可满足化学反应的氢气消耗。FRIPP 开发的 SCH-JF 直馏煤油馏分液相加氢技术的特点是与常减压装置深度耦合，在常减压装置常一线馏分出装置前设置液相加氢反应模块，大幅降低装置投资，适应企业节能降耗的需求。工艺流程见图 5-1-1。

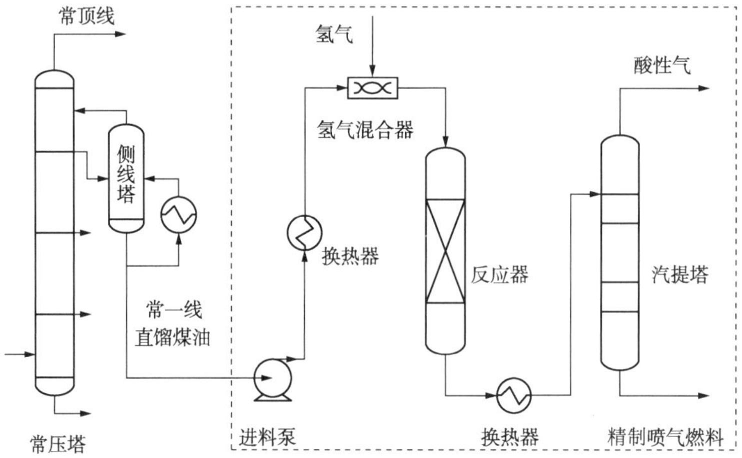

图 5-1-1　SCH-JF 喷气燃料液相加氢技术的原则工艺流程

该技术已在三家炼油厂成功应用，喷气燃料产品已通过国产航空(舰艇)油料鉴定委员会认证。

2. 生产特种轻质白油

特种轻质白油馏程为 120~320℃范围内的窄馏分，根据目标产品质量要求，将直馏煤油切割为相应的窄馏分进行加工。

3. 生产液体正构烷烃(即液体石蜡)

液体石蜡(简称液蜡)是指以煤油或柴油馏分为原料，经分子筛吸附分离或异丙醇-尿素脱蜡，得到的含正构烷烃的石蜡。因常温下呈透明无色或浅黄色液体，故称液体石蜡。根据馏分可以分为轻质液体石蜡(简称轻蜡)和重质液体石蜡(简称重蜡)，烷烃中碳原子数在 C_9~C_{13}的为轻蜡，C_{14}~C_{16}为重蜡。其主要用途是可以作为生产氯化石蜡、洗涤剂、化妆品、日用品、稀释剂、溶剂等的原料。生产轻液体石蜡时，原料馏程约为 180~250℃，生产重液体石蜡时，原料馏程约为200~300℃。

4. 照明用煤油(或称灯油)

照明用煤油(或称灯油)，其原料馏程一般为180~300℃。

5. 柴油调和组分

随着车用柴油国家标准升级，对密度和多环芳烃含量要求越来越严格，而直馏煤油密度和多环芳烃含量很低，直馏煤油加氢后的密度约为780~820kg/m^3，多环芳烃一般<2.0m%，是优质的国Ⅵ车用柴油调和组分。

另外，直馏煤油凝点和冷滤点均较低，部分北方炼油企业生产低凝柴油采用调入部分煤油来降低柴油产品凝点。

6. 乙烯裂解原料

随着未来喷气燃料消耗达峰，部分企业的直馏煤油馏分需要作为乙烯裂解原料。

第二节　典型煤油馏分加工路线案例

一、喷气燃料低压加氢精制

某石化企业1.5Mt/a喷气燃料加氢装置占地面积6900m^2，建设投资11960万元，其装置概况见表5-2-1。该装置进料流量为123t/h，空速为1.94h^{-1}，氢油比为226Nm^3/m^3，反应器平均床层温度为293℃，反应器温升为2℃，反应器入口压力为3.21MPa，反应器床层总压降为0.11MPa。该装置采用FRIPP开发的FHUDS-5加氢精制催化剂，生产满足GB 6537—2018《3号喷气燃料》要求的产品。该加氢精制装置的原料性质见表5-2-2，新氢及循环氢组成见表5-2-3。喷气燃料产品性质见表5-2-4。该装置的物料平衡信息见表5-2-5，主要技术经济指标见表5-2-6。

表5-2-1　喷气燃料加氢装置概况

项目	单位	数值	项目	单位	数值
设计加工能力	Mt/a	1.5	冷换设备	台	19
占地面积	m^2	6900	反应器	台	1
建设投资	万元	11960	机泵	台	11
塔	座	1	容器	台	9
加热炉	座	2	压缩机	台	2

表5-2-2　喷气燃料加氢原料性质

项目	单位	数值	项目	单位	数值
密度(20℃)	kg/m^3	780.1	硫醇性硫	%(质)	0.0066
馏程			总硫含量	%(质)	0.12
初馏点	℃	147	冰点	℃	-58
10%	℃	169	闪点	℃	40
50%	℃	192	色度	#	30
90%	℃	217	铜片腐蚀	级	1a
终馏点	℃	239	银片腐蚀	级	

表 5-2-3 新氢及循环氢组成

项目	单位	数值	项目	单位	数值
新氢组成			循环氢组成		
H_2	%(体)	94.36	H_2	%(体)	97.56
C_1	%(体)	1.41	C_1	%(体)	0.92
C_2	%(体)	1.67	C_2	%(体)	0.2
C_3	%(体)	1.65	C_3	%(体)	0.12
C_4	%(体)	0.63	C_4	%(体)	0
C_5	%(体)	0.08	C_5	%(体)	0
H_2S	%(体)	0	H_2S	%(体)	0.47
NH_3	%(体)	0	NH_3	%(体)	0

表 5-2-4 精制喷气燃料主要性质

项目	单位	数值	项目	单位	数值
密度(20℃)	kg/m^3	783.2	总硫含量	mg/kg	2
馏程			总酸值	mgKOH/g	0.0006
初馏点	℃	153	冰点	℃	-53
10%	℃	177	闪点	℃	47
50%	℃	198	色度	#	30
90%	℃	221	烟点	mm	27.6
终馏点	℃	240	铜片腐蚀	级	1a
硫醇性硫	mg/kg	3	银片腐蚀	级	0

表 5-2-5 喷气燃料加氢装置的物料平衡 %

项目	数值	项目	数值
进料量		产品产率	
煤油	99.82	气体	0.68
其他	0	汽油	0.25
纯氢耗量	0.18	煤油	98.82
合计	100	损失	0.25
		合计	100

表 5-2-6 喷气燃料加氢装置公用工程消耗及能耗

项目	单位	数值	项目	单位	数值
新鲜水	t/t	0.0002	燃料气(油)	kg/t	0.01
循环水	t/t	4.38	能耗	kgEO/t	14.81
电	kW·h/t	11.88	含油污水含油	mg/L	1.2
1.0MPa 蒸汽	t/t	0.0004			

二、航煤液相加氢精制

镇海炼化公司将压力等级低于5.0MPa的2.0Mt/a柴油加氢装置改造为2.3Mt/a航煤液相加氢装置。改造内容包括①装置改造：停运循环氢压缩机、循环氢脱硫塔、补充氢压缩机、冷低分气脱硫塔和燃料气脱硫塔；优化换热流程，从反应器来的精制喷气燃料减压后直接作为汽提塔进料；在第一台换热器及反应器前新增两台氢气混合器。②催化剂体系改造：将原装填的FHUDS-8和FHUDS-5催化剂再生后回装使用，补充1/3左右的FHUDS-8新鲜催化剂。

典型操作条件、原料和产品性质以及能耗见表5-2-7、表5-2-8和表5-2-9。

表5-2-7　典型操作条件

项目	数值	项目	数值
进料量/(t/h)	268.8	反应器出口温度/℃	265
H_2流量/(m^3/h)	2520	反应器入口压力/MPa	3.77
体积空速/(h^{-1})	2.51	反应器出口压力/MPa	3.83
反应器入口温度/℃	262		

表5-2-8　原料和产品主要性质

项目	原料	精制喷气燃料	项目	原料	精制喷气燃料
密度(20℃)/(kg/m^3)	792.6	793.2	w(硫醇硫)/(mg/kg)	120	4
w(碱性氮)/(mg/kg)	2.3	1	w(硫)/%	0.214	0.0926
总酸值/(mgKOH/g)		0.093	冰点/℃	-48.5	-48
闪点(闭口)/℃	38	47	馏程/℃	139~244	156~255

表5-2-9　装置公用工程消耗及能耗

项目	消耗/(MJ/t)	项目	消耗/(MJ/t)
除氧水	9.45	1.0MPa	0
除盐水	1	0.3MPa	-42.64
循环水	4.01	燃料气	173.39
电	52.84	能耗	198.05
蒸汽			

第六章　柴油馏分及加工路线

第一节　柴油馏分的特点及主要加工流向

柴油馏分通常指165~350℃馏分，包括常减压蒸馏装置生产的直馏柴油馏分和二次加工装置生产的催化裂化轻循环油、焦化柴油、加氢裂化柴油馏分等。

一、直馏柴油

（一）典型直馏柴油馏分性质

直馏柴油馏分一般来自常一线、常二线、常三线和减一线。表6-1-1为典型直馏柴油的相关性质，可以看出，直馏柴油的密度相对较低，一般在0.85~0.88g/cm^{3}之间，氮等杂质含量较低，其族组成也有鲜明的特征，链烷烃含量高，往往在40%以上。

表6-1-1　典型直馏柴油性质

项目	单位	直馏柴油1	直馏柴油2	直馏柴油3	直馏柴油4
密度(20℃)	g/cm^3	0.8566	0.8543	0.8706	0.8582
馏程	℃	215~361	220~363	195~370	230~349
S	%(质)	1.46	0.53	1.08	0.74
N	mg/kg	278	159	212	73
C	%(质)	86.38	85.74	86.63	86.25
H	%(质)	12.13	13.43	12.49	12.56
组成	%				
链烷烃		45.3	37.7	33.2	46.2
环烷烃		29.7	32.8	20.2	28.9
芳香烃		25	29.8	46.6	24.9

直馏柴油馏分主要性质与原油性质相关，也与其馏程相关。表6-1-2为国内几种原油的直馏柴油馏分性质，可知，我国大部分原油的直馏柴油的收率较低，密度较低。在柴油的燃烧性能中，最重要的就是柴油的自燃性能。对高速柴油机燃料的自燃性能，采用十六烷值进行评价。从表6-1-2中可以看出，除辽河原油外，我国其他原油的直馏柴油的十六烷指数较高，直馏柴油苯胺点也较高，这说明直馏柴油馏分中的正构链烷烃含量较高，正构链烷烃的凝点高于其他烃类，因此，正构链烷烃含量高的直馏柴油凝点更高。柴油的黏度对于柴油机能否正常工作也非常重要，我国原油直馏柴油的运动黏度较大，其中新疆原油的直馏柴油运动黏度最大，远超其他原油的直馏柴油。我国原油直馏柴油的硫含量普遍较低，其后续

精制脱硫的苛刻度较小。酸度较高，其中辽河和中原直馏柴油的酸度最高，对炼油和储运设备的防腐提出了更高要求。

表 6-1-2　国内直馏柴油馏分的性质

原油	单位	大庆	胜利	辽河	华北	中原	新疆
实沸点范围	℃	230~330	230~350	200~350	240~320	200~350	240~350
收率	%(质)	11.5	15.2	21.6	12.3	25.1	19.8
密度(20℃)	g/cm^3	0.817	0.8311	0.8541	0.8078	0.816	0.8278
苯胺点	℃	79.6	77.8	65.8	85	81.7	85.3
十六烷指数		58.4	56.5	45.5	62.6	60.1	59.8
馏程	℃						
初馏点		245	250	225	255	230	249
10%		257	265	236	263	247	276
50%		274	290	272	277	280	304
90%		300	303	311	296	319	338
干点	℃	318	333	324	303	336	331
凝点	℃	-6	-10	-18	-8	-2	-6
运动黏度(20℃)	mm^2/s	4.83	6.32	5.53	5.24	5.06	8.38
硫	%(质)	0.054	0.29	0.05	0.13	0.15	0.025
闪点(闭口)	℃	115	112~117	—	—	—	125
酸度	mgKOH/100mL	5.26	21.3	41.8	3.9	43.5	—
铜片腐蚀/(50℃，3h)		合格	合格	—	合格	合格	合格
十六烷值		69	—	—	—	—	60

表 6-1-3 为几种进口原油的直馏柴油馏分的性质。与国内直馏柴油馏分相比，国外直馏柴油的密度普遍偏大，其中卡斯蒂利原油的直馏柴油馏分密度最大，达到了 0.877g/cm^3。中东原油(沙特、科威特和阿曼)的直馏柴油的收率比国内原油高，大多在 20%左右。但其十六烷指数普遍比国内低，这说明其直馏柴油中的正构链烷烃含量比国内低。因此，中东直馏柴油馏分的凝点也低，中东直馏柴油馏分的运动黏度普遍较低。因此，中东原油的直馏柴油馏分低温流动性普遍更好。另外，中东直馏柴油的酸度比国内更低，但硫含量远高于国内。

表 6-1-3　国外直馏柴油馏分的性质

原油	单位	沙中原油	沙轻原油	科威特原油	卡斯蒂利原油	阿曼原油
实沸点范围	℃	200~350	240~350	200~350	250~300	250~300
收率	%(质)	24.54	19.19	23.3	6.38	7.25
密度(20℃)	g/cm^3	0.836	0.8453	0.8318	0.877	0.8302

续表

原油	单位	沙中原油	沙轻原油	科威特原油	卡斯蒂利原油	阿曼原油
苯胺点	℃	69.5	—	—	—	—
十六烷指数		51	51.65	57.8	—	—
馏程	℃					
初馏点		204.7	249	214	—	—
10%		231.8	269	234	—	—
50%		269.6	288	269	—	—
90%		327.4	321	317	—	—
干点		347.3		328	—	—
凝点		-15	-14	-17	—	—
运动黏度(20℃)	mm^2/s	4.741	5.97	4.464	6.7678	4.7687
硫	%(质)	1.24	1.28	0.8	0.42	0.53
闪点(闭口)	℃	95	121	90	118	116
酸度	mgKOH/100mL	0.172	—	5.42	2.54	11.81
铜片腐蚀/(50℃,3h)		1b	—	3级	—	—
十六烷值		—	—	52	—	—

(二)直馏柴油馏分加工流向

在炼油企业中，直馏柴油馏分主要通过加氢精制后作为柴油调和组分。根据双碳目标的要求，成品油消费达到峰值，柴油消费量将下降，直馏柴油可通过加氢裂化的工艺转化为喷气燃料，还可通过加氢裂化工艺转化为高芳潜的重整原料和富含链烷烃的优质乙烯裂解原料。

1. 生产柴油调和组分

为了满足柴油质量升级要求并降低柴油质量升级过程的成本，各大研究机构也加大工艺技术开发力度，开发了串联反应器超深度脱硫、柴油超深度脱硫催化剂级配及柴油液相循环加氢等工艺技术，为柴油质量升级提供了技术支撑。

(1) 反应器串联超深度脱硫技术

反应器串联超深度脱硫技术是针对柴油加氢装置产品质量升级开发的超深度加氢脱硫技术。该技术一是为了适应现有空速较高的柴油加氢装置升级改造。通过增加串联反应器，延长催化剂与原料接触时间，满足柴油产品质量升级到国Ⅴ和国Ⅵ标准要求。二是满足柴油加氢装置掺炼加工含硅焦化石脑油实现长周期稳定运行的要求。采用两个反应器串联设计，第一个反应器主要装填保护剂及加氢捕硅专用催化剂。采用该技术改造现有装置时，只需增加一个反应器，改造过程简单，投资低。

该技术具有优异的超深度脱硫效果和良好的原料适应性，产品性质稳定，以高硫直馏柴油和催化柴油的混合油为原料，可以在较高的空速（0.8~1.2h^{-1}）下长周期稳定生产硫含量小于 10mg/kg 柴油产品。该技术已在国内多家企业应用。技术原则工艺流程见图 6-1-1。

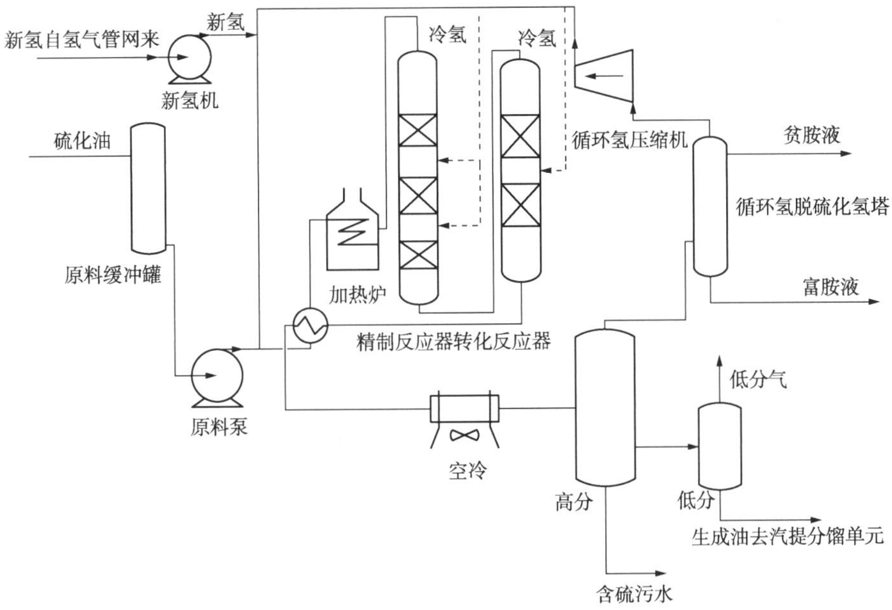

图 6-1-1　工艺技术原则流程图

（2）柴油超深度脱硫催化剂级配技术

柴油超深度加氢脱硫（ULDS）催化剂是目前炼油技术的开发热点，由于柴油加氢脱硫反应受硫化物类型、反应条件和原料性质（如芳烃、有机氮化物含量）等因素的影响，使得催化剂的应用选择较为复杂。根据反应器不同床层在运转过程中的工况条件和反应特点，结合不同类型催化剂在不同条件下超深度脱硫时的优缺点，开发柴油超深度脱硫催化剂级配技术。该技术能更好地发挥不同类型催化剂的优势，并有效降低高温下热力学限制带来的超深度脱硫难度。该级配技术已在 50 多套/次柴油加氢装置工业应用，氢耗比单一 Mo-Ni 型催化剂降低 15%左右，运行周期比单一催化剂提高 30%以上。

（3）柴油液相循环加氢技术

现有柴油加氢装置低温热利用率低，甚至无法回收，这主要归因于循环氢压缩机运行特点。循环氢压缩机的离心机结构和运行特点决定了其压缩的气相中不能含有升压易凝结的组分，这就要求气相必须降低至 45℃以下，才能保证该设备的平稳运行。为了降低循环使用的氢气量，将部分油品甚至全部油品降温，造成低温热损失。

氢气及化学反应的低分子烃类在油品中溶解规律研究，为液相加氢的可行性提供了热力学基础；通过采用适宜的内构件，实现了油品循环及液相加氢，开发了柴油液相加氢技术。采用柴油液相循环加氢技术，装置反应部分不设置氢气循环系统，依靠大量循环的液相产品携带进反应系统的溶解氢提供反应所需要的氢气，大幅度降低装置投资和操作费用。因取消了大量循环的氢气，反应器出口的物料换热至适宜温度，直接进入汽提分馏单元，大幅度降低了进一步降温时的能量损失及汽提塔进料升温所消耗的能量，降低装置能量消耗。

大连院和中石化广州工程公司联合开发的 SRH 柴油液相循环加氢技术采用下流式进料方式，其原则工艺流程见图 6-1-2。

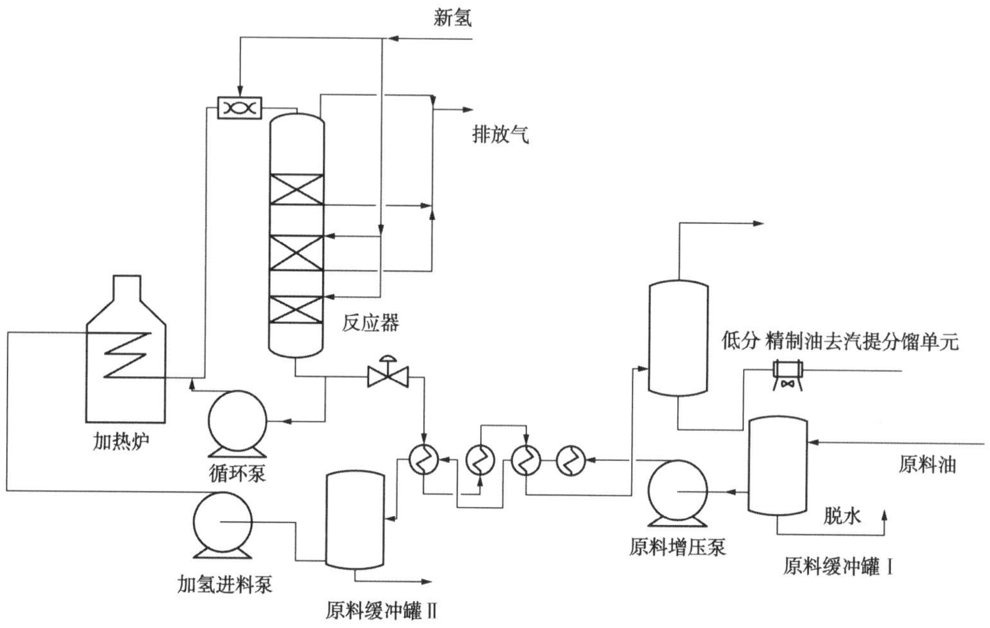

图 6-1-2　柴油液相循环加氢装置原则工艺流程图

液相循环工艺流程具有以下特点：采用两级原料缓冲罐，取消了常规柴油加氢装置所用的大部分高压设备，只保留进料加热炉、反应器和循环泵及附属管线，显著降低了装置投资。采用多次混氢及精制油循环，满足了加工不同原料带来的氢气消耗差异化的需求。设置热低分罐，便于测量油品中氢气量，为装置操作提供技术依据，同时减少了温度降低后气液分层对流体流动均匀性的影响。通过适宜的流程设置及注水点，解决了铵盐结晶带来的设备腐蚀问题；采用排气及压力双向控制反应器床层液位，保证床层液位的稳定。

2. 用于生产化工原料和喷气燃料

直馏柴油根据其性质可用于生产化工原料、喷气燃料等产品。

（1）直馏柴油加氢裂化多产化工原料技术

直馏柴油通过加氢裂化多产化工原料技术生产优质催化重整原料，同时还可副产部分无硫、无烯烃的高辛烷值汽油调和组分。该技术级配使用加氢裂化预精制催化剂和轻油型加氢裂化系列催化剂，在处理柴油的同时还可用于处理 VGO、CGO 及其混合油等，能够生产约 70%(质)高芳潜的优质催化重整原料和约 20%(质)高辛烷值汽油调和组分，其工艺效果见表 6-1-4。该技术工艺条件类似于常规高压加氢裂化，特别适用于对催化重整原料需求量大的企业。

表 6-1-4　直馏柴油加氢裂化多产化工原料技术工艺

工艺流程	单位	单段串联全循环			两段全循环		
反应压力	MPa	8			8		
中试结果		直馏柴油	轻石脑油	重石脑油	直馏柴油	轻石脑油	重石脑油
收率	%	100	20.43	72.51	100	20.75	71.85
密度(20℃)	g/cm^3	0.8804	0.6484	0.7418	0.8804	0.6474	0.7408
馏程范围	℃	192~368	28~73	78~174	192~368	29~78	77~174
硫	mg/kg	6151	<0.5	<0.5	6151	<0.5	<0.5
氮	mg/kg	240	<0.5	<0.5	240	<0.5	<0.5
链烷烃	%		95			94.5	
芳潜	%			43.3			42.5

（2）直馏柴油加氢裂化增产喷气燃料及化工原料技术

鉴于国内喷气燃料需求量在较长一段时间内均呈增长态势，柴油在中等压力下进行加氢裂化增产喷气燃料同时得到化工原料的技术将具有一定市场需求。在中等压力下柴油通过加氢裂化增产优质喷气燃料产品和化工原料通常有三方面问题，一是常规中压加氢裂化技术反应压力偏低，可能导致所产喷气燃料馏分存在芳烃饱和深度不足，烟点偏低等问题，并且装置运行末期随着反应温度超过加氢热力学平衡限制点，加氢产品芳烃饱和深度较初期明显下降，产品质量进一步降低。二是以柴油为原料的中压加氢裂化技术操作模式需兼顾增产喷气燃料的同时，其未转化柴油作为优质乙烯原料。三是不同柴油原料的组成直接影响加氢裂化产品质量。综上需优化各类柴油加氢装置原料最佳加工路线，选择最适宜增产喷气燃料或乙烯原料的柴油原料。

（3）直馏柴油加氢裂化最大量生产乙烯裂解料

直馏柴油加氢裂化最大量生产乙烯裂解料是目前十分具有市场潜力的技术路线。利用此技术，在中等压力范围为 8.0~10.0MPa、入口氢油比为(400：1)~(600：1)、精制段空速为 2.5h^{-1}、裂化段空速为 3.0h^{-1}的条件下加工直馏柴油，其产物分布见图 6-1-3。可以看出，产物中轻石脑油收率为 1.5%，重石脑油收率为 13.4%，未转化柴油收率可达 83.5%以上。未转化柴油十六烷指数达到 65 以上，*BMCI* 值为 16，既可作为优质的清洁柴油调和组分也可作为蒸汽裂解制乙烯装置原料，装置生产灵活性大。

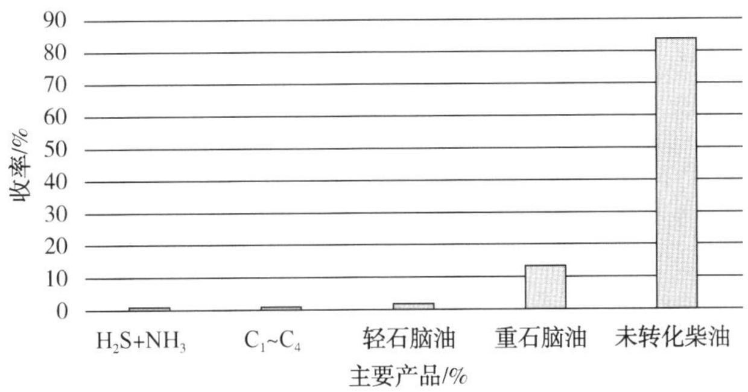

图 6-1-3　直馏柴油加氢裂化最大量生产乙烯裂解料产物分布

同样的直馏柴油与渣油加氢柴油的混合柴油也可作为加氢裂化原料，在压力范围为6.0~8.0MPa、入口氢油比为(300∶1)~(400∶1)、精制段空速为1.8h^{-1}、裂化段空速为1.8h^{-1}的条件下，产物中轻石脑油收率为1.2%、重石脑油收率为12.4%，未转化柴油收率可达85%以上，十六烷指数达到60以上，*BMCI*值为18。

二、催化柴油

来自催化裂化装置的柴油馏分即为催化柴油。我国催化裂化装置多，规模大，因此催化裂化柴油在柴油组分中占有一定的比例。催化裂化本质是在热和催化剂的作用下使重质油发生裂化反应，进一步裂化为裂化气、汽油和柴油产品。表6-1-5为典型催化柴油的相关性质，可以看出催化柴油的密度明显比直馏柴油高，一般在0.92g/cm^3以上，硫、氮等杂质含量则与其他来源柴油相仿。催化柴油的族组成也有鲜明的特征，芳烃含量高，通常在50%以上，尤其是稠环芳烃含量比较高。

表6-1-5 典型催化柴油性质

项目	单位	催化柴油1	催化柴油2	催化柴油3	催化柴油4
密度(20℃)	g/cm^3	0.9260	0.9550	0.9440	0.9297
馏程	℃	180~365	200~367	136~368	194~358
S	%(质)	0.41	0.40	0.81	0.56
N	mg/kg	520	865	914	1500
C	%(质)	88.96	88.50	88.22	87.97
H	%(质)	11.04	11.50	11.78	12.03
组成	%				
链烷烃		25.7	11.8	13.4	18.3
环烷烃		24.3	9.7	8.3	6.5
芳香烃		50.0	78.5	78.3	75.2

由于催化柴油芳烃含量高，十六烷值低，作为车用柴油调和部分，通常采用加氢精制或加氢改质技术。催化柴油加氢精制一般在中、低压条件下，进行烯烃加氢饱和、脱硫、脱氮及芳烃饱和反应，可明显改善颜色和安定性，但十六烷值提高幅度小，满足不了车用柴油指标的要求。近年来，国内外相继开发了采用贵金属催化剂的两段加氢技术，但该类技术的投资和操作费用高、工艺流程复杂。催化柴油改质技术采用中压加氢改质工艺，可使催化柴油十六烷值提高10个单位以上，但由于改质过程中裂化转化率一般为40%~60%，柴油收率降低，不适应当时成国内多产柴油的市场需求。为了开发一种专门处理劣质催化柴油以提高十六烷值的技术，研究人员进行了大量的研究工作，其中具有代表性的是在较高柴油收率情况下能够最大限度提高柴油十六烷值的催化柴油加氢改质技术(MCI)。第一代MCI技术已分别在200kt/a、400kt/a、600kt/a、800kt/a规模的工业装置上应用成功，并获2001年度国家发明二等奖。虽然工业应用获得了很好的效果，但第一代MCI技术需要采用两剂装填才能达到较好的改质效果，不仅存在温度匹配的问题，而且复合剂的使用还会给炼油厂催化剂装填带来麻烦，同时器外再生卸催化剂时也存在催化剂难以分开的问题。随着环保对柴油硫含量、芳烃含量提出更高的要求，为弥补第一代MCI技术的不足，进一步提高催化剂的加

氢和对原料中硫氮等杂原子耐受力，开发出了适用于单段单剂工艺流程的第二代 MCI 技术。该技术针对不同劣质原料，最大限度提高劣质柴油十六烷值，通过专有催化剂和适宜工艺条件的组合，可以生产硫含量小于 10mg/kg、十六烷值增幅为 8~20 个单位的清洁柴油，柴油产品收率大于 95%。

催化柴油芳烃含量高，导致其密度大、十六烷值低，是性质最差的柴油调和组分，也是质量升级中加工难度最大的柴油组分。催化柴油的芳烃含量高达 60%以上，其中多环芳烃占总芳烃的 50%以上。对于柴油馏分而言，富含芳烃是不利的，但对于石脑油馏分而言，芳烃含量高的石脑油馏分可以作为高辛烷值汽油调和组分。催化柴油加氢转化技术基于芳烃利用的理念开发，将催化柴油中的多环芳烃转化为单环芳烃，保留在石脑油馏分中，可以有效利用催化柴油中富含的芳烃生产高附加值的石脑油产品。

三、焦化柴油

一般来说延迟焦化装置生产得到的 180~350℃馏分即焦化柴油。延迟焦化本身是一种热裂化工艺，重质油品经管式加热炉加热到焦化反应所需要的温度，并使之迅速离开加热炉管，在焦炭塔内油品再进行裂解和缩合反应，生成的油气由焦炭塔顶逸出，生成的焦炭则留在塔内。表 6-1-6 为典型焦化柴油的相关性质，由表可知，其氮含量明显高于直馏柴油，不饱和烃含量高，同时氧化安定性也较差，这些因素增加了焦化柴油的加工难度。

表 6-1-6　典型焦化柴油性质

项目	单位	焦化柴油 1	焦化柴油 2	焦化柴油 3	焦化柴油 4
密度(20℃)	g/cm^3	0.8783	0.8855	0.8797	0.8663
馏程	℃				
初馏点/10%		147/244	158/263	152/254	177/238
50%/90%		304/359	306/354	299/344	298/355
95%		366	360	352	364
S	%(质)	1.36	1.67	2.52	1.81
N	mg/kg	845	1135	451	1833
十六烷值		44	42	43	51

第二节　典型柴油馏分加工路线案例

一、柴油加氢精制

1. 某炼油厂 2.0Mt/a 柴油加氢装置

该柴油加氢装置占地面积 11550m^2，建设投资 3 亿元，其装置概况见表 6-2-1。该装置进料流量为 236t/h，空速为 1.03h^{-1}，氢油体积比为 386：1，反应器平均床层温度为 346℃，反应器温升为 73℃，反应器入口压力为 8.39MPa，反应器床层总压降为 0.36MPa。该装置采用大连院开发的 FHUDS-5、FHUDS-7 和 FHUDS-8 加氢精制催化剂，设计以直馏柴油、催化柴油为原料，生产石脑油和满足国Ⅵ车用柴油质量标准的精制柴油。原料中直馏柴油为 84.26%，催化柴油占 15.74%；产品中，柴油占比为 91.14%，石脑油占比为 3.63%。

表 6-2-1　加氢精制装置概况

项目	单位	数值	项目	单位	数值
设计加工能力	Mt/a	2.0	冷换设备	台	26
占地面积	m^2	11550	反应器	台	1
建设投资	万元		机泵	台	36
塔	座	3	容器	台	27
加热炉	座	2	压缩机	台	3
液力透平	台	1			

该加氢精制装置的原料性质见表 6-2-2，新氢及循环氢组成见表 6-2-3。柴油、石脑油以及低分气及干气组成见表 6-2-4～表 6-2-6。该装置的物料平衡信息见表 6-2-7，主要技术经济指标见表 6-2-8。

表 6-2-2　加氢精制装置原料性质

项目	单位	数值	项目	单位	数值
密度(20℃)	g/cm^3	857	硫含量	%	0.847
馏程	℃		总氮	mg/kg	118
初馏点		190	溴价	gBr/100g	2.04
10%		233	胶质	mg/mL	0
50%		276	闪点	℃	55
90%		331	碱氮	mg/kg	0
95%		350	十六烷值		
终馏点		362			

表 6-2-3　新氢及循环氢组成表　　%(体)

项目	数值	项目	数值
新氢组成		循环氢组成	
H_2	94.58	H_2	84.33
C_1	2.4	C_1	7.21
C_2	1.03	C_2	3.41
C_3	0.74	C_3	2.03
C_4	0.44	C_4	0.62
C_5	0.16	C_5	0.1
H_2S	0	H_2S	0
NH_3	0	NH_3	0
Cl	1.37		

表 6-2-4　精制柴油主要性质

项目	单位	数值	项目	单位	数值
密度(20℃)	g/cm^3	0.8288	硫含量	mg/kg	2
馏程	℃		总氮	mg/kg	1
初馏点		208	溴价	gBr/100g	0.4
10%		230	胶质	mg/100mL	15.7
50%		269	闪点	℃	90
90%		322	十六烷值		52.97
终馏点		350			

表 6-2-5　加氢石脑油主要性质

项目	单位	数值	项目	单位	数值
密度(20℃)	g/cm^3	0.7604	90%		154
馏程	℃		终馏点		163
初馏点		55	硫含量	mg/kg	6.6
10%		99	溴价	gBr/100g	0
50%		130	胶质	mg/100mL	0

表 6-2-6　低分气及干气组成　%(体)

项目	数值	项目	数值
低分气		干气	
H_2	69.92	H_2S(脱前)	7.74
H_2S	3.17	C_1	10.35
C_1	10.73	C_2	15.06
C_2	7.5	C_3	17.72
C_3	4.89	C_4	9.65
C_4	1.4	C_5	1.08
C_5	0.19		

表 6-2-7　加氢精制装置的物料平衡

项目	单位	数值	项目	单位	数值
进料量			气体	%	2.72
直馏柴油	%	84.26	石脑油	%	3.63
催化柴油	%	15.74	柴油	%	92.39
纯氢耗量	%	1.25	其他	%	2.4
合计	%	101.25	损失	%	0.11
产品产率			合计	%	101.25

表 6-2-8 加氢精制装置公用工程消耗及能耗

项目	单位	数值	项目	单位	数值
新鲜水	t/t	0.001	3.5MPa 蒸汽	t/t	0.0546
循环水	t/t	2.91	燃料气(油)	kg/t	0.01
软化水	t/t	0	能耗	kgEO/t	8.29
电	kW · h/t	14.03	含油污水含油	mg/L	2.3
1.0MPa 蒸汽	t/t	-0.0391			

2. 某炼油厂 1.0Mt/a 柴油加氢装置

某柴油加氢装置概况见表 6-2-9。该装置进料流量为 90t/h，空速为 0.65h^{-1}，反应器平均床层温度为 386℃，反应器温升为 15℃，反应器入口压力为 9.35MPa，反应器床层总压降为 0.1MPa。该装置采用大连院开发的 FHUDS-5 和 FHUDS-8 加氢精制催化剂，设计以直馏柴油和加氢处理柴油的混合油为原料，生产石脑油和满足国Ⅵ车用柴油质量标准的精制柴油。

表 6-2-9 加氢精制装置概况

项目	单位	数值	项目	单位	数值
设计加工能力	Mt/a	1.0	冷换设备	台	13
占地面积	m^2	7840	反应器	台	2
建设投资	万元	44600	机泵	台	21
塔	座	3	容器	台	17
加热炉	座	2	压缩机	台	2
液力透平	台	0			

该加氢精制装置的原料性质见表 6-2-10，新氢及循环氢组成见表 6-2-11。柴油产品、汽油产品及低分气及干气组成见表 6-2-12～表 6-2-14。该装置的物料平衡信息见表 6-2-15，主要技术经济指标见表 6-2-16。

表 6-2-10 加氢精制装置原料性质

项目	单位	数值	项目	单位	数值
密度(20℃)	g/cm^3	843	终馏点		351
馏程	℃		硫含量	%	0.33
初馏点		158	总氮	mg/kg	216
10%		209	溴价	gBr/100g	0.86
50%		268	闪点	℃	66
90%		324	碱氮	mg/kg	76
95%		339	十六烷值		46.18

表 6-2-11　新氢组成　%(体)

项目	数值	项目	数值
新氢组成		C_3	2.44
H_2	86.74	C_4	1.33
C_1	5.22	C_5	0.36
C_2	3.92	H_2S	0

表 6-2-12　精制柴油主要性质

项目	单位	数值	项目	单位	数值
密度(20℃)	g/cm^3	831	终馏点		348
馏程	℃		硫含量	mg/kg	6
初馏点		185	总氮	mg/kg	10
10%		214	溴价	gBr/100g	0.6
50%		267	闪点	℃	76
90%		323	十六烷值		52.17

表 6-2-13　精制石脑油主要性质

项目	单位	数值	项目	单位	数值
密度(20℃)	g/cm^3	755	90%		148
馏程	℃		终馏点		158
初馏点		70	硫含量	mg/kg	4.3
10%		98	溴价	gBr/100g	0.7
50%		125	胶质	mg/100mL	

表 6-2-14　低分气及干气组成　%(体)

项目	数值	项目	数值
低分气		干气	
H_2	64.32	H_2S(脱前)	1.43
H_2S	1.26	C_1	13.06
C_1	13.03	C_2	10.13
C_2	7.87	C_3	7.25
C_3	4.3	C_4	4.18
C_4	1.8	C_5	1.54
C_5	0.55		

表 6-2-15　加氢精制装置的物料平衡

项目	单位	数值	项目	单位	数值
进料量			石脑油	%	2.16
直馏柴油	%	98.51	柴油	%	95.82
装置氢耗	%	1.49	其他	%	0.04
合计	%	100	损失	%	0.11
产品产率			合计	%	100
气体	%	1.87			

表 6-2-16　加氢精制装置公用工程消耗及能耗

项目	单位	数值	项目	单位	数值
新鲜水	t/t	0	1.0MPa 蒸汽	t/t	-0.027
循环水	t/t	2.54	3.5MPa 蒸汽	t/t	0
软化水	t/t	0	燃料气(油)	kg/t	9.47
电	kW·h/t	39.74	能耗	kgEO/t	12.22

二、柴油加氢裂化

柴油加氢裂化装置以直馏柴油、渣油加氢柴油、催化柴油、焦化柴油及其混合油等为原料，经过加氢精制、加氢裂化反应，灵活调整生产优质喷气燃料产品、优质乙烯原料和重整原料。柴油加氢裂化装置转化率一般在30%以上。

某柴油加氢裂化装置加工原料性质见表 6-2-17。该加氢裂化装置的主要产品有重石脑油、柴油和轻石脑油，产品性质见表 6-2-18～表 6-2-23。该装置的物料平衡信息见表 6-2-24。

表 6-2-17　柴油加氢裂化装置混合原料油性质

项目	单位	混合原料油	项目	单位	混合原料油
馏程	℃		Cl	mg/kg	0.9
初馏点		161.7	Fe	mg/kg	<0.1
10%		203.9	Ni	mg/kg	<0.1
30%		236.2	V	mg/kg	0.1
50%		261.0	Si	mg/kg	<0.1
70%		296.3	密度(20℃)	g/cm^3	871.4
90%		335.4	十六烷指数		37.7
95%		350.7	水含量	mg/kg	563.1
S	%(质)	0.873	多环芳烃	%(质)	26.5
N	mg/kg	245.3			

表 6-2-18 柴油加氢裂化装置重石脑油产品性质

项目	单位	重石脑油	项目	单位	重石脑油
馏程	℃		90%		163.5
初馏点		114.6	终馏点		174
10%		129.8	硫含量	mg/kg	0.31
30%		139.4	氮含量	mg/kg	<0.3
50%		145.1	密度(20℃)	g/cm^3	0.7814
70%		154.9			

表 6-2-19 柴油加氢裂化装置柴油产品性质

产品	单位	柴油	产品	单位	柴油
馏程	℃		硫含量	mg/kg	0.7
初馏点		185.5	氮含量	mg/kg	<0.3
10%		197.6	密度(20℃)	g/cm^3	0.8008
30%		203.2	十六烷指数		50
50%		211.6	闪点	℃	69
70%		227.5	多环芳烃	%(质)	0.5
90%		259	铜片腐蚀		1a
95%		278.7			

表 6-2-20 柴油加氢裂化装置脱丁烷塔底混合石脑油产品性质

产品	单位	脱丁烷塔底混合石脑油	产品	单位	脱丁烷塔底混合石脑油
馏程	℃		终馏点		165.9
初馏点		40.3	密度(20℃)	g/cm^3	0.7216
10%		63.8	正构烷烃	%(质)	10.06
30%		79.6	异构烷烃	%(质)	47.73
50%		97.5	环烷烃	%(质)	28.31
70%		115.6	芳烃	%(质)	13.87
90%		141			

表 6-2-21 柴油加氢裂化装置重石脑油 PONA 分析结果

碳原子数	nP/%(质)	iP/%(质)	N/%(质)	A/%(质)	小计/%(质)
C_6	0.06	0.15	0.32	0.09	0.62
C_7	0.5	1.7	4.2	3.14	9.54
C_8	1.07	6.92	11.92	9.81	29.72
C_9	1.78	7.11	13.02	12.89	34.8
C_{10}	3.7	11.27	4.97	2.1	22.04
C_{11}	0.05	3.14	<0.05	<0.05	3.19
合计/%(质)	7.16	30.29	34.43	28.03	99.91

表 6-2-22 柴油加氢裂化装置混合石脑油 PONA 分析结果

碳原子数	nP/%(质)	iP/%(质)	N/%(质)	A/%(质)	小计/%(质)
C_4	0.36	<0.05	<0.05	0	0.36
C_5	4.06	11.04	0.35	0	15.45
C_6	2.37	10.33	7.17	1.98	21.85
C_7	1.34	10.06	6.34	4.36	22.1
C_8	0.84	10.39	8.84	4.86	24.93
C_9	0.62	3.55	4.87	2.41	11.45
C_{10}	0.46	2.00	0.75	0.26	3.47
C_{11}	<0.05	0.35	<0.05	<0.05	0.35
合计/%(质)	10.05	47.72	28.32	13.87	99.96

表 6-2-23 柴油加氢裂化装置含硫液化气分析结果 %(体)

项目	数值	项目	数值
丙烷	24.34	C_2组分	0.11
异丁烷	49.01	C_3+C_4组分	98.45
正丁烷	25.09	C_4及以上组分	75.54
异戊烷	1.39	C_5及以上组分	1.43
正戊烷	0.03		

表 6-2-24　柴油加氢裂化工艺装置的物料平衡

序号	物料名称	收率/%(质)			
一	入方		4	含硫液化气	7.67
1	新氢	3.25	5	混合石脑油	36.16
2	滤后原料油	100	6	重石脑油	20.70
3	入方合计(滤后原料油+新氢)	103.25	7	柴油产品	36.48
二	出方		8	排放氢(去 PSA)	0.01
1	含硫干气	0.34	9	分馏塔顶排放	0.31
2	含硫低分气	0.63	10	损失	0.20
3	酸性气(富胺液-贫胺液)	0.74	11	出方合计	103.25

三、柴油加氢改质

柴油加氢改质典型案例为某炼油厂 2.0Mt/a 柴油加氢改质装置。装置的概况信息见表 6-2-25。该装置采用大连院开发的 FF-66 加氢精制催化剂和 FC-76 加氢裂化催化剂，设计以轻催柴油、重催柴油、焦化柴油和加氢处理柴油的混合油为原料，生产石脑油和满足国Ⅵ车用柴油质量标准的精制柴油，柴油加氢改质装置转化率一般在 5%~30%之间。

表 6-2-25　加氢改质装置概况

项目	单位	数值	项目	单位	数值
设计加工能力	Mt/a	2.0	冷换设备	台	21
占地面积	m^2	10300	反应器	台	1
建设投资	万元	72000	机泵	台	26
塔设备	座	4	容器	台	39
加热炉	座	2	压缩机	台	4
液力透平	台	1			

该加氢改质装置的原料性质见表 6-2-26，新氢及循环氢组成见表 6-2-27。柴油产品主要性质、石脑汽油产品主要性质以及低分气及干气组成见表 6-2-28~表 6-2-30。该装置的物料平衡信息见表 6-2-31，主要技术经济指标见表 6-2-32。

表 6-2-26　加氢改质原料性质

项目	单位	数值	项目	单位	数值
密度(20℃)	g/cm^3	0.9817	终馏点		356
馏程	℃		硫含量	%	1.31
初馏点		178	总氮	mg/kg	809
10%		239	溴价	gBr/100g	14.8
50%		290	胶质	mg/mL	50
90%		343	闪点	℃	91
95%		356	碱氮	mg/kg	

表 6-2-27　新氢及循环氢组成　%(体)

新氢组成		循环氢组成	
项目	数值	项目	数值
H_2	94	H_2	74
C_1	3.72	C_1	17.8
C_2	0.52	C_2	0.94
C_3	0.28	C_3	0.96
C_4	0.25	C_4	0.66
C_5	0.08	C_5	0.31
H_2S	0.02	H_2S	0.011
NH_3		NH_3	
Cl	0.5		

表 6-2-28　改制柴油主要性质

项目	单位	数值	项目	单位	数值
密度(20℃)	g/cm^3	0.8503	硫含量	mg/kg	8
馏程	℃		总氮	mg/kg	0
初馏点		200	溴价	gBr/100g	0.6
10%		225	胶质	mg/100mL	62.7
50%		269	闪点	℃	89
90%		336	十六烷值		47.15
终馏点		368			

表 6-2-29　加氢石脑油主要性质

项目	单位	数值	项目	单位	数值
密度(20℃)	g/cm^3	0.7806	90%		151
馏程	℃		终馏点		168
初馏点		75	硫含量	mg/kg	5.2
10%		98	溴价	gBr/100g	
50%		124	胶质	mg/100mL	

表 6-2-30　低分气及干气组成　%(体)

低分气		干气	
项目	数值	项目	数值
H_2	67.85	H_2S(脱前)	10.79
H_2S	0.5	C_1	29.16
C_1	21.5	C_2	5.19
C_2	1.39	C_3	11.62
C_3	1.6	C_4	8.08
C_4	1.09	C_5	1.71
C_5			

表 6-2-31　加氢改质装置的物料平衡

项目	单位	数值	项目	单位	数值
进料量			气体	%	3.5
混合柴油	%	97.01	石脑油	%	9.2
新氢	%	2.99	柴油	%	87.27
合计	%	100	损失	%	0.03
产品产率			合计	%	100

表 6-2-32　加氢改质装置公用工程能耗及消耗

项目	单位	数值	项目	单位	数值
新鲜水	t/t	0	1.0MPa 蒸汽	t/t	-0.0904
循环水	t/t	3.17	3.5MPa 蒸汽	t/t	0.1094
软化水	t/t	0	燃料气(油)	kg/t	2.6
电	kW·h/t	31.95	能耗	kgoe/t	5.83

四、柴油加氢转化

柴油加氢转化一般是指将催化柴油转化为汽油、富 BTX 馏分的反应。柴油加氢转化典型案例为某 1.0Mt/a 催化柴油加氢转化装置。该装置采用大连院开发的与 FD2G 高芳烃柴油加氢转化技术及配套使用的催化剂体系。以催化柴油为原料，所用氢气来自于氢气管网。该加氢转化装置可生产硫含量等指标满足国Ⅵ质量标准的车用柴油调和组分和汽油调和组分。

该加氢转化装置的原料性质见表 6-2-33，新氢及循环氢组成见表 6-2-34。产品性质见表 6-2-35~表 6-2-39。该装置的物料平衡见表 6-2-40。

表 6-2-33　加氢转化装置混合原料性质

项目	单位	数值	项目	单位	数值
密度(20℃)	g/cm^3	0.9457	十六烷指数		20.7
馏程	℃		水分	mg/kg	259
初馏点		169.5	比色		4
10%		220.9	氯	mg/kg	0.5
20%		231.9	溴值	gBr/100g	20.99
30%		240.5	总硫	mg/kg	4904
40%		249.5	氮含量	mg/kg	711
50%		258	C	%	89.88
60%		269	H	%	9.43
70%		284	链烷烃	%	12.5
80%		304.5	总环烷烃	%	6.9
90%		331.5	总饱和烃	%	19.4
95%		352	总单环芳烃	%	30.3
终馏点			总双环芳烃	%	43.8
闪点	℃	58	三环芳烃	%	6.5
碱性氮	mg/kg	126.2	总芳烃	%	80.6

表 6-2-34　新氢及循环氢组成

新氢组成			循环氢(脱后)组成		
项目	单位	数值	项目	单位	数值
H_2	%	99.9	H_2	%(体)	87.71
CH_4	mL/m^3	1.1	Cl	%(体)	3.97
CO_2	mL/m^3	11.2	C_2	%(体)	2.79
CO	mL/m^3	6.3	C_3	%(体)	3.08
			C_4	%(体)	1.98
			C_5	%(体)	0.49

表 6-2-35　轻石脑油主要性质

项目	单位	重石脑油	项目	单位	重石脑油
密度(20℃)	g/cm^3	0.7038	80%		103.4
馏程	℃		90%		120.1
初馏点		33.5	95%		135.3
10%		43.5	终馏点		150.7
20%		48.3	溴值	gBr/100g	0.77
30%		53.2	总硫	mg/kg	6
40%		59.3	蒸气压	kPa	77.4
50%		67.2	苯	%	3.43
60%		77.6	*RON*		86.5
70%		90	*MON*		82.4

表 6-2-36　轻石脑油单体烃组成　　%(质)

碳数	正构烷烃	异构烷烃	烯烃	环烷烃	芳烃	按碳数加和
4	1.53	0.03	0.01	0.00	0.00	1.57
5	5.42	26.59	0.12	0.77	0.00	32.9
6	1.31	12.86	0.01	7.75	4.54	26.48
7	0.26	3.86	0.00	9.03	9.54	22.69
8	0.09	2.76	0.00	3.99	5.74	12.58
9	0.02	0.94	0.00	0.85	1.19	2.99
10	0.00	0.25	0.00	0.05	0.18	0.49
11	0.00	0.15	0.00	0.00	0.02	0.16
合计	8.62	47.44	0.14	22.45	21.21	99.86

表 6-2-37　重石脑油主要性质

项目	单位	重石脑油	项目	单位	重石脑油
密度(20℃)	g/cm^3	0.8488	溴值	gBr/100g	1.31
馏程	℃		总硫	mg/kg	1.8
初馏点		89.2	蒸气压	kPa	8.3
10%		136.4	苯	%(体)	0.70
20%		145.7	芳烃	%(体)	—
30%		152.7	烯烃	%(体)	—
40%		158.7	*MON*		86.6
50%		163.6	*RON*		98.5
60%		168.3	胶质	mg/100mL	—
70%		173	醋酸铅腐蚀		—
80%		178.5	博士		—
90%		187.2	铜片腐蚀		—
95%		194.9	硫醇硫	Mg/g	—
终馏点		203.6			

表 6-2-38　重石脑油单体烃组成　　%(质)

碳数	正构烷烃	异构烷烃	烯烃	环烷烃	芳烃	按碳数加和
4	0.00	0.00	0.00	0.00	0.00	0.00
5	0.06	0.18	0.00	0.03	0.00	0.27
6	0.09	0.66	0.00	0.90	0.73	2.38
7	0.06	0.71	0.00	2.58	4.76	8.11
8	0.05	1.13	0.00	3.34	13.70	18.22
9	0.07	0.79	0.00	2.56	33.72	37.15
10	0.30	0.73	0.00	3.62	17.04	21.69
11	0.00	3.00	0.00	0.99	3.91	7.90
12	0.14	1.92	0.00	0.00	0.00	2.06
合计	0.78	9.12	0.00	14.02	73.86	97.77

表 6-2-39 精制柴油主要性质

项目	单位	数值	项目	单位	数值
密度(20℃)	g/cm^3	887.6	终馏点		352.2
馏程	℃		多环芳烃	%	17.4
初馏点		212.2	闪点	℃	92
10%		223.3	碱性氮	mg/kg	5.6
20%		225.6	水分	mg/kg	30
30%		228.7	十六烷值		24.0(8点)
40%		232.3	十六烷指数		27.6
50%		236.8	比色		1.5
60%		243.1	氯	mg/kg	0.5
70%		252.4	酸度	mgKOH/100mL	0.28
80%		268.8	总硫	mg/kg	4.4
90%		300.6	醋酸铅腐蚀		合格
95%		331.4	铜片腐蚀		1a

表 6-2-40 加氢转化装置物料平衡

序号	物料名称	总和/(t/h)	收率/%(质)
一	入方		
1	混合催化柴油进料	99.23	96.86
2	新氢	3.22	3.14
3	合计	102.45	100.00
二	出方		
1	精制柴油出装置	25.03	24.43
2	精制柴油至1#催化回炼	20.43	19.94
3	重石脑油	36.08	35.22
4	轻石脑油	12.39	12.09
5	液态烃	4.96	4.84
6	含硫低分干气	1.87	1.83
7	酸性气	1.66	1.62
8	产品液位校正	-0.01	-0.01
9	损失	0.04	0.04
10	合计	102.45	100.00
能耗		20.36kgEO/t	

第七章　蜡油馏分及加工路线

蜡油馏分主要包括直馏减压蜡油和二次加工蜡油。减压蜡油为常减压装置通过减压蒸馏得到的馏分，一般包括减一线、减二线、减三线和减四线(个别有减五线)。二次加工蜡油是指经过二次加工装置副产的蜡油组分，包括焦化蜡油、浆态床蜡油、沸腾床蜡油、糠醛抽出油、脱沥青油和加氢尾油。

第一节　蜡油馏分的特点及主要加工流向

一、减压蜡油

减压蜡油(VGO)指原油蒸馏装置中从减压塔得到的馏分，馏程大多为350~540℃，当减压塔采取深拔操作时，其终馏点可达590~600℃。原油的品种不同，蜡油收率和性质有很大的差别，收率一般为原油的20%~30%。减一、减二、减三馏分油的馏程有一定程度的重叠，各馏分油之间的比例因不同炼油厂总流程的安排、二次加工装置的实际情况不同而有所差别。同种原油的不同馏分的性质差距较大，一般来说，随着馏程的升高，减压蜡油的密度、硫含量、氮含量、凝点、残炭等均增大，因而加工处理的难度也增大。典型原油的直馏蜡油性质见表7-1-1和表7-1-2，大庆原油和沙特轻质原油蜡油窄馏分性质见表7-1-3和表7-1-4。

表7-1-1　我国部分原油减压蜡油性质

项目	胜利	中原	辽河	孤岛	管输	北疆	惠州	塔中
相对密度(d_4^{20})	0.8876	0.8560	0.9083	0.9353	0.8676	0.9109	0.8620	0.9059
馏程/℃	350~500	350~500	350~500	370~500	350~520	350~500	350~500	350~500
凝点/℃	39	43	34	21	44	19	39	22
康氏残炭/%	<0.1	0.04	0.038	0.18	0.07	0.11	0.03	0.02
硫/%(质)	0.47	0.35	0.15	1.23	0.42	0.08	0.05	0.90
氮/%(质)	<0.1	0.042	0.20	0.20	0.083	0.09		0.05
氢/%(质)	13.5		13.40		13.26			
运动黏度/(mm^2/s)								
50℃	25.26	14.18				15.71(80℃)	6.18(80℃)	51.45(40℃)
100℃	5.94	4.44	6.88	11.36	4.75	9.04	4.16	5.29

续表

项目	胜利	中原	辽河	孤岛	管输	北疆	惠州	塔中
相对分子质量	382	400	366		360	376	413	357
特性因素	12.3	12.5	11.8	11.5		11.79	12.60	11.86
重金属/(mg/kg)								
Ni	<0.1	0.2	0.06	1.33	0.3	<0.1		<0.1
V	<0.1	0.02		0.22	0.02	<0.01		<0.1
族组成/%								
饱和烃	71.8	80.2	71.6		34.5			
芳烃	23.3	16.1	24.42		22.9			
胶质	4.9	2.7	4.0		2.6			
收率/%(质)	27	23.2	29.7	22.2		25.72	33.77	20.65

表 7-1-2　常见进口原油减压蜡油性质

项目	阿拉伯轻质	阿拉伯重质	伊朗轻质	伊拉克巴士拉	阿曼
相对密度(d_4^{20})	0.9141	0.9170	0.9100	0.9310	0.8902
馏程/℃	370~520	350~500	350~500	360~525	360~500
凝点/℃	34	30			24
康氏残炭/%	0.12	0.15	0.17		0.06
硫/%(质)	2.61	2.90	1.55	3.08	1.02
氮/%(质)	0.078	0.07	0.13		0.57
氢/%(质)	11.69		12.52	13.6	
运动黏度/(mm^2/s)					
50℃					26.95
100℃	6.93	6.87	5.20		
相对分子质量	378	383			
特性因素	11.85		12.8	11.7	12.15
重金属/(mg/kg)					
Ni		0.52			0.06
V		0.07			0.04
族组成/%					
饱和烃	65.8				
芳烃	31.6				12.3
胶质	2.6				
收率/%(质)	24.3	23.3	25.9	21.9	23.37

表 7-1-3　大庆原油各蜡油窄馏分油的一般性质

项目	350~400℃	400~450℃	450~500℃	500~535℃	535~570℃	570~605℃	605~640℃
密度(20℃)/(kg/m^3)	842.7	853.8	867.8	880.5	885.1	890.6	893.6
黏度/(mm^2/s)							
80℃	4.137	5.840	11.00	18.98	25.18	35.66	49.72
100℃	2.913	3.964	6.977	11.12	14.42	19.45	25.05
凝点/℃	31.5	39.8	48.6	47.8	49.8	51.9	
酸值/(mgKOH/g)	0.02	0.04	0.06	0.06	0.06	0.08	0.10
折光率							
20℃	1.4702	1.4756	1.4866	1.4956	1.4969	1.4996	
70℃	1.4514	1.4569	1.4678	1.4768	1.4782	1.4809	
残炭值/(%)	0.0063	0.011	0.034	0.19	0.40	0.86	1.5
相对分子质量	311	359	429	509	576	665	734
元素分析							
C/%	85.88	86.09	86.29	86.32	86.49	86.62	86.69
H/%	13.92	13.75	13.52	12.98	12.85	12.71	12.60
S/(mg/kg)	630	670	780	1200	1240	1360	1430
N/(mg/kg)	130	230	500	1320	1380	1700	1970
金属/(mg/kg)							
Ni	<0.05	<0.05	<0.05	<0.05	0.07	0.2	<0.8
V	<0.05	<0.05	<0.05	<0.05	0.05	0.05	0.05
组成分析/%							
饱和烃	88.5	88.0	84.6	77.5	74.3	72.8	64.2
芳烃	11.1	10.9	14.0	20.1	21.4	22.6	28.4
胶质	0.4	1.1	1.4	2.4	4.3	4.6	7.4
收率/%(质)	6.46	9.76	10.37	3.23	3.94	4.14	2.81

表 7-1-4　沙特阿拉伯轻质原油各蜡油窄馏分油的一般性质

项目	350~400℃	400~450℃	450~500℃	500~535℃	535~570℃	570~605℃	605~640℃
密度(20℃)/(kg/m^3)	892.8	909.3	993.9	951.5	952.4	961.9	973.0
黏度/(mm^2/s)							
80℃	—	—	—	34.19	67.00	135.9	302.8
100℃	5.282	5.378	10.98	16.96	30.24	55.73	112.1
凝点/℃	14	20	28	36	46	43	19
酸值/(mgKOH/g)	0.032	0.044	0.086	0.119	0.125	0.348	0.355
折光率/(70℃)	1.4849	1.4938	1.5044	1.5204	1.5211	1.5268	1.5333
残炭值/(%)	0.002	0.014	0.24	1.02	2.73	5.07	8.15
相对分子质量	299	343	410	440	516	583	700

续表

项目	350~400℃	400~450℃	450~500℃	500~535℃	535~570℃	570~605℃	605~640℃
元素分析							
C/%	84.67	84.93	85.01	84.97	85.07	85.21	85.25
H/%	13.21	12.68	12.31	11.70	11.46	11.23	11.01
S/(mg/kg)	12400	22400	25000	31000	32000	32600	34500
N/(mg/kg)	307	458	746	1612	1682	1734	1889
金属质量分数/(mg/kg)							
Ni	<0.1	<0.1	<0.1	<0.1	<0.1	0.5	<1.9
V	<0.1	<0.1	<0.1	<0.1	0.8	4.8	16.3
组成分析/%							
饱和烃	59.1	53.7	48.4	42.9	42.2	35.8	30.9
芳烃	39.6	45.3	50.1	54.1	53.7	56.6	58.0
胶质	1.3	1.0	1.5	3.0	4.1	7.6	11.1
收率/%(质)	7.44	7.94	7.80	5.22	3.59	2.65	2.36

在炼油厂中，减压蜡油的加工利用主要有以下几个方面：

① 作为催化裂化原料；

② 作为加氢裂化原料，生产化工用石脑油以及高质量的中间馏分油或尾油；

③ 作为润滑油原料，生产润滑油基础油。

二、焦化蜡油

焦化蜡油是减压渣油通过延迟焦化得到的重馏分油，通常约占其装置产品收率的20%~30%。由于焦化原料中金属、硫氮杂原子、残炭、胶质和沥青质的含量较高，导致焦化蜡油中的硫氮杂原子和稠环芳烃含量较高，难以加工。主要原因是焦化过程属于热加工过程，原料中的芳环和碱氮通过热裂化反应迁移至焦化蜡油中，由于经历了热裂化过程，所以焦化蜡油中的芳烃化学性质更稳定，更难发生催化裂化反应。

焦化蜡油特点是氮含量高，对后续加工有较大影响。表7-1-5列举了我国几种典型焦化蜡油的元素组成及性质。与相同馏程减压蜡油相比，其氮含量和碱氮含量均高出数倍。高氮焦化蜡油不适宜直接作为催化裂化装置进料，应先经加氢处理降低其氮含量和碱氮含量。

从表7-1-5中可见，我国焦化蜡油的分子质量和折射率等指标较接近，而密度和苯胺点相差较大，其中大庆焦化蜡油的密度最低、苯胺点最高，胜利焦化蜡油的密度最高，苯胺点最低。苯胺点的高低可以在一定程度上反映油品的组成和性质，通常苯胺点高表明其链烷烃含量高，容易加工，苯胺点低表明芳烃含量高，较难加工。从元素分析来看，几种焦化蜡油中碳的质量分数在86.65%~87.41%之间，氢的质量分数在12.45%~12.79%之间，H/C原子比并不算低，而硫、氮含量则较高，其中胜利焦化蜡油硫、氮含量最高，质量分数分别为0.61%和0.55%，大庆焦化蜡油硫、氮含量最低，仅为0.20%和0.23%。硫含量高可能会硫化催化剂上的污染金属，使其活化，增大金属的脱氢作用。氮含量高则会造成催化剂的碱氮中毒，降低催化剂活性和选择性。焦化蜡油的残炭值较低，多数在0.2%~0.5%之间，仅辽河焦化蜡油的残炭值较高，为1.34%。重金属Ni和V的含量都很低。

表7-1-5　我国几种典型焦化蜡油的元素组成及性质

原油	大庆	辽河	胜利	C焦化装置	N焦化装置
密度(70℃)/(g/cm³)	0.8308	0.8575	0.8831	0.8340	0.8463
相对分子质量	330	365	368	341	352
折射率(70℃)	1.4647	1.4792	1.4920	1.4668	1.4772
苯胺点/℃	94.7	82.2	76.4	—	—
残炭值/%	0.21	1.34	0.23	0.46	0.45
元素/%(质)					
C	86.75	86.61	87.41	86.65	86.60
H	12.79	12.65	12.45	12.75	12.65
S	0.20	0.26	0.61	0.27	0.50
N	0.23	0.51	0.55	0.34	0.31
H/C原子比	1.757	1.741	1.698	1.754	1.741
金属/(mg/kg)					
Ni	0.06	0.79	0.23	0.89	0.78
V	0.03	0.06	0.06	0.01	0.01

几种典型国产焦化蜡油和VGO的族组成见表7-1-6。国产焦化蜡油基本不含沥青质，石蜡基原油所得焦化蜡油饱和烃(烷烃+环烷烃)含量高、芳烃含量低，而中间基原油所得焦化蜡油芳烃含量高、饱和烃含量低。同时，作为二次加工产物的焦化蜡油与相应的VGO相比，在族组成上存在明显差别：焦化蜡油的饱和烃含量低，大庆、胜利和辽河原油的焦化蜡油的饱和烃含量分别比相应的VGO低了15.4、14.0和15.2个百分点；焦化蜡油的芳烃含量尤其是重芳烃含量高，辽河焦化蜡油的重芳烃质量分数高达21.5%(质)，比VGO高了11.2个百分点；另外焦化蜡油的胶质含量也较高，大庆焦化蜡油的胶质含量是相应VGO的6.3倍，胜利焦化蜡油的胶质含量是相应VGO的1.64倍。

表7-1-6　国产焦化蜡油和VGO族组成对比表　%(质)

族组成	焦化蜡油			VGO		
	大庆	胜利	辽河	大庆	胜利	辽河
饱和烃	68.3	51.1	60.9	83.7	65.1	76.1
轻芳烃	7.9	13.6	5.2	7.5	13.0	7.2
中芳烃	4.2	8.8	6.5	3.2	9.2	3.3
重芳烃	12.7	15.0	21.5	4.5	5.7	10.3
胶质	6.9	11.5	5.9	1.1	7.0	3.1

在炼油厂中，焦化蜡油的加工利用主要有以下几个方面：

① 作为催化裂化原料。焦化蜡油的密度、重金属含量、残炭等指标与 VGO 比较接近，所不同的是含有较多的含氮化合物、多环芳烃和胶质，可裂化性要比 VGO 差得多。焦化蜡油直接进催化裂化加工，会带来催化剂碱氮中毒严重、转化率降低及产物分布恶化等问题。研究和生产实践证明，我国大庆、辽河和胜利焦化蜡油直接作为催化裂化原料的最高掺炼比不应超过 25%、20%和 18%。一般应经过加氢处理后再作为催化裂化原料。

② 用作加氢裂化原料。由于焦化蜡油的特殊性质，考虑加氢装置和氢源的限制，焦化蜡油很少作为加氢裂化原料。

③ 用来调和燃料油。

三、催化裂化重循环油

催化裂化重循环油(HCO)含有大量的重质芳烃，除回炼外一般可经过芳烃抽提分为抽出油和抽余油，其中富含重芳烃的抽出油可经加氢精制后作为碳材料的原料，或经过加氢裂化生产高辛烷值的汽油调和组分，含饱和烃较多的抽余油则可作为催化裂化的原料。A 公司加工管输原油减压馏分油的催化裂化重循环油、抽余油和抽出油的性质见表 7-1-7。

表 7-1-7　重循环油、抽余油和抽出油性质对比表

进料	重循环油	抽余油		抽出油	
		1	2	1	2
20℃密度/(g/cm^3)	0.9238	0.8363	0.8711	1.0701	1.411
折射率(n_D^{70})	1.5361	1.4778	1.4964	1.6522	1.7046
苯胺点/℃	85	107	98	—	—
康氏残炭/%	0.23	0.03	0.14	3.4	6.3
硫/%(质)	3150	700	1370	6100	8780
H/C(原子比)	1.55	1.82	1.81	1.14	0.87
相对分子质量	286	369	348	275	265
族组成/%					
烷烃	36.5	52.1	47.0	15.0	0.4
环烷烃	20.0	32.4	29.8	6.0	0.4
芳烃	40.9	12.0	22.4	75.0	93.4
胶质	1.1	1.4	0.4	3.3	5.6

四、加氢裂化尾油

加氢裂化工艺的一次转化率通常为 60%~90%，其余未转化的部分称为加氢裂化尾油(HCGO)。加氢裂化尾油是加氢裂化装置的主要产物之一，其硫、氮含量低，*BMCI* 值低，氢含量较高，是优质的催化裂化原料，表 7-1-8 为 B 公司催化裂化装置掺炼加氢裂化尾油前后的产品收率，从表中可知，当催化裂化原料中掺炼加氢裂化尾油时，液化气收率会有所降低，但汽油收率会有所上升。由于 *BMCI* 值较低，加氢裂化尾油也可作为优质的乙烯裂解原料。

表 7-1-8　原料对催化裂化产品收率的影响　　%(体)

产品	不掺尾油产品收率	掺 55%尾油产品收率
$C_3 \sim C_4$	23	19
汽油	57	61
轻柴油	11	23
重油	16	5
总收率	107	108

五、糠醛抽出油

润滑油糠醛装置抽出油是润滑油生产过程中的副产品，是以糠醛作溶剂精制润滑油基础油时，从中脱除的润滑油基础油的非理想组分。其中含有大量的单环、双环或多环芳香烃。国内多个炼油厂的抽出油，化学族组成分析总芳烃含量大都超过 50%，有的接近 80%，属于典型的高芳烃油，此外还含有一部分饱和烷烃和少量胶质、沥青质。因重芳烃含量较多，所以糠醛抽出油的密度、黏度较大，倾点较高，流动性较差，某炼油厂的糠醛抽出油物理性质见表 7-1-9。

表 7-1-9　糠醛抽出油的主要物理性质

20℃密度/(g/cm^3)	100℃运动黏度/(mm^2/s)	倾点/℃	折射率(40℃)	闪点/℃	芳烃/%(质)	初馏点/℃	终馏点/℃
1.024	66.86	24	1.5701	259	75.1	385	590

糠醛抽出油主要有以下用途：

1) 抽出油中富含的芳烃是橡胶填充油的理想组分。橡胶填充油，又称为增塑剂、软化剂、加工油等，其作用是使橡胶分子间的作用力降低，从而降低橡胶的玻璃化温度，增加橡胶可塑性、流动性，便于压延、压出等成型操作，同时还能改善疏化胶的某些物理力学性能，如降低硬度和定伸应力，赋予较高的弹性和较低的生热，提高耐寒性等。

2) 抽出油最广泛的用途是作为道路沥青调和组分。抽出油重芳烃可以成为优质道路沥青的调和组成从而提高沥青的品质。反序流程抽出油饱和烃含量低，凝点低，可直接作为道路沥青的调和组分；而正序流程抽出油含有一定量的蜡，会对沥青产生不良的影响，不能直接用于调和沥青。

C 炼油厂从 20 世纪 80 年代以来，一直用丙烷脱油沥青与反序抽出油调和道路沥青。D

石化公司也曾用胜利原油丙脱沥青与反序糠醛抽出油调和出重交通道路沥青。另外 E 炼油厂、F 炼油厂也采用丙脱沥青与糠醛抽出油调和生产道路沥青。

3）作为改性沥青相容剂。将橡胶等加入基质沥青中，可以提高沥青作为道路铺装材料的性能。制得的橡胶改性沥青，其低温抗裂、高温抗变形、温度敏感性及抗老化性能均能得到大幅度提高，因此近年来在国内外得到广泛应用。为了促使橡胶在基质沥青中更好地溶胀，达到更均匀的分散效果，一般会加入相容剂，生产改性沥青使用较多的相容剂是芳烃含量较高的糠醛抽出油。

4）作为针状焦生产原料。近年来，随着碳材料学科的发展，利用富含芳烃的重质油作为针状焦的生产原料成为一个新的研究热点。一般而言，针状焦的原料应该富含芳烃(质量分数为45%~50%，且不包括稠环大分子芳烃)，杂质含量低，金属含量低，灰分低，戊烷不溶物和喹啉不溶物含量少。糠醛抽出油基本满足上述要求，可作为理想的生产针状焦的原料。

第二节　典型蜡油馏分加工路线案例

一、加氢处理工艺

1. 工艺特点

蜡油加氢处理工艺主要是指对催化裂化原料进行预加氢处理的技术。在催化裂化进料中，除了减压蜡油外，有时还掺入少量的焦化蜡油和脱沥青油。蜡油加氢处理主要目的是降低原料油中的杂质含量，提高饱和烃含量和可裂化性，发生的化学反应主要有：脱金属(DM)、脱残炭(DCR，即减少导致生成积炭或生焦的化合物含量)、脱硫、脱氮和芳烃饱和等。

实验室对一种中东原油 VGO 加氢处理前后的催化裂化性能进行了研究，结果见表 7-2-1。与未加氢 VGO 相比，加氢 VGO 的转化率提高 6 个百分点以上，轻油收率提高 5.42 个百分点，焦炭产率下降 0.63 个百分点。

表 7-2-1　中东 VGO 加氢处理原料产品性质及催化裂化性能对比

项目	中东 VGO	加氢 VGO	项目	中东 VGO	加氢 VGO
硫/(mg/kg)	18000	1000	催化裂化产品分布/%		
氮/(mg/kg)	1200	208	液化气	27.22	28.11
氢/%(质)	12.34	13.18	C_{5+}汽油	39.61	46.72
催化裂化转化率/%	73.95	80.59	柴油	15.82	14.13
			重油	10.23	5.29
			焦炭	4.52	3.89
			干气	2.61	1.86

2. 原料及产品的主要性质

原料和产品主要性质见表 7-2-2 和表 7-2-3。

表 7-2-2　原料主要性质

项　目	设计值	实际值	项目	设计值	实际值
密度(20℃)/(g/cm³)	0.9268	0.9155	硫/%(质)	1.700	1.393
馏程(ASTM D1160)/℃			氮/(mg/kg)	2079	1900
初馏点/10%	320/385	/392	金属/(mg/kg)		
30%/50%	421/449	/464	Fe/Ni	0.87/1.01	1.13/1.15
70%/90%	485/	/565	Cu/V	<0.01/1.36	<0.03/2.31
95%/终馏点	560(89%)	560(87%)	沥青质/%	<0.05	2.23
黏度/(mm²/s)			凝点/℃	38	34
50℃	62.98		残炭/%	0.85	1.12
100℃	7.991				

表 7-2-3　产品主要性质

项　目	粗石脑油	柴油	精制蜡油
密度(20℃)/(g/cm³)	0.7222	0.8553	0.8811
馏程/℃			
初馏点/10%	53/75	147/219	/389
30%/50%	/91	/308	/452
70%/90%	/107	/359	/550
95%/终馏点	111/133	369/	—
硫/(mg/kg)	7	<400	<400
氮/(mg/kg)			137
金属/(mg/kg)			
Fe/Ni			0.73/<0.03
Cu/V			<0.03/<0.03
沥青质/%			0.22
凝点/℃		-6	37
残炭/%			0.12
十六烷值		52	

3. 工艺流程描述及示意图

VGO 加氢处理装置流程与一般加氢装置基本相同。当原料中硫质量分数较高时，为了降低循环氢中的硫化氢含量，一般需设置循环氢气体脱硫系统，另外，因产物中含有 5%以上的柴油馏分和少量石脑油馏分，通常分离系统设置硫化氢汽提塔和能分离出石脑油、柴油和加氢蜡油的分馏塔。具体的流程安排与投资、能耗、全厂配套装置、操作习惯等因素有关，不同炼油厂采用的流程不尽相同。

VGO 加氢处理工艺流程如图 7-2-1 所示，原料油与富氢气体混合并被加热后，进入加氢反应器。为控制床层温度，反应器床层之间注入冷氢，冷氢来自循环气压缩机出口的一部分末加热的气体。反应器流出物经换热后进入热高压分离器，分出的气态物料经空冷器后进入冷高压分离器。在空冷器入口处注入脱氧水以溶解铵盐，防止铵盐结晶堵塞空冷器。冷高分分离出的气体经脱硫塔脱除硫化氢后，经循环氢压缩机压缩，循环回反应系统，冷高分和热高分分离出的液体物料分别进入冷低分和热低分。为了提高能量回收水平，在热高分和热低分之间可以设置液体透平。热低压分离器顶部出来的气体经降温后进入冷低压分离器，冷低压分离器顶部出来的酸性气体与分馏塔顶气体一起进行干气脱硫；冷、热低压分离器出来的生成油进入汽提塔、分馏塔。在分馏塔中，液体产物被分馏成塔顶石脑油、柴油和蜡油。

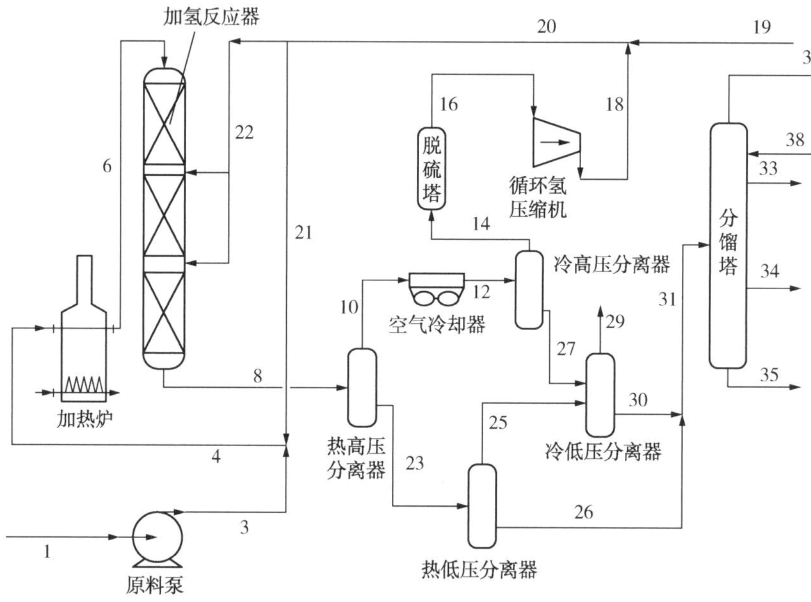

图 7-2-1　加氢处理工艺流程简图

4. 典型工艺装置的物料平衡

典型工艺装置物料平衡见表 7-2-4。

表 7-2-4　典型工艺装置物料平衡

项目	设计值/%(质)	实际值/%(质)	项目	设计值/%(质)	实际值/%(质)
入方					
直馏蜡油	60.00	69.58	柴油	33.05	19.61
焦化蜡油	15.00	11.32	粗汽油	3.34	1.06
脱沥青油	25.00	19.10	低分气		0.49
新氢	1.47	0.94	富气		0.72
合计	101.47	100.94	酸性气		1.37
出方			损失		0.82
精制蜡油	61.42	76.87	合计	99.73	100.94

5. 典型工艺装置的消耗指标

典型工艺装置公用工程消耗见表 7-2-5。

表 7-2-5 典型工艺装置能耗

序号	项目	小时耗量		折标系数		总能耗	单位能耗
		单位	耗量	单位	数值	kgEO/h	kgEO/t
1	循环水	t/h	10	kg/t	0.1	1.00	0.02
2	电力	kW·h/h	643.2	kg/kWh	0.226	145.36	2.44
3	除盐水	t/h	7.5	kg/t	2.3	27.60	0.29
4	凝结水	t/h	-1	kg/t	3.65	-3.65	-0.04
5	1.0MPa 蒸汽	t/h	1	kg/t	76	129.20	1.36
6	净化压缩空气	Nm^3/h	200	kg/N^3m	0.038	7.60	0.08
7	燃料气	Nm^3/h	183	kg/N^3m	0.830	152	2.55
8	原料带入热	kW/h	1660.9			142.81	1.20
9	产品带出热	kW/h	-4921.3			-423.13	-3.55
10	合计					168.44	4.38

二、催化裂化工艺

催化裂化(Fluid Catalytic Cracking, FCC)是原油二次加工中最重要的加工工艺，是我国最重要的重油轻质化的手段，在炼油厂占有举足轻重的地位，年加工能力已超过100Mt，约70%的汽油、30%的柴油来自催化裂化装置，装置总数达190余套，除了汽柴油外，丙烯也是催化裂化装置的主要产品之一。随着催化裂化在催化剂、设备和工艺技术等方面的不断进步，21世纪，催化裂化在我国炼油工业中仍将扮演重要角色，除了生产汽油，将成为炼油—化工一体化的核心装置之一。

催化裂化所加工的原料从最开始的柴油馏分和减压馏分油发展到掺炼脱沥青油、焦化蜡油、页岩油、常压渣油、减压渣油、渣油加氢脱硫装置的常压渣油，甚至直接加工常压渣油或减压渣油等，原料适应性不断增强。从所加工原料来看，催化裂化技术经历了最初阶级的柴油馏分的固定床催化裂化，发展阶段的蜡油馏分(VGO)催化裂化，以及目前较为普及的重油催化裂化(RFCC)。RFCC装置除少数是加工纯常压渣油或减压渣油以外，多数加工蜡油掺兑渣油的混合原料。

1. 工艺特点

催化裂化工业装置最初采用固定床催化裂化，但是其设备结构复杂，操作烦琐，控制困难。为了实现催化剂在反应与再生之间的循环，移动床催化裂化工艺应运而生，并在1950年前后得到广泛应用。虽然解决了催化剂在反应器与再生器之间移动问题，却忽视了催化剂颗粒过大带来的传质阻力，因此被流化床催化裂化逐渐代替。20世纪70年代以后，伴随着分子筛催化剂的开发成功和不断改进，提升管流化床催化裂化工艺逐渐成为催化裂化过程的主导工艺技术。目前，流化床催化裂化工艺总加工能力已列各种重油轻质化工艺之首。

催化裂化工艺技术的发展与催化裂化催化剂的进步密不可分。催化裂化催化剂由最初的天然片状酸性白土、粉状硅酸铝、微球硅酸铝，发展到合成硅酸铝，以及目前普遍采用的分子筛催化剂。分子筛催化剂也随着催化裂化原料、工艺、产品需求的变化而变化，各种功能化的催化裂化催化剂不断开发成功，其活性、选择性和稳定性不断提升。分子筛催化剂中的活性分子筛组分包括X型分子筛、Y型分子筛、超稳Y型分子筛(USY)、稀土Y型分子筛(REY)和择形分子筛ZSM-5等，其他组分包括各种基质、黏结剂和助剂等。

2. 原料及产品的主要性质

典型装置原料和产品主要性质见表7-2-6~表7-2-11。

(1) 原料性质

表7-2-6　原料性质表

项目	直馏蜡油	加氢蜡油	催化混合原料
加工量/(Mt/a)	1.6166	0.4817	2.10
密度/(kg/m^3)	923.7	932.5	925.7
残炭/%	0.90	0.25	0.75
硫/%(质)	2.00	0.17	1.58
氮/%(质)	0.1830	0.0923	0.1622
馏程/℃			
初馏点	247.8	173.5	230.9
10%	359.2	339	354.6
30%	419.7	384	411.6
50%	454.3	412.5	444.8
70%	493.8	442	482.0
90%	545.4	462	526.4
终馏点	602.8	584.5	598.6
金属/(mg/kg)			
Fe	0.2		0.15
Ni	0.6		0.46
V	0.7		0.54
Na	0.3		0.23
Ca	1.2		0.92

(2) 产品性质

表7-2-7　干气组成　%(体)

组分	占比	组分	占比
H_2O	0.65	C_2	8.27
H_2	28.11	$C_{2=}$	10.92
N_2	18.54	C_3	0.12
CO_2	3.39	$C_{3=}$	0.79
O_2	0.68	$>C_{3+}$	0.16
H_2S	6.76	合计	100
C_1	21.61		

表 7-2-8　液化气组成　%(体)

组分	占比	组分	占比
H_2S	1.26	iC_4	8.91
C_1	—	cC_4	4.85
C_2	0.48	$tC_{4=}$	7.25
$C_{2=}$	0.01	nC_5	0.02
C_3	9.26	iC_5	0.51
$C_{3=}$	40.84	$nC_{5=}$	0.49
nC_4	3.98	$>C_{5^+}$	0.04
iC_4	17.87	合计	100
$nC_{4=}$	4.23		

表 7-2-9　轻重汽油性质

项目	轻汽油	重汽油	项目	轻汽油	重汽油
比例/%	19	81	30%	37.3	89.6
密度(20℃)/(g/cm^3)	0.648	0.741	50%	31.4	107.5
馏程 D86/℃			70%	32.8	135.8
初馏点	12.3	52.0	90%	40.4	166.2
5%	25.2	58.8	95%	50.2	180.4
10%	34.1	69.6	终馏点	58.0	190.1

表 7-2-10　柴油性质

项目	性质	项目	性质
密度(20℃)/(kg/cm^3)	935.6	30%	248
十六烷值	22.0	50%	275
硫/%(质)	1.72	70%	300
馏程/℃		90%	337
初馏点	172	终馏点	365
10%	204		

表 7-2-11　催化油浆性质

项目	性质	项目	性质
密度(20℃)/(kg/cm^3)	1074.2	10%	287
硫/%(质)	2.20	30%	370
馏程/℃		50%	452
初馏点	246	70%	535

3. 工艺流程描述及示意图

催化裂化装置由反应再生系统、分馏系统和吸收稳定系统三大部分组成，在反应再生系统中，主风和烟气能量回收系统因其操作管理的相对独立性有时也将其作为催化裂化装置的一大部分看待。

以某工业装置实际生产流程为例，如图 7-2-2 所示，预热 200℃、1.0MPa 左右的原料油经进料喷嘴与雾化蒸汽一起从装置提升管下部喷嘴，进入提升管反应区，与通过预提升段整理成平推流的从第二再生器来的高温催化剂接触，经快速汽化反应后由提升管出口进入粗旋风分离器，以分离大部分催化剂。分离出绝大部分催化剂后的油气经沉降器集气室从大油气管进入分馏塔，催化剂经料腿进入气提段。从料腿下来的催化剂，向下经过高效汽提挡板，与高温汽提蒸汽接触，置换出待生催化剂携带的油气。待生催化剂通过待生线路第一再生器密相上部，进行不完全烧焦，烧焦后的烟气经一再稀相段沉降，除去部分携带的催化剂后，进入旋分器，从顶部集气室至烟道进一步排出。第一再生器内的催化剂经半再生斜管、半再生滑阀至烧焦罐下部。烧焦用的主风经卧式辅助燃烧室炉、主风分布板进入烧焦罐底部烧焦。再生后的催化剂经脱气罐、立管、再生滑阀进入提升管底部经预提升段提升整理流态后与原料接触，提供汽化、反应热。

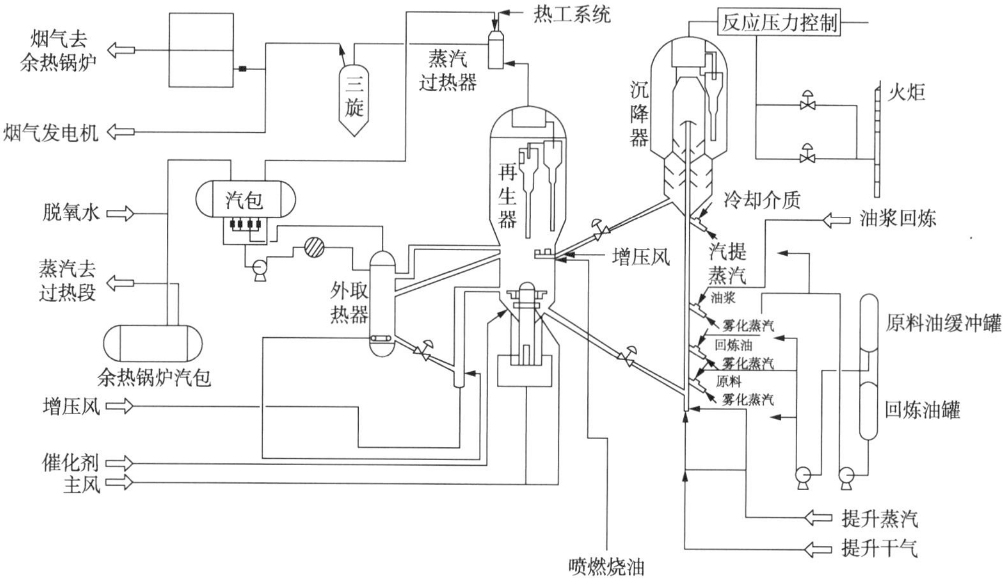

图 7-2-2　提升管催化裂化反应-再生部分工艺流程

催化裂化装置由反应-再生、分馏、吸收稳定（含气压机）、主风机-烟机系统及产汽系统组成，各部分流程叙述如下：

（1）反应-再生部分

减压渣油和减压蜡油由罐区或常压装置直接送到装置内的原料油缓冲罐中，再由原料油泵抽出加压后送至轻柴油-原料油换热器、循环油浆-原料油换热器换热至 225℃，经原料油雾化喷嘴进入提升管反应器，与来自再生器的 690℃的高温再生催化剂接触并迅速升温、汽化，在与催化剂沿提升管向上流动的同时，不断发生裂化反应，525℃的反应油气与催化剂在提升管出口经粗旋风分离器迅速分离后，经升气管进入两组单级旋风分离器，在进一步除去携带的催化剂细粉后，反应油气离开沉降进入分馏塔。

积炭的待生催化剂自粗旋料腿及沉降器单级旋风分离器料腿进入汽提段，与汽提蒸汽逆流接触以汽提催化剂所携带的油气。汽提后的催化剂沿待生斜管、待生滑阀进入再生器的烧焦罐下部，与自二密相(烧焦上部用于收集催化剂并保持流化的密相流化床)经外循环管来的高温催化剂混合，在富氧的条件下开始烧焦，在催化剂沿烧焦罐向上流动的过程中，烧掉大部分的焦炭。较低含碳的催化剂在烧焦罐顶部经大孔分布板进入二密相，在690℃的条件下最终完成焦炭及CO的燃烧过程。再生催化剂一部分经外循环管进入烧焦罐下部，另一部分经再生脱气罐、再生斜管及再生滑阀进入提升管反应器底部，在干气和蒸汽的预提升作用下，完成催化剂加速、分散过程，然后与雾化的原料均匀接触。

再生过程中多余的热量由内、外取热器取走。再生器烧焦所需的空气由主风机提供，空气自大气吸入主风机，升压后经主风管道、辅助燃烧室及主风分布管进入再生器。再生器产生的烟气经旋风分离器初岩分离催化剂后，再经三级旋风分离器进一步分离催化剂细粉后进入烟气轮机膨胀做功，驱动主风机，不足部分动力由电机/发电机补充。从烟气轮机出来的烟气经烟囱排入大气。

烟机停运时，主风由备用主风机提供，烟气经三旋后由双动滑阀、降压孔板降压后经烟囱排大气。这时装置需降量操作，否则无法满足烧焦的要求。

(2) 分馏部分

由沉降器来的反应油气进入分馏塔下部，通过人字挡板与上返塔循环油浆逆流接触，洗涤油气中携带的催化剂并脱除过多热量，使油气进入其上部进行分馏。

分馏塔顶油气经分馏塔顶油气冷凝冷却器降温至40℃，进入分馏塔顶油气分离器进行气、液、水三相分离。分离出的粗汽油经粗汽油泵升压后分成两路，一路作为吸收剂打入吸收塔上部，另一路在必要时作为反应终止剂打入提升管反应器终止段入口。分离出的富气进入气压机。含硫的酸性水用富气水洗泵抽出，作为富气洗涤水送至气压机出口管线。

轻柴油自分馏塔第十一层、十三层抽出自流至轻柴油汽提塔，汽提后的轻柴油由轻柴油泵抽出后，先经轻柴油-原料油换热器换热，再经柴油-除氧换热器换热后，经轻柴油冷却器温度降至40℃后分成两路：一路作为产品出装置，至加氢精制装置或罐区，另一路送至再吸收塔上部作为再生剂。

回炼油自分馏塔第二十七层自流至回炼油罐，经回炼油泵升压后，一路与回炼油浆和新鲜原料混合进入提升管反应器，另一路返回分馏塔第二十八层。

分馏塔多余热量分别由顶循环回流、中段循环回流及油浆循环回流取走。塔顶循环回流自分馏塔第四层塔盘抽出，用顶循环油泵升压，经顶循环油冷却器温度降至90℃后返回分馏塔第一层。中段回流油自分馏塔第十七层抽出，用中段循环油泵升压，经稳定塔底重沸器、分馏中段油蒸汽发生器换热，将温度降至190℃后返回分馏塔十四层。油浆自分馏塔底由循环油浆泵抽出后分为两路：一路作为回炼油浆与原料油、回炼油混合直接送至提升管反应器，另一路经循环油浆-原料油换热器、油浆蒸汽发生器发生3.5MPa级饱和蒸汽温度降至280℃后，分上下两路返回分馏塔。当需外甩油浆时，降至280℃的油浆经油浆冷却水箱冷却至90℃，作为产品油浆送出装置。

(3) 吸收稳定部分

从分馏塔塔顶油气分离器来的富气进入气压机，其出口压力(绝)为1.6MPa。气压机出口富气与解吸塔塔顶气、吸收塔塔底油及富气洗涤水汇合后经压缩富气冷凝冷却器冷至40℃后，进入气压机出口油气分离器进行气、液、水分离。

经气压机出口油气分离器分离后的气体进入吸收塔被吸收，作为吸收介质的粗汽油及稳定汽油分别进入吸收塔，吸收过程放出的热量由两个中段回流取走。经吸收后的贫气至再吸收塔，用轻柴油作吸收剂进一步吸收后成为干气，干气分为两路，一路至提升管反应器作预提升干气，一路至产品精制脱硫，作为工厂燃料气。

凝缩油由解吸塔进料泵从气压机出口油气分离器抽出后分为两路，一路经解吸塔进料换热器与稳定汽油换热后进入解吸塔中部，另一路直接进入解吸塔第一层。由解吸塔底重沸器提供热源，以解吸出凝缩油中相对密度小于 C_2的组分。解吸塔底重沸器用 1.0MPa 蒸汽为热源，脱乙烷汽油由塔底流出，经稳定塔进料换热器与稳定汽油换热后，送至稳定塔进行多组分精馏，稳定塔塔底重沸器由分馏塔一中段循环回流油提供热量。液化石油气从稳定塔塔顶馏出，经稳定塔塔顶冷凝冷却器冷却至 40℃后进入稳定塔塔顶回流罐，经稳定塔顶回流泵抽出后，一部分作为稳定塔回流，其余送至产品精制部分脱硫、脱硫醇。稳定汽油自稳定塔塔底先经稳定塔进料换热器、解吸塔进料换热器分别与脱乙烷汽油、凝缩油换热，再经稳定汽油冷却器冷却至40℃后，一部分由稳定汽油泵送至吸收塔作为补充吸收剂，另一部分送至产品精制脱硫醇。

气压机出口油气分离器分离出的酸性水，自压至产品精制。

（4）产汽系统

1）中压产汽系统。

自轻柴油除氧水换热器来的中压除氧水分别进入两个中压汽水分离器。一个分离器产中压饱和蒸汽在外取热器过热；另一分离器产中压饱和蒸汽在内取热器过热；这两部分中压过热蒸汽一同进入减温器，温度达到 450℃后送至 3.5MPa 蒸汽管网。

2）低压产汽系统。

自动力站来的 1.8MPa、104℃低压除氧水直接进一中蒸汽发生器产生 0.5MPa 饱和蒸汽，至再生器密相过热盘管过热至 400℃，送至管道供装置使用。

为了保证装置生产的安全可靠性，在中压蒸汽管网与低压蒸汽管网之间设置了减温减压设施，主要有以下作用：①装置自产中压过热蒸汽外部不可用时，可经减温减压进入1.0MPa 蒸汽管网；②开工时，装置自产蒸汽未达到规定中压参数时，可经减温减压器进入1.0MPa 蒸汽管网。

4. 典型工艺装置的物料平衡

典型工艺装置物料平衡见表 7-2-12。

表 7-2-12　典型工艺装置物料平衡表

序号	物料名称	设计值		
		%(质)	kg/h	10^4t/a
一	原料			
1	直馏蜡油	77	192500	161.7
2	加氢蜡油	23	57500	48.3
	合计	100	250000	210

续表

序号	物料名称	设计值		
		%(质)	kg/h	10^4t/a
二	产品			
1	干气	2.6	6500	5.46
2	液化石油气	18.7	46750	39.27
3	轻汽油	7.94	19850	16.67
4	重汽油	33.86	84650	84.0
5	轻柴油	24.9	62250	52.29
6	油浆	5.3	13250	11.13
7	焦炭	6.7	16750	14.07
	合计	100	250000	210

5. 典型工艺装置的消耗指标

典型工艺装置公用工程消耗指标见表 7-2-13。

表 7-2-13　典型工艺装置消耗指标表

序号	项目	消耗量				折标系数		单位原料能耗/(MJ/t)	单位能耗/(kgEO/t 原料)
		吨耗量		小时耗量					
		单位	数量	单位	数量	单位	数量		
1	新鲜水	t/t	0.042	t/h	10.6	MJ/t	7.12	0.30	
2	循环水	t/t	9.78	t/h	2445	MJ/t	4.19	40.98	
3	除盐水	t/t	0.47	t/h	117.4	MJ/t	96.3	45.2	
4	污水	t/t	0.05	t/h	13.6	MJ/t	46.05	2.51	
5	凝结水	t/t	0.055	t/h	-13.77	MJ/t	320.29	-17.02	
6	冷媒水	t/t	0.001	t/h	0.185	MJ/t	6.28	0.005	
7	电	kW·h/t	5.432	kW·h/h	1358	MJ/(kW·h)	9.546	51.9	
8	0.5MPa 蒸汽	t/t	0.022	t/h	54	MJ/t	2763	59.70	
9	1.0MPa 蒸汽	t/t	-0.081	t/h	-20.2	MJ/t	3182	-257.1	
10	3.5MPa 蒸汽	t/t	-0.220	t/h	-55	MJ/t	3684	-810.6	
11	焦炭	t/t	0.067	t/h	16.75	MJ/t	39775	2665	
12	净化压缩空气	Nm^3/t	11.104	Nm^3h	2776	MJ/Nm^3	1.59	17.66	
13	非净化压缩空气	Nm^3/t	4.680	Nm^3/h	1170	MJ/Nm^3	1.17	5.48	
14	氮气	Nm^3/t	0.330	Nm^3/h	82.4	MJ/Nm^3	6.28	2.07	
15	氧气	Nm^3/t	12.0	Nm^3/h	3000	MJ/Nm^3	6.28	75.36	
16	燃料气	Nm^3/t	1.20	Nm^3/h	300	MJ/Nm^3	30.35	36.42	

续表

序号	项目	消耗量				折标系数		单位原料能耗/(MJ/t)	单位能耗/(kgEO/t原料)
		吨耗量		小时耗量					
		单位	数量	单位	数量	单位	数量		
17	原料油带入热	MJ/h	186.4	MJ/h	45363			181.45	
18	顶循外输热	MJ/h	-118.6	MJ/h	-29652			-59.3	50%计
19	回收热媒水低温热	MJ/h	-275.08	MJ/h	-68771			-137.54	50%计
	合计							1893	45.2

三、催化裂解工艺

1. 工艺特点

近年来，随着化工行业的不断发展，乙烯、丙烯等低碳烯烃的需求量呈现快速增长的趋势，低碳烯烃供应存在较大缺口。催化裂解是石科院开发的以重质烃为原料、以丙烯为主要目的产品的工艺技术。该技术采用提升管与密相流化床串联的组合反应器形式，采用较高的反应温度、较大的剂/油比、较多的水蒸气注入量及专门研制的改性择型分子筛催化剂来促进重质原料油的一次裂化反应和汽油馏分的二次裂化反应，乙烯和丙烯产率都得到了显著提高。

DCC(Deep Catalytic Cracking)工艺是以蜡油为原料，在 CRP-1 专用催化剂及相应操作条件下，用提升管加床层反应器最大量生产丙烯的催化裂解工艺。除原料性质和催化剂外，催化裂解的主要操作参数有反应温度、停留时间、剂油比和稀释蒸汽量。DCC 采用较长的停留时间以保证裂解汽油进行二次裂解反应生成轻烯烃。由于 DCC 的高转化率以及大量气体的生成，其反应热是催化裂化反应的 2~3 倍，因此需要高的催化剂循环速率和大的剂油比以提供反应所需要的热量。低油气分压增加了气体的烯烃度，也减少了焦炭的生成有利于目的产物烯烃的生成。DCC 的稀释蒸汽用量高于催化裂化，但比蒸汽裂解低得多。在采用较低操作压力、适量注汽、适当空速及 540~560℃ 操作条件下，丙烯产率可达 13%~23%，丁烯产率达 10%~17%，乙烯产率达 3.5%~6%。

2. 原料及产品的主要性质

典型工艺装置原料及产品主要性质见表 7-2-14~表 7-2-16。

表 7-2-14　裂解原料性质表

序号	项目	单位	数值
1	密度(20℃)	g/cm^3	0.8823
2	元素质量组成		
	H	%	13.0
	S	%	0.1183
	N	%	0.15
3	金属含量/(mg/kg)		
	Ni	mg/kg	3.65
	V	mg/kg	0.11
4	残炭值	%	2.68

表 7-2-15 回炼烃 C_4组成

序号	组成	占比/%(质)	序号	组成	占比/%(质)
1	i-C_4H_{10}	67.737	4	C_3H_6	0.557
2	C_4H_8	6.314	5	其余组成	≈0.893
3	i-C_4H_8	24.499			

表 7-2-16 催化裂解产品组成及性质

产品	单位	数量	产品	单位	数量
乙烯	%	4.84	密度(20℃)	g/cm^3	0.79
丙烯	%	18.89	烷烃	%	20
干气组成	%(质)		烯烃	%	25
H_2S		0.57	芳烃组成	%	55
氢气		2.95	苯	%	2.8
甲烷		30.15	甲苯	%	11.5
乙烷		20.17	二甲苯	%	16.8
乙烯		46.16	乙苯	%	2.7
液化气组成	%(质)		重芳烃	%	21.2
丙烷		9.09	合计	%	100.0
丙烯		46.96	硫	mg/kg	260
正丁烷		3.89	RON		95
异丁烷		17.75	二烯值	gI/100g	6
1-丁烯		4.23	裂解轻油		
异丁烯		8.53	密度(20℃)	g/cm^3	0.96
反-2-丁烯		5.46	硫含量	mg/kg	2000
顺-2-丁烯		3.73	裂解重油		
1，3-丁二烯		0.36	密度(20℃)	g/cm^3	1.1
裂解石脑油			硫含量	mg/kg	3000

3. 工艺流程描述及示意图

重油催化裂解工艺流程与常规催化裂化工艺流程相似，主要设备包括反应器、再生器和产品分离回收系统。

新鲜原料油预热后，通过高效雾化喷嘴进入提升管底部，与从再生器来的高温催化剂接触进行反应，在提升管底部注入预提升蒸汽以保证催化剂在提升管反应器内流化均匀，在提升管的中部和上部注有稀释水蒸气。反应油气、水蒸气催化剂向上流动进入反应床层。自产的碳四烃、轻石脑油进入单独设置的提升管反应，并将热的再生催化剂送至反应床层。反应油气在反应床层进一步反应后，进入产品分离回收系统。反应后的待生催化剂进入汽提段经水蒸气汽提后进入再生器内进行烧焦再生，再生催化剂脱除携带的大部分烟气后再返回提升管底部循环使用。

重油催化裂解工艺反应再生部分包含下列 3 项技术：

① 重质油选择性催化制丙烯技术；

② 碳四烃、轻裂解石脑油选择性循环裂化技术；

③ 烃分压梯度递降的逐级注汽技术。

重油催化裂解工艺适合加工蜡油或常压渣油，尤其适合加工石蜡基原油的蜡油或常压渣油。重油催化裂解液体产品富含芳烃，裂解石脑油可以进一步抽取轻质芳烃或作为高辛烷值汽油的调和组分，裂解轻油可加氢改质后作为柴油调和组分或加氢裂化生产化工料，油浆可作燃料油。

重油催化裂解裂解气中的杂质烃含量比蒸汽裂解低、比催化裂化高，非烃杂质含量较高。裂解气需分离净化处理方可得到合格的低碳烯烃产品。

重油催化裂解装置工艺流程示意图如图 7-2-3 所示。

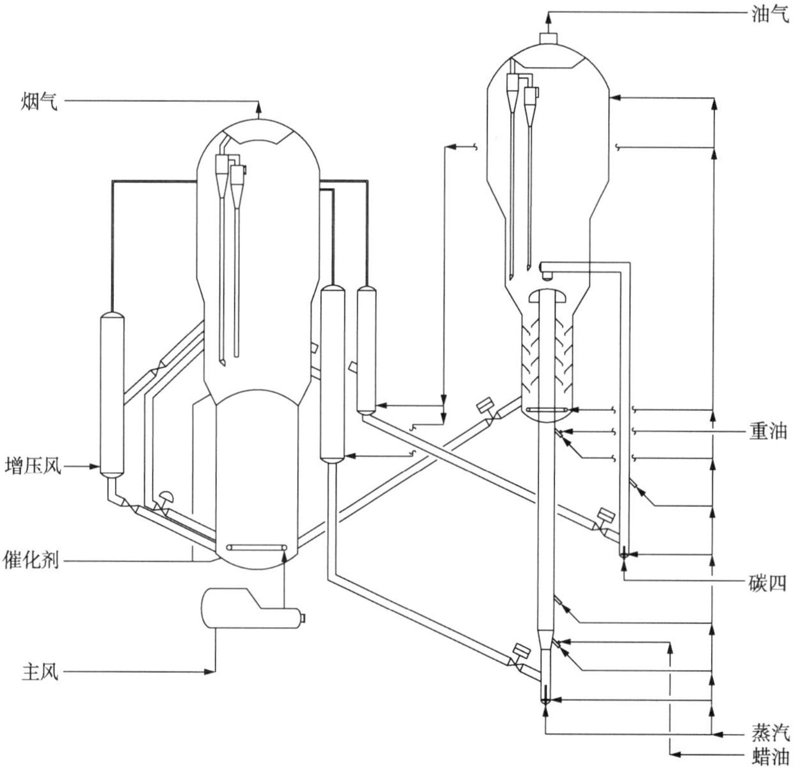

图 7-2-3　重油催化裂解工艺流程示意图

4. 典型工艺装置的物料平衡

典型工艺装置物料平衡见表 7-2-17。

表 7-2-17　典型装置物料平衡表　　%(质)

物料	占比	物料	占比
酸性气	0.06	裂解轻油	11.85
干气	10.42	裂解重油	4.24
液化气	40.23	焦炭	8.91
裂解石脑油	24.29	合计	100.00

5. 典型工艺装置的消耗指标

典型工艺装置公用工程消耗见表7-2-18。

表7-2-18　装置能耗统计数据

项　目	设计值		实际值	
	单耗/(MJ/t)	占比/%	单耗/(MJ/t)	占比/%
电	283.82	7.36	440.15	11.28
1.0MPa蒸汽	-1039.98	-26.97	-1058.79	-27.13
3.5MPa蒸汽	1594.67	41.36	1760.62	45.11
生产水	1.25	0.03	0.84	0.02
循环水	88.62	2.3	89.45	2.29
除盐水	48.07	1.25	49.74	1.27
中压除氧水	0	0	2.09	0.05
加热设备凝结水	-37.2	-0.96	-35.53	-0.91
净化风	27.17	0.7	11.7	0.3
仪表净化风	0	0	52.67	1.35
非净化风	4.18	0.11	9.61	0.25
氮气	51.41	1.33	29.26	0.75
催化烧焦	3165.1	82.09	3008.35	77.08
低温热水	-346.1	-8.98	-471.92	-12.09
加氢尾油热供	20.9	0.54	17.97	0.46
汽油热出料	-6.27	-0.16	-3.34	-0.09
合计	3855.64	100	3902.87	100

四、加氢裂化工艺

1. 工艺特点

减压蜡油作为加氢裂化原料生产优质的轻质油品是一条重要的重油轻质化路线。

加氢裂化可将各种油料，转化为多种优质产品。在现代炼油企业中，加氢裂化不仅是生产清洁燃料的重要工艺，也是为石化工业提供优质原料的重要手段节，其应用受到越来越多的关注。加氢裂化不但对原料的适应性强，产品多种多样，而且具有多种的工艺形式及灵活的操作模式，可以适应不同的需要。

目前，在工业上大量应用的加氢裂化工艺主要有单段工艺、一段串联工艺、两段工艺等三种类型，同时，可采用不同的工艺流程。例如，原料油经单程裂化，所得未转化油不进行循环裂化的称为一次通过流程；部分未转化油进行循环裂化的称为部分循环流程；未转化油全部循环裂化，转化率为100%的称为全循环流程。工艺类型和流程的选择与原料性质、对产品的要求、所用的催化剂等因素有关。

2. 原料及产品的主要性质

典型工艺装置原料及产品主要性质见表 7-2-19～表 7-2-21。

表 7-2-19　国内炼油厂加氢裂化原料性质

项　目	含硫油 VGO	伊朗、沙轻 VGO	辽河、大庆 VGO	沙轻 VGO
密度(20℃)/(g/cm³)	0.9053	0.911	0.8904	0.9133
馏程/℃				
初馏点/10%	299/360	298/358	304/367	297/354
终馏点/90%	426/501	429/485	426/489	428/498
实沸点	551	529	520	543
硫/(mg/kg)	25000	21400	1500	22000
氮/(mg/kg)	1500	900	1270	790
残炭值/%	0.2	0.05	0.07	0.08
酸值/(mgKOH/g)			4.08	0.06
金属/(mg/kg)				
Cu+Ni+V	最大 2	<2		0.21
Fe	最大 2	<1		1.75

表 7-2-20　主要产品性质(初期)

产　品	轻石脑油	重石脑油	柴油	尾油
馏程范围/℃	<65	65～150	150～370	>370
密度(20℃)/(g/cm³)	0.656	0.75	0.82	0.83
总硫/(mg/kg)	<0.5	<0.5	<10	<20
总氮/(mg/kg)	<0.5	<0.5	<0.5	<5
凝点/℃	—	—	-5	38
闭口闪点/℃	—	—	60	—
芳烃/%(质)	—	—	<10	—
多环芳烃/%(质)	—	—	<1	—
馏程/℃	D86	D86	D86	D1160
初馏点/10%	21/25	82/91	169/204	350/389
30%/50%	33/38	104/111	227/272	396/410
70%/90%	45/61	120/132	311/337	433/473
干点	69	150	360	525
芳烃潜含量/%	—	55	—	—
十六烷指数(D4737)	—	—	58	—
BMCI 值	—	—	—	8.6

表 7-2-21　主要产品性质(末期)

产品	轻石脑油	重石脑油	柴油	尾油
馏程范围/℃	<65	65~150	150~370	>370
密度(20℃)/(g/cm^3)	0.655	0.75	0.825	0.832
总硫/(mg/kg)	<0.5	<0.5	<30	<50
总氮/(mg/kg)	<0.5	<0.5	<0.5	<5
凝点/℃	—	—	-5	38
闭口闪点/℃	—	—	60	—
芳烃/%(质)	—	—	<15	—
多环芳烃/%(质)	—	—	<2	—
馏程/℃	D86	D86	D86	D1160
初馏点/10%	21/25	82/91	168/203	350/389
30%/50%	33/37	104/110	226/270	396/409
70%/90%	45/61	119/131	310/336	432/471
干点	69	150	360	523
芳烃潜含量/%	—	56	—	—
十六烷指数(D4737)	—	—	55	—
BMCI 值	—	—	—	9.7

加氢裂化产品的硫、氮等杂质含量低、质量好，是各种油品的优质调和组分和下游加工的优质原料。加氢裂化所得轻石脑油(<80℃)的辛烷值(RON)为75~85，可作车用汽油调和组分；重石脑油的芳烃潜含量高，可作为催化重整的原料生产芳烃(BTX)；煤油馏分的冰点低、烟点高，是喷气燃料的优质组分；柴油馏分的十六烷值高、倾点低，是清洁车用柴油的理想组分。加氢裂化产物中>370℃馏分一般称为尾油(或未转化油)，其硫、氮含量低，烷烃含量高，*BMCI* 值低，可作为乙烯装置的原料或FCC装置的原料，也可直接作为生产润滑油的原料，经过加氢异构脱蜡后生产极高黏度指数的润滑油基础油。

3. 工艺流程描述及示意图

(1) 反应部分

原料油经过换热、过滤后，进入滤后原料油缓冲罐。原料油经升压后与混合氢混和，混氢原料油与反应产物换热，然后进入加热炉加热后进入加氢精制反应器，后进入加氢裂化反应器进行加氢反应。从热高压分离器分离出热高分油减压后进入热低压分离器进一步将其溶解的气体闪蒸出来，热高分气与混合氢和冷低分油换热、冷却后进入冷高压分离器，进行气、油、水三相分离。

从冷高压分离器分离出的气体(循环氢)，由循环氢压缩机升压后返回反应部分同补充氢混合。从冷高压分离器分离出的冷高分油减压后进入冷低压分离器，继续进行气、油、水三相分离。冷高分底部的含硫污水减压后送出装置至污水汽提装置处理。从冷低压分离器分离出的低分气脱硫后出装置至 PSA 系统回收氢气，循环使用；冷低分油经与热高分气换热后进入脱 H_2S 汽提塔，含硫污水减压后送出装置至污水汽提装置处理。从热低压分离器分离出的热低分气经过水冷冷却后至冷低压分离器，热低分油直接进入脱 H_2S 汽提塔。

（2）分馏部分

低分油在脱 H_2S 汽提塔经过蒸汽汽提除去 H_2S 气体。H_2S 汽提塔塔顶气体和液体送至吸收稳定部分回收液化气。H_2S 汽提塔底油与产品分馏塔底油换热后，经反应进料加热炉对流室预热后，由分馏进料加热炉加热至合适的温度后进入分馏塔。分馏塔设一个侧线和一个中段回流，侧线抽出柴油，塔顶为混合石脑油，塔底为尾油。侧线抽出的柴油经过柴油侧线汽提塔，得到柴油产品，经过换热和冷却后出装置。塔顶混合石脑油泵送至石脑油分馏塔，分出轻、重石脑油馏分。轻石脑油出装置，重石脑油冷却后一部分去吸收脱吸塔，一部分出装置。

中段回流首先作为稳定塔底重沸器的热源，然后再通过换热冷却到一定温度后返回产品分馏塔。

脱硫化氢汽提塔塔顶酸性气在吸收脱吸塔内经重石脑油回收液化气后，出装置去脱硫。吸收脱吸塔底油换热后，进入石脑油稳定塔，塔顶得到液化气，液化气脱硫后，得到液化气产品。塔底混合石脑油，返回石脑油分馏塔。

（3）脱硫部分

脱硫部分共设两个塔：低分气脱硫塔和液化气脱硫塔。低分气脱硫后去 PSA 装置回收氢气；液化气脱硫后得到目的产品液化气；贫胺液由二联合溶剂再生装置送来，富胺液出装置去再生塔。

加氢裂化工艺流程简图如图 7-2-4 所示。

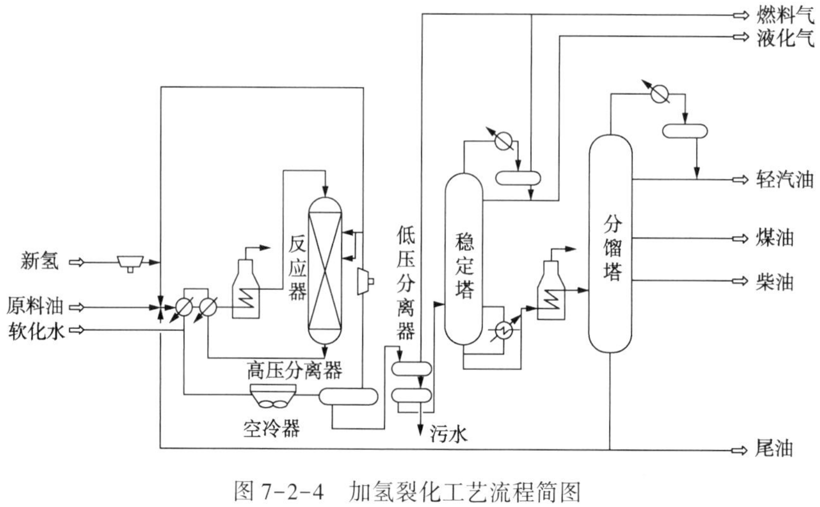

图 7-2-4　加氢裂化工艺流程简图

4. 典型工艺装置的物料平衡

某加氢裂化装置的物料平衡见表7-2-22。

表7-2-22　物料平衡(初期)

项目	物料	占比/%(质)	数量/(10kt/a)
入方	原料油	100.00	120
	化学耗氢气	1.55	1.86
	合计	101.55	121.86
出方	NH_3+H_2S	0.93	1.116
	气体	0.16	0.192
	液化气	1.46	1.752
	轻石脑油	2.21	2.652
	重石脑油	10.12	12.144
	柴油	56.65	67.98
	尾油	30.02	36.024
	合计	101.55	121.86

5. 典型工艺装置的消耗指标

典型工艺装置公用工程消耗量见表7-2-23。

表7-2-23　国内某加氢裂化工艺装置公用工程消耗量

序号	项目	单位	设计值	标定值
1	新鲜水	t/h	1.2	1.8
2	循环水	t/h	669.2	650
3	脱盐水	t/h	70.7	21
4	除氧水	t/h	40	27
5	电	10^4kW·h/d	15.84	10.5
6	燃料气	Nm^3/t	≤50	48.76
7	净化压缩空气	Nm^3/h	$0.6m^3$/次(间断)	1254
8	非净化压缩空气	Nm^3/h	100	0
9	氮气	m^3/h	5749.8	—
10	蒸汽	t/h	44.78	25.8

五、润滑油加氢工艺

1. 工艺特点

润滑油一般均由润滑油基础油(简称基础油)及少量用于改善润滑油使用性能的添加剂

调和而成。基础油的传统生产工艺包括溶剂精制、溶剂脱蜡和吸附精制过程(俗称“老三套”)，由于“老三套”均为物理过程，不发生物料的化学转化反应，因此，基础油的产量和质量与原料的质量存在很强的关联性。用“老三套”工艺生产的基础油，不能满足 API Ⅱ类基础油的质量指标，并且吸附精制产生的废吸附剂也不适应现代炼油厂清洁生产的要求。目前，全球润滑油基础油需求量中 54%以上是常规Ⅰ类基础油，但Ⅱ类、Ⅱ⁺类以及Ⅲ类基础油正逐步取代常规Ⅰ类基础油成为基础油市场的主要力量。

润滑油加氢技术泛指应用于基础油生产的加氢过程，以改善原料质量特别是改善黏度指数(VI)为主要目标，反应特征是改变烃分子的结构，并伴随脱硫、氮、氧等反应，但所希望的反应是芳烃的深度饱和和环烷烃的开环，使原料中的非理想组分转化为理想组分，从而提高产品的 VI。该过程通常在比较苛刻的操作条件下进行。

自从取代白土精制的加氢补充精制技术应用以来，润滑油加氢的发展已经过了半个多世纪，形成了多种加氢技术。各种加氢技术已经引入原料改质、脱蜡、补充精制各个生产环节，形成了所谓全氢型基础油生产工艺，可完全取代“老三套”。

以下简要介绍典型的全氢型润滑油加氢工艺。

2. 原料及产品的主要性质

(1) 原料主要性质

典型工艺装置原料主要性质见表 7-2-24 和表 7-2-25。

表 7-2-24　加氢处理原料性质(以减三线为例)

原料油名称	VGO3	原料油名称	VGO3
馏程范围/℃	380~490	初馏点	394
收率/%	18.49	5%	396
密度(20℃)/(g/cm^3)	0.9235	10%	398
运动黏度/(mm^2/s)		30%	407
100℃	8.64	50%	435
80℃	15.56	70%	460
黏度指数(VI)	46	90%	486
硫/%(质)	2.59	95%	493
氮/(mg/kg)	0.13	终馏点	500
倾点/℃	31	*BMCI*	54.25
碳/%(质)	85.63	烃类组成/%	
氢/%(质)	11.64	链烷烃	51.35
残炭值/%	0.4	环烷烃	9.10
馏程(D1160)/℃		芳烃	39.99

表 7-2-25　加氢异构原料性质(生产 API Ⅲ类基础油)

项目	减二线		减三线		减四线		试验方法
	理论值	质量指标	理论值	质量指标	理论值	质量指标	
收率/%	52		49		57		
密度(20℃)/(g/cm^3)	0. 8483		0. 8496		0. 8514		ASTM D287
硫/(mg/kg)	<50	<50	<50	<50	<50	<50	ASTM D2622
氮/(mg/kg)	<5	<5	<5	<5	<5	<5	ASTM D4629
Ni+V/(mg/kg)	<0. 25	<0. 25	<0. 25	<0. 25	<0. 25	<0. 25	ASTM D5708
Na/(mg/kg)	<0. 1	<0. 1	<0. 1	<0. 1	<0. 1	<0. 1	ASTM D5708
K/(mg/kg)	<0. 1	<0. 1	<0. 1	<0. 1	<0. 1	<0. 1	ASTM D5708
残炭/%	<0. 01	<0. 01	<0. 01	<0. 01	<0. 01	<0. 01	ASTM D189
馏程(D1160)/℃							
5%	362	≥360	366	≥360	350	≥350	ASTM D1160
10%	371		375		380		
30%	382		400		421		
50%	400	400±5	429	425±5	455	400±5	
70%	418		448		503		
95%	446	≥440	472	≥470	532	≥530	
含蜡量/%	22	22±3	25	25±3	25	25±3	
100℃运动黏度/(mm^2/s)	3. 950		5. 730		7. 820		
黏度指数	117	≥117	115	≥115	115	≥115	ASTM D445
倾点/℃	-9		-9		-9		ASTM D2270
密度(20℃)/(g/cm^3)							ASTM D97

(2) 产品主要性质

典型工艺装置主要产品性质见表 7-2-26。

表 7-2-26　API Ⅲ基础油技术指标一览表

性质	单位	分析方法	4cSt 基础油	6cSt 基础油	8cSt 基础油	10cSt 基础油
API 标准			HVI Ⅲ	HVI Ⅲ	HVI Ⅲ	HVI Ⅲ
运动黏度(100℃)	mm^2/s	ASTM D445	3. 5~4. 5	5. 5~6. 5	7. 5~8. 5	9~11
黏度指数		ASTM D2270	120	120	120	120
倾点	℃	ASTM D97	-18	-18	-15	-15
挥发度	%(质)	ASTM D5800	<15	<11		
硫	mg/kg	ASTM D2622	<10	<10	<10	<10
饱和烃	%	ASTM D7419	100-芳烃	100-芳烃	100-芳烃	100-芳烃
芳烃	%	ASTM D7419	<1	<1	<1	<1

3. 工艺流程描述及示意图

RIPP(石科院)开发了多种类型的润滑油基础油生产技术及配套的系列催化剂，可以满足不同的原料生产对应的产品的技术需求。典型的润滑油生产技术主要包括环烷基原油润滑油生产技术(RHW)、中间石蜡基原油润滑油及光亮油生产技术(RLT)、润滑油异构脱蜡技术(RIW)等。

RHW技术采用全加氢流程，以环烷基原油的减压馏分油和轻脱沥青油为原料，生产橡胶填充油、光亮油、变压器油等产品。RLT技术采用“老三套”与加氢技术相结合的流程，以中间石蜡基原油的减压馏分油和轻脱沥青油为原料，生产中高黏度的API Ⅱ类及以上的润滑油基础油、光亮油、石蜡和微晶蜡等产品。RIW技术同样采用全加氢流程，以中间石蜡基原油的减压馏分油、加氢裂化尾油及费托合成蜡等为原料，生产API Ⅱ类、API Ⅲ类及以上黏度指数级别的润滑油基础油。上述技术均在国内润滑油生产企业应用，创造了良好效益。

全加氢型方案采用加氢处理-异构脱蜡/加氢后精制流程，原料采用减二、减三和减四线馏分油，主产品为HVIⅡ6和HVIⅡ10基础油，副产品为轻石脑油、溶剂油(柴油)、工业白油等。该方案特点是流程简单、产品质量好、原料适应性比较强，所有基础油产品也可作为白油产品出厂。缺点是不生产石蜡产品，装置投资比较大。以某工业装置实际生产流程为例，流程简图见图7-2-5。

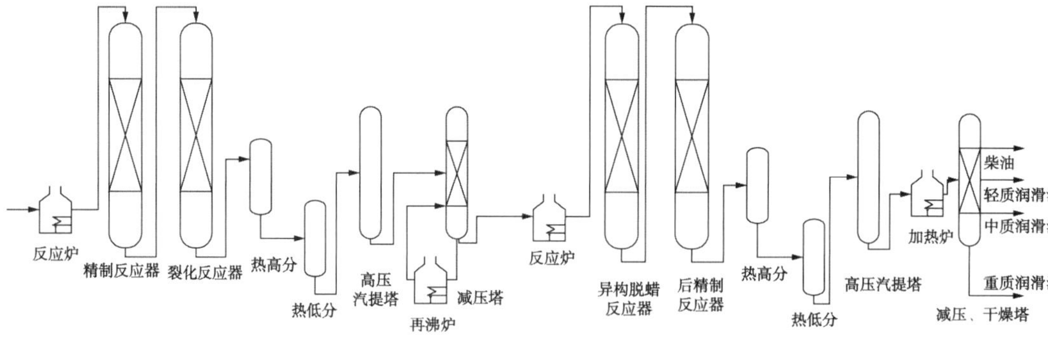

图7-2-5 全加氢型润滑油生产流程示意图

(1) 加氢处理单元

1) 反应部分。

减二线、减三线、减四线馏分原料油自罐区以切换进料方式进入原料油缓冲罐，原料油经换热、过滤后进入滤后原料油缓冲罐，滤后原料油经升压、混氢、换热后进入反应器。加氢处理产物经换热、气液相分离后与混氢油换热进入热高分，热高分液相进入热低分进一步进行气液相分离。热低分液相直接作为高压汽提塔进料，热高分气换热后进入冷高分进一步进行气液相分离，液相进入冷低分，气相进入循环氢聚结器。冷低分油经换热器换热后与热低分油合并作为高压汽提塔进料。

2) 分馏部分。

自反应部分来的生成油进入高压汽提塔，塔底用过热水蒸汽汽提。汽提塔塔顶粗石脑油经冷却后进入塔顶回流罐。回流罐顶气体送出装置；液相为粗石脑油和含硫污水，粗石脑油抽出一部分作为塔顶冷回流，另一部分作为产品送出装置；含硫污水送至装置外酸性水汽提装置处理。高压汽提塔塔底油经换热后进入减压塔。减压塔分塔顶气相、侧线和塔底三部分抽出。塔底油抽出分两部分，一部分抽出后去减底重沸炉，加热后返回减压塔，另一部分塔底油换热、冷却后送至中间罐区或直接进入异构脱蜡单元。减压塔侧线一部分作为热回流返回减压塔，另一部分冷却后部分塔顶冷回流，另外部分与来自加氢异构单元的柴油线合并送出装置。塔顶气相经真空系统抽真空后液相进入减顶油罐进行油水分离，分离后油相送出装置，污水经污水泵送出装置。

（2）加氢异构单元

1）反应系统。

原料油进入过滤器滤去固体颗粒和杂质后至滤后分水罐除水，从分水罐出来的原料油经换热后进入进料缓冲罐。缓冲罐底部原料油抽出，换热后原料进入反应进料加热炉加热，加热后进入异构脱蜡反应器，反应异构产物与混氢原料换热后进加氢后精制反应器。后精制产物经与原料油换热后进热高压分离器进行油、气分离，热高分顶部气体经换热、冷却后进冷高分离器进一步进行油、水、气分离。在冷高分中分离后油相经减压进入冷低压分离器。冷高压分离器顶部气体经循环氢分液罐。循环氢经升压后循环使用，一部分用作异构脱蜡反应器和后精制反应器的冷氢，其余的与补充氢混合，混合氢与热高分气换热后与原料油混合，混氢油与反应产物换热后返回到反应系统。

热高分油减压后进入热低分离器，闪蒸气体经冷却后，与减压后的冷高分油合并进冷低分离器。

2）分馏部分。

冷低分油并入高压汽提塔冷回流线，热低分油经换热器与重润滑油产品换热后进入高压汽提塔上层填料层的分配盘上部，高压汽提塔塔顶含硫气体经空冷、水冷冷凝后进入塔顶回流罐，塔顶回流罐顶部的气相去炼油厂气体压缩机。回流罐底油相一部分经抽出作回流，另一部分作为不稳定石脑油产品出装置。

汽提塔底油经加热后进减压分馏塔。减压分馏塔塔顶馏出物抽真空并冷却，冷却的液相进入减压塔顶冷凝罐，抽真空不凝气经水封罐冷凝回流至冷凝罐，不凝气进减压炉作为自产瓦斯燃烧。冷凝液进行油水分离，水相送出装置，油经罐的溢流堰后送出装置。

第四层填料底部物料由泵抽出，分为两路，第一路过滤后返回第三层填料上部；第二路空冷后一部分回减压塔第四层填料上部作为回流，另一部分作为柴油产品送出装置。

第三层、第二层、第一层填料底部物料分别进入轻、中、重润滑油汽提塔，塔底液相分别进入轻、中、重润滑油干燥塔，干燥塔塔底油经换热、空冷后作为轻、中、重润滑油产品出装置。

4. 典型工艺装置的物料平衡

典型工艺装置物料平衡见表7-2-27。

表7-2-27　全装置物料平衡　10kt/a

项目	物料名称	VGO2	VGO3	VGO4	合计
进料	操作时间/h	1183	3880	3337	8400
	原料油	7.5	20	17.5	45
	氢气	0.173	0.483	0.464	1.12
	合计	7.673	20.483	17.964	46.12

续表

项目	物料名称	VGO2	VGO3	VGO4	合计
出料	H_2S+NH_3	0. 105	0. 347	0. 363	0. 815
	酸性气	0. 039	0. 105	0. 093	0. 237
	低分气	0. 143	0. 386	0. 358	0. 887
	粗石脑油	1. 5	4. 254	2. 863	8. 617
	柴油馏分	1. 868	5. 097	3. 724	10. 689
	2CST 润滑油基础油	1. 325	2. 653	1. 878	5. 856
	4CST 润滑油基础油	2. 693	2. 285	2. 079	7. 057
	6CST 润滑油基础油	—	5. 356	—	5. 356
	10CST 润滑油基础油	—	—	6. 606	6. 606
	合计	7. 673	20. 483	17. 964	46. 12

5. 典型工艺装置的消耗指标

典型工艺装置公用工程消耗指标见表 7-2-28。

表 7-2-28　装置能耗表

项目	消耗量	折标系数	能耗/(MJ/a)
	设计值/(10kt/a)	数值/(MJ/t)	
循环水	765. 66	4. 187	3.20×10^7
除氧水	10. 92	385. 19	4.20×10^7
电	4116.67×10^4kW · h/a	12. 56MJ/(kW · h)	5.17×10^8
蒸汽 3. 5MPa	13. 188	3684	4.86×10^8
蒸汽 1. 0MPa	-9. 66	3182	-3.07×10^8
燃料气	1. 1760	38070	4.48×10^8
凝结水	-0. 84	309. 823	-2.60×10^6
能耗合计/(MJ/a)	1.21×10^9		
单位能耗/(MJ/t)	2700		
综合能耗/(kgEO/t 原料)	64. 6		

第八章　渣油馏分及加工路线

第一节　渣油馏分的特点及主要加工流向

渣油是原油中最重的馏分，其氢碳比低，结构复杂、沸点高、相对分子质量大、黏度高，集中了原油中大部分的硫、氮、含氧化合物以及胶质、沥青质和重金属，是炼油加工的重点和难点。渣油转化率的高低决定了炼油厂轻油收率的高低。随着环保要求的日益严格，石油炼制工业面临着原料重质化和劣质化、加工过程节能化和低碳化、产品轻质化和清洁化的难题，渣油的高效加工利用成为炼油企业重点关注的问题之一。

渣油馏分包括直馏渣油和二次加工渣油。直馏渣油主要来自常减压蒸馏装置，包括常压渣油和减压渣油；二次加工渣油主要是直馏渣油经过二次加工副产的高沸点组分，包括固定床加氢渣油、沸腾床未转化油、浆态床未转化油、催化回炼油和油浆、石油沥青等。

渣油加工过程包含改质和轻质化。改质的主要目的是提高氢碳比，同时降低杂质(硫、氮、金属)含量和残炭。轻质化的目的是将其中饱和烃、芳烃组分转化为轻油，脱除胶质和沥青质中的杂质，并将其部分转化为馏分油。从重质原料油生产馏分油，必须注意解决渣油轻质化、沥青质处理、脱除重金属、脱除杂质等工艺问题。经过半个多世纪的开发研究和工业实践，多种重油改质和转化工艺已实现工业化，在炼油行业广泛应用。

重油加工主要有“脱碳”和“加氢”两类工艺路线，脱碳工艺包括催化裂化、溶剂脱沥青、减黏裂化、延迟焦化和灵活焦化等；加氢工艺包括固定床加氢处理、沸腾床加氢裂化和浆态床加氢裂化等。

1. 常压渣油

原油在常压蒸馏条件下，只能得到轻质馏分，塔底产物即常压渣油。常压渣油是原油中较重的馏分，沸点高于350℃。表8-1-1为我国及国外常压渣油的性质。可以看出，我国大部分原油的常压渣油含量较高，长庆、大庆、胜利、塔里木、江汉、渤南、渤西、塔河重质的常压渣油(>350℃)均占原油的50%以上。长庆、大庆、渤南、渤西这四种原油常压渣油的残炭、金属及硫、氮含量较低，而氢含量都很高，可以实现常压渣油全馏分催化裂化。而胜利、塔里木、塔河重质原油常压渣油的残炭为9%以上，金属含量较高，直接作为催化裂化原料有一定难度。

表 8-1-1　我国主要原油常压渣油(>350℃)性质

分析项目	长庆	大庆	胜利	塔里木	江汉	渤南	渤西	塔河重质
收率/%(质)	52.76	70.27	76.84	52.33	63.43	57.47	61.42	71.95
收率/%(体)	48.78	67.60	74.25	47.50	58.85	53.79	58.51	67.40
API°	22.9	26.0	16.5	16.6	21.2	21.5	20.2	7.5
密度(20℃)/(g/cm^3)	0.9165	0.8986	0.9559	0.9552	0.9269	0.9249	0.9325	1.0179
运动黏度(100℃)/(mm^2/s)	15.1	27.3	83.2	68.9	43.4	15.0	19.5	486
凝点/℃	37	44	18	26	44	44	41	55
残炭/%	4.81	5.15	9.02	11.4	7.1	4.12	4.37	24.46
相对分子质量	418	588	605	489	560	497	480	701
碳含量/%		86.59	86.12					81.50
氢含量/%		13.06	11.90					10.18
硫含量/%	0.14	0.14	1.10	1.40	2.10	0.20	0.22	2.75
氮含量/%	0.30	0.20	0.58	0.21	0.51	0.28	0.30	0.49
金属含量/(mg/kg)								
铁	7.4	0.7	16.2	7.2	25.5	0.1	4.6	25.6
镍	5.4	4.6	29.0	12.6	25.7	32.2	17.0	54.4
钒	1.5	0.1	2.2	71.8	1.7	—	0.3	313.0
钙	21	0.5	84.2	12.4	3.0	0.6	—	111.0
钠	2.0	1.3	9.9	30.4	65.1	—	1.3	94.0
四组分分析/%(质)								
沥青质	1.8	0.1	0.1	5.8	0.1	0.4	0.1	21.7
胶质	5.7	15.5	30.4	18	31.5	12.7	16.4	14.7
饱和烃	73.9	56.2	39.3	45.6	39.5	65.4	61.0	26.4
芳香烃	18.5	28.2	30.2	30.6	28.9	21.4	22.5	37.2

我国主要进口原油按性质分类有高蜡原油、高硫原油、高酸原油、高硫高酸原油、其他原油五种类型。

按照蜡含量高低，将原油分为低蜡(蜡含量<2.5%)、含蜡(蜡含量为2.5%~10%)、高蜡原油(蜡含量>10%)。一般当原油蜡含量超过20%时，与其他原油性质差别才比较明显。米纳斯、辛塔、韦杜里是世界上比较重要的三种高蜡原油，蜡含量在25%以上。表8-1-2为这三种高蜡原油常压渣油(>350℃)的性质。可以看出，三种高蜡原油常渣馏分收率均在60%以上，密度比其他原油低，同时硫、氮及金属含量低，残炭较低，是很好二次加工原料。原油高含蜡量使得米纳斯、辛塔、韦杜里三种原油常压渣油馏分凝点较高，均≥48℃。

表 8-1-2　高蜡原油常压渣油(>350℃)的性质

分析项目＼产地	米纳斯(印度尼西亚)	辛塔(印度尼西亚)	韦杜里(印度尼西亚)
收率/%(质)	62.93	68.43	74.42
收率/%(体)	60.15	65.98	72.42
API°	26.8	25.0	28.1
密度(20℃)/(g/cm^3)	0.8938	0.9041	0.8867
运动黏度(100℃)/(mm^2/s)	17.54	30.37	17.68
凝点/℃	48	56	48
残炭/%	5.10	7.40	4.75
相对分子质量	527	556	523
碳含量/%	86.47		
氢含量/%	12.99		
硫含量/%	0.13	0.13	0.11
氮含量/%	0.21	0.19	0.21
金属含量/(mg/kg)			
铁	6.2	120.0	2.0
镍	20.0	17.9	18.3
钒	0.4	1.2	0.3
钙	1.6	17.7	0.9
钠	6.5	25.1	3.2
四组分分析/%(质)			
沥青质	0.8	0.4	0.1
胶质	18.0	18.9	16.1
饱和烃	57.1	57.2	63.6
芳香烃	24.1	23.5	20.3

一般将硫含量低于0.5%的原油称为低硫原油，0.5%~2.0%的为含硫原油，硫含量高于2.0%的为高硫原油。在我国进口的原油中，含硫和高硫原油占很大比例。表8-1-3和表8-1-4为含硫和高硫原油常压渣油(>350℃)馏分性质。

分析这类原油常压渣油的性质，可以发现有以下特点：

① 收率低。含硫和高硫原油350℃以上馏分质量收率通常在60%以下。

② 硫含量高。含硫原油常渣馏分硫含量在0.78%~2.10%，高硫原油常渣组分硫含量在3.50%~5.70%，作为催化裂化原料需经加氢预处理。高硫含量常渣馏分不仅会对加工装置造成腐蚀，而且会因产品对硫含量的限制，带来加工难度和成本的大幅上升的问题。

③ 重金属含量高。与我国原油一般"镍高钒低"相反，这些原油一般"钒高镍低"，常渣馏分镍含量为7.0~42.7mg/kg，钒含量为11.2~158.0mg/kg，反映出海相生油的特征。

④ 密度较高。含硫原油常渣馏分密度集中在0.9399~0.9688g/cm³，高硫原油常渣馏分密度为0.9618~1.0098g/cm³，且随着硫含量的增加，常渣馏分密度有增加趋势。

⑤ 芳香烃含量高。从四组分分析结果可以看出，含硫原油常压渣油芳烃含量为35.8%~39.5%，高硫原油常压渣油芳烃含量为43.1%~51.7%。

来自中东地区原油的常压渣油性质特点基本如上，其他地区含硫和高硫原油常压渣油性质可能有所差别。

表8-1-3　含硫原油常压渣油(>350℃)的性质

分析项目 \ 产地	伊朗轻质(伊朗)	乌拉尔(俄罗斯)	马希拉(也门)	阿曼(阿曼)	罕戈(安哥拉)
收率/%(质)	46.72	55.28	51.88	55.99	56.64
收率/%(体)	41.44	50.90	47.07	50.74	51.99
API°	16.1	17.7	19.0	17.9	14.6
密度(20℃)/(g/cm³)	0.9587	0.9484	0.9399	0.9470	0.9688
运动黏度(100℃)/(mm²/s)	39.27	40.18	26.78	68.47	58.59
凝点/℃	28	22	34	16	23
残炭/%	8.77	7.90	6.72	9.48	9.72
相对分子质量	541	518	501	504	609
碳含量/%	85.52	85.36	86.78	85.78	87.20
氢含量/%	11.41	11.17	11.83	11.94	11.63
硫含量/%	2.60	2.10	0.78	2.07	0.78
氮含量/%	0.27	0.29	0.20	0.21	0.40
金属含量/(mg/kg)					
铁	2.0	8.7	2.5	8.04	23.4
镍	26.4	30.9	7.3	18.97	38.9
钒	86.9	105.0	11.2	15.17	31.6
钙	1.6	1.8	1.6	2.74	5.8
钠	10.2	3.1	2.2	9.7	9.9

续表

产地 / 分析项目	伊朗轻质（伊朗）	乌拉尔（俄罗斯）	马希拉（也门）	阿曼（阿曼）	罕戈（安哥拉）
四组分分析/%(质)					
沥青质	2.3	2.1	1.6	1.5	2.2
胶质	19.5	17.5	12.2	15.0	22.5
饱和烃	38.7	43.5	50.4	45.1	36.9
芳香烃	39.5	36.9	35.8	38.4	38.4

表 8-1-4　高硫原油常压渣油(>350℃)的性质

产地 / 分析项目	沙轻（沙特阿拉伯）	巴士拉重（伊拉克）	沙中（沙特阿拉伯）	科威特（科威特）	沙重（沙特阿拉伯）
收率/%(质)	48.34	59.79	52.46	53.42	58.54
收率/%(体)	42.97	53.58	47.79	47.66	52.62
API°	15.6	8.6	14.1	12.8	11.55
密度(20℃)/(g/cm^3)	0.9618	1.0098	0.9720	0.9806	0.9859
运动黏度(100℃)/(mm^2/s)	30.56	186.2	60.51	84.58	127.10
凝点/℃	5	10	20	16	6
残炭/%	9.11	15.80	10.96	12.10	14.20
相对分子质量	462	614	606	564	565
碳含量/%	85.2			81.71	84.06
氢含量/%	10.94			10.64	10.87
硫含量/%	3.50	5.70	4.15	5.40	4.80
氮含量/%	0.18	0.24	0.27	0.26	0.21
金属含量/(mg/kg)					
铁	1.9	1.5	1.9	3.2	4.9
镍	7.0	42.7	16.2	17.9	28.6
钒	23.1	158.0	41.9	60.0	89.6
钙	0.6	3.2	0.05	1.0	1.0
钠	0.7	35.4	0.8	1.5	1.4
四组分分析/%(质)					
沥青质	2.4	9.1	5.43	5.7	7.5
胶质	13.5	15.8	21.27	15.7	20.1
饱和烃	37.5	23.4	30.2	34.8	27.4
芳香烃	46.6	51.7	43.1	43.8	45.0

一般将酸值低于0.5mgKOH/g的原油称为低酸原油，酸值为0.5~1.0mgKOH/g的原油称为含酸原油，酸值大于1.0mgKOH/g的原油称为高酸原油。奎都、杜里、多巴为三种典

型进口高酸原油，酸值均高于 1.0mgKOH/g。表 8-1-5 为这三种原油常渣馏分的性质。从表中看出，高酸原油常压渣油馏分具有以下特点：

① 收率较高，一般在 60%以上。

② 硫含量低。一般高酸原油硫含量在 0.5%以下。奎都、杜里、多巴这三种原油常压渣油硫含量分别为 1.14%、0.34%、0.13%。

③ 重金属含量表现出“镍高钒低”的趋势。

高酸原油对常减压装置腐蚀严重，必须采取提高装置材质等级或加注缓蚀剂等防腐措施。另外，高酸原油乳化严重，原油的脱盐注水或产品的储存、使用，必须采取特别的预处理措施。

表 8-1-5　高酸原油常压渣油(>350℃)的性质

分析项目 \ 产地	奎都（安哥拉）	杜里（印度尼西亚）	多巴（乍得）
收率/%(质)	61.91	73.51	79.12
收率/%(体)	57.75	70.77	77.55
API°	12.7	18.0	19.4
密度(20℃)/(g/cm^3)	0.9813	0.9466	0.9379
运动黏度(100℃)/(mm^2/s)	134.6	97.7	61.6
凝点/℃	22	22	4
残炭/%	11.60	9.89	7.07
相对分子质量	566	662	608
碳含量/%	86.66		
氢含量/%	11.23		
硫含量/%	1.14	0.34	0.13
氮含量/%	0.65	0.48	0.21
金属含量/(mg/kg)			
铁	37.0	81.6	43.9
镍	88.0	54.4	12.1
钒	83.0	10.5	0.4
钙	4.0	156.4	324.0
钠	15.4	34.3	8.5
四组分分析/%(质)			
沥青质	2.7	0.3	0.2
胶质	28.0	30.5	21.0
饱和烃	31.5	39.1	50.2
芳香烃	37.8	30.1	28.6

原油硫含量在0.5%以上，同时酸值高于0.5mgKOH/g的原油称为高硫高酸原油。我国胜利原油是典型的高硫高酸原油，国外仅有赤道几内亚的塞巴、巴西的马林、委内瑞拉的波斯坎等少数几种为高硫高酸原油。如表8-1-6所示，塞巴原油常压馏分性质相对较好，质量收率达到50.40%，密度较低，且硫、氮及金属杂质含量较低，残炭值为6.09%，可进入催化裂化装置加工。而马林、波斯坎原油性质较差。特别是波斯坎原油，常压渣油馏分密度达到1.0251g/cm^3，黏度大，硫含量为5.59%，氮含量为0.79%，镍、钒含量分别为134.0mg/kg和1430.0mg/kg，残炭值达到19.2%，不适合直接作为催化裂化装置原料。

表8-1-6 高硫高酸原油常压渣油(>350℃)的性质

分析项目 \ 产地	塞巴(赤道几内亚)	马林(巴西)	波斯坎(委内瑞拉)
收率/%(质)	50.40	69.74	84.18
收率/%(体)	46.24	66.27	81.57
API°	18.3	12.3	6.5
密度(20℃)/(g/cm^3)	0.9409	0.9841	1.0251
运动黏度(100℃)/(mm^2/s)	40.45	173.2	7530
凝点/℃	25	10	41
残炭/%	6.05	9.79	19.2
相对分子质量	684	545	556
碳含量/%	87.13		83.11
氢含量/%	11.87		10.53
硫含量/%	0.66	0.91	5.59
氮含量/%	0.31	0.62	0.76
金属含量/(mg/kg)			
铁	17.9	20.4	14.7
镍	19.6	29.6	134.0
钒	9.0	42.0	1430.0
钙	4.2	24.0	—
钠	10.2	56.0	—
四组分分析/%(质)			
沥青质	1.2	4.1	
胶质	14.2	28.1	
饱和烃	53.1	32.2	
芳香烃	31.5	35.6	

以上为我国进口较多，在国际贸易市场占据重要地位，且具有明显特点原油的常渣馏分性质。表8-1-7为上文未涉及的重要原油的常渣性质，包括原油贸易中作为定价基准的西德克萨斯原油、布伦特原油、塔皮斯原油和我国进口量较大的撒哈拉原油、卡宾达原油、吉拉索原油、杰诺原油、埃斯锡德尔原油及美国巴肯原油(页岩油)。总的来说，这9种原油的常压渣油硫、氮、金属含量、残炭值较低，容易二次加工。

表 8-1-7 其他重要原油常压渣油(>350℃)的性质

分析项目 \ 产地	塔皮斯(马来西亚)	撒哈拉(阿尔及利亚)	巴肯(美国)	西德克萨斯(美国)	布伦特(英国)	卡宾达(安哥拉)	埃斯锡德尔(利比亚)	吉拉索(安哥拉)	杰诺[刚果(布)]
收率/%(质)	25.71	34.80	28.86	33.94	41.05	56.47	48.19	53.12	60.94
收率/%(体)	23.47	30.87	25.45	30.41	36.84	52.14	43.47	50.28	55.25
API°	31.6	25.1	23.9	25.7	22.3	20.9	20.5	19.6	17.7
密度(20℃)/(g/cm^3)	0.8675	0.9035	0.9106	0.9004	0.9202	0.9285	0.9307	0.9365	0.9485
运动黏度(100℃)/(mm^2/s)	6.0	13.6	13.2	14.38	15.5	33.6	23.6	28.22	62.45
凝点/℃	50	18	10	26	38	30	26	20	30
残炭/%	1.61	3.74	1.60	1.77	4.66	6.47	6.81	5.61	8.04
相对分子质量	383	440	446	483	439	474	472	495	582
碳含量/%		86.81		86.46	86.88	87.11		86.98	86.89
氢含量/%		12.92		12.97	12.05	12.30		12.17	11.38
硫含量/%	0.08	0.16	0.16	0.31	0.82	0.23	0.66	0.56	0.45
氮含量/%	0.07	0.10	0.10	0.23	0.25	0.35	0.52	0.28	0.46
金属含量/(mg/kg)									
铁	—	11.4	0.4	1.5	1.4	8.29	0.4	15.1	11.5
镍	5.5	2.1	0.1	1.1	2.7	21.3	14.3	14.4	37.6
钒	0.2	1.2	0.1	2.1	14.5	3.4	4.0	7.2	13.2
钙	—	—	1.9	0.6	—	—	4.1	0.8	2.5
钠	—	—	4.9	4.4	—	—	3.6	2.5	2.9
四组分分析/%(质)									
沥青质		0.6	0.1	0.1	0.6	0.9	1.9	0.3	1.4
胶质		4.7	4.5	11.3	0.3	5.7	15.0	17.8	18.9
饱和烃		66.2	69.4	63.7	64.6	63.3	57.2	52.7	39.7
芳香烃		28.5	26.1	24.9	34.5	30.1	25.8	29.2	40.0

在炼油厂中，常压渣油主要去减压蒸馏塔分出减压蜡油和减压渣油馏分，再进行二次加工。除此之外，常压渣油还有以下加工流向：

① 渣油加氢装置进行预处理。预处理的目的是提高裂化原料的裂化性能和脱除杂质，降低多环芳烃和稠环芳烃含量，脱硫、氮等杂质和镍、钒等重金属。常压渣油可采用固定床加氢处理，制取催化裂化原料，工艺和操作条件的选择取决于常渣的性质。

② 催化裂化装置加工。重油催化裂化原料油要求的质量指标是密度、氢含量、特性因数等，并限制硫、氮、重金属、残炭值等。部分优质的常压渣油可以直接作为重油催化裂化装置的原料。

③ 焦化装置加工。随着国内重质原油加工比例提高，炼油厂劣质渣油产量随之增加。延迟焦化装置可处理残炭和金属含量高的劣质常渣，比如我国的塔河重质原油、委内瑞拉的波斯坎原油等。

④ 减黏裂化装置加工。常压渣油或减压渣油是减黏裂化的常用原料油，转化率受原料油沥青质、钠含量、残炭值的限制。

⑤ 燃料油调和组分。燃料油主要以原油加工过程中的常压渣油、减压渣油、裂化渣油、裂化柴油和催化柴油等调和而成，含非烃化合物、胶质、沥青质多，具有黏度适中，流动性好，雾化性良好，热值高，燃烧完全，发热量大，腐蚀性小的特点，广泛应用于炼油、化工、交通运输、建筑等行业。

2. 减压渣油

减压渣油指原油经减压蒸馏后得到的塔底残余油，色黑黏稠，常温下呈半固体状，是原油中沸点最高、相对分子质量最大、杂原子含量最多、结构最复杂的馏分。

原油及渣油的非烃元素含量推算表明，我国原油中70%以上的硫、80%以上的氮和90%以上的金属都集中在减压渣油中。由表8-1-8可以看出，大庆原油减压渣油的密度最小，为0.9293g/cm^3，胜利、塔里木、塔河重质原油减压渣油的密度比大庆减压渣油大得多，都超过了1.0g/cm^3。大庆减压渣油的残炭最低，有利于进行深度加工，甚至可以直接作为催化裂化原料，而且也是生产高黏度、高黏度指数润滑油的优质原料，大庆渣油润滑油的$P+N+A_1$(脱蜡后)馏分指数达98。大庆渣油硫、金属含量极低，可以生产低硫、低金属的高质量石油焦。

表8-1-8　我国主要原油减压渣油(>540℃)性质

分析项目	长庆	大庆	胜利	塔里木	江汉	渤南	渤西	塔河重质
收率/%(质)	18.57	39.55	41.17	24.68	33.86	19.71	22.38	44.21
收率/%(体)	16.45	36.87	38.27	20.99	29.92	16.90	20.21	39.59
API°	16.4	21.2	10.6	3.6	13.9	15.0	13.6	1.4
密度(20℃)/(g/cm^3)	0.9564	0.9268	0.9959	1.1062	0.9731	0.9660	0.9749	1.0649
运动黏度(100℃)/(mm^2/s)	177	129	1849		618	169	309	
凝点/℃	39	24	37	50	42	35		
残炭/%	14.10	7.96	16.90	23.6	13.4	11.6	13.4	38.3
相对分子质量	863	1093	1190	755	1218	764	980	1320
碳含量/%		86.70	86.01					78.63
氢含量/%		12.54	11.18					9.82
硫含量/%	0.22	0.18	1.50	2.00	3.00	0.32	0.34	3.39

续表

分析项目	长庆	大庆	胜利	塔里木	江汉	渤南	渤西	塔河重质
氮含量/%	0.64	0.33	0.82	0.36	0.73	0.62	0.58	0.71
金属含量/(mg/kg)								
铁	18.0	1.3	27.1	16.1	47.8	0.2	13.6	37.5
镍	14.4	8.6	54.8	27.3	49.5	41.1	49.2	79.2
钒	4.5	0.2	4.2	151.0	3.2	—	2.2	492.0
钙	57.5	0.6	160.0	28.1	5.7	1.25	—	189.0
钠	5.5	2.1	16.9	63.6	122.0	—	3.7	156.0
四组分分析/%(质)								
沥青质	3.9	0.1	0.6	14.8	0.2	0.7	0.1	35.8
胶质	15.8	25.2	49.9	21.2	50.3	35.4	39.1	20.9
饱和烃	46.6	36.1	13.7	21.4	12.4	29.5	27.0	8.5
芳香烃	33.8	38.6	35.8	42.6	37.1	34.4	33.8	34.8

从表8-1-9可以看出，与其他劣质原油相比，高蜡原油的减压渣油馏分性质较好，可以掺入蜡油进催化裂化装置加工，甚至全部可以作为催化裂化的原料。米纳斯、辛塔、韦杜里这三种高蜡原油的减压渣油馏分密度较低，均低于0.98g/cm^3，硫含量在0.2%以下，氮含量低于0.41%，残炭值为10.8%~15.3%，重金属含量呈现镍高钒低的趋势，且镍含量为35.0~46.0mg/kg，钒含量为1.0~2.2mg/kg。四组分分析结果表明，这三种高蜡原油减渣中饱和烃含量相对较高，芳香烃含量相对较低，是非常好的裂化原料。

表8-1-9　高蜡原油减压渣油(>540℃)性质

分析项目 \ 产地	米纳斯(印度尼西亚)	辛塔(印度尼西亚)	韦杜里(印度尼西亚)
收率/%(质)	27.63	35.15	33.9
收率/%(体)	24.52	31.68	31.42
API°	18.4	13.9	20.1
密度(20℃)/(g/cm^3)	0.9442	0.9731	0.9335
运动黏度(100℃)/(mm^2/s)	189.1	515.9	153.3
凝点/℃	48	50	50
残炭%	11.94	15.30	10.80
相对分子质量	1041	1177	769
碳含量/%	86.86		
氢含量/%	12.13		
硫含量/%	0.20	0.18	0.16
氮含量/%	0.41	0.38	0.41
金属含量/(mg/kg)			
铁	14.1	245.0	4.4
镍	46.0	35.0	41.5
钒	1.0	2.2	1.1
钙	2.6	33.0	1.8
钠	10.0	49.0	6.3
四组分分析/%(质)			
沥青质	1.5	0.8	0.1
胶质	33.1	36.7	32.6
饱和烃	29.3	31.0	33.9
芳香烃	36.1	31.5	33.4

分析表 8-1-10 和表 8-1-11 含硫原油和高硫原油减渣馏分的主要性质，可以发现有以下特点：

① 收率较低。伊朗轻质、乌拉尔、马希拉、阿曼、罕戈这 5 种含硫原油减渣收率在 20.72%~30.78%之间。沙轻、巴士拉重、沙中、科威特、沙重这 5 种高硫原油减渣收率在 21.28%~33.13%之间。

② 密度大。除个别原油外，含硫和高硫原油减压渣油馏分密度都在 0.99g/cm³以上。

③ 硫含量高。含硫原油减渣硫含量为 1.21%~3.60%，高硫原油减渣硫含量更高，为 4.40%~6.60%。

④ 重金属含量高。特别是镍含量为 15.4~79.4mg/kg，钒含量为 29.2~292.4mg/kg。

⑤ 残炭值高。含硫原油减渣馏分残炭值为 16.40%~21.03%，高硫原油减渣馏分残炭值为 21.00%~29.10%。

⑥ 与其他原油相比，此类原油饱和烃含量较低、芳香烃、沥青质含量较高。

总的来说，含硫和高硫原油减压渣油馏分密度大，硫、氮、残炭、沥青质、镍、钒等重金属(特别是钒)含量高，给渣油深加工带来较大困难。此类减渣进入催化裂化装置加工时，需先经加氢预处理以脱除硫、氮、金属和残炭，使性质满足催化裂化原料要求。

表 8-1-10　含硫原油减压渣油(>540℃)性质

产地 分析项目	伊朗轻质 (伊朗)	乌拉尔 (俄罗斯)	马希拉 (也门)	阿曼 (阿曼)	罕戈 (安哥拉)
收率/%(质)	20.72	26.55	20.61	30.78	25.60
收率/%(体)	17.50	23.24	17.63	26.57	22.14
API°	9.1	10.3	10.4	11.4	4.8
密度(20℃)/(g/cm³)	1.0067	0.9975	0.9969	0.9905	1.0384
运动黏度(100℃)/(mm²/s)	1924	978.2	732.6	1793	4689
凝点/℃	42	50	34	45	50
残炭/%	20.00	16.40	17.00	17.20	21.03
相对分子质量	904	976	815	835	992
碳含量/%	85.29	85.18	87.41	85.86	87.29
氢含量/%	10.43	10.54	10.99	10.95	10.69
硫含量/%	3.60	2.70	1.21	2.87	1.29
氮含量/%	0.48	0.44	0.37	0.32	0.73
金属含量/(mg/kg)					
铁	8.0	18.1	6.3	14.6	37.69
镍	60.7	64.3	19.2	34.4	79.4
钒	200.0	218.6	29.2	32.3	65.23
钙	3.1	3.7	4.6	4.98	9.32
钠	16.2	6.5	9.2	17.9	12.2
四组分分析/%(质)					
沥青质	5.7	4.7	4.4	2.7	3.9

续表

分析项目＼产地	伊朗轻质（伊朗）	乌拉尔（俄罗斯）	马希拉（也门）	阿曼（阿曼）	罕戈（安哥拉）
胶质	34.3	30.7	25.2	30.6	42.7
饱和烃	13.3	19.3	20.5	15.6	15.4
芳香烃	46.7	45.3	49.9	51.0	38.0

表 8-1-11　高硫原油减压渣油(>540℃)的性质

分析项目＼产地	沙轻（沙特阿拉伯）	巴士拉重（伊拉克）	沙中（沙特阿拉伯）	科威特（科威特）	沙重（沙特阿拉伯）
收率/%(质)	21.28	32.32	26.15	28.84	33.13
收率/%(体)	17.82	27.33	22.56	24.42	28.36
API°	7.2	0.8	5.5	5.0	4.81
密度(20℃)/(g/cm^3)	1.0205	1.0698	1.0327	1.0365	1.0353
运动黏度(100℃)/(mm^2/s)	910	20000	3866	2792	15632
凝点/℃	26	50	48	50	
残炭/%	21.00	29.10	21.80	21.70	25.00
相对分子质量	920	1191	1067	1050	1192
碳含量/%	84.63			80.42	83.27
氢含量/%	10.12			9.75	9.90
硫含量/%	4.40	6.60	5.39	6.50	6.10
氮含量/%	0.38	0.34	0.43	0.33	0.30
金属含量/(mg/kg)					
铁	4.2	2.8	4.2	5.9	9.2
镍	15.4	79.0	31.3	35.0	52.0
钒	51.0	292.4	80.1	114.0	164.0
钙	0.8	5.9	0.1	1.6	1.7
钠	1.1	65.5	0.9	2.8	2.7
四组分分析/%(质)					
沥青质	7.3	20.9	11.1	10.5	16.3
胶质	22.7	23.2	25.4	22.5	30.7
饱和烃	12.0	5.1	10.3	13.7	6.4
芳香烃	58.0	50.8	53.2	53.3	46.6

表 8-1-12 列出了三种典型高酸原油奎都、杜里、多巴减压渣油的性质。可以看出，这

三种高酸原油减压渣油性质差异较大，但总的来说，具有以下特点：

① 收率较高，在30%以上。

② 镍、钒含量高。特别是奎都、杜里这两种原油减渣馏分中镍含量分别为168.0mg/kg、86.6mg/kg，钒含量分别为158.0mg/kg、16.9mg/kg。

③ 残炭值高。这三种原油残炭在12.57%~22.60%之间。

表8-1-12　高酸原油减压渣油(>540℃)的性质

分析项目＼产地	奎都(安哥拉)	杜里(印度尼西亚)	多巴(乍得)
收率/%(质)	31.64	45.66	44.52
收率/%(体)	28.26	43.03	43.05
API°	6.7	14.9	17.4
密度(20℃)/(g/cm^3)	1.0235	0.9663	0.9505
运动黏度(100℃)/(mm^2/s)	11326	748.7	305
凝点/℃	50	36	24
残炭/%	22.60	15.79	12.57
相对分子质量	904	1039	1249
碳含量/%	86.34		
氢含量/%	10.38		
硫含量/%	1.31	0.37	0.14
氮含量/%	0.93	0.51	0.36
金属含量/(mg/kg)			
铁	65.0	131.4	78.1
镍	168.0	86.6	21.6
钒	158.0	16.9	0.7
钙	7.6	251.9	575.9
钠	24.5	55.2	15.1
四组分分析/%(质)			
沥青质	6.5	0.3	0.3
胶质	44.2	45.0	32.4
饱和烃	8.9	20.7	33.2
芳香烃	40.4	34.0	34.1

从表8-1-13中分析得到，国外典型高硫高酸原油塞巴、马林、波斯坎减压渣油性质

差，收率较高，密度大，硫、氮、金属杂质含量高，且残炭值高，加工难度大。特别是波斯坎原油，减渣馏分密度达到 1.062g/cm³，凝点为 112℃，硫含量为 6.08%，氮含量为 1.03%，镍、钒含量分别为 198mg/kg 和 2110mg/kg，残炭值达到 28.0%，此类减渣不适合进入催化裂化装置加工，但可作为优质的沥青原料。

表 8-1-13　高硫高酸原油减压渣油（>540℃）的性质

分析项目＼产地	塞巴（赤道几内亚）	马林（巴西）	波斯坎（委内瑞拉）
收率/%（质）	23.31	36.78	57.04
收率/%（体）	20.39	33.77	53.36
API°	12.4	7.7	1.7
密度（20℃）/（g/cm³）	0.9832	1.0165	1.062
运动黏度（100℃）/（mm²/s）	1101	20000	13600000
凝点/℃	34	50	112
残炭/%	14.24	19.20	28.0
相对分子质量	1105	1119	715
碳含量/%	86.97		82.70
氢含量/%	11.07		10.18
硫含量/%	0.99	1.10	6.08
氮含量/%	0.60	0.88	1.03
金属含量/（mg/kg）			
铁	35.7	45.0	21.7
镍	45.2	57.0	198
钒	20.3	80.0	2110
钙	8.8	49.0	—
钠	23.9	94.0	—
四组分分析/%（质）			
沥青质	2.1	8.8	
胶质	30.1	43.1	
饱和烃	24.6	10.1	
芳香烃	43.2	37.9	

表 8-1-14 为我国进口较多，且在国际贸易上占据重要地位的 9 种原油减渣馏分的性质特点。总体来讲，减渣馏分收率较低，特别是密度相对较低的塔皮斯、撒哈拉、巴肯、西德克萨斯这四种原油，>540℃的减渣收率在 13%以下，有利于原油的加工利用。布伦特原油减渣硫含量为 1.25%，残炭值为 13.6%，凝点为 40℃，加工起来有一定困难。密度相对较高的卡宾达、埃斯锡德尔、吉拉索、杰诺原油减渣馏分硫含量较高、流动性差（黏度大），且 Ni+V 含量在 44mg/kg 以上，加工时应予以关注。

表 8-1-14　其他重要原油减压渣油(>540℃)的性质

分析项目＼产地	塔皮斯(马来西亚)	撒哈拉(阿尔及利亚)	巴肯(美国)	西德克萨斯(美国)	布伦特(英国)	卡宾达(安哥拉)	埃斯锡德尔(利比亚)	吉拉索(安哥拉)	杰诺[刚果(布)]
收率/%(质)	3.78	10.88	8.24	10.67	13.92	24.34	21.35	21.93	30.71
收率/%(体)	3.08	9.16	7.01	9.23	11.87	21.36	17.82	19.77	27.51
API°	13.9	17.1	18.4	20.2	14.7	13.3	9.2	12.4	11.4
密度(20℃)/(g/cm^3)	0.9732	0.9524	0.9440	0.9329	0.9682	0.9771	1.0058	0.9832	0.9903
运动黏度(100℃)/(mm^2/s)	260	233	98	102	287	1420	452.7	543.9	2379
凝点/℃	76	16	-4	10	40	45	28	24	44
残炭/%	9.92	11.7	5.81	5.34	13.6	14.8	15.4	14.3	16.2
相对分子质量	719	653	720	876	627	474	838	838	1018
碳含量/%		87.13		86.41	87.14	87.44		87.4	85.54
氢含量/%		12.38		12.38	11.09	11.61		11.3	11.07
硫含量/%	0.17	0.24	0.19	0.46	1.25	0.31	0.94	0.79	0.56
氮含量/%	0.23	0.24	0.20	0.39	0.52	0.65	0.90	0.47	0.71
金属含量/(mg/kg)									
铁	—	36.2	3.0	4.7	4.2	19.2	0.7	36.5	22.0
镍	37.3	6.6	1.3	4.3	7.9	49.4	35.3	40	70.6
钒	1.1	3.8	0.3	6.7	42.3	8.0	9.3	18.5	24.9
钙	—	—	6.1	3.1	—	—	7.9	1.8	5.5
钠	—	—	16.3	10.1	—	—	6.8	6.8	5.2
四组分分析/%(质)									
沥青质		1.9	0.1	0.3	0.7	2.1	3.5	0.8	3.1
胶质		5.1	12.2	23.6	—	6.4	28.9	33.9	34.4
饱和烃		56.2	49.6	39.4	62.2	55.4	30.1	25.1	19.7
芳香烃		36.8	38.1	36.7	37.1	36.1	37.5	40.2	42.8

炼油厂需根据减压渣油的性质，灵活选择催化裂化、焦化、固定床渣油加氢、沸腾床加氢裂化、浆态床加氢裂化等工艺；采用多种渣油加工工艺组合，以进一步提高渣油加工深度、调整产品结构，达到过程清洁化，实现效益的最大化。目前，炼油厂中减压渣油的主要加工流向如下：

① 焦化装置加工。焦化工艺是一种深度热裂化渣油加工技术，工艺成熟、投资低、原料的适应性强，但也存在将渣油部分转变为低价值焦炭的劣势。

② 渣油加氢-催化裂化组合工艺。我国原油大多偏重，渣油固定床加氢处理-催化裂化组合应用技术得到迅速发展，逐渐成为炼油企业实现渣油深度转化并生产清洁油品的重要技术。该工艺先将劣质渣油进行加氢处理，处理后的常压渣油作为催化裂化装置的原料。

③ 沸腾床或浆态床加氢裂化装置加工。沸腾床渣油加氢技术具有原料适应性强、操作模式灵活、转化深度灵活等优点，可以与多种现有工艺组合，实现重油深度转化，满足炼油结构转型和产品需求的调整，如压减石油焦、生产硫含量小于0.5%的低硫船用燃料油等。沸腾床渣油加氢技术的显著优势之一是原料适应性强，与固定床渣油加氢处理技术相比，沸腾床加氢裂化能够加工高硫、高残炭、高金属的劣质渣油。但是该技术仍有15%以上的尾油未转化，同时还存在操作复杂、投资大等问题。浆态床加氢裂化技术的原料适应性强，可加工高金属、高残炭、高硫、高酸值、高黏度的劣质渣油，甚至是煤和渣油混合物的深加工。综合转化率可以达到90%以上。

④ 溶剂脱沥青装置加工。溶剂脱沥青过程除用于生产重质润滑油外，还是重要劣质渣油预处理工艺，流程简单，且不需使用昂贵催化剂，所需溶剂轻烃在炼油厂方便易得。其中，脱沥青油精制后是很好的催化裂化原料，脱油沥青通过延迟焦化技术，进一步浓缩原油中的硫、金属、残炭等，以提高轻质产品收率。采用溶剂脱沥青与焦化/催化裂化/加氢裂化/制氢的组合工艺，可处理高硫、氮、金属、残炭的劣质减渣。

⑤ 减黏裂化装置加工。减压渣油是减黏裂化的常用原料油，生成气体、汽油、柴油，其转化率受操作苛刻度和原料油的性质影响，一般在10%~50%范围内。减压渣油高钠含量和高残炭值更易引起加热炉管结焦。

⑥ 燃料油调和组分。减压渣油的一个重要用途是调和燃料油，但通常渣油黏度较大，难以满足燃料油的指标要求。还要根据渣油性质调入一定比例的馏分油。

⑦ 部分氧化生产合成气，进而产氢气。随着环保要求日益严格加氢工艺在炼油厂比例越来越高，氢气消耗量不断增加，带动了渣油造气-联合循环发电技术的应用。IGCC技术使用炼油厂残渣(劣质渣油、石油焦、沥青等)在气化炉中生产合成气，合成气可经过变换、净化、提纯后生产氢气，也可直接净化后送至燃气轮机发电，再用余热产汽、蒸汽轮机发电的燃气-蒸汽联合循环发电过程。

⑧ 生产沥青。低蜡原油的减压渣油通常可直接用作道路沥青，石蜡基原油减压渣油则需溶剂脱蜡后才能用作道路沥青。建筑防水沥青要求硬度大、耐温性好、有良好的抗热氧老化性能和黏结性，通常由减压渣油经高温脱氢、氧化、聚合等一系列反应后得到。

3. 固定床加氢重油

早期渣油加氢处理装置主要目的是生产低硫燃料油，以减少对环境的污染和对锅炉的腐蚀，对金属含量、残炭值、沥青质均没有严格要求。自20世纪90年代以来，轻质油品需求不断增长，燃料油需求逐步减少，需要将渣油进一步裂化以获得轻质油品。因此，渣油加氢处理技术又一作用是为重油催化裂化提供原料，这就要求减压渣油经加氢处理后，所得的加氢重油性质需要满足催化裂化装置进料要求。因而，操作条件相对更加苛刻，对催化剂的活性和稳定性要求更高，使该过程有更高的脱硫率、脱氮率、脱金属率和残炭转化率。

目前，国内渣油加氢处理装置主要是为催化裂化提供原料。表8-1-15为国内外不同渣油加氢处理装置原料油和加氢重油的性质。从表中可以看出，渣油原料经加氢处理后，加氢重油不仅硫、氮含量显著降低，而且降低了重金属和残炭含量，满足催化裂化工艺对原料性质要求。同时，加氢处理后能够饱和原料中的多环芳烃，有助于提高原料油催化裂化的转化率和汽油产率，降低焦炭产率。

表8-1-15　渣油加氢处理装置原料油性质和加氢重油性质

装置名称	国内 WP-ARDS	国内 QL-VRDS	国内 MM-ARDS	国内 HN-ARDS	国外 ARDS	国外 VRDS
原料油性质						
密度(20℃)/(g/cm^3)	0.9669	1.0000	0.9620	0.9500	0.9620	1.0220
运动黏度/(mm^2/s)		923	89		33	1100
硫含量/%	4.24	3.58	2.29	1.03	3.34	4.20
氮含量/%	0.29	0.28	0.30	0.29	0.21	0.31
镍含量/(mg/kg)	15.0	29.0	23.2	33.9	9.0	19.0
钒含量/(mg/kg)	75.0	57.0	39.2		40.0	101.0
康氏残炭/%	12.8	21.0	10.3	10.7	9.5	22.0
沥青质(胶质)/%			1.2	2.7(20.3)		7.0
加氢重油性质						
密度(20℃)/(g/cm^3)	0.9144	0.9371	0.9291	0.9383	0.9220	0.9630
运动黏度/(mm^2/s)			33.9		22.0	92.0
硫含量/%	0.35	0.30	0.31	0.33	0.19	0.40
氮含量/%	0.19	0.16	0.13	0.25	0.12	0.20
镍含量/(mg/kg)	2.0	5.3	10.0	17.2	<2.0	<4.0
钒含量/(mg/kg)	13.0	4.9	10.7		<2.0	<4.0
康氏残炭/%	5.5	5.5	5.1	8.1	3.8	8.0
沥青质(胶质)/%			0.3	2.1(13.9)		0.8

固定床加氢重油主要有以下几种用途：

① 催化裂化原料。RDS工艺进行重油改质提高了重油的氢含量，降低杂质含量，降低残炭，主要作为催化裂化装置的原料。

② 焦化原料油。加氢后的减渣作焦化原料油可以降低石油焦的硫含量。若生产低硫电极焦，需要加氢后的原料以提高焦炭质量。

③ 生产低硫燃料油。自2020年1月起，国际海事组织(IMO)执行新的硫排放限制法令，将全球船舶使用的燃料油硫含量上限由3.5%降至0.5%。我国部分炼油厂采用加氢后的重油经调和生产低硫船用燃料油。

4. 沸腾床未转化油

沸腾床加氢裂化技术可用来加工高硫、氮、金属杂质含量以及高残炭的劣质渣油，转化率较高，是目前最成熟的渣油高效转化技术。沸腾床加氢裂化技术主要有 Axens 公司的 H-Oil、CLG 公司的 LC-Fining 以及中国石化的 STRONG 技术。目前，H-Oil 技术在 13 家企业进行了工业应用，产能合计 24.0Mt/a；LC-Fining 技术在 13 家企业实现工业应用，产能合计约 32.0Mt/a；STRONG 技术建成了工业示范装置，并进行了初步实验。2014 年，中国石化金陵石化公司建成一套 50kt/a STRONG 技术工业示范装置，于 2015 年一次开车成功。该示范装置以减压渣油（密度 20℃ 1.036g/cm^3，残炭 23.73%，Ni+V242.8mg/kg）为原料，经沸腾床加氢裂化技术处理后，转化率为 78.6%、脱硫率为 91.5%、脱金属率为 97.3%、脱残炭率为 82.5%。装置平稳运行累计时长达到 10000h。目前，技术已通过技术鉴定，2.0Mt/a 和 3.0Mt/a 工艺包通过审查。

劣质渣油通过沸腾床加氢裂化技术，在氢气和催化剂的作用下，脱除大部分杂质，转化为石脑油、柴油和蜡油馏分，减压分馏塔底产出的未转化油得到明显改质，可以作为焦化、溶剂脱沥青或气化装置原料，也可以调和低硫燃料油。沸腾床加裂装置操作灵活，可在低转化率和高转化率下操作。

大连石油化工研究院在实验室小型沸腾床装置上，以国内某加工中东混合原油的常减压装置所产劣质减压渣油为原料，进行了沸腾床加氢裂化试验，考察工艺条件对渣油转化率、杂质脱除率、产品分布和未转化油性质的影响。减压渣油性质见表 8-1-16。

表 8-1-16　某国内炼油厂加工中东混合原油常减压装置所产减压渣油性质

项目	数据	项目	数据
密度（20℃）/（g/cm^3）	1.0367	四组分分析/%	
残炭/%	22.55	沥青质	5.78
硫含量/%	5.79	胶质	43.71
氮含量/%	0.41	饱和烃	7.02
镍含量/（mg/kg）	43.5	芳香烃	43.49
钒含量/（mg/kg）	159		

实验过程，重点考察了温度和空速对沸腾床加氢过程的影响，其他工艺条件不变（反应压力 15.0MPa，氢油体积比为 600），得到不同加氢条件下的未转化油，分别记 UCO-1、UCO-2、UCO-3、UCO-4、UCO-5，其收率和主要性质见表 8-1-17。从表中可以看出，与原料油减渣相比，沸腾床未转化油密度、硫、氮、残炭均有下降，且硫含量下降明显。随反应温度升高、空速降低，未转化油收率下降，硫含量降低。

表 8-1-17　工艺条件对沸腾床未转化油收率和性质的影响

项目	UCO-1	UCO-2	UCO-3	UCO-4	UCO-5
操作条件					
一反平均温度/℃	基准	基准+10	基准+20	基准+10	基准+20
二反平均温度/℃	基准	基准+10	基准+20	基准+10	基准+20
体积空速/h^{-1}	基准	基准	基准	基准×0.7	基准×0.7

续表

项目	UCO-1	UCO-2	UCO-3	UCO-4	UCO-5
收率/%	46.4	35.7	20.1	19.9	12.1
密度(20℃)/(g/cm^3)	0.9845	0.9866	1.0034	0.9713	0.9994
硫含量/%	1.20	0.86	0.79	0.40	0.43
氮含量/%	0.33	0.34	0.36	0.24	0.31
残炭/%	17.46	18.48	20.53	14.20	21.69

目前，国内4套H-Oil分别建于A企业B企业和C企业，年渣油加工量达12.2Mt。其中，A企业已建设、投产两套3.2t/a沸腾床渣油加氢裂化装置，单套规模世界最大。加工原料为劣质减压渣油，掺炼少量加氢裂化装置尾油，原料性质见表8-1-18。沸腾床加氢裂化装置未转化油(565℃+)收率为21.15%，性质见表8-1-19。

表8-1-18　A企业沸腾床渣油加氢裂化装置原料性质

项目	单位	减压渣油	加裂尾油
比例	%(质)	99.7	0.3
密度(20℃)	g/cm^3	1.032	0.8640
硫含量	%(质)	5.61	0.002
总氮	%(质)	0.38	<0.01
运动黏度(100℃)	cSt	11759	
康氏残炭	%(质)	23.12	0.1
沥青质C_7	%(质)	14.32	
镍	mg/kg	56.4	<0.1
钒	mg/kg	145	

表8-1-19　A企业沸腾床加氢裂化未转化油性质

项目	单位	未转化油	项目	单位	未转化油
密度(20℃)	g/cm^3	1.046	硫含量	%(质)	1.550
运动黏度(100℃)	cSt	7445	总氮	%(质)	0.5280
运动黏度(50℃)	cSt	15000000			

B企业建设了一套2.6Mt/a渣油加氢裂化装置。原料以减压渣油为主，掺炼少量催化回炼油，原料性质见表8-1-20。未转化油收率为14.55%，性质见表8-1-21。

表8-1-20　B企业沸腾床渣油加氢裂化装置原料性质

项目	单位	减压渣油	催化回炼油
进料比例	%	95.38	4.62
密度(20℃)	g/cm^3	1.04	1.06
硫含量	%(质)	5.502	0.99
氮含量	mg/kg	5435	2200

续表

项目	单位	减压渣油	催化回炼油
酸值	mgKOH/g	1.0	0.1
残炭	%(质)	26.16	1.0
Ni 含量	mg/kg	87.799	1.0
V 含量	mg/kg	260.091	1.0
100℃运动黏度	mm^2/s	5528	6.7
馏程(ASTM D1160)	℃		
1%/10%		440/543	-/370
30%		627	421
50%		695	430
70%		773	440
90%		826	452
终馏点		836	484

表 8-1-21　B 企业沸腾床加氢裂化未转化油性质

项目	数值	项目	数值
密度(15℃)	1.084	馏程(ASTM D1160)/%(体,℃)	
硫含量/%(质)	1.753	10%(体)	561.9
氮含量/(mg/kg)	6388	30%(体)	620
CCR/%(质)	29.6	50%(体)	697.2
氢含量/%(质)	7.9	70%(体)	783.7
运动黏度(100℃)/cSt	10200	95%(体)	815.9
金属含量(Ni+V)/(mg/kg)	130		

基于不同的转化率，沸腾床未转化油有以下几种用途：

1）调和燃料油。低转化率的 H-Oil 常压重油或减压渣油调入轻质稀释油即可生产高质量的燃料油。稀释油的作用是改善调和燃料油的质量，保证燃料油成品稳定性。

2）焦化装置加工。与原料油相比，未转化油硫含量和金属含量显著降低，是生产低硫石油焦的优质原料。炼油厂需要解决焦化装置能力或焦炭质量问题时，可以采用沸腾床加裂工艺与延迟焦化联合方案。焦化装置掺炼一定量的沸腾床未转化油，可提高全厂轻油收率，并不会引起生焦量的大幅增加和产品质量的明显变化。数据表明，掺炼 15%的未转化油，可使延迟焦化的轻油收率提高 4 个百分点。

3）溶剂脱沥青装置加工。A 企业两套沸腾床加裂装置所产未转化油合并后进入溶剂脱沥青单元，采用未转化油+溶剂脱沥青的组合工艺，减压渣油的转化率可达 90%。

4）部分氧化制氢。沸腾床加裂-渣油造气组合工艺适合加工重质原油。通过部分氧化工艺，将劣质产品未转化油转化为高附加值的氢气，能够降低炼油厂氢气成本，是一种未转化油的高效利用方案。相关研究数据表明，在提供相同数量氢气的条件下，与天然气制氢相比，未转化油制氢具有更好的经济效益。未转化油价格按照 700 元/t，氢气成本可减少支出

46304万元。

5. 浆态床未转化油

浆态床加氢技术将分散很细的催化剂、添加剂与原料油、氢气一起通过加氢反应器(气、液、固三相)进行反应。该工艺原料适应性强，能够加工高硫、高酸、高金属、高残炭的劣质原料甚至可加工煤和渣油的混合物，一次转化率达50%左右，综合转化率可达95%，且工艺简单、操作灵活、系统不易结焦。目前，主要有以下工艺已实现工业应用，包括UOP的Uniflex工艺、ENI的EST工艺、Chevron的VRSH工艺、KBR和BP合作开发的VCC工艺、Intevep与Axens合作开发的HDHPLUS-SHP工艺、三聚环保公司的MCT工艺。

浆态床加氢技术进料相对劣质，通常会外甩少量未转化的尾油。反应过程中缩合产物、原料带入的钼、镍、钒等金属杂质、催化剂都集中在未转化油中，因此，其金属含量和残炭值很高，二次加工性能差。尾油灰分非常高，一般在1%(质)以上，甚至可到1.5%(质)。若掺炼催化油浆，还会带入Al_2O_3/SiO_2等催化剂载体。

EST工艺工业化程度最高，渣油转化率达94%，2013年已建成首套1.15Mt/a工业装置。在国内的专利授权有两个：①D企业2.6Mt/a浆态床渣油加氢装置，于2020年12月31号开车成功；②E企业二期2×3.0Mt/a浆态床渣油加氢装置，于2021年开工成功。浆态床未转化油性质取决于总转化率，转化率越高，性质越差。D企业浆态床未转化油目前暂送焦化处置，E企业二期浆态床加氢装置未转化油性质见表8-1-22，配套建设重油气化装置，通过部分氧化制取氢气，并进一步回收金属。

表8-1-22　浆态床加氢装置未转化油性质

项目	单位	数据	项目	单位	数据
密度(20℃)	g/cm^3	1.27	氮含量	%(质)	0.99
硫含量	%(质)	3.15	Ni+V+Mo	mg/kg	8670

浆态床加氢催化剂本身加氢程度不足，硫、氮等杂质难脱除，且未转化油是经高温高压缩合得到的产物，主要由胶质和沥青质组成，残炭值高，在焦化工艺高温条件下，可能会影响到焦化装置的操作周期、产品性质和分布，不适合单独作为焦化进料，可考虑作为焦化原料的掺和组分。

几种浆态床未转化油处理方式见表8-1-23。

表8-1-23　浆态床未转化油处理方式

工艺名称	专利商	未转化油处理方式
VCC	BP/KBR	固化后输送至焦化厂改善高炉用焦质量
HDH Plus	Intevep/Axens	与催化剂分离，分出固体物料干燥焚烧后出厂
UniflexTM	UOP	用作水泥窑或锅炉的燃料，CFB循环流化床锅炉或发电
RSHC	UPC/CNPC	经旋液分离后循环至反应器入口
EST	Eni	直接气化
VRSH	Chevron	直接为合格的低硫燃料油

6. 催化油浆

催化裂化分馏塔底产物在油浆沉降器中分离，上部排出的清净产品称作澄清油，底部抽出的带有催化剂粉末的重油称为油浆。澄清油只带有少量催化剂粉末，油浆中含有较多的催化剂细粉。在催化裂化装置操作过程，油浆回炼是调节装置热平衡的重要手段。当装置烧焦能力或取热负荷有余量时，可将油浆进行部分或全部回炼。反之，当装置烧焦能力或取热负荷无余量时，可将油浆外甩，作为副产品排出装置。此外，部分油浆经冷却后送回分馏塔底部换热段用于冷却自反应器来的物流。

目前，催化裂化生产过程一般控制油浆密度约 1.1g/cm³，固含量不大于 5g/L。油浆的密度可通过外甩温度和外甩量进行调整。影响油浆固含量的因素主要有旋风分离器效率、催化剂抗磨损性能以及操作因素(如旋风分离器线速波动大、喷嘴进料线速高、油气线速高等)。

油浆收率与原料油性质、反应深度、分馏塔底操作条件等因素有关。一般情况下：

① 掺渣油原料比馏分油原料的油浆收率高、密度大、芳烃和胶质含量高、残炭高；

② 反应深度越深或分馏塔底油浆抽出温度越高，油浆收率越低，但油浆密度越大、芳烃和胶质含量越高、残炭越高；

③ 在相同反应深度下，环烷基、中间基原油经过二次加工得到的催化油浆比石蜡基原油芳烃含量更高。

国内 FCC 工业装置的油浆性质以及不同催化裂化生产工艺油浆性质分别见表 8-1-24 和表 8-1-25。总体来看，催化油浆密度大，一般在 1.0g/cm³以上(除大庆 VGO 为原料)；饱和烃含量较低，芳香烃含量较高，对于渣油 FCC 装置，饱和烃含量一般低于 30%，而芳香质和胶质之和大于 70%，MIP 工艺油浆饱和分含量更低，一般低于 15%，芳香质和胶质之和大于 85%。

表 8-1-24　国内不同原料 FCC 装置油浆的性质

分析项目	大庆 VGO	大庆 AR	塔里木中原/吐哈 AR	含硫 VGO	中东 AR/VGOHDS-AR
密度(20℃)/(g/cm³)	0.9426	1.0164	1.015	1.0459	1.043
运动黏度(100℃)/(mm²/s)	30.3	—	—	39.5(80℃)	50.7
凝点/℃		28	25	—	26
残炭/%	3.8	5.5	7.1	5.8	14.4
碳含量/%	—	—	89.16	88.88	88.31
氢含量/%	—	—	9.23	8.95	9.02
四组分分析/%(质)					
沥青质	—	—	0.8	—	3.7
胶质	2.0	4.1	13.6	4.7	27.5
饱和烃	50.3	31.1	31.0	20.32	24.43
芳香烃	47.7	64.8	54.5	75.0	44.3

表 8-1-25　不同催化裂化工艺催化油浆性质

分析项目	TJ1	GZ2	ZK	QL	BH	AQ2
工艺	LTAG	RFCC	MIP	MIP-CGP	MIP-DCR	DCC
掺渣比/%	25.6	22.67	70.00	7.00	3.15	2.00
密度(20℃)/(g/cm³)	1.1412	1.0825	1.1180	1.1275	1.1560	1.0590
固含量/(g/L)	1.15	0.90	1.60	1.50	1.79	2.2
残炭%	15.50	9.37	10.83	7.00	9.41	4.30

续表

分析项目	TJ1	GZ2	ZK	QL	BH	AQ2
硫含量/%	1.10	2.15	1.30	1.35	3.60	0.27
氮含量/%	0.02		0.21	0.08	0.10	0.18
碳含量/%				91.2		
氢含量/%				7.4		
金属含量/(mg/kg)						
铁	12.8		14.1	2.5	9.5	
镍	9.8		6.5	0.3	1.1	
钒	8.7		9.1	1.5	2.9	
铜	0.3		—	—	0.1	
钠	6.3		14.0	0.4	2.2	
四组分分析/%(质)						
沥青质	3.3	0.9		0.9	0.8	1.0
胶质	0.6	5.5		11.2	7.3	—
饱和烃	3.2	13.0		4.2	0.5	27.0
芳香烃	92.9	80.6		83.7	91.4	72.0
馏程/℃						
初馏点	228		246	205		270
10%	382		354	350		344
50%	438		412	410		401
90%			528	500		493
终馏点	520		587	688		600

催化油浆主要有以下用途：

① 油浆中含有催化剂粉末和大量的稠环芳烃，经精密过滤除去催化剂粉尘后的澄清油可作为焦化或溶剂脱沥青的原料，用于生产炭黑、针状焦、橡胶填充油、石油芳烃增塑剂等，也可将澄清油切割成为轻、重馏分，轻馏分可返回催化裂化装置回炼，重馏分可用于调和石油沥青。

② 作为道路沥青改性剂。我国80%以上原油为石蜡基原油，不宜生产高等级沥青，可通过强化蒸馏把富含芳烃的油浆(强化剂)加入沥青或渣油中，再进行减压蒸馏，进而生产优质沥青。金陵石化炼油厂将油浆经糠醛抽提后，抽出油中高于490℃的馏分与半氧化沥青和10号建筑沥青调和，可得到100号甲、乙道路沥青和60号道路沥青。

③ 作为溶剂脱沥青强化剂。掺炼催化油浆能够使丙烷脱沥青萃取塔的进料密度变大，黏度变小，有利于提高脱沥青油的收率。广州石化公司在丙烷脱沥青装置上进行了工业试验，掺兑催化油浆16.4%，在相同条件下，脱沥青油的收率增加了11%。

④ 作为导热油。导热油是石油化工生产中的一种重要载热体。国内同类产品主要有北京燕山石化公司生产的YD系列导热油，主要成分为四氢萘、甲基萘、二甲基联苯等芳香烃化合物，实际闪点在110~140℃之间，原料来源于催化柴油中的中质芳烃。催化油浆中提取

的轻、重芳烃可作为两种标号导热油产品，闪点在 200～280℃之间，性能优于国内同类产品。

⑤ 进沸腾床加氢裂化或浆态床加氢裂化装置加工。茂名石化公司 2.6Ma/t 浆态床渣油加氢以劣质减压渣油和催化油浆为原料，经临氢热裂化反应，生产出液化气、化工原料、重石脑油、柴油、减压蜡油。

7. 脱沥青油

减压渣油中的烷烃组分在轻烃中的溶解度比芳烃高得多，沥青质则不溶于轻烃中。选择适宜的溶剂和温度，可以将渣油中的烷烃和少量胶质溶解在轻烃溶剂中，分子量大的胶质可沉降到沥青质中。溶剂脱沥青工艺是通过液液抽提的物理方法，除去渣油中沥青稠环化合物、金属、硫、氨等杂质，进行劣质渣油的预处理，从而获得更多的裂化原料，其产品分为脱沥青油和脱油沥青。

溶剂脱沥青工艺过程常用溶剂为 C_3～C_5轻烃，溶剂的选择对脱沥青油产品的性质有显著影响。几种常见溶剂脱沥青油产品特点如下：

丙烷临界温度低(96.8℃)，作溶剂时，不适合加工黏度大的减渣。产品中脱沥青油收率低，但质量最好(与丁烷、戊烷相比)，饱和烃含量更高，特性因数大，是优质的润滑油料，且硫、氮、金属含量较低，适合作催化裂化原料。

正丁烷和异丁烷临界温度分别为 152℃和 135℃，可加工高黏度渣油。

戊烷适合处理高黏度、重质减渣，其脱沥青油收率高，但抽提选择性最差，杂质含量高，作为催化裂化原料可能需要加氢处理。

沙特轻质原油减渣采用不同溶剂得到的脱沥青油和脱油沥青收率和性质见表 8-1-26。

表 8-1-26　溶剂脱沥青装置的产品收率及性质(溶剂比 8∶1)

项目	沙特轻质原油减渣	溶剂：正丁烷		溶剂：正戊烷	
		脱沥青油	脱油沥青	脱沥青油	脱油沥青
收率/%(质)	100	68	32	81	19
收率/%(体)	100	71	29	83	17
相对密度	1.029	0.983	1.141	1.001	1.165
硫含量/%(质)	4.70	3.43	7.40	3.8	8.6
氮含量/%(质)	0.35	0.17	0.70	0.22	0.90
康氏残炭/%(质)	20.6	8.0	47.0	12.0	60.0
镍含量/(mg/kg)	26	3	75	7	105
钒含量/(mg/kg)	85	7	250	23	350

几种轻烃溶剂的脱沥青油收率和杂质含量数据如图 8-1-1 所示。

脱沥青油组分以烷烃、芳烃组分和部分轻胶质为主，裂化性能好，适合作催化裂化或加氢裂化的原料油。调整溶剂种类、溶剂比、改变抽提条件可以在较大范围内调节脱沥青油收率。脱沥青油为石蜡基性质的物料，倾点高、特性因数超过 12，物理性质随收率变化而变化。表 8-1-27 为沙特重质原油减压渣油的脱沥青油收率和性质。

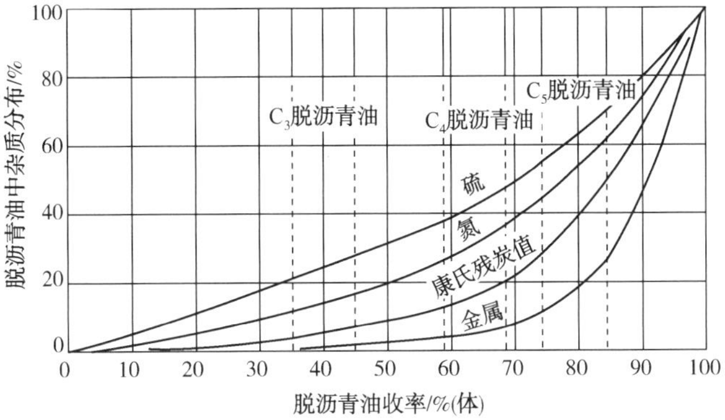

图 8-1-1　脱沥青油与其杂质含量关系图

表 8-1-27　沙特重质原油减压渣油的脱沥青油收率和性质

项目	减压渣油	脱沥青油收率(占减压渣油体积)		
		47.4/%	65.3/%	73.8/%
相对密度	1.0474	0.9685	0.9944	1.0043
赛氏通用黏度(100℃)/s	70900	599	1590	2540
倾点/℃	74	32	38	41
正庚烷不溶物/%(质)	16.2	0.01	0.01	0.03
硫含量/%(质)	5.5	3.8	4.0	4.4
氮含量/%(质)	0.46	0.13	0.23	0.25
康氏残炭/%(质)	25.1	6.6	12.3	14.2
镍含量/(mg/kg)	58	2	8	14
钒含量/(mg/kg)	135	5	22	43

从表中可以看出，与原料油相比，脱沥青油相对密度、黏度、倾点低，硫含量、氮含量、金属含量和残炭值低，且沥青质含量极少(正庚烷不溶物)。随着收率提高，脱沥青油的各个性质指标有增加趋势。由于轻烃对分子量较小的烷烃的溶解选择性更强，因此，与原料油相比，脱沥青油中含有更多的烷烃组分，基本不含沥青质组分。

目前，脱沥青油的主要用途如下：

① 润滑油料。丙烷或丙、丁烷混合溶剂制得的优质脱沥青油黏度指数高，基本上不含胶质和沥青质，残炭值约为1%，是生产光亮油、汽缸油等重质润滑油的优质原料。

② 催化裂化原料。脱沥青油可与 VGO、焦化瓦斯油混合用作催化裂化装置原料，是否需要经过加氢处理根据脱沥青油的性质而定。

③ 加氢裂化原料。根据采用的加氢裂化工艺及其催化剂配方确定脱沥青油的沥青质、金属和氯含量。

④ 加氢处理原料。一般采用脱沥青油与 VGO 混合后进行加氢处理。与减压渣油直接进行加氢处理相比，脱沥青油加氢处理可避免由于沥青质、金属等杂质所带来的操作问题。据估计，直馏 VGO 和脱沥青油的混合油加氢处理的氢耗只有常压重油直接加氢处理氢耗量的65%左右，建设总投资可降低 20%。

8. 脱油沥青

为了与直馏沥青区别开，将溶剂脱沥青过程所产的沥青称为脱油沥青。脱油沥青的性质与使用溶剂的种类、工艺方法及操作条件以及原料性质有关。表 8-1-28 和表 8-1-29 分别为沙特重质原油减压渣油和大庆减压渣油的脱油沥青收率和性质。表中数据说明，随着脱油沥青收率的降低，其密度逐渐增加，软化点提高，针入度降低，硫、氮含量增加。但当脱油沥青收率降至很低时，溶剂小分子烃类的加入可能会破坏胶质的稳定状态，使胶质组分缔合形成沥青质，从而使得脱油沥青和脱沥青油中沥青质含量的总和超过原料渣油中的沥青质数量。

表 8-1-28　沙特重质原油减压渣油的脱油沥青收率和性质

项目	减压渣油	脱油沥青收率(占减压渣油体积)/%				
		84.9	52.6	44.0	34.7	26.2
相对密度	1.0474	1.0679	1.1185	1.1290	1.1470	1.1690
软化点(环球法)/℃	62	79	128	139	164	—
针入度(25℃)/(1/10mm)	24	9	0	0	0	0
硫含量/%(质)	5.5	5.9	6.6	7.3	7.9	8.2
氮含量/%(质)	0.46	0.53	0.65	0.73	0.79	0.97
正庚烷不溶物/%(质)	16.2	—	26.8	—	45.1	80.2

表 8-1-29　大庆原油减压渣油的脱油沥青收率和性质

项目	脱油沥青收率(占减压渣油体积)/%				
	51	49	44	41	18
软化点(环球法)/℃	38.0	41.5	44.5	45.5	77.5
针入度(25℃)/(1/10mm)	>250	>200	>215	68	11
延度(25℃)/cm	20	52	39	>100	3.0
饱和烃/%	16.1	9.8	7.9	4.7	0.3
芳香烃/%	3.8	36.9	40.5	34.0	21.3
胶质/%	50.1	53.3	51.6	61.3	78.4

溶剂脱沥青过程所产的脱油沥青由于其性质指标影响，直接销售市场有限，根据其性质合理利用，有助于提高装置的经济效益。

脱油沥青主要用途如下：

① 生产道路沥青和屋面沥青。一般将脱油沥青与减压渣油直接调和。热屋面沥青需要具有高软化点和高针入度的特性，故需要经过氧化。采用三段抽提流程的 ROSE 工艺，可以同时分离出胶质和沥青质，再按一定比例调和就可以生产出各种沥青产品。两段抽提流程的脱沥青装置，适当调整操作条件也可能兼顾到沥青的质量，直接分离出合格的道路沥青。

② 用作燃料油调和组分。20 世纪 90 年代中期，美国的脱油沥青 78.8%用作燃料油调和组分。

③ 用作燃料。沥青的热值约为 40MJ/kg。如果脱油沥青的硫和金属含量不太高，可直接用作加热炉燃料，或是制成沥青水浆用于常规炉子燃料，或用石灰石作捕硫剂，用作流化

床锅炉或常规锅炉燃料。

④ 部分氧化法制合成气，联产氢气。

⑤ 减黏裂化装置加工。丙烷脱沥青装置所产脱油沥青可作为减黏裂化装置原料油，但该沥青黏度高，需与直馏渣油调和后作减黏原料，纯脱油沥青所产减黏渣油不符合燃料油规格要求。

⑥ 其他。制造管道涂层、地下/水下涂层、煤炭压锭、制造建筑板材黏合剂、碳纤维原料、钻井泥浆添加剂等。

各种渣油馏分的加工去向如图 8-1-2 所示。

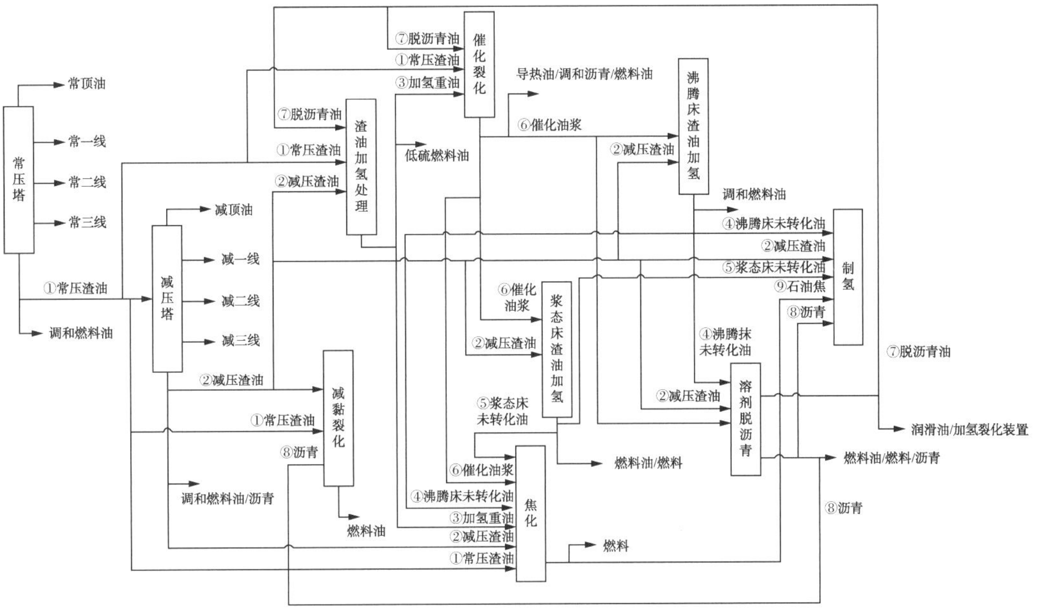

图 8-1-2　各种渣油馏分的加工去向示意图

第二节　典型渣油馏分加工路线案例

一、延迟焦化工艺综述

1. 工艺装置的特点及原料的性质

延迟焦化工艺是将石油渣油等经深度热裂化转化为液体和气体产品，同时生成浓缩的固体碳材料——石油焦的过程。延迟焦化工艺是炼油厂提高轻质油收率和生产石油焦的主要手段。在该过程中，通常使用水平管式加热炉在高流速、短停留时间的条件下将反应物料加热至 485~515℃ 后送至焦炭塔。由于反应物料在加热炉管中停留时间很短，焦化原料仅发生浅度热裂化，焦化反应被“延迟”到加热炉下游的焦炭塔内发生，故该过程被称为延迟焦化。

目前，我国延迟焦化装置单独加工或掺炼的原料有减压渣油、常压渣油、重质原油、重质燃料油、减黏渣油、催化裂化油浆、脱油沥青、煤焦油、乙烯裂解焦油、炼油厂污油和污泥等。焦化原料的残炭一般为16%~30%，20℃的密度为0.95~1.05g/cm³，硫含量高的可达7%。

国内部分延迟焦化装置加工原料油的性质见表8-2-1。

表8-2-1　国内部分延迟焦化装置加工原料油的性质

项目	中东混合减渣	新疆塔里木混合减渣	胜利减压渣油	辽河减压渣油
密度(20℃)/(g/m³)	1.0367	1.0256	0.9740	0.9950
残炭/%	26.50	20.09	15.14	20.32
硫含量/%	5.30	1.61	1.48	0.14
氮含量/%	0.34	0.51	0.64	0.70
镍含量/(mg/kg)	49.7	33.2	50.3	111.0
钒含量/(mg/kg)	155.0	151.0	3.2	2.6
四组分含量/%(质)				
饱和分	5.4	27.2	21.4	24.3
芳香分	50.5	33.1	31.3	24.1
胶质	28.4	27.8	45.7	46.7
沥青质	15.7	11.8	1.6	3.9

2. 产品的主要性质及加工方案

(1) 产品的主要性质

焦化装置的主要产品有干气、液化气、焦化石脑油、焦化柴油、焦化蜡油和石油焦。国内部分延迟焦化装置典型产物分布见表8-2-2。几种减压渣油焦化产物的性质见表8-2-3~表8-2-7。

表8-2-2　国内部分延迟焦化装置典型产物分布　　%(体)

项目	中东混合减渣	新疆塔里木混合减渣	胜利减压渣油	辽河减压渣油
气体	10.70	8.8	6.8	9.9
石脑油	15.98	14.3	14.7	14.0
柴油	24.16	29.7	35.6	25.3
焦化馏分油	12.56	17.7	19.0	21.2
焦炭	36.60	29.5	23.9	29.6
液体收率	52.70	61.7	69.3	60.5

表8-2-3　几种减压渣油焦化气体组成　　%(体)

气体组成	中东混合减渣	新疆塔里木混合减渣	胜利减压渣油	辽河减压渣油
H_2S	10.87	8.0	6.66	1.12
H_2	0.44	0.4	0.74	0.73
CH_4	25.98	27.8	30.39	26.27
C_2H_6	19.57	19.7	19.00	24.51
C_2H_4	2.21	3.3	3.31	3.31

续表

气体组成	中东混合减渣	新疆塔里木混合减渣	胜利减压渣油	辽河减压渣油
C_3H_8	15.32	17.9	15.12	18.41
C_3H_6	7.31	6.1	8.21	7.63
C_4H_{10}	10.68	10.0	8.85	9.61
C_4H_8	7.62	6.8	7.72	8.41
合计	100.00	100.00	100.00	100.00

表 8-2-4　几种减压渣油焦化石脑油的性质

原料油	中东混合减渣	新疆塔里木混合减渣	胜利减压渣油	辽河减压渣油
密度(20℃)/(g/m³)	0.7270	0.735	0.7329	0.7401
溴值(gBr_2/100g)	80.0	80	57.0	58.0
硫含量/(mg/kg)	7000	3000	—	1100
氮含量/(mg/kg)	110	150	—	330
辛烷值(*MON*)	—	—	61.8	60.8
馏程/℃				
初馏点	48	56	54	58
10%	74	87	84	88
50%	117	125	119	128
90%	159	157	159	164
终馏点	181	180	184	201

表 8-2-5　几种减压渣油焦化柴油的性质

原料油	中东混合减渣	新疆塔里木混合减渣	胜利减压渣油	辽河减压渣油
密度(20℃)/(g/m³)	0.8515	0.8450	0.8449	0.9355
溴值(gBr_2/100g)	48	40	39	35
硫含量/(mg/kg)	2.60	0.85	—	0.19
氮含量/(mg/kg)	750	800	—	1900
凝点/℃	—	—	-11	-15
十六烷值	45	47	48	49
馏程/℃				
初馏点	188	175	183	193
10%	214	215	215	216
50%	272	261	258	254
90%	331	320	324	295
终馏点	350	350	341	320

表 8-2-6　几种减压渣油焦化馏分油的性质

原料油	中东混合减渣	新疆塔里木混合减渣	胜利减压渣油	辽河减压渣油
密度(20℃)/(g/m^3)	0.9385	0.9400	0.9178	0.8851
硫含量/%	4.50	1.40	1.21	0.26
苯胺点/℃	—	—	77.5	77.3
馏程/℃				
初馏点	335	345	323	311
10%	368	375	358	332
50%	409	418	392	362
90%	460	475	455	411
终馏点	495	—	494	447

表 8-2-7　几种减压渣油石油焦的性质

原料油	中东混合减渣	新疆塔里木混合减渣	胜利减压渣油	辽河减压渣油
真密度/(g/m^3)	1.360	1.360	—	2.112
挥发分/%	9.5	10.0	8.8	9.0
硫含量/%	7.10	2.40	1.66	0.38
灰分/%	—	0.33	0.10	0.52
热值/(kJ/g)	34.3	—	—	—
HGI 硬度指数	40~80	—	—	—

（2）产品的主要加工方案

延迟焦化主要产品的加工方案见表 8-2-8。

表 8-2-8　延迟焦化主要产品的加工方案

产品	加工方案	产品	加工方案
焦化干气	产品精制	焦化柴油	柴油加氢精制/裂化
液化气	产品精制	焦化蜡油	渣油加氢处理/蜡油加氢处理/加氢裂化
焦化汽油	石脑油加氢	焦炭	制氢/外售

（3）工艺流程

1）焦化部分。

自常减压来的减压渣油、重整装置来的 C_{11} 重芳烃、催化裂化装置来的油浆以及苯乙烯装置来的苯乙烯焦油混合经换热升温到 190℃后进入原料缓冲罐。然后由原料油泵抽出后换热至 281℃后与循环油混合，混合后温度为 294℃，并进入加热炉进料缓冲罐，再经泵抽出送入加热炉，加热到 500℃进入焦炭塔底部。原料油在焦炭塔内进行裂解和缩合反应，生成焦炭和油气。焦化部分工艺流程图如图 8-2-1 所示。

2）分馏塔部分。

高温油气自焦炭塔塔顶至焦化分馏塔下段，经两层喷淋从蒸发段上升进入蜡油集油箱以

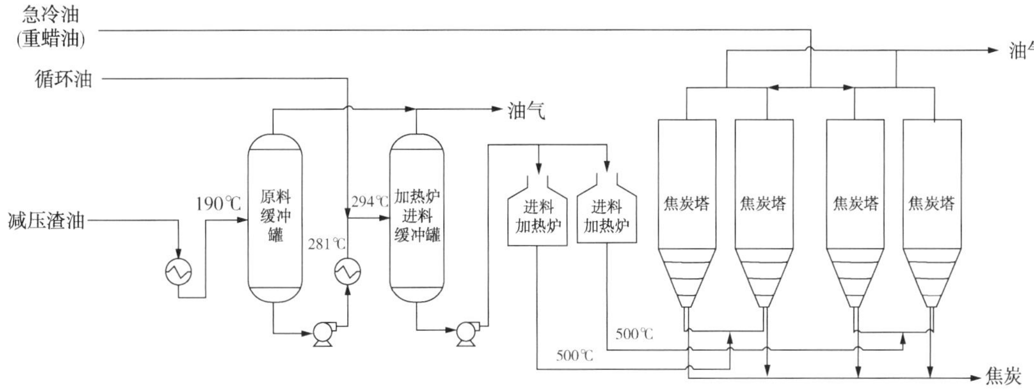

图 8-2-1　焦化部分工艺流程图

上的分馏段，分馏得到富气、汽油、柴油和蜡油馏分，焦炭聚结在焦炭塔内。

循环油自焦化分馏塔底抽出，经循环油泵升压后分为两部分，一部分与原料混合进入加热炉进料缓冲罐，另一部分经换热后作为冷洗油分为两路，一路直接返回分馏塔塔底，另一路返回分馏塔洗涤换热段上部。

重蜡油自重蜡油泵抽出后分成两部分，一部分作为内回流返塔，另一部分换热至 245℃后分为两路，一路作为回流返回分馏塔内，另一路经重蜡油蒸汽发生器后再分为两部分，一部分作为急冷油打至焦炭塔顶部，另一部分换热至 160℃作为热料送至下游装置或者冷却至 90℃送至罐区。

轻蜡油自分馏塔流入轻蜡油汽提塔，塔顶油气返回分馏塔，塔底油经轻蜡油泵抽出后经轻蜡油蒸汽发生器和轻蜡油-热媒水换热器换热至 160℃送至下游装置或者冷却至 90℃送至罐区。

中段回流经中段回流泵抽出，换热至 225℃后返回分馏塔。

柴油经柴油回流泵抽出后分成两部分，一部分作为内回流返回塔内，另一部分经柴油蒸汽发生器换热至 170℃后再分为两部分，一部分作为回流返回分馏塔，另一部分换热至 120℃后再分两路，一路作为热料送至下游装置，另一路经柴油空冷器冷却至 50℃后一部分送至罐区，另一部分作为再吸收剂经再吸收剂泵升压后冷却至 40℃，进入再吸收塔。

分馏塔顶循回流经泵抽出后分为两路，一路作为内回流返回分馏塔内，另一路经顶循-热媒水换热器换热至 80℃后返回分馏塔。分馏塔塔顶油气经分馏塔顶空冷器、分馏塔顶水冷器冷却到 40℃后进入分馏塔顶油气分离器进行油、气、水分离。分离出的粗汽油经粗汽油泵抽出并送至吸收塔上部。污水经含硫污水泵抽出后分为两路，一路作为塔顶注水循环使用；另一路送出装置。富气送至压缩机入口分液罐。分馏部分工艺流程如图 8-2-2所示。

3）吸收稳定部分。

富气经过气液分离后，气相经富气压缩机升压后经富气空冷器与解吸塔顶油气以及吸收塔底油混合后再经混合富气水冷器冷却至 40℃，然后进入压缩机出口分液罐进行气液分离。分离出的富气进入吸收塔下部；分离出的粗汽油经解吸塔进料泵抽出并升压后进入解吸塔顶部。吸收稳定部分工艺流程如图 8-2-3 所示。

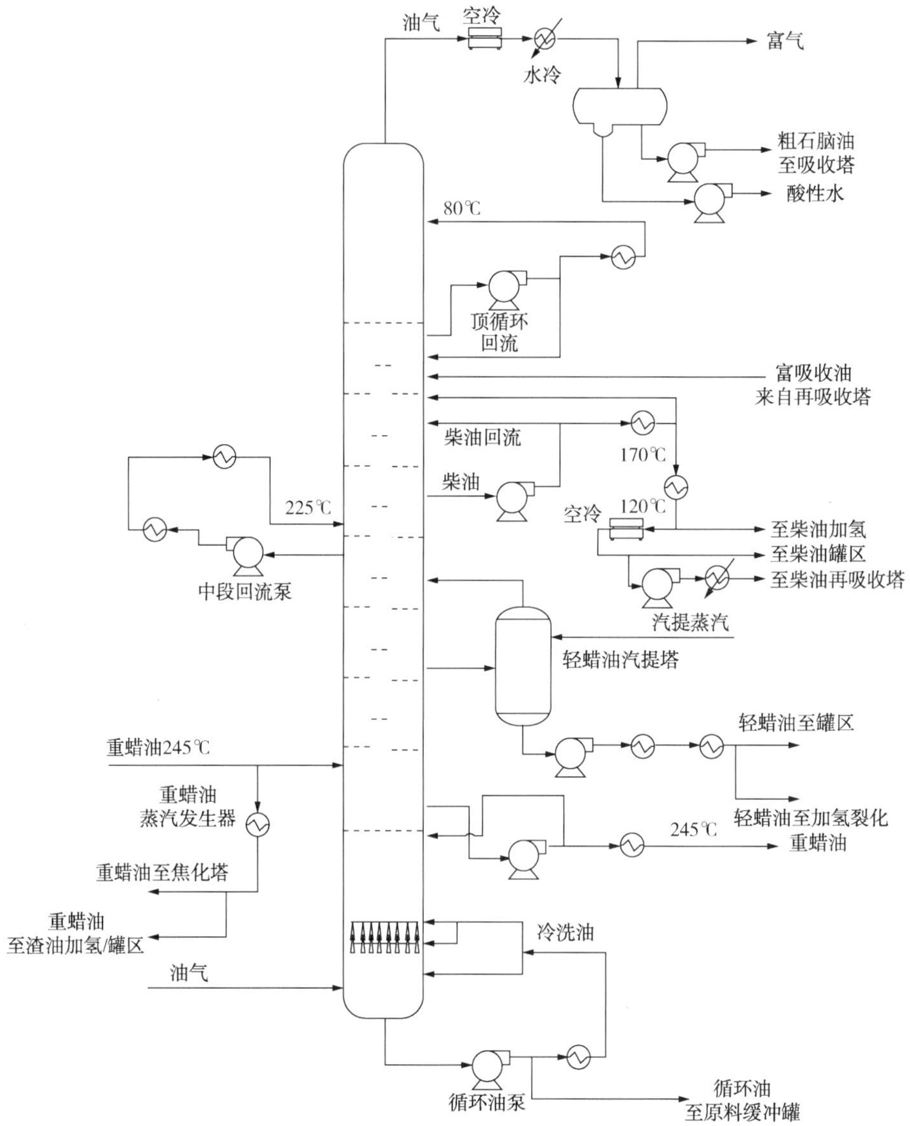

图 8-2-2　分馏部分工艺流程图

吸收塔顶部出来的贫气进入再吸收塔，用柴油吸收剂再次吸收，以回收吸收塔顶携带出来的汽油组分。再吸收塔底富吸收油经换热冷却后返回分馏塔，塔顶干气送出装置。吸收塔中段油由吸收塔中段回流泵抽出并经吸收塔中段冷却器冷却后返塔。

解吸塔的作用是脱除汽油中的 C_2 组分。解吸塔中段重沸器以稳定石脑油作为热源。解吸塔底重沸器以分馏塔中段油作为热源。解吸塔底脱乙烷汽油经泵稳定塔进料泵抽出并升压后送至稳定塔。汽油在稳定塔分离为液化气（C_3、C_4组分）和稳定汽油。

稳定塔顶油气经稳定塔顶空冷器、稳定塔顶水冷器冷凝冷却后，进入稳定塔顶回流罐。分离出的液化石油气经液化气泵抽出后分为两部分，一部分作为回流返塔，另一部分送出装置。

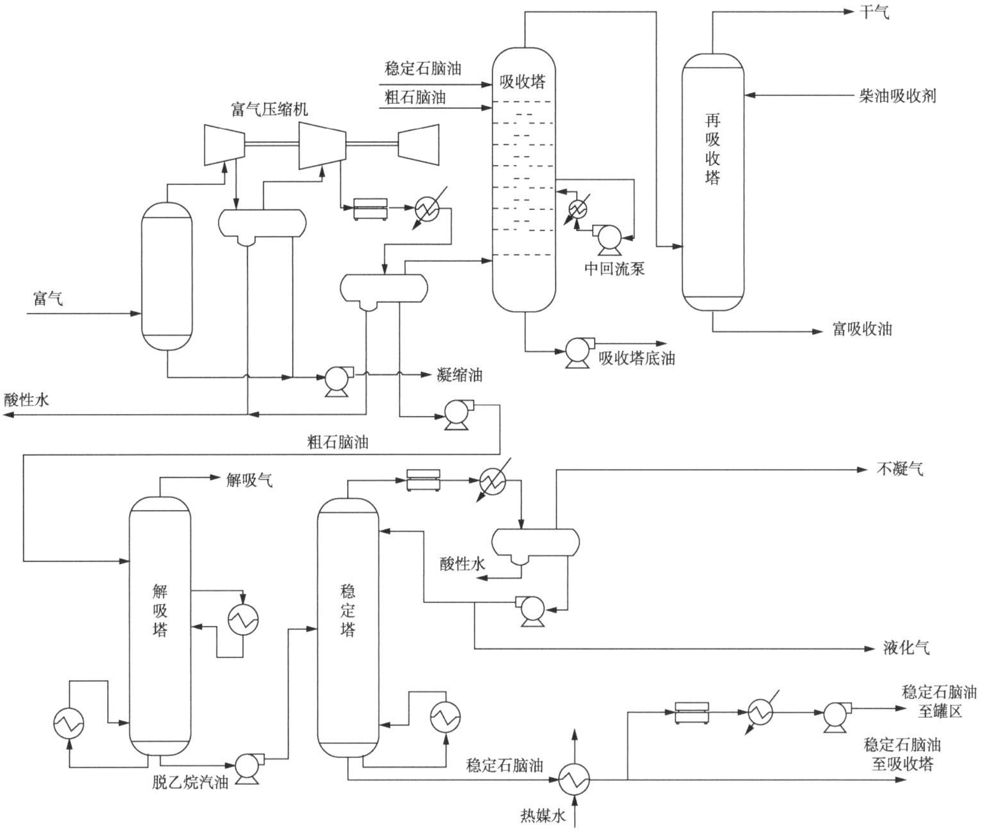

图 8-2-3 吸收稳定部分工艺流程图

稳定塔底重沸器热源为重蜡油。由塔底出来的稳定汽油经稳定汽油-热媒水换热器换热至 90℃后分两路，一路作为热出料送至装置，另一路经稳定汽油空冷器、稳定汽油水冷器冷却至 40℃，再经稳定汽油泵作为补充吸收剂送至吸收塔顶部。

4）吹汽放空部分。

焦炭塔吹汽、冷焦时产生的大量蒸汽及少量油气进入放空塔进行冷却。塔底重质油经放空塔底污油泵抽出经过冷却水箱冷却至 80℃，作为冷却介质返回放空塔，回炼或送至污油罐。塔顶蒸汽及轻质油气经放空塔塔顶空冷器、放空塔塔顶水冷器冷却至 40℃后进入放空塔塔顶油水分离罐，分出的污油经放空塔顶污油泵送至污油罐，污水经放空塔顶污水泵抽出后送出装置。吹汽放空部分工艺流程如图 8-2-4 所示。

5）冷焦水/切焦水部分。

冷焦水完成泡焦后，自流进入脱水仓，切焦水随石油焦经破碎机进入脱水仓。在脱水仓的切焦水、冷焦水经过滤后，自流进集水罐，经除焦水提升泵升压后送至冷焦水罐。冷焦水罐中的冷焦水经泵升压后重复利用。冲洗水经冷焦水冲洗泵升压后送至各使用点。

3. 典型延迟焦化工艺装置的物料平衡

某 3.2Mt/a 延迟焦化工艺装置的物料平衡见表 8-2-9。

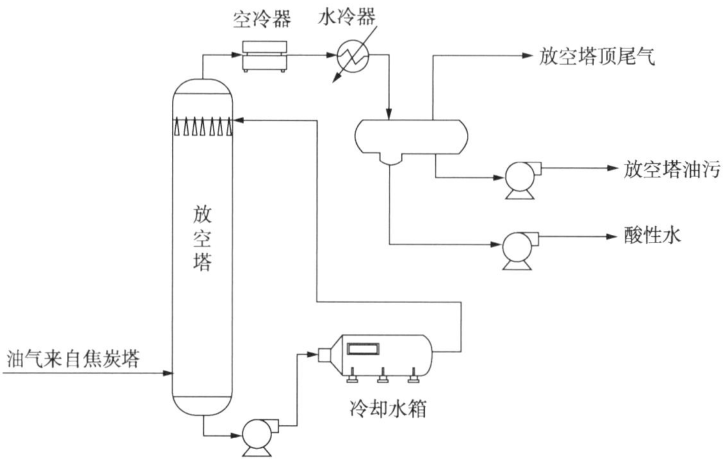

图 8-2-4 吹汽放空部分工艺流程图

表 8-2-9 某 3.2Mt/a 延迟焦化工艺装置的物料平衡

序号	名称	数据/%	序号	名称	数据/%
一	原料		2	液化气	3.97
1	减压渣油	91.15	3	汽油	12.13
2	催化油浆	5.05	4	柴油	30.47
3	C_{11+}重芳烃	1.93	5	轻蜡油	7.78
5	外来气	1.87	6	重蜡油	7.26
	合计	100.00	7	焦炭	31.89
二	产品			合计	100.00
1	干气	6.49			

4. 典型工艺装置的消耗指标

国内某 3.2Mt/a 延迟焦化工艺装置公用工程消耗量见表 8-2-10。

表 8-2-10 某 3.2Mt/a 延迟焦化工艺装置公用工程消耗量

序号	项目	单位	消耗量	序号	项目	单位	消耗量
1	燃料气	Nm^3/t 原料	21.950	8	除氧水	t/t 原料	0.055
2	电	kW·h/t 原料	13.292	9	热水 70℃	t/t 原料	-1.667
3	1.3MPa 蒸汽	t/t 原料	-0.156	10	热水 95℃	t/t 原料	0.221
4	4.2MPa 蒸汽	t/t 原料	0.185	11	净化空气	Nm^3/t 原料	0.000438
5	0.5MPa 蒸汽	t/t 原料	-0.050	12	非净化空气	Nm^3/t 原料	0.000438
		t/t 原料	0.002	13	脱盐水	t/t 原料	0.013
6	新鲜水	t/t 原料	0.000	14	氮气(0.6MPa)	Nm^3/t 原料	0.00013
7	循环水	t/t 原料	5.006		单位能耗	kgEO/t 原料	15.06

5. 典型工艺装置的投资与占地

国内某 3.2Mt/a 延迟焦化工艺装置不含增值税的工程费用为 82300 万元(2022 年第 4 季

度价格)，占地面积为34500m²。

二、灵活焦化工艺简述

1. 工艺装置的特点及原料的性质

灵活焦化过程反应采用流态化焦化技术，反应器中焦炭的生成和取出实现连续操作，避免了延迟焦化焦炭塔循环切换带来的复杂操作，降低操作风险，降低了除焦工作的劳动强度。生成的焦炭用来发生灵活气，解决了低价值的焦炭的去向问题。生成的灵活气可以部分替换燃料气使用，弥补全厂燃料气的缺口。但生成的灵活气热值低，不适合单独供加热炉使用。利用循环流化的焦粉作为热载体与反应进料直接接触，为生焦反应提供反应热。因此进反应器的原料温度不需要达到焦化反应温度，可避免高温原料在进反应器前发生结焦堵塞炉管和管道引起的装置停工。由于不需要设置进料加热，因此相比延迟焦化装置，灵活焦化对原料的适应性更强，可加工的原料范围更广。

某1.1Mt/a灵活焦化装置采用常减压装置的减压渣油和催化油浆作为原料，其性质见表8-2-11。

表8-2-11　某1.1Mt/a灵活焦化装置原料性质

项目	单位	数据	项目	单位	数据
相对密度(20/4)	g/cm³	1.03	胶质	%(质)	
残炭	%(质)	23.57	饱和烃	%(质)	39.3
硫	%(质)	4.614	芳烃	%(质)	60.7
氮	%(质)	0.3762	UOP K	%(质)	11.57
灰分	%(质)		馏程/℃		
摩尔质量		894	初馏点		565
黏度(100℃)	cSt	4652.2	5%		573.8
金属含量	mg/kg		10%		583.2
Fe		31.37	30%		627.5
Ni		38.35	50%		684.2
Cu			70%		757.1
V		106.58	90%		886.3
Ca			95%		944.3
Na		25	终馏点		1008.7
沥青质	%(质)	8.38			

2. 产品的主要性质及加工方案

(1) 产品的主要性质

灵活焦化裂化装置主要产品为灵活气、焦化干气、焦化液化气、焦化汽油、焦化柴油、焦化蜡油和焦炭。

典型灵活焦化灵活气的性质见表8-2-12。

表 8-2-12　灵活气组成　%(体)

项目	灵活气	项目	灵活气
乙烷	0.80	水	4.42
硫化氢	0.001	HCN	0.00
COS	0.003	氮气	49.51
CS_2	0	一氧化碳	19.20
C_1SH	0.001	二氧化碳	8.31
氢气	17.76	合计	100

典型灵活焦化干气组成见表 8-2-13。

表 8-2-13　典型灵活焦化干气组成　%(体)

焦化干气	组成	焦化干气	组成
甲烷	39	硫化氢	$H_2S \leq 20mg/Nm^3$
乙烷	20.5	COS	0.0
乙烯	8	C_1SH	0.0
丙烯	0.7	C_2SH	0
丙烷	0.5	氢气	14
丁二烯	0.0	NH_3	0
1-丁烯	0.1	水	0.5
异丁烷	0.0	氮气	4
丁烷	0.1	一氧化碳	4
C_5～170℃石脑油	0.1	二氧化碳	1
170～343℃柴油	0	合计	100

典型灵活焦化液化气性质见表 8-2-14。

表 8-2-14　典型灵活焦化液化气的性质　%(体)

焦化液化气	组成	焦化液化气	组成
甲烷	0	丁烷	8.5
乙烷	0.7	C_5～170℃石脑油	2.2
乙烯	0	硫化氢	1.9
丙烯	31.6	COS	0.1
丙烷	33.2	C_1SH	1.0
丁二烯	1.5	水	0.1
1-丁烯	17.4	合计	100
异丁烷	1.9		

典型灵活焦化汽油性质见表 8-2-15。

表 8-2-15　典型灵活焦化汽油的性质

项目	焦化汽油	项目	焦化汽油
相对密度/(g/cm³)	0.72	馏程 ASTM/℃	D86
硫/%(质)	0.88	0%	64
氮/%(质)	0.01	5%	68
溴价/(g/100g)	117	10%	71
苯胺点/℃	10.0	20%	79
倾点/℃	—	30%	87
摩尔质量	92.1	40%	96
黏度(38℃)/cSt	—	50%	104
黏度(99℃)/cSt	—	60%	114
烷烃/%(体)	22.6	70%	125
烯烃/%(体)	60.2	80%	138
环烷烃/%(体)	5.6	90%	151
芳烃/%(体)	11.6	95%	159
		100%	173

典型灵活焦化柴油性质见表 8-2-16。

表 8-2-16　典型灵活焦化柴油性质

项目	焦化柴油	项目	焦化柴油
相对密度/(g/cm³)	0.89	馏程 ASTM/℃	D86
硫/%(质)	3.10	0%	186
氮/%(质)	0.1	5%	205
溴价/(g/100g)	64	10%	214
苯胺点/℃	30.0	20%	227
倾点/℃	-27.8	30%	239
十六烷值，ASTM D613	—	40%	252
摩尔质量	193.8	50%	267
黏度(38℃)/cSt	2.37	60%	283
黏度(99℃)/cSt	0.91	70%	298
烷烃/%(体)	14.9	80%	317
烯烃/%(体)	27.2	90%	334
环烷烃/%(体)	2.6	95%	343
芳烃/%(体)	55.3	100%	359

典型灵活焦化蜡油性质见表 8-2-17。

表 8-2-17 典型灵活焦化蜡油性质

项目	焦化轻蜡油	焦化重蜡油	项目	焦化轻蜡油	焦化重蜡油
相对密度/(g/cm^3)	0.96	0.99	芳烃/%(体)	—	—
硫/%(质)	4.62	5.10	馏程 ASTM/℃	D-1160	D-1160
氮/%(质)	0.29	0.42	0%	277	342
残炭/%(质)	0.1	2.0	5%	360	406
镍/(mg/kg)	—	0.2	10%	372	424
钒/(mg/kg)	—	0.2	20%	383	442
溴价/(g/100g)	42	36	30%	392	451
苯胺点/℃	41.1	51.7	40%	399	458
倾点/℃	21.1	30.0	50%	404	463
摩尔质量	299.8	363.1	60%	410	467
黏度(38℃)/cSt	88.59	665.26	70%	416	478
黏度(99℃)/cSt	5.89	19	80%	424	486
烷烃/%(体)	—	—	90%	432	490
烯烃/%(体)	—	—	95%	440	510
环烷烃/%(体)	—	—	100%	488	606

典型灵活焦化焦炭性质见表 8-2-18。

表 8-2-18 典型灵活焦化焦炭的性质

项目	床层焦	焦粉	湿焦
颗粒密度/(kg/m^3)	1362	1762	1858
堆积密度/(kg/m^3)			
松散密度/(kg/m^3)	801	481	—
压紧密度/(kg/m^3)	897	721	—
含水/%(质)	<1	<1	55
挥发分/%(质)	1~3	2~7	9~13
高热值/(kJ/kg)	33291	32544	31311
低热值/(kJ/kg)	33072	32326	31093
比热容/[kJ/(kg·℃)]	1.46	1.46	1.46

(2) 产品的主要加工方案

灵活焦化主要产品的加工方案见表 8-2-19。

表 8-2-19 灵活焦化主要产品的加工方案

产品	加工方案	产品	加工方案
灵活焦化干气	脱硫后至燃料气系统	灵活焦化柴油	柴油加氢精制/加氢裂化
灵活焦化液化气	脱硫/脱硫醇	灵活焦化蜡油	RDS/VGOHT/HC 装置
灵活焦化汽油	至焦化汽油加氢装置	焦粉	外售

3. 工艺流程描述及示意图

(1) 焦化部分流程

焦化部分工艺流程图见图 8-2-5。

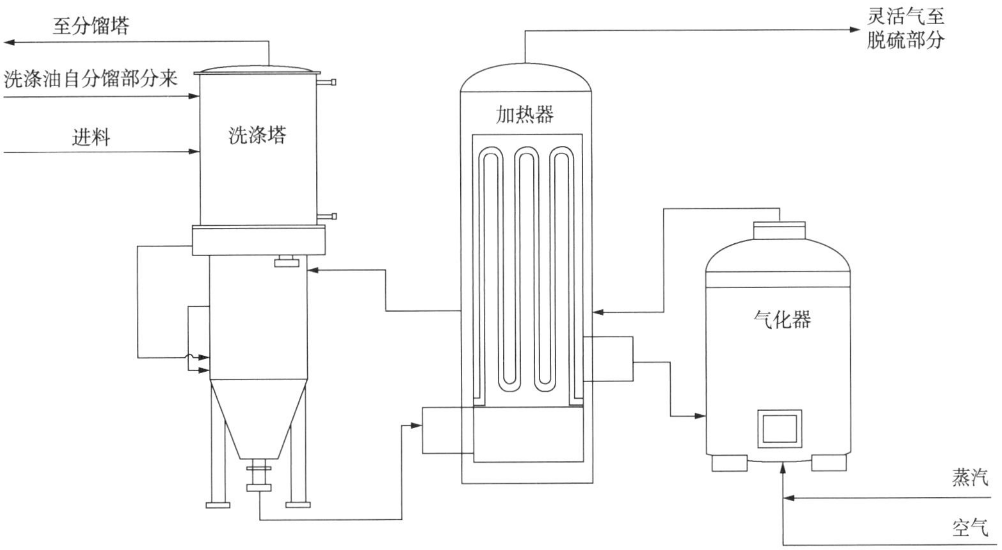

图 8-2-5　焦化部分工艺流程图

减压渣油自装置外经过换热器换热升温后进入减渣原料缓冲罐，经泵升压、换热后，进入反应器洗涤塔塔底，然后与循环油冷凝下来的重组分混合。洗涤塔底循环油从洗涤塔底部抽出后分为两路，一路经洗涤塔底循环油泵升压并经洗涤塔底循环油蒸汽发生器降温后打回洗涤塔人字挡板上方；另一路经反应进料泵升压，从不同的高度段进入反应器反应。

混合进料通过沿反应器圆周分布的喷嘴经高压蒸汽雾化后喷入反应器，与循环热焦粉接触并发生热裂化反应，在反应器与加热器之间建立连续的焦粉循环。冷焦通过冷焦线送至加热器；热焦则从加热器压送至反应器。反应油气上行通过反应器旋风分离器回收其中携带的焦粉后进入洗涤塔。油气中携带的焦粉被旋分回收至反应器床层，另外的热焦作为冲刷焦引至旋分入口。通过控制进入反应器的热焦及冲刷焦的循环量，调节反应器温度，通过控制返回至加热器的冷焦循环量，调节反应器藏量，循环量的控制由调整滑阀开度实现。

灵活气通过加热器顶的两级旋风分离器回收携带的焦粉后从加热器顶部引出，未被两级旋分回收的细焦粉进入后部系统。

从主风机来的主风进入气化器，与焦炭发生不完全燃烧，放出热量使绝大多数的焦炭气化。气化器顶部携带焦粉的气体在进入加热器之前，在急冷段被焦粉冷却以保护气化器的内件。原料中大部分金属随着细焦粉离开三器系统藏量，为抑制金属在气化器积聚形成熔渣，还需外排部分床层焦。这部分床层焦先进入焦炭急冷罐，被冷却后用气力输送方式送至床层焦料仓。

灵活气离开加热器顶，进入后部系统，通过净化、脱硫处理去作炼油厂燃料气。净化过程回收下来的细焦粉，将以产品焦的形式送出装置。脱硫过程产生酸性气送至硫黄装置。

(2) 分馏部分流程

反应油气自反应器洗涤塔顶出来后分两路进入主分馏塔底部。分馏塔底油汇集到塔底缩径段，发生蒸汽，汽水循环采用自然循环方式。裂解重蜡油集油箱设置在塔底洗涤格栅段的上方，裂解重蜡油产品也从该处引出。裂解重蜡油经泵升压后被送至裂解重蜡油汽提塔，作为中段洗涤油的另一路裂解重蜡油也经泵升压，换热后返回分馏塔。蜡油泵出口的第三股物流为裂解重蜡油产品，进入裂解重蜡油汽提塔，塔底的裂解重蜡油产品由泵抽出升压后，经换热、冷却至120℃出装置。

在轻/重蜡油分离填料段上方设置集油箱，收集并提供焦化轻蜡油内回流及产品。其中内回流经泵升压经过滤器过滤后返塔。裂解轻蜡油产品自流进入裂解轻蜡油汽提塔。经汽提后的裂解轻蜡油由泵抽出升压后，经换热、冷却至120℃出装置。分馏塔中段回流段设置4层固舌塔盘，中段回流自中段集油箱抽出，经泵升压分为两股。一股大量至吸收稳定作热源；一股小量为中段内回流，经过滤器过滤后返塔。柴油自第4层塔盘自流至柴油汽提塔，汽提的柴油经泵抽出升压、换热至100℃后分为两路，一路通过热出料流程直送至下游装置，另一路用作贫吸收油的柴油进一步冷却至40℃经泵升压后进再吸收塔。分馏塔塔顶油气设置两级冷凝。冷凝冷却后的油气及凝液进入分馏塔顶回流罐，在该处进行三相分馏，分出油气、粗汽油及酸性水。分出的粗汽油经冷回流泵后一路返塔作为冷回流控制塔顶温度，另一路送至压缩机一级水冷器入口。分出的酸性水经泵升压，少量酸性水返回塔顶洗涤分顶油气，其余酸性水并入粗汽油管线上。分馏部分工艺流程如图8-2-6所示。

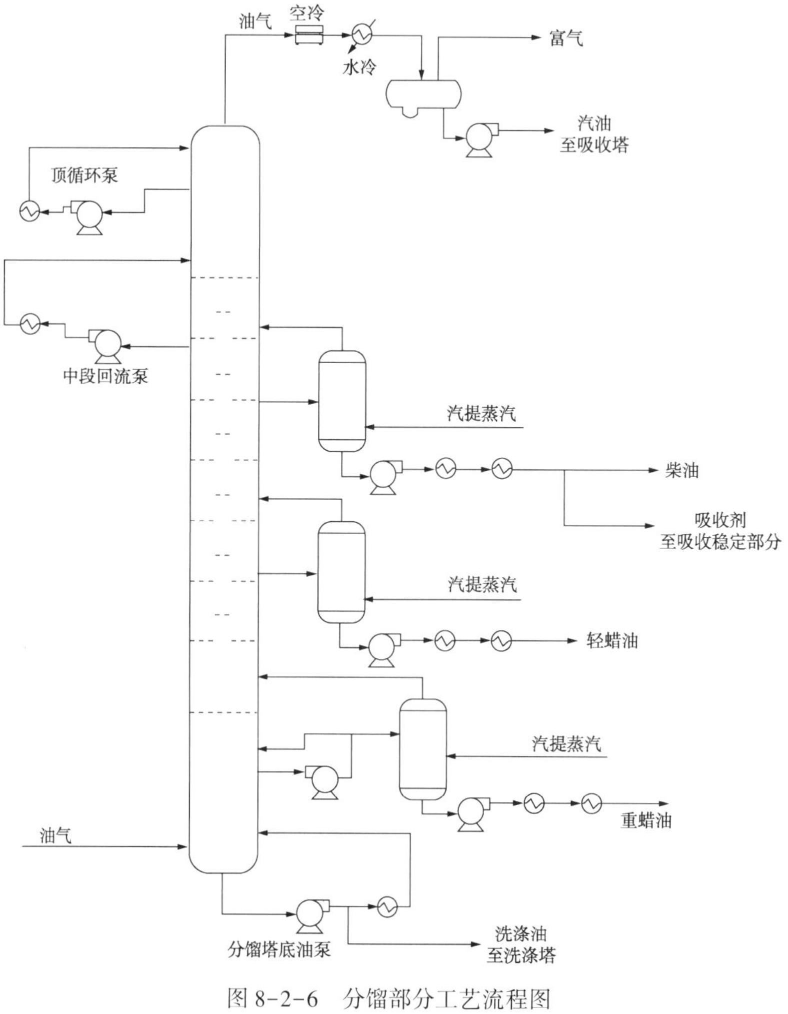

图8-2-6　分馏部分工艺流程图

（3）吸收稳定部分流程

如图 8-2-7 所示，经过压缩、冷却后的富气进入吸收解吸塔中部；吸收塔顶部出来的贫气进入再吸收塔，用柴油再次吸收，以回收吸收塔顶携带出来的汽油组分。再吸收塔底富吸收油返回分馏塔。吸收解吸塔设有中段重沸器，采用稳定石脑油作为热源。

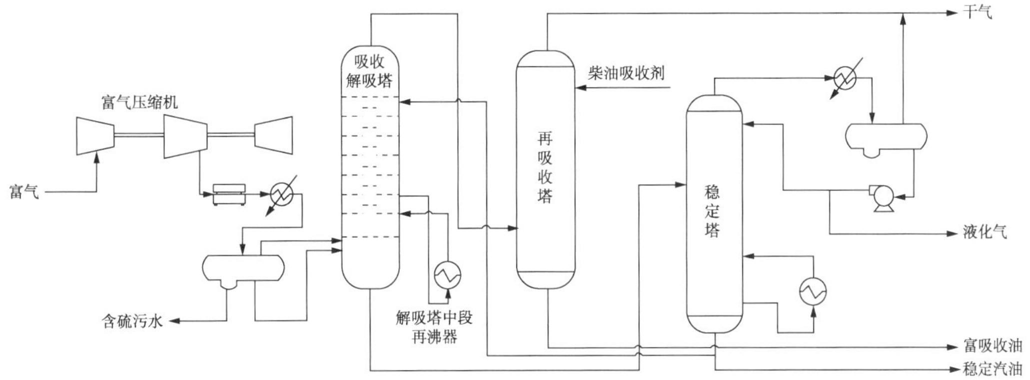

图 8-2-7　吸收稳定部分工艺流程图

（4）灵活气净化部分流程

灵活气进入三旋和文丘里洗涤器脱除细焦粉，焦粉经三旋分离后由冷输送风送至焦粉料仓，文丘里底部浆液经换热后送至浆液汽提塔，含硫气体经塔顶返回至文丘里洗涤器前段，汽提后的浆液经冷却送至稀浆液储罐。脱除焦粉后的灵活气进入一级直接接触冷却塔，通过循环水洗降温的同时除掉灵活气携带的水分及细焦粉，洗涤水间断外排至酸性水汽提装置。洗涤后的灵活气经羰基硫（COS）预热器升温后进入 COS 转换反应器，在催化剂的作用下发生水解反应将其所含的 COS 转化成硫化氢。羰基硫预热器及反应器均按照一开一备设计，设计工况下半年切换一次。转化后的灵活气进入二级直接接触冷却塔，通过循环水洗降温至脱硫所需温度的同时进一步洗涤可能携带的焦粉及其他杂质。水洗后的灵活气进入灵活气脱硫塔，在塔内与脱硫溶剂进行逆向接触除掉其中的 H_2S，最终送出装置的灵活气控制指标为含 H_2S 小于 $10mL/m^3$ 且总硫不大于 $60mL/m^3$。脱硫产生的富溶剂经泵升压与贫溶剂换热后进入溶剂再生塔，通过重沸器间接加热再生，再生后的贫溶剂经过滤设施过滤后经贫富溶剂换热器、空冷器等降温后送至贫溶剂罐。灵活气脱硫所用贫溶剂均通过贫溶剂罐底泵升压输送。溶剂再生塔塔顶酸性气经分液后作为原料送至硫黄回收装置。为保证脱硫单元长周期平稳运行，防止溶剂发泡，溶剂再生设置了热稳定盐脱除设施，在碱液作用下通过蒸汽加热升温将热稳定盐转化为碱渣，外排碱渣送至碱渣处理装置进一步处理。灵活气净化部分工艺流程如图 8-2-8 所示。

（5）焦炭处理部分流程

床层焦用冷输送风通过气力输送的方式从 200℃的焦炭急冷罐被送至床层焦料仓，之后使用冷输送风被送到焦炭输送料斗。该段管线为翅片管，使床层焦的温度降至 60℃（至少需降至 90℃），之后装车运出装置。焦炭处理部分工艺流程如图 8-2-9 所示。

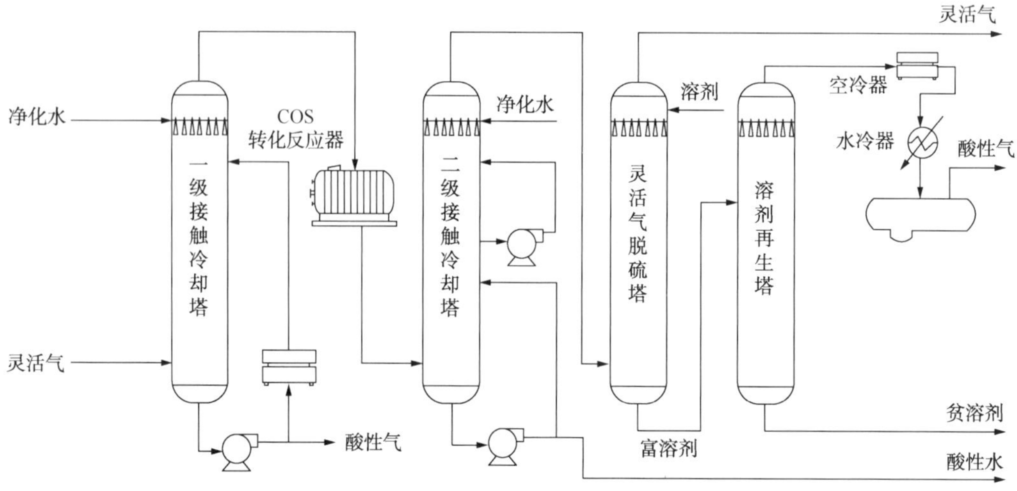

图 8-2-8　灵活气净化部分工艺流程图

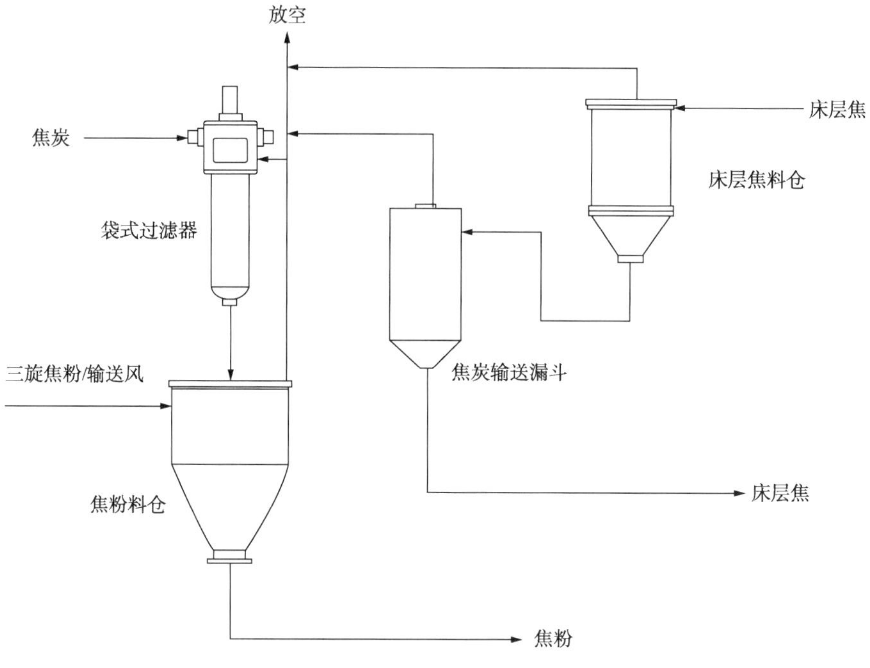

图 8-2-9　焦炭处理部分工艺流程图

三旋回收细粉通过使用主风作为流化介质，被送至焦粉料仓，这段管线为翅片管，使细焦粉的温度降至 60℃（至少需降至 90℃），之后装车运出装置。用于气力输送的空气及氮气通过不同的流程进入袋式过滤器，经过滤的气体再进入焦粉文丘里洗涤器和焦粉文丘里分离器进行除尘处理，最终通过粉焦引风机排入大气。

4. 典型灵活焦化工艺装置的物料平衡

某 2.1Mt/a 灵活焦化工艺装置的物料平衡见表 8-2-20。

表 8-2-20　某 2.1Mt/a 灵活焦化工艺装置的物料平衡

序号	物料名称	收率/%(质)	序号	物料名称	收率/%(质)
一	原料		3	焦化汽油	11.2
1	减渣	86.77	4	焦化柴油	14.4
2	油浆	13.23	5	焦化轻蜡油	15.1
3	工艺蒸汽	14.40	6	焦化重蜡油	23.7
4	空气	116.00	7	焦粉	1.2
	合计	230.4	8	灵活气	136.4
二	产品		9	酸性气	1.5
1	焦化干气	4.9	10	酸性水	17.6
2	焦化液化气	4.4		合计	230.4

5. 典型工艺装置的消耗指标

某 2.1Mt/a 灵活焦化工艺装置公用工程消耗量见表 8-2-21。

表 8-2-21　某 2.1Mt/a 灵活焦化工艺装置公用工程消耗量

序号	项目	单位	数量	序号	项目	单位	数量
1	电	kW·h/t 原料	44	10	除氧水	t/t 原料	0.676
2	380V	kW·h/t 原料	34.8	11	净化水	t/t 原料	0.168
3	10kV	kW·h/t 原料	9.2	12	酸性水	t/t 原料	0.176
4	燃料气	t/t 原料	0.0024	13	污水	t/t 原料	0.36
5	3.5MPa 蒸汽	t/t 原料	0.42	14	净化压缩空气	Nm^3/h	7.04
6	1.0MPa 蒸汽	t/t 原料	-0.772	15	非净化压缩空气	Nm^3/t 原料	8.24
7	0.5MPa 蒸汽	t/t 原料	0.604	16	低压氮气	Nm^3/t 原料	4.52
8	新鲜水	t/t 原料	0.016	17	高压氮气	Nm^3/t 原料	1.04
9	循环水	t/t 原料	24	18	单位能耗	kgEO/t 原料	39.08

6. 典型工艺装置的投资与占地

2.1Mt/a 灵活焦化装置不含增值税的工程费用为 109500 万元(2022 年第 4 季度价格)，占地面积为 30000m^2。

三、溶剂脱沥青工艺简述

溶剂脱沥青以减压渣油等重质油为原料，用轻质烷烃作为溶剂，利用渣油中不同类型分子在轻烃类溶剂中的溶解度不同，通过液液萃取实现不同类型物质的物理分离过程。一般来说，减压渣油中相对分子质量较小的饱和烃和芳烃较易溶解，胶质次之，沥青质则较差，甚至不溶。溶剂与渣油接触后，渣油中大部分饱和烃、部分芳烃、少部分胶质溶解在溶剂中形成轻组分相(富溶剂相)；少部分饱和烃、部分芳烃、大部分胶质、不溶的沥青质和少部分溶剂形成重组分相(富沥青质相)，通过分离得到脱沥青油和脱油沥青。脱沥青油杂质含量低、裂化性能好，可作为重质润滑油原料或裂化原料。脱油沥青中浓缩料重金属及杂原子化合物，可直接调和成道路沥青或氧化成建筑沥青，也可用于生产石油沥青或沥青黏合剂、隔热材料、防水和防腐材料，还可以作为气化、炼焦、热缩聚原料等。

溶剂脱沥青的溶剂常采用 $C_3 \sim C_6$ 轻质烷烃，其中丙烷适于生产润滑油原料；丁烷或丙丁烷混合溶剂适于生产催化裂化原料；戊烷脱沥青可以提高脱沥青油收率，通过与重油加氢组合改善加氢原料性质，提供更多的催化裂化原料，提高渣油转化率。

某 1.4Mt/a 溶剂脱沥青装置以沸腾床加氢未转化油作为原料，其性质见表 8-2-22。

表 8-2-22　某 1.4Mt/a 溶剂脱沥青装置原料性质

项目	数据	项目	数据
相对密度	1.0430	残炭%(质)	35
硫含量/%(质)	1.51	镍含量/(mg/kg)	34.00
氮含量/%(质)	0.509	钒含量/(mg/kg)	38.00

溶剂中 nC_4：iC_4=6：4，其中 C_3、C_5 含量≤3%。

1. 产品的主要性质及加工方案

(1) 产品的主要性质

溶剂脱沥青装置的主要产品是脱沥青油和脱油沥青。典型溶剂脱沥青脱沥青油性质见表 8-2-23。

表 8-2-23　脱沥青油性质表

项目	数据	项目	数据
相对密度/(15℃)	0.984	5%	500
硫含量/%(质)	1.19	10%	517
残炭/%(质)	12.5	30%	562
镍含量/(mg/kg)	1.5	50%	599
钒含量/(mg/kg)	1.8	70%	633
氮含量/%(质)	0.26	90%	685
C_7 不溶物含量/%(质)	<0.05	95%	700
馏程(ASTM D1160)/℃		100%	720
初馏点	487		

典型溶剂脱沥青脱油沥青的性质见表 8-2-24。

表 8-2-24　脱油沥青性质表

项目	数据	项目	数据
相对密度/(15℃)	1.170	碳含量/%(质)	90.5
硫含量/%(质)	1.86	氢含量/%(质)	6.9
镍含量/(mg/kg)	69	C_7 不溶物含量/%(质)	30
钒含量/(mg/kg)	77	软化点/℃	160
氮含量/%(质)	0.77	黏度(300℃)/cSt	550
低发热值/(MJ/h)	37.6		

(2) 产品的主要加工方案

溶剂脱沥青主要产品的加工方案见表 8-2-25。

表 8-2-25　溶剂脱沥青主要产品的加工方案

产品	加工方案
脱沥青油	至渣油加氢/减压蜡油加氢裂化装置
脱油沥青	至沥青成型部分

2. 工艺流程描述及示意图

溶剂脱沥青工艺流程如图 8-2-10 所示。

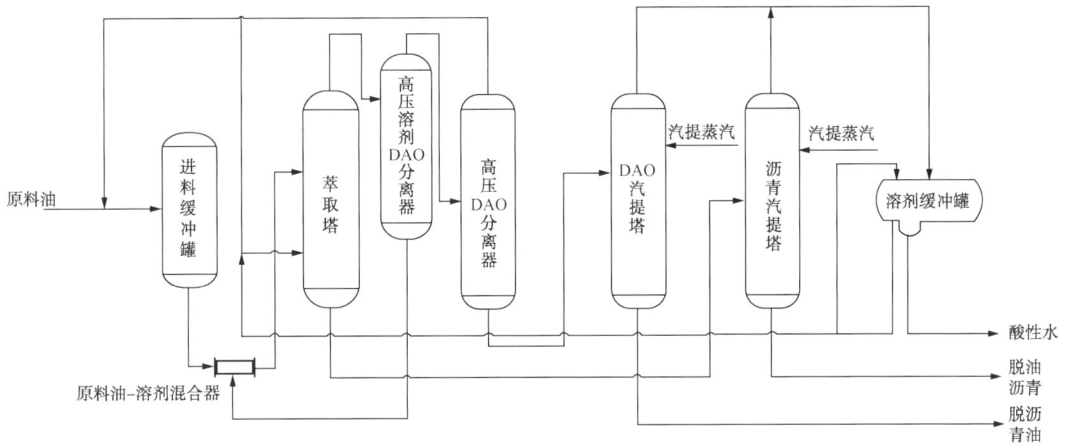

图 8-2-10　溶剂脱沥青工艺流程简图

原料油经原料油泵抽出与少量溶剂混合后进入抽提塔。在抽提塔中渣油自上而下，溶剂自下而上进行传质传热。较重的沥青溶液沉至抽提塔底部，含大量溶剂的脱沥青油相从塔顶溢出，与高压溶剂、脱沥青油和导热油换热后达到超临界回收条件进入高压 DAO 分离器。在超临界条件下，丁烷溶剂基本丧失了对油的溶解能力，脱沥青油与溶剂分离，达到回收溶剂的目的。从高压 DAO 分离器顶部馏出的高压溶剂经换热后再经高压溶剂循环泵提压后分为两路，一路经高压溶剂空冷器Ⅰ冷却后与渣油混合，另一路经高压溶剂空冷器Ⅱ冷却后进入抽提塔底部。高压 DAO 分离器底部馏出的含有少量溶剂的脱沥青油经导热油加热后进入 DAO 汽提塔，经蒸汽汽提后，溶剂与蒸汽自塔顶馏出，脱沥青油由产品泵抽出后，经与高压 DAO 分离器进料换热后送至蜡油加氢裂化单元。抽提塔底部的沥青溶液经导热油加热后进沥青汽提塔，经蒸汽汽提后，溶剂与蒸汽自塔顶馏出，脱油沥青由沥青产品泵抽出后经沥青蒸汽发生器产蒸汽冷却后送出装置。

DAO 汽提塔与沥青汽提塔塔顶气混合后经低压溶剂空冷器冷却后送至低压溶剂缓冲罐。低压溶剂经低压溶剂泵升压后与高压溶剂混合后进入抽提塔底部。酸性水经泵抽出后送至酸性水汽提装置。

单元内设有导热油循环系统。导热油自导热油缓冲罐由导热油泵抽出后经加热炉加热后作为单元内热源，分别与高压 DAO 分离器进料，DAO 汽提塔进料和沥青汽提塔进料换热后返回导热油罐。

3. 典型溶剂脱沥青工艺装置的物料平衡

某 1.4Mt/a 溶剂脱沥青工艺装置的物料平衡见表 8-2-26。

表 8-2-26　某 1.4Mt/a 溶剂脱沥青工艺装置的物料平衡

序号	物料名称	收率/%(质)	序号	物料名称	收率/%(质)
一	原料		1	脱沥青油	52.00
1	渣油	100.00	2	脱油沥青	48.00
	合计	100.00		合计	100.00
二	产品				

4. 典型工艺装置的消耗指标

国内某 1.4Mt/a 溶剂脱沥青工艺装置公用工程消耗量见表 8-2-27。

表 8-2-27　某 1.4Mt/a 溶剂脱沥青工艺装置公用工程消耗量

序号	项目	单位	消耗量	序号	项目	单位	消耗量
一	电			3	含硫污水	t/t 原料	0.06
1	10kV/3300V	kW · h/t 原料	19.35	5	低温热水	t/t 原料	-0.78
2	380V/220V	kW · h/t 原料	4.36	四	压缩空气		
二	蒸汽			1	净化压缩空气	Nm^3/t 原料	1.8
1	3.5MPa 蒸汽	t/t 原料	0.06	五	氮气		
2	1.0MPa 蒸汽	t/t 原料	-0.03		0.4MPa 氮气	Nm^3/t 原料	1.8
三	水			六	燃料		
1	除氧水	t/t 原料	0.036	七	燃料气	t/t 原料	0.0198
2	含油污水	t/t 原料	0.012		单位能耗	kgEO/t 原料	28.13

5. 典型工艺装置的投资与占地

1.4Mt/a 溶剂脱沥青装置不含增值税的工程费用为 29500 万元(按照 2022 年第 4 季度价格)，占地面积为 $10250m^2$。

四、固定床加氢处理工艺

1. 工艺装置的特点及原料的性质

自 20 世纪 60 年代第一套工业化装置投产以来渣油加氢脱硫技术发展很快，开始多用于生产低硫燃料油，20 世纪 80 年代以后，由于世界原油质量日趋变重变差，燃料油的需求量减少，轻质油品需求量增加，环境保护要求愈加严格，使得渣油加氢工艺技术获得加速发展，不仅应用于生产低硫燃料油，也应用于焦化、催化裂化原料的预处理，或通过提高渣油加氢转化深度增加轻质油品收率。固定床渣油加氢工艺因其工艺流程较为简单、易于操作，应用范围广。该装置生产目标提供数量尽可能多的催化裂化原料，并不要求较高的渣油转化率。

固定床渣油加氢装置一般以常压渣油、减压蜡油、焦化蜡油、脱沥青油、催化重柴油、减压渣油等为原料，经过加氢反应，脱除硫、氮、金属等杂质，降低残炭含量，为催化裂化装置提供原料，并副产少量石脑油、柴油，原料性质见表 8-2-28~表 8-2-30。

表 8-2-28 典型固定床渣油加氢装置原料性质(1)

原料油	减压渣油	催化轻油浆	催化重柴油	混合原料
混合比例/%	90.68	1.65	7.67	100.00
API°	9.50	9.07	13.32	9.85
密度(20℃)/(g/cm^3)	1.0006	1.0037	0.9740	0.9981
黏度(80℃)/(mm^2/s)	1563.3	26.55	3.00	505.1
黏度(100℃)/(mm^2/s)	411.4	13.40	2.50	162.3
残炭值/%	15.89	5.00	0.10	14.05
S/%(质)	4.92	0.70	0.46	4.37
N/(mg/kg)	2185	1600	500	2006
C/%(质)	81.41	90.74	90.79	82.58
H/%(质)	10.60	8.30	8.60	10.34
金属含量/(mg/kg)				
Ni	27.9	1	0.1	24.5
V	80.7	1	0.1	70.6
Fe	2.26	1	0.1	2.0
Ca	5.00	1	0.1	4.4
Na	8.9	0.5	0.1	7.8
沥青质(C_7不溶物)/%(质)	6.0	0.2	0.01	5.25
馏程(ASTM D1160)/℃				
1%	437	255	136	176
5%	466	277	229	305
10%	485	308	256	361
30%	549	382	293	513
50%	603	406	316	575
70%	696	428	330	691

表 8-2-29 典型固定床渣油加氢装置原料性质(2)

项目	减压渣油	重蜡油	焦化蜡油	混合原料
混合比例/%(质)	61.87	26.30	11.83	100
密度(20℃)/(kg/m^3)	1.0047	0.9622	0.943	0.9856
总硫/%(质)	4.33	2.13	2.85	3.576
总氮/(mg/kg)	3861	3523	8000	4262
康氏残炭 CCR/%(质)	17.3	1.5	1.0	11.2
沥青质/%(质)	5.6	0.2	0.3	3.5
Ni/(mg/kg)	44.71	0.2	0.3	27.67
V/(mg/kg)	80	0.2	0.8	48.59
镍+钒/(mg/kg)				

续表

项目	减压渣油	重蜡油	焦化蜡油	混合原料
动力黏度(100℃)/(mm^2/s)	502	36.76	6.1	109.1
馏程/℃	D1160	D1160	D1160	
初馏点	400	390	355	373
5%	471	431	370	401
10%	509	450	380	430
30%	567	490	395	507
50%	612	522	412	565
70%	721	551	432	634
90%	944	599	456	758
95%	998	618	472	795
终馏点	1031	641	500	826

表 8-2-30　典型固定床渣油加氢装置原料性质(3)

项目	脱沥青油	混合蜡油	减渣	减渣	混合原料
比例/%	13.85	33.53	34.61	18.01	100%
实沸点馏程/℃		>360	>545	>545	
密度(20℃)/(g/cm^3)	0.966	0.9096	1.0403	0.9877	0.9767
残炭/%	6.25	0.02	23.95	16.34	12.11
镍/(mg/kg)	6	0.02	64.28	82.76	37.99
钒/(mg/kg)	17	0.02	210	29.92	80.44
硫含量/%	3.65	2.95	4.82	0.81	3.31
氮含量/(mg/kg)	3230	1045	4248	6256	3395
黏度(100℃)/(mm^2/s)	83.6	9.77	2513	1610	119.40
馏程/℃					
初馏点	349	294	435	453	
5%		386			
10%	509	417	533	536	
30%		476			
50%		506			
70%		535			
90%		574			
95%		585			

2. 产品的主要性质及加工方案

(1) 产品的主要性质

渣油固定床加氢装置的主要产品有石脑油、柴油和加氢重油。典型固定床渣油加氢的主要产品性质见表 8-2-31~表 8-2-33。

表 8-2-31　典型固定床渣油加氢的主要产品性质(1)

加氢产品油	运转初期			运转末期		
	石脑油	柴油	加氢重油	石脑油	柴油	加氢重油
馏程/℃	C_5~160	160~350	>350	C_5~160	160~350	>350
密度(20℃)/(g/cm³)	0.760	0.915	0.938	0.760	0.915	0.939
黏度(100℃)/(mm²/s)			58			48
残炭值/%			5.92			5.95
凝点/℃		-15			-15	
十六烷指数(ASTM D97680)		30			30	
S/(mg/kg)	<50	<300	0.55%	<50	<300	0.58%
N/(mg/kg)	<5	<100	1400	<5	<100	1500
H/%		11.7	12.0		11.7	12.0
Ni/(mg/kg)			6			7
V/(mg/kg)			7			8

表 8-2-32　典型固定床渣油加氢的主要产品性质(2)

运转阶段 加氢产品油	运转初期			运转末期		
	石脑油	柴油	加氢重油	石脑油	柴油	加氢重油
馏程/℃	C_5~175	175~350	>350	C_5~175	175~350	>350
密度(20℃)/(g/cm³)	0.754	0.872	0.931	0.776	0.874	0.929
S/(mg/kg)	<100	424	2284	<100	430	3443
N//(mg/kg)	<10	212	2284	<20	215	2360
黏度(100℃)/cSt	—	—	34	—	—	29
多环芳烃/%(质)	—	35	—	—	36	—
十六烷指数	—	40	—	—	39	—
残炭/%(质)	—	—	5.3		—	5.5
沥青质/%(质)	—	—	<1	—		<1
Ni+V//(mg/kg)	—	—	7	—	—	14
V/(mg/kg)	—	—	2	—	—	5

表 8-2-33　典型固定床渣油加氢的主要产品性质(3)

加氢产品油	运转初期			运转末期		
	石脑油	柴油	加氢重油	石脑油	柴油	加氢重油
馏程/℃	C5~180	180~350	>350	C5~180	180~350	>350
密度(20℃)/(g/cm³)	0.750	0.865	0.925	0.750	0.865	0.925

续表

加氢产品油	运转初期			运转末期		
	石脑油	柴油	加氢重油	石脑油	柴油	加氢重油
黏度(100℃)/(mm^2/s)			42.9			40.0
残炭值/%(质)			4.7			4.7
S/%(质)	<50mg/kg	<300mg/kg	0.41	<50mg/kg	<300mg/kg	0.41
N/(mg/kg)	<50	<200	1954	<50	<200	1974
H/%(质)	14.80	12.80	12.40	14.80	12.80	12.40
Ni/(mg/kg)			7.3			7.6
V/(mg/kg)			8.2			8.4
馏程(ASTM)/℃	D86	D86	D1160	D86	D86	D1160
初馏点	50	169	352	50	169	352
5%	85	194	368	85	194	368
50%	123	274	520	123	274	520
终馏点	168	352	1052	168	352	1052

(2) 产品的主要加工方案

固定床渣油加氢主要产品的加工方案见表 8-2-34。

表 8-2-34 固定床渣油加氢主要产品的加工方案

产品	加工方案	产品	加工方案
低分气	产品精制	石脑油	石脑油加氢
塔顶气	产品精制	柴油	催化裂化/柴油加氢精制
粗石脑油	石脑油加氢/轻烃回收	加氢重油	催化裂化装置

3. 工艺流程描述及示意图

(1) 反应部分流程

反应部分工艺流程图如图 8-2-11 所示。

原料油进入滤前原料油缓冲罐，混合原料油从滤前原料油缓冲罐底部抽出，由增压泵升压后进入分馏塔底油/原料油换热器预热，再进入原料油过滤器除去原料油中大于 25μm 的杂质。过滤后的原料油进入滤后原料油缓冲罐，然后从罐底部抽出由加氢进料泵升压，升压后的原料油在流量控制下和循环氢混合，然后经热高分气/反应进料换热器、反应流出物/反应进料换热器预热后进入反应进料加热炉，加热至反应所需温度后进入第一反应器，通过调节反应进料加热炉的燃料量来控制第一反应器的入口温度，然后依次进入其他四台反应器分别进行催化加氢反应，脱除硫、氮、金属等。反应器的入口温度通过调节反应器之间管线注入的冷氢量来控制。从最后一个反应器出来的产物经过反应流出物/反应进料换热器换热后进入热高压分离器。

反应流出物在热高压分离器中气液分离，顶部出来的热高分气分别经热高分气/反应进料换热器、热高分气/混合氢换热器换热后进入热高分气空冷器，冷却后进入冷高压分离器进行气、油、水三相分离。为了防止在低温位铵盐析出堵塞管路，在热高分气空冷器前注入

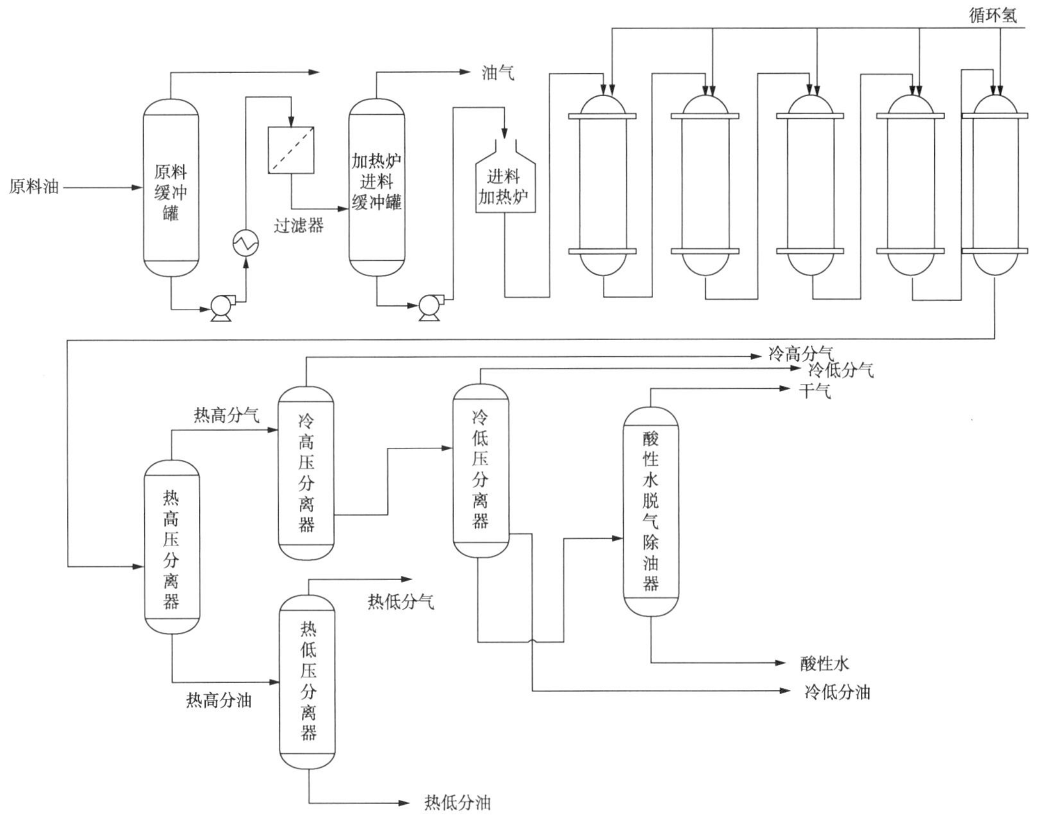

图 8-2-11　反应部分工艺流程图

经注水泵升压后的除氧水以溶解铵盐。从冷高压分离器顶部出来的冷高分气体进入循环氢脱硫塔入口分液罐除去携带的液体烃类，减少循环氢脱硫塔的起泡倾向。贫胺液从缓冲罐抽出后经泵升压后进入循环氢脱硫塔顶部，从塔底部出来的富胺液进入富胺液液力透平回收能量，降压后的富胺液进入富胺液器脱气除油后送出装置。

循环氢脱除 H_2S 后进入循环氢压缩机入口分液罐除去携带的液滴，然后进入循环氢压缩机升压，升压后的循环氢分为两部分，一部分循环回反应部分；另一部分作为急冷氢控制反应器入口温度。

热高压分离器底部出来的热高分液经液力透平回收能量后，进入热低压分离器进行气液分离，热低分油在液位控制下从罐底部排出后去分馏部分。热低分气体经热低分气/冷低分油换热器换热后进入空冷器冷却后进入冷低压分离器。为了防止在低温位的地方有铵盐析出堵塞管路，在热低分气空冷器前增加间歇注水以溶解铵盐。

冷高压分离器底部出来的冷高分液在液位控制下，减压或经高压油洗泵液力透平后与冷却后的热低分气合并进入冷低压分离器进行气液分离，冷低分液体分两路，一路在液位控制下进入热低分气/冷低分油换热器、柴油/冷低分油换热器换热后进入汽提塔；另一路经高压油洗泵升压后返回热高分气空冷器入口。从顶部出来的冷低分气在压力控制下出装置脱硫。含 H_2S、NH_3的酸性水进入酸性水脱气除油器脱气除油后送出装置。

（2）分馏部分流程

分馏部分工艺流程如图 8-2-12 所示。

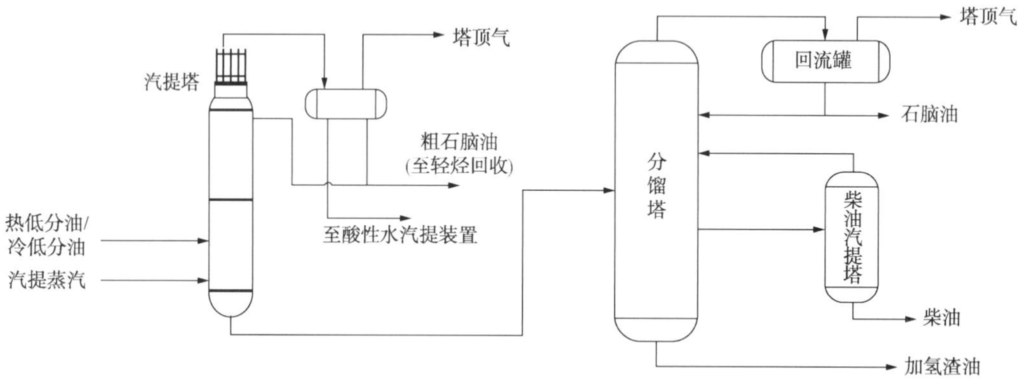

图 8-2-12　分馏部分工艺流程图

来自反应部分的热低分油与经预热后的冷低分液进入汽提塔。塔底采用高压水蒸汽汽提。塔顶气相经汽提塔塔顶空冷器冷凝冷却后进入汽提塔顶回流罐进行气液分离，气体送轻烃回收装置；回流罐底部出来的液体经回流泵升压后分成两部分，一部分作为塔顶回流返回到塔顶部，另一部分粗石脑油去轻烃回收装置。回流罐底部分水包排出的酸性水进入酸性水脱气除油器。为减轻塔顶管道和换热器的腐蚀，在汽提塔顶部管道注入缓蚀剂。

汽提塔底油进入分馏塔，分馏塔设一个柴油抽出侧线和一个中段回流，塔顶气相经分馏塔塔顶空冷器冷凝冷却后进入分馏塔塔顶回流罐进行气液分离。回流罐采用燃料气气封；回流罐底部出来的液体经分馏塔塔顶回流泵升压后分成两部分，一部分作为塔顶回流返回到塔顶部，另一部分石脑油在回流罐液位控制下经水冷器冷却后至罐区。回流罐底部分水包排出的含油污水经含油污水泵升压后作为工艺注水进入注水罐。

从分馏塔抽出的柴油进入柴油汽提塔，柴油汽提塔塔底设重沸器，以分馏塔塔底油为热源，塔顶气体返回到分馏塔。柴油从塔底抽出经柴油泵升压再经柴油/冷低分油换热器换热后至下游装置，或经空冷器冷却后送至罐区。

中段回流油从分馏塔集油箱用中段回流泵抽出，加压后经中段回流蒸汽发生器取热后返回分馏塔。分馏塔塔底油由分馏塔塔底泵抽出加压，经柴油汽提塔重沸器作重沸热源后，再经分馏塔底油/原料油换热器和空冷器冷却后送至催化裂化装置及罐区。

4. 典型固定床渣油加氢工艺装置的物料平衡

某 4.4Mt/a 固定床渣油加氢工艺装置的物料平衡见表 8-2-35。

表 8-2-35　某 4.4Mt/a 固定床渣油加氢工艺装置的物料平衡　%(质)

序号	物料名称	收率	序号	物料名称	收率
一	入方		二	出方	
1	原料油	100.00	1	低分气	1.04
2	氢气	2.15	2	干气	0.65
3	除氧水	1.82	3	粗石脑油	0.76
4	净化水	3.64	4	石脑油	1.29
5	贫胺液	83.64	5	柴油	11.09
6	汽提蒸汽	2.55	6	加氢重油	83.63
	合计	193.78	7	酸性水	8.26
			8	富胺液	87.06
				合计	193.78

注：数据对应典型固定床渣油加氢主要产品性质。

5. 典型工艺装置的消耗指标

国内某固定床渣油加氢工艺装置公用工程消耗量见表 8-2-36。

表 8-2-36　某 4.4Mt/a 固定床渣油加氢工艺装置公用工程消耗(1)

序号	项目	消耗量		序号	项目	消耗量	
		单位	数量			单位	数量
1	电	kW·h/t 原料	41.09	9	伴热凝结水	t/t 原料	-0.009
2	燃料气	kg/t 原料	5.411	10	污水	t/t 原料	0.005
3	3.8MPa 蒸汽	t/t 原料	0.193	11	净化压缩空气	t/t 原料	1.636
4	1.2MPa 蒸汽	t/t 原料	-0.180	12	氮气	Nm^3/t 原料	0.345
5	0.4MPa 蒸汽	t/t 原料	-0.011	13	热进料	kW//t 原料	0.002
6	循环水	t/t 原料	3.833	14	热出料	kW/t 原料	-0.005
7	除氧水	t/t 原料	0.070	15	透平回收能量	kW/t 原料	-0.001
8	除盐水	t/t 原料	0.001	16	单位能耗	kgEO/t 原料	15.06

6. 典型工艺装置的投资与占地

某 4.4Mt/a 固定床渣油加氢装置不含增值税的工程费用为 183400 万元(2020 年第 4 季度价格)，占地面积为 $31200m^2$。

五、沸腾床加氢裂化工艺简述

1. 工艺装置的特点及原料的性质

沸腾床渣油加氢技术是借助原料油和氢气自下而上流动使催化剂床层膨胀并呈沸腾状态，保证反应器内反应物料与催化剂之间良好接触，从而有利于传热和传质，使反应器内温度均匀，压降恒定。不同于固定床渣油加氢技术，沸腾床渣油加氢技术可以设置催化剂在线加排系统，根据反应器内催化剂的失活情况及目标产品要求，在线添加新鲜催化剂及卸阵失活催化剂，从而保证反应器内催化剂的整体活性稳定，在保证产品性质稳定的同时，实现装置长周期稳定运行。沸腾床渣油加氢技术具有原料适应性强、轻质油收率高、运行过程反应器压降小且运行周期长等优点，有助于提高企业劣质渣油加工能力，提升企业经济效益，是目前重油深度转化的重要手段。

目前，沸腾床渣油加氢裂化装置单独加工或掺炼过原料有减压渣油、常压渣油、重质原油、重质燃料油、减黏渣油、催化裂化油浆、脱油沥青、煤焦油、乙烯裂解焦油等。沸腾床渣油加氢裂化原料的残炭一般为 16%～30%，20℃的密度为 0.95～1.05g/cm^3，硫含量可高达 7%。

某 6.0Mt/a 沸腾床渣油加氢裂化装置以减压装置的减压渣油作原料，其性质见表 8-2-37。

表 8-2-37　某沸腾床渣油加氢裂化装置原料性质

项目	减压渣油	项目	减压渣油
加工量/(kt/a)	6350	馏程(ASTM D1160)/℃	
API°	5.61	初馏点	464
相对密度/(15℃)	1.032	5%	527
硫/%(质)	5.61	10%	558
氮/(mg/kg)	3842	30%	606
氢/%(质)	9.582	50%	646
黏度(100℃)/cSt	11759	70%	749
CCR/%(质)	23.12	90%	973
沥青质/%(质)	14.32	95%	1025
Ni/(mg/kg)	56.4	终馏点	1055
V/(mg/kg)	145		

2. 产品的主要性质及加工方案

(1) 产品的主要性质

沸腾床渣油加氢裂化装置主要产品为石脑油、柴油、蜡油和未转化渣油。

典型沸腾床渣油加氢裂化石脑油性质见表 8-2-38。

表 8-2-38　典型沸腾床渣油加氢裂化石脑油性质

项目	粗石脑油(IBP150℃)	项目	粗石脑油(IBP150℃)
相对密度	0.7192	氮含量/(mg/kg)	30
硫含量/%(质)	0.045	氢含量/%(质)	15.11

典型沸腾床渣油加氢裂化柴油性质见表 8-2-39。

表 8-2-39　典型沸腾床渣油加氢裂化柴油性质

项目	柴油(150~370℃)	项目	柴油(150~370℃)
相对密度	0.8482	10%	185
硫含量/%(质)	0.122	30%	227
氮含量/%(质)	0.062	50%	256
氢含量/%(质)	12.75	70%	291
十六烷值	39	90%	335
馏程(D86)/℃		95%	355
初馏点	148	终馏点	370
5%	168		

典型沸腾床渣油加氢裂化蜡油性质见表 8-2-40。

表 8-2-40　典型沸腾床渣油加氢裂化蜡油性质

项目	蜡油(370~540℃)	项目	蜡油(370~540℃)
相对密度	0.9536	5%	389
硫含量/%(质)	0.473	10%	398
氮含量/%(质)	0.2011	30%	434
氢含量/%(质)	10.903	50%	466
沥青质/(mg/kg)	<300	70%	481
Ni/(mg/kg)	<1	90%	531
V/(mg/kg)	<2	95%	543
馏程(D2887)/℃		终馏点	577
初馏点	371		

典型沸腾床加氢裂化未转化油性质见表 8-2-41。

表 8-2-41　典型沸腾床加氢裂化未转化油性质

项目	未转化油(540℃+)	项目	未转化油(540℃+)
相对密度	1.043	CCR/%(质)	35
硫含量%(质)	1.51	Ni/(mg/kg)	34
氮含量/%(质)	0.5090	V/(mg/kg)	38
氢含量/%(质)	8.8	黏度(100℃)/cSt	16000

(2) 产品的主要加工方案

沸腾床渣油加氢裂化主要产品的加工方案见表 8-2-42。

表 8-2-42　沸腾床渣油加氢裂化主要产品的加工方案

产品	加工方案	产品	加工方案
沸腾床渣油加氢裂化干气	轻烃回收装置	沸腾床渣油加氢裂化柴油	柴油加氢裂化/柴油改质
脱硫低分气	PSA 装置	沸腾床渣油加氢裂化蜡油	蜡油加氢裂化/催化裂化
沸腾床渣油加氢裂化石脑油	石脑油预加氢	沸腾床渣油加氢未转化油	溶剂脱沥青/焦化/气化

3. 工艺流程描述及示意图

(1) 反应部分流程

如图 8-2-13 所示，自常减压装置来的减压渣油经原料油泵升压后依次与减压塔塔底的冷未转化油、减压塔侧线的 HVGO、减压塔底的热未转化油换热，然后进入热原料油缓冲罐。原料油由加氢进料泵抽出并升压，先与热高分气换热，再经原料油加热炉加热至反应温度。

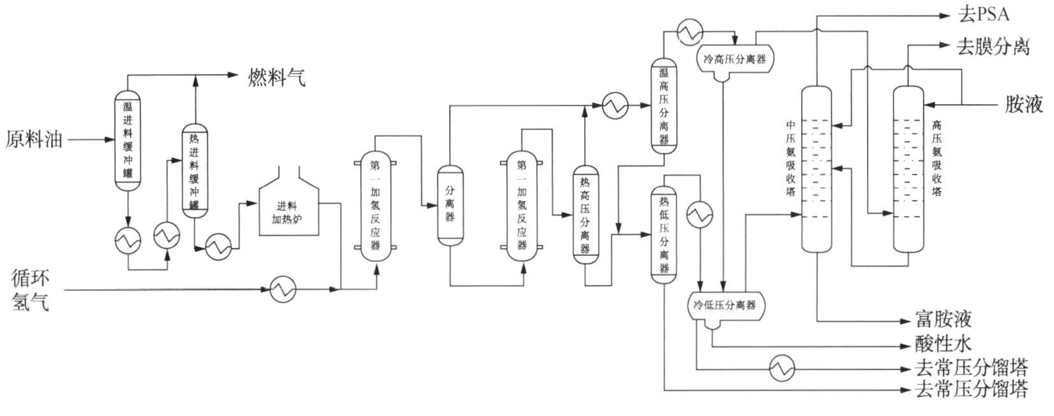

图 8-2-13　沸腾床加氢反应部分工艺流程图

热低压分离器的气相经热低分气/冷低分油换热器换热后，再经热中分气空冷器冷却后进入冷低压分离器，进行气、油、水三相分离。冷低压分离器的气相与来自蜡油加氢裂化单元的冷中分气合并后经低分气脱硫塔脱除硫化氢，由于该股物流富含氢气，送至 PSA 单元回收氢气。冷低分底部排出的酸性水在罐油、水界面控制下降压后进入酸性水脱气罐，闪蒸后在罐底部液位控制下送出装置。

（2）常压分馏部分流程

热低压分离器的重烃直接进入常压分馏塔。冷中压分离器的液体经换热后再进入常压分馏塔。常压分馏塔采用水蒸汽汽提，顶部的气体经分馏塔塔顶空冷器冷却后进入分馏塔塔顶回流罐，液体一部分作为回流至分馏塔，另一部分作为粗石脑油产品；罐底的水相经分馏塔顶酸性水泵升压后送至酸性水闪蒸罐，闪蒸后送出装置外；而罐顶的气相经酸性气压缩机压缩后送至轻烃回收装置。

分馏塔侧线抽出两股物流，一股物流为柴油，其中，一部分作为中段回流经换热降温后返回分馏塔，另一部分进入柴油侧线汽提塔，经柴油泵抽出并经换热冷却后，作为柴油产品送出装置。分馏塔侧线抽出另一股物流为重柴油，其中，一部分作为中段回流经蒸汽发生器降温后返回分馏塔，另一部分进入重柴油侧线汽提塔，经重柴油泵抽出并经重柴油/冷低分油换热器换热后，与减压塔侧线抽出的蜡油混合后冷却作为蜡油产品送出装置。

经过压缩的循环氢与新氢混合后先与热高分气进行换热，再经氢气加热炉加热，然后与加热后的原料油混合。混氢原料油由底部进入第一加氢反应器。第一加氢反应器顶部流出的气相与液相产物进入反应器级间分离器进行闪蒸，级间分离器闪蒸出的液相至第二加氢反应器继续转化，在第二加氢反应器的入口，注入一定量富含芳烃的急冷油用来防止沥青质的析出，同时注入经热高分气换热后的混合氢作冷氢。而反应器级间分离器闪蒸出的气相则跨过第二加氢反应器与热高压分离器分出的气相合并。第二加氢反应器顶部流出的反应产物直接进入热高压分离器进行气液分离，热高分的液相经液控阀降压后进入热中压分离器，热低压分离器的液体直接进入常压分馏塔。

热高压分离器顶部的气相分别与原料油与混合氢换热，然后进入温高压分离器。温高分液相经调节阀降压后与降压后的热高分液混合，然后进入热中压分离器。温高分气相经温高分气空冷器冷却至50℃进入冷高压分离器，在此进行气、油、水三相分离。

冷高压分离器顶部的气体经循环氢脱硫塔脱硫后进入膜分离入口分液罐除去微量的液体，然后进入膜分离单元。在膜分离单元，大部分反应生成的 $C_1 \sim C_4$ 组分被脱除，使得氢纯度得到大幅度提高。提浓后的循环氢经空冷器冷却后进入循环氢压缩机入口分液罐，除去液体后进入压缩机进行压缩，压缩至所需压力后与经新氢压缩机压缩后的新氢混合进入热高分气/混合氢换热器。新氢压缩机采用三级压缩，从装置外来的新氢经三级压缩后，与经循环氢压缩机压缩后的循环氢混合，一起进入反应系统。

冷高压分离器的液相和水相经控制阀降压后进入冷低压分离器进行气、油、水三相分离，冷低压分离器底部的液相先与热低压分离器的气相换热，再与重柴油换热后进入常压分馏塔。

常压分馏塔底油经常压塔底油过滤器过滤后由塔底泵抽出送至减压塔进料加热炉。常压分馏部分工艺流程图如图 8-2-14 所示。

（3）减压分馏部分流程

常压分馏塔底油与雾化蒸汽混合后进入减压塔进料加热炉加热至所需温度，然后进入减压塔闪蒸区。减压分馏塔侧线抽出两股物流，分别为 LVGO 与 HVGO。LVGO 经轻蜡油泵升压后分成两部分：一部分冷却后返回减压塔，另一部分与 HVGO 混合。HVGO 经重蜡油泵升压后分成两部分：一部分直接返回减压塔；另一部分经重蜡油/原料油换热器冷却后再分

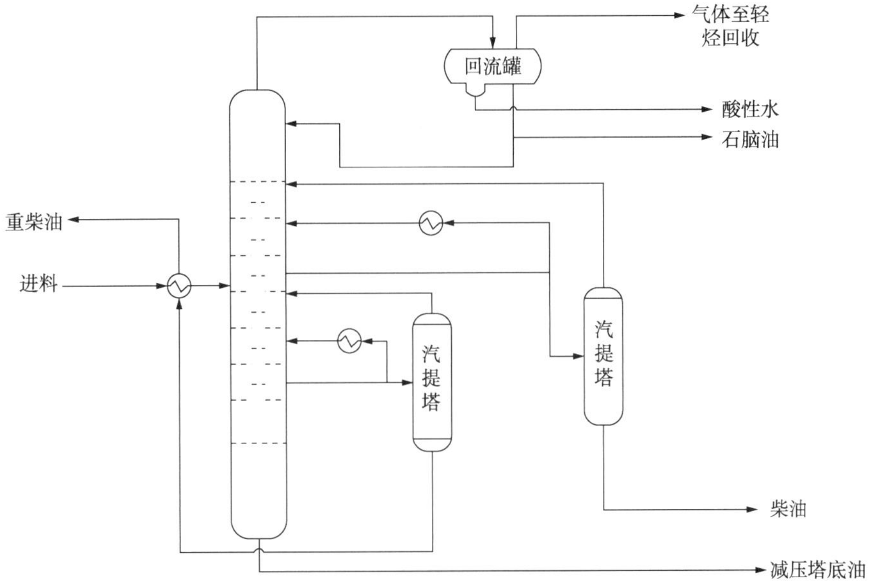

图 8-2-14　常压分馏部分工艺流程图

成两路，一路返回减压塔，另一路继续经重蜡油蒸汽发生器、重蜡油/热水换热器冷却再经重蜡油空冷器冷却送出装置。

减压塔塔顶的物流大部分为蒸汽及少量的烃类，经塔顶水冷器及抽真空系统冷却后分离成不凝气、轻污油及含油污水。不凝气与常顶气合并升压后出装置，含油污水及轻污油送至装置外处理。

减压塔底油经减压塔底油过滤器过滤后由减压塔底泵抽出，与原料油、低温热水冷却后送出装置。减压分馏部分流程工艺如图 8-2-15 所示。

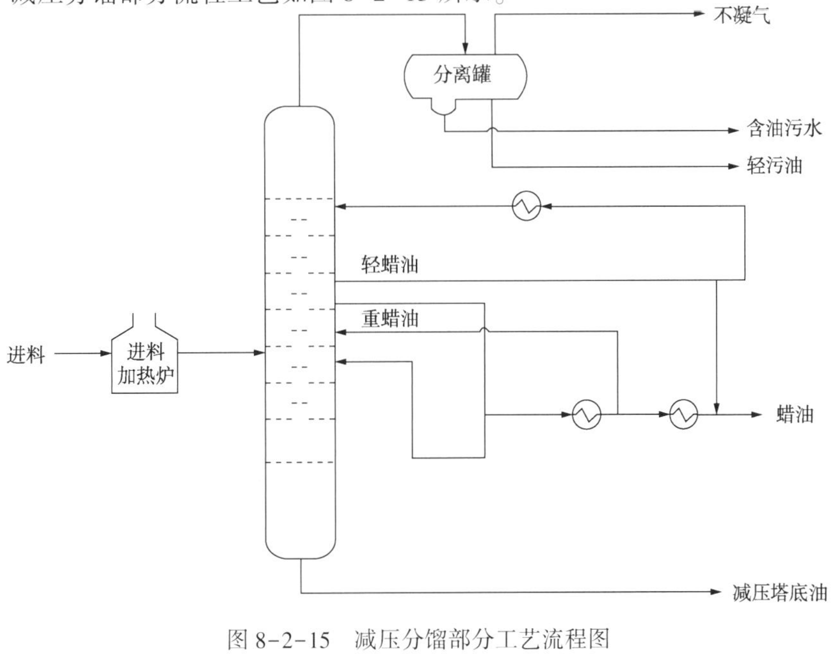

图 8-2-15　减压分馏部分工艺流程图

4. 沸腾床渣油加氢裂化工艺装置的物料平衡

某 2.0Mt/a 沸腾床渣油加氢裂化工艺装置的物料平衡见表 8-2-43。

表 8-2-43　某 6.0Mt/a 沸腾床渣油加氢裂化工艺装置的物料平衡　%(质)

序号	物料名称	收率	序号	物料名称	收率
一	入方		3	干气(含 H_2S)	3.316
1	原料	100.00	4	粗石脑油	3.935
2	氢气	2.244	5	柴油	35.940
	合计	102.244	6	蜡油	30.303
二	出方		7	未转化油	21.432
1	酸性气	4.712		合计	102.244
2	低分气	2.606			

5. 公用工程消耗指标

国内某炼化企业 2×3.0Mt/a 沸腾床渣油加氢裂化工艺装置公用工程消耗量见表 8-2-44。

表 8-2-44　沸腾床渣油加氢裂化工艺装置公用工程消耗量

序号	项目	单位	正常数	序号	项目	单位	正常数
一	电			3	工艺凝结水	t/t 原料	-0.04
1	10000V	kW·h/t 原料	100.71	4	含油污水	t/t 原料	0.03
2	380V/220V	kW·h/t 原料	5.31	5	含硫污水	t/t 原料	0.28
二	蒸汽			四	压缩空气		
1	3.5MPa 蒸汽	t/t 原料	-0.01	1	净化压缩空气	Nm^3/t 原料	4.35
2	1.0MPa 蒸汽	t/t 原料	0.007	五	氮气		
三	水			1	0.4MPa 氮气	Nm^3/t 原料	0.15
1	循环水	t/t 原料	12.18	六	燃料		
2	除氧水	t/t 原料	0.12	七	燃料气	Nm^3/t 原料	6.6
					单位能耗	kgEO/t 原料	32.82

6. 典型工艺装置的投资与占地

某 2×3.0Mt/a 沸腾床渣油加氢裂化装置不含增值税的工程费用为 556699 万元(2022 年第 4 季度价格)，占地面积为 39200m^2。

六、浆态床(悬浮床)加氢裂化工艺简述

1. 工艺装置的特点及原料的性质

浆态床渣油加氢裂化工艺可以处理劣质的减压渣油，将渣油转化为高附加值的中间产品。对于沸点在 525℃以上的重质原料，浆态床装置的转化率达到 95%(质)，从而最大化生产蜡油、柴油和石脑油。浆态床渣油加氢裂化的石脑油和柴油，经加氢后可生产低硫石脑油和达到国Ⅵ产品标准的柴油产品。

某 3.0Mt/a 浆态床渣油加氢裂化装置采用常减压装置的减压渣油作为原料，其性质见

表 8-2-45。

表 8-2-45　某 3.0Mt/a 浆态床渣油加氢裂化装置原料性质

物性	数值	物性	数值
相对密度(15.6℃)	1.0505	馏程(ASTM D1160)%/(体)	
硫含量/%(质)	6.5	初馏点	260
氮含量/(mg/kg)	6000	1%	
残炭/%(质)	26	5%	491
沥青质(不溶于 n-C_7)/%(质)	19.6	10%	550
镍/(mg/kg)	90	30%	647
钒/(mg/kg)	260	50%	729
氯含量/(mg/kg)	10max	70%	969
动力黏度(100℃)/cSt	3150	90%	1207
动力黏度(120℃)/cSt	848	95%	1260
固体/(mg/kg)		98%	1292
总酸值 mgKOH/gm	<0.3	终馏点	—
倾点/℃	69		

2. 产品的主要性质及加工方案

(1) 产品的主要性质

浆态床渣油加氢裂化装置主要产品为粗石脑油、柴油、蜡油和未转化渣油，其性质见表 8-2-46。

表 8-2-46　典型浆态床渣油加氢裂化产品性质

项目	预期数值	项目	预期数值
干气		馏程范围/℃	175-365③
硫化氢含量/(mg/Nm^3)	报告	硫含量/(mg/kg)	8723
C_{3+}含量%/(体)	5(max)	氮含量/(mg/kg)	3309
LPG		减压蜡油	
总硫/(mg/kg)	20(max)	馏程范围/℃	365～540
C_2含量%/(体)	3(max)	硫含量/%(质)	1.82
蒸汽压(37.8℃)/kPa	1380	氮含量/%(质)	0.48
C_{5+}含量/%(体)	3(max)	残炭/%(质)	0.15
轻石脑油		沥青质(n-C_7不溶质)/%(质)	0.1
馏程范围/℃	C_5～80①	Ni+V+Mo/(mg/kg)	1
硫含量/(mg/kg)	250	固体/(mg/kg)	<2
氮含量/(mg/kg)	200	油渣	
重石脑油		相对密度	1.27
馏程范围/℃	80～175②	硫含量/%(质)	3.15
硫含量/(mg/kg)	950	氮含量/%(质)	0.99
氮含量/(mg/kg)	770	Ni+V+Mo/(mg/kg)	8670
柴油			

①轻石脑油中 n-C_6 回收率至少 80%

②重石脑油中环己烷回收率至少 80%

③ASTM D86 馏程 95%(体)不高于 365℃。

（2）产品的主要加工方案

浆态床渣油加氢裂化主要产品的加工方案见表 8-2-47。

表 8-2-47 浆态床渣油加氢裂化主要产品的加工方案

产品	加工方案	产品	加工方案
干气	轻烃回收装置	柴油	柴油加氢裂化
脱硫低分气	PSA 装置	蜡油	蜡油加氢裂化/（VGOHT+FCC）
粗石脑油	石脑油预加氢	未转化油	气化/延迟焦化

3. 工艺流程描述及示意图

（1）反应系统

原料油首先进入新鲜进料缓冲罐，之后经泵抽出，经过换热器预热后，再经加热炉加热至 342℃，然后进入混合进料缓冲罐，并在其中与新鲜催化剂前驱体和减压塔底循环油混合。混合原料经反应进料泵升压后送至浆态床反应器。在浆态床反应器中，原料油和循环氢自下而上流动。原料油在 430℃的操作温度和 16.4MPa（表）的操作压力下，转化为气体、石脑油、中间馏分油和蜡油馏分。

（2）浆液分离系统

反应器的产物首先进入热高压分离器，进行气液分离。热高分油送至浆液分馏单元。热高分气经逐步冷却后将反应产物冷凝：首先与循环氢进行换热，然后经蒸汽发生器进一步冷却后，进入油洗塔与来自减压塔的蜡油逆流接触，以洗涤可能携带的重油组分以避免下游气体循环线阻滞。油洗塔塔顶的气相与循环氢换热至 185℃后再经空冷器冷却至 50℃，然后送至冷高压分离器进行气液油相分离。冷高分气主要包括未反应氢，$C_1 \sim C_4$和硫化氢。富含H_2的冷高分气在循环氢脱硫塔中经 MDEA 洗涤除去其中的 H_2S。

从热高分分离器底部抽出的浆液主要包括未反应馏分、重反应产物和分散固相（包含催化剂）。浆液经蒸汽发生器发生高压蒸汽而被冷却，然后与油洗塔塔底产品混合送入热低压分离器。轻烃组分经蒸汽汽提分离。自热低压分离器分离的热低分油送至浆液汽提塔，气相送至预闪蒸塔。浆液汽提塔切出维护的工况下，热低分油经过滤去除可能夹带的固体后直接送入减压塔。

在预闪蒸塔中，轻烃自塔顶抽出，塔底油经液位控制流入减压塔。预闪蒸塔顶气先与新鲜原料换热回收热量，然后再经预闪蒸塔顶空冷器冷凝后进入预闪蒸塔顶回流罐进行气液分离，气相送至氢回收及新氢单元，液相柴油部分经预闪蒸回流泵送至常压塔缓冲罐，部分作为预闪蒸塔的回流。

在浆液汽提塔 0.24MPa（表）的压力条件下，将热低分油中轻油组分经过热蒸汽汽提后送至预闪蒸塔。正常操作工况下，浆液汽提塔底油经过滤器除去可能存在的固体聚结物，然后送至减压塔。

减压塔顶中自上而下分馏出以下物流：轻减压蜡油（LVGO），自减压塔顶部烟囱塔板由轻减压蜡油泵抽出；冲洗油，自冲洗油段下方的烟囱塔板抽出，一部分经冲洗油泵送至油洗塔，另一部分作为塔回流；减压蜡油（VGO），自 VGO 床层下方的烟囱塔板抽出；重减压蜡油（HVGO），作为中段回流。自塔底分离的富含催化剂的减压塔底油大部分经减压循环泵送至反应系统，进入混合原料缓冲罐中。为控制浆液反应单元生成的金属与固体的含量，余下的少量减压渣油经渣油冷却器冷却至250℃后作为油渣外排，送至渣油储罐。

（3）氢回收及新氢及富气压缩单元

新氢部分：来自界区外的新氢经新氢压缩机压缩升压后送至浆液反应单元。

氢气回收部分：高压氢气膜分离系统将排放氢中的氢气进行回收，一级渗透气送入新氢压缩机入口分液罐，二级渗透气送出界区，非渗透气送入产品回收单元再接触罐。

富气压缩：预闪蒸塔顶回流罐的气相、常压塔塔顶回流罐气相和来自常压塔缓冲罐的闪蒸气以及酸水脱硫罐的气相在富气压缩机中被压缩，后送入产品回收单元的再接触罐。高压富胺液闪蒸罐和低压富胺液闪蒸罐气相送入尾气压缩机二级入口。压缩机二级出口压力由燃料气罐下游的背压控制调节，压缩机入口压力通过放空过量的闪蒸气调节。二级出口不凝气经一级冷却器后送入二级入口分液罐。一级出口不凝气经一级冷却器后循环至一级入口分液罐。尾气压缩机入口分液罐中液相排至轻烃密闭排放，二级入口分液罐液相由泵尾气凝液泵送至产品回收单元的再接触罐。

（4）产品回收单元

来自浆液反应单元冷高分器的冷高分油、来自预闪蒸塔顶的液相经混合后进入常压塔缓冲罐，操作压力为0.20MPa(表)，酸性水相送入酸性水罐。常压塔缓冲罐的轻烃由常压塔缓冲罐底泵送入预热段，其压力保持在高于进料蒸气压的水平以避免进入常压塔加热炉前发生闪蒸。进料经与热产品和终端回流换热预热到250℃，然后进入加热炉。

原料经预热后进入常压塔进料加热炉，升温至316℃后进入常压塔闪蒸段。加热炉出口温度由燃料气调节阀控制。

常压塔中，进料分离为三部分：全馏程石脑油或未稳定石脑油作为塔顶产品，柴油作为侧线产品，常压渣油作为塔底产品。过热中压蒸汽用于塔底产品汽提。未稳定石脑油和汽提蒸汽一起在常压塔塔顶空冷器冷凝后进入常压塔塔顶后冷器进一步冷凝，进入常压塔顶回流罐分离为气相、未稳定石脑油和水。

柴油从部分抽出塔盘抽出送入侧线汽提塔，常压渣油经常压塔底泵送入换热器进行热量回收。

在吸收塔中，尾气中液化气组分被重石脑油吸收；在脱吸塔中，液化气组分从石脑油中汽提脱出。石脑油分馏塔中抽出的重石脑油经冷却后送至吸收塔回流罐，其中的重石脑油经吸收塔顶回流泵送回吸收塔顶。

稳定石脑油与进料换热后进入石脑油分馏塔。过热高压蒸汽用作石脑油稳定塔重沸器热源。塔顶过热蒸汽经石脑油稳定塔塔顶空冷器和石脑油稳定塔顶后冷器完全冷凝后送入石脑油稳定塔顶回流罐。

石脑油分馏塔进料部分气化，从最底层塔板处进塔，含有轻石脑油的塔顶液相产物经轻石脑油泵送出界区至储罐。回流经温度流量串级控制返回石脑油分馏塔以维持塔顶温度。塔底重石脑油产品经重石脑油泵送至进料预热器换热后在重石脑油/热水换热器和重石脑油空冷器中进一步冷却。

酸性液化气自液化气脱硫塔塔底填料段进入塔内，酸性液化气上行，与下行的胺液逆流接触，硫醇与硫化氢被胺液吸收，富胺液送入胺液再生单元。

脱硫后的液化气由塔顶离开脱硫塔，进入胺液/液化气混合器水洗。含液化气的胺液溶于水，混合物自顶部管嘴流入液化气胺聚结器。

液化气胺聚结器从液化气产品中分离水/胺液。干液化气产品自聚结器流出后在液化气碱液处理包中进一步脱除硫化氢和硫醇。液化气产品送至界区外进入液化气分馏装置。

浆态床渣油加氢裂化工艺如图 8-2-16 所示。

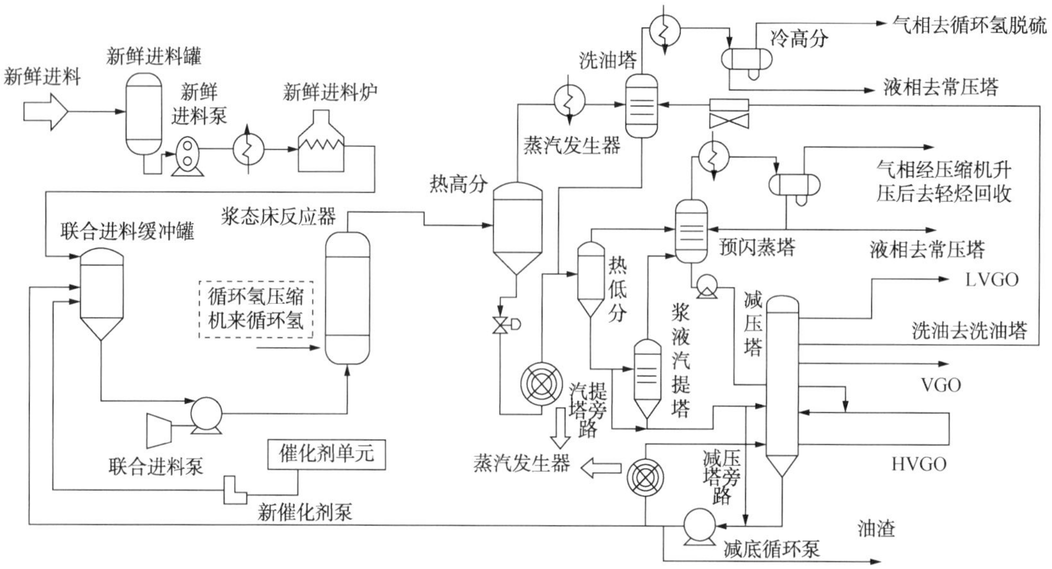

图 8-2-16　浆态床渣油加氢裂化工艺流程简图

4. 典型浆态床渣油加氢裂化工艺装置的物料平衡

某 3.0Mt/a 浆态床渣油加氢裂化工艺装置的物料平衡见表 8-2-48。

表 8-2-48　某 3.0Mt/a 浆态床渣油加氢裂化工艺装置的物料平衡　　%

项目		数值	项目		数值
入方	原料油	100.00	出方	液化气	4.60
	催化剂前驱体	0.10		轻石脑油	3.20
	氢气	3.70		重石脑油	6.03
	合计	103.80		柴油	40.00
出方	酸性气	5.98		减压蜡油	31.30
	膜分离尾气	0.43		油渣	6.50
	减压塔顶尾气	0.03		合计	103.80
	脱硫燃料气	5.73			

5. 典型工艺装置的消耗指标

国内某 3.0Mt/a 浆态床渣油加氢裂化工艺装置公用工程消耗量，见表 8-2-49。

表 8-2-49　某 3.0Mt/a 浆态床渣油加氢裂化工艺装置公用工程消耗量

公用工程	单位	消耗量	公用工程	单位	消耗量
循环水	t/t 原料	14.41	1.3MPa 蒸汽	t/t 原料	0.11
汽提净化水	t/t 原料	0.08	0.5MPa 蒸汽	t/t 原料	-0.23
除盐水	t/t 原料	0.28	净化风	Nm^3/t 原料	3.92
除氧水	t/t 原料	0.19	氮气	Nm^3/t 原料	2.80
低温热水	t/t 原料	0.85	燃料气①	t/t 原料	0.02
电	t/t 原料	88.24	单位能耗	kgEO/t 原料	64.60
4.2MPa 蒸汽	t/t 原料	0.25			

①燃料气按照标准燃料气的热值换算。

6. 典型工艺装置的投资与占地

某 3.0Mt/a 浆态床渣油加氢裂化装置不含增值税的工程费用为 266500 万元(2022 年第 4 季度价格)，占地面积为 31175m^2。

参考文献

[1] 李春年. 渣油加氢工艺[M]. 北京：中国石化出版社，2002.

[2] 徐春明，杨朝合. 石油炼制工程[M]. 北京：石油工业出版社，2009.

[3] 汪燮卿. 中国炼油技术[M]. 北京：中国石化出版社，2021.

[4] 钟英竹，靳爱民. 渣油加工技术现状及发展趋势[J]. 石油学报(石油加工)，2015，31(2)，8.

[5] 任文坡，李振宇，李雪静，等. 渣油深度加氢裂化技术应用现状及新进展[J]. 化工进展，2016，35(8).

[6] 仝玉军，杨涛，方向晨，等. 炼油结构转型下沸腾床加氢技术[J]. 石油炼制与化工，2021，52(10).

[7] 仝玉军，杨涛，孙世源，等. 沸腾床加氢—焦化组合工艺制备低硫石油焦[J]. 石油炼制与化工，2021，52(3).

[8] 昝大鑫. VCC 悬浮床与沸腾床重油加氢技术比较[J]. 中国石油石化，2016(S1).

[9] 辛靖，高杨，张海洪. 劣质重油沸腾床加氢技术现状及研究进展[J]. 无机盐工业，2018，50(6).

[10] 王金兰，赵建炜，李刚，等. 渣油加氢裂化未转化油气化制氢经济性研究[J]. 炼油技术与工程，2020，50(1).

[11] 陈平平，吴良江，杨海永，等. 壳牌重油气化工艺在国内重油加工中的应用进展[J]. 工业、生产，2021(6).

[12] 刘建锟，杨涛，蒋立敬，等. 悬浮床渣油加氢未转化油的加工利用[J]. 炼油技术与工程，2015，45(5).

[13] 吴青. 悬浮床加氢裂化—劣质重油直接深度高效转化技术[J]. 炼油技术与工程，2014，44(2).

第九章　轻烃加工路线

第一节　概　　述

一、炼油厂轻烃资源

炼油厂轻烃是原油加工过程产生的 C_5 以下烃类的总称，包括 C_1～C_4 烷烃、C_2～C_4 烯烃及少量 C_5 组分，这些烃类不同程度地含有硫化氢、二氧化碳、氮气及硫醇等杂质。

炼油厂轻烃主要来自两个途径，一部分是所加工的原油本身含有的轻烃，基本在常减压蒸馏装置的初馏塔分离出来；另一部分是来自二次加工装置，如催化裂化、催化重整、延迟焦化、加氢裂化、加氢改质等各类工艺过程。由于加工原油的品种、全厂总流程及各装置的工艺条件不尽相同，炼油厂轻烃的组成和数量也有所不同。炼油厂轻烃的产量一般占原油加工量的5%～10%。随着炼油厂加工规模的大型化，炼油厂副产的轻烃资源也越来越多。对于典型千万吨级燃油型炼油厂而言，每年轻烃产量可达到百万吨。对于炼化一体化企业或化工型炼油厂，由于原油资源转化深度进一步提高，全厂轻烃资源的产量和比例将会大幅度增加。2023年，中国炼油能力已达约945Mt/a，估计炼油厂轻烃产量可达90Mt/a左右，数量非常可观。如何回收和科学、高效地利用好这些宝贵资源，是降低炼油厂和石油化工厂生产成本，改善和提高产品质量，增加经济效益的重大课题，已成为炼化行业关注和研究的重点。

二、轻烃资源加工利用

1. 满足石油炼制过程中炉用燃料需求

炼油厂各装置产生的饱和干气是炼制过程的副产品，一般常作为装置加热炉的燃料气。与燃料油相比，使用燃料气的加热炉可以很好地控制炉管的壁温，使用燃料气的燃烧器不需要雾化蒸汽，流程简单。有的炼油厂全厂产燃料气富余时还可以供给动力站作锅炉燃料。

2. 平衡石油炼制过程中的氢气需求

随着我国加工含硫原油和重质原油数量的增加以及环保法规对油品质量要求的提高，加氢工艺得到越来越广泛的应用，相应对氢气的需求也迅速增加。优质稳定的高纯氢气已经成为21世纪炼油企业提高轻油收率，改善产品质量不可缺少的基本原料。干气中氢含量从5%～10%(体)到80%～90%(体)不等。不同氢含量的气体适用不同的工艺路线来获取氢气。常用的获取氢气的方法主要包括两大类，即氢气回收和造气制氢。一般来说，氢气含量较高的炼厂气体适宜直接回收其中的氢气，如果还不能满足氢气消耗需求，再考虑氢气含量较低的炼厂气体作为造气制氢的原料。

3. 生产高辛烷值汽油调和组分，提高车用汽油质量

汽油产品主要含烷烃、烯烃、环烷烃和芳香烃等碳氢化合物。汽油的主要指标之一是辛烷值，从辛烷值来看，直链烷烃最低，带支链烷烃、烯烃和芳烃比较高，但是根据汽车排放要求，需要限制烯烃和芳烃在汽油中的含量。醚类含氧有机化合物辛烷值高，不含烯烃和芳烃，如甲基叔丁基醚(MTBE)是清洁汽油的主要辛烷值改进剂，具有很高的净辛烷值，能与汽油较好地互溶。MTBE以炼油厂轻烃中的异丁烯和甲醇为原料而制得。另外炼油厂轻烃中的异丁烷和1-丁烯可作为烷基化装置原料生产烷基化油，由于烷基化油不含烯烃、芳烃，蒸汽压低，硫含量极低，是理想的清洁汽油调和组分或优良的航空汽油调和组分。

4. 生产合成材料、有机化工原料和溶剂

轻烃是众多石油化工产品的基础原料，炼厂轻烃气中回收的富乙烯气与苯烃化生产乙苯，还可直接分离出乙烯产品，利用回收的丙烯生产聚合级丙烯、丙烯腈、环氧丙烷、异丙苯等产品，利用回收的丁烯氧化脱氢制丁二烯生产顺丁橡胶。

利用轻烃中的乙烷、丙烷和正丁烷作为轻质化的蒸汽裂解原料生产乙烯、丙烯等。若用乙烷作为蒸汽裂解料，可比常规的石脑油蒸汽裂解乙烯收率提高一倍多，能耗和制造成本可下降一半，显著提高经济效益。

第二节　炼厂干气加工路线及案例

一、炼厂干气来源及组成

(一) 饱和干气来源及组成

原油中的干气(主要是C_2组分)含量比较低，一般为0.01%~0.08%。炼油厂的饱和干气资源主要来自二次加工装置，包括加氢裂化、加氢处理等各类加氢装置和催化重整装置。与其他二次工艺装置产的不饱和干气相比，饱和干气收率通常比较低，以加氢裂化为例，其干气收率仅为2%~3%，常作为装置的燃料自用。随着环保要求的日益严格，加氢规模不断增加，全厂的氢气资源需求量大幅提升，企业非常重视低分气和各种富氢气体的回收利用。炼油厂低分气中氢气含量比较高，达70%(体)以上，一般低分气中氢气含量约占全厂氢气消耗量的10%~20%。此外，炼油厂富氢气体还包括重整氢、乙烯氢、乙苯脱氢尾气、加氢装置排放废氢等。对于炼油厂低分气以及其他富氢气体，目前一般经过脱硫后送至变压吸附单元回收氢气，变压吸附尾气压缩后作为燃料气使用或进一步回收C_2资源，或直接作为制氢原料。

1. 加氢装置气体

加氢工艺已经成为炼油厂工艺装置的重要组成部分。目前，新建的全加氢型炼油厂，加氢能力占一次加工能力的比例可达120%以上。按照加工原料分，有石脑油加氢、汽油加氢、煤油加氢、柴油加氢、蜡油加氢、渣油加氢等；按转化率的不同可分为加氢精制、加氢处理和加氢裂化。

加氢裂化是以重油轻质化为目的，通常以重质馏分油如直馏蜡油、焦化蜡油等为原料，在高温、高压及氢气、催化剂等条件下，原料中的大分子烃类转化为小分子烃类，并使油品轻质化的加氢工艺。加氢裂化工艺C_1~C_4气体收率较低，通常仅为4%~6%，干气收率更

低，仅 1%～2%，且产品的饱和度很高，几乎不含烯烃。近年来柴油加氢裂化、渣油加氢裂化在国内炼油厂也有应用。

加氢处理按其目的可分为两大类：一是催化裂化原料预处理，为下游催化装置提供优质原料，通常以直馏蜡油、焦化蜡油、常压/减压渣油等为原料，重点是脱硫脱氮、脱残炭及脱金属，满足催化装置对原料的要求，提高原料的可裂化性能；二是润滑油加氢处理，满足润滑油基础油质量要求，由于润滑油产量仅占原油加工量的 2%左右，润滑油加氢处理工艺应用远不如催化裂化原料处理普遍。

加氢精制通常对轻质馏分如汽油、煤油及柴油等进行加氢，脱除其中的 S、N 等杂质，以满足相关产品的质量要求。通常，加氢精制装置以脱除杂质为主，几乎没有裂化，氢气耗量低，液体产品收率大于 99%，C_1～C_4轻烃收率很低。

（1）低分气

加氢装置除反应压力较低的汽油加氢和煤油加氢外，在反应和分馏系统之间设有冷低压分离器，使高压下溶解于油相中的部分氢气和轻烃在压力降低时释放出来以降低下游系统的负荷，放出的气体即为低分气。低分气氢气含量高，达 70%(体)以上，其次是甲烷，同时含有一定的 H_2S。低分气中氢气含量占新氢消耗量的 10%～20%，随着炼油厂加氢装置数量逐渐增多、规模不断增大，氢气资源需求较大，因此回收低分气中的氢气非常重要。

（2）外排废氢

加氢反应是一个耗氢过程，需要不断补充新氢，由于新氢中烃类组分甲烷最多，而甲烷在油相中的溶解度最低，通过油相带出反应系统的甲烷量小于带入量和产生量之和，未能带出的甲烷在反应系统逐渐累积，使循环氢纯度和氢分压降低。为了维持氢分压，需要不定期排放少量废氢将反应系统累积的甲烷等轻烃排出。排出的废氢以氢气为主，可送至变压吸附或膜分离单元提纯回收氢气。

（3）分馏塔顶气体

加氢装置分馏系统令反应系统低压分离器中大部分未闪蒸出的轻烃随油相进入分馏系统，分馏系统有双塔(硫化氢汽提塔+分馏塔)和单塔(分馏塔)流程两种，两种流程轻烃都是从第一个塔的塔顶馏出。加氢装置三类气体典型组成见表 9-2-1。

表 9-2-1　加氢装置排放气体组成　　%(体)

组分	加氢低分气	废氢气体	分馏塔顶气体	组分	加氢低分气	废氢气体	分馏塔顶气体
H_2	76.62	91.31	58.62	C_3H_8	4.37	0.59	5.66
CH_4	8.98	6.31	25.08	C_{4+}	3.46	0.58	8.83
C_2H_6	5.66	1.12	1.81				

由表 9-2-1 可以看出，加氢低分气和废氢气体中氢气含量比较高，适宜直接回收其中的氢气。加氢分馏塔顶气氢气含量较低，甲烷含量和 C_3、C_4的数量较多，主要是由于在加氢裂化过程生产较多 C_3、C_4，在反应产物中的溶解度较高，进入分馏塔顶所致。C_1的含量较高并非加氢裂化过程生产的 C_1量多，而是由于补充氢中有一定数量的 C_1溶解于反应产生的液体产品中被带入分馏塔。加氢分馏塔顶气体经提浓后脱除大部分甲烷和氢气后也是很好的蒸汽裂解原料。

2. 催化重整及芳烃装置气体

催化重整装置是在一定温度、压力、临氢和催化剂的条件下，使石脑油变成富含芳烃的重整生成油，并副产氢气的过程。副产的氢气一部分离开重整反应器经过压缩送到再接触吸收单元回收重整氢气中的部分轻烃，同时氢气纯度提高后作为重整氢气送出装置。另外一部分富产氢气溶解在重整生产油中送到产品分离部分，经稳定塔回收液化气组分后的塔顶气作为重整装置的外排气体。重整氢纯度较高，一般可直接作为部分加氢装置的补充氢使用，有些加氢装置对氢纯度要求比较高，可以将重整氢通过变压吸附提纯为高纯度氢气后再使用。变压吸附尾气可以作为燃料也可以作为制氢原料。重整干气气体量很少，一般占装置进料不超过 2%。气体基本不含烯烃，含有的 C_3、C_4数量不多，外送气体一般都含有少量的氢气。

芳烃装置中的歧化和异构化干气中乙烷、丙烷含量非常高，适宜作为蒸汽裂解料。重整和芳烃装置典型气体组成见表 9-2-2。

表 9-2-2　饱和干气组成(脱硫后)　　%(体)

组分	重整氢气	重整干气	歧化干气	异构化干气
H_2	92.03	1.70	8.07	4.74
CH_4	3.53	3.60	1.29	2.10
C_2H_6	2.55	23.60	50.27	61.04
C_3H_8	1.88	35.0	33.99	32.12
C_{4+}	0.71	35.8	6.38	

(二) 不饱和干气来源及组成

炼油厂的不饱和干气主要来自延迟焦化装置和催化裂化装置等，催化裂化干气收率一般在 2.5%~5%，催化裂解干气收率一般在 5%~8%；延迟焦化干气收率一般在 5%。传统炼油厂和规模较小型炼油企业这部分干气一般作为燃料自用。随着炼油厂加工规模的增大，炼油厂转型发展和炼化一体化深度融合，如果将这部分含有大量乙烷、乙烯等组分的气体作为燃料气使用，资源利用率低，同时会影响全厂经济效益。国外对炼厂气的回收利用率较高，其生产经验表明，如回收炼厂干气中富含 C_2 的气体资源生产高附加值化工产品有较好的经济效益。

1. 催化裂化干气

催化裂化(FCC)是炼油企业重要的二次加工装置之一，是炼油企业生产汽油、柴油和液化气产品的主要装置。炼厂干气中催化裂化干气量占比较大，收率一般为 2.5%~5%。催化干气中含有 C_1~C_4的烃类，还含有少量 C_5以上的汽油组分、氢气和再生催化剂夹带反应系统的烟气(如 CO_2、N_2、CO、O_2等)。除了携带的非烃外，主要组分是氢气、甲烷，其中乙烯浓度为 10%~32%(体)，相对催化裂化进料收率为 1%~2%。多产液化气的催化裂化(MIP-CGP)工艺，干气收率低，为 2.5%~3.5%，干气中乙烯浓度也达到 20%(体)。典型催化裂化干气组成见表 9-2-3。从表中可以看出，催化裂化干气收率及乙烯含量较高。

表 9-2-3　不饱和干气组成(脱硫后)　%(体)

组分	催化裂化组成	组分	催化裂化组成
H_2	28.8	C_2H_4	12.44
CO_2	3.59	C_3H_8	0.32
CO	2.05	C_3H_6	1.46
N_2	14.49	C_{4+}	0.96
CH_4	24.98	合计	100
C_2H_6	10.92	干气收率/%(质)	3.63

2. 催化裂解干气

催化裂解是多产液化气、丙烯等产品的工艺，该工艺不饱和干气中含有氢气、甲烷、乙烷、乙烯等组分，其组成与加工工艺有关，且不同加工工艺其组成差别较大，典型数据见表 9-2-4。从表中可以看出，催化裂解干气收率及乙烯含量比催化裂化更高，且乙烯含量高于乙烷含量。

表 9-2-4　不饱和干气组成(脱硫后)　%(体)

组分	催化裂解干气组成	组分	催化裂解干气组成
H_2	15.57	C_2H_4	20.12
CO_2	2.5	C_3H_8	0.09
CO	1.0	C_3H_6	0.89
N_2	11.41	C_{4+}	0.22
CH_4	36.62	合计	100
C_2H_6	11.58	干气收率/%(质)	7.56

3. 延迟焦化干气

延迟焦化气体是由大分子重质油品在无催化剂的高温热转化过程中，经过复杂的裂化和缩合反应，化学键断裂生产的小分子气体。焦化气体中主要含有氢气、甲烷、$C_2 \sim C_4$烷烃和烯烃等烃类组分。与其他装置气体相比，延迟焦化干气中，甲烷含量高，C_2含量高，且乙烷含量高于乙烯。氢/碳比高，烷烃含量比相同碳数的烯烃高。焦化干气中所含的 H_2、惰性气(如 CO_2、N_2、CO、O_2等)含量低于催化干气。典型焦化干气组成见表 9-2-5。

表 9-2-5　某延迟焦化装置干气组成　%(体)

组分	延迟焦化干气组成	组分	延迟焦化干气组成
H_2	13.7	C_4H_8	2.4
CH_4	51.4	i-C_4H_{10}	1.0
C_2H_6	15.9	n-C_4H_{10}	2.6
C_2H_4	1.5	CO_2	0.2
C_3H_8	8.2	合计	100
C_3H_6	3.1	干气收率/%(质)	4.5

二、炼厂干气回收与预处理

(一) 干气回收

炼厂干气中含有相当数量的乙烯和乙烷组分，同时还含有一定量的氢气。乙烯是有机化工的基础原料，乙烷是生产乙烯的优质原料，其循环裂解乙烯收率高达80%(质)，且裂解产物组成比较简单，后续的分离相对容易。氢气更是炼油厂的宝贵资源。对于炼化一体化企业，干气中的乙烯乙烷分离提纯和有效利用，具有较大的经济效益。

轻烃回收的主要目的是回收原油蒸馏、催化重整、加氢裂化、催化裂化和延迟焦化等装置产生的C_3、C_4组分，即炼厂气经过轻烃回收及分离后，被分成了干气和液化气。回收后的炼厂干气不仅富含甲烷、乙烷、乙烯及少量的丙烷、丙烯、正丁烷、异丁烷、1-丁烯和异丁烯等有用的轻烃，还含有H_2S、CO_2、硫醇等硫化物。通常，在轻烃回收液化气组分后对干气进行净化处理。

关于干气的回收方法详见本章第二节，第三部分富C_2组分回收作乙烯料的介绍。

(二) 干气净化

1. 干气净化处理原料

在加氢裂化、重整以及常减压装置的干气中，酸性杂质主要是H_2S；延迟焦化干气的酸性杂质主要是H_2S和少量的CO_2；催化裂化干气的酸性杂质不仅有H_2S，还有较多的CO_2。干气作为燃料气或制氢原料使用时，干气中的CO_2含量符合要求，干气净化只需要考虑对H_2S进行脱除处理。当对催化裂化干气和延迟焦化干气回收其中乙烷和乙烯组分作为化工原料使用时，原料中的CO_2含量有不同的要求，需要根据具体情况综合考虑干气的净化，既要脱H_2S又要脱CO_2。

干气净化的方法可以分为湿法和干法两类。湿法是采用液体吸收剂与气体接触，除去其中的H_2S和CO_2，按照吸收剂类型的不同，湿法又可以分为化学溶剂法、物理溶剂法和化学-物理溶剂法。干法是使用固体吸附剂床层脱除气体中H_2S和CO_2，脱硫率高，常在湿法之后使用，以达到更高的脱硫率，常用的方法有氧化锌法、活性炭吸附法和分子筛吸附法。除干法深度脱硫，近年来也使用碱洗深度脱硫工艺以进一步脱除干气中的H_2S和CO_2，满足下游装置要求。

炼油厂普遍采用的干气净化方法是湿法，所用的吸收剂以乙醇胺类为主，即以化学溶剂法为主。

2. 产品规格

净化混合干气：H_2S含量≤20mL/m^3。

3. 流程

气体脱硫部分的工艺技术目前通常采用醇胺法脱硫工艺脱除硫化氢。醇胺法脱硫工艺成熟可靠，多年来国内外所采用的加工流程基本一致，即用一定浓度的胺液和气体逆流接触，使气体中的H_2S等气体被吸收，从而被脱除；不同之处仅在于溶剂的选择上。与单乙醇胺和二乙醇胺法相比，甲基二乙醇胺(MDEA)具有更好的选择性，因此更适用于气体和液化气脱硫装置。

MDEA与H_2S的反应：

$$R_2NCH_3 + H_2S \rightleftharpoons R_2NCH_3H^+ + HS^-$$

MDEA与CO_2的反应：

$$R_2NCH_3+CO_2+H_2O \rightleftharpoons R_2NCH_3H^+ + HCO_3^-$$

注：R 表示—CH_2—CH—OH 基团

以胺法为例，典型工艺流程示意图见图 9-2-1，干气经过干气分液罐分离出气体携带的凝液和细小液滴后，进入干气脱硫塔下部，在塔内气体和自塔上部进入的贫胺液逆流接触。气体中的硫化氢溶解于胺液，并与其发生反应。吸收 H_2S 的富胺液自塔底流出，去富胺液罐。

吸收了 H_2S 等酸性气的富胺液，由泵升压，经升温后送至溶剂再生塔。在再生塔内，借助塔底重沸器供热解吸，溶剂得以再生。再生后的贫胺液由泵升压，经换热和冷却后返回吸收塔作为吸附剂循环使用。从再生塔顶排出的酸性气通常作为原料去硫黄回收装置。

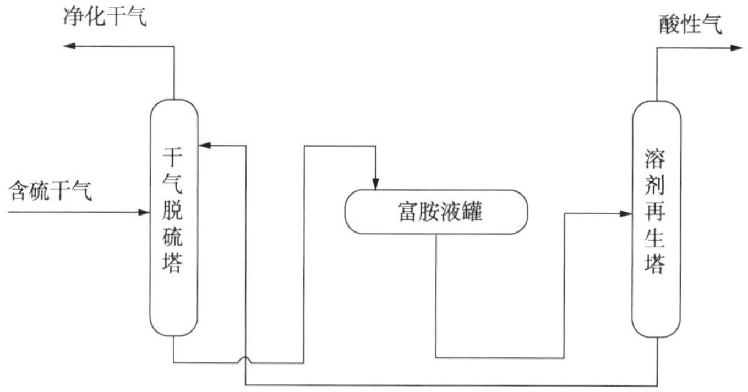

图 9-2-1　干气脱硫流程简图

4. 能源消耗

在胺法的干气净化过程中，作为吸收溶剂的胺液需要再生，该再生过程中主要使用蒸汽加热，蒸汽是干气净化过程中的主要能源消耗。通常，干气净化过程中的胺液循环量越大，其用于胺液再生的蒸汽量就越大。因此，选用单位质量酸性气负荷高的溶剂将有利于减少再生用蒸汽的用量，降低胺法干气净化过程中的能耗。

三、炼厂干气的转化与利用

炼厂干气中含有氢气、甲烷、乙烷、乙烯、丙烷、丙烯等大量轻质烃类资源，早期因缺少经济实用的回收技术，一般作为燃料气烧掉，造成资源浪费。随着环保要求提高和控制碳排放带来的能源转型变化，提高资源利用率成为行业的目标之一，炼厂干气的合理利用受到高度重视，并成为炼化企业降低生产成本和实现资源有效利用的重要手段。

（一）干气中的氢气回收

炼厂干气可获取氢气，干气中的氢含量从 5%～10%（体）到 80%～90%（体）不等，不同氢含量的气体适用于不同的工艺路线来获取氢气。

氢气回收是指通过分离/提纯等物理方法，直接回收物流中已有的氢气组分，常用的方法包括变压吸附、膜分离和深冷分离。一般来说，氢气含量较高的炼厂气适宜直接回收其中的氢气。

1. 典型炼厂干气氢气组成

（1）催化裂化干气中的氢气

催化裂化干气是炼厂中主要的副产气体，其典型组成见表 9-2-6，可以看出催化干气中除了轻质烃类外还有相当数量的氢气。

表 9-2-6　催化干气典型组成　%(体)

组分	含量	组分	含量	组分	含量	组分	含量
H_2	25~55	C_4H_8	<1	C_3H_8	<2	CO	<3
CH_4	15~30	C_5H_{12}及以上	<1	C_3H_6	<2	CO_2	<5
C_2H_6	5~15	C_5H_{10}及以上	<1	C_4H_{10}	<1		
C_2H_4	5~20	N_2	<15				

(2) 延迟焦化干气中的氢气

焦化干气是炼油厂中另外一种主要的副产气体，通常用作炼油厂的燃料气，其典型组成见表 9-2-7，焦化干气中除了轻质烃类外也含有一定量的氢气。

表 9-2-7　焦化干气典型组成　%(体)

组分	含量	组分	含量	组分	含量	组分	含量
H_2	10~30	C_4H_8	<5	C_3H_8	2~15	CO	<2
CH_4	40~60	C_5H_{12}及以上	<1	C_3H_6	<5	CO_2	<2
C_2H_6	15~20	C_5H_{10}及以上	<1	C_4H_{10}	<5		
C_2H_4	<5	N_2	<2				

(3) 炼油厂中的其他含氢气体

近年来，随着对成品油质量要求不断提高，炼油厂中加氢装置能力不断增加，加氢干气和低分气也成为炼厂干气中的重要组成部分。典型加氢干气和低分气组成见表 9-2-8。

表 9-2-8　加氢干气和低分气典型组成　%(体)

组分	加氢干气	加氢低分气	组分	加氢干气	加氢低分气
H_2	>40	75~85	C_3H_8	<10	<5
CH_4	10~20	5~15	C_4H_{10}及以上	<10	<5
C_2H_6	<15	<5			

此外，还有重整氢，氢含量高达 90%(体)左右，典型组成见表 9-2-9。

表 9-2-9　重整氢典型组成　%(体)

组分	含量	组分	含量
H_2	85~95	C_3H_8	<5
CH_4	<5	C_4H_{10}及以上	<5
C_2H_6	<5		

2. 氢气回收与提纯工艺

通过提纯方式回收炼厂气中的氢气工艺主要有深冷分离、膜分离和变压吸附。不同的提纯工艺各有特点，选用时不仅要考虑原料中氢气的含量，还要考虑杂质的种类和含量。

(1) 深冷分离提纯氢气

深冷分离是利用含氢气体中各组分沸点和相对挥发度的不同，在低温下通过部分冷凝的方法，形成气液两相，液相中主要是沸点较高的烃组分，气相中则是沸点较低的氢和甲烷，经过多级分离后，得到高纯度的氢气产品。

深冷分离是工业上用于氢提纯最早的工艺方法，早在 20 世纪 50 年代已开发出用于炼厂气分离的深冷技术。

烃类混合物的低温冷凝大致分预冷段和深冷段。预冷段采用外部制冷（大都用液氨或氟利昂等常规制冷剂），预冷温度在-60～-30℃之间，大部分沸点较高的烃类在此从凝液中分离出来，然后再进行深冷。深冷段一般采用自身制冷系统，冷量主要依靠低温时轻烃（主要是甲烷）凝液，减压节流闪蒸产生的焦耳-汤姆逊制冷效应提供冷量。因此要求原料气体中有一定含量的甲烷（一般要求 CH_4 含量在 24%以上）就能达到自身制冷平衡。在节流膨胀过程中，还可以利用膨胀机回收能量，起到节能与制冷兼收的效果。

深冷分离流程：炼厂气先经压缩，然后进预处理单元以去除硫、CO_2、H_2O 及其他微量杂质。处理后的气体在多程换热器系统利用冷冻机及返回产品被部分冷凝。冷凝分离出来的液体送至脱甲烷塔进行稳定，氢气则经过进一步冷却后再浓缩至纯度在 90%～95%（体）以上。甲烷及其他杂质和未回收的产品送往燃料系统，由密闭系统提供制冷。由脱甲烷塔底分出的 C_2 以上烃类液体，可在分馏塔中进一步分馏，得到乙烷、乙烯、丙烷和丙烯等产品。

深冷分离法特别适合于 H_2 含量在 30%～80%，CH_4 和 C_2H_6 含量在 40%左右的原料气的提纯，其氢回收率可高达 95%，但其缺点为氢纯度较低（90%～95%）。当原料气中的 CH_4、C_2H_6 含量低于 20%，H_2 含量大于 60%时，需外供冷源，能耗较大。此外，操作负荷弹性较小，原料气如含 H_2O、CO_2、H_2S 等时，仍需先进行预处理，并需要采用铝、锰合金等及板翅式换热设备，投资及维护费用较高。由于深冷分离法的流程、投资及操作费用与原料气的组成有很大关系，因此要综合考虑原料组成、流量、产品纯度及回收率等多方面因素进行综合经济评价。

（2）膜分离提纯氢气

膜分离技术发展经历了微孔过滤、渗析、电渗析、反渗透、超滤、气体分离、渗透汽化等过程。炼油厂中氢气提纯应用的是气体膜分离技术，该技术由于工艺简单、易于操作、投资少、能耗低，因而获得广泛应用。

目前，常见的气体膜分离主要有两种：微孔扩散机理和溶解-扩散机理。微孔扩散机理基于扩孔介质中气体传递机理，包括分子扩散、黏性流动、努森扩散及表面扩散等。气体首先溶解于膜的一侧表面，然后沿着膜中浓度梯度扩散传递到膜的另一侧，最后在膜的另一侧表面解吸。一般来说，气体在膜表面的吸收和解吸过程都能较快地达到平衡，而气体在膜内的渗透扩散过程较慢，因此以气体透过膜的速率作为控制步骤，利用不同种类的气体在膜中所具有不同渗透速率而实现分离。炼厂气提纯氢气主要利用的是溶解-扩散-解吸的分离机理。

炼厂气回收氢气的流程通常由原料预处理和膜分离氢气两过程组成。原料预处理的目的是除去原料中可能危害膜的液滴、固体等有害物。采取的主要措施包括分液、过滤、旋风分离、除雾、加热等，部分可能需要进行压缩。膜分离器一般为多级多台设置，在线的数目可以根据原料和产品氢的纯度来调节。

以催化干气为例，经压缩机升压后进入原料水洗塔下部，用新鲜水除去气体中少量的 NH_3 和 H_2S，然后在蒸汽加热器加热至 80℃进入膜分离器。在此，以氢气为主的“快气”渗透穿过空纤维膜，作为富氢气（渗透气）经冷却、升压至 1.65MPa，进入 PSA 装置进一步提纯。从膜分离器出来的尾气（非渗透气）经水冷及汽油吸收、柴油再吸收后作为燃料气进入燃料气管网。

(3) PSA 提纯氢气

利用变压吸附(PSA)原理将低浓度的氢气提纯是更为通用的提纯方法。变压吸附技术是以吸附剂(多孔固体物质)内部表面对气体分子的物理吸附为基础，利用吸附剂在相同压力下易吸附高沸点组分、不易吸附低沸点组分和在高压下吸附量增加、减压下吸附量减少的特性。原料气在高压力下通过吸附剂床层、低沸点组分的氢不易吸附而通过吸附剂床层，原料气中的其他组分沸点高于氢而被选择性吸附，实现氢和杂质组分的分离。之后在低压下解吸被吸附的其他组分，使吸附剂得以再生，可以再次进行吸附分离杂质。这种高压力下吸附杂质提纯氢气、低压下解吸杂质使吸附剂再生的循环便是变压吸附过程。

富氢气体中的杂质含量高、吸附热大，氢气收率就降低。一般认为，进料气中 H_2 含量至少应在 30%以上，否则在经济方面不合理。

三种低浓度氢气回收方法的选用取决于各种气源的组成、压力、数量及氢气产品质量(纯度)的要求。一般而言，深冷分离系统最适合回收原料气中的轻烃类物质，在提纯氢气的同时副产 C_2、C_3等产品，从而大大提高装置的经济效益。气体压力较高的副产气体更适合膜分离法，如果对产品氢气纯度有较高的要求(>99%)，PSA 法是唯一可以达到要求的工艺。总的来说，选择哪种回收方法应根据不同的工况及要求对各种方案进行详细的技术经济评估来确定。

三种工艺方法的综合对比见表 9-2-10。

表 9-2-10 氢气回收工艺对比

项目	变压吸附	膜分离	深冷分离
氢纯度/%(体)	99.9	90~98	90~96
氢回收率/%(质)	75~91	85~95	90~98
进料压力/MPa(表)	1~6.5	2~16	1.0~8
产品氢气压力/MPa(表)	略低于进料压力	较低	略低于进料压力
预处理要求	—	很少	脱除 CO_2、H_2S、H_2O 等
有无多种产品	—	—	液态烃类
投资	中	低	较高
规模经济性	中	按膜数	良好
原料中最低氢含量/%(摩尔)	>30	>15	>15
扩散程度	中	高	低
操作可靠性	中	高	低
最低负荷/%	25	15	50
副产品	—	低	高

(4) 消耗

以变压吸附氢提纯为例，消耗见表 9-2-11。

表 9-2-11 变压吸附氢气提纯消耗量

项目	单位	氢提纯消耗量 ($100Nm^3 H_2$)	项目	单位	氢提纯消耗量 ($100Nm^3 H_2$)
循环水	t	4.8	净化风	Nm^3	2.7
电	kW·h	32.8			

（二）富 C_2 组分回收作乙烯料

目前，炼厂干气中的 C_2 回收利用技术主要分为两大类：一是对干气中的乙烯、乙烷等进行浓缩，再通过分离回收得到富 C_2 气的提浓技术；二是直接用干气作为原料，利用其中的稀乙烯通过化学反应来生产乙苯、二氯乙烷、环氧乙烷、丙醛等的直接加工技术。

从炼厂干气中提浓 C_2 已实现工业化的技术主要有深冷分离法、吸收分离法、吸附分离法等。此外，还有膜分离法、水合物分离法等新技术。

催化裂化、延迟焦化、加氢裂化、重整等二次加工装置产生的干气，其中含有一定量的乙烷、乙烯和少量的丙烷和丙烯等轻质烃类，是重要的化工原料，目前大部分作为燃料气烧掉。如果回收炼厂干气中 C_2以上的组分生产高附加值化工产品会有较好的经济效益。

不同加工工艺装置产生的干气组成差别较大，典型数据见表 9-2-12。

表 9-2-12　不同装置干气组成　　%(体)

组分	催化 1	催化 2	催化裂解	延迟焦化	加氢裂化
H_2	28. 80	28. 2	15. 57	13. 7	63. 19
CO_2	3. 59	1. 82	2. 5	0. 2	—
CO	2. 05	0. 0	1. 0	—	—
N_2	14. 49	18. 4	11. 41	—	2. 84
CH_4	24. 98	25. 07	36. 62	51. 4	12. 79
C_2H_6	10. 92	10. 85	11. 58	15. 9	10. 37
C_2H_4	12. 44	11. 18	20. 12	1. 5	—
C_3H_8	0. 32	0. 65	0. 09	8. 2	10. 5
C_3H_6	1. 46	2. 75	0. 89	3. 1	—
C_{4+}	0. 96	1. 08	0. 22	6. 0	0. 32
合计	100	100	100	100	100
干气收率	3. 63	4. 77	7. 56	4. 5	2. 38

由表可以看出，催化裂化干气收率及乙烯含量均较高，尤其是催化裂解工艺，干气收率高达 7. 56%左右，乙烯含量相对更高；延迟焦化干气中甲烷含量最高，达 51. 4%，乙烷的含量较高，乙烷含量高于乙烯；加氢裂化干气收率较低，基本上为饱和烃，氢气和甲烷含量较高，C_2 组分的含量较低。由于催化干气收率较大，C_2 含量较高，催化干气的综合利用成为关注的焦点。

催化裂化干气经 MDEA 溶剂脱硫后一般作为燃料气，也可作为生产乙苯的原料。若经提浓得到富乙烯气，通过深度净化处理，除去其中的硫化氢、砷化物、NO_x、O_2以及大部分 H_2、N_2和 CO_2等杂质，也可作生产乙烯的原料。

延迟焦化和加氢处理装置生产的干气中烯烃少，饱和烃多。焦化干气中以甲烷和乙烷为主，其中甲烷体积含量一般大于 50%，比催化干气高 15~20 个百分点；所含氢气、惰性气（CO_2、N_2、CO_2等）含量低于催化干气；有机硫含量一般为 45~100mg/m^3，比催化干气高 10

倍。焦化干气经提浓后脱除惰性气及大部分甲烷和氢气，所得富乙烷气是很好的乙烯裂解原料。加氢处理干气中以乙烷、丙烷、甲烷和氢气为主，经提浓后脱除大部分甲烷和氢气后也是很好的乙烯裂解原料。

从炼厂干气中提浓 C_2 的几种技术中深冷分离法工艺成熟，乙烯回收率高，但投资大，操作复杂，用于稀乙烯回收能耗较高。油吸收法流程简单，投资费用低，能耗较低，乙烯回收率较高，适用于稀乙烯气中 C_2 的回收；变压吸附法国内已实现工业化，但流程长、设备多、投资较高，操作复杂，产品纯度低，乙烯回收率低，占地面积大。

1. 深冷分离法

早在20世纪50年代，人们就开发了常规深冷分离工艺。这是一种低温分离工艺，利用原料中各组分相对挥发度的差异，通过气体透平膨胀制冷，在低温下将干气中各组分按工艺要求冷凝下来，然后用精馏法将其中的各类烃依其蒸发温度的不同逐一分离。

为降低传统深冷分离法的能耗，美国空气产品公司和Mobil公司联合开发了深冷分凝分离工艺，并于1987年投入工业化生产。Mobil和Stone & Webster工程公司对深冷分凝分离工艺进行了改进，开发了ARS(Advanced Recovery System)工艺。该工艺的技术核心是分凝分离器，它将热传导与蒸馏结合起来，通过部分冷凝可高效地将气体混合物分开，因此能耗较低，比常规的深冷分离技术节能15%~25%。近年，Stone & Webster公司又提出以热集成精馏系统(HRS)为核心设备的第二代ARS技术。HRS与分凝分离器相比，传热效率约为分凝分离器的10倍，可大幅减少设备尺寸、降低投资。

深冷分离法经过数十年的发展，技术成熟，工艺完善，产品纯度和回收率都很高。但该方法一般需在-100℃左右的低温下进行气体分离，冷量负荷大且制冷流程复杂，同时，深冷分离对干气中的 CO_2、H_2S、NO_x、O_2以及砷、汞等有害杂质含量要求苛刻，需要对原料进行深度预处理，因此装置投资大。此外，深冷分离法一般适合处理有大量干气的情况，特别适合于炼油厂集中地区，在炼油厂规模比较小，且又较分散的情况下，采用该方法经济上不可行。

2. 吸收分离法

吸收分离法主要是利用炼厂干气中各组分在吸收剂中的溶解度不同来进行分离，可分为物理吸收法和化学吸收法，其中物理吸收法主要包括油吸收法和Mehra溶剂抽提工艺，这里主要介绍应用比较多的油吸收法。

油吸收法又称为吸收-精馏法，通常以 C_3、C_4 及芳烃等作为吸收剂，在吸收塔内将炼厂干气中的 C_2 及以上组分吸收下来，并脱除 CH_4、H_2、N_2 和 CO、CO_2 等不凝气，然后通过精馏方法把吸收剂里溶解的组分逐一解吸出来，从而达到气体分离的目的。依据吸收操作温度的不同，油吸收法可大致分为深冷油吸收(一般低于-80℃)、中冷油吸收(一般为-40~-20℃)和浅冷油吸收(一般高于0℃)3种工艺。

(1) 深冷油吸收法回收炼厂干气工艺

Lummus公司开发的低压深冷吸收脱甲烷工艺是深冷油吸收法回收炼厂干气的典型代表。该工艺将炼厂干气回收与蒸汽裂解分离系统相结合，在0.5~0.6MPa、-98℃的条件下，以 C_3 和 C_4 混合组分为吸收剂将干气中的 C_2 及以上烃类吸收，从而实现与氢、氮、甲烷等轻组分分离。为保证吸收效果，深冷油吸收法需要在比较低的温度下操作，消耗冷量大，制冷负荷重，故而该工艺的能耗往往较大。同时，深冷油吸收法对原料气中的杂质含量要求比较严格，需要进行深度预处理。

（2）中冷油吸收法回收炼厂干气工艺

中国石化洛阳石化工程公司在深冷油吸收工艺的基础上，开发出了中冷油吸收法提浓催化干气中乙烯的成套技术。该技术将吸收温度提高到-40℃，在干气压力不低于3.5MPa的条件下以C_5馏分吸收干气中的C_2及以上烃类并脱除不凝气，然后再将被吸收的组分解吸、回收送至乙烯装置分离系统。该技术能耗仍然较高，而且烯烃损失较大。

上海东化环境工程有限公司开发了新型中冷油吸收技术NORP工艺。该工艺通过在吸收塔塔顶增设膨胀机-冷箱系统来降低吸收尾气中乙烯的损失量，可将乙烯回收率提高到90%~98%。NORP工艺对原料预处理的要求低于深冷油吸收工艺，流程较为简单，能耗比传统中冷油吸收工艺降低约10%~15%。

中国石化北京化工研究院从20世纪70年代开展裂解气中冷油吸收的研究，并在此基础上不断完善和改进工艺流程，开发了用于催化干气回收乙烯的中冷油吸收工艺，其流程示意如图9-2-2所示。该工艺由于控制冷箱的最低操作温度(-95℃)高于N_2O_3的凝固点温度(-102℃)，故而N_2O_3不会在冷箱内聚积，消除了油吸收装置的安全隐患，可以保证装置安全稳定地运行。

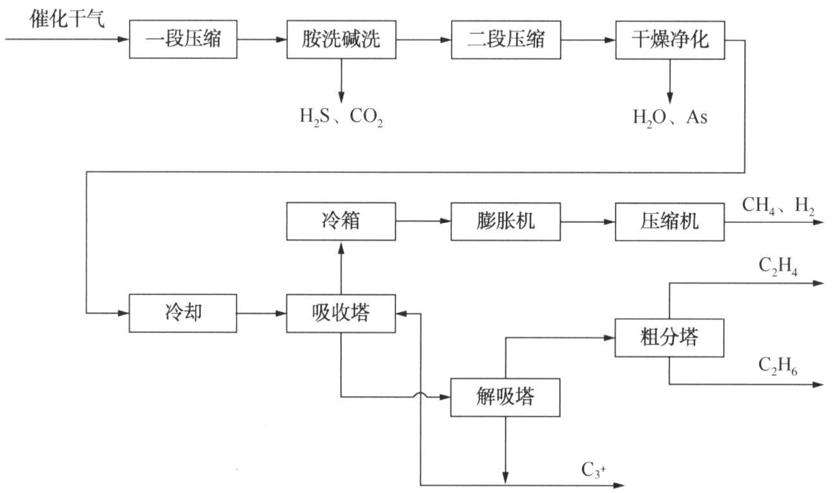

图9-2-2　中冷油回收炼厂干气工艺流程示意图

（3）浅冷油吸收法回收炼厂干气工艺

为进一步提高吸收温度、节省低温冷量消耗，北京化工研究院在中冷油吸收工艺的基础上开发了用于回收干气的浅冷油吸收工艺，其流程示意如图9-2-3所示。原料干气经压缩机升压到3.5~4.0MPa，用低温水冷却至10~15℃后送入吸收塔，塔顶打入炼油厂C_4作为吸收剂，与干气逆流接触，吸收其中的C_2及以上组分后借助压差从塔釜进入解吸塔进行分离。解吸塔塔顶得到的混合C_2提浓气送入乙烯装置进一步分离。解吸塔塔釜采出的不含C_2馏分的贫吸收剂经逐级换热、冷却后返回吸收塔内循环使用。吸收塔顶采出的富含甲烷、氢气和氮气等不凝气的吸收尾气送入再吸收塔，利用稳定汽油作为再吸收剂来回收尾气中夹带的C_4组分，不凝气从再吸收塔顶进入燃料气管网，含有少量C_4吸收剂的塔釜富汽油返回炼油厂吸收稳定系统(或单设汽油稳定塔回收C_4)。

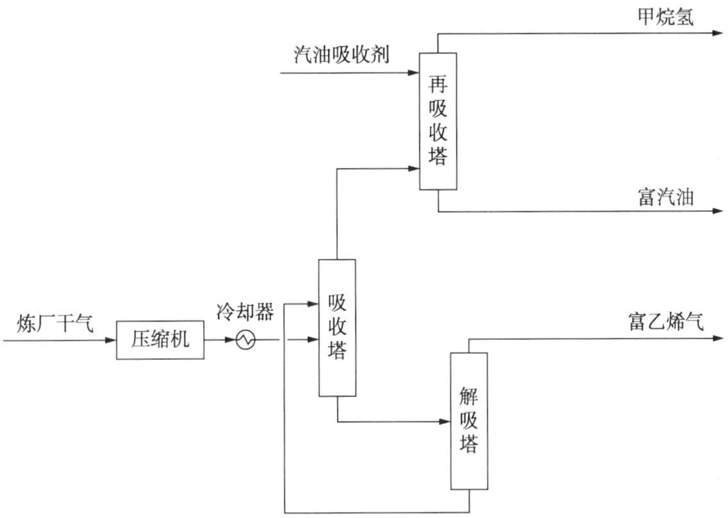

图 9-2-3　浅冷油回收炼厂干气工艺流程示意图

浅冷油吸收法回收炼厂干气工艺的特点是：①C_2 提浓气中甲烷含量小于 5%（摩尔），可有效降低乙烯装置的能耗；②采用炼油厂 C_4 作为吸收剂来回收干气中的 C_2，吸收剂原料容易获得，成本低廉；③可充分利用炼油厂大量富余的低温余热，通过溴化锂吸收式制冷提供 7℃冷量，节能效果显著；④C_2 回收率较高，乙烯+乙烷回收率可大于 95%；⑤装置操作简便，对原料适应性强，稳定性高，可实现长周期连续运行。因此，浅冷油吸收法回收炼厂干气工艺是目前最具发展潜力和市场竞争力的干气回收技术之一，具有良好的应用前景。首套浅冷油吸收法催化干气回收装置于 2011 年在中国石化齐鲁石化公司建成投产，年处理量 100kt/a，乙烯回收率大于 93%，装置运行平稳，经济效益可观。国内已有多家石化企业采用浅冷油吸收工艺进行炼厂干气的回收。

下面以某套采用浅冷油吸收法的 650kt/a C_2 回收装置为例进行说明。

1）原料来源及性质。

C_2 回收原料来自脱硫后的催化裂解干气和催化裂化干气，原料组成见表 9-2-13。

表 9-2-13　原料组成

组分	脱硫（催化裂解）干气组成/%（体）	脱硫催化干气组成/%（体）	组分	脱硫（催化裂解）干气组成/%（体）	脱硫催化干气组成/%（体）
H_2	31.755	28.42	C_{3+}		2.43
CO_2	0.87	1.64	H_2S	0.002	
O_2	0.222	0.94	H_2O	0.724	0.66
N_2	5.568	17.140	硫醇	20mg/kg	20mL/m³
CH_4	27.084	25.12	NO_x	10mg/kg	10mL/m³
C_2H_6	10.304	11.58	砷	50 μg/kg	50 μg/kg
C_2H_4	23.471	12.07	汞	50 μg/kg	50 μg/kg

2）产品规格。

产品为富乙烯气，组成见表 9-2-14。

表 9-2-14　富乙烯气组成　%(体)

组分	组成	组分	组成
H_2	0.07	i-C_4H_{10}	2.16
CH_4	3.45	1-C_4H_8	0.82
C_2H_6	29.25	i-C_4H_8	1.93
C_2H_4	57.96	c-2-C_4H_8	0.57
C_3H_8	0.22	t-2-C_4H_8	1.06
C_3H_6	1.43	1，3-C_4H_6	0.07
n-C_4H_{10}	1.01		

3）物料平衡。

C_2 回收物料平衡见表 9-2-15。

表 9-2-15　C_2 回收物料平衡　kt/a

物料		数量	物料		数量
入方	脱硫催化裂解干气	539.7	出方	富乙烯气	383.0
	脱硫催化干气	141.2		甲烷氢	330.2
	补充气分碳四	69.6		抽出重石脑油	5.5
	补充重石脑油	8.4		抽出轻烃	8.4
	锅炉给水	0.3		燃料气	13.7
	合计	759.3		酸性尾气	13.9
				含油污水	4.7
				合计	759.3

4）公用工程消耗。

装置公用工程消耗见表 9-2-16。

表 9-2-16　C_2 回收公用工程消耗量

序号	项目	小时消耗量		序号	项目	小时消耗量	
		单位	数量			单位	数量
1	循环水	t	3123	7	氮气	Nm^3	300
2	电	kW · h	7850	8	仪表风	Nm^3	500
3	4.2MPa 蒸汽	t	13.48	9	7~12℃冷量	MJ	51878
4	1.3MPag 蒸汽	t	0	10	热媒水	MJ	-4050
5	0.45MPa 蒸汽	t	45.38		合计		
6	所有外排凝结水	t	-58.85		能耗	kgEO/t 原料	81.22

5）工艺流程。

以脱硫催化裂解干气、脱硫催化干气为原料，回收得到的富乙烯气送往乙烯装置，主要包括 C_4 吸收、提浓气精制及石脑油吸收三部分。

脱硫催化裂解干气、脱硫催化干气经压缩及冷却后送入 C_4 吸收塔。C_4 吸收塔采用浅冷油吸收技术，以气分 C_4 为吸收剂，将不饱和干气中的 C_2 及以上组分吸收，塔顶采出的未被吸收的甲烷、氢气等轻组分进入石脑油吸收塔。C_4 吸收塔釜富吸收剂送入 C_4 解吸塔，解吸后从塔顶得到富含 C_2、C_3 的 C_2 提浓气。从 C_4 解吸塔塔釜得到的贫吸收剂经过冷却后送到 C_4 吸收塔循环使用。

C_2 提浓气中所含的微量杂质通过精制部分来脱除，精制部分包括脱氧反应器、脱碳系统、脱硫反应器、脱砷汞反应器。C_2 提浓气脱除杂质后得到富乙烯气，可送往乙烯装置。

C_4 吸收塔顶出来的夹带少量 C_3、C_4 的气相进入石脑油吸收塔底部。石脑油吸收塔采用的石脑油吸收剂从塔顶进入，将气体中夹带的 C_4 及以上重组分吸收下来。石脑油吸收塔顶的气体为富含甲烷、氢气的吸收尾气，送往 PSA 装置。石脑油吸收塔釜的富石脑油吸收剂送往石脑油稳定塔。

富石脑油吸收剂中的 C_4 和少量轻组分在石脑油稳定塔解吸出来。石脑油稳定塔顶气体冷却后，经气液分离后得到的不凝气排放至燃料气管网，得到的液相 C_4 返回 C_4 吸收塔，循环使用。

流程示意图见图 9-2-3 所示。

(三) 稀乙烯制乙苯

对于没有乙烯装置的炼化企业可采用稀乙烯合成乙苯法实现 C_2 资源的利用。国内从 20 世纪 80 年代开始致力于稀乙烯制乙苯工艺技术研发工作，形成了以中国科学院大连化物所气相法技术、中国石化上海石化院的气相法技术和北京服装学院为代表的液相法技术三大类干气制乙苯技术。

以某套 120kt/a 稀乙烯制乙苯装置为例进行说明。

1. 原料要求

主要原料为干气，干气来自 DCC 装置和 FCC 装置，原料消耗详见表 9-2-17。

表 9-2-17　原料数量表　kt/a

序号	名称	数量	序号	名称	数量
1	DCC 干气	85.3	3	苯	88.7
2	FCC 干气	9.2			

(1) 对稀乙烯的要求

稀乙烯进料要求如下：

乙烯含量≥10%(体)。

丙烯含量≤0.7%(体)。

总硫含量≤50mg/Nm³。

水：饱和水。

脱硫剂用量≤5mg/kg。

(2) 对原料苯的要求

原料苯(石油苯)质量指标必需符合 GB/T 3405 优级品要求。

2. 产品规格

乙苯产品质量指标符合 SH/T 1140 优级品要求。

3. 物料平衡

装置物料平衡表见表 9-2-18。

表 9-2-18 物料平衡表

项目	进装置		出装置	
	名称	年产量/kt	名称	年产量/kt
1	DCC 干气	85.3	乙苯	120.0
2	FCC 干气	9.2	多乙苯残油	0.5
3	苯	88.7	非芳烃	0.1
4			尾气	62.6
	合计	183.2		183.2

4. 装置公用工程消耗

装置公用工程消耗量见表 9-2-19。

表 9-2-19 装置公用工程消耗量

序号	项目	单位	数量	备注
1	循环水	t/h	694.9	
2	电	kW·h/h	942.7	
3	1.0MPa 蒸汽	t/h	0.144	
4	0.25MPa 蒸汽	t/h	-22.09	外输
5	新鲜水	t/h	5	间断
6	除氧水	t/h	22.09	
7	除盐水	t/h	20	开工用，间断
8	凝结水	t/h	-0.144	外输
9	净化风	Nm^3/h	400	
10	非净化风	Nm^3/h	400	间断
11	4.0MPa 氮气	Nm^3/h	200	间断
12	0.65MPa 氮气	Nm^3/h	100	
13	燃料气	kg/h	2437	
14	含油污水	t/h	4	
15	冷冻水	t/h	-113.3	
16	热水	t/h	-106.7	
17	能耗	kgEO/t 产品	102.01	

5. 工艺流程

乙苯装置包括烷基化及烷基转移反应系统、苯回收及处理系统、乙苯和多乙苯精馏系统。

（1）乙苯反应。

苯与干气中的乙烯发生烷基化反应，生成烷基苯与过量苯的混合物，然后将该混合物进行分离，回收过量的苯、乙苯及多乙苯。多乙苯与苯进行烷基转移反应，生成乙苯。

（2）乙苯精馏区。

通过三个串联分馏塔系统，把乙苯反应单元出料分为循环苯、乙苯产品、循环多乙苯以及稀释油(焦油)副产品。在脱非芳塔中，对乙烯和苯进料中所含的轻杂质与苯进行分离。

1）苯回收。

苯塔进料为从烷基化反应器和烷基转移反应器来的反应段出料以及处理过的新鲜苯。从苯塔侧线抽出反应段循环苯。苯塔塔底物进到乙苯塔。未冷凝的塔顶物送到脱非芳塔，在塔顶富集轻质杂质，在塔底回收苯。

2）轻组分脱除和新鲜苯处理。

苯塔塔顶罐不凝气被送入脱非芳塔。脱非芳塔用于回收物料中的苯，同时把乙烯进料中的不凝杂质和新鲜苯进料及反应单元中生成的 C_5 和 C_6 轻质非芳烃从工艺中脱除，排至燃料气系统。

脱非芳塔塔底物含从轻非芳排放的回收苯，送入苯塔冷凝器通过发生蒸汽回收热量，并与循环苯彻底混合。

罐区来的新鲜苯进料先通过新鲜苯白土处理器以脱除强碱性氮化物，避免苯应用到的沸石催化剂中毒。

3）乙苯和多乙苯精馏。

乙苯从乙苯塔中回收，控制产品乙苯中的二乙苯浓度低于 5mg/kg。乙苯产品可直接送到苯乙烯装置，乙苯塔塔底物进入多乙苯塔。

多乙苯塔顶部得到多乙苯，部分多乙苯循环回烷基转移反应器与苯发生烷基转移反应得到更多的产品乙苯。

高沸点的多乙苯塔塔底物，经冷却，然后送到苯乙烯装置精馏区，在此与苯乙烯焦油混合，然后通过中间储罐送至焦化装置或危废焚烧炉处理。

工艺流程简图如图 9-2-4 所示。

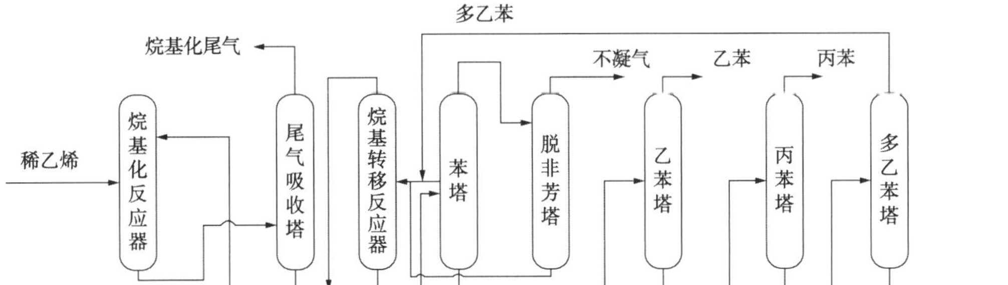

图 9-2-4　稀乙烯制乙苯流程简图

第三节　炼厂液化气加工路线及案例

一、炼厂液化气来源及组成

（一）饱和液化气来源及组成

炼厂饱和液化气主要来自原油蒸馏装置的液化气组分和二次加工装置包括加氢裂化和重整加工过程产生的液化气。

1. 原油中的饱和液化气

国产原油的 C_3～C_4组分的含量很少，一般占原油的 0.2%～0.7%，大部分国产原油的液化气含量在 0.5%以下，大庆、胜利、大港、江汉、任丘等主要原油产区生产的原油液化气含量很低。仅新疆吐哈、甘肃长庆等地区所产的原油液化气含量较高。

从 2019 年以来，我国进口原油超过 500Mt。来自中东地区的原油资源超过 50%。进口的中东含硫原油中的液化气含量为 1%～2%，为国产原油液化气含量的 2～4 倍。

国产主要原油和中东进口原油轻烃组成及含量见表 9-3-1 和表 9-3-2。

表 9-3-1 国产主要原油轻烃组成及含量

原油	20℃密度/(g/cm^3)	硫含量/%	C_2/%(质)	C_3/%(质)	i-C_4/%(质)	n-C_4/%(质)	C_5/%(质)	合计/%(质)
大庆油	0.8611	0.09	0.01	0.07	0.08	0.19	0	0.35
胜利油	0.9082	1.0	0.01	0.06	0.06	0.15	0	0.28
长庆油	0.8511	0.11	0.05	0.26	0.12	0.21	0.1	0.74
青海油	0.8506	0.24	0.02	0.10	0.05	0.08	0.03	0.28
南疆油	0.8740	0.83	0.03	0.20	0.10	0.18	0.09	0.6
北疆油	0.8962	0.14	0.01	0.05	0.03	0.05	0.02	0.16

表 9-3-2 中东进口主要原油轻烃组成及含量

原油	20℃密度/(g/cm^3)	硫含量/%	C_2/%(质)	C_3/%(质)	i-C_4/%(质)	n-C_4/%(质)	C_5/%(质)	合计/%(质)
阿曼油	0.8518	1.15	0	0.10	0.20	0.60	0	0.90
沙特轻	0.8565	2.07	0	0.20	0.10	0.70	0	1.00
沙特中	0.8664	2.64	0	0.30	0.20	0.70	0	1.20
沙特重	0.8871	2.85	0.08	0.46	0.19	0.86	0	1.59
伊朗轻	0.8498	1.56	0	0.40	0.90	0	0	1.30
伊朗重	0.8699	1.95	0	0.40	0.20	0.80	0	1.40

2. 原油蒸馏装置的液化气

在原油蒸馏过程中，由于原油经过加热炉加热会发生热裂解，也会产生少量的气态烃；不同的原油蒸馏过程，轻烃存在于塔顶气及塔顶油中的比例有所不同。以中东原油为例，采用闪蒸-常压蒸馏流程，常顶气中的轻烃约占原油蒸馏装置轻烃的 30%；而采用初馏-常压蒸馏流程，初顶气及常顶气中的轻烃仅占原油蒸馏装置轻烃的 5%～10%，如若初馏采用加压操作，原油中大部分的轻烃溶于石脑油中，塔顶气的轻烃含量较少，甚至会出现无初顶气，而仅有少量的裂解气的情况。

原油蒸馏过程的塔顶气大多数是以饱和烷烃为主，其中含少量的甲烷、乙烷，主要为丙烷、正丁烷及异丁烷等组分。由于原油需要经过常压炉及减压炉加热，油品在高温下发生部分热裂解，产生了乙烯、丙烯、丁烯等不饱和烃类，同时也由于原油在储运过程中溶入了少量的空气及二氧化碳，故原油蒸馏过程中的塔顶气还含有此部分的非烃类组分。原油中溶解的空气越多，则原油蒸馏中的塔顶气含量越高，造成的损失也越大。

(1) 初顶气中的轻烃

部分中东进口混合原油的初顶气组成见表9-3-3。初顶气组成以丙烷、丁烷组分为主，一般约占初顶气的60%(体)以上，还含有少量空气、二氧化碳及硫化氢气体。

表9-3-3 加工中东等进口混合原油初顶气组成 %(体)

组分	沙特等混合原油	阿曼等混合原油	科威特等混合原油	沙中	沙中、沙重混合油	伊朗轻等混合油	沙轻、沙重	卡宾达等混合油
CO_2	2.28	3.39	3.68	0.48	0.5	0.20	6.01	3.73
H_2	9.52	0.19	0.40			0.03		
N_2		7.18		1.12		2.10	23.72	22.41
O_2				0.24		0.50	3.02	5.00
空气	5.42		11.17		2.5			
CH_4	4.10	10.66	7.35	1.44	0.5	0.99	14.64	12.99
C_2H_6	11.48	13.03	9.25	5.67	1.30	11.88	7.35	9.19
C_2H_4	0.04		0.43					
C_3H_8	39.95	29.93	25.44	26.88	44.50	34.78	14.71	21.61
C_3H_6	0.06		0.20				0.11	0.04
$i\text{-}C_4H_{10}$	11.74	11.61	7.17	9.44	15.00	8.36	4.88	5.96
$n\text{-}C_4H_{10}$	19.40	17.85	21.60	27.32	25.10	21.48	9.41	
C_4H_8	0.04							
C_5H_{12}	3.87	6.17	11.18	20.96		17.65	5.14	0.97
H_2S	1.61	0.56	2.12	0.73	0.60	0.47	6.5	0.08

(2) 常顶气中的轻烃

部分中东进口混合原油的常顶气组成见表9-3-4。常顶气组成也是以丙烷、丁烷组分为主，大多数常顶气的C_3、C_4含量占常顶气的50%(体)以上，特别在选择闪蒸-常压蒸馏的流程中，大量的轻烃存在于常顶气中，其回收价值高。

表9-3-4 加工中东等进口混合原油常顶气组成 %(体)

组分	沙特等混合原油	阿曼等混合原油	科威特等混合原油	伊朗轻	管混、进口混合油	沙中
CO_2	2.87	4.46	0.99	0.60		1.15
H_2	7.72	11.03	0.98	0.04	0.72	9.41
N_2		4.88			2.03	10.23
O_2					0.27	0.39
空气	0.24		1.08	6.99		
CH_4	11.27	19.58	5.11	1.15	16.19	11.42
C_2H_6	9.34	6.62	5.47	14.66	8.77	8.58
C_2H_4	0.92	1.06	0.51		0.45	0.24
C_3H_8	24.28	12.04	24.08	43.00	25.28	18.55

续表

组分	沙特等混合原油	阿曼等混合原油	科威特等混合原油	伊朗轻	管混、进口混合油	沙中
C_3H_6	0.38	0.52	0.33		0.19	0.11
i-C_4H_{10}	7.42	4.27	8.51	18.26	9.39	5.02
n-C_4H_{10}	13.80	13.16	29.25	8.96	18.95	12.37
C_4H_8	0.02	0.24	0.06			
C_5H_{12}	6.23	4.64	17.95	5.97	10.10	8.06
H_2S	5.53	12.40	5.68	0.36	0.33	4.86

(3) 减顶气中的轻烃

部分中东进口原油的减顶气组成见表 9-3-5。减顶气组成以甲烷、乙烷、硫化氢、空气为主，而丙烷、丁烷组分的含量不大，且 C_3、C_4的体积比甲烷的体积要小。减顶气不仅流量小，而且其硫含量高，尤其采用减压深拔工艺，因减压炉出口温度高，致使油品发生热裂解，产生了甲烷、乙烷、烯烃等裂解气，裂解气与硫化氢及漏入的空气使得减顶气的热值较低，回收价值不高，往往仅对减顶气进行简单脱硫处理后，作为装置的燃料气。

表 9-3-5　加工中东等进口混合原油减顶气组成　　%(体)

组分	阿曼等混合原油	科威特等混合原油	伊朗轻	组分	阿曼等混合原油	科威特等混合原油	伊朗轻
CO_2	0.98	0.85	0.19	C_3H_8	8.77	5.83	9.79
H_2	8.63	7.63	3.62	C_3H_6	4.41	2.40	5.29
N_2				i-C_4H_{10}	0.72	0.67	2.90
O_2	3.57			n-C_4H_{10}	4.72	3.75	1.12
空气		4.60	11.30	C_4H_8	0.32	2.99	2.23
CH_4	19.87	18.94	20.84	C_5H_{12}	3.56	3.90	2.48
C_2H_6	10.65	6.80	17.99	H_2S	25.36	29.66	17.89
C_2H_4	2.25	1.14	2.44				

从上述中东进口混合原油初顶气、常顶气、减顶气的组成可以看出：初顶气、常顶气中的 C_3、C_4组分含量高，具有回收价值。

(二) 不饱和液化气来源及组成

1. 催化裂化液化气

不同类型的催化裂化装置，由于原料、操作条件和催化剂等的不同，液化气收率和组成也不同，常规催化裂化装置液化气产率一般为 8.0%~15.0%。催化裂解(DCC)为多产液化气、丙烯等产品的工艺，该技术的主要特征是：较高的反应温度、较低的反应压力、较多的注入蒸汽量、较低的床层空速、大剂油比。催化热裂解工艺(CPP)是通过催化裂化、高温热裂解、择形催化、烯烃共聚、歧化与芳构化的综合反应，以最大量生产乙烯和丙烯为目标的工艺。表 9-3-6 为不同类型催化的液化气的组成。

表 9-3-6　各种类型催化工艺的液化气组成　%(体)

组分	FCC	MIP-CGP	DCC
C_3H_6	35.84	42.11	48.1
C_3H_8	9.81	10.62	10.2
i-C_4H_{10}	18.42	14.94	11.5
n-C_4H_{10}	4.80	5.19	3.7
i-C_4H_8	10.0	10.34	6.4
n-C_4H_8	8.32	6.01	9.0
t-C_4H_8	7.31	6.22	6.4
c-C_4H_8	5.41	4.31	4.4
C_4H_6		0.08	0.1
$\geqslant C_5$	<0.1		0.2

催化工艺的 C_4组成见表 9-3-7，主要成分为单烯烃和饱和烷烃，丁二烯含量比较低，异丁烷与异丁烯含量比较高。对于常规的催化裂化工艺及 DCC 工艺，异丁烷在 C_4组分中占比是最高的，催化热裂解(CPP)工艺则不同，其异丁烯在 C_4中占比最高。

表 9-3-7　催化工艺的 C_4组成

名称	组分	FCC	MIP-CGP	DCC	CPP
异正烷	i-C_4H_{10}	33.78	34.29	32.67	10.16
正丁烷	n-C_4H_{10}	8.45	8.40	9.40	5.08
异丁烯	i-C_4H_8	19.71	18.99	23.10	36.87
正丁烯	n-C_4H_8	14.30	11.43	7.32	15.28
反丁烯	t-C_4H_8	13.88	14.96	16.54	16.55
顺丁烯	c-C_4H_8	9.89	11.93	10.84	14.01
1,3-丁二烯	1,3-C_4H_6	0.00	0.00	0.12	2.04
收率(占进料)/%(质)	7.294	14.875	17.647	7.862	

表 9-3-8 列出了催化裂化液化气 C_4的主要性质，由于正、异丁烯，正丁烷、反丁烯的常压沸点非常接近，所以在工业生产中用常规蒸馏的方法很难分离出高纯组分产品。对于 C_4的分离，也只能做到分出轻 C_4(异丁烷)、中间 C_4(正/异丁烯和丁二烯)和重 C_4(正丁烷和顺/反丁烯)。

表 9-3-8　催化液化气中 C_4的主要性质

名称	组分	相对分子量	常压沸点/℃	常压冰点/℃	相对密度
异丁烷	i-C_4H_{10}	58.124	-11.72	-159.605	0.5572
正丁烷	n-C_4H_{10}	58.124	-0.5	-138.362	0.5788
异丁烯	i-C_4H_8	56.108	-6.896	-140.337	0.5942

续表

名称	组分	相对分子量	常压沸点/℃	常压冰点/℃	相对密度
正丁烯	$n-C_4H_8$	56.108	-6.25	-185.35	0.5951
反丁烯	$t-C_4H_8$	56.108	0.88	-105.553	0.6042
顺丁烯	$c-C_4H_8$	56.108	3.718	-138.922	0.6213
1,3-丁二烯	$1,3-C_4H_6$	54.092	-4.411	-108.902	0.6211

2. 延迟焦化液化气

延迟焦化装置液化气组成见表9-3-9。液化气中烷烃含量比烯烃高，正构烷烃含量比异构烷烃高。

表9-3-9　某延迟焦化装置液化气的组成　/%(体)

组分	含量	组分	含量
H_2S	24.7	$n-C_4H_8$	5.5
C_2H_6	0.2	$i-C_4H_8$	3.9
C_3H_8	33.4	$t-C_4H_8$	2.0
C_3H_6	11.1	$c-C_4H_8$	1.3
$n-C_4H_{10}$	13.2	$\geqslant C_5$	0.7
$i-C_4H_{10}$	4.0		

二、炼厂液化气的回收与预处理

(一) 液化气回收

轻烃回收的主要目的是回收原油蒸馏装置、催化重整装置、加氢裂化装置、催化裂化装置和延迟焦化装置等产生的C_3、C_4组分。

1. 原油蒸馏装置的轻烃回收

原油蒸馏装置设置轻烃回收的主要目的是回收蒸馏过程中塔顶气中的C_3、C_4组分，使石脑油饱和蒸气压满足质量控制要求。国内原油蒸馏设置轻烃回收工艺，重点解决更好地回收原料中的轻烃、提高轻烃资源的合理利用，提高产品质量要求，解决干气不“干”的问题，经发展形成了完整的轻烃回收流程。

完整轻烃回收流程一般有两种类型，吸收-再吸收-脱吸-稳定流程和吸收-脱丁烷塔-脱乙烷流程。

(1) 单塔稳定流程

当原油蒸馏装置对轻烃的回收率要求不太高，特别是炼油厂燃料系统的供应缺乏，需要轻烃回收后干气全部进全厂的燃料系统时，对塔顶气采用压缩机加压，石脑油送稳定塔的回收轻烃工艺路线。

(2) 吸收-稳定双塔流程

由于单塔稳定流程中的稳定塔顶不凝气中含有大量的C_3、C_4组分，为回收气体中的C_3、C_4，在单塔稳定流程中增加一个吸收塔，不仅可以回收稳定塔顶气中的轻烃，也可以回收压缩后的塔顶气中的轻烃，从而提高轻烃回收率。

(3) 吸收-脱吸-稳定三塔流程或吸收-脱丁烷-脱乙烷流程

尽管吸收-稳定双塔流程其轻烃回收率约为88%，但仍然有约12%的C_3、C_4组分没有回收。为进一步提高轻烃回收率，提高液化气的收率和质量，需要控制稳定塔的进料，在吸收-稳定双塔流程之间增加脱吸塔，形成吸收-脱吸-稳定三塔轻烃回收流程。

吸收-脱丁烷-脱乙烷流程是在塔顶气压缩、石脑油稳定(或脱丁烷塔)流程中，增加吸收塔和脱乙烷塔，形成了包括塔顶气压缩及吸收、脱丁烷及脱乙烷的轻烃回收。

由于流程中设置了吸收塔，没有设再吸收塔，为了保证干气的质量达到要求，进吸收塔的吸收剂需采用低温吸收剂，使用系统冷媒水降低吸收塔的吸收剂温度，这样在吸收塔内进行低温吸收，提高吸收效果，并使吸收塔顶的干气满足要求，为此还需要配置冷媒水系统。

此路线流程长、设备多、操作复杂、能耗高、操作费用高及投资大，但因轻烃回收率高，产品质量稳定，国内部分炼油厂原油蒸馏装置也采用这种轻烃回收流程。

(4) 吸收-再吸收-脱吸-稳定四塔流程

在初馏-常压-减压的原油蒸馏流程中，可以通过提高初馏塔的压力和设置稳定塔回收轻烃。提高初馏塔顶压力到约0.2MPa(表)，使得原油中大部分轻烃溶于初馏塔顶油中，初馏塔顶油送稳定塔回收液化气和稳定石脑油，副产干气。

在闪蒸-常压-减压的原油蒸馏流程中，设置常顶气压缩机，对常顶气进行压缩，常顶油送稳定塔回收液化气和稳定石脑油。

在原有的塔顶气压缩、石脑油稳定的流程中增加吸收塔、再吸收塔和脱吸塔，形成包括有塔顶气压缩、吸收及再吸收、脱吸及稳定的完整轻烃回收流程。该轻烃回收流程长、设备多、操作复杂、耗能高、操作费用及投资高，但轻烃回收率高、产品质量高、干气中的C_3和C_4含量低，解决了干气不“干”的问题，并使液化气的产品质量稳定。

典型四塔流程如图9-3-1所示。

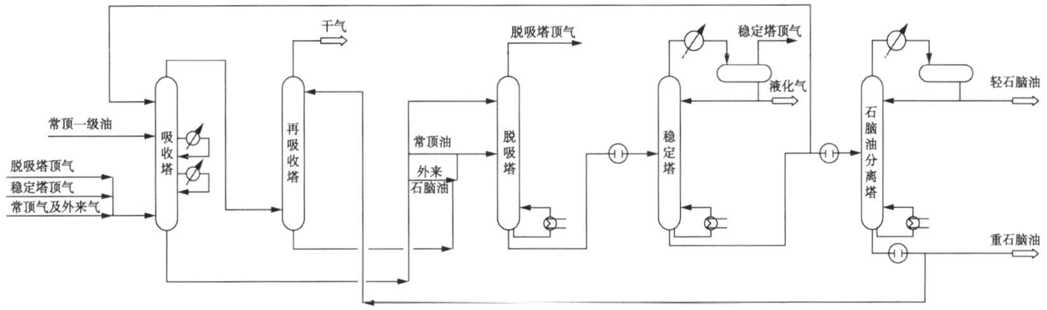

图9-3-1　典型四塔轻烃回收流程

2. 催化重整装置的轻烃回收

对于催化重整装置中C_1~C_6的轻烃回收措施包括含氢气体与重整生产油低温加压再接触、脱戊烷塔加压操作回收塔顶燃料气中的轻烃、脱戊烷塔顶燃料气送至再接触系统回收轻烃等。

3. 加氢裂化等各类加氢装置的轻烃回收

对于加氢精制装置，由于原料中参与裂化的烃分子数量少，反应通常不设单独的轻烃回收单元，轻烃从分馏单元的汽提塔顶或分馏塔顶馏出，直接送至常减压等装置的轻烃回收系统处理。

对于加氢裂化装置，原料中裂化的烃分子数较多，轻烃生产量较大，且轻烃中的 C_3、C_4等液化气组分含量较高，常设置单独的轻烃回收设施，采用吸收稳定工艺即汽油吸收液化气和 C_2脱吸的方法实现干气和液化气的分离，同时用稳定的方法来保证汽油产品的蒸汽压合格。

吸收稳定工艺主要包括液化气组分吸收，C_2 脱吸和汽油稳定等，主要由三塔或四塔组成：吸收塔、脱吸塔、稳定塔及再吸收塔。该工艺主要特点是在适宜的压力及常温下先将富气中大部分液化气组分及少量 C_2等吸收出来，然后在合适的条件下将 C_2等轻组分脱吸，脱吸气再返回吸收塔。采用吸收-脱吸的方法可在较缓和的操作条件下实现 C_2 和液化气的分离，降低了投资和能耗，但脱吸塔顶气体中除有 C_2外，还有一定的液化气等重组分，脱吸气重新返回吸收塔，造成液化气组分在吸收塔之间的循环，使吸收稳定系统的能耗增加。

4. 催化裂化装置的轻烃回收

传统的催化裂化装置的轻烃回收主要由富气压缩和吸收稳定两部分组成。富气压缩后进入吸收塔下部，稳定汽油和催化分馏所产的粗汽油作为吸收剂从吸收塔上部注入，逆流接触，塔顶贫气进入再吸收塔下部，塔顶注入顶循环油或轻柴油做吸收剂，催化干气自再吸收塔顶出装置。吸收塔底的饱和吸收油进入压缩及二段出口分液罐，罐底烃油泵送脱吸塔上部，脱除 C_2组分，脱吸气（含大量液化气）返回富气压缩机二段出口循环，塔底脱乙烷汽油主要为液化气和汽油，进入稳定塔，塔顶是液化气产品，塔底是稳定汽油产品。吸收稳定分离的目标产品是干气、液化气和汽油。

吸收、脱吸过程要求同时达到两个目的：通过吸收塔尽可能将 C_3、C_4组分吸收下来；通过脱吸塔尽量将 C_2组分脱吸出去。催化裂化装置一般以来自分馏部分的粗汽油作为吸收剂，并根据吸收率的要求以稳定汽油作为补充吸收剂，目前国内各炼油厂均使用这两种吸收剂。

自脱吸塔底自压来的脱乙烷汽油主要为汽油和液化气，含有极少的 C_2组分，经换热后进入稳定塔。稳定塔的主要任务是将液化气和汽油分离，塔顶为液化气，塔底为稳定汽油。

典型催化裂化轻烃回收流程见图 9-3-2。

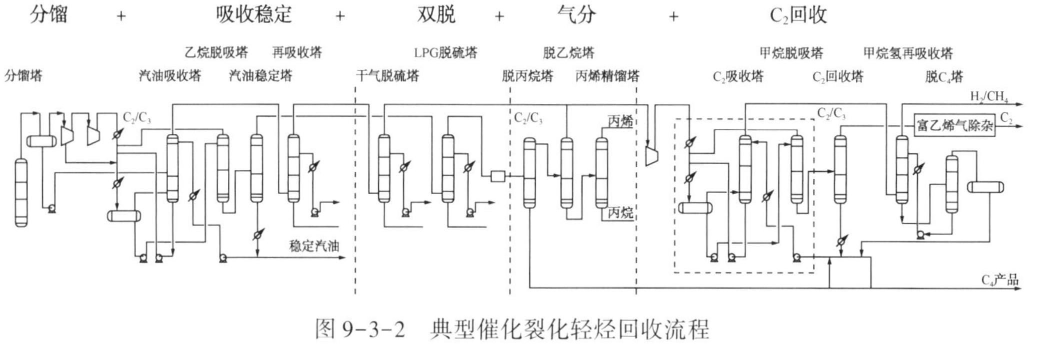

图 9-3-2　典型催化裂化轻烃回收流程

近年来，针对新建大型催化裂化（含 DCC）装置，中国石化开发了轻烃分离与回收一体化工艺技术，打破了传统的催化裂化富气压缩与吸收稳定、双脱（干气、液化气脱硫化氢，液化气、汽油脱硫醇）与气体分馏分离的格局与工艺理念，得到的产品是脱硫后干气（CH_4、

H_2、C_2）、C_{5+}汽油、丙烯、丙烷及混合 C_4。分离与轻烃回收一体化工艺融合了富气压缩，汽油稳定，不饱和 C_1～C_4烃气及不饱和 C_1～C_4烃液分别脱硫化氢、脱硫醇，浅冷，吸收-脱吸，气体分馏，制冷等工艺，得到 CH_4-H_2、C_2、丙烯、丙烷、混合 C_4及 C_{5+}汽油等产品。

富气压缩与二段出口气体及低压区分出的粗汽油进入汽油稳定塔，首先自塔底分出 C_{5+}汽油去脱硫醇，塔顶回流罐分出的不饱和 C_1～C_4烃气和不饱和 C_1～C_4烃液分别去脱硫化氢、脱硫醇，脱硫后的 C_1～C_4烃通过压缩、冷却、冷凝、浅冷、分液后，气体去 C_2 吸收塔，与经浅冷后自塔顶进入的 C_1～C_4脱硫后烃液、循环回流的混合 C_4 逆流接触，塔顶气体夹带少量吸收剂 C_4，去甲烷氢再吸收塔后，塔顶分出 CH_4-H_2送出装置，C_2 吸收塔底液回到分液罐，罐底液泵送至脱甲烷塔，深度解吸，塔顶带出大量的 C_2，经冷区、浅冷后回罐，塔底液（C_2～C_4）去脱乙烷塔进行模糊分割，塔顶为 C_2和 $C_{3=}$，送出装置依托现有乙烯装置进一步分离，塔底的 C_3和 C_4进入脱丙烷塔和丙烯塔，依次分出混合 C_4、丙烯、丙烷等产品。本技术借鉴了传统催化工艺用汽油吸收 C_3、C_4，脱吸 C_2的吸收-脱吸理念，在合适的工艺条件下，用混合 C_4吸收 C_2，解吸 C_1后模糊分割，得到 CH_4-H_2、C_2/$C_{3=}$及 C_3、C_4等。

一体化工艺 C_2、C_3、C_4回收率均大于98%，不设置汽油吸收稳定系统，不消耗较高温位的热量，循环量、回流量少，避免二次分离，装置能耗大幅降低，仅 C_2吸收需要低温，制冷量小。另外，塔总数量减少，在装置占地、定员、投资及生产管理方面均具有显著的优势，轻烃分离与回收一体化流程如图 9-3-3 所示。

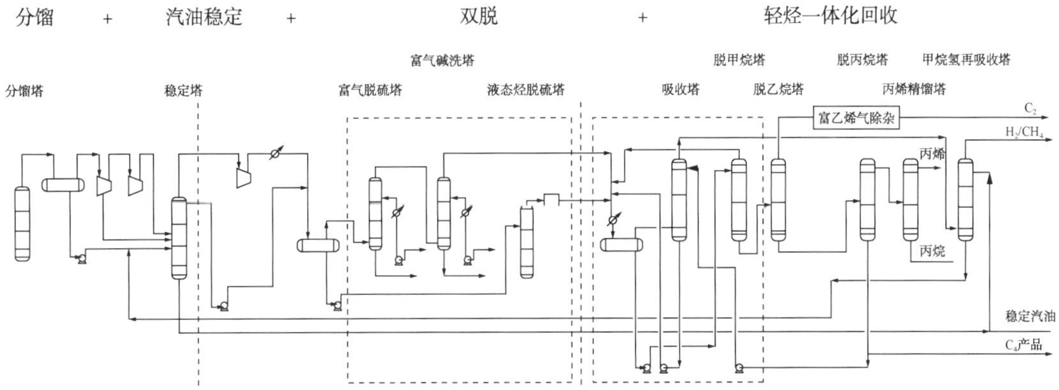

图 9-3-3　轻烃分离与回收一体化工艺流程

5. 延迟焦化装置的轻烃回收

延迟焦化装置气体回收采用吸收稳定流程回收焦化气体中的 C_3和 C_4组分，并对汽油进行稳定，使焦化气体经分离后得到干气（$\leq C_2$）和液化烃（C_3、C_4）。

焦化反应生成的油气，在焦化分馏塔中进行分离，分馏塔塔顶油气经冷却后，在分馏塔塔顶分液罐中达到气液相平衡，分离出富气、粗汽油和酸性水。富气自焦化分馏塔顶气液分离罐流出，经富气压缩及升压后，进入吸收稳定部分。压缩后的焦化富气经过冷却进入焦化富气平衡罐，经过气液平衡后的富气进入汽油吸收塔。在吸收塔中，利用气体混合物各组分在汽油中的溶解度不同，以焦化粗汽油作为吸收剂，以脱除轻汽油组分的稳定汽油作为补充吸收剂，两者自吸收塔顶部进入，与自塔底塔板下进入的焦化平衡富气逆向接触，对压缩富

气中的关键组分 C_3、C_4进行吸收。在目标组分 C_3、C_4被吸收的同时，C_2等轻组分也会部分被吸收。被吸收了大部分 C_3、C_4轻烃的贫气由吸收塔塔顶流出，进入再吸收塔。用焦化柴油对贫气进行再吸收，将贫气中的汽油组分吸收下来，同时可加强对 C_3、C_4轻烃的吸收效果，使得含 C_2及更轻组分的干气中，C_3或更重的组分含量更低，干气更干。含 H_2S 的酸性干气自再吸收塔顶流出，去气体脱硫部分脱硫。富吸收柴油在再吸收塔塔底液面控制下自压并经换热后，循环返回焦化分馏塔。汽油吸收塔底的富吸收汽油经富气平衡罐平衡后进入脱吸塔，在塔底重沸器提供的热量作用下，脱除被吸收下来的乙烷等轻组分。

脱吸收塔顶气与汽油吸收塔底的富吸收汽油同富气压缩机压缩后的富气一起，冷却至 40~55℃后进入焦化富气平衡罐。在焦化富气平衡罐经过平衡分液的平衡气体进入汽油吸收塔塔底塔板下，平衡罐底的平衡后富吸收油用泵送入脱吸塔，以脱除汽油中的乙烷。脱除乙烷的脱乙烷汽油自脱吸收塔底引出，泵送入稳定塔，由塔底重沸器提供的热量及塔顶的冷回流量控制。

脱乙烷汽油在稳定塔中经过精馏，由塔顶得到 C_3、C_4液化气组分，塔底得到蒸气压合格的稳定汽油，如图 9-3-4 所示。

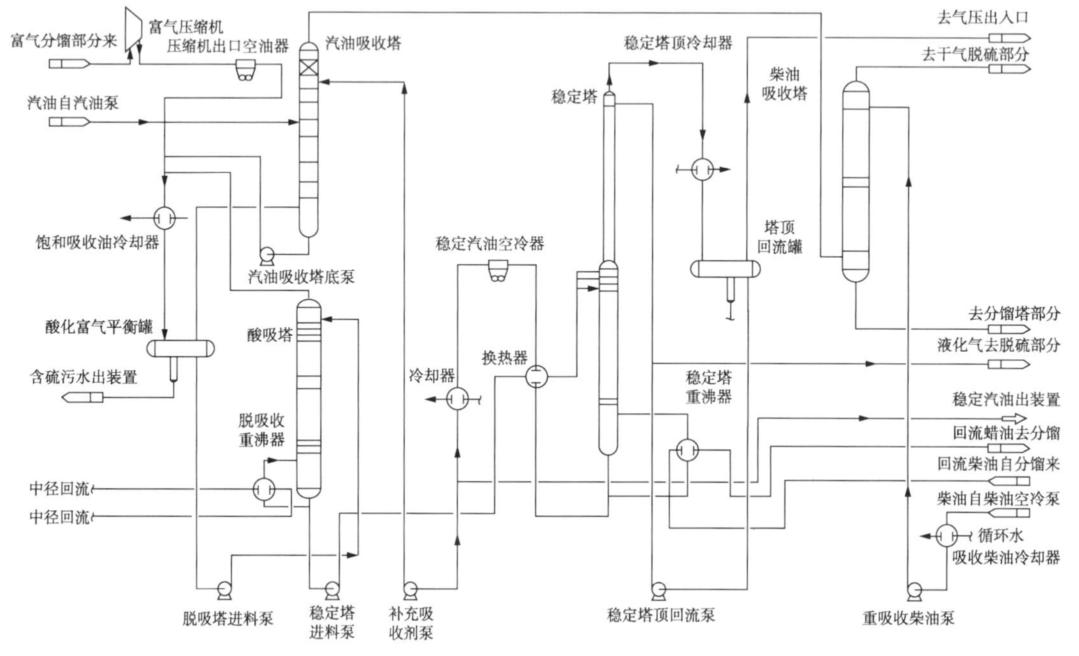

图 9-3-4　延迟焦化轻烃回收流程示意图

（二）液化气净化

通常液化气中含有大量的 H_2S、硫醇等硫化物，按照液化气的使用要求或下游加工装置的原料要求，需对硫化物进行脱除。

1. 原料来源

炼油厂液化气主要为轻烃回收液化气、催化裂化及延迟焦化装置的液化气等。由于下游去向不同处理要求不同，上述几种液化气通常分别进行脱硫、脱硫醇处理。

2. 产品规格

1）作为工业和民用燃料的液化石油气按 GB 11174—2011 主要要求如下：

总硫含量　　　　　　$\leqslant 343mg/m^3$

硫化氢含量(层析法)　　≤10mg/m³

2）作为车用液化石油气(GB 19159—2012)，主要要求如下：

总硫含量　　≤50mg/m³

硫化氢含量(乙酸铅法)　　无

3）按照下游加工装置的原料要求：

目前，采用常规醇胺法来脱除液化气中的硫化氢，再用碱液抽提法或纤维膜碱洗法脱除其中的硫醇，然后再对碱液进行氧化再生处理循环使用。精制后的液化气脱除总硫含量可降至 10mg/kg，一般可满足下游装置加工的原料要求。

3. 工艺流程

（1）液化气脱硫

液化气脱硫的胺法脱硫与干气脱硫方法相同，通常采用同样的胺液，并可共用一套溶剂再生装置。液化气进入液化气进料罐，经泵升压打入液化气脱硫塔下部，在塔内液化气和自塔上部进入的贫胺液逆流接触，液化气中的 H_2S 与胺液接触并发生反应，净化液化气自塔顶流出，吸收了 H_2S 的富胺液自塔底流出，去富胺液罐。

吸收了 H_2S 的富胺液，由泵升压，经升温后送至溶剂再生塔。在再生塔内，借助塔底重沸器供热解吸，溶液得以再生。再生后的贫胺液由泵升压，经换热和冷却后返回吸收塔作为吸收剂循环使用。从再生塔塔顶排出的酸性气去硫黄回收装置，液化气脱硫流程如图 9-3-5 所示。

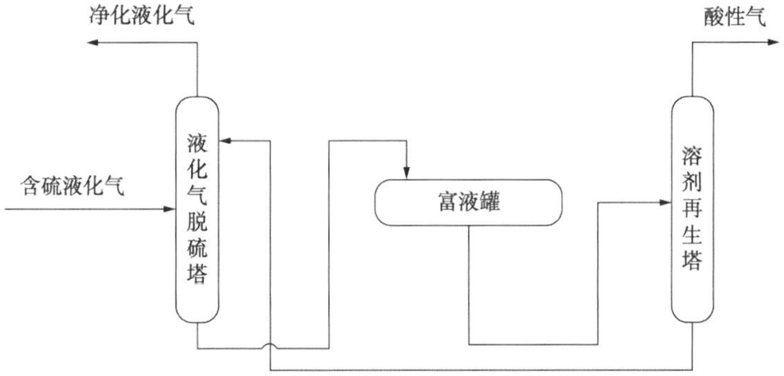

图 9-3-5　液化气脱硫流程示意图

为提高脱硫效果，减少夹带胺液对下游脱硫醇单元的影响，目前常见的工艺中还增加了净化液化气水洗脱胺流程。水洗脱胺单元通常设置一台水洗罐、混合器和水洗水循环泵，液化气自压通过，并进入下游脱硫醇单元。

（2）液化气脱硫醇

液化气脱硫醇单元比较常用的是纤维膜脱硫醇工艺。抽提设备采用纤维膜接触器，内装有金属纤维束，大大增加碱液与液化气的接触面积。当液化气与再生后的 NaOH 碱液进入纤维束时，碱液在每根纤维上附着并在其表面形成一层薄膜，液化气与碱液接触在此薄膜上，液化气中的硫醇溶于碱液并与 NaOH 反应生成硫醇钠，硫醇钠溶于碱液中，并从液化气中脱除。由于纤维膜接触器内的纤维直径小而数量多，形成的碱液液膜面积巨大，而且随着碱液的流动，碱液液膜沿着纤维由上往下移动，处于不断更新中，极大地提高了碱液和液化气的接触面积，提高了传质速率。经过一到两级纤维膜脱硫醇后液化气中的硫醇被脱除，再经过一级水洗脱除夹带的碱液后，精制液化气可自压送出装置。碱液氧化再生单元的原理为含硫醇钠的富碱液在催化剂存在下与氧气发生反应，硫醇钠被氧化生成二硫化物。如果二硫化物随着再生碱液返回脱硫醇单元，会溶解在精制液化气中，导致精制液化气总硫含量超标，因此需要在碱液再生过程中脱除。为了提高二硫化物和碱液的分离效果，使用基本不含硫的石脑油或汽油作为溶剂，对碱液中的二硫化物再进行抽提，保证再生后的循环碱液中二硫化物含量尽量低。通常，溶剂抽提过程也用纤维膜接触器作为抽提设备，二硫化物经过溶剂抽提，从碱液中分离出去，碱液得到再生并可以循环使用。液化气脱硫醇流程见图 9-3-6。

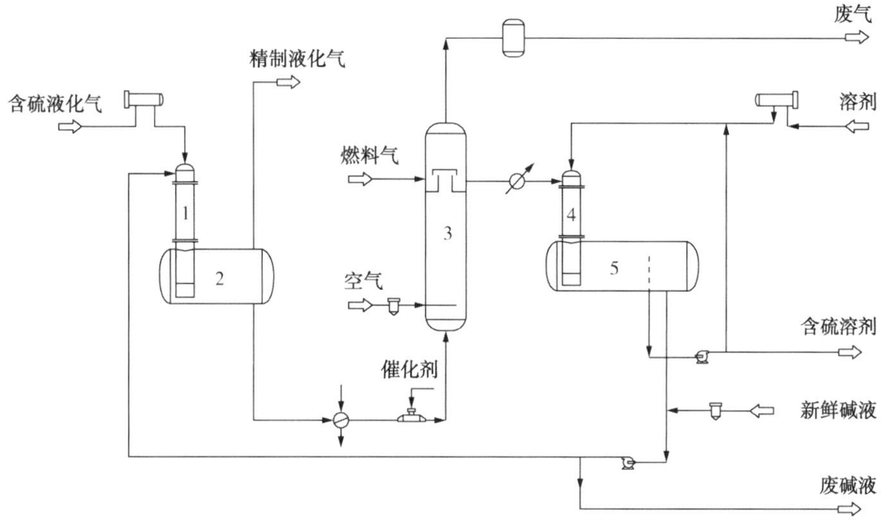

图 9-3-6　液化气脱硫醇流程示意图

1—纤维膜脱硫醇接触器；2—液化气脱硫醇罐；3—碱液再生塔；
4—二硫化物抽提纤维膜接触器；5—碱液分离罐

（三）液化气分离

为进一步提高炼厂液化气组分的使用价值，液化气需进一步分离。通常气体分馏的主要原料是催化裂化装置生产的不饱和液化气，通过分馏进一步分离出丙烷、丙烯和 C_4组分。

气体分馏是利用各组分相对挥发度的不同而将其分开的精密分馏过程。目前，典型的流程组合是脱丙烷塔、脱乙烷塔、丙烯塔、脱戊烷塔四塔流程。对于 C_5含量低，且 MTBE 进料对 C_5要求不很高时也可省去脱戊烷塔。目的产品为精丙烯和作为 MTBE 原料的混合 C_4，下游有烷基化装置，再增设 C_4分离塔以调节烷烯比。

以某 700kt/a 气体分馏装置为例进行说明如下。

1. 原料组成

气体分馏装置原料来自催化裂化装置所产经脱硫及硫醇后的液化气，典型组成见表 9-3-10。

表 9-3-10　气分装置原料组成　　%(体)

组分名称	催化液化气组成	组分名称	催化液化气组成
C_2H_4	0.02	n-C_4H_8	4.27
C_2H_6	0.33	n-C_4H_{10}	4.21
C_3H_6	36.77	t-C_4H_8	8.27
C_3H_8	9.96	c-C_4H_8	6.23
i-C_4H_{10}	19.23	C_5H_{12}	0.21
i-C_4H_8	10.50	合计	100.00

2. 产品规格及性质

主要产品为丙烯、丙烷和气分 C_4，副产燃料气，典型产品组成见表 9-3-11~表 9-3-14。

表 9-3-11　丙烯产品组成　%(体)

组分	含量	组分	含量
C_2H_6	0.02	C_3H_8	0.36
C_3H_6	99.62	合计	100

表 9-3-12　丙烷产品组成　%(体)

组分	含量	组分	含量
C_3H_6	2.77	i-C_4H_8	0.06
C_3H_8	97.00	n-C_4H_8	0.01
i-C_4H_{10}	0.16		

表 9-3-13　气分 C_4 组成　%(体)

组分	含量	组分	含量
C_3H_6	0.04	t-C_4H_8	14.44
C_3H_8	0.14	n-C_4H_{10}	9.35
i-C_4H_{10}	39.89	c-C_4H_8	10.83
i-C_4H_8	17.42	C_5H_{12}	0.33
n-C_4H_8	7.54	合计	100

表 9-3-14　气分燃料气组成　%(体)

组分	含量	组分	含量
C_2H_4	2.40	C_3H_8	6.28
C_2H_6	43.65	合计	100
C_3H_6	47.67		

3. 物料平衡

气分装置物料平衡见表 9-3-15。

表 9-3-15　气分装置物料平衡表　kt/a

名称	公称规模	用途	名称	公称规模	用途
入方			丙烷	36.3	至罐区
催化液化气	700.0		C_4 馏分	381.6	至下游装置
小计	700.0		C_2、C_3 馏分	3.9	至催化
出方			合计	700.0	
丙烯	278.2	至罐区			

4. 公用工程消耗

装置公用工程消耗见表 9-3-16。

表 9-3-16　装置单位加工量的公用工程消耗量

项目	消耗量		项目	消耗量	
	单位	数量		单位	数量
循环水	t/t	6.3	催化低温热	t/t	6.8
电	kW·h/t	18	低温热水	t/t	21.3
除盐水	t/t	0.5	能耗	kgEO/t 原料	37.29
净化风	Nm^3/t	2.9			

5. 工艺流程

以三塔流程为例，工艺流程如图 9-3-7 所示。

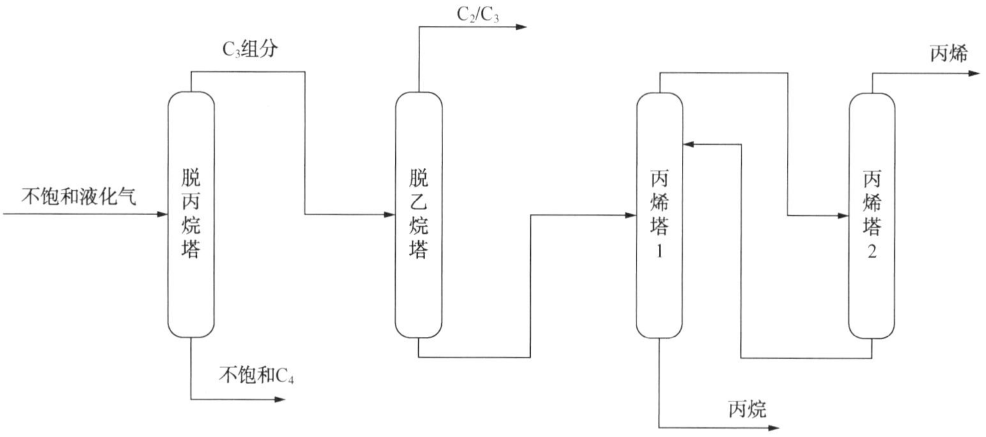

图 9-3-7　气体分馏流程示意图

脱除硫化氢和硫醇后的催化液化气进入气体分馏装置的脱丙烷塔进料罐，液化气通过脱丙烷塔进料泵抽出，经与塔底 C_4 馏分换热后，再经脱丙烷塔进料加热器加热，以泡点状态进入脱丙烷塔。脱丙烷塔塔顶蒸出的 C_2、C_3 馏分经脱丙烷塔塔顶冷凝器冷凝冷却后进入脱丙烷塔塔顶回流罐，冷凝液自脱丙烷塔塔顶回流罐抽出，部分用作脱丙烷塔塔顶回流由泵送入脱丙烷塔塔顶，其他送入脱乙烷塔作为进料。塔底 C_4、C_5 馏分与原料换热后再经循环水冷却到 40℃出装置作为 MTBE 装置的原料。

脱乙烷塔塔顶蒸出的 C_2、C_3 馏分经脱乙烷塔塔顶冷凝器部分冷凝冷却后进入脱乙烷塔回流罐，未冷凝的气体主要是乙烷和部分丙烯、丙烷，由回流罐上部经压控阀排放至催化气压机出口回收丙烯，也可进入高压瓦斯管网。冷凝液从脱乙烷塔塔顶回流罐用泵抽出送入塔顶作为回流。

由于丙烯塔的总塔板数为 200 层，采用高效浮阀塔板，故分为 1#丙烯塔和 2#丙烯塔，两塔串联操作。脱乙烷塔塔底的丙烯-丙烷馏分自压进入 1#丙烯塔，1#丙烯塔顶部气体通过管线引至 2#丙烯塔底部最下层塔板，作为上升气相，2#丙烯塔塔釜液相通过丙烯塔中间泵送入 1#丙烯塔顶部第一层塔板上作为液相内回流。2#丙烯塔塔顶蒸出的丙烯经丙烯塔塔顶冷凝器冷凝后进入丙烯塔塔顶回流罐，凝液为精丙烯产品，冷凝液部分用丙烯塔顶回流泵抽出送入 2#丙烯塔作回流，其他作为丙烯产品泵抽出，经丙烯产品冷却器冷却后送至丙烯产品罐区。1#丙烯塔塔釜的丙烷馏分经丙烷馏分冷却器冷却后，用丙烷产品泵抽出送至罐区。

（四）一体化干气液化气分离

常规轻烃回收装置主要回收炼油厂二次加工气体中的液化气组分，干气脱硫后送至燃料气管网作为燃料，干气中的 C_2 组分没有得到有效回收，造成了资源浪费。随着炼化一体化成为发展趋势，进一步回收炼厂气中的 C_2 资源，为乙烯装置提供轻质乙烯裂解料，对减少乙烯料外购、提高炼油厂经济效益有重要的作用。越来越多的炼油化一体化炼油厂选择建设 C_2 回收装置，通过外补 C_4 作为吸收剂来回收 C_2 组分，得到富乙烷气/富乙烯气。从总流程上看，传统轻烃回收+新建 C_2 回收路线，吸收稳定部分存在关键组分的多次分离问题，增加了能耗及投资。以下两种一体化分离技术解决了这个问题。

1. 浅冷油吸收法饱和轻烃回收一体化组合技术

中国石化工程建设有限公司和北化院合作开发的“浅冷油吸收法轻烃回收一体化组合技术”，采用高压吸收+低压解吸的技术路线，与现有技术相比，可以进一步降低投资、占地和能耗。该技术可实现液化气和 C_2 资源的集中、统一回收，可避免现有流程中存在的石脑油与 C_3/C_4 组分、C_2 组分与 C_3/C_4 组分的二次分离问题，且乙烷组分回收率不低于 97%，丙烷及更重组分回收率不低于 98%。

浅冷油吸收法饱和轻烃轻烃回收一体化组合技术和传统轻烃回收路线对比如图 9-3-8 所示。

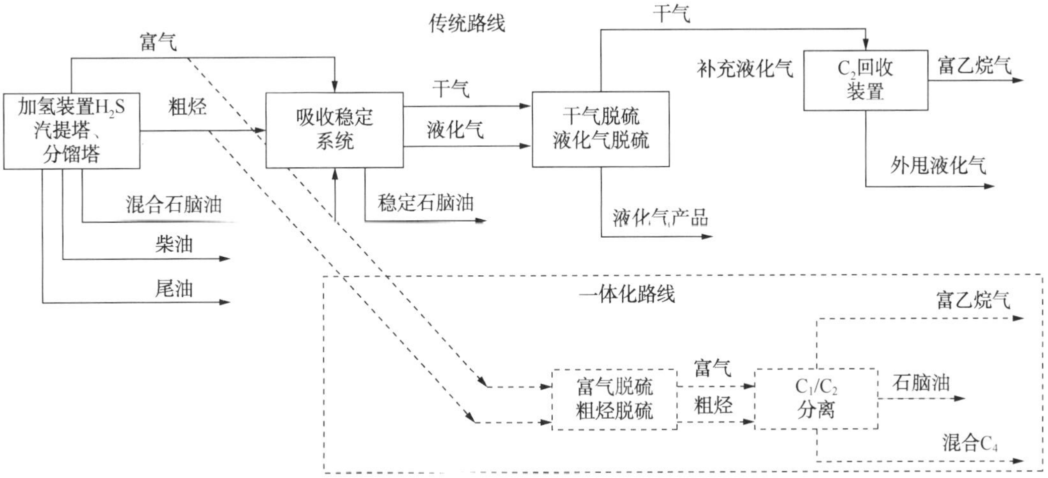

图 9-3-8　饱和轻烃回收路线对比

从上图可以看出，与传统流程相比，该技术改变了组分分离顺序，将组分分离改为 C_1 组分与 C_2 及以上组分的分离，提出模糊分离的概念，即 C_2 及以上组分均可以作为乙烯料，或者根据炼油厂需要，进一步分离 $C_2/C_3/C_4/C_{5+}$。该技术具有如下优势：不设置吸收稳定系统，统筹考虑 $C_2/C_3/C_4$ 回收；不需外补 C_4 吸收剂，自身所含 C_4 完全满足要求；模糊分离 $C_2/C_3/C_4$，降低低温位冷量需求。据估算，此工艺投资较传统路线降低 10%；能耗较传统路线降低 15%~20%。

2. 催化裂化分离与轻烃回收一体化工艺技术

目前，国内外催化裂化(裂解)装置反应产品分离流程一般都是采用分馏-富气压缩-吸收稳定-双脱-气体分馏，得到汽油、柴油、干气、丙烯、丙烷和 C_4 等产品，其中干气含有乙烯、乙烷、甲烷、氢气和部分非烃，一般是作为燃料气使用。催化裂化装置干气产率一般在 3%(质)左右，干气中乙烷+乙烯约占 40%(质)；催化裂解装置干气产率则达到 10%(质)左右，干气中乙烷+乙烯约占 55%(质)，回收这部分 C_2 具有较高的经济效益。

随着炼化一体化的发展，对催化干气中的乙烯和乙烷进一步回收利用，从而提高 C_2 组分的附加值。

中国石化提出的催化裂化(裂解)反应产品分离与轻烃回收一体化技术，针对催化裂化(裂解)装置优化整合分馏、吸收稳定、双脱、气体分离和 C_2 回收流程，并依次分离出甲烷氢、C_2、丙烯、丙烷、C_4 和稳定汽油产品，提高产品附加值；形成了催化裂化(裂解)反应产品分离与轻烃回收一体化新工艺流程，如图 9-3-9 所示。

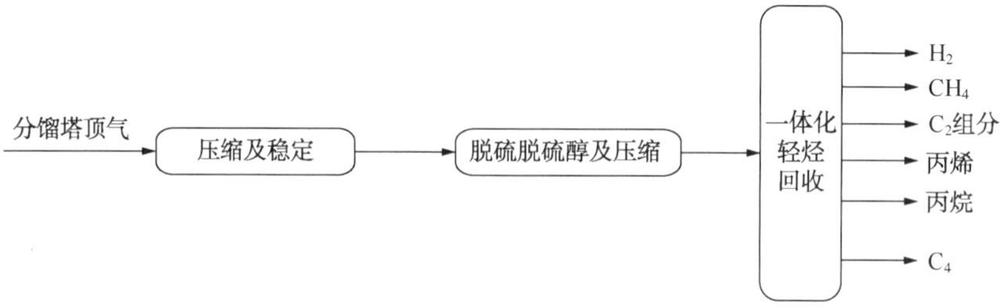

图 9-3-9　催化裂化(裂解)反应产品分离与轻烃回收一体化新工艺流程

与传统工艺流程相比，催化裂化(裂解)反应产品分离与轻烃回收一体化技术工艺具有如下特点和优势：

1）将 C_2、C_3、C_4 回收统筹纳入轻烃一体化回收流程中，不单独设置吸收稳定系统，流程大幅缩短，解决了现有催化裂化(裂解)吸收稳定、双脱、气分和 C_2 回收单元循环物流多、循环量大、C_2 和 C_4 多次分离等突出问题，分离塔数量由 12 个减少至 7 个，能耗降低 10%～20%，节约投资和占地。

2）脱丁烷塔(稳定塔)前置，实现 C_1～C_4 和汽油的分离，降低高温位热源用量。

3）C_4 循环作为补充吸收剂，改变一体化回收系统的温位需求，一体化回收系统成为低温热阱，有利于充分利用催化装置的低温热。

4）C_2 吸收塔和甲烷脱吸塔分开设置，保证 C_2 回收率的同时，实现 C_2、C_3 中甲烷的稳定控制。

5）丙烯精馏塔上游设脱乙烷塔，稳定控制丙烯产品中乙烷含量以满足聚合级丙烯要求。

6）装置自产的 C_4 和稳定汽油作为吸收剂，无须外引吸收剂。

7）流程优化，占地、定员减少，分离流程统一设置，有利于集中管理。

三、炼厂液化气的转化与利用

(一) 丙烷脱氢

丙烯可分为三个级别：炼厂级丙烯(丙烯体积分数 50%～70%)、化学级丙烯(丙烯体积分数 92%～96%)和聚合级丙烯(丙烯体积分数>99.5%)。丙烯的生产路线主要有蒸汽裂解生产乙烯时联产丙烯，炼油厂催化裂化副产丙烯和专产丙烯技术三类。从全球来看，超过一半的丙烯产自蒸汽裂解装置，但蒸汽裂解生产的丙烯受裂解炉操作负荷、裂解原料类型及裂解深度影响较大，裂解深度越高，乙烯收率越高，丙烯收率越低。石脑油裂解可大量副产丙烯，而乙烷裂解的主要产品是乙烯，副产的丙烯量很少。炼油厂催化裂化装置生产汽油和馏分油同时副产丙烯，是丙烯的另一个主要来源。

专门生产丙烯技术包括丙烷脱氢、甲醇制丙烯以及烯烃转换等。与其他丙烯生产技术相比，丙烷脱氢技术具有三大优势：一是原料单一，丙烷是唯一原料，产品主要是丙烯，氢气为副产品；二是生产成本只与丙烷价格密切相关，而丙烷价格与石脑油价格、丙烯价格没有直接关联，可以为丙烯衍生物生产商优化原料的成本结构，规避一些市场风险；三是对于丙烯供应不足的衍生物生产厂，可采购成本较低的丙烷生产丙烯，免除运输与储运丙烯的高成本支出。此外，丙烷脱氢装置的丙烯收率高，可达85%左右，能产出比烃类蒸汽裂解更多的丙烯，而且丙烷脱氢装置的投资比烃类蒸汽裂解低，丙烷原料也能有充足的供应。

丙烷脱氢是一种利用铂系或铬系催化剂将丙烷转化为丙烯和氢气的催化工艺，丙烷脱氢生产的丙烯已成为丙烯的一个重要来源。按照反应器类型不同可以将丙烷脱氢工艺分为固定床工艺、移动床工艺和流化床工艺，其中固定床工艺中的 Catofin 工艺和移动床工艺中的 Oleflex 工艺得到了广泛应用。

以 750kt/a Oleflex 工艺的丙烷脱氢装置为例进行说明。

1. 原料要求

丙烷脱氢的唯一原料是丙烷，工业化的丙烷脱氢工艺有使用 Pt 系催化剂的 Oleflex 工艺、STAR 工艺，使用 Cr 系催化剂的 Catofin 工艺，Pt 系催化剂和 Cr 系催化剂对原料丙烷中的杂质含量有不同的要求。移动床 PDH 装置 Pt 系催化剂对典型丙烷原料的规格要求见表 9-3-17。

表 9-3-17 移动床 PDH 装置 Pt 系催化剂对典型丙烷原料的规格要求

组分	规格	组分	规格
丙烷	≥95.0%	总氧化物	<1000mg/kg
乙烷	≤2.0%	甲醇	<30mg/kg
丁烷	≤3.0%	氨和胺(氮化物)	<10mg/kg
戊烷及重组分	忽略	总硫(H_2S、COS 和硫醇)	<50mg/kg
水	无游离水	H_2S	<5mg/kg
总烯烃	<1000mg/kg	总金属	<20μg/kg
二烯烃及炔烃	<50mg/kg	汞	<1μg/kg
CO_2	<10mg/kg	总卤化物	<1mg/kg

2. 产品规格

丙烷脱氢装置生产高纯度聚合级丙烯产品，直接用于聚丙烯生产，丙烯产品规格见表 9-3-18。

表 9-3-18 丙烯产品规格

组分	规格	组分	规格
丙烯	≥99.6%(体)	CO_2	≤1μL/L
丙烷	≤0.4%(体)	COS	≤0.03μL/L
甲烷+乙烷	≤75μL/L	O_2	≤1μL/L

续表

组分	规格	组分	规格
乙烯	≤20μL/L	总硫	≤1μL/L
乙炔	≤1μL/L	水	≤1μL/L
甲基乙炔+丙二烯	≤4μL/L	氯	≤1μL/L
CO	≤0.02μL/L		

丙烷脱氢副产氢气通过设置PSA氢气提纯生产出高纯度氢气，氢气产品规格见表9-3-19。

表 9-3-19　氢气产品规格

组分	规格	组分	规格
氢气	≥99.99%(体)	CO	≤1μL/L
甲烷	≤10μL/L	烯烃	≤100μL/L

3. 物料平衡

丙烷脱氢装置典型物料平衡见表9-3-20。

表 9-3-20　丙烷脱氢装置典型物料平衡

序号	名称	数量/(kt/a)	备注
一	原料		
1	丙烷	926.6	纯度≥95.0%(体)
	小计	926.6	
二	产品		
1	丙烯	750	纯度≥99.6%(体)
2	氢气	27.8	纯度≥99.9%(体)
3	燃料	148.8	做燃料
	小计	926.6	

4. 装置公用工程消耗

丙烷脱氢装置的主要公用工程消耗是燃料、锅炉给水、蒸汽、电和冷却水。联产高纯度氢气产品，装置的主要公用工程消耗量见表9-3-21。

表 9-3-21　丙烷脱氢装置主要公用工程消耗量

项目	单位	数量	项目	单位	数量
电	kW	22000	0.35MPa低压蒸汽	t/h	-67
循环冷却水	t/h	28400	蒸汽凝液	t/h	-282
高压锅炉给水	t/h	68	燃料	MJ/h	589125
11MPa超高压蒸汽	t/h	350	能耗	kgEO/t丙烯产品	470
1.0MPa中压蒸汽	t/h	-58			

5. 工艺流程

以 Oleflex 工艺丙烷脱氢流程为例，该工艺包括脱丙烷塔、Oleflex 丙烷脱氢、选择性加氢(SHP)、脱乙烷塔、丙烯-丙烷分馏塔等。由于铂金催化剂对丙烷有严格的质量要求，含 95%丙烷的新鲜丙烷进料要脱除氮化物和金属并脱水干燥，之后与循环丙烷混合后进入脱丙烷塔，将丙烷中的丁烷及重组分脱除。脱丙烷塔顶馏分直接送往 Oleflex 单元。在丙烷脱氢的 Oleflex 单元产生两种产品：含氢气 90%(体)的气相产品和富含丙烯、丙烷的液相产品。

通过选择性加氢从 Oleflex 液体产品中将脱氢反应副产的微量炔烃和丙二烯转化为相应的烯烃。二烯烃和乙炔选择性加氢过程在 Huels SHP 单元完成，将二烯烃和乙炔选择性加氢生产单烯烃，而丙烯不会进行加氢反应。该过程在一个单级液相反应器中完成，出料丙烯中二烯烃和乙炔的总量小于 5mg/kg。

新鲜原料中乙烷和轻组分会随原料丙烷一起从脱丙烷塔塔顶进入丙烷脱氢装置，同时在 Oleflex 装置内部，它们也会发生非选择性反应。在脱乙烷塔塔顶除去这些轻组分，脱乙烷塔底物流直接送去丙烯-丙烷分馏塔，丙烯-丙烷分馏塔塔顶产品为纯度 99.5%(体)的高纯度聚合级丙烯，塔底的未反应的丙烷返回脱丙烷塔循环回 Oleflex 装置。

UOP Oleflex 工艺可分为三个工段：反应工段、产品回收工段、催化剂再生工段。

(1) 反应工段

处理后的丙烷原料与富氢循环气混合，与反应器流出物换热，经加热炉加热到反应器入口温度后进入反应器，高选择性地转化为丙烯。

反应工段主要由四台径向流移动床反应器、进料和中间加热炉及反应器进出料换热器组成。由于脱氢反应是吸热反应，反应器的出料温度降低，需要用加热炉加热到下一个反应器进料温度，故四台反应器设置了四台加热炉。第四反应器的出料物流与进料换热后送产品回收工段。

(2) 产品回收工段

从反应器排出的物流经过冷却、压缩，在干燥器和氯处理器中脱去催化剂再生时形成的微量水、H_2S 及氯后，送入深冷分离单元分离成循环气、净气及液体产品。循环气含 90%(体)左右的氢气，与原料丙烷混合作为反应进料。净气是含氢气 90%(体)的干气，经变压吸附(PSA)精制为高纯氢气，供装置自用和作为副产品送出装置供其他加氢装置使用。液体产品主要组成是丙烯及丙烷，送下游进一步处理。

(3) 催化剂再生(CCR)工段

催化剂再生流程与 UOP 铂重整工艺的 CCR 类似，CCR 有四个作用：

1) 烧掉催化剂上的积炭；

2) 使铂金的再均匀分布；

3) 除去过量水分；

4) 在催化剂返回反应器之前，对其进行还原。

采用慢速移动床使催化剂在反应器和再生器之间的回路循环。催化剂循环一周的时间通常为 5~10 天，周期可以调节，取决于 Oleflex 装置的操作参数和催化剂再生情况。

丙烷脱氢流程简图如图 9-3-10 所示。

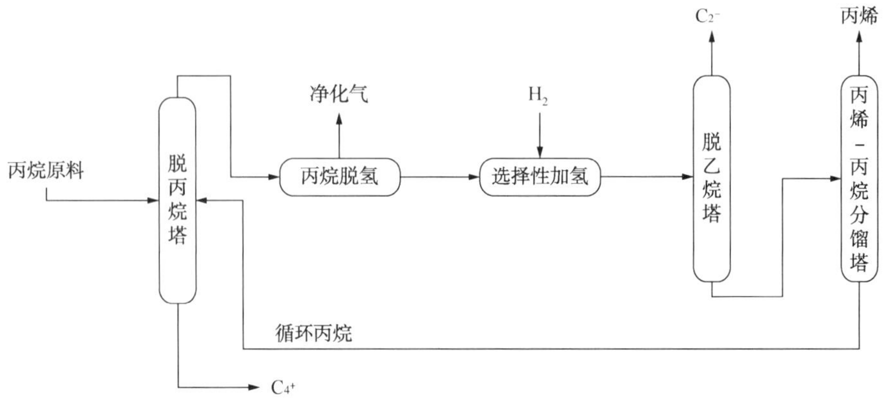

图 9-3-10　丙烷脱氢流程简图

(二) 异丁烯醚化生产 MTBE(甲基叔丁基醚)

MTBE 是清洁汽油的主要辛烷值改进剂，具有很高的净辛烷值，能与汽油较好地互溶，不仅能增加汽油的氧含量，提高其辛烷值，还可以促进清洁燃烧，减少汽车尾气中 CO 含量，减少臭氧生产，显著改善大气质量。

合成 MTBE 的主反应是 C_4馏分中的异丁烯和甲醇，在大孔强酸性离子交换树脂催化剂作用下，在反应温度为 35~80℃下合成 MTBE。

1. *原料要求*

MTBE 装置的原料为混合 C_4馏分和甲醇。

混合 C_4馏分原料有两个来源，一是炼油厂催化裂化所产液化气中的 C_4馏分，二是石化厂中乙烯裂解的抽余 C_4。这两种原料虽均含有异丁烯，但异丁烯含量及其他组分含量差别较大，对所采用的工艺有直接影响。两种原料典型组成见表 9-3-22。催化 C_4 主要成分是单烯烃和饱和烷烃，丁二烯含量低，异丁烷含量高，异丁烯含量通常在 12%~30%(质)。乙烯裂解 C_4 通常先经过丁二烯抽提后再送至 MTBE/丁烯-1 装置，抽余 C_4 富含不饱和烃，其中 1,3-丁二烯含量通常<50mg/kg，异丁烯含量约 45%，1-丁烯含量约 25%，异丁烷含量低，硫含量低。MTBE/丁烯-1 装置主要目标产品除 MTBE 外，还有 1-丁烯。

表 9-3-22　两类混合 C_4 组成　　%(质)

组分	催化裂化 C_4	乙烯裂解抽余 C_4	备注
丙烯	0.05	0.1	
丙烷	0.05		
异丁烷	32.51	1.13	
异丁烯	22.17	45.7	
1-丁烯	10.35	31.78	
正丁烷	6.93	5.19	
反-2-丁烯	15.96	10.24	
顺-2-丁烯	11.91	5.82	
C_5	0.05		
1,3-丁二烯		<40mg/kg	
合计	100.00	100.00	

甲醇是合成 MTBE 的必需原料，符合国家标准优等品(GB 338—2011)规格，见表 9-3-23。

表 9-3-23　甲醇原料规格

项目		指标		
		优等品	一等品	合格品
色度，Hazen 单位(铂-钴色号)	≤	5		10
密度 ρ_{20}/(g/cm³)		0.791~0.792	0.791~0.793	
沸程*(0℃，101.3kPa)/℃	≤	0.8	1.0	1.5
高锰酸钾试验/min	≥	50	30	20
水混溶性试验		通过实验(1+3)	通过实验(1+9)	—
水/%(质)	≤	0.10	0.15	0.20
酸(以 HCOOH 计)/%(质) 或碱(以 NH_3 计)/%(质)	≤ ≤	0.0015 0.0002	0.0030 0.0008	0.0050 0.0015
羰基化合物(以 HCHO 计)/%(质)	≤	0.002	0.005	0.01
蒸发残渣/%(质)	≤	0.001	0.003	0.005
硫酸洗涤试验，Hazen 单位(铂-钴色号)	≤	50		—
乙醇/%(质)	≤	供需双方协商		—

注：当需要计算甲醇的质量分数时，参见 GB 338—2011 附录 B。

2. 产品规格

通常情况下，装置的 MTBE 产品预期组成及性质见表 9-3-24 及表 9-3-25。

表 9-3-24　MTBE 产品组成

组分	含量/%(质)	组分	含量/%(质)
MTBE	≥98(含 MSBE，扣除 C_5)	甲醇	<0.8
叔丁醇	<0.8	C_4	<0.5
二聚物	<0.6	总硫	<10mg/kg

表 9-3-25　MTBE 的性质

项目	数值	项目	数值
RON	117	氧含量%(质)	18.2
MON	101	硫含量/(mg/kg)	10~20
RVP/kPa	55.2	热值/(MJ/kg)	35.1

炼油厂醚后 C_4 可作为烷基化装置，异壬醇装置、醋酸仲丁酯装置、1-丁烯装置等原料，也可回炼 C_4 或作为民用液化气外卖。

3. 物料平衡

以某 MTBE 装置为例，物料平衡见表 9-3-26。

表 9-3-26　MTBE 装置物料平衡

序号	项目	数量/(kt/a)	序号	项目	数量/(kt/a)
一	进料		二	出料	
1	C_4	787.79	1	MTBE 产品	310.93
2	甲醇	107.72	2	高硫组分	1.71
3	氢气	0.69	3	醚后 C_4	580.05
4	萃取防胶剂	0.16	4	燃料气	3.78
5	补充水	0.4	5	不凝气	0.28
	合计	896.8		合计	896.8

4. 装置公用工程消耗

以年产 MTBE 产品 300kt/a 规模为例，单位 MTBE 公用工程消耗指标见表 9-3-27。

表 9-3-27　MTBE 装置公用工程消耗量

项目	消耗量		项目	消耗量	
	单位	数量		单位	数量
循环水	t/h	1421	蒸汽凝结水	t/h	-37.094
除盐水	t/h	8.4	中压除氧水	MJ/h	0.46
0.5MPa 蒸汽	t/h	35.822	电	kW	608.5
1.0MPa 蒸汽	t/h	0.812	单位能耗	kgEO/t(MTBE 产品)	65.02
仪表空气	Nm^3/h	120			

5. 工艺流程

MTBE 装置一般由醚化反应单元、催化蒸馏单元、甲醇萃取和回收单元以及 MTBE 脱硫单元组成。

(1) 醚化反应

C_4 原料和甲醇按一定的醇烯比混合后进入醚化反应器，在反应器内，90%以上的异丁烯转化为 MTBE，反应器出料与催化蒸馏塔塔釜出料换热后进入催化蒸馏塔。

(2) 催化蒸馏

反应物料在催化蒸馏塔实现深度转化和产品分离。催化蒸馏可使催化反应与蒸馏过程在同一设备中同时进行。反应器流出物中的残余异丁烯，在催化蒸馏塔的反应段与甲醇继续反应，生成的 MTBE 不断分离，从而使合成 MTBE 的反应持续进行，可实现异丁烯的深度转化。在塔内反应段进行的合成 MTBE 反应是在物料沸点温度下进行的，因而只要塔的压力控制稳定，反应温度也可保持稳定，不会造成催化剂的过热。为促进深度转化，反应段的适当部位可补入甲醇。

催化蒸馏塔还具有产品分离的作用。甲醇和剩余 C_4 形成的低沸点共沸物，从催化蒸馏塔顶馏出，基本不含甲醇且纯度>98%的 MTBE 从塔底自压排出，与塔进料换热，再经冷却器冷却后去罐区。

(3) 甲醇萃取和回收

由于甲醇在 C_4 馏分和水中的溶解度差别很大，故采用水洗使萃取塔进料中所含甲醇被水所萃取，从萃取塔顶排出的剩余 C_4 基本不含甲醇，进入剩余 C_4 罐后送出装置。萃取塔塔底排出的萃取液是含微量烃类的甲醇水溶液，作为甲醇回收塔进料。

甲醇回收塔借助蒸馏实现甲醇和水的分离。塔顶回收的甲醇经回流泵送回甲醇原料罐，塔底基本不含甲醇(<0.1%)的水则经塔进料换热器及冷却器后作为萃取水返回甲醇萃取塔循环使用，MTBE 流程如图 9-3-11 所示。

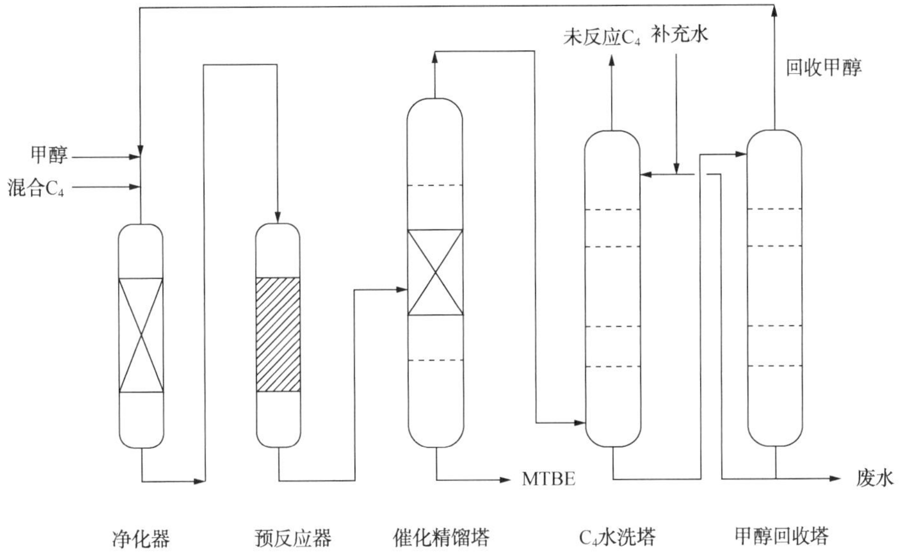

图 9-3-11　MTBE 流程简图

(4) MTBE 脱硫

经过脱硫、脱硫醇的催化液化气中往往还残留少量含硫组分。经气分和 MTBE 生产过程后，由于 MTBE 比醚后 C_4 对硫化物有更高的溶解性，液化气中这些高沸点硫化物绝大部分富集到了催化蒸馏塔釜 MTBE 当中。

MTBE 脱硫技术的原理是根据沸点差异，经过蒸馏将高沸点硫化物从含硫 MTBE 当中分离。为了提高脱硫效果，降低 MTBE 损失，防止塔底发生缩聚和结焦反应，通常采用加入萃取剂的措施。

(三) 异丁烷烷基化生产清洁汽油组分

异丁烷烷基化是以液化气中 C_3～C_5烯烃及异丁烷为原料，在催化剂的作用下使烯烃与异丁烷反应，生产烷基化油的装置。烷基化油辛烷值高，蒸汽压低，硫含量极低，不含烯烃和芳烃，是理想的清洁汽油调和组分，亦可作为优良的航空汽油组分。

烷基化使用的催化剂有两类：一类为固体酸(离子交换树脂和分子筛)催化剂，另一类为液体酸(硫酸、氢氟酸和离子液)催化剂。

以固体酸为催化剂的烷基化工艺运行时间不长，需进一步验证，成熟的烷基化工艺是以液体酸为催化剂的技术。

根据所使用的催化剂不同，液体酸烷基化可以分为硫酸烷基化、氢氟酸烷基化和离子液烷基化。前两种都是非常成熟的工艺，离子液烷基化目前处于完善提升阶段。对于硫酸和氢氟酸烷基化都有多套运行装置，考虑到氢氟酸外泄后易挥发且对人体伤害巨大，从安全角度一般不考虑氢氟酸技术。

以硫酸为催化剂的烷基化工艺目前在国内主要有三种技术，一是美国 DUPONT 公司的流出物致冷工艺，二是近些年工业化的 LUMMUS 公司低温硫酸烷基化技术，三是中国石化石科院的 SINOALKY 技术。LUMMUS 公司的低温硫酸烷基化技术和石科院的 SINOALKY 技术类似，其主要特点如下：

1）取消了传统硫酸烷基化反应器的搅拌器。

低温硫酸烷基化工艺（CDAlky 工艺）是在立式反应器内采用一种静态内件以使烃类和酸充分接触，反应器的尺寸根据装置规模设计，单台反应器的最大规模能到 350kt/a。由于取消搅拌器，可以使反应在低温下进行，从而减少了副反应的发生。

2）取消了反应流出物的处理设施。

因为是低温反应，减少副反应及酸酯类的生成，从而取消了反应流出物的酸洗、碱洗和水洗过程，通过增加流出物的聚结分离器除去携带的酸，减少废水排放。

3）增加循环酸泵和循环烃泵。

流出物致冷工艺的循环酸是靠重度差循环，反应器带搅拌器；而低温硫酸烷基化反应器没有搅拌器，需要增加循环酸泵和循环烃泵，装置能耗较高。

4）异丁烷自气化制冷。

反应系统中通过异丁烷汽化以维持反应温度。

采用 DUPONT 公司流出物致冷硫酸烷基化技术建成的装置已运行多年，与低温硫酸烷基化技术相比，装置能耗较低，是目前应用较多的烷基化技术。

1. *原料要求*

烷基化原料主要是催化裂化装置所产液化气经气体分馏装置回收丙烯、丙烷后的 C_4 馏分或经 MTBE 装置的未反应 C_4 馏分，未反应 C_4（醚后 C_4）主要是异丁烷、1-丁烯及 2-丁烯。烷基化进料要求 C_4 馏分中的异丁烷与烯烃的比例不小于 1.05（mol）。当 C_4 馏分中异丁烷含量不足时，常以炼油厂富含异丁烷的饱和烃进行补充。如加氢裂化或重整液化气。如果炼油厂没有富含异丁烷的饱和液化气，可将催化 C_4 馏分进行分离，分出一部分重 C_4，使轻 C_4 馏分满足烷烯比的进料要求。烷基化原料组成见表 9-3-28。

表 9-3-28　某炼油厂烷基化原料组成　%（质）

原料组成	气分 C_4 馏分	MTBE 醚后 C_4 馏分	加氢裂化液化气	重整液化气
≤乙烷			0.76	5.5
丙烯	0.12	0.06		0.2
丙烷	0.39	0.08	24.87	32.8
异丁烷	48.92	42.43	43.08	32.3
异丁烯	17.88	0.57		2.3
1-丁烯	11.06	13.13		
反-2-丁烯	9.16	18.52		
顺-2-丁烯	5.22	16.03		
正丁烷	7.03	9.06	29.58	25.6
戊烷以上	0.02	0.03	1.67	1.3
丁二烯	0.05~0.1	0.2~0.3		
总硫	0.01	0.002		
水	饱和	饱和		
MTBE		0.01		
二甲醚	上游无 MTBE 装置	0.1~0.15		
甲醇		0.01		

液体酸烷基化装置操作好坏取决于原料中杂质含量。烷基化装置原料中主要杂质有硫、水、丁二烯和轻烃。如果原料来自 MTBE 未反应 C_4 馏分，杂质还会包括甲醇，甲基叔丁基醚和二甲醚等含氧化合物。

为保证装置长周期安全生产，杂质含量限制值见表 9-3-29。

表 9-3-29　烷基化原料要求

项目	限制值	项目	限制值
C_2以下	无	总硫	<20mg/kg
C_3	<1%	甲醇	≤50mg/kg
水	饱和水	MTBE	≤50mg/kg
丁二烯	≤100mg/kg	二甲醚	≤100mg/kg

2. 产品规格

同样的原料组成对硫酸烷基化和氢氟酸烷基化来说，烷基化油的辛烷值及干点也有区别，烷基化装置生产的烷基化油性质见表 9-3-30。

表 9-3-30　烷基化油性质

项目	硫酸烷基化油	氢氟酸烷基化油	项目	硫酸烷基化油	氢氟酸烷基化油
相对密度(d_4^{20})	0.69	0.69	干点	202	193
馏程/℃			蒸气压/kPa	42	42
初馏点	34	49	*RON*	95~98	95~96
10%	55	83	*MON*	92~93.5	92~93
50%	107	104	收率/%	>202	>202
90%	149	129			

烷基化装置除生产烷基化油外，副产正丁烷，纯度在 85%以上。

3. 物料平衡

以某套烷基化装置为例，物料平衡见表 9-3-31。

表 9-3-31　烷基化装置物料平衡表　kt/a

物料名称		含量	物料名称		含量
进料	醚后 C_4	339.5	出料	烷基化油产品	300.0
	氢气	0.1		正丁烷产品	35.3
	异丁烷	12.6		液化气	13.6
	合计	352.2		燃料气	2.0
				损失	1.3
				合计	352.2

4. 装置公用工程消耗

以 300kt/a 硫酸烷基化装置为例，典型公用工程消耗量见表 9-3-32。

表 9-3-32　烷基化装置公用工程消耗量

项目	年消耗量	
	单位	数量
循环水	10^4t	576.3
除盐水	10^4t	23.9
净化风	10^4Nm^3	378
电	10^4 kW · h	5323.2
1.4MPa 蒸汽	10^4t	33.1
凝结水	10^4t	−35.9
氮气	10^4Nm^3	205.8
除氧水	10^4t	0.672
单位能耗	kgEO/t(烷基化产品)	124.3

5. 工艺流程

无论哪种烷基化技术，一般设置 C_4 原料加氢精制处理，流程简述如下：

自装置外来的 C_4 馏分进入原料缓冲罐经沉降分水后，由进料泵抽出并升压至略高于反应压力，经进料加热器加热至反应温度，在静态混合器中与氢气混合后，从加氢反应器底部进入反应床层。随混合 C_4 带入的硫化物是使催化剂失活的有害杂质，催化剂失活后可用热氢气吹扫使其活化。反应后的 C_4 馏分从加氢反应器顶部出来进入脱轻烃塔。

脱轻烃塔的任务是脱去 C_4 馏分中的 C_3 及以下的轻组分。塔顶排出的轻组分经冷凝冷却后，一部分作为塔顶回流，另一部分作为液化气送出装置，塔顶不凝气经压控进入全厂瓦斯管网。塔底抽出的烷基化原料经与原料换热后，再经 C_4 馏分冷却器冷至 40℃后进烷基化反应部分。C_4 馏分经加氢精制后，丁二烯含量≤100μL/L，二甲醚≤100μL/L。

硫酸烷基化流程以 DUPONT 公司烷基化技术进行说明。流程一般包括原料脱水、烷基化反应、制冷压缩、反应流出物精制、产品分馏和化学处理等部分。主要过程为烯烃原料与循环异丁烷和酸在反应系统中接触发生烷基化反应，并通过反应流出物节流膨胀来带走反应热。反应器出来的产物在沉降器中进行分离，利用重度差将酸烃分离，酸返回反应器，烃类经酸洗、碱水洗等处理后进行分馏，分出异丁烷、正丁烷及烷基化油。

(1) 原料脱水及反应部分

从 C_4 原料加氢精制部分来的 C_4 馏分与脱异丁烷塔顶过来的循环异丁烷混合后，与反应器净流出物在原料-流出物换热器中换冷后进入原料脱水器，分离出 C_4 馏分中的游离水，保证原料中的游离水含量降至 10mg/kg。然后，该物流再与循环冷剂直接混合并使温度降低至约 1.7℃分别进入烷基化反应器。

烷基化反应器是装有内循环夹套、取热管束和搅拌叶轮的压力容器。在反应器操作条件下，进料中的烯烃和异丁烷在硫酸催化剂存在下，生成烷基化油。反应完全的酸-烃乳化液经上升管直接进入酸沉降罐，并在此进行酸和烃类的沉降分离，分出的酸液经下降管返回反应器重新使用。反应-沉降系统中酸的循环是借助于上升管和下降管中物料的相对密度差自然循环的，90%浓度的废酸自酸沉降罐排放至废酸脱烃罐，从废酸脱烃罐分出的烃类返回酸沉降罐，废酸排至排酸罐。

从酸沉降器分出的反应流出物液相烃经压力控制阀降压后，流经反应器内的取热管束部分汽化，吸收热量脱除反应热。汽-液混合物进入闪蒸罐。闪蒸罐隔板一侧供反应流出物进行气液分离，另一侧供循环冷剂进行汽-液分离。净反应流出物泵抽出与原料 C_4 换冷后去流出物精制和产品分馏部分继续处理。冷剂则以循环冷剂泵抽出送至反应器进料管线与原料 C_4 直接混合。从闪蒸罐气相空间出来的烃类气体至制冷压缩机。

（2）制冷压缩部分

闪蒸罐气相空间的平衡蒸汽，由挡板两侧汇集至出口管，再进入制冷压缩机。

制冷压缩机为中间加气式两级离心压缩机，由电机或汽轮机驱动。

从闪蒸罐来的烃类气体进入压缩机一级入口，补充进入二级入口的气体来自节能罐顶部。上述气体经压缩机压缩后经冷剂空冷器冷凝，冷凝的烃类液体进入冷剂罐。该液体绝大部分冷却后进入节能罐，并在节能罐的压力下闪蒸，富含丙烷的气体返回压缩机二级入口，节能罐流出的液体去闪蒸罐，再降压闪蒸，液相用循环冷剂泵抽出送至反应器入口循环。

冷剂罐一小部分烃类液体作为抽出丙烷经泵升压送至抽出丙烷碱洗罐进行碱洗，以中和可能残留的微量酸，从碱洗罐流出的丙烷经丙烷脱水器脱水后送回脱轻烃塔回收其中的异丁烷。

（3）流出物精制和产品分馏部分

换热后反应流出物首先进入流出物脱酸罐，在聚结器的作用下脱除流出物携带的酸。随后流出物与烷基化油产品换热后的热碱水在混合器中充分混合后进入流出物碱洗罐。碱水自流出物碱洗罐底部用碱洗循环泵抽出，经加热后送回静态混合器入口进行循环。

碱洗后的流出物经水洗及脱水后进入脱异丁烷塔，塔顶馏出物经脱异丁烷塔顶空冷器冷凝后进入塔顶回流罐。冷凝液经回流泵升压后，一部分作为回流返回塔顶，另一部分经循环异丁烷冷却器冷却至40℃后作为循环异丁烷与原料混合，经与流出物换脱水后进入反应部分。脱异丁烷塔中间重沸器采用装置回收的蒸汽冷凝水作为热源。塔底丁烷和烷基化油自压进入正丁烷塔。

正丁烷塔顶蒸出的正丁烷经塔顶空冷器冷凝后进入塔顶回流罐。冷凝液经回流泵升压后，一部分返回塔顶作为回流，另一部分经冷却器冷却到40℃后送出装置。

烷基化油由塔底产品泵抽出经与碱水换热后，再经烷基化油冷却器冷却至40℃送出装置。

产品分馏所需的热量由塔底重沸器提供，重沸器热源采用1.1MPa蒸汽，蒸汽凝结水回收。

(4)化学处理部分

装置设有新鲜酸(98.5%H_2SO_4)储罐、废酸罐和备用罐，用以接收装置外或待生酸处理装置送来的新鲜硫酸及装置产生的废酸。罐内以氮气覆盖，防止空气中的水分进入罐内造成酸的稀释和设备腐蚀。

装置的排酸罐有三种作用：正常操作时它接收自反应部分酸沉降器送来的废酸，作为废酸缓冲及分离出所携带的烃类；事故状态时接收含酸系统容器安全阀的放空物流，并使酸和烃分离；停工时接收含酸系统容器的含酸排放物流。废酸在排酸罐中分离出烃类后，用废酸泵送至废酸储罐。回收的含酸烃类则用含酸废油泵送至反应系统。

从排酸罐来的含酸油气进入含酸气碱洗塔进行碱洗中和，自排酸罐来的酸性气流经含酸气碱洗塔时被中和后排至火炬系统。

装置设有新鲜碱储罐一台，供给各部分所需的 12% NaOH 溶液。本装置设有废水脱气罐，装置各部分脱出的含烃废水在此罐进行脱气，烃类气体排至火炬，废水排至废水中和池。

装置设置的废水中和池用以接收装置可能排放的自流酸性污水以及碱性污水。中和池中设有 pH 计在线控制新鲜碱液加入量和新酸加入量，池内还设有喷射器，以保证混合均匀。中和后的污水用浸没在池中的排水泵送出装置，污油则用废油泵排出装置。

硫酸法烷基化流程简图见图 9-3-12。

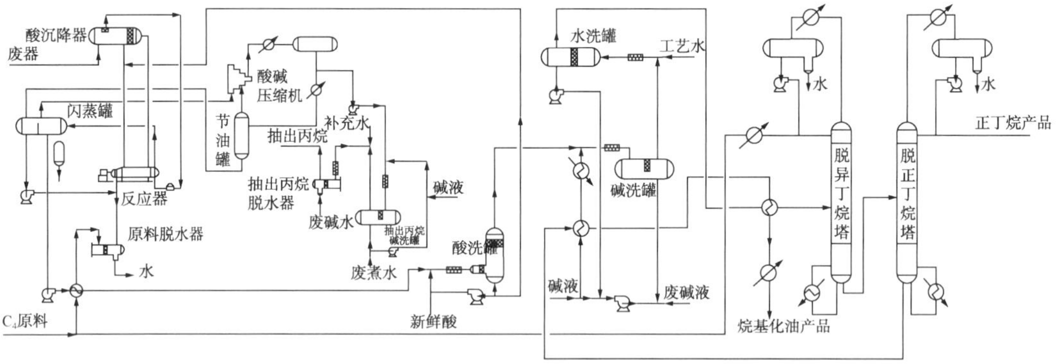

图 9-3-12　硫酸烷基化流程简图

（四）催化叠合

根据原料组成和目的产品的不同，烯烃叠合分为非选择性叠合及选择性叠合两种类型。非选择性叠合通常采用磷酸（硅藻土做载体）催化剂，通过叠合反应将液化气中的所有烯烃参与叠合反应生产 C_8 烯烃为主的叠合汽油。发现较早，在 20 世纪 40 年代成为生产高辛烷值汽油的主要方法，但随着烷基化等工艺的兴起，地位逐步下降，目前已较少采用。选择性叠合主要以混合液化气中特定烯烃组分为原料，在酸性催化剂作用下进行特定的叠合反应，生产某种特定的产品或高辛烷值汽油组分。

截至目前，国际上以炼厂液化气为原料经过叠合反应生产异辛烷/异辛烯的公司包括 Axens、LyndndellBasell/Kvaerner、Neste Oil/KBR、Refining Hydrocarbon Technologies、Snamprogetti/CDTECH 和 UOP 等。国内公司研究较多的单位有上海石油化工研究院、兰州石化公司和石油化工科学研究院和中国石化工程建设有限公司等。

其中 LyndndellBasell 和 Kvaerner 公司合作开发的是异丁烯选择性叠合技术，Neste Oil 和 KBR 公司合作开发了异丁烯选择性叠合技术 NExOCTANE。Refining Hydrocarbon Technologies 则提出了两种异丁烯选择性叠合技术：RHT-isoocteneSM 和 RHT-isooctaneSM，分别对应异辛烯和异辛烷的生产技术。Snamprogetti/CDTECH 开发了 Dimer8SM 技术，产品是异辛烷/异辛烯，工艺特色也是异丁烯选择性二聚。石油化工科学研究院和中国石化工程建设有限公司合作开发的选择性叠合技术以催化 C_4 为原料，采用酸性树脂催化剂生产叠合汽油产品或生产高纯度二异丁烯产品，同时还配套开发了 C_8 烯烃全加氢工艺以满足汽油调和需要。上述技术的下游一般是配套烷基化装置，可以将其他的碳四烯烃和异丁烷转化为异辛烷。

1. 非选择性叠合

（1）原料要求。

全馏分液化气（未经气体分馏装置分离，主要成分 $C_3 \sim C_4$）、C_3 馏分或 C_4 馏分为原料，目的产品为高辛烷值汽油调和组分。

以某项目为例，经脱硫醇后的全馏分催化液化气组成见表 9-3-35。

表 9-3-33　进料组成　%(质)

组分	数值	组分	数值
C_3	0.39	反-2-丁烯	11.74
异丁烷	39.11	顺-2-丁烯	6.73
正丁烷	22.44	C_5	0.61
异丁烯	8.73	1,3-丁二烯	≤0.1
正丁烯	10.15	合计	100

(2) 产品规格。

主要产品为叠合汽油，主要性质见表 9-3-34。

表 9-3-34　叠合汽油的主要性质

项目	数据	项目	数据
密度(20℃)/(kg/m³)	740	研究法辛烷值 *RON*	100
ASTMD86/℃初馏点~终馏点	85~203	马达法辛烷值 *MON*	85

由于 C_4 烯烃非选择性叠合装置的原料为混合 C_4，发生叠合反应的主要反应物为正丁烯、异丁烯、反丁烯、顺丁烯，混合 C_4 原料中的异丁烷和正丁烷不参与反应，因此，本装置还副产 C_4 馏分。副产的 C_4 馏分的组成数据见表 9-3-35。

表 9-3-35　副产的 C_4 馏分组成　%(质)

项目	组成	项目	组成
丙烷	0.6	反丁烯	1.7
异丁烷	60.9	顺丁烯	0.8
正丁烷	34.1	戊烷	0.4
正丁烯	0.5	合计	100
异丁烯	1		

(3) 物料平衡。

以某 60kt/a(叠合汽油的生产规模)为例，对应 C_4 原料为 184.8kt/a。本装置物料平衡数据见表 9-3-36。

表 9-3-36　物料平衡

进出物料	名称	质量分数/%	流量/(kt/a)
原料(进料)	混合 C_4	100	184.8
	总计	100	184.8
产品(出料)	剩余 C_4	64.05	118.4
	叠合汽油	35.95	66.4
	总计	100	184.8

注：年操作时数按 8400h 计。

（4）装置公用工程消耗。

装置公用工程主要消耗指标见表 9-3-37。

表 9-3-37　公用工程主要消耗指标表

序号	指标名称	单位	数量	备注
1	循环水	t/h	368.8	
2	除盐水	t/h	0.06	
3	净化压缩空气	Nm^3/h	50	
4	非净化压缩空气	Nm^3/h	(MAX 1200)	间断
5	0.6MPa(表)氮气	Nm^3/h	60	
6	2.5MPa(表)氮气	Nm^3/h	(MAX 1200)	间断
7	电	kW	246	
8	3.5Mpa 蒸汽	t/h	1.440	
9	1.0MPa 蒸汽	t/h	1.941	
10	0.4MPa 蒸汽	t/h	0.427	

2. 选择性叠合

（1）原料要求

用于生产高辛烷值汽油组分的选择性叠合工艺主要是法国 IFP 研究开发的异丁烯选择性叠合。我国在 20 世纪 90 年代引进一套装置，原料为催化 C_4 馏分，使用国产无定形硅酸铝小球催化剂，可使 C_4 馏分中的异丁烯几乎全部转化为二聚物或三聚物，而正丁烯的转化率较小。

一般炼油厂催化裂化液化气 C_4 馏分，典型组成见表 9-3-38。

表 9-3-38　进料组成

名称	组成/%	名称	组成/%
C_3	0.5	t-C_4H_8	15.82
i-C_4H_{10}	34.31	c-C_4H_8	10.54
i-C_4H_8	15.80	C_5H_{12}	2.73
l-C_4H_8	12.40	C_4H_6	0.1
n-C_4H_{10}	7.80	合计	100.00

用于生产高纯度 1-丁烯，对原料中杂质含量要求见表 9-3-39。

表 9-3-39　进料杂质含量要求

名称	含量	名称	含量
总硫/(mg/kg)	≤5	胺化合物/(mg/kg)	≤1
乙腈/(mg/kg)	≤1	氧化合物/(mg/kg)	≤30
氨/(mg/kg)	≤0.3	水/(mg/kg)	≤10
碱及碱性化合物/(mg/kg)	≤0.5	丁二烯/%	≤0.2

（2）产品规格

1）叠合汽油。

本装置的主要产品为叠合汽油(加氢后)。预期规格见表 9-3-40。

表 9-3-40　叠合汽油预期规格

项目	数据	项目	数据
密度(20℃)/(kg/m^3)	~705	硫含量/(mg/kg)	≤10
ASTM D86/℃		烯烃含量/%(质)	≤5.0
初馏点~终馏点	90~200	研究法辛烷值 *RON*	~100
雷氏蒸气压/kPa	20	马达法辛烷值 *MON*	~99

2）副产品。

C_4 烯烃叠合装置副产品叠合反应后 C_4，作为烷基化装置原料，参考组成见表 9-3-37。

表 9-3-41　叠合反应后 C_4 组成

组分	组成/%(质)	组分	组成/%(质)
丙烷	0.32	反-2-丁烯	25.46
异丁烷	33.98	顺-2-丁烯	17.89
正丁烯	9.06	异戊烷	0.05
异丁烯	1.60	1,3-丁二烯	68mg/kg
正丁烷	11.64	合计	100.00

(3) 物料平衡

以规模为 150kt/a(叠合汽油产品)为例，装置物料平衡数据见表 9-3-42。

表 9-3-42　C_4 烯烃叠合装置物料平衡

序号	项目	组成/(kt/a)	序号	项目	组成/(kt/a)
一	进料		二	出料	
1	C_4 原料	522.0	1	加氢叠合油	145.0
2	重整氢气	6.0	2	反后 C_4	376.0
3	脱盐水	0.0	3	尾氢	1.0
	合计	528.0	4	汽提塔顶排放气	2.0
			5	脱氢塔排放气	3.0
				合计	528.0

注：年开工时长为 8400h。

(4) 装置公用工程消耗

主要公用工程消耗指标见表 9-3-43。

表 9-3-43　主要公用工程消耗指标

序号	指标名称	单位	数量	备注
1	循环水	t/h	2217.4	
2	除盐水	t/h	0.0015	
3	新鲜水	t/h	(MAX 100)	间断
4	净化压缩空气	Nm^3/h	150	
5	非净化压缩空气	Nm^3/h	(MAX 1000)	间断
6	0.6MPa(表)氮气	Nm^3/h	(MAX 1000)	间断

续表

序号	指标名称	单位	数量	备注
7	2.5MPa(表)氮气	Nm^3/h	(MAX 1200)	间断
8	电	kW	448.8 (MAX850)	轴功率 (未含仪表、照明)
9	1.6MPa 蒸汽	t/h	17.91	
10	0.4MPa 蒸汽	t/h	2.01	
11	凝结水	t/h	-19.92	外送
12	低温水	t/h	(33.7)	间断
13	能耗	kgEO/t 产品	97.39	

3. 工艺流程

非选择性叠合和选择性叠合加工流程基本类似，主要由选择性加氢单元、选择性叠合单元、叠合汽油加氢单元和公用工程单元构成。下面以选择性叠合装置为例进行工艺流程描述。

(1) 选择性加氢单元

当混合 C_4 原料中的二烯烃含量过高时，需要先通过选择性加氢脱除二烯烃组分。原料混合 C_4 与新鲜氢气进入加氢反应器进行选择性加氢反应。加氢反应出料进入脱氢塔，从塔顶分离出加氢尾气，从塔底得到不含二烯烃的混合 C_4，并送至选择性叠合单元。

(2) 选择性叠合单元

自选择性加氢单元来的加氢 C_4 经泵升压后进入净化器进料混合器。来自调节剂回收塔的循环调节剂进入调节剂缓冲罐，经调节剂泵升压后也进入混合器。C_4 原料和调节剂经净化器、混合器、加热器后进入叠合反应器进行叠合反应。叠合反应器为列管反应器，采用除盐水冷却取热方式降低反应物流的温度，除盐水罐内除盐水升压后进入除盐水冷却器，然后进入叠合反应器壳程，换热升温后返回到除盐水罐。通常设置多台叠合反应器以满足转化率及长周期操作换剂需求。

叠合反应产物经换热后进入脱碳四塔进行产物分离。脱碳四塔顶为剩余 C_4 馏分，塔底为叠合汽油和调节剂的混合物，塔底物流自压进入调节剂回收塔。

调节剂回收塔塔顶分离出 C_5 组分，由侧线采出循环调节剂并送回调节剂缓冲罐。调节剂回收塔底为叠合汽油，冷却后送至叠合汽油加氢单元。

(3) 叠合汽油加氢单元

自选择性叠合单元来的叠合汽油与循环加氢汽油和循环氢混合后，进入反应进料换热器，换热后的混合物进入加氢反应器。

反应产物先后进入加氢热分离罐和加氢冷分离罐进行气液分离，气相一部分作为循环氢，另一部分作为高压尾氢送出界区。热分离罐下部液相送至汽提塔。

汽提塔的主要作用是脱除加氢精制产物中的 C_4 以下轻组分及溶解的微量 H_2S。塔顶回流罐顶部排放少量酸性气体，汽提塔底得到加氢叠合汽油，冷却后作为加氢叠合汽油送至界区。

某利用现有装置改造的叠合装置流程简图如图 9-3-13 所示。

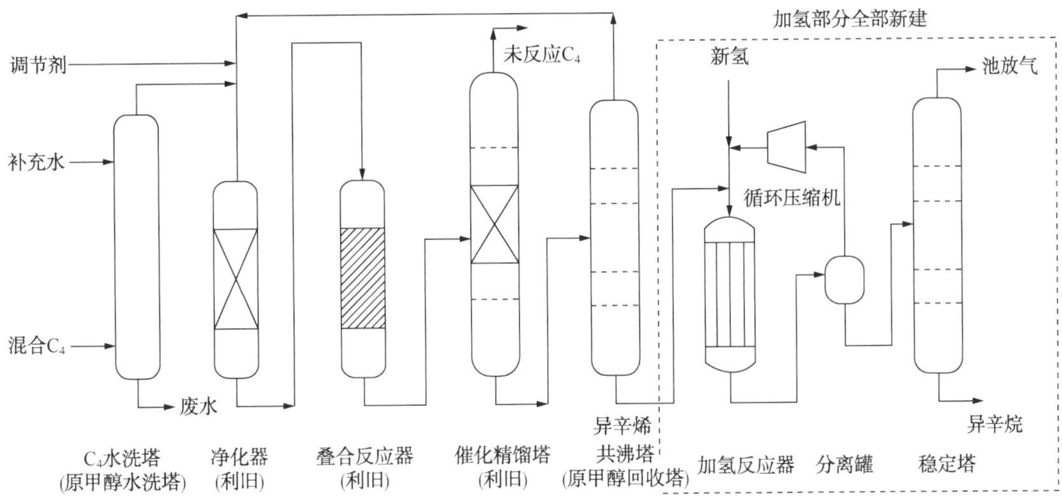

图 9-3-13 叠合加工流程简图

(五) 烯烃裂解

石油炼制过程、蒸汽裂解过程和甲醇制烯烃过程除了生成所需的乙烯和丙烯外，还伴生大量的C_4、C_5馏分。其中蒸汽裂解过程中生成的C_4馏分与乙烯产量比为30%~40%，而C_5馏分与乙烯产量比为14%~20%。炼油厂催化裂化装置生成的C_4馏分为新鲜进料的10%~13%，而C_5馏分可达新鲜进料的5.4%。甲醇制烯烃装置副产的C_4、C_5馏分可达纯甲醇进料的6.3%。目前，我国大多数企业对裂解副产C_4、C_5烃的利用多集中于增产油品，化工利用较少。

烯烃(主要是C_4~C_5)催化裂解技术的基本原理是利用具有独特择型性和酸性的ZSM-5催化剂，选择性地把低碳烯烃转化为丙烯和乙烯。

OCC技术采用中国石化上海石油化工研究院开发的烯烃催化裂解催化剂，该催化剂具有较强的原料适应性，可处理不同来源、不同烯烃浓度的原料，通过催化裂解将C_{4+}烯烃高选择性地转化为丙烯和乙烯。

OCC技术采用固定床反应工艺，催化剂采用连续切换再生的方式以保持催化剂的反应活性及双烯选择性。反应过程中不需要添加稀释剂，可以有效减小设备尺寸，降低装置投资和操作费用。

设置反应进/出料换热器，可高效回收高温反应产物的热量，降低高品位热的消耗量。预热后的反应进料通过进料加热器调节反应器进料温度。

OCC装置流程调整灵活，可与其他乙烯/丙烯生产装置配套。因此，分离单元可采取短流程。从脱丙烷塔顶得到的粗丙烯可送入乙烯装置或MTO装置进行分离精制，避免了塔系的重复设置，简化了工艺流程，降低了装置的投资。

OCC技术可根据全厂总流程，与乙烯装置、MTO或DCC等装置联合，并相应地设计不同的流程。

1. *原料要求*

烯烃催化裂解技术原料适应广，炼油厂、乙烯厂及MTO装置副产的C_4、C_5单烯烃均是有效反应成分，通过合理的全厂流程规划，可达到C_4、C_5烯烃资源的高效转化和完全利用。

以某 OCC 装置为例，原料组成见表 9-3-44。

表 9-3-44　进料组成

组分	质量分数/%	组分	质量分数/%
C_3H_6	0.12	t-C_4H_8	13.34
C_3H_8	0.18	c-C_4H_8	9.84
iC_4H_{10}	34.91	C_4H_6	0.02
iC_4H_8	16.37	i-C_5H_{12}	0.02
C_4H_8	13.84	C_{5^+}	0.94
nC_4H_{10}	10.43		

2. 产品

装置主要产品为粗丙烯，副产粗丁烷和异丁烷，主要产品组成见表 9-3-45~表 9-3-48。

（1）粗丙烯

表 9-3-45　粗丙烯组成　%（质）

组分	含量	组分	含量
甲烷	3.42	丙烯	64.90
乙烷	2.97	C_4	~0.5
乙烯	22.04	其他	~0.07
丙烷	6.10		

（2）粗丁烷组成

表 9-3-46　粗丁烷组成　%（质）

组分	含量	组分	含量
C_{3^-}	<0.1	丁烷	69.8
丁烯	30.1	C_5	<0.1

（3）重烃 C_{5^+}组成

表 9-3-47　重烃 C_{5^+}组成　%（质）

组分	含量	组分	含量
C_{4^-}	<0.1	C_{5^+}	~59.9
C_5	40.1		

（4）粗异丁烷组成

表 9-3-48　粗异丁烷组成　%（质）

组分	含量	组分	含量
C_{3^-}	~0.4	正丁烷	<0.1
异丁烷	90.1	丁烯	~9.9

3. 物料平衡

装置物料平衡见表 9-3-49。

表 9-3-49　装置物料平衡

原料				产品		
序号	名称	流量/(t/h)	年耗量/(10^4t/a)	名称	流量/(t/h)	年耗量/(10^4t/a)
1	C_4	74.69	59.75	粗丙烯*	29.38	23.50
2				粗丁烷	14.03	11.22
3				重烃	5.04	4.03
4				粗异丁烷	26.24	21.00
	合计	74.69	59.75		74.69	59.75

* 粗丙烯中含纯乙烯流量约为 6.48t/h，即年产 51.8kt；纯丙烯流量为 19.06t/h，即年产 152.5kt。

4. 装置公用工程消耗

以 150kt/a 丙烯的 OCC 装置为例，公用工程消耗见表 9-3-50、表 9-3-51。

表 9-3-50　OCC 装置公用工程消耗量(原料预处理单元)

序号	名称	单位	消耗量
1	循环冷却水	t/h	4041
2	电	kW · h	100
3	低温热(大于 90℃)	MW	46.9
4	仪表空气	Nm^3/h	12

表 9-3-51　OCC 装置公用工程消耗量

序号	名称	单位	消耗量
1	循环冷却水	t/h	2625
2	电	kW	8240
3	高压蒸汽(3.4MPa)	t/h	100
4	中压蒸汽(1.3MPa)	t/h	10.1
5	低压蒸汽(0.45MPa)	t/h	-67.7
6	丙烯冷剂(7℃)	t/h	112.9
7	氮气	Nm^3/h	1500
8	工厂空气	Nm^3/h	300
9	仪表空气	Nm^3/h	1000

5. 工艺流程

OCC 装置分为 4 个单元，第 1 部分为原料预处理-蒸发单元，第 2 部分为催化裂解反应/再生单元，第 3 部分为压缩单元，第 4 部分为预分离单元。OCC 技术流程简图如图 9-3-14 所示。

(1) 原料预处理-蒸发单元

原料预处理-蒸发单元包括原料蒸发等部分。混合 C_4、C_5 在本单元加热为气体，送至反应/再生单元。根据原料组成情况，本单元也可包含原料脱除异丁烷等预处理部分。

(2) 催化裂解反应/再生单元

OCC 反应单元包括反应器进/出物料换热、反应器进料加热、催化裂解反应器、反应产物冷却以及再生系统等部分。汽化后的原料和循环料混合后送至反应产物进/出料换热器与反应器出口物料换热，然后再通过加热器加热到反应所需温度后进入反应器进行催化裂解反应。反应器出口产物和反应进料换热后，利用冷却水冷却至压缩机入口所需的温度，进入压缩单元。

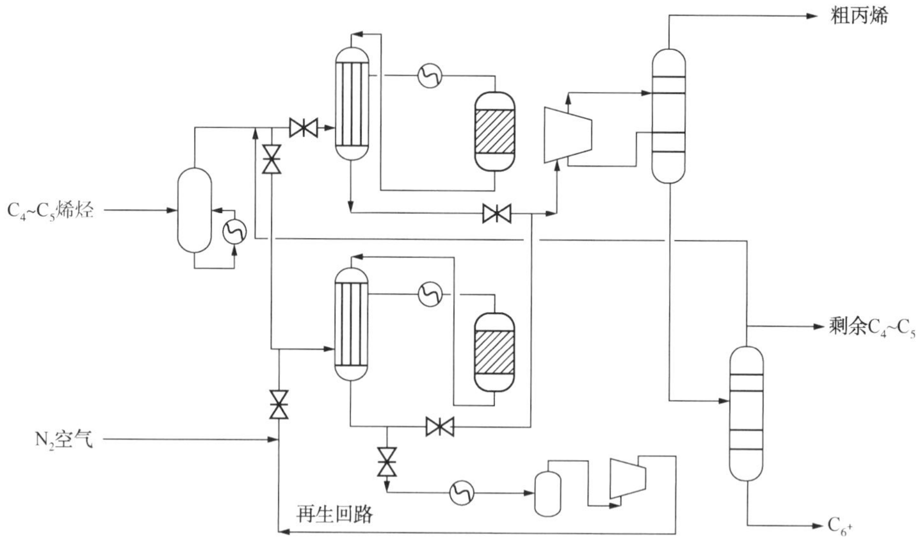

图 9-3-14　OCC 技术流程简图

（3）压缩单元

压缩单元主要为反应气体压缩机系统及再生氮气循环压缩机系统。反应气相产物增压送至预分离单元。

本装置催化剂的再生过程中需用氮气作为再生介质并维持一定的空速，因此设置再生氮气循环压缩机系统。

（4）预分离单元

OCC 装置的典型流程只对产物进行初步分离，预分离单元包括脱丙烷塔、脱己烷塔和脱丁烷塔。由反应气体压缩机增压后的反应产物先送至脱丙烷塔，脱丙烷塔顶馏出物为粗丙烯，作为本装置的主要产品送往乙烯装置或 MTO 装置的深冷分离单元，分离出聚合级乙烯丙烯。脱丙烷塔塔釜物料进入脱己烷塔，在脱己烷塔塔釜得到裂解反应产生的重烃，脱己烷塔塔顶气相 C_4 ~ C_6烃作为循环物料将未反应的原料返回至 OCC 反应器继续反应，塔顶外排的液相 C_4 ~ C_6烃进入脱丁烷塔分离，脱丁烷塔塔顶得到粗丁烷，塔釜得到 C_5 ~ C_6，脱丁烷塔塔釜物料和脱己烷塔塔釜物料可合并送出界区，此物料辛烷值在 92 以上，可以作为汽油调和组分。

（六）异丁烷正构化

正丁烷主要用于氧化制顺酐，顺酐酯化加氢可生产 1,4-丁二醇，同时副产 γ-丁内酯、四氢呋喃，还可进一步制备附加值更高的精细化学品 *N*-甲基吡咯烷酮和聚四亚甲基乙二醇醚。正丁烷也用作乙烯裂解原料，正丁烷作为裂解原料三烯收率为 56.4%，而异丁烷仅为 33%，因此正丁烷是优质的裂解原料。如果将炼油厂及化工装置副产大量的异丁烷正构化制成正丁烷再进行裂解，将大大提高乙烯的收率。

正丁烷的生产一般是以炼油厂和乙烯装置副产的混合 C_4为原料，采用分离法获得正丁烷，同时获得异丁烷、丁烯等产品。另外也可通过异丁烷正构化反应获得正丁烷。

国外的异丁烷正构化专利技术主要是UOP公司的Butamer技术，另外Stone&Webster公司也有专利技术报道。国内瑞华化工拥有异丁烷正构化技术专利，即RNor工艺，可与顺酐或乙烯配套生产。与顺酐配套需分离出烯烃，在流程前布置全加氢反应单元及分离塔，或布置小型抽提装置(RExtra工艺)。中国石化工程建设有限公司的异丁烷正构化技术，与瑞华的RNor技术相比，换热流程和分离流程更加合理高效，将已有C_4烷烯萃取分离、C_4加氢和正丁烷异构化技术，与异丁烷正构化技术结合，对原料和产品的适应性更强。这些技术已成功应用于金陵石化公司600kt/a异丁烷装置(包括异构化)、恒力石化C_4加氢装置等，技术成熟可靠。

1. 原料要求

原料主要为异丁烷，原料组成见表9-3-52、表9-3-53。

表9-3-52　异丁烷原料组成　　%(质)

序号	组分	含量	序号	组分	含量
1	丙烷	0.16	4	异丁烯	5
2	丙烯	0.13	5	1-丁烯	5
3	异丁烷	89.71	合计	100	

表9-3-53　氢气、甲烷规格　　%(质)

序号	组分	含量	序号	组分	含量
1	氢气	88.22	合计	100	
2	甲烷	11.78			

2. 产品

产品为正丁烷和副产C_{3-}尾气，产品规格见表9-3-54、表9-3-55。

表9-3-54　正丁烷产品规格　　%(质)

序号	组分	含量	序号	组分	含量
1	异丁烷	2.04	4	正戊烷	3.6
2	正丁烷	90.76	合计	100	
3	异戊烷	3.6			

表9-3-55　C_{3-}尾气规格　　%(质)

序号	组分	含量	序号	组分	含量
1	氢气	10.84	5	异丁烷	39.75
2	甲烷	2.24	6	正丁烷	1.74
3	乙烷	4.37	合计	100	
4	丙烷	41.06			

3. 物料平衡

装置典型物料平衡见表9-3-56。

表 9-3-56　装置物料平衡表　kt/a

序号	项目	含量	序号	项目	含量
一	进料		二	出料	
1	混合 C_4	300	1	正丁烷	275
2	氢气[纯度 88.22%(质)]	5	2	C_3-尾气	30
	合计	305		合计	305

4. 装置公用工程消耗

以规模为 300kt/a 异丁烷正构化装置为例，装置公用工程消耗数据见表 9-3-57。

表 9-3-57　异丁烷正构化装置公用工程消耗量

序号	项目	单位原料消耗量	
		单位	数量
1	循环冷却水	t/t	22.574
2	冷冻水	t/t	17.927
3	电	kW·h/t	16.234
4	中压蒸汽[3.0MPa(表)]	t/t	0.247
5	低压蒸汽[0.4MPa(表)]	t/t	1.94
6	外送凝液	t/t	-2.187
7	净化压缩空气	Nm^3/t	2.908
8	能耗	kgEO/t 进料	139.8

5. 工艺流程

异丁烷正构化装置由加氢反应、成品塔、原料预处理、正构化反应、产品分离等单元组成，另有干燥剂再生及催化剂活化/再生等。工艺流程图如图 9-3-15 所示。

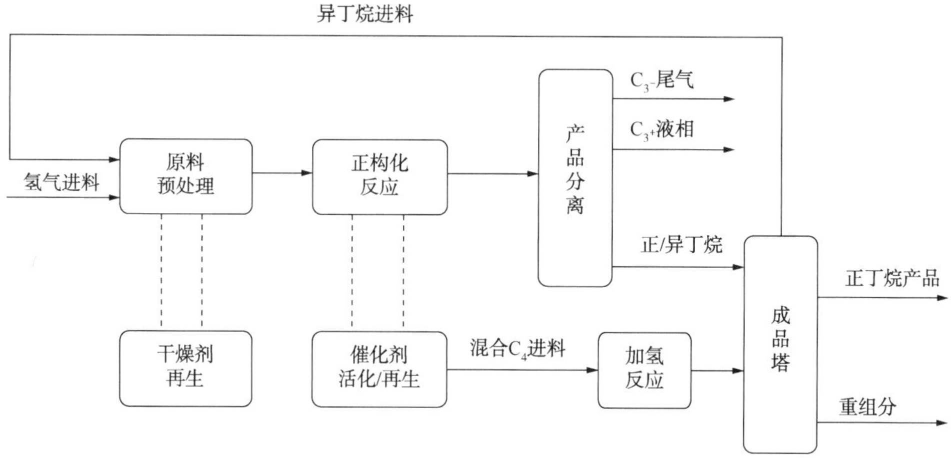

图 9-3-15　异丁烷正构化工艺流程图

第四节　炼厂轻烃综合加工路线方案

一、炼厂干气资源综合利用方案

炼厂干气资源综合利用方案流程示意图如图 9-4-1 所示。炼厂饱和干气除了作为装置的自用燃料和制氢原料外，在大型炼油厂和新建炼油厂一般配套设置了气体的分离回收装置，如轻烃回收，C_2 回收、PSA 等，回收其中的高价值 C_2 资源作为裂解装置原料，氢气作为加氢装置的氢源。对于炼油厂不饱和干气资源，如延迟焦化干气和催化裂化干气等，大部分企业是将其回收利用或作为乙烯装置的原料。对于没有乙烯装置的企业，可采用稀乙烯制乙苯-苯乙烯工艺路线加以利用。

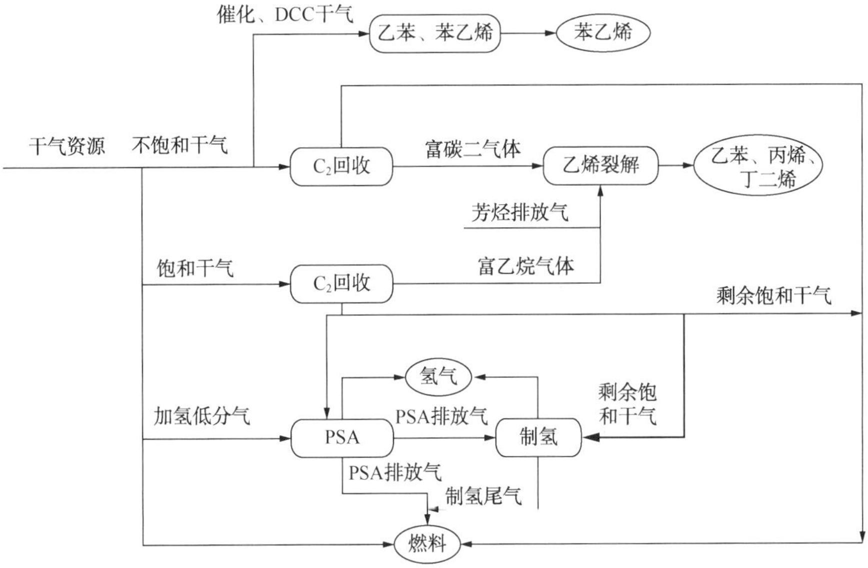

图 9-4-1　炼厂干气资源综合利用方案简图

二、液化气资源的综合利用方案

饱和液化气资源，如加氢裂化液化气和重整液化气等，燃油型炼油厂一般作为商品液化气外卖，或作为制氢装置原料。在炼化一体化企业中，饱和液化气通常作为乙烯装置的原料，还可通过正异构分离，异丁烷作为烷基化原料用于生产清洁汽油调和产品，异丁烷也可以通过正构化生产正丁烷作为乙烯原料。

来自催化裂化不饱和液化气，经脱硫脱硫醇处理后进行 C_3/C_4 分离，并回收其中的高价值丙烯和丙烷。丙烯作为下游聚丙烯等装置原料生产化工产品，丙烷可作为乙烯原料，也可作为丙烷脱氢原料生产丙烯。分离出来的 C_4 资源在不同类型炼制企业中加工路线略有差异；可以作为叠合+烷基化或 MTBE+烷基化装置原料生产高标号汽油调和组分，也可以通过轻烃芳构化生产芳烃或汽油调和组分，还可以通过烯烃催化裂解生产乙烯、丙烯等化工产品。

炼厂液化气的综合利用方案如图 9-4-2 所示。

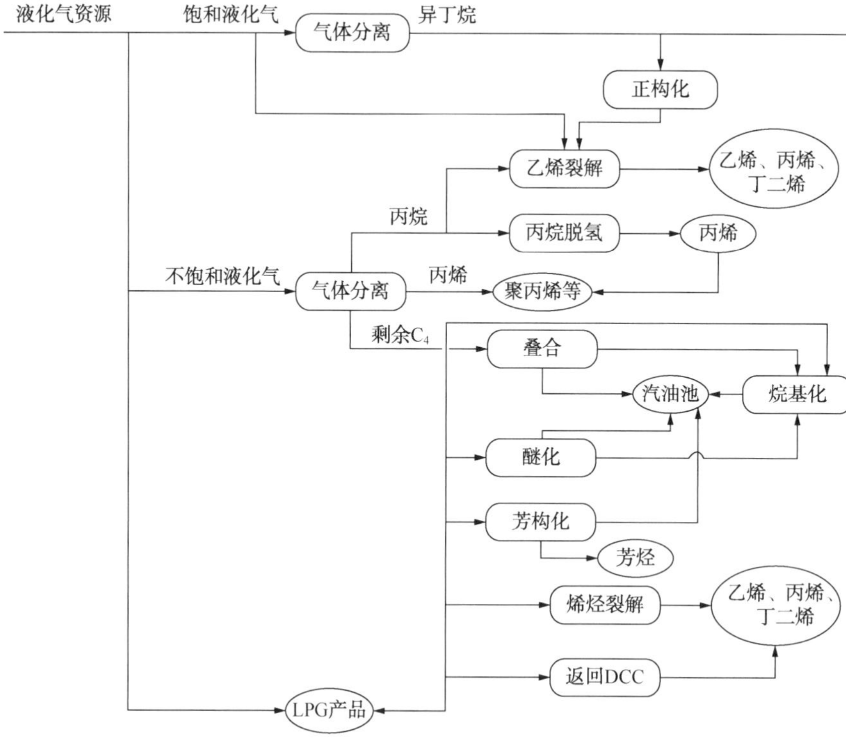

图 9-4-2　炼厂液化气综合利用方案简图

参　考　文　献

[1] 孙丽丽. 轻烃加工工艺与工程[M]. 北京：中国石化出版社，2020.

第十章 氢气系统及优化利用

第一节 氢气系统

氢气是炼油厂的重要资源。炼油厂不仅需要通过加氢处理除去硫和氮等污染物，还需要通过加氢裂化将重烃分子分解以生成更轻、更有价值的分子。随着炼油厂加工原油重质化、轻质产品需求增加、环保要求日益严格，炼油厂氢气需求显著增加。因此，氢气成为炼油行业的重要原料，氢气管理技术成为企业优化管理的重点之一。

1. 氢气来源

（1）概述

石油化工企业传统氢源主要由制氢装置所产生的高纯氢、重整及蒸汽裂解装置副产氢气、富氢气体提浓氢等构成。其中工艺装置副产氢和富氢气体提浓氢为较廉价的氢源，应优先利用，制氢装置产氢气宜作为炼油厂氢气的补充和氢气平衡的调节手段。以可再生能源发电，并电解水产生的氢气称之为绿氢，随着清洁、低碳制氢生产技术的应用，推动氢源由灰氢、蓝氢向绿氢转变。绿氢不产生碳排放，符合绿色经济、循环经济的初衷，是氢气获取的最佳和终极途径。

（2）工艺装置副产氢气

1）重整装置副产氢气。

① 连续重整装置（*RON*≤102）副产氢气组成和平均相对分子质量见表 10-1-1，重整氢产率和边界条件见表 10-1-2。

表 10-1-1 重整氢气组成和平均相对分子质量

组成	H_2	C_1	C_2	C_3	C_4	C_{5^+}	合计	平均相对分子质量
含量/%（摩尔）	93.20	2.36	1.88	1.67	0.70	0.19	100.00	4.08

表 10-1-2 重整氢产率（占连续重整进料）和边界条件

纯氢产率/%（质）	出边界温度/℃	出边界压力/MPa（表）
3.60	40	2.6

② 连续重整装置（*RON*≥104）副产氢气组成和平均相对分子质量见表 10-1-3，重整氢产率和边界条件见表 10-1-4。

表 10-1-3 重整氢气组成和平均相对分子质量

组成	H_2	C_1	C_2	C_3	C_4	C_{5^+}	合计	平均相对分子质量
含量/%（摩尔）	94.53	1.75	2.02	1.17	0.47	0.05	100.00	3.61

表 10-1-4　重整氢产率(占连续重整进料)和边界条件

纯氢产率/%(质)	出边界温度/℃	出边界压力/MPa
4	40	2.6

③ 固定床重整装置副产氢气组成和平均相对分子质量见表 10-1-5，重整氢产率和边界条件见表 10-1-6。

表 10-1-5　重整氢气组成和平均相对分子质量

组成	H_2	C_1	C_2	C_3	C_4	C_{5+}	合计	平均相对分子质量
含量/%(摩尔)	85.53	5.90	4.36	2.32	0.35	0.17	100.00	6.50

表 10-1-6　重整氢产率(占连续重整进料)和边界条件

纯氢产率/%(质)	出边界温度/℃	出边界压力/MPa
2.44	40	2.6

2）乙烯装置副产氢气。

乙烯装置副产氢气组成和平均相对分子质量见表 10-1-7，乙烯氢产率和边界条件见表 10-1-8。

表 10-1-7　乙烯氢组成及平均相对分子质量

组成	H_2	CH_4	$C_2H_4+C_2H_6$	$CO+CO_2$	H_2O	H_2S	合计	平均相对分子质量
含量/%(摩尔)	95.00	4.90	0.1	≤5mg/kg	≤2mg/kg	≤1mg/kg	100.00	2.71

表 10-1-8　乙烯氢产率和边界条件

乙烯氢收率/%(质)	纯氢产率/%(质)	出边界温度/℃	出边界压力/MPa
1.60/2.26/1.20	1.12/1.58/0.84	40	3.0

注：乙烯氢收率和纯氢产率为分别参考某典型裂解乙烯装置原料的正常工况、轻工况、重工况，由于乙烯氢收率受原料性质影响变化较大，不同项目总流程规划中应结合原料组成作相应调整。

（3）富氢气体回收提纯氢

炼化企业常见的具有回收价值的含氢物流主要有以下三类：

一是用氢装置排放氢、低分气、脱氢过程尾气等气体中的 H_2 含量较高，一般可直接通过氢提浓装置回收其中的 H_2；

二是用氢装置外排干气、变压吸附分离(PSA)提纯后的解吸气等含氢物流中 H_2 含量相对较低，但 C_{3+} 轻烃含量较多，可先进行轻烃回收，再进行氢气提浓；

三是对于 FCC 干气，炼化一体化企业一般将其中的 C_{2+} 组分分离，用作化工原料，剩余的富 H_2 物流再通过氢提浓回收，也有部分企业直接对 FCC 干气进行提浓，回收其中的 H_2。

目前，炼化企业广泛应用的氢回收方式主要有吸附分离法(PSA)、膜分离和深冷分离法。一般而言，PSA 装置能将杂质脱除到理想程度，能耗相对较低，提浓的高纯氢可供大多数用氢装置使用，应用最为广泛；膜分离装置依据渗透速率差别来提浓 H_2，其特点是进料与产品之间压降大，H_2 回收率随产品 H_2 纯度要求提高而降低，但不能脱除 CO、CO_2，因而不适宜用于含有 CO 等杂质的含氢物流提浓；深冷分离操作费用较高，且对原料的要求较高，但可回收高价值副产品，从而提高了 H_2 提浓的经济性，该技术在炼化企业氢回收领域应用相对较少。

1）富氢气体来源及组成。

炼油厂高浓度含氢气体包括渣油、蜡油、柴油等馏分油加氢装置的低分气、歧化尾氢、丙烷脱氢和苯乙烯脱氢装置尾气等，其组成及边界条件详见表10-1-9。

表10-1-9　炼油厂高浓度含氢气体(脱硫后)的典型组成及边界条件

名称	组成/%(体)									压力/MPa	温度/℃
	H_2	CH_4	C_2H_6	C_2H_4	C_3H_8	C_3H_6	C_4H_{10}	C_{5^+}	合计		
固定床渣油加氢脱硫低分气	80.47	11.76	4.10		1.91		1.32	0.44	100	2.5	40
沸腾床渣油加氢裂化低分气	78.27	9.33	5.50		4.42		1.64	0.84	100	2.5	40
浆态床渣油加氢裂化膜分离氢气	91.58	6.34	1.27		0.46		0.23	0.12	100	2.5	40
蜡油加氢低分气	77.39	14.49	4.27		2.28		1.07	0.49	100	2.5	40
加氢裂化低分气	79.88	9.60	3.10		2.83		3.00	1.59	100	2.5	40
柴油加氢低分气	75.52	14.22	5.04		2.98		1.45	0.79	100	2.5	40
歧化尾氢	74.59	3.15	19.89		1.92		0.02	0.44	100	2.5	46
丙烷脱氢尾气	93.81	5.93	0.18	0.04	0.02	0.02			100	2.5	40
苯乙烯脱氢尾气	97.81	0.63	1.42		0.15				100	0.8	40

炼油厂渣油、蜡油、柴油等馏分加氢装置外排干气中H_2含量相对偏低，但轻烃含量较高，具体组成及边界条件详见表10-1-10。氢气提纯装置(如PSA)尾气中氢气体积分数与原料组成、产品氢纯度及氢气回收率密切相关，一般低于50%。

表10-1-10　炼油厂加氢装置脱硫干气的组成及边界条件

名称	组成/%(体)							压力/MPa	温度/℃
	H_2	CH_4	C_2H_6	C_3H_8	C_4H_{10}	C_{5^+}	合计		
渣油加氢脱硫干气	62.42	13.71	9.25	7.92	4.79	1.92	100	0.8	40
蜡油加氢干气	52.64	17.05	10.98	10.46	6.33	2.54	100	0.7	40
加氢裂化干气	47.06	15.49	13.99	9.37	9.56	4.53	100	0.9	40
柴油加氢干气	37.47	13.47	19.68	15.71	6.47	7.20	100	0.8	40

炼油厂延迟焦化干气及催化裂化干气(脱硫后)中氢气纯度较低，通常不直接作为富氢气体回收提纯装置原料，具体组成及边界条件见表10-1-11。

表10-1-11　延迟焦化干气及催化裂化干气(脱硫后)的组成及边界条件

名称	组成/%(体)	
	脱硫焦化干气	脱硫催化干气
氢气	12.35	29.41
甲烷	55.89	25.72
乙烷	19.46	11.04

续表

名称	组成/%(体)	
	脱硫焦化干气	脱硫催化干气
乙烯	3.01	12.19
丙烷	2.14	0.24
丙烯	1.06	1.00
正丁烷	0.49	0.29
异丁烷	0.21	0.00
1-丁烯	0.15	0.25
2-丁烯	0.10	0.00
C_5	0.10	3.28
CO_2	0.75	2.46
CO		1.06
N_2+O_2	4.28	13.06
总计	100	100
温度/℃	40	40
压力/Pa	0.5	1.0

2）提浓氢。

以炼化企业较常见的 PSA、真空变压吸附（VPSA）和膜分离等回收的氢气。

① PSA。

变压吸附法是一种物理分离过程，在较高的压力下，含氢气体中的杂质被吸附剂吸附，杂质的脱附在较低压力下进行。一般不推荐用 PSA 处理氢体积浓度低于 40%的含氢气体，其经济性需视具体情况而定。装置操作弹性下限可到 30%，但低处理量时回收率损失较大。

随原料气体中的杂质、氢浓度、压力不同及产品氢中杂质含量和尾气压力的要求不同，氢回收率可在 50%~92%之间变化，氢体积分数可达 99.9%，其中的 $CO+CO_2$ 含量可控制在 $10mL/m^3$ 以下。产品氢的温度为 40℃，压力通常为 2.2~2.4MPa，装置压力与原料压力和是否设置压缩机有关。

为提高氢气回收率，部分企业采用两段 PSA，即一段 PSA 解析气，经进一步升压后，再采用 PSA 工艺回收氢气。

② VPSA。

VPSA 技术可有效从低浓度含氢尾气中分离提纯氢气，在 PSA 逆放之后加入抽真空步骤，使被吸附的气体解吸得更得加彻底，同时投资和能耗更高，但氢气回收率也高。如果需提浓的原料压力过低，采用 PSA 的均压次数难以保证，以致影响氢气的回收率，可选择 VPSA，省去原料升压的投资和能耗。另外，当用户氢气不足，且无制氢装置时采用 VPSA 可提高 2%~4%的氢回收率。

采用 VPSA 技术氢回收率可达 95%，氢体积分数可达 99.9%，其中的 $CO+CO_2$ 含量可控制在 $10mL/m^3$ 以下。

③ 膜分离。

膜分离法利用被分离组分在分离膜中的渗透力不同实现分离，该方法需要较高的进气压力，同时进气中杂质如硫或芳烃对分离膜有损伤，重质烃类可能被液化而影响设施性能。氢气回收率<90%，氢体积分数<98%。

（4）制氢装置产工业氢

1）烃类蒸汽转化制氢。

该工艺为目前炼油厂制氢装置较多采用的工艺路线。制氢原料一般为天然气、炼厂干气、石脑油等。小分子量的烃类氢碳比高，因而产氢率高，应尽量选择平均分子量小的轻烃作为制氢原料，天然气及炼厂干气最为理想，而采用石脑油制氢，成本较高，经济上不合适。

产品氢的氢气体积分数为95%~99.9%，$CO+CO_2<10mL/m^3$，受净化方式影响氢气压力一般为2.3~2.5MPa，温度40℃。

2）煤、焦或渣油、沥青部分氧化制氢。

由于原料价格相对较低，近年来炼化企业采用煤、焦或以渣油、沥青等重油部分氧化工艺路线生产氢气较多。

产品氢经PSA提纯后，氢体积分数可达99.9%，采用甲烷化提纯时，产品氢中氢体积分数为97.5%；采用水煤浆的产品氢压力为4.8MPa，采用粉煤气化的产品氢压力为2.4MPa；温度为40℃。

3）电解水制氢。

电解水制氢装置具有工艺流程简单、无有害杂质气体排放、氢气纯度高等特点，虽然消耗电力较大，但可利用可再生能源用于发电制氢，同时制氢设备启动快，响应迅速，且运行负载范围较宽，可以较好地适应和匹配可再生能源电力的波动性。

产品氢中H_2体积分数≥99.9%，$O_2≤1mL/m^3$。H_2经纯化设施送至储存单元，再经压缩机升压后并入氢气管网供下游装置使用。

2. 用氢装置对氢气的纯度要求及氢耗

加氢装置氢源的选择，需要考虑对加氢反应、循环氢纯度、能耗等的影响。原则上加氢装置反应器总压低于8.0MPa，推荐采用重整氢或其他富氢气体作为装置的新氢，总压大于8.0 MPa时，推荐采用氢体积分数为99.9%的氢源作为装置的新氢。炼油化工企业氢网中对$CO+CO_2$含量的要求为$≤20mL/m^3$。

石油化工企业主要用氢装置的总氢耗（包括溶解氢及漏损）详见表10-1-12。

表10-1-12　石油化工企业主要用氢装置的总氢耗表

用氢装置	参考装置总氢耗[①]/%	备注
固定床渣油加氢脱硫	2.20	99.9%氢源，RDS装置氢耗1.20%~2.40%，参考装置的进料性质：原料密度为$0.9981g/cm^3$，硫4.37%，氮$2006×10^{-6}$，CCR 14.05%，Ni+V95.1mg/kg
沸腾床渣油加氢裂化	3.40	99.9%氢源，装置氢耗1.3%~3.40%。参考装置的进料性质：原料硫为5.26%，CCR 25.69%，Ni+V 171.27mg/kg

续表

用氢装置		参考装置总氢耗①/%	备注
浆态床渣油加氢裂化		3.70	99.9%氢源，参考装置的进料性质：原料中硫 5.33%，CCR 24.62%，Ni+V165.65mg/kg
蜡油加氢裂化	一次通过	3.00	99.9%氢源，装置氢耗：2.8%～4.0%
	轻油型全循环	4.00	
	中油型全循环	3.30	
柴油加氢裂化	轻油型全循环	3.77	99.9%氢源
	中油型全循环	3.46	
蜡油加氢处理		1.50	99.9%氢源，参考装置的进料性质为，原料中硫 2.74%
加氢精制	石脑油预加氢	0.16	折纯氢耗
	S Zorb	0.30	折纯氢耗
	催化汽油加氢	0.40	折纯氢耗
	航煤加氢	0.30	折纯氢耗，装置氢耗 0.24%～0.42%
	直馏柴油加氢	1.00	折纯氢耗，装置氢耗 0.60%～1.20%。参考装置的进料性质：原料密度为 0.83 g/cm^3，硫 0.99%
	催化柴油加氢	1.20	折纯氢耗，装置氢耗 0.90%～1.50%
	焦化、热裂化柴油加氢	1.10	折纯氢耗，装置氢耗 0.80%～1.20%
柴油加氢改质、降凝		2.30	折纯氢耗，装置氢耗 1.70%～2.90%
重芳烃轻质化		6.20	氢耗值对应 99.9%氢源
烷基化		0.13	氢耗值对应 99.9%氢源
裂解汽油加氢		1.00	乙烯氢耗，装置氢耗 0.85%～1.28%
聚乙烯		0.05	氢耗值对应乙烯氢
茂金属线性低密度聚乙烯(mLLDPE)		0.03	氢耗值对应 99.9%氢源
超高分子量聚乙烯 UHMWPE		0.32	氢耗值对应 99.9%氢源
聚丙烯		0.04	氢耗值对应乙烯氢
己内酰胺		1.22	氢耗值对应 99.9%氢源，原料为苯、液氨、浓硫酸和双氧水(35%)
双氧水		1.45	氢耗值对应 99.9%氢源
BDO		7.77	氢耗值对应 99.9%氢源，原料为甲醇和顺酐
POE		0.05	氢耗值对应 99.9%氢源
α-烯烃		0.02	氢耗值对应 99.9%氢源
己二酸		2.84	氢耗值对应 99.9%氢源，原料为苯和硝酸

注：①石油化工企业用氢装置氢耗受原料性质、产品分布、专利商及催化剂等多种因素影响有一定差别，为便于专业人员在前期项目引用，在表中列了用氢装置的参考氢耗值，考虑了对项目的制氢装置的规模影响等因素。在总流程规划工作中可根据装置具体情况相应调整氢耗，待收到专利商提供物料平衡时应以其数据为准。

3. 氢平衡的原则

① 宜将工艺装置副产氢、富氢气体回收提纯氢及制氢装置产工业氢组成全厂性供氢系统，充分利用副产氢气和回收提纯氢，以制氢装置作为氢气平衡的调节手段，应合理考虑装置规模的余量设计，原则上其装置操作弹性上限不宜超过 130%，下限不宜低于 30%。

② 重整氢与加氢装置的富氢气体宜分别提纯。

③ 当氢体积分数 99.9%和 $CO+CO_2 \leqslant 20mg/kg$ 的管网氢不能满足要求时，应在装置内考

虑另设高纯氢措施。

④ 供氢与用氢组合须考虑产氢及用氢装置的检修分组工况。

⑤ 由于循环氢密度影响离心式循环氢压缩机进出口压差及功耗，在氢源配置时须考虑不同氢源对加氢装置循环氢压缩机的影响。对老厂进行改造更应注意氢气用户能否适应改造后的氢源情况，以避免循环氢压缩机出口压力满足不了系统压降要求。

4. 氢气系统设计方法

（1）氢气系统设计方法

一般原则。石油化工企业的氢气系统氢气由三部分组成：产氢、用氢以及富氢气体的提纯回收。氢气系统设计与优化的目标是在确保装置长周期、稳定生产的前提下，合理匹配供氢单元与用氢单元，以最少的投资获得最大的经济效益，一般遵循以下原则：

① 根据各氢源组成（H_2纯度、CH_4等轻烃含量、杂质等）、压力等品质差别，对氢源进行优化匹配、梯级利用，实现不同品质氢气“高质高用，低质优用”；

② 优化 H_2物流走向及氢气管网布置，满足各用氢装置氢气压缩机对氢气管网压力和流量的需求；

③ 优化用氢装置用氢，满足用氢装置工艺要求（如氢油比、氢分压等）；

④ 注重氢气回收，提高系统氢气利用率；

⑤ 结合装置布局，充分利用氢气管线和其他设备。

1）为适应加工重劣质原料、提高转化深度、改善产品结构、油品质量升级等形势的要求，需要从总工艺流程角度出发，优化加氢装置的原料配置与工艺操作，实现氢气的梯级利用与全厂氢气系统优化。复杂的氢网设置宜采用 H_2-int 软件进行模拟优化。

2）同一压力等级但氢分压要求不同时可采用串氢方案，如直馏煤油、直馏柴油及催化、焦化柴油加氢压力等级相同时，三套装置可共用新氢压缩机及循环氢压缩机，而将新氢注入要求较高氢分压（如催柴加氢）的回路。

3）同一检修组内的加氢装置在平面布置等条件具备时可共用新氢压缩机，如渣油加氢装置不设新氢压缩机，新氢由加氢裂化内设置的压缩机一并升压后提供，新氢并入渣油加氢循环氢压缩机级间一起升压至装置反应所需压力。

4）全厂氢气系统设计时需考虑实际生产时装置产、用氢波动对氢气管网的影响，并设置一定灵活调节的手段，如在炼化企业不同压力氢管网之间采取升压或降压的措施实现互为联通，以保证全厂加氢装置的用氢安全。在项目详细设计阶段应确定全厂氢管网的稳压方案。

（2）案例

以某典型炼化一体化项目为例，氢气平衡及压力控制方案的原则如下：

1）炼油区。

① 炼油氢气的平衡。重整氢一路供给柴油加氢、煤油加氢和 S Zorb 装置，多余重整氢经 PSA 装置提纯后并入高纯氢管网，重整氢进 PSA 装置管道设置流量计，当高纯氢管网氢气压力高时，由煤制氢等产氢装置调整氢气负荷。

② 炼油氢气管网压力控制。当重整氢管网压力超高时由重整装置放火炬系统，高纯氢管网的压力（或负荷）在煤制氢等产氢装置控制。

③ 异常工况的氢气平衡方案。PSA 氢停：渣油加氢装置、加氢裂化等装置降量，煤制氢等产氢装置增加负荷。重整氢停：考虑高纯氢管网与重整氢管网连通的流程，设置远程控

制阀门(由重整装置控制)。渣油加氢或加氢裂化等装置停：由煤制氢等产氢装置调整(放空)平衡。

2）化工区。

乙烯氢送入化工氢管网，聚乙烯、聚丙烯和裂解汽油加氢的用氢管线从化工氢管网接，富余乙烯氢送至炼油部分，化工氢管网至 PSA 装置的流程设置压控阀。当化工氢压力超高时，由乙烯裂解装置控制排放至火炬线。

具体氢气系统设计方案如下：

根据氢气用户压力等级及氢气纯度要求，全厂设置两个氢气管网系统，分别为 4. 8 MPa、氢体积分数 99. 9%的混合氢气管网以及 2. 3MPa、氢体积分数 95%的重整氢气管网。

2. 3MPa 重整氢气管网氢气为重整氢，作为柴油加氢精制装置、S Zorb 装置、烷基化装置、PX 装置和硫黄回收装置用氢，富余部分重整氢、乙烯氢和 PX 尾氢一起作为重整氢提浓装置原料；加氢装置低分气、轻烃回收干气(加氢装置轻烃回收)和 C_1、C_2分离装置膜分离富氢气体等全厂富氢气体一起作为富氢气体提浓装置原料。

煤焦制氢粗氢气和油渣制氢粗氢气一起作为气化氢气提浓装置原料。重整氢提浓装置产纯氢、富氢气体提浓装置产纯氢升压至 4. 8MPa 后，少量供给异丁烷反异构装置，其余与气化氢气提浓氢气混合，作为石脑油加氢、浆态床渣油加氢、蜡油加氢处理、蜡油加氢裂化、柴油加氢裂化和 C_1、C_2分离装置用氢。该氢气系统设计方案如图 10-1-1 所示。

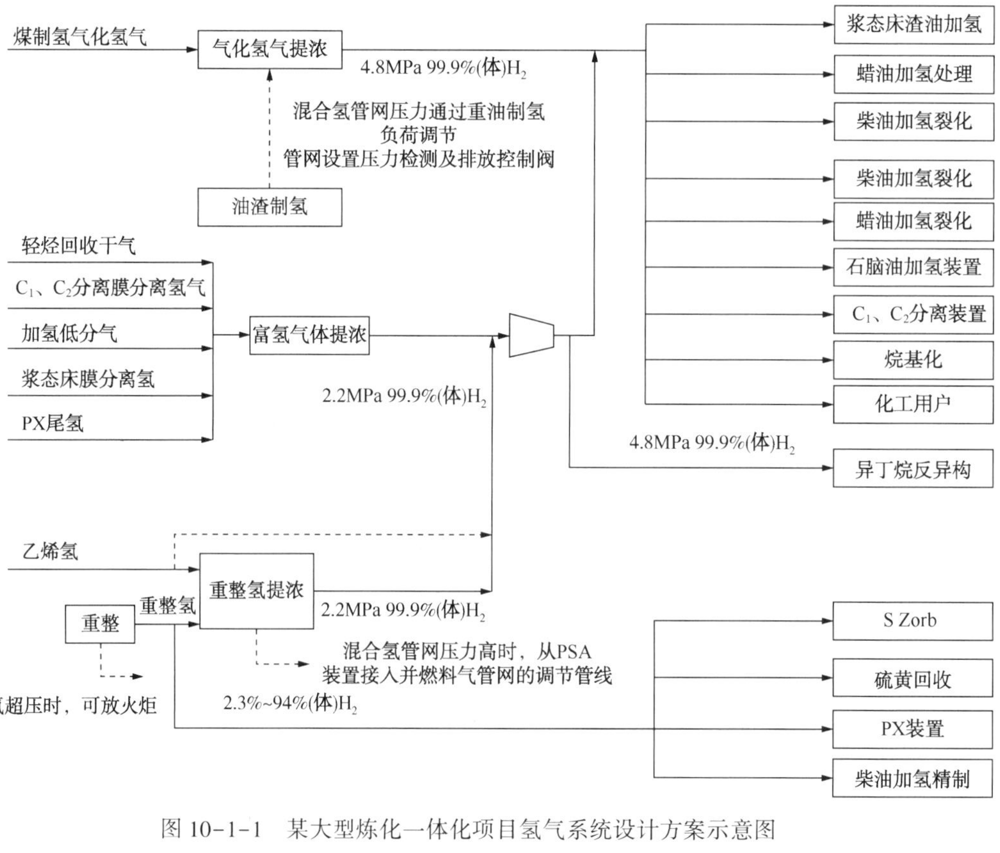

图 10-1-1　某大型炼化一体化项目氢气系统设计方案示意图

第二节 氢气系统优化

炼油厂氢气管理的过程集成技术在过去的近三十年中得到了积极的研究和发展，其中氢夹点分析技术与数学规划技术这两种方法，得到了长足发展及广泛的工业应用。随着计算机算力和最优化算法的进步，炼油厂氢气管理的过程集成技术正朝着更深入的方向发展，即将详细的单元模型与氢气网络集成，以更高效地使用氢气，以成本最小化和经济效益最大化为目标。

1. 氢气系统优化技术

自 20 世纪 90 年代末以来，开展了关于炼油厂氢气管理的广泛研究，开发的技术可分为两大类：一是以氢气消耗最低为目标的图形化方法；二是以成本最小化为目标的设计和改造优化的数学规划方法。

（1）最小耗氢目标法

此类分析方法通常以 Alves 于 1999 年首次提出的氢夹点分析图解方法为代表，是一种简单有效的方法，主要用于在设计或改造前确定最小耗氢目标。

如图 10-2-1 所示，炼油厂氢气网络中每个氢阱和氢源的质量平衡可以用总气体流量和氢纯度的二维图形表示，这些图分别称为氢气需求和供应曲线，这些曲线包含按氢气纯度由高到低排序的氢阱和氢源。将氢气需求曲线和氢气供应曲线叠合在一起，可得到氢气组合曲线。

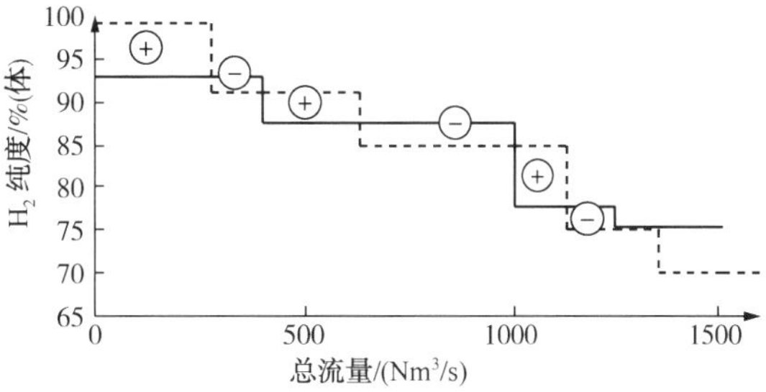

图 10-2-1 氢气组合曲线

氢气组合曲线包含氢气过剩和不足的不同区域，这些氢气的过剩量和不足量可通过其面积计算得到，根据对应的纯度水平得到氢气过剩曲线，如图 10-2-2 所示。

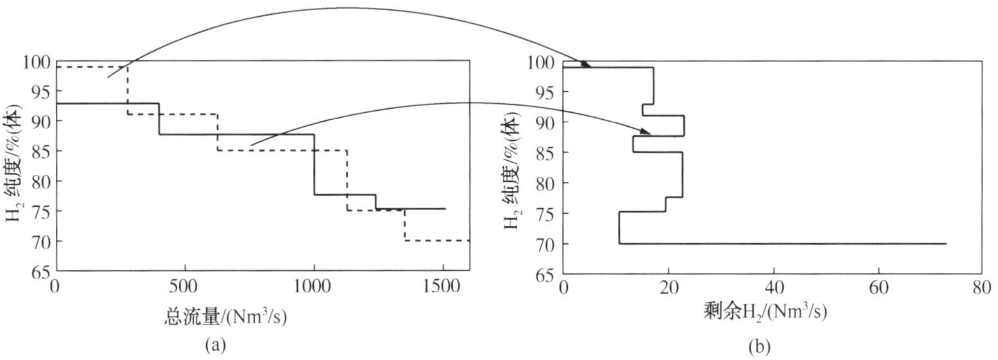

图 10-2-2 从氢气组合曲线图(a)到氢气剩余曲线图(b)

可行网络的必要条件之一是氢气剩余曲线中的任何地方均没有负氢量，如果出现负氢量，说明氢源不能向氢阱提供足够的氢气。对于现有网络，当产氢量降低时，剩余曲线向左侧纵轴移动，直到出现一个垂直段接触零轴(见图 10-2-3)。出现这种情况的氢气纯度被定义为“氢夹点”，将决定从氢源满足氢阱使用要求的最小氢气消耗的理论目标。

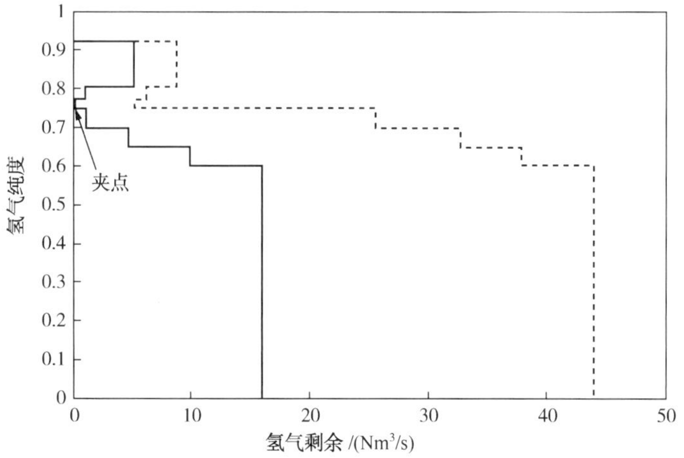

图 10-2-3　氢气剩余曲线图中的氢气夹点

开展氢夹点分析的作用如下：

① 根据有限的数据，在设计和改造之前就可以较容易地获得氢气节约目标。

② 选择合理的氢气纯度与氢气流量的匹配。如果两个物流具有相同的氢气流量，则纯度较高的物流将为氢气系统提供更多的氢气余量，因此，可以通过增加一个或多个氢源的纯度来减少氢气总流量。

③ 选择合理的氢气提纯配置。氢气提纯装置，如变压吸附和膜分离，相当于在氢气系统中增加了一个氢阱和两个氢源。氢阱对应于氢气提纯装置的原料，而氢源是氢气提纯装置的产品氢和尾气。引入新的氢气提纯装置通常会影响整个氢气系统的性能。合理的氢气提纯是跨越夹点进行氢气回收，也就是将夹点纯度下方的氢气通过提纯转移到夹点纯度上方，以降低对制氢产量的需求，同时由于氢气损失发生在夹点以下，因此制氢需求量不会受到负面影响。

由于氢夹点分析的上述特点，在全球炼油行业得到了广泛应用。Foo 和 Manan 于 2006 年进一步提出了改进的目标方法，用于使用气体串级分析来确定最小耗氢目标。Ding 等人于 2011 年使用平均压力分布的概念结合氢过剩图来考虑压力约束。然而，这种二维图形方法对实际约束和实际物理过程的覆盖范围有限。因此，如果需要对设计和改造进行更详细地分析和优化，则需要借助数学规划方法。

（2）数学规划方法

与解决其他设计和改造问题（如热集成）类似，使用数学规划方法的基本要素是：需要制定决策变量、目标函数和相关约束条件，其中包括单元模型、流程配置和实际限制条件等，目标函数通常包括资本成本和运营成本的年化费用最小化。单元模型指的是所有相关装置和设备（如制氢装置、耗氢装置、氢气提纯装置、压缩机和管道等）的详细物料和能量平衡关系，流程配置通常基于网络超结构，即理论上应包含所有可能可行的选项，实际限制条件则与装置处理量、质量要求和连接限制等相关。

在提出氢夹点分析技术之后，Alves 于 1999 年引入了基于超结构的数学规划方法，通过线性规划（LP）设计详细的氢气网络。Liu 于 2002 年进一步扩展了基于超结构的方法，考虑了如压力、压缩和管道等的实际约束，涵盖了氢气回收净化工艺的选择问题，以及氢气网络中制氢的集成问题。为了实现这些目标，Liu 将数学规划方法从线性扩展到非线性规划（NLP），后来再扩展至混合整数非线性规划（MINLP）。

此后，陆续有其他学者提出了更多基于数学规划的方法。Jeong 和 Han 于 2010 年研究了炼油厂氢气网络的详细管道建模和优化问题及方法。Liao 等人于 2011 年提出了更有效地使用目标方法来简化优化的数学模型。Zhang、Singh 和 Liu 于 2008 年提出了通过在严格模拟和简化优化之间建立迭代程序，在氢气网络的设计和优化中考虑轻烃和 H_2S 等杂质。Ahmad、Zhang 和 Jobson 于 2010 年扩展了 Liu 的工作，以考虑多周期运行的氢气网络设计。Jia 和 Zhang 于 2011 年将汽液平衡（VLE）计算纳入优化模型，进一步改进了该方法。

为了克服解决 MINLP 问题的困难，Khajehpur、Farhadi 和 Pishwaie 于 2009 年使用遗传算法来解决氢网络的超结构优化。Kumar、Gautami 和 Khanam 于 2010 年比较了使用 LP、NLP 和 MILP（混合整数线性规划）/MINLP 进行炼油厂氢气网络优化的不同建模技术，得出 MINLP 方法在表示此类问题的复杂性和实用性方面具有优势。Jiao 和 Such 在 2010 年进行的研究表明，MINLP 方法更适合解决此类问题，而 Liao 等人在 2010 年开展了 MINLP 方法如何有效应用于工业改造案例的研究。

目前，大多数已开发的数学规划技术侧重于减少氢气的总消耗量。对于炼油厂来说，如何更有效地使用氢气来提高运营的生产力和盈利能力同样重要。为了解决这个问题，Sun 于 2004 年研究了加氢裂化装置和氢气网络之间的相互作用。Wu 于 2010 年进一步开发了一个集成优化框架，将加氢装置与氢气网络集成。这两项研究显示，如果炼油厂能够在更广泛的全局经济背景下考虑氢的使用，能挖掘出更大的经济潜力。

为了进一步提高氢气系统数学模型的精度，2011 年，Jia 和 Zhang 开发了一个改进的耗氢单元模型，该模型考虑了氢气系统中轻烃的详细组成，利用高压闪蒸模型，把不同操作条件下汽液平衡变化对于富氢气体组成与流量的影响纳入氢网络优化问题的范畴。在此基础上，Umana 等人于 2014 年和 2016 年还对反应器部分开展了进一步研究，使用半经验关联来预测加氢装置在不同原料和操作条件下的性能表现，从而表征耗氢装置与整个氢网络的相互作用，如图 10-2-4 所示。

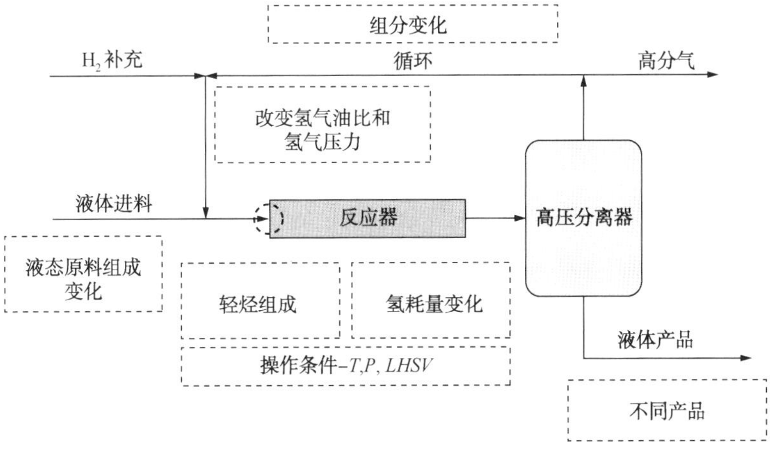

图 10-2-4　Umana 等人改进的耗氢模型与氢网络的集成示意图

基于数学规划的炼油厂氢管理技术的进步，极大提高了解决实际工业问题的能力。而使用氢夹点分析的目标分析方法，可以比较简单地为实际问题提供非常有价值的诊断，有助于降低工业研究分析的复杂性，论证推荐的解决方案的合理性。因此，在实践中建议将目标分析方法(诊断和甄别)和数学规划方法(详细优化方案)结合起来使用。

2. 优化应用工业案例

该项目旨在优化某炼化企业的氢气网络，该企业由一个炼油厂和一个石油化工厂组成。该项目分为两个阶段：第一阶段对现有网络进行操作优化，第二阶段对网络系统进行改造研究，以适应炼油厂扩能后对于氢气的需要。

(1) 操作优化

现有氢气网络如图 10-2-5 所示。

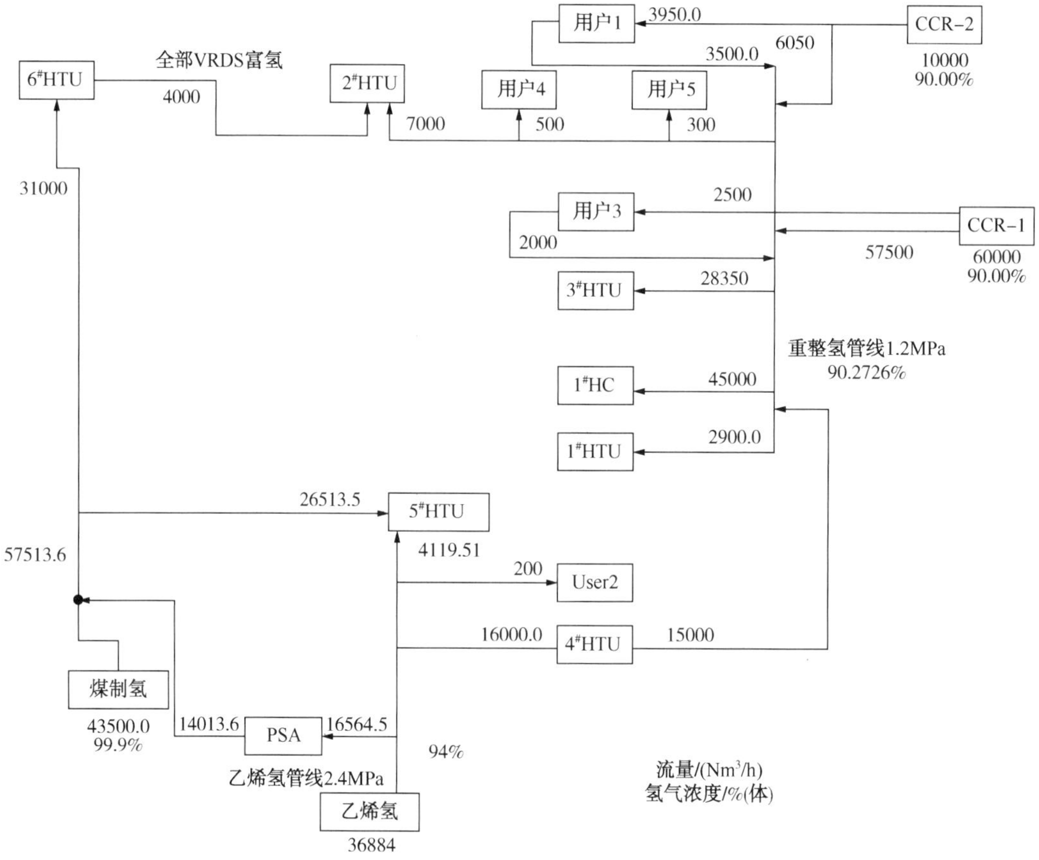

图 10-2-5　基础工况下的氢气网络

注：HC 为氢气裂化；HTU 为加氢处理；CCR 为连续重整；PSA 为变压吸附。

基础工况下的氢气剩余曲线如图 10-2-6 所示。从表面上看，氢气供应非常接近当前用氢的最低目标，似乎表明该系统节省氢气的潜力很小。然而，从该图中发现，有大量氢气(超过 8000Nm^3/h 纯氢气)以低于夹点的纯度排放到燃料气系统中。由于纯度低于夹点纯度，这些富氢气体不能直接循环使用。因此，只有通过氢气净化提纯才能回收这部分氢气，从而降低全厂总的氢气消耗量。

该炼油厂现有一套膜分离装置，原设计用于从制氢装置的原料气中回收氢气，但并未投用。根据设计条件，该膜分离装置的进料流量为 10200Nm^3/h，纯度约为 62.62%(体)。产品氢气的流量约为 4782Nm³/h，纯度约为 94.84%(体)，膜入口和出口压力分别为 3.4MPa(表)和 1.2MPa(表)。

当前该炼油厂流程中有一个问题，其中一套加氢处理单元采用氢气一次通过式流程而不是氢气循环流程，以减少循环压缩机的功耗，外排氢气送至 1.2MPa 氢气管网。这一运行方式稀释了氢气管网中的氢气纯度，从而影响与该管网相关的所有耗氢装置的用氢条件。

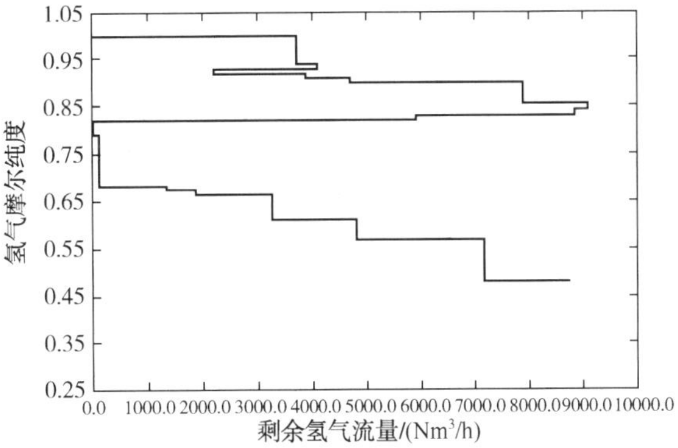

图 10-2-6 氢气过剩图

氢气网络优化的目标是总操作成本最低，主要公式如下：

总操作成本=产氢成本+总压缩成本-排氢带来的燃料气热值价值

排氢流量=所有产氢装置的总产量-所有耗氢装置的净氢气消耗量

燃料气中的氢气浓度=来自所有产氢单元的纯氢供应量-所有耗氢单元的净氢气消耗量)/燃料气总流量

假设每个加氢装置的净氢气消耗量是固定的，杂质集中为甲烷，可以根据氢气浓度和燃料气流量计算燃料气的净热值。

优化结果是在正确的位置使用膜单元，并将一次通过式流程改为氢气循环流程，有利于提高氢气利用效率，可通过对现有管道进行操作调整实现，如图 10-2-7 所示。

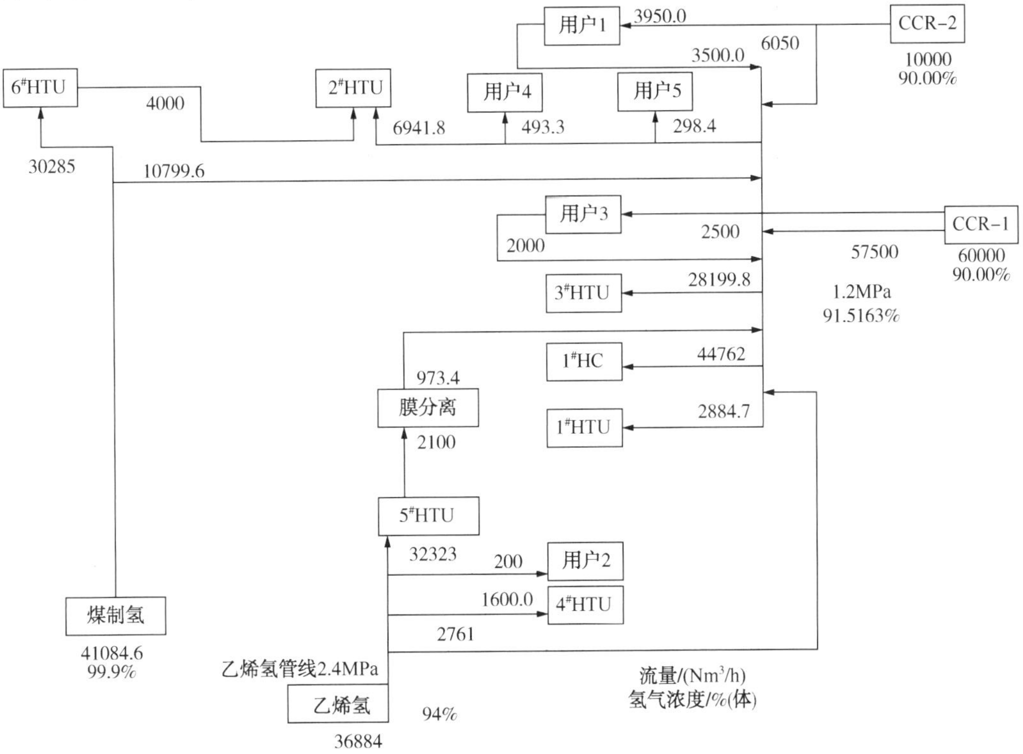

图 10-2-7 现有氢气网络的运行优化

注：HC 为加氢裂化；HTU 为加氢处理；CCR 为连续重整。

表 10-2-1 为基础工况和优化工况之间的对比。在实施推荐方案的情况下，氢气网络的总成本降低 1190 万元/a，且无需资本投资。

表 10-2-1 基础工况与优化工况对比

项目	基础工况	优化工况
纯氢总产量/(Nm^3/h)	143484	141069
总氢气消耗量/(Nm^3/h)	132406	132406
净 H_2 损失/(Nm^3/h)	11078	8663
氢气使用率/%	92.28	93.86
膜分离进料量/(Nm^3/h)	0	2107
膜分离产氢流量/(Nm^3/h)	0	973.4
燃料气流量/(Nm^3/h)	11078	8663
燃料气中的氢气浓度/%(体)	26.9	6.5
燃料气价值/(亿元/a)	1.245	1.139
新氢压缩的总压缩负荷/kW	21112	21196
循环氢压缩机的总压缩负荷/kW	12517	12872
总压缩成本/(亿元/a)	1.695	1.717
总成本/(亿元/a)	14.122	14.003
节省/(万元/a)	—	1190

本案例中涉及一个非常典型和重要的问题，当优化中包括氢气总管网时，其纯度的任何变化都将影响提取氢气的耗氢装置的运行，从而可能导致这些单元内反应条件的改变。因此，在优化过程中，保持各装置所需的氢气流量和纯度非常重要。本项目选择了一个保守的条件，即不允许加氢装置反应条件(氢油比和氢分压)恶化，见表 10-2-2，在这一前提下，优化后仍然有明显的成本降低。

表 10-2-2 优化前后主要耗氢装置的反应器入口条件对比

项目	氢气浓度/%(体)		流量/(Nm^3/h)		纯 H_2 流量/(Nm^3/h)	
	基础工况	优化工况	基础工况	优化工况	基础工况	优化工况
1#HC	82.13	82.36	213000	212394	174937	174928
1#HTU	86.61	86.90	11662	11623	10100	10100
2#HTU	86.07	86.21	92000	91851	79184	79185
3#HTU	84.13	84.40	118350	117969	99568	99565
4#HTU	94.00	92.20	16000	16313	15040	15041
5#HTU	80.40	82.10	150810	152500	125202	125203
6#HTU	92.97	92.97	256000	256000	238003	238003
2#HC	90.00	90.00	2500	2500	2250	2250
用户 1	90.00	90.00	3950	3950	3555	3555
用户 2	94.00	94.00	207	207	195	195

（2）改造优化

该企业将原油处理能力提高到 18.0Mt/a，需要新建多套装置，包括原油蒸馏装置（CDU）、催化裂化（FCC）、加氢裂化（HC）和硫黄回收等。因此，所需的氢气量显著增加。根据可行性研究估计，总氢气用量将达到 270000Nm^3/h。与此同时，氢气生产面临着新的限制，根据当地环保要求，重燃料油不允许用作加热炉的燃料。因此，原来用作制氢原料的燃料气将出现短缺。此外，当地的能源价格很高，以天然气和石脑油作原料，氢气生产成本过高。

该厂将新建一套煤气化制氢装置，其设计能力为 200000Nm^3/h，现有的干气制氢作为备用。新建煤制氢装置的产氢压力为 4.5MPa（表）。因此，该炼油厂将有三个氢气管网：新建的 4.5MPa 以及现有的 2.4MPa 和 1.2MPa（表），氢气网络比较复杂。因此，本优化方案旨在提高新总流程配置下的氢气利用效率和经济性。

该项目的可行性研究阶段制定的基本氢气网络设计作为优化设计的基础工况，如图 10-2-8 所示。

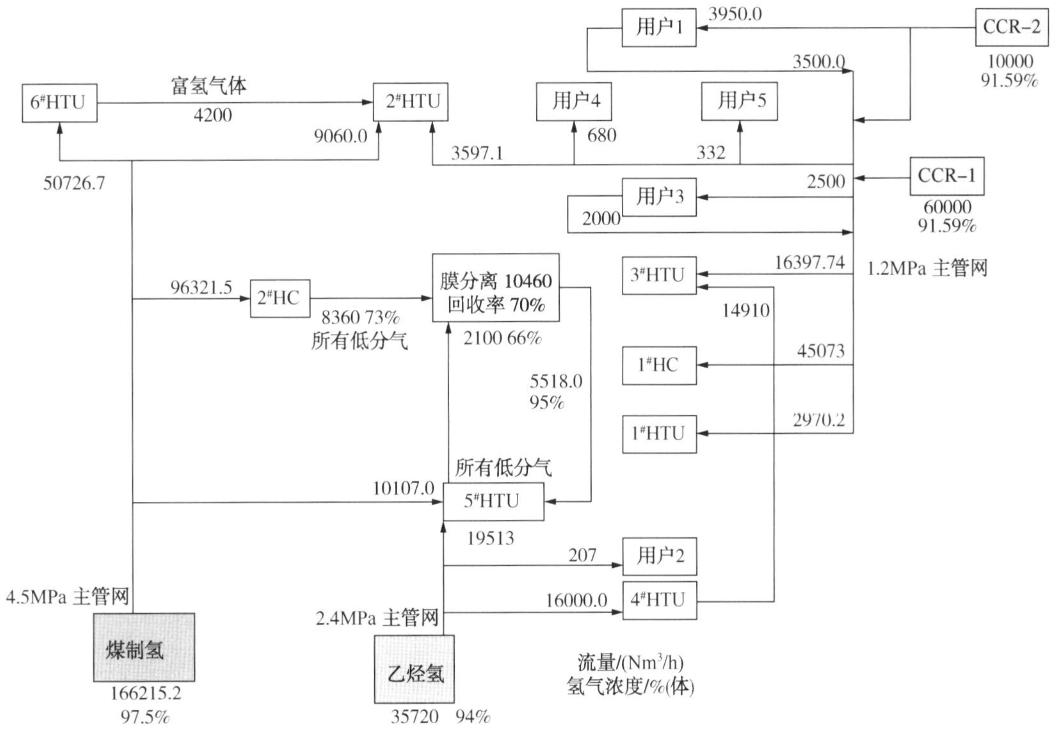

图 10-2-8　改造设计的基础工况

注：HC 为加氢裂化；HTU 为加氢处理；CCR 为连续重整。

扩建的基础工况的氢气剩余曲线如图 10-2-9 所示。与现有网络的分析结论类似，氢气供应非常接近基于当前氢气系统配置的最小目标。然而，在夹点以下，有大量氢气（超过 25000Nm^3/h 纯氢气）排放到燃料气系统中。因此，有必要考虑进行更为充分的的氢气净化回收。

优化方案建议在继续使用现有膜分离装置的同时，新建一套 PSA 装置。新的 PSA 装置

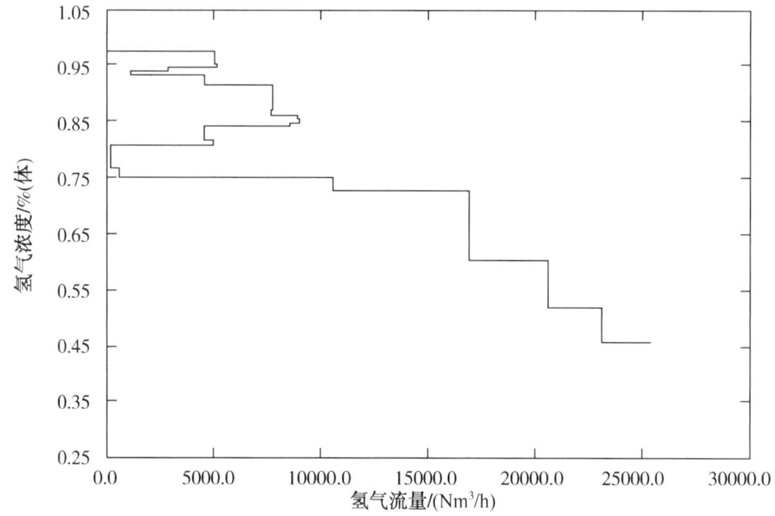

图 10-2-9　基本情况-氢气过剩图

包括一台氢气产品压缩机和一台尾气压缩机。PSA 装置的优化处理量为 10000Nm³/h，原料为来自不同加氢装置的外排低分气和膜分离尾气。该方案与基础工况相比，总氢气供应量可减少 14500Nm³/h。

图 10-2-10 显示了优化后的氢气系统配置，对应的氢气剩余曲线如图 10-2-11 所示。表 10-2-3 列出了主要氢气消耗装置的反应器入口条件。与操作优化相同，只有在必须对氢气总管进行改造时，才允许改变加氢装置反应器入口条件。

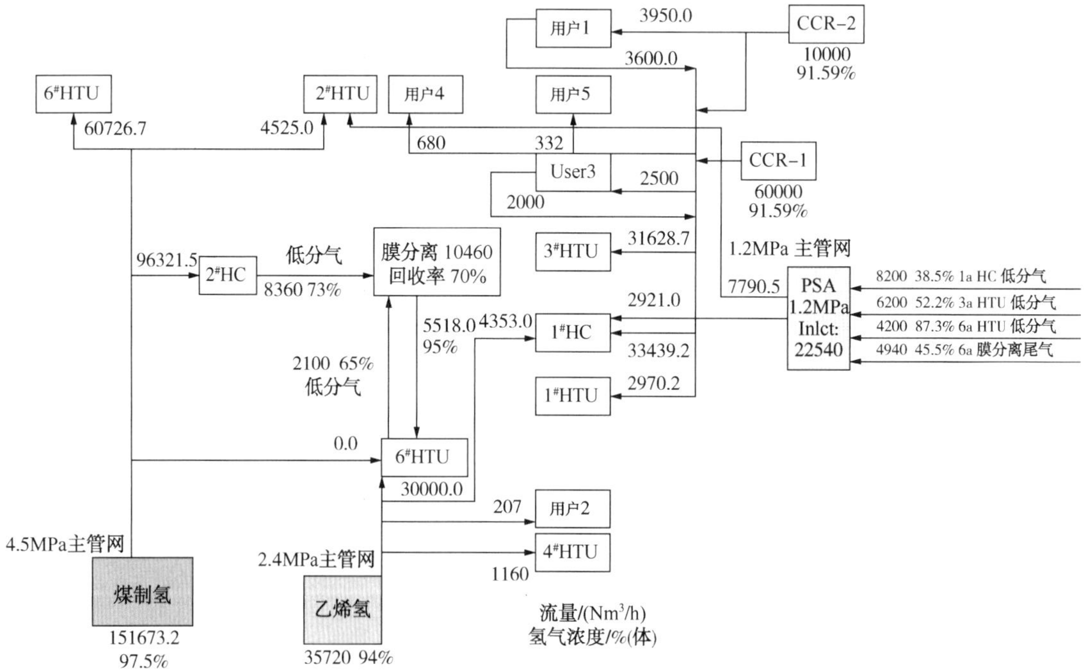

图 10-2-10　优化后的氢气网络流程

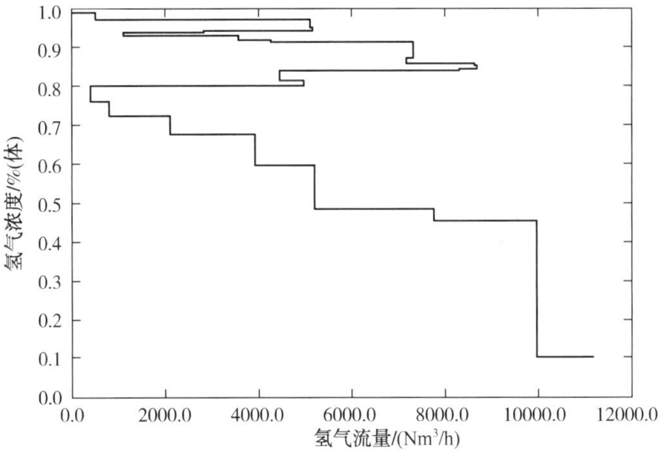

图 10-2-11 氢气剩余曲线

表 10-2-3 主要氢气消耗装置的反应器入口条件

项目	氢气浓度/%(体)		流量/(Nm^3/h)		纯氢流量/(Nm^3/h)	
	基础工况	优化工况	基础工况	优化工况	基础工况	优化工况
1#HC	84.22	84.28	165346	165233	139254	139254
1#HTU	87.03	87.03	11733	11732	10211	10210
2#HTU	87.02	87.27	123102	122749	107123	107125
3#HTU	84.46	84.54	128094	126875	108188	107261
4#HTU	92.00	92.10	16000	16000	14720	14736
5#HTU	80.39	80.40	158979	158967	127803	127808
6#HTU	94.19	93.91	409977	409977	386157	384998
用户 3	91.00	91.59	2484	2500	2260	2290
2#HC	94.89	94.45	503921	503921	478171	475956
用户 1	91.59	91.59	3950	3950	3618	3618
用户 2	94.00	94.00	207	207	195	195

表 10-2-4 为基础工况和优化工况之间的对比。如果实施推荐的优化方案，氢网络的总成本每年减少 6620 万元，回收期不到半年。

表 10-2-4 结果对比

项目	基础工况	优化设计
煤制氢量/(Nm^3/h)	166215	151673
总氢气供应量/(Nm^3/h)	271935	257393
纯氢气供应总量/(Nm^3/h)	259749	245571
总氢气消耗量/(Nm^3/h)	234502	234502
净氢气损失/(Nm^3/h)	25247	11069
有效氢气使用率/%	90.23	95.49

续表

项目	基础工况	优化设计
产氢成本/(亿元/a)	24.897	23.548
膜入口/(Nm^3/h)	10460	10460
膜出口/(Nm^3/h)	5518	5518
PSA入口/(Nm^3/h)	0	22541.9
PSA出口/(Nm^3/h)	0	10711
燃料气流量/(Nm^3/h)	37433	22891
燃料气中的氢气浓度/%(体)	67.40	48.40
燃料气价值/(亿元/a)	2.655	2.013
新氢压缩的总压缩负荷/kW	38627	39205
循环氢压缩机的总压缩负荷/kW	17647	18005
总压缩成本/(亿元/a)	2.701	2.746
总操作成本/(亿元/a)	24.943	24.281
(产氢成本+总压缩成本-燃料气价值)	基准	基准-66.2
年化资本投资/(亿元/a)		3200
投资回收期/a		0.48

3. 氢气系统优化技术未来发展方向

氢气夹点分析技术在保持对氢气质量和流量的工艺要求前提下，重点是节约氢气。该技术在大量工业案例应用中发挥了较好作用，但其所涵盖的范围有一定的局限性。要完善炼油厂氢气管理技术，需要在氢气回收和轻烃回收的相互作用、氢气网络和能量系统的相互作用、从节约氢气到更有效地利用氢气三个方面进一步开展研究，并开发全面实用的工艺集成技术。

(1) 氢气回收和轻烃回收的相互作用

将尾气排至炼油厂燃料气系统而带来的氢气损失通常与轻烃损失(C_{2+}碳氢化合物)直接相关。轻烃与氢气一样，通常比甲烷价值更高，应尽量减少作为燃料气使用。

对于含有氢气和C_{3+}轻烃的尾气，回收氢气和回收轻烃两方面相互作用效果明显：回收氢气或轻烃将使一组分更富集，更有利于另一组分的回收。因此，为了使投资的经济回报最大化，要将这两个方面统一集成考虑。这其中涉及的各种分离技术，如膜分离、变压吸附、低温蒸馏和物理吸收等，可以类似于 Liu 和 Zhang 于 2004 年所述的氢气回收方式进行考虑和集成。与仅回收氢气相比，同时回收氢气和轻烃是一个更复杂的过程集成，需要更多的研究工作来开发更有效的建模和优化框架。

(2) 氢网络和能源系统的相互作用

从炼油厂尾气中回收氢气和轻烃将减少燃料气的产量，因此需要在燃料平衡与回收氢气和轻烃之间进行仔细的权衡。如果炼油厂燃料气供应紧缺，需要用昂贵的液化石油气补充，以满足供热需求，那么回收任何轻烃甚至氢气可能是不经济的。如果炼油厂有足够的相对廉价的天然气供应，回收氢气和轻烃则可产生可观的投资回报。

如果炼油厂燃料气供应紧缺，也可考虑通过节能改造减少燃料消耗，将能源节约量转化为氢和轻烃的回收量，从而解除对氢和轻烃回收的限制。这种方式可为回收氢和轻烃创造更多的空间，将低成本的能源转化为高价值的氢气和轻烃资源。因此，对于炼油厂来说，将能量集成和氢气集成统筹考虑具有明显的效益空间，当然覆盖如此大范围的还有一定的技术难度。

(3) 从节约氢气到更有效地利用氢气

现有的氢气集成技术是在假设保持恒定的氢分压(反应器入口处的氢纯度)和氢油比(氢气流量)的基础上开发的，这一假设忽略了在用氢装置提高氢气利用效率带来的效益机会。或许在某些工艺中使用更多的氢气还有可能提高炼油厂整体的经济效益。

参 考 文 献

[1] Ahmad M I, Zhang, N., Jobson, M. Modelling and Optimisation for Design of Hydrogen Networks for Multi-period Operation[J]. Journal of Cleaner Production, 2010, 18, 889-899.

[2] Alves, J. J. Analysis and design of refinery hydrogen distribution systems[D]. PhD Thesis, UMIST, Manchester, UK, 1999.

[3] Alves, J. J., Towler, G. P. Analysis of refinery hydrogen distribution systems[J]. Industrial and Engineering Chemistry Research, 2002, 41, 5759-5769.

[4] Ding, Y., Feng X., Chu K. H. Optimization of hydrogen distribution systems with pressure constraints[J]. Journal of Cleaner Production, 2011, 19, 204-211.

[5] Foo, D. C. Y., Manan Z. A. Setting the minimum utility gas flowrate targets using cascade analysis technique [J]. Ind. Eng. Chem. Res. 2006, 45, 5986-5995.

[6] Jeong, C., Han, C. Byproduct Hydrogen Network Design Using Pressure Swing Adsorption and Recycling Unit for the Petrochemical Complex[J]. Ind. Eng. Chem. Res, 2011, 50, 3304-3311.

[7] Jia, N., Zhang, N. Multi-component optimisation for refinery hydrogen networks[J]. Energy, 2011, 36, 4663-4670.

[8] Kemp, I. C. Pinch Analysis and Process Integration, Second Edition: A User Guide on Process Integration for the Efficient Use of Energy, Butterworth-Heinemann, 2007.

[9] Khajehpour, M., Farhadi, F., Pishvaie, M. R. Reduced superstructure solution of MINLP problem in refinery hydrogen management[J]. International Journal of Hydrogen Energy, 2009, 34, 9233-9238.

[10] Klemes, J. Sustainability in the Process Industry: Integration and Optimization. McGraw-Hill, 2011.

[11] Kumar, A., Gautami, G., Khanam, S. Hydrogen distribution in the refinery using mathematical modeling [J]. Energy, 2010, 35, 3763-3772.

[12] Liao Z., Wang, J., Yang Y., et al. Integrating purifiers in refinery hydrogen networks: a retrofit case study [J]. Journal of Cleaner Production, 2010, 18, 233-241.

[13] Liao Z., Rong G., Wang J., et al. Rigorous algorithmic targeting methods for hydrogen networks-Part I: Systems with no hydrogen purification[J]. Chemical Engineering Science, 2011, 66, 813-820.

[14] Liu, F. Hydrogen integration in oil refineries[J]. Ph. D. thesis, UMIST, Manchester, UK, 2002.

[15] Liu, F., Zhang, N. Strategy of Purifier Selection and Integration in Hydrogen Networks[J]. Chemical Engineering Research and Design, 2004, 82, 1315-1330.

[16] Pagano, M. Hydrogen Management Console (HyN. DT™), ERTC-09-11 November 2009.

[17] Smith, R. Chemical Process Design and Integration, John Wiley & Sons Ltd, 2005.

[18] Sun, J. Molecular Modelling and Integration Analysis of Hydroprocessors[J]. PhD Thesis, University of Manchester, UK, Manchester, 2014.

[19] Swain, E. J. US Refining Crude Slates Continue Towards Heavier Feeds. Higher Sulfur Contents[J]. Oil Gas J., 1998, 96(40), 43-4.

[20] Umana, B., Zhang, N. Integrating hydroprocessors in refinery hydrogen network optimisation[J]. Applied Energy, 2014, 133.

[21] Umana, B., Zhang, N., Smith, R. Development of Vacuum Residue Hydrodesulphurization-Hydrocracking Models and Their Integration with Refinery Hydrogen Networks[J]. Industrial & Engineering Chemistry, 2016, 55.

[22] Wu, Y. Refinery Optimisation Based on Molecular Management[D]. PhD thesis, The University of Manchester, Manchester, UK, 2010.

[23] Zhang, N., Singh, B. B., Liu, F. A Systematic Approach for Refinery Hydrogen Network Management, PRES 2008, August 2008, Prague, Czech Republic.

第十一章　配套系统及优化

石油化工企业根据其资源禀赋和市场需求通过优化配置流程加工原油，生产既定的石油化工产品。装置的生产运行还需要建设与之配套的储运设施、供排水设施、电力设施、供热设施等。

本章重点介绍了炼油厂各种罐组的配置原则，原油及各种成品油的调和方法和流程，各种原料及产品的装卸船、装卸车设施的要求，以及事故和火炬系统设置等的设计原则与规定。

供排水系统部分主要介绍炼油厂包括原水净化、循环水、污水处理、消防水设施、事故水收集与排放等水系统的主要内容及应遵循的设计规范与原则。

供配电部分主要介绍了炼油厂对外电网供电的要求、企业供配电网的构架及炼油厂对电力设施的基本要求。

蒸汽系统部分重点介绍炼油厂蒸汽管网的设置原则和节能优化方法及软件工具的应用。

本章系统介绍了生产过程中各种污染物的治理措施、工艺以及排放限值的要求，还概括了作为炼油厂公用工程设施的燃料气系统和胺液系统的设置原则和优化方法。

第一节　给排水系统

一、水源

按存在形式水源可分为地表水源和地下水源两大类。地表水源包括江河、湖泊、水库和海水。石油化工企业一般位于工业园区内，采用的水源一般为经过园区给水厂处理后的水。

地面水取水水源的原水水质应不低于 GB 3838《地表水环境质量标准》中Ⅳ类水域的水质；地下水取水水源的原水水质不宜低于 GB/T 14848《地下水质量标准》中Ⅳ类水质；应急供水水源水质不宜低于常用水源水质标准，或采取应急处理后水厂处理工艺可适应的水质。

二、净水厂

1. 设计原则

1）根据原水的水质和用户对水质的要求，选用合理的净水工艺流程，做到安全、可靠、管理方便，确保水质达到预期要求。

2）本着运行安全、维修方便、造价经济的原则，设计时尽可能采用技术成熟的新工艺、新技术，提高工程的技术水平。

2. 用途

对原水采用物理、化学、生物等方法改善水质，使其满足给水水质要求。

3. 水质

生活给水水质应符合 GB 5749《生活饮用水卫生标准》的规定。

生产给水的主要水质指标宜符合表 11-1-1 的规定。

表 11-1-1　生产给水主要水质指标

序号	项　目	单位	允许值	序号	项　目	单位	允许值
1	pH 值	—	6.5~8.5	3	Ca^{2+}(以 $CaCO_3$计)	mg/L	<175
2	浊度	NTU	<3	4	Fe^{2+}	mg/L	<0.3

4. 流程说明

净水厂一般的工艺流程：

原水→预处理→混合→絮凝反应→沉淀→过滤→消毒→产品水。

原水为水库水的净水厂工艺流程如下：

来自水库的原水利用管道的余压先进入净水厂稳压井，然后进入絮凝反应沉淀池之前的静态混合器。原水通过静态混合器与絮凝剂充分混合后，重力流入絮凝、沉淀设施。原水中的悬浮物在斜板沉淀池依靠自身的相对密度差进行泥水分离，分离出来的污泥通过重力排出池外至排泥池。经斜板沉淀池沉淀后的原水自流进入 V 型滤池。原水在 V 型滤池，经过加厚均质石英砂滤料进一步拦截和吸附悬浮物使原水得到进一步净化。经处理后的原水依次自流入清水池，供生产使用。

经一定时间的过滤周期，V 型滤池内截污量增大、水头损失随之升高，滤池通过自动反冲洗，恢复正常过滤。

根据进水水质和处理要求，采用沉淀前预加和过滤后投加次氯酸钠消毒。预加次氯酸钠主要作用是杀死水中微生物，防止藻类生长，保证沉淀和过滤的正常进行。滤后投加次氯酸钠消毒主要是杀死水中病毒和细菌，并保证水中余氯量的要求。

净水厂在生产过程中，产生的生产污泥主要来自絮凝沉淀池排泥水和滤池反冲洗废水。

滤池反冲洗废水自流入排水池，由泵提升至排泥池。絮凝反应沉淀池排泥水自流至排泥池。排泥池中泥水由排水提升泵提升至污泥浓缩池，在污泥浓缩池得到充分浓缩，浓缩后的污泥依靠重力排入污泥平衡池，经污泥脱水系统的离心机脱水后外运。污泥浓缩池上清液靠重力流入回收水池后用提升泵输送至稳压井回收。

5. 主要设备及构筑物

净水厂主要设备及构筑物包括混凝絮凝沉淀池、V 型滤池、清水池、污泥浓缩池、泵房、污泥脱水间、加药间、加药装置、反洗水泵、反洗风机、反洗水泵、排泥泵、搅拌机。

三、给水及消防加压站

1. 用途

用于储存消防水、生产给水和生活给水，为装置和罐区及辅助设施提供消防冷却水、生产给水和生活给水。

2. 设置原则

1）给水加压站宜与消防水加压站合并设置；

2）每个消防水加压站的保护面积不宜超过 $2km^2$，最大保护半径不宜超过 1.2km。当厂区面积超过 $2km^2$ 时，需要设置多个消防水加压站。

3. 流程说明

大型石油化工企业的工艺装置区、罐区等应设独立的稳高压消防给水系统，压力一般为 0.7~1.2MPa。消防水泵应在接到报警后 2 分钟以内投入运行，依靠管网压降信号自动启动。正常情况下由稳压泵控制维持在 0.65~0.8MPa 稳高压状态。

来自厂外的生产给水用压力流送入消防安全水罐，在正常情况下由消防稳压装置将厂区消防水管网的压力维持在 0.8MPa 左右，当厂区消防水系统压力下降到 0.7MPa 时，自动启动消防稳压装置，当系统压力升至 0.8MPa 时，消防稳压装置自动停止运行。

当厂区消防水系统压力低于 0.65MPa 时，自动开启电动消防水泵将系统压力增压至 1.2MPa，同时联锁停止消防稳压装置，电动消防水泵故障不能启动或启动 30s 后管网压力仍未达到 1.0MPa，自动启动备用柴油机消防水泵。

来自厂外的生产给水用压力送入消防安全水罐，由生产给水泵加压后供给厂内生产装置及各单元生产用水。供水压力一般为 0.40MPa。

来自厂外的生活给水用压力送入无负压供水设备，通过无负压供水设备调节加压，供给综合办公楼、中控室、化验室等人员集中场所的生活用水、化验用水，以及事故洗眼器用水。供水压力为 0.40MPa。

4. 主要设备及构筑物

主要设备及构筑物包括消防水泵房、生产给水泵房、电气设备间、值班室、消防安全水罐、消防水泵、消防稳压装置、无负压供水设备、生产给水泵等。

四、循环水厂

1. 设计原则

1）各装置及辅助设施除有特殊要求外，不得采用新鲜水做冷却水。

2）各装置循环冷却水一律返回系统，不得用作冲洗水或直接排放，循环冷却水系统一律按有压回水设计。

3）设备、材料选型可靠，节省能源。

4）设备布置紧凑合理，占地少。

2. 用途

循环水厂用于提供循环冷却水，由冷却设施、水质处理设施、水泵、管道及其他设施组成。

3. 分类

根据冷却水的冷却形式不同，冷却水系统分为间接冷却水系统和直接冷却水系统。间接冷却水系统又分为开式循环冷却水系统、闭式循环冷却水系统和直流冷却水系统。

4. 水质

间冷开式循环冷却水水质指标应根据补充水水质及换热设备的结构形式、材质、工况条件、污垢热阻值、腐蚀速率、被换热介质性质，并结合水处理药剂配方等因素综合确定，应符合表 11-1-2 的规定。

表 11-1-2　间冷开式循环冷却水水质指标

序号	项目	单位	要求或使用条件	允许值
1	浊度	NTU	根据生产工艺要求确定	≤20.0
			换热设备为板式、翅片管式、螺旋板式	≤10.0
2	pH 值(25℃)	—	—	6.8~9.5
3	钙硬度+全碱度(以 $CaCO_3$ 计)	mg/L	稳定指数 RSI≥3.3	≤1100
			传热面水侧壁温大于 70℃	钙硬度小于 200
4	总 Fe	mg/L	—	≤2.0
5	Cu^{2+}	mg/L	—	≤0.1
6	Cl^-	mg/L	水走管程：碳钢、不锈钢换热设备	≤1000
			水走壳程：不锈钢换热设备传热面水侧壁温小于或等于 70℃ 冷却水出水温度小于 45℃	≤700
7	$SO_4^{2+}+Cl^-$	mg/L	—	≤2500
8	硅酸(以 SiO_2 计)	mg/L	—	≤175
9	$Mg^{2+}\times SiO_2$(Mg^{2+} 以 $CaCO_3$ 计)	mg/L	pH 值(25℃)≤8.5	≤50000
10	游离氯(循环回水总管处)	mg/L	连续加氯	0.1~0.5
			冲击加氯	0.5~1.0
11	氨氮(以 N 计)	mg/L	—	≤10.0
			铜合金设备	≤1.0
12	石油类	mg/L	非炼油企业	≤5.0
			炼油企业	≤10.0
13	COD_{cr}	mg/L	—	≤150

5. 流程说明

石油化工企业最常用的系统是间冷开式循环冷却水系统，下面以间冷开式循环冷却水系统和海水闭式循环冷却水系统为例介绍工艺流程。

(1) 间冷开式循环冷却水系统

各装置返回的压力循环冷却回水，经系统管网汇集到循环水厂，利用余压直接进入冷却塔。冷却塔通常选用逆流式机械通风冷却塔。在空气和填料的散热作用下，循环冷却回水与冷空气进行蒸发散热和传质散热。冷却后的循环冷却给水进入塔底水池，然后自流进入吸水池，由循环冷却给水泵加压送至装置各冷换设备使用。间冷开式循环冷却水系统流程图如图 11-1-1 所示。

循环水补充水一般采用生产给水或再生水。

冷却水处理主要包括去除悬浮物、水质稳定处理、菌藻控制等方面。

该系统设有旁滤系统，其主要目的是去除悬浮物，保持循环水水质，使循环水系统在满足浓缩倍数条件下有效和经济地运行。在高浓缩倍数条件运行时，可减少补充水量和排污水量，减轻对环境的污染。

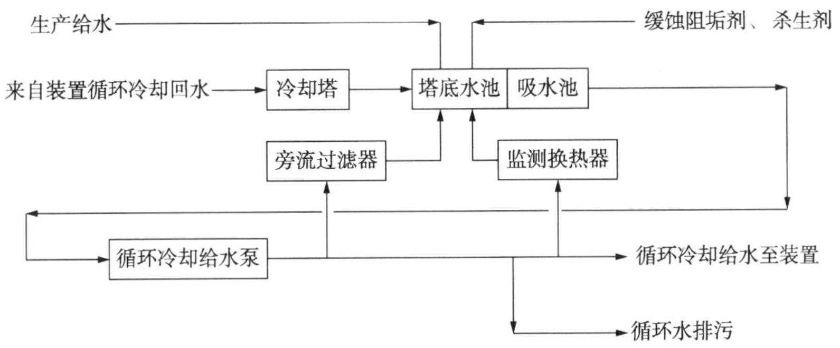

图 11-1-1　间冷开式循环冷却水系统流程图

循环水系统在运行过程中会产生盐垢及污垢，导致热交换效率降低，为使系统可靠运行，保障工艺装置安全生产，需要控制冷却水的结垢程度，主要途径是向冷水池投加阻垢剂。阻垢剂需要根据水质筛选出有效配方，使水垢成分发生改变，胶体颗粒分散稳定，与沉淀在管壁上的胶体或 Ca^{2+}、Mg^{2+} 结合形成螯合离子，然后借布朗运动或紊流作用，把管壁上的这些物质重新分散到水中，发挥良好的阻垢作用。循环水系统中的金属腐蚀主要有三种类型：化学腐蚀、电化学腐蚀及微生物腐蚀。通过投加缓蚀剂可以在金属表面形成一层致密而连续的金属氧化膜，以抑制腐蚀过程，从而达到控制腐蚀的目的。

微生物在系统内的繁殖生长，不仅使水质恶化，而且还与其他有机或无机杂质构成黏垢沉积在系统内，增加水流阻力，降低换热器的传热效率。在系统内加杀生剂可以将微生物杀死，起到控制微生物生长的作用。

循环水厂设置智能化监测换热器，及时掌握冷却水处理动态并调整加药配方；另外可模拟工艺换热器工况，对循环冷却水进行 24h 不间断监测，主要测 pH 值、电导率、浓缩倍数、污垢热阻等。

循环水的排污水及旁流过滤器反洗排水排至污水提升池，由泵提升至污水处理场进行处理。

(2) 海水闭式循环冷却水系统

来自各装置的循环冷却回水，经系统管网汇集进入循环水厂，利用余压直接进入循环水厂内设置的板式换热器，在板式换热器内经海水冷却。冷却后的循环冷却给水进入汇集管，由循环冷却给水泵加压送至装置各冷换设备循环使用。

自海水取水泵站来冷海水，经过海水管网送至循环水厂内板式换热器，作为冷却介质经过换热器将循环冷却回水冷却至设计温度后，通过海水排放系统排至大海或进行二级热量利用。海水闭式循环冷却水系统流程图如图 11-1-2 所示。

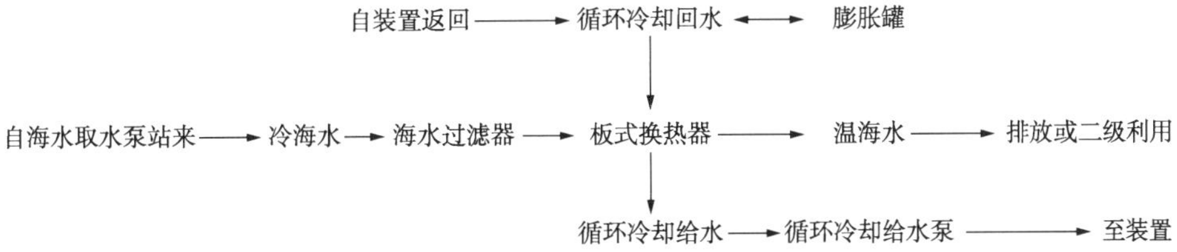

图 11-1-2　海水闭式循环冷却水系统流程图

本系统采用海水冷却的闭式循环水系统，用于装置内冷换设备的循环水为除盐水，冷却介质为海水，由于循环水不与空气接触，直接进行密闭循环，通过蒸发等损失的水量很少，基本上不需要进行连续补水，只在系统排污时需补充循环水。

6. 主要设备及构筑物

（1）间冷开式循环冷却水系统

间冷开式循环冷却水系统主要包括冷却塔、塔底水池、吸水池、循环水泵、加药装置、旁滤过滤器、监测换热器、污水提升池、污水提升泵等。

（2）海水闭式循环冷却水系统

海水闭式循环冷却水系统主要包括板式换热器、循环水泵、海水过滤器、膨胀罐、加药装置、旁滤过滤器、污水提升池、污水提升泵等。

五、污水处理厂

1. 设计原则

1）清污分流、污污分治。按来水污染物浓度和特性对污水处理系统划分，降低能耗，降低生产成本，节省能源；同时可以加强污水处理场抗冲击能力。

2）按盐含量将处理系统分为高盐、中盐、低盐污水处理系统，最大限度增加污水回用率。

3）优化工艺流程，深度处理，立足回用，尽最大可能减少污水外排。

4）尽可能利用高程差，减少提升次数，降低运行能耗。

5）尽可能采用绿色低碳技术，减少处理工艺带来的二次污染。

6）在成熟可靠的基础上，采用先进的工艺和技术，节省占地、工程投资。

7）平面布置紧凑，方便操作运行、维护管理及集中控制。

2. 用途

对污水采用物理、化学、生物等方法进行净化处理，使其满足外排或回用要求。

3. 组成

污水处理厂一般由低盐污水处理系统、中盐污水处理系统、高盐污水处理系统、污油脱水系统、污泥处理系统、臭气处理系统等组成。

低盐污水适度处理后回用循环水厂做补水；中盐污水处理系统主要通过双膜处理后用于循环水厂补水和复合式空冷等补水、除盐水站进水；高盐污水和双膜浓水一起处理达标排放。

4. 设计进出水水质

（1）进水水质

污水处理厂的进水水质，应根据装置（单元）的小时排水量和水质采用加权平均的方法计算确定，也可按同类企业的实际运行数据确定。炼油污水无资料时，其水质主要污染物可按表 11-1-3 取值。

表 11-1-3　炼油污水处理厂进水水质　mg/L

项目	pH 值	悬浮物	*COD*	*BOD*	硫化氢	石油类	酚	氨氮
炼油污水	6~9	≤200	≤600~800	240~320	≤20	≤500	≤40	50~80

（2）再生水水质

再生水水质应根据用户对用水水质的要求确定。再生水可作为循环冷却水、冲厕及冲车、浇洒道路、建筑施工、绿化、景观、工艺生产和锅炉补充水等。目前石化企业主要用于循环冷却水补水。

再生水水质应满足 SH 3173《石油化工污水再生利用设计规范》和 SH/T 3099《石油化工给水排水水质标准》的要求，见表 11-1-4。

表 11-1-4　再生水用于间冷开式循环冷却水系统补充水水质主要控制指标表　mg/L

序号	项　目	单位	要求和使用条件	允许值
1	pH 值	—	—	6.5~9
2	色度	度	—	≤30
3	浊度	mg/L	—	≤5
4	悬浮物	mg/L	—	≤10
5	BOD_5	mg/L	—	≤5
6	COD_{cr}	mg/L	—	≤50
7	石油类	mg/L	—	≤2
8	挥发酚	mg/L	—	≤0.5
9	硫化物	mg/L	—	≤0.1
10	氨氮(以 N 计)	mg/L	—	≤5
			铜材换热器	≤1
11	钙硬度(以 $CaCO_3$ 计)	mg/L	—	50~300
12	总碱度(以 $CaCO_3$ 计)	mg/L	—	50~300
13	氯离子	mg/L	—	≤250
14	硫酸根离子	mg/L	—	≤300
15	总铁	mg/L	—	≤0.3
16	总磷(以 P 计)	mg/L	—	≤1.0
17	电导率	μS/cm		≤1200
18	游离性余氯	mg/L	管网末端	0.1~0.2
19	细菌总数	个/mL	—	<1000

（3）外排水水质

污水处理系统处理达标后的外排水水质标准根据生产装置类型执行 GB 31570《石油炼制工业污染物排放标准》、GB 31571《石油化学工业污染物排放标准》、GB 31572《合成树脂工业污染物排放标准》、GB 31573《无机化学工业污染物排放标准》。

近些年随着对环保的日益重视，很多地方制定了严于国家标准的地方标准，例如京津冀地区、山东小清河流域等，这些地方应按地方标准执行。表 11-1-5 列出 GB 31570、GB 31571 主要污染物特别排放限值。

表 11-1-5　GB 31570、GB 31571 主要污染物特别排放限值一览表　mg/L

项目	pH 值	悬浮物	*COD*	*BOD*	*TOC*	硫化物	石油类	挥发酚	氨氮	总氮	总磷
数据	6~9	≤50	≤50	≤10	≤15	≤0.5	≤3	≤0.3	≤5	≤30	≤0.5

注：GB 31570《石油炼制工业污染物排放标准》规定加工单位原(料)油基准排水量≤0.4m^3/t。

5. 工艺流程

(1) 低盐污水处理工艺流程

低盐污水→隔油→调节均质→气浮→生化→深度处理→回用。

(2) 中盐污水处理工艺流程

中盐污水→调节均质→气浮→生化→过滤→超滤+反渗透(UF+RO)→回用。

(3) 高盐污水处理工艺流程

高盐污水→隔油→调节均质→气浮→生化→深度处理→外排。

(4) 污油脱水工艺流程

污油→污油池→污油脱水罐→全厂污油罐。

(5) 污泥处理工艺流程

剩余污泥→浓缩→脱水→外运或进一步处理。

油泥浮渣→浓缩→脱水→外运或进一步处理。

(6) 臭气处理工艺流程

高浓度臭气→碱洗→焚烧→排放。

低浓度臭气→碱洗→生物处理→活性炭吸附→排放。

6. 处理工艺简介

(1) 调节与均质

调节均质的主要作用：一是调节突发的超质、超量污水及装置大修期间排放的大量高浓度污水。这些污水如果直接进入生化处理系统，将会对系统造成冲击，抑制微生物生长繁殖，导致生化处理效果降低。二是对周期性变化的污水水质起均和作用，使生化处理系统的水质均匀，保证系统平稳运行。三是对循环水排污水中的杀菌剂进行消解，防止对生化系统的冲击。

调节均质常用的类型有均质罐、均质池。炼油污水由于进水中含有油和泥，考虑方便排泥和收油一般采用均质罐。均质罐在使用上分两部分，一部分做均质用，另一部分做调节水量用。

(2) 除油

除油工艺的主要方法有重力分离法、气浮法、电解法、混凝沉淀法等，比较常用的是重力分离法和气浮法。经过多年的实践和探索，目前采用重力分离法加气浮法作为污水处理除油工艺方法得到了国内炼油厂普遍认同，并在生产实践中取得了显著的效果。

1) 隔油。

隔油主要通过水和油的相对密度差，采用重力分离方式使油和水分离，将油收集后送至污油罐脱水后送全厂污油罐。目前隔油池(罐)一般放置在调节均质罐前，去除大部分浮油和油泥，以减轻后续除油、除泥工艺负荷，防止调节均质罐严重污染。也可将除油和调节均质罐合并设置工艺，在罐内进行除油和排泥。

2) 气浮工艺。

气浮工艺主要有全加压溶气气浮、部分回流加压溶气气浮、电解溶气气浮、涡凹溶气气浮等形式。目前，炼油厂中采用的主要是涡凹溶气气浮和加压溶气气浮两种形式。

加压溶气气浮工艺是用处理过的部分废水流入溶气罐，在加压空气状态下，空气过饱和溶解，然后在气浮池的入口处与加入絮凝剂的原水混合。由于压力减小，过饱和的空气释放出来，形成了微小气泡，迅速附着在悬浮物上，将它提升至气浮池的表面，从而形成了很容易去除的污泥浮层，较重的固体物质沉淀在池底，也被去除。

涡凹溶气气浮工艺是经过预处理后的污水流入装有涡凹曝气机的小型充气段，利用曝气机空气输送管底部散气叶轮的高速转动在水中形成一个真空区，液面上的空气通过曝气机输入水中，填补真空，微气泡随之产生并螺旋形地上升到水面，污水在上升的过程中通过充气段与曝气机产生的微气泡充分混合。

目前，石油化工企业一般气浮工艺采用两级气浮工艺组合，一级气浮装置采用涡凹气浮装置，二级气浮装置采用部分回流加压溶气气浮装置。这种结合工艺既能节省能耗、占地，又能将两者优势互补，保证处理效果。

(3) 生化

生化工艺是污水处理的基础工艺，污水中的 *COD*、*BOD*、NH_3-N、挥发酚、硫化物等的去除主要都依靠生化工艺。生化处理工艺主要分为厌氧生物处理工艺和好氧生物处理工艺。好氧生物处理工艺主要分为活性污泥法和生物膜法。近些年，随着炼油行业深加工程度不断增加化工新材料装置越来越多，炼化一体的布局，使得石化污水的污染物成分越来越复杂，传统的活性污泥法已不能满足石化废水的处理要求。活性泥法、生物膜法相结合，好氧、缺氧和厌氧工艺相结合，是目前炼油污水处理的主导方向，这些方法的结合发展为氧化沟、A/O、A_2/O、SBR、CASS、MBR、MBBR 及 BAF 等多种工艺。实践证明这些工艺都具有良好的效果，并得到了广泛的应用。

(4) 深度处理

一般生化工艺出水难以满足回用水和外排水水质标准，因此需要进行深度处理，达到回用水水质标准和外排水水质标准。

低盐污水适度处理的深度处理工艺主要以膜法工艺为主，代表性工艺为 BAF 和 MBBR 工艺。

高盐污水外排达标深度处理工艺主要以高级氧化+BAF 和高效生物反应器(采用特殊菌种法)为主。此外，还需要有反硝化滤池、高密度沉淀池等以使总氮和总磷达标。

典型工艺流程如下：

污水→高级氧化→BAF→反硝化滤池→高密度沉淀池→过滤→外排。

污水→高效生物反应器→反硝化滤池→高密度沉淀池→过滤→外排。

7. 主要设备及构筑物

主要设备及构筑物有隔油池、调节罐、事故水罐、气浮、生化反应池、双膜、高级氧化工艺和其制备或储存设备、反硝化滤池、高密度沉淀池、过滤池(罐)、监控水池、回用水池、加药设备、除臭设备、鼓风机、机泵等。

六、雨水监控设施

1. 设计原则

1) 雨水监控设施的设置数量应根据全厂竖向及雨水收集分区确定；

2) 雨水监控设施宜设置在雨水收集分区的低处；

3) 污染雨水、工业废水不应进入雨水系统；

4) 装置区、罐区等区域内的污染雨水应通过区域内污水系统收集；

5）雨水监控范围为厂区雨水系统所在收集分区内的雨水。

2. 用途

在雨水排出厂界前，对雨水中可能携带的污染物进行监测、控制。

3. 流程说明

厂区雨水经雨水沟或雨水暗管进入切换池，正常情况下打开切换池通往雨水监控池的电动壁板阀，厂区雨水进入雨水监控池，经监控后合格雨水排至园区雨水系统。

根据敏感污染物种类在雨水监控池内设置在线监测仪表，当污染物超标时应报警，并关闭出口排放阀门。如污染物为石油类，不合格雨水通过集油槽收集至污染雨水提升池，经污染雨水提升泵提升至污水处理厂进行处理；如为溶解性污染物，不合格雨水通过清净雨水提升泵提升至事故排水储存池，由事故排水提升泵提升后压力流送至污水处理厂进行处理。

4. 计算方法

雨水监控池有效容积应按照设计重现期和水力停留时间综合确定。雨水监控池设计进水水量计算的重现期应不小于2年，雨水监控池监控水力停留时间宜为10~30min。

5. 主要设备及构筑物

主要设备及构筑物包括切换池、雨水监控池、污染雨水提升池、格栅、壁板阀、清净雨水提升泵、污染雨水提升泵。

七、事故排水储存设施

1. 设计原则

1）事故排水收集宜采用重力流收集方式；

2）事故排水储存设施的设置数量应根据全厂竖向及雨水收集分区确定；

3）雨水监控设施和事故排水储存设施宜设置在雨水收集分区的低处；

4）事故排水储存设施应确保事故排水不排出厂外；

5）事故排水储存设施储存其收集分区内的事故排水，应采取措施确保收集分区内的事故排水不流入其他分区。

2. 用途

储存事故时或事故处理过程中产生的进入排水系统的污水，包括泄漏物料、消防废水、工业废水和雨水等。

3. 流程说明

当雨水系统同时兼作事故排水系统时，厂区事故排水通过厂区雨水收集系统重力流进入切换池，在事故情况下打开切换池通往事故排水储存池的电动壁板阀，事故排水经雨水系统重力流进入事故排水储存池储存，待事故结束后，根据物料决定事故排水的去向，或由事故排水提升泵输送至污水处理厂进行处理。

当厂区设置专门的事故排水系统时，厂区事故排水通过事故排水收集系统重力流进入事故排水储存池。

4. 计算方法

事故排水量应包含事故时泄漏的物料量、消防产生的消防废水量、事故时遇到的雨水量以及事故时进入系统的工艺废水量。

事故排水储存设施总有效容积计算方法：

$$V_{总}=(V_1+V_2-V_3)_{max}+V_4+V_5 \quad (11-1-1)$$

式中　$(V_1+V_2-V_3)_{max}$——对收集系统范围内不同罐组或装置分别计算 $V_1+V_2-V_3$，取其中最大值；

V_1——收集系统范围内发生事故的一个罐组或一套装置的物料量，m^3；

V_2——发生事故的储罐或装置的消防水量，m^3；

V_3——发生事故时可以转输到其他储存或处理设施的物料量，m^3；

V_4——发生事故时仍必须进入该收集系统的工艺废水量，m^3；

V_5——发生事故时可能进入该收集系统的降雨量，m^3。

5. 主要设备及构筑物

主要设备及构筑物包括事故排水储存池、格栅、壁板阀、事故排水提升泵。

八、污水提升设施

1. 设计原则

1）各装置（或联合装置）应分别设置提升泵站。

2）非同开同停的装置之间的污水不得相互串通。

2. 用途

收集各自区域内的污水，压力送至污水处理场进行处理。

3. 流程说明

装置内的生产污水自生产污水管道自流排入生产污水提升池，入口处设置格栅，通过系统生产污水管道压力排至污水处理厂。生产污水提升池设液位计，高、低液位报警，并与生产污水提升泵联锁高开低停。

4. 主要设备及构筑物

主要设备及构筑物包括含油污水提升池、污水提升泵、人工格栅、臭气处理设施。

九、消防站

1. 设计原则

1）消防站宜远离噪声场所且避开工厂主要人流道路。其服务范围按行车距离计，不得大于 2.5km，且应确保接火警后消防车到达火场时间不超过 5min，超出上述要求应建立消防分站。对于丁、戊类的局部场所，消防站的服务范围可加大到 4km。

2）消防站应为独立建筑物，并靠近主要道路布置，以便消防车辆迅速通往火灾危险性大的装置区、罐区、仓库区等。

2. 用途

消防站为消防队员执勤、值班和生活的场所，通常包括训练场地、业务用房和辅助用房，配备相应的消防装备。

3. 主要设备及构筑物

主要包括消防站主楼、训练塔、训练场地和泡沫充装设施。

消防站主楼一般为二层建筑，主要包括消防车库、值勤宿舍、通讯室、器材库、蓄电池室、淋浴更衣、办公室等。

消防站宜设置向消防车快速灌装泡沫液的设施，泡沫充装设施主要包括：泡沫充装台、泡沫液罐、移动式泡沫液灌装泵。

十、泡沫站

1. 设计原则

泡沫站的设置位置及保护范围应满足自泡沫消防水泵启动至泡沫混合液或泡沫输送至最远保护对象的时间不大于 5min 的要求。

2. 用途

泡沫站设置泡沫液储罐储存泡沫液，并利用泡沫比例混合装置制备泡沫混合液，将泡沫混合液输送至泡沫产生器和泡沫栓。

3. 流程说明

当火灾发生时，先开启着火罐泡沫混合液管道阀门，并依次开启位于泡沫混合液系统管网单元的区域阀、主泡沫系统中的比例混合器出口及进口阀门。由泡沫消防水系统提供的消防水，在流经主泡沫系统中的泡沫比例混合装置时，启动主泡沫液泵，将储存在常压泡沫液储罐内的泡沫液注入装置管路。泡沫液与压力水按比例自动混合成泡沫混合液，被输送至泡沫产生器和泡沫栓，产生空气泡沫扑救火灾。

如果在主泡沫液泵启动 20s(可调)以后泵出口压力依然没有达到设定值，则表示主泡沫液泵故障，系统自动停主泵，发送主故障信号到消防控制室，现场控制柜自动关闭主系统中的消防水进口电动阀、泡沫液泵；并启动备用泡沫系统中的消防水进口电动阀，备用泡沫液泵进液阀，启动备用泡沫液泵。

非水溶性甲、乙、丙类液体储罐固定式低倍数泡沫灭火系统泡沫液应选用 3%型氟蛋白或水成膜泡沫液；对于水溶性甲、乙、丙类液体及其他对普通泡沫有破坏作用的甲、乙、丙类液体，必须选用抗溶水成膜、抗溶氟蛋白或低黏度抗溶氟蛋白性泡沫液。配制泡沫混合液所需消防水由系统消防水管网供给。

4. 主要设备及构筑物

本单元的主要建构筑物包括：一座泡沫站建筑，泡沫站内设有泡沫液储罐和泡沫比例混合装置。

十一、给排水及消防管网

1. 设计原则

1）给排水系统应根据水质、压力和用途不同，按照清污分流的原则进行划分。

2）做到清污分流、污污分流、分别收集、分开处置。

3）不同的给排水系统之间不允许相互直接连通。

4）按介质种类、介质温度、介质压力等划分为不同的给水管道系统，分别输送不同的介质。

5）循环水系统严格闭路，不允许直接排放或用作他用，循环水系统一律按有压回水进行设计。

6）生产用水应少用生产给水，多用循环水、回用水，提高用水的重复利用率。

7）排水系统尽可能可视化安装，尽量减少重力流范围。

2. 系统划分

全厂给排水及消防管网一般分为以下几个系统：

(1) 原水管道系统

原水一般由厂外工业园区的给水厂供给。

(2) 高压生产给水管道系统

由给水加压站供给。供给装置及各单元的生产用水，水质应符合现行行业标准 SH/T 3099《石油化工给水排水水质标准》的规定，单元边界压力一般为 0.40MPa。

(3) 低压生产给水系统

由给水加压站供给。主要补给循环水厂及除盐水站用水，水质应符合现行行业标准 SH/T 3099《石油化工给水排水水质标准》的规定，单元边界压力一般为 0.2MPa。当原水管道系统压力和水质满足要求时，可由原水管道系统直接供给。

(4) 生活给水管道系统

由给水加压站供给。供给综合办公楼、中控室、化验室等人员集中场所的生活用水、化验用水，以及事故洗眼器用水，水质应符合现行国家标准 GB 5749《生活饮用水卫生标准》的规定，装置及单元边界压力一般为 0.40MPa。

(5) 循环冷却给水管道系统

由循环水厂供给。供给生产装置冷凝器、冷却器、压缩机、机泵等冷却用水，装置边界处压力一般为 0.45MPa。

(6) 循环冷却回水管道系统

循环冷水换热后的热水，一般利用余压直接回循环水厂上冷却塔冷却，装置边界处压力一般为 0.25MPa。

(7) 消防给水管道系统

由消防水加压站供给，一般采用独立的稳高压消防给水管道系统，环状布置，系统管道工作压力一般为 0.7~1.2MPa。供给装置区、油罐区及辅助生产区等作为火灾时消防冷却用水及配置泡沫混合液用水。

(8) 再生水系统

污水在污水处理厂经过处理后，达到回用水质标准后进行再利用。

(9) 生产污水管道系统

收集装置、罐区等单元受污染的生产污水，重力流排入各污水提升设施，各装置的生产污水经生产污水泵提升后送污水处理厂进行处理。

(10) 含盐污水系统

循环水厂排污水、循环水厂旁滤反洗水、循环水厂预膜清洗水、锅炉排污水、除盐水站反洗水、凝结水站中和池排出的含盐污水等，在各单元内设提升泵站，由泵提升压力送污水处理厂进行处理。

(11) 生活污水管道系统

收集厕所及生活洗涤等排出的生活污水，厕所排水经化粪池处理后压力送污水处理厂进行处理。

(12) 初期雨水系统

来自生产装置区、装卸区、码头区和原油罐区浮盘等的初期(污染)雨水接入此系统，汇集到初期雨水提升池，经初期雨水提升泵提升后压力送至污水处理厂进行处理。

（13）雨水系统

工厂区的清净雨水，通过明沟或雨水暗管收集至雨水监控池，监控合格后排入厂外雨水明沟或暗管。

（14）事故排水系统

事故时或事故处理过程中产生的进入排水系统的污水，包括泄漏物料、消防废水、工业废水和雨水等，排至事故排水储存池，根据物料的性质确定处理措施。工厂内事故排水系统宜和雨水系统统一设置。

（15）达标处理排放水系统

经污水处理厂处理后满足排放标准的处理后污水通过此系统排出厂区。

3. 水重复利用率

根据 GB/T 7119《节水型企业评价导则》，水的重复利用率是指在一定的计量时间内，企业的重复利用的水量与总用水量的比值。重复利用率按式(11-1-2)计算：

$$R=\frac{V_{\mathrm{r}}}{V_i+V_{\mathrm{r}}}\times 100\% \qquad (11-1-2)$$

式中　R——重复利用率；

V_{r}——在一定的计量时间内，企业的重复利用水量，m^3；

V_i——在一定的计量时间内，企业的取水量，m^3。

4. 废水回用率

根据 GB/T 7119《节水型企业评价导则》，废水回用率是指在一定的计量时间内，企业对外排废水自行处理后的回用水量与总废水量的比值。废水回用率按式(11-1-3)计算：

$$K_{\mathrm{w}}=\frac{V_{\mathrm{w}}}{V_{\mathrm{d}}+V_{\mathrm{w}}}\times 100\% \qquad (11-1-3)$$

式中　K_{w}——废水回用率,%；

V_{w}——在一定的计量时间内，企业对外排废水自行处理后的回用水量，m^3；

V_{d}——在一定的计量时间内，企业的排水量，m^3。

第二节　蒸汽动力系统及优化

一、蒸汽动力系统

在过程工业领域中，蒸汽动力系统是将燃料转化产生蒸汽和电力，进一步分配给各工艺装置使用的系统。蒸汽和电力是过程工业必不可少的公用工程之一，为维持生产系统的正常运行起到至关重要的作用。蒸汽动力系统通常也称为热电系统，其流程示意图如图 11-2-1 所示，主要构成包括燃动(锅炉、燃气轮机、热回收蒸汽发生器)、汽电转化(背压式、凝汽式及抽凝式机组)、给水处理与加热(净化、除盐、除氧、加热)、蒸汽配送(蒸汽管网、减温减压)、工艺装置产用汽单元(余热锅炉、蒸汽发生器、蒸汽加热器、蒸汽透平、工艺用汽等)、凝水回收等。蒸汽动力系统作为能量转换和输送的枢纽，是过程工业不可或缺的一个重要环节。

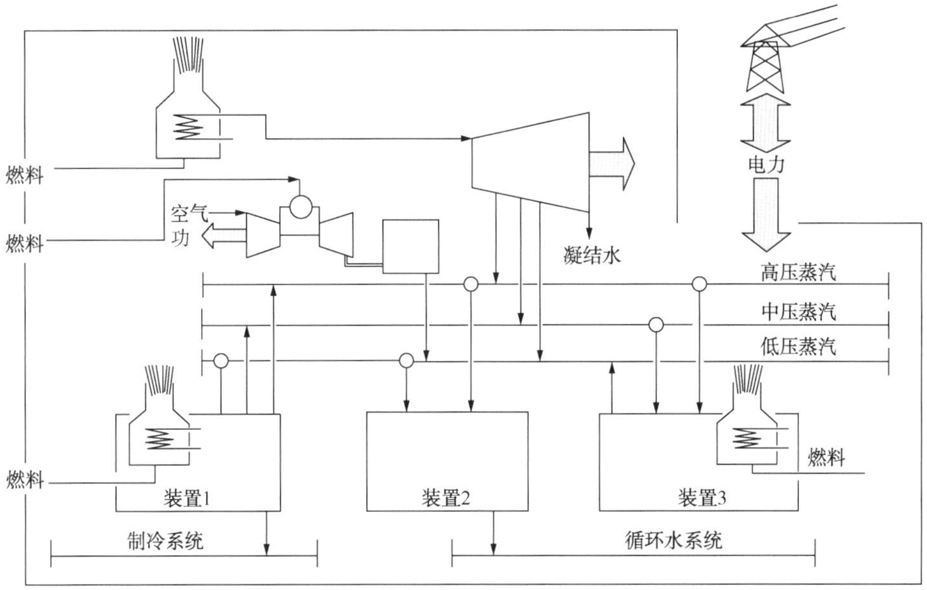

图 11-2-1　蒸汽动力系统流程示意图

二、开展蒸汽动力系统节能优化的重要性

由于全球对降低温室效应及二氧化碳减排必要性达成共识，炼化企业节能减排的压力持续增大，蒸汽动力系统的设计与生产管理优化日渐成为企业节能减排的重点关注对象之一。开展蒸汽动力系统节能优化的意义主要体现在以下三个方面：

1）炼化企业的蒸汽动力系统能耗通常占全厂总能耗的20%~30%。

蒸汽动力系统作为过程工业的重要组成部分，在为企业正常生产提供保质保量的蒸汽和电力时，需要消耗大量的一次能源（如燃料气、燃料油、煤、石油焦等），其安全、稳定、高效运行是企业长周期、经济运行的基础。

2）蒸汽动力系统的设备多、系统结构复杂，系统操作受多种因素影响，生产工况时刻变化，凭借经验难以确保系统最优运行。

大型炼化企业的蒸汽动力系统不仅具有多工艺产汽点、多工艺用汽点、多压力等级外，通常还具有多动力产汽点。工艺产汽点、工艺用汽点、动力产汽点之间形成了错综复杂的产供汽网络。除此之外，大型炼化企业一般由多个分厂组成，各分厂之间距离较远，各分厂动力产汽设备的型号、燃料、水系统循环类型不同，产供汽成本有较大差异，各厂的蒸汽既存在很大互供和互备的优化潜力，又受到各厂之间的距离和管道的送能力的限制，难以进行量化取舍。

3）对蒸汽动力系统的设计、改造和生产运行进行量化优化工作，可为企业带来可观的经济和社会效益。

一直以来，蒸汽动力系统虽然设备单元数量庞大、系统配置复杂，难以单纯依赖生产经验实现高效运行，但是作为生产辅助系统，没有得到企业的足够重视，信息化建设相对落后，主要表现在设备陈旧，仪表建设不完善，自动化程度不高，管理较落后，缺乏在线计算工具对系统进行监测和优化，系统运行经济性难以保持，造成运行能耗及成本较高。

蒸汽动力系统优化技术的应用，旨在对上述问题做出突破，提高系统量化、精细化管理水平，保障系统在多工况下高能效运行。

三、蒸汽动力系统优化技术

近年来，国内外发展起来的蒸汽动力系统优化方法主要有基于全局温焓曲线的夹点分析法、确定剩余热负荷最佳转化途径的顶层分析法、基于数学方法的数学规划法以及热电联产优化的 R-曲线分析法等。下面介绍蒸汽动力系统优化技术的主要技术路线。

1. 图形分析法

图形分析法主要用于分析蒸汽动力系统现状，确定系统节能目标。英国曼彻斯特大学 B. Linnhoff 于 1979 年提出夹点技术原理，经过多年的研究，已发展成全厂集成分析法，并且广泛应用于石油化工、制药等众多工程工业部门。据统计，采用夹点技术对新厂设计而言，比传统方法可节能 30%～50%，节省投资 10%左右；对老厂改造而言，通常节能 20%～35%，改造投资的回收年限一般不超过 3 年。该技术已成功广泛应用在全球的工程项目中。

夹点技术利用夹点把系统分成两个热力学上相互分离的子系统，如图 11-2-2 所示，热公用工程向夹点上方的热阱子系统输入热能，且无热能流出，而夹点下方的热源子系统由冷公用工程从系统带走热能，且无热能流入。为了实现系统最大能量回收，减少公用工程能源消耗，夹点上下方的子系统不允许有热量交换。通过夹点技术分析法，可以得出全厂最小冷、热公用工程消耗量，如图 11-2-2 中 Q_H、Q_C 所示。

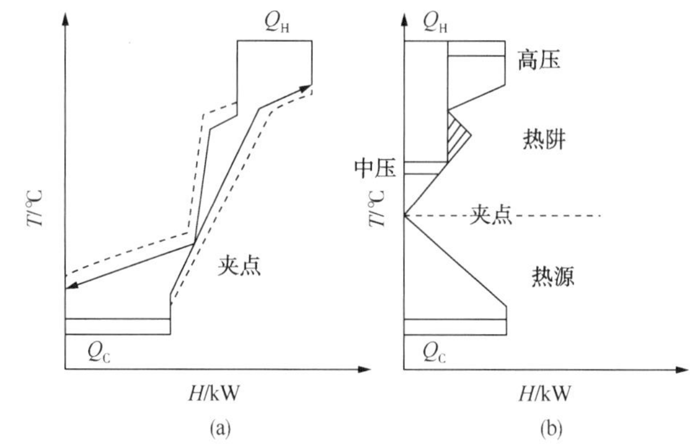

图 11-2-2　夹点技术分析法

对于大多数工艺过程来说，为了满足夹点上下加热与冷却需求，通常要对不同的公用工程系统进行选择，对于夹点以上热阱子系统，应尽量选用低品质的热源加热工艺流股，对于夹点以下的热源子系统，要尽量将其有效的热量作为热源来产生低压蒸汽、预热空气和锅炉给水以及产生低温余热等，最后再将剩余热量排放到冷却水或者空气中。

(1) 全场夹点分析理论

和单一工艺过程的夹点技术分析一样，为了分析全厂范围内的蒸汽需求以及冷热负荷，也需要绘制冷热流股的复合曲线。绘制的过程与前述夹点分析复合曲线的绘制一致。表 11-2-1 为工艺 A 和工艺 B 的冷热流股数据。

表 11-2-1　示例中的工艺流股数据

工艺	流股	初温/℃	终温/℃	焓/MW
A	热	350	160	28.5
A	冷	20	180	32.0
B	热	300	200	25.0
B	冷	140	230	27.0

根据流股数据可以绘制出相应的冷流股复合曲线和热流股复合曲线(见图 11-2-3)，具体过程和前述夹点技术分析时一样，也通过问题表格来分析。

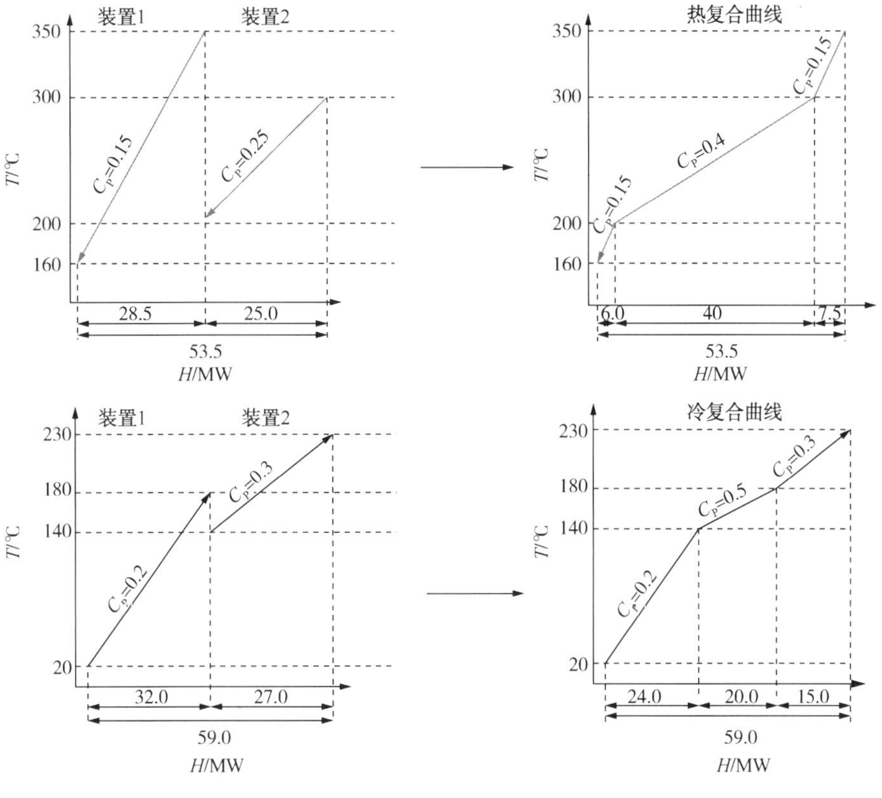

图 11-2-3　冷流股复合曲线和热流股复合曲线

由冷、热流股复合曲线绘制全场复合曲线的过程比较简单，将冷、热复合曲线分别画在温度轴的两侧，热流股曲线在左，冷流股曲线在右(见图 11-2-4)。应该注意的是，图 11-2-4 温度坐标是实际温度。

为了将热交换器的最小传热温差考虑进来，热流股复合曲线向下移动 ΔT_{min}，冷流股复合曲线向上移动 ΔT_{min}，这样后面在考虑蒸汽温度的时候将不必重复考虑最小接近温差的问题(见图 11-2-5)。

至此全场复合曲线绘制完毕。下一步，将蒸汽和制冷按照不同的温度等级摆放在复合曲线图上，注意蒸汽的温度是其实际温度。

从图 11-2-6 中可以直接得到制冷和蒸汽的温度和焓。可以看出，当蒸汽的消耗或产生的压力及温度条件发生变化时，它们的焓值也将发生变化。因此，可以通过全场复合曲线图确定蒸汽的产用目标。不难想象，和夹点技术分析可以得出能量的回收利用目标一样，全场复合曲线分析也可以得出蒸汽的回收利用目标。

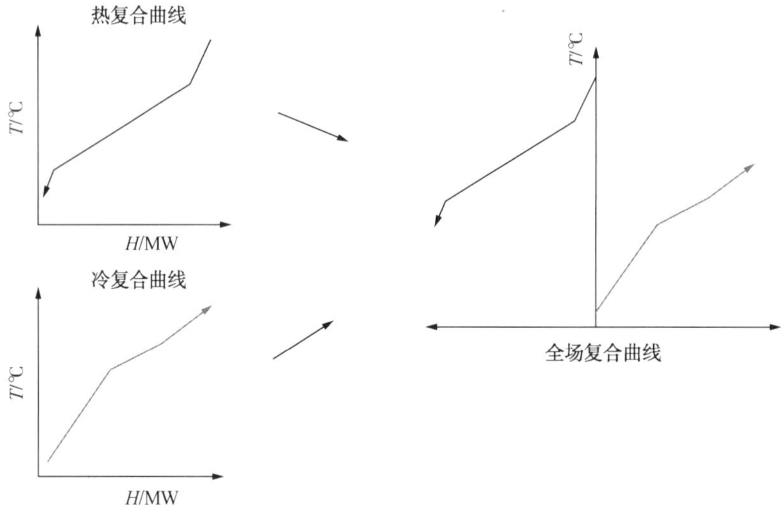

图 11-2-4　由冷热流股复合曲线绘制全场复合曲线

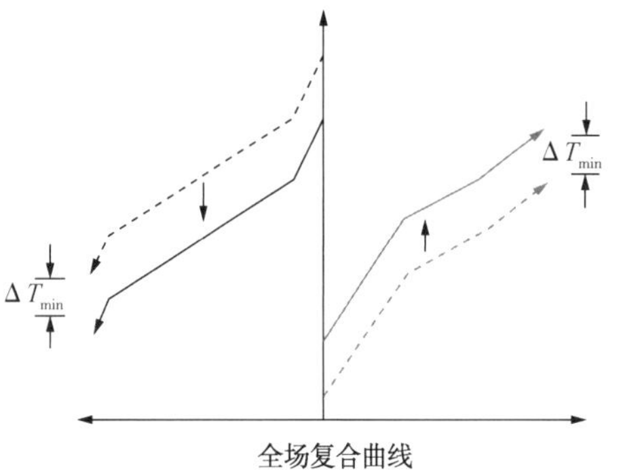

图 11-2-5　考虑换热温差变换的全场复合曲线

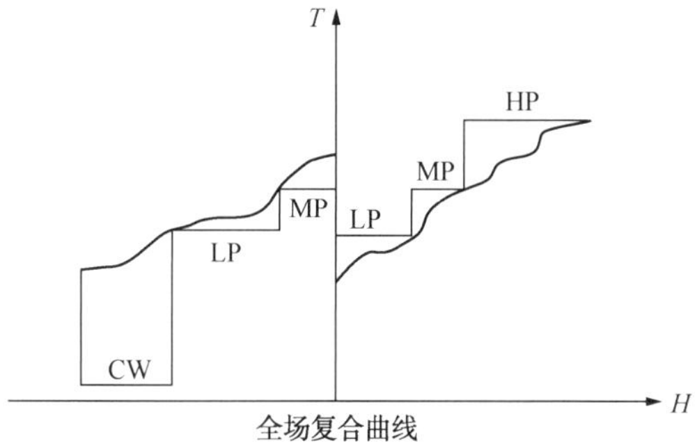

图 11-2-6　含有公用工程的全场复合曲线

如图 11-2-7 所示，左侧为工艺产汽，右侧为工艺用汽，它们都通过蒸汽总管进行调配。如果工艺产汽不经过蒸汽总管，直接满足工艺用汽，那么有可能会减少公用工程的使用量。

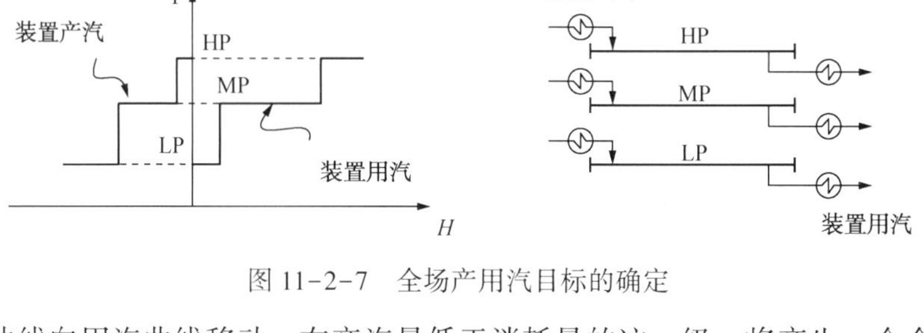

图 11-2-7　全场产用汽目标的确定

将产汽曲线向用汽曲线移动，在产汽量低于消耗量的这一级，将产生一个全场夹点，它规定了最大的蒸汽回收利用率，高于该级别的蒸汽需求不足部分将由锅炉等公用工程满足，低于夹点的蒸汽多余部分需要冷却水等公用工程来满足。

从图 11-2-8 中可以看出，通过蒸汽的回收利用，高压蒸汽(即锅炉产汽量)和冷却水等公用工程量减少了。这和单个工艺过程的夹点性质是类似的。

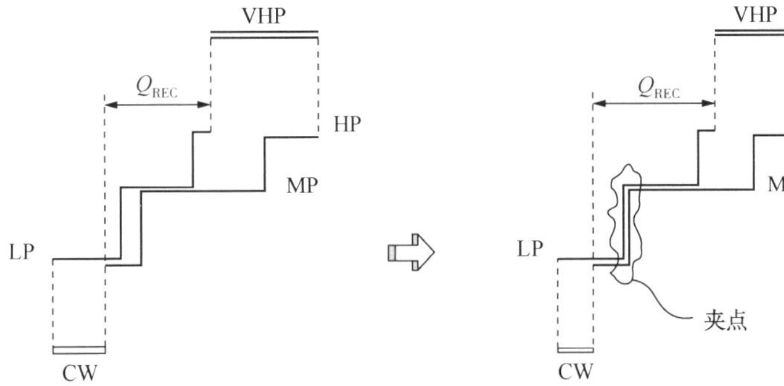

图 11-2-8　通过蒸汽回收实现全场蒸汽消耗最小化

(2) 全场夹点分析应用

全场夹点技术分析广泛应用于炼油厂、电厂和化工厂在内的各种能源集中型工业领域。通过全场夹点分析得到的能量目标一般比能源消耗现状要少 20%~25%，其中 10%~15%的节省目标是不需要大量投资就可以实现的，如果能够接受比较大额的设备投资，如增加燃气轮机以实现热电联产，节省目标甚至可以达到 30%左右。

以某公司的改造项目为例，介绍全场夹点技术分析的过程与效果。为了提高整厂效率和扩大产能，开展全场夹点分析，其目标包括：找出提高全场能源效率的方法；解决全场偶发的蒸汽短缺；不需要大额投资的改造；更经济地使用已有的设备。

图 11-2-9 为该公司全场热源与热阱的复合曲线图。

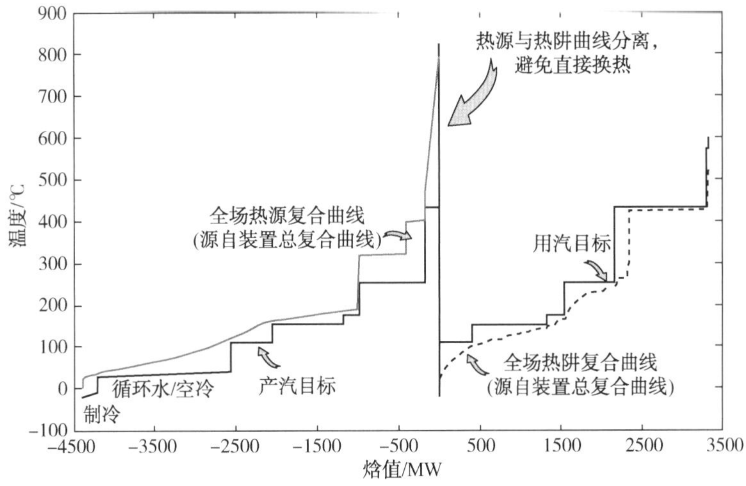

图 11-2-9　全厂复合曲线图

从这些复合曲线可以计算出蒸汽的产用汽目标。蒸汽动力系统的优化思想是尽量减少热阱对高压蒸汽的使用，尽量增加热源生产高压蒸汽量。每一级的蒸汽不足由锅炉补充。从全场复合曲线也可以方便地考察改变蒸汽总管压力对整个公用工程消耗的影响。比如可以提高某热源产汽的压力或降低某热阱用汽的压力，由此可以产生更多热电联产的潜力。

经过分析，采取的改进措施有：

1）提高冷凝水处理率，减少新鲜水补充；

2）改变精馏塔的进料条件，减少再沸器负荷；

3）提高全场产电量；

4）增加新的热交换器，减少公用工程消耗等。

通过这些举措，理论能源消耗从3500MW降低到1940MW。在整个能源节省贡献中，工艺改进以及工艺间的整合余地较小，分别占6%，公用工程自身改进占9%，公用工程和工艺间的整合占79%。这也证明全场分析优于孤立地对各个工艺过程进行夹点分析。

全场夹点技术分析也有一些缺点，导致在工业应用中遇到困难，包括：对数据的要求很高，只有流股信息完全已知的工艺才可以考虑夹点技术分析，没有考虑压力、污染、现有布局的影响，图形法难以实现自动化计算等。有一些学者对此进行了改进，可参考各种文献。

2. 顶层分析法(TLA)

全场夹点分析可以发现蒸汽和功之间的整合机会，相比孤立的公用工程和工艺系统的能量集成能更多地减少公用工程消耗。但是这个方法有它的局限性，一是为了得到复合曲线，需要掌握很多数据，包括工艺流股、热交换器、公用工程等，完整而准确地获取这些数据是很困难的；二是没有考虑现有网络的影响，在复合曲线中没有包含现有工艺和公用工程的任何信息，比如已有布局的限制，因此得出的蒸汽动力系统的优化结果往往不现实。

为了解决这些问题，Makwana等人提出了一种新的分析方法，即顶层分析法。该方法以公用工程为着眼点，因为热交换器和锅炉等公用工程的数据比较容易收集，对于大部分功和热的供需变化可以通过公用工程来消化而无需改变整个工厂的结构。因此，这种方法主要用于公用工程的操作调整，也可以对热交换网络和工艺过程提出改进方向。

(1) 顶层分析法理论

前面的全场夹点分析过程，以节省工艺消耗的蒸汽量为目标，从而达到减少燃料消耗，提高效率的目的。某工艺节省下来的蒸汽量，可以有两种处理办法，一种是减少锅炉的产汽量，从而减少燃料消耗；另一种是保持锅炉的产汽量不变，那么节省的蒸汽量就是富余蒸汽，可以用于发电。

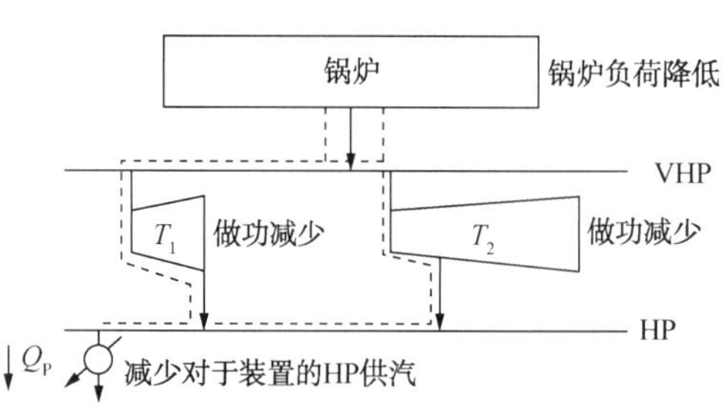

图11-2-10 蒸汽平衡变化对于燃料消耗和发电量的影响

从图11-2-10可以看出，除了节省直接从锅炉出来的高压蒸汽(VHP)的消耗不会影响汽轮机T_1和T_2的做功量之外，中低压蒸汽(HP)的消耗减少会降低汽轮机(T_1或T_2)的做功能力，有可能会引起输出功不足，需要购电补足。这是一个燃料消耗和做功效率的比较问题。

节省的蒸汽消耗量(图11-2-11以减少热量为Q_p的HP蒸汽消耗为例)，还可以维持锅炉产汽量不变，富余蒸汽通过汽轮机T_2产生额外的电功。

从被节省的工艺蒸汽消耗处返回到锅炉的路径有很多个，因为一个公用工程系统内的汽轮机不止一个，抽汽口也可能不止一个，这样的途径称为现有路径(例如图 11-2-12 中的现有路径有 2 个：路径 1 和路径 2)：

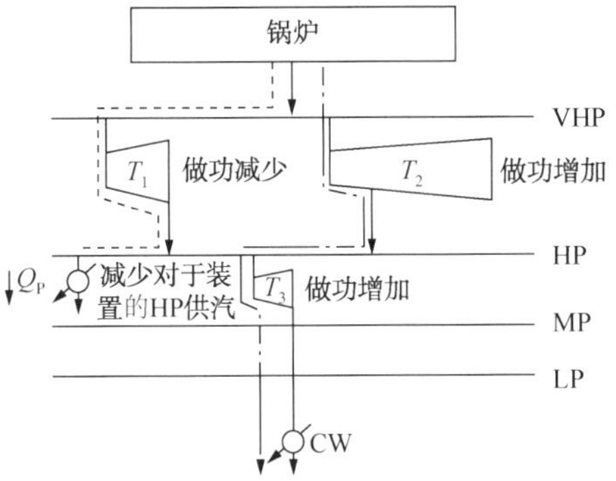

图 11-2-11　蒸汽消耗变化对于蒸汽动力系统的影响

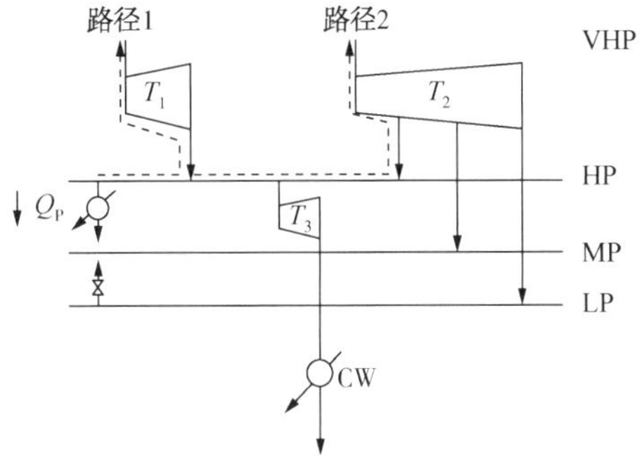

图 11-2-12　蒸汽系统操作调整的现有路径选择

公用工程系统中其他可以使用这些节省出来的蒸汽的路径称为可选路径，如图 11-2-13 中的两条路径(它们不给该工艺提供蒸汽，即路径终点不是 HP 而是排空管或冷凝汽轮机等)。

不同的路径经过的设备不同，发电效率也不同，可以定义一个(边际)发电效率作为比较各种路径优劣的标准。

$$\eta=\frac{\Delta W}{\Delta Q_{\text{fuel}}}=\frac{\Delta W}{(\Delta Q_{\text{p}}+\Delta Q_{\text{loss}}+\Delta W)/\eta_{\text{boiler}}} \qquad (11-2-1)$$

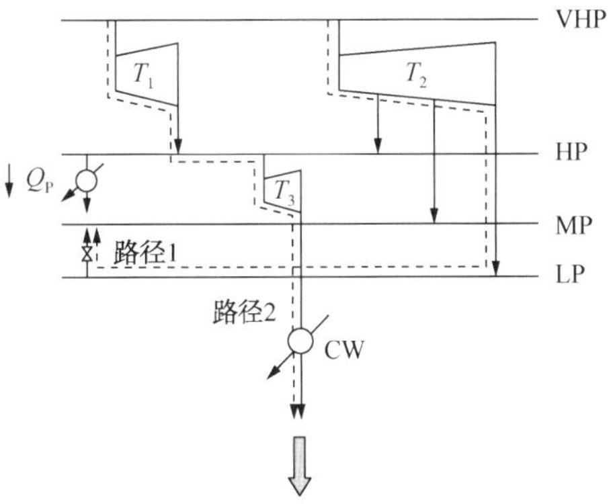

图 11-2-13　蒸汽系统操作调整的可选路径

式中　ΔQ_{p}——节省的蒸汽的焓值；

ΔW——节省的蒸汽经过某路径的发电量；

ΔQ_{fuel}——节省的蒸汽能减少锅炉的燃料消耗量；

ΔQ_{loss}——冷凝水热损失的变化量；

η_{boiler}——锅炉效率，假设为常数。

这样通过计算不同路径的边际发电效率，可以比较不同路径的能量使用效率。如果需要和节省锅炉燃料量的热效率比较，就需要评价购电的效率，这个效率和电价有关。

以节省 1 单位的燃料为基准(如 1kW · h)，每单位燃料价格为 C_{f}，可以发电 ηkW · h，其中 η 为该路径的发电效率。每单位(1kW · h)电量的价格为 C_{p}，则购电的效率可以表示为 $C_{\text{f}}/C_{\text{p}}$。

因此，接下来的问题是比较现有路径与可选路径的效率，可选路径包括发电路径和节省燃料路径(即购电路径)。

(2) 顶层分析法应用示例

下面举例说明顶层分析法的具体分析过程。该例中有 4 级蒸汽总管，外加冷凝水(图 11-2-14)。

流股参数和价格系数见表 11-2-2。

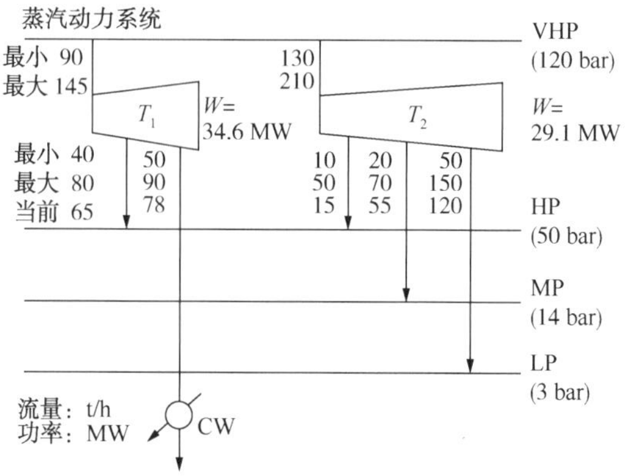

图 11-2-14　顶层分析法应用示例

表 11-2-2　示例中的流股参数和价格系数

项目	过热温度/℃	饱和温度/℃	项目	过热温度/℃	饱和温度/℃
HP	337.5	264.9	电价	0.1 美元/kW · h	
MP	275.3	195.0	购电量	20MW	
LP	164.7	135.5	锅炉进水温度	25℃	
燃料价格	0.024 美元/kW · h		锅炉效率	0.92	

$$\eta=\frac{\Delta W}{(\Delta Q_p+\Delta Q_{loss}+\Delta W)/\eta_{boiler}}$$

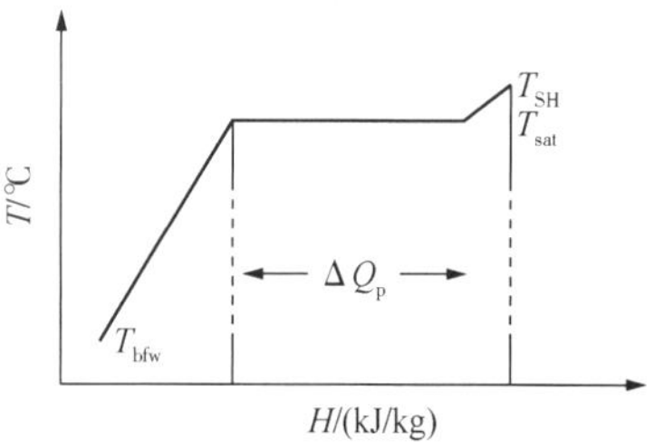

图 11-2-15　蒸汽温焓图

首先计算每一级蒸汽的单位热值节省量(过热状态到饱和液体的焓差，如图 11-2-15 所示)：

以 MP 蒸汽(14bar)为例，275.3℃的过热蒸汽其焓为 829.4kW · h/t，195.0℃的饱和水的焓值为 230.6kW · h/t，因此，

$$\Delta Q_p=829.4-230.6=598.8\text{kW}\cdot\text{h/t}$$

即每节省 1t 的 MP 蒸汽，可以节省的热量为 598.8kW · h。

然后计算冷凝热损失：锅炉进水的焓值 29.2kW · h/t，因此冷凝热损为：

$$\Delta Q_p=230.6-29.2=201.4\text{kW}\cdot\text{h/t}$$

由经验公式估计汽轮机发电能力：

$W_{T1}=42HP+427Cond-1450$

$W_{T2}=44HP+117MP+193LP-1155$

(HP，MP，LP and Cond 单位为 t/h)

同时仿照上述计算热值节省量，可以算出各级蒸汽的热值：

$Q_{HP}=522.5$(过热+潜热)+291.5(冷凝水)

$Q_{MP}=598.8+201.4$

$Q_{LP}=619.7+126.8$

$Q_{冷凝水}=707.7$

以 MP 路径为例，按照冷凝水全部损失和全部回收分别计算该路径的效率：

100%冷凝水损失：

$\Delta Q_p = 598.8\text{kW}\cdot\text{h/t}$

$\Delta Q_{loss} = 201.4\text{kW}\cdot\text{h/t}$

$\Delta W = 117\text{kW}\cdot\text{h/t}$

$$\eta = \frac{\Delta W}{\Delta Q_p + \Delta Q_{loss} + \Delta W}\eta_{boiler} = 0.117$$

0%冷凝水损失：

$\Delta Q_p = 598.8\text{kW}\cdot\text{h/t}$

$\Delta Q_{loss} = 0.0$

$\Delta W = 117\text{kW}\cdot\text{h/t}$

$$\eta = \frac{\Delta W}{\Delta Q_p + \Delta Q_{loss} + \Delta W}\eta_{boiler} = 0.15$$

其他路径的计算方法一样，需要注意的是汽轮机的最大流量限制，见表 11-2-3。

表 11-2-3 各蒸汽路径的最大流量限制

	蒸汽等级	100%冷凝水损失	100%冷凝水回用	最大节省量/(t/h)
现有路径	HP(T_1)	0.045	0.068	25
	HP(T_2)	0.047	0.071	5
	MP(T_2)	0.117	0.15	35
	LP(T_2)	0.19	0.218	70
可选路径	选择	效率	容量/(t/h)	
	冷凝汽轮机 T_1	0.346	12	
	购电	0.24	无限	
	LP 排空 T_2	0.19	30	

很明显，用高效的可选路径替代低效的现有路径可以提高整体的热效率。这个过程不是很清晰，因为需要考虑硬件的物理限制。为了更清楚地把流量限制和效率同时表现出来，可以绘制效率-流量图(见图 11-2-16)。

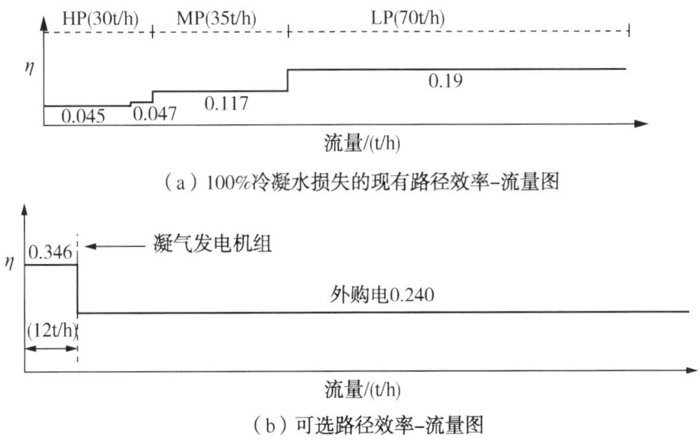

图 11-2-16 路径效率-流量关系图

将两条曲线合并到一张图内，便于观察相互关系(图 11-2-17)。

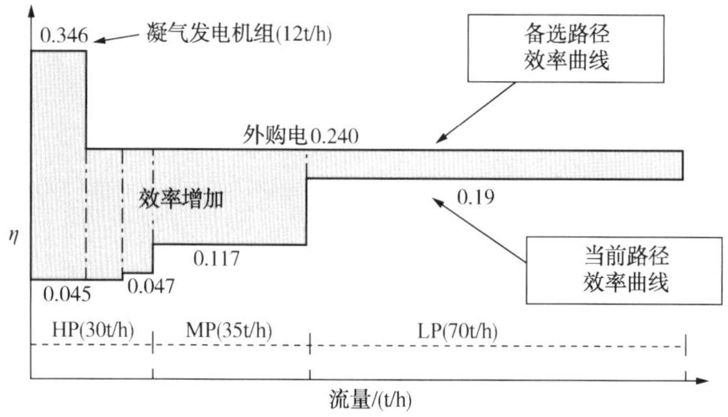

图 11-2-17　路径效率-流量关系总图

从图 11-2-17 中可以看出，购电的效率要高于除冷凝汽轮机以外的其他所有路径的效率，因此它可以替代汽轮机的发电作用，节省蒸汽从而节省的燃料消耗的价值更大。

顶层分析法的局限性是只适合分析操作调整，对产能如何扩张也有一定指导意义，但是正因为不需要了解其他工艺过程的具体参数，因此它也就不能像全场夹点分析一样分析工艺过程与公用工程之间的相互影响。

3. *R*-曲线

(1) *R*-曲线及其扩展曲线的基本概念

Kenney 最初提出 *R*-曲线的目的是研究电热比变化对热电联产效率的影响，但是它只考虑了一个简化的公用工程系统，未考虑现有设备的效率与容量的影响。后经过其他学者的扩展，将其运用于实际热电联产过程的分析、成本比较和污染物控制等。这种方法的主要优点在于制图简单，容易理解，使用的计算路径效率的方法和顶层分析法的一致，因此 *R*-曲线法也可看成是顶层分析法的延伸。它们都只考虑公用工程系统，都着眼于热电联产过程的分析。

一个典型的 *R*-曲线如图 11-2-18 所示。

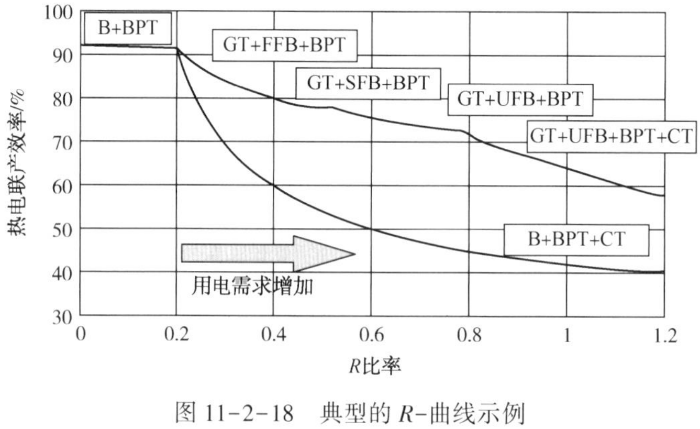

图 11-2-18　典型的 *R*-曲线示例

注：B = 锅炉　　FFB = 完全燃烧锅炉
BPT = 背压机组　　SFB = 补燃锅炉
CT = 凝气机组　　UFB = 不补燃锅炉
GT = 燃气轮机

从左至右，R 值逐渐增大，即发电量与供热量之比增大，废热大于热需求，因此热电联产效率逐渐下降。

(2) R-曲线的绘制

要绘制 R-曲线，首先要定义 R 参数。R 参数是蒸汽动力系统的发电量与供热量之比，表明了一个蒸汽系统的运行条件，即以供热为主还是发电为主。R 的定义与国内热电比的定义是倒数关系。热电联产效率是燃料消耗中被利用的部分，即发电与供热之和。

$$\eta_{\text{cogen}}=\frac{(W+Q_{\text{heat}})}{Q_{\text{fuel}}}$$

$$R=\frac{W}{Q_{\text{heat}}} \tag{11-2-2}$$

R-曲线的绘制过程比较直观，首先固定一个供热量，改变发电水平，从而得到不同的 R 值，通过选择最高效率的路径，计算出相应的最大热电联产效率。因此，R-曲线表示最大热电联产效率与电热比 R 之间的关系。

R-曲线的基本假设是供热量是固定的(相当于以热定电)。因此，一个 R-曲线只代表一种供热水平。为了找到最高效率的路径(及其排序)，这个流程包含了判断与循环，不适合用于大规模的流程 R-曲线绘制。这个过程可以用一个优化算法来表示，即最高效率路径的依次组合等价于最高效率路径的直接优化。

在计算最高效率的路径时，燃气轮机、汽轮机和废热锅炉等设备的模型是否准确对结果产生很大的影响。而非线性的设备模型对优化过程的求解造成了一定的困难。

由于以图形法为基础的夹点技术是以整个系统为出发点，同以前只着眼于局部、只考虑几股热流的回收或者某几个车间设备改造的技术相比，更加全面地考虑到工厂设计大局的优化集成，从而实现整体系统设计最优化。

4. 数学规划法

曼彻斯特大学、卡耐基梅隆大学等高校都在这一领域做出了许多技术成果。该方法将工程问题转化为由目标函数和约束条件组成的数学模型，并根据数学模型的类型选择适宜的优化算法进行求解，求得满足约束条件并使目标函数最小(或最大)的解。

数学规划法对蒸汽动力系统的综合和操作优化可以分为两步。第一步是超结构的构建，其中包括锅炉、透平、发电机、不同压力的蒸汽管网等通常采用的单元设备，由此超结构可以产生许多蒸汽动力系统方案。第二步是建立混合整数线性规划(MILP)或混合整数非线性规划(MINLP)来表征蒸汽动力系统，其中连续变量代表所有单元设备的处理能力和流股流量，二元变量表示在给定操作条件下所选设备单元存在与否，以及该设备在运行中的操作方式。其目标函数是使该蒸汽动力系统在运行时间内的总费用最少。目前，市场主要的蒸汽系统优化软件基于这些技术。

数学规划法的优点是能够对一定规模的系统各部分同时优化，得到最优的结构与操作条件。但缺点为数学规划法易于得到一定条件下的局部最优解而非全局最优解，并且对大规模、多单元的系统优化有一定的局限性。随着计算机算力不断提升，以及数学规划算法计算效率的进步，数学规划法在工业蒸汽动力系统设计与操作优化的研究和应用越来越深入。

四、蒸汽动力系统优化技术的发展趋势

蒸汽动力系统在线优化技术最早用于电力行业，近年来，随着电力行业企业管理信息系

统(MIS)和企业资源计划(ERP)系统普遍应用，使得在线优化管理技术在电厂得到了极大发展和更广泛应用。然而，对于热电联产的石油化工领域，由于没有考虑蒸汽输送环节的能量损失以及用户的需求和运行情况，从而缺乏系统操作调度上的决策，此时应用于热电运行优化指导的软件已不能完整地描述并求解出流程行业整个蒸汽动力系统的最优操作工况，从而对流程行业的操作缺乏直接指导。

尽管国内外先进蒸汽系统节能技术与软件在各企业已经实施应用，获得了一定成效，但是整个优化目前处于离线状态，不仅效果难以保证，维护费时费力。企业迫切需要建立一个适用于全厂蒸汽动力系统的在线监控与优化平台，不仅可以实时监控整个蒸汽动力系统的能源消耗情况，也可对设备进行诊断分析，实现全厂范围的运行优化，提高全厂运营效益，同时实现全厂蒸汽动力系统的科学管理。

蒸汽动力系统在线管理与运行优化系统以全厂蒸汽动力系统运行成本最小作为系统的优化目标，优化配置全厂热电联产系统，其技术开发难度主要集中在实时数据的协调校正、完整的设备与管网模型集成以及高速有效的优化算法。

目前，实时数据校正技术主要包括统计分析、机理模型校正和人工智能方法。在线系统对数据实时性要求较高，复杂的机理模型虽然准确，但难以满足在线模型对实时性的要求，所以实际应用时更多采用统计分析和局部简化机理模型结合的数据处理方法，近年来，神经网络方法也常常被用于公用工程系统的数据建模与预测，获得良好的预测效果。

模型的准确性直接影响优化的准确性。由于生产工况复杂多变以及各建模对象的复杂性、非线性、各参数间的复杂耦合关系，使得蒸汽动力在线监控与优化系统在功能模块开发、建模上存在模型不准确，甚至难以建模的问题。如何深入开发适用于在线计算的设备模型以及如何实现模型参数的在线调整都是开发中面临的主要问题。国内在化工模型参数的在线调整方面主要采用基于时间轴滚动更新的方法，不断采集最新数据对模型参数进行更新，以保证模型的准确。

随着热电部门在生产运行过程中对经济性的要求越来越高，对各类问题的优化提出了更高的要求，热电各类问题的优化是在线平台的主要功能之一，而传统的优化方法如下降算法、牛顿法、共轭方向算法和变尺度算法等都属于确定性优化算法，能够解决凸性函数求极值的优化问题，而热电实际优化问题如机组负荷优化分配问题、机组启停计划问题、循环水系统的优化运行问题等问题相当复杂，目标函数存在多个极值点，且不一定满足凸性函数的要求，甚至不连续、不可微，对这类问题传统的优化算法往往显得无能为力。目前，以神经网络、进化类优化算法为代表的人工智能在各领域应用研究的迅速发展为系统建模提供了新的建模思想，开辟了一条新的可行的途径。神经网络中 BP 三层网络模型具有良好的非线性映射能力，自组织映射(SOM)网络的模式分类能力及遗传算法优秀的全局优化搜寻功能及各人工智能方法的相互配合下可充分利用火电厂 DCS 系统及其他现有系统丰富的数据资源，具有传统建模方法所没有的针对性强、通用性好的特点，为系统各功能模块建立通用、精确可靠的模型。

第三节　电力系统

一、用电负荷的分级

为确定用电负荷对供电可靠性的要求，选择合适的供配电方案，提高投资的经济效益，保护人员生命安全，需要对用电负荷进行分级。

企业用电负荷分级也是企业向地方电力管理部门申请用电和电力系统接入设计的重要依据。近年来，新建和扩建的大型石油化工企业，由于用电负荷很大(例如中科炼化计算负荷400MW，盛虹炼化计算负荷约600MW)，用电量足以影响地方区域发电和配电的平衡，需要地方供电部门对地区骨干电网提前规划和建设。企业负荷等级和用电量，是用电管理部进行用电审批和进行区域供电规划的依据。

1. 主要用电负荷分级的标准

不同的标准，对用电负荷分级的表述有所不同，但对供电的要求是一致的。

(1) 供配电系统设计规范

国标 GB 50025—2009《供配电系统设计规范》，将负荷分为一级负荷、二级负荷、三级负荷。其中，在一级负荷中，中断供电将造成人员伤亡或重大设备损坏或发生中毒、爆炸和火灾等情况的负荷，以及特别重要场所的不允许中断供电的负荷，应视为特别重要的负荷。

(2) 石油化工企业供电设计规范

在行业标准 SH/T 3060—2013《石油化工企业供电系统设计规范》中，将石油化工企业用电负荷分为一级企业用电负荷和二级企业用电负荷，负荷分级的举例见表 11-3-1。

表 11-3-1　生产装置用电负荷级别的举例

用电负荷级别	生产装置名称	重要的单元(工段)	备　注
一级生产装置用电负荷	常减压装置		提供炼油或石油化工企业的原料
	催化裂化装置	反应单元(提升管)	
	蜡油加氢裂化		
	重油加氢处理		
	渣油加氢(ARDS、VRDS)		
	重整装置		
	渣油裂解装置		提供化肥装置原料
	乙烯装置	裂解区、压缩区、热区、冷区	
	聚乙烯装置(高压法)	压缩、聚合、挤压造粒	
	聚乙烯装置(非高压法)	压缩、聚合、挤压造粒	
	聚丙烯装置(气相法)	聚合和干燥工段、挤压造粒	
	聚丙烯装置(液相本体法)	聚合和干燥工段、挤压造粒	
	聚苯乙烯装置	聚合工段	聚合釜为Ⅰ级负荷中的重要负荷
	乙二醇装置	压缩工段	
	氯乙烯装置(乙烯法)	裂解工段	
	氯乙烯装置(电石法)	转化工段	
	直接纺丝装置		
	空分装置	氮气和氧气工段	提供其他生产装置原料
	企业重要的公用设施		

续表

用电负荷级别	生产装置名称	重要的单元(工段)	备　注
二级生产装置用电负荷	气体分馏和叠合装置		
	甲基叔丁基醚(C MTBE)		
	焦化装置		
	产品精制装置		
	涤纶抽丝装置		
	间接纺丝装置		
	苯乙烯装置		
	PTA 装置		
	制苯装置		
	水源装置		有中间水池
	一般的公用设施		

注：企业重要的公用设施包括向生产装置集中供应生产用蒸汽、工艺用氢气、氧气和直接用水(工艺水)，冷却水、保安用氮气、仪表用压缩空气等系统。

(3)油库设计规范、石油储备库设计规范

在石油库设计规范、石油储备库设计规范中，对其生产负荷的分级均有规定。石油库用电负荷等级规定：生产作业的用电负荷宜为三级；不能中断的石油库负荷应为二级；石油储备库用电负荷等级规定：生产用电应为二级，应设置信息系统使用的应急负荷。

2. 不同等级用电负荷的基本要求

(1) 一级负荷

一级负荷应由双重电源供电，当一个电源发生故障时，另一个电源不应同时受到损坏。我国国家主干电网都是相连的，严格意义上难以取到两个独立电源。工程实践中，一般对取自两个不同地区变电站，或来自不同电源进线的同一变电站内不同母线段，两个电源联系较弱，一般认为满足双重电源的要求。对一级负荷的双重电源，为避免线路杆塔损坏对电源的影响，要求两回电源线路不能同杆塔敷设。大型或联合型的石油化工企业，除双重电源外，还宜增加外部电源。

(2) 二级负荷

二级负荷应由两个回路供电。条件受限时，两回路可同杆塔敷设。

目前，中国石化的绿电制氢项目，若制氢的目的是为炼化企业生产装置制氢，制氢厂便是炼化企业的重要或一般公用设施，其负荷应为一级或二级负荷；就单纯的电解制氢厂而言，其负荷等级可划分为三级负荷。

二、企业电源综述

1. 外部电源

石油化工企业应设置至少 2 个主供外部电源，从电网公司 2 个不同的变电站引接，能长期并列运行或短时并列带负荷运行。一些新建企业，由于电网的规划与企业的建设不同步或受条件限制，外部电源也有从同一个地区变电站的不同母线段引接，正常运行时，两段母线分列运行。

外电源线路一般采用架空线路，不宜采用架空-电缆混合敷设。单回路供电容量应满足企业规划期内最大电负荷的要求。

2. 自备热电站

大型炼化企业一般都有自备热电站，其规模与企业规模和地域的需求有关，通常仅可以为企业提供一定的负荷或保安电源。规模较大的自备电站除了满足本企业的用电需求外，还可以向电网或社区售电。由于石油化工装置用蒸汽、汽轮机等驱动，需要大量的高温高压蒸汽，石油化工企业的热电站的主要作用是满足企业生产装置对蒸汽的需求，因此汽轮机多以背压式、抽汽背压式、抽凝汽式为主。一旦电力系统发生故障，造成炼化企业大面积停电，生产装置蒸汽用量会大幅波动，汽轮机发电很难保证稳定运行。

自备电站发电机组应接入炼化企业内部电网，接入系统的电压等级至少比企业最高电压要低一级。发电机接入系统，一般应遵循下列原则：

1）单机容量50MW及以上或总容量100MW及以上发电机组，应经过升压变压器接入热电站或动力中心的110kV系统，110kV系统接线形式宜采用双母线单分段或双分段接线。

2）单机容量50MW以下及总容量未超过100MW的发电机组，宜经升压变压器接入热电站35kV系统，35kV系统接线形式宜采用双母线双分段接线。

3）单机容量25MW以下及总容量未超过50MW的发电机组，可经升压变压器接入35kV主系统，35kV系统宜用单母线分段。

4）单机容量12MW以下及总容量未超过25MW的发电机组，可直接接入6(10)kV主系统，6(10)kV系统采用双母线单分段。

炼化企业的电源数量和容量，一般应遵循$N-1$原则。$N-1$原则是判定电力系统安全性的准则，又称单一故障安全准则。电力系统的N个元件中的任一独立元件(发电机、输电线路、变压器、断路器等)发生故障而被切除后，应不造成其他线路过负荷跳闸而导致负载停电，不破坏系统的稳定性，不出现电压崩溃等事故。

将热电站发电机组确定为N的原则为：在热电站中有备用锅炉的前提下，在最大供汽量期间，计及每台发电机的有功出力而非机组的有功容量(发电机组年平均利用小时数按7500h计算)。因为炼化企业的发电机组是在满足企业用汽需求之后，剩余能量进行发电的。因此，这种发电机组不能按照机组的有功容量来计算其发电功率，只能在去除企业最大用汽量之后的有功，才是企业可以利用的可靠发电容量。此时，需要校核：最大出力的锅炉故障、最大有功出力汽轮发电机组故障、厂用电工作母线故障、单条输电线路故障、单条220kV、110kV、35kV母线故障、单台主变压器故障等各种情况下。通过$N-1$校核，从而确定总变电站的主变压器数量和容量，同时兼顾运行经济性。

3. 新能源电力

在国家碳达峰碳中和的政策背景下，中国能源结构中，占比超过70%的煤电，必然会受到许多限制，新型能源如风力发电、光伏发电，一定会受到鼓励和发展。但风电和光伏电源，发电量受环境变化的影响很大，例如在风速小于5m/s时，风机基本不能发电；即使在天气良好时，光伏每天有效的发电时间大约8h。所以这些电源都不是稳定的电源，不能达到石化企业连续供电的要求，在目前情况下，新能源发电不能作为石油化工企业可靠、稳定的电源。另外，电网中过大的风光电能，会对电网的调节和稳定运行产生很大的影响。

大容量储能动力电池技术尚未突破，电能储存容量比较小，多节电池串联和并联，易发生故障。例如，2021 年 4 月 16 日，北京丰台的某储能电站(规模为 2×12.5MW · h)发生了严重的爆炸事故。这个储能电站每个储电区是由 225 个单电池形成组串，18 组串并联。过多的串并联电路，是故障易发的原因之一，而且储能电池的热失控，火灾爆炸严重，没有先兆，难以预报和控制。

在目前的技术条件下，中型以上(大于 1MW 而小于 30MW)的风力发电和光伏发电，一般需要接入电网，作为石化企业电源的一部分；或是建立微电网，为石化企业中 3 级负荷供电，例如普通办公室供电、汽车充电等用电负荷供电，提高新能源的利用效率。

三、企业供配电网的架构

1. 最高电压选择

企业最高电压等级的选择和确定，应考虑企业总的用电负荷、发电机组的发电量和接入、最大电动机的起动以及企业的中长期发展。

(1) 最高电压等级 220kV

一般符合如下条件，可选择 220kV(西北地区可选 330kV 或 220kV)作为企业最高电压等级。

1) 炼化企业总用电负荷大于 100MW；

2) 自备热电站总容量达 100MW；

3) 发电机单机容量达 50MW；

4) 炼化企业最大电动机容量达 18MW 及以上。

(2) 最高电压等级 110kV

一般符合如下条件，可选择 110kV 作为企业最高电压等级。

1) 炼化企业总用电负荷大于 30MW 或中长期规划不超过 100MW；

2) 自备热电站总容量达 50MW；

3) 发电机单机容量不大于 25MW；

4) 炼化企业最大电动机容量超过 9MW 但不大于 18MW 的电动机，也经常接入 35kV 系统。在我国东北地区，也可选择 66kV。

近几年新建的炼化一体化企业，负荷很大，有些装置的单台电动机容量也往往很大，一般都选择 220kV 作为企业的最高电压等级。在一些储备罐区、成品油罐区和一些小的化工厂，由于负荷不大，可选择 35kV 作为企业的最高电压等级。

380/220V 是低压设备的额定工作电压；6(10)kV 是大容量电气设备的额定工作电压，也可以作为容量不大的区域供电电压，这两类电压是企业都存在的电压。大于 10kV 的电压，为区域输电的电压。企业内电压等级及其输电能力见表 11-3-2。

表 11-3-2 炼化企业常见的电压等级及其输电能力

标称电压/kV	线路种类	送电能力/MW	推荐供电距离/km
6	电缆	3	≤3
10	电缆	5	≤6
20	电缆	10	≤12
35	电缆	15	≤20

2. 电压组合

在最高电压为220kV的企业，一般的电压组合为：220/110/6(10)kV、220/35/6(10)kV、220/110/35/6(10)kV。

1）在大型炼化企业中，35kV电压是一个非常好的电压等级，具有许多优点。在抑制短路电流大幅减少6(10)kV的电缆长度，减小电容电流，平衡小型发电机的发电量，优化区域供电等许多方面，都有很好的作用。

2）是否设置110kV电压等级，主要考虑以下3个方面：

① 企业总的用电负荷。当企业总的用电负荷超过200MW时，宜采用110kV系统将负荷分区，避免过于庞大的35kV或6(10)kV系统。

② 大电机的启动。单机容量超过9MW小于18MW时，要考虑接入110kV系统。

③ 发电机。单机容量达到25MW，或总的装机容量达到50WM时，应考虑接入110kV系统。

3）关于660V电压的使用。随着企业的大型化，单套装置的占地面积越来越大，低压380V大电机的供电距离常常超过350m，给电缆的选择、继电保护等带来很大的困难。目前，有些企业将低压电动机的电压由380V改为660V，其他用电设备，例如配电箱等仍然采用380/220V的供电系统。

企业的供配电网络构架，应力求简洁，尽量保持供电网络、设备配电、发电网络相互独立；小型发电就地消纳与大型发电的全网调配相协调。

四、企业供配电的安全措施

作为一级负荷，大型石油化工企业发生停电事故，会造成人员伤亡、产生极为严重的社会影响和环境污染的风险。因此，企业供电系统，采取了很多措施，来提高供电系统的可靠性，主要采取的安全措施有以下几个方面。

1. 电源系统

电源系统采用双重电源，并且电源和主要设备按$N-1$原则校验，保证了系统在发生单一故障时，正常的电源还和设备可以为企业提供足够的电能，保证企业生产不受影响。

2. 供电系统

供电系统需要采取措施，保证在供电系统发生故障时，迅速切除故障。这样的措施，称为“电力系统的三道防线”。

1）当电网发生常见的、高概率的单一故障时，电力系统应当保持稳定运行，同时保持对用户的正常供电，例如装置某台电动机的绝缘损坏故障、架空线路的瞬时单相接地故障等。

2）当电网发生性质较严重但概率较低的单一故障时，要求电力系统保持稳定运行，但允许损失部分负荷。

3）当电网发生了罕见的多重故障，电力系统可能不能保持稳定，应有预定的措施以尽可能缩小故障影响范围和缩短影响时间。

“三道防线”主要依靠继电保护与配合、自动装置(电源快切、备用电源自投等)、企业供电稳控系统等措施实现。

3. 热电站

大型炼化企业热电站的发电和企业的用电相差不多，对这类企业，外电网可以起到很好的稳定电网的作用。若外电网全部因为故障断开，这类企业可以实施孤岛运行。但孤岛运行的稳定性脆弱，在遭受较大扰动时，容易出现较大问题。

4. 一级负荷中特别重要的负荷

炼化企业生产装置中，有些负荷属于一级负荷中特别重要的负荷，例如仪表控制系统，重要的消防系统以及消防报警系统。石油化工装置的电源因为故障、装置事故等原因失去外部电源后，重要的阀门、控制系统需要紧急操作或处理事故。规范要求为这类负荷供电时，除了双重电源之外，尚需要增加应急电源。根据切换时间、容量、负载的不同，可以选择UPS电源、EPS电源、柴油发电机、蓄电池等作为应急电源，也可以敷设独立于正常电源的专用馈电线路。

五、安全规范及管理制度

1. 安全规范

炼化企业与电气安全本身和设备相关的危害主要有雷电危害、静电火花危害、电气绝缘损坏引起的电击危害、电气火灾等等。为减少上述危害，在工程设计和建设时，应遵守相关的规范，重要的是做好防雷、防静电和安全接地工程的设计。关于防雷、防静电和安全接地的规范很多，不同的行业，防护重点不同。在炼化企业，防雷和接地工程的设计应分别遵守下列规范：

1）GB 50057《建筑物防雷设计规范》。炼化企业的各种办公楼、化验室、泵房、压缩机房、不封闭的压缩机棚等建构筑物的防雷设计，应按本规范执行。变电所、仪表控制室的防雷设计，应按照专门的规范设计，例如中控室，应按SH/T 3164石油化工仪表系统防雷设计规范进行防雷设计。

2）GB 50650《石油化工装置防雷设计规范》。炼化企业户外装置的防雷，例如炉区、塔区、罐区、静设备区、可燃液体装卸车等户外设施，应执行本规范。

3）SH/T 3097《石油化工静电接地设计规范》。这是石油化工企业防静电的专门设计规范。炼化企业装置、泵房、罐区等区域，均应按本规范，进行防静电设计。

4）GB/T 50065《交流电气装置接地设计规范》和GB 50054《低压配电设计规范》。电气安全接地、等电位连接设计，需要遵守GB/T 50065和GB 50054。

2. 管理制度

在炼化企业日常操作和维护的过程中，应严格执行“三三二五”制度，即“三票、三图、三定、五规程、五记录”。“三票”指电气工作票、倒闸操作票和临时用电票；“三图”指一次系统图、二次系统图和电缆走向图；“三定”指定期检修、检修试验和定期清扫；“五规程”指运行规程、试验规程、检修规程、安全规程和事故处理规程；“五记录”指运行记录、试验记录、检修记录、事故记录和设备缺陷记录。

尽管有严格的管理制度，但在日常运行和维护的过程中，电气设备因为误操作而引发的事故时有发生。近年来，“电气管控一体化”系统的开发和发展，利用网络技术，将电气设备的操作、维修进行程序化管理，上一道工序没有完成或有缺陷时，下一道工序会被自动锁定，无法继续操作，从而避免事故的发生，最大限度排除人为事故因素。“三票”也有电气防误工作站根据预设的条件自动生产，自动跟踪和检查执行过程，自动解锁或闭锁目标开关，避免误操作发生。

六、电气设备的节能

炼化企业的节能包括水、煤、燃料油、燃料气、电等多方面的能源节约，可以通过先进的工艺、合理的平面布置、高水平的调度和操作、采用高效设备、完善的管理制度等，提高生产效率，实现节能的目的。

电气设备的节能属于“采用高效设备”范畴，能量的节约与整个炼化企业的能量消耗相比，所占份额很小。电气设备的节能受国家政策的影响较大，主要体现在以下几个方面：

1. 照明用电

近几年，LED灯的制造技术水平不断提高，其光通量、灯珠寿命、效率等关键技术参数都有显著的提高。在炼化企业装置照明、路灯照明、发光指示等多个方面，LED灯已大量采用。

2. 变压器

2021年，中国石化发布了关于落实国家《变压器能效提升计划(2021—2023年)》要求的通知，要求确保到2023年，高效节能变压器(即符合GB 20052—2020电力变压器能效限定值及能效等级)中的1级和2级能效。由于石油化工企业多数生产装置和公用工程为一级负荷或二级负荷，正常运行的负载率低于50%，远远低于变压器最节能的额定负载区间，因此选择1级能效的变压器还是2级能效的变压器，应做投资和收益的比较。因为1级能效的变压器，需要采用价格昂贵的取向硅钢片，变压器的造价远远高于2级能效的变压器。

3. 电动机

低压电动机采用GB 18613—2020《电动机能效限定及能效等级》；高压电动机采用GB 30254—2013《高压三相笼型异步电动机能效限定值及能效等级》。

对工艺负荷长时间运行在较低负荷工况，短时间运行在较高负荷工况，且相差较大时，可采用变频器，节能效果明显。

七、供配电系统自动化系统

随着网络技术的发展，炼化企业供配电自动化系统有了长足发展，主要体现在以下几个方面：

1. 电力调度自动化系统

该系统接收并执行地区电网的调度指令；根据要求上报本企业发电、用电的计划和数据；根据企业的生产安排，合理安排本企业发电、用电；在特殊情况下，例如大电机起动时，合理调整企业相关变电所的运行方式等。

2. 供配电监视和控制系统

该系统也称作变电(站)所自动化系统。企业调度系统的指令，可以通过自动化系统来进行操作；对开关设备的继电保护整定进行统一的管理；对设备和变电所的运行数据进行采集、处理；生成操作票；在系统正常运行时，对开关设备进行合闸或分闸进行自动操作；在单一设备故障、系统小扰动和系统严重故障时，按照设定的策略，对系统进行三道防线的防护等等在中小型炼化企业，调度系统和自动化系统往往合并为一个系统。

3. 电气作业安全管控一体化系统

该系统主要是对电力系统、设备和操作人员进行安全管理，防止误操作，防止不当操作引起的电弧、短路等严重故障对操作人员的人身伤害。在可视系统的配合下，对误入管控区域的人员进行告警，也可利用巡检机器人，去执行可能危险的操作。

4. 电气设备智能化管理系统

该系统主要是对电气设备全生命周期的管理和维护，目前主要有开关柜的健康监测、变压器健康监测、电动机的健康监测、母线系统、电缆连接处的温度监测等等。

自动化系统的采用的软件不同、功能各异，但其架构是基本相同的。系统的结构均采用分层、分布式设置，一般由站控层、间隔层和过程层组成。各系统根据其重要程度，进行分区和隔离。

第四节　储存与运输

一、储存与运输系统的范围及功能

石油化工企业的储运系统主要包括各种气体、液体原料、中间(原料)产品、成品以及辅助生产原料(如各种化学药剂、添加剂等)、自用燃料油和燃料气的储存和运输设施，同时包括工厂的可燃性气体排放及回收设施。固体原料和产品的储存和运输也属于全厂储运设施的一部分。

根据工程建设所涉及的范围，储运系统可划分为石油化工企业厂内储运系统及配套的厂外储运系统。

根据不同设施在厂内所处的区域，储运系统的主要组成设施如图 11-4-1 所示。

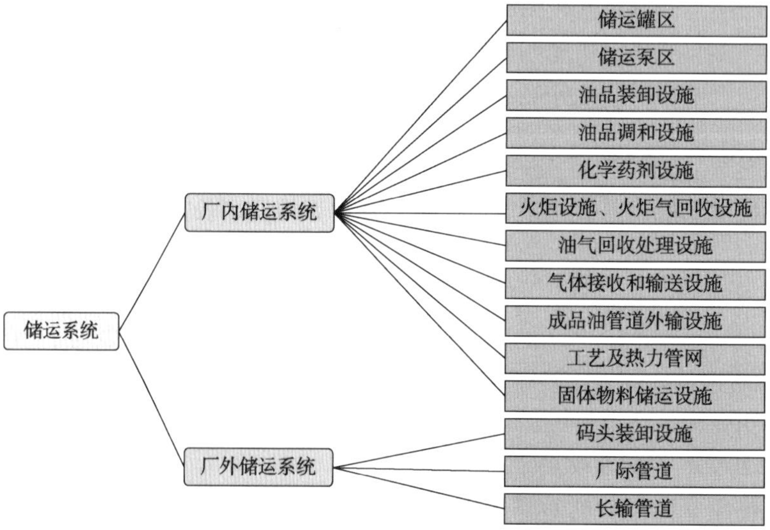

图 11-4-1　储运系统分类

1. 厂内储运系统

典型炼油厂储运设施分布图如图 11-4-2 所示。

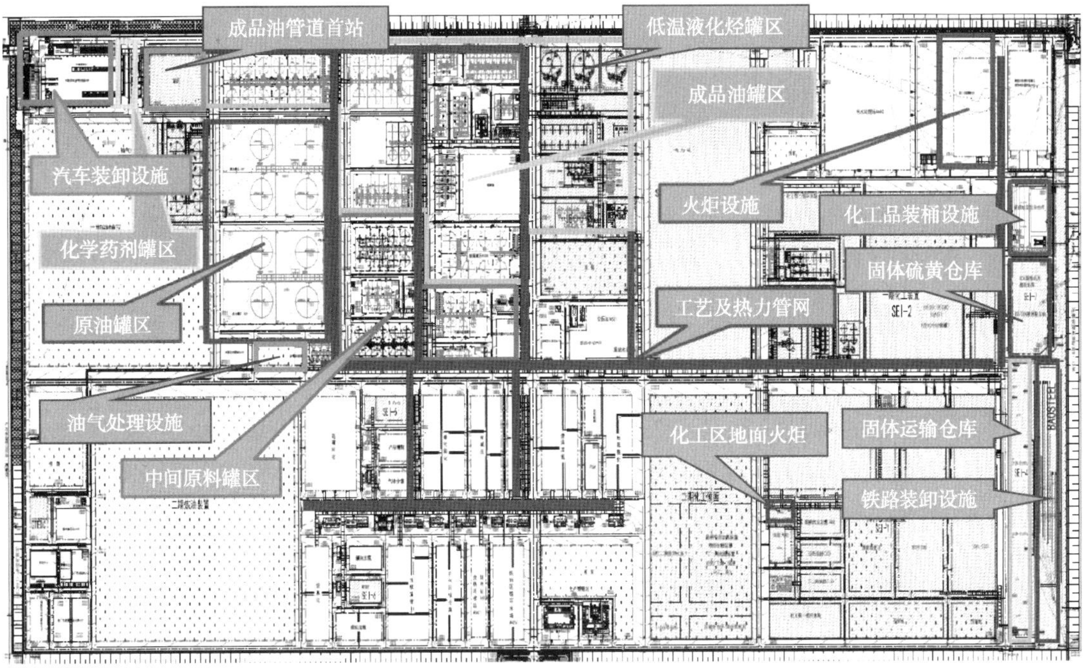

图 11-4-2　典型炼油厂储运设施分布图

(1) 储运罐区

储运罐区主要包括原(料)油罐区、工艺装置原料罐区、产品罐区、中间原料(产品)罐区、调和罐区(成品油组分罐区)、自用燃料罐区、不合格油及污油罐区等。

工艺装置的原料、产品、中间原料等液体物料在相应罐区储存，在工艺装置开停工、事故检修等工况下，输送至上游或下游的工艺装置或生产设施，或将产品输送至装卸设施外运出厂。

工艺装置生产或外购的燃料(油)进入自用燃料油罐区储存，通过燃料油管网输送至全厂各使用装置或设施。各装置产生的不合格油(如不合格汽油、不合格柴油)、污油(轻污油、重污油)通过不合格油或污油管网进入罐区储存，不合格油或污油可输送至生产装置直接处理、(中间)原料罐区，或至装卸设施外运出厂。

(2) 储运泵区

储运泵区主要包括原(料)油泵区、各装置原料泵区、产品及灌装泵区、自用燃料泵区、化学药剂泵区、不合格油及污油泵区等。

各类物料的泵区主要用于将各系统罐区储存的物料输送至相应的工艺装置、生产和辅助生产设施、装卸设施、调和设施或厂外有关设施。泵主要分为供料泵、装船(车)泵、输送泵、调和泵等。通常泵区与对应的系统罐区集中临近布置。

(3) 油品装卸设施

油品装卸设施主要包括码头装卸设施、铁路装卸设施、公路装卸设施、装桶(装瓶)设施。

原料、辅助生产原料或产品通过船舶、铁路罐车、公路罐车、桶装等不同运输方式进厂或出厂。原料、辅助生产原料经装卸设施卸载至罐区储存。产品或其他需外运物料经装卸设施充装至相应的运输设备出厂。对于铁路罐车需要换装品质或需对铁路罐车进行清洗时，铁路装卸设施内需设置铁路罐车清洗设施(洗罐站)。

部分液体产品(如溶剂油、润滑油、化工品等)可通过装桶设施运输出厂，液化石油气产品可通过灌装设施装瓶出厂。

(4) 油品调和设施

油品调和设施是油品调和工艺设备及其系统的总称，包括调和组分罐(可设置在组分罐区)、目标油品罐(可设置在成品罐区)、油品调和泵、调和头、自动控制及配套系统等。调和设施主要涉及轻质燃料油(汽油、柴油)、重质燃料油(如船用燃料油)、航空煤油、润滑油等。

(5) 化学药剂设施

化学药剂设施主要包括各生产装置和设施使用的辅助生产液体化学药剂(如硫酸、碱液、盐酸。液氨等)的卸载、储存和输送设施。化学药剂通常通过船舶、铁路罐车、汽车罐车、桶、钢瓶等运输进厂，汽车罐车的卸载设施可与储存设施集中布置。

对于需外购固体溶解或全厂集中进行浓度调配的化学药剂，需设置稀释设施。

(6) 火炬设施、火炬气回收设施

火炬设施是通过燃烧的方式处理全厂生产设施排放的可燃性气体的一种设施，分为高架火炬、地面火炬等，由排放管道、分液设备、阻火设备、火炬燃烧器、点火系统、火炬筒(含其固定结构)及其他部件等组成。通常全厂性火炬设施集中布置在厂区的一侧，也可根据生产设施的组成、排放工况、总平面布置等情况，设置多个火炬设施。火炬设施仅用于处理生产设施事故工况下排放的可燃性气体，不用于日常生产大气污染物的处理。

正常生产时工艺装置排放的少量可燃性气体可进入火炬气回收系统，设置气柜、压缩机等设施进行回收，回收气体增压输送至气体精制装置处理后送入燃料气系统。如果气体质量满足燃料气的使用需要，也可直接输送至燃料气系统。

(7) 油气回收处理设施

油气回收处理设施主要回收处理储罐区、装车设施、装船设施、装桶设施等排放的油气，输送至集中设置的油气回收处理设施进行处理。

(8) 气体物料接收和输送设施

生产装置和设施需外购的原料、燃料气体(如天然气、氧气、氮气、氢气等)，通过管道输送进厂，通常厂内设置计量设施、切断设施、升温设施、自动控制等接收和输送设施。

部分企业外购液化气体原料(如LNG)，卸载至储存设施经气化设施气化后，进入下游气体系统或装置。

(9) 成品油管道外输、原(料)油接收设施

当企业成品油(如汽油、柴油、煤油灯)通过成品油长输管道外输时，成品油管道的首站可设置在厂内。

当企业外购原(料)油通过管道进厂时，厂内设置输送管道末站及相应的接收设施，如收发球设施、计量设施等。

(10) 工艺及热力管网

全厂工艺及热力管网包括石油化工装置之间的管道、装置与各设施之间的工艺管道、热

力管道、燃料气(油)管网、火炬及火炬气回收管网、污油管网、氢气管网、酸性水和净化水管网、贫富胺液管网、化学药剂管道(液碱、硫酸和液氨)等。

(11) 固体物料储运设施

固体物料储运设施主要包括固体原料(如煤)和产品(如聚乙烯、EVA)及固体废料(如灰、渣、石膏)的装卸设施、输送设施和储存设施。固体物料可通过船舶、铁路、公路等方式运输进出厂，成品固体通常采用袋装出厂。厂内设置储煤料场、固体仓库等固体物料的储存、卸载、装车等输送设施。

2. 厂外储运系统

(1) 码头装卸设施

部分企业的码头装卸设施在厂内、厂外布置，或依托化工园区、港区等的码头装卸设施进行装卸操作。有些企业会租赁码头区域建设的储罐，用于装卸船操作和转输使用，是企业罐区罐容的组成部分。

(2) 厂际管道、厂外园区管道

企业与厂外其他石油化工企业、油库、码头等设施之间的原料、液体产品、气体物料、公用工程物料等，可通过厂际管道、厂外园区管道进行输送。

(3) 长输管道

厂内的成品油、外购原油、外购天然气等可通过厂外长距离输油和输气管道进行运输。典型石油化工炼化企业储运设施的设置情况，可参见图 11-4-2。

二、储运系统主要组成

储运系统根据不同设施的范围、功能、工艺、布置方式等的分类组成如图 11-4-3 所示。

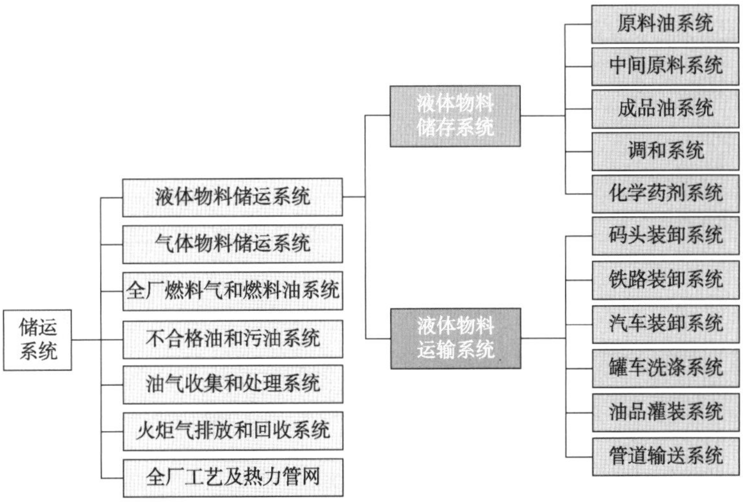

图 11-4-3　储运系统的分类组成

1. 液体物料储运系统

(1) 液体物料储存系统

液体物料储存系统包括全厂液体原料系统、中间原料系统、成品油系统、调和系统及全厂各装置化学药剂系统。通常液体物料储存系统的主要设计原则如下：

① 原油、原料的储存天数应根据进厂的运输方式及其所占的比例综合确定。

② 特殊原料需根据具体情况和要求确定。

③ 中间原料的储存天数应根据装置或联合装置间的开工、停工及检修方案以及切换操作确定。

④ 成品的储存天数应根据出厂的运输方式及其所占的比例综合确定。

⑤ 化工部分的储罐设置除执行有关规定外，还需根据专利商对各类储罐设置的特殊要求进行调整。

某炼化企业物料进、出厂运输比例见表 11-4-1。

表 11-4-1　某炼化企业物料进、出厂运输比例表

序号	货物名称	运量/%（质）	进出厂方式和比例/%				运力合计/%	形态
			水运	管道	公路	铁路		
一	原料							进厂
1	原油（远洋运输）	100	100				100	远洋
2	外购液化气	100	100				100	液体
3	外购丙烷（远洋运输）	100	100					液体
4	乙烯	100	100				100	液体
5	甲醇	100	70		30	40	140	液体
6	1-己烯	100			100		100	液体
7	异丁烷（化工原料）	100			100		100	液体
8	醋酸乙烯	100	70		20	50	140	液体
9	氨	100			100		100	液体
10	1-丁烯	100			100		100	液体
11	酸（98%浓硫酸）	100			100		100	液体
12	碱（32%NaOH）	100			100		100	液体
13	天然气	开工外购		100			100	气体
14	外购相邻企业氧气	100		100			100	气体
15	煤炭	100	100				100	固体
二	成品							出厂
1	92#汽油（国Ⅵ）	100	80	80			160	液体
2	95#汽油（国Ⅵ）	100	80	80		20	180	液体
3	98#汽油（国Ⅵ）	100	100				100	近海
4	喷气燃料	100	100			60	160	液体
5	柴油（国Ⅵ）	100	100	65			165	液体
6	裂解燃料油	100			100		100	液体
7	催化重油浆	100			100		100	液体

续表

序号	货物名称	运量/%(质)	进出厂方式和比例/%				运力合计/%	形态
			水运	管道	公路	铁路		
8	民用液化石油气	100	100		100		200	液体
9	异丁烷	100	40		100		140	液体
10	液氨	100			100		100	液体
11	苯	100	100		20		120	液体
12	甲苯	100	60		60		120	液体
13	混合二甲苯	100	100		40		140	液体
14	丁二烯	100	90		15	15	120	液体
15	环氧乙烷	100			100		100	液体
16	乙二醇	100	100		20		120	液体
17	二乙二醇	100	50		50		100	液体
18	三乙二醇	100			100		100	液体
19	MEA(一乙醇胺)	100			100		100	液体
20	DEA(二乙醇胺)	100			100		100	液体
21	TEA(三乙醇胺)	100			100		100	液体
22	粗 DEA	100			100		100	液体
23	N-1(重胺)	100			100		100	液体
24	乙烯 C_5	100	40		100		140	液体
25	化工 C_8C_9	100	40		100		140	液体
26	液化燃料	100			100		100	液体

1）原料油系统。

原料油系统主要包括全厂生产装置和单元使用的原油、小批量原料(如甲醇、己烯、液氨等)的储存。主要设计原则如下：

① 原料和中间原料的计算日储量为相应装置年开工天数的平均日进料量。

② 每座原料罐的容量不少于一套装置正常操作一天的处理量。

③ 原料罐的座数满足沉降脱水、分析、计量、收油和发油等作业的要求。

④ 不同装置的同种或性质相近的原料罐，宜合并设置。

⑤ 原料系统的流程设计根据装置间的热联合、开停工和检修流程。

⑥ 对于船运进厂方式，储罐总容量同时满足装置连续生产和一次卸船量的要求。

⑦ 如有中转油库，其储罐容量包括在总容量内，并应按中转库的物料进库方式计算储存天数。

通常原料的调和(如原油的多品种罐内调和或在线外输调和等)、计量(进罐计量或外输计量)、加热、沉降脱水、搅拌均质、采样分析、泵外输等均包括在原料系统内。每种原料储罐的数量不宜少于3台，并根据种类、运行方式综合确定。原油系统典型流程参见图11-4-4、图11-4-5。

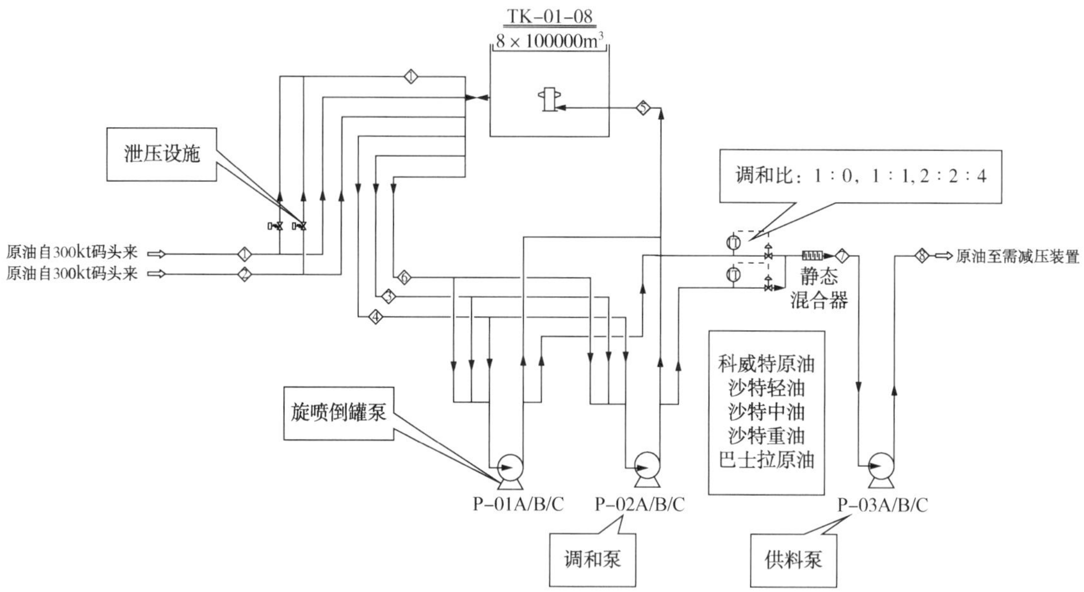

图 11-4-4　典型原油调和示意图

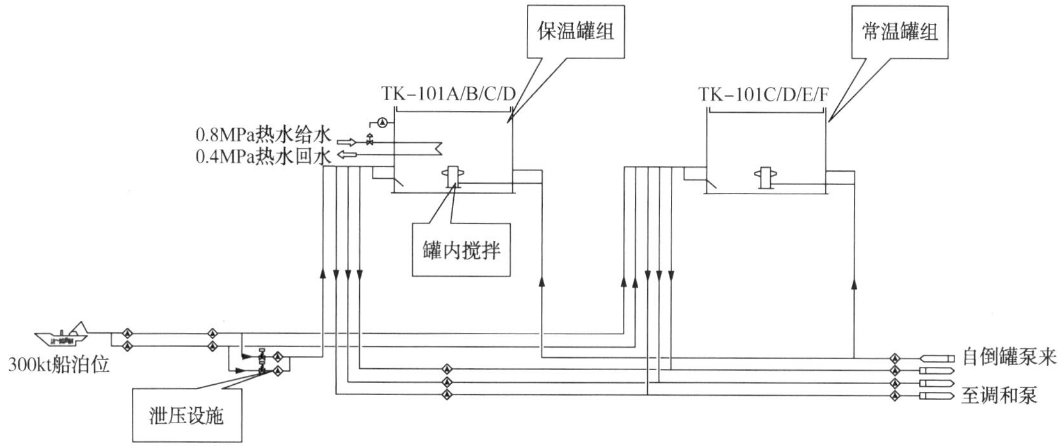

图 11-4-5　典型原油系统示意图

2）中间原料系统。

中间原料油系统主要储存在工艺装置开停工、事故检修等工况下，上下游装置生产的中间(产品)原料(如直馏石脑油、蜡油、裂解汽油等)，主要设计原则如下：

① 中间原料的计算日储量为相应装置年开工天数的平均日进料量。

② 间断加工的中间原料，应同时满足一次最大用量周期对储存天数的要求。

③ 若一套装置的原料切换操作时，还应满足装置原料切换周期对储存天数的要求。

④ 当装置用催化剂的更换周期与全厂检修周期不一致时，应同时满足催化剂更换时对储存天数的要求。

⑤ 由两套工艺装置同时向一套工艺装置供料时，应按一套停工检修，一套正常供料的条件计算原料储罐的容量。

⑥ 进出渣油加氢处理装置的中间原料罐应满足换剂及其他操作要求，也可采取换剂时

期进行不同的切换加工流程方案，减少中间原料的储存容量。

通常中间原料的计量(进罐计量或外输计量)、加热、沉降脱水、采样分析、泵外输等均包括在中间原料系统。每种原料储罐的数量不宜少于2台，装置直接进料或部分由储罐供料时，宜设2~3台，装置由储罐供料时，宜设3~4台，如图11-4-6所示。

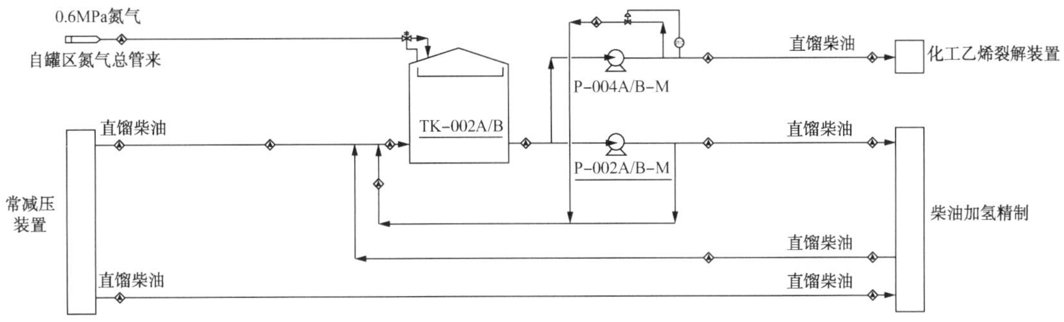

图11-4-6 典型中间原料系统示意图

3）成品油系统。

成品油系统主要包括全厂生产装置生产的成品油品(如汽油、柴油、喷气燃料、液化烃等)的储存，包含成品的组分油储存设施。主要设计原则如下：

① 连续生产的成品油的日储量，应为350d的平均日产量。

② 液体化工产品的日储量，应为相应装置年开工天数的平均日产量。

③ 成品油采用远洋运输时，储存天数不宜少于30d；其他出厂方式根据运输方式确定。

④ 成品油罐总容量应包括组分罐、调和罐、成品油罐和中转库储罐的容量。

通常成品的调和、计量(进罐计量或外输计量)、加热、沉降脱水、搅拌均质、采样分析、泵外输等均包括在成品油系统内。

成品油系统可设置添加剂加注设施，根据不同种类油品的质量要求，向管道内或储罐内注入添加剂(如抗静电剂、抗氧化剂等)。添加剂的种类需与上游生产装置相协同，统一规划。

每种成品油储罐的数量宜设2~3台，成品油罐的储量应满足一次出厂量的要求(如满足最大船型容积要求)，每种组分宜设2~3台罐，并根据调和方案的需要设置不合格罐。冷、热油罐应分开设置。典型成品油罐组流程示意图见图11-4-7。典型成品油出厂设施流程示意图见图11-4-8。

4）调和系统。

通常调和系统分为管道调和和储罐调和两种方式。

储罐调和：不同组分油品按比例要求，经泵、罐搅拌器、混合器等设备，在储罐内调和成目标油品。

管道调和：不同装置生产的组分产品(如烷基化油、重整汽油等组分油、润滑油基础油)直接输送至调和设施(动态调和)，或进入组分罐区储存并利用调和泵输送至调和设施(静态调和)。通常可采用动态调和、静态调和或动态和静态结合的方式。调和后的油品送成品罐储存。调和初期的不合格油品进不合格罐储存，待添加相关组分，经化验分析后作为组分油参与调和。

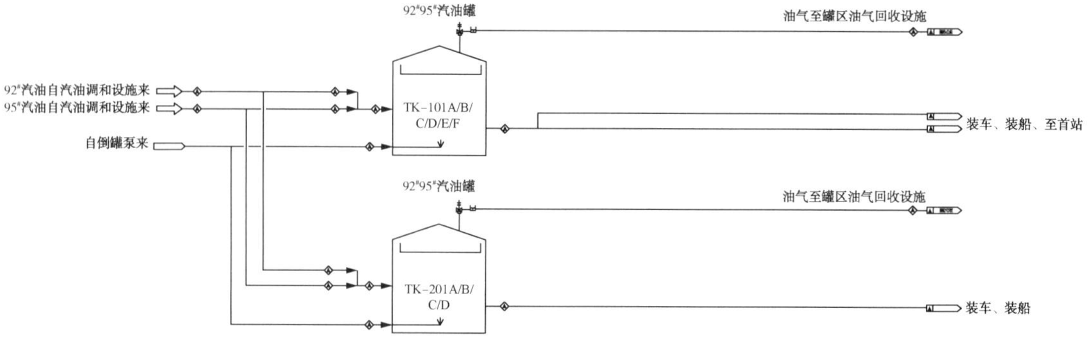

图 11-4-7　典型成品油罐组流程示意图

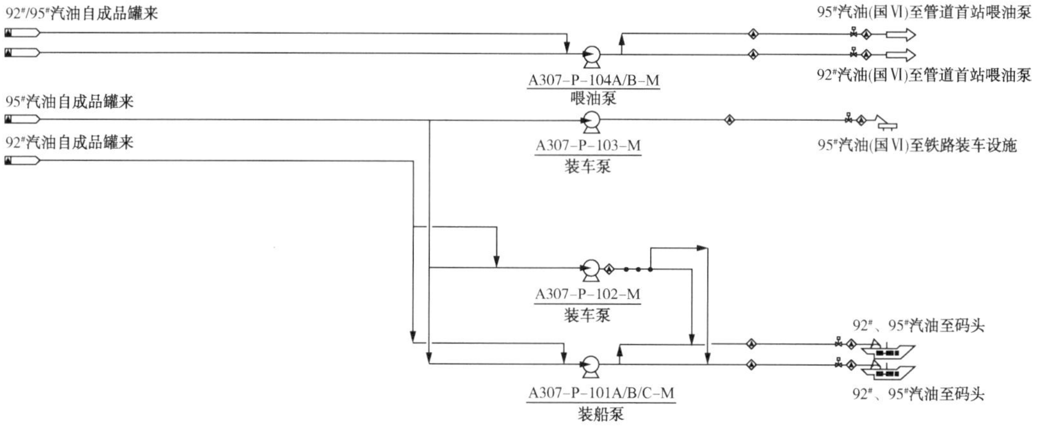

图 11-4-8　典型成品油出厂设施流程示意图

成品油调和工艺流程主要特点：

① 动态调和。

动态调和时，装置组分油直接由装置进入调和头，调和头设流量调节阀及流量计，调节阀根据调和计算机给出的指令调节本组分进入调和头的流量，多余部分组分油通过回流控制阀(压力控制)进入组分油罐。不同组分油通过不同调节阀及流量计进入调和汇管混合，混合后油品再经过静态混合器充分混合，最终调和为所需成品油进入成品储罐。在调和头组分管道及成品管道设实时在线分析仪，实时分析组分及成品指标，分析结果传给调和计算机，调和计算机经过运算后再将控制信号发给相关调节阀在线控制调和流量。

② 静态调和。

静态调和时，组分油自组分油罐经调和泵抽出后加压进入调和头，此时进入调和头流量由泵出口管道与泵入口管道之间的调节阀控制流量，不同组分油通过不同调和泵加压进入调和汇管混合，混合后油品再经过静态混合器充分混合，最终调和为所需成品油进入成品储罐。组分进入调和头的管道与动态调和时相应组分管道共用，在线分析仪表共用。

以动态为主、动静态相结合调和。部分组分由装置直接进入调和头，其他组分经过调和泵自组分罐抽出后加压送至调和头。

调和系统配备在线成套分析系统，主要包含调和优化与控制软件系统、非线性调和规则、在线分析仪表系统等。

典型成品油调和流程示意图如图 11-4-9 所示。

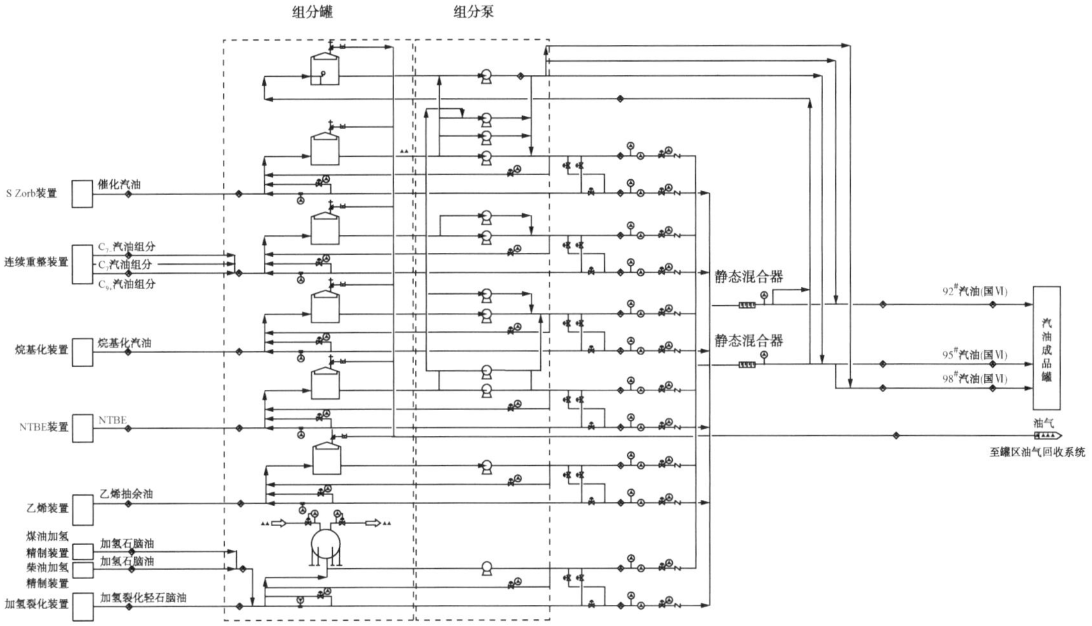

图 11-4-9　典型成品油调和流程示意图

5）化学药剂系统。

通常全厂多个生产装置和单元使用的化学药剂(如硫酸、液碱、盐酸、液氨等)设置在储运化学药剂系统内，主要设计原则如下：

① 化学药剂汽车卸车设施可设在化学药剂设施内或其附近。

② 化学药剂采用水路进厂时，码头区应具备接卸和输转能力。

③ 化学药剂采用钢瓶、桶或坛装进厂时，应在全厂性仓库进行接卸、存放和转送。

④ 对于存在不同浓度需求的多个用户，储运化学药剂系统可仅储存单一浓度药剂，各装置设置各自的储罐，自行调配不同浓度的药剂。

⑤ 储罐的总容量应满足一次卸车(船)量的要求，并应满足用户一次最大加入量及用户停工时的退回量的要求。

⑥ 化学药剂设施应采用枝状管网间断供应的流程输送至各用户。当用户能直接接收化学药剂时，可不经过化学药剂设施转送。

⑦ 一种化学药剂只有一个用户时，不宜单独设化学药剂设施，应在用户内部或附近设置。

某炼化企业碱液用户统计见表 11-4-2。

表 11-4-2　某炼化企业碱液用户统计表

序号	装置名称	规格浓度/%	年用量/t		单位时间用量/(t/h)		运行方式	备注
			正常	最大	正常	最大		
1	轻烃回收及产品精制	30	60				间断	
2	烷基化	32	950			5	间断	一次装入 24t

续表

序号	装置名称	规格浓度/%	年用量/t		单位时间用量/(t/h)		运行方式	备注
			正常	最大	正常	最大		
3	溶剂再生	30	30				间断	
4	蒸汽裂解	32	35200		6.7	24	间断	0.3MPa 常温
5	醋酸乙烯(EVA)	32	5600			0.8	连续	500L/h
6	环氧乙烷/乙二醇(EO/EG)	32	504			3.5	间断	初次填充 15m^3
7	污水处理厂	20	750				间断	
8	除盐水站和凝结水站	32	600				间断	
9	烟气脱硫	32	41600				连续	
10	气体、液化气精制	30	425			10	间断	一次装入 354t
11	煤制氢 POX	30	1300				连续	
12	干气回收分离	32	262		0.031		连续	
	合计		87281					

（2）液体物料运输系统

1）码头装卸船系统。

码头装卸系统的配置方案需根据码头的泊位数量、泊位规格、装卸船型、周转量等综合确定，主要设计原则如下：

① 液体物料卸船主要采用船泵输送工艺。当管道较长、高差较大或其他特殊情况时，可设置加压泵设施及缓冲罐。

② 液体物料装船主要采用泵输送工艺，当地形高程足够，且采用自流装船工艺经济合理时，可采用自流装船工艺。

③ 液体物料卸船宜采用商检(船检)计量为主，陆域部分可采用储罐检尺进行校验，液体物料装船宜采用流量计计量，流量计宜布置在码头前沿，且应考虑在线标定措施。

④ 根据物料种类，码头需设置油气收集和处理设施。

通常码头的主要设施包括装卸臂、计量设施、切断阀门、仪表电气等配套设施。在装船时对于易挥发、极度高度油品需要对产生的油气进行收集和处理，通常在码头区域设置油气收集处理设施。

炼化企业码头主要船型见表 11-4-3。

表 11-4-3　某炼化企业码头主要船型表

编号	物料名称	利用泊位等级/吨级	设计船型(设计一次装卸船量)DWT	运输方式	备注
一	液体				
1	原油	30 万吨级	150000~300000	卸船	远洋运输
2	92$^{\#}$汽油	10 万吨级、1 万吨级	最大 50000+5000	装船	
3	95$^{\#}$汽油	10 万吨级、1 万吨级	最大 50000+5000	装船	
4	98$^{\#}$汽油	10 万吨级、1 万吨级	最大 30000+5000	装船	

续表

编号	物料名称	利用泊位等级/吨级	设计船型(设计一次装卸船量)DWT	运输方式	备注
5	喷气燃料	10万吨级、1万吨级	最大50000+5000	装船	
6	柴油(国Ⅵ)	10万吨级、1万吨级	最大50000+5000	装船	
7	液化石油气	5千吨级	1000~5000	装船	
8	苯	5千吨级	1000~5000	装船	
9	甲苯	5千吨级	1000~3000	装船	
10	混合二甲苯	1万吨级、5千吨级	1000~10000	装船	
11	丁二烯	5千吨级	1000~3000	装船	
12	乙二醇	1万吨级、5千吨级	1000~5000	装船	
13	二乙二醇	5千吨级	1000~5000	装船	
14	液化气	5千吨级	1000~5000	卸船	
15	甲醇	5千吨级	3000~5000	卸船	
16	醋酸乙烯	5千吨级	1000~3000	卸船	
17	C_5、C_6轻烃	1万吨级	3000~10000	装船	
18	化工C_8、C_9	1万吨级	1000~3000	装船	
19	乙烯C_5	5千吨级	1000~5000	装船	
20	丙烷	5千吨级	1000~3000	装船	
21	正丁烷	5千吨级	1000~3000	装船	
22	异丁烷	5千吨级	1000~3000	装船	
23	丙烯	5千吨级	1000~5000	装船	
24	低温乙烯	5万吨级	5000~20000	卸船	远洋外购
25	低温丙烷	5万吨级	5000~50000	卸船	远洋外购

2）铁路装卸车系统。

铁路装卸系统的配置方案需根据装卸量、铁路罐车容积、牵引机车能力、允许的日装卸批次数、装卸车不均衡系数等综合确定。

通常装卸设施内包括装卸鹤管、装卸车台(棚)、定量装车系统、油气收集处理设施、污油收集设施、仪表电气等配套设施。

通常铁路装卸车台可采用单侧台和双侧台布置，每侧装车台设置一条铁路装卸车线(轨道线)。

装卸鹤管可采用小鹤管(*DN*100，一条铁路装卸车线上设置多个鹤管)和大鹤管(*DN*200，一条铁路线设置1~2个鹤管)，采用小鹤管装车时，每侧装车台的鹤位数宜按照罐车车列数的一半设置。装卸车设施内设置铁路轨道衡，对装卸物料进行计量校验。

装卸车的年工作天数一般取350d，日作业批次数不宜大于4批，每批次的净装卸时间取2~3h。

炼化企业铁路装卸情况可参见表11-4-4。

表 11-4-4　某炼化企业铁路装卸设施表

序号	物料名称	运量/(10^4t/a)	不均衡系数	车位数/个	装卸车辆数/(辆/d)	装车批数/(批/d)	备注
1	95#汽油	28.54	2	1	42	4	大鹤管装车
2	喷气燃料	98.08	1.3	2	87	4	大鹤管装车
3	丁二烯	1.41	2	5	3	1	装车
4	甲醇	2.464	2	5	4	1	卸车
5	醋酸乙烯	1.5	2	2	2	1	卸车
	合计	131.944		15	138		

3）汽车装卸车设施。

汽车装卸系统的配置方案需根据装卸量、罐车容积、装卸鹤管流量、年工作天数、日工作小时数、装卸车不均衡系数等综合确定见表 11-4-5。

通常汽车装卸车的年工作天数一般取 350d，日净装卸时间取 8～12h，每班次的工作时间取 6h。

通常汽车装卸设施主要包括罐车装卸鹤管、物料输送机泵(压缩机、泵)、气化器、汽车衡、缓冲储罐或容器、凝液收集设备及污水收集设施、机柜和变配电设施、管理和操作用建筑等辅助设施。

装卸车场、回车场、停车场及安全检查场(在装卸车前，对运输车辆的装卸条件进行安全检查的场所)等都属于汽车装卸设施的组成部分。装卸设施集中布置的装卸站区内，通常位于厂区的边缘靠近车辆进出的道路。

表 11-4-5　某炼化企业汽车装卸设施表

序号	物料名称	运量能力/(10kt/a)	不均衡系数	车位数	备注
一	原料卸车				
1	甲醇	1.8	3	1	
2	1-丁烯	0.03	3	1	
3	1-己烯	0.77	3	1	
4	异丁烷	0.11	3	1	
5	醋酸乙烯	0.6	3	1	
6	液氨	1.06	3	1	
7	硫酸(98%浓硫酸)	0.075	3	1*	设置在污水处理厂
8	液碱(32%NaOH)	8.73	3	2	设置在液碱罐区
	小计			8	
	卸车鹤位合计			8	新建
二	成品装车				
1	裂解燃料油	4.79	3	1	
2	催化重油浆	18.26	3	3	
4	液化石油气	36.15	3	7	

续表

序号	物料名称	运量能力/(10kt/a)	不均衡系数	车位数	备注
5	异丁烷	3.11	3		
6	液氨	0.502	3	1	
7	苯	1.422	3	1	
8	甲苯	1.41	3	1	
9	混合二甲苯	16.532	3	3	
10	丁二烯	1.41	3	1	
11	环氧乙烷	11.35	3		在 EO/EG 装置内设置
12	乙二醇	8.8	3	1	
13	二乙二醇	1.8	3	1	
14	三乙二醇	0.21	3	1	
15	MEA(一乙醇胺)	1.99	3		在化工装置区设置
16	DEA(二乙醇胺)	1.44	3		在化工装置区设置
17	TEA(三乙醇胺)	1.34	3		在化工装置区设置
18	粗 DEA	0.05	3		在化工装置区设置
19	N-1(重胺)	0.15	3		在化工装置区设置
20	乙烯 C_5	6.18	3	3	
21	化工 C_8、C_9	6.06	3	1	
22	液化燃料	1.13	3	1	
	小计	119.686		26	新建
三	化工原料外运				化工事故停工
1	C_5、C_6 轻烃	35.38	3	4	利用化工芳烃等装车鹤位
2	丙烷	12.19	3	4	利用 LPG 装车鹤位
3	正丁烷	15.87	3		
4	丙烯	21.63	3	6	
	小计			—	不再新建
四	炼油原料外运				炼油事故停工
1	乙烯抽余油	8.97	3	1	利用炼油混合二甲苯鹤位
2	化工 C_4	1.59	3	1	利用炼油异丁烷装车鹤位
	小计	10.56		—	不再新建
	装车鹤位合计			33	新建
	汽车鹤位总计			41	新建

4）罐车洗涤系统。

当铁路装卸设施需要对所运输的铁路罐车进行换装清洗(换装其他介质前)或检修清洗时，可建设罐车清洗系统，其主要包括洗罐台、泵房、热水供应系统、清洗机械设备、操作和管理辅助用房等设施。辅助用房可与铁路装卸设施内用房统一设置。

铁路罐车清洗系统需建设铁路洗槽线(轨道线)，布置在洗罐台一侧或两侧，洗涤设施通常由多车位组成，连续流水作业。清洗方案可采用机械清洗或人工清洗。

罐车洗涤系统的规模根据每天的装卸车数量、日清洗作业班次和时间、单罐清洗操作时间等确定。

5）油品灌装系统。

根据运输方式，厂内的成品油(如汽油、煤油等)、溶剂油、润滑油、化工品等物料可采用桶装运输出厂。通常有200L、30L、19L等的金属桶、塑料桶。可采用泵、自流等方式灌装。液化石油气产品可通过钢瓶灌装运输出厂。

灌装系统通常设有灌装间和桶装仓库。装桶设备可采用人工、自动、半自动化装桶系统，可采用多灌装位并行或单工位的操作方式。桶装仓库可采用叉堆取桶的存储方式，也可根据桶装数量和类型采用自动化的立体仓库存储。

装桶时排放的油气需进行收集和处理。

6）管道输送系统。

厂外管道输送系统主要包括厂外输油管道、厂际管道、厂外园区管道。

输油管道：主要指输送距离大于30km的长距离油品输送管道，主要向外输送轻质成品油(如汽油、柴油、煤油等)、燃料油、液化石油气或接收原油、天然气等原料。通常输油管道的输送首站或接收末站可设置在厂内或厂区附近，首站或末站配套的储罐可依托厂内储罐或独立建设。成品油输油管道可采取顺序输送不同牌号的油品的方式。储罐的容量满足不同品种、批次油品输送批量和天数的要求。

厂际管道：企业与厂外其他石油化工企业、油库、码头等设施之间的原料、液体产品、气体物料、公用工程物料等，可通过厂际管道进行输送。厂际管道的长度不超过30km，不包括石油化工园区内的管道。

厂外园区管道：指布置在石油化工园区内，用于连接不同企业之间的管道，通常利用园区公共管廊集中敷设。

2. 气体物料储运系统

企业外购的气体原料、气体燃料(如天然气、氧气、氮气、氢气等)，通过管道输送进厂，厂内需设置相应的接收设施。外购原料气可作为装置生产原料、开工和正常生产或调压用燃料气及公用工程用气。

对于管道输送进厂的气体物料，需设置计量设施、切断设施、自动控制设施等，如果气体经减压节流后会出现降温，并对下游气体系统的操作产生影响，需设置加热升温设施。当厂外气体系统的设计压力比厂内管道系统设计压力高时，需在减压阀的下游设置超压保护设施。如企业外购液化气体原料或燃料(如LNG)，可卸载至储存设施，采用厂内热媒介质经气化器气化后，进入下游气体系统或装置。部分企业存在开工过程临时接卸液化燃料气体的情况，可利用临时储存和接卸设施，进行气化和外输。

3. 全厂燃料气和燃料油系统

全厂各装置所用燃料气，由全厂统一的燃料气管网提供，全厂燃料气总管口径根据装置布置位置、产气量和装置用气量、水利损失等综合确定。通常燃料气管网操作压力为0.4~0.6MPa(表)，操作温度为常温。

正常生产时，燃料气管网的压力可通过产气装置、稳压补气设施对管网压力进行调节，稳压补气设施的能力根据用气装置的用气量和波动值确定，无确定数据时可按照管网正常负荷的10%确定。稳压补气设施可采用厂外气源(如天然气)或厂内液化石油气气化设施，稳压补气设施的接入点通常位于全厂燃料气的负荷中心处。

当发生下游个别用户用气停止或其他故障时，管网压力出现较大波动超压时，可通过管网上设置的压力控制排放阀和安全泄压设施进行调节(通常超压气体排放至火炬气回收系统)，确保管网的安全运行。根据燃料气的组成，为避免管网内产生凝液需采取保温或伴热措施。

全厂各装置使用的燃料油可通过统一设置的燃料油储罐、输送泵、燃料油管网集中供应，燃料油管网可采用支状供油、分区循环供油两种方式，或两种结合的方式。采用支状供油时，各用户应自设燃料油循环系统。燃料油管网应设置稳压或超压保护设施。

4. 不合格油和污油系统

各装置/单元正常生产时产生的不合格汽油、煤油和轻柴油等应进入全厂不合格油或轻污油系统。汽油组分在线调和产生的不合格汽油进成品油罐区设置的不合格汽油罐储存。原料罐区、中间原料罐区、成品油罐区和装卸车系统等产生的轻污油宜进入全厂轻污油系统。不合格汽油和不合格柴油的储罐及管道设计，宜使不合格汽油和不合格柴油能分开储存。不合格汽油罐与不合格柴油罐宜各设1~2个。单罐容量宜为2000~5000m^3，不宜超过10000m^3。

全厂宜设置独立的轻污油罐。单罐的容积宜为2000~3000m^3，不宜超过5000m^3。不合格汽油、不合格柴油和轻污油宜送回装置回炼，如，可送至加氢精制装置、催化裂化装置或焦化装置回炼；对于常减压蒸馏装置需根据其生产工艺确定回炼流程。

成品油罐区产生的不合格油品，宜在成品罐区内调和处理或降级使用。如，芳烃和溶剂油可调入汽油中；专用柴油、低凝柴油可调入轻柴油中；喷气燃料(未加添加剂)可调入灯用煤油或轻柴油中；不合格汽油通过添加相关组分化验合格后运输出厂。

厂内应设置全厂重污油系统。各装置停工吹扫的重污油、污水处理场回收的污油、铁路罐车清洗设施回收的污油和焦化甩油等均进入全厂重污油系统。重污油罐不宜少于2个。单罐的容积宜为2000~3000m^3，不宜超过5000m^3。重污油在罐中沉降脱水后可调入重油(燃料油)中，或送至焦化装置回炼。

催化裂化装置正常性油浆排空与事故时，油浆放空出装置的温度宜在90℃以下，在这种情况下可共用油浆罐。当事故放空油浆出装置的温度超过90℃时，应控制在120~180℃，进入专用的油浆放空罐。专用的油浆放空罐容积，应根据装置最大一次放空量确定。

焦化甩油宜接入重污油罐或重油(燃料油)罐。操作温度高于120℃的重油扫线系统，应设专用扫线罐。

5. 油气收集和处理系统

根据有关国家标准和规定，全厂储运罐区、油品装卸设施等设施应根据物料的火灾危险性类别、蒸气压、油气性质、排放的油气浓度等，设置油气收集和处理设施，可根据油气排放源的建设位置、处理方式等，采取集中或区域集中的方式，分类、分系统设置，优先采取源头减排和处理的措施。

根据各设施排放的油气的种类和浓度等，经收集后，可采取吸收、冷凝、吸附等方式进行回收利用，或采取焚烧等处理方式。

易挥发性可燃液体物料装载系统应设置油气回收处理设施。易挥发性可燃液体物料内浮顶、拱顶和低压储罐应设置油气回收处理设施；当储罐采取控制减排措施后，排放的油气浓度满足排放限值和控制指标要求时，可不设油气回收处理设施，如采取高效的浮顶密封等。苯、甲苯、二甲苯等的储存及装载系统应设置油气回收处理设施。储存或装载系统排放油气的浓度大于30g/m^3 时，宜设置油气回收装置；当油气浓度小于等于于30g/m^3 或油气难于回收时，宜设置焚烧等油气处理装置。

储运设施排放的油气可依托相关装置的气体处理设施，如焚烧炉等，但需满足处理设施的安全处理进气要求，装置应采取必要的安全措施。

6. 火炬气排放和回收系统

火炬系统用以处理生产装置在正常生产、事故、开停车及紧急状态下排放的可燃性气体，以保护设备和人身安全；同时设置火炬气回收系统收集正常或局部泄漏及小事故工况排放的少量火炬排放气体，以达到节约能源、保护环境的目的。

全厂火炬系统主要考虑所有生产炼油装置和为之配套的公用工程及辅助生产设施在事故工况、开停工及检修等工况下排放的火炬气。正常生产条件下排放的间断或连续可燃性气体宜回收利用。

下列气体不应排入全厂可燃性气体排放系统，应排入专用的排放系统或另行处理：

① 能与可燃性气体排放系统内的介质发生化学反应的气体。

② 易聚合、对排放系统管道的通过能力有不利影响的可燃性气体。

③ 氧气含量大于 2%(体)的可燃性气体。

④ 剧毒介质(如氢氰酸)或腐蚀性介质(如酸性气)的气体。

⑤ 在装置内处理比排入全厂可燃性气体排放系统更经济、更有利于安全的可燃性气体。

⑥ 最大允许排放背压较低，排入全厂可燃性气体排放系统存在安全隐患的气体。

⑦ 全厂只有个别装置排放少量剧毒介质或腐蚀性介质的气体时，宜在装置内设处理设施。

装置排放的低低压火炬气、低热值火炬气、含氧火炬气、惰性气体、易聚合气等宜在装置内单独处理。硫黄联合装置(包括酸性水气提和溶剂再生装置)、煤制氢装置排放的酸性气单独设置火炬系统。

全厂火炬气排放系统集中设置火炬设施，通常可采用高架火炬或地面火炬(分封闭式和敞开式)，极度和高度危害气体不应排入地面火炬焚烧处理。

炼油装置正常生产、局部泄漏、操作波动等工况排放的间断或连续少量的放空气体，可排入全厂火炬气回收系统。火炬气回收系统可依托全厂火炬气排放管道系统或单独设收集管道系统。装置事故工况安全阀排放的火炬气不应通过火炬气回收系统处理。

收集的气体可排入气柜储存，气体经压缩机升压后送至气体精制装置内脱硫后送入全厂燃料气管网。回收火炬气也可直接通过压缩机抽取排放或收集管道系统内的气体，升压后进入全厂燃料气管网用作燃料(气体不需要处理)，例如化工装置正常生产排放的连续或间断少量火炬气。

通常全厂设置 1~2 台干式气柜，单台气柜规模为 20000~30000m^3。

7. 全厂工艺及热力管网

工艺管网包括燃料气管网、火炬及火炬气回收管网、轻污油管网、重污油管网、氢气管网、酸性水和净化水管网、贫富胺液管网、化学药剂管道(液碱、硫酸和液氨)、原料罐区与装置的原料管道、装置的产品管道、装置与装置的中间原料油(气)管道、装置与中间罐的中间原料油管道、产品的出厂管道、装置开工用油管道等。

热力及公用工程管网包括蒸汽管网、除盐水管网、除氧水管网、凝结水管网、净化压缩空气管网、非净化压缩空气管网和氮气管网等。

三、自动控制

通常储运系统采用分散控制系统和现场总线控制系统(DCS/FCS)，对储运罐区、油气回收设施、装卸车设施、火炬设施等进行集中操作、数据采集、过程检测和控制、趋势记录、超限报警、信息处理等。储运系统的控制系统与工艺生产装置一起集中在中心控制室进行控制、监测、管理、记录、报警，储运系统是全厂信息管理系统的一个组成部分。储运系统 DCS 操作站放在中心控制室，各类控制站等辅助机柜放在现场机柜室，DCS/FCS 将统一考虑与工厂管理网的通讯接口，上传过程数据。

通过 DCS/FCS 系统，操作人员在操作界面上可以操作和监视储运任务，监视、记录罐区的液位、温度、储量和储运状态，确保操作的正确性。根据储运罐区仪表设置分散、信号传输距离较远的特点，对各类变送器仪表可考虑采用无线仪表。

主要检测和控制措施包括：温度检测、压力检测、液位检测(含储罐油水界面检测、储罐油品储量计算)、控制阀门和紧急切断阀系统、机泵监控、可燃气体浓度检测报警器或有毒气体浓度检测报警系统、公用工程计量系统、火车和汽车定量装车控制系统等。

四、平面布置和管道设计

储运系统平面布置根据全厂总加工流程、总平面布置、工艺流程等综合确定，主要原则如下：

(1) 罐区布置

① 原料和中间原料罐区宜靠近加工装置布置。

② 成品罐区宜靠近装卸车设施布置。

③ 性质相近的罐区宜集中布置。

④ 进出管道数量较多和较大的罐区宜靠近上游或下游设施布置。

⑤ 储罐采取成组布置，在同一罐组内，布置性质和火灾危险性类别相同或相近的储罐；罐组内的储罐不超过 2 排。

⑥ 储罐应地上露天布置，有特殊要求的可采取埋地方式设置。

(2) 全厂工艺及热力管廊布置

① 管廊尽量地上布置，必要时局部地下(埋地或管沟)布置。地上布置采用架空或管墩布置。

② 管廊与工艺装置、辅助系统单元作为一个整体考虑，使得主要管道走向合理，避免往返，减少交叉，并能够联系尽量多的装置或单元的位置。

③ 管廊采用管架布置时，依据厂内竖向，采用高架型式。

④ 管廊立柱可采用钢筋混凝土立柱、钢柱，主梁及侧梁可采用钢结构或混凝土型式，管架层数宜不超过为6层。

⑤ 管廊的走向与道路平行或垂直。

⑥ 管廊在布置管道时，预留10%~30%的发展空间。在共架敷设的情况下，考虑电气、仪表、电信等各类电缆槽架宽度及附件安装所需的位置和空间。

(3) 其他设施布置

① 汽车罐车装卸车设施布置在靠近公路，人流较少的厂区边缘地带。

② 汽车罐车装卸车设施周边设隔离墙与厂内其他区域隔开。

③ 装车油气回收设施布置在装卸栈台前端靠近系统管带处。

④ 油泵一般采用成组、地上式布置，并布置在泵棚内。

⑤ 全厂火炬设施可采用多头火炬筒共架(或可拆卸式)型式。

⑥ 高架火炬的防火间距，对周边设施的热辐射强度满足有关标准要求。

⑦ 分液罐、水封罐等设备，布置在热辐射强度小于等于4.73kW/m^{2}的范围内。

五、器材选用

主要设备和管道等器材的选用原则如下：

① 根据物料的火灾危险性类别、蒸气压、沸点、凝点、特性及设计条件等选用设备和管道等器材。

② 可燃液体和液化烃储罐应采用钢制储罐。

③ 液化烃等甲A类常温储存应选用压力储罐。

④ 储存沸点低于45℃或在37.8℃时饱和蒸气压大于88kPa的甲B类液体，应采用压力储罐、低压储罐或降温储存的常压储罐。

⑤ 储存沸点大于或等于45℃或在37.8℃时饱和蒸气压不大于88kPa的甲B、乙A类液体，应采用浮顶或内浮顶储罐。其他甲B、乙A类液体化工品有特殊储存需求时，可选用固定顶储罐、低压储罐、卧式储罐。

⑥ 储存乙B和丙类液体可选用浮顶、内浮顶、固定顶和卧式储罐。

⑦ 储存Ⅰ、Ⅱ级毒性的甲B、乙A类液体储罐不应大于10000m^3。

⑧ 固定顶储罐的直径不应大于48m。

⑨ 火炬的水封罐和分液罐采用卧式罐；高压燃料气采用立式分液罐；轻石脑油、轻污油采用低压拱顶罐并补氮。

⑩ 气柜采用干式气柜。

⑪ 火炬采用多筒捆绑式高架火炬(可采用可拆卸)、地面火炬。

六、安全、环保和职业卫生

1. 环境保护措施

① 除凝固点低于常温的重质油品外，其他油品的设备、管道的排净口、采样口和溢流口的排出物进入集中收集系统。

② 对甲醇、苯、甲苯、混合二甲苯、醋酸乙烯、环氧乙烷等可能散发有毒有害气体的储罐均采用氮气密封。甲醇、苯、甲苯、混合二甲苯、醋酸乙烯储罐等排放的毒性气体均密

闭集中处理。液氨储罐排放的液体和气体经水洗处理后排入酸性气火炬系统。

③ 液化烃储罐、可燃液体低压储罐事故排放的可燃性气体全部进入全厂火炬系统统一放空。

④ 油品储罐切水操作排放的含油污水进污水处理厂处理。酸碱罐区及卸车设施排放和泄漏的液体经收集和中和处理后排至污水处理厂。

⑤ 汽油、喷气燃料、石脑油和三苯等储存设施及装车、装船排放气体均集中排入油气回收处理设施。

⑥ 可能泄漏污染地下水物料的设备区(储罐区、泵区、装车区等)集中布置，并设置围堰、防火堤。出现泄漏或下雨时，泄漏的油品及初期雨水排入含油污水系统，严禁排放至清净雨水系统。

⑦ 工艺管道地上敷设，便于检查及维护。储运单元内地下污水管道的选材考虑腐蚀的因素，检查并考虑防渗措施。

2. 安全和卫生要求

① 在可能泄漏可燃气体及有毒气体的部位设置可燃气体检测器或有毒气体检测器。罐区内设置火灾探测报警装置，泵棚和装卸车台设有火灾手动报警按钮和声光报警器。

② 可燃气体、可燃液体及有毒介质设备和管道的排液口除设置切断阀外，应加法兰盖或丝堵。

③ 液体物料汽车装卸设施、化学药剂设施等存在与有毒、腐蚀性介质接触的场所，设置洗眼及淋浴器作为应急冲洗用。

④ 液氨储罐事故状态排放的可燃性气体进酸性气火炬统一放空。

⑤ 甲醇储罐排放气经水洗后排空。

⑥ 直馏石脑油、直馏柴油等储罐采用氮气密封。

⑦ 在可能关闭的两个切断阀之间的未保温和伴热管道上设有安全阀，防止管道超压。

⑧ 储罐设有高高、高、低、低低液位报警，高高液位联锁切断进口气动阀，防止冒罐。

⑨ 液化烃储罐设置独立的事故消防注水系统。

⑩ 单元内输送可燃性液体管线的首末端、分支处，直线段每隔 50m 处进行防静电接地。

⑪ 凡需要经常操作，检查布置在较高位置的设备和部位均设有操作平台、梯子、操作保护栏杆，在易滑倒的通道、地面采取防滑措施。

⑫ 根据危险、危害因素分析，结合工艺设备的布置情况，在危险、有毒、有害部位(场所)设置各类安全标志及文字说明。

⑬ 储罐区设有防火堤，并采用不可燃的结构型式。在操作或检修过程中，有可能被油品介质或有毒物料污染的区域设置围堰。

⑭ 储存可燃介质的罐体上均设有固定喷淋喷雾冷却装置(球罐或立式储罐)或泡沫灭火装置(立式储罐)。

⑮ Ⅰ、Ⅱ级毒性介质、液氨、液化烃储罐进出口设置防火型紧急切断阀。在距离装车鹤位 10m 外的装卸总管、距泊位 20m 以外或岸边处的装卸船管道上设置便于操作的紧急切断阀。

七、节能和减排

储运系统主要采用的节能和减排措施如下：

① 汽油、石脑油、柴油等轻质油品储罐采取内浮顶的储存方式，甲醇等宜挥发物料储罐罐壁喷涂隔热防腐涂料减少油气的挥发。轻石脑油、轻污油等采用低压拱顶罐储罐。

② 设备及管道布置尽量紧凑合理，以减少介质阻力损失。

③ 机泵选用高效节能型电机，机泵运行效率处于高效区，减少能量的损耗。

④ 轻质油品罐区、装车和装船设施设置油气回收设施，对无组织排放油气回收利用。

⑤ 油罐加热采用自动控制阀对加热温度进行控制，减少蒸汽浪费。

⑥ 机泵、管道、设备等排放的污油密闭回收后送装置回炼，油品减少损耗。

⑦ 设备加热、管道伴热中排放的蒸汽凝结水进入凝结水管网回收利用。

⑧ 根据工艺操作条件，设备加热、管道伴热尽可能采用低温热水。

⑨ 全厂设置放空气体回收设施，尽可能回收和处理装置排放的火炬气，减少不必要的放空，既节约能源，又减少消烟蒸汽的消耗，有利于环境保护。

第五节　污染物处理

一、概述

（一）炼化一体化项目污染物排放特点

炼化一体化是将石油炼制行业和石油化工行业融合，将炼油与化工在工厂总流程、总平面布置、公用工程、油品储运及其他辅助系统上统一考虑，实现炼油-化工原料互供与能量利用的优化集成。随着全球范围内能源结构逐渐转型、成品油需求增速放缓、石油化工产品需求增长迅速，为满足国民经济持续快速增长及工业化、城镇化和现代化建设不断持续推进，炼油化工一体化布局建设成为石油化工行业新的发展战略。

炼化一体化项目可以充分利用石油资源，降低能耗和生产成本，丰富产品结构，“宜油则油，宜芳则芳，宜烯则烯”，增强企业抗击市场风险的能力。但由于炼化一体化项目加工流程长、装置数量多、资源消耗量大，导致主体工程、储运工程、公辅工程涉及的污染源种类多、污染物排放数量大。

1. 废气

炼化一体化项目废气排放源可分为有组织排放源和无组织排放源两大类。

有组织排放源按照污染源情况大体上可细分为燃烧烟气和工艺废气两类。燃烧烟气主要包括加热炉烟气、焚烧炉烟气、锅炉烟气等，其主要污染物包括二氧化硫、氮氧化物、颗粒物、VOCs、硫化氢等。工艺废气包括催化裂化及催化裂解再生烟气、重整催化剂再生尾气、制氢尾气、化工装置工艺废气、油气回收设施尾气、含尘废气等，主要污染物除包括二氧化硫、氮氧化物、颗粒物、VOCs 等常规污染物外，还包括各种特征污染物如硫化氢、氨、氯化氢、丙烯腈等。

1）燃烧烟气。

① 装置加热炉和裂解炉烟气。

项目各生产装置中的加热炉、裂解炉以炼油装置自产脱硫燃料气、煤气化装置产出的合成气以及化工区自产燃料气为燃料，通过采取污染物减排措施，装置加热炉和裂解炉排放烟气中污染物满足排放标准限值要求达标排放。

② 化工装置焚烧炉烟气。

通常炼化一体化项目下游配套化工装置种类较多，部分化工装置因排放废气含有特征污染物需要在装置内设置焚烧炉，将特征污染物处理后达标排放。例如 EVA 装置压缩机驰放气、料仓及干燥脱气废气含有烃类、醋酸乙烯等污染物，EG 装置 CO_2 放空缓冲罐排放气中含有 EO、乙醛、甲烷、乙烯等污染物，丙烯腈装置针对产生的含氰工艺废气设有废气焚烧炉。焚烧炉烟气需满足排放标准限值要求达标排放，部分焚烧炉因涉及危险废物焚烧，需参照 GB 18484—2001《危险废物焚烧污染控制标准》执行。

③ 锅炉烟气。

炼化一体化项目蒸汽和电力需求量巨大，多数项目会配套建设动力中心以满足全厂用汽用电需求。从燃料获取的便利性和经济性来讲，采用燃煤锅炉是绝大多数企业的首选，以某 20. 0Mt/a 炼油+1. 50Mt/a 乙烯项目为例，规划新建超高温超高压锅炉年耗煤量超过 3. 0Mt，每小时产生超过 $3\times10^3Nm^3$ 烟气，即使采用目前最严格的超洁净排放标准，二氧化硫、氮氧化物、颗粒物的排放量仍会相当大，动力中心排放的二氧化硫、氮氧化物、颗粒物量约占该项目全厂各污染物总排放量的 66%、38%、21%。

2）工艺废气。

工艺废气主要包括催化裂化及催化裂解再生烟气、重整催化剂再生尾气、制氢尾气、硫黄回收尾气焚烧炉烟气，聚丙烯、环氧丙烷-苯乙烯等化工装置工艺废气，储运系统油气回收设施尾气等，废气中污染物既包括二氧化硫、氮氧化物、颗粒物和非甲烷总烃等常规污染物，还包括各种特征污染物。

① 催化裂化及催化裂解再生尾气。

催化裂化及催化裂解的再生烧焦尾气含有二氧化硫、氮氧化物、颗粒物和镍及其化合物，尾气处理后满足 GB 31570—2015《石油炼制工业污染物排放标准》及地方标准要求方可排放。

② 重整催化剂再生尾气。

连续重整装置催化剂再生尾气中含有 HCl 和烃类，对再生尾气进行处理后满足 GB 31570—2015 特殊排放限值及地方标准要求方可排放。

③ 硫黄回收尾气。

硫黄回收装置多采用部分燃烧、两级转化 Claus 制硫工艺，尾气采用离子液吸收或还原吸收+碱洗等方式处理符合 GB 31570—2015 要求达标排放。

④ 制氢尾气。

炼化一体化项目制氢工艺主要包括轻烃水蒸气转化制氢、煤制氢、渣油制氢等方式。轻烃水蒸气转化制氢主要是制氢转化炉产生的燃烧烟气，满足 GB 31571—2015《石油化学工业污染物排放标准》限值要求方可排放；煤制氢、渣油制氢装置酸性气送往硫黄回收装置进一步处理，水洗塔排放气中主要污染物甲醇满足 GB 31571—2015 等标准要求方可排放。

⑤ 含尘废气。

聚丙烯装置和聚乙烯装置生产过程中排放的含尘废气，处理后的废气排放满足 GB 31572—2015《合成树脂工业污染物排放标准》等要求方可排放。

炼化企业原煤储运系统的转运和破碎排放的含尘废气，经过除尘设施处理后达标排放。

⑥ 油气回收尾气。

通过设置油气回收设施，对汽油、煤油、苯、甲苯、二甲苯等物料在储运和装载过程中的呼吸气进行回收和处置，尾气排放满足 GB 31570—2015、GB 31571—2015、GB 16297—1996《大气污染物综合排放标准》等限值要求方可排放。

2. 废水

根据废水性质，可将炼化企业废水大致分为含硫污水系统、含油污水系统、含盐污水系统、生活污水系统等，通过合理划分排水系统有针对性地采取治理措施处理后达标排放，详见本书给水排水章节。

3. 固体废物

由于炼化一体化项目加工流程长、工艺和配套工程数量多，固体废物产生量相应也多。按照固体废物性质，可将固体废物分为危险废物和一般废物两类。

（1）危险废物

1）废碱渣(液)。

废碱渣(液)主要包括轻烃回收和液化气脱硫醇废碱渣、乙烯废碱渣、PO/SM 装置碱洗塔排放的废碱液，其中脱硫醇废碱渣送乙烯装置废碱氧化单元处理，PO/SM 废碱液在装置内设置废碱液焚烧炉处理。

2）化工废液和废水。

化工废液和废水主要来自 EVA 装置、EG 装置、丙烯腈联合装置，属于危险废物，通过设置焚烧炉焚烧处理。

3）废催化剂。

废催化剂主要来自浆态床渣油加氢、加氢裂化、柴油加氢改质、煤油加氢、催化裂化、催化裂解、连续重整、硫黄回收、乙烯裂解、EG 装置等，其中部分废催化剂含有贵重金属，由有资质厂家回收，其他废催化剂属危险废物填埋处理。

4）废吸附剂。

废活性炭以及芳烃装置排放的废溶剂等属于危险废物，送焚烧炉处理。

5）污水处理场“三泥”。

污水处理场“三泥”送焚烧炉处理，化学污泥属于危险废物，填埋处理。

6）储罐底泥。

储罐底泥属危险废物，通过焦化装置或设置固废焚烧炉处理。

7）危险废物焚烧炉灰。

丙烯腈联合装置 SAR 焚烧炉产出的炉灰属于危险废物，送危险废物填埋场填埋。

8）其他。

生产过程中接触危险化学品的桶、袋、罐属于危险废物，按照危废管理方法进行收集、储存和运输。

(2) 一般废物

一般废物主要是燃煤动力站锅炉产生的飞灰、炉渣和煤制氢产生的灰渣等，通常外送综合利用处理。

(3) 性质不明废物

有些固体废物属性不明确，如渣油制氢装置产生的干滤饼，需按照有关规定进行鉴定，属于一般固废的可外委综合利用或送一般固废填埋场填埋，属于危险废物的厂家回收或送危废填埋场填埋。

4. 噪声

炼化一体化项目主要噪声源包括大功率机泵、压缩机、主风机、鼓风引风机、空气冷却器、加热炉、气(汽)体放空口及火炬等，高噪声设备大多露天布置，高噪声设备声压级一般在85~115dB(A)，影响范围主要在厂区内。

(二) 污染物治理和达标排放的要求与趋势

污染治理的重中之重是从源头控制污染物排放量。随着公众环境保护意识不断提升，环境保护技术不断完善，我国生态环境质量持续改善稳中向好，主要污染物排放总量不断减少。在此过程中，污染物排放标准也日趋严格，一方面不断提高污染物排放标准有利于促进产业结构调整，倒逼产业转型升级，淘汰落后产能；另一方面可以促进企业进行技术革新和产品升级改造，淘汰落后技术与工艺，加大环保投入力度，提升污染防治水平，通过向环保要效益减少污染物排放。

根据最新颁布的《生态环境标准管理办法》，我国生态环境标准分为国家生态环境标准和地方生态环境标准。国家生态环境标准中包含国家污染物排放标准，在全国范围或者标准指定区域范围执行；地方生态环境标准包含了地方污染物排放标准，在发布该标准的省、自治区、直辖市行政区域范围或者标准指定区域范围执行。国家污染物排放标准是对全国范围内污染物排放控制的基本要求，由于我国各地方环境质量现状、环境主要污染物和特征污染物、区域环境容量等存在差异，制定地方污染物排放标准是为进一步改善区域生态环境质量和优化经济社会发展，对本行政区域提出的国家污染物排放标准补充规定或者更加严格的规定。按照《生态环境标准管理办法》规定，有地方污染物排放标准的地区，应当依法优先执行地方标准。

为积极应对气候变化，深入推进碳达峰碳中和，石油化工行业作为实施行业减污降碳行动的重点领域，预计还会持续通过提升污染物产排管控要求进一步提升主要污染物排放约束性指标，炼化一体化项目需不断通过加大投入，提升整体环境保护水平，以满足日趋严格的标准要求。

(三) 清洁生产基本要求

清洁生产是指不断采取改进设计、使用清洁的能源和原料、采用先进的工艺技术与设备、改善管理、综合利用等措施，以减轻或者消除对人类健康和环境危害为目标，从源头削减污染，提高资源利用效率，减少或者避免生产、服务和产品使用过程中污染物的产生和排放。

清洁生产是我国工业可持续发展的重要战略，也是我国实现污染控制重点由末端控制向生产全过程控制转变的重要措施。预防污染物的产生，即从源头和生产过程防止污染物产生。为减轻项目建设对环境的影响，在设计、建设和运行中应首先按照“环保优先、绿色发展”目标和循环经济、清洁生产的理念，采用国内外成熟可靠、技术先进、环境友好的工艺技术方案，强化节能降耗措施，从源头减少污染物的产生量；其次应针对各污染源排放污染物特点，分析国内外经济可行的污染物治理技术，提升处理设施的处理能力、效率，确保污染物排放满足国家和地方有关标准要求，减少污染物的排放量；最后必须严格执行配套的环境保护设施与主体工程同时设计、同时施工、同时投产使用的“三同时”制度，按规定程序开展竣工环境保护验收，运营过程中实施严格的环境管理制度，确保各项生态环境保护措施、环境风险防控措施落实到位，建立及时有效的应急响应与联动机制。

目前，国内炼化一体化项目通过选用国内外成熟可靠、技术先进、环境友好的工艺技术方案和装置大型化规划，具有良好的规模效应，既提高了投资效益，又降低物耗和能耗，为实现清洁生产全过程控制提供保证。根据原油性质合理规划总流程，提升项目总加氢能力占原油一次加工规模的比例，全面提高油品质量和原油加工深度，确保项目全过程实现清洁生产。通过采取节能节水措施，炼油单位产品能耗达到 GB 30251—2024《炼化行业单位产品能源消耗限额》先进值指标，乙烯装置能耗达到 GB 30250—2013《乙烯装置单位产品能源消耗限额》先进值要求，炼油部分主要装置主要清洁生产指标符合《清洁生产标准 石油炼制业》(HJ/T 125—2003)一级标准，达到国际清洁生产先进水平。

二、废气处理措施分析

1. 二氧化硫处理措施

(1) 使用清洁燃料

炼化一体化项目乙烯裂解炉、各装置加热炉以清洁燃料气为燃料，为从根本上减少二氧化硫和颗粒物的排放，设置干气脱硫设施对自产燃料气进行脱硫处理，脱硫干气硫化氢含量小于 20mL/m^3。使用清洁燃料后，各加热炉烟气中二氧化硫浓度符合 GB 31570—2015《石油炼制工业污染物排放标准》、GB 31571—2015《石油化学工业污染物排放标准》中特别排放限值的要求，确保燃烧烟气中二氧化硫达标排放。

(2) 硫黄回收

硫黄回收是炼化一体化项目减少二氧化硫排放、提升硫回收利用率的重要措施，原油和原料煤、燃料煤带入的硫需要通过硫黄回收装置将大部分硫转化为硫黄产品，实现污染物综合利用的同时减少排入环境中的二氧化硫量，炼化一体化项目通过硫黄回收装置回收的硫量约占全厂总硫量的 95% 以上，处理后排放尾气中二氧化硫浓度满足 GB 31570—2015《石油炼制工业污染物排放标准》或地方标准排放限值要求达标排放。某项目全厂硫分布见表 11-5-1。

表 11-5-1 某 20.0M 炼油+1.5M 乙烯项目全厂硫分布

项目	硫黄	石膏	产品	废气	废水	固体废物	其他
分布	96.09%	2.4%	0.4%	0.2%	0.1%	0.8%	0.01%

自 20 世纪 30 年代改良 Claus 工艺实现工业化以来，经过多年的努力，改良 Claus 硫回收工艺日益完善，在工艺方面一般采用一段高温转化炉，两级、三级或四级低温转化器，可以加工含硫化氢 5%~100%的各种酸性气体。在催化剂的研制和使用方面亦取得了很大进步，普遍采用活性氧化铝催化剂以及专门设计的加有助剂的催化剂。在自控仪表应用方面，

自20世纪70年代美国杜邦公司开发成功硫化氢/二氧化硫在线比值分析仪以来，硫黄回收装置采用计算机控制优化操作，大大提高了装置的效率和硫回收率。另外，在材料和防腐技术的改善等方面也取得了很大进展。

采用改良Claus法从酸性气中回收元素硫时，由于Claus反应是可逆的，受到化学平衡的限制，即使采用4级转化器，总硫回收率也只能到98%~99%，仍有1%~2%的硫化物排到大气。为了减少环境污染，尾气处理部分的工艺开发和应用日趋重要。自20世纪60年代尾气处理工艺问世以来，国际上开发并实现工业化的工艺有数十种，其中比较普遍采用的工艺技术按其化学原理可分为尾气加氢还原吸收工艺、低温Claus工艺、硫化氢直接选择氧化工艺三大类。

1）尾气加氢还原吸收工艺。

尾气加氢还原吸收工艺是通过加氢反应将尾气中的二氧化硫、S_x还原为硫化氢；COS、CS_2水解为硫化氢。然后采用胺法选择吸收尾气中的硫化氢，富液经再生释放出酸性气，酸性气则返回制硫部分循环处理。该工艺的特点为硫回收率高(≥99.8%)、排放气净化度高、投资和操作费用高。

2）低温Claus工艺。

低温Claus(亦称亚露点法)工艺是指在低于硫露点的条件下尾气中的硫化氢和二氧化硫继续进行Claus反应生成元素硫。这类工艺一般是在常规Claus装置之后，再配置2~3个低温转化器，反应温度一般控制在130℃左右，由于反应温度低，反应平衡向生成硫的方向移动，因而可提高硫的转化率。生成的液硫会沉积在催化剂上，故转化器需周期再生，切换使用。该工艺的特点为总硫回收率低(98.5%~99.5%)、排放气净化度低、投资和操作费用低。

3）硫化氢直接选择氧化工艺。

直接氧化工艺是将尾气(或贫酸性气)中的硫化氢直接氧化生成硫黄的方法。该工艺的特点与低温Claus工艺相同。

为满足国内最严苛标准，现阶段一般采用的高净化度尾气处理技术主要包括以下几种：

1）尾气加氢还原+低温吸收。

常规的改良Claus+尾气加氢还原吸收的工艺路线，通过在尾气处理部分采用MDEA脱硫溶剂低温吸收，提高尾气净化度。同时采用液硫池外脱气塔脱气技术，脱气后废气由进入尾气焚烧炉改为进入反应炉，回收脱气废气中的硫元素，达到减少尾气排放的目的，可以满足二氧化硫排放浓度要求。

2）尾气加氢还原吸收+碱液吸收。

在常规的改良Claus+尾气加氢还原吸收的工艺路线基础上，对焚烧后的烟气采用碱液(NaOH溶液)进行进一步吸收净化，二氧化硫排放浓度很容易可以达到50mg/Nm^3以下。自新排放标准实施以来，国内已有多套硫黄回收装置采用该技术路线并开工成功，美国孟莫克公司的动力波碱液吸收技术在全球也有很多的工业化装置。

3）有机胺脱硫工艺。

该技术的工艺技术路线为Claus制硫+尾气焚烧+有机胺脱二氧化硫，Claus制硫+尾气焚烧为常规技术，有机胺脱二氧化硫技术的主要来源是Shell公司的CANSOLV技术、成都华西化工科技股份有限公司的离子液脱硫技术。Claus制硫尾气经焚烧后，硫化物全部焚烧产生二氧化硫，焚烧烟气降温至60℃以下后进入有机胺脱二氧化硫部分，有机胺脱二氧化硫技术的流程与炼油厂 MDEA 脱硫的吸收+再生流程相同，但是吸收的是二氧化硫而不是硫化氢，其吸收塔顶的净化气二氧化硫含量可以达到排放要求，再生塔顶的富含二氧化硫气体可返回 Claus 制硫部分处理。采用 CANSOLV 技术的硫黄回收装置开工，二氧化硫排放浓度在 50mg/Nm³左右。

4）液相氧化还原工艺。

该工艺是一种在液相系统中进行的硫黄回收工艺，主要代表是美国 Merichem 公司的 Lo-Cat 工艺，在常温、低压条件下操作，依靠螯合铁溶液将硫化氢转化成元素硫，硫回收率能够达到99.9%以上，被广泛应用于多种工业酸性气体的硫化氢脱除。对于小型的硫黄回收装置，可以直接采用液相氧化还原工艺进行处理，而对规模较大的装置，推荐将液相氧化还原工艺用于处理急冷塔出口的尾气。液相氧化还原工艺的净化度高，其排放尾气的硫化氢含量低于 10mg/L，由于加氢后的 Claus 尾气不含其他污染物，净化尾气可以不经过焚烧，根据 GB 14554—2018《恶臭污染物排放标准》选择合适高度的排气筒直接排放。目前，Lo-Cat 工艺在国内已有十余套工业化装置，国内也有几家公司开发出了拥有自主知识产权的液相氧化还原工艺，实现了工业化应用。

5）生物脱硫工艺。

THIOPAQ®生物脱硫工艺属于荷兰 Paques 公司，属于直接转化法，在用于 Claus 尾气处理时主要包括两个部分，第一部分在吸收塔中用来自生物反应器的贫液吸收加氢后的 Claus 尾气中的硫化氢，第二部分在生物反应器中利用空气与硫杆菌(Thiobacillus)将硫化氢氧化成为单质硫。其吸收塔顶的净化尾气硫化氢含量低于 10mL/m³，且不含有其他需要处理的污染物，可以不经焚烧，根据恶臭污染物排放标准选择合适高度的排气筒直接排放；此外，生物反应器及其下游设备排出的气体主要为生物氧化反应后剩余的空气，其硫化氢含量低于 1μL/L，可以直接在高点放空。

6）氨法脱硫工艺。

氨法脱硫工艺是以氨为吸收剂对烟气中的二氧化硫进行吸收净化，副产物为硫酸铵。采用 Claus 制硫+氨法脱硫组合工艺，硫回收率可以达到99.95%以上，净化烟气的二氧化硫含量小于 50mg/Nm³，氨浓度小于 8mg/Nm³，可以满足 GB 31570—2015《石油炼制工业污染物排放标准》中二氧化硫的特别排放限值要求。但由于液氨价格较高，而硫酸铵价格较低，对大型硫黄回收装置而言，直接采用氨法脱硫工艺处理 Claus 尾气的经济性不佳；此外，由于 Claus 尾气的二氧化硫浓度很高，通常为20000～30000mg/Nm³，氨法脱硫工艺需要的稀释空气量很大，对大型装置来说尤为明显；因此，大型硫黄回收装置采用改良 Claus+尾气加氢还原吸收+氨法脱硫工艺更为经济合理。

7）离子液体脱硫工艺。

离子液体是室温离子液体的简称。所谓室温离子液体是指在室温或接近室温(低于100℃)下呈液体状态，通常完全由体积相对较大、不对称的有机阳离子和体积相对较小的无机阴离子组合而成的物质。离子液体可以直接萃取脱硫，将离子液体与燃料油在一定温度下搅拌而使含硫化合物从油品中萃取到离子液体中。此法是利用含硫化合物在燃料油与离子液体中的分配系数不同，将其萃取到离子液体中，反应时间短，一般为15～30min；缺点是脱硫率不太高，一般为10%～30%。离子液体萃取脱硫有操作条件温和，耗能少，环境友好，且溶剂可以循环使用等一系列优点。

(3) 硫转移技术

催化再生烟气是炼油厂主要废气污染源之一。催化进料中的硫、氮经裂化反应后，一部分以焦炭形式沉积在催化剂上，沉积在催化剂上的硫在再生器中生成 SO_x，随烟气排入大气，同时在燃烧过程中会产生一部分氮氧化物。目前，控制再生烟气中二氧化硫的措施主要有三方面：对催化原料进行加氢处理；在工艺过程中采用硫转移助剂等，将焦炭中的硫转移至气体和液体产品中，从而减少烟气中二氧化硫等污染物的排放；对催化再生烟气进行烟气脱硫处理。

炼化一体化项目通过设置加氢装置对催化原料进行加氢处理，不仅可以脱硫，还可以脱氮、脱金属、易结焦物质(沥青质、多环芳烃等)，改善催化裂化原料性能，还可以减少再生烟气中的二氧化硫、氮氧化物等的排放量。为进一步降低烟气中二氧化硫量，降低后续脱硫设置二氧化硫去除难度，通常会加注硫转移剂，不仅能够实现将烟气中硫化物转移到干气中、降低再生烟气中二氧化硫量，还可将烟气中硫化物转化为硫化氢送硫黄回收装置变废为宝。

通过建设渣油加氢装置对常减压装置生产的减压渣油进行加氢处理，加氢处理后的重油硫含量降到 0.35%，作为催化裂化装置原料，大大减少了再生烟气中二氧化硫的数量。同时原料经加氢处理后氮含量也有所降低，有助于减少再生烟气中氮氧化物排放。

(4) 烟气脱硫技术

世界各国研究开发的烟气脱硫技术有许多种，脱硫原理基本相同，都是利用具有碱性的吸收剂与燃料燃烧过程中生成的酸性硫化物反应，生成稳定的化合物存在于固相或液相中，从而实现烟气脱硫。烟气脱硫技术按脱硫剂的类型可以分为干法、半干法和湿法脱硫。在世界各国现有的烟气脱硫技术中，湿法脱硫约占 85%，其中石灰石/石膏法为 36.7%，其他湿法为 48.3%；吸收剂再生脱硫主要有氧化镁法、双碱法和威尔曼-洛德法(Wellman-Lord)。以湿法脱硫为主的国家有日本(占 98%)、美国(占 92%)和德国(占 90%)。

1) 干法烟气脱硫。

干法烟气脱硫技术包括应用固体粉状或粒状吸附剂、吸收剂捕获气相中的二氧化硫以及采用催化剂或其他物理化学技术将烟气中的二氧化硫活化转化为元素硫或易于处理的三氧化硫等。干法烟气脱硫工艺主要有吸附法、金属氧化物吸收法、催化反应法、高能活化氧化法、荷电干式喷射脱硫法等工艺，由于吸附剂容量小、脱硫率低，或设备庞大、投资高、操作复杂等原因，不适合大规模烟气脱硫。

干法脱硫中的活性焦干法技术是利用活性焦具有吸附和催化作用，可以同时脱除烟气中多污染物的特性，活性焦经过加热再生可实现对其进行再次活化，符合烟气净化技术的中长期发展趋势，可用于催化裂化再生烟气净化。该技术主要优点如下：

① 脱硫后二氧化硫可满足超低排放要求，上游烟气量和二氧化硫浓度波动对其影响很小，排烟温度高，无蓝烟拖尾/白色烟羽。

② 可实现硫资源化回收利用，不产生新的硫酸盐副产品/固废，符合循环经济理念的要求。

③ 对氮氧化物具有二次净化的效果，与现有的脱硝系统组合使用，上游脱硝系统的氨

逃逸不会对吸附塔带来不利影响，在无需对现有脱硝系统进行改造的情况下能够进一步降低净烟气中氮氧化物的含量，以满足排放指标要求。

④ 工艺本身不耗水故不产生脱硫废水，符合国家产业政策和环境保护要求，降低污水处理难度。

⑤ 可同时除去烟气中重金属、二噁英等多种有害物质。

活性焦进行再生时活性焦中的碳会参与反应，导致活性焦被不断消耗，同时暴露出新的吸附表面，因此其脱硫活性并不会降低。

2）半干法烟气脱硫。

半干法烟气脱硫技术以石灰粉或石灰浆为吸收剂，通过不同工艺技术(如喷雾干燥技术、循环流化床技术)来实现对烟气的高效率脱硫。该类方法与干法相比，具有处理成本低、烟气通量大，可以处理不同硫含量的烟气的优点。该类方法的缺点是产生大量的石膏，引起二次污染。半干法烟气脱硫工艺主要有旋转喷雾干燥法(LSD)、炉内喷钙增湿活化法(LIFAC)、烟气循环流化床脱硫技术(CFB)、增湿循环脱硫技术(NID)等。

3）湿法烟气脱硫。

湿法烟气脱硫技术是利用碱性的吸收剂溶液脱除烟气中的二氧化硫。根据吸收剂和工艺的不同特点，湿法烟气脱硫技术可分为一次性吸收法、可再生循环吸收法和海水脱硫等。湿法烟气脱硫技术的最大优点就是脱硫率高达95%，装置运行可靠性高，操作简单，二氧化硫每吨处理成本低。一般研究认为，烟气中二氧化硫含量高时，采用可再生法经济上更为合理；烟气中二氧化硫含量低时，采用一次性吸收法经济上更为合理。炼化一体化项目主要污染源烟气中的二氧化硫含量不高，多采用一次性吸收法的湿法脱硫工艺。几种一次性吸收法的湿法烟气脱硫工艺如下：

① 石灰(石灰石)湿法烟气脱硫。

石灰(石灰石)湿法烟气脱硫技术包括石灰(石灰石)-石膏法、简易石灰(石灰石)-石膏法、间接石灰(石灰石)法等，其核心都是利用石灰浆液与烟气中的硫氧化物反应，生成亚硫酸钙沉淀从烟气中脱除。脱硫产物亚硫酸钙可直接抛弃，也可用空气氧化为石膏回收或抛弃。该方法是目前世界上使用最广的脱硫技术，系统大多采用了大处理量洗涤塔，工艺流程主要由原料储运系统、石灰石浆液制备系统、烟气脱硫系统及石膏制备系统组成，节省投资和运行费用。该技术的优点是系统运行可靠性达99%以上，脱硫效率高达95%，缺点是装置容易结垢堵塞管道，能耗较高，产生大量的废固、废水，造成二次污染。

② 磷铵复肥(PAFP)法。

该方法是利用天然磷矿石和氨为原料，在烟气脱硫过程中副产磷铵复合肥料。工艺流程主要由吸附、萃取、中和、二级吸收、氧化、浓缩干燥等单元操作组成。PAFP烟气脱硫技术，其脱硫过程不需提供外部添加的吸收剂，在解决二氧化硫污染的同时能生产出市场需要的产品，有一定经济效益。但该技术流程太长，设备繁多，操作复杂，能耗较高，并受矿产资源限制。

③ 亚硫酸钠法。

用碳酸钠吸收烟气中的二氧化硫，得到亚硫酸钠和亚硫酸氢钠的混合溶液，再用碳酸钠中和吸收液中的亚硫酸氢钠，最后经净化、浓缩结晶、过滤、干燥等工序制成无水亚硫酸钠产品。这种方法流程简单，吸收剂不循环使用，实质上是将二氧化硫转变为副产品，二氧化硫吸收效率较高。缺点是氧化将影响无水亚硫酸钠的质量，且由于亚硫酸钠销路有限，限制了该方法的大规模发展。

④ 氨吸收法。

氨吸收法的典型工艺是氨-酸法，实质上是用亚硫酸铵吸收二氧化硫生成亚硫酸氢铵，循环槽中用补充的氨使亚硫酸氢铵再生为亚硫酸铵循环脱硫；部分吸收液用硫酸(或硝酸、磷酸)分解得到高浓度二氧化硫和硫铵(或硝铵、磷铵)化肥。一些较大的化肥厂用该法处理硫酸尾气中的二氧化硫，也可将吸收液直接加工为亚硫酸铵副产品，称为氨-亚硫酸铵法。还可以将部分吸收液引出中和氧化加工为硫铵副产品，称为氨-硫铵法。没有氨源的工厂，可用固体碳酸氢铵作吸收剂。

⑤ 碱洗涤法。

利用碱性化合物(如氢氧化钠、氢氧化镁等)吸收烟气中的二氧化硫，得到亚硫酸钠溶液，再经净化、氧化等工序生成含硫酸钠的污水，最后直接排放或经除盐后回用。这种方法的特点是流程非常简单，吸收剂不循环使用，实质上是将二氧化硫转变为硫酸钠，二氧化硫吸收效率较高。适用于烟气中二氧化硫浓度低而且脱硫率要求高的装置，其缺点是操作费用较高，污水排放量较大。主要应用于中小型烟气脱硫设施，如 Belco 技术公司用氢氧化钠溶液及氢氧化镁溶液作吸收剂的 EDV®工艺在国外一些 FCCU 烟气脱硫上的应用；另外，还有中石化广州工程有限公司自主拥有基于氢氧化钠洗涤液的脱硫除尘成套技术。

常用烟气脱硫工艺主要有循环流化床法、石灰石-石膏湿法、氨-硫酸铵法、碱洗法等，这几种工艺的比较见表 11-5-2。

表 11-5-2　主要脱硫工艺方案比较

项目	循环流化床法	石灰石-石膏湿法	氨-硫酸铵法	碱洗法
脱硫率	80%~95%	≥95%	≥95%	≥95%
吸收剂	石灰粉(CaO)纯度大于90%，活性满足 T60 标准	石灰石($CaCO_3$)藏量丰富，分布广泛，品质优良，价廉易得	液氨或氨水价格较贵，如本厂或当地有氨水，以废治废最为经济	外购固碱或 30% 碱液，价格较贵
副产物	副产大量脱硫灰渣，仅用于填坑及铺路等。针对催化烟气脱硫，由于烟气中催化剂含多种重金属，因此脱硫灰渣一般需按危废处理	副产部分脱硫石膏，可制作建筑石膏板或作为水泥缓凝剂。针对催化烟气脱硫，由于烟气中催化剂含多种重金属，脱硫灰渣一般需按危废处理	副产品硫酸铵可作复合肥及化工原料。针对催化烟气脱硫，由于烟气中催化剂含多种重金属，因此在生产硫酸铵前，需要分离浆液中含重金属的催化剂，产生少量危废物	无副产物。针对催化烟气脱硫，由于烟气中催化剂含多种重金属，因此产生少量以催化剂为主的危废物
运行费用	脱硫剂消耗量大，价格较高，运行成本高；另外，由于危废物量大，处理成本很高	脱硫剂价格低，质量稳定，运行成本相对较低	副产品有销路时，经济效益明显；但实际上副产品基本无销路，实际运行成本较高	脱硫剂价格高，运行成本相对比较高

续表

项目	循环流化床法	石灰石-石膏湿法	氨-硫酸铵法	碱洗法
运行周期	由于对烟气量及硫含量变化的适应性较差，易造成净化烟气质量波动，以及固态物在设备中的沉积与结垢。另外，为了提高脱硫率，需要增加钙硫比，以及增加喷水量，但是会降低操作温度，增加除尘设施露点腐蚀的风险。不易满足催化裂化装置长周期运行	易结垢，副产物增加设备的磨损；不易满足催化裂化装置长周期运行	不易结垢，设备磨损相对较轻	不易结垢，设备磨损相对较轻，能够满足催化裂化装置长周期运行
成熟可靠性	国内外电厂中小规模燃煤锅炉上有少量应用。目前，国内外催化裂化装置已有个别应用业绩，如福建龙净公司的FSC干式超净+工艺	国内外在电厂燃煤锅炉上大量应用，烟气脱硫应用率达85%~90%。目前还没有在FCCU上应用的报道。国内曾有过FCCU采用“双碱法”技术，但是最终还是碱法(NaOH)	化工行业有成熟经验，但气溶胶等问题难以克服，但仍可进一步优化。目前有在个别FCCU上应用的报道，但是硫酸铵系统的腐蚀严重。采用该方法需要解决好3个问题：①烟气除尘，要满足后续硫酸铵产品的要求；②结晶工艺(炼油没有这个单元，缺乏经验)，满足硫酸铵产品要求；③氨逃逸控制问题，满足环境保护要求	国内外催化裂化装置均有应用

2. 氮氧化物处理措施

(1) 选用低氮燃烧器

装置加热炉采用低氮燃烧器或超低氮燃烧器，用改变燃烧条件的方法来降低氮氧化物的排放量，是应用最广泛，相对简单、经济、有效的方法。采用分级燃烧及烟气再循环的超低氮燃烧器，烟气中氮氧化物浓度一般小于50mg/m^3。

低氮燃烧器通常采用分级燃烧技术。分级燃烧技术是指采用两支独立燃料枪将燃料分为两部分进入燃烧器，一部分通过燃烧火道中心燃料枪喷入火道燃烧，另一部分通过布置在火道砖外侧的若干分支燃料枪喷入炉膛完成燃烧。燃料分级配入并在两个相对独立的燃烧区内完成燃烧。中心燃料枪在过量空气中完成燃烧，大量的空气会降低火焰中心的温度，避免氮氧化物的大量生成。外环燃料枪将燃料直接喷入炉膛，燃料在炉内得到预热的同时与氧含量较低的烟气混合完成燃烧，在氧分压低的环境下火焰温度相应得到降低，也利于降低氮氧化物的生成。任一燃烧阶段的火焰温度均不会接近标准燃烧器内的温度。

超低氮燃烧器通常指在分级燃烧的基础上增加烟气再循环，燃烧器的二级燃料枪喷射的高速燃料射流使燃烧器火道砖处形成较强的负压区，炉内烟气在此负压的作用下，快速填充负压区，将烟气再循环引入到燃烧气体中，惰性的烟气冷却火焰，降低氧分压，并减少氮氧化物排放。

（2）烟气脱硝

目前，主流的烟气脱硝技术有选择性非催化还原技术(SNCR)、选择性催化还原技术(SCR)和SNCR/SCR联合脱硝技术。

1）SNCR技术。

研究发现在800~1250℃温度范围内，无催化剂作用下，氨水等还原剂可选择性地还原烟气中的氮氧化物生成氮气和水，基本上不与烟气中的氧发生作用，据此发展了SNCR脱硝技术。SNCR技术通常采用的还原剂有尿素、氨水和液氨。

2）SCR技术。

选择性催化剂还原(SCR)技术是在烟气中加入还原剂(常用的是氨和氨水)，在催化剂和合适的温度条件下，还原剂与烟气中的氮氧化物反应，而不与烟气中的氧进行氧化反应，生成氮气和水。在没有催化剂的情况下，脱硝化学反应在800~1250℃较窄的温度范围内进行。SCR技术采用催化剂，催化作用使反应活化能降低，反应可在更低的温度(320~400℃)下进行。

3）SNCR/SCR混合烟气脱硝技术。

SNCR/SCR混合技术是SNCR工艺的还原剂喷入炉膛技术同SCR工艺利用未反应氨进行催化反应结合起来，或利用SNCR和SCR还原剂需求量不同，分别分配还原剂喷入SNCR系统和SCR系统的工艺有机结合起来，达到所需的脱硝效果，它是把SNCR工艺的低费用特点同SCR工艺的高脱硝率进行有效结合的一种扬长避短的混合工艺。

三种技术的对比见表11-5-3。

表11-5-3　常用烟气脱硝工艺方案比较

项目	SCR工艺	SNCR工艺	SNCR/SCR联合脱硝工艺
还原剂	以NH_3为主	可使用NH_3和尿素	可使用NH_3和尿素
反应温度	320~400℃	850~1100℃	前段850~1100℃，后段320~400℃
催化剂	成分主要为TiO_2、V_2O_5、WO_3	不使用催化剂	后段加装少量催化剂(成分主要为TiO_2、V_2O_5、WO_3)
脱硝效率	60%~90%	25%~40%	可达60%~80%以上
还原剂喷射位置	选择于省煤器与SCR反应器间烟道内	通常在炉膛内喷射，但需与锅炉厂配合	锅炉负荷不同喷射位置也不同，通常位于一次过热器或二次过热器后端
脱硝效率	60%~90%	25%~40%	可达60%~80%
氨逃逸	3~5mg/L	10~15mg/L	5~10mg/L

炼化一体化项目动力中心锅炉采用SCR脱硝工艺较多，氮氧化物浓度处理后可降至50mg/m^3，满足DB 37/664—2019《火电厂大气污染物排放标准》中的特别排放限值50mg/m^{3}的要求。

（3）炼化一体化项目工艺废气脱硝措施选择

脱硝设施主要考虑物料性质、燃烧温度、废气量等因素，通过改变燃烧条件(增设低氮燃烧器)减少NO_x排放，改变燃烧条件无法满足要求的增设末端脱硝设施(SCR或SNCR)。典型焚烧设施脱硝情况见表11-5-4。

表 11-5-4　典型焚烧设施脱硝情况

序号	装置名称	脱硝措施	NO_x 排放浓度/(mg/m³)
1	丁二烯装置焚烧炉	超低氮燃烧器	50
2	EO/EG 焚烧炉	超低氮燃烧器	50
3	PP 焚烧炉	超低氮燃烧器	50
4	EVA 装置焚烧炉	超低氮燃烧器	50
5	EB/SM 装置蒸汽过热炉	低氮燃烧器+SCR	50
6	PO/SM 含氧尾气处理	低氮燃烧器	50
7	PO/SM 废碱焚烧炉	SCR	50
8	丙烯腈废气焚烧炉	SCR	50
9	丙烯腈废水焚烧炉	SCR	50
10	ABS 装置尾气焚烧炉	SCR	50
11	废液集中焚烧炉	SNCR+SCR	100
12	废固集中焚烧炉		100

3. 烟粉尘处理措施

(1) 旋风分离

催化裂化装置再生烟气中含有大量的废催化剂粉尘，若不将其除去，不仅磨损烟气轮机，而且污染环境。再生烟气中烟尘的治理措施主要是通过旋风分离其中的粉尘。催化裂化装置通常设有三级卧式旋风分离器，再生烟气首先经过再生器两级旋风分离器分离催化剂，再经过三级旋风分离器进一步除去催化剂细粉后进入烟机膨胀做功，回收再生烟气的压力能和热能，然后进入余热锅炉通过产汽回收热能。通过设置三旋分离器，可将大部分粉尘从烟气中分离，使烟气中粉尘含量低于 120mg/m³，除尘后的烟气进入后续工段处理。

(2) 静电除尘、布袋除尘和湿法除尘

炼化一体化项目动力中心锅炉烟尘浓度较高，一般在脱硫装置之前设置三级静电除尘两级布袋除尘，烟气经脱硫装置后设置湿式电除尘器，除尘效率达到 99%以上，满足 DB 37/664—2019《火电厂大气污染物排放标准》中的特别排放限值 5mg/m³的要求。

湿式电除尘技术在国外已有近 30 年的应用历史，主要作为大气复合污染物控制系统的最终精处理技术装备，用于去除湿法脱硫无法收集的酸雾、控制 PM2.5 的排放及解决烟气排放浊度问题。湿式电除尘技术与静电除尘相同，都要经历荷电、收集和清灰三个阶段。但与静电除尘打清灰不同的是，湿式电除尘技术采用液体冲刷集尘极表面来进行清灰。其优点为是收尘性能与粉尘特性无关，对黏性大或高比电阻粉尘也能有效收集，同时也适用于处理高温、高湿的烟气，可靠性较高。

4. 挥发性有机物(VOCs)及恶臭气体处理措施

根据《国家环境保护部关于印发石化行业挥发性有机物综合整治方案的通知》(环发〔2014〕177 号)的要求，石化企业需开展 VOCs 综合整治。严格控制工艺废气排放、生产设备密封点泄漏、储罐和装卸过程挥发损失、废水废液废渣系统逸散等环节及非正常工况排污。通过实施工艺改进、生产环节和废水废液废渣系统密闭性改造、设备泄漏检测与修复(LDAR)、罐型和装卸方式改进等措施，从源头减少 VOCs 的泄漏排放；对具有回收价值的工艺废气、储罐呼吸气和装卸废气进行回收利用；对难以回收利用的废气按照相关要求处理。

（1）工艺装置设备改进

1）密闭尾气系统。

密闭尾气系统收集泄漏的尾气并将其送至控制设施。密闭尾气系统的控制效率取决于泄漏尾气的收集率和控制设施的效率。密闭尾气系统可用于单个设备，也可用于一组设备。用于单个设备的密闭尾气系统主要适合于高泄漏风险的设备，比如泵、压缩机及压力泄放设备。

2）泵类。

输送易挥发、有毒有害介质的泵类的设备改进包括采用填充阻隔介质的双向机械密封，或者用无泄漏型泵替换现有泵。

① 双向机械密封。

双向机械密封为两层密封，在两层密封间填充循环的阻隔介质，阻隔介质可维持比泵内介质或高或低的压力。如果阻隔介质的压力比泵内介质高，泵内介质就不会向外环境泄漏。带有双向机械密封的泵类设备，若阻隔介质的压力比泵内介质高，在内外密封不同时失效的前提下，其对泄漏的控制效率实际为100%。

如果阻隔介质的压力比泵内介质低，内层密封的泄漏会导致泵内介质进入阻隔介质。为防止泵内介质进入大气，应采用阻隔介质存贮系统。在阻隔介质存贮槽内，泵内介质经脱气进入密闭尾气系统。

双向机械密封实际上可达到的泄漏控制效率取决于密封失效的频率。内外双层密封的同时失效会导致工艺介质发生相当大的泄漏。为对密封失效做出快速反应，对阻隔介质进行压力检测可用于判别密封是否失效。

② 无泄漏型泵。

当输送高危、高毒、非常昂贵的介质，或不得产生任何泄漏的场合，可使用无泄漏型泵。无泄漏型泵操作得当时，工艺介质不会逸散到大气，因此不发生泄漏，控制效率为100%。但如果发生灾难性失效，将会导致大量泄漏。

3）压缩机。

压缩机可通过收集和控制从密封处泄漏的气体或提高密封性能来减少泄漏。用于压缩机的轴密封有多种不同型式，但都不能消除泄漏。在一些场合，压缩机可以通过在密封处加装储槽抽出泄漏气体，再进入密闭尾气系统。对于某些压缩机密封型式，泄漏可通过阻隔介质加以控制，其方式与泵类似。

4）压力安全阀。

压力安全阀（PRV）的泄漏来自以下两种情况：安全阀释放后的错误复位，或是工艺操作压力太接近于PRV的设定值使PRV不能维持密闭。由于超压而从PRV释放泄漏不被视为设备泄漏。

压力泄放设备有两种基本的泄漏控制措施：采用爆破片（RD）与压力安全阀（PRV）相联和采用密闭尾气系统（如火炬）。

5）阀类。

如果工艺介质与阀杆隔离，就可以消除工艺阀门泄漏。

6）连接件。

若由于安全、维修、工艺改进或阶段性设备移除等原因不需连接件的情况下，可以通过将连接件焊接起来而消除泄漏。

7）开口管线。

开口管线泄漏出的气体可以通过在开口端正确安装管帽、管堵或者二次阀进行控制。如果安装了二次阀，当用阀门对阀门间的介质进行捕集时，上游阀门应先行关闭。该措施的控制效率实际上为100%。

8）取样管。

取样管的泄漏来自于为得到有代表性的工艺介质样品而对取样管进行扫线。减少取样管泄漏的措施有两种：一是采用闭路循环采样系统，二是收集扫线的工艺介质并送至控制设施或返回工艺系统中。节流阀等设施可用于产生取样管回路的压力降。闭路循环采样系统的控制效率可认为是100%。

（2）冷却塔、循环水冷却系统废气散逸控制

SH/T 3024—2017《石油化工环境保护设计规范》要求循环水场回水管应设置物料泄漏监测设施，部分地方性规范要求循环水冷却水系统需定期对流经换热器进口和出口的循环冷却水中的总有机碳浓度进行检测，若出口浓度大于进口浓度10%则认定发生了泄漏。

为及时发现泄漏，减少冷却循环水系统挥发性气体散逸量，炼化一体化项目通常在循环水场进出口循环水管道和各装置进出口循环水管道设置总有机碳的在线监测。当泄漏量较小时，在处理漏点后，可以通过排污泵，送往污水处理场进行处理，并同时补充新鲜水。当出现重大泄漏事故时，关闭泄漏的循环水系统处理漏点，同时将污染的闭式循环水送往事故水池，并通过事故水泵逐渐将事故水送往污水处理场进行处理。

（3）储罐无组织排放废气控制

1）油品储存合理选择罐型。

浮顶罐因其浮顶与液面间基本不存在气相空间，挥发呼吸损耗大大降低。在对全国储运设施非甲烷总烃排放量调查中，曾对南北方炼油厂和部分油田各类储运设施的非甲烷总烃排放量进行过实际测试，也同国内外文献报道做过比较，得到了较一致性的排放系数指标。国内外公认的结果是，对于储存轻质油品或原油的设施，采用浮顶储罐比采用固定顶罐（如拱顶罐）可减少约90%的挥发排放量。内浮顶储罐与外浮顶储罐相比，浮盘不与空气直接接触，储罐固定顶的遮挡使内浮顶相较外浮顶具有更显著的隔热效果，因此，能进一步降低储罐蒸发损耗，减少挥发损失。此外，采用严密的储罐密封结构是控制油气挥发损失的关键。据资料显示，采用双重密封与单层密封结构相比，可减少油气挥发损失量50%。

随着国家对挥发性有机物管控越来越严格，储罐作为挥发性有机物无组织排放主要污染源也需要进一步提升管控要求。比如对柴油等采用固定顶罐的物料通过采用内浮顶罐进一步减少挥发性有机物排放；通过增加罐顶气回收设施，对回收的气体通过冷凝、吸附、焚烧等措施进一步处理，减少排入环境的挥发性有机物量。

储运系统无组织排放废气收集后，常用的油气回收工艺包括冷凝、吸附、焚烧等，随着排放标准不断提升，对油气回收设施处理效率也提出更高的要求，目前，采用复合处理法的工艺应用更广泛。以冷凝+吸附+焚烧复合处理法为例，吸附装置净化效率不低于90%；采用预冷+两级冷凝工艺净化效率不低于90%，蓄热式有机废气焚烧炉通过控制炉膛温度可以

达到95%以上去除率，采用“冷凝+吸附+焚烧”通过合理确定油气回收工艺参数，可以保证良好的处理效率，整体效率可以达到99.95%，油气回收尾气排放满足GB 31571—2015《石油化学工业污染物排放标准》标准要求。

此外，中国石化研发的内浮顶罐内气袋挥发性有机物减排专利技术，通过在内浮顶罐内安装与大气(或氮气)联通的气袋，使储罐大、小呼吸排气通过气袋内空气(或氮气)完成，袋内排放气直接排放或进热氧化装置处理，气袋与罐内壁之间填充氮气，正常工况不排放气体，异常工况排放的少量挥发性气体可进配套回收装置处理或通过呼吸阀或泄压阀排放。袋内挥发性有机物质量浓度，控制在储罐静止状态不超过500mg/m^3，收油状态不超过800mg/m^3，下一步控制目标是储罐静止状态不超过50mg/m^3，收油状态不超过100mg/m^3。

2）油品在线调和。

汽油和柴油产品调和传统方式一般采用罐内调和方式，罐内调和方式会增加油气挥发和损失。如采用管道在线调和，可大幅减少油气挥发和损失。

(4) 设备与管阀件泄漏检测与维修(LDAR)

设备与管阀件泄漏检测与维修(LDAR)是对识别出的泄漏设备进行检测和修复的一套结构性方法。其目的是识别出泄漏量较大的设备或部件，以保证通过修复有效减少泄漏量。泄漏控制包括以下内容：检测设备与管阀件泄漏，修复泄漏；跟踪设备与管阀件，防止泄漏；设计防泄漏设备与管阀件，测试其可靠性，逐步更新为防泄漏设备与管阀件等。LDAR宜应用于能在线修复的设备类型，以便迅速地减少泄漏，或者应用于不适宜改造的设备类型。LDAR最适合用于阀门和泵类，也可用于连接件。

(5) 含烃气体回收系统及火炬

火炬作为石油化工企业重要的安全与环保设施之一，用于处理生产装置及辅助设施在正常生产、开停车、事故及紧急状况下排放的可燃性气体，可以避免紧急状况下排放的大量烃类气体直接进入大气，造成突发性环境污染。炼化一体化项目装置设有向火炬排放的管线系统，所有可能因压力波动而引发事故的设备也都设有安全阀与火炬系统相连。当非正常工况发生时，产生的烃类气体全部排入火炬系统。

为了减少火炬燃烧烟气对环境的影响，通常设置燃料气回收设施回收炼油装置排放的烃类放空气体。正常情况下，炼油装置放空管网中的放空气体进入气柜，通过压缩机升压、脱硫后进入燃料气管网；化工装置放空管网中的放空气体直接通过压缩机升压后输送至燃料气管网，既避免了气体直接排放大气，又保证了装置的安全。

5. 恶臭治理措施

恶臭气体主要来自恶臭物料输送过程中产生的臭气、含硫污水储罐的废气和污水处理场的臭气。

(1) 采用密闭工艺回收放空气体

本着防治和治理VOCs及恶臭污染要从源头抓起的原则，把VOCs和恶臭防治与工艺设计结合起来，尽量采用密闭工艺。根据工艺不同的系统压力，把应急性放空口和安全泄压口排出的烃类气体引入可燃气体回收系统，以杜绝未经处理的工艺气体就地放空。涉及的恶臭物料(如苯乙烯)密闭输送，减少恶臭气体的排放；脱硫脱硫醇装置产生的废碱渣送至工厂的废碱氧化单元处理；乙烯装置废碱氧化单元产生的废气送至工厂内焚烧炉；废碱废水收集后送至污水处理场处理。

（2）含硫污水储罐废气处理

为减少酸性水汽提装置停工吹扫时向环境排放恶臭气体，装置在吹扫前先注加以水稀释的除臭剂在系统内循环，将系统内硫化氢和氨洗净后，再进行蒸汽吹扫，洗涤水排至含硫污水罐储存，待开工时与含硫污水一并处理。含硫污水储罐罐顶设有尾气脱臭剂，原料水罐罐顶排出的废气，经氮气水封罐和脱臭设施脱臭处理，处理后的废气送硫黄装置焚烧炉燃烧处理。

（3）污水处理场恶臭气体处理

污水处理场的废水集输系统采用密闭管道输送；对于散发 VOCs 的废水储存、处理设施采用加盖密闭的方式，通过风机将废气引出集中进行处理。

污水预处理段的调节罐、油水分离器、中和池、气浮池，以及污泥处理段的浓缩池、污泥料仓、污泥干化设备等收集的高浓度臭气（烃类含量相对较高）可通过设置焚烧炉处理；生化处理段水池收集的恶臭气体（烃类含量较低）送至动力中心作为补风空气送入锅炉焚烧处理。污水处理场的废气收集率一般不低于 99%，将废气处理至达标后排放。

6. 其他降低排放废气影响的措施

（1）焚烧设施污染物控制

炼化一体化项目化工装置尾气、废液、废水排放量多、性质复杂，适宜在装置内焚烧的装置会配套建设焚烧设施，装置内不适宜建设焚烧设施的会综合考虑设置全厂集中焚烧设施。焚烧设施主要排放污染物为氮氧化物和烟尘，此外部分焚烧物料含氯，需要考虑除酸措施。

1）废液集中焚烧炉除尘除酸。

废液焚烧炉的含尘废气处理采用干式吸收（喷洒消石灰）、布袋除尘器处理废气。经过上述处理措施后，废气中颗粒物含量降至 $10mg/m^3$，二氧化硫降至 $5mg/m^3$，氯化氢降至 $50mg/m^3$，满足达标排放相关要求。

2）废固集中焚烧炉除尘除酸

废固焚烧炉的含尘废气处理采用布袋除尘器处理废气中颗粒物。在布袋除尘器上游的烟道管上设有活性炭粉投加点，以吸附烟气中的二噁英。在布袋除尘器中，烟尘、活性炭粉末、颗粒物等被布袋拦截、收集，输送至灰仓，密闭收集后填埋处理。废固焚烧炉焚烧烟气采用石灰浆+碱液洗涤除酸工艺对烟气进行脱酸处理，满足达标排放相关要求。

（2）重整装置再生尾气脱氯处理

连续重整装置催化剂再生尾气中含有氯化氢，用固体脱氯剂脱除再生尾气中的氯化氢，脱氯后再生尾气中的氯化氢排放浓度为 $10mg/m^3$，满足《石油炼制工业污染物排放标准》（GB 31570—2015）限值要求后排放，也可送至重整装置加热炉燃烧进一步脱除非甲烷总烃。

（3）煤制氢、渣油制氢废气治理

1）含甲醇废气治理。

煤制氢、渣油制氢装置设置水洗塔脱除尾气中的甲醇，使尾气中甲醇降至 $50mg/m^3$，满足 GB 31571—2015《石油化学工业污染物排放标准》限值要求。

2）废气除尘治理。

煤制氢装置粉煤过滤器、煤仓和循环风机产生的工艺废气经过布袋式除尘器处理后，废气中的颗粒物降至 $10mg/m^3$ 达标排放。

（4）聚丙烯装置废气环保措施

1）废气除尘处理。

聚丙烯装置添加剂系统排放气、挤压造粒真空除尘系统、添加剂卸料站尾气和粒料缓冲料斗的排放气等，均可通过袋式除尘器除尘，颗粒物浓度降至10mg/m^{3}达标排放。

2）废气焚烧炉处理含烃废气。

聚丙烯装置产生的含烃工艺废气，可通过设置蓄热式热氧化炉（RTO炉）处理设施处理，经高温氧化处理后烟气中烃类浓度降到50mg/Nm^{3}以内，满足GB 31571—2015《石油化学工业污染物排放标准》、GB 31572—2015《合成树脂工业污染物排放标准》要求达标排放。

（5）乙二醇及乙烯装置废气处理

乙二醇装置二氧化碳汽提塔放空气含有乙烯、甲醛、乙醛等，抽真空系统排放尾气含有醇类、醛和酸等，乙烯装置废碱氧化单元废气含有较高浓度的硫化物，不能直接排放。可采用设置蓄热式热氧化炉串联催化氧化炉处理设施（RTO+CO炉）主要处理乙二醇装置产生含烃工艺废气，兼顾处理乙烯装置废碱氧化单元尾气。经高温氧化处理后，烃类浓度降至50mg/m^{3}达标排放。

（6）丙烯腈联合装置废气环保措施

丙烯腈装置吸收塔尾气含有有毒介质，通常在装置内配套建设废气焚烧炉进行处理，一是使吸收塔尾气中的有毒介质在高温条件下分解为无毒介质，二是利用焚烧后烟气的余热产生高压蒸汽。由于废气焚烧炉温度较高，焚烧处理后的废气中氮氧化物浓度较高，需要配套脱硝设施将氮氧化物浓度降至50mg/m^{3}以内，最终排放烟气的丙烯腈浓度低于0.5mg/m^{3}满足GB 31571—2015《石油化学工业污染物排放标准》要求。

（7）烟气集合排放措施

炼化一体化项目排气筒多达上百根，为减少排气筒数量提升烟气扩散能力，可根据总平面布置情况设置集合烟囱方式将部分装置的加热炉、焚烧炉烟气合并排放，集合烟囱相比分散设置的排气筒高度更高，有利于集合烟囱排放的污染物在环境中的扩散。

7. 二氧化碳排放及综合利用分析

由于温室气体的无序大量外排，全球气候逐年变暖，为了保护人类家园，减少温室气体的排放，世界各国都在积极开展关于回收和转化二氧化碳的研究工作。炼化一体化项目生产过程中产生的二氧化碳量巨大，某炼化一体化项目二氧化碳分布占比见表11-5-5。

表11-5-5 某项目全厂二氧化碳分布占比表

序号	项目	占比/%	序号	项目	占比/%
1	燃料气	24.74	6	EG装置工艺废气	3.71
2	催化烧焦	8.53	7	煤制氢装置尾气	13.89
3	动力中心燃料煤	25.66	8	渣油制氢装置尾气	1.59
4	动力中心厂灰石分解	0.10	9	电网电力消耗间接排放	21.28
5	连续重整装置再生尾气	0.05	10	集中焚烧设施	0.45

为实现我国碳达峰、碳中和的愿景，必须积极采取二氧化碳捕集和回收利用措施，减少排入大气的二氧化碳量。根据炼化一体化项目二氧化碳排放特点，结合当前二氧化碳的处理及利用技术水平，目前国内外主要有几种二氧化碳处理方法如下。

（1）抛弃法

一般认为废气中二氧化碳浓度低于 20% 属于开发利用价值不高的废气，可直接排入大气。

（2）收集封存

采用此方法必须有足够大的供二氧化碳贮存的地下空间，而且封闭良好的岩石层能将注入的二氧化碳妥善地保存起来，否则二氧化碳还会缓慢溢出，达不到封存的目的。

（3）综合利用

世界上二氧化碳的利用方式是物理应用约占 60%，其中油田驱油占 35%，制冷占 10%，碳酸饮料占 5%，其他占 10%；化学应用约占 40%，主要用于生产各种化学品。用量最大的是气体二氧化碳（主要用于提高油田石油采收率），其次是液体二氧化碳，固体（干冰）二氧化碳较少。

据资料介绍，我国二氧化碳主要消费市场包括饮料行业、二氧化碳气体保护焊接、食品加工行业等。但是总体上看目前炼化一体化企业二氧化碳的利用率较低，根据调研的情况分析，制约二氧化碳的综合利用因素是多方面的，包括政策、技术、经济、市场、观念等层面，其中市场需求、相关政策及废气中二氧化碳的浓度等占主要因素。

在全球脱碳潮流下，实现碳循环型社会已成为当务之急，以二氧化碳为碳源通过与氢气反应转化为各种有价物（碳氢化合物）的碳循环作为其方法之一而备受关注。目前，不仅开发二氧化碳回收技术，还开发高效生产氢气的技术，以及通过二氧化碳与氢气反应将二氧化碳转化为有价物的技术如图 11-5-1 所示。通过这些技术的融合，最终有可能实现不以从地下开采的化石资源为碳源，而是利用地球表面现存碳源（生物质能源排放的二氧化碳和大气中的二氧化碳），从而实现不再增加大气中的二氧化碳量。

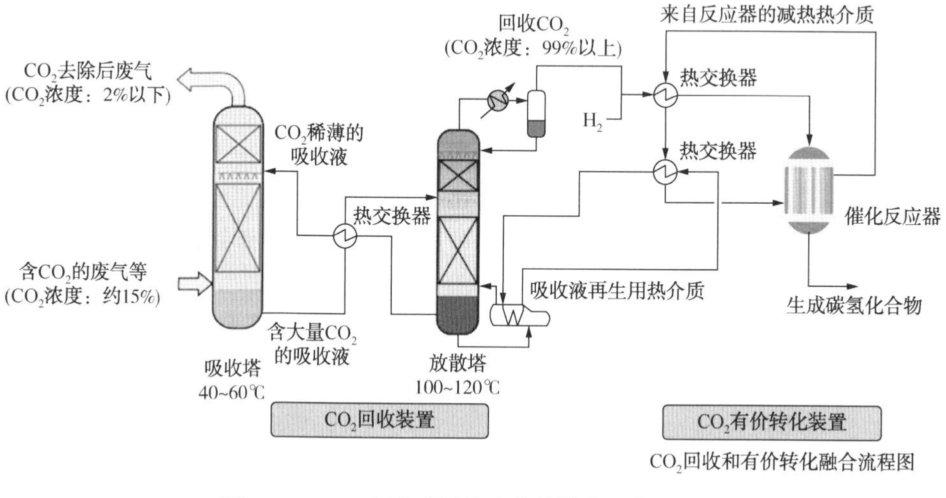

图 11-5-1　二氧化碳回收和有价转化融合流程图

此外，二氧化碳转化可为低级烯烃（塑料原料）的技术（烯烃化）如图 11-5-2 所示，低级烯烃具有 2~4 个碳原子相连（其中至少有一个是双键）的化学结构，具体包括作为许多主要基础化学品原料的乙烯、丙烯、丁烯等。塑料瓶、聚酯纤维、泡沫聚苯乙烯、合成橡胶等都是由这种低级烯烃生产的。通常，烯烃通过石脑油（轻质油）的分解产生，但通过使用二氧化碳为原料，可以制造低“碳足迹”(原材料和生产过程中产生的二氧化碳排放量)塑料，有助于循环型社会的实现。

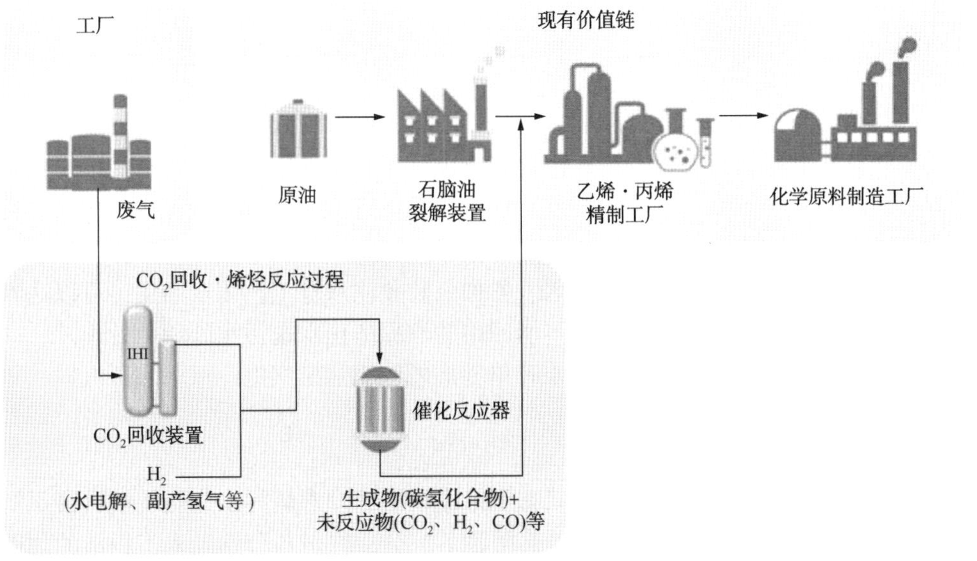

图 11-5-2　回收二氧化碳烯烃化流程图

三、废水处理措施

1. 排水系统划分

合理划分排水系统是减轻污水处理压力、确保污水合理处置实现达标排放的重要措施。按照水质的不同，炼化一体化项目的污水系统一般可划分为含油污水、含硫污水、含盐(碱)污水、生活污水、生产废水、清净雨水等系统。

(1) 含油污水系统

收集装置及罐区等受油品污染的污水以及装置区围堰内初期雨水等，就近排入区域污水提升泵站，提升至污水处理厂。

(2) 含硫污水系统

常减压装置塔顶油水分离器排水、加氢装置高低压分离罐排水和硫黄回收装置急冷塔排水等排放的污水中硫化氢和氨浓度较高，送酸性水汽提装置进行处理。

(3) 含盐(碱)污水系统

含盐污水主要来自常减压装置电脱盐排水、储运设施清洗水和原油切水、含油污水处理场“三泥”脱水、煤制氢灰水、产品精制碱渣污水及含油污水处理场 RO 浓水等。此类污水盐含量较高，送至含盐污水处理系统处理。

(4) 生活污水系统

收集厕所及生活洗涤等排出的生活污水，经化粪池处理后送至污水处理系统生化段与其他污水合并处理。

(5) 生产废水系统

除盐水站、工艺装置等排出的生产废水相对较清洁，应考虑回用，剩余与污水处理厂污水合并排放。

（6）清净雨水系统

正常工况用管道收集全厂雨水，重力流排至雨水监控池。事故时收集事故水并切换至事故池。

2. 含硫污水预处理

炼化一体化项目设置酸性水汽提装置对全厂产生的所有含硫污水进行预处理，除去酸性水中含有的硫化氢和氨等污染性介质。为提高处理后净化水回用率，通常将酸性水汽提装置进行双系列设置，一个系列处理渣油加氢、加氢裂化、汽柴油加氢等加氢型酸性水，另一个系列处理常减压、催化裂化及硫黄回收等非加氢型酸性水。处理后的净化水作为常压蒸馏装置原油电脱盐注水、催化裂化富气水洗水、各加氢装置注水等工艺用水回用，可以达到降低全厂水耗量并减少污水排放量等目的；不能回用的汽提净化水送污水处理厂处理。

国内普遍应用的酸性水汽提工艺主要有单塔加压侧线抽出汽提、双塔加压汽提、单塔低压全吹出汽提三种工艺流程。

（1）单塔加压侧线抽出汽提工艺

单塔加压汽提侧线抽氨工艺在加压状态下采用单塔处理含硫污水，侧线抽出富氨气并进一步精制回收液氨。即原料含硫污水经脱气除油后，分冷热进料分别进入汽提塔的顶部和中上部，塔底用蒸汽加热汽提，塔底净化水冷却后送至上游装置回用；塔顶酸性气排至硫黄回收装置回收硫黄，富氨气自塔的中部抽出，经三级分凝后采用浓氨水洗涤和脱硫剂进一步精制后，通过压缩、冷凝后得到副产品液氨。

该工艺流程简单，蒸汽耗量低，投资及占地较低，对含硫污水中硫化氢及氨浓度有很宽的适用性，副产氨气质量可以达到国家合格品标准。该工艺已广泛用于国内炼油石化行业，形成了我国独特的污水汽提技术路线，是炼油化工冶金等行业处理含硫污水较为理想的工艺。适于处理量较大，对于副产氨可以回用或有出路的工厂。

（2）双塔加压汽提工艺

双塔加压汽提工艺在加压状态下，采用双塔分别汽提含硫污水中的硫化氢和氨。即原料含硫污水经脱气除油后，首先进入硫化氢汽提塔上部，塔底用蒸汽加热汽提，塔顶酸性气送至硫黄回收部分回收硫黄，塔底含氨污水送至氨汽提塔进一步处理；氨汽提塔底用蒸汽加热汽提，塔底净化水冷却后送至上游装置回用，塔顶富氨气经两级分凝后得到富氨气，采用浓氨水洗涤和脱硫剂进一步精制后，通过压缩、冷凝后得到副产品液氨。

该工艺流程复杂，蒸汽耗量较高，投资及占地较高，但可以处理硫化氢及氨浓度都很高的含硫污水，其副产氨气质量也可以达到国家合格品标准，适于处理量较大，硫化氢及氨浓度都很高，副产氨厂内回用或有出路的工厂。

（3）单塔低压全吹出汽提工艺

单塔常压汽提工艺是在低压状态下单塔处理含硫污水，硫化氢及氨同时被汽提，酸性气主要为硫化氢及氨的混合气。原料含硫污水经脱气除油后，进入汽提塔的顶部，塔底可以用蒸汽加热汽提，含硫污水中的硫化氢、氨同时被汽提，自塔顶经冷凝、分液后，酸性气送至硫黄回收部分回收硫黄，塔底即得到合格的净化水。

该工艺流程最简单，蒸汽耗量较低，但硫黄回收需要设置烧氨火嘴，在 1250℃ 以上的高温下，氨即可分解完全，较好地解决了炼油厂副产氨无出路所带来的污染，而且投资及占地最省。三种工艺方案比较见表 11-5-6。

表 11-5-6　三种含硫污水汽提工艺方案比较表

项目	单塔加压侧线抽出汽提	双塔加压汽提	单塔低压全吹出汽提
技术成熟可靠程度	可靠	可靠	可靠
工艺流程	较复杂	复杂	简单
回收液氨	回收	回收	不回收
投资	较高	高	低
占地面积	较大	大	小
蒸汽压力/MPa(表)	1.0	1.0	0.4
蒸汽单耗/(kg/t 含硫污水)	160~200	250~280	150~180
酸性气质量	酸性气不含氨，酸性气压力高可满足远距离输送	酸性气不含氨，酸性气压力高可满足远距离输送	酸性气为硫化氢和氨的混合物，压力低，不宜远距离输送
净化水质量	满足要求	满足要求	满足要求

3. 化工装置污水预处理

(1) FDPE 装置污水预处理

FDPE 装置在生产部分牌号聚乙烯时需要使用铬系催化剂，总铬和六价铬属于第一类污染物，含铬污水需在车间处理达标。在设计中催化剂运输、输送、使用等环节均按密闭条件设计，最大程度地避免催化剂的遗洒，催化剂装填区设挡雨棚避免随雨水流失。涉及催化剂装填作业区域的地面冲洗水，在装置内设置含铬污水池，对污水中铬含量进行检测。检测不合格的废水可采用化学还原法，利用 $FeSO_4$、其他亚硫酸盐等还原剂，将废水中六价铬离子还原成三价铬离子，加碱调整 pH 值，使三价铬离子形成氢氧化铬沉淀，生成的氢氧化铬沉淀由有资质单位处理；铬含量检测合格后方能排入装置污水提升池，再泵送污水处理场处理。

(2) 煤制氢、渣油制氢装置污水预处理

煤制氢装置废水先经过闪蒸、沉降、过滤，将大部分固体颗粒除去，由于灰水循环利用会导致氨氮在气化系统中累积，因此，需要对气化装置的灰水进行除氨氮预处理。预处理可通过在变换单元设置汽提塔，将变换凝液中的氨氮、硫化氢、二氧化碳脱除，将净化后的变换凝液再返回气化装置洗涤塔使用，从而保证气化装置灰水中的氨氮满足后续污水处理进水要求。此种方法是目前国内水煤浆气化通用的做法，可以保证气化灰水能达到进入污水处理厂指标。

渣油制氢装置渣油气化单元自各分液罐来的低温工艺凝水与来自酸性气脱除单元的氨洗塔底排水均送入酸性水汽提塔，利用低压蒸汽将溶解在酸性水中的硫化氢、二氧化碳、氨等汽提出来。来自气化单元的闪蒸酸性气可送到汽提塔的中部，以增加汽提效果。汽提出的酸性气送往硫黄回收装置，汽提后的工艺凝水则送回工艺凝水闪蒸罐回用。汽提后的工艺凝水在闪蒸罐混合并闪蒸出酸性气后，经过预热送至气化单元回用作为洗涤用水。

(3) 丙烯腈装置污水预处理

丙烯腈装置采用丙烯、液氨、空气反应，空气中夹带的水分和反应生成的水分进入吸收精制大循环系统，为了维持大循环液位，产生的水进入四效回收后形成污水，污水进入四效蒸发回收单元，通过四效逐级蒸发回收丙烯腈、乙腈等污染物，四效后配置双氧水破氰处理设施，处理后丙烯腈出界区的污水中含氰根离子2.2~5mg/L，氨氮50mg/L，总氮400~600mg/L，*COD*1200~1800mg/L，通常可以满足污水处理厂进水水质要求。

(4) ABS装置污水预处理

ABS装置污水排放量较大且含有聚合物，需在装置内经过预处理后送至污水处理厂。PBL单元和HRG单元生产过程产生的含胶乳废水进入各部分区域内设置的污水预处理池，通过添加氯化钙使胶乳破乳，絮凝生成固体颗粒浮于水面，胶乳颗粒物人工进行清理回收后单独处理，去除胶乳的工业废水送至ABS装置总污水池，废水中*COD*控制在700mg/L以内。污水池内再添加聚铝并调节pH值后送至污水处理厂。

(5) 码头污水预处理

码头压舱水含高浓度盐和油，并可能含有生物菌类。炼化一体化项目配套码头通常配有码头污水预处理设施，经隔油预处理并杀菌后，再送入炼化项目污水处理厂进行处理。

四、固体废物处理措施

1. 减量化措施

(1) 储罐机械化清洗

炼化一体化项目液体油品罐在储存过程中会产生罐底油泥。储罐在检修或更换油品种之前必须清洗，为了减轻储罐清罐劳动强度并减少清罐过程中固体废物产生量，目前，一般采用石油储罐机械清洗工艺。该工艺是通过储油罐机械清洗系统(临时敷设的管道将机械清洗设备与清洗油罐、清洗油供给油罐及原油回收油罐连接在一起)将被清洗油罐底部具有流动性的罐底油泥移送至回收油罐中，然后用供给储罐的油品经加温、加压后通过用设置在清洗油罐单盘上的清洗机搅拌，喷射清洗热油击碎溶解淤渣，溶解清洗油罐中的剩余凝固油，经过滤器过滤后移送至回收油罐中，最后再用加温后的清水对储罐内各部位进行循环清洗，最终清除罐内所有油污。机械清罐施工作业期短，具有较高的工作效率，相比人工清罐具有更高的安全保障。采用机械清罐，罐底油的回收率达到90%以上，外排油泥量减少约90%。

(2) “三泥”处理

1) 污泥浓缩脱水。

调节罐排出的底泥、气浮设备撇出的油泥浮渣自流进入含油污泥池，经泵提升至含油污泥浓缩池，进行储存和浓缩，经离心机脱水后外委有资质单位处理或送至固体危险废物焚烧炉焚烧处理。

二沉池排出的活性污泥经泵送至活性污泥浓缩池，在浓缩池中通过重力沉降作用初步浓缩脱水，浓缩后的污泥经离心机脱水后送至污泥干化单元处理。

气化废水软化预处理高密度沉淀池产生的化学污泥，经污泥调节池调节后再经板框脱水处理，外委填埋处理。

2) 污泥干化。

炼化一体化项目通常在污水处理场内设置污泥干化单元，处理生化系统产生的剩余活性污泥，以提高污泥含固率和热值。离心机脱水后的活性污泥送入活性污泥料仓。活性污泥料仓为矩形料仓，料仓下部设有矩形滑架和卸料螺旋，通过卸料螺旋将污泥送至柱塞泵，然后泵送入污泥干化机入口。干化后污泥含水率控制在50%~65%，进一步减少了固体废物产生量，干燥后的污泥由干化机尾部排出至螺旋卸料机送入干污泥料仓，外委有资质单位处理或送固体危废焚烧炉焚烧。

2. 资源化措施

（1）含贵重金属的废催化剂回收

含贵重金属的废催化剂及涉及专利必须回收的废催化剂，送具有危废经营许可资质的单位回收处置，提升固体废物资源化利用水平。

（2）IGCC气化灰渣预处理

部分炼化一体化项目设有IGCC装置，气化炉内产生的飞灰在炭黑洗涤塔内经喷淋吸附进入灰水处理系统，最终经沉降槽沉淀后，沉降槽底部灰水进入真空过滤机进行过滤，经过滤后产生的滤饼（含水量≤60%）外运，作为建材、建工、道路及回填工程等掺混原料进行综合利用。

气化炉底部的粗渣通过锁斗定期经锁斗降压后排入渣池。在渣池内，沉淀的粗渣由捞渣机捞出后（含水量≤50%），作为作为建材、建工、道路及回填工程等掺混原料进行综合利用。

（3）动力中心和煤制氢灰渣处理

炼化一体化项目通常使用煤作为燃料，动力中心的灰渣一般可综合利用作水泥、制砖等建筑材料。通常由企业与综合利用单位签订接收协议外售综合利用。

煤制氢的粗渣一般可综合利用做水泥、制砖等建筑材料。煤制氢装置的细渣分批掺入动力中心燃料作为燃料燃烧。

渣油制氢装置产生的干滤饼属于危险废物，外委有资质单位处理。

（4）其他

轻烃回收装置中的C_2回收产生的脱硫吸附剂和脱氧吸附剂主要成分废活性炭属于危险废物，外委有资质单位处理或送固废焚烧炉焚烧处理。

压缩机、机泵产生的废润滑油可进行降级管理并回炼。

检维修过程产生的废物应回收利用，废保温材料按要求送往工业垃圾处理场进行处理，废旧铁皮回收利用。

3. 无害化措施

（1）废碱渣（液）处理

1）乙烯废碱液。

乙烯装置产生的废碱液通常在装置内采用高压湿式氧化工艺进行处理，在一定的温度和压力下采用空气氧化，将其中的硫化物完全氧化为硫酸盐，提高废碱液的可生化性，同时将*COD*降低到5000mg/L以内。氧化后的碱液中和处理后排至污水处理厂进一步处理。

此外，脱硫、脱硫醇碱渣与乙烯碱液相比量较小，可按比例配入乙烯碱渣中一并处置。

2）环氧丙烷/苯乙烯废碱液。

环氧丙烷/苯乙烯装置废碱液有机物含量较高、产生量大，其中含有的酚类和丙二醇具有毒性，不能直接送至污水处理厂处理，一般通过设置专用焚烧炉对废碱液进行焚烧处理。在炉膛温度1100℃条件下保证一定的停留时间，可将废碱液中的大部分有机物焚毁。焚烧后烟气进入锅炉进行热回收，锅炉出口的烟气温度降至220℃左右进入布袋除尘器，去除烟气中的颗粒物再进行脱硝处理，为去除烟气中酸性物质，通常会设置碱洗设施对烟气进行净化。各污染物达到排放限值后，经过换热降温后排烟囱达标排放。

（2）丙烯腈装置废水焚烧炉

丙烯腈装置废水中含有丙烯腈、乙腈特征污染物，通过设置废水焚烧炉进行焚烧处理，废水焚烧炉设置主燃烧器一台，焚烧温度为1050℃并控制烟气在炉内的停留时间，装置不同部位产生的废水进入废水焚烧炉不同的位置，经雾化后进入还原段焚烧，焚烧出来的烟气与过热器、废热锅炉水管、省煤器进行热交换，产生高压过热蒸汽后降低烟气温度达标排放。

（3）无利用价值固体废物处置

废催化剂、废吸附剂、废分子筛卸出前应进行气体吹扫（氮气、空气、水蒸汽），最大限度地去除黏附在催化剂表面的有毒、有害物质，装桶或分类堆存。根据固体废物主要成分及性质进行分类，废吸附剂、废分子筛、废瓷球、废蜡、化学污泥、没有回收价值的废催化剂，属于危险废物的外委有资质单位处置，属于一般固废的送一般固废填埋场填埋处理。

（4）集中焚烧设施

炼化一体化项目产生的固体废物多属于危险废物，有固态的也有液态的，按照不同固体废物的性质一般设置废固和废液集中焚烧设施集中处理。

1）废固焚烧设施。

需通过废固焚烧设施处理的固体废物产生情况见表11-5-7。

表11-5-7　典型废固焚烧处置的危险废物一览表

装置	固废名称	组　成
轻烃回收装置	脱硫吸附剂	活性炭
	脱氨吸附剂	活性炭
芳烃抽提装置	废溶剂	环丁砜（含水）
	废白土	废白土吸附少量烯烃
芳烃联合	活性白土	Al_2O_3、SiO_2
	废环丁砜	废环丁砜及其降解产生的聚合物
乙烯装置	废焦炭	焦炭
芳烃抽提装置	废溶剂	环丁砜分解聚合物+水
	废白土	白土+微量烃类聚合物
乙苯/苯乙烯装置	交换树脂	交换树脂
	白土	白土
乙二醇装置	乙烯脱硫床活性炭	主要成分活性炭>90%、硫<10%
	甲烷脱硫床活性炭	主要成分活性炭>90%、硫<10%
	氯乙烯脱硫床活性炭	氯乙烯27%、活性炭73%
	废水离子交换树脂	乙醛10%、磺化二乙烯苯90%
	MEG离子交换树脂	硫10%、磺化二乙烯苯90%

续表

装置	固废名称	组　成
聚丙烯装置	切粒水箱	废聚合物
	废油罐	白油、异丙醇、醇盐
	添加剂加料斗尾气罐	白油
	催化剂尾气罐	白油
	废水相分离器	有机物
	密封/润滑	润滑油
EVA/LDPE 装置	高压循环器废油蜡	废蜡
	低压循环器废油蜡	醋酸乙烯 40%，低聚物 30%，矿物油 15%，溶剂 15%，乙烯微量
HDPE 装置	废己烷	废己烷
FDPE 装置	废树脂	废 PE 树脂
	淤浆催化剂进料罐	催化剂、矿物油
	烷基铝密封罐	烷基铝、矿物油
	循环气压缩机、挤压机等	润滑油
UHMWPE 装置	过滤器废渣	过滤废渣
ABS 装置	PBL 废胶乳	聚合物胶渣 30%~40%(质)
	HRG，SAN 聚合物	ABS 及 SAN 聚合物 30%~40%(质)
丁戊橡胶	丁二烯自聚物	丁二烯自聚物
集成橡胶	丁二烯自聚物	丁二烯自聚物
罐区	罐底泥	含油污泥
	废吸附剂	废活性炭
污水处理场	干化污泥	水、污泥干基
	油泥浮渣	水、污泥干基

焚烧烟气需满足 GB 18484—2020《危险废物焚烧污染控制标准》和地方性控制指标要求达标排放。在辐射段的合适位置设置尿素或氨气喷入口进行脱硝处理，烟气从燃烧室顶部送出后进入废热锅炉，经过换热产生蒸汽并降低烟气温度后进入半干塔，通过石灰浆对烟气进行脱硫及降温处理，保证烟气温度在短时间内降至 200℃以下同时抑制二噁英产生。在半干塔中大部分酸性气体及颗粒物质被吸收，以固体形态从半干塔底部排出送至灰仓，半干塔排出烟气进入布袋除尘器，在布袋除尘器上游的烟道管上设有活性炭粉投加点，以吸附烟气中的重金属和二噁英。根据排放要求为保证 NO_x 达标排放，经过除尘的烟气可采用适宜脱硝技术低温 SCR 进一步脱硝，并在脱硝后设置碱洗塔，将烟气中酸性物质进一步去除，烟气经过引风机由烟囱排入大气。

2）废液焚烧设施。

废液焚烧设施主要集中处理化工生产过程中 EG、丁二烯、EVA 等装置产生的有机废液。需通过废液焚烧设施处理的固体废物产生情况见表 11-5-8。

表 11-5-8　典型废液焚烧处置的危险废物一览表

装置名称	废物名称	主要组成
丁二烯	废 TBC	20%~30% TBC，70%~80%甲苯，少量 C_4
乙苯/苯乙烯	苯乙烯焦油	苯乙烯：7.01%(质)，异丙苯：0.02%(质)，N-异丙苯：0.06%(质)，α-甲基苯乙烯：3.72%(质)，C_9~C_{10}芳烃：2.89%(质)，苯乙烯重物质：26.88%(质)，乙苯重物质：21.82%(质)，焦油，聚苯乙烯：37.69%(质)
	多乙苯焦油	二乙苯：0.16%(质)，三乙苯：3%(质)，四乙苯：7.47%(质)，二丙二醇甲醚、二季戊四醇及其他重物质 89.37%(质)
乙二醇	重醇废液	DEG、TEG 等
聚丙烯	烃分离器废液	烃类
	废油收集器废液	烃类
	废油处理罐废液	烃类(含少量聚合物及 TEAL 与添加剂的络合物)
	废己烷	己烷 99.9%(质)、有机硅 0.1%(质)、水微量、$Al(OH)_3$微量
	废矿油	白油及烷基铝
EVA/LDPE	二次机冲洗油冷却油	油 30%~40%、溶剂 50%~70%、VA 20%
	废 VA	VA 40%
ABS	SAN 单元清洗液	60%~80%(质)DMF，10%~20%(质)甲苯，5%~15%(质)聚合物及杂质
	SAN 单元重组分	甲(乙)苯 10%~20%(质)、丙烯腈 5%~20%(质)、苯乙烯 40%~60%(质)、低聚物 15%~30%(质)
	PBL 单元回收丁二烯脱二聚物	90%为四乙基环己烯，其余为水及少量丁二烯

焚烧产生的热量通过余热锅炉回收能量产生蒸汽，烟气温度降低后送至干式吸收装置，经干式吸收装置去除较细粒径粉尘的烟气进入布袋除尘器。在燃烧室特定温度段的特定位置设计有尿素溶液喷嘴，实现炉内烟气脱硝，为进一步降低氮氧化物排放浓度在布袋除尘器后部设置有炉外脱硝装置，烟气最终达标排放。

五、噪声防治措施分析

1. 平面布置及工艺选择方面措施

1）优化工艺流程，减少噪声污染源。

2）平面布置方面，充分利用各种自然因素，如地形、建筑物、绿化带等使厂区与噪声敏感区隔开。在工艺流程允许的情况下，生产装置可按其噪声强度分区布置，噪声较高的装置应尽量置于远离厂外噪声敏感区的一侧，或用不含声源的建筑物如辅助厂房、仓库，以及不产生噪声的塔、罐和容器等大型设备作为屏障与噪声敏感区隔开。

3）噪声辐射指向性较强的声源，例如气体放空等，要背向噪声敏感区及厂内噪声敏感工作岗位，如集中控制室、分析化验室、会议室、办公室等。

4）噪声强度较大机械设备，例如大型机泵、空气动力机械、回转机械、成型包装机械等，尽量安装于厂房内，以减少噪声对厂内、外环境的影响。

5）对含有噪声源的车间、厂房，进行声学处理，如室内吸声处理、门窗隔声、设置隔声屏障等措施，降低其室内混响噪声和对周围环境的影响。

2. 噪声源控制措施

（1）加热炉

加热炉是炼化一体化项目生产过程中重要设备之一，也是主要的噪声源。其噪声呈低、中频连续性噪声，加热炉噪声控制措施有：

1）采用低噪声燃烧喷嘴。例如用高辐射燃烧式喷嘴代替板式无焰喷嘴；用多孔喷嘴代替单孔喷嘴，以减少喷射及湍流噪声。

2）将自然通风改为强制通风。

（2）风机及压缩机

风机及压缩机噪声主要由空气动力噪声和机械振动噪声构成。空气动力性噪声是由旋转叶片引起气体介质的涡流和紊流产生的噪声，以及叶片对介质周期性的压力产生的脉冲噪声。机械振动噪声是由轴承噪声及旋转部件的不平衡所产生的振动噪声。这些噪声主要由风机进出口、管道、风机壳体，以及基础的振动等形式向外辐射。风机及压缩机噪声控制方法有：

1）进（排）气管道安装消声器，消声量在25dB（A）以上。

2）设备与底座之间设置减振措施。

3）设置风机房和压缩机房，对室内需进行声学处理，主要提高墙壁、顶棚的吸声系数，以提高室内吸声量，设置隔声门窗，设置隔声控制室。

（3）电机—泵

电机—泵简称“机泵”，是石油化工生产过程中使用量最多的设备，其噪声主要在电机侧，电机噪声一般比泵噪声大5dB（A）左右。所以机泵噪声的治理主要是对电机噪声的控制。大多数电机均为空气冷却，其噪声主要来源于冷却风扇产生的空气动力噪声，其次为电磁噪声、旋转机械噪声等。电机的噪声强度与其功率、转速等参数有关。电机噪声主要控制措施有：

1）设置电机隔声罩。对电机空气动力噪声和电磁噪声均可进行有效控制，一般降噪效果可达8~10dB（A）。

2）对机泵与基础间的隔振或减振处理。

（4）阀门及管道噪声

节流阀、压力调节阀与管道是石化生产过程中的主要噪声源之一。其中：阀门噪声产生原因有空气动力噪声、流体动力噪声、机械振动噪声。

管道噪声产生的原因：一是管道系统中高速气流的冲击、摩擦或在弯头、阀门和其他变径处所产生噪声，二是与之相连的机械振动激发管壁振动而产生的噪声。阀门及管道噪声主要控制方法有：

1）选用低噪声阀门。

2）管道的合理设计，控制介质的流速，避免介质流向的急剧变化，管径的变化处设有光滑的过渡段等。

3）管道与振动设备的连接由刚性连接改为弹性连接，避免机械设备激发管道振动。

4）设消声器或结合管道保温进行管道隔声包扎。

（5）空气冷却器

空气冷却器噪声主要来源于空冷风机所产生的空气动力噪声，电机噪声和传动系统所产生的机械噪声，其中风机噪声占空冷器噪声的80%。可通过选用低噪声风机、降低风机转速等方法来降低噪声。

（6）冷却塔

冷却塔噪声主要来源于风机产生的空气动力噪声、电机噪声及落水噪声。冷却塔主要噪声控制措施有：

1）选用低噪声风机，设计时选用宽叶片、低转速的低噪声风机。

2）为了控制风机进风处噪声对周围环境的影响，在风机下部设置百叶隔声屏障，使风机进风口噪声得到衰减又保证进风畅通。

（7）气体放空

在生产装置开、停工或生产过程非正常状态时，常常出现气(汽)体排放过程。当气体从排放口排出时具有较高速度，一旦排入大气，便与周围空气发生强烈混合而产生高频噪声，随其逐渐扩散、混合形成紊流，产生低频噪声。

放空噪声的主要控制方法是在气体排放口安装消声器。对于介质排放压力≥0.4MPa时，可采用小孔喷注结构消声器。这种消声器结构简单，质量轻，消声效果好，一般消声效果可达35dB(A)以上。对于排放量大，介质压力较低的情况，可采用阻抗复合型消声器。阻抗复合结构消声器，一般体积和重量较小孔喷注结构消声器要大，消声效果一般可达25~30dB(A)。

（8）火炬噪声

火炬是保障石油化工安全生产的重要设施，其高度高，地面噪声强度约80dBA，主要呈低频特性。噪声主要来源于介质的燃烧噪声、蒸汽喷射噪声等。其主要噪声控制措施为选用低噪声火炬头。

3. 隔声、吸声等降低对外环境影响措施

需要较安静的工作岗位，如集中控制室、分析化验室、会议室、办公室等，为防止室外噪声的干扰，要设置隔声门窗，室内并进行声学处理：

1）设置隔声门窗。因绝大部分声能透过门窗向外传播，所以，根据所处位置设置可采光的双层玻璃隔声窗(固定式或可开启式)，及可通风的隔声百叶窗。所有进出机房的门均作成隔声门或设置双层门。

2）设置隔声操作室。为保护操作人员的听力，可使操作人员主要在隔声操作室内实行操作，并透过隔声玻璃窗观察设备运行情况。

3）室内采取吸声处理。因室内壁面吸声系数较低，混响声较大，所以使屋顶、壁面提高吸声系数，降低混响噪声。

六、非正常工况处理措施

1. 废气

火炬可以避免紧急状况下排放的大量烃类气体直接排入大气，造成突发性的环境污染。

炼化一体化项目在设计时考虑了装置向火炬排放的管线系统，所有可能因压力波动而引发事故的设备也都设有安全阀与火炬系统相连。当非正常工况发生时，产生的烃类气体全部排入火炬系统。

为减少火炬燃烧烟气对环境的影响，炼化一体化项目会配套燃料气回收设施，通过设置气柜回收装置排放的烃类放空气体。正常情况下，炼油装置放空管网中的放空气体进入气柜，通过压缩机升压、脱硫后进入燃料气管网；化工装置放空管网中的放空气体直接通过压缩机升压后输送至燃料气管网。

2. 废水

(1) 避免水质水量波动

开停工及检修时产生的含油污水水量大且水质波动变化较大。为避免非正常排污对污水处理场的冲击，主要采取的措施如下：

1) 设置含硫污水罐。

为减少酸性水汽提装置停工吹扫时向环境排放恶臭气体，装置在吹扫前先注加水稀释的除臭剂在系统内循环，将系统内硫化氢和氨洗净后，再进行蒸汽吹扫，洗涤水排至含硫污水罐储存，待开工时与含硫污水一并处理。

2) 设置污水调节罐。

污水处理厂设有污水调节罐，对进入污水处理厂水质、水量起缓冲作用，避免对污水处理场造成冲击。

(2) 厂区事故水防控体系

根据炼化一体化项目厂区功能分区及道路布置，合理规划全厂雨水系统，减少混入事故排水系统雨水的数量，以此提高水体污染防控的水平。各分区的雨水经由该区域的雨水排放系统收集输送到雨水监控池，监控合格后外排。在事故状态下该区域的事故废水经过雨水排放系统收集输送到事故水池进行储存，储存容积不够时可通过提升泵提升至厂内其他事故水池。

为防止事故废水入海，按照“单元-厂区-园区”的水环境风险防控体系要求，设置事故废水收集和应急储存设施，以防止在事故状态下由于工艺物料泄漏、事故消防水或污染雨水外泄，造成海域污染。

1) 单元防控。

装置区设置围堰和初期雨水池，罐区设置防火堤，一般事故泄漏的物料通过围堰或防火堤收集，防止事故污染区域污水流出界区。

2) 厂区。

工艺生产装置区划分为污染区和非污染区。

污染区雨水排至装置初期雨水管道，汇入装置内初期雨水池，污水池内收集的初期雨水经泵提升后，采用单独管线送往污水处理场处理；污染区内的后期雨水溢流排入清净雨水系统。

罐区雨水通过防火堤内的雨水边沟收集，经阀门连接到系统雨水管道。平常阀门关闭，雨水水质合格时，打开阀门将雨水直接排入全厂清净雨水管道。事故污染情况下，防火堤内收集的事故水通过移动泵排入含油污水管道，输送至污水厂处理。

非污染区的雨水排入全厂清净雨水系统。清净雨水分区自流排入雨水监控池格栅池。雨水监控池的池顶设有雨水提升泵，正常时将雨水提升外排；雨水监控池与事故池临近建设，采用管道或沟渠进行连通，事故时事故水经雨水管网收集后自流进入事故池。

3）园区。

园区级防控可利用岛屿周边的事故废水收集渠及在园区设置事故水池。采用事故废水收集渠收集时，应在收集渠内设置一定数量的闸门，用以分段截留储存事故水，一旦企业的事故废水出厂区后，迅速将园区岛屿的雨水排水闸门关闭，作为园区事故废水池，防止重特大事故下消防废水入海。

3. 噪声

装置在开工试车期间，常常会发生气体放空，产生阶段性高噪声扰民现象，根据以往炼化一体化项目经验，在开车期间应做到：

1）合理安排操作时间，避免夜间试车放空。

2）严格按照设计要求，安装和使用不同类型的消声设施。

七、特殊污染物控制处理措施

1. “三致物质”

“三致物质”是指对人体具有致癌、致畸、致突变的物质，目前公认的三致物质种类如下：

致癌物质：氯霉素、己烯雌酚、环磷酚胺、4-双氯乙胺-*L*苯丙胺酸睾丸甾酮、非那西丁、苯妥英和*N*,*N*-双(2-氯乙基)-2-苯胺、联苯胺、苯、双氯甲醚、异丙油、芥子气、镍、氯乙烯、铬、氧化镉、砷、石棉、苯并(*a*)芘等多环芳烃等。

致畸物质：甲基汞、多氯朕苯(PCB)、氯甲烷等。

致突变物质：邻苯二甲酸酯(酞酸酯)等

炼化一体化项目涉及的“三致物质”主要有苯及镍。

（1）苯流失分析

苯流失主要包括以下几个方面：

1）无组织废气苯排放：无组织废气中苯的排放来自芳烃联合装置和油气回收的机泵、阀门、法兰等设备动、静密封处泄漏，通过无组织形式排入大气。

2）废水中苯排放：芳烃联合装置排放的含油污水中含有苯，与其他含油污水一起送污水处理厂混合处理系列处理。污水处理过程散发出的苯气体送污水处理厂气体收集处理设施处理，剩余部分在污水处理过程中大部分被降解转化或进入“三泥”，少量随着外排污水进入环境。

（2）镍流向分析

镍随着原油首先进入常减压装置，经蒸馏加工后绝大部分残留于常压渣油、或减压渣油中。各炼油厂因重油加工流程不同，镍可能进入沥青、石油焦产品，或附着于加氢精制、加氢裂化、催化裂化等各类催化剂上，随着废催化剂送有资质单位回收处置；也或通过动力锅炉燃烧、气化等过程附着于灰渣上，送厂家回收(贵金属)处理。

2. 持久性有机污染物

持久性有机污染物(简称POPs)是指人类合成的能持久存在于环境中、通过生物食物链(网)累积，并对人类健康造成有害影响的化学物质。根据《关于持久性有机污染物的斯德哥尔摩公约》，首批须控制的POPs有三类12种物质，分别为：

第一类：杀虫剂，包括艾氏剂、氯丹、DDT、钬氏剂、异钬氏剂、七氯、六氯代苯、来蚁灵。

第二类：工业化学品，包括多氯联苯(PCBs)、六氯苯(HCB)。

第三类：生产中的副产品，包括二噁英、呋喃。

炼化一体化项目原料、产品及生产过程中除二噁英外均不涉及上述物质。炼化一体化项目焚烧设施烟气中产生的二噁英燃烧烟气，在二燃室高温下再进行氧化，保证烟气中的二噁英高度分解，外排烟气中不含或仅含痕量二噁英，不会对人类健康造成严重危害。

第六节　燃料气系统

燃料气既是炼油企业生产过程中的副产品，也是宝贵的资源，燃料气的生产和使用是炼油企业生产过程中的重要环节。燃料气系统是生产工艺中不可缺少的公用工程系统，具有工艺流程复杂、涉及面广、排放介质杂、不稳定因素多等特点。如何平衡燃料气管网，回收燃料气中有效组分，提高燃料气利用效率，降低燃料气中总硫含量等，不仅直接影响全厂的生产成本和经济效益，还可降低企业的碳排放，对环境保护具有重要意义。因此，燃料气系统的有效调度优化在炼油过程中降低能源成本和清洁生产中起着重要作用。

一、燃料气系统概述

炼化过程所需的各种公用设施系统如图 11-6-1 所示，炼油厂的能源系统主要可以分为燃料气系统、热电联产系统和生产系统三部分。热电联产系统中的锅炉消耗燃料，并产生高压蒸汽，以满足生产系统的部分蒸汽需求，并驱动蒸汽涡轮机来发电，以满足炼油厂本身的电力需求，过量电力还可外送。

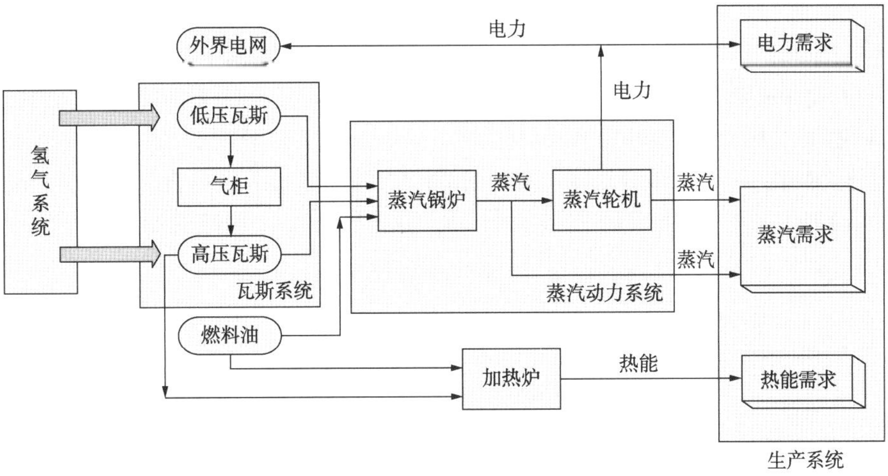

图 11-6-1　炼油企业能源系统

燃料是炼油厂生产正常运行的重要能源保障，燃料包括加热炉用燃料和动力用燃料。炼油厂能耗构成中，燃料消耗占 70%～85%，其中，燃料气作为炼油企业生产环节的副产品，富含氢气、烷烃、轻烃等组分，是炼油厂重要的燃料，主要用于各装置加热炉的消耗。

二、燃料气系统简介

某石化公司燃料气管网控制关系如图 11-6-2 所示。气体分馏装置、轻烃回收装置、PSA 装置等燃料气回收设施来的燃料气和混合 C_4，经过稳压罐稳压后进入全厂燃料气管网，向常减压装置、催化裂化装置、加氢裂化装置、加氢精制装置、硫黄装置等提供燃料气。汽油精制装置来的燃料气可直接进入全厂燃料气管网。燃料气稳压罐压力低时通过天然气/液化气补充，压力高时向低压火炬放空。

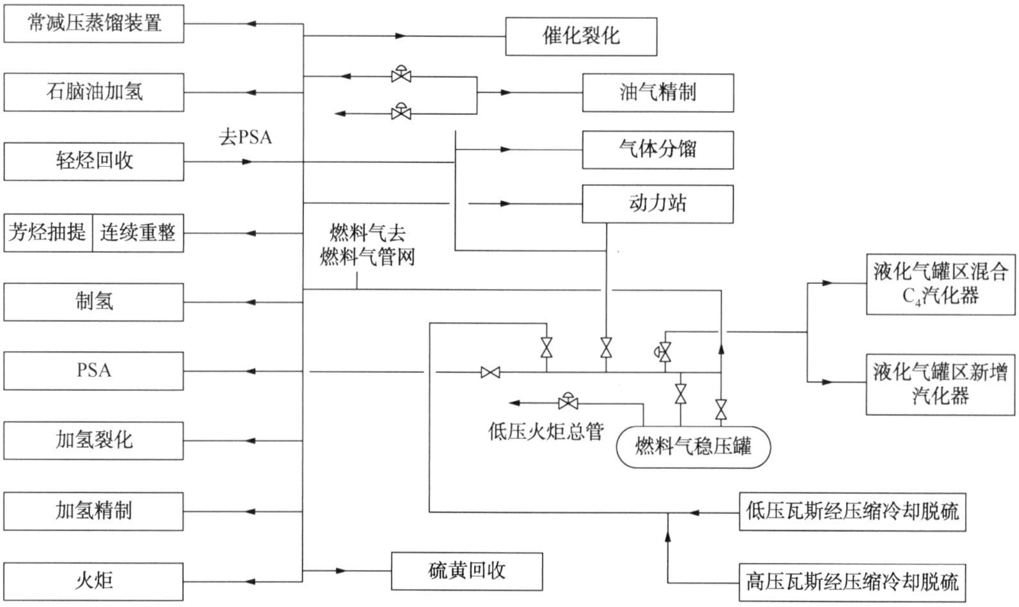

图 11-6-2　燃料气系统管网控制关系

1. 燃料气来源及组成

燃料气(或称瓦斯气)主要来源于原油蒸馏、催化裂化、延迟焦化、催化重整、加氢裂化、加氢精制等过程。不同来源的炼厂气组成各异，其主要成分为 C_4 以下的烷烃、烯烃以及氢气和少量的氮气、二氧化碳等气体。典型的炼厂燃料气体积组成见表 11-6-1。炼厂燃料气的产率随原油加工深度的不同存在差异，深度加工的燃料气一般为原油加工量的 6%(质)。

表 11-6-1　炼厂燃料气的典型组成

组成/%(体)	原油蒸馏气(净化前)	催化重整气(净化后)	催化干气(净化前)	加氢裂化气(净化前)	加氢精制干气(净化后)	延迟焦化(净化前)
氢气	5.4	43.03	21.46	39.9	15.26	8.33
硫化氢	1.35	0	1.4	27.42	2mg/m^3	8.23
二氧化碳	2.37	0.09	2.2	0	0.01	1.61
一氧化碳	1.28	0.21	1.3	0	0	1.6
空气	4.5		16.1	3.47	6.51	3.43
甲烷	30.1	25.53	30.33	9.85	5.73	52.38
乙烷	10.5	7.23	13.56	8.56	7.59	18.6
乙烯	1.8	0.35	9.9	0	0	2.88

续表

组成/%(体)	原油蒸馏气(净化前)	催化重整气(净化后)	催化干气(净化前)	加氢裂化气(净化前)	加氢精制干气(净化后)	延迟焦化(净化前)
丙烷	12.8	7.28	0.8	8.5	25.61	1.4
丙烯	2.56	0.59	1.25	0	0	0.77
丁烷	3.5	11.2	0.55	0.59	30.1	0.38
丁烯	0.5	0.24	0.2	0	0.01	0.31
相对密度	1.11	0.751	0.6725	0.7155	1.4104	0.731

2. 燃料气产、用平衡

不同企业燃料气系统之间的差异较大，以原油一次加工能力为5.0Mt/a的某炼化企业为例进行说明。该企业主要有常减压、催化裂化、重整、加氢、聚丙烯、苯乙烯、硫黄回收等20余套生产装置及配套公用辅助设施，主要加工进口低硫轻质原油，生产汽油、柴油、聚丙烯、苯乙烯、液化气、硫黄等产品。

燃料气是该公司最主要的燃料源，生产过程所需的燃料有90%以上都由燃料气系统提供。与燃料气相关的装置主要有常减压(5.0Mt/a，加工轻质低硫原油)、1#催化(500kt/a)、2#催化(1.5Mt/a)、1#重整(300kt/a，半再生)、2#重整(500kt/a)、催柴改质(1.2Mt/a)、液相柴油加氢(2.0Mt/a，SRH)、汽油改质(异构化，改喷气燃料)、S Zorb(1.2Mt/a)、聚丙烯(140kt/a)、苯乙烯(60kt/a)、硫黄(20kt/a)、MTBE(80kt/a)。动力车间配有两台75t/h锅炉，一开一备，锅炉所用燃料主要是全厂的燃料气。

公司燃料气系统为含硫燃料气系统和净化燃料气系统。含硫燃料气系统包括含硫干气管网、二台脱硫塔、两台气柜($5000m^3$、$10000m^3$)及两台气柜螺杆压缩机，主要是对各生产装置的含硫干气和升压后气柜气进行脱硫。脱硫后的气体送往净化燃料气系统，通过脱硫塔与净化燃料气系统相连。净化燃料气系统为高压(0.35MPa)燃料气管网，包括净化燃料气管网、高压燃料气罐、两台液化气汽化器及各装置的燃料气罐，主要为各生产装置工艺炉提供燃料。当系统压力不足时，通过天然气补充。全厂燃料气系统流量平衡见表11-6-2。

表11-6-2　某企业燃料气产用平衡

产燃料气			耗燃料气		
单元	流量/(Nm^3/h)	占比/%	单元	流量/(Nm^3/h)	占比/%
气柜气	2324	10.5	常减压	5739	25.8
PSA 解析气	3723	16.7	连续重整	4952	22.3
加氢干气	5301	23.8	固定床重整	2264	10.2
苯乙烯尾气	7565	34.0	加氢裂化	2097	9.4
LNG	3315	14.9	柴油加氢	562	2.5
外补天然气			硫黄	130	0.6
			喷气燃料加氢	500	2.2
			S Zorb	920	4.1
			动力锅炉	2814	12.7
			苯乙烯	2250	10.1
合计	22228	100	合计	22228	100

由表可以看出，当燃料气系统处于平衡状态，各生产装置安全平稳运行，一旦平衡被破坏，会引起装置波动，压力过高，燃料气过剩等，影响装置运行稳定性，增大装置异常排放火炬概率。

三、燃料气系统现状分析及优化潜力

燃料气的充分利用对于炼油厂节能降耗具有重要意义，实际生产中，燃料气的生产与消耗经常不平衡，压力也随装置操作的调整而波动。降雨、变温等对燃料气系统的影响也非常大，生产过程中经常出现阶段性补充天然气，或生产装置改变操作工况来稳定燃料气系统的问题，造成资源的浪费和操作成本的增加。

1. 燃料气系统存在的主要问题

从实际运行过程看，炼化企业燃料气系统存在的问题主要表现在系统性管理较差、利用效率较低、加热炉烟气超标排放、高价值组分浪费等方面。

1）炼化企业的加热炉热效率一般在89%～94.5%之间，加热炉热效率参差不齐，导致燃料气利用率偏低。

2）燃料气中除 H_2S 外，还有多种有机硫，燃料气脱硫不彻底，总硫超标会导致耗瓦斯装置烟气超标排放，部分企业为实现环保达标，不得不补充低硫的天然气或液化气等，同时，因燃料气存在较高浓度的有机硫，影响加热炉排烟温度，造成资源浪费。

3）耗气装置热值波动大。由于产气、用气、管网调整、外界条件等因素的变动和调整，引起耗气端瓦斯热值发生变动，影响加热炉效率，及装置操作平稳性。

4）燃料气高价值组分的浪费。燃料气中富含氢气及宝贵的轻烃资源。部分炼厂气柜瓦斯氢气含量高达50%(体)，一方面导致氢气浪费，另一方面使得燃料气单位体积热值较低，不利于装置操作。另外，燃料气轻烃含量过高会导致管段积液，造成运行波动。

5）现有优化技术主要涉及对瓦斯系统中部分设备的操作工艺改进，即单点优化，虽然在一定程度上满足了炼油企业节能降耗的需求，却无法做到瓦斯系统运行的整体最优，燃料气系统的整体观念有待进一步提升。

6）缺乏统一的燃料气系统实时监控平台和公用工程实时监控平台。日常生产依靠调度人员的经验以及有限的信息(如气柜高度，高、低压力燃料气等)进行监测、管理和调度的。随着节能减排压力不断增强，由于无法及时反馈燃料气和其他公用工程介质产耗平衡情况和管网操作情况，绝大部分公司目前无法做到燃料消耗和用能优化。

燃料气的消耗量与工艺过程、换热网络、设备单元(加热炉)等多方面有关，因此，燃料气的优化还存在优化空间。

2. 常用优化措施

作为炼化企业公用工程系统的重要组成部分之一，开展燃料气系统集成优化具有重要的意义，合理配置及优化燃料气系统是减少二氧化碳排放及提高企业经济效益的重要途径。燃料气系统的优化利用主要有三种策略：一是采用优化方法，优化燃料气系统；二是加大投入，改造现有回收装置或新增回收能力；三是将燃料气转化为高价值产品，提升效益。燃料气系统优化应从以下几个层面入手：

1）对主要装置高、低压燃料气产量增加计量监测手段，有效及时把握排放源头，杜绝乱排乱放现象。

2）开发统一的燃料气信息集成以及实时监控平台，从而对企业的各个子系统实现不间断监控、异常报警与应急联动、事件记录、统计分析与报表管理等功能，主要涉及燃料气、蒸汽、天然气、氢气、氮气等，并与现有信息系统无缝集成，有效监控公用工程介质的变化情况。

3）开发主要生产装置的燃料气产量和燃料气消耗预测模型，对燃料气在未来的生产、消耗量进行精确地估计，从而能够从本质上消除调度所具有的滞后特点，使调度工作从“事后调度”发展到“事前调度”。

4）开发燃料气管网在线模拟模型，准确掌握管网内不同节点、管段的信息参数，例如流量、流动方向、压强等，对燃料气产耗改变与管网间的关系进行模拟分析，以此提升调度工作的精度，真正实现工作的定量分析，以此确保整个燃料气系统得以安全、稳定地运行。

5）构建燃料气产耗预测模型与管网模拟模型，在基于人工智能技术、专家系统的前提下，对全厂燃料优化调度模型进行构建，以未来一段时间内管网稳定运行、燃料（燃料气、蒸汽、天然气、氢气等）的消耗最小化为最终目标，对原有的方案进行优化调整，实现用能持续降低。

6）改造现有回收装置或新增回收能力。调整现有回收设施的进料流速、进料组成、性能或回收率。由于操作压力对回收装置性能有很大的影响，选择优化进料和压力需要权衡资本投资和压缩成本有关的回收装置性能。在回收率与纯度、回收率与资本投资上优化选择。

7）将燃料气转化为高价值副产品，如催化装置的干气提取乙烯气，加氢系统装置干气作制氢原料等，提高炼油厂经济效益。

四、燃料气系统优化方法和案例分析

1. 增设在线管理系统

建设瓦斯系统实时监控和优化调度平台，将基于经验的调度提升到基于模型的“事前调度”和“定量调度”，可以明显提高瓦斯系统的操作安全性和经济性，减少瓦斯放火炬时间，减少瓦斯系统补烃量，提升企业经济效益和社会效益。

通过燃料气产耗预测模型与管网模拟，构建全厂燃料优化调度系统，可以确保管网稳定运行、燃料的消耗最小化，实现用能持续降低，如图11-6-3所示。

以某企业为例，该企业的燃料气系统包含30多套装置，40多个加热炉和锅炉，消耗瓦斯，部分加热炉和锅炉还同时消耗天然气、液化气、重整C_5、燃料油等，产与耗之间还存在瓦斯管网、气柜、压缩机、火炬系统等，较为复杂，如图11-6-4所示。

通过设置瓦斯系统优化调度平台，并对系统的关键阀位进行监测报警，实现瓦斯系统总貌信息的实时监控、故障诊断和综合管理，增强现场管理人员对系统的运行把控能力，提高现场瓦斯系统的优化管理水平，减少排放，优化燃料配置，节约轻烃资源。

某炼油厂在燃料气管网产量不足时，经常需通过外补天然气保持瓦斯系统的平衡，满足耗燃料气装置的热量需求。经设置瓦斯系统优化调度平台，并通过重整装置燃料优化、加热炉优化等，减少天然气补充量，为企业增加经济效益227.58万元/年。

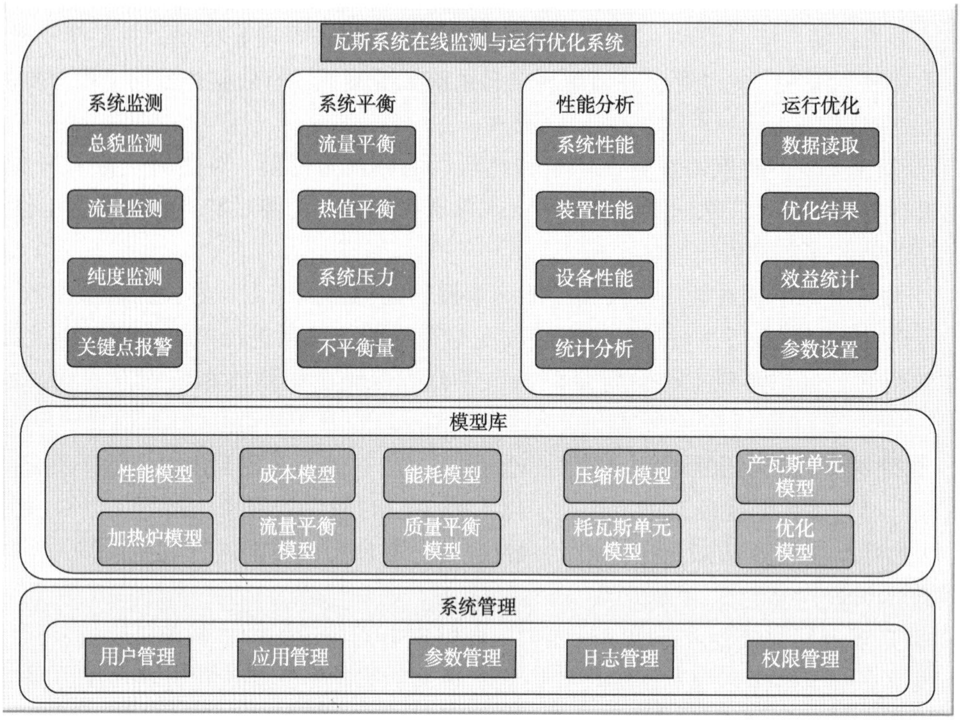

图 11-6-3　瓦斯系统监测与在线优化系统

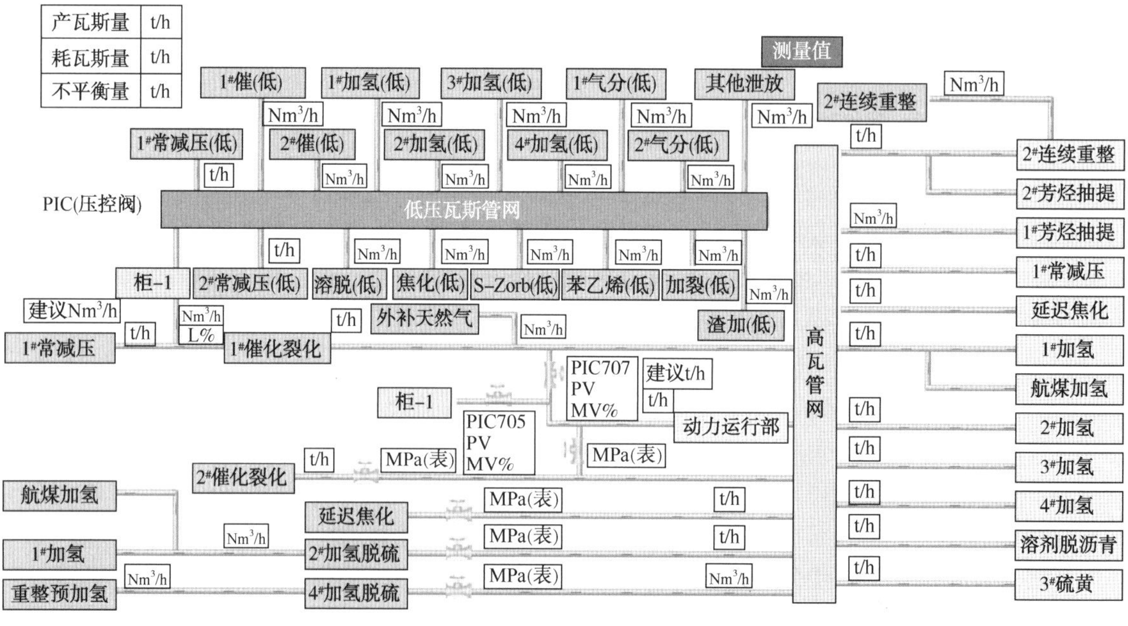

图 11-6-4　燃料气系统总貌图

2. 耗气装置优化

加热炉是生产过程中的高温反应设备和高温加热设备。根据加热炉热效率及平衡计算过程，影响炉效的因素是排烟热损失，通常占供入热量比例 3%以上，主要和排烟温度、排烟氧含量有关；不完全燃烧损失，主要和外排烟气中一氧化碳含量有关，一氧化碳含量为 2000×10^{-6}时，热效率下降约为 1 个百分点；炉体散热损失，通常占供入热量的 1%~4%。

因此，通过节能改造的手段，降低排烟温度、降低排烟氧含量、降低炉体表面散热损失，可有效提高加热炉热效率。

(1) 更换高效烟气余热回收设施

采用高效烟气余热回收设备，降低加热炉排烟温度，是提升炉效的最重要手段。某炼油厂重整装置四合一加热炉为 U 形管方箱侧烧炉，原设计未设置烟气余热回收系统，烟气由各炉汇入总烟道后直接排入独立烟囱，排烟温度设计值为 185℃，排烟温度一般为 190℃，甚至高达 249℃，加热炉效率偏低。

为提高加热炉热效率，降低装置能耗，对该加热炉增设烟气余热回收系统。设计排烟温度为 90℃，预热器分为高、低温两段式，高温段采用换热效率高的钢板式换热器，低温段采用耐露点腐蚀的铸铁换热器，引风机放置在高、低温预热器之间。改造后的效果显著，加热炉标定工况下的运行参数见表 11-6-3。

表 11-6-3 改造余热回收数据对比

操作参数		单位	改造前	改造后
	蒸汽	t/h	40.86	42.95
重整四合一炉 F201/202/203/204	排烟温度	℃	180/208	80.5
	氧含量	%(体)	3.4	3.32
	CO_2	%(体)	7.86	7.94
	CO	%(体)	<0.01	<0.01
	SO_2	mg/m^3	3	3
	NO_x	mg/m^3	78	36
	热效率	%	89.1	95.1

标定数据表明，烟气余热回收系统运行情况良好，高温端烟气出口温度为 150℃，低温端烟气出口温度为 80℃，加热炉热效率 95.1%，平均节约燃料气量为 0.49t/h，年节省燃料气 4100t。对流段同步进行了清洗，排烟温度从 250℃降至 180℃和 208℃，产汽量增加了 2.8t/h。

(2) 降低烟气氧含量

目前，加热炉实际控制氧含量在 2%~3%，许多企业也尝试降低氧含量，氧含量能控制在 1.5%~2%，甚至更低，但很难长期保持，操作难度较大。同时，加热炉负压运行，当加热炉出现漏点时，空气会进入负压系统，氧含量增加。因此，降低排烟氧含量，主要采用低氧燃烧优化控制和进行加热炉检漏堵漏，或通过对加热炉烟道挡板密封更换、更换新型看火门及防爆门、对流段物料管采用新型封堵技术、增设热风道盲板等措施降低加热炉氧含量。其中，采用低氧燃烧优化控制技术具有较好的经济效益。

加热炉低氧燃烧优化控制技术是使用 CO 在线分析仪控制供风系统，将烟气中的 CO 控制在微量水平，实现燃料和空气的理论配比，使燃烧处于不完全燃烧和完全燃烧的临界状态，最大程度减少炉膛氧含量，提高加热炉效率。

在依托先进的 CO 检测元件基础上，通过 CO 自动控制加热炉供风，引入燃烧率负载曲线，实现加热炉燃料流量与风机转速或挡板开度的关联，实现 CO 控制与原有氧控制的无扰

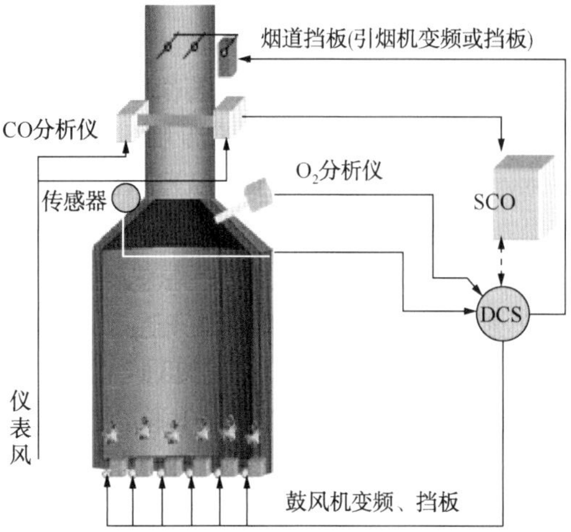

图 11-6-5　加热炉低氧燃烧优化控制原理图

动切换，设定信号前馈或延迟，消除干扰因素，使控制系统保持平稳，引入安全控制策略，始终保持加热炉在安全状态。加热炉低氧燃烧优化控制如图 11-6-5 所示。采用 CO 监测控制系统，控制烟气中 CO 含量，从而降低烟气过剩空气量。

某企业 PX 装置改造前，二甲苯 F401 重沸炉热效率为 92.1%，排烟温度偏高，烟气中的 NO_x 含量偏高。通过增设加热炉 CO 监测控制系统，低氧燃烧优化控制系统，使加热炉的运行发挥到接近极致的状态，加热炉热效率提高 0.8%，可节约瓦斯用量 2%～5%，同时降低 NO_x 排放量及 CO_2 排放总量。具体参数对比见表 11-6-4。

表 11-6-4　PX 装置 F401 加热炉采用低氧燃烧技术前后参数对比

参数	标定(无低氧自控)	标定(低氧自控)	参数	标定(无低氧自控)	标定(低氧自控)
氧含量/%	3.37	0.87	电流/A	25	17
排烟温度/℃	128	120	NO_x/(mg/kg)	23	13
热效率/%	92.4	93.2	CO_2/(m^3/h)	13419	12320
瓦斯/(m^3/h)	11412	11116			

(3) 降低散热损失

加热炉炉体散热损失由炉体内衬和炉体外表面的保温隔热性能及施工质量决定，炉体内衬的保温性能是根本，炉体外表面保温补偿是辅助手段。加热炉外表面散热也是一项不容忽视的损失项，可以考虑采用中空陶瓷微粒水性保温涂料，导热系数低至 0.03W/(m·K)。在加热炉外表面喷涂一层 2000～2500μm 的纳米保温涂料，降低加热炉散热损失 30%～50%，提高加热炉热效率 0.5%～1.5%。

某企业焦化装置加热炉外表面温度偏高，影响加热炉热效率，在排烟温度达标的情况下(115℃)，炉效率仅为 89%，炉体散热损失超过 4%。在装置不停工的前提下，对该加热炉喷涂新型纳米保温涂料，改造后的散热损失量大幅下降，散热损失减少折合年节省天然气 59 万 Nm^3，具体数据见表 11-6-5。

表 11-6-5　某企业焦化加热炉外喷涂保温涂料的节能效益

项目	涂料前	涂料后	下降值
面积/m^2(不含钢结构)	1623.6	—	
环境温度/℃	24	24	—
实测表面平均温度/℃	70.09	48.41	21.68
表面散热强度/(W/m^2)	1311.33	596.67	714.66
总散热量/MW	2.12	0.97	1.15
年节约天然气量/Nm^3	—	—	591699

3. 高价值组分回收利用优化

(1) 回收氢气

氢气是昂贵的加工原料，氢气成本在大型炼油厂中已经成为仅次于原油成本的第二大成本要素。氢气含量较高的燃料气，可考虑回收氢气组分，实现氢气梯级利用。某炼油厂燃料气富裕，富氢流股合计 $7916Nm^3/h$，氢气含量 52.7%(体)，纯氢量 $4172Nm^3/h$。设置膜分离提纯装置回收氢气，氢气收率约为 80%，产品氢气量约为 $3200Nm^3/h$，氢气纯度 89%～92%。改造后，年经济效益超 1500 万元。

(2) 优化吸收稳定系统，降低干气中 C_{3+} 组分含量

某企业焦化吸收稳定系统采用常规四塔流程，焦化富气经过两级吸收后成为焦化干气。焦化吸收塔吸收剂为粗汽油，补充吸收剂为焦化稳定汽油，再吸收塔吸收剂为柴油。吸收稳定操作参数不够优化，一焦化吸收塔补充吸收剂流量只有 1t/h，温度为 45.6℃，再吸收塔柴油流量为 11.8t/h，温度为 48℃，二焦化吸收塔补充吸收剂温度为 45℃，再吸收塔柴油流量为 30t/h，温度为 50℃，两套焦化普遍操作吸收剂温度偏高。

对焦化吸收稳定吸收进行操作参数优化，降低补充吸收剂温度和柴油温度，同时对吸收稳定系统进行塔盘改造，采用带导向浮阀和平收液盘，降低溢流堰高度，对吸收塔补充吸收剂增加冷媒水冷却器、中段回流和再吸收塔柴油增加冷却器负荷或采用冷媒水，进一步提高吸收效果，实现降低焦化干气 C_{3+} 组分含量到 2%以下。

4. 脱硫系统优化

部分企业瓦斯脱硫系统存在脱硫溶剂夹带，净化气中有机硫超标，脱硫塔塔顶压力不易控制等问题，存在环保、安全隐患，影响装置的长周期稳定运行。某炼油厂常减顶瓦斯经过脱硫塔后一部分进轻烃回收装置，另一部分进入瓦斯管网。因净化瓦斯中有机硫含量超标，造成高架源小时均值存在超标现象。

经过现场评估，提出以下优化措施：1) 焦化气压机设计流量仍有余量，将常/减顶瓦斯升压去二焦化气压机入口，经过焦化吸收稳定后，降低干气中有机硫含量；2) 将贫胺液改为常顶石脑油进行吸收，吸收后的石脑油去其他装置或者将贫胺液改为复合脱硫溶液，将硫化氢和硫醇脱除；3) 优化脱硫塔操作，减少胺液夹带，降低硫化氢含量。

5. 燃料配比优化

根据生产计划及装置运行情况，结合冬夏季节气温变化等影响，预测燃料气产耗情况，制定相应的平衡预案，适时调节燃料气系统外补燃料用量。比如，一般炼油厂中，常减压装置常压炉和减压炉的热量来源包括燃料油和高压瓦斯两部分，可通过适当增加常压炉的燃料气消耗量或通过换热流程优化，减少常压炉的外部燃料消耗量，从而节省成本。

6. 装置开停工过程燃料气系统优化

装置开停工时期，燃料气系统产耗量变化最大，各开停工装置大量、无序排放，造成资源浪费。为确保安全开停工，最大限度减少外补天然气用量，需统筹考虑，在制定装置开停工总体方案时，充分考虑燃料气排放量，提前预测开停工过程中的燃料气产耗变化情况，制定对策措施，适当错开装置开停工、泄压时间，避免集中排放。同时，尽量在停工前将各塔底液位降至最低，确保最少量退油，在装置自产干气大幅度降低的情况下，结合气柜高度，合理安排各装置燃料气用量，弥补天然气系统缺口，减少外补天然气用量。

7. 完善计量手段

实际生产中，炼油厂燃料气的生产与消耗经常不平衡，压力也随装置操作的调整而波动。因此，保持燃料气系统的产耗平衡非常重要。通过增设各燃料气至燃料气总管的计量仪表等，可以实时监测燃料气缓冲罐至系统的燃料气总量，并结合燃料气系统优化监测，计算外购燃料用量，进一步提升用气效率。

第七节 胺液系统

一、胺液系统概述

炼厂干气、液化气、循环氢等物流因含有 H_2S、CO_2 等酸性气体，均需要经过脱硫净化处理才能进行后续利用。吸收液可再生并能回收 H_2S 的醇胺法脱硫工艺广泛应用于炼厂气的净化过程，胺液脱硫及胺液再生组合在一起，即为胺液系统。胺液脱硫过程中，具有一定选择性的 *N*-甲基二乙醇胺(以下简称 MDEA)是应用最为广泛脱硫剂种类之一。

原油中的硫大多以 H_2S 的形式转移到产品气及循环氢物流中。随着原油重质化、产品清洁化及绿色环保要求日渐严格，原油加工深度逐渐提升，因而，炼化企业待脱硫处理的物流来源增多，胺液系统已成为炼化企业仅次于原油和循环水系统的第三大物流系统。同时，胺液系统的运行状况直接影响净化气质量，进而影响其他生产装置，如循环氢脱硫效率影响到加氢装置产品质量，瓦斯脱硫效率关系到加热炉的运行状况及环保是否达标等。

胺液系统不仅是炼化企业必不可少的环保装置，也是耗能大户，其能耗占全厂总能耗的 8%~10%，实现胺液系统优化运行对保障安全生产和降低全厂能耗具有重要的现实意义。

二、胺液系统典型工艺

目前，石油气的脱硫技术主要采用胺液吸收再生成套技术，炼油厂使用的吸收剂主要为 DEA、MEA、MDEA、DEPA 等碱性水溶液。MDEA 具有腐蚀性小，对同时含有硫化氢和二氧化碳气体的体系有一定的选择性脱除硫化氢的能力，且具有不易降解变质的特点，因而国内外普遍采用 MDEA 作为脱硫剂。脱硫和再生组合在一起的循环系统即胺液系统，其典型工艺流程如图 11-7-1 所示。

酸性原料气与冷却后的贫胺液在吸收塔中逆向接触，气相中的酸性气体被贫胺液吸收，吸收后的净化气从塔顶排出，吸收酸性气体后的富胺液由吸收塔底流出，经贫富液换热器回收贫液热量后从再生塔塔顶进入再生塔，富液在再生塔内靠再沸器提供的热量进行热再生，塔顶气体经冷却器冷却后，酸性气体排出系统，冷凝液全回流；塔底贫胺液经贫富液换热器及空冷、水冷冷却后循环回吸收塔重复利用。同时根据胺液损耗情况，不定期的向胺液系统补充新鲜胺液。

对于大型综合性炼油厂而言，一般具有多套胺液循环脱硫系统，分别针对加氢循环氢脱硫、催化干气脱硫、焦化干气脱硫以及硫黄尾气脱硫等不同体系。国内炼油厂胺液系统一般采用“贫胺液一次吸收+富胺液集中再生”的方式，再生后贫胺液再输送给胺液用户。胺液系统运行中具有以下现象：1)针对不同气体，胺液吸收对象不同。催化干气、焦化干气含有硫化氢和二氧化碳，而循环氢和液化气中不含有二氧化碳。在现有吸收设备中，MDEA 溶液

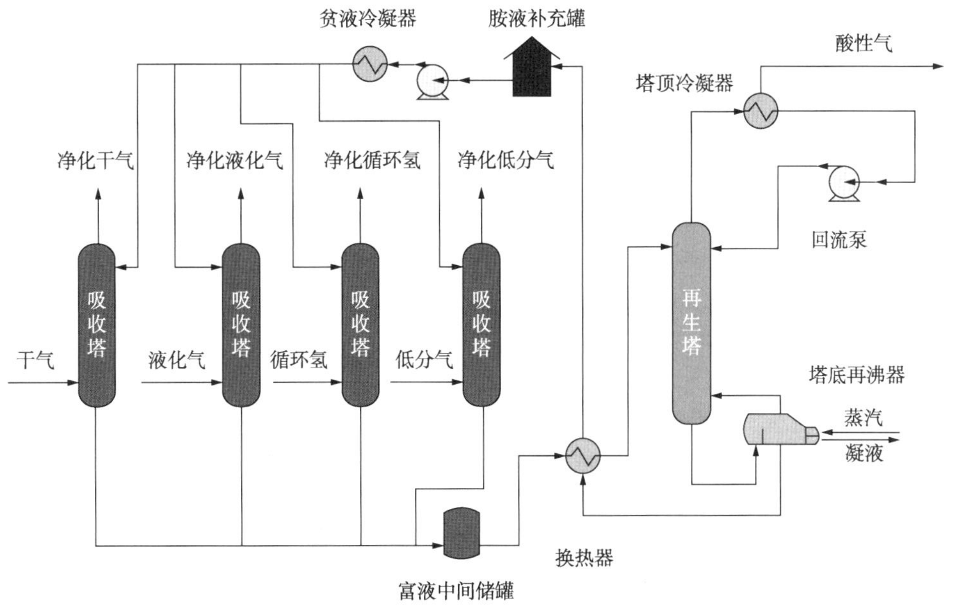

图 11-7-1　炼油厂胺液循环系统流程简图

对这两种组分的选择性吸收较差；MDEA 除了和硫化氢发生反应外还和二氧化碳发生反应。因此，要满足脱硫效果，必须增加胺液循环量，从而导致机泵以及再生塔的负荷提高，即能耗增加。2)不同脱硫体系中，富胺液的硫容不同。在炼油厂中，需要进行脱硫净化处理的气体较多，不同气体的硫化氢含量不同，容易出现“富胺液不富”的现象。现有的炼厂脱硫系统将含有不同硫容的富胺液统一进行再生，未将“半富胺液”进一步的吸收利用，增加了再生塔蒸汽耗量。3) 脱硫和再生的匹配问题。某些装置内部只有脱硫，脱硫产生的富液需送出至其他装置进行再生，如只有脱硫的装置有 M 套，可接收富液的装置有 N 套，在不考虑任何限制因素的情况下，将出现 $M \times N$ 种匹配方案，实际生产仅根据不同装置的负荷情况进行了简单的匹配，而未充分考虑不同装置的特点及整体能耗情况。因此，胺液系统表现出剂耗高、能耗高的特点，成为国内炼油厂实现节能降耗的瓶颈之一。基于以上的原因，从全厂的角度对胺液系统进行整体优化十分必要。对脱硫和再生给予较佳匹配，将可以利用的“半富胺液”进行有效利用，并针对不同的脱硫要求和生产、设备现状给予相对合理的胺液循环量。

胺液系统一般随主体生产装置先后配套建设或集中在硫黄装置建设，使得炼油厂胺液系统分布较为分散，出现不同胺液系统分属不同装置管理，甚至同一胺液系统中的不同脱硫塔、再生塔分属不同部门或装置管理的现状，因此，各胺液系统或胺液系统内的脱硫塔运行水平参差不齐，生产信息传递较慢，无法做到同系统、同部门及全厂胺液系统的信息共享；另胺液系统受上游装置的影响波动较大，某一时刻进行的优化调整在下一时刻不一定是最优的，如何实现装置的持续优化也是胺液系统面临的主要问题。

三、胺液系统存在的典型问题及解决对策

目前，胺液系统存在的主要问题是，涉及的装置多，系统分散，胺液浓度普遍不高，操作不够优化，存在较大的节能空间，炼化企业胺液系统运行过程中存在的典型问题包括以下

几个方面。

1. 胺液系统再生能耗高

富胺液再生塔通常以蒸汽为热源，再生过程需消耗大量蒸汽。据统计，中国石化 28 家炼化企业共设有 134 套胺液再生装置、412 套胺液脱硫装置，胺液循环量共计 15563.2t/h，蒸汽耗量约 1.6kt/h，蒸汽单耗平均为 114kg 蒸汽/t 循环胺液。胺液系统能耗高主要是因胺液循环量大导致，主要原因如下：

（1）MDEA 使用浓度偏低

当 MDEA 使用浓度较低时，为保证脱硫效果需提高胺液循环量，导致富胺液再生时需将更多的水加热到指定再生温度，消耗的蒸汽量增大，再生能耗高。

例如，茂名石化(原油加工量为 21.0Mt/a)的胺液循环量为 1.1kt/h，胺液平均浓度为 32%，蒸汽耗量 90t/h，九江石化(原油加工量 10.0Mt/a)的胺液循环量为 450t/h，胺液平均浓度为 32.5%，蒸汽耗量为 50t/h，降量降耗的节能空间较大。

（2）MDEA 同时吸收 H_2S 和 CO_2

待脱硫净化物流如催化、焦化、硫黄装置加氢还原气中同时含有 H_2S、CO_2，且 CO_2 含量远高于 H_2S 含量，而目前普遍采用的脱硫剂 MDEA 选择吸收性较差。在 MDEA 吸收脱硫过程中，为保证净化气中 H_2S 达标，一般 MDEA 吸收塔设备反应接触时间较长，在保证 H_2S 脱除率的同时，CO_2 也大量被吸收，导致富胺液中 CO_2 含量远远高于 H_2S 含量，既影响再生酸性气质量，也造成胺液循环量增加，导致能耗升高。

（3）MDEA 品质降低

胺液长周期循环使用过程中，胺液品质逐步下降，有效硫容降低。为保证脱硫效率，需提高胺液循环量，导致再生蒸汽耗量增加。

同时，热量是否有效利用也是影响能耗的一个重要原因。胺液中杂质含量升高易堵塞换热器，导致换热效率降低。经过流程模拟计算及工业验证，随着富液进塔温度的升高，再沸器蒸汽耗量逐渐降低。例如，胺液循环量为 350t/h 的溶剂集中再生装置，因胺液质量提升后，贫富液换热效率提升，其富液进塔温度自 82℃ 提高至 90℃，塔底再沸器蒸汽量自 42.5t/h 降低至 38.6t/h，降低 3.9t/h，节能效果显著。

因此，要解决胺液系统再生能耗偏高的问题，需要采用高选择性脱硫溶剂、提高胺液清洁度，保证胺液有效硫溶剂充分发挥作用，提高胺液使用浓度，降低胺液循环量，最终降低再生蒸汽耗量。

2. 脱硫率及 H_2S 选择性有待提高

炼化企业的扩能改造，使待脱硫物流增多增大，且随着原油中硫含量变化，待脱硫物流中 H_2S 含量存在较大波动，使胺液系统复杂度增大、处理要求提高，胺液系统的运行效果直接影响产品质量、环保达标、全流程平稳运行及经济效益等。

脱硫剂的酸气负荷、稳定性、抗蚀性、抗发泡性能等指标关乎胺液系统的运行效果，主要体现在待脱硫物流中 H_2S 含量稍有波动时，因 MDEA 本身限制(易发泡、易降解、腐蚀性增强)，无法提高使用浓度，只能通过增加胺液循环量保证脱硫效果。若装置操作负荷有限，净化气质量可能无法达标。

现有 MDEA 脱硫剂存在脱硫率及 H_2S 的选择性有待进一步提高的问题，处理高 CO_2/H_2S 比的工艺气时，MDEA 脱硫剂脱除 H_2S 的同时也吸收大量的 CO_2。例如催化干气中 H_2S 含量一般为1.3%(体)，CO_2含量一般为2.5%(体)，CO_2共吸率为50%~60%，即60%左右的CO_2进入脱硫剂富液中，影响酸性气质量。硫黄装置加氢还原气中H_2S含量一般小于1%(体)，但CO_2含量高达10%(体)以上，CO_2共吸率约70%~85%，MDEA同时吸收H_2S与大量CO_2，影响脱硫效率。并且酸性气中过量的CO_2会在硫黄装置中与H_2S反应产生有机硫，影响脱硫效率、装置能耗及硫黄装置焚烧炉尾气SO_2排放。

因此，提升脱硫剂溶液的硫容能力及对H_2S的选择性吸收性能，对于保证净化气提标、节能降耗具有很好的促进作用。

3. 胺液污染导致系统运行不稳定

胺液在长周期循环使用过程中，因待脱硫物流、补充水夹带杂质、腐蚀产物等，胺液品质会发生明显变化，导致胺液中固体悬浮物、油类、热稳定盐类增多，胺液中主要污染物种类见表11-7-1。胺液品质下降会导致相应的塔盘及换热器堵塞、液位计失稳、胺液发泡加剧等问题，出现仪表失灵等状况，影响H_2S脱除率及运行稳定性。

表11-7-1　胺液中主要污染物种类

污染物种类	污染物组成
悬浮物类	胶态FeS微粒、$Fe(OH)_3$颗粒、固体催化剂及焦粉残渣、金属碎屑、元素S
有机物类	烃类凝液、表面活性类物质、润滑脂类、氧化降解变质类残渣(烷醇胺磺酸酯、烷醇胺硫酸酯、烷醇胺、酰胺、聚脲等)
热稳定盐类	草酸盐、甲酸盐、乙酸盐、硫酸盐、硫氰酸盐、硫代硫酸盐、氯化物等

比如，焦化干气会夹带焦粉，焦化干气脱硫富液与其他脱硫富液混合后进入同一再生塔，其携带的焦粉随再生后的贫液分送至各脱硫塔，导致胺液污染，影响其他脱硫塔的脱硫效果及运行稳定性。

胺液在长周期的吸收-再生使用过程中，胺液因热降解、化学降解、氧降解等会产生热稳盐，造成溶液损失、有效醇胺浓度下降，增加了溶剂消耗。对胺液的热稳盐含量进行了分析考察，结果见表11-7-2。可以看出，催化贫富液和焦化贫富液的热稳盐含量相对较高。

表11-7-2　胺液系统热稳盐含量分析

项目	HSS1/%(质)		HSS2/%(质)		HSS3/%(质)	
	贫液	富液	贫液	富液	贫液	富液
1#催化	6	6.38	6.02	6.41	6.01	6.40
2#催化	3.15	3.31	3.17	3.34	3.16	3.33
焦化	8.51	8.85	8.45	8.91	8.48	8.88
柴油加氢	0.648	0.723	0.637	0.728	0.643	0.726
硫黄	0.723	1.46	0.719	1.5	0.721	1.48

胺液本身为易发泡体系，系统中杂质增多后发泡概率提高，导致吸收塔、再生塔塔釜液位波动频繁，干气脱液罐脱液时夹带泡沫、胺液等，影响装置处理量，气体脱硫效果变差，胺液大量“跑损”，需要定期补充新鲜胺液。因胺液污染导致系统中发泡和拦液现象频发的

问题，已严重影响长周期连续平稳生产。

综上，胺液自身易降解和体系中焦粉等杂质含量高是影响装置运行稳定性的重要原因，因此提高胺液洁净程度和胺液自身品质是提高胺液系统运行平稳性的重要措施。

4. 拦液冲塔问题

对于胺液系统而言，胺液系统循环量决定着系统能耗，提高胺液浓度是降低胺液循环量、降低系统能耗的最有效手段。因胺液属于易发泡体系，胺液脱硫系统运行中普遍存在因胺液发泡引起的突发性拦液冲塔问题，威胁着装置的长周期稳定运行。胺液浓度越高则发泡倾向越强，因胺液发泡导致的拦液冲塔问题，给安全平稳生产带来威胁。危害主要表现在以下几个方面：1)胺液损失加大，胺液被带入下游导致下游产品质量降低；2)降低了酸性气体的脱除效率，并且有可能达不到产品出厂的合格指标，在生产中不得不降量处理；3)整个吸收塔或再生塔的压力快速上升，或者压力表读数不准确，给安全操作带来困难；4)拦液造成整个系统波动较大，并对其他并行装置，如硫黄回收单元、SCOT 单元、蒸汽系统等装置平稳运行带来较大危害。因此，拦液冲塔问题，制约胺液浓度提高及胺液系统长期稳定运行。

5. 胺液系统智能化管理水平较低

胺液系统各单元间相互关联度高，任何一座塔器(吸收塔或再生塔)出现拦液冲塔等问题都会影响整个系统。同时胺液系统多随主体生产装置配套设计建设或集中在硫黄装置，整体分布比较分散，经常出现不同胺液系统分属不同装置管理，甚至同一胺液系统中的不同脱硫塔、再生塔分属不同部门或装置管理的现状。目前，对于胺液系统相关数据的统计、监控、管理方式较为简单，以“纸面管理”为主，生产信息传递效率低，信息化管理手段匮乏。

以某石化公司为例，其胺液系统包括 41 座吸收塔、6 座再生塔，脱硫塔分布在焦化、催化、加氢裂化、硫黄等 17 套装置，见表 11-7-3，胺液系统比较复杂，整体运行水平与管理效率有待提高。

表 11-7-3　某石化公司胺液系统分布情况

再生单元	脱硫单元	
	所在装置	脱硫介质
1#溶剂集中再生	焦化、催化	7 套干气脱硫、4 套液化气脱硫
3#溶剂集中再生	催化、柴加、渣加	7 套干气脱硫、2 套液化气、3 套循环氢脱硫
4#溶剂集中再生	加裂、蜡加、柴加	6 套干气脱硫、3 套液化气、5 套循环氢脱硫
3#硫黄尾气再生	硫黄尾气	1 套尾气脱硫
4#硫黄尾气再生	硫黄尾气	1 套尾气脱硫
5#、6#硫黄尾气再生	硫黄尾气	2 套尾气脱硫

因此，针对炼油厂胺液系统管理现状及技术运行水平，提升系统信息化与智能化管理水平，实现胺液系统工艺流程可视化、运行参数透明化、信息传递高效化、优化方案专家化、改造方案可行化，有助于企业管理人员全局性、系统性地管理胺液系统，提高胺液资源利用效率，及时发现系统运行瓶颈，达到降低运行成本、提高系统运行效率的目的。

四、胺液系统优化措施

1. 胺液系统全局优化

针对胺液系统存在优化空间、胺液使用浓度低，胺液质量下降等问题，建立全厂胺液系统模型，开展全厂胺液系统分析与诊断，分析胺液系统存在的问题，进而提出全局优化方案，实现提高胺液浓度、降低胺液循环量、减少再生蒸汽消耗、提高系统稳定性等目的，并可以实现全厂胺液系统节能降耗。另外，建立在线模拟优化平台，及时对生产条件进行跟踪分析，可以实现全厂胺液系统的高效管理，及时了解系统生产动态及能耗情况，便于对系统进行精细化操作，并实现系统持续优化，提高企业经济效益。

2. 胺液系统整体运行评价方法

目前，企业常用蒸汽单耗来评价胺液系统的运行情况，较为片面，不能直观反映胺液系统存在的问题。本技术在对胺液系统进行质能平衡分析的基础上，结合中国石化 130 余套胺液再生系统的建模与统计数据，采用数据回归及关联性分析技术，构建了针对胺液系统能耗与运行数据之间的关联模型，形成了可拓展的多指标(蒸汽单耗、单位解吸能耗、富液 H_2S 含量、贫富液温度等)胺液系统整体运行评价方法，实现了对胺液系统运行工况的综合评价和优化潜力分析。典型的优化方向和措施如下：

1)根据胺液系统实际运行情况，可分为加氢型和非加氢型，优化整合胺液系统，尽可能集中再生、净化。2)根据胺液系统运行实际情况，小幅、稳步提高胺液浓度，以 100Mt/a 炼油厂为例，胺液质量分数由 30%提高到 40%，胺液循环量降低近 1/4，年增效益约 3000 万元。3)优化再生塔操作，控制贫胺液 H_2S 含量在合理范围内。4)定期分析各脱硫塔富胺液 H_2S 含量，通过分析数据优化脱硫塔压力、贫胺液流量等操作参数。5)优化各脱硫塔操作后，再根据富胺液 H_2S 含量，制定梯级利用整改方案，提高胺液利用率。6)再生塔塔底重沸器采用低压蒸汽(0.35MPa)作为热源，再生温度建议控制在 120℃左右，防止胺液热降解。7)换热流程优化。为降低系统能耗，进行换热流程优化或更换高效换热器，提高胺液循环系统换热效率，降低贫胺液吸收温度。8)机泵改造。为降低机泵耗能，对机泵进行更换或增设变频等，实现胺液吸收液调整时机泵高效、低能耗运行。

3. 高选择性脱硫剂

针对胺液脱硫系统通常使用的 MDEA 存在的 H_2S 选择性低的问题，通过空间位阻胺评定、抑泡添加剂、抗蚀剂筛选及提高有机硫脱除率考察等，可采用具有高 H_2S 选择性、高硫容的空间位阻胺脱硫剂技术。该脱硫剂以 MDEA 为主(含量 90%以上)，添加性能优良的空间位阻胺(含量 5%~9%)及高效消泡剂、缓蚀剂和抗氧剂等多种辅助剂，提高脱硫剂的稳定性及综合性能。该新型高效选择性脱硫溶剂，具有空间位阻效应，可应用于石油、天然气、油田伴生气、液态烃、合成气的选择性脱硫，尤其适用于：

1）净化尾气提标，降低尾气中 H_2S 含量及有机硫含量，如硫黄装置加氢还原气脱硫。

2）降低 CO_2 共吸率的场合，如催化干气、焦化干气脱硫等。

3）需要降低液气比的场合，降低吸收液用量，提高处理气量。

4. 胺液品质提升技术

针对脱硫溶剂品质下降、固体杂质及热稳盐含量高，导致的胺液发泡、净化效果差，胺液使用浓度降低，再生能耗高，胺液损失量大，设备腐蚀等问题，需对胺液进行过滤净化处理，过滤去除溶液中的固体颗粒，净化去除以离子形式存在的热稳态盐。

经过技术比选，可选用无机膜过滤技术在线处理胺液中固体杂质及油类，根据胺液系统运行情况定期采用离子交换树脂或电渗析技术净化热稳盐。实施后胺液中热稳盐低于1%(质)，提高了胺液品质，减轻胺液发泡，减少换热器堵塞、腐蚀等现象，提高了胺液使用浓度，降低再生蒸汽量，减少事故停工次数。

5. 高效抑泡抗堵塔盘

传统的胺液脱硫塔、再生塔普遍采用鼓泡类传质塔盘，该类塔盘气液流动属于错流过程，气相的运动容易阻碍液相的流动，导致塔盘上液层高度变厚，这种气液传质机制对于易发泡体系极易导致塔盘上充满泡沫，大量的泡沫进入降液管导致降液系统推动力降低，当降液管全部充满时提供的静压差仍然不足以克服塔盘压降的时候，就会引起拦液冲塔现象。因此，鼓泡类塔盘的传质机制决定其用于易发泡体系极易引起拦液冲塔问题，已无法满足胺液长周期稳定高效运行的要求。

针对现有的脱硫塔塔盘结构简单、抗堵性能差、易发泡等问题，新型喷射态塔盘系列技术采用气液并流喷射传质方式，喷射管外置特殊结构帽罩，液相分散程度高、比表面积大、传递速率高，能够有效抑制泡沫的产生并减少雾沫夹带。液相进入帽罩内的间距可根据物系特点灵活设计，抗垢堵能力强，对易发泡胺液物系及易堵物系具有良好的适应性，保证长周期高效稳定运行；相比F1浮阀塔盘压降降低10%，通量提高30%以上，操作弹性相当，对于胺液体系，板效率提高5%以上。

新型喷射类型塔盘应用最广泛的主要是垂直筛板New-VST(如图11-7-2所示)和梯矩型立体传质塔盘CTST(如图11-7-3所示)。

图11-7-2　垂直筛板New-VST

图11-7-3　梯矩型立体喷射CTST

6. 运行监测与在线优化管理平台

为满足日益精细化的管理要求，实现全厂胺液系统的高效管理，开发全厂胺液系统运行监测及在线优化管理平台，将分布在各个部门、各个装置，但同属于胺液系统的脱硫塔和再生塔放在一个画面进行展示和监测，并对其物耗、能耗和运行情况进行统计和管理。用户可从多个角度、多个层次对胺液系统的运行情况进行监测与分析，对胺液系统的管理更加高效和全面；同时将之前建立的机理模型发布在平台上，与实时数据关联，一方面通过数据调和功能，预测所有未知的操作和分析数据，另一方面分析操作变量与净化气体H_2S含量之间的对应关系，当装置进料或负荷等发生变化时，及时给出调优方向。依据实时数据定期对全厂胺液系统的模型进行分析计算，同时用户可更改输入对系统或单塔进行分析，实现胺液脱硫系统的持续优化。

五、应用案例

1. 胺液系统全局优化技术应用案例

某企业因原油更换频繁，导致各脱硫塔原料气硫含量变化大，酸性气量变化大。现有的三套胺液系统脱硫塔已经按类型区分(硫黄、非临氢与临氢)，但从集中再生胺液系统运行效果上看，未取得明显节能效果。胺液系统全局优化技术，将各个胺液系统的脱硫塔、再生塔以及换热网络进行统筹考虑，在确保产品质量的前提下进行分析诊断，综合优化胺液系统多个操作变量，如贫液温度、贫液用量、贫液质量、MDEA 浓度以及换热网络等制定优化操作方案。

通过对该企业各胺液系统进行建模计算，并评估不同脱硫塔贫液量过剩的程度，得到各装置脱硫塔贫液用量与净化气 H_2S 含量的关系，量化贫液用量对净化气 H_2S 含量的影响，最终得到各塔贫液用量的降低的空间，并分阶段进行优化实施。

其中，$3^{\#}$集中再生胺液系统循环量由 425t/h 降低至 410t/h，富液 H_2S 浓度由 15g/L 上升至 18g/L，$4^{\#}$集中再生胺液系统循环量由 540t/h 降低至 490t/h，富液 H_2S 浓度由 16g/L 上升至 21g/L，经统计，集中再生胺液系统的胺液循环量共计降低 65t/h，降低胺液系统再生蒸汽 5.36t/h。

通过建模评估发现 $3^{\#}$集中再生胺液系统贫液质量存在优化空间，根据其过剩程度确定再生贫液质量降低的空间，$3^{\#}$集中再生胺液系统贫液 H_2S 含量已达 0.4g/L，存在质量过剩，且因贫液质量过剩，再生塔蒸汽耗量大，经模型计算得出该胺液系统的最优贫液质量为 0.7~0.8g/L。因此，企业通过控制塔顶塔底温度，逐渐降低再生塔蒸汽用量，在上游吸收塔净化气质量达标的前提下，经一段时间观察，贫液质量逐渐达到优化值 0.8g/L 左右，再生塔蒸汽量从 45.4t/h 降低至 35t/h，降低了 10t/h。按照年操作 8400h，蒸汽价格 100 元/t，年综合创效约 1290.24 万元。

应用结果表明，通过开展胺液系统全局优化技术，开发胺液系统运行管理与优化平台，可以解决胺液系统能耗高、硫容不均的运行优化问题，也可以解决胺液系统体系复杂、生产信息传递效率低等的运行管理问题。

2. 高选择性脱硫剂应用案例

某企业溶剂再生装置的酸性气 CO_2 含量>85%(体)，影响硫黄装置硫转化率、加氢催化剂寿命、运行稳定性，同时也导致硫黄尾气 SO_2 排放超标、酸性气气量增大。经分析，酸性气中 CO_2 含量主要来自催化干气脱硫过程及硫黄装置加氢还原气脱硫过程，干气及加氢还原气中 CO_2/H_2S 比值较高，而脱硫过程均采用普通 MDEA 脱硫剂，因 MDEA 对于 H_2S 的选择性吸收能力有限，导致贫液吸收过程中吸收过多的 CO_2，使得富液再生后酸性气中 CO_2 含量较高。

为解决该企业胺液循环系统存在的 CO_2 共吸率高导致的酸性气气量大、酸性气中 CO_2 含量高等问题，应用了高效脱硫剂，重点考察其 H_2S 脱除率、CO_2 共吸率、再生塔蒸汽耗量等参数。

应用结果表明，溶剂再生系统胺液藏量约 200t，胺液使用浓度为 32%，累计加注 20t 脱硫剂后，H_2S 脱除率基本稳定，CO_2 共吸率由加剂前的 24.82%降低至 12.64%。同时，因 CO_2 共吸率降低，再生酸性气中 CO_2 浓度由 40%降低至 30%，酸性气中 H_2S 浓度明显提升，酸性气中 H_2S/CO_2 比值自 0.1 左右提高到 0.16 左右，酸性气质量提升，酸性气量降低 10%，硫黄装置反应炉炉温明显升高；胺液循环量自 53t/h 降低至 40t/h，蒸汽耗量自 4.7t/h 降低到 3.6t/h，节省蒸汽 1.1t/h，蒸汽耗量降低 23.4%。

3. 胺液品质提升技术应用案例

为解决某石化公司胺液系统存在的胺液品质下降、影响换热器效率问题，提高富液进再生塔温度，降低再生能耗，该企业选用大连石油化工研究院开发的高效错流高精度无机膜技术开展工业应用考察。投用本技术装置后(装置设计处理量为 $40m^3/h$)，根据装置标定期间采样分析结果可知，装置净化效果良好且运行稳定，“悬浮物+油”一次脱除率≥98%，再生胺液的悬浮物及油含量均远低于规定的产品指标(渗透液油含量≤100mg/L，悬浮物含量≤50mg/L)。

改造前，因胺液质量差，存在过滤器频繁堵塞、热稳盐装置清洗频繁的问题，硫黄装置闪蒸后富液过滤器需 2 个月清洗滤芯一次，每次清洗费用约 4.8 万元。气柜装置脱硫塔因胺液杂质较高，每年清洗 4 次，每次清洗费用为 5 万元/次，热稳盐装置每年运行 1 次，开工费用约 25 万元/年。同时，因胺液质量需定期补充新鲜胺液，年累计补加胺液 54t。

改造后，富液过滤器清洗周期由 2 个月延长至 12 个月，热稳盐装置开工周期延长 12 个月，气柜脱硫塔运行周期自 3 个月延长至 2 年。年补充新鲜胺液量减少为 24t。同时，因胺液质量提升，换热器换热效率提升，富液进再生塔温度提高，再生塔蒸汽耗量降低，节省蒸汽 3.5t/h，年累计节省费用 600 多万元。

4. 高效抑泡抗堵塔盘应用案例

某企业胺液循环系统塔内件普遍采用浮阀塔盘，部分塔器存在因胺液发泡引起的拦液冲塔问题，胺液损失率偏大，且胺液浓度偏低，质量浓度为 28%~30%。

采用大连开发的 SDMP 塔盘技术对脱硫塔和再生塔先后进行了内件改造，实施后有效解决了拦液冲塔问题，系统胺液浓度由 28%提高到 38%，且能够稳定运行，胺液循环量由 136t/h 降低到 110t/h，蒸汽消耗量由 13.4t/h 降低到 10.5t/h，节汽 2.9t/h，这表明提高胺液浓度可有效降低胺液循环量和蒸汽消耗量，SDMP 塔盘技术对易发泡体系具有良好的适应性。

5. 运行监测与在线优化管理平台

运行监测与在线优化管理平台根据全厂胺液系统情况，绘制全厂、部门级、车间级胺液系统流程，其中全厂胺液平衡精确到各个装置的胺液流量。各个部门的胺液系统流程不仅展示部门内各装置的胺液流量和走向，还展示跟物料平衡相关的气体的流量和酸性气、闪蒸烃流量等；各个胺液系统级的流程更加细化，精确到每台设备，并在一个画面展示操作数据、分析数据、设备数据等所有与系统相关的数据。

同时，通过后台的系统管理(应用管理、参数管理、日志管理等)和模型库(系统基准模型、系统调和模型、单塔模型等)来实现前台的监测与分析、物料平衡、能量平衡、单塔分析和报表管理等五大功能。其中，监测分析功能可细分为总貌展示、运行监测、质量监测和操作分析；物料平衡功能可细分为总物料平衡、部门物料平衡、系统物料平衡和数据导出；能量平衡功能可细分为能量消耗、能耗统计、介质能耗分布和部门能耗分布；单塔分析可细分为原料气影响、贫液影响、胺液浓度和吸收条件；报表管理可细分为物料统计、能量消耗统计、补充胺液和指标情况。功能架构如图 11-7-4 所示。

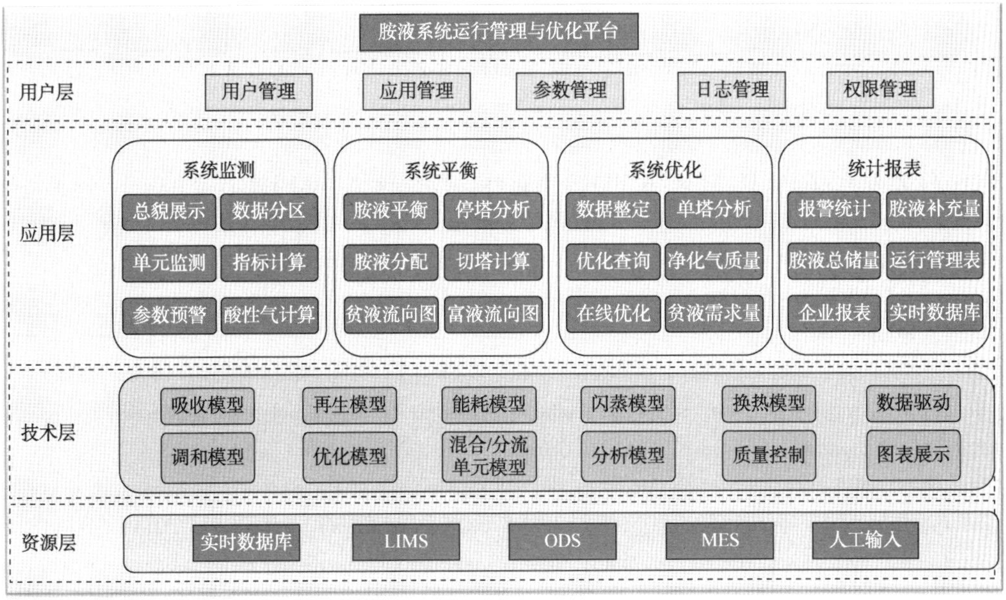

图 11-7-4　胺液平台功能架构图

参　考　文　献

[1] 林维勇. GB 50057—2010，建筑物防雷设计规范 中国计划出版社.

[2] 陆万林. GB 50074—2014，石油库设计规范 中国计划出版社.

[3] 韩均. GB 50737 石油储备库设计规范 中国计划出版社.

[4] 王财勇. SH/T 3060—2013 石油化工企业供电系统设计规范. 北京：中国石化出版社，2013.

[5] 袁学群等，中国石化工程建设公司. SH/T 3097—2017 石油化工静电设计接地设计规范. 北京：中国石化出版社，2017.

[6] 秦文杰，黎德初，原永禹，等. 化工企业电气设备及运行管理手册[M]. 北京：化学工业出版社.

[7] Aguilar O，Perry SJ，Kim JK，et al. R. Design and optimization of flexible utility systems subject to variable conditions-Part 1：modelling framework，Chemical Engineering Research and Design. 2007；85：1136-1148.

[8] Chen CL，Lin CY. Design and optimization of total site energy systems for chemical plants[J]. Chemical Engineering Transactions，2011，25：659-664.

[9] Zhu Q，Luo X，Zhang B，et al. Mathematical modeling，validation，and operation optimization of an industrial complex steam turbine network-methodology and application[J]. Energy，2016，97：191-213.

[10] Oliveira Francisco AP，Matos HA. Multiperiod synthesis and operational planning of utility systems with environmental concerns. Computers & Chemical Engineering，2004，28：745-753.

[11] Luo X，Zhang B，Chen Y，et al. Operational planning optimization of multiple interconnected steam power plants considering environmental costs[J]. Energy，2012，37：549-561.

[12] Gharaie M，Zhang N，Jobson M，et al. Simultaneous optimization of CO_2 emissions reduction strategies for effective carbon control in the process industries[J]. Chemical Engineering Research and Design，2013，91：

1483-1498.

[13] Bamufleh HS, Ponce-Ortega JM, El-Halwagi MM. Multi-objective optimization of process cogeneration systems with economic, environmental, and social tradeoffs[J]. Clean Technologies and Environmental Policy, 2012, 15: 185-197.

[14] Gharaie M, Jobson M, Panjeshahi MH, et al. Techno-economic optimization of IGCC integrated with utility system for CO_2 emissions reduction—Simultaneous heat and power generation from IGCC[J]. Chemical Engineering Research and Design, 2015, 94: 428-39.

[15] Wei Z, Zhai X, Zhang Q, et al. A MINLP model for multi-period optimization considering couple of gas-steam-electricity and time of use electricity price in steel plant[J]. Applied Thermal Engineering, 2020, 168.

[16] Petroulas T, Reklaitis GV. Computer-aided synthesis and design of plant utility systems[J]. AIChE Journal, 1984, 30: 69-78.

[17] Aguilar O. Design and optimisation of flexible utility systems[J]. UK: The University of Manchester, 2005.

[18] Del Nogal FL, Kim JK, Perry S, et al. Synthesis of mechanical driver and power generation configurations, Part 1: Optimization framework[J]. AIChE Journal, 2010, 2356-2376.

[19] Li Z Q, Du W L, Zhao L, et al. Modeling and optimization of a steam system in a chemical plant containing multiple direct drive steam turbines[J]. Industrial & Engineering Chemistry Research. 2014; 53: 11021-32.

[20] Wu L, Liu YZ, Liang XQ, et al. Multi-objective optimization for design of a steam system with drivers option in process industries[J]. Journal of Cleaner Production, 2016, 136: 89-98.

[21] Bai HB, Li SY, Wang XP, et al. Design and optimization of multiple interconnected utility systems in an integrated refining and petrochemical complex[J]. China Petroleum Processing and Petrochemical Technology, 2020, 22: 126-136.

第十二章 能量系统优化

第一节 概 述

一、能量系统优化的作用与意义

近年来，我国炼油企业的节能工作取得了显著成绩，大量节能新技术的广泛应用，使得炼油装置的主要技术指标大幅提升。炼油技术指标不断提升的同时，炼油装置本身的能耗水平也越来越接近或达到世界领先水平。炼油企业的节能潜力已挖掘得比较深入，提升炼油能效水平的工作开始出现瓶颈，具体体现在：装置能耗指标先进，但炼油企业的能源消耗依然较大。

由于炼油过程的单元与局部、局部与子系统和全局系统之间缺乏有效的能量集成优化，包括炼油企业的蒸汽动力、低温热利用、辅助系统以及包括采暖、空调等生活用能的匹配普遍存在优化空间，公用工程系统的运行普遍孤立考虑，各工艺装置间及工艺装置与辅助系统之间缺乏有效的全局优化，导致由装置和辅助系统构成的炼油企业整体加工能耗与国外先进水平仍有一定差距。能量系统优化技术是以企业本质用能合理为出发点，集成考虑用能过程的各环节，从炼油企业的全局视角，整体优化和系统改进能量的利用状况，有针对性地解决企业用能过程中存在的深层次问题，提高炼油过程用能的合理化水平。能量系统优化技术是破解当前和未来一段时期炼油企业节能工作瓶颈的重要理论指导。随着节能工作的深入，炼油能量系统优化的应用将会越来越广泛。

(1) 炼油过程用能的复杂性使得能量系统优化技术具有较大应用空间

能量是推动炼油生产过程的重要因素，既要驱动流体物料的流动，又要完成工艺介质的分离，同时也是推动反应进行的条件，因此能量在炼油生产过程中的利用形式多样。同时，能量的供入来源广泛、品种繁多，包括原煤、石油焦、炼厂干气(瓦斯)、燃料油、天然气、蒸汽、电等。能源的转化和用能形式差别较大，加之炼油过程的工艺物流数量多、温位分布较广、压力等级多，物料间的能量选择匹配余地大。因此，炼油生产的工艺特点决定了用能过程的复杂性，这使得应用过程系统方法优化炼油用能过程具有较大的施展空间。

(2) 炼油产能的逐步发展为能量系统优化提出了现实需求

我国多数炼油企业的建设年代跨度较大，炼油能力逐步增加，项目投资中对主要工艺装置的扩能投入较多，而对公用工程和用能系统关注较少，工艺装置一再依托原有公用工程，导致工艺过程与用能过程缺少统一规划。未来一段时期内，环保与碳减排约束将会驱动新一轮炼油装置升级改造，能量系统优化技术将在工艺产能升级与用能优化的协同发展中发挥重要作用，降低产能升级项目投资的同时提升过程能效水平。

（3）技术经济条件的改变及新技术出现，对炼油用能提出新要求

能量系统优化的本质是追求用能过程的经济最优化问题，权衡过程推动力与设备投资的最佳组合，因此，全社会技术经济条件的改变必然带来用能过程最优参数条件的变化，需要能量系统优化技术迭代升级。例如能量价格的上涨，使得钢材与原油的比价越来越低，以热回收为主的节能设备的经济平衡点会出现新变化，炼油过程加热炉排烟温度、传热温差等逐渐降低，最优的能量回收条件也会因经济条件的变化而改变。

因此，与一般企业节能技改措施往往从能量浪费的外在表现所不同，炼油能量系统优化是从过程用能本质合理的角度出发，在揭示和运用用能规律基础上，以企业用能的全局视角，优化能量利用过程，切实提升企业的整体用能水平。

二、炼油能量系统优化过程

炼油能量系统优化技术是在一定的物料流程基础上，追随系统的能量演化过程，以流程模拟和优化技术为基础，紧密结合生产工艺用能特点，最大限度优化现有工艺条件，通过总流程调整、工艺参数优化、局部流程调整、工艺管理以及全局系统优化，在单元设备、局部子系统和系统全局三个层次上协调优化，达到全局用能最优的改进效果。

1. 总体思路

炼油能量系统优化技术主要研究炼油过程的用能规律及特点，以工艺装置用能改进为核心，同时对炼油企业全局的总体用能过程、装置间热集成系统、低温热综合利用系统、公用工程系统等进行集成调优。

炼油生产工艺的用能过程复杂，全局系统涉及多个工艺装置和公用工程系统，能量系统优化在进行工艺装置和全局系统优化过程中要涉及数量庞大的过程变量和约束关系，需要采用科学的分解调优策略，避免或降低变量与约束关系间的相互干扰，保证能量全局优化的系统性和可行性。

工艺装置是全厂能量利用的核心，工艺装置用能优化是能量系统优化的关键过程，同时也是全厂多个系统调优的前提和先决条件，工艺装置优化后确定的燃料气产/用量、蒸汽产/用量、低温热产/用数量、热出料条件、热量富余情况、公用工程参数等条件是全局系统优化的初始边界。同时系统优化结果也会反馈影响到工艺装置用能，各个全局系统在优化前后也会相互关联，例如热集成系统优化结果会影响全局低温热的资源量，进而对低温热利用系统产生影响。

根据炼油过程的用能特点及规律，炼油能量系统优化的相关工作内容、层次及工作步骤包括：企业总体用能改进、工艺装置能量优化、装置间热集成、低温热综合利用优化和公用工程系统优化五个相互联系的任务过程，开展的策略如图 12-1-1 所示。

2. 企业总体用能改进

企业总体用能改进是从炼油企业全厂角度出发，整体优化改进用能过程。在原料、产品数量确定的条件下，优化从原料到产品的工艺路线；合理确定和优化全厂的总加工流程，例如循环比、回炼比；避免重复分离-混合、重复加氢等过程。总体用能改进是在满足全厂加工任务的前提下，结合总流程优化降低能源消耗，其结果是确定最优的装置运行边界条件，为工艺装置优化提供依据。

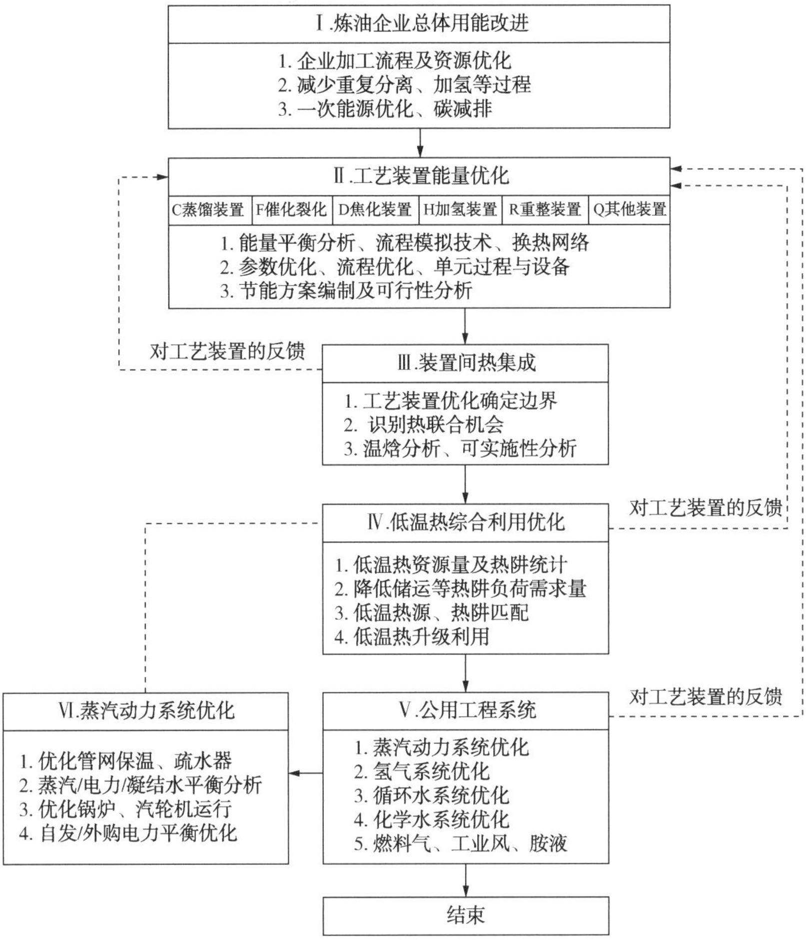

图12-1-1　炼油整体能量优化实施框架图

3. 工艺装置能量优化

工艺装置是炼油过程能量利用的核心环节，工艺装置既消耗能源，又产出蒸汽、电、工艺热等形式的能量，工艺装置用能状况的改进会决定和影响后续热集成、低温热回收利用以及蒸汽动力系统的运行等。

工艺装置的能量优化首先需要对装置的反应和分离过程进行用能改进，降低工艺总用能与过程㶲损耗。对于反应过程，进行必要的工艺路线优选、工艺参数优化以及反应过程与设备强化，例如优化制氢过程水碳比、加氢过程氢油比、催化过程剂油比等；对于分馏过程，在物料和能量同时优化的前提下，通过塔板数-回流比-分离精度之间的权衡，优化中段取热分配和各塔段内回流，优化塔底汽提蒸汽量，并考虑在部分用能“瓶颈”塔段采用新型高效塔盘或高效规整填料，提高分馏效率。

其次，优化工艺装置换热流程、自发汽等级及数量、吹汽量、中段抽出量等主要操作参数；通过工艺运行的自适应权衡，合理应用单元节能技术，例如：中间再沸器/冷凝器、永磁调速、无级气量调节、变频调速等。通过降低工艺过程耗能，最终目的是降低核心工艺装置所需要的能量，同时确定全局系统优化的边界条件。

4. 装置间热集成

在工艺装置能量优化的基础上，实施工艺装置之间的热匹配，通过热集成流程优化、中间产品的出料温度优化，并结合相关装置的换热网络改进，在全局范围内提高能量利用和回收的整体效率。一方面，炼油企业全厂范围的热源、热阱温位分布较广，包括从500℃到接近常温的热量，装置内的热量温位分布不均衡，如果仅在装置内部进行换热回收，很难做到优化匹配。如催化裂化、加氢裂化、延迟焦化、常减压等高、中温装置，不仅热源过剩，且匹配的传热温差均较高，造成能量在量和质两方面的浪费。另一方面，气分、MTBE、污水处理等装置温位相对较低，且其本身的热源难以满足自身需要，存在大量低温热阱；蒸汽动力系统锅炉给水的三段预热(即常温至除盐水温度40℃，除盐水40~70℃预热以及104℃左右前的除氧水预热)，储运系统维温、伴热等均是理想的低温热阱。针对炼油厂能量分布状况，实施装置间热集成，可以在全局大系统范围内进行冷/热流的匹配，实现热阱和工艺余热资源的优化利用，提高热量的总体利用效率。

热集成通过对工艺装置的温-焓分析，确定工艺装置不同温位热量的富裕情况，优化热量在装置间的分布。装置热集成影响因素较多，最关键的优化问题是根据热量分布关系，确定合理的热量转移程度，一般通过优化热出料温度体现。热出料温度过低，不仅起不到热集成的效果，还会增加上下游装置的冷却和加热负荷；相反，热出料温度过高，不仅会使热输出装置的热负荷增加，同时还会把过多热量“挤压”到下游装置，导致下游装置产生大量低温热，难以利用。因此，优化热集成出料温度是热集成系统优化的关键，它同时会决定低温热在装置的分布、温度的分布和区域的分布，进而对后续低温热系统优化产生影响。

另外，装置间热集成需结合总体加工流程规划及装置进料情况等，进行上下游装置进料物流流程优化调整，如常减压、催化、加氢、焦化等装置之间物料流程改进。同时，综合考虑各种工程因素(包括自控、平面布置、开停工和事故处理、产品质量以及装置的操作弹性等)，进行不同工艺装置或工段之间的物料直接换热或直接热进、出料优化。

热集成同全厂低温热利用和蒸汽动力系统优化密切关联，必须同时考虑，是否采用热集成取决于在多种原料、多个产品方案下热联合流程的弹性、可操作性和可控制性，最后通过经济权衡来决定取舍。

5. 低温热综合利用优化

炼油的低温热是指在能源投入和使用过程中，因降级产生的难以利用的低品位能量，是能源使用过程中品位降级的结果。能量的合理利用应尽可能降低能量的无谓降级，因此优化炼油过程的能量系统，应采取各种手段避免低温热的产生。工艺装置能量优化和装置间热集成步骤的实施可以大幅降低企业全厂的低温热量，为大范围系统的低温热综合利用提供了优化条件。低温热综合利用是在采用避免低温热产生各种措施的基础上，对仍然存在的低温热进行大系统的全局优化利用。

低温热综合利用的首要步骤是对优化工艺装置后剩余的低温热进行统计和可利用评价。其次，在全厂范围充分深入挖掘低温热阱、优化低温热阱的能量利用。如油品储运系统的维温、管线伴热、生活用热等，降低热阱的能量需求。在优化低温热阱的基础上，对低温热源、热阱的利用匹配进行优化，包括：1)温位匹配。高温余热用于高温热阱，低温余热用于低温热阱。2)顺序利用。优先考虑长期、稳定利用，先工业后生活，先厂内后厂外。3)保证工艺装置操作安全、平稳，在热阱变化及生产方案切换时不受影响。4)装置平面布置允许。同时，在充分考虑全局范围内热源、热阱的数量、温位及平面布局等条件下，通过优化设计循环热媒水流程，实现热量回收和利用最大化。最后，对仍然有剩余的低温热进行升级利用。

储运系统作为重要的低温热阱，通过优化可以降低能量需求，优化内容包括：1)油品储运工艺参数优化，包括油品允许储存温度、进储罐温度、储存时间等。2)部分中间产品由冷储罐改为热储罐，如常减压装置蜡油、减渣等侧线热出料，实现催化裂化、延迟焦化、加氢等装置热进料。3)维温、伴热方式改进：部分油罐维温和管线伴热改用热水，减少热量损失，并尽量利用常减压、催化裂化等工艺装置低温余热作为热源。4)按罐区维温要求，划分为90~70℃、60~40℃、40~20℃等不同维温段，实现低温热源的多级利用，提高能量利用效率。5)换热站设置优化调整及运行，包括生活热水、生活区冬季采暖用蒸汽改用热水等。6)蒸汽加热维温、伴热系统改进：部分采用1.0MPa的维温要求较高用户，需配套进行疏水系统改造，采用高效疏水设备，减少蒸汽消耗。7)油罐、输油管线保温优化改造，减少热损失。

6. 公用工程系统优化

公用工程系统是指在企业全厂范围内为工艺装置提供蒸汽、电力、氢气、燃料气、循环水等能耗工质的生产系统。

(1) 蒸汽动力系统优化

蒸汽动力系统优化是能量系统优化节能效益和经济效益的最重要体现部分，工艺装置减少的蒸汽、电力需求，最终通过蒸汽动力系统反映在企业减少了煤、瓦斯、石油焦等消耗。在工艺装置用能优化、装置间热集成和低温热综合利用的基础上，全厂蒸汽产、耗将形成新的平衡格局。能量系统优化必须在新的蒸汽平衡格局下，优化改进蒸汽动力系统，降低企业外部供入燃料的消耗，提高机组效率和蒸汽动力系统的经济效益。蒸汽动力系统优化内容主要涉及：1)配合全厂蒸汽替代工艺加热炉，优化改进联产系统(CFB锅炉，抽、凝机组)。2)配合全厂用能改进的蒸汽产/用平衡和柔性改进，工艺过程节汽及发汽优化，低温热回收替代蒸汽。3)蒸汽动力系统运行负荷优化，优化蒸汽动力锅炉、汽轮机启停、抽汽参数、运行负荷等参数；蒸汽管网改进，管网布局、保温、压力等级、疏水方式等。4)结合蒸汽平衡的动力驱动源优化，新的蒸汽系统格局下的凝结水回收。5)结合能源价格确定企业合理的汽电比、外购电比例等，降低蒸汽动力系统一次能源投入。以全厂蒸汽平衡作为协调手段，通过能量需求-燃料结构-转换设备优化三者的协调权衡，提升全厂蒸汽、动力的利用效率，有效消除各种减温减压等能源浪费，提高能源利用效率。

(2) 氢气系统优化

针对炼油厂日益增加的氢气需求和成本，企业氢气系统优化需要全面考虑。炼油厂的氢气系统包括用氢装置、制氢装置、回收装置、压缩机、氢气管网等，优化氢气系统既是氢气网络系统优化的重要组成部分和先决条件，同时又受到工艺生产过程的影响。氢气系统优化内容包括：1)优化用氢装置、降低氢源需求的品质与数量；2)提高副产氢量，降低制氢成本；3)在优化管网级数的基础上，按氢气纯度合理匹配氢源和氢阱；4)选择合适的方式回收利用含氢气体中的氢气资源；5)优化制氢过程工艺和原料；6)提高关键设备效率等。同时应完善制氢、供氢系统的先进控制，实时监控耗氢、产氢装置的动态变化，加强氢气系统管理。氢气系统优化的最终目的是降低炼油过程的制氢能耗和成本。

(3) 循环水系统优化

循环冷却水系统是炼油过程的重要公用工程系统，对循环水系统进行系统优化，是炼油企业能量系统优化的重要内容，包括：1)降低循环水量；2)降低循环水系统供水；3)降低循环水管道阻力降；4)提高循环水系统设备效率；5)富余压头的回收利用；6)循环水回水余热的利用。

同时，公用工程系统的氮气、空气、化学水、污水处理、瓦斯系统等也消耗大量能源，也应作为炼油能量系统优化的内容。

第二节　炼油过程的用能分析

炼油生产过程是通过物理和化学变化，把连续、稳定流动的石油及原料加工成为产品的过程，能量是推动过程进行的动力源泉，在完成从原料到产品的一系列过程中无不在消耗能量。能量的转换、过程利用以及利用后的回收循环，构成了炼油生产过程用能的完整过程。

炼油过程的用能分析就是应用热力学原理对过程中的能量转换和传递、使用和损失、回收和排弃的情况进行计算和分析，揭示出能量消耗的大小、原因和部位，为改进指出能量利用效率提高的方向，并运用技术经济的优化方法作出剖析和筛选，从而提出和评价不同的改进措施。

一、用能过程的热力学分析

三环节结构模型是我国学者提出，并广泛用于炼油装置能量平衡分析的一种结构模型。

按照能量变化线索研究工艺过程，发现石油化工过程用能有下述三大特点：

1) 过程用能的主要形式是热、功和蒸汽，而热、功和蒸汽又是由电和燃料转化来的，一般是通过转换设备，如炉、机泵等实现。

2) 转换设备提供的热、功、蒸汽等形式的能量进入工艺核心环节(反应、分离等)，连同回收循环能量一起推动工艺过程完成后，除部分能量转入产品中外，其余均进入能量回收系统。

3) 能量在工艺核心环节完成其使命后，质量下降，但尚具较高的温度和压力，在很大程度上可以通过换热设备、换功设备(如液力透平)等回收利用，从而可以减少转换设备输入的能量。但受工程和经济条件约束，回收不能彻底，最终通过冷却、散热等渠道排弃到环境中。连同转换环节的损失能一起构成了装置能耗。

因此，石油化工过程用能存在“三大环节”：将一次能源转换为工艺过程可以直接利用的能量转换和传输环节、完成工艺核心过程的能量使用环节和从工艺利用环节排出能量中进一步回收利用的能量回收环节，即能量转换及传输、能量使用、能量回收“三个环节”。其中，用能对象是核心工艺设备，但其数量不变(无消耗)，与之匹配的转换和传输环节以及能量回收环节却表现出一定的能量排弃。基于上述用能特点，提出了用能分析三环节模型，系统地解决了炼油装置能量平衡和㶲平衡的方法问题，用能分析的三环节能量结构模型如图 12-2-1 所示。

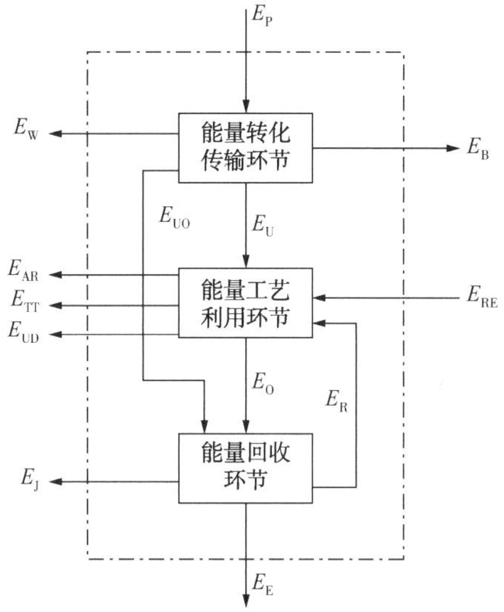

图 12-2-1　三环节能量结构模型图

注：E_P 为总供入能；E_U 为有效供入能；E_B 为转化输出能量；E_W 为直接损失能量；E_R 为回收循环能量；E_O 为待回收能量；E_E 为回收输出能量；E_J 为回收环节排弃能量；E_{UD} 为工艺利用设备散热；E_{UO} 为非工艺流体有效动力；E_{RE} 为反应放热；E_{AR} 为反应吸热；E_{TT} 为物理能差；$E_T=E_{TT}+E_{AR}-E_{RE}$ 为热力学能差。

用能分析三环节模型从宏观上指出能量使用的平衡和制约关系。装置使用能量贯穿于整个过程中，能量品位降低，最后达到工程上不能再回收利用时损失掉，构成能量的消耗。

1. 能量平衡参数

(1) 总供入能 E_P

总供入能 E_P 由转换环节设备的供入能项汇总，包括下列内容：1)供入燃料；2)供入焦炭(包括催化裂化烧焦)；3)外供入蒸汽；4)供入电(包括装置耗电与水、压缩空气折电)；5)外供热：指装置热进料(超出规定温度以上部分)和回收环节回收后用于转换环节的能量(加热炉用空气，转换环节用自发汽等)；6)原料带入化学能。

(2) 转换输出能 E_B

转换输出能 E_B 是指由转换环节输出到装置外的能量，主要有：1)汽轮机抽出或背压蒸汽；2)加热炉等加热外装置物料等热量；3)转换环节热电联产供出装置外电量。

(3) 直接损失能 E_W

1) 排烟热损失包括：炉子燃烧排烟损失、化学不完全燃烧损失、机械不完全燃烧损失、炉子雾化蒸汽(以在排烟温度下的焓进行计算)、炉子用电(风机)的有效动力等。

2) 烟气余热锅炉等排污，蒸汽传输泄漏损失。

3) 散热损失，包括转换设备散热，热出料，外供热及蒸汽传输热损失，受热流体由转换设备至工艺设备间的传输热损失等。

4) 无效动力能，指工艺机泵、水、压缩空气折电的无效动力，汽动泵(蒸汽往复泵、蒸汽喷射泵)的无效动力(由总供入蒸汽能减去有效功计算)。

(4) 非工艺流体有效动力 E_{UO}

E_{UO} 指未进入工艺流体的机泵等有效动力，主要为水、压缩空气折电及空冷风机的有效动力，以及其他非工艺流体的有效动力，该部分能量未进入工艺利用环节，应单列计算。

（5）有效供入能 E_U

E_U 指总供入能 E_P 中经转换和传输环节供出的有效能量，包括炉子、再生器、机泵和蒸汽传输的能量等项。

（6）工艺总用能 E_N

工艺总用能 E_N 指在测试期操作工况下，体系工艺设备使用能量的实际数量（不包括原料化学能），一般由下列三部分构成：

$$E_N = E_U + E_R + E_{RE} \quad (12-2-1)$$

式中符号意义如图 12-2-1 所示，E_{RE} 为反应放热，对于吸热反应，反应热已来源于 E_U 和 E_R，因此，视 $E_{RE}=0$；吸热反应热为 E_{AR}。

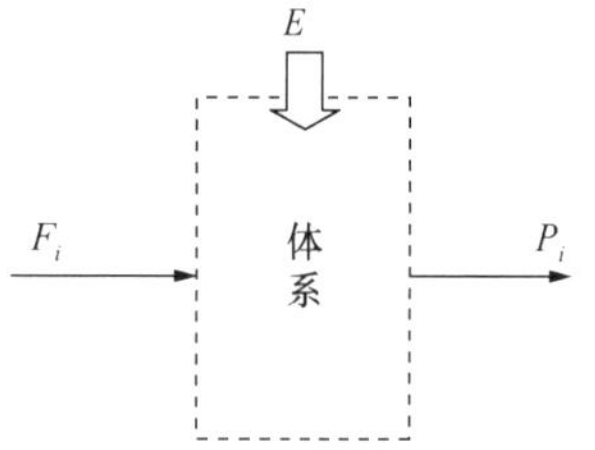

图 12-2-2　热力学能耗示意图

（7）热力学能耗 E_T

E_T 指工艺过程消耗的能量中转化到产品中去的部分，等于产品带出与原料带入能量（包括物理能和化学能）之差。在不计原料化学能的能量平衡体系中，热力学能耗可由产品和原料的物理能差加上体系基准温度下的反应热求得，如图 12-2-2 所示。

（8）待回收能 E_O

工艺总用能中除热力学能耗和利用环节的散热外，其余均进入回收环节，视为待回收能。待回收能不包括装置输出产品的化学能。

（9）回收循环能 E_R

回收循环能 E_R 是从待回收能 E_O 中回收并用于本装置内工艺利用环节的能量，包括以下四项：1）换热回收能量中用于提高进入工艺设备物流品位的能量；2）回收环节发汽并用于工艺利用环节的部分（注意应把自发汽中用于转换环节和外输的蒸汽分开）；3）液力透平从高压工艺物流中回收功带动工艺机泵的能量；4）以物流形式带入利用设备的能量。

（10）回收输出能 E_E

从待回收能 E_O 回收，而用于本装置工艺利用环节以外的能量，包括：1）装置热出料能量（规定温度以上部分）；2）与其他装置换热输出能量；3）预热炉用空气、发汽用于转换环节的能量。

（11）排弃能 E_J

E_J 指待回收能中以各种方式排弃到环境中的能量，包括散热、冷却、物流（凝结水、乏汽等）及其他排弃能四项。

2. 能量平衡关系式

由图 12-2-1 能量结构可以找出其能量平衡和制约关系，再根据项目参数内容及设备平衡结果，就可以很方便地汇总出装置能量平衡结果，为诊断用能问题奠定数据基础。能量平衡关系式主要包括以下几项：

（1）三环节能量平衡关系式

对过程体系做能量衡算，可得到三环节能量平衡关系式

$$E_P + E_{RE} = (E_W + E_{TT} + E_{AR} + E_{UD} + E_J) + (E_E + E_B) \quad (12-2-2)$$

将热力学能差计算关系式代入式(12-2-3)可得：

$$E_P=(E_W+E_T+E_{AR}+E_{UD}+E_J)+(E_E+E_B) \qquad (12-2-3)$$

式(12-2-3)中右边第二个括号内为体系供出能量，不属于体系使用和消耗的能量；右边第一个括号内各项为体系在用能过程最终在三个环节以四种形式进入产品或损失于环境中的能量，称为净能耗，即：

$$E_A=E_W+E_T+E_{UD}+E_J \qquad (12-2-4)$$

从体系供入能量和供出体系能量的平衡关系有：

$$E_A=E_P-E_E-E_B \qquad (12-2-5)$$

式(12-2-4)和式(12-2-5)计算结果应相同。

(2) 能量转换和传输环节能量平衡关系式

$$E_P=E_B+E_U+E_{UO}+E_W \qquad (12-2-6)$$

转换和传输环节有效供出能为：

$$E_U=E_P-E_B-E_{UO}-E_W \qquad (12-2-7)$$

(3) 能量工艺利用环节能量平衡关系式

$$E_U+E_{RE}+E_R=E_{TT}+E_{UD}+E_O+E_{AR} \qquad (12-2-8)$$

体系工艺总用能为：

$$E_N=E_U+E_R+E_{RE} \qquad (12-2-9)$$

待回收能为：

$$E_O=E_N-E_T-E_{UD}-E_{AR} \qquad (12-2-10)$$

式(12-2-10)也可写成：

$$E_O=E_N-E_T-E_{UD}-E_{RE} \qquad (12-2-11)$$

(4) 能量回收环节的能量平衡关系式

$$E_O+E_{UO}=E_J+E_E+E_R \qquad (12-2-12)$$

待回收能为：

$$E_O=E_J+E_E+E_R-E_{UO} \qquad (12-2-13)$$

上两式计算结果应相同，否则，应找出原因予以修正。

回收环节排弃能可按式(12-2-14)平衡得出：

$$E_J=E_O-E_R-E_E+E_{UO} \qquad (12-2-14)$$

水、压缩空气折电及空冷风机等有效动力在回收环节中作为其他排弃能排弃。机泵有效动力可归入其他排弃能项。

回收环节排弃能由冷却排弃能 E_{JC}、散热排弃能 E_{JD}、物流排弃能 E_{JM} 和其他排弃能 E_{JO} 组成，故：

$$E_J=E_{JC}+E_{JD}+E_{JO}+E_{JM} \qquad (12-2-15)$$

一般可由式(12-2-16)平衡数据，对回收环节散热排弃能实测数据进行校核：

$$E_{JD}=E_J-E_{JC}-E_{JO}-E_{JM} \qquad (12-2-16)$$

(5) 装置能耗 E_C

装置能耗一般可直接由实物消耗按照其统一折算系数进行计算，也可由式(12-2-17)根据能量平衡数据进行汇总折算：

$$E_C=E_A+\Delta E_M+E_{IC} \qquad (12-2-17)$$

$$\Delta E_{M}=\sum(\pm E_{i}\zeta_{i}) \tag{12-2-18}$$

$$\zeta_{i}=\frac{\text{生产 } i \text{ 能源时一次能耗}}{\text{实际焓值}}-1 \tag{12-2-19}$$

式中　ΔE_{M}——能耗修正项，kW 或 MJ/t；

E_{IC}——原料在基准温度下的化学能，kW 或 MJ/t；

E_{i}——i 种能源及载能工质供入能量，kW 或 MJ/t；

ζ_{i}——i 种能源及载能工质折算系数。

3. 系统用能评价指标

由以上三个环节能量平衡关系，可以得出评价过程系统用能的评价指标。

（1）能量转换和传输效率

$$\eta_{U}=\frac{(E_{U}+E_{B}+E_{UO})}{E_{P}}\times100\% \tag{12-2-20}$$

（2）装置工艺总用能 E_{N}

（3）工艺利用环节能量效率

$$\eta_{P}=\left(1-\frac{E_{UD}}{E_{N}}\right)\times100\% \tag{12-2-21}$$

（4）能量回收利用率

$$\eta_{R}=\frac{E_{R}+E_{E}}{E_{O}+E_{UO}}\times100\% \tag{12-2-22}$$

（5）装置能源利用率

$$\eta_{C}=\frac{E_{U}+E_{UO}+E_{B}}{E_{PC}}\times100\% \tag{12-2-23}$$

式中　E_{PC}——供入装置一次能源消耗(不扣除装置输出能)，kW 或 MJ/t。

$$E_{PC}=E_{P}+\Delta E_{M} \tag{12-2-24}$$

ΔE_{M}——能耗修正项，kW 或 MJ/t。

三个环节揭示的能量利用线索，只完成一次能源到能量利用设备的阶段，至于能量如何在设备内部完成转化过程，无从论述，同时，三个环节的划分依据具有一定人为因素，三个环节模型通过能流图展现的能量演化，可以指导能量的科学利用。

三个环节理论人为割裂了能量转化存在，例如分馏过程，生产中投入的物料在分馏塔的中部，但塔顶产品的位能却比进料高很多，这种位能的增加并不是平白无故产生的，而是由热能转化而来的，因此，在能量的利用过程中也存在着能量形式的转化。

二、炼油能耗计算

炼油(单位)综合能耗指标是评价炼油厂加工每吨原油过程的综合能源消耗量，但由于炼油厂原料、产品和流程的差别，直接应用此指标的可比性较差，因此，国外公司提出了可比性较好的能耗评价指标，如单位能量因数能耗、能源密度指数等。目前，国内一般使用炼油(单位)综合能耗和单位能量因数能耗来评价炼油厂能耗。

(一) 炼油厂能耗的定义与计算

炼油厂能耗是炼油厂在统计期内，对实际消耗的各种能源，如各种燃料、动力(电、蒸汽）和耗能工质等，进行综合计算所得的能源消耗量。

在实际消耗的各种能源中，不包括作为原料用途的能源。炼油厂消耗的燃料、水、电、蒸汽，均折算为标准燃料油进行能耗计算。各种能源和耗能工质的能量换算系数根据计算的要求分为实际能量换算系数和统一能量换算系数。

实际能量换算系数是按炼油厂得到这种能源或耗能工质的实际能量消耗计算所得。统一能量换算系数是根据全国石化工业平均水平及其他有关标准而统一规定的。

炼油厂实际能耗是以实物消耗为基础，按炼油厂实际能量换算系数计算得到的能耗量，它反映了炼油厂的实际能耗状况，仅适用于全厂性的能耗计算。

实际能耗包括：全厂使用能源总量、外销能量、全厂综合能耗、炼油能耗和非炼油能耗。各部分能耗关系如图 12-2-3 所示。

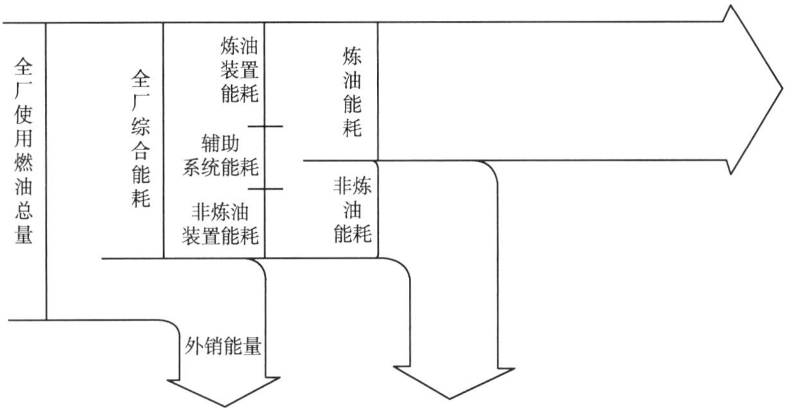

图 12-2-3　炼油厂各部分能耗的关系

（二）能耗评价指标及计算方法

评价炼油厂整体用能水平的指标包括：炼油（单位）综合能耗和单位能量因数能耗。目前关于炼油能耗计算方法的国标有：GB 30251—2013、GB/T 50441—2016、GB 30251—2024（已发布，替代 GB 30251—2013，将于 2025 年 5 月 1 日实施）。本文介绍的计算方法以 GB 30251—2024 为主。

1. 炼油综合能耗

（1）炼油综合能耗

炼油综合能耗是统计对象（炼油装置、辅助系统或全厂）在统计期内，消耗的各种能源介质折算为标准计量单位后的总和。其计算通式如下：

$$E = \sum M_i R_i + Q \qquad (12-2-25)$$

式中　E——炼油综合能耗量，kgEO；

M_i——第 i 种能源的实物消耗量，t/a；

R_i——第 i 种能源折算标准油系数，kg/kW · h；

Q——与非炼油系统交换的热量折算为标准油的代数和，（kgEO），向炼油输入的热量计为正值，从炼油输出的热量计为负值。

（2）炼油（单位）综合能耗

炼油（单位）综合能耗是统计对象在统计期内，以单位原油和原料油加工量所表示的综合能耗量。计算通式如下：

$$e = \frac{E}{G} \tag{12-2-26}$$

式中　e——炼油(单位)综合能耗，kgEO/t；

E——炼油综合能耗量，kgEO；

G——原油及外购原料油加工量，t。

(3) 指标应用

炼油(单位)综合能耗指标反映了炼油厂所消耗的主要能源，其值越大，能耗越高，相应地引起加工成本增高。使用该指标时，注意以下问题：

1) 不同的计算体系得出的能耗不具可比性。不同国家所考虑计入能耗的主要能源品种和折算指标不同，使得单位综合能耗不具有可比性。如日本石油化工企业计算能耗时，不考虑新鲜水、循环水的消耗，电和蒸汽的折算系数均比国内低，所以进行国内外能耗对比时，需在同一个计算体系下由实物消耗计算得出能耗，不能直接使用能耗值对比。

2) 原料、产品和装置构成不同的炼油厂该指标不具有可比性。原料与产品质量的差异会影响需要的工艺装置组成，从而影响能耗，且这种差异较大时，对能耗可比性的影响是很大的。如原料性质越差(硫、重金属含量高，残炭多，轻组分少等)，产品质量越高，需要的工艺装置越多，加工深度越大，能耗越高。

2. 炼油单位能量因数能耗

在炼油单位能量因数能耗的计算中，需首先计算出炼油厂全厂的能量因数，炼油能量因数主要由炼油生产装置因数和辅助系统因数两部分组成。

(1) 炼油生产装置能量因数

1) 以炼油厂常减压蒸馏装置能耗 10kgEO/t 为基准，把常减压蒸馏装置的能量系数定为 1。

2) 其他炼油装置以平均先进能耗作为该装置的能耗定额，并与常减压蒸馏装置的能耗定额相比，其比值作为该装置的能量系数，用 K_i 表示(各装置能耗定额和能量系数见表 12-2-1)。

3) 炼油生产装置能量因数计算如下：

$$U = \sum C_i \cdot K_i \tag{12-2-27}$$

式中　U——炼油装置能量因数；

C_i——第 i 个炼油装置加工量系数，等于报告期内第 i 个炼油装置加工量与全厂原(料)油加工量的比值；

K_i——第 i 个炼油装置能量系数。

表 12-2-1　部分炼油生产装置能量系数(参照 GB 30251—2024)

装置名称	能耗定额/(kgEO/t)	能量系数	计算基准	备注
常减压蒸馏	10	1.0	处理量	含电脱盐及轻烃回收；若增加轻重石脑油分离，能耗定额相应增加 1.0
常压蒸馏	9	0.9	处理量	
催化裂化				含吸收稳定及汽油脱硫醇；没有或不开吸收稳定时，能耗定额相应减少 3.5；若增加汽油回炼，能耗定额相应增加 3.0

续表

装置名称	能耗定额/(kgEO/t)	能量系数	计算基准	备注
蜡油催化裂化	48	4.8	处理量	掺常压渣油20%以下或掺减压渣油10%以下
重油催化裂化	55	5.0	处理量	
深度催化裂解	80	8.0	处理量	适应于干气+液化气收率小于40%；若干气与液化气收率在36%以上，能耗定额另增加5
延迟焦化	25	2.5	处理量	没有或不开吸收稳定，能耗定额减少5
催化重整				
预处理和连续重整	90	9.0	重整进料	含重整氢提纯(PSA)能耗
脱重组分塔	22	2.2	处理量	
芳烃抽提	40	4.0	处理量	
制氢				
气体	1100	110	氢产量	
重油及焦炭	1500	150	氢产量	
加氢裂化	33(1.3−x)	3.3(1.3−x)	处理量*	包括循环氢脱硫、气体和液化气脱硫，不含溶剂再生，x为尾油收率
加氢处理			处理量*	包括循环氢脱硫、气体和液化气脱硫，不含溶剂再生
蜡油	16	1.6		
渣油	20	2.0		
中压加氢改质	28	2.8	处理量*	

注：* 加氢类装置处理量中不含原料氢气量。

(2) 辅助系统能量因数

辅助系统能量因数由储运系统(E_{CD})、污水处理场(E_{WD})、其他辅助系统(E_{QD})、热力损失(E_{SLD})和电力损失(E_{eLD})共五部分组成。

1) 储运系统。储运系统的参考能耗按式(12-2-28)计算：

$$E_{CD}=E_{C1}+E_{C2}+E_{C3} \tag{12-2-28}$$

式中　E_{CD}——储运系统参考能耗，kgEO/t；

E_{C1}——原油储运系统参考能耗，取值为1.0，kgEO/t；

E_{C2}——重质油品储、调、输的参考能耗，取值为2.0，kgEO/t；

E_{C3}——原油进厂、卸油、洗槽参考能耗，kgEO/t，其不同情况的取值见表12-2-2。

表12-2-2　原油进厂、卸油、洗槽等参考能耗　(kgEO/t)

分类	E_{C3}分类项	备　注
原油槽车进厂	$2.5\times G_{cc}/G_p$	G_{cc}统计报告期内原油槽车进厂总量，单位为吨(t)；G_p统计报告期内原油加工总量，单位为吨(t)
原油油驳进厂	$1.6\times G_{YB}/G_p$	G_{YB}统计报告期内原油油驳进厂总量，单位为吨(t)
原油油轮进厂	$0.7\times G_{YL}/G_p$	G_{YL}统计报告期内原油油轮进厂总量，单位为吨(t)

续表

分类	E_{C3}分类项	备　注
原油管道进厂	$0.015\times L\times G_{CD}/G_p$	L在炼油企业管辖内，能源消耗所涉及的原油的输送管道长度，单位为千米(km)；G_{CD}统计报告期内原油管道进厂总量，单位为吨(t)
油品洗槽车	$0.5\times G_{XC}/G_p$	G_{XC}统计报告期内洗槽车油品总量，单位为吨(t)

则，储运系统的能量因数 E_C 为：

$$E_C=\frac{E_{CD}}{10} \tag{12-2-29}$$

2）污水处理场。其能量因数由参考能耗计算：

$$E_W=\frac{E_{WD}}{10} \tag{12-2-30}$$

式中　E_{WD}——污水处理场能耗定额，取值为 0.3，单位 kgEO/t；

E_W——污水处理场能量因数。

GB/T 50441—2016 中给出了污水处理场各单元的能耗定额，见表 12-2-3。其计算公式见 12-2-31。

$$E_{WD}=\sum I_{Wi}\cdot\frac{G_{Wi}}{G} \tag{12-2-31}$$

式中　I_{Wi}——污水处理场某单元的能耗指标，kgEO/t；

G_{Wi}——统计期内污水处理场某单元污水处理量，t；

G——统计期原油加工量，t。

表 12-2-3　各种污水处理单元的能耗指标

单元名称		符号	每吨污水的能耗指标/(kgEO/t)
来水提升		I_{W1}	0.20
隔油		I_{W2}	0.12
浮选	全溶气	I_{W3}	0.2
	回流溶气		0.11
匀质调节		I_{W4}	0.20
生化		I_{W5}	0.30
絮凝沉淀		I_{W6}	0.02
中水活性炭吸附过滤		I_{W7}	0.06
中水回用		I_{W8}	0.20
污泥脱水及干化		I_{W9}	0.07

3）热力损失能量因数。

$$E_{SL}=\frac{E_{SLD}}{10} \tag{12-2-32}$$

$$E_{SLD}=\frac{2.85G_S}{G} \tag{12-2-33}$$

式中　E_{SLD}——热力损失参考能耗，kg/t；

E_{SL}——热力损失能量因数；

G_S——统计期内炼油生产用汽总量，t；

G——统计期原油及原料油加工量，t。

4）输变电损失能量因数。

$$E_{eLD}=\frac{0.0075G_s}{G} \tag{12-2-34}$$

$$E_{eL}=\frac{E_{eLD}}{10} \tag{12-2-35}$$

式中　E_{eLD}——输变电损失参考能耗，kg/t；

E_{eL}——输变电损失能量因数；

G_s——统计期内炼油生产用电总量，kW·h；

G——统计期原油及原料油加工量，t。

5）其他辅助系统。

$$E_Q=R\sum C_iK_i \tag{12-2-36}$$

式中　E_Q——其他辅助系统能量因数；

R——不同类型炼油厂的其他辅助系统系数，按炼油厂规模划分，见表 12-2-4。

表 12-2-4　其他辅助系统系数

炼油厂公称规模	r 值	炼油厂公称规模	r 值
5Mt/a 及以上	0.02	1.5Mt/a 及以下	0.12
1.5~5.0Mt/a	0.05		

（3）单位能量因数能耗

由炼油装置能量因数、辅助系统能量因数可计算炼油能量因数 E_t：

$$E_f=(\sum C_iK_i+E_C+E_W+E_Q+E_{SL}+E_{eL})F_t \tag{12-2-37}$$

式中，F_t 为温度校正因子，引入 F_t 的目的是消除不同地区气温对能耗的影响，更加合理地确定能耗评价指标，以便于能耗指标的对比。

则，炼油厂的单位能量因数能耗为

$$e_{ef}=\frac{e_e}{E_f} \tag{12-2-38}$$

式中　e_{ef}——炼油单位能量因数能耗，kgEO/(t·能量因数)；

e_e——炼油单位综合能耗，kgEO/t；

E_f——炼油能量因数。

GB 30251—2024 给出了炼油能耗限额等级，按照单位炼油能量因数能耗划分为三个等级，一级小于等于 6.85；二级小于等于 7.5，三级小于等于 8.5。

（三）能量换算系数

1. 实际能量换算系数

实际能量换算系数指新鲜水、循环水、电、蒸汽和燃料的换算系数，按供出该能源或耗能工质的总量与生产该能源或耗能工质所消耗的实际总能量的比值计算。

对于热电站，采用供热比和供电比的方法将消耗分开，再计算能量换算系数。供热比定义为热电站向外供热的热量与热电站总供热量(即供热的热量与供发电的热量之和)之比，供电比定义为供电消耗的热量与电站总供热量之比。供热比与供电比之和等于1。

1）电的换算系数。

$$R_e = \frac{E_{pe}}{G_{pe}} \tag{12-2-39}$$

式中　R_e——电换算系数，kg/(kW·h)；

E_{pe}——电站综合能耗量，kg；

G_{pe}——电站总供电量，kW·h。

2）蒸汽的换算系数。

$$R_s = \frac{E_{ps}}{G_{ps}} \tag{12-2-40}$$

式中　R_s——蒸汽换算系数，kg/t；

E_{ps}——锅炉综合能耗量，kg；

G_{ps}——锅炉总供汽里，t。

3）新鲜水的换算系数。

$$R_{nW} = \frac{E_{nw}}{G_{nw}} \tag{12-2-41}$$

式中　R_{nw}——新鲜水换算系数，kg/t；

E_{nw}——新鲜水站综合能耗量，kg；

G_{nw}——水站总供水量，t。

4）循环水的换算系数。

$$R_{rw} = \frac{E_{rw}}{G_{rw}} \tag{12-2-42}$$

式中　R_{rw}——循环水换算系数，kg/t；

E_{rw}——循环水场综合能耗量，kg；

G_{rw}——循环水场总供水量，t。

5）对同时有外购和自产水、电、蒸汽的能量换算系数取二者的加权平均值。

6）燃料的实际能量换算系数采用统一能量换算系数。

2. 统一能量换算系数

GB 30251—2013《炼油单位产品能源消耗限额》列出了能源及耗能工质折算标准油换算系数，见表12-2-5。

表12-2-5　不同国标能源及耗能工质折算标准油换算系数　　kgEO

项目	单位	GB 30251—2013	GB 30251—2024	GB/T 50411—2016
燃料油	t	1000	1000	1000
燃料气	t	950	950	
催化烧焦	t	950	950	950
石油焦	t	800	800	800

续表

项目	单位	GB 30251—2013	GB 30251—2024	GB/T 50411—2016
10. 0MPa 蒸汽	t	92	92	92
3. 5MPa 蒸汽	t	88	88	88
1. 0MPa 蒸汽	t	76	76	76
0. 3MPa 蒸汽①	t	66	66	66
<0. 3MPa 蒸汽①	t	55	55	55
电	kW · h	0. 228	0. 21	0. 22
新鲜水	t	0. 17	0. 15	0. 15
循环水	t	0. 1	0. 06	0. 06
软化水	t	0. 25	0. 2	0. 2
除盐水	t	2. 3	1	1
低压除氧水(104℃)	t	9. 2	6. 5	6. 5
高压除氧水(148℃)	t		10. 1	
凝气式蒸汽轮机凝结水	t	3. 65	1	1
低温余热②	MJ	0. 012	0. 012	0. 012

① 如为饱和蒸汽，则按焓值计算。

② 即输出、输入规定温度以上的 1MJ 低温热量时，折半按 0. 5MJ 计入能耗。

装置或单元之间交换的高于规定温度的热进料、热出料热量和烟气热量，其实际的统一能量换算系数均为 1. 0。

（四）能耗指标计算案例

1. 综合能耗

某 2. 0Mt/a 渣油加氢装置综合能耗计算见表 12-2-6。由表可知，该装置消耗的能耗工质包括电、各等级蒸汽、燃料气、循环水等，这些能耗工质折算为标准油的能源消耗量达 4327. 52kgEO/h，其每小时的加工量为 250t/h，其单位综合能耗为 17. 31kgEO/t。

表 12-2-6　某 2. 0Mt/a 渣油加氢装置综合能耗计算表

序号	能耗工质	消耗量		能源折算值		设计能耗/(kgEO/h)	单位能耗/(kgEO/t)
1	电	kW	10483. 2	kg/(kW · h)	0. 26	2725. 63	10. 90
2	循环水	t/h	856. 4	kg/t	0. 1	85. 64	0. 34
3	除氧水	t/h	51. 77	kg/t	9. 2	476. 28	1. 91
4	4. 1MPa 蒸汽	t/h	46. 22	kg/t	88	4067. 36	16. 27
5	1. 0MPa 蒸汽	t/h	-39. 49	kg/t	76	-3001. 24	-12. 00
6	0. 5MPa 蒸汽	t/h	-13. 8	kg/t	66	-910. 80	-3. 64
7	净化压缩空气	Nm^3/h	680	kg/Nm^3	0. 038	25. 84	0. 10
8	燃料气	t/h	1. 119	kg/t	1075. 8	1203. 82	4. 82
9	氮气	Nm^3/h	134. 92	kg/Nm^3	0. 15	20. 24	0. 08
10	液力透平	kW	-582	kg/(kW · h)	0. 26	-151. 32	-0. 61
11	热进料，热出料	kW	1192. 08			102. 50	0. 41

续表

序号	能耗工质	消耗量		能源折算值		设计能耗/(kgEO/h)	单位能耗/(kgEO/t)
12	回收低温热	kW	-4336			-372.83	-1.49
13	凝结水	t/h	-5	kg/t	7.65	-38.25	-0.15
14	含硫污水	t/h	62.1	kg/t	1.1	68.31	0.27
15	含油污水	t/h	2.5	kg/t	1.1	2.75	0.01
16	汽提净化水	t/h	21.443	kg/t	1.1	23.59	0.09
17	合计					4327.52	17.31

2. 单位能量因数能耗

某炼厂具有25套炼油装置，各装置加工量及炼油装置的能量因数计算结果如表12-2-7所示。

表12-2-7　某炼厂炼油装置能量因数计算表(方法按照GB 30251—2013)

装置名称	能耗	装置加工量	C_i	K_i	$C_i \cdot K_i$
2#常减压蒸馏	9.45	2235405	18.06	1	0.1806
3#常减压蒸馏	7.29	9350744	75.54	1	0.7554
催化裂化	49.42	1302849	10.52	5.5	0.5786
1#延迟焦化	25	916835	7.41	2.5	0.1853
2#延迟焦化	22.92	2250843	18.18	2.5	0.4545
催化汽油加氢	14.09	123035	0.99	1	0.0099
汽油吸附脱硫	6.2	385618	3.12	0.85	0.0265
2#柴油加氢	8.21	2077089	16.78	1.2	0.2014
3#柴油加氢	12.94	1509291	12.19	1.2	0.1463
1#航煤加氢	4.12	988976	7.99	1.2	0.0959
1#加氢裂化	30.53	1212736	9.8	3.3	0.3234
2#加氢裂化	21.6	1796354	14.51	3.3	0.4788
蜡油加氢	5	1392317	11.25	1.6	0.1800
连续重整	60.16	1223593	9.88	9	0.8892
制氢	712.21	39045	0.32	110	0.3520
气体分馏	45.55	221247	1.79	4.8	0.0859
焦化液化气分馏	26.77	139541	1.13	4.8	0.0542
裂化轻石分离	13.17	121164	0.98	1.8	0.0176
2#硫黄回收	-135.92	197536	1.6	-3	-0.0480
1#溶剂再生	6.21	2852160	23.04	0.7	0.1613
2#溶剂再生	4.83	5829840	47.1	0.7	0.3297
2#硫黄溶剂再生	5.43	2016000	16.29	0.7	0.1140
3#污水汽提	9.27	807576	6.52	1.5	0.0978
1#污水汽提	16.58	813981	6.58	1.5	0.0987
干气提纯氢气	73.2	62193	0.5	12	0.0600
合计					5.8290

由生产数据计算的辅助系统能量因数见表 12-2-8。

表 12-2-8　某炼油厂辅助系统能量因数

项　目	数　值	项　目	数　值
$\sum C_i \cdot K_i$	5.829	E_{eL}	0.0403
E_{CD}	0.315	F_t	1.023
E_{wD}	0.03	E_f	6.533
E_{QD}	0.123	E_d	68.702
E_{SLD}	0.0485		

由表 12-2-8 可知，该炼油厂储运系统能量因数(E_C)为 0.315，污水处理厂能量因数(E_{wD})为 0.03，热力损失能量因数(E_{SL})为 0.0485，电力损失能量因数(E_{eL})为 0.0403，其他系统(E_Q)能量因数为 0.123，炼油能量因数为 6.533。该炼油厂的单位综合能耗为 54.99kgEO/t，则其单位能量因数能耗为 8.42kgEO/(t·E_f)。

三、炼油用能特点

（一）炼油厂能耗构成

炼油厂的规模、结构和加工流程不同，其用能情况会出现较大差异，表 12-2-9 列出了不同规模炼油厂的能耗结构情况，不同炼厂其能源结构不同。一般而言，加热炉的燃料消耗量最大，占 30%～40%。其次为催化烧焦，占 10%～40%。催化裂化装置的加工规模越大，原料性质越差，催化裂化烧焦占能耗的比例就越高。电的消耗量占能耗的 20%～30%，蒸汽消耗占能耗的 10%～20%。

表 12-2-9　大型炼油厂的设计能耗构成实例

炼油厂	A	B	C	D
加工规模/(Mt/a)	8.0	10.0	12.5	12.0
全厂综合能耗/(MJ/t)	3550.4	3133.8	2900.6	2440.9
全厂综合能耗/(kgEO/t)	84.94	74.97	69.39	58.39
全厂能量因数 E_f	8.28	7.78	6.78	6.18
单位能量因数能耗/MJ/(t·E_f)	427.05	402.77	422.45	394.82
动力系统单耗				
燃料/(kg/t)	32.96	31.54	28.60	24.76
电/(kW/t)	78.02	71.23	60.74	68.86
蒸汽/(kg/t)		85.43	26.48	75.6
催化烧焦/(kg/t)	31.43	20.58	6.19	9.60
新鲜水/(t/t)	0.79	0.48	0.33	0.48

炼油能量因数的越大，表明全厂加工流程趋于复杂。新建及改扩建大型炼油厂在追求经济效益最大化的设计理念下，为满足劣质原油加工、产品质量升级和增产高附加值产品的需求，提高了原油加工深度，扩大了二次或三次加工装置的规模。因而，在实现原料深度转化和产品升值的同时，必然会增加全厂加工流程的复杂程度，相应增加全厂能耗。

（二）炼油厂用能的特点

1. 炼油加工过程与能量转换过程密不可分

炼油生产中，由原料到产品的连续流动过程会伴随着能量的供应、转换、利用、回收和排弃等环节。例如，物流加热需要消耗燃料或蒸汽；产品的冷却或冷凝，需消耗冷却水或进行空气冷却；泵和压缩机的运行需消耗电力或由蒸汽透平直接驱动。这些能量的供入都是由炼油企业消耗的能源获得，包括燃料油、原煤、石油焦、天然气、炼厂气（瓦斯）、电、蒸汽、催化裂化烧焦等。

2. 炼油加工过程物料变化和能量变化同时进行

炼油过程是借助能量作为过程推动力，实现从原料到产品的物料转化，工艺物流既是产品载体又是能量载体。例如对原油蒸馏过程，如图 12-2-4 所示，原油在分离设备中进行分离所需的能耗由加热炉、分馏塔取热和换热网络输入能量共同驱动的结果，从原油到产品的演变过程也是能源完成转换、利用和回收的过程，能量与物流相互关联。

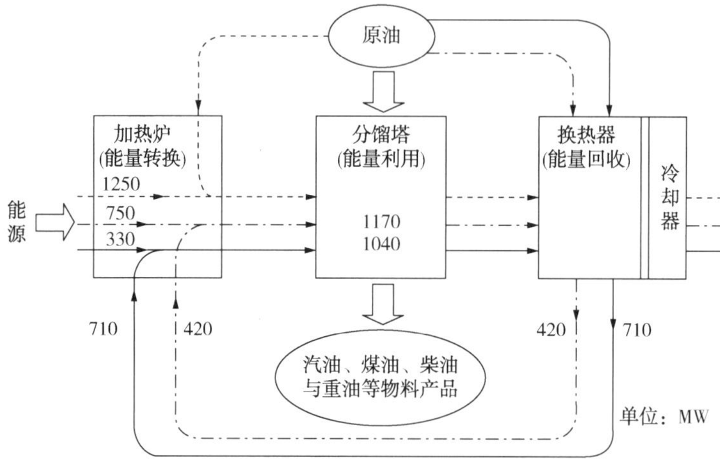

图 12-2-4　原油蒸馏装置能流和物流过程示意图

3. 能量推动工艺过程中数量不变、但品质下降

能量作为工艺过程进行的推动力，在过程系统中被利用的方式和演变过程具有共同之处：进入过程系统的能量，通过转换环节变成工艺过程需要的能量种类和形式，以此推动工艺过程进行，在此过程中能量品质下降，但数量不变，除部分进入产品物流外，降质后的能量通过各种单元过程或设备被回收利用，其余以各种形式排入环境。

4. 构成能量系统的三个子系统相互关联、互相影响

炼油能量系统是所有完成能量转换、利用和回收功能的系统集合，包括工艺过程子系统、热回收换热网络子系统、蒸汽动力公用工程子系统，如图 12-2-5 所示，它担负着生产过程物流的加热、冷却，驱动机泵的动力供应，工艺和加热用蒸汽等任务，对炼油生产过程能源消耗起十分重要的作用。

如何选择能量设备（包括换热器、加热器、冷却器、蒸发器、锅炉、透平、热泵等）及其相互的连接以构成合理的系统，满足工艺生产过程对各类形式能量的需求是过程能量集成优化的任务，即构造一个满足工艺要求的能量系统使其设备投资和能源消耗等的总费用目标

最小，有时优化的目标还包括更多的内容，如能量系统的柔性、系统可控性、对环境排放的影响等多目标因素。

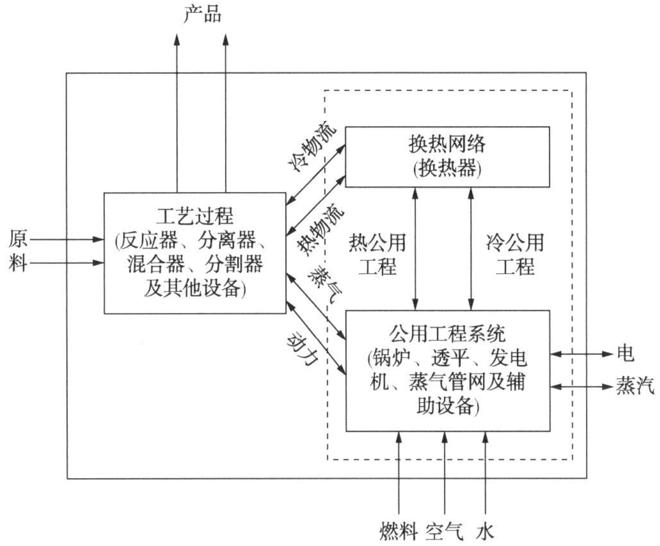

图 12-2-5　炼油能量系统构成图

能量利用过程中，三个子系统相互影响、密切相关。例如工艺条件的改变首先通过能量需求的变化，影响换热网络和蒸汽动力系统的需求；换热网络回收率的提高会减少对燃料和蒸汽加热的需求；蒸汽压力等级的确定也会决定回收工艺热量发生蒸汽的数量。

(三) 能量合理利用的基本原则

炼油生产的很多过程都要使用能量，合理用能的原则是按照能源的质量来使用，按照用户所需要的数量和质量供给能量。

1. 能量的有效利用

能量的有效利用就是要减少能量的降级损失。从能量利用的观点看，一切炼油过程都是在一定的热力学势差(温度差、压力差、电势差和化学势差)推动下进行的。由于任何热力学势差都会导致能量的降级。因此，能量有效利用的中心环节是在技术及经济条件许可的前提下，采取各种措施，减少能量降级，使能量得以有效利用。

(1) 按质用能、按需供能，防止能量无偿降级、能量品位无谓降低

按质用能是根据输入能的能级确定其使用范围，按需供能则是根据用户对需求能的能级要求，选择适当的输入能。用高温热源去加热低温物料，将高压蒸汽节流降温、降压使用，设备保温不良造成的热量损失(或冷量损失)等情况均属能量无偿降级现象，要尽可能避免。两者的核心都是要尽量避免能量的无谓降级，实现能级匹配。

(2) 能量的梯级利用

炼油过程使用的能源主要是高能级的电力和化石燃料。为了防止能量的无谓降级，应根据用户对输入能的不同能级要求，使能量的能级逐次下降，对能量进行多次利用，包括梯级利用和多效利用。

梯级用能是对能级较高的流体(高温带压)，先利用其势差做功，然后再利用其温差供热，其特点是载能工质不变。炼油过程中许多反应都是放热反应，放出的热量不仅数量大而

且温度较高，这是一项宝贵的余热资源。对于温度较高的反应热，应通过余热锅炉产生高压蒸汽，然后将高压蒸汽通过蒸汽透平做功或发电，然后将低压蒸汽作为加热热源使用，即先用功、后用热的原则。对热量也要按其能级高低合理回收使用，如用高温热源加热高温物料，用中温热源加热中温物料，用低温热源加热低温物料，从而达到较高的能量利用率。

多效利用是通过不同的载能工质传递蒸发潜热，使热能得到多次利用，常用于多效蒸发和多效蒸馏。在多效蒸发中，通过加压或抽真空使各个蒸发器的沸点不同，就可将前一蒸发器的二次蒸汽，作为后一蒸发器的加热蒸汽；由于利用了二次蒸汽的余热，就降低了新鲜蒸汽的消耗。在多效蒸馏中，通过加压或抽真空使精馏塔的沸点不同，以此利用高压塔塔顶蒸汽的冷凝热，供低压塔再沸器加热用，从而降低分馏能耗。

(3) 优化能量作为过程的推动力、采用最佳推动力的工艺方案

过程速率等与推动力和阻力相关，推动力越大，过程速率也越大，设备投资费用可以减少，但有效能损失增大，增加了过程的能量降级损失；能耗费用增加，就增加了过程的运行费用。例如，增大传热过程温差，可以强化传热过程速率，但却导致传热㶲损失的增加。反之，减小推动力，可减少有效能损失，能耗费用降低，但为了保证产量，只能增大设备，则投资费用增加。炼油过程能量的有效利用要根据技术经济评比，优化能量利用以提供适当的过程推动力，即采用最佳推动力的原则，谋求合理解决投资费用与运行费用，使得项目总费用最小。

2. 能量的充分利用

能量的充分利用就是要减少排弃损失。虽然炼油过程有些排弃的能量品质不高，但它们都是由投入系统的高级能量通过不可逆过程转化而来的。排弃损失是指排出系统而未利用的热量、超过大气压力的余压、可燃气体和可用的原料等。

减少排弃损失的原则：首先要降低能量排弃，使排弃能量降低到最低限度；其次再考虑排弃能量的回收利用。

1) 降低能量排弃，减少能量损失。降低能量排弃的主要方法包括：①减少散热和跑“冷”损失；②减少跑、冒、滴、漏；③减少各种废弃物和污染物的排放量，减少可燃和有用气体的放空。

2) 排弃能量的回收利用。在各种节能措施中，排弃能的回收利用是重要方面。在考虑余热的回收时，首先应作出判断是否可通过提高过程的效率，以减少余热排放量；然后再调查余热的数量、质量及其稳定性，研究确定余热回收的方法，包括：对高温(或高压)及中温余热用于产生蒸汽及发电，低温余热则可利用热泵提高其温度。

3. 能量的综合利用

炼油过程的原料与产品通常在常温常压下存在，而反应过程常在高温或高压下进行，因此原料、中间物料与产品需反复进行升压、降压，加热、冷却，汽化、冷凝。除了输入一次能源，炼油过程中还有各种二次能源包括化学反应和物理变化的热效也可以利用。这就构成了炼油过程复杂的用能系统：一次能源与二次能源、热量与冷量、高压流体的机械能、热能、电能共存的系统。因此，各种形式能量的相互配合、综合利用，使之各尽其能，具有特别重要的意义，如热电联供的总能系统和能量的综合利用。

(1) 热电联供

热电分供时，由高压锅炉产汽供电，而由热量用户自备低压蒸汽锅炉供热。由于动力厂

采用凝汽式透平机组发电时，燃料的热能中仅20%～30%转变为电能，除动力厂本身消耗外，其余能量都由冷凝水带走，热量未能充分利用，而热量用户却需要另外消耗燃料产汽。这样的用能系统，不仅能量没有充分利用，而且增加了投资。采用热电联供方式，由高压锅炉产汽，通过抽气背压透平或背压式透平发电，抽汽或排汽用于供热，使能量都得到充分利用。

(2) 能量的综合利用

炼油过程能量的综合利用除应考虑热能与动力的配合，还应考虑各种物理和化学过程热效应、机械能等的综合利用。

第三节　用能过程的系统优化方法

一、炼油企业总体用能改进

炼油企业总体用能改进是炼油能量系统优化的重要过程步骤。总体用能改进的内容包括：总加工流程优化、生产运行优化、炼油单元组合优化、能源结构优化等方面，它是从企业整体角度分析用能存在的问题，确定工艺装置运行条件，为能量优化的后续步骤确定初始条件，其实施过程如图12-3-1所示。

总加工流程优化是在市场、原料和产品方案相对确定的情况下，从企业整体角度出发，以提高全厂用能水平和效益为目的，分析优化原料到最终产品的整体加工路线，对炼油企业工艺过程的中间物料走向进行系统优化，实现原料性质、产品方案与炼油厂结构的优化匹配；优选加工路线短、能耗低的生产流程；并针对优化的加工路线合理调整生产流程，优化装置间的物流及加工方案。对于在运行的炼油企业，总加工流程优化要针对企业石脑油资源、渣油资源的平衡优化以及利用先进能量分析手段指标，确定工艺装置节能潜力等。

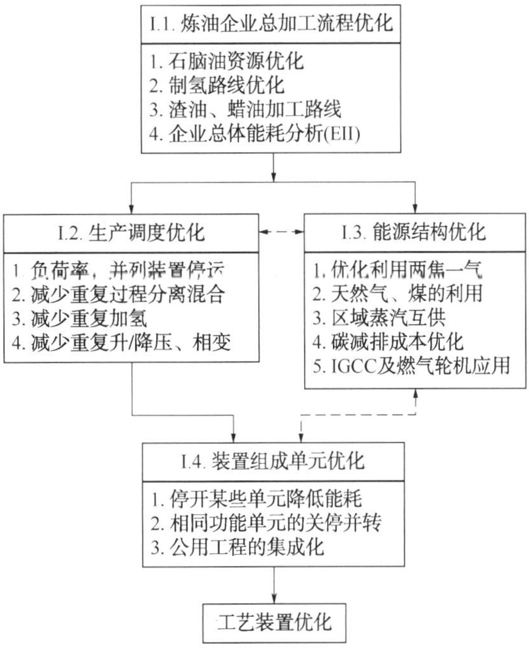

图12-3-1　企业总体用能改进

生产运行优化是在企业总加工流程路线一定条件下，从节能角度优化企业的生产运行及调度，确定相同类型的加工装置间的运行负荷率分配、减少重复性加工过程等。

炼油单元组合优化是对装置组成单元进行合理整合，通过停开装置内的某些单元，或者相同功能单元的并转，合理分配加工负荷，进而达到节能目的。

能源结构优化是针对装置运行的能源消费结构和消费方式的优化，它与调度系统优化可以并行进行，同时会与调度优化相互影响和耦合。

炼油企业所处的市场、区域、季节等因素会通过影响企业的生产，进而影响企业的能量系统，形成对企业生产经营和能量系统的外部约束，因此也要考虑以上优化因素对企业整体能量环境的评价。

（一）加工流程优化

加工流程优化是通过优化原油加工路线，实现加工原油的性质与炼油厂配置的优化匹配。加工流程优化是影响企业用能过程的重要影响因素，尤其对新设计炼油厂，总加工流程对其能耗构成和用能方案的影响更加突出。主要表现在以下三个方面：

（1）加工流程方案会影响燃料产、用状况

不同的加工流程，对全厂的燃料分配会有很大差别：炼油过程的二次加工主要采用渣油加氢催化裂化工艺，则自产焦炭和干气在燃料构成中的比例会较大。反之，若采用加氢裂化工艺，则不但不产焦炭，干气产量少，而且燃料用量会大大增加，同时配套的制氢装置能耗会增加。采用催化重整工艺时，不仅应考虑到直接能耗和相应提高汽油辛烷值或产芳烃的效果，而且须考虑"副产"氢气顶替等量制氢装置能耗的效果。

（2）影响热量的匹配平衡关系

一、二次加工的高温装置，往往有余热外输；许多三次加工、产品精制、三废处理等装置和辅助单元，主要以中、低温热为主要用能形式。这两类装置的组成、比例关系，决定着全厂总体上安排热量的大系统联合匹配条件。

（3）影响蒸汽及动力的产、用平衡关系

例如催化裂化、延迟焦化装置等装置，热量富裕，多数情况下会产蒸汽外输；而许多装置则以耗汽为主。热电机组功热联产、蒸汽背压透平的设置等条件，也因总加工流程而不同。

对于在运行的炼油厂，总流程优化是开展能量系统优化的重要约束条件，它直接决定着工艺装置加工原料的类型和数量；同时，总流程优化又是能量优化的重要方面，通过总流程改进可以改善物料加工路线、降低工艺过程能耗。

（二）生产运行优化

生产运行优化既是确定装置运行情况的初始条件，也是能量系统优化的重要内容。通过生产过程优化可以确定同类型装置的负荷分布、装置的物料运行条件，为进一步的装置优化提供条件。其内容如下：

1. 装置负荷率及停/运

装置的生产负荷与能耗水平有直接的关系。工艺装置负荷低，单位原料的加工能耗会上升，使总能耗增加。

对于有几套并行的同类生产装置，可提高能耗较低装置的负荷率，延长其他同类装置的停工及检修时间，从而使全厂用能降低。

2. 减少重复分离/混合

炼油企业物料的重复分离-混合会增加企业整体能耗，应从炼油企业物料的整体流向出发，避免重复过程导致的能耗增加。

重油催化裂化装置进料中蜡油组分掺炼部分减压渣油，如果在常减压装置中通过减压装置将蜡油和渣油分离，到催化装置二者又混合加工，减压分离的能量就浪费掉，因此尽可能避免这种重复分离和混合的现象。对于有两套常减压装置的企业，可以停开向催化装置提供进料的常减压装置减压部分，避免先分馏后混合的能耗浪费。对于只有一套常减压装置的情况，可采用常压塔抽出部分常渣的方法加以解决。重油催化裂化进料可由“减渣+蜡油”改为“常渣+蜡油”。加工含(高)硫原油通过固定床渣油加氢处理催化裂化原料也会出现相似的问题。

柴油加氢装置掺混部分直馏汽油，导致装置分馏系统能耗大大增加，从全厂的总流程和生产优化应尽量避免汽油与柴油混合加氢。

3. 减少重复加氢过程

催化重整装置采用加氢裂化重石脑油为原料，在满足重整进料的条件下，可以不经过重整预加氢单元直接进入重整反应部分，这样可避免已经加氢过的重石脑油重复加氢问题。是否重复加氢要根据产物的控制指标确定。

4. 减少重复相变过程

在保证产品质量前提下，优化操作汽化率是油品分馏塔重要的节能措施，可以避免过多不必要的重复汽化-冷凝、减少分馏用能。例如，常减压蒸馏装置的初馏塔、常压塔过汽化油可以直接抽出，不经加热炉提温直接进入后续流程，避免过汽化油的反复加热气化和冷凝，减少加热炉的热负荷，降低工艺总用能。

5. 相同功能单元的关停并转

通过对相同功能的单元进行关停并转和整合优化，在停开某些装置内该功能单元的同时，提高其他装置该功能单元的负荷，可以有效降低加工能耗。例如，常减压装置会设置轻烃回收系统，常压塔顶气经压缩后用直馏石脑油吸收其中的 C_3 及 C_4 后，石脑油进入稳定塔进行分离。常规催化重整装置的脱丁烷塔顶产品作为液化石油气 LPG 时，乙烷含量可能会超标，脱丁烷塔顶产品进入轻烃回收装置，可保证产品质量合格。对于产生不饱和炼厂气的催化裂化和延迟焦化装置也会配备吸收稳定系统。通过对上述装置内相同功能单元优化整合，停开某些装置内轻烃回收单元，优化全厂范围内该功能单元的运行，降低企业总体能耗。

6. 公用工程介质的集成供应

公用工程介质由公用工程系统统一供应可以降低装置内的处理成本、提高企业全厂效益，例如装置内的除盐水、除氧水集中统一由动力站供应。炼油企业干气的集中脱硫，干气脱硫单元的胺液集中再生等。

(三) 能源结构优化

炼油企业的能源构成复杂，包括干气、石油焦、无烟煤、天然气等一次能源。催化烧焦在催化裂化装置再生过程中燃烧并利用，也可看作炼油企业的一次能源。

能源结构优化是从企业整体出发，对炼油过程使用的能源进行评价，根据企业的生产发展规划、能源消费结构、价格以及能源外部供应条件，制定能源供应策略，确定合理的能源消费结构。同时能源利用要考虑环保处理费用、排污费用等附加因素，在效益最大化的前提下，宜采用优质、清洁燃料。

1. 优化利用炼厂干气

炼厂干气(瓦斯)是炼油企业生产环节中的副产品，干气总量一般占原油加工量 5%~8% 左右，干气富含氢气、烷烃、烯烃等组分，是生产过程的重要燃料。优化利用炼厂干气首先考虑回收气体中的轻烃、乙烯和氢气等高价值组分，使瓦斯变干；通过变压吸附、膜分离等技术把干气中的氢和 C_2、C_3 烃分离出来，作为加氢装置用氢气和乙烯装置原料，降低炼油厂制氢能耗和石脑油裂解制乙烯能耗。同时应采用脱硫工艺降低干气硫含量，避免加热炉露点腐蚀问题。

在炼油生产过程中，大部分装置排放的瓦斯气体被排放到低压瓦斯管网，这些瓦斯气体被叫作低压瓦斯。低压瓦斯富含 H_2、C_2、C_3、C_4、C_5 等组分，为了提高生产效益，低压瓦斯应通过氢气回收装置和轻烃回收装置进行深度处理回收氢气和轻烃。由于低压瓦斯中 H_2S 浓度较高，若将低压瓦斯作为燃料，不仅会造成加热炉内壁的腐蚀，而且还会排放大量 SO_2，对环境造成污染，所以，炼油企业很少把低压瓦斯直接用作燃料源。

除了低压瓦斯，炼油企业中的部分生产装置还会生产高压瓦斯，并排放至高压瓦斯管网。高压瓦斯 H_2S 含量较低，压力稳定，是生产过程中的理想燃料源。但是，一般情况下生产装置所排放的高压瓦斯难以满足整个炼油企业的燃料需求，气柜中存储的低压瓦斯经过脱硫处理，成为满足燃烧要求的高压瓦斯。炼厂的瓦斯系统结构简图见图 12-3-2。

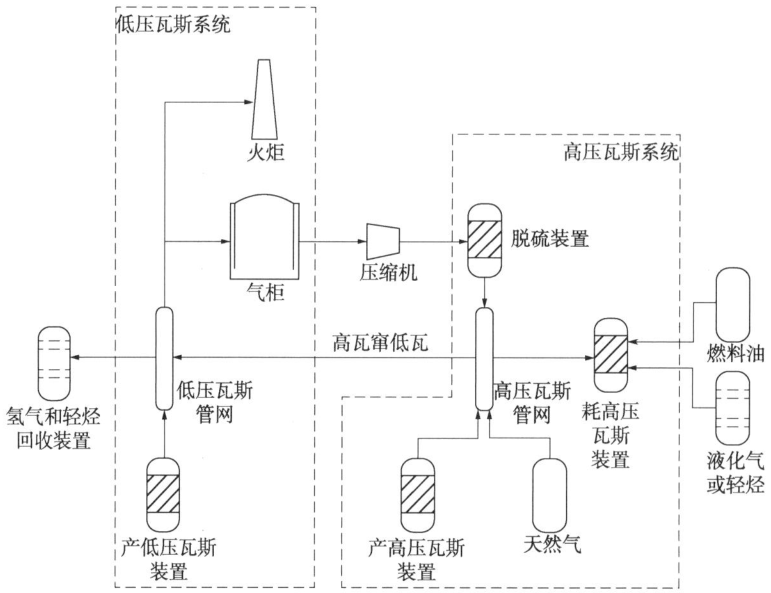

图 12-3-2　炼油企业瓦斯系统结构简图

炼油企业中一般设置两类瓦斯回收装置：贵重组分的氢气和轻烃回收装置以及回收燃料气的低压瓦斯气柜系统。

氢气回收主要针对含氢量较高的瓦斯气体，如重整装置干气、催化装置干气、PSA 解析气等。部分装置产的瓦斯富含 C_2、C_3、C_4 等组分，回收轻烃的方法包括低温分离法、吸收稳定法以及膜分离法等法。

低压瓦斯气柜系统由火炬系统和低压瓦斯回收系统两部分组成，如图 12-3-3 所示。火炬系统由水封罐和火炬组成，正常情况下，低压瓦斯系统的压力低于水封罐压力，低压瓦斯被储存于气柜，经压缩机升压并经脱硫处理后成为可直接用作燃料的高压瓦斯。当气柜容量突破上限或遇重大事故需紧急排放瓦斯的情况下，低压瓦斯系统压力将会超过水封罐压力，瓦斯气体冲破水封排向火炬。而低压瓦斯回收系统则包括气柜和压缩机，大多数炼油企业的低压瓦斯回收系统均采用这种“气柜+压缩机”的组合回收方式，即将各装置排放的低压瓦斯经管网输入到气柜内，由压缩机加压后输至高压瓦斯管网作为装置燃料进行综合利用，并以此来调节全厂瓦斯系统的压力平衡，避免系统管网因瓦斯过剩或不足造成压力波动，从而保证各装置正常生产。

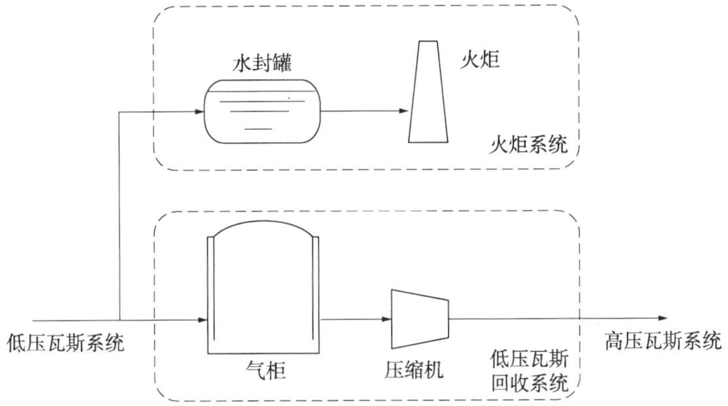

图 12-3-3　炼油企业低压瓦斯系统图

2. 高效利用催化烧焦和石油焦

炼油企业的催化烧焦通常占催化裂化装置加工量的 6%～9%左右，一套 3.5Mt/a 的催化裂化装置，再生器发生中压蒸汽量可达 170t/h 以上，装置总发汽量达 350t/h，基本相当于一台中型动力锅炉，目前催化烧焦的能量通过再生器发生蒸汽、烟气轮机和余热锅炉系统回收动力和热能。

高效利用催化裂化焦炭：首先考虑采用预处理工艺（如蜡油加氢和渣油加氢）或组合工艺（如溶脱和减黏）降低催化烧焦产生；其次尽量提高催化裂化烟气的能量回收机组效率和同步率，避免再生烟气走旁路而不进烟气轮机。

对于石油焦的利用，可通过循环流化床高压锅炉发电，也可采用煤气化一体化的热、电与化工产品联产技术的方案。石油焦的利用需要同炼油厂所处的位置、焦炭的销路、煤的供应来源和价格等因素结合起来考虑。

3. 利用外部煤、天然气和蒸汽

炼油厂自产燃料来源不足时，应依靠外部能源供入，而不应以自身高价值产品作燃料使用。根据企业自身条件和环境，综合利用外部煤、天然气、电和发电厂的中、低压抽汽。煤产汽成本低于渣油、瓦斯，比较而言宜采用煤产汽。煤产汽宜选用高压、大容量 CFB 锅炉，可考虑采用整体煤气化联合循环 IGCC 工艺实现蒸汽和氢气联产。外部能源的优化需要结合燃料的热值、价值、使用燃料产生排放、污染治理等综合考虑，宜采用低碳、清洁、优化能源。

根据炼油厂热/电比的优势，发挥炼油厂与电厂的能源互补优势，积极利用邻近电厂的中/低压抽汽，实现热电联供集成与优化。炼油厂所需热多电少，电厂可提供的热量多，两者的热/电比具有互补性。利用电厂的汽轮机抽汽供应炼油厂，提高炼油厂的热电联产效率；炼油厂的低温余热用于加热电厂的锅炉给水（包括新鲜水、软化水和除盐水等），提高热量利用效率。

同时，应积极采用太阳能、地热等新能源，降低化石能源使用以及由此带来的环保问题。

4. 权衡优化工艺装置产汽

对于工艺装置利用自身工艺热量发生蒸汽进入炼油厂蒸汽管网的情形应综合考虑。工艺装置的燃料为炼厂干气、天然气，其热量成本较高；炼油厂动力站燃料为煤，并且通过热电联产大大提升产汽效率，因此，装置内部的工艺热量应尽量不产汽，最大限度为工艺所用。例如一股工艺物流温度从280℃降到250℃，只能发生1.1MPa饱和蒸汽，相当于一台低压锅炉的作用；如果附近存在工艺装置分馏塔再沸器需要加热到250℃，则利用上述工艺热量作为再沸器的热源应优先考虑，再沸器节省下来的燃料通过热电联产系统先发电再生产高压蒸汽，其效率会大大提高。

5. 环境因素的制约

能源使用过程造成的环境因素要在能源结构优化环节集成考虑，包括燃用煤、石油焦造成的SO_2、NO_x、CO_2排放等。碳减排成本优化可依据碳排放管理政策要求，应用碳夹点技术优化能源消费方式，合理确定低碳能源与煤、石油焦的比例。

二、最优化方法

最优化方法是研究过程系统能量优化问题的重要基础，大多数能量优化问题均是在一定约束条件下进行。应用最优化方法开展能量系统优化通常可按以下两大步骤进行。

(1) 建立数学模型

首先，确定所研究的对象、问题的范围和优化的变量等。其次，确定数学模型中的目标函数，如能耗最小、费用最低、利润最大等，建立各变量之间所应满足的各类约束条件，包括等式约束条件和不等式约束条件，当然也包括简单的无约束优化问题。

(2) 求解上述优化问题的数学模型

由于研究的问题不同，数学模型的形式也不同，因此需要用不同的优化方法求解。

(一) 最优化基本概念

最优化问题通常由下列几个基本要素组成：目标函数；决策变量；约束条件与可行域。

1. 目标函数

目标函数又称性能函数、评价函数，是最优化问题所要达到的目标。两组不同决策变量的好坏优劣要以它们能使目标函数达到多少为评比标准。“最优化”就是找到一组使得目标函数达到最大值或最小值的决策变量值。目标函数通常以J表示，它是n维优化变量向量y的函数，记作：

$$J=F(y) \tag{12-3-1}$$

式中$y=(y_1, y_2, \cdots, y_n)^T$。

2. 决策变量

决策变量是指对过程系统的性能指标有明显影响、互不相关和可调的那些变量。系统除决策变量，还有状态变量，它们是决策变量的函数，用来描述系统的状态。决策变量一旦确定，状态变量也随之确定，即系统的状态也被确定。从数学上讲，决策变量数等于系统的自由度数。当自由度等于0时，即无决策变量，表明过程系统不存在最优解；当自由度≥ 1时，系统存在最优解。

3. 约束条件

约束条件是变量的可行范围或优化的解空间。约束条件有等式约束和不等式约束两种形式，等式约束可以用来消去决策变量，使优化问题的维数降低，搜索空间变小，有利于优化问题的求解。

（二）应用实例

炼油生产过程的能量系统优化，有时可以应用数学优化的建模方法实现。通常，组成“最优化”问题的模型包括目标函数和约束条件两个部分。能量系统优化是与工艺过程的经济效益密切相关的，因此，应用数学建模方法的目标函数通常是过程的经济效益指标。

$$J=\sum_{i} p_iP_i-\sum_{j} r_jR_j-\sum_{m}\sum_{n} u_mU_{mn}-\sum_{n}\alpha_nI_n-\sum_{k} m_kM_k \qquad (12-3-2)$$

式中　J——石油化工生产过程的经济效益；

p_i——第 i 种化工产品的单价，元/t；

P_i——第 i 种化工产品的产量，t；

r_j——第 j 种原料的单价，元/t；

R_j——第 j 种原料的消耗量，t；

u_m——第 m 种公用工程的单价，元/t；

U_{mn}——第 n 种设备对第 m 种公用工程的消耗量，t；

α_n——第 n 种设备的折旧率；

I_n——第 n 种设备的资产价值，元；

m_k——第 k 类生产人员的工资，元/（人·年）；

M_k——生产过程中雇用的第 k 类生产人员的数量，人。

石油化工生产过程的优化目标总是与生产过程的设计、操作、控制、管理密切相关的。为了实现炼油生产过程的优化，需要进行工艺过程的物料衡算、热量衡算、设备计算与投资、成本、利润等经济计算，这些就是目标函数所必须满足的约束条件。将目标函数与约束条件相结合，就构成了炼油生产过程的优化问题，如图 12-3-4 所示。

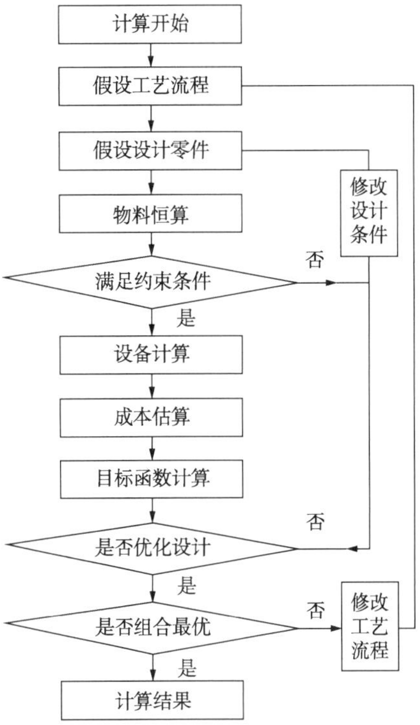

图 12-3-4　数学规划法应用过程图

案例：某炼油厂欲利用废热将某物料温度由 100℃加热到 500℃，其流程和有关数据如图 12-3-5 所示，请问各温度如何选取才能使换热器系列的总传热面积 A 为最小。

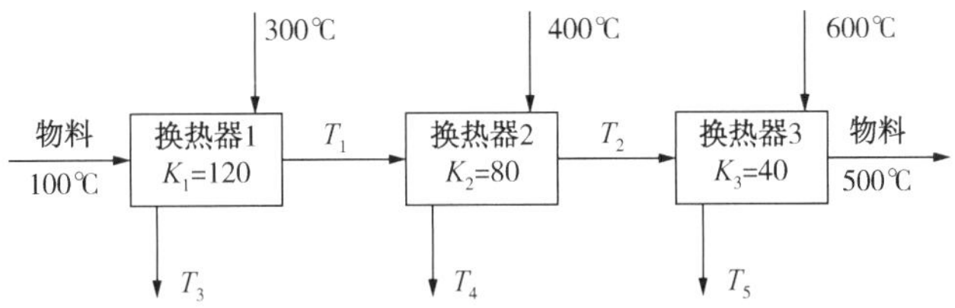

图 12-3-5　换热网络流程示意图

① 所有物料其 $m_i \cdot C_{pi}=10^5$，其中 m 是流体的质量流率，C_{pi} 为流体 i 的比热容，i 为流体序号；

② 三个换热器的总传热系数分别为 $K_1=120$，$K_2=80$，$K_3=40$。

数学模型：

热量衡算：对换热器 1：$m\cdot C_p\cdot(T_1-100)=m\cdot C_p(300-T_3)$，即 $T_3=400-T_1$；

对换热器 2：$m\cdot C_p\cdot(T_2-T_1)=m\cdot C_p\cdot(400-T_4)$，即 $T_4=400-T_2+T_1$；

对换热器 3：$m \cdot C_p \cdot (500-T_2) = m \cdot C_p \cdot (600-T_5)$，即 $T_5 = 100+T_2$；

换热器传热温差：

$$\Delta t_{m1} = [(300-T_1)+(T_3-100)] \div 2 = 300-T_1$$

$$\Delta t_{m2} = [(400-T_2)+(T_4-T_1)] \div 2 = 400-T_2$$

$$\Delta t_{m3} = [(600-500)+(T_5-T_2)] \div 2 = 100$$

由热量方程可得总传热面积的最小化目标函数：

$$\min \sum_{t=i} A_i = \frac{T_1-100}{120(300-T_1)} + \frac{T_2-T_1}{80(400-T_2)} + \frac{500-T_2}{40\times 100}$$

利用最优化求解软件可以求得决策变量数据：$T_1 = 181$，$T_2 = 296$；目标函数 $A = 7049$。

可以看出，解决最优化问题的关键是确定合理的目标函数，开发准确、可靠性高的过程模型(从而确定约束条件)，以及选择适宜的优化方法来解算。

三、换热网络优化——夹点技术

炼油生产过程中，热物流和冷物流之间换热可以充分利用热物流热量加热冷物流，提高系统的热回收能力，减少辅助加热和辅助冷却负荷。能量回收主要通过换热网络系统实现，优化物流间的匹配换热结构以及换热负荷分配的问题，即换热网络优化，是炼油能量系统优化的重要方面，换热网络优化方法通常可以被划分为夹点方法和数学规划方法两大类。

(一) 夹点的形成

夹点技术最初源于换热网络的优化集成，在成功地应用于换热网络的基础上，其应用范围扩展到蒸汽动力公用工程子系统，而后又进一步发展成为包括热回收换热网络子系统和蒸汽动力公用工程子系统的总能系统。

物流的热特性可以用温度 T 为纵轴、以焓 H 为横轴的温-焓图(T-H 图)表示，在温-焓图中，热物流(需要被冷却的物流)的走向是从高温向低温，冷物流(需要被加热的物流)的走向是从低温向高温。物流的热量用横坐标两点之间的距离(即焓差 ΔH)表示，因此，物流线左右平移，并不影响其物流的温位和热量。

当物流的比热容 C_p 为常数时，冷流被加热或热流被冷却的过程可以用温-焓图上的一条直线表示，如图 12-3-6 所示。

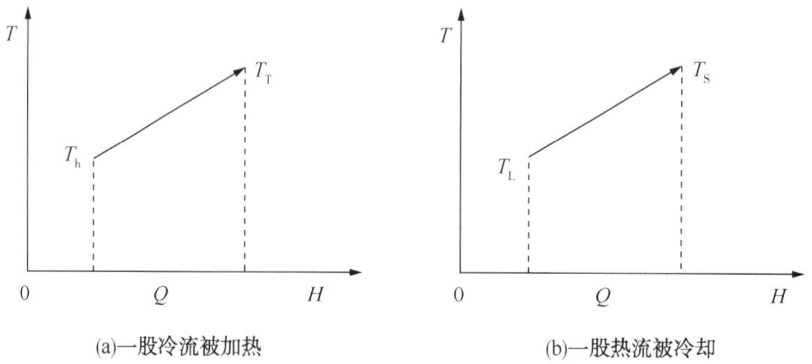

图 12-3-6　T-H 图上的一股物流

在实际的工业生产系统中，通常是有若干冷物流需要被加热，若干热物流需要被冷却。对于多股热流或冷流，可将它们合并成一条热复合曲线或冷复合曲线。图 12-3-7 表示了如何在温-焓图上把三股热流合并成一条复合曲线。

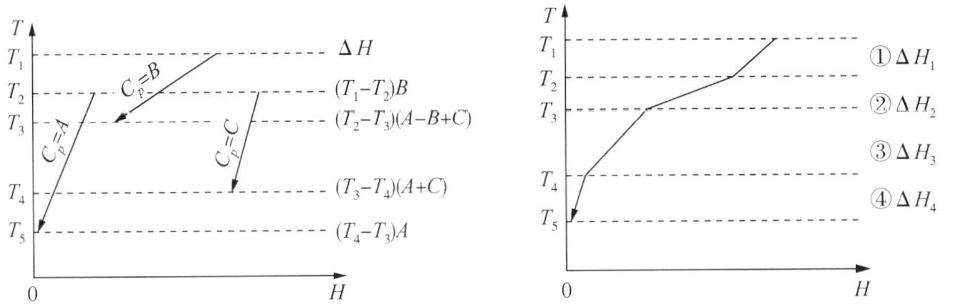

(a)三股热流被冷却的$T-H$图　　(b)三股热流的热复合曲线

图 12-3-7　复合温焓线

假设有三股热流，其热容率分别为A、B、C(kW/℃)，其温位分别为(T_1-T_3)、(T_2-T_4)、(T_2-T_5)图 12-3-7(a)所示。在T_1到T_2温度区间，只有一股热流提供热量，热量值为$(T_1-T_2)(B)=\Delta H_1$。所以，这段曲线的斜率等于曲线B的斜率；在T_2到T_3的温区内，有三股热流提供热量，总热量值为$(T_2-T_3)(A+B+C)=\Delta H_2$，于是这段复合曲线要改变斜率，即两个端点的纵坐标不变。而在横轴上的距离等于原来三股流在横轴上的距离的叠加，即在每一个温区的总热量可表示为：

$$\Delta H_i = \sum_j C_{pi}(T_i - T_{i-1}) \tag{12-3-3}$$

式中　j——第i温区的物流数。

依照此方法，就可形成每个温区的线段，使原来的三条曲线合并成一条复合曲线，如图 12-3-7(b)所示。以同样的方法，也可将多股冷流在温-焓图上合并成一条冷复合曲线。

(二) 夹点确定的方法

1. 图解法

当有多股热流和多股冷流进行换热时，可将所有的热流合并成一条热复合曲线，所有的冷流合并成一条冷复合曲线，然后将两者一起表示在温-焓($T-H$)图上，如图 12-3-8 所示。$T-H$图上的组合曲线可以沿H轴平移而不改变换热的热负荷。因此，可以将冷流组合曲线沿H轴向左平移，这时两条曲线之间的垂直距离随曲线的移动而逐渐减小，即传热温差逐渐减小。当两条曲线的垂直最小距离等于最小允许传热温差ΔT_{min}时，就达到了实际可行的极限位置。这个极限位置的就是冷、热流组合曲线间垂直距离最小的位置。从图 12-3-8 中不难看到，这个最窄位置就是夹点。这时，两条曲线端点的水平差值分别代表最小冷、热公用工程用量，以及最大热回收量(即最大换热量)。

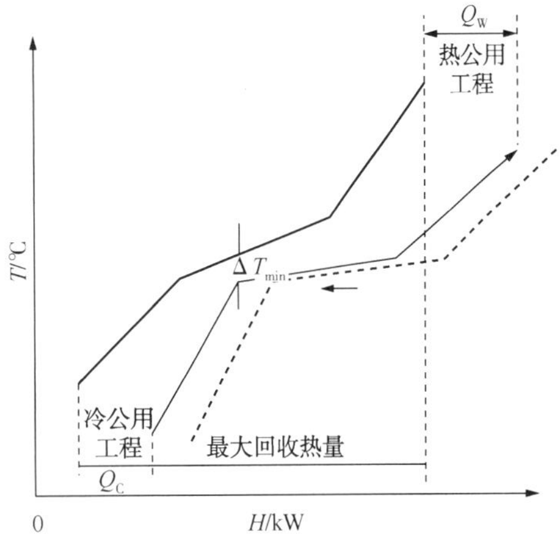

图 12-3-8　换热网络组合曲线图

2. 问题表格法

当物流较多时，采用复合温焓线很繁琐，且不够准确，此时常采用问题表格法来精确计算。步骤如下。

1）以冷、热流体的平均温度为标尺，划分温度区间。冷、热流体的平均温度相对热流体，下降 1/2 个夹点温差（$\Delta T_{min}/2$）；相对冷流体，上升 1/2 个夹点温差（$\Delta T_{min}/2$）。可保证在每个温区内热物流比冷物流高 ΔT_{min}，满足传热的需要。

2）计算每个温区内的热平衡，以确定各温区所需的加热量和冷却量，计算式为：

$$\Delta H_i = (\sum C_{p_C} - \sum C_{p_H})(T_i - T_{i+1}) \tag{12-3-4}$$

式中　ΔH_i——第 i 区间所需外加热量，kW；

$\sum C_{p_C}$，$\sum C_{p_H}$——分别为该温区内冷、热物流热容流率之和，kW/℃；

T_i，T_{i+1}——分别为该温区的进、出口温度，℃。

3）进行热级联计算。第一步，计算无外界热量输入时各温区之间的热通量。此时，各温区之间可以存在自上而下的热流流通，但不能有逆向热流流通。第二步，为保证各温区之间的热通量不小于 0，根据第一步级联计算结果，取绝对值最大、热通量为负值的热量绝对值为外界需要加入的最小热量，即最小加热公用工程用量，由第一个温区输入；然后计算外界输入最小加热公用工程量时各温区之间的热通量；而由最后一个温区流出的热量，就是最小冷却公用工程用量。

4）温区之间热通量为零处，即为夹点。

（三）总组合曲线

在蒸汽动力系统优化综合中，常用的不是冷热复合曲线图，而是总复合曲线图，即以温度为纵坐标，热流量为横坐标，在不同温段标出净热流量和该温段的坐标值。它可以很容易地从热通量级联图转化获得。以下面的例子具体说明问题表格法确定夹点和绘制总复合曲线。

例一：某换热系统的工艺物流为两股热流和两股冷流，其物流参数见表 12-3-1。取冷、热流体之间最小传热温差为 10℃。现用问题表法确定该换热系统的夹点位置以及最小加热公用工程量和最小冷却公用工程量。

表 12-3-1　物流参数表

物流编号和类型	热容流率 C_p/（kW/℃）	供应温度/℃	目标温度/℃
1 热流	3.0	170	60
2 热流	1.5	150	30
3 冷流	2.0	20	135
4 冷流	4.0	80	140

夹点确定：

步骤一：把系统划分温区。

1）别将所有热流和所有冷流的进、出口温度（℃）从小到大排列起来。

热流体：30、60、150、170

冷流体：20、80、135、140

2）计算冷热流体的平均温度（℃），即将热流体温度下降 $\Delta T_{min}/2$，将冷流体温度上升 $\Delta T_{min}/2$。

热流体：25、55、145、165

冷流体：25、85、140、145

3）将所有冷热流体的平均温度(℃)从小到大排列起来。

冷热流体：25、55、85、140、145、165

4）整个系统可以划分为五个温区，如图 12-3-9 所示，它们分别为：

第一温区：145～165　　第二温区：140～145

第三温区：85～140　　第四温区：55～85

第五温区：25～55

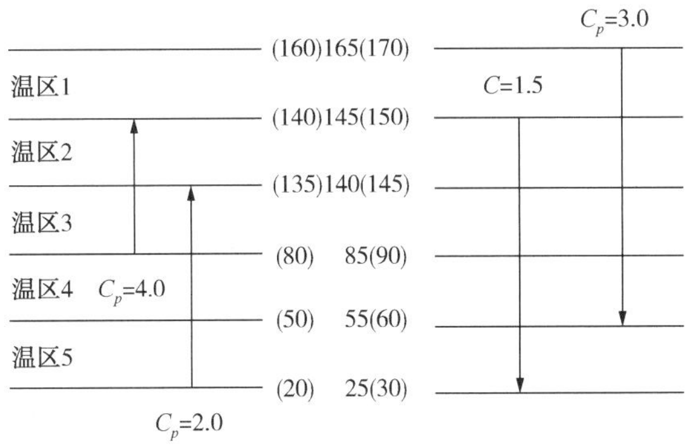

图 12-3-9　温度区间划分

步骤二：温区内热平衡计算，计算结果命名为“亏缺热量”列于表 12-3-2 第三列。

例如：第一温区：$\Delta H_1=-3.0\times(165-145)=-60$kW

ΔH_1 为负表示该温区有剩余热量。

步骤三：计算外界无热量输入时各温区之间的热通量，命名为“累积热量”，此时，第一温区的输入热量为零，其余各温区的输入热量等于上一温区的输出热量，每一温区的输出热量等于本温区的输入热量减去本温区的亏缺热量 ΔH_i，计算结果列于表 12-3-2 第四列。

例如：第一温区：输入热量=0kW(因外界无热量输入)，输出热量=0+60=60kW

第二温区：输入热量=60kW，输出热量=60+2.5=62.5kW

步骤四：确定最小加热公用工程用量。从步骤三的计算中可以看到，当外界无热量输入时，温区 3 向温区 4 输出的热量为负值，这意味着温区 4 向温区 3 提供热量，在热力学上是不合理的。为消除这种不合理现象，使各温区之间的热通量≥0，就必须从外界输入热量，使原来的负值至少变为零，因此，得到最小加热公用工程量为 20kW。

步骤五：计算外界输入最小加热公用工程量时各温区之间的热通量。换热网络所需的最小加热量可从第三温区以上的任何温区中输入。为方便起见，本例假定该热量从温区 1 输入。计算方法同步骤三的完全相同计算结果形成问题表的最后一列——热通量。

例如：第一温区：输入热量=20kW，输出热量=20+60=80kW

第二温区：输入热量=80kW，输出热量=80+2.5=82.5kW

步骤六：确定夹点位置。温区 3 和温区 4 之间热通量为零，此处就是夹点，即夹点在平均温度 85℃，(热流温度 90℃，冷流温度 80℃)处。

表 12-3-2　问题表格

温度和温区	物流	亏缺热量/kW	累积热量/kW		热通量/kW	
			输入	输出	输入	输出
165℃						
温区1		-60	0	60	20	80
145℃						
温区2		-2.5	60	62.5	80	82.5
140℃						
温区3		82.5	62.5	-20	82.5	0
85℃						
温区4		-75	-20	55	0	75
55℃						
温区5		15	55	40	75	60
25℃						

例二：由表 12-3-2 所示的问题表格，确定该网络的热通量级联图，如图 12-3-10 所示。

在热通量级联图中，每个温区用一个矩形表示，矩形内为该温区的亏缺热量。热通量级联图的左侧给出了经过每个温区的热通量情况，右侧给出了各温区边界的冷、热流体平均温度。热通量级联图中热通量零处为夹点。

如上所述，总复合曲线是以冷、热流体的平均温度为纵坐标，焓值为横坐标。热通量级联图中各温区边界的冷、热流体平均温度及其对应的热通量，构成总复合曲线图上的一个点(平均温度为其纵坐标，热通量为其横坐标)，将相邻的点用直线连接，就构成了总复合曲线。

例三：图 12-3-11 中左侧的热通量级联图，绘制其总复合曲线。

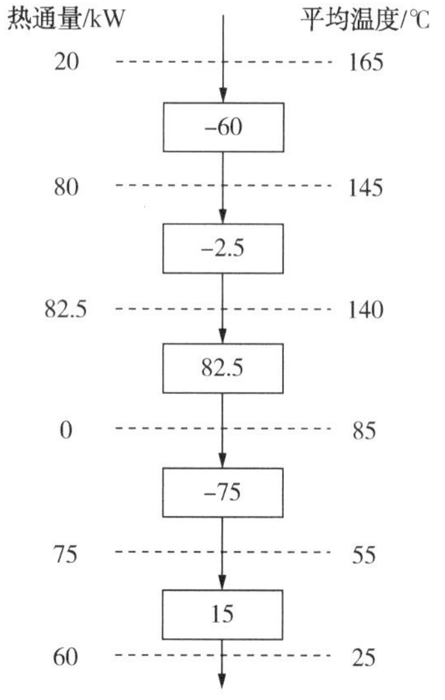

图 12-3-10　热通量级联图

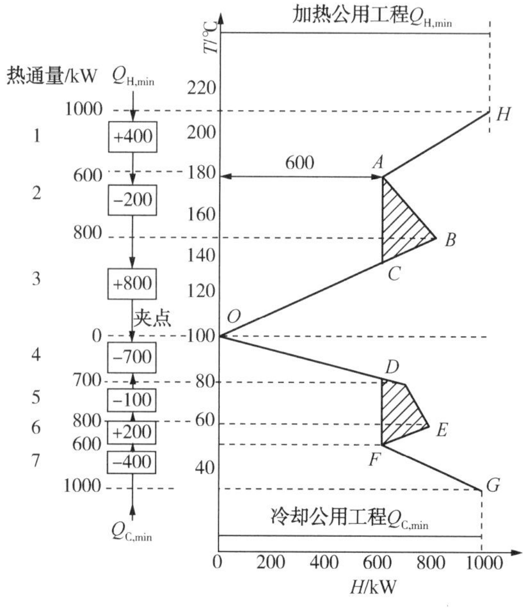

图 12-3-11　总复合曲线

复合曲线的绘制是从夹点开始，分别向上和向下进行。本例夹点的平均温度为100℃。从夹点(0，100)开始向上，温区3(100~150℃)需热量800kW，因此，从(0，100)向(800，150)画一条直线；然后，下一个温区为温区2(150~180℃)，可提供热量200kW，使需热量从800kW减为600kW，这就形成了从(800，150)到(600，180)的一段直线；最后是温区1(180~210℃)，需热量400kW，使总需热量从600kW增加到1000kW，构成(600，180)到(1000，210)最后的线段，如图12-3-11所示。

从夹点向下绘制复合曲线的方法是相同的，只是此时多余热量为正、需要热量为负，与夹点之上相反。

总复合曲线表达了温位与热通量的关系。夹点之上的总复合曲线表示需外界加热的热量与温位的关系，相当于冷、热物流以ΔT_{min}的温差互相换热后所剩余的“净”需被加热的冷流；同样，夹点之下总复合曲线表示需外界冷却的热量与温位的关系，相当于冷、热流体在ΔT_{min}的温差下换热后所剩余的“净”过程热流。

（四）夹点的意义

夹点的出现将整个换热网络分成了两部分：夹点之上和夹点之下。夹点之上是热端，只有换热和加热公用工程，没有热量流出，可看作一个净热阱；夹点之下是冷端，只有换热和冷却公用工程，没有热量流入，可看作一个净热源；在夹点处，热流量为零，如图12-3-12(a)所示。

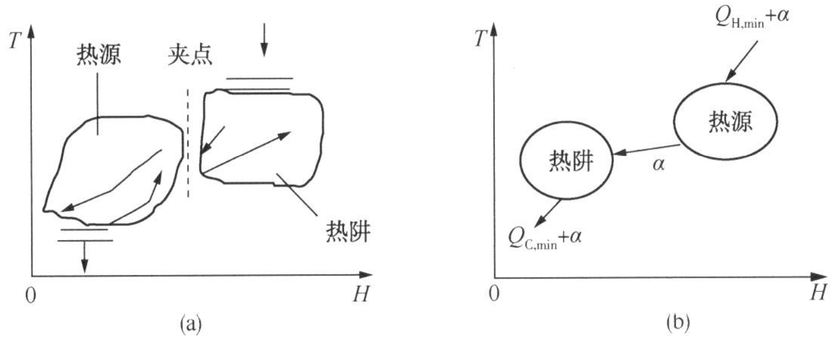

图12-3-12 夹点的意义

如果在夹点之上热阱子系统中设置冷却器，用冷却公用工程移走部分热量，其量为β，根据夹点之上子系统热平衡可知，β这部分热量必然要由加热公用工程额外输入，其结果是加热和冷却公用工程量均增加了β。同理，如果在夹点之下热源子系统中设置加热器，加热和冷却公用工程用量也均需要相应增加。

如果发生跨越夹点的热量传递α，即夹点之上热物流与夹点之下冷物流进行换热匹配，则根据夹点上、下子系统的热平衡可知，夹点之上的加热公用工程量和夹点之下的冷却公用工程量均相应增加α，如图12-3-12(b)所示。

因此，为达到最小加热和冷却公用工程量，夹点方法的设计原则是：

1）夹点之上不应设置任何公用工程冷却器；

2）夹点之下不应设置任何公用工程加热器；

3）不应有跨越夹点的传热。

此外，夹点是制约整个能量系统性能的“瓶颈”，它的存在限制了进一步回收能量的可能。如果能通过调整工艺改变夹点处物流的热特性，例如使夹点处热物流温度升高或使夹点处冷物流温度降低，就能把冷复合曲线进一步左移，从而增加回收的热量。

（五）蒸汽动力系统优化综合

蒸汽动力系统是石化企业的重要组成部分，消耗燃料，为整个生产过程提供蒸汽、电力、冷却水等公用工程。蒸汽动力系统是否合理，直接决定企业的能耗水平。

过程系统中的冷、热流体通过换热回收热量后，仍需蒸汽动力系统提供加热公用工程和冷却公用工程，这些加热公用工程和冷却公用工程往往都是多级的。此外，许多企业都有自己的自备电站。此时，如何使动力的发生与热能的供应结合起来，最有效地利用燃料就是蒸汽动力系统优化综合的内容。另外有时企业中还有热泵装置，它能将系统中的低温热能升级作为加热热源。如何正确应用热泵而获取节能和经济效益，也是蒸汽动力系统优化综合的内容。下面只介绍多级公用工程的设置问题。

由于温位高的加热蒸汽价格要比温位低的加热蒸汽高。而温位低的冷却介质价格要比冷却水贵得多，所以，在实际工程应用中合理采用不同温位的多级公用工程会更经济。

总复合曲线可以清晰地表示整个系统所需热量和温位的关系，是分析多级公用工程配置的重要工具。

1. 加热公用工程的选择

在夹点之上，为了减少加热公用工程的费用，根据总复合曲线应选择尽量接近净热阱的加热公用工程级别。

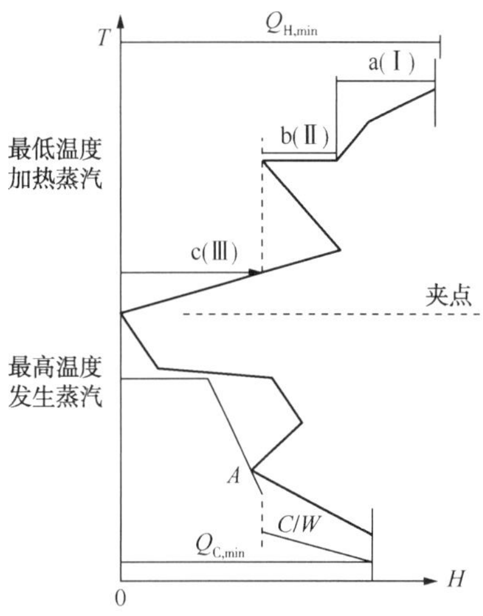

图 12-3-13　由总复合曲线确定公用工程等级

常用的加热公用工程有两种形态：一种是有相变的介质，常用蒸汽；另一种是无相变的介质，例如热油、烟道气等。

对于采用蒸汽作为加热公用工程的情形，通常利用其热量中的潜热部分，故在 $T-H$ 图上表示为一条水平线。

例如图 12-3-13 所示的总复合曲线。若可采用三种级别的加热蒸汽，则可按图示的方式选择（即图中的 a，b、c 三级）。图 12-3-13 中的Ⅰ、Ⅱ、Ⅲ三条线段，表示了三级不同温度的加热公用工程，其纵坐标表示了公用工程的温度，其在横坐标上的投影长度表示了所需要的公用工程热量。

通常在设计时，当夹点之上存在“口袋”时，由于在“口袋”所在的温度区间（例如图 12-3-13 中的 AC 段），所需加热公用工程量保持不变，而较低温度的加热公用工程则意味着较低的运行费用，故常在“口袋”底部选择一级加热公用工程，例如图 12-3-13 中的Ⅲ段加热公用工程。

这种分段加热的处理，实际上就是用温位较低的蒸汽加热夹点以上温位较低的物流。公用工程划分的级别越多，高温位的加热公用工程用量越少，可减少运行费用，但增加了换热网络的复杂性和投资费用，所以要结合工程实际全面考虑。

当某温位热源恰好满足该温位净冷流所需热量时，就构成了公用工程夹点，如图 12-3-14 中对应 2 线的 D 点和对应 3 线的 E 点。

若采用变温的加热公用工程，如热油加热、烟道气加热等，则存在一个加热公用工程入口温度 T_S、出口温度 T_r 和流量 F 的选择，如图 12-3-15(a)所示。

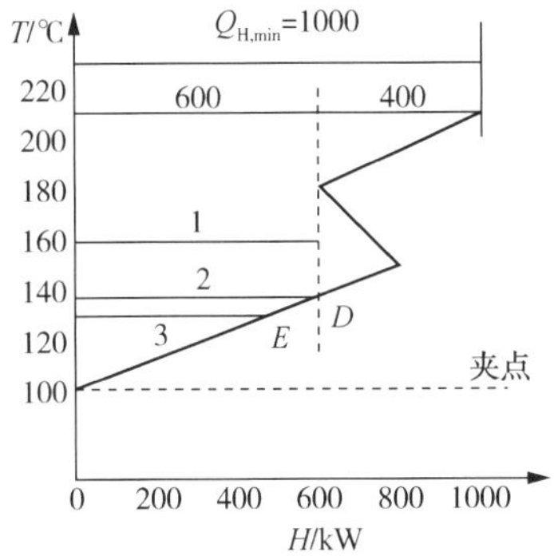

图 12-3-14　不同等级加热公用工程量的确定

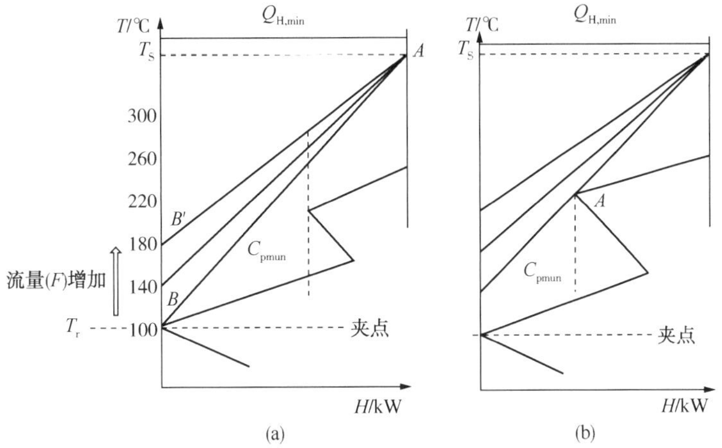

图 12-3-15　变温加热公用工程

一般说来，入口温度 T_s 应尽可能高，这样既可减少加热公用工程的流量，又可提高加热器的传热温差，减少加热器面积，但 T_s 受工艺条件的限制。当 T_s 给定后，加热介质的流量越大，其出口温度 T_r 越高，加热公用工程直线斜率变小，从 AB 变为 AB'，如图 12-3-15(a)所示。加热介质流量大，则操作费用高，但加热器传热温差也相应提高，传热面积减少，则投资费用减少。加热介质流量小，直线斜率变大，直线变陡，其出口温度 T_r 越低，排热损失减少，系统能量性能较好，但传热面积增大，投资费用增大。所以，存在投资费用和操作费用之间的权衡。为了保证加热公用工程能提供过程所需的全部热量，加热公用工程直线必须处在净热阱线之上。

2. 冷却公用工程的选择

夹点之下冷却公用工程的选择，分两种情况考虑。

第一种，夹点温度较低。在这种情况下，低温段的冷却要用到低温冷量。为减少操作费用，应尽量选择环境介质的冷却公用工程，以减少低温冷量的用量。

第二种，夹点温度较高。在这种情况下，净热源的温位足够高，应考虑用来发生蒸汽，以创造经济效益。图 12-3-14 夹点之下部分表示了用夹点之下净热源发生蒸汽以及用冷却水冷却的分配情况。发生蒸汽的过程由预热(斜线部分)和蒸发(水平线部分)组成，发生蒸汽的级别及流量可根据总复合曲线分析确定，如图 12-3-14 中的 A 点限制了蒸汽发生量。

上一节介绍换热网络的设计时，没有考虑多级公用工程的设置。在设置多级公用工程后，当某温位热源恰好满足该温位净冷流所需热量，或当某温位热阱恰好满足该温位净热流所需放热量时，就构成了公用工程夹点。对于多夹点的设计仍应没有跨越各夹点的传热，以及没有不合理设置的公用工程。这就要求公用工程物流也不能跨越其相应的夹点。在设计时，可将各级公用工程物流同工艺物流一起在图上表示进行设计。

3. 热机的设置

工程上最常用的热机有蒸汽透平和燃气透平。蒸汽透平工作循环是朗肯循环，其过程如

图 12-3-16 所示，其工质为水蒸气。

水在锅炉中吸收由燃料燃烧产生的热量而生成蒸汽，蒸汽通过蒸汽透平膨胀做功，做功后的蒸汽若温位足够，可直接以蒸汽形式输出，用于加热或工艺过程，这种透平称为背压透平；蒸汽在透平中也可一直膨胀到接近环境温度，然后在冷凝器中向低温热源排热，冷凝水经泵返回锅炉，这种透平称为凝汽透平。另外在进、排汽之间还可设有抽汽口，将抽汽用于加热或工艺用汽，组成抽汽背压透平或抽汽凝汽透平。

燃气透平循环的流程如图 12-3-17 所示。空气经压缩机（简称空压机）升压，并与做功后的燃气换热升温后进入燃烧室，在燃烧室内燃料燃烧产生高温高压燃气，进入透平膨胀做功，膨胀后的燃气经与空气换热后排出。由于大气压力限制了燃气透平膨胀的终点，其排气温度可高达 450℃ 左右，因此，该排气热量也可作为加热热源，构成热能和动力的联合生产。

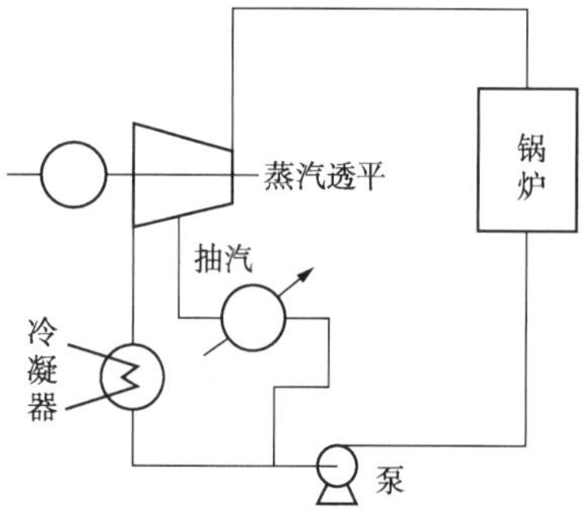

图 12-3-16　蒸汽透平朗肯循环

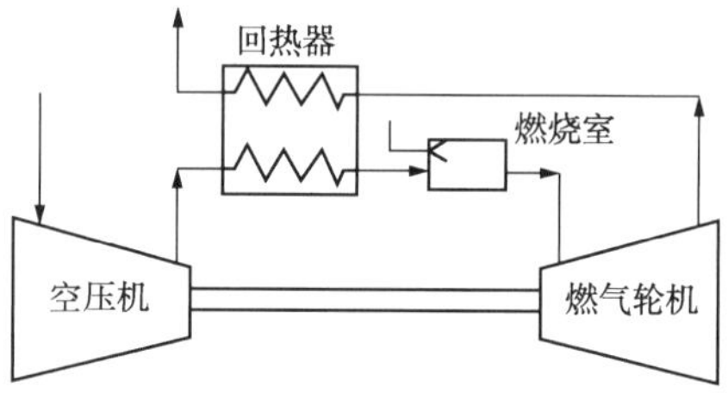

图 12-3-17　燃气透平循环

在系统过程中，热机有三种可能的设置方式：在夹点之上、跨越夹点、在夹点之下，如图 12-3-18 所示。

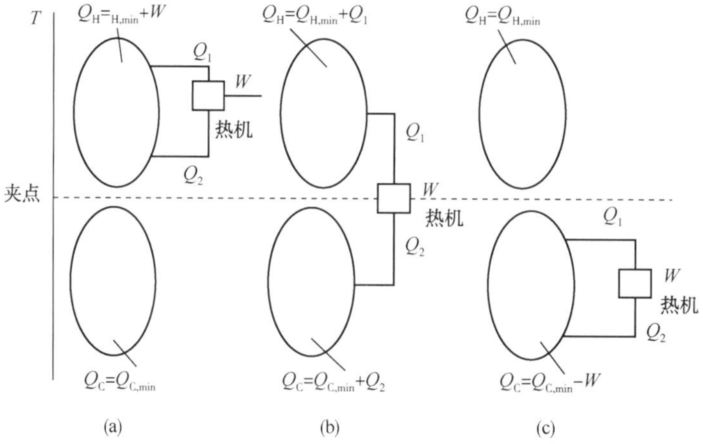

图 12-3-18　热机在过程中的设置

图 12-3-18（a）表示了热机的第一种可能的设置方式，即其吸、排热均在夹点之上。此时，只要热机排热的温位足够高，就可以全部为过程所用，也就是说，总需热量 Q_H 等于热机所做的功量加上换热网络所需最小加热公用工程量，$Q_H=Q_{H,min}+W$。若不计各类损失，从

整个系统的角度来看，热源以100%的效率做功，能量利用率大大提高。此时，对夹点之下的冷却公用工程没有影响。所以，在夹点之上，将热机与热回收系统适当结合，可以发挥最好的效益。

图12-3-18(b)表示了热机跨越夹点的设置，即吸热在夹点之上，排热在夹点之下。此时，由于过程在夹点之上为净热阱，需要Q_H的热量，而热机也需要Q_1的热量，加热公用工程将总共提供($Q_{H,min}+Q_1$)的热量。在夹点之下，过程为净热源，多余$Q_{C,min}$的热量要排出，而热机又排出Q_2的热量，使冷却公用工程量增至$Q_{C,min}+Q_2$。可见，此种设置做功所消耗的热量与单独放置的热机将热量直接排给冷源的效果一样，不能改善能量利用率。

热机设置在夹点之下，从过程吸热，排热也在夹点之下，如图12-3-18(c)所示。此为余热发电的情形，此时，对夹点之上的加热公用工程没有影响。而在夹点之下，热机利用过程的余热做功，不仅额外获得了功，还使冷却公用工程用量减少到($Q_{C,min}-W$)，同夹点之上的设置一样，大大提高了能量利用率。

所以，热机的设置原则是不能跨越夹点。

夹点之上设置热机就是热功联产。热机与过程的匹配原则是使热机抽汽或背压蒸汽的放热线与过程总复合曲线的热阱线部分尽可能吻合，且尽可能使用温位较低的蒸汽加热，使蒸汽在抽出之前尽可能多做功。

夹点之下设置的热机就是余热的动力回收。在过程集成之后考虑余热动力回收，与只考虑单股热流的余热动力回收是不同的。单股热流的T-H图很简单，为一单调降的直线。而过程集成之后夹点之下的总复合曲线是很复杂的，可能出现多种情况，应根据总复合曲线的形状来确定工作介质以及发生蒸汽的温度和蒸汽量。

四、流程模拟

(一) 流程模拟技术

流程模拟是以化工过程的流程系统数据为输入信息，用计算机辅助进行热量和物料衡算，对工艺过程开发、设计和操作进行计算分析。化工生产流程模拟的目的就是通过对各单元的研究，按照流程结构，推测整个流程的特性，找到工业生产的“瓶颈”，指出改进和节能的方向。

流程模拟对一个流程系统进行稳态模拟，通常要执行以下三个方面的内容。

1) 流程系统模型，即描述流程系统性能的数学模型。一个完整的系统模型，必须包括组成系统的各个单元模型和对系统结构的表述模型。单元模型往往是描述流程系统中各单元设备性能的模型，实际上是指各种过程单元操作的模型，不一定是真实的过程设备，它是流程系统模型的基础。而表述流程系统结构即流程结构的部分，可有不同的灵活做法。

2) 物性数据和热力学模型。为了分析流程系统中物料发生状态和组成变化，必须掌握物料的各种物性数据，并且具备可以应用基础物性数据(如相对分子质量、沸点、临界温度、临界压力、临界体积、偏心因子等)计算特定温度和压力下性质的方法，即物性计算的热力学模型。

3) 求解算法。流程系统模拟实际上是对一个数学模型进行求解，因此，必须有针对不同模型特点的有效的求解方法。由于流程系统是由多台设备组成的复杂组合体，它的数学模型还要包括表述流程结构的部分，因此所需的解算方法也随之复杂化，要能够处理单元之间互有联系、彼此影响所带来的问题，对整个系统模型进行有效的求解。

流程系统模型、物性数据和热力学模型、求解算法是流程模拟的三个核心要素。过程系统的数学模型描述准确，才能反映过程系统特性，并以此模型来研究过程优化条件。过程优化又有两个不同层次的概念：过程系统结构优化和过程参数优化。

过程系统结构优化指：一个工艺流程结构是否合理，对已知的原料条件和最终产品要求，找到一个最佳的工艺流程来完成任务。这要涉及不同工艺路线、不同加工方案的选择以及不同分离流程、换热流程的选择等。

过程参数优化是指：一个工艺流程确定的系统，内部的每一个环节、每一个单元如何在最佳状态下运行，从而使整个流程的总体性能达到最优。

（二）流程模拟应用案例

催化裂化装置的主分馏塔是将提升管反应器出口产物分离成富气、粗汽油、柴油、回炼油和油浆的复合塔，是承担催化裂化装置分离任务的关键设备，其操作对整个催化裂化装置能耗有重要影响。催化裂化装置反应油气温度较高(450~550℃反应油气)，因此主分馏塔呈过热状态进料并且含有大量蒸汽，主分馏塔全塔过剩热量较大。由于主分馏塔的温度随塔板变化较大，下部塔段的取热温位较好，出于分离和节能的要求，催化主分馏塔往往需要设置3~4个中段循环回流取热。在保证主分馏塔各塔段具有足够液相回流的条件下，适当增加塔下部高温位中段循环的取热比例，可以增加高品质能量的输出，对降低主分馏塔的操作能耗有重要意义，该项节能手段在炼油厂全局能量系统优化中被广泛应用。

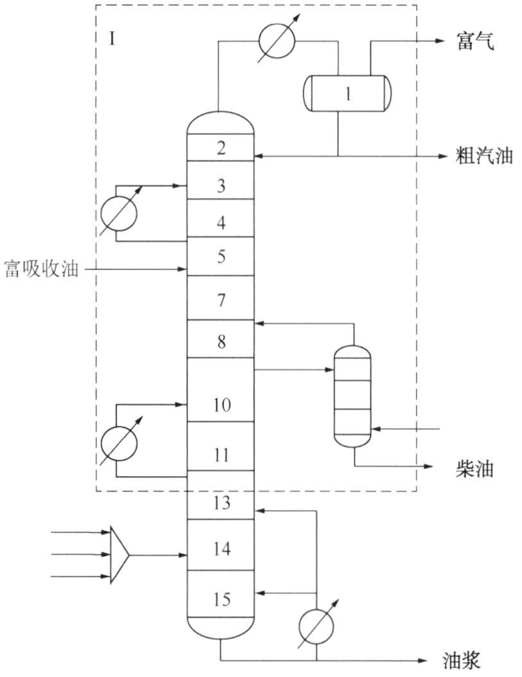

图 12-3-19　某催化裂化主分馏塔模型结构示意图

由于主分馏塔具有多取热段、多侧线采出的特点，取热负荷分布的变化会影响该塔的气液相负荷和分离效果，进而对产品质量和流量产生影响。应用流程模拟技术优化计算催化裂化主分馏塔取热分布对操作参数的影响，对于指导装置实际运行、降低操作成本有重要帮助。

1. 主分馏塔模拟及分析

应用Pro/Ⅱ模拟软件对某催化裂化装置的主分馏塔进行模拟计算，结合装置的实际生产工况确定模拟过程工艺参数，该分馏塔结构如图12-3-19所示。

采用模拟策略对该塔建模，该塔可简化为15块平衡理论板，包含4个回流：塔顶冷回流、塔顶循环回流、第一中段循环回流和油浆循环回流，其进料、抽出和返塔位置等结构见图12-3-19。表12-3-3~表12-3-5列出了模拟中各物流的物性和流量参数。

表 12-3-3　主分馏塔产品物性及流量表

馏出体积/%	稳定汽油(D86)/℃	柴油(D86)/℃	油浆(D1160)/℃
IBP	21.1	214.4	307.2
5	38.9	252.8	367.2
10	52.2	262.8	378.3
30	85.5	281.6	404.4
50	118.3	298.3	428.3
70	158.3	318.3	470.5
80	—	—	493.3
90	198.9	339.4	537.8
95	212.2	351.7	
EP	223.9	362.7	648.0
密度/(g/cm^3)	0.769	0.926	1.008
流量/(t/h)	53.21	24.26	13.99

表 12-3-4　主分馏塔相关气相组成表

组分	富气/(kg/h)	吸收油/(kg/h)	稳定汽油/(kg/h)
CO	106.6	5.4	
CO_2	403.2	23.6	
N_2	748.4	5.4	
H_2	184.2	52.3	
C_1	2482.1	39.5	
$C_{2=}$	1977.2	61.2	
C_2	377.4	81.6	
$C_{3=}$	5468.5	162.4	
C_3	2129.6	22.2	
iC_4	4316.4	14.5	
$1-C_{4=}$	6221.5	8.6	0.1
nC_4	1403.4	5.4	4.99
iC_5	44.5		2.64
$1-C_{5=}$	106.6		3.22
nC_5	11.8		1.79

表 12-3-5　蒸汽、吸收油和中段取热量表

蒸汽		贫吸收油流量/(m^3/h)	11.13
产物带入/(t/h)	11.11	贫吸收油温度/℃	251.7
柴油汽提/(t/h)	0.61	富吸收油流量/(m^3/h)	11.50
压力/kPa	115	富吸收油温度/℃	32.2
顶循		第一中段	
流量/(t/h)	163.79	流量/(t/h)	135.79
返塔温度/℃	74.0	返塔温度/℃	174.0
取热/MW	9.85	取热/MW	11.11

对于分馏塔中段取热控制主要通过中段抽出量和中段返塔温度实现，为了体现热量优化，模拟中采用控制取热负荷和返塔温度条件、计算抽出量的方法，在中段取热优化中，一方面要尽可能多取塔下部的高温位热，另一方面又要在取热负荷一定的条件下尽可能多抽出，从而提高中段返塔温度，加大中段与其他物流换热的冷端温差。

通过以上数据，可以利用 Pro/Ⅱ模拟软件计算得到主分馏塔各个操作数据。计算得到的主分馏塔气、液相负荷如图 12-3-20 所示，其中液相负荷曲线各点数值为总负荷，即包含抽出或中段循环注入量的负荷；相应的液相净负荷数值标注在相应总负荷曲线对应点处。

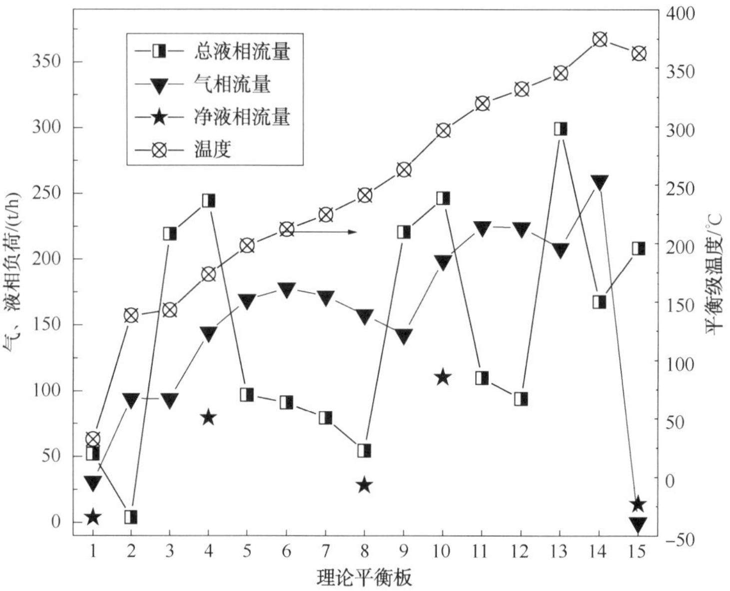

图 12-3-20　主分馏塔气、液负荷及温度分布图

从图 12-3-20 可以看出，主分馏塔进料即反应产物以过汽化状态进入主分馏塔 14 板，塔底油浆上返塔 153.14t/h 进入 13 板，与 12 板内的回流一起在 13 板上与进料上升气相传质换热。由于油浆上返塔的外回流呈过冷状态，13 板实际为一块取热塔板，由塔下部上升的气相在此板上换热后会有一部分冷凝，因此 13 板气相较 14 板气相有一个突降，相同的规律也发生在每一个有过冷外回流的塔板上，如 10 板和 3 板，它们的气相负荷与下层塔板相比都有一定的减小。13 板液相与下层塔板上升的过热气相换热后以饱和状态溢流到 14 板，由于 14 板温度较高，因此会有部分液相汽化，相应 14 板液相内回流要小于 13 板。由此可以看出，14 板与 13 板之间的气相实际包括了 14 板上气化部分和进料两部分。14 板液相溢流进入 15 板，15 板的抽出油浆分成三股，一股冷却后打入 13 板（油浆上返塔），一股冷却后进入 15 板（油浆下返塔），一股作为出料。主分馏塔底往往存在蒸汽汽提和搅拌操作，因此 15 板的液相负荷实际包括 14 板溢流到 15 板并经过汽提后的液相部分和油浆下返塔两部分之和。10 板和 11 板分别是第一中段循环换热板和抽出板，抽出板上的总液相负荷为 246.36t/h，其中，135.79t/h 溢流到 12 板，其余抽出冷却后返回 10 板，由于中段取热的存在使得分馏塔上升气相得以在特定塔段冷凝形成回流；相同的规律也发生在顶循 3 板和 4 板之间。

第 8 板为柴油抽出板，其总液相负荷 54.28t/h，其中 25.83/h 作为柴油侧线抽出，其余 28.45t/h 以内回流溢流到第 9 板，8 板到 5 板的气液分布可以由隔离体系的热量平衡和物料平衡得出，只是在7板多出了柴油汽提塔蒸汽和轻烃返塔物流使得该板气相负荷有轻微突然增加趋势。

第2板为塔顶冷回流注入板，塔顶回流罐中液相3.83t/h以32.2℃注入2板形成塔顶冷回流，主要作为控制塔顶温度的辅助调节手段。但是由于塔顶冷回流向塔顶打入大量汽油，使得塔顶汽油分压升高，而塔顶温度是相应塔顶汽油分压下的露点温度，因此，此时的塔顶温度应控制得较高(增加了控制的高限)，尤其当反应注入大量水蒸汽时，可以采用塔顶回流提高塔顶温度的方法防止水蒸气凝结。

综上所述，催化裂化主分馏塔运行特点是过热油气进料与油浆换热后呈饱和状态沿塔上升，每遇到一个中段回流取热即有一部分物料冷凝下来，相应有一个液相负荷增加。

2. 取热优化研究

由模拟计算结果可以得到该主分馏塔全塔取热分布，见表12-3-6。从表12-3-6中可以看出，该塔的油浆和第一中段取热量相对较少，顶循取热较多。塔顶取热中包括3.78t/h的汽油返回2板后汽化并升温的热量，而模拟计算出的冷凝器负荷包含了全部油气和水蒸气的冷凝热和降温显热。

表12-3-6　优化前的取热分布表

取热参数	塔顶	顶循	一中	油浆上返	油浆下返
抽出量/(t/h)	3.78	164.85	135.79	153.40	41.07
抽出温度/℃	137.9	173.3	296.5	362.7	362.7
返塔温度/℃	32.2	74.0	174.0	276.2	312.5
取热负荷/MW	0.65	9.85	11.11	11.78	1.45
取热比例/%	1.88	28.27	31.88	33.82	4.15

由模拟分析可知，改变分馏塔的取热比例会相应改变分馏塔的操作条件，其中包括汽油、柴油抽出量，塔顶、塔底、油浆取热量，平衡级各板气液负荷、各板气液组成(汽油、柴油抽出板下点除外)，平衡级温度。研究取热量变化及分布对以上各参数的影响可以指导合理优化取热分布。

(1) 取热负荷对分馏塔气、液相负荷影响

为研究取热变化对分馏塔气、液负荷影响，在原有工况下研究了第一中段循环和顶循取热分别增加1.17MW条件下的分馏塔液相、气相负荷，其结果分别见图12-3-21和图12-3-22。

由图12-3-21可知，顶循和第一中段取热负荷增加使得分馏塔某些塔段液相负荷增加。对比基准工况，第一中段取热增加1.17MW，使得第一中段抽出板和第一中段返回板液相流量均有较大程度增加，同时抽出板以下几块塔板的内回流也有不同程度增加。在指定返回液相温度的情况下，增加中段取热即意味着多抽出和返回取热物流，因此，第10板和第11板液相负荷会增加；同时由于第10板取热量的增加，使得塔下部上升气相在第10板冷凝量增加，导致第12板的内回流较基准工况有略微增加，第12板内回流的增加同时使得第13、第14板液相负荷的增加。相同的规律也发生在顶循取热增加时的工况，但是顶循取热增加后，顶循抽出板以下第5~10板液相负荷均会受到受冷凝量增加的影响，这使得整个分馏塔大多数塔板液相流量均有所增加。

由图12-3-22可知，顶循和第一中段取热负荷增加会使得分馏塔某些塔段气相负荷增加。由前所述，第一中段取热负荷增加导致第一中段抽出板、返回板和抽出板以下塔板液相

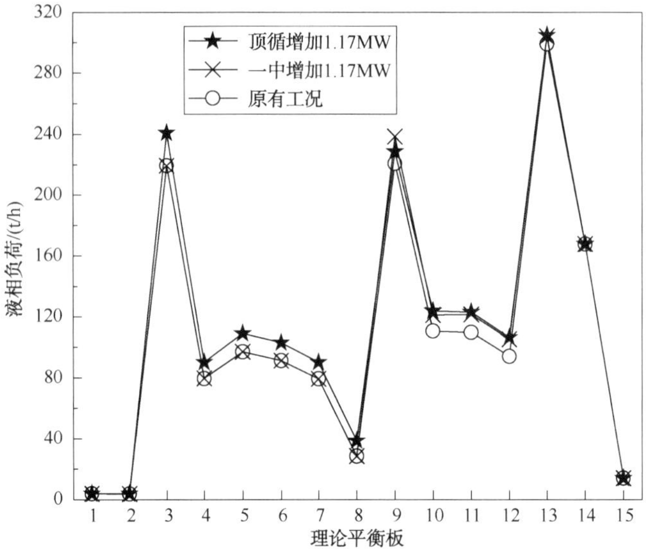

图 12-3-21　顶循、第一中段取热变化对液相负荷关系图

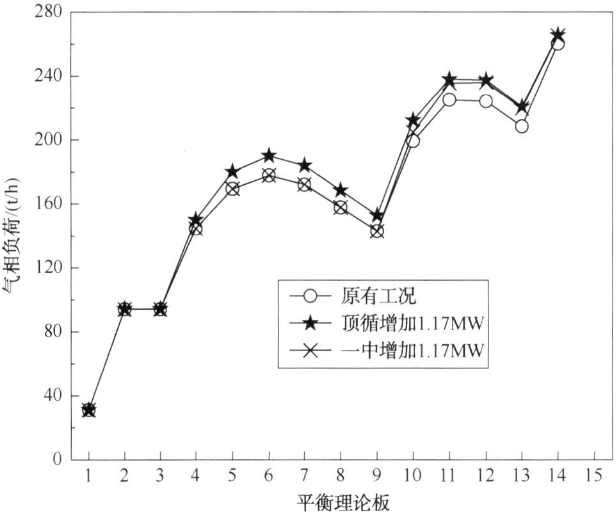

图 12-3-22　顶循、第一中段取热变化对气相负荷关系图

负荷增加，在侧线抽出、进料一定条件下，可由隔离体系的物料衡算得知某塔板液相内回流增加必然意味着下层塔板气相负荷的增加（例如：对图 12-3-19 中隔离体系Ⅰ做物料衡算可知，第 12 板内回流增加必然导致由第 13 板上升气相增加），由此可以判断顶循取热负荷增加导致分馏塔第 4~13 板气相负荷的增加。中段抽出返回板的气相负荷不变，由抽出板上升的气相量增加，同时返回板的取热负荷也相应增大，这两者共同作用使得返回板的气相负荷不变，最终导致产品分布不会出现较大波动。

综上所述，催化主分馏塔的顶循、中段取热量增加会加大该塔的气、液相负荷，即塔的运行负荷增加。

（2）第一中段取热负荷对分馏塔操作的影响

从分馏塔操作热平衡可知，当第一中段取热负荷增加时，第一中段抽出板和返回板之间以及抽出板下方的液相回流增加，使抽出板下方的气相减小，随之带来塔上部气相负荷减小，因此，第一中段负荷增加会影响下部的取热变化。图 12-3-23 是分馏塔达平衡条件时，油浆上返塔和下返塔取热随第一中段取热变化图。

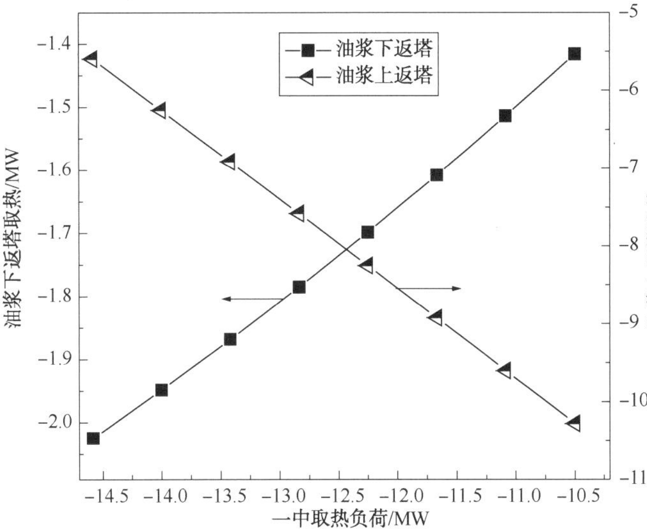

图 12-3-23　第一中段取热变化对油浆上返塔和下返塔取热关系图

从分馏塔的操作过程可以看出，一中段取热增加后，如不对塔进行任何操作，第一中段上部塔段的气相负荷减少至一定程度，气相热量不足以将上部溢流下的液相汽化，塔的上部就会有液泛倾向。由图 12-3-23 计算可知分馏塔稳定运行的条件，第一中段取热负荷增加，油浆上返塔取热负荷减小，即油浆的洗涤和冷凝作用要减弱，过热油气的冷凝将向分馏塔上部转移。同时，为保证塔底温度保持不变，相应油浆下返塔取热负荷增加，所以提高第一中段负荷在操作上要求适当减小油浆上返塔取热负荷。

图 12-3-24 是第一中段取热负荷变化对塔下部各板温度的影响关系图。

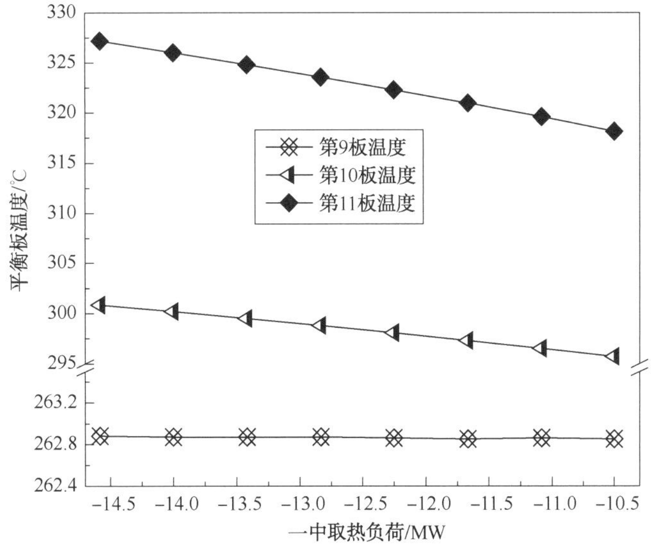

图 12-3-24　平衡级温度随第一中段取热负荷变化关系图

从图 12-3-24 中可以看出，随着第一中段取热负荷增加，油浆上返塔取热负荷减小，脱过热段温度将会增加，由此使得第一中段下方气相负荷有所增加。所以，在顶循取热负荷一定时，增加第一中段取热负荷实际的效果是将油浆脱过热段取热转移到第一中段，塔的取热部位上移。

第一中段取热分布变化对产品质量和收率也会产生一定影响，图 12-3-25 表示了第一中段取热负荷变化对产品产量影响的关系图。

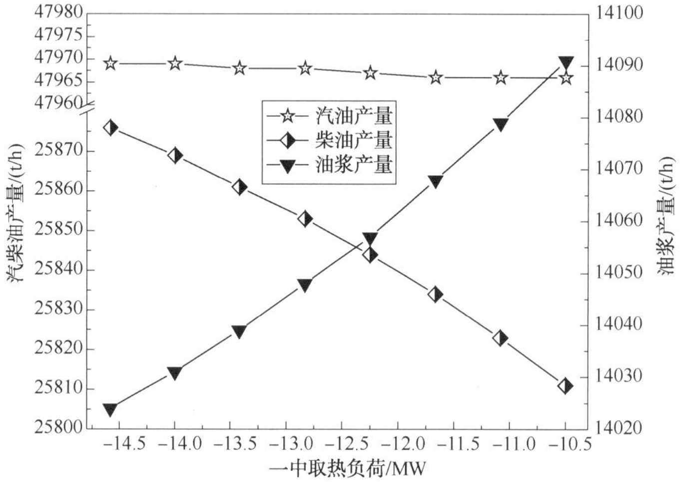

图 12-3-25　第一中段取热变化对产品产量的影响

由图 12-3-25 可知，第一中段取热负荷增加，柴油抽出量增大，汽油抽出量不变，油浆抽出量减小，这说明在原有的取热条件下，由于脱过热段温度太低，使得部分柴油组分被冷却油浆冷凝带入了塔底油浆中，如果提高脱过热段温度，可以提高这部分柴油的抽出量，相应油浆的收率也会降低。但是从相对量上来讲，第一中段取热负荷增加对柴油抽出量的影响非常有限，如图 12-3-25 中第一中段取热增加 1.17MW 时，柴油流量增加不到 0.1%。对于汽油组分，由于在脱过热段以及第一中段温位下都处于气相状态，改变塔下部的取热负荷分布基本不会影响其组分流量和产率，因此其抽出量也不变。

综上所述，在分馏塔顶循取热负荷不变的情况下，增大第一中段取热负荷，会使得脱过热段温度提高，脱过热段气相负荷增大，液相负荷增加，柴油抽出量略有所增加，油浆抽出量减小。

(3) 顶循取热负荷对分馏塔操作的影响

同第一中段取热负荷变化相同，顶循取热负荷的变化对分馏塔操作也会产生重要影响，图 12-3-26 表示了顶循取热变化对油浆上返塔和下返塔取热变化的影响。

从图 12-3-26 可以看出，顶循取热量减少会导致油浆上返塔取热量增加、油浆下返塔取热量减小。这主要由于顶循取热减小使得分馏塔顶循以下塔段液相负荷减小，若不减小塔底上升的气相负荷，该塔的液相就不足以提供气相冷凝所产生的热量，该塔的操作就有“冲塔”倾向。因此，对于减小顶循取热以后的分馏塔必然要增加油浆上返塔取热来控制分馏塔下部气相量才能避免该塔操作中的冲塔倾向。

图 12-3-27 是顶循取热变化对分馏塔各侧线产品产量的影响关系图。

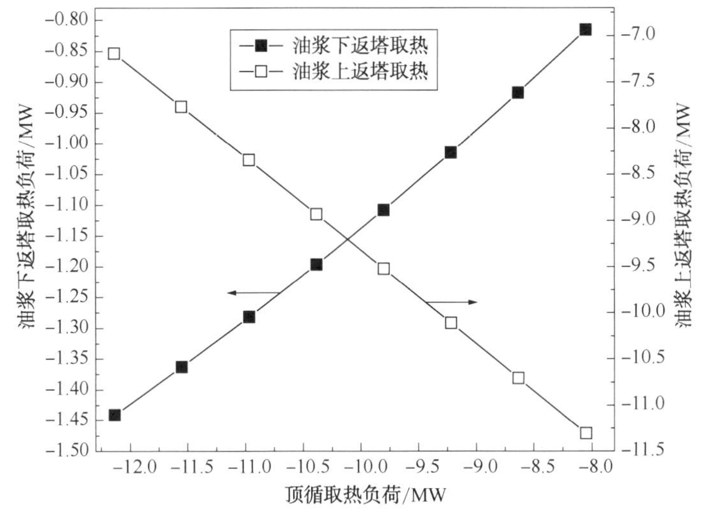

图 12-3-26　顶循取热变化对分馏塔取热影响关系图

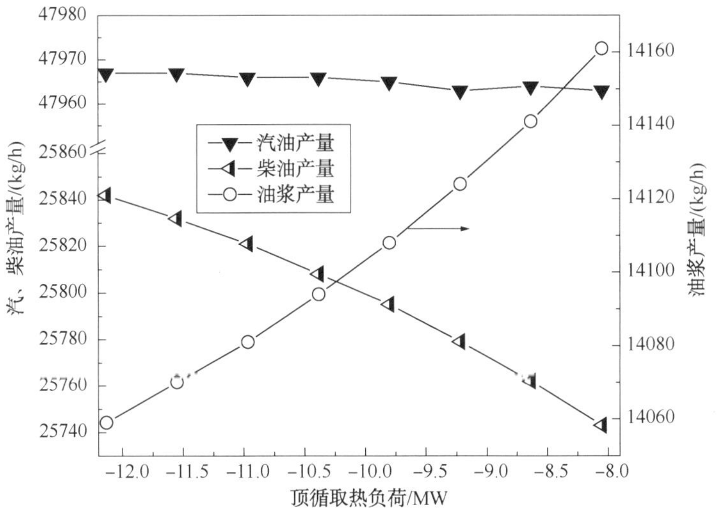

图 12-3-27　顶循取热变化对产品产量影响关系图

从图 12-3-27 可以看出，随着顶循负荷的增加，汽油流量几乎不变，柴油流量增加，油浆流量会降低，这主要是因为分馏塔的取热部位上移，导致负荷上移，上部塔段的分离负荷加大，塔下部的柴油、油浆中的汽油在塔上部得到充分分离。从分馏塔各产品质量的分析可以进一步验证该结果，如图 12-3-28 所示。

以汽油和柴油馏分的 D86-50%点代表其组分轻重，以柴油 50%馏出点与汽油 50%馏出点之差表示两者的分割清晰度，从图 12-3-28 可以看出顶循变化对产品质量的影响。随着顶循取热的增加，汽油和柴油的 50%馏出点温度升高，这主要是由于塔的下部取热减少，重分组的分离负荷上移所导致。

综上所示，顶循取热量增大，会使顶循以下塔段的气相、液相负荷变大，柴油产品流量增加，油浆产品流量减少，同时汽油、柴油产品的重组分含量增加。

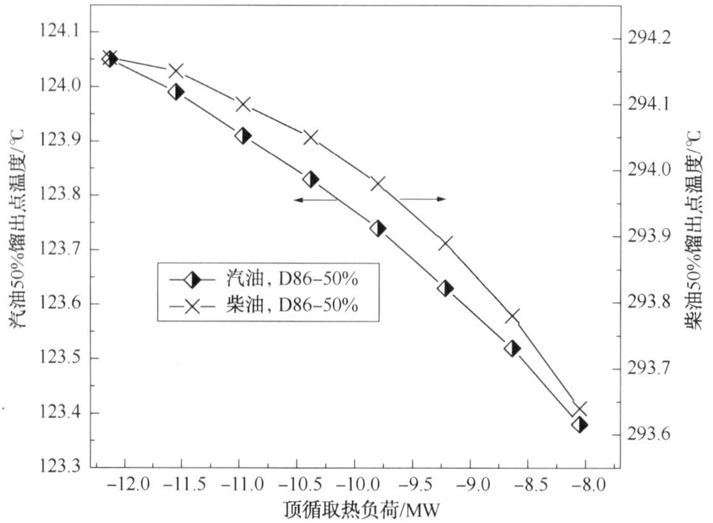

图 12-3-28　顶循取热变化对产品质量影响关系图

3. 研究结论及建议

1）主分馏塔的顶循、中段取热量增加会加大该塔的气、液相负荷，即塔的运行负荷增加。

2）在分馏塔顶循取热负荷不变的情况下，增大第一中段取热量，会使得脱过热段温度升高，脱过热段气相负荷增大，液相负荷增加，柴油抽出量略有所增加，油浆抽出量略有所减小。

3）顶循取热量增大，会使顶循以下塔段的气相、液相负荷变大，重组分的分离负荷上移，汽油、柴油产品的重组分含量增加。

五、装置间热集成

炼油生产过程的流程较长，工艺装置内热源、热阱温位分布很不均衡，如果热量匹配局限于工艺装置内部，很难做到合理优化匹配，影响企业整体能量利用效果。

当本装置的热量过剩、内部换热温差较大、同时邻近装置又有温位适宜的热阱时，可考虑实施热集成，即装置间的物流热交换，将上、下游两套或多套装置作为一个整体进行能量集成优化，在宏观系统内进行“高热高用，低热低用”匹配，提高整体热量利用效率。

炼油企业中多数装置的原料与产品需要经过中间储罐缓冲，还有一些物料在输送过程中需要反复加压输送，形成输送过程中的能量浪费。为降低输送能耗，可以实施上、下游装置之间甚至企业之间的物料直接供应，以降低物料的输送能耗。

装置间热集成，不仅可以减少炼油过程上游装置的物料冷却负荷，降低物料送往罐区的伴热保温蒸汽消耗，减少罐区的输转机泵电耗，而且也可以减少下游装置的加热负荷，节能效果明显。

装置热集成的实质是在几套装置内全局考虑而不是孤立地在一套装置内考虑能量的优化利用。采用装置间热集成可以打破用能自成体系的局面，做到相互协调。跨装置换热和热出料是应用较为广泛的热联合途径。

随着炼油节能工作的深入，以热出料为契机，在全厂大系统范围内进行换热网络的重新匹配，促进装置间的热联合，是炼油厂节能的新突破。

（一）全厂物料流程

热集成必须结合总体加工流程及装置进料构成等，进行上、下游装置流程优化调整，如常减压、催化、加氢、焦化等装置之间物料流程改进等。装置的热集成要基于全厂的物料流程而定，因此，热集成实施前需要确定关键的物料流程走向。

1. 常减压与轻质化装置的流程

常减压装置的蜡油、渣油输出与主要轻质化的二次加工装置（催化裂化、加氢裂化、焦化）的流程连接关系，以及与储运罐区的调转关系等。

2. 轻质化装置与精制装置流程

二次加工装置的汽油、喷气燃料、柴油与下游的加氢精制装置的物流连接关系，以及常减压装置的石脑油与下游重整装置的连接关系等。

3. 炼油装置与储运系统流程

炼油装置与产品储运系统实施热联合也有显著的节能效果。炼油装置产品不经过过度冷却，在工艺许可的温度范围内，适当提高进入储运系统的温度，可以节省装置冷却能耗和储运系统的加热能耗。

（二）热集成机会识别

热集成机会识别，首先要考虑热供料的机会，主要从以下过程寻找：装置间的物料互供在炼油企业中广泛存在，如常减压蒸馏装置的蜡油、重油输送到催化裂化装置；延迟焦化和催化裂化装置的汽油、柴油送到加氢装置等。

1. 优先在联合装置内

热集成要首先优化参与热集成装置内部的换热流程，热量优先在装置内部进行利用，可以在装置内完成的热匹配要优先在本装置内完成，优先预热本装置原料，减少加热炉的燃料消耗。

同时，要考虑装置内传热温差的合理性。如催化裂化装置用柴油及中段与原料换热较合适，若采用循环油浆加热原料，传热温差过大，违反热量利用原则；因此，可以考虑本装置热量输出。优化装置内换热流程可以确定热集成的边界条件。

其次，热集成要考虑在联合装置、联合车间等的开停同步性的组织管理内实施，之后，再考虑在不同组织单位之间的热集成。

2. 热供料的情况

1）渣油加氢实施热进料，包括减渣、直馏蜡油、焦化蜡油等，减渣不经过冷却，换热后直接进渣油加氢装置，蜡油直接进渣油加氢装置。

2）延迟焦化。来自常减压的渣油不经过冷却，换热后直接进延迟焦化装置。

3）催化裂化实施热进料，包括来自常减压的减渣，换热后直接进催化装置；来自渣油加氢的常渣，直接进催化装置，以及直馏蜡油直接进催化装置。

4）柴油加氢实施热进料，蒸馏柴油、催化柴油和焦化柴油换热后直接进柴油加氢装置。

5）加氢裂化实施热进料，直馏蜡油直接进加氢裂化装置。

（三）热集成方式选择

1. 直接热供料

如图 12-3-29 所示，装置间直接热供料是指上游装置的产品经过换热后，不经空冷、水冷等公用工程的冷却，直接进入下游装置，降低上、下游装置的冷却和加热负荷。直接热供料的实质是利用物料的流程连接，以物料为能量载体将热量由上游装置转移到下游装置，物料既是物质连接的途径，同时也是能量连接的途径。因此，直接热供料只能在具有物料流程连接的装置间进行。

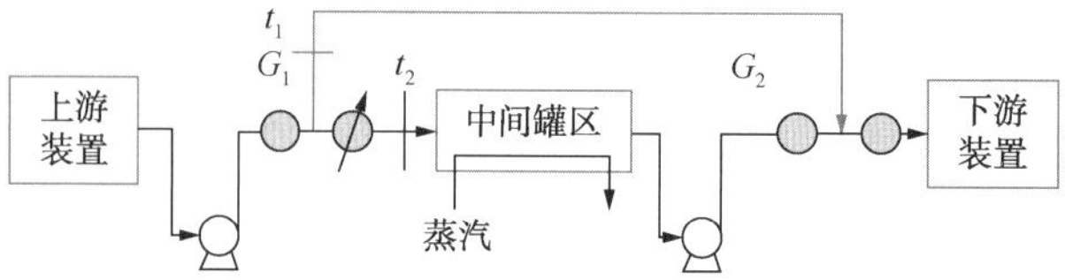

图 12-3-29　装置间直供料流程示意

直接热供料的最大优点是避免了两次换热，即产品的降温冷却和进料的升温加热。直接热供料的限制条件是要求上下游装置同步操作、开停工和操作的波动干扰。同时，如果两个装置间距离较远，则要计算散热损失或增加保温的费用(非热进料的输送管线也有散热，但因输送温度低，散热量相对较小)。

直接热供料要以相关装置的整体用能优化为目标，确定最佳的直供料条件，其中关键的影响因素是直供料温度，同时要采用适宜和经济的保证措施。直接热供料可能会对原有装置热平衡产生影响，必要时应进行原有装置换热流程的调整、分馏系统取热等重新优化，以使热供料达到最理想状态。

2. 直接热联合

直接热联合是指不同工艺装置间的物流换热。例如，催化裂化装置的催化循环油浆用于加热常减压装置的初底原油；催化主分馏塔顶循作为气分脱丙烷塔再沸器热源；焦化柴油作污水汽提塔、溶剂再生塔再沸器热源。

直接热联合的特点是只有一次换热，热量利用的效率较高。例如催化油浆与原油换热，可把原油加热到300℃以上，传热过程能量降级损失小。也有应用催化塔顶循环回流直接加热气体分馏各塔底再沸物，用二中回流作烷基化稳定塔底热源。

对于直接换热方案，所担心的主要是同步开停及操作干扰问题，同时泄漏时造成的影响可要有所考虑。因此，在换热灵活性、安全性和可靠性方面有所欠缺。

3. 间接热联合

间接热联合是以载能工质为媒介，将某区域的过剩热量取出后输送到另一区域利用，实现装置间的热集成。间接热联合的优点是距离可以比较长；热源、热阱可以有多个；由于不直接换热，换热器发生内漏时不会产生太大的危险或质量损失；同时，流程灵活，可并联也可串联，配上辅助加热和冷却措施，总热平衡容易保证。其缺点是装置间存在两级换热，设备投资大，传热火用损高。目前，以除氧软水为介质的闭路循环热联合在低温热利用方面用得很广泛，也有以导热油做媒介用在较高温位的闭路循环热联合的情况。

(四) 热集成能量分析

热集成的实质是装置间热量的相互转移和传递，对于工艺装置的热量优先应首先完成本装置内的热匹配，在此基础上再考虑热集成。装置间的热量利用效率，可以通过对装置进行热量与温度的平衡分布分析，该分析结论是实施热集成的基本前提条件。装置的温-焓分析包括：

1. 绘制装置复合曲线图

炼油企业全厂范围的热源、热阱温位分布较广，包括从500℃到接近常温。装置之间的热集成需要结合装置的温-焓图优化热集成条件，装置间的热集成优化需要对选取的热源装置与热阱装置进行能量和温度的匹配。根据各自的能量平衡，可得到热源、热阱装置的换热网络负荷曲线。

2. 热集成效果分析

由于各个装置的工艺不同，其自身的热量平衡存在差异，具体表现为部分装置热量不足，如常减压蒸馏、气分等，此类装置为热集成中的热阱；而另外一些装置表现为热量过剩，如催化裂化、延迟焦化等，此类装置为热集成中的热源。装置间的热集成就是通过热量合理转移，降低上下游装置的公用工程负荷。如图12-3-30所示，上游装置热输出前冷却负荷为 Q_c，通过热输出，降低了夹点以下换热网络的热量，相应冷却负荷降为 Q'_c。

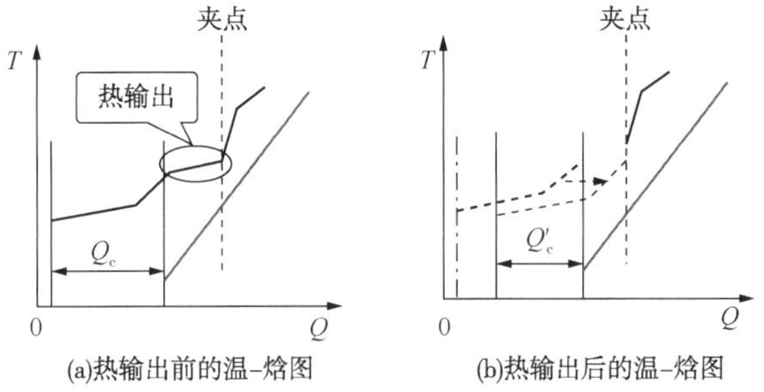

图12-3-30　热集成对上游装置负荷曲线的影响图

同理，对于下游装置而言，热集成后会降低其热公用工程负荷，如图12-3-31所示。

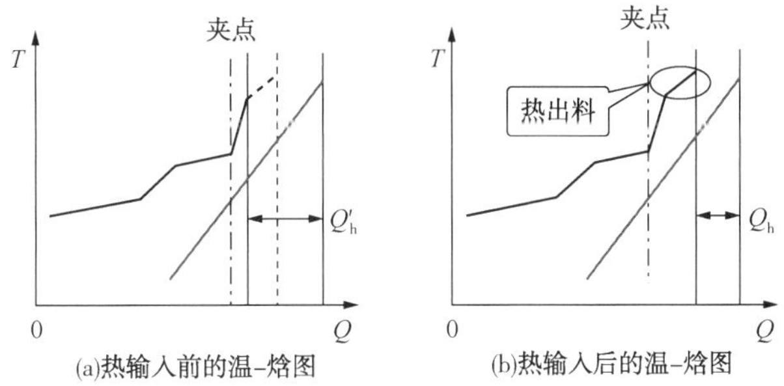

图12-3-31　热集成对下游装置负荷曲线的影响图

下游装置热输入前热公用工程负荷为 Q'_h，通过热输入，降低了夹点以上换热网络的热量，相应热公用工程降为 Q_h。

因此，有效的热集成方式是将上游装置夹点之下的热量，转移到下游装置夹点之上，既可以降低上游装置冷却负荷，又可以减小下游装置加热负荷。

（五）热集成能量判断

装置间进行热量交换可以减少热量富余装置的冷却负荷；同时可以降低热量不足装置的加热负荷，实现新的全局或局部的能量平衡和优化利用。

热集成的实施会使得热量在装置之间转移，如果实施不当可能会造成热量在装置间无效转移，最终被排弃或转为低温热，因此，热集成要判断能量利用的合理性。

1. 最佳热集成形式

装置间热集成的热量输出温度是热集成优化的重要内容，也是直接影响上下游工艺装置冷、热公用工程负荷的重要因素。1)热输出温度高于上游装置的夹点温度，则不仅减少上游装置的冷公用工程，而且会增加上游装置的热公用工程。2)热输出温度高于下游装置的夹点温度，可以降低下游装置的热公用工程，同时还会增加下游装置的冷公用工程。3)热输出温度低于下游装置的夹点温度，则仅仅只是热量在装置间的转移，不会降低冷公用工程总量。因此，热出料温度同时受上下游装置换热网络的制约。

最佳热集成的实践需要满足：热输出温度小于上游装置夹点温度和大于下游装置夹点温度，此时既可以减小上游装置冷公用工程又可降低下游装置热公用工程如图 12-3-32 所示。

最优的装置热集成的输出温度要符合上述判断条件，当不符合该条件时，也可以通过对装置内部能量再调优，使得热输出温度满足最佳热集成形式的要求。

在工艺装置能量优化基础上，要满足热集成的温位优化匹配，同时，对上下游装置的热源、热阱的负荷大小要基本平衡。

2. 阈值问题的热集成

在工艺装置的温-焓分析中，存在只需热公用工程或只需冷公用工程的情形，即阈值问题如图 12-3-33 所示。

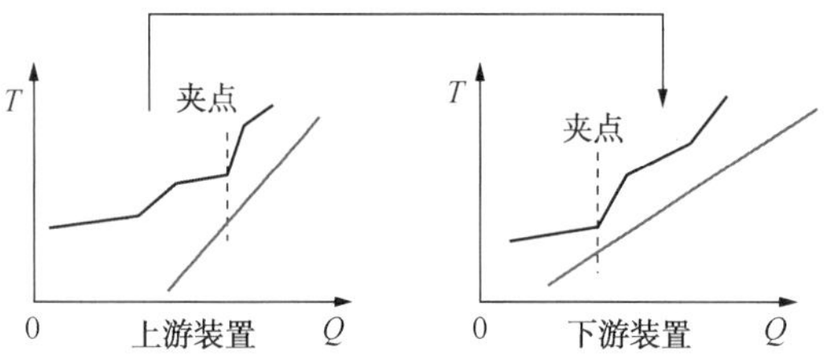

图 12-3-32　最佳热集成负荷曲线图

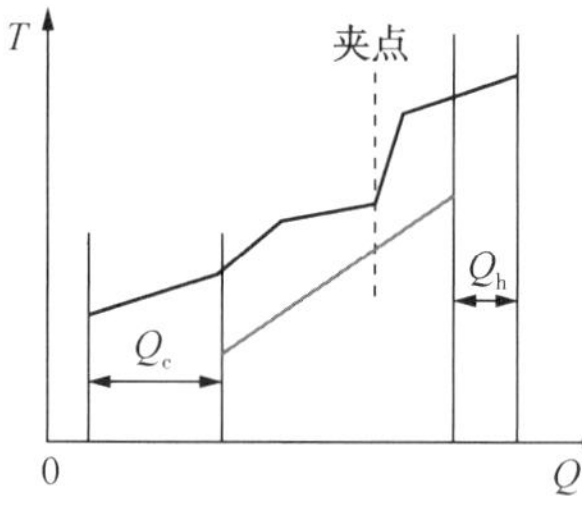

图 12-3-33　阈值问题的温-焓曲线图

阈值问题的热集成可能存在以下情形：1)上下游装置均为热量富余的阈值；2)上下游装置均为热量亏欠的阈值；3)上游装置为热量亏欠的阈值，下游装置为热量富余的阈值；4)上游装置为热量富裕的阈值，下游装置为热量亏欠的阈值。

有效的热集成形式是将上游富余的热量转移到下游，因此，对于“上游装置为热量富裕的阈值，下游装置为热量亏欠的阈值”实施热集成的效果最优。典型实例就是催化裂化与气体分馏之间的热集成。

(六) 装置内部再调优

“装置能量优化”会确定热集成的初始条件，如果基于该条件下的热集成能量分析结果不是最佳的热集成形式，可以考虑工艺装置内部再调优使得热集成变为最优形式。同时热输出也会对原有装置内部的热平衡产生影响，也可以借此机会对装置内部进行再调优。

1. 装置内部换热网络调优

热输出后上游装置会减少部分热源，换热网络的组合曲线将发生变化上扬，使总传热温差变大，可以利用此机会优化装置换热网络，减小网络的传热温差。

下游装置实现热输入后，热源变得相对富余，如果不改进换热网络，则装置的冷公用工程消耗会增加。通过缩小网络传热温差，适当增加网络传热面积来对换热网络进行重新优化改进，达到降低冷公用工程目的。

2. 调整装置内发汽数量

炼油装置内热量发生蒸汽的实质是将蒸汽作为媒介进行装置间的间接热集成。装置发生蒸汽只是蒸汽动力系统的辅助手段。上游装置热出料之后，若原有热阱找不到热源，可以考虑停止或少发生蒸汽，利用发生蒸汽流股的热量加热需要加热的物流。同时可以通过调整发汽数量，优化热输出温度达到最佳热集成形式。

3. 低温热转移

通过装置间的直接热出料，可以使热量在装置之间得以转移。对于下游装置是热量富余的阈值问题时，可以通过增加低温热输出的方式，使得热供料提供的高温热量趋于合理。

（七）热集成工程分析

热集成在上述步骤实施后，最终能否实现还要考虑实际生产的工程因素。

1. 装置间影响

首先要确保安全、可靠；充分考虑参与热联合装置的开停工同步性；生产波动时的相互影响和控制，热联合流程的弹性和可操作性；协调考虑自动控制水平，操作控制要在同一系统；要考虑装置间相互作用的影响。

2. 输送物料性质

热联合换热器是设置在热源方还是热阱方，要根据场地布置、安装检修需要、输送管线的材质、现有输送泵的裕量等参数综合考虑。如催化裂化油浆与常减压蒸馏初馏塔底油换热，从管线材质来看，宜将换热器设置在催化裂化装置内，因为油浆管线对材质要求高，投资较大。

3. 与其他系统协同考虑

装置热集成同全厂低温热利用和蒸汽动力系统优化密切关联，热集成与其他系统的优化综合考虑，也会产生显著节能效果。装置能量综合优化和热联合可以减少低温热的产生，同时储运、伴热、采暖等又是很好的低温热阱，集中在系统全局范围内统筹考虑、规划，优化全局范围的热量。

4. 投资和运行费用

综合考虑投资（如管道、保温、控制措施等）和运行费用（如散热、压降等）；事故应急状态下的处理手段，装置出现突发情况的应对措施，应考虑必要的辅助管线、设备（如充足的缓冲罐）、切换手段等。根据装置平面布置，合理确定热量匹配范围，匹配范围过大会造成距离较远，管线投资、泵功耗和散热增加；最大限度利旧、热集成流程不宜太复杂。

5. 案例 1 4#常减压—3#催化裂化热集成

某炼油企业第四套常减压和第三套催化都属于联合一车间，但是两个装置之间并没有真正的热联合。将常减压初底油与三套催化油浆进行热联合，催化裂化装置循环油浆流量为357t/h，较原油流量小，将催化装置循环油浆送至第四套常减压与初底油换热，尽可能提高原油换热终温。改造后油浆将少发汽，同时降低催化装置蒸汽过热负荷，催化装置相应的流程调整。在不考虑装置自产蒸汽及考虑装置自产蒸汽的情况下，集成考虑油浆热量的常减压换热网络夹点分析分别如图 12-3-34、图 12-3-35 所示。通过夹点分析可知，将油浆纳入第四套常减压装置的换热网络，原油理论换热终温可以达到 318℃。

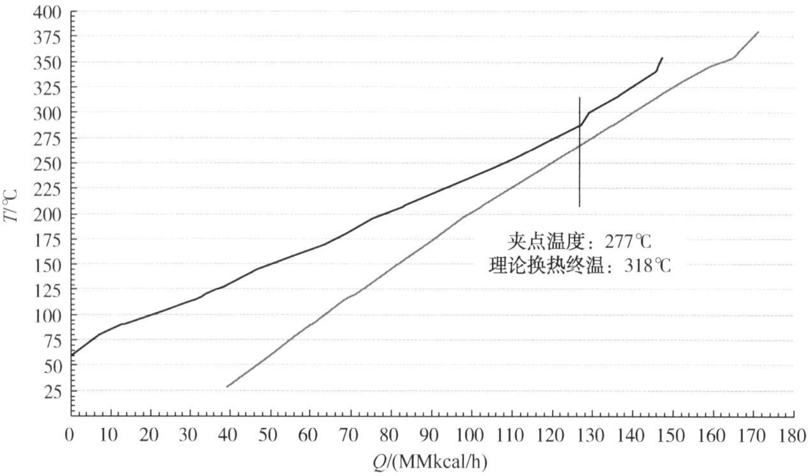

图 12-3-34　考虑油浆的常减压换热网络夹点分析(不考虑自产汽)

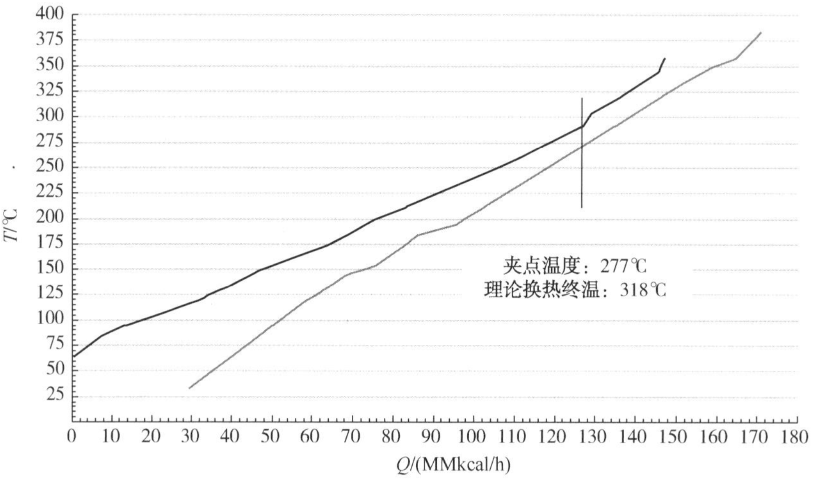

图 12-3-35　考虑油浆的常减压换热网络夹点分析(考虑自产汽)

常减压装置自身换热网络优化改造后初底油换热终温可达 288℃，将 288℃的原油与 342℃的油浆换热，原油可换至约 313℃返回常压炉，可利用油浆的热量约 1049×10^4kcal/h。本次用能改造建议初底油与油浆换热采用高效换热管，强化油浆与初底油的换热，循环油浆流量为 357t/h，从 342℃开始与 288℃的初底油换热，可将原油加热到约 313℃，循环油浆温度降至约 300℃，同时因输送循环油浆至常减压装置增加泵功耗约 150kW。

原油与油浆采用两路换热，原油走管程，油浆走壳程。新增四台换热器，型号为 BES1400-2. 5-540-6/25-2I(设备净重 22t)。

6. 案例 2　4#常减压—渣油加氢物料流程优化

某企业现有渣油加氢处理量约 220t/h，原料油来源及比例详见表 12-3-7。常压蒸馏后的常压渣油继续经过减压蒸馏，得到的部分馏分油和渣油再混合，与焦化蜡油一同进入渣油加氢装置。由于常减压装置的常压渣油经过减压蒸馏分离出馏分油，然后又混合进入渣油加氢，物料的重复分离和混合过程增加过程能耗，减压炉负荷大，无谓耗用燃料。

表 12-3-7　渣油加氢装置现有进料比例数据

物料名称	流量/(t/h)	比例/%
总进料量	220	100
减压渣油	120	50~60
直馏蜡油	60	20~30
焦化蜡油	40	15~25

热联合改造中考虑已有蜡油加氢，提出将4#常减压部分常压渣油抽出后不经过减压蒸馏，直接进入渣油加氢装置。常压渣油在减压蒸馏过程中，拔出率(对于常压渣油量)为45%~50%。综合考虑渣油加氢进料要求，经模拟计算，4#常减压装置可以甩出常压渣油约120t/h，经换热后直接进入渣油加氢装置。改进后4#常减压和渣油加氢物料流程示意图如图12-3-36所示。

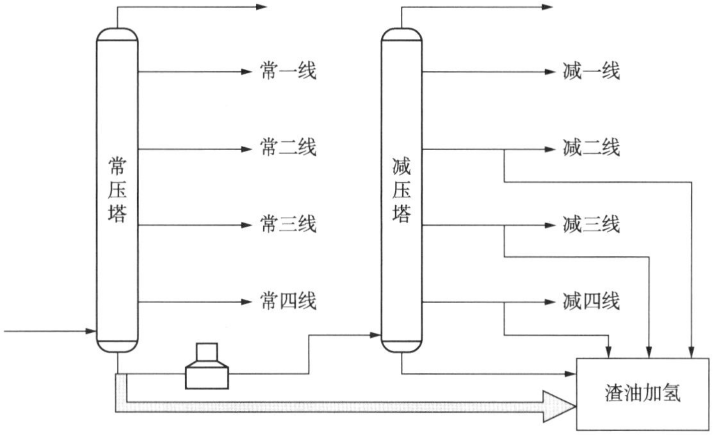

图 12-3-36　4#常减压和渣油加氢原料来源结构优化示意图

本次改进只需增加相应的管线、阀门和泵等。改进后渣油加氢装置各种进料比例见表12-3-8。改进后减压炉热负荷可降低450×10^4kcal/h，加热炉热效率按90%计算，则可以节约燃料500kg/h。

表 12-3-8　渣油加氢装置改进后进料比例数据

物料名称	流量/(t/h)	比例/%
总进料量	220	100
减压渣油	60	20~30
常压渣油	120	50~60
焦化蜡油	40	15~25

常压渣油甩出120t/h后，进减压蒸馏部分的常压渣油只有190t/h，加热炉负荷降低的同时，进入减压蒸馏塔的热量也降低，相应的各侧线流量降低，中段取热减少。因此，部分常压渣油甩出后，4#常减压装置的换热网络发生变化，为充分利用常压渣油的热量，本次考虑将甩出的常压渣油替代一路减压渣油进入换热网络，调整前后的换热网络分别如图12-3-37~图12-3-39所示。

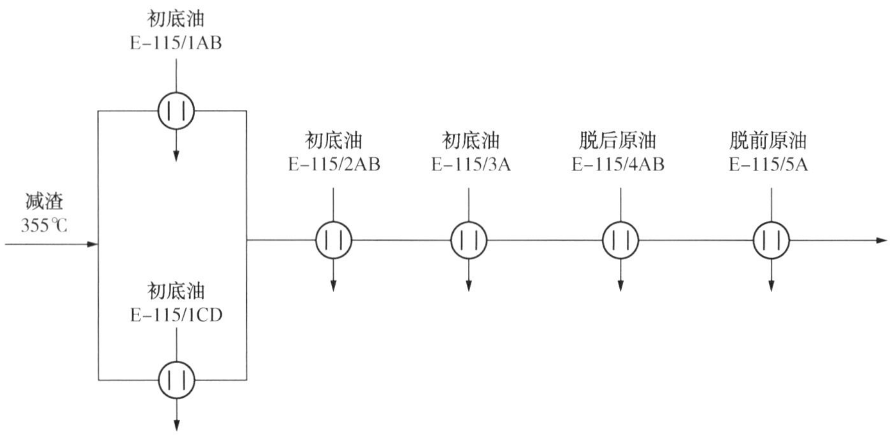

图 12-3-37　4#常减压减渣现有换热流程

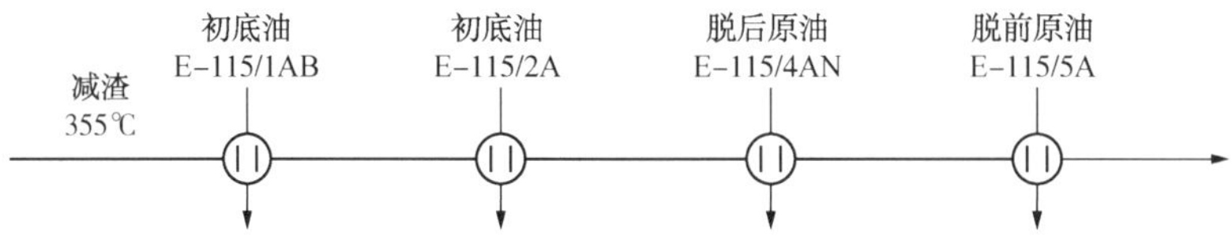

图 12-3-38　4#常减压部分常渣去渣油加氢装置后减渣改进换热流程

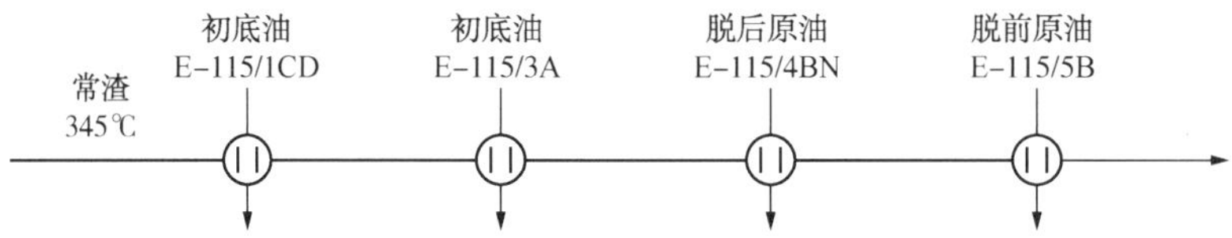

图 12-3-39　4#常减压部分常渣去渣油加氢装置后常渣换热流程

考虑常渣甩出后减压塔负荷低，在实际操作中可在保证减压塔操作稳定的条件下按上述优化措施优化常渣甩出量。此外，可以考虑减压塔的浅拔操作，只需拔出减一线作为重柴油，减二线、减三线和减四线可浅拔，与减渣一起直供渣油加氢装置。

参考文献

[1] 章建华. 炼油装置节能技术与实例分析[M]. 北京，中国石化出版社，2011.
[2] 刘英聚. 催化裂化装置操作人员指南[M]. 北京：中国石化出版社，2005.
[3] 王兵. 常减压蒸馏装置操作指南[M]. 北京：中国石化出版社，2006.
[4] 张德义. 含硫原油加工技术[M]. 北京：中国石化出版社，2003.
[5] 冯霄. 化工节能原理与技术[M]. 2 版. 北京：化学工业出版社，2004.
[6] 陈俊武. 催化裂化工艺与工程[M]. 2 版. 北京：中国石化出版社，2005.
[7] 徐承恩. 催化重整工艺与工程[M]. 北京：中国石化出版社，2006.
[8] 李大东. 加氢处理工艺与工程[M]. 北京：中国石化出版社，2004.
[9] 韩崇仁. 加氢裂化工艺与工程[M]. 北京：中国石化出版社，2001.
[10] 李立权. 加氢裂化装置工艺计算与技术分析[M]. 北京：中国石化出版社，2009.
[13] 胡尧良. 延迟焦化装置技术手册[M]. 北京：中国石化出版社，2013.
[14] 瞿国华. 延迟焦化工艺与工程[M]. 北京：中国石化出版社，2007.

第十三章　全厂物料平衡及主要技术经济指标

炼油厂生产过程包含了若干物理分离、混合，以及化学反应过程，遵循质量守恒定律，即生产过程前后总质量不变，各元素的种类和质量不变，这是开展炼油厂全厂物料平衡和元素平衡计算的基础。

全厂物料平衡是炼油企业方案设计、生产运行和经营管理的基础。物料平衡能够全面地体现炼油厂整体投入产出情况，为炼油企业生产运行监控和管理、经营决策及优化、技术经济分析、效益及竞争力分析等提供数据支撑，是炼油企业把握全局、优化生产方案、改善经济效益的重要参考。

本章重点介绍全厂物料平衡相关概念及分析方法，并结合物料平衡介绍炼油技术经济指标的基本定义。由于各个炼油企业基本情况不同，对全厂物料平衡所涉及的炼油界区划分、产品分类、指标定义等范畴有所差异。本章主要做一般性介绍，应结合企业实际情况进行方法应用。应注意，如果进行企业间对比分析，要尽量保证炼油企业间统计和分析口径一致，确保指标可比性。

第一节　全厂物料平衡

一、全厂物料平衡的定义

全厂物料平衡是指在炼油界区内，从原料投入，经炼油装置加工、精制、调和、转储，到产品出厂的整个炼油加工过程中，原料投入与产品产出之间的平衡关系[1]。炼油企业的生产系统、储存系统和运输系统与全厂物料平衡紧密相连。

结合炼油企业生产经营管理和分析需要，全厂物料平衡可划分不同层级。按照时间维度，物料平衡可分为日平衡、月平衡、年平衡，对不同报告期内全厂的投入产出情况进行统计、校正和平衡。按照平衡范围，物料平衡可分为生产平衡和统计平衡[2]。生产平衡对全厂炼油装置生产及物料库存数据进行核算，实现全厂装置生产及油品储运的每日生产平衡，为炼油企业的生产运行管理提供支撑。统计平衡是在生产平衡的基础上，以库存数据和进出厂计量数据为基准，经归并、汇总和整合、调整和审核得到的，包含原料投入、综合商品量、综合自用、加工损失、库存增减等数据，平衡企业投入产出、物料进出厂、库存变化和消耗情况，可为企业经营决策提供数据支撑，是炼油企业生产统计、计划优化、财务核算、对标分析等业务的基础。生产平衡与统计平衡关系简图如图 13-1-1 所示。

在炼油总流程分析中，通常采用全厂年度统计平衡分析。除特别说明，本章物料平衡指年度统计平衡。物料平衡基本公式见式(13-1-1)。在炼油设计方案的物料平衡分析中，不考虑半成品及原料库存变化量，损失可合并计算。

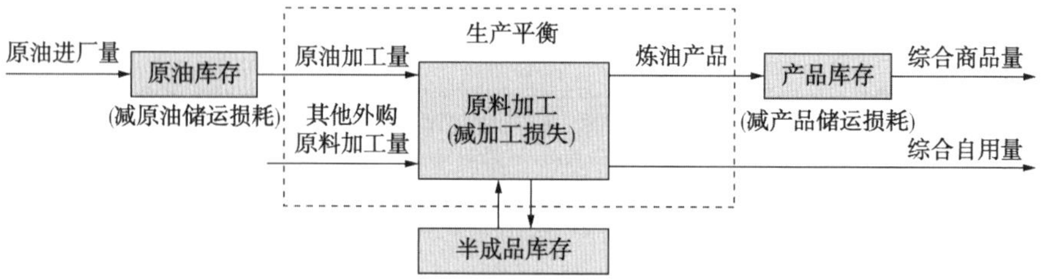

图 13-1-1　生产平衡与统计平衡的关系

原油及外购原料加工量=综合商品量+综合自用量+半成品库存变化量+加工损失量+其他损失量　　(13-1-1)

二、全厂物料平衡的基本构成要素

(一) 原油及外购原料加工量

原油及外购原料加工量(原料加工量)指报告期内炼油厂用于生产石油产品的原料，以及构成产品实体的其他材料的实际投入量总和。

原油及外购原料加工量=原油加工量+外购原料加工量　　(13-1-2)

原油加工量指报告期内原油通过原油蒸馏等装置(常减压蒸馏装置或二次加工装置)加工处理和进入半成品罐区调和原油的数量总和。

外购原料加工量指报告期内从炼油界区外购入的，除原油以外的参与炼油板块加工、生产、调和的原料数量总和，包括液体原料、气体原料和固体原料，例如外购减压蜡油、MTBE 用甲醇、制氢用原料煤、制氢用天然气、汽柴油调和组分等；不包括外购燃料、添加剂、催化剂等。

(二) 综合商品量

综合商品量指炼油厂在报告期内生产的可供销售的炼油商品总量，包括炼油生产的供炼油界区外的所有炼油产品产量。自用燃料数量不计入商品量。在国家颁布的炼油产品目录基础上，炼油企业可结合企业生产和管理特点、产品执行质量标准，制定产品分类标准，满足生产经营管理需要[3,4]。下面简要介绍炼油物料平衡中的常规产品分类方法，供参考使用。

综合商品量=汽煤柴产品产量+原料油产品产量+燃料油产品产量+溶剂油产品产量+润滑油产品产量+石蜡产品产量+沥青产品产量+石油焦产品产量+化工产品产量+轻烃产品产量+其他产品产量　　(13-1-3)

1. 汽煤柴产品产量

汽煤柴产品产量指报告期内原油及外购原料经炼油装置加工，生产出的符合质量标准，检验合格入库的汽油、煤油、柴油产量总和。

汽煤柴产品产量=各牌号汽油产品产量+各牌号煤油产品产量+各牌号柴油产品产量　　(13-1-4)

各牌号汽油产品产量指报告期内由炼油生产或外购的汽油调和组分，例如脱硫催化汽油、重整汽油、加裂轻石脑油、烷基化油、MTBE 等，按不同比例调和而成，并加入各种改善汽油使用性能的添加剂，符合各牌号汽油产品质量标准，检验合格入库的汽油产品产量总和。按产品类型可分为车用汽油、车用乙醇汽油调和组分油、航空汽油等。按销售流向分为内贸汽油和出口汽油。

各牌号煤油产品产量指报告期内由常减压蒸馏装置及二次加工装置生产的煤油组分，例如加氢直馏煤油、加裂煤油等，加入必要的、有利于改进与提高煤油产品质量的各种添加剂，符合各牌号煤油产品质量标准，检验合格入库的煤油产品产量总和。按销售流向分为内贸煤油和出口煤油。

各牌号柴油产品产量指报告期内由常减压蒸馏装置及二次加工装置生产的柴油组分，例如加氢直馏柴油、加裂柴油、加氢催化柴油、加氢焦化柴油等，按不同比例调和而成，并加入适量添加剂，符合各牌号柴油产品质量标准，检验合格入库的柴油产品产量总和。按销售流向分为内贸柴油和出口柴油。

2. *原料油产品产量*

原料油产品产量指报告期内由炼油装置生产，符合协议规定产品质量标准，并供炼油界区外作加工原料用的产品产量总和。

原料油产品产量=化工轻油产品产量+商品原料油产品产量+润滑油基础油产品产量　(13-1-5)

化工轻油产品产量指报告期内由常减压蒸馏装置及二次加工装置产出的馏分油，供给本企业炼油界区外的企业乙烯裂解、催化重整、芳烃等化工装置或外销化工企业作原料的轻质油品产量总和。化工轻油包括石脑油、煤柴油、加裂尾油、重整生成油(芳烃用)、烷基苯原料及其他化工轻油。

商品原料油产品产量指报告期内由常减压蒸馏装置及二次加工装置产出的馏分油，外销给其他企业作生产原料的产品产量总和，多为炼油装置生产的中间组分，分为轻质商品原料油和重质商品原料油。轻质商品原料油指馏分段处在汽油馏分、煤油馏分、柴油馏分之间的商品原料油产量总和，例如汽油组分油、白油料、溶剂油料等。重质商品原料油指馏分段处在蜡油馏分、重油馏分之间的商品原料油产量总和。

润滑油基础油产品产量指报告期内由炼油厂生产的以适合作润滑油原料的馏分油(减压蜡油、脱沥青油)，经抽提、脱蜡、加氢精制或加氢异构后调和而成的基础油。

3. *燃料油产品产量*

燃料油产品产量指由炼油装置生产，销往炼油界区外的作燃料用的商品燃料油产品产量总和，包括船用燃料油、炉用燃料油和其他燃料油等。按馏分轻重也可分为轻质燃料油和重质燃料油。调入燃料油的油浆、柴油、污油及其他油品组分，计入燃料油产量。炼油界区内自产自用的燃料油不计入燃料油商品量。

燃料油产品产量=船用燃料油产品产量+炉用燃料油产品产量+其他燃料油产品产量　(13-1-6)

船用燃料油产品产量指报告期内由常减压蒸馏装置及二次加工装置产出的柴油组分、重油组分，按照不同比例调和而成的满足船用燃料油质量标准的船用燃料油产品产量总和，包括船用馏分型燃料油(船用柴油)、船用残渣燃料油等。

炉用燃料油产品产量指报告期内由常减压蒸馏装置及二次加工装置产出的柴油组分、重油组分，按照不同比例调和而成的炉用燃料油产品产量总和，包括馏分型、残渣型两类，主要用于锅炉或其他工业炉用燃料油，包括：F-D1、F-D2 两种馏分型炉用燃料油、F-R1～

F-R4四种残渣型炉用燃料油等。

4. 溶剂油产品产量

溶剂油产品产量指报告期内以直馏石脑油馏分、重整抽余油等为原料，经加氢精制、分馏等加工手段，符合各牌号溶剂油产品质量标准，检验合格入库的溶剂油产品产量总和。按产品馏程及用途不同，溶剂油包括油漆及清洗用溶剂油、植物油抽提溶剂、己烷类溶剂等。

5. 润滑油产品产量

润滑油产品产量指以常减压蒸馏装置及二次加工装置产出的馏分油为原料，经糠醛等溶剂精制、酮苯脱蜡或压榨脱蜡，以及白土或加氢精制工艺，所生产的润滑油基础油，并加入各种提升性能的添加剂调和而成的符合质量要求的润滑油产品产量总和。润滑油品种牌号较多，包括全损耗系统油、齿轮油、压缩机油等。如果润滑油生产不在炼油界区内，其产量不统计炼油厂产品范围内。

6. 石蜡产品产量

石蜡分为液体石蜡和固体石蜡。

液体石蜡产量是指报告期内以煤油或柴油馏分为原料，经分子筛吸附分离或异丙醇-尿素脱蜡，得到的含正构烷烃的石蜡。

固体石蜡产品产量指报告期内以减压蜡油、溶剂脱沥青油等为原料，经溶剂脱蜡脱油或传统的压榨脱蜡、发汗脱蜡等工艺，再经白土或加氢精制而成，符合各牌号石蜡产品质量标准的石蜡产量。

石蜡产品产量=液体石蜡+硬蜡产品产量+皂化蜡产品产量+微晶蜡产品产量+其他石蜡产品产量　（13-1-7）

硬蜡产品产量指报告期内熔点在50℃以上的石蜡产品产量总和，包括全精炼蜡(精石蜡)、半精炼蜡(白石蜡)、粗石蜡(黄石蜡)、食品用石蜡等。

皂化蜡产品产量指报告期内含油量较高、熔点较低的一类软蜡产量总和，主要用于氯化石蜡、氧化石蜡以及其他化工用原料等。

微晶蜡产品产量指报告期内以常减压蒸馏装置产出的减压渣油为原料，经溶剂脱沥青、溶剂脱蜡脱油、白土补充精制或加氢精制等深度加工而成的石蜡产品产量总和。

其他石蜡产品产量指报告期内以石蜡和微晶蜡为基本原料，经过特殊加工或添加剂调和，具有特种性能或者使用部位要求的特种蜡产品产量和其他石蜡产品产量总和。例如橡胶防护蜡、炸药专用复合蜡、汽车防护蜡、电子工业用蜡等。

7. 沥青产品产量

沥青产品产量指报告期内以常减压蒸馏装置及二次加工装置产出的重油组分与其他原料直接调和，也可以由减压渣油经浅度氧化并调和，或通过溶剂脱沥青再经适度氧化或调和而成，所生产的符合质量要求的沥青产品产量总和，包括道路沥青、建筑沥青、专用沥青和其他沥青等。

8. 石油焦产品产量

石油焦产品产量指报告期内以常减压蒸馏装置及二次加工装置产出的重油组分为原料，经延迟焦化装置加工生产的，销往炼油界区外的各种牌号的石油焦产量的总和。自用石油焦的数量不计入石油焦商品量。

9. 化工产品产量

化工产品产量指报告期内由炼油厂生产，满足有关产品质量标准，供往炼油界区外的各类有机化工产品和无机化工产品产量的总和。

化工产品产量=芳烃类产品产量+醚类产品产量+烷烃产品产量+烯烃产品产量+商品氢气产量+其他化工产品产量　(13-1-8)

芳烃类产品产量指报告期内由催化重整、催化裂解等装置生产，经芳烃抽提分离出的供往炼油界区外的含芳环类产品产量总和，包括纯苯、甲苯、二甲苯、重芳烃等。

醚类产品产量指报告期内由MTBE装置等炼油装置生产的供往炼油界区外的MTBE等醚类产品产量总和。

烷烃产品产量指报告期内由气体分离、轻烃回收等装置生产的供往炼油界区外的丙烷、丁烷等烷烃类产品产量总和。

烯烃产品产量指报告期内由气体分离等装置生产的供往炼油界区外的丙烯、丁烯等烯烃类产品产量总和。

商品氢气产品产量指报告期内由催化重整、制氢等装置生产出来的供往炼油界区外的氢气产量总和。炼油生产消耗的自产氢气不计入氢气商品量。

10. 轻烃产品产量

轻烃产品产量指报告期内由炼油界区生产，并供炼油界区外用作原料、燃料或外销的干气、液化气等产品产量总和。炼油加工过程中内部消耗的自用燃料气、自用液化气不计入商品量。

轻烃产品产量=干气产品产量+液化气产品产量　(13-1-9)

干气产品产量指报告期内由炼油界区生产，气态形式供炼油界区外用作原料、燃料或外销的干气产品产量总和，可分为原料商品干气、燃料商品干气等。

液化气产品产量指报告期内由炼油界区生产，常温常压下为气态，带压为液态形式的供炼油界区外用作原料、燃料或外销的液化气产品产量总和，可分为原料商品液化气、燃料商品液化气、车用液化气等。炼油气体分离装置产出的丙烷，污水汽提装置产出的液氨不计入液化气产品产量，计入化工产品产量。

（三）综合自用量

综合自用量指在报告期内炼油生产的，并在炼油界区内用作生产另一种产品的燃料、原材料等物料的自用量总和，包括炼油界区内自产自用的燃料油（及用作燃料的其他油品）、燃料气、催化烧焦等物料，以及制冷剂等各种“剂”类自用物料，一般不含自备电站、CFB锅炉等消耗的燃料气、石油焦等。

综合自用量=燃料油自用量+燃料气自用量+催化烧焦量+其他自用量　(13-1-10)

燃料自用量指报告期内由炼油生产装置产出，又在炼油界区内用作燃料消耗的物料自用量总和，包括自用的石脑油、柴油、重油等组分，从炼油界区外购入并直接用作燃料的燃料油不计入燃料油自用量。

燃料气自用量指报告期内炼油界区内自产自用的燃料气数量总和，包括自用的燃料干气、燃料液化气，从炼油界区外购入并直接作燃料使用的天然气、含烃类燃料气等不计入燃料气自用量。

催化烧焦量指报告期内炼油界区内的催化裂化、催化裂解产生的烧焦量的总和。

（四）半成品库存变化量

半成品库存量指在某一时点上炼油界区内生产的尚存在于半成品库中暂未出售的半成品数量。库存变化量为报告期的期末库存量与期初库存量之差，库存增加为正，库存减少为负。

$$半成品库存变化量=期末半成品库存量-期初半成品库存量 \quad (13-1-11)$$

炼油半成品包括炼油界区内生产的液化气半成品、汽油半成品、煤油半成品、柴油半成品、化工轻油半成品、溶剂油半成品、芳烃类半成品、蜡油半成品、重油半成品、润滑油半成品、石蜡半成品、其他半成品等，不包括炼油外购并未经加工的原料及半成品库存量。

汽油半成品库存量指某一时间点上炼油界区内生产的在半成品库中尚未使用或出售的汽油组分实物量，包括催化裂化、催化重整（炼油）、MTBE、烷基化、异构化等装置生产的催化汽油、重整汽油、MTBE、烷基化油、异构化油等汽油半成品库存量。

煤油半成品库存量指某一时间点上炼油界区内生产的在半成品库中尚未使用或出售的煤油组分实物量，包括常减压蒸馏、航煤加氢、加氢裂化等装置生产的直馏煤油、加氢煤油、加裂煤油等煤油半成品库存量。

柴油半成品库存量指某一时间点上炼油界区内生产的在半成品库中尚未使用或出售的柴油组分实物量，包括常减压蒸馏、延迟焦化、催化裂化、柴油加氢、加氢裂化等装置生产的直馏柴油、焦化柴油、催化柴油、加氢柴油、加裂柴油等柴油半成品库存量。

化工轻油半成品库存量指某一时间点上炼油界区内生产的在半成品库中尚未使用或出售的化工轻油实物量，包括常减压蒸馏、延迟焦化、渣油加氢、加氢裂化等装置生产的石脑油等化工轻油半成品库存量。用作化工原料的加裂尾油半成品计入化工轻油半成品库存量，否则视馏程计入蜡油半成品库存量。

溶剂油半成品库存量指某一时间点上炼油界区内生产的在半成品库中尚未使用或出售的溶剂油实物量，包括加氢裂化、芳烃抽提等装置生产的各牌号溶剂油组分半成品库存量。

芳烃类半成品库存量指某一时间点上炼油界区内生产的在半成品库中尚未使用或出售的芳烃实物量，包括芳烃抽提等装置生产的苯、甲苯、二甲苯等芳烃类半成品库存量。

蜡油半成品库存量指某一时间点上炼油界区内生产的在半成品库中尚未使用或出售的蜡油组分实物量，包括常减压蒸馏、延迟焦化、溶剂脱沥青、催化裂化、蜡油加氢、糠醛精制等装置生产的直馏蜡油、焦化蜡油、脱沥青油、催化油浆、加氢蜡油、糠醛抽出油等蜡油半成品库存量。

重油半成品库存量指某一时间点上炼油界区内生产的在半成品库中尚未使用或出售的重油组分实物量，包括常减压蒸馏、溶剂脱沥青、渣油加氢等装置生产的直馏渣油、脱油沥青、加氢渣油等重油组分半成品库存量。

润滑油组分半成品库存量指某一时间点上炼油界区内生产的在半成品库中尚未使用或出售的润滑油中间组分实物量，包括糠醛精制、酮苯脱蜡、白土精制、润滑油加氢等装置生产的糠醛精制油、酮苯脱蜡油、白土精制油、润滑油加氢精制油等润滑油中间组分半成品库存量。

石蜡半成品库存量指某一时间点上炼油界区内生产的在半成品库中尚未使用或出售的润滑油中间组分实物量，包括酮苯脱蜡、白土精制、石蜡加氢等装置生产的酮苯脱油蜡、白土精制蜡、加氢精制蜡等石蜡半成品库存量。

其他半成品库存量指由炼油生产的除上述半成品以外的其他半成品实物量，包括液硫半成品、液氨半成品等其他半成品库存量。

（五）加工损失量

加工损失量指报告期内炼油加工原油及外购原料过程中损失的量，即各个炼油生产过程的损失量总和扣减回收污油数量（按扣除水的纯油量），包括生产装置加工损失、瓦斯跑损、污水含油损失、半成品输转和调和损失、酸碱渣和白土渣带油及其他加工损失。

加工损失量=生产装置加工损失+瓦斯跑损+污水含油损失+半成品输转和调和损失+酸碱渣和白土渣带油及其他损失　（13-1-12）

生产装置加工损失指报告期内各个炼油生产装置损失量总和。

瓦斯跑损指报告期内炼油生产过程中气态物料的损失，主要为火炬、放空的损失。

污水含油损失指报告期内炼油生产过程中排放污水含油带来的损失量。

半成品输转和调和损失指报告期内炼油生产过程中半成品输转、调和、储存等过程产生的损失。

酸碱渣和白土渣带油及其他损失指报告期内炼油生产过程产生的酸渣、碱渣、白土含油所带来的损失，及其他炼油加工损失。

（六）其他损失量

其他损失量指报告期内由正常生产过程以外的其他因素造成的损失量，包括事故跑损、自然灾害损失等非正常损失。

三、全厂物料平衡分析方法

根据物料平衡定义，全厂物料平衡应符合以下要求。

1）物料是有来源和去向的，不会凭空产生或消失。

2）物料平衡有明确的时间和空间范围，投入与产出的平衡边界应保持一致。

3）炼油生产过程中的投入与产出必须保持实物量平衡。

4）凡是与炼油产品有直接关系的原料，包括液体、气体和固体，均应纳入物料平衡。

5）炼油界区内装置生产的产品、副产品和自用燃料，均应计入物料平衡的产出。

6）全厂物料平衡应与炼油总流程相匹配，与炼油装置物料平衡（装置投入产出平衡）、炼油产品与半成品收拨平衡（半成品移动平衡）、炼油产成品产销存平衡等各分阶段平衡具有一致性。

全厂物料平衡分析流程如图 13-1-2 所示。物料平衡是在明确的平衡边界范围内的投入产出平衡。在开展物料平衡工作前，首先需要明确物料平衡的时间区间和界区范围。例如，在炼油生产经营管理中，物料平衡范围通常与炼油管理范围一致，便于经营决策。而在企业对标分析中，因各炼油企业基础条件各不相同，比如部分企业包含的炼油煤制氢等装置会影响与其他企业指标的可比性，可考虑划定相近的界区范围进行物料平衡分析，提高可比性，但需要对基础数据进行大量处理。

在确定平衡边界后，收集物料平衡所需基础数据。全厂物料平衡是依据装置数据、储运数据、计量数据、化验数据等数据进行衡算的，包括装置投入产出数据、储罐收付存数据、

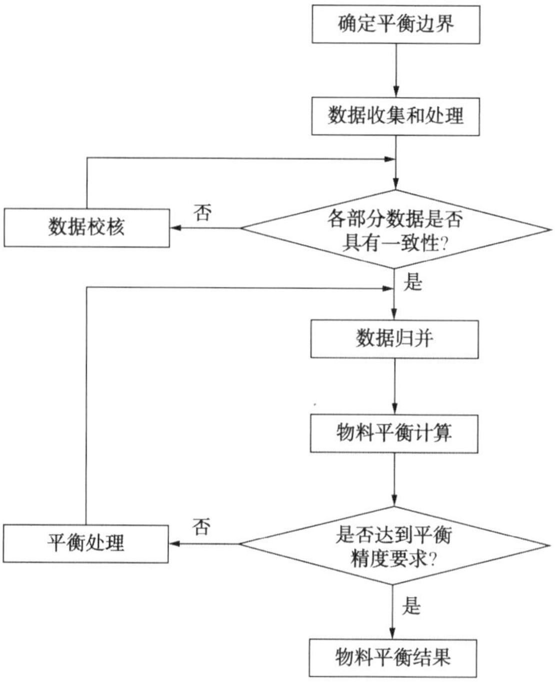

图 13-1-2　全厂物料平衡分析流程简图

物料进出厂计量数据、物性化验数据等，要尽量保障数据来源的唯一性。在原始数据基础上，应将数据转换为符合物料平衡计算要求的物料投入、产出和储运数据。例如，因物料平衡为质量平衡，以体积计量的物料数量需根据物料性质转换为质量数据。

为保障物料平衡准确可靠，需验证基础数据的一致性。按照“物料有来源和去向”的原则，应根据炼油加工流程，确保各项物料在原料输入、装置加工、储存和运输、产品调和、产品出厂等炼油加工过程各个节点的下游投入量与上游产出量保持一致，可以通过各馏分油平衡加以验证。例如，常减压蒸馏装置产出的直馏蜡油数量与下游蜡油加氢、蜡油加裂等二次加工装置输入以及半成品库存变化的直馏蜡油数量总和应保持一致；催化裂化装置产出的催化汽油数量与下游汽油吸附脱硫等精制装置加工的催化汽油数量应保持一致；吸附脱硫汽油产量与调入各牌号汽油产品的吸附脱硫汽油总量应保持一致。

如果物料平衡基础数据验证可靠，可归并各项原料、组分和产品，汇总得到原油及外购原料加工量、综合商品量及各类产品产量、综合自用量、半成品库存变化量、加工损失量及其他损失量。在归并过程中，炼油过程生产的中间物料产量能够与中间物料生产消耗量及库存变化量相抵消。

进而，按照式(13-1-1)进行全厂物料平衡计算，并判断平衡结果是否达到精度要求。如果平衡结果能够满足精度要求，则接受全厂物料平衡结果。如果因数据精度、汇总计算等问题，导致全厂物料平衡数据不能满足平衡精度要求，需要对有关数据进行检查、校正，重新计算物料平衡。

四、全厂物料平衡分析案例

某千万吨级炼化一体化企业的炼油物料平衡示例见表13-1-1。案例界区范围仅包括炼油部分，乙烯裂解及下游装置、聚丙烯装置、煤制氢装置不计入该案例的炼油部分物料平衡。炼油部分向炼油界区外的化工装置供应原料，同时从炼油界区外供入乙烯氢气和煤制氢氢气计入物料平衡，外购燃料不计入物料平衡。按照全厂物料平衡的基本构成，对案例投入产出情况进行分析。

表13-1-1　案例全厂物料平衡

物料名称	数量/(10kt/a)	物料名称	数量/(10kt/a)
一、原料		乙烯原料	150.0
投入合计	1017.7	加裂轻石脑油	18.0
外购原油	1000.0	石脑油	30.7
进口原油	1000.0	加裂尾油	65.5
其他原料	17.7	丙烷	7.4
界区外乙烯氢气	2.6	正丁烷	5.4
界区外煤制氢氢气	6.2	轻烃	10.4
外购 C_4	8.9	富乙烷气	8.7
二、产品		富乙烯气	3.9
产出合计	1017.7	石油芳烃	42.5
汽油	309.6	混合二甲苯	42.5
92#车用汽油	216.7	其他炼油产品	42.3
95#车用汽油	61.9	丙烯	16.3
98#车用汽油	31.0	硫黄	25.9
喷气燃料	178.1	自用燃料	36.1
柴油	156.0	燃料气	11.9
0#车用柴油	156.0	催化烧焦	24.2
低硫重质船用燃料油	100.0	损失	3.3

原料端：案例原料加工量总计10.18Mt/a，其中原油加工量为10.0Mt/a，外购原料加工量约180kt/a。产品端：综合商品量总计9.78kt/a，其中汽煤柴产品产量为6.44Mt/a；燃料油产品产量为1.0Mt/a；化工原料产量1.5Mt/a；化工产品产量590kt/a，包括芳烃类产品430kt/a、丙烯160kt/a；其他产品产量260kt/a。炼油自产自用燃料360kt/a，包括自用燃料气120kt/a、催化烧焦240kt/a。炼油损失量为33kt/a。此外，案例为设计方案物料平衡，不考虑半成品库存变化。

根据物料平衡公式，案例综合商品量、自用燃料量、损失量总计10.18Mt/a，与原油及外购原料加工量10.18Mt/a相等，满足物料平衡等式要求。

第二节　硫平衡

一、基本概念

硫化物是炼油厂生产排放的主要环境污染物之一。近年来，随着我国生态文明建设的不断推进，对炼油企业清洁生产水平提出了更高要求。在炼油总流程研究中，开展全厂硫平衡分析和全过程硫平衡分析，可以了解硫在炼油生产过程中的分布和传递路径，为制定清洁生产方案、总量控制目标及环境保护措施提供必要数据和依据[5]。本节重点介绍全厂硫平衡分析的有关概念及分析方法。

二、硫的流向

（一）硫的来源

炼油厂中硫的来源以原油带入为主。原油馏分中硫的分布通常随馏程升高而增加，大部分集中于蜡油馏分和渣油馏分中。从分布形态看，硫在原油各馏分中的存在形态包括元素硫、硫化氢，以及硫醇、硫醚、噻吩、二硫化物等有机硫化物，其中一般以硫醚类硫化物和噻吩类硫化物为主，元素硫、硫化氢含量较低[6]。

硫醇(RSH)在原油中的含量通常较低，主要分布于轻馏分中，在350℃以上馏分油中含量极少。硫醇在原油中的存在形式包括烷基硫醇、环烷基硫醇和芳香基硫醇。硫醇热稳定性较差，低分子硫醇在高于300℃时分解为硫醚和硫化氢，在高于400℃时分解为烯烃和硫化氢。此外，硫醇在一定条件下可氧化为二硫化物。

硫醚(RSR′)在原油中含量较高，主要分布于轻馏分和中间馏分中。硫醚的存在形态包括烷基硫醚、环烷基硫醚和芳香基硫醚。在柴油馏分、蜡油馏分和渣油馏分中存在形式以环烷基硫醚为主。环烷基硫醚和芳香基硫醚的热稳定性较好，热分解温度在400℃以上，在催化条件下热分解温度适当降低。

噻吩类含硫化合物在原油中含量较高。在国内加工的部分典型中东原油中，噻吩硫占比高于60%。噻吩类硫化物主要分布于重质馏分中，存在形态包括苯并噻吩、二苯并噻吩、萘并噻吩等。噻吩是芳香性很强的杂环化合物，热稳定性很高，化学反应活性较低，因此脱除难度较大。

二硫化物(RSSR′)在原油中含量较低，主要分布于轻馏分中，热稳定性较差，易受热分解生成硫醚、硫醇、烯烃、元素硫等物质。

（二）硫的传递和分布

硫转化规律揭示了炼油加工过程中各类装置产物中硫的传递和分布规律[7]，炼油总流程中，由原料带入的硫绝大部分都随馏分油进入二次加工装置。这是根据大量实践经验和研究数据总结得到的，可用于估算中间馏分及最终产品的硫含量，以及判断总流程中物料硫含量分布的合理性。

目前国内在此基础上已建立了较为成熟的硫传递预测模型[8,9]，能够根据装置基础条件估算装置产品中硫的分布情况。某常渣催化裂化装置硫分布见表13-2-1[9]。其中，硫传递系数是产品硫含量与原料硫含量的比值，根据装置类型、原料性质、操作参数等预测得到，也可参考相似装置的典型值；产品硫含量根据装置原料硫含量和硫传递系数估算；硫分布率为对应产品硫总量占原料硫含量的比例。

表 13-2-1　某常渣催化裂化装置硫分布表

项目名称	收率/%(质)	硫含量/%(质)	硫分布率/%(质)	硫传递系数
装置原料	100	1.06	100	
装置产品				
干气	5.21	5.2	25.58	4.91
液化气	14.15	1.52	20.23	1.43
汽油	44.03	0.07	2.77	0.063
柴油	24.2	1.01	22.99	0.95
油浆	5.27	1.55	7.69	1.46
焦炭	6.77	3.19	20.38	3.01
损失	0.37	1.06	0.37	1

原油中包含的各类硫化物性质，其中，元素硫、硫化氢、硫醇、二硫化物等硫化物相对较易脱除，而硫醚类和噻吩类硫化物较难脱除，且多分布于原油重质馏分中。因此，掌握重油加工过程的硫传递规律是研究硫分布问题的关键，涉及的重油加工装置包括加氢处理、加氢裂化、延迟焦化、催化裂化、溶剂脱沥青等。

1. 加氢处理装置

蜡油加氢装置原料中的大部分硫以硫化氢的形式被脱除，未被脱除的硫集中于加氢蜡油中。蜡油加氢装置的轻馏分脱硫率通常高于重馏分脱硫率，在轻馏分中含量较高的烷基硫醚更易被加氢脱除，而重馏分中的多环噻吩较难被加氢脱除。渣油加氢装置的硫分布规律与蜡油加氢装置类似，未被脱除的硫主要集中于加氢重油。

加氢处理装置的硫分布情况主要取决于加氢原料组成、硫含量和硫类型，以及装置反应温度、反应压力、氢油比、液时空速、化学氢耗等操作条件。

2. 加氢裂化装置

由于加氢裂化装置的加氢条件更为苛刻，加裂原料中几乎所有含硫化合物都会以硫化氢的形式被脱除。加氢裂化装置的硫分布取决于原料硫含量和硫类型、反应温度、反应压力、氢油比、液时空速、化学氢耗、循环比等因素。

3. 延迟焦化装置

延迟焦化装置的硫分布受焦化原料中含硫化合物类型的影响。在以减压渣油为原料的焦化过程中，20%~30%的硫分布于产物硫化氢中，其余的硫化物通常集中于石油焦、焦化蜡油等重组分中。

延迟焦化装置中硫的分布情况取决于原料硫含量和硫类型、残炭值，以及装置反应温度、反应压力、联合循环比等操作条件。

4. 催化裂化装置

催化裂化装置原料中含硫化合物的类型对硫分布的影响十分显著。随着催化原料中噻吩类含硫化合物含量的增加，硫以硫化氢的形式分布于气体产物的比例降低，而分布于液体产物的比例升高。

直馏催化原料中噻吩类含硫化合物占总硫比例可达 70%。在典型催化裂化反应条件下，以直馏重油为催化原料，在产物硫分布中，约 50%的硫会以硫化氢形式分布于气体产品中，约 30%～40%的硫进入液体产品，约 10%～20%的硫进入焦炭。由于加氢反应中噻吩类含硫化合物较难脱除，加氢重油中噻吩类硫占总硫比例高于直馏重油，可达到 80%。因此，与直馏催化原料相比，加氢重油原料中的硫转化生成硫化氢的比例较低，进入重油和焦炭的硫分布率较高。

除原料组成、密度、硫含量和硫类型、残炭等原料性质以外，催化裂化装置的剂油比、反应温度、反应压力、油气停留时间、回炼比、催化剂性能等因素也会对硫的分布产生影响。随着反应转化率提高，原料硫转化为硫化氢的比例升高，进入焦炭的硫分布率也相应升高，而进入催化柴油馏分的硫分布率降低，这主要因为较高的反应苛刻度促进了噻吩类含硫化合物的裂化反应和缩合反应。催化剂的稀土含量、载体活性提高，有利于原料中非噻吩类含硫化合物的 C—S 键断裂，在一定程度上促进原料中的硫转化为硫化氢，从而使进入催化柴油、催化油浆、焦炭的硫分布率下降。

5. 溶剂脱沥青装置

溶剂脱沥青装置的硫分布率取决于原料硫含量和硫类型、残炭、溶剂组成、剂油比和脱沥青油残炭等因素，其中溶剂组成对硫分布率影响较大。随着溶剂碳数增加，脱沥青油的硫分布率升高，而脱油沥青的硫分布率降低。丙烷脱沥青的脱油沥青的硫分布率通常高于 75%，而戊烷脱沥青的脱油沥青的硫分布率降至 50%以下。

总体来看，炼油加工过程中硫的转化主要受原料中含硫化合物的类型和含量、原料转化深度、装置操作条件、催化剂性能等因素影响。噻吩类含硫化合物主要分布于重质组分中，且较难反应转化。因而各类炼油反应装置中，原料中的硫除了通过反应生成硫化氢从油品中脱除外，未被脱除的硫通常集中于重质组分。

（三）硫的去向

炼油厂中硫的去向包括硫黄装置回收、炼油产品带出、废气排放、废水废渣带出、锅炉灰渣及脱硫带出等[10,11]。

随着国内炼油清洁生产水平逐渐提高，炼厂硫的去向以硫黄回收为主。炼油加工过程中，原料带入的硫大部分被转化为硫化氢，汇入炼厂酸性气管网，经硫黄回收装置生成硫黄，以产品形式销售。炼油产品中未被脱除的硫会随产品销售出厂，其中石油焦、沥青、燃料油等炼油产品的硫含量相对较高，成品油等炼油产品的硫含量低。

炼油厂生产过程中产生的烟气中硫含量较高，包括催化裂化再生烟气、硫黄回收尾气等工艺废气，以及煤、石油焦、燃料油等燃料燃烧废气。通常需要通过烟气脱硫装置脱硫处理，以满足国家排放标准。经脱硫处理后，仍会含有少量硫化物随废气排入大气，但排放废气带硫量占总硫量的比例很低。除上述路径外，还有少量硫化物、有机硫会随炼油厂产生的污水或废渣带出炼油界区，如 CFB 锅炉炉渣等。

三、全厂硫平衡分析方法

全厂硫平衡是将炼油厂作为一个整体，开展硫的入方和出方的平衡分析。根据全厂硫的来源和去向，带入的硫主要是由原油及外购原料、外购燃料带入的硫；带出的硫包括硫黄回收的硫、产品带出的硫、废气带出的硫、废水废渣带出的硫等。全厂硫平衡(示例)见表13-2-2。

表13-2-2　全厂硫平衡示例

项目名称	数量/(10kt/a)	硫含量/%	硫总量/t	硫分布/%
一、带入				
原油	1000.00	2.65	265000.00	97.3
外购燃料煤	72.93	1.00	7292.91	2.7
外购燃料天然气	12.88	0.00	0.00	0.0
带入硫总量			272292.91	100.0
二、产品带出				
车用汽油	309.61	0.0006	18.25	0.0
喷气燃料	178.05	0.0008	13.58	0.0
车用柴油	156.00	0.0005	8.55	0.0
低硫船用燃料油	100.00	0.47	4699.93	1.7
其他炼油产品	208.80		6.55	0.0
三、回收				
硫黄	25.93	100.00	259282.84	95.2
四、其他带出(灰渣、烟气、硫黄尾气等带出)			8263.22	3.0
带出硫总量			272292.91	100.0
硫回收率	95.22			

表中列明了涉及炼厂硫的来源和最终去向的各项物料的数量、硫含量，以及根据物料数量和硫含量计算得到的物料硫总量和物料硫总量占全厂硫总量的比例。炼油加工过程中硫元素质量守恒，全厂带入硫总量与带出硫总量应相等。硫回收率是炼油厂回收硫黄数量占带入硫总量的百分数，计算公式见式(13-2-1)。

$$硫回收率=\frac{硫黄产品产量}{全厂带入硫总量}\times 100\% \tag{13-2-1}$$

全厂硫平衡分析可参考以下步骤：

1）根据分析需要，确定全厂硫平衡的界区范围，确定界区内涉及的装置及配套设施，通常与物料平衡边界保持一致。

2）获取带入硫数据。收集原油及外购原料、燃料等物料的硫含量基础数据，并进行校验。根据各项物料数量和硫含量数据，计算带入硫总量和硫分布情况。如果需要应用硫传递规律估算中间物料的硫含量，应根据原油评价报告获取原油各馏分的硫含量。各原油馏分的加权平均硫含量应与原油硫含量保持一致，如存在偏差则需校正。

3）获取带出硫数据。收集产品带出、硫黄回收、其他带出等有关物料的数量及硫含量，并检验数据质量。如果硫含量数据缺失，可应用硫传递模型，估算中间物料及最终产品硫含量。首先，根据炼油加工流程的物料流向，加权计算得到二次加工装置的进料硫含量。然后，根据不同类型装置原料和产品间的硫传递系数，估算各个装置产品的硫含量。最后检验装置硫平衡，调整估算数据，并将估算结果与同类典型装置的硫分布情况进行对比，判断估算结果的合理性。

4）计算全厂硫平衡及相关指标。确认炼油厂带入硫总量与带出硫总量相等。如果不平衡，对数据进行检查和校正。

开展硫平衡相关分析，评估环境影响。

第三节　主要技术经济指标

一、基本概念

炼油技术经济指标是评价炼油企业生产运行水平的标尺。随着我国炼油行业的发展，国内炼油企业经济管理水平逐渐提高。在此过程中，国内炼油企业结合自身实际经营与管理需要，逐步建立了以炼油技术经济指标体系为基础的炼油评价体系，对企业生产运行水平进行达标考核，综合评价企业运行质量、效率与效益，及时发现生产经营短板，助力企业效益和竞争力的持续提升[2,3]。

炼油技术经济指标可分为全厂和装置两个层面的指标，分别评价炼油厂和炼油装置的生产运行表现。炼油技术经济指标的设置遵循导向性原则、针对性原则、可控性原则、可比性原则。

导向性原则：炼油技术经济指标设置围绕提高炼油企业盈利能力展开，注重引领企业的经营管理、改革和发展。

针对性原则：从不同层次业务实际和发展水平出发，有针对性地设置分析指标。

可控性原则：着眼提升炼油业务经营水平，指标设置充分考虑控制变量对业务的影响程度和改进能力。

可比性原则：采用相对指标或单位指标，根据炼油业务特点对指标进行标准化，剔除不可比因素，保证指标的客观、公平。

二、炼油技术经济指标定义

（一）综合技术经济指标

1. 综合商品率

综合商品率指报告期内综合商品量占原油及外购原料加工量的百分数，反映了炼油加工过程中综合商品的收率情况。综合商品率越高，表明炼油厂从一定数量的原料加工得到的综合商品量越多，也表明炼油厂生产一定数量的综合商品所使用的原料加工量越少。

$$综合商品率=\frac{综合商品量}{原油及外购原料加工量}\times 100\% \qquad (13-3-1)$$

2. 可比综合商品率

可比综合商品率指报告期内炼油加工过程中可比综合商品量占原油及外购原料加工量的百分数。可比综合商品量是在综合商品量的基础上，加上净外销蒸汽折合燃料量(外销蒸汽量减外购蒸汽量，按热焓折算)和半成品库存变化量。

$$可比综合商品率=\frac{可比综合商品量}{原油及外购原料加工量}\times 100\% \qquad (13-3-2)$$

与综合商品率相比，可比综合商品率进一步考虑了不同炼油厂蒸汽消耗、库存增减的差异，在炼油厂间对比更具有可比性。

3. 轻质油收率

轻质油收率指报告期内汽油、煤油、柴油、溶剂油、化工轻油、芳烃类产品、醚类产品、轻质商品原料油、轻质燃料油等95%馏出温度小于365℃的轻质油品产量占原油及外购原料加工量的百分数，反映了炼油厂轻质油收率情况。外销或供化工原料的加裂尾油商品量计入轻质油产量。

$$\text{轻质油收率}=\frac{\text{轻质油产量}}{\text{原油及外购原料加工量}}\times 100\% \qquad (13-3-3)$$

4. 可比轻质油收率

可比轻质油收率指报告期内可比轻质油产量占可比原油及外购原料加工量的百分数。可比轻质油收率是对统计口径轻质油收率的校正，剔除了炼油厂间轻质油产量的不可比因素，聚焦炼油生产过程的轻质油收率。

$$\text{可比轻质油收率}=\frac{\text{可比轻质油产量}}{\text{可比原油及外购原料加工量}}\times 100\% \qquad (13-3-4)$$

式中，可比轻质油产量为轻质油产量扣减直接参与物理调和或分离的外购原料油量、凝析油加工量；可比原油及外购原料加工量为原油及外购原料加工量扣减直接参与物理调和或分离的外购原料油量、凝析油加工量，此二者计入外购原料的燃料气数量。

5. 高价值产品收率

高价值产品收率指报告期内定义的高价值产品产量占原油及外购原料加工量的百分数。该指标反映炼油生产高价值产品的收率情况，与高附加值产品收率有一定相关性。

$$\text{高价值产品收率}=\frac{\text{高价值产品产量}}{\text{原油及外购原料加工量}}\times 100\% \qquad (13-3-5)$$

高价值产品产量为报告期内所有轻质油、液化气、丙烯、石蜡、润滑油基础油等高价值产品产量总和，液化气产量包括富乙烯气、富乙烷气等供化工原料气的产品产量。

6. 炼油转型指标

在国内炼油转型发展的趋势下，国内部分炼油企业制定了炼油转型指标，评价炼油过程中由原油加工生产的化工原料、化工产品、特色产品的收率情况，引导炼油企业转型发展。

（1）油转化收率

油转化收率指报告期内炼油加工过程中由原油生产化工原料的产品产量占原油加工量的百分数，反映了炼油厂将原油转化为化工原料的情况。

$$\text{油转化收率}=\frac{\text{化工原料产量}-\text{化工原料类外购原料加工量}}{\text{原油加工量}}\times 100\% \qquad (13-3-6)$$

化工原料产量指报告期内炼油生产供乙烯裂解、重整、芳烃等化工装置作原料使用的产品产量，包括化工轻油、轻烃原料、富乙烯气和富乙烷气、乙苯-苯乙烯原料等产品产量。

其中，化工轻油产品产量定义与式(13-1-5)对化工轻油产品产量定义相同。

轻烃原料产品产量指报告期内炼油生产的供化工作为乙烯裂解原料的C_3、C_4等液化气产品产量，不作裂解原料的液化气计入油转特收率指标的特种产品产量。

富乙烯气和富乙烷气产品产量指报告期内由炼油干气提浓、轻烃回收等装置产出的供化工用作乙烯原料的富乙烯气、富乙烷气产品产量，不含供化工用作其他用途的干气产量(如燃料干气)。如果炼油干气供应化工后再分离出富乙烯气和富乙烷气作化工原料，则按炼油干气的 C_2 及以上组分含量(质量分数)折算富乙烯气和富乙烷气的产品产量(即供化工的干气总量×(100%-干气中氢气和甲烷含量)。

乙苯-苯乙烯原料产品产量指报告期内炼油催化装置产出的供乙苯-苯乙烯装置作原料的气体产品产量，如果为互供化工原料，则化工原料产量应按照乙烯质量分数折算。

化工原料类外购原料加工量指报告期内炼油外购并加工的石脑油、轻烃、加裂尾油等可直接用作或处理后用作化工原料的原料量总和。

(2) 油产化收率

油产化收率指报告期内炼油加工过程中由原油生产化学品产品的产量占原油加工量的百分数，反映炼油厂将原油转化为化学品产品的情况。

$$\text{油产化收率}=\frac{\text{化学品产品产量}-\text{化学品类外购原料加工量}}{\text{原油加工量}}\times 100\% \qquad (13-3-7)$$

化学品产品产量指报告期内由炼油界区内生产的符合相关产品质量标准的化学品产量总和，包括芳烃、烯烃、聚丙烯、醚类、乙苯和苯乙烯等化学品产品产量。其中：

化学品类外购原料加工量指报告期内由炼油界区外购入并加工的化学品类原料量总和，包括芳烃、烯烃、醚类等外购原料加工量。

芳烃产品产量指报告期内由炼油催化重整及芳烃抽提装置生产的互供化工装置或外销化工企业的芳烃类产品产量总和，包括纯苯、甲苯、二甲苯、其他芳烃等炼油芳烃及衍生品产量。

烯烃产品产量指报告期内炼油生产的仅用于互供化工装置或外销化工企业的丙烯、丁烯等烯烃类产品产量。如果催化液化气、焦化液化气外销下游后再分离丙烯等烯烃类化学品，则按丙烯含量(质量分数)折算丙烯产量(催化液化气或焦化液化气×丙烯质量含量)。

聚丙烯产品产量指报告期内炼油生产的聚丙烯产品产量。

醚类产品产量指报告期内炼油界区内生产的仅用于互供化工装置或外销化工企业的MTBE等醚类产品产量总和。

乙苯和苯乙烯产品产量指报告期内炼油界区内乙苯、苯乙烯装置生产的乙苯、苯乙烯等产品产量。

(3) 油转特收率

油转特收率指报告期内炼油加工过程中由原油生产的特色产品产量占原油加工量的百分数，反映炼油厂将原油转化为特色产品的情况。

$$\text{油转特收率}=\frac{\text{特色产品产量}-\text{特种产品类外购原料加工量}}{\text{原油加工量}}\times 100\% \qquad (13-3-8)$$

特色产品产量指报告期内炼油界区内生产的润滑油基础油、工业白油、低硫船燃、石蜡、沥青、石油焦、液化气、硫黄等定义的特色产品产量总和。炼油商品中不属于成品油、化工原料、化学品的其他产品均属于特色产品。即，特色产品产量=综合商品量-成品油产量-化工原料产品产量-化学品产品产量。

特色产品类外购原料加工量指报告期内能直接转化为特色产品的外购原料加工量。炼油外购原料中不属于化工原料类外购原料、化学品类外购原料的均纳入特色产品外购原料。即，特色产品类外购原料加工量=外购原料加工总量-化工原料类外购原料加工量-化学品类外购原料加工量，包括化工返回的干气、液化气等原料加工量。

7. 成品油收率

成品油收率指报告期内炼油生产的汽油、煤油、柴油三种成品油产品产量总和占原油及外购原料加工量的百分数，反映炼油厂成品油收率情况。

$$成品油收率=\frac{成品油产量}{原油加工量及外购原料}\times 100\% \quad (13-3-9)$$

汽油、煤油、柴油、产品产量交叉见式13-1-4。

8. 综合自用率(含各类燃料自用率)

综合自用率指报告期内炼油界区内生产的、已作炼油产量统计的，又在炼油界区内用作燃料、原材料消耗的物料数量总和占原油及外购原料加工量的百分数。反映炼厂综合自用情况。

$$综合自用率=\frac{综合自用量}{原油及外购原料加工量}\times 100\% \quad (13-3-10)$$

综合自用量定义见式13-1-9，包括燃料油自用量、燃料气自用量、催化烧焦量、其他自用量。根据综合自用量的各个分项，可进行炼油厂综合自用率的结构性分析。

9. 加工损失率

加工损失率指报告期内炼油界区内原料加工过程中的损失量总和占原油及外购原料加工量的百分数，反映了炼油界区内各生产装置加工过程中的损失率情况，与炼油界区划分有关。

$$加工损失率=\frac{加工损失量}{原油及外购原料加工量}\times 100\% \quad (13-3-11)$$

加工损失量定义见式(13-1-11)，包括生产装置加工损失量、瓦斯跑损量、污水含油损失量、半成品输转和调和损失、酸碱渣和白土渣带油及其他损失。

(二) 能耗评价指标

1. 炼油(单位)综合能耗

炼油(单位)综合能耗指报告期内炼油生产过程中每加工1t原油及外购原料消耗的各种能源能量总和，以单位原油及外购原料加工量消耗的能源数量表示，反映炼油能源消耗情况，单位为kgEO/t。

$$炼油(单位)综合能耗=\frac{综合能源消耗量}{原油及外购原料加工量} \quad (13-3-12)$$

综合能源消耗量指报告期内炼油加工原油及外购原料过程中所消耗的各种燃动能源能量综合，以标准燃料(标油)计算，通过各种能源消耗实物量乘以相应能源的折标油系数折算并加和得到。从炼油界区外输入的能源计为正值，从炼油界区输出的能源计为负值。

2. 炼油单位能量因数能耗

炼油单位能量因数能耗指报告期内炼油界区炼油单位综合能耗与炼油能量因数的比值，单位为kgEO/(t·能量因数)。该指标用于评价炼油厂能源效率情况，按照国家标准GB 30251—2024《炼化行业单位产品能源消耗限额》计算。详细计算过程见第十二章第二节。

3. 万元产值综合能耗

万元产值综合能耗指报告期内炼油企业每产生一万元的产值所消耗的能源数量，用于评价炼油企业在一定时期内的生产经营活动的耗能水平，是计算企业节能水平的基础。

$$万元产值综合能耗=\frac{炼油企业能源消费总量}{炼油企业工业总产值} \quad (13-3-13)$$

炼油企业工业总产值指报告期内炼油企业生产的所有产品的产值及属于炼油企业的其他工业总产值。工业总产值指工业企业在报告期内生产的以货币形式表现的已出售或可供出售工业产品总量，包括炼油企业生产的经检验合格入库的成品价值，对外加工费收入，炼油自制半成品、在制产品期末期初差额价值。炼油企业工业总产值计算遵循以下三个原则。

1）工业生产的原则。凡是炼油企业在报告期内生产的经检验合格入库的产品，不论是否在报告期内销售，计算工业总产值时都应包括在内。

2）最终产品的原则。凡是计入工业总产值的产品，必须是由炼油企业生产并经检验合格的，不需再进行任何加工的最终产品。如果企业有对外销售的中间产品，也视为最终产品，应计入工业总产值。

3）"工厂法"的原则。工业总产值是按企业最终产品来计算的，同一产品价值在企业内部不允许重复计算，但允许企业之间的重复计算。

按照计算工业总产值的价格体系，可分为现价工业总产值和不变价工业总产值。不变价工业总产值指在计算不同时期的工业总产值时，对各项产品采用同一时期或时点的炼油产品价格体系作为不变价，以剔除不同时期价格变动带来的影响。现价工业总产值采用报告期内炼油企业的实际价格体系计算。

（三）环保技术经济指标

1. 炼油吨油取水

炼油吨油取水指报告期内炼油每加工 1t 原油及外购原料的耗水量。根据分析需要，在部分计算中会扣除炼油 CFB 锅炉、炼油煤制氢等装置消耗的水资源量。

$$炼油吨油取水=\frac{炼油加工过程水消耗量}{原油及外购原料加工量} \quad (13-3-14)$$

炼油加工过程水消耗量指报告期内炼油生产消耗的各种水资源量，由水资源购入量减去水资源转供量得到。其中，水资源购入量指报告期内从炼油界区外购入的水资源量，包括购入的新鲜水、除盐水、软化水和各个压力等级的蒸汽量；水资源转供量指报告期内转供给炼油界区外的水资源量，包括转供新鲜水、除盐水、软化水和各个压力等级的蒸汽量。

2. 炼油吨油排水

炼油吨油排水指报告期内炼油每加工 1t 原油及外购原料的外排污水量。

$$炼油吨油排水=\frac{炼油加工过程外排污水量}{原油及外购原料加工量} \quad (3-3-15)$$

炼油加工过程外排污水量指报告期内炼油直接排放炼油界区外的污水量，扣除界区外送入炼油处理后外排的污水量。

3. 炼油吨油碳排放量

炼油吨油碳排放量指报告期内炼油每加工 1t 原油及外购原料排放的二氧化碳量。

$$炼油吨油碳排放量=\frac{炼油碳排放量}{原油及外购原料加工量} \quad (13-3-16)$$

炼油碳排放量指报告期内炼油界区内生产过程中排放的二氧化碳总量，包含炼油界区内的炼油 CFB 锅炉、炼油煤制氢等装置的碳排放量。碳排放量计算方法参见石化行业推荐的标准 SH/T 5000—2011《石油化工生产企业 CO_2 排放量计算方法》。详细计算过程参见第十六章。

三、炼油技术经济指标应用案例

（一）炼油技术经济指标计算案例

本文以某千万吨级炼油设计方案为例，介绍主要炼油技术经济指标计算方法。全厂物料平衡情况见表 13-1-1。炼油案例的原油及外购原料油加工量约 10.18Mt/a，其中原油加工量 10.0Mt/a，并从炼油界区外供入乙烯氢气供 PSA 装置、煤制氢氢气进入纯氢管网，外购 C_4 作烷基化原料。炼油生产产品总量 9.78Mt/a，其中车用汽油 3.1Mt/a、车用柴油 1.56Mt/a、喷气燃料为 1.78Mt/a、低硫重质船用燃料油 1.0Mt/a、乙烯原料 1.5Mt/a、混合二甲苯 420kt/a、丙烯 160kt/a。以及炼油自产自用燃料 360kt/a，加工损失量 330kt/a。

该案例的全厂能源消耗情况见表 13-3-1，炼油综合能耗 77.79kgEO/t。

表 13-3-1　案例的全厂能源消耗情况　kgEO/t

项目名称	能耗	项目名称	能耗
全厂能耗	7.92×10^8	低压蒸汽	5.12
综合能耗	77.79	电	16.26
燃料气	24.36	水	2.09
蒸汽		催化烧焦	24.07
高压蒸汽	5.27	其他	-1.12
中压蒸汽	1.73		

根据炼油全厂物料平衡和能源消耗情况，首先可按照指标定义，分别计算得到各项技术经济指标的分子项、分母项，然后计算指标值并进行分析。案例主要炼油技术经济指标见表 13-3-2。

表 13-3-2　案例的主要炼油技术经济指标

指标名称	指标单位	指标值
综合商品率	%	96.1
可比综合商品率	%	94.9
轻质油收率	%	78.6
高价值产品收率	%	83.8
加工损失率	%	0.32
炼油转型指标		
油转化收率	%	14.1
油产化收率	%	5.9
油转特收率	%	12.6
成品油收率	%	64.4
炼油(单位)综合能耗	kgEO/t	77.79
单位能单因数能耗	kgEO/(t·能量因数)	8.48

1）综合商品率。根据案例的汽油、喷气燃料、柴油、乙烯原料、石油芳烃、其他产品等炼油产品产量，加总得到综合商品量为 9.785Mt/a，除以原油及外购原料加工量为 10.175Mt/a，得到综合商品率 96.1%，高于国内行业平均水平。

2）可比综合商品率。在综合商品量的基础上，可比综合商品量需要考虑炼油蒸汽消耗和半成品库存变化情况。炼油净消耗高压蒸汽 5.27kgEO/t、中压蒸汽 1.73kgEO/t、低压蒸汽 5.12kgEO/t，折合标准燃料油的净外购蒸汽量为 123kt/a，设计方案不考虑半成品库存变化，从而得到可比综合商品量 9.908Mt/a，可比综合商品率 94.9%。与综合商品率相比，由于案例从炼油界区外购入蒸汽，可比综合商品率低 1.2 个百分点，接近国内行业平均水平。

3）轻质油收率。根据轻质油产量定义，案例生产的轻质油包括汽油、喷气燃料、柴油、石脑油组分、混二甲苯和供化工的加裂尾油，轻质油总产量 8.004Mt/a，轻质油收率为 78.6%，高于国内行业平均水平。

4）高价值产品收率。根据高价值产品的定义，案例生产的炼油产品中，除低硫重质船用燃料油、硫黄以外，其他产品均属于高价值产品，包括供化工的富乙烷气和富乙烯气。高价值产品产量 8.526Mt/a，高价值产品收率 83.8%。

5）加工损失率。案例炼油加工损失量为 33kt/a，除以外购原料加工量 1.0177kt/a，加工损失率为 0.32%。

6）炼油转型指标。按照炼油转型指标对各项产品的分类，案例的化工原料产量 1.5Mt/a，扣减外购轻烃 89kt/a，炼油转化的化工原料总量为 1.411Mt/a，除以原油加工量，得到油转化收率 14.1%。炼油生产的化学品包括石油芳烃和丙烯，不外购芳烃、烯烃、醚类等化学品原料，化学品产量 588kt/a，油产化收率 5.9%。炼油生产的低硫重质船用燃料油、硫黄等特种产品产量 1.25Mt/a，油转特收率 12.6%。成品油总产量 6.437Mt/a，不外购成品油调和组分，成品油收率 64.4%。总体来看，案例产品方案以成品油、低硫船燃等燃料为主，成品油收率、油转特收率较高，而化工原料和化学品收率仅 20%。面对国内外炼油行业市场竞争，炼油加工流程应适当留有灵活性，能够结合市场情况和企业特点调节产品方案，生产边际效益较高的产品，从而维持较好的炼油经济效益和较强的综合竞争力。

7）炼油（单位）综合能耗。由表 3-3-1 可知，案例的炼油消耗能源包括燃料气、水、电、蒸汽、催化烧焦，并有热输出至炼油界区外，全厂能源消耗总计约 7.92×10^{8} kgEO/t，单位综合能耗为 77.79kgEO/t。炼油能耗中，以燃料气、催化烧焦为主，能耗占比分别为 31.3%、30.9%，其次为电力、蒸汽等能源消耗。

8）单位能量因数能耗。按照 GB 30251—2013《炼油单位产品能源消耗限额》计算炼油能量因数，结果见表 13-3-3。

表 13-3-3　案例炼油能量因数计算结果

装置名称	装置加工量	C_i	K_i	$C_i \times K_i$
常减压	1000.0	98.3	1.0	0.98
C_5 分离	47.2	4.6	3.80	0.18
连续重整	169.1	16.6	9.00	1.50
渣油加氢	394.7	38.8	2.00	0.78
加氢裂化	230.6	22.7	3.30	0.75

续表

装置名称	装置加工量	C_i	K_i	$C_i \times K_i$
重油催化裂化	303. 3	29. 8	5. 50	1. 64
柴油加氢	140. 7	13. 8	1. 20	0. 17
煤油加氢	125. 9	12. 4	1. 20	0. 15
S Zorb	144. 1	14. 2	0. 85	0. 12
油浆处理	12. 9	1. 3	1. 50	0. 02
气体脱硫	20. 8	2. 0	0. 03	0. 00
干气回收分离	28. 5	2. 8	5. 50	0. 15
气体分馏	48. 0	4. 7	3. 90	0. 18
芳烃抽提	153. 3	15. 1	4. 00	0. 60
MTBE	9. 6	0. 9	9. 50	0. 09
烷基化	33. 7	3. 3	10. 50	0. 35
PSA	8. 8	0. 9	8. 00	0. 07
酸性水汽提	125. 7	12. 3	1. 50	0. 19
溶剂再生	722. 6	71. 0	0. 70	0. 50
硫黄回收	25. 9	2. 5	1. 00	0. 03
炼油装置小计	1017. 7			8. 42
油品储运(E_C)				0. 35
污水处理(E_W)				0. 03
热力损失(E_{SL})				0. 05
输变电损失(E_{eL})				0. 05
其他损失(E_Q)				0. 17
系统小计				0. 65
合计				9. 07
炼油综合能耗	77. 79			
炼油单因能耗	8. 57			

注：装置系数根据装置基本情况确定。

案例的炼油能量因数总计 9. 07，根据上述炼油单位综合能耗和能量因数，计算得到炼油单因能耗 8. 57kgEO/(t · 能量因数)。按照国家发展改革委等部门发布的《高耗能行业重点领域能效标杆水平和基准水平(2021 年版)》，炼油行业单因能耗标杆水平为 7. 5kgEO/(t · 因数)、基准水平为 8. 5kgEO/(t · 因数)。拟建、在建炼油项目应对照能效标杆水平建设实施，力争全面达到标杆水平。本案例设计的炼油单因能耗基本达到了国家规定的基准能耗水平，但与能效标杆水平仍有差距，需进一步采取能效提升措施，降低单因能耗。

(二) 炼油技术经济指标对比分析案例

炼油技术经济指标可应用于企业自身纵向对比和企业间横向对比。通过纵向对比分析，可以把握炼油企业技术经济指标变化趋势，了解企业生产经营现状和达标情况；通过横向对比分析，能够发现企业与标杆企业、周边企业在生产经营表现上的差异，为企业改善运营情况、提质增效提供科学参考。

本文选取与上述案例具有相近特点的炼油厂 A、炼油厂 B 作为对比对象，进行炼油技术经济指标对比分析，对比结果见表 3-3-4。

表 13-3-4　炼油企业间炼油技术经济指标对比样例

项目名称	本案例	炼油厂 A	炼油厂 B
综合商品率/%	96.1	96.3	95.5
可比综合商品率/%	94.9	96.4	95.3
轻质油收率/%	78.6	74.9	78.5
加工损失率/%	0.32	0.36	0.43
炼油转型指标/%			
油转化收率	14.1	27.9	32.0
油产化收率	5.9	1.6	1.6
油转特收率	12.6	14.5	5.1
成品油收率	64.4	52.6	57.3
单位综合能耗/(kgEO/t)	77.79	53.04	50.98
单位能量因数能耗/[kgEO/(t·能量因数)]	8.57	7.74	8.25

与处在同一市场区位的炼油厂 A、炼油厂 B 相比：

从综合指标表现来看，案例综合商品率较高，但外购蒸汽量较大，扣除后的可比综合商品率相对较低，表明案例加工原料转化得到的产品产量低于竞争对手；沥青、石油焦等重质商品产量较少，轻质油收率较高；案例设计加工损失率较低。

从转型指标表现来看，案例产品结构与对比炼油厂存在较大差异。其中成品油收率显著高于对比炼油厂，特种产品收率具有炼油厂自身结构性特点，而油转化收率、油产化收率总和仅 20%，说明案例炼油向化工转型的深度不及对比组，在国内成品油市场竞争加剧的趋势下，案例面临的炼油市场竞争更为严峻。

从能耗指标表现来看，案例炼油综合能耗明显高于对比炼油厂，主要因加工总流程复杂程度较高。但炼油单因能耗也较高，表明能效水平存在差距，应采取节能措施进一步降低能耗总量，提升用能效率。

（三）价值量化分析案例

根据全厂物料平衡可以开展深入分析。例如，根据产品结构和产品价格，开展全厂产品价值分析。案例炼油厂为千万吨级炼油厂，其物料平衡见表 13-1-1。采用对标价格体系，案例炼油厂与对比炼油厂 A 的产品结构和产品价格见表 13-3-5。与对比炼油厂相比，案例的炼油毛利润总体差距为 140 元/t，其中原料成本不存在差距，差距主要来自平均产品价值。采用统一价格体系对比分析，产品价值差异主要来源于产品结构。从产品结构来看，案例炼油厂低硫船燃、喷气燃料、化工轻油收率高于对比炼油厂，而汽油、柴油、丙烯等产品收率较低。

表 13-3-5　案例产品结构及产品价格对标

产品收率	本案例/%	对比炼油厂 A/%	产品价格/(元/t)
汽油	30.0	37.6	4800
喷气燃料	17.3	15.8	3760
柴油	15.1	16.9	4130
化工轻油	14.6	13.7	3950
液化气		0.3	4100
芳烃	4.1	4.1	4560
丙烯	1.6	2.1	6430
低硫船燃	9.7	2.3	3280
硫黄	2.5	2.4	1390
自用燃料	4.8	4.5	2500
损失	0.3	0.3	0
产品价值/(元/t)	4053	4193	
原料成本/(元/t)	3180	3180	
炼油毛利/(元/t)	873	1013	

注：该案例分析采用对标统一价格体系，也可以采用企业实际价格体系。

应用产品价值分析阶梯图，能够更直观地对产品结构和价格进行综合分析，如图 13-3-1 所示。横坐标为炼油厂产品收率，纵坐标为产品价格，折线和点折线分别为案例和对比炼油厂的产品价值线，按各类产品价格由高到低排列，直线和点线分别为两者的原料成本线；产品价值线与两个坐标轴围成的面积为炼油厂平均产品价值，两条产品价值线间围成的面积即为两个炼油厂的产品价值差距。其中，案例汽油产品对全厂产品价值的贡献显著低于对比炼油厂，是产品价值差距的主要来源；而低硫船燃收率较高，但该对标价格体系的低硫船燃价格较低，仅比原料成本高 100 元/t，对产品价值的拉动作用不及汽油产品。

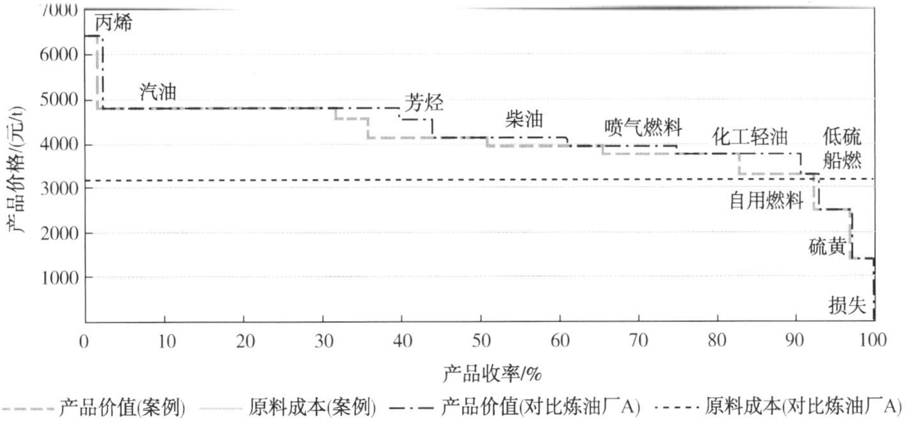

图 13-3-1　产品价值分析阶梯图

产品价值差距分析图直观展示了炼油厂间各类产品对产品价值的贡献差异，如图 13-3-2 所示。与对比炼油厂相比，案例的低硫船燃产品对平均产品价值的贡献高 241 元/t 原料，但汽油产品的产品价值贡献差距达 363 元/t 原料，是主要产品价值差距来源。对比结果表明，案例应优化产品结构，基于目标市场需要增产高价值产品，提高效益和竞争力。

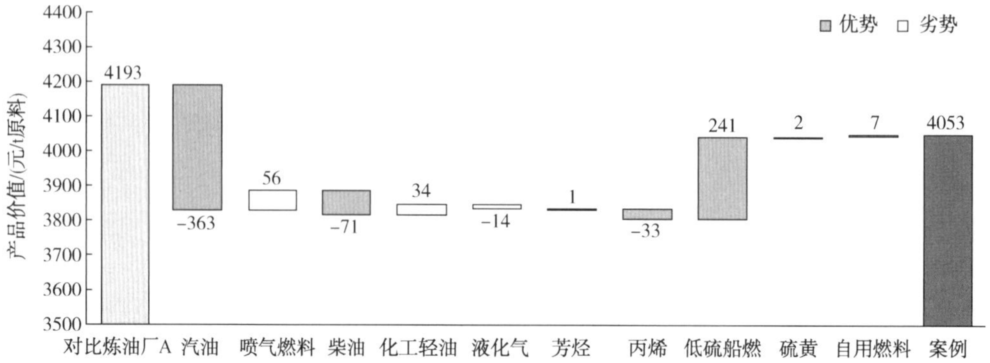

图 13-3-2　产品价值差距分析图

参　考　文　献

[1] 汪燮卿．中国炼油技术[M].4 版．北京：中国石化出版社，2021.

[2] 王华．物料平衡及其在炼油企业的应用[J]. 计算机与应用化学，2009，26(08)：1034-1038.

[3] 李鹏．炼油技术经济指标解释[M]. 北京：北京中国石化出版社，2014.

[4] 中国石油天然集团气公司统计核算研究组，统计核算指标解释[M]. 北京：石油工业出版社，2007.

[5] 刘奎，申满对．炼油项目环境影响评价中的硫平衡[J]. 石油化工设计，2007，24(3)：4.

[6] 徐春明，杨朝合．石油炼制工程[M]. 北京：石油工业出版社，2009.

[7] 汤海涛，凌珑，王龙延．含硫原油加工过程中的硫转化规律[J]. 炼油设计，1999，29(008)：9-15.

[8] 汤海涛．含硫原油二次加工过程硫分布预测模型的开发应用[C].2009 中国过程系统工程年会(PSE)暨 2009 中国 MES 年会．

[9] 陈润良，赵东明，汤海涛．硫传递模型的工业应用[J]. 石油地质与工程，2005，19(006)：87-90.

[10] 黄晓梅．炼油项目环境影响评价中硫平衡的计算及应用[J]. 石油化工环境保护，2004，27(3)：5.

[11] 张传磊．炼油化工企业硫平衡的计算及应用[J]. 石化技术与应用，2015，033(001)：54-58.

第十四章 投资项目经济评价

第一节 投资项目经济评价主要指标

一、资金时间价值与等值换算

（一）资金的时间价值

将一笔资金作为存款存入银行或作为投资成功地用于扩大再生产或商业循环周转，随着时间的推移，将产生增值现象，这些增值就是资金的时间价值。资金时间价值最常见的表现形式是借款或贷款利息和投资所得到的纯利润。

资金通过直接投资，可从生产过程中获得收益或效益。将资金用于某项投资，在资金的运动过程(流通、生产、流通)中获得一定的收益或利润，使资金得到增值。资金通过间接投资，出让资金的使用权来获得利息和收益，例如存入银行、放贷、购买债券、购买股票等。

货币转化为资本进入流通领域并形成资本的循环是生产领域资金产生时间价值的根本原因。首先，货币进入流通领域，通过购买过程，转化成生产要素；第二个阶段：生产要素进入生产过程，经过投入一定的劳力与资源转化成商品；第三个阶段：商品进入流通领域，提供可用的产品，满足人们的需要，从而回收更多的货币。这样回收的货币与最初投入的货币之间的差值就是资金的时间价值。

（二）资金时间价值衡量方式

利息、纯利润或纯收益是体现资金时间价值的基本形式，均可视为资金使用的报酬，体现了资金在参与生产流通运动过程中的增值，是衡量资金时间价值的绝对尺度。

利息、纯利润或纯收益的数额与本金数额、原投入资金多少，以及与时间长短有关。在单位时间内的利息额、纯利润或纯收益与本金或原投入资金额的比率，分别称为利率、盈利率或收益率，也统称为资金报酬率。这是一种相对指标，反映了单位本金或单位原投入资金额的增值随时间变化，称为相对尺度，体现了资金随时间变化的增值率。技术经济分析中，在分析和计算资金的时间价值时，较多地采用相对尺度，单位时间通常为一年。

（三）名义利率和实际利率

在技术经济分析中，利息的计算一般采用复利计算，利率是年利率，并以年为计息周期。但是在实际经济活动中，利率的时间单位可能与计息周期不一致，如计息周期可能是半年、一个季度，或者一个月等，这样一年对应的计息周期可能是两次、四次或十二次等。由于一年内计算利息的次数不止一次，因此在复利的条件下，每计息一次，都要产生一部分新的利息，由此产生的实际本利和，利率也就不同了，因而产生了名义利率和实际利率的问题。

名义利率是计息周期的利率与一年内的计息次数的乘积，是央行或其他提供资金借贷的机构所公布的未调整通货膨胀因素的利率，即利息(报酬)的货币额与本金的货币额的比率。名义利率通常以年为计息周期的利率。

实际利率是一年内按复利计息的利息总额与本金的比率，是指物价水平不变，从而货币购买力不变条件下的利息率。计息周期有年、半年、季、月、周、日等多种；当计息周期小于1年时，年实际发生的利率为实际利率。实际利率和名义利率的关系为：

$$i=\left(1+\frac{r}{m}\right)^{m}-1 \tag{14-1-1}$$

或

$$r=m\left[(1+i)^{\frac{1}{m}}-1\right] \tag{14-1-2}$$

式中，i 为实际利率；r 为名义利率；m 为年计息次数。

按年计息时，名义利率与实际利率是相同的，例如，年利率为12.0%，本金1000元，如果按年计息，一年后本利和为：

$$F=P(1+i)^{n}=1000\times(1+0.12)^{1}=1120\text{元}$$

式中，F 为第 n 个计息周期末的本利和；P 为本金。

实际年利率为：

$$i=\frac{1120-1000}{1000}\times100\%=12.00\%$$

可见，名义利率与实际利率相同。

当按季度、月、周等计算时，两者则不一致。如果仍是年利率为12.0%，本金1000元，但按月计息，即每月的利率为(0.12/12)= 1.0%。一年十二个月，即计息十二次，到一年后本利和为：

$$F=1000\times(1+0.01)^{12}=1126.8\text{元}$$

实际年利率为：

$$i=\frac{1126.8-1000}{1000}\times100\%=12.68\%$$

这里12.68%是实际利率，高于名义利率($r=12.0\%$)。

(四) 资金的等效值

由资金的时间价值可知，一笔资金投入社会流通或生产，随着时间的推移，在不同时间，其绝对值是变化的。假设有人今年存入银行1000元，在年利率为4%时，3年后可得本利和为：

$$1000\times(1+0.04)^{3}=1124.9\text{元}$$

5年后，本利和为：

$$1000\times(1+0.04)^{5}=1216.7\text{元}$$

尽管资金的绝对数额不等，但在年利率为4%的条件下，5年后的1216.7元或3年后的1124.9元的实际经济价值与今年的1000元却相同。这表明不同数额的资金，折算到某一相同时点所具有的实际经济价值是相等的，这就是资金的等效值或等值的基本概念。

资金的等效值考虑了资金的时间价值，在同一系列中，不同时点发生的有关资金，即使数额不等，其价值仍可能是相同的。决定资金等效值有三个因素：一是资金的数额，二是资金发生的时间，三是利率。其中，利率是一个关键的因素，资金的等效值是以同一利率为依据的。

资金的等效值在技术经济评价中有着重要的作用。根据这一概念，可将不同时间点的现金流量分别换算成某一时间点的现金流量，并保持其价值相等。把不同时间发生的资金支出和收入换算到同一时间，这样，就可以满足时间可比的原则，便于对不同技术方案的经济情况进行比较和分析。

在资金等效值计算中，把将来某一时间点的现金流量换算成现在时间点的等效值现金流量，称为"折现"或"贴现"。一般把将来时间点的等效值现金流量经折现后的现金流量叫做"现值"，而把将来时间点与现值具有同等价值的现金流量称为"终值"或"未来值"。资金的等效值计算是以复利计算公式为基础，并经常使用现金流量图作为重要的辅助计算工具。等效值计算中的基准点一般选取计算期的起点，即最初存款、借款或投资的时间。

资金等效值的计算，根据现金流量的状况即是计算现值还是终值，可分为几种类型，包括一次支付类型等效值的计算、等额分付类型等效值的计算、等差序列现值计算，以及等比序列现值计算。下面分别介绍一次支付类型等效值、等额分付类型等效值的计算。

1. 一次支付类型等效值计算

一次支付又称为整付，是指流入或流出现金流量均在一个时点处一次发生。在所考虑的资金时间价值的条件下，若流入项目系统的现金流量正好能补偿流出的现金流量。则 F 与 P 就是等值的。一次支付 F 的等效值计算公式有两个，下面分别介绍。

（1）一次性支付终值

一次支付终值公式就是前面求本利和的复利计算公式，亦称为一次支付复利公式，是等效值计算的基本公式，其他计算公式可由此为基础导出。一次支付终值公式为：

$$F=P(1+i)^n=P(F/P,\ i,\ n) \quad (14\text{-}1\text{-}3)$$

式中，F 为资金的终值；P 为资金的现值；i 为利率；n 为计息周期。

i 可以是银行利率，更一般地说它是用于资金等效值计算的折现率，可取为银行利率，也可取为投资利润率，或者取为社会平均利润率。式中的$(1+i)^n$称为一次支付终值系数，可用符号$(F/P,\ i,\ n)$表示。在该类型符号中，斜线"/"右边的 P，i 和 n 为已知条件，其左边的 F 是所求的未知量。

式(14-1-3)是用于已知支出本金(现值)P，当利率(报酬率或收益率)为 i 时，在复利计息的条件下，求第 n 期期末所取得的本利和，即终值 F。

（2）一次支付现值公式

一次支付现值公式实际上是一次支付终值公式的逆运算，表示如果欲在未来的第 n 期期末一次收入 F 数额的现金流量，在利率为 i 的复利计算条件下，求出现在应一次投入或支付的本金 P 是多少。其计算公式为：

$$P=F(1+i)^{-n}=F\times\frac{1}{(1+i)^n}=F(P/F,\ i,\ n) \quad (14\text{-}1\text{-}4)$$

式中，$F\times\frac{1}{(1+i)^n}$为一次支付现值系数，或称折现(贴现)系数，可用符号$(P/F,\ i,\ n)$。

2. 等额分付类型等效值计算

等额分付是多次支付形式中的一种。多次支付是指现金流入和流出在各个时点上发生，而不是仅在一个时点上。各时点上现金流量的大小可以不相等，也可以相等。当现金流量序列是连续的，并且现金流量大小相等，则为等额系列现金流量。下面介绍等额系列现金流量的四个等效值计算公式。

(1) 等额分付终值公式

该公式用于对连续若干周期期末等额支付的现金流量 A，按利率复利计算，求其第 n 周期期末的终值 F，即本利和。等额分付终值公式如下：

$$F=A\left[\frac{(1+i)^n-1}{i}\right] \tag{14-1-5}$$

式中，A 为连续的每期期末等支付的序列值，或称为等额年金序列值；$\frac{(1+i)^n-1}{i}$为等额支付序列终值系数，亦可用符号$(F/A,\ i,\ n)$表示。

(2) 等额分付偿债基金公式

这种情况与上述等额年金终值计算相反，是等额分付终值的逆运算，即按计划在第 n 年末需要资金 F，采用每年等额筹集的方式，在利率为 i 时，每年要存入多少资金 A？解决这种问题的计算公式为：

$$A=F\left[\frac{i}{(1+i)^n-1}\right]=F(A/F,\ i,\ n) \tag{14-1-6}$$

式中，$\frac{i}{(1+i)^n-1}$为等额分付偿债基金系数，可用符号$(A/F,\ i,\ n)$表示。

(3) 等额分付资金回收公式

等额分付资金回收公式用于现在投入现金流量现值 P，在利率为 i，复利计算的条件下，在 n 期内与其等值的连续的等额支付序列值 A 的计算。等额分付资金回收公式如下：

$$A=P\left[\frac{i(1+i)^n}{(1+i)^n-1}\right] \tag{14-1-7}$$

式中，$\frac{i\,(1+i)^n}{(1+i)^n-1}$为等额分付资金回收系数，可用符号$(A/P,\ i,\ n)$表示。

(4) 等额分付现值公式

表示要在每年末收入相同的金额 A，在利率为 i、复利计息的条件下，现在必须投入多少资金(现金)P。常用于求分期付(收)款的现值。计算公式如下：

$$P=A\left[\frac{(1+i)^n-1}{i\,(1+i)^n}\right]=A(P/A,\ i,\ n) \tag{14-1-8}$$

式中，$\frac{(1+i)^n-1}{i\,(1+i)^n}$为等额分付现值系数，可用符号$(P/A,\ i,\ n)$表示。

二、项目盈利能力分析

盈利能力分析是项目财务评价的重要组成部分。从是否考虑资金时间价值的角度，财务盈利能力分析分为动态分析与静态分析；从是否在融资方案的基础上进行分析的角度，财务盈利能力分析又可分为融资前分析和融资后分析。

（一）动态分析指标

动态分析采用现金流量分析方法，在项目计算期内，以相关效益费用数据为现金流量，采用折现方法计算净现值、内部收益率等指标，用以分析考察项目投资盈利能力。现金流量分析又可分为项目投资现金流量分析、项目资本金现金流量分析和投资各方现金流量分析三个层次。项目投资现金流量分析是融资前分析，项目资本金现金流量分析和投资各方现金流量分析是融资后分析。

1. 项目投资财务净现值（*NPV*）

净现值是动态评价最重要的指标之一。它不仅考虑了资金的时间价值，也考虑了项目在整个寿命周期内收回投资后的经济效益状况，从而弥补了投资回收期法的缺陷，是更为全面、科学的技术经济评价指标。

（1）概念

净现值是指技术方案在整个寿命周期内，对每年发生的净现金流量，用一个规定的基准折现率 i_0，折算为基准时刻的现值，其总和称为该方案的净现值（*NPV*）。

$$NPV=\sum_{t=0}^{n}(CI-CO)_t(1+i_0)^{-t}=\sum_{t=0}^{n}CF_t(1+i_0)^{-t} \tag{14-1-9}$$

如果每年的净现金流量相等，投资方案只有初始投资 I，则净现值可用等额分付现值公式导出为：

$$NPV=CF\frac{(1+i_0)^n-1}{i_0(1+i_0)^n}-I=CF(P/A,\ i_0,\ n)-I \tag{14-1-10}$$

式中，*NPV* 为净现值；i_0为基准折现率；*CI* 为现金流入；*CO* 为现金流出；*CF* 为净现金流量；n 为项目方案的寿命周期。

其中，$(CI-CO)_t=CF_t$ 称为第 t 年的净现金流量；$(1+i_0)^{-t}$ 称为第 t 年的折现因子，$CF_t(1+i_0)^{-t}$叫作第 t 年的净现金流量现值。净现值的折算一般以投资开始为基准，通常按以下步骤进行计算。

步骤一：列表或作图标明整个寿命周期内逐年现金的流入和现金的流出，从而算出逐年的净现金流量；步骤二：将各年的净现金流量乘以对应年份的折现因子，得出逐年的净现金流量的现值；步骤三：将各年的净现金流量现值加和，即得该项目的净现值。

（2）分析方法

净现值是反映技术方案在整个寿命周期内获利能力的动态绝对值评价指标。对于投资者来说，投资的目的除了要收回全部投资外，主要是期望能获得额外的盈利。净现值 *NPV* 直观、明确地体现了投资的期望。所以，净现值是表示项目经济效益最重要的综合指标之一。根据净现值的经济含义，可对项目进行判别。

净现值大于零时，表明该方案的投资不仅能获得基准收益率所预定的经济效益，而且还能获得超过基准收益率的现值收益，说明该方案在经济上是可取的。净现值越大，表明获利能力越佳。

净现值等于零时，表明技术方案的经济收益刚好达到基准收益水平，说明在经济上是合理的，一般可取。

净现值小于零时，表明方案的经济效益没有达到基准收益水平，说明方案一般不可取，将净现值指标用于单方案评价时，如果 $NPV>0$，方案通常可取；而用于多方案评价时，当各方案投资额的现值相等时，净现值最大的方案最优。因此，也可按净现值的大小对项目排队，优先考虑净现值大的项目。

2. 项目投资财务内部收益率（IRR）

内部收益率，又称内部报酬率。在技术经济评价方法中，除净现值法以外，内部收益率法是另一种最为重要的动态评价方法。

（1）概念

对于任何一项技术方案在寿命周期内，其净现值通常是随着折现率的增大而减小。当折现率增大到某一特定的数值 $i_0=IRR$ 时，净现值 $NPV=0$。这种使技术方案净现值为零时的折现率 IRR，我们称为该技术方案的内部收益率。内部收益率的表达式如下：

$$\sum_{t=0}^{n} CF_t(1+IRR)^{-t}=0 \tag{14-1-11}$$

如果投资现值为 I，投产以后每年都取得相等的年净收益 CF，内部收益率 IRR 可如下计算：

$$CF(P/A,\ IRR,\ n)=I \tag{14-1-12}$$

将计算得到的内部收益率 IRR 与项目的基准收益率 i_0 相比较。当 $IRR \geqslant i_0$ 时，则表示项目方案的收益率已超过或者达到基本的或通常的水平。当 $IRR<i_0$ 时，表明项目方案的收益率未达到设定的收益水平，不应接受。

内部收益率反映技术方案在该收益率的条件下，整个寿命周期内的净收益刚够补偿全部投资的本息。因而，内部收益率表示技术方案可能承受的最高贷款利率。当 IRR 等于或大于基准收益率 i_0 时，说明该方案的净收益达到或超过最低的要求。因此，内部收益率也可以理解为投资项目对占用资金的一种回收能力，其值越高，经济效益越好。

（2）计算及评价

由于式（14-1-11）是一个高次方程，难以直接求解，常采用试差法求得 IRR 的值。一般的计算程序是：先假设一个初值 i 代入式（14-1-11），当净现值即式（14-1-11）的左边为正时，增大 i 值；如果净现值为负，则减少 i 值。直到净现值等于零，这时的折现率即为所求的内部收益率 IRR。

常采用的试差法有手算试差法和计算机迭代法两类。

1）手算试差法。

给定一初值 i 试算，直到两个折现率 i_1 和 i_2 之差一般不超过 2%~5%，且 i_1 和 i_2 所对应的净现值 NPV_1 和 NPV_2 分别为正和负，可以用下述插值公式计算 IRR。

$$IRR=i_1+\frac{|NPV_1|}{|NPV_1|+|NPV_2|}(i_2-i_1) \tag{14-1-13}$$

2）计算机迭代法。

用计算机试差求内部收益率更快捷、准确，通常采用牛顿迭代法。其迭代公式为：

$$X_{k+1}=X_k-\frac{F(X_k)}{F'(X_k)} \tag{14-1-14}$$

(3) 差额投资内部收益率

差额投资内部收益率，又称为追加投资内部收益率或增量投资内部收益率，是两个方案净现值差额为零时的折现率。其计算式为：

$$\sum_{t=0}^{n}(CF_{t2}-CF_{t1})\times(1+\Delta IRR_{2/1})^{-t}=0 \qquad (14-1-15)$$

如果方案各年的净收益相同，式(14-1-13)可简化为：

$$\Delta CF(P/A,\ \Delta IRR_{2/1},\ n)-\Delta I=0 \qquad (14-1-16)$$

式中，CF_{t2}为投资额大的方案第 t 年的净现金流量；CF_{t1}为投资额小的方案第 t 年的净现金流量；$\Delta IRR_{2/1}$为差额投资内部收益率。

差额投资内部收益率也是两方案净现值相等时的内部收益率。

式(14-1-15)也是一个高次方程，所以，求解差额投资内部收益率的方法与前述介绍的求解内部收益率 IRR 的方法相同。

有两个技术方案，它们的内部收益率 i_1和 i_2均大于基准收益率 i_0，方案 1 的投资额比方案 2 的投资额大。如果 $\Delta IRR_{2/1}>i_0$，则表明投资额小的第 2 方案优于第 1 方案；如果 $\Delta IRR_{2/1}<i_0$，则表明投资额大的第 1 方案优于第 2 方案。

应当注意的是，差额投资内部收益率只能体现两对比方案的相对经济能力或经济效益。具体方案在经济上的可行性，应用内部收益率判别。此外，用差额投资内部收益率法比较和评选的方案，必须具有相同的寿命周期，即相同的计算期，以保证方案的时间可比性。

(二) 静态分析指标

静态分析是指不考虑资金时间价值，直接用未经折现的数据进行计算分析的方法，包括计算总投资收益率、项目资本金净利润率和静态投资回收期等。静态分析的内容都是融资后分析。

1. 项目投资回收期(P_t)

投资回收期是反映投资方案实施后回收初始投资并获取收益能力的重要指标，根据是否考虑资金的时间价值分为静态投资回收期和动态投资回收期。考虑到实务中主要是从投资风险的角度出发选用该类指标，一般采用的是静态投资回收期。静态投资回收期是指在不考虑资金时间价值的条件下，以方案的净收益回收总投资所需要的时间。静态投资回收期可以从项目建设开始年算起，也可以从项目投产年开始算起，但应予以注明。

自建设开始年算起，静态投资回收期 P_t(以年表示)的计算公式如下：

$$\sum_{t=0}^{P_t}(CI_t-CO_t)=0 \qquad (14-1-17)$$

式中，P_t为静态投资回收期；CI_t 为第 t 年的现金流入；CO_t 为第 t 年的现金流出。

静态投资回收期可借助现金流量表，根据净现金流量来计算，其计算公式为：

$$P_t=\begin{pmatrix}\text{累计净现金流量出}\\\text{现正值的年份数}-1\end{pmatrix}+\frac{\text{上一年累计净现金流量的绝对值}}{\text{出现正值年份的净现金流量}} \qquad (14-1-18)$$

若方案只有初始投资 I(发生在第 1 年初)，且计算期内各年的净现金流量 A 保持不变，则投资回收期 P_t的计算公式可以表示为：

$$P_t=\frac{I}{A} \qquad (14-1-19)$$

投资回收期的起点，一般从建设开始年份算起，也可以从投产年或达产年算起，但应予注明。

将计算出的静态投资回收期 P_t 与所确定的基准投资回收期 P_c 进行比较：若 $P_t<P_c$，表明项目投资能在规定的时间内收回，则可以考虑接受方案；若 $P_t>P_c$，方案是不可接受的。

静态投资回收期指标容易理解，计算简便，该指标在一定程度上反映了资本的周转速度，资本周转速度越快，回收期越短，风险越小，对于那些技术上更新迅速的项目，或资金相当短缺的项目，或未来的情况很难预测而投资者又特别关心资金补偿的项目，适宜采用投资回收期指标进行分析；但静态投资回收期指标只考虑投资回收前的经济效果，没有全面考虑方案整个计算期内的现金流量，且该指标没有考虑资金的时间价值，因此只能作为辅助评价指标，或与其他评价方法结合应用。

2. 总投资收益率(*ROI*)

总投资收益率是指投资方案达到设计生产能力后一个正常生产年份的年息税前利润或年均息税前利润与方案总投资的比率，它是从融资前的角度评价方案总投资盈利性的静态指标。

$$\text{总投资收益率}\ ROI=\frac{\text{年息税前利润或年均息税前利润}\ EBIT}{\text{总投资}\ I}\times100\% \qquad (14-1-20)$$

式中，息税前利润=利润总额+当期应计利息。

将计算出来的总投资收益率 ROI 与所确定的基准的总投资收益率 ROI_c 进行比较：当 $ROI>ROI_c$ 时，方案在经济上是可接受的；当 $ROI<ROI_c$ 时，方案在经济上不可接受。

3. 项目资本金净利润率(*ROE*)

资本金净利润率是指投资方案达到设计生产能力后一个正常生产年份的年净利润或年均净利润与方案的资本金投资的比率，它是从融资后的角度评价方案资本金投资盈利性的静态指标。

$$\text{资本金净利润率}\ ROE=\frac{\text{年净利润或年均净利润}\ NP}{\text{资本金投资}\ EC}\times100\% \qquad (14-1-21)$$

其中，年净利润=年利润总额-年所得税费用。

将计算出来的资本金净利润率 ROE 与所确定的基准资本金净利润率 ROE_c 进行比较：当 $ROE>ROE_c$ 时，方案在经济上是可接受的；当 $ROE<ROE_c$ 时，方案在经济上是不可接受。

总投资收益率和资本金净利润率两项指标的经济意义明确、直观，计算简便，在一定程度上反映了投资效果的优劣，可适用于各种投资规模；特别适用于数据准备不充分的决策早期的机会研究、项目建议书阶段；但这两项指标都没有考虑资金时间价值，因此多用于初步比选分析或作为辅助指标使用。

4. 占用资本收益率(*ROCE*)

占用资本收益率表明企业(或全厂性项目)在一定资本和融资结构情况下的税后利润收益状况，是体现企业(或全厂性项目)资源运用效率的综合指标。其计算式为：

$$\text{占用资本收益率}=\text{税后经营利润}/\text{已占用资本} \qquad (14-1-22)$$

除投资回收期外，静态分析指标计算所依据的报表主要是“项目总投资使用计划与资金筹措表”和“利润与利润分配表”。

三、偿债能力分析

1. 借款偿还期

借款偿还期是指在有关财税规定及企业具体财务条件下，项目投产后可以用作还款的利润、折旧及其他收益偿还建设投资借款本金和利息所需要的时间，一般以年为单位表示。指标值应能满足贷款机构的期限要求。其计算公式为：

借款偿还期=(借款偿还开始出现盈余年份-1)+
(盈余当年应偿还借款额/盈余当年可用于还款的余额) (14-1-23)

2. 利息备付率

利息备付率，又称已获利息倍数，是息税前利润(*EBIT*)与利息费用之比。该指标是衡量项目长期偿债能力的指标，用于判断项目是否有支付长期负债利息的能力。利息备付率越高，说明企业支付利息费用的能力越强。计算公式为：

利息备付率=息税前利润/利息费用=(利润总额+利息费用)/利息费用
(14-1-24)

3. 偿债备付率

偿债备付率是指项目在借款偿还期内，各年可用于还本付息的资金与当期应还本付息金额的比值。该指标从偿债资金来源的充裕性反映可用于还本付息的资金偿还借款本息的保障程度。偿债备付率越高，表明可用于还本付息的资金保障程度越高。计算公式为：

偿债备付率=可用于还本付息的资金/当期应还本付息的金额
=(息税折旧摊销前利润-所得税)/当期应还本付息的金额 (14-1-25)

4. 资产负债率

资产负债率又称举债经营比率，它是用以衡量企业利用债权人提供资金进行经营活动的能力，以及反映债权人发放贷款的安全程度的指标，通过将企业的负债总额与资产总额相比较得出，反映在企业全部资产中属于负债比率。

资产负债率是期末负债总额除以资产总额的百分比，也就是负债总额与资产总额的比例关系。资产负债率反映在总资产中有多大比例是通过借债来筹资的，也可以衡量企业在清算时保护债权人利益的程度。资产负债率这个指标反映债权人所提供的资本占全部资本的比例，也被称为举债经营比率。

资产负债率=总负债/总资产 (14-1-26)

表示公司总资产中有多少是通过负债筹集的，该指标是评价公司负债水平的综合指标。同时也是一项衡量公司利用债权人资金进行经营活动能力的指标，也反映债权人发放贷款的安全程度。

如果资产负债比率达到100%或超过100%说明公司已经没有净资产或资不抵债。

四、不确定性分析

不确定性分析是对生产、经营过程中各种事前无法控制的外部因素变化与影响进行估计和研究。不确定性分析基本方法有：盈亏平衡分析、敏感性分析和概率分析。

1. 盈亏平衡分析

盈亏平衡分析是通过盈亏平衡点(*BEP*)分析项目成本与收益的平衡关系的一种方法。

各种不确定因素，如投资、成本、销售量、产品价格、项目寿命期等的变化会影响投资方案的经济效果，当这些因素的变化达到某一临界值时，就会影响方案的取舍。盈亏平衡分析的目的就是找出该临界值，即盈亏平衡点（*BEP*）。盈亏平衡点越低，说明项目盈利的可能性越大，亏损的可能性越小，因而项目有较大的抗经营风险能力。

盈亏平衡点的表达形式有多种，可以用实物产量、单位产品售价、单位产品可变成本以及年固定成本总量表示，也可以用生产能力利用率（盈亏平衡点率）等相对量表示。项目盈亏平衡分析中应用最广泛的是产量与生产能力利用率。图 14-1-1 为盈亏平衡分析的基本思路图。

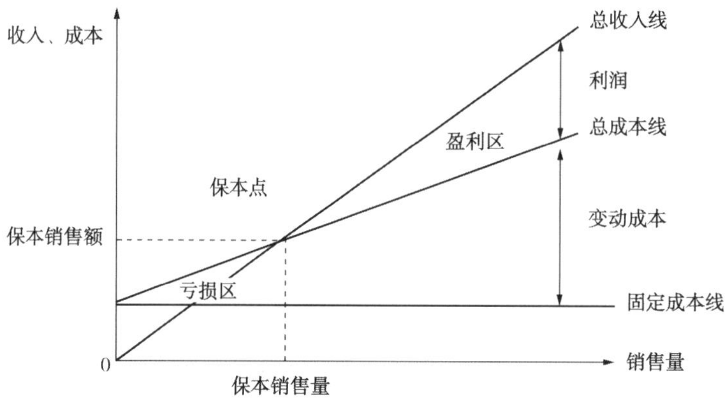

图 14-1-1　盈亏平衡分析图

盈亏平衡基本公式：

$$企业收入=成本+利润 \tag{14-1-27}$$

如果利润为零，则：

$$收入=成本=固定成本+变动成本 \tag{14-1-28}$$

$$收入=销售量\times价格，变动成本=单位变动成本\times销售量 \tag{14-1-29}$$

可以推导出盈亏平衡点的计算公式为：

$$销售量=固定成本/(销售价格-单位变动成本) \tag{14-1-30}$$

2. 敏感性分析

敏感性分析是指从定量分析的角度研究有关因素发生某种变化对某一个或一组关键指标影响程度的一种不确定分析技术。敏感性分析的对象是具体技术方案的经济效益指标，这些指标包括息税前利润、投资回收期、投资收益率、净现值、内部收益率等，一般常选用内部收益率作为敏感性分析的对象。

敏感性因素一般选取变化可能性较大，并对经济效益目标值影响较大的因素，如原料价格、产品价格、产品产量、投资额、建设期等。若某参数小幅度变化能导致经济效果指标较大的变化，则称此参数为敏感性因素，反之，则称其为非敏感性因素。一般采用单因素开展敏感性测算，分析该不确定因素变化对方案效益指标目标值的影响程度。敏感性分析图例见图 14-1-2。

3. 概率分析

概率分析是使用概率预测来分析不确定因素和风险因素对项目经济效果影响的一种定量分析方法。其实质是研究和计算各种影响因素的变化范围，以及在此范围内出现的概率和期望值。由于概率的原因所引起的实际价值与估计价值或预期价值之间的差异，通常称为风险性，因此概率分析亦可称为风险分析。概率分析方法主要有期望值法、效用函数法和模拟分析法等。

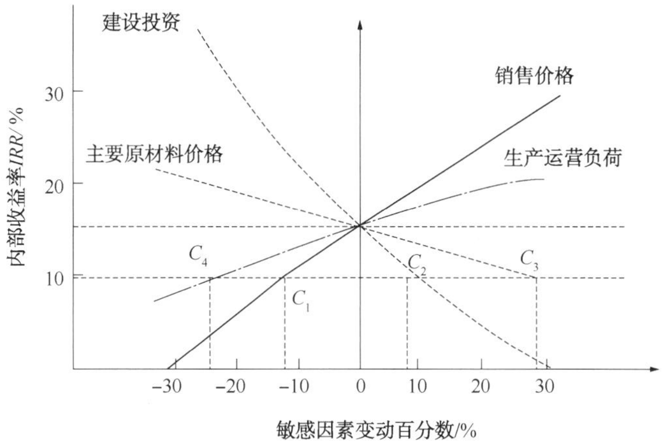

图 14-1-2　敏感性分析例图

第二节　投资构成与估算

一、项目总投资

（一）构成

项目总投资由建设投资、增值税、建设期资金筹措费和流动资金构成。

建设投资是指在项目筹建与建设期间所花费的全部费用。按概算法分类包括工程费用、工程建设其他费用和预备费用。也可将建设投资按照形成资产法分类，分为形成固定资产的费用、无形资产的费用、其他资产的费用（分别简称固定资产费用、无形资产费用、其他资产费用）和预备费用四类。目前炼油行业投资估算一般按后者，即按形成资产法分类。

建设期资金筹措费是债务资金在建设期内发生并应计入固定资产原值的利息，包括借款（或债券）利息以及手续费、承诺费，管理费等其他融资费用。

流动资金是项目运营期内长期占用并周转使用的营运资金。按形成资产法分类，项目总投资的构成如图 14-2-1 所示。

（二）不同表达方式

项目总投资在内资项目、中外合资经营项目（包括中外合资/合作、外商独资项目）中的表达方式有所不同。内资项目将包含建设投资、建设期资金筹措费、流动资金的投资概念称为项目总投资；中外合资经营项目将包含建设投资、建设期资金筹措费、流动资金的投资概念称为项目投资总额。建设项目总投资包括建设投资、增值税、建设期资金筹措费和流动资金，筹资额包括建设投资、增值税、建设期资金筹措费和铺底流动资金。依据国家有关规定，新建、扩建项目必须将项目建成投产后所需的 30%的流动资金（称为铺底流动资金）纳入投资计划。凡铺底流动资金不落实的，国家不予批准立项，银行不予贷款。因此，项目流动资金分为 30%的自筹流动资金和 70%的流动资金借款。

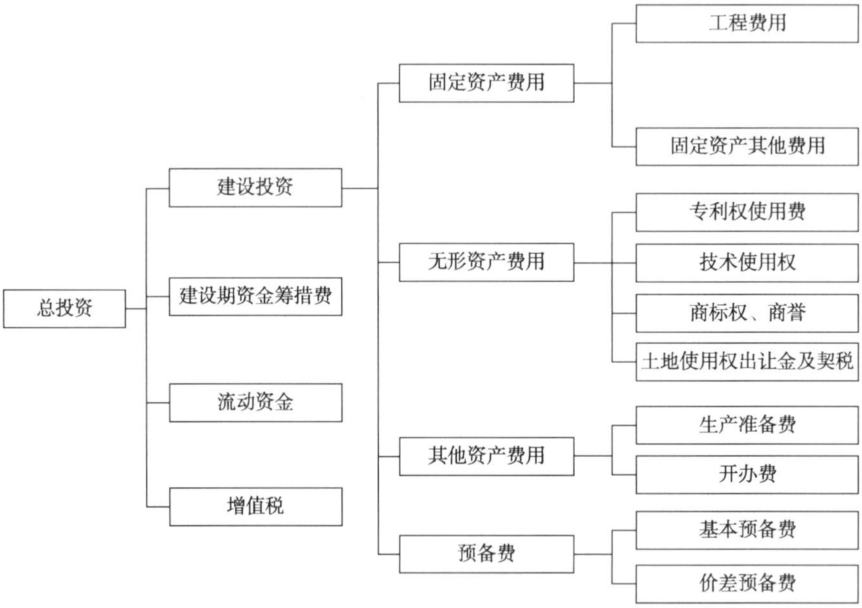

图 14-2-1　项目总投资构成

由于工作深度和掌握的资料详略程度不同，项目前期不同阶段允许投资估算的深度和准确度有所差别。在机会研究阶段和可研阶段要求投资估算的允许误差率分别在±30%以内和±10%以内。

二、投资估算的依据

建设投资估算的基础资料与依据主要包括以下几个方面：

拟建项目建设方案确定的各项工程建设内容及工程量。

专门机构发布的建设工程造价费用构成、估算指标、计算方法，以及其他有关工程造价的文件。

专门机构发布的工程建设其他费用估算办法和费用标准，以及有关机构发布的物价指数。

拟建项目所需设备、材料的市场价格(预算价格等)，炼油项目投资估算的方法和参数可按行业公司的相关规定执行。如中国石化项目可按《石油化工项目可行性研究投资估算编制办法》(2020 年版)、《中国石油化工项目可行性研究技术经济参数与数据》(每年颁发)的最新版本执行；中国石油项目可按《中国石油天然气集团公司建设项目经济评价参数》的最新版本执行。

三、建设投资估算

建设投资是项目费用的重要组成，是项目财务分析的基础数据，可根据项目前期研究不同阶段、对投资估算精度的要求及相关规定选用估算方法。

建设投资的构成可按概算法分类或按形成资产法分类。按概算法分类，建设投资由工程费用、工程建设其他费用和预备费三部分构成。其中工程费用又由建筑工程费、设备购置费

（含工器具及生产家具购置费）和安装工程费构成；工程建设其他费用内容较多，且随行业和项目的不同而有所区别。预备费包括基本预备费和价差预备费。

按形成资产法分类，建设投资由形成固定资产的费用、无形资产的费用、其他资产的费用和预备费四部分组成。固定资产费用系指项目投产时将直接形成固定资产的建设投资，包括工程费用和工程建设其他费用中按规定将形成固定资产的费用，后者被称为固定资产其他费用，主要包括建设单位管理费、可行性研究费、研究试验费、勘察设计费、环境影响评价费、场地准备及临时设施费、引进技术和引进设备其他费、工程保险费、联合试运转费、特殊设备安全监督检验费和市政公用设施建设及绿化费等。无形资产费用系指将直接形成无形资产的建设投资，主要是专利权、非专利技术、商标权、土地使用权和商誉等。其他资产费用系指建设投资中除形成固定资产和无形资产以外的部分，如生产准备及开办费等。

对于土地使用权的特殊处理：按照有关规定，在尚未开发或建造自用项目前，土地使用权作为无形资产核算，房地产开发企业开发商品房时，将其账面价值转入开发成本；企业建造自用项目时将其账面价值转入在建工程成本。因此，为了与以后的折旧和摊销计算相协调，在建设投资估算表中通常可将土地使用权直接列入固定资产其他费用中。

建设投资估算方法很多，包括单位生产能力估算法、生产能力指数法、比例估算法（以拟建项目的设备购置费或工艺设备投资为基数进行估算）、系数估算法（包括朗格系数法、设备及厂房系数法）和各类指标估算法等。其中指标估算法根据指标制定依据的范围和粗略程度又分为估算指标法、概算指标法等多种。项目可行性研究阶段，要求的投资估算精度较高，需通过工程量的计算，采用相对准确的估算方法进行分类估算。实践中根据所掌握的信息资料和工作深度，也可将上述几种方法结合使用。

（一）估算方法及步骤

进行建设投资估算，应针对其构成分类估算，即对工程费用（含设备购置费、主要材料费、安装费和建筑工程费）、固定资产其他费用、无形资产费用、其他资产费用和预备费（含基本预备费和涨价预备费）分类进行估算，其估算步骤为：

1）分别估算项目建设所需的设备购置费、主要材料费、安装费和建筑工程费。

2）汇总设备购置费、主要材料费、安装费和建筑工程费，得出分装置的工程费用，然后加总得出项目建设的总工程费用。

3）在工程费用的基础上估算固定资产其他费用、无形资产和其他资产费用。

4）以工程费用、固定资产其他费用、无形资产和其他资产为基础估算基本预备费。

5）在确定工程费用分年投资计划的基础上估算价差预备费。

6）加总求和得出建设投资。

（二）工程费用

工程费用分为设备购置费、主要材料费、安装费、建筑工程费。

1. 设备购置费

指需要安装和不需要安装的全部设备、仪器、仪表等和必要的备品备件购置及工器具、生产家具购置费用。其中包括一次装入的填充物料、催化剂及化学药品等的购置费。设备购置费由设备原价、进口从属费、设备运杂费等组成。

2. 主要材料费

主要材料费由材料出厂价、运杂费和税金三部分构成。主要材料费根据编制投资估算时所依据的工程量和价格计算。

3. 安装费

安装费指各单项工程中需要安装的工艺设备、机械设备、动力设备及电气、电信、自控仪表、管道、填料、衬里防腐、隔热、电缆等的过程的全部费用，由直接工程费、间接费、利润、税金及安全生产费等组成。

4. 建筑工程费

建筑工程费是指建设项目设计范围内的建设场地平整、竖向布置土石方工程费；各类房屋建筑及其附属的室内供水、供热、卫生、电气、燃气、通风空调、弱电等设备及管线安装工程费；各类设备基础，地沟、水池、冷却塔、烟肉烟道、水塔、栈桥、管架、挡土墙，围墙、厂区道路、绿化等工程费；铁路专用线、厂外道路、码头等工程费。建筑工程费由直接工程费、间接费、利润、技术装备费、税金等组成；一般按造价指标估算。如建筑物可按元/平方米估算，总图竖向布置和构筑物按砼元/立方米、土石方元/立方米、道路元/平方米估算。也可参照历史资料，并考虑物价上涨因素不同地区及地质条件，按其占工程费用的百分比估算。

（三）固定资产其他费用

固定资产其他费用是指建设投资中除设备购置费、主要材料费、安装费、建筑工程费以外，为保证工程建设顺利完成和交付使用后能够正常发挥效用而发生的各项费用。固定资产其他费用将在项目竣工时与工程费用一道形成固定资产原值。在投资构成中，固定资产其他费用与工程费用合称为固定资产费用。主要包括土地使用费、超限设备运输特殊措施费、特殊设备安全监督检验费、进口设备材料国内检验费、工程保险费、工程监理费、建设管理费、前期工作费、勘察设计费、研究试验费、环境影响评价费、劳动安全卫生评价费、临时设施费、市政公用设施建设及绿化费、联合试运转费等。

固定资产其他费用的具体科目及取费标准，应根据有关规定并结合项目的具体情况确定。上述各项费用并不是每个项目都必定发生的费用，应根据项目具体情况进行估算。

（四）无形资产费用

无形资产费用是指按规定应在项目竣工时形成无形资产原值的费用。按照相关规定，工业产权费用(包括专利权费用、商标权使用费等)、专有技术使用费、商誉(除合并企业外，商誉不能作价计入投资)、土地使用权出让金及契税等应计入无形资产费用。

（五）其他资产费用

其他资产费用(原称递延资产)是指按规定应在项目竣工时形成其他资产原值的费用。按照有关规定，形成其他资产原值的费用主要有生产准备费(包括提前进厂人员费、培训费、办公和生活用具购置费)、出国人员费用(包括培训费)、外国工程技术人员来华费用、银行担保费、图纸资料翻译复制费等开办费性质的费用。

（六）增值税

我国自2009年开始实施增值税转型改革，由生产型增值税转变为消费型增值税。允许从销项税额中抵扣部分固定资产增值税进项税额，同时该可抵扣固定资产进项税不得计入固定资产原值。

建设投资估算应对可抵扣固定资产进项税额进行测算并单独列示，以便财务评价中正确计算固定资产原值和应纳增值税。

（七）预备费用

1. 基本预备费

基本预备费（也称不可预见费）是指在项目实施中可能发生、但在项目前评价阶段难以预计的，需要事先预留的费用，又称工程建设不可预见费。一般由下列三项内容构成：

在批准的设计范围内，技术设计、施工图设计及施工过程中所增加的工程费用；经批准的设计变更、工程变更、材料代用、局部地基处理等增加的费用。

一般自然灾害造成的损失和预防自然灾害所采取的措施费用。

竣工验收时为鉴定工程质量对隐蔽工程进行必要的挖掘和修复费用。

项目建设期间国家、行业、集团公司新发布的法律法规、规定及费用调整文件所增加的费用。

基本预备费以固定资产费用、无形资产费用与其他资产费用之和为基数计取。计算公式为：

基本预备费＝（固定资产费用＋无形资产费用＋其他资产费用）×基本预备费费率　（14-2-1）

或

基本预备费＝（工程费用＋工程建设其他费用）×基本预备费费率　（14-2-2）

炼油项目基本预备费费率通常可按以下标准计取：

综合类及国内无同类装置项目：10%～12%；国内已建有同类装置项目：8%～10%。

可研投资估算中的工程费用采用工程量法进行估算的，基本预备费费率费率为：8%（无同类装置项目）和6%（有同类装置项目）。

预可行性研究阶段可在上述费率基础上上浮1～3个百分点。

2. 价差预备费

价差预备费是对建设工期较长的项目，由于在建设期（含准备期）内可能发生材料、设备、人工、机械台班等价格上涨引起投资增加，需要事先预留的费用，亦称价格变动不可预见费、价差预备费。价差预备费一般以分年的工程费用为计算基数，计算公式为：

$$PC = \sum_{t=1}^{n} I_t[(1+f)^t - 1] \qquad (14\text{-}2\text{-}3)$$

式中，PC为价差预备费；I_t为第t年的工程费用；f为建设期（含准备期）价格上涨指数；n为建设期（含准备期）；t为年份。

建设期价格上涨指数，执行政府主管部门的有关规定，没有规定的由工程咨询人员合理预测。目前炼油项目一般取0%，但特殊情况下可适当考虑。

四、建设期自己筹措费构成与估算

（一）建设期资金筹措费构成

建设期资金筹措费是指在建设期内应计的利息和建设期内为筹集项目资金发生的费用，包括各类借款利息、债券利息、借款评估费、国外借款手续费及承诺费、汇兑损益、债券发行费用及其他债务利息支出或融资费用。为简化计算，一般主要估算建设期利息。

（二）建设期利息估算

1. 估算前提

进行建设期利息估算，必须先完成以下各项工作：

建设投资估算及其分年投资计划。

确定项目资本金（注册资本）数额及其分年投入计划。

确定项目债务资金的筹措方式（银行贷款或企业债券）及债务资金成本率（银行贷款利率或企业债券利率及发行手续费率等）。

2. 估算方法

项目在建设期内如能用非债务资金按期支付利息，应按单利计息；在建设期内如不支付利息，或用借款支付利息应按复利计息。

项目评价中对当年借款额在年内按月、按季均衡发生的项目，为了简化计算，通常假设借款发生当年均在年中使用，按半年计息，其后年份按全年计息。

对明确借款额在建设期各年年初发生的项目，则应按全年计息。

建设期利息的计算要根据借款在建设期各年年初发生或者在各年年内均衡发生的情况，采用不同的计算公式。

（1）借款额在建设期各年年初发生

建设期利息的计算公式为：

$$Q = \sum_{t=1}^{n} [(P_{t-1} + A_t) \times i] \qquad (14-2-4)$$

式中，Q 为建设期利息。P_{t-1} 按单利计息，为建设期第 $t-1$ 年末借款累计；按复利计息，为建设期第 $t-1$ 年末借款本息累计。A_t 为建设期第 t 年借款额；i 为借款年利率；t 为年份。

（2）借款额在建设期各年年内均衡发生

建设期利息的计算公式为：

$$Q = \sum_{t=1}^{n} \left[\left(P_{t-1} + \frac{A_t}{2} \right) \times i \right] \qquad (14-2-5)$$

项目评价中估算建设期利息，一般采用借款额在各年年内均衡发生的建设期利息计算公式；根据项目实际情况，也可采用借款额在各年年初发生的建设期利息计算公式。

有多种借款资金来源，每笔借款的年利率各不相同的项目，既可分别计算每笔借款的利息，也可先计算出各笔借款加权平均的年利率，并以此年利率计算全部借款的利息。

五、流动资金构成与估算

（一）流动资金定义

流动资金是指项目运营期内长期占用并周转使用的营运资金，不包括运营中临时性需要的资金。项目评价中需要估算并预先筹措的是从流动资产中扣除流动负债（即短期信用融资，包括应付账款和预收账款）后的流动资金。流动资金估算的基础主要是营业收入和经营成本。

流动资金估算可按前期研究的不同阶段选用扩大指标估算法或分项详细估算法估算。

（二）扩大指标估算法

扩大指标估算法简便易行，但准确度不如分项详细估算法，一般在项目建议书、预可行性研究阶段可采用扩大指标估算法。

扩大指标估算法是参照同类企业流动资金占营业收入的比例(营业收入资金率)、流动资金占经营成本的比例(经营成本资金率)、或单位产量占用流动资金的数额来估算流动资金。计算公式分别为：

$$流动资金=年营业收入额\times营业收入资金率 \quad (14-2-6)$$

$$流动资金=年经营成本\times经营成本资金率 \quad (14-2-7)$$

$$流动资金=年产量\times单位产量占用流动资金额 \quad (14-2-8)$$

(三) 分项详细估算法

分项详细估算法工作量较大，但是准确度较高，一般项目在可行性研究阶段应采用此法。

分项详细估算法是对流动资产和流动负债主要构成要素，即存货、现金、应收账款、预付账款、应付账款、预收账款等项内容分项进行估算，最后得出项目所需的流动资金数额。计算公式为：

$$流动资金=流动资产-流动负债 \quad (14-2-9)$$

$$流动资产=应收账款+预付账款+存货+现金 \quad (14-2-10)$$

$$流动负债=应付账款+预收账款 \quad (14-2-11)$$

$$流动资金本年增加额=本年流动资金-上年流动资金 \quad (14-2-12)$$

流动资金估算的具体步骤是，首先确定各分项的最低周转天数，计算出各分项的年周转次数，然后再分项估算占用资金额。

1. 各项流动资产和流动负债最低周转天数的确定

采用分项详细估算法估算流动资金，其准确度取决于各项流动资产和流动负债的最低周转天数取值的合理性。在确定最低周转天数时要根据项目的实际情况，并考虑一定的保险系数。如：存货中的外购原材料、燃料的最低周转天数应根据不同来源，考虑运输方式、运输距离、设计储存能力等因素分别确定。在产品的最低周转天数应根据产品生产工艺流程的实际情况确定。

2. 年周转次数计算

$$年周转次数=\frac{360天}{最低周转天数} \quad (14-2-13)$$

各类流动资产和流动负债的最低周转天数参照同类企业的平均周转天数并结合项目特点确定，或按行业相关规定执行。针对石油、化工项目流动资金周转天数为45~90天。

3. 流动资产估算

流动资产是指可以在1年或者超过1年的一个营业周期内变现或耗用的资产，项目评价中通常仅考虑存货、应收账款和现金三项，某些项目还可能包括预付账款。

(1) 存货

存货是指企业在日常生产经营过程中持有以备出售，或者仍然处在生产过程，或者在生产或提供劳务过程中将消耗的材料或物料等，项目评价中通常仅考虑外购原材料、外购燃料、在产品和产成品，对外购原材料和外购燃料通常需要分品种分项进行计算。计算公式为：

$$存货=外购原材料+外购辅材+外购燃料+其他材料+在产品+产成品 \quad (14-2-14)$$

$$外购原材料=\frac{年外购原材料费用}{外购原材料年周转次数} \quad (14-2-15)$$

$$外购辅材=\frac{年外购辅材费用}{外购辅材年周转次数} \quad (14-2-16)$$

$$外购燃料=\frac{年外购燃料费用}{外购燃料年周转次数} \quad (14-2-17)$$

$$其他材料=\frac{年外购其他材料费用}{外购其他材料年周转次数} \quad (14-2-18)$$

其他材料系指在修理费中核算的备品备件等修理材料，其他材料费用数额不大的项目，也可以不予计算。

$$在产品=\frac{年外购原材料、辅材、燃料、动力费+年工资及福利费+年修理费+年其他制造费用}{在产品年周转次数}$$

(14-2-19)

$$产成品=\frac{年经营成本-年其他营业费用}{产成品年周转次数} \quad (14-2-20)$$

(2) 应收账款

$$应收账款=\frac{年经营成本}{应收账款年周转次数} \quad (14-2-21)$$

(3) 现金

项目评价中的现金是指货币资金，即为维持日常生产运营所必须预留的货币资金，包括库存现金和银行存款。计算公式为：

$$现金=\frac{年工资及福利费+年其他费用}{现金年周转次数} \quad (14-2-22)$$

其他费用=制造费用+管理费用+营业费用-(以上三项费用中所含的工资及福利费、折旧费、摊销费、修理费)　(14-2-23)

(4) 预付账款

预付账款是指企业为购买各类原材料、燃料或服务所预先支付的款项。计算公式为：

$$预付账款=\frac{预付的各类原辅材料、燃料或服务年费用}{预付账款年周转次数} \quad (14-2-24)$$

4. 流动负债估算

流动负债是指将在1年(含1年)或者超过1年的一个营业周期内偿还的债务，项目评价中通常仅考虑应付账款，某些项目还可能包括预收账款。

(1) 应付账款

应付账款是因购买材料、商品或接受劳务等而发生的债务，是买卖双方在购销活动中由于取得物资与支付货款在时间上不一致而产生的负债。计算公式为：

$$应付账款=\frac{年外购的原辅材料、燃料、动力和其他材料费用}{应付账款年周转次数} \quad (14-2-25)$$

(2) 预收账款

预收账款是买卖双方协议商定，由购买方预先支付一部分货款给销售方，从而形成销售方的负债。计算公式为：

$$预收账款=\frac{预收的营业收入年金额}{预收账款年周转次数} \tag{14-2-26}$$

投入和产出的估算中采用不含增值税销项税额和进项税额的价格时，流动资金估算中应注意将该销项税额和进项税额分别包含在相应的收入和成本支出中。

项目投产初期所需流动资金在实际工作中应在项目投产前筹措。为简化计算，项目评价中流动资金可从投产第一年开始安排并随运营负荷的增长而增加。

采用分项详细估算法估算流动资金时，运营期各年的流动资金数额应依照上述公式分年进行估算，不能简单地按100%运营负荷下的流动资金乘以投产期运营负荷估算。

流动资金是企业完成一个生产周期的生产经营活动需要的周转资金，如果当年生产时间超过企业一个生产周期(不考虑生产负荷的变化)，该年企业的流动资金需求就是完成一个生产周期所需要的全额周转资金。如半年建设期的炼油项目，寿命期第1年的生产时间为半年(生产负荷为100%)，而通常炼油厂的生产周期不超过1个月，由于生产时间远大于其生产周期，该年(寿命期第1年)的流动资金需求应为全额，而不应以生产时间，为权数来计取。

典型建设项目投资估算汇总见表14-2-1。

表14-2-1　建设项目总投资汇总表　　万元

序号	项目名称	总投资估算表						
		设备购置费	主要材料费	安装费	建筑工程费	其他费用	合计	含外汇/万美元
	含增值税总投资	829658	417559	273987	283580	682491	2487275	16232
	不含增值税总投资	749306	377289	247452	256047	665431	2295525	16232
	含增值税筹资额	829658	417559	273987	283580	536345	2341129	16232
	不含增值税筹资额	749306	377289	247452	256047	519285	2149379	16232
一	建设投资	749306	377289	247452	256047	371164	2001258	16232
1	固定资产投资	749306	377289	247452	256047	156167	1786261	14756
1.1	工程费用	749306	377289	247452	256047		1630094	14756
1.1.1	工艺生产装置	558456	202860	134969	47832		944117	12286
1.1.2	配套系统	184050	158552	94648	119919		557169	2475
1.1.3	厂外工程	6575	10028	5220	84476		106299	
1.1.4	其他工程费	226	5849	12615	3820		22510	
1.1.5	工器具及生产用具购置费						0	
1.2	固定资产其他费					156167	156167	
2	无形资产投资					118053	118053	1126
2.1	土地使用权出让金及契税					92938	92938	
2.2	专利费或专有技术使用费					25116	25116	1126
3	其他资产投资					6206	6206	30
3.1	生产人员准备费					5720	5720	
3.1.1	提前进场费					4015	4015	

续表

序号	项目名称	总投资估算表						
		设备购置费	主要材料费	安装费	建筑工程费	其他费用	合计	含外汇/万美元
3.1.2	人员培训费					1517	1517	
3.1.3	办公用具购置费					228	228	
3.2	引进项目其他费用					486	486	30
4	预备费					90738	90738	320
4.1	基本预备费					90738	90738	320
4.1.1	国内部分					90578	90578	
4.1.2	引进部分					160	160	320
4.2	价差预备费							
二	增值税	80352	40270	26535	27533	17060	191750	
三	建设期资金筹措费					85487	85487	
四	流动资金					208779	208779	
	其中：铺底流动资金					62634	62634	

第三节 经济评价

一、经济评价概述

(一) 概念

项目经济评价是指在对影响项目的各项技术经济因素预测、分析和计算的基础上，评价投资项目的直接经济效益和间接经济效益，为投资决策提供依据的活动。对工程项目进行经济性评价，其核心内容是经济效果的评价。经济效益是一个综合性的指标，需要采用多个评价指标从不同方面进行综合评价，才能做出全面、客观的评价。

(二) 分类

依据出发点不同，经济评价方法也有不同的分类。

1. 按项目的目标

分为经营性项目和非经营性项目。经营性项目通过投资以实现所有者权益的市场价值最大化为目标，以投资牟利为行为趋向。绝大多数生产或流通领域的投资项目都属于这类项目。

非经营性项目不以追求营利为目标，其中包括本身就没有经营活动、没有收益的项目，如城市道路、路灯、公共绿化、航道疏浚、水利灌溉渠道、植树造林等项目，这类项目的投资一般由政府安排，营运资金也由政府支出。另外有的项目的产出直接为公众提供基本生活服务，本身有生产经营活动，有营业收入，但产品价格不由市场机制形成。在后一类项目中，有些能回收全部投资成本，项目有财务生存能力；有些不能回收全部投资成本，需要政府补贴才能维持运营；有些能够回收全部投资成本且略有节余。对于这类建设项目，国家有相应的配套政策。

2. 按项目的产品(或服务)属性

分为公共项目和非公共项目。公共项目是指为满足社会公众需要，生产或提供公共物品(包括服务)的项目，如上述第一类非经营性项目。公共物品的特征是具有非排他性或排他无效率，有很大一类物品无法或不应收费。人们一般认为，由政府生产或提供公共物品可以增进社会福利，是政府的一项合适的职能。

非公共项目是指除公共项目以外的其他项目。相对于"政府部门提供公共物品"是"私人部门提供的商品"，其重要特征是：供应商能够向那些想消费这种商品的人收费并因此得到利润。

3. 按项目的投资管理形式

分为政府投资项目和企业投资项目。政府投资项目是指使用政府性资金的建设项目以及有关的投资活动。政府性资金包括：财政预算投资资金(含国债资金)；利用国际金融组织和外国政府贷款的主权外债资金；纳入预算管理的专项建设资金；法律、法规规定的其他政府性资金。政府按照资金来源、项目性质和宏观调控需要，分别采用直接投资、资本金注入、投资补助、转贷、贴息等方式进行投资。

不使用政府性资金的投资项目统称企业投资项目。

4. 按项目与企业原有资产的关系

分为新建项目和改扩建项目。改(扩)建项目与新建项目的区别在于：改(扩)建项目是在原有企业基础上进行建设的，在不同程度上利用了原有企业的资源，以增量带动存量，以较小的新增投入取得较大的新增效益。建设期内项目建设与原有企业的生产同步进行。

5. 按项目的融资主体

分为新设法人项目和既有法人项目。新设法人项目由新组建的项目法人为项目进行融资，其特点是：项目投资由新设法人筹集的资本金和债务资金构成；由新设项目法人承担融资责任和风险；从项目投产后的财务效益情况考察偿债能力。

既有法人项目要依托现有法人为项目进行融资，其特点是拟建项目不组建新的项目法人，由既有法人统一组织融资活动并承担融资责任和风险；拟建项目一般是在既有法人资产和信用的基础上进行的，并形成增量资产；从既有法人的财务整体状况考察融资后的偿债能力。

除上述几种分类外，项目还可以从其他角度进行分类。没有一种分类方法可以涵盖各种属性的项目，为便于后面叙述，列举了几种分类。这些分类对经济评价内容、评价方法、效益与费用估算、报表设置等都有重要影响。在实际工作中可以根据需要从不同的角度另行分类。

(三) 侧重点

项目类型、项目性质、项目目标和行业特点都会影响评价方法、评价内容、评价参数的选择。具体项目选择什么评价方法、评价内容和评价参数不能一概而论，不要求所有项目采用各种方法和内容全部评价一遍。项目投资者、设计和评估人员应具体问题具体分析，独立地做出选择。

对于一般项目，财务分析结果将对其决策、实施和运营产生重大影响，财务分析必不可少。由于这类项目产出品的市场价格基本上能够反映其真实价值，当财务分析的结果能够满足决策需要时，可以不进行经济费用效益分析。

对于那些关系国家安全、国土开发、市场不能有效配置资源等具有较明显外部效果的项目（一般为政府审批或核准项目），需要从国家经济整体利益的角度来考察项目，并以能反映资源真实价值的影子价格来计算项目的经济效益和费用，通过经济评价指标的计算和分析，得出项目是否对整个社会经济有益的结论。

对于特别重大的建设项目，除进行财务分析与经济费用效益分析外，还应专门进行项目对区域经济或宏观经济影响的研究与分析。

（四）遵循原则

“有无对比”原则。“有无对比”是指“有项目”相对于“无项目”的对比分析。“无项目”状态指不对该项目进行投资时，在计算期内，与项目有关的资产、费用与收益的预计发展情况；“有项目”状态指对该项目进行投资后，在计算期内，资产、费用与收益的预计情况。“有无对比”求出项目的增量效益，排除了项目实施以前各种条件的影响，突出项目活动的效果。“有项目”与“无项目”两种情况下，效益和费用的计算范围、计算期应保持一致，具有可比性。

1. 效益与费用计算口径对应一致的原则

将效益与费用限定在同一个范围内，才有可能进行比较，计算的净效益才是项目投入的真实回报。

2. 收益与风险权衡的原则

投资人关心的是效益指标，但是，如果对于可能给项目带来风险的因素考虑得不全面，对风险可能造成的损失估计不足，往往有可能使得项目失败。收益与风险权衡的原则提示投资者，在进行投资决策时，不仅要看到效益，也要关注风险，权衡得失利弊后再行决策。

3. 定量分析与定性分析相结合，以定量分析为主的原则

经济评价的本质就是要对拟建项目在整个计算期的经济活动，通过效益与费用的计算，对项目经济效益进行分析和比较。一般来说，项目经济评价要求尽量采用定量指标，但对一些不能量化的经济因素，不能直接进行数量分析，对此要求进行定性分析，并与定量分析结合起来进行评价。

4. 动态分析与静态分析相结合，以动态分析为主的原则

动态分析是指考虑资金时间价值对现金流量进行折现分析。静态分析是指不对现金流量进行折现分析。项目经济评价的核心是折现，所以分析评价要以折现（动态）指标为主。非折现（静态）指标与一般的财务和经济指标内涵基本相同，比较直观，但是只能作为辅助指标。

二、价格体系

项目投入物和产出物的价格，是影响方案比选和经济评价结果最重要、最敏感的因素之一。项目评价都是对未来活动的估计，投入和产出都在未来一段时间发生，所以要采用预测价格对费用效益进行估算。

（一）价格体系分类

影响价格变动的因素很多，一般可归纳为两类：一是相对价格变动因素，二是绝对价格

变动因素。相对价格是指商品之间的比价关系。影响因素比较复杂，如供应量的变化、价格政策的变化、劳动生产率变化等，可能引起商品间比价的改变；消费水平变化、消费习惯改变、可替代产品的出现等引起供求关系发生变化，从而使供求均衡价格发生变化，引起商品间比价的改变。绝对价格是指用货币单位表示的商品价格水平。绝对价格变动一般表现为物价总水平的变化，即因货币贬值(通货膨胀)引起的所有商品价格普遍上涨，或因货币升值(通货紧缩)引起的所有商品价格普遍下降。

财务评价涉及的价格体系包括固定价格体系、实价体系和时价体系三种，同时涉及三种价格，即基价、实价和时价。

基价是指以基年价格水平表示、不考虑其后价格变动的价格，也称固定价格。如果采用基价，项目计算期内各年价格都是相同的。一般选取评价工作进行的年份为基年，也可选择预计的开始建设年份。基价是确定项目涉及的各种货物预测价格的基础，也是估算建设投资的基础，

时价是指任何时候的当时市场价格，包含了相对价格变动和绝对价格变动的影响，以当时的价格水平表示。以基价为基础，按照预计的各种货物的不同价格上涨率(可称为时价上涨率)分别求出它们在计算期内任何一年的时价。

实价是以基年价格水平表示的、反映相对价格水平变动因素影响的价格，可以由时价中扣除通货膨胀因素影响来求得。

$$实价=时价/(1+通货膨胀率) \tag{14-3-1}$$

$$实价上涨率=[(1+时价上涨率)/(1+通货膨胀率)]-1 \tag{14-3-2}$$

只有当时价上涨率大于通货膨胀时，该货物的实价上涨率才会大于0。如果货物间的相对价格保持不变，即实价上涨率为零，那么实价值就等于基价值，同时意味着各种货物的时价上涨率相同，即各种货物的时价上涨率等于物价总水平上涨率。

(二) 选取原则

财务评价应采用以市场价格为基础的预测价格。财务评价是估算拟建项目未来数年或更长年份的效益与费用，因投入物和产出物的未来价格会发生变化，为了合理反映项目的效益和财务状况，财务评价应采用预测价格。预测价格应在选定的基年价格基础上测算，一般选择项目评价当年为基年。至于采用上述何种价格，需要视情况决定。

盈利能力分析采用实价体系(考虑相对价格变化)，偿债能力分析和财务生存能力分析采用时价体系(要同时考虑相对价格变化和价格总水平的影响)，操作中可作如下简化：

建设期间，既要考虑考虑价格总水平变动，又要考虑相对价格变化。在建设投资估算中价格总水平变动是通过涨价预备费来实现。

项目运营期内，一般情况下盈利能力分析和偿债能力分析可采用同一套价格，即预测的运营期价格。

项目运营期内，预测的运营期价格可根据具体情况，选用固定价格(项目经营期内各年价格不变)或考虑相对价格变化的变动价格(项目运营期内各年价格不同，或某些年份价格不同)。

当有要求或价格总水平变动较大时，项目偿债能力分析和财务生存能力分析采用的价格应考虑价格总水平的变动因素。

项目投资估算应采用含增值税价格，包括建设投资、流动资金和运营期内的维持运营

投资。

项目运营期内投入与产出采用的价格可以是含增值税的价格，也可以是不含增值税的价格，价格是否含税应予以说明，同时应注意正确处理相关表格和科目，以使净利润、息税前利润和净现金流量的计算不受影响。

在计算期内同一年份，无论是有项目还是无项目的情况，原则上同种(质量、功能无差异)产出或投入的价格应取得致。

三、财务效益与费用估算

财务效益与费用是指项目运营期内企业因项目所获得的收入以及企业为项目所付的支出，主要包括营业收入、成本费用和有关税金等。某些项目可能得到的补贴收入也应计入财务效益。财务效益与费用的识别和估算应注意以下问题：

1）财务效益与费用的估算应注意遵守现行财务、会计以及税收制度的规定。由于财务效益与费用的识别和估算是对将来情况的预测，经济评价中允许做有别于财会制度的处理，但是要求财务效益与费用的识别和估算在总体上与会计准则和会计以及税收制度相适应。

2）财务效益与费用的估算应遵守有无对比的原则。“有无对比”是国际上项目评价中通用的效益与费用识别的基本原则，与项目评价的许多方面一样，财务效益与费用的识别和估算同样需要遵循这条原则。所谓“有项目”是指实施项目后的将来状况，“无项目”是指不实施项目时的将来状况。在识别项目的效益和费用时，须注意只有“有无对比”的差额部分才是由于项目的建设带来的效益和费用。采用有无对比的方法是为了识别真正应该算作项目带来的部分效益，即增量效益，排除那些由于其他原因产生的效益；同时也要找出与增量效益相对应的增量费用，只有这样才能真正体现项目投资的净效益。

3）财务效益与费用的估算范围应体现效益和费用对应一致的原则。在合理确定的项目范围内，对等地估算财务主体的直接效益以及相应的直接费用，避免高估或低估项目的净效益。

（一）确定项目计算期

项目计算期是指经济评价中为进行动态分析所设定的期限，包括建设期和运营期。建设期是指项目资金正式投入开始到项目建成投产为止所需要的时间，可按合理工期或预计的建设进度确定。运营期分为投产期和达产期两个阶段。投产期是指项目投入生产，但生产能力尚未完全达到设计能力时的过渡阶段；达产期是指生产运营达到设计预期水平后的时间。运营期一般应以项目主要设备的经济寿命期确定。项目计算期应根据多种因素综合确定，包括行业特点、主要装置(或设备)的经济寿命等。炼油项目财务评价通常采用的建设期为 1~4 年，运营期为 15 年。

项目计算期的长短主要取决于项目本身的特性，因此无法对项目计算期作出统一规定。计算期不宜定得太长，一方面是因为按照现金流量折现的方法，把后期的净收益折为现值的数值相对较小，很难对财务分析结论产生有决定性的影响；另一方面由于时间越长，预测的数据会越不准确。

计算期较长的项目多以年为时间单位。对于计算期较短的行业项目，在较短的时间间隔内(如月、季、半年或其他非日历时间间隔)现金流水平有较大变化，如油田钻井开发项目、高科技产业项目等，这类项目不宜用“年”做计算现金流量的时间单位，可根据项目的具体情况选择合适的计算现金流量的时间单位。由于折现评价指标受计算时间的影响，对需要比较的项目或方案应取相同的计算期。

（二）计算营业收入

营业收入是指销售产品或者提供服务所获得的收入，是现金流量表中现金流入的主体，也是利润表的主要科目。营业收入是财务分析的重要数据，其估算的准确性极大地影响项目财务效益的估计。

营业收入估算的基础数据，包括产品或服务的数量和价格，都与市场预测密切相关。在估算营业收入时应对市场预测的相关结果以及建设规模、产品或服务方案进行概括地描述或确认，特别应对采用价格的合理性进行说明。

工业项目评价中营业收入的估算基于一项重要假定，即当期的产出（扣除自用量后）当期全部销售，也就是当期商品产量等于当期销售量。主副产品（或不同等级产品）的销售收入应全部计入营业收入。

1. 确定运营负荷

运营负荷可根据经验确定或通过制定销售（运营）计划确定。①按照市场预测的结果和项目具体情况，根据经验直接判定分年的负荷率。判定时应考虑项目性质、技术掌握难易程度、产出的成熟度及市场的开发程度等诸多因素。②根据市场预测的结果，结合项目性质、产出特性和市场的开发程度制定分年运营计划，进而确定各年产出数量。相对而言，这种做法更具合理性，国际上多采用。

运营计划或分年负荷的确定不应是固定的模式，应结合具体项目具体分析。一般刚投产时负荷较低，以后各年逐步提高，提高的幅度取决于上述因素的分析结果。有些项目的产出寿命期较短，更新快，达到一定负荷后，在适当的年份开始减少产量，甚至适时终止生产。

2. 编制营业收入估算表

炼油项目营业收入的估算依据，主要包括全厂及装置的物料平衡流程图、产品数量及规格（含性状、质量及用途等）、产品销售价格等。

产品价格应为企业出厂价格，并应注明是否含税（增值税），同时保证投入（原料等）与产出（产品）的价格口径一致。

作为财务评价所用的产品销售价格，原则上应采用以现行价格体系为基础的预测价格，即销售价格按预测到项目投产期初的水平计取。

除某些特殊要求外，一般可按如下原则确定销售价格（特殊价格的确定方法应予以说明，并要求有可靠的依据）：①执行国家定价的产品按国家定价执行；②国家未定价或市场调节的产品应根据产品供求关系，参照市场价格计取；③出口产品价格参照国际市场价格计取。

（三）计算成本与费用

$$\text{总成本费用}=\text{原材料}+\text{辅助材料}+\text{外购动力燃料费用}-\text{外送燃料动力}+\text{人工成本}+\text{制造费用}+\text{管理费用}+\text{财务费用}+\text{营业费用} \tag{14-3-3}$$

项目评价中，成本与费用有不同分类方法。按其计算范围可分为单位产品成本和总成本费用；按成本与产量的关系分为固定成本和可变成本；按会计核算的要求有生产成本（或称制造成本）和期间费用；按财务评价的特定要求有经营成本。

1）固定成本与可变成本

根据成本费用与产量的关系可以将总成本费用分解为可变成本、固定成本和半可变（或半固定）成本。固定成本是指不随产品产量变化的各项成本费用。可变成本是指随产品产量增减而呈正比例变化的各项费用。有些成本费用属于半可变（或半固定）成本，例如不能熄灭的工业炉的燃料费用等。工资、营业费用和流动资金利息等也都可能既有可变因素，又有固定因素。必要时需将半可变（或半固定）成本进一步分解为可变成本和固定成本，使产品成本费用最终划分为可变成本和固定成本。长期借款利息应视为固定成本，流动资金借款和短期借款利息可能部分与产品产量相关，其利息可视为半可变半固定成本，为简化计算，一般也将其作为固定成本。

$$可变成本=原材料费用+辅助材料费用+外购动力燃料费用-外送燃料动力 \tag{14-3-4}$$

$$固定成本=总成本费用-可变成本 \tag{14-3-5}$$

2）经营成本

经营成本是指总成本费用扣除固定资产折旧费、无形资产及其他资产摊销费和财务费用支出以后的全部费用。经营成本为项目经济评价中现金流量分析所采用的一个特定的概念，是运营期内的主要现金流出。即：

$$经营成本=总成本费用-折旧费-摊销费-财务费用 \tag{14-3-6}$$

1. 成本与费用估算原则

成本与费用的估算，原则上应遵循国家现行《企业会计准则》和/或《企业会计制度》的相关规定，同时应遵循有关税收法规中准予在所得税前列支科目的规定。当两者有矛盾时，一般应按从税的原则处理。

结合运营负荷，分年确定各种投入的数量，注意成本费用与收入计算口径对应一致。

合理确定各项投入的价格，并注意与产出价格体系的一致性。

各项投入的价格是否含税也要与产出价格相一致。

各项费用划分清楚，防止重复计算或低估漏算。

2. 总成本费用估算

项目评价中通常采用生产要素法估算总成本费用。各分项的内容和估算要点如下：

（1）外购原材料、辅助材料和燃料动力费估算

按“生产要素法”估算总成本费用时，原材料、辅助材料和燃料动力费系指外购的部分，外购原材料、辅助材料和燃料动力费的估算需要相关专业所提出的外购原材料、辅助材料和燃料动力年耗用量，以及在选定价格体系下的预测价格，该价格应按入库价格计算，即到厂价格并考虑途库损耗。采用的价格时点和价格体系应与营业收入估算一致。

（2）人工工资及福利费估算

人工工资及福利费（又称职工薪酬），是指企业为获得职工提供的服务而给予各种形式的报酬以及其他相关支出，通常包括职工工资、奖金、津贴和补贴，职工福利费，以及医疗保险费、养老保险费、失业保险费、工伤保险费、生育保险费等社会保险费和住房公积金中由职工个人缴付的部分。按“生产要素法”估算总成本费用时，人工工资及福利费按项目全部人员数量估算。确定人工工资及福利费时需考虑项目性质、项目地点、行业特点等因素。

依托老企业的项目，还要考虑原企业工资水平。

根据不同项目的需要，财务分析中可视情况选择按项目全部人员年工资的平均数值计算或者按照人员类型和层次分别设定不同档次的工资进行计算。

（3）制造费用

制造费用包括折旧、修理费用和其他制造费用。

1）固定资产原值及折旧费的估算。固定资产原值。计算折旧，需要先计算固定资产原值。固定资产原值是指项目投产时（达到预定可使用状态）按规定由投资形成固定资产的部分。按照《企业会计准则—租赁》，融资租赁的固定资产，承租人应将租赁开始日租赁资产的公允价值与最低租赁付款额的现值两者中较低者作为租入资产的入账价值。计算最低租赁付款额的现值所用的折现率，应首先选择出租人的租赁内含利率，其次使用租赁合同规定的利率，如都无法知悉，应用同期银行贷款利率。项目评价中条件不清楚的，也可直接按该资产公允价值计算。

固定资产折旧。固定资产在使用过程中会受到磨损，其价值损失通常是通过提取折旧的方式得以补偿。按财税制度规定，企业固定资产应当按月计提折旧，并根据用途计入相关资产的成本或者当期损益。财务分析中，按生产要素法估算总成本费用时，固定资产折旧可直接列支于总成本费用。固定资产的折旧方法可在税法允许的范围内由企业自行确定，一般采用直线法，包括年限平均法和工作量法。我国税法也允许对某些机器设备采用快速折旧法，即双倍余额递减法和年数总和法。

固定资产折旧年限、预计净残值率可在税法允许的范围内由企业自行确定，或按行业规定执行。项目评价中一般应按税法明确规定的分类折旧年限，也可按行业规定的综合折旧年限。

对于融资租赁的固定资产，如果能够合理确定租赁期届满时承租人会取得租赁资产所有权，即可认为承租人拥有该项资产的全部尚可使用年限，因此应以其作为折旧年限；否则，则应以租赁期与租赁资产尚可使用年限两者中较短者作为折旧年限。

我国允许的固定资产折旧方法有：

① 年限平均法：

$$\text{年折旧率}=\frac{1-\text{预计净残值率}}{\text{折旧年限}}\times 100\% \tag{14-3-7}$$

年折旧额=固定资产原值×年折旧率

② 双倍余额递减法：

$$\text{年折旧率}=\frac{2}{\text{折旧年限}}\times 100\% \tag{14-3-8}$$

$$\text{年折旧额}=\text{固定资产净值}\times\text{年折旧率}$$

实行双倍余额递减法的，应在折旧年限到期前两年内，将固定资产净值扣除净残值后的净额平均摊销。

③ 年数总和法：

$$\text{年折旧率}=\frac{\text{折旧年限}-\text{已使用年数}}{\text{折旧年限}\times(\text{折旧年限}+1)/2}\times 100\% \tag{14-3-9}$$

$$\text{年折旧额}=(\text{固定资产原值}-\text{预计净残值})\times\text{年折旧率}$$

2）固定资产修理费的估算修理费是指为保持固定资产的正常运转和使用，充分发挥使用效能，对其进行必要修理所发生的费用。按修理范围的大小和修理时间间隔的长短可以分为大修理和中小修理。修理费允许直接在成本中列支，如果当期发生的修理费用数额较大，可实行预提或摊销的办法。

当按“生产要素法”估算总成本费用时，固定资产修理费系指项目全部固定资产的修理费，可直接按固定资产原值（扣除所含的建设期资金筹措费）的一定百分数估算，百分数的选取应考虑行业和项目特点。在生产运营的各年中，修理费率的取值，一般采用固定值。根据项目特点也可以间断性地调整修理费率，开始取较低值，以后取较高值。石油化工类项目修理费费率取值范围为3%~6%。

3）其他制造费用。其他制造费用是指由制造费用中扣除生产单位管理人员工资及福利费、折旧费、修理费后的其余部分。项目评价中常见的估算方法有：按固定资产原值（扣除所含的建设期利息）的百分数估算；按人员定额估算。具体估算方法可从行业规定。

（4）管理费用

管理费用主要包括摊销费用、安全生产费用和其他管理费用等。

1）无形资产和其他资产原值及摊销费的估算。

无形资产原值是指项目投产时按规定由投资形成无形资产的部分。按照有关规定，无形资产从开始使用之日起，在有效使用期限内平均摊入成本。法律和合同规定了法定有效期限或者受益年限的，摊销年限从其规定，否则摊销年限应注意符合税法的要求。无形资产的摊销一般采用平均年限法，不计残值。

其他资产的摊销可以采用平均年限法，不计残值，摊销年限应注意符合税法的要求。

一般情况下无形资产按照不少于10年进行摊销，其他资产按照不少于5年进行摊销。

2）安全生产费用。按照国家相关规定标准计取。

3）其他管理费用。管理费用是指企业为管理和组织生产经营活动所发生的各项费用，包括公司经费、工会经费、职工教育经费、劳动保险费、待业保险费、董事会费、咨询费、聘请中介机构费、诉讼费、业务招待费、排污费、房产税、车船税、土地使用税、印花税、矿产资源补偿费、技术转让费、研究与开发费、无形资产与其他资产摊销、职工教育经费、计提的坏账准备和存货跌价准备等。

为了简化计算，项目评价中可将管理费用归类为管理人员工资及福利费、折旧费、无形资产和其他资产摊销、修理费和其他管理费用几部分。其他管理费用是指由管理费用中扣除工资及福利费、折旧费、摊销费、修理费后的其余部分。

项目评价中常见的估算方法是按人员定额或取工资及福利费总额的倍数估算。若管理费用中的技术转让费、研究与开发费与土地使用税等数额较大，应单独核算后并入其他管理费用，或单独列项。

（5）营业费用

营业费用是指企业在销售商品过程中发生的各项费用以及专设销售机构的各项经费，包括应由企业负担的运输费、装卸费、包装费、保险费、广告费、展览费以及专设销售机构人员工资及福利费、类似工资性质的费用、业务费等经营费用。

项目评价中常见的估算方法是按营业收入的百分数估算。

不能抵扣的进项税额。对于产品出口项目和产品国内销售的增值税减免税项目，应将不能抵扣的进项税额计入总成本费用的其他费用或单独列项。

(6) 财务费用

按照会计法规，企业为筹集所需资金而发生的费用称为借款费用，又称财务费用，包括利息支出(减利息收入)、汇兑损失(减汇兑收益)以及相关的手续费等。在大多数项目的财务分析中，通常只考虑利息支出。利息支出的估算包括长期借款利息、流动资金借款利息和短期借款利息三部分。

1) 长期借款利息。

长期借款利息是指对建设期间借款余额(含未支付的建设期利息)应在生产期支付的利息，项目评价中可以选择等额还本付息方式或者等额还本利息照付方式来计算长期借款利息。

① 等额还本付息方式：

$$A=I_c\times\frac{i(1+i)^n}{(1+i)^n-1} \tag{14-3-10}$$

式中，A 为每年还本付息额(等额年金)；I_c为还款起始年年初的借款余额(含未支付的建设期利息)；i 为年利率；n 为预定的还款期；$\frac{i(1+i)^n}{(1+i)^n-1}$为资金回收系数，可以自行计算或查复利系数表。

其中：

$$每年支付利息=年初借款余额\times年利率$$

$$每年偿还本金=A-每年支付利息$$

$$年初借款余额=I_c-本年以前各年偿还的借款累计。$$

② 等额还本利息照付方式：

设 A_t为第 t 年的还本付息额，则有：

$$A_t=\frac{I_c}{n}+I_c\times\left(1-\frac{t-1}{n}\right)\times i \tag{14-3-11}$$

其中：

$$每年支付利息=年初借款余额\times年利率$$

即，

$$第\ t\ 年支付的利息=I_c\times\left(1-\frac{t-1}{n}\right)$$

$$每年偿还本金=\frac{I_c}{n}$$

2) 流动资金借款利息。

项目评价中估算的流动资金借款从本质上说应归类为长期借款，但目前企业往往有可能与银行达成共识，按期末偿还、期初再借的方式处理，并按一年期利率计息。流动资金借款利息可以按下式计算：

$$年流动资金借款利息=年初流动资金借款余额\times流动资金借款年利率 \tag{14-3-12}$$

财务分析中对流动资金的借款可以在计算期最后一年偿还，也可在还完长期借款后安排。

3) 短期借款利息。项目评价中的短期借款系指运营期间由于资金的临时需要而发生的短期借款，短期借款的数额应在财务计划现金流量表中得到反映，其利息应计入总成本费用表的利息支出中。短期借款利息的计算同流动资金借款利息，短期借款的偿还按照随借随还的原则处理，即当年借款尽可能于下年偿还。

采用生产(服务)成本加期间费用法估算总成本费用时，需要各分单元(如分车间、装置或生产线)的有关数据或每种服务的有关数据，主要有原材料和公用工程消耗、各车间、装置或生产线等的定员和固定资产原值等。要先分别估算各分单元的生产(服务)成本，再加总得出总的生产(服务)成本，然后与期间费用(管理费用、营业费用和财务费用)相加得到总成本费用。

(7) 维持运营投资

某些项目在运营期需要投入一定的固定资产投资才能得以维持正常运营，例如设备更新费用、油田的开发费用、矿山的井巷开拓延伸费用等。不同类型和不同行业的项目投资的内容可能不同，如发生维持运营投资时应将其列入现金流量表作为现金流出，参与内部收益率等指标的计算。同时，也应反映在财务计划现金流量表中，参与财务生存能力分析。

按照《企业会计准则——固定资产》，该投资是否能予以资本化，取决于其是否能为企业带来经济利益且该固定资产的成本是否能够可靠地计量。项目评价中，如果该投资投入后延长了固定资产的使用寿命，或使产品质量实质性提高，或成本实质性降低等，使可能流入企业的经济利益增加，那么该固定资产投资应予以资本化，即应计入固定资产原值，并计提折旧。否则，该投资只能费用化，不形成新的固定资产原值。

(四) 相关税费

项目财务评价应考虑的税种主要有关税、增值税、营业税、消费税、营业税金附加、所得税等。

1. 关税

关税以进出口的应税货物为纳税对象的税种。项目评价中涉及引进设备、技术和进口原材料时，可能需要估算进口关税。项目评价中应按有关税法和国家的税收优惠政策，正确估算进口关税。我国仅对少数货物征收出口关税，而对大部分货物免征出口关税。若项目的出口产品属征税货物，应按规定估算出口关税。

2. 增值税

财务分析应按税法规定计算增值税。须注意当采用含(增值)税价格计算销售收入和原材料、燃料动力成本时，利润和利润分配表以及现金流量表中应单列增值税科目；采用不含(增值)税价格计算时，利润表和利润分配表以及现金流量表中不包括增值税科目。应明确说明采用何种计价方式，同时注意涉及出口退税(增值税)时的计算及与相关报表的联系。2019年，增值税税率表见表14-3-1。

表14-3-1 石油化工项目增值税税率表(2019) %

序号	项　　目	税率
1	石油液化气(包括石油伴生气加工压缩)、天然气、化肥、农膜、煤气、蒸汽、自来水、热水	9
2	提供加工修理修配劳务，油气田企业提供的生产性劳务	13
3	提供有形动产租赁服务	13
4	提供交通运输业服务	9
5	提供现代服务业服务(有形动产租赁服务除外)	6

增值税税率用于计算企业因销售货物和提供加工、修理修配业务以及进口货物而按照国家的有关规定需缴纳的增值税。

计算公式：

$$应纳税额=当期销项税额-当期进项税额 \tag{14-3-13}$$

$$销项税额=销售额(按不含税价计算)\times税率$$

或：销项税额=销售额(按含税价计算)×扣除率

进项税额=买价(含税价)×扣除率

式中：扣除率=税率÷(1+税率)

应纳税额为当期销项税额抵扣当期进项税额后的余额；因当期销项税额小于当期进项税额不足抵扣时，其不足部分可以结转下期继续抵扣。

销售额为纳税人销售货物或应税劳务向购买方收取的全部价款和价外费用，但不包括收取的销项税额。

购进或者销售货物以及在生产经营过程中支付运输费用的，按照运输费用结算单据上注明的运输费用金额和扣除率计算进项税额。进项税额计算公式：

计算公式：

$$进项税额=运输费用金额\times扣除率 \tag{14-3-14}$$

式中，扣除率为7%

准予抵扣的项目和扣除率的调整，由国务院决定。软件产品的增值税即征即退，相应的维护、技术服务、培训等费用免增值税。

3. 消费税

在中华人民共和国境内生产、委托加工、进口上述应税消费品的单位和个人，以及国务院确定的销售上述应税消费品的其他单位和个人为消费税的纳税人，均应按《中华人民共和国消费税暂行条例》的规定申报缴纳消费税。消费税税额用于计算消费税。

纳税人生产的应税消费品，于纳税人销售时纳税。纳税人自产自用的应税消费品，用于连续生产应税消费品的，不纳税；用于其他方面的，于移送使用时纳税。委托加工的应税消费品，除受托方为个人外，由受托方在向委托方交货时代收代缴税款。委托加工的应税消费品，委托方用于连续生产应税消费品的，所纳税款准予按规定抵扣。进口的应税消费品，于报关进口时纳税。

消费税实行从价定率、从量定额，或者从价定率和从量定额复合计税(以下简称复合计税)的办法计算应纳税额。

计算公式：

$$从价定率计算：应纳税额=销售额\times比例税率 \tag{14-3-15}$$

$$从量定额计算：应纳税额=销售数量\times定额税率 \tag{14-3-16}$$

$$复合计税计算：应纳税额=销售额\times比例税率+销售数量\times定额税率 \tag{14-3-17}$$

其中：销售额为纳税人向购买方收取的全部价款和价外费用。2023年，我国石油化工主要产品消费税税率见表14-3-2。

表14-3-2　我国主要石油产品消费税税率(2023年)

序号	项目	标准税率/(元/L)	换算标准/(L/t)	实际税率/(元/t)	备注
1	无铅汽油	1.52	1388	2109.76	
2	柴油	1.2	1176	1411.2	

续表

序号	项目	标准税率/(元/L)	换算标准/(L/t)	实际税率/(元/t)	备注
3	喷气燃料	1. 2	1246	1495. 2	暂不征收
4	石脑油	1. 52	1385	2105. 2	用作原料不征收
5	溶剂油	1. 52	1282	1948. 64	
6	润滑油	1. 52	1126	1711. 52	
7	燃料油	1. 2	1015	1218	一般贸易出口不征收
8	烷基化油(异辛烷)	1. 52	1388	2109. 76	按汽油
9	石油醚、粗白油、轻质白油、部分工业白油(5 号、7 号、10 号、15 号、22 号、32 号、46 号)	1. 52	1282	1948. 64	按溶剂油
10	混合芳烃、重芳烃、混合碳八、稳定轻烃、轻油、轻质煤焦油	1. 52	1385	2105. 2	按石脑油

4. 城市维护建设税

城市维护建设税税率用于计算城市维护建设税(简称城建税)。与其他税种不同，没有独立的征税对象或税基，而是以增值税和消费税实际缴纳的税额之和为计税依据，随“两税”同时附征，本质上属于一种附加税。

计算公式：

$$城建税=(实际应纳增值税额+消费税额)\times城建税税率 \tag{14-3-18}$$

对进口产品，海关代征增值税、消费税，但不征收城建税。对出口产品退还增值税、消费税的，不退还已纳的城建税；对于增值税、消费税实行先征后返、先征后退、即征即退办法的，除另有规定外，不退(返)还已纳的城建税。

城建税税率设有三档，目前石化企业(项目)大部分按 7%的税率计征城建税。

自 2010 年 12 月 1 日起，对外商投资企业、外国企业及外籍个人征收城市维护建设税。

对国家石油储备基地第一期项目建设过程中涉及的城市维护建设税予以免征。免税范围仅限于应由国家石油储备基地缴纳的税收。国家石油储备基地第一期项目包括大连、黄岛、镇海、舟山 4 个储备基地。城市维护建设税税率表见表 14-3-3。

表 14-3-3　城市维护建设税税率表　　%

所在区域	税　率	所在区域	税　率
市区	7	市区、县、镇以外	1
县、镇	5		

5. 教育费附加和地方教育附加

教育费附加是国家为扶持教育事业发展，计征用于教育的政府性基金；一些地方政府为发展地方教育事业，根据教育法的规定，还开征了“地方教育附加”。二者共同点是都是政府型基金，随税收一并征收，用于教育事业。教育费附加费率为 3%，地方教育附加费率为 2%。

计算公式：

$$教育费附加=(实际应纳增值税额+消费税额)\times 3\% \quad (14\text{-}3\text{-}19)$$

$$地方教育附加=(实际应纳增值税额+消费税额)\times 2\% \quad (14\text{-}3\text{-}20)$$

对进口产品，海关代征增值税、消费税，但不征收教育费附加。

对出口产品退还增值税、消费税的，不退还已征的教育费附加；对于增值税、消费税实行先征后返、先征后退、即征即退办法的，除另有规定外，不退(返)还已纳的教育费附加。

自2010年12月1日起，对外商投资企业、外国企业及外籍个人征收教育附加费。

中外合作油(气)田开采的原油、天然气，按5%税率缴纳实物增值税后，以合作油(气)田实际缴纳的增值税税额为计税依据，缴纳城市维护建设税和教育费附加。

对国家石油储备基地第一期项目建设过程中涉及的教育费附加予以免征。

国务院规定自2010年12月1日起，教育费附加的法规、规章、政策同时适用于外商投资企业、外国企业及外籍个人。

6. 房产税

根据税基，采用适用税率计算房产税。税基为按规定比例减除后的房产原值，减除比例依据各省、自治区、直辖市规定执行。

$$应纳税额=税基\times 适用税率 \quad (14\text{-}3\text{-}21)$$

7. 车船税

根据税基，采用适用税额计算车船税。税基为车船重量或数量，具体适用税额依据各省、自治区、直辖市规定执行。

$$应纳税额=税基\times 适用税额 \quad (14\text{-}3\text{-}22)$$

8. 土地使用税

根据税基，采用适用税额计算土地使用税。税基为项目土地占用面积，具体适用税额依据项目所在地政府规定执行。

$$应纳税额=税基\times 适用税额 \quad (14\text{-}3\text{-}23)$$

9. 印花税

根据税基，采用适用税率计算。印花税税基包括：购销、加工承揽、建设工程承包、财产租赁、货物运输、仓储保管、借款、财产保险、技术合同或者具有合同性质的凭证，产权转移书据，营业账簿，权利、许可证照等。

$$应纳税额=税基\times 适用税率 \quad (14\text{-}3\text{-}24)$$

10. 环境保护税

根据《中华人民共和国环境保护税法》计算环境保护税。

$$大气污染物、水污染物的应纳税额=污染当量数\times 具体适用税额$$

$$固体废物的应纳税额=固体废物排放量\times 具体适用税额 \quad (14\text{-}3\text{-}25)$$

$$噪声的应纳税额=超过国家规定标准的分贝数对应的具体适用税额 \quad (14\text{-}3\text{-}26)$$

11. 企业所得税

企业所得税税率用于计算企业所得税。一般税率为25%，特殊优惠税率为15%。

计算公式：

$$企业所得税纳税额=应纳税所得额\times 所得税税率 \quad (14\text{-}3\text{-}27)$$

$$应纳税所得额=销售收入-总成本费用-销售税金及附加-准予扣除项目 \quad (14-3-28)$$

12. 法定盈余公积金比例

法定盈余公积金比例用于计算企业法定盈余公积金，取 10%。

计算公式：

$$法定盈余公积金=税后利润\times法定盈余公积金比例 \quad (14-3-29)$$

$$税后利润=销售收入-总成本费用-销售税金及附加-准予扣除项目 \quad (14-3-30)$$

根据规定，税后利润中准予扣除的项目包括被没收的财务损失、支付各项税收的滞纳金与罚款以及弥补企业以前年度亏损等。法定盈余公积金已达到注册资金 50%时可不再提取。此外，法定盈余公积金可用于弥补亏损或者用于转增资本金，但转增资本金后，法定盈余公积金一般不得低于注册资金的 25%。

投资项目成本费用例表见表 14-3-4。

财务评价指标汇总例表见表 14-3-5。

表 14-3-4　投资项目成本费用例表　　万元

序号	项目名称	生产期平均	生产期(按负荷率分列)		
			第 1 年	第 2 年	第 3~15 年
	负荷率		80%	90%	100%
1	生产成本	3912074	3238877	3612875	3986873
1.1	原材料	3421710	2793232	3142386	3491541
1.2	辅助材料	29400	24000	27000	30000
1.3	外购动力及燃料	214073	174753	196597	218442
1.4	工资及福利费	16200	16200	16200	16200
1.5	制造费用	230691	230691	230691	230691
1.5.1	折旧费	155740	155740	155740	155740
1.5.1	修理费	72251	72251	72251	72251
1.5.3	其他制造费用	2700	2700	2700	2700
2	管理费用	34012	34012	34012	34012
2.1	无形资产摊销	8000	8000	8000	8000
2.2	其他资产摊销	2500	2500	2500	2500
2.3	固定资产保险费	9633	9633	9633	9633
2.4	其他管理费	9378	9378	9378	9378
2.5	安全生产费用	4500	4500	4500	4500
3	财务费用	34615	90171	81467	72105
3.1	利息	34615	90171	81467	72105
3.2	其他财务费用				
4	营业费用	2336	2336	2336	2336
5	总成本费用	3978703	3365395	3730689	4095326
5.1	可变成本	3665183	2991986	3365984	3739982
5.2	固定成本	313520	373409	364705	355344
6	经营成本	3782181	3108984	3482982	3856980

表 14-3-5　财务评价指标汇总例表

序号	项　目	单位	原油：60 美元/桶	备注
一	总投资			
	含增值税总投资	万元	3089268	
	含增值税筹资额	万元	2938137	
1	建设投资	万元	2500857	
2	建设期资金筹措费	万元	125172	
3	铺底流动资金	万元	64770	
二	盈利能力			
1	营业收入	万元	4640410	生产期内平均
2	营业税金及附加	万元	305097	生产期内平均
3	增值税	万元	117810	生产期内平均
4	总成本	万元	3978703	生产期内平均
5	经营成本	万元	3782181	生产期内平均
6	总操作费用	万元	556993	生产期内平均
7	利润总额	万元	356610	生产期内平均
8	所得税	万元	89153	生产期内平均
9	税后利润	万元	267458	生产期内平均
三	评价指标			
1	财务净现值(税前)	万元	5868381	
2	财务净现值(税后)	万元	4531092	
3	内部收益率(所得税前)	%	18.4	
4	内部收益率(所得税后)	%	14.8	
5	投资回收期税前(静态)	年	7.0	
6	投资回收期税后(静态)	年	8.0	
7	投资回收期税前(动态)	年	9.4	
8	投资回收期税后(动态)	年	11.8	
9	吨油收入	元/吨	3405	
10	吨油原料成本	元/吨	2688	
11	吨油毛利润	元/吨	718	
12	吨油操作费用	元/吨	438	
13	吨油利润	元/吨	280	
14	吨油税后利润	元/吨	210	

注：表中吨油指的是吨(原油+外购原料油)

第十五章　企业财务评价分析

第一节　财务与会计的基础知识

一、财务与会计的区别

会计就是把企业与钱有关的活动进行分类记录，并按时整理成各种报表，如规定经济业务应记在什么会计科目上，规范会计报表项目的口径和列示等。而财务则是利用企业财务资源（不限于钱，也包括信用和其他资产），使企业获得最大收益（也不限于钱，也包括资产、商誉、信用、品牌和关系），同时监控企业运营状态，防止财务资源被滥用和浪费。

会计基本职能是核算和监督，侧重于对资金的反映和监督。而财务的基本职能是预测、决策、计划和控制，侧重于对资金的组织、运用和管理。

会计核算的依据是国家的统一会计制度和统一会计政策，而财务管理则是在国家政策法律允许范围内，根据企业具体情况，自行制定内部财务管理办法，享有独立的理财自主权和自主决策权。

会计是记录历史信息的，对过去的交易或事项进行确认和记录。而财务是注重未来的，是基于一定的财务假设，在对历史会计记录和现实信息进行分析后，对企业运营的财务数据进行预测和判断，并决策。财务管理业绩主要受企业投资报酬率限制、风险偏好、投资项目储备、行业特点、资本结构和股利分配政策的影响。所以判断会计好坏，就看记账水平，是不是在合法合规的基础上准确记录企业资金活动情况，并监督资金运营状况，把好关。一般来说，不同的会计对相同的会计业务进行核算，在所有重大方面不会存在大的出入，除非故意作假或人为进行技术处理。而判断财务好坏，就看是否实现了企业财务资源的优化利用，不同的财务人员，由于经验、能力、眼光和风险偏好不同，运行同样的财务资源，结果会有天壤之别。

二、财务与会计的联系

财务与会计有区别，但也有很紧密的联系。首先，工作对象一致。财务与会计工作的对象都是企业的资金循环和周转，都在对钱进行管理。其次，会计是财务的基础。财务离不开会计，财务预测、决策、计划和控制都需要会计提供数据。

三、会计基础知识

（一）会计假设

会计基本假设包括会计主体、持续经营、会计分期和货币计量。

1. 会计主体

会计主体是指企业会计确认、计量和报告的空间范围。为了向财务报告使用者反映企业财务状况、经营成果和现金流量，提供与其决策有用的信息，会计核算和财务报告的编制应当集中于反映特定对象的活动，并将其与其他经济主体区别开来，才能实现财务报告的目标。

在会计主体假设下，企业应当对其本身发展的交易或者事项进行会计确认、计量和报告，反映企业本身所从事的各项生产经营活动。明确界定会计主体是开展会计确认、计量和报告工作的重要前提。

2. 持续经营

持续经营是指企业将会按当前的规模和状态继续经营下去，不会停业，也不会大规模消减业务。在持续经营前提下，会计确认、计量和报告应当以企业持续、正常的生产经营活动为前提。

3. 会计分期

会计分期是指将一个企业持续经营的生产经营活动划分为一个个连续的、间隔相同的期间。会计分期的目的是通过会计期间的划分，将持续经营的生产经营活动划分成连续、相等的期间，结算盈亏，按期编报财务报告，从而及时向财务报告使用者提供有关企业财务状况、经营成果和现金流量的信息。

在会计分期假设下，企业应当划分会计期间，分期结算账目和编制财务报告。会计期间通常分为年度和中期。中期，是指短于一个完整的会计年度的报告期间，如月度，季度，半年度等。

4. 货币计量

货币计量是指会计主体在财务会计确认、计量和报告时以货币计量，反映会计主体的生产经营活动。

在有些情况下，统一采用货币计量也有缺陷，某些影响企业财务状况和经营成果的因素，如企业经营战略、研发能力、市场竞争力等，往往难以用货币来计量，但这些信息对于使用者决策来讲也很重要，为此，企业可以在财务报告中补充披露有关非财务信息来弥补上述缺陷。

（二）会计要素

会计要素是根据经济活动的特征所确定的财务对象的分类，分为资产、负债、所有者权益、收入、费用、利润。其中，前三项反映财务状况，后三项反映经营成果。

1. 资产

资产是企业过去的交易或者事项形成的，由企业拥有或控制的，预期会给企业带来经济利益的资源。它有几个特征：一是能给企业带来经济利益；二是为企业拥有或控制；三是企业过去形成的。现实生活中，经济环境瞬息万变，与资源有关的经济利益能否流入企业或能够流入多少实际上带有不确定性。因此，如果根据编制财务报表时所取得的证据，与资源有关的经济利益很可能流入企业，那么就应该将其作为资产予以确认。

银行存款、存货、应收款、预付款、装置、设备都是资产，已售未提产品、预收款不是资产。

2. 负债

负债指企业过去的交易或事项形成的，预期会导致经济利益流出企业的现时义务。它的特征：一是企业承担的现时义务，在现行条件下已承担的义务，不包括未来发生的交易。二是负债预期会导致经济利益流出企业。三是负债是企业过去形成的。

借款、应付款、预收款是负债，预付款不是负债。

3. 所有者权益

根据会计等式，资产扣掉负债，就是所有者权益。所有者权益是企业资产扣除债权人权益后由所有者或投资者享有的部分。通常由股本、资本公积、留存收益构成。当所有者权益为负数的时候，即为资不抵债。所有者权益来源构成如图 15-1-1 所示：

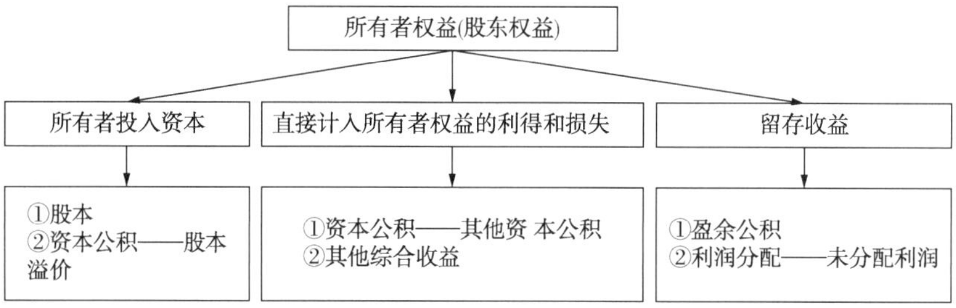

图 15-1-1　所有者权益构成图

4. 收入

收入是指企业在日常活动中形成的，会导致所有者权益增加的，与所有者投入资本无关的经济利益的流入。

日常活动是指企业为完成其经营目标所从事的经常性活动以及与之相关的活动。明确界定日常活动是为了将收入与利得相区分，日常活动是确认收入的重要判断标准，凡是日常活动所形成的经济利益的流入应当确认为收入；反之，非日常活动所形成的经济利益的流入不能确认为收入，而应当计入利得。如属于公司日常收入的有产品销售收入(汽油、煤油、柴油、液化气、硫黄和石油焦等产品的销售收入)、其他业务收入(外供蒸汽、电、处理库存积压物资和来料加工加工费收入等)、营业外收入(对方违章、违纪给企业支付的罚款，国家税费返还等)。

产品销售是收入，向银行借款不是收入，收到捐赠也不是收入。

5. 费用

费用是指企业在日常活动中发生的、会导致所有者权益减少的，与向投资者分配利润无关的经济利益的流出，是广义概念。购买原料、发放工资、支付修理费、支付税费都属于费用，而对外捐赠、处置固定资产等由于是非日常活动，不属于费用，而属于所有者权益的抵减。

费用具有以下特征：一是费用是企业在日常活动中形成的，这里日常活动的界定与收入定义中涉及的日常活动的界定相一致。二是费用会导致所有者权益的减少。与费用相关的经济利益的流出应当会导致所有者权益的减少，不会导致所有者权益减少的经济利益的流出，不应确认为费用。三是费用是与向所有者分配利润无关的经济利益的总流出。

费用的发生会导致经济利益的流出，从而导致资产的减少或者负债的增加(最终也会导致资产的减少)。

6. 利润

利润是企业在一定时期的经营成果。利润包括两个部分：一是收入减去费用后的净额，这是企业日常活动的业绩，一般称为营业利润；二是直接记入当期利润的利得和损失，是非日常活动的业绩。利润的来源构成如图 15-1-2 所示。

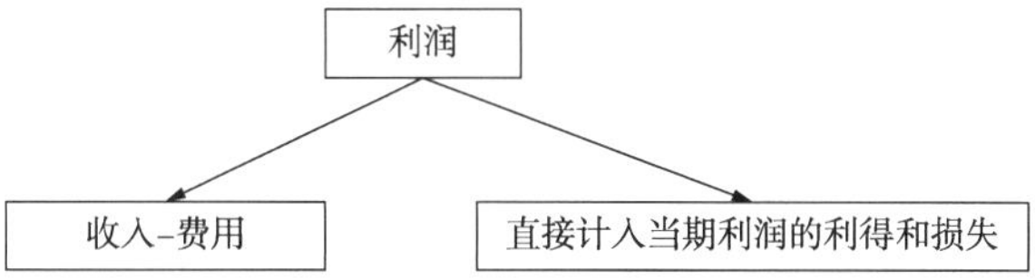

图 15-1-2　利润的来源构成

(三) 会计核算的方法

《企业会计准则》规定企业不予采用，目前，行政单位会计采用收付实现制，事业单位会计除经营业务可以采用权责发生制外，其他大部分业务采用收付实现制。

目前，一般有两种会计核算方法，一是权责发生制，二是收付实现制。

1. 权责发生制

权责发生制是以应收应付作为标准来处理经济业务，确定本期收入和费用的会计处理基础。在这种制度下，凡属本期已获得的收入，不管是否已收到资金，均作为本期的收入处理；凡属本期应负担的费用，不管是否付出了资金都作为本期的费用处理。反之，凡是不属于当期的收入和费用，即使款项已在当期收付，也不应当作为当期的收入和费用。《企业会计准则》规定企业单位应采用权责发生制。

2. 收付实现制

收付实现制是与权责发生制相对应的一种会计基础，是以收到或支付的现金作为确认收入和费用等的依据。凡在本期实际以现款付出的费用，无论其应否在本期收入中获得补偿均应作为本期应计费用处理；凡在本期实际收到的现款收入，不论其是否属于本期均应作为本期应计的收入处理。这种处理方法的好处在于计算方法比较简单，也符合人们的生活习惯，但按照这种方法计算的盈亏不合理、不准确。

(四) 会计等式

会计等式是在会计核算中利用数学公式即数量关系反映各个会计要素经济关系的数学表达式，它是进行记账和编制会计报表的理论依据。

1. 财务状况等式

财务状况等式是反映资产负债表要素之间的数量关系的等式。

$$资产=负债+所有者权益(股东权益) \qquad (15-1-1)$$

任何企业要从事生产经营活动，必定有一定数量的资产。而每一项资产，都是按照一定的渠道进入企业的，不管是由投资者投入，还是借入，都必定有其提供者。一般人们不会无偿地将经济资源(即资产)让渡出去，也就是说，企业中任何资产都有其相应的权益要求，谁提供了资产谁就对资产拥有索偿权，这种索偿权在会计上称为权益。这样就形成了最初的会计等式：

$$资产=权益 \qquad (15-1-2)$$

这一等式表明，资产和权益是同一事物的两个方面：资产是归企业所有、支配的一系列财产；权益是对这些财产的一系列所有权。由于全部资产都有对应的来源，来源又对应相应的权益，所以全部资产必须等于全部权益。

权益通常分为两种：一是以投资者的身份向企业投入资产而形成的权益，称为所有者权益；二是以债权人的身份向企业提供资产而形成的权益，称为债权人权益或负债。这样，上述等式又可表达成：

$$资产=负债+所有者权益 \tag{15-1-3}$$

式 15-1-3 基本的会计等式。任何时点，企业的所有资产，无论其处于何种形态(如现金、银行存款、固定资产等)，都必须有相应的来源。或者是借入的，或者是所有者投入的，或者是经营过程中所赚取的(这一部分也归所有者)。

2. 财务成果等式

财务成果等式是反映利润表要素之间的数量关系的等式。

$$收入-费用=利润 \tag{15-1-4}$$

式(15-1-4)反映了收入、费用和利润的关系，揭示了企业在某一特定期间的经营成果。

3. 综合会计等式

将财务状况等式和财务成果等式结合起来，就变成：

$$期末资产=期末负债+(期初所有者权益+收入-费用) \tag{15-1-5}$$

上式将财务状况要素(即资产、负债和所有者权益)和经营成果要素(即收入、费用和利润)进行有机结合，完整地反映了企业财务状况和经营成果的内在联系。

第二节　财务指标与报表分析

一、中国石化会计报表体系

会计报表是财务报告的一个组成部分。会计报表是以会计准则为规范编制的，向所有者、债权人、政府及其他有关各方及社会公众等外部反映会计主体财务状况和经营的会计报表。会计报表主要包括资产负债表、利润表、现金流量表或财务状况变动表、附表和附注。

财务报告是指企业对外提供的反映企业某一特定日期财务状况和某一会计期间经营成果、现金流量的文件。目标是向财务报告使用者(包括投资者、债权人、政府及其有关部门和社会公众等)提供与企业财务状况、经营成果和现金流量等有关的会计信息，反映企业管理层受托责任履行情况，有助于财务报告使用者作出经济决策。财务报告是一个完整的报告体系，由会计报表、会计报表注释和财务情况说明书所构成。

目前，中国石化股份公司有报表 200 多张，按照出具频次分为月报，季报，年报；按照填报口径分为合并、母公司、事业部、披露表、财政表 5 类；按照信息使用者分为外部披露报表和内部管理分析报表如图 15-2-1 所示。

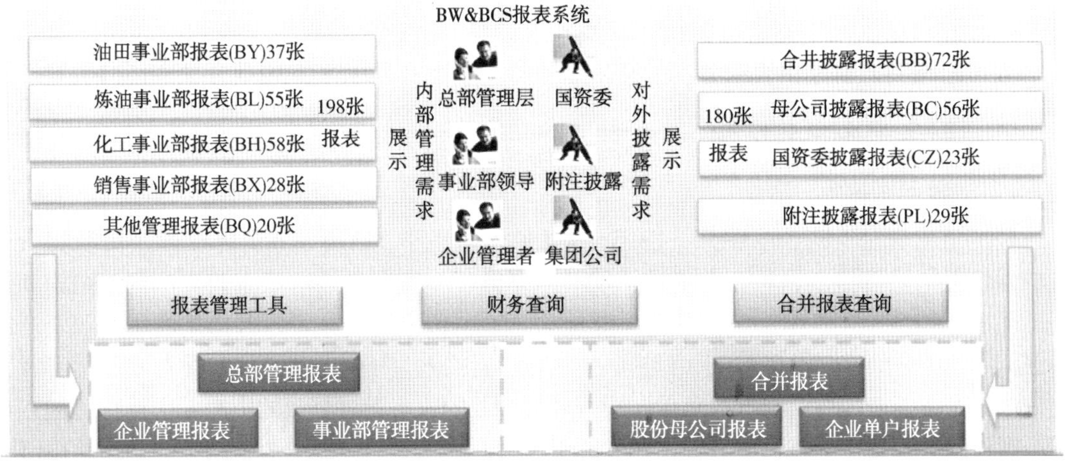

图 15-2-1　中国石化股份公司财务报表分类

二、报表的使用者

编制财务报表是为帮助财务报表使用者进行经营决策提供会计信息。由于财务报表使用者千差万别，不同的报表使用者对财务报表所提供信息的要求各有侧重。

1. 投资者(股东)

投资者可以是国家、法人、职工个人、其他经济单位和外商等。投资者主要关心投资报酬和投资风险。因而，企业编制的财务报表应当着重为其提供盈利能力、资本结构等方面的信息。

2. 债权人

企业的债权人主要包括银行和其他金融机构。他们重点关注所提供的资金是否能按期如数收回。因而，企业编制的财务报表应当着重为其提供有关的偿债能力的信息。

3. 政府及有关部门

政府部门阅读会计报表大多是进行综合分析，特别是财政部门和企业主管部门必须进行综合阅读与分析，以了解企业发展状况；税务部门则侧重确定企业生产经营成果和税源；国有资产管理部门则侧重掌握、监控企业国有资产保值增值情况。

4. 企业经营管理者

企业经营管理者最关注的是企业财务状况的好坏、经营业绩的大小以及现金的流动情况。因而，企业编制的财务报表应当着重为其提供企业某一特定日期的资产、负债及所有者权益状况，以及某一特定时期的经营业绩和现金流量方面的信息，为以后进行生产经营决策、改善经营管理提供参考资料。

5. 企业职工群众

企业职工群众最关注的是企业为其所提供的就业机会及其稳定性、劳动报酬高低和职工福利好坏等方面的资料，而上述情况又与企业的盈利能力和资本结构等情况密切相关。因而，企业编制的财务报表除了需要提供以上信息外，还需要提供与职工福利相关的资料。

6. 社会公众

社会公众包括企业潜在的投资者或债权人，要关注企业的现行发展情况和未来发展趋势。因而，编制的财务报表应当能够提供企业目前状况及其未来发展等有关方面的资料。

三、财务报表主要结构

（一）资产负债表

资产负债表是反映企业在某一特定日期（如月末、季末、年末）全部资产、负债和所有者权益情况的会计报表，是企业经营活动的静态体现。资产描述的是企业资产资源结构和规模的问题，按照流动性分为流动资产和非流动资产。负债和所有者权益描述的是企业资产的归属问题。企业的资产归属属于两类人：一类是债权人，一类是股东（出资人或者所有者），债权人对企业资产的要求权称为负债，股东或者企业的所有者对企业的资产要求权称为股东权益或者所有者权益。负债按照其偿还速度或偿还时间的长短，主要分为流动负债和长期负债。

目前，国际上流行的格式主要有账户式和报告式两种。我国会计准则规定，资产负债表的格式一律采用账户式结构，“有借必有贷，借贷必相等”“资产=负债+所有者权益”是资产负债表编制的理论基础，也是资产负债表成立的基本原理。

资产负债表分为左右两方，左侧为资产，右侧为负债和所有者权益。左侧资产内部各个项目排列规则为：按各项资产流动性的大小或变现能力的强弱进行排列。右侧负债及所有者权益内部各项目排列规则为所有项目按照偿权的先后顺序进行排列，越需要优先偿付的，排在越前面。资产负债表简要关系见表 15-2-1。

（二）利润表

利润表是反映企业一定会计期间（如月度、季度、半年度或年度）生产经营成果的会计报表。企业一定会计期间的经营成果既可能表现为盈利，也可能表现为亏损，因此，利润表也被称为损益表。它全面揭示了企业在某一特定时期实现的各种收入、发生的各种费用、成本或支出，以及企业实现的利润或发生的亏损情况。

1. 收入类项目

根据收入来源不同，划分五大类：主营业务收入、其他业务收入、投资收益、补贴收入、营业外收入。

2. 成本和费用类项目

成本和费用作为企业的支出，都是为获取收入服务的。成本是指企业为生产产品、提供劳务而发生的各种耗费，如主营业务成本等；费用是指企业为销售产品、提供劳务等日常活动所发生的经济利益流出，如营业费用、管理费用、财务费用等。

3. 税金类项目

在利润表中，涉及税金的项目有两个：

主营业务税金及附加。该项目用来核算企业日常应负担的税金及附加，包括消费税、城市建设维护税、资源税、土地增值税和教育费附加等。

所得税费用。该项目用来核算与企业计入利润表的净所得相配比的税费。

4. 利润项目

利润是在企业一定时期内的经营成果。利润表中涉及以下几个与利润相关的项目：主营业务利润、其他业务利润、营业利润、利润总额和净利润。

表 15-2-1　资产负债表主要内容及关系

<table>
<tr><td rowspan="24">资产</td><td rowspan="10">流动资产</td><td>货币资金</td><td rowspan="19">负债</td><td rowspan="11">流动负债</td><td>短期借款</td></tr>
<tr><td>内部存款</td><td>内部存入款</td></tr>
<tr><td>交易性金融资产</td><td>应付票据</td></tr>
<tr><td>应收票据</td><td>应付账款</td></tr>
<tr><td>应收账款</td><td>预收账款</td></tr>
<tr><td>预付账款</td><td>合同负债</td></tr>
<tr><td>其他应收款</td><td>应付职工薪酬</td></tr>
<tr><td>存货</td><td>应交税费</td></tr>
<tr><td>一年内到期的非流动资产</td><td>其他应付款</td></tr>
<tr><td>其他流动资产</td><td>一年内到期的非流动负债</td></tr>
<tr><td rowspan="14">非流动资产</td><td>其他债权投资</td><td>其他流动负债</td></tr>
<tr><td>其他权益工具投资</td><td rowspan="8">非流动负债</td><td>长期借款</td></tr>
<tr><td>长期应收款</td><td>应付债券</td></tr>
<tr><td>长期股权投资</td><td>长期应付款</td></tr>
<tr><td>内部投资</td><td>专项应付款</td></tr>
<tr><td>投资性房地产</td><td>租赁负债</td></tr>
<tr><td>固定资产</td><td>递延收益</td></tr>
<tr><td>在建工程</td><td>递延所得税负债</td></tr>
<tr><td>无形资产</td><td>其他非流动负债</td></tr>
<tr><td>科研开发支出</td><td colspan="2" rowspan="5">所有者权益</td><td>实收资本</td></tr>
<tr><td>商誉</td><td>资本公积</td></tr>
<tr><td>长期待摊费用</td><td>专项储备</td></tr>
<tr><td>递延所得税资产</td><td>盈余公积</td></tr>
<tr><td>其他非流动资产</td><td>未分配利润</td></tr>
<tr><td colspan="3">资产合计（资金用途）</td><td colspan="3">负债和所有者权益合计（资金来源）</td></tr>
</table>

利润表编制的原理是“收入-费用=利润”的会计平衡公式和收入与费用的配比原则。

其具体内容取决于收入、费用、利润等会计要素及其内容，利润表项目是收入、费用和利润要素内容的具体体现。从反映企业经营资金运动的角度看，它是一种反映企业经营资金动态表现的报表，主要提供有关企业经营成果方面的信息，属于动态会计报表。利润表主要内容和计算关系见表 15-2-2。

（三）现金流量表

现金流量表是反应一定时期内（如月度、季度或年度）企业经营活动、投资活动和筹资活动对其现金及现金等价物所产生影响的财务报表。现金流量表按照收付实现制编制。

现金流量表把企业的现金流分成了三类：经营活动产生的现金流量、投资活动产生的现金流量、筹资活动产生的现金流量。经营活动产生的现金流量是指生产经营活动中发生的现金收入与支出之差。投资活动产生的现金流量，是指投资活动中现金流入和流出的差额。筹资活动产生的现金流量，是指在企业筹资活动中发生的现金流入和流出。

现金流量表弥补了资产负债信息量的不足，便于从现金流量的角度对企业进行考核，同时也便于了解企业筹措现金、生成现金的能力。现金流量表结构及主要内容见表 15-2-3。

表 15-2-2　利润表主要内容和计算关系

营业收入	
减	营业成本 税金及附加 销售费用 管理费用 研发费用 勘探费用 财务费用 资产减值损失 信用减值损失
加	其他收益 投资收益 公允价值变动收益 资产处置收益
=	营业利润
加	营业外收入
减	营业外支出
=	利润总额
减	所得税费用
=	净利润

表 15-2-3　现金流量表结构及主要内容

分类	现金流入	现金流出
经营活动	（1）销售商品、提供劳务收到的现金	（1）购买商品、接受劳务支付的现金
	其中：票据承兑或贴现收到的现金	其中：销货运杂费支付的现金
	（2）收到的税费返还	库存用途变更-项目库转一般库
	（3）收到其他与经营活动有关的现金	（2）支付给职工以及为职工支付的现金
	其中：收到的押金、保证金	（3）支付的各项税费
	收回的衍生品保证金	（4）短期及低价值租赁支出
		（5）支付其他与经营活动有关的现金
		其中：支付的押金、保证金
		支付的衍生品保证金
		支付的勘探费用
投资活动	（1）收回投资收到的现金	（1）购建固定资产、油气资产、无形资产和其他长期资产支付的现金
	其中：收回委托贷款收到的现金	其中：库存用途变更-一般库转项目库
	（2）取得投资收益收到的现金	（2）投资支付的现金
	（3）处置固定资产、油气资产、无形资产和其他长期资产收回的现金净额	其中：委托贷款支付的现金
	（4）处置子公司及其他营业单位收到的现金净额	（3）取得子公司及其他营业单位支付的现金净额
	（5）收到其他与投资活动有关的现金	（4）支付其他与投资活动有关的现金
	其中：三个月以上定期存款到期收回现金	其中：三个月以上存款付现
	使用金融工具收到的现金	使用金融工具支付的现金
筹资活动	（1）吸收投资收到的现金	（1）偿还债务支付的现金
	其中：子公司吸收少数股东投资收到的现金	（2）分配股利、利润或偿付利息支付的现金
	（2）取得借款收到的现金	其中：子公司支付给少数股东的股利、利润或偿付的利息
	（3）获得内部资本收到的现金	（3）减少内部资本支付的现金
	（4）收到其他与筹资活动有关的现金	（4）偿还租赁负债的本金和利息
		（5）支付其他与筹资活动有关的现金
		其中：依法减资支付给少数股东的现金

(四) 所有者权益变动表

所有者权益变动表是反映公司本期(年度或中期)内至截至期末所有者权益变动情况的报表。其中，所有者权益变动表应当全面反映一定时期所有者权益变动的情况。

通过所有者权益变动表，既可以为报表使用者提供所有者权益总量增减变动的信息，也能为其提供所有者权益增减变动的结构性信息，特别是能够让报表使用者理解所有者权益增减变动的根源。

(五) 生产经营费用表

生产经营费用表是按生产费用要素反映企业在报告期(月份、年度)内发生的全部生产费用的会计报表，该报表综合反映了企业在生产过程中物化劳动和必要活劳动的耗费。生产费用表的基本结构分为三大部分，包括生产费用要素、在产品和自制半成品期初、期末余额，以及不包括在商品产品工厂成本内的其他生产费用。具体内容包括：外购材料：企业购买用于生产的原材料成本。外购燃料：包括购买的各种燃料成本，如煤炭、天然气等。外购动力：购买电力、蒸汽等能源的成本。提取的大修理基金：为固定资产大修理预留的资金。工资：直接参与生产的员工的薪酬。提取的职工福利基金：为员工福利预留的资金。税金：企业应缴纳的各种税费。其他支出：包括一些未包含在上述类别中的其他成本。折旧和摊销费：固定资产折旧和无形资产摊销的成本。利息支出：企业借款产生的利息成本。

在生产费用合计数的基础上，加减在产品和自制半成品期初、期末余额，再减去自制设备成本和其他不包括在商品产品工厂成本内的生产费用，即可计算出商品产品工厂成本。炼油事业部生产经营费用表内容结构见表15-2-4。

(六) 财务报表附注

财务报表附注是对在会计报表中列示项目所作的进一步说明，以及对未能在这些报表里列示项目的说明等。

企业编制附注的目的是通过对财务报表本身作补充说明，以更加全面、系统地反应企业财务状况、经营成果和现金流量的全貌，从而有助于向使用者提供更为有用的决策信息，帮助其作出更加科学合理的决策。

四、财务报表分析方法

财务报表分析是以财务报表数据为依据，运用一定的分析方法和技术，对企业的经营和财务状况进行分析，评价企业以往的经营业绩，衡量企业现在的财务状况，预测企业未来的趋势。

(一) 财务报表分析标准

经验标准是依据大量且长期的实践经验而形成的标准。

历史标准是本企业过去某一时期(如上年或上月)该指标的实际值。

行业标准是行业财务状况的平均水平，也可以是同行业中某一比较先进企业的业绩水平。

预算标准是实行预算管理的企业所指定的预算指标。

(二) 财务报表基本的分析方法

财务报表分析的一般方法，有比较分析法、比率分析法和因素分析法三种。

表 15-2-4　炼油生产经营费用表内容及结构图

<table>
<tr><td rowspan="32">销售成本</td><td rowspan="24">+</td><td rowspan="24">商品产品总成本</td><td rowspan="5">+</td><td rowspan="5">原料成本</td><td>+</td><td colspan="4">原油</td></tr>
<tr><td>+</td><td colspan="4">外购原料油</td></tr>
<tr><td>+</td><td colspan="4">来料加工</td></tr>
<tr><td>+</td><td colspan="4">其他外购原料</td></tr>
<tr><td>+</td><td colspan="4">其他（含添加剂）</td></tr>
<tr><td rowspan="13">+</td><td rowspan="13">完全费用</td><td rowspan="9">+</td><td rowspan="9">现金操作成本</td><td rowspan="3">+</td><td rowspan="3">变动成本</td><td>外购辅助材料（催化剂、化学药剂、其他）</td></tr>
<tr><td>外购动力（水、电、蒸汽、风、氮气、其他）</td></tr>
<tr><td>外购燃料（燃料油、天然气、石油焦、煤、其他）</td></tr>
<tr><td rowspan="4">+</td><td rowspan="4">固定费用</td><td>修理费</td></tr>
<tr><td>职工薪酬及福利</td></tr>
<tr><td>其他管理销售费用（研发费用、财产保险费、环保费、运输费、差旅费等共 77 项）</td></tr>
<tr><td>安全生产费用</td></tr>
<tr><td rowspan="2">−</td><td rowspan="2">供事业部外</td><td>外供水、电、蒸汽、风及其他</td></tr>
<tr><td>外供其他固定费用</td></tr>
<tr><td rowspan="3">+</td><td rowspan="3">折旧及摊销</td><td>+</td><td colspan="2">折旧费</td></tr>
<tr><td>+</td><td colspan="2">无形资产摊销</td></tr>
<tr><td>+</td><td colspan="2">长期待摊费用摊销（催化剂摊销除外）</td></tr>
<tr><td>+</td><td colspan="4">财务费用</td></tr>
<tr><td>−</td><td colspan="6">管理费用及研发费用</td></tr>
<tr><td>−</td><td colspan="6">财务费用</td></tr>
<tr><td>−</td><td colspan="6">销售费用</td></tr>
<tr><td>+</td><td colspan="6">期初半成品</td></tr>
<tr><td>−</td><td colspan="6">期末半成品</td></tr>
<tr><td>−</td><td colspan="6">来料加工费用转出</td></tr>
<tr><td>+</td><td colspan="8">期初产成品</td></tr>
<tr><td>−</td><td colspan="8">期末产成品</td></tr>
<tr><td>−</td><td colspan="8">产成品其他减少</td></tr>
<tr><td>+</td><td colspan="8">产成品盘盈盘亏</td></tr>
<tr><td>+</td><td colspan="8">产成品其他增加</td></tr>
<tr><td>+</td><td colspan="8">本期自用</td></tr>
<tr><td>+</td><td colspan="8">其他</td></tr>
<tr><td>+</td><td colspan="8">销货费用分摊</td></tr>
</table>

1. 比较分析法

比较分析法是将两个或两个以上相关指标进行对比，测算出相互间的差异，从而进行分析、比较，找出产生差异的主要原因的一种分析方法。

1）本期实际执行与本期计划、预算进行对比。这就是将事前计划的实际完成情况，同上级或本单位的计划任务、预算进行比较，通过对比，找出差距，发现问题。这种方法，一般可按下列公式进行：

实际数较计划数增减数额＝本期的实际完成数—本期的预算（计划）数　（15-2-1）

预算（计划）完成的百分比＝本期的实际完成数÷本期的预算（计划）数×100%　（15-2-2）

2）本期实际与历史同期进行比较。通过比较，可以了解本期与过去时期的增减变化情况，研究其发展趋势，分析原因，找出改进工作的方向。

3）本期实际执行与同类单位先进水平进行比较。就是将本单位与其他同类型单位的有关指标的完成情况进行对比。如将各项开支标准的实际执行情况，在同类型单位之间加以比较，从而发现与先进单位的差距，有利于取长补短，挖掘潜力，提高本单位的工作水平，赶超先进。

2. 比率分析法

比率分析法就是通过计算、比较各项经济指标的比率，来确定相对数差异的一种方法。该方法可以把不同条件下的不可比较指标转变为可以比较的指标，从而使分析效果更为客观。

计算财务比率时，可将同一张会计报表中的两项经济指标进行对比，也可将不同的会计报表中不同项目的数据进行比较。

比率分析法可以分为以下几种：

1）相关比率分析。将两个相关的经济指标相互比较，用以反映两个相互关联的指标之间的数量比例关系。

2）结构比率分析。通过计算某项经济指标内部各构成部分的数与总量数值之间的比率，说明局部和整体之间的比例关系。利用结构比率及其变化，往往可以发现某项指标的变化及结构变化之间的联系，从而确定影响该项指标的主要因素。

3）趋势比率分析。将同一指标在不同时期的数值进行比较，求出比率，以观察和判断企业经营状况的发展趋势。

3. 因素分析法

因素分析法是在几个相互联系的因素中，以数值来测定各个因素的变动对总差异的影响程度的一种方法，又称连环替代法。因素分析法一般是将其中的一个因素定为变量，其他因素暂时定为不变量，进行替换，测算每个因素对该项指标影响的程度，然后根据构成指标诸因素的依存关系，再逐一测定各因素的影响程度。因素分析法的一般程序是：先根据各个因素，求得指标实际执行数；再按照一定顺序将各因素变动，求得对指标实际执行的影响程度；最后将各因素变动对指标实际执行数的影响数值相加，即是实际数与计划数之间的总差额。

五、主要财务报表分析

（一）资产负债表分析

资产负债表由资产、负债和所有者权益三部分组成。资产负债表结构分析，就是通过对报表各个组成部分占总资产的比率分析，来评价和衡量企业的财务状况。资产负债表结构分析包括资产结构分析、负债结构分析等。

1. 资产结构分析

资产结构分析指企业的流动资产、长期投资、固定资产、无形资产及其他资产总额的比重。通过分析不同流动性的资产占总资产的比率，能了解企业的资产结构是否合理。

在分析资产结构时，主要指标为流动资产率，公式为：

$$流动资产率=(流动资产额/资产总额)\times100\% \tag{15-2-3}$$

一般来说，流动资产占比越高，企业的资金流动性、变现能力越强。

2. 负债结构分析

负债结构分析主要包括负债总额与所有者权益的比例关系，以及负债中长期负债与短期负债的分布情况等。通过分析，可以了解企业的债务情况，了解企业自有资金与债务的比率关系。主要指标如下。

1）自有资金负债率。该指标反映负债总额与企业资本总额的比例关系，也称为投资安全系数。企业自有资金负债率越高，债权人的保障程度越低。

2）长期负债比重。该指标用来核算企业长期负债在总负债中的占比。该比重反映企业对外来长期资金的依赖程度，比重越高，依赖程度越高。

3）流动负债比重。该指标用来核算企业流动负债在总负债中的比重。

3. 短期偿债能力分析

短期偿债能力反映企业在不用变卖或处置固定资产的情况下能否偿还短期负债的能力。短期负债是指流动负债，包括短期借款、应付、应交及预收款项等不长于一年或一个经营周期的债务。反映企业短期偿债能力的比率又称为流动性比率。

反映企业短期偿债能力的指标主要有流动比率、速动比率和现金比率。

1）流动比率。流动比率为流动资产与流动负债之比，其计算公式为：

$$流动比率=流动资产/流动负债 \tag{15-2-4}$$

流动比率反映一定期间内，企业有多少可以转化为现金的资产能用来偿还一年内到期的短期债务。流动比率越高，企业的偿债能力、变现能力越强。但流动比率并不是越高越好，过高的流动比率，说明企业在流动资产上占用资金过多，资金利用效率低。

2）速动比率。速动比率是在流动比率的基础上更严格地对企业流动资产质量的评价。其计算公式为：

$$速动比率=(流动资产-存货)/流动负债 \tag{15-2-5}$$

由于存货要销售后才能变成现金，其变现受到市场需求、价格等多种因素限制，变现能力较差，因此分析速动比率，可以更进一步判断企业偿债能力。

3）现金比率。现金比率是指企业期末现金类资产对流动比率的比率。其计算公式为：

$$现金比率=(货币资金+交易性金融资产)/流动负债 \tag{15-2-6}$$

现金比率能反映企业直接偿付流动负债的能力，是最严格、最稳健的短期偿债指标。但这一指标过高，则企业的资金利用率低，不利于盈利水平的提高。

4. 长期偿债能力分析

长期偿债能力是指企业偿还长期负债的能力。企业的长期负债主要包括长期借款、应付债券、长期应付款等偿还期在一年以上的债务。分析和评价企业长期偿债能力的指标主要有资产负债率、股东权益比率、负债股权比率、利息保障倍数等。

1）资产负债率。资产负债率是企业负债总额与资产总额的比率，它反映企业的资产总额中有多少是通过举债获得的。其计算公式为：

资产负债率=(负债总额/资产总额)×100%　(15-2-7)

对企业经营者，在考虑资金成本负担能力的同时，还要考虑通过适度负债满足企业发展对资金的需求，既不能过于保守，也不应当盲目举债。

2）股东权益比率。股东权益比率是股东权益占企业资产总额的比例，该指标反映企业资产总额中有多少是所有者投入的资金。其计算公式为：

股东权益比率=(所有者权益总额/资产总额)×100%　(15-2-8)

3）负债股权比率。负债股权比率是负债总额与股东权益总额的比率，也称产权比率。其计算公式为：

负债股权比率=(负债总额/所有者权益总额)×100%　(15-2-9)

5. 企业的营运能力分析

企业运营能力分析主要分析企业对各项资产的运用效率。通过对有关财务比率的分析，可以了解企业资产运行是否合理，是否有多余资产闲置等，常用的反映企业营运能力的财务指标有存货周转率、应收账款周转率、流动资产周转率、固定资产周转率、总资产周转率等。

1）存货周转率。存货周转率为销售成本与平均存货之比，反映企业存货利用效率的高低，其公式为：

存货周转率=销售成本/[(期初存货+期末存货)/2]　(15-2-10)

存货周转率是表明存货流动性的主要指标，也是衡量和评价企业存货购入、投入生产、销售收回等环节的综合性指标，是衡量企业资产管理能力高低的重要指标之一。一般说来，该指标越高越好。

2）应收账款周转率。应收账款周转率为全年销售收入与平均应收账款之比，反映的是企业应收账款利用效率，其公式为：

应收账款周转率=销售收入/[(期初应收账款+期末应收账款)/2]　(15-2-11)

应收账款周转率可以用来评价企业应收账款变现速度和管理效率，反映了企业资金周转状况，也能体现企业信用管理的宽严程度，一般来说该指标越高越好。

3）总资产周转率。总资产周转率为全年销售收入与企业总资产之比，反映的是企业全部资产的利用效率，其公式为：

总资产周转率=销售收入/[(期初资产总额+期末资产总额)/2]　(15-2-12)

总资产周转率即企业的总资产在一定时期内周转次数，其比率越高越好，表明总资产周转速度越快，企业销售能力越强，利用全部资产进行经营的效率越高。

(二) 利润表分析

盈利能力是指企业获取利润的能力，追求利润是投资者的直接目的，同时利润也是企业发展、壮大的直接动力。通常分析企业盈利能力，就是分析通过生产、经营，增值了多少，分别通过什么项目增值等。

1. 利润表平衡分析

1）主营业务利润。主营业务利润又叫产品销售利润，是企业主营业务财务成果的具体体现。计算公式为：

$$主营业务利润=主营业务收入-主营业务成本-主营业务税金及附加 \quad (15-2-13)$$

2）主营业务利润率。主营业务利润率是企业在一定时期内主营业务利润与主营业务收入净额直接的比率，它说明了企业主业的盈利能力，也反映出企业主业的市场竞争力和发展潜力。其公式为：

$$主营业务利润率=(主营业务利润/主营业务收入净额)\times100\% \quad (15-2-14)$$

3）毛利。毛利就是主营业务利润加其他业务利润，计算公式：

$$毛利=主营业务利润+其他业务利润 \quad (15-2-15)$$

4）毛利率。毛利率就是毛利与营业收入总额的比率，其公式为：

$$毛利率=(毛利/营业收入)\times100\% \quad (15-2-16)$$

如果一个企业毛利率高于其主营业务利润率，则该企业盈利能力主要来源于其他业务利润。

5）营业利润。

$$营业利润=毛利-销售费用-管理费用-财务费用 \quad (15-2-17)$$

6）营业利润率。营业利润率指企业在一定时期内营业利润与营业收入之间的比率。通过这一指标可以衡量企业在一定时期内营业收入获取利润的能力，其计算公式为：

$$营业利润率=(营业利润/营业收入)/100\% \quad (15-2-18)$$

影响营业利润率的因素除了毛利外，还有营业费用、管理费用和财务费用等，所以对企业各个部门实施有效降本压费措施，减少相关费用，虽然不创收，但也能提高企业营业利润率。

7）利润总额。利润总额计算公式为：

$$利润总额=营业利润+投资收益+营业外收入-营业外支出 \quad (15-2-19)$$

8）净利润。净利润是营业利润加上投资收益、补贴收入和营业外收支净额，减去所得税费用后的余额，是企业所有者最终取得的财务成果。

$$净利润=利润总额-所得税 \quad (15-2-20)$$

9）净利润率。净利润率又称销售净利率，是指企业实现的净利润与营业收入的比率，通过这一指标可以衡量企业在一定时期内整体获取利润的能力，其计算公式为：

$$净利润率=(净利润/营业收入)/100\% \quad (15-2-21)$$

2. 与投资相关的盈利能力指标分析

对于投资者来说，仅仅了解企业经营是否赚钱还不够，还需要确认投资是否更合理、更合算。这就涉及与投资相关的盈利能力指标分析，如：总资产收益率、总资产报酬率、净资产收益率和资本金收益率等指标。

1）总资产收益率。总资产收益率也称总资产报酬率，是企业一定期间内实现的收益额与该时期企业平均资产总额的比率，该指标用来衡量企业总体资产的盈利能力，其公式为：

$$总资产收益率=(净利润/资产平均总额)\times100\% \quad (15-2-22)$$

净利润与该指标正相关，净利润越高，该指标越高。资产总额与该指标负相关，总资产规模越大，其资产收益率就越低。

2）净资产收益率。净资产收益率又称所有者权益报酬率或股东收益率，是企业一定时期内净利润与平均资产的比率。该指标用来衡量企业所有者权益获得的报酬水平。其公式为：

净资产收益率=(净利润/所有者权益平均值)×100%　　(15-2-23)

通过净资产收益率能判断管理者管理企业水平的高低，可以作为所有者衡量自己投入企业资本的保值增值程度的基本依据。

3. 与成本费用的盈利能力指标分析

成本费用利润率是指企业的净利润与成本费用总额的比率，是反映企业生产经营过程中的耗费与获得的收益之间关系的指标，该指标越高，表明企业为取得利润而付出的代价越小，企业的成本费用控制得越好，盈利能力就越强，其计算公式为：

成本费用利润率=(净利润/成本费用总额)×100%　　(15-2-24)

从公式可见，只要企业实施增收节支、增产节能，提高效率，其盈利能力就能提高。

(三）现金流量表分析

现金流量就是一段时间内，企业的现金流入、流出及结余状态。现金流量表分析，是指对现金流量表内有关数据进行比较、分析和研究，从而了解企业的财务状况及现金流量情况，发现企业存在的问题，预测企业未来的财务状况，揭示企业的支付能力，为报表使用者提供决策依据。比较常用的现金流量表分析方法有：经营活动现金流量的质量分析、现金流量表结构分析等。

1. 经营活动现金流量的质量分析

经营活动现金流量的质量是指经营活动现金流量对公司真实经营状况的客观反映程度，以及对财务状况与经营成果的改善，对持续经营能力的增强所具有的推动作用。一般说来经营活动现金流量的质量包括真实性、充足性、稳定性和成长性四个方面。

经营活动现金流量真实性分析，主要是通过细化分析经营活动各项目现金流入、流出，来判断企业经营活动现金流量的真实状况。

经营活动现金流量充足性分析指企业经营现金流量是否满足维持正常生产经营活动，通常情况下只有在“经营活动现金流量净额>本期折旧+无形资产、长期待摊费用+待摊费用摊销额+预提费用提取额”的条件下，企业的经营活动现金流量才算充足，企业现有规模下的简单再生产才能得以持续。

2. 现金流量表结构分析

现金流量表结构分析是指同一时期现金流量表中不同项目间的比较与分析，分析企业现金流入的主要来源和现金流出的方向，并评价现金流入流出对净现金流量的影响。现金流量表分析一般要编制百分数现金流量表，即分别计算出现金流量表各项现金流入、流出及净值占现金总流入、流出及净值的比重。

一般来说，经营活动现金流占总现金流比重大的企业，经营状况比较好，财务风险较低，现金流入结构也较为合理。如果利润表显示企业盈利，而经营活动现金流量项目中现金流入不多时，就说明企业的经营收入未全部变成现金，其资金运转缺乏效率。

常用财务评价指标计算方法及含义见表15-2-5~表15-2-7。

表 15-2-5　盈利能力指标

序号	指标	公式	含义
1	销售利润率	$\frac{净利润}{销售收入}$	净利润占销售收入的比重，表示每元销售收入所带来的净利润。指标越高，销售收入的能力越强
2	营业利润率	$\frac{EBIT}{销售收入}$	息税前利润占销售收入的比重，表示每元销售收入所带来的利息、所得税和净利润。指标越高销售收入的能力越强
3	EBITDA 利润率	$\frac{EBITDA}{销售收入}$	息税前利润和折旧及摊销占销售收入的比重，表示每元销售收入所带来的利息、净利润和收回的非付现成本。指标越高，表明销售收入的盈利能力越强，且经营性进现金的创造能力越强
4	总资产利润率	$\frac{净利润}{平均总资产}$	净利润与总资产的比例关系，表示每元总资产所带来的净利润，指标越高，总资产的盈利能力越强
5	税前总资产盈利能力	$\frac{EBIT}{平均总资产}$	息税前利润与总资产的比例关系，表示每元总资产所带来的利息、所得税和净利润。指标越高，总资产的盈利能力越强
6	税后总资产盈利能力	$\frac{EBIT(1-T)}{平均总资产}$	息前税后利润与总资产的比例关系，表示每元总资产所带来的利息和净利润。指标越高，总资产的盈利能力越强
7	权益资本利润率(ROE)	$\frac{净利润}{平均权益资本}$	净利润与权益资本的比例关系，表示股东投入每元权益资本所带来的净利润。指标越高，股东权益资本的盈利能力越强
8	税前投入资本利润率(ROIC)	$\frac{EBIT}{平均投入资本}$	息税前利润与投入资本的比例关系，表示每元投入资本(包括股东的权益资本和付息债务资本)所带来的利息、所得税和净利润。指标越高，投入资本的盈利能力越强
9	税后投入资本利润率(ROIC)	$\frac{EBIT(1-T)}{平均投入资本}$	息前税后利润与投入资本的比例关系，表示每元投入资本(包括股东的权益资本和付息债务资本)所带来的利息和净利润。指标越高，投入资本的盈利能力越强

表 15-2-6　负债和偿债能力指标

序号	指标	公式	含义
1	总资产负债率	$\frac{平均总负债}{平均总资产}$	所有负债占总资产的比重。指标越大，说明负债程度越高；反之越低
2	权益资产比	$\frac{平均权益资本}{平均总资产}$	股东权益资本占总资产的比重。指标越大，负债比例越低说明权益资本所占比重越高
3	权益乘数	$\frac{平均总资产}{平均权益资产}$	权益资本与总资产的比例关系。表示每元权益资本所支撑的总资产。指标越大，说明负债比例越高；反之越低
4	权益负债比	$\frac{平均权益资产}{平均长期负债}$	权益资本与长期负债的比例关系。表示每元长期负债所对应的权益资本。指标越大，说明长期负债的程度越低；反之越高
5	基于 EBIT 的利息保障倍数	$\frac{EBIT}{年应付利息}$	使用当年可用于支付利息的“收入项目”(利息、所得税、净利润)与当年应付利息的比例关系，指标越大，说明付息能力越强；反之越弱
6	基于现金的利息保障倍数	$\frac{税前经营性净现金-(折旧+摊销)}{年应付利息}$	使用当年可用于支付利息的“现金项目”(税前经营净现金—折旧和摊销)与当年应付利息的比例关系。指标越大，说明付息能力越强；反之越弱

续表

序号	指标	公式	含义
7	基于 EBITDA 的本息保障倍数	$\frac{\text{EBITDA}}{\text{年应付利息+年应还本金}}$	使用当年可用于支付利息的"收入项目"(利息、所得税、净利润、折旧、摊销等)与当年应付利息和本金的比例关系。指标越大，说明还本付息能力越强；反之越弱
8	基于现金的本息保障倍数	$\frac{\text{税前经营性净现金}}{\text{年应付利息+年应还本金}}$	使用当年可用于支付利息的"现金项目"(税前经营性进现金)与当年应付利息和本金的比例关系。指标越大，说明还本付息能力越强；反之越弱

表 15-2-7　流动性指标

序号	指标	公式	含义
1	流动比率	$\frac{\text{平均流动资产}}{\text{平均流动负债}}$	流动资产与流动负债的比例关系，表示每元流动负债有多少元流动资产做"抵押"。一方面反映企业流动负债的清偿能力，另一方面反映企业流动资产的流动性或变现能力
2	速动比率	$\frac{\text{平均流动资产-平均存货}}{\text{平均流动负债}}$	除了存货之外的流动资产与流动负债的比例关系。表示每元流动负债有多少元更具变现性的流动资产做"抵押"。一方面反映企业流动负债的清偿能力，另一方面反映企业除存货外
3	营运资本需求量比率	$\frac{\text{平均流动资产-平均流动负债}}{\text{平均总资产}}$	营运资本需求量占总资产的比重，具有双重含义：一方面反映企业流动资产的变现能力，指标越大，变现能力越强；另一方面反映企业多出的流动资产占用资金的情况，指标越大，资金占用得越多，特别是当流动资产中变现能力差的存货、应收款、预付款增加
4	营运资本比率	$\frac{\text{平均非收息流动资产}}{\text{平均非付息流动负债}}$	企业经营性流动资产(无息的流动资产)与经营性流动负债(无息的流动负债)之间的比例关系。该指标越小，说明企业运用无息的流动负债来经营的能力越强，企业的资本成本越低，营运资本管理水平越高；反之，说明企业运用无息流动负债来经营的能力越弱，企业的资本成本越高，营运资本管理水平越低

第三节　成本构成及计算

一、企业成本概述

成本费用泛指企业在生产经营中所发生的各种资金耗费。成本一般指企业为生产商品和提供劳务等所耗费的物和劳动的价值的货币表现，是生产活动中所使用的生产要素的价格，是商品价值的重要组成部分。成本的构成内容主要包括：原料、材料、燃料等费用，表现商品生产中已耗费的劳动对象的价值；折旧费用，表现商品生产中已耗费的劳动对象的价值；工资，表现生产者的必要劳动所创造的价值等。生产成本与一定种类和数量的产品相联系，而与会计期间无关。

费用是指获取收入过程中发生的资源耗费，包括计入生产经营成本的费用和计入当期损益的期间费用。费用的计算是以直接费用、间接费用为依据确定，计算期与会计期间相联系。

炼油企业成本的流转过程如图 15-3-1 所示。

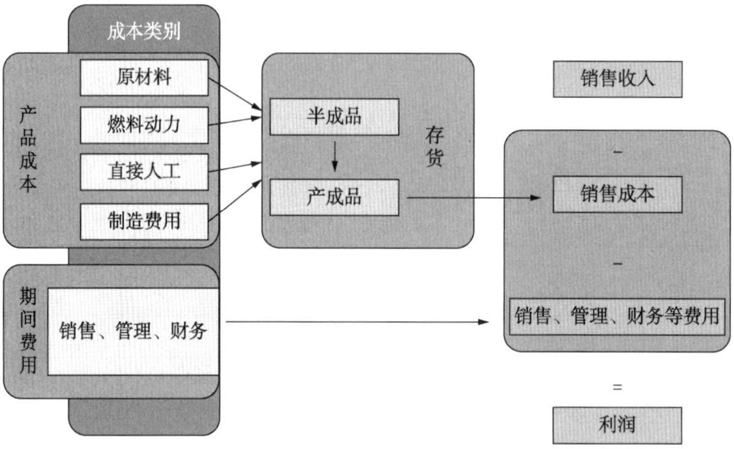

图 15-3-1　炼油企业成本流转过程

二、炼油企业成本指标

炼油企业常用单位现金操作成本和单位完全费用两个指标反映成本水平。单位现金操作成本和单位完全费用两个指标的差异在于单位现金操作成本不含折旧、摊销和财务费用。

单位完全费用计算方法如图 15-3-2 所示。

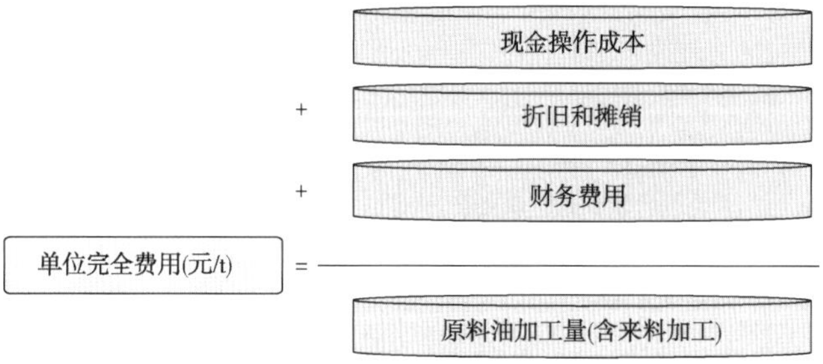

图 15-3-2　单位完全费用计算方法

单位现金操作成本计算方法见图 15-3-3。

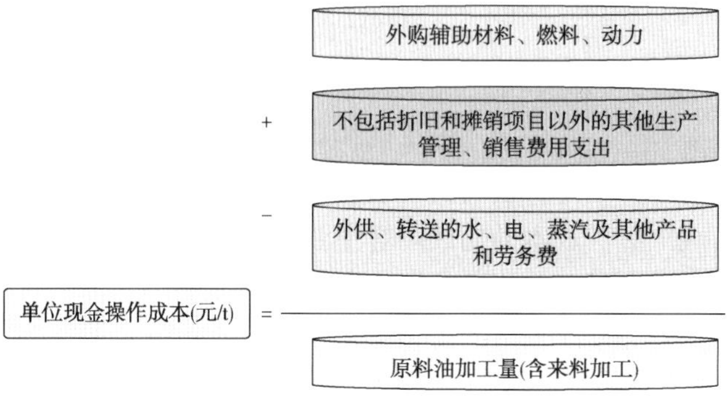

图 15-3-3　单位现金操作成本计算方法

三、成本性态分析

成本性态就是指成本与产量之间的依存关系，按照成本性态，成本分为固定成本、变动成本和混合成本。

(一) 固定成本

固定成本概念及分类见表15-3-1。

表15-3-1　固定成本

<table>
<tr><td>概念</td><td colspan="2">在一定期间和特定的业务量范围内(相关范围)，总额保持相对稳定的成本
1)固定成本总额在一定期间稳定是相对于业务量来说的，并非该成本实际发生额每月固定不变
2)单位固定成本随着业务量的增加而减少</td></tr>
<tr><td>举例</td><td colspan="2">固定月工资、固定资产折旧、财产保险费、职工培训费、广告费等</td></tr>
<tr><td rowspan="2">分类</td><td>约束性固定成本</td><td>1)不能通过当前的管理决策行动加以改变的固定成本
2)属于企业“经营能力”成本，是企业为了维持一定的业务量所必须负担的最低成本
3)降低约束性固定成本，需从合理利用经营能力、降低单位固定成本入手的典型项目：固定资产折旧、财产保险、管理人员工资、取暖费、照明费等</td></tr>
<tr><td>酌量性固定成本</td><td>1)可以通过管理决策行动改变其数额的固定成本
2)酌量性固定成本通常按预算来支出，预算支出额与时间相联系，而与产量无关，酌量性固定成本视为期间成本典型项目：科研开发费、广告费、职工培训费等</td></tr>
</table>

(二) 变动成本

变动成本概念及分类见表15-3-2。

表15-3-2　变动成本

<table>
<tr><td>概念</td><td colspan="2">在特定的产量范围内(相关范围)，其总额随着产量变动而呈正比例变动的成本。变动成本是产品生产的增量成本，单位变动成本在相关范围内不随产量变动而变动</td></tr>
<tr><td>举例</td><td colspan="2">直接材料、直接人工和外部加工费等</td></tr>
<tr><td rowspan="2">分类</td><td>技术变动成本</td><td>1)与业务量有明确的技术或实物关系的变动成本
2)技术变动成本是利用生产能力所必须发生的成本。生产能力利用得越充分，则这种成本发生得越多典型项目：直接材料、直接人工等</td></tr>
<tr><td>酌量性变动成本</td><td>1)可以通过管理决策行动改变的变动成本
2)最佳的合理支出通常要依靠经理人员的综合判断来决定。经理人员的决策一经作出，其支出额将随业务量呈正比例变动，具有技术变动成本的同样特征
典型项目：按销售额一定百分比开支的销售佣金、新产品研制费、技术转让费，以及可按人的意愿投入的辅料</td></tr>
</table>

(三) 混合成本

混合成本概念及分类见表15-3-3。

表 15-3-3 混合成本

概念	随产量的变动而变动，但是不呈正比例变动	
分类	半变动成本	在初始基数的基础上随产量正比例增长的成本，如电费、电话费、燃料、维护和修理费等
	半固定成本	总额随业务量呈阶梯式增长，也称阶梯式成本，如受开工班次影响的动力费、整车运输费用、检验人员工资等
	延期变动成本	在一定业务量范围内总额保持稳定，超过特定业务量则开始随业务量呈比例增长的成本，如固定月工资加加班费
	曲线成本	包括变化率递增成本(如违约金、罚款、累进计件工资)和变化率递减成本(用水成本)
		成本总额均随产量增加而增加
		在相关范围内，可以近似看成变动成本或半变动成本

四、原油采购成本构成及优化

(一) 原油采购成本构成

原油到厂价格计算公式如下：

$$进厂原油价格=基准油价格+升贴水+运费+操作费+杂费 \quad (15-3-1)$$

其计价主要条款如图 15-3-4 所示。

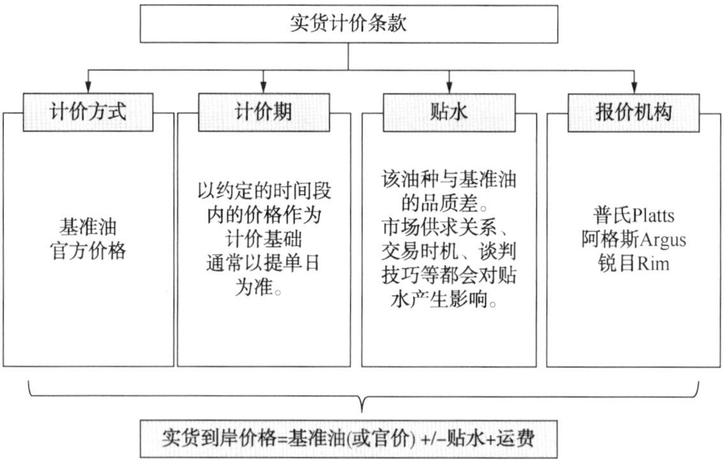

图 15-3-4 原油价格计价条款

1. 基准油价影响因素

基准油价主要分为挂靠布伦特、迪拜原油和 WTI 三种。一般情况下，销往亚洲的中东原油采用迪拜原油计价，西非原油和南美原油采用布伦特计价。

一般说的原油价格通常指的是布伦特期货油价(ICE Brent)。主要原油期货合约有：ICE BRENT(布伦特原油合约)、NYMEX WTI(西德克萨斯轻油合约)、DME OMAN(阿曼原油合约)、上海原油期货合约。

石油作为商品除了商品属性还有战略属性和金融属性。商品属性要求研判宏观经济和原油供需关系，战略属性要求研究地缘政治、美国战略方向、欧佩克+政策等，金融属性要求研究美元、美债政策、基金持仓等。影响油价因素如图 15-3-5 所示。

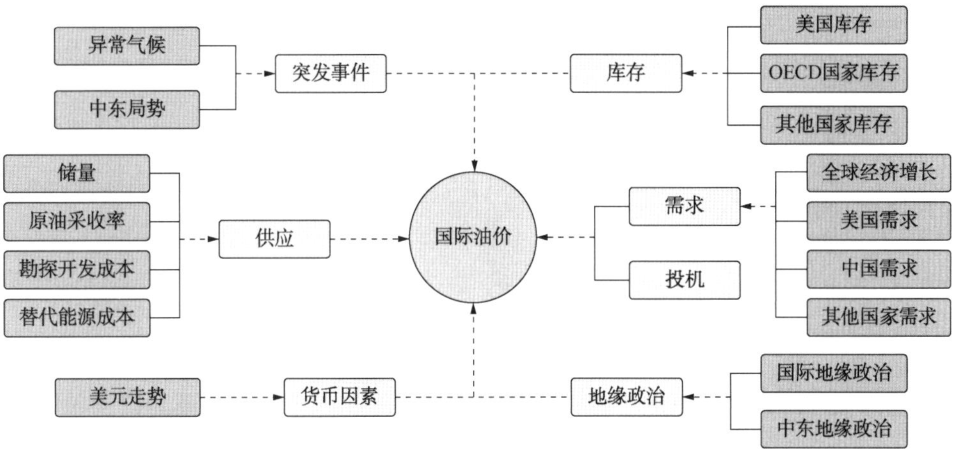

图 15-3-5　影响国际油价主要因素

2. 贴水主要影响因素

原油贴水受诸多因素影响。同一种原油，贴水涨跌主要受供需关系影响。影响贴水主要因素如图 15-3-6 所示。

（二）原油采购优化

1. 原油采购总体工作目标和原则

以安全生产为前提，以保障生产需求为基础，综合考虑炼油、化工生产平衡，努力提高采购原油的性价比，实现企业效益最大化。

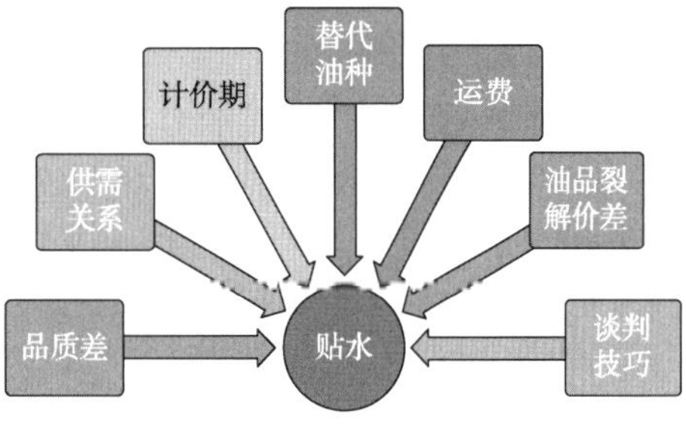

图 15-3-6　影响油价贴水主要因素

2. 原油采购的优化范畴

包含原油市场分析、原油保本点优化测算、原油采购方案优化；原油加工量优化、装置加工进度及状态跟踪；特殊油种加工进度控制、新油种加工可行性分析等。

3. 优化原油采购四项准则

1）根据自身硬件特点采购原油（罐容、装置结构、装置设防值）；

2）物料充分利用（宜油则油，宜芳则芳，宜烯则烯）；

3）确保资源平衡和物料平衡；

4）效益最大化为原则处理与生产计划、财务要求的冲突。

4. 原油采购性价比测算

原油性价比其实就是毛利对比（毛利排序），公式如下：

$$毛利=保本点(产物价值)-原油加工成本(原油成本与加工费用) \qquad (15-3-2)$$

常用保本点测算方法有单油种倒推法和 PIMS 模型测算。其中单油种倒推法基本思路如图 15-3-7 所示。

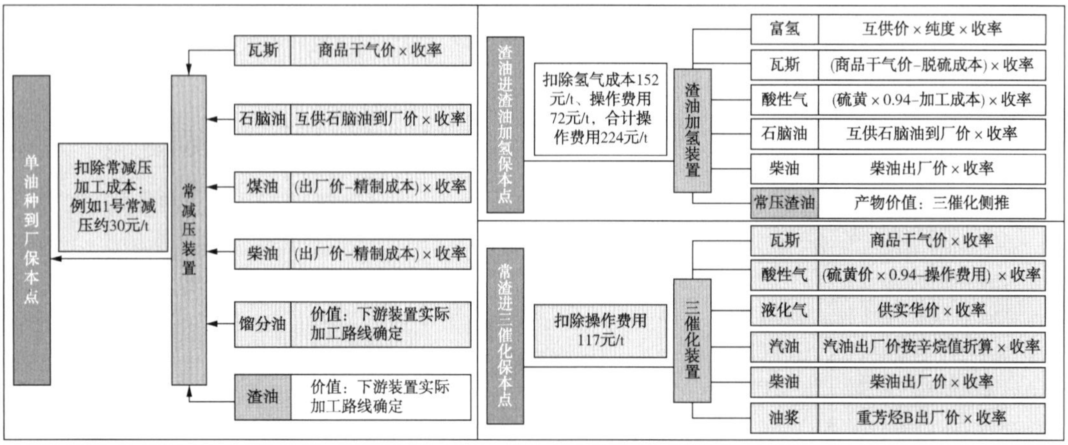

图 15-3-7 单油种倒推计算毛利思路

为了使原油性价比测算更加精确，原油毛利测算需要考虑原油性质对产物价值的影响，具体如下：

一是硫含量对原油性价比的影响：脱硫成本。某硫黄装置生产 1t 硫黄，其氢气成本约 215 元，变动费用成本约 420 元。另外需考虑硫转化成硫黄出厂带来的价值损失。经统计，原油的硫约有 70%以上转化为低价值的硫黄，简化考虑 1 硫黄的价值损失即是原油和硫黄的价差。

二是酸值对原油性价比的影响。酸值升高不改变产品分布，而且单位脱酸成本相对每吨原油的成本较低(约 0. 6 元/t 原油，折合到原油成本为 0. 013 美元/桶)，对原油价值影响不大。需要考虑的是含酸原油对装置的腐蚀影响，其次是酸值对原油价格的影响。

三是劣质化带来的成本增加。有些原油因为过于劣质，需要添加某些添加剂(如多巴原油的钙含量较高，加工时需要加入脱钙剂)，这将会增加原油的加工成本。以多巴原油为例，每吨需要加入脱钙剂 150g/t，增加成本约 4 元，折算到原油成本为 0. 09 美元/桶。

第四节 利润的构成及计算

一、利润计算方法

(一) 营业利润

营业利润计算公式如下：

营业利润＝营业收入－营业成本－营业税金及附加－销售费用－管理费用－财务费用－
资产减值损失＋公允价值变动收益(－公允价值变动损失)＋
投资收益(－投资损失) (15-4-1)

式中，营业收入是指企业经营业务所确认的收入总额，包括主营业务收入和其他业务收入。

营业成本是指企业经营业务所发生的实际成本总额，包括主营业务成本和其他业务成本。

资产减值损失是指企业计提各项资产减值准备所形成的损失。

公允价值变动收益(或损失)是指企业交易性金融资产等公允价值变动形成的应计入当期损益的利得(或损失)。

投资收益(或损失)是指企业以各种方式对外投资所取得的收益(或发生的损失)。

(二) 利润总额

利润总额计算公式如下：

利润总额=营业利润+营业外收入-营业外支出　(15-4-2)

式中，营业外收入是指企业发生的与其日常活动无直接关系的各项利得。营业外支出是指企业发生的与其日常活动无直接关系的各项损失。

(三) 净利润

净利润计算公式如下：

净利润=利润总额-所得税费用　(15-4-3)

式中，所得税费用是指企业确认的应从当期利润总额中扣除的所得税费用。

净利润是一个企业经营的最终成果，净利润多，企业的经营效益就好；净利润少，企业的经营效益就差，是衡量一个企业经营效益的主要指标。净利润的多寡取决于两个因素，一是利润总额，二是所得税率。企业的所得税率都是法定的。

(四)毛利润计算方法及用途

毛利润是指主营业务收入减去主营业务成本的差额。计算公式如下：

毛利润=主营业务收入-主营业务成本　(15-4-4)

按照《企业会计准则》的要求，主营业务成本包括直接材料、直接人工和制造费用。

直接材料指加工后直接构成产品实体或主要部分的原料和材料成本。直接材料可以分为原材料及主要材料、辅助材料、外购半成品(外购件)、修理用备件(备品备件)、包装材料、燃料、包装物等。在生产过程中，直接材料的价值一次全部转移到新生产的产品中去，构成了产品成本的重要组成部分。

直接人工指在生产中对材料进行直接加工制成产品所耗用的工人的工资、奖金和各种津贴，以及按规定比例提取的福利费。直接人工主要包括两部分内容：职工工资和职工福利费。

制造费用指企业各生产单位(如生产车间)为了组织和管理生产而发生的各项间接费用。制造费用是产品成本的重要组成部分。具体来讲，制造费用包括工资和福利费(指车间管理人员提取的那一部分)、折旧费、修理费、办公费、水电费、机物料损耗、劳动保护费以及其他制造费用。

如果企业毛利率提高，可能说明企业生产经营管理具有一定的成效，同时，在企业存货周转率未降低情况下，企业的主营业务利润应该有所增加。反之，当企业的毛利率下降，则应对企业的业务拓展能力和生产管理效率多加考虑。一般在计算利润时不算毛利润。

二、常用分析方法

(一) 边际贡献(利润)计算方法

1. 边际贡献

边际贡献是管理会计中一个经常使用的重要概念，为销售收入减去变动成本后的余额。

边际贡献是运用盈亏分析原理进行产品生产决策的一个重要指标。通常，边际贡献又称为“边际利润”或“贡献毛益”等。边际贡献可用于决策企业能独立核算的某一装置或某一产品是否应该停产。某产品或者装置，利润为负，但只要边际利润为正(即销售收入大于变动成本)，就应该继续生产，否则应停工停产。

销售收入、边际贡献和利润之间的关系见图 15-4-1。

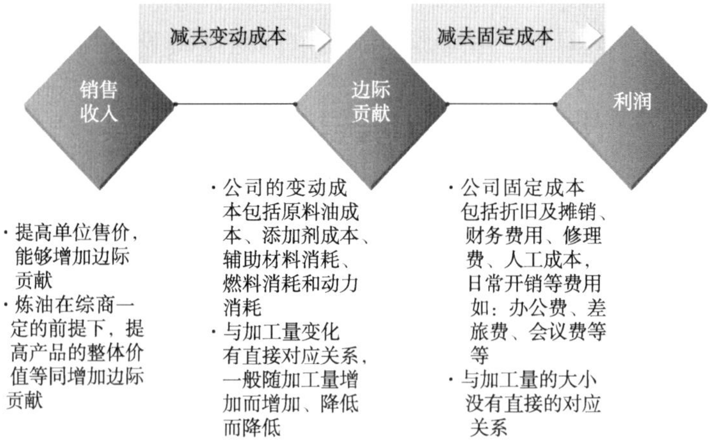

图 15-4-1　销售收入、边际贡献和利润之间的差额关系

边际贡献主要计算公式：

$$\begin{aligned}边际贡献&=收入-变动成本\\&=单价\times销售量-单位变动成本\times销售量\\&=销售量\times(单价-单位变动成本)\end{aligned}\quad(15-4-5)$$

边际贡献具体分为制造边际贡献(生产边际贡献)和产品边际贡献(总营业边际贡献)，一般边际贡献通常指的是产品边际贡献。

$$制造边际贡献=收入-产品变动成本\quad(15-4-6)$$

$$产品边际贡献=制造边际贡献-销售及管理费用的变动成本\quad(15-4-7)$$

2. 边际贡献率

边际贡献率是指边际贡献在销售收入中的占比。计算公式：

$$边际贡献率=边际贡献/销售收入\quad(15-4-8)$$

如果是单一产品，公式可写为：

$$边际贡献率=单位边际贡献/单价\quad(15-4-9)$$

3. 变动成本率

变动成本率也称为补偿率，是与边际贡献率相对应的概念，即变动成本在销售收入中所占的百分率。计算公式：

$$变动成本率=变动成本/销售收入=单位变动成本/单价\quad(15-4-10)$$

$$边际贡献率+变动成本率=1\quad(15-4-11)$$

(二) 保本分析

保本分析是基于本量利基本关系原理进行的损益平衡分析或盈亏临界分析，主要研究如何确定保本点，以及有关因素变动的影响，为决策提供超过哪个业务量企业会盈利，或者低于哪个业务量企业会亏损等信息。

保本点（或盈亏临界点）是指企业收入和成本相等的经营状态，即边际贡献等于固定成本时企业处于既不盈利又不亏损的状态。

1. 单一品种产品保本量

利润＝单价×销售量－单位变动成本×销售量－固定成本　（15-4-12）

当利润＝0，则：

保本量＝固定成本/（单价－单位变动成本）＝固定成本/单位边际贡献　（15-4-13）

2. 单一品种产品保本额

保本额＝保本量×单价　（15-4-14）

或：利润＝销售额×边际贡献率－固定成本　（15-4-15）

当利润＝0，则：

保本额＝固定成本/边际贡献率　（15-4-16）

3. 多品种产品的保本量与保本额

对于多产品而言：

利润＝销售额×加权平均边际贡献率－固定成本　（15-4-17）

加权平均保本销售额＝固定成本/加权平均边际贡献率　（15-4-18）

某产品的保本销售额＝加权平均保本销售额×该产品销售额/所有产品销售额　（15-4-19）

某产品的保本销售量＝该产品保本销售额/该产品销售单价　（15-4-20）

4. 盈亏临界点作业率

盈亏临界点作业率为盈亏临界点销售量（额）占正常销售量（额）的比重，表明企业在保本状态下生产经营能力的利用程度。

盈亏临界点作业率＝盈亏临界点销售量（额）/正常销售量（额）　（15-4-21）

5. 安全边际和安全边际率

（1）安全边际

安全边际是正常销售额（量）超过盈亏临界点销售额（量）的差额，表明销售额（量）下降多少企业仍不至亏损。安全边际是一个安全区间，安全区间越大，风险越小。

安全边际额＝正常销售额－盈亏临界点销售额　（15-4-22）

安全边际量＝正常销售量－盈亏临界点销售量　（15-4-23）

（2）安全边际率

安全边际率是安全边际的销售额与正常销售额的比值。相对于绝对数指标，安全边际率便于不同企业和行业之间比较，比值越高，经营越安全。

安全边际率＝安全边际额（量）/正常销售额（量）

＝[正常销售额（量）－盈亏临界点销售额（量）]/正常销售额（量）

＝1－[盈亏临界点销售额（量）/正常销售额（量）]

＝1－盈亏临界点作业率　（15-4-24）

（3）安全边际销售量与盈亏临界点销售量关系

安全边际销售量与盈亏临界点销售量关系如图15-4-2所示。

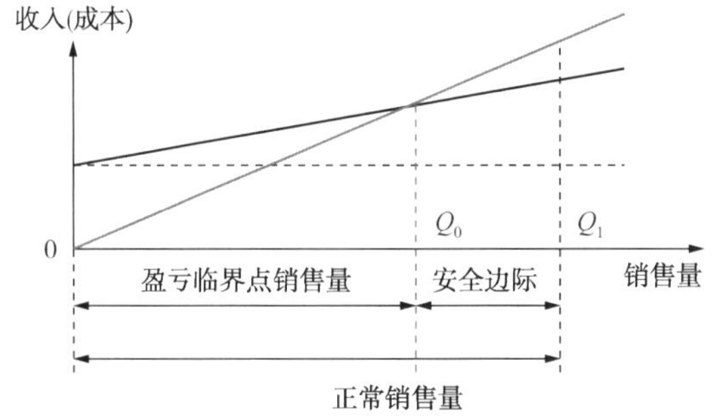

图 15-4-2 安全边际销售量与盈亏临界点销售量关系

(4) 安全边际与息税前利润关系

息税前利润=边际贡献-固定成本
=正常销售额×边际贡献率-盈亏临界点销售额×边际贡献率
=(正常销售额-盈亏临界点销售额)×边际贡献率
=安全边际×边际贡献率 (15-4-25)

从上述公式可见，只有安全边际才能提供利润，而盈亏临界点销售额扣除变动成本后只能为企业补偿固定成本。安全边际部分的销售额减去变动成本就是息税前利润，即安全边际中的边际贡献等于息税前利润。

销售息税前利润率=安全边际率×边际贡献率 (15-4-26)

要提高销售息税前利润率，就必须提高安全边际率(即降低盈亏临界点作业率)，或提高边际贡献率(即降低变动成本率)。

三、税金及附加计算

炼油企业的税金及附加包括消费税、城市维护建设税，教育费附加和地方教育附加以及房产税、车船税、土地使用税、印花税、环境保护税。

各类税金计算见第十四章第三节。

第五节 全面预算管理

一、预算的主要概念

预算是指通过预算目标确定、预算编制、预算执行控制、预算考核等活动，对各种资源进行分配、控制，有效组织企业生产经营，完成既定目标的管理行为。

通俗地讲，就是根据当前实际情况，结合一系列假设条件，判断在未来一定时期内企业要做什么，要怎么做的一个管理活动。区别于会计核算，预算是一个向前看的过程，属于管理会计的范畴。

(一) 预算的主要类型

预算的类型很多，日常工作中主要应用有以下三种。

1. 增量预算

增量预算是以上一预算期为基础，考虑下一预算期的增减变化，是建立在过去的做法是令人满意的基础上的。

2. 零基预算

零基预算不考虑以往期间发生的数额，以所有的预算支出为零作为出发点，一切从实际需要与可能出发编制费用预算的一种方法。

3. 滚动预算

滚动预算将预算期与会计期间脱离开，随着预算的执行不断延伸补充预算，逐期向后滚动，使预算期始终保持为一个固定期间的一种预算编制方法。

（二）预算的主要参与者

预算贯穿公司生产经营的整个过程，各个部门都参与预算的管理活动。

从项目建设、原料采购、产品生产、经营管理到销售出厂，都需要对各自管理的业务作出判断与预测。预算管理活动由各责任部门分别进行，但一般由财务部门牵头。

二、预算编制的主要过程

预算编制就是将未来一定时期内企业要做什么，要怎么做的过程付诸纸面化、数字化的工作。预算编制主要包括以下三方面：

（一）销售预算编制

销售预算指对预算编制期的产品销售、提供劳务或者公用工程（水电气风）所获得的收入进行测算。销售预算主要依据市场预测或销货合同，并结合企业生产能力、总部产品配置计划、综合产品库存情况等进行编制。具体来说，又分为销售量预算和销售价格预算。

中国石化实行集中销售政策，炼化产品主要由中国石化油品销售有限公司、炼油销售有限公司（以下简称炼销）、化工销售有限公司（以下简称化销）、燃料油销售有限公司、润滑油分公司等专业化公司销售。

炼化产品分为配置产品、统销产品、互供产品、自销产品几大类。其中配置产品、统销产品、互供产品的销售量主要是根据企业生产能力、结合总部的生产任务制定。对于自销产品，分公司具有自主销售权，该部分销量预算一般考虑两方面因素：一是客户需求，二是本企业生产能力。

不同类产品预算销售价格确定方法不同。对于配置产品，汽油、柴油、煤油由国家发改委统一定价；其中汽油、柴油按照国际基准油价前十个工作日平均变动幅度计算；航空煤油根据上月新加坡市场平均离岸价加上相关运杂费与税费确定。对于统销产品，每月销售部门与专业销售公司沟通，暂估预算价格，月底炼销、化销根据上月最后一周和本月前三周实际销售价格，考虑相关费用，计算出正式价格与各生产企业结算。对于互供产品，主要是石脑油，其价格由总部价格处根据国际市场价格走势，月初制定预算价格，月底根据一定的规则下达正式价格。对于自销产品，主要根据市场行情即时调整。

（二）生产预算编制

生产预算指根据公司的资源配置计划，生产预算建设作为第1点，销售作为第2点，依据装置加工能力、产品贮运能力及产品出厂的协调能力，结合装置检维修计划及产品库存、原料库存等情况，编制产品生产计划。包括原油加工、装置处理量、产品产量、炼油化工内部原燃料动力互供等。

生产预算的编制受外部资源的限制、装置生产能力限制、产品的质量要求等条件的影响。

生产预算可分为年度、季度和月度三个层次的预算。

1. 年度生产预算

总部根据当年的经济形势、GDP 增速、市场情况和自身的石油加工能力确定总部层面年度原油加工总量、主要产品产量等，再根据各分(子)公司的生产能力，将总量分配到各分(子)公司，同时下发年度技术、经济指标，完成年度生产计划的制定。制定年度计划时，总部会与各分(子)公司沟通，充分了解生产情况，综合平衡后下达最终年度计划。总部一般在每年的 10 月份制定年度计划，并与各分(子)公司对下一年度生产指标进行对接。

2. 季度生产预算

季度生产预算一般考虑以下几方面的因素：一是总部下达的全年加工量及各项技术指标。二是了解市场需求，及本企业的设备生产能力、对原料的条件要求、工艺状况、气候、催化剂周期对产品收率的影响、库存等生产条件。

综合平衡各项因素后，企业计划部门向总部申报产品配置计划。一般提前 1 个月以上，比如 11 月份即开始着手做第二年 1 季度的生产预算。

3. 月度生产预算

月度计划总体按照季度计划进行分解，并根据市场状况、装置大修计划、设备状况、外购资源情况调整，确定当月原油加工量或化工产品产量。与季度计划一样，月度计划也要根据原料、半成品原料库存量以及市场需求来确定生产装置的加工负荷，进行平衡。

(三) 财务预算的编制

财务预算是企业的综合性预算，包括现金预算、利润表预算和资产负债表预算。

1. 现金预算

现金预算编制以各营业预算和资本支出预算为基础，反映预算期的收入款和支出款。主要包括现金收入(期初现金余额和预算期现金收入)、现金支出(材料、人工、制造费用和销售及管理费用、所得税、股利、设备购置等)、现金多余或不足(现金收入与现金支出的差额，如果差额大于企业要求保留的余额即为多余，相反为不足)、现金筹措和运用。

编制现金预算的目的是资金不足时筹措资金，资金多余时及时处理余额，提高现金收支的控制限额。

假设某企业要求保留的现金余额为 6000 元，不足时向银行借款(要求是 1000 元的倍数)，年利率 10%，按照“每期期初借入，每期期末归还”计算预计利息；另外年初有长期借款 9000 元，年利率 12%，年利息第四度支付。现金预算季度数据见表 15-5-1。

表 15-5-1　季度现金预算　　元

季度	一	二	三	四	全年
期初现金余额	8000	8200	6060	6290	8000
加：销货现金收入	18200	26000	36000	37600	117800
可供使用现金	26200	34200	42060	43890	125800

续表

季度	一	二	三	四	全年
减：各项支出					
直接材料	5000	6740	8960	9510	30210
直接人工	2100	3100	3960	3640	12800
制造费用	1900	2300	2300	2300	8800
销售及管理费用	5000	5000	5000	5000	20000
所得税费用	4000	4000	4000	4000	16000
购买设备		10000			10000
股利		8000		8000	16000
支出合计	18000	39140	24220	32450	113810
现金多余或不足	8200	(4940)	17840	11440	11990
向银行借款		11000			11000
还银行借款			11000		11000
短期借款利息(年利 10%)			550		550
长期借款利息(年利 12%)				1080	1080
期末现金余额	8200	6060	6290	10360	10360

关于现金筹措与运用的部分的说明：

第二季度借款=最低现金余额+现金不足=6000+4940=10940≈11000(元)

第三季度现金多余或不足为 17840 元，可用于归还借款本息的现金最多为 11840 元(17840-6000)。

还款的本息合计=11000+11000×10%×6/12=11550(元)

假如第三季度另外还存在 2000 元的其他现金支出，则现金多余或不足变为 15840 元，可用于归还借款本息的现金最多为 9840 元(15840-6000)。则第三季度应归还的借款本息为：9000+9000×10%×6/12=9450(元)

第四季度再归还剩余的本息为：2000+2000×10%×9/12=2150(元)

2. 利润表预算

利润表预算和资产负债表预算主要是为企业财务管理服务，是控制企业资金、成本和利润总量的重要手段。

利润表预算与实际利润表的内容、格式相同，只是数据是面向预算期的。通过利润表预算，可以了解企业预期的盈利水平。所得税项目的金额预先估计。

如果预算利润与最初目标利润有较大差异，或调整算，或经领导同意修改目标利润。利润表预算见表 15-5-2。

表 15-5-2　利润表预算　　元

项　目	金　额	项　目	金　额
销售收入	126000	利息	1630
销货成本	56700	利润总额	47670
毛利	69300	所得税费用(估计)	16000
销售及管理费用	20000	税后净收益	31670

3. 资产负债表预算

资产负债表预算与实际资产负债表内容、格式相同，只是数据反映预算期末的财务状况。该表是在期初资产负债表基础上，结合预算期的销售、生产和资本等情况调整编制的。

编制资产负债表预算后，发现某些财务比率不理想，必要情况下可能需要修改预算。资产负债表预算见表 15-5-3。

表 15-5-3　资产负债表预算　元

资　产			权　益		
项目	年初	年末	项目	年初	年末
现金	8000	10360	应付账款	2350	4640
应收账款	6200	14400	长期借款	9000	9000
直接材料	1500	2000	普通股	20000	20000
产成品	900	1800	未分配利润	16250	31920
固定资产	35000	45000			
累计折旧	4000	8000			
资产总额	47600	65560	权益总额	47600	65560

三、预算分析

(一) 预算分析的主要内容

完成分析(或差异分析)指对预算数与执行数的对应关系进行分析。

同比分析指实际数与上年同期数进行对比分析。

环比分析指实际数与上月实际数进行对比分析。

先进性分析指执行数与同行业先进水平进行分析。

专项分析，指针对某项具体事情进行深入剖析，指出问题、提醒注意或总结经验。

(二) 预算分析的基本要求

明确目标，提出问题。在进行财务预算分析之前应根据本单位预算目标，及财务预算执行过程中发现的问题，明确分析的方向，以便有计划，有步骤地开展分析工作。

收集资料，掌握情况。在进行财务预算分析时，必须先收集内容真实、数字正确的资料。

对比差距，揭露矛盾。在进行财务预算分析时，主要运用对比的方法，揭露矛盾，寻找差距，发现问题。

分析原因，抓住关键。在进行预算分析时，还必须深入相关的职能部门(装置)分析差异形成的多种原因，找出主要原因，抓住主要矛盾。

提出措施，改进预算。揭露矛盾，分析矛盾，是为了解决矛盾。各单位要根据具体职能部门生产经营中的关键问题和薄弱环节，提出措施，改进工作，保证预算指标的先进性与合理性，保证经济效益目标的实现。

财务预算分析不必面面俱到，应有详有略，突出重点，提出观点。

(三) 预算分析的主要方法——“本量利”分析法

本量利分析是成本、业务量和利润三者依存关系分析，即在成本习性分析的基础上，运用数学模型和图式，对成本、利润、业务量与单价等因素之间的依存关系进行具体的分析，研究其变动的规律性，为企业进行经营决策和目标控制提供有效信息。“本量利”分析着重研究销售数量、价格、成本和利润之间的关系。

四、全面预算管理

全面预算是各级各部门工作的目标、协调工具、控制标准和考核依据。全面预算反映的是企业未来某一特定期间（一般不超过一年或一个经营周期）的全部生产、经营活动的财务计划，它以实现企业的目标利润为目的，以销售预测为起点，进而对生产、成本及现金收支等进行预测，并编制预计利润表、预计现金流量表和预计资产负债表，反映企业在未来期间的财务状况和经营成果。

全面预算管理是利用预算对企业内部各部门、各单位的各种财务及非财务资源进行分配、考核、控制，以便有效地组织和协调企业的生产经营活动，完成既定的经营目标。是企业全过程，全方位及全员参与的预算管理模式。全面预算管理作为对现代企业成熟与发展起过重大推动作用的管理系统，是企业内部管理控制的一种主要方法。从最初的计划、协调，发展到现在的兼具控制、激励、评价等诸多功能的一种综合贯彻企业经营战略的管理工具，全面预算管理在企业内部控制中日益发挥核心作用。全面预算管理是为数不多的几个能把企业的所有关键问题融合于一个体系之中的管理控制方法之一，可以实现事前有计划、事中有控制、事后能考评、追溯。

第十六章　炼油厂碳排放计算方法

第一节　碳排放计算方法

一、碳排放计算背景

自 1997 年《京都议定书》通过以来，世界各国均开展了一系列的减排措施，以应对工业化带来的气候变化。但不同国家、不同地区、不同企业等控排主体，都需要依托科学数据来明确减碳目标、度量减碳成效。碳核算即是一种测量工业活动向地球生物圈直接和间接排放二氧化碳及其当量气体的方法。开展碳核算至少需要包含以下两个条件：一是划定造成温室效应的气体，二是确定工业活动主体。

温室气体是大气中吸收和重新放出红外辐射的自然和人为的气态成分，包括二氧化碳（CO_2）、甲烷（CH_4）、氧化亚氮（N_2O）、氢氟碳化物（HFCs）、全氟化碳（PFCs）、六氟化硫（SF_6）和三氟化氮（NF_3）等。由于不同气体对温室效应的影响程度有所不同，联合国政府间气候变化专门委员会（Intergovernmental Panel on Climate Change，IPCC）提出了二氧化碳当量（CO_2e）这一概念，以统一衡量气体排放对环境的影响。而基于全球变暖潜能值（GWP），可以看到不同气体相对于二氧化碳而言对温室效应的影响程度。

另外，仅对于能源活动和工业生产过程而言，根据《省级温室气体清单编制指南》，HFCs、PFCs 和 SF_6 等主要涉及铝、镁等少数工业生产过程，而 N_2O 早已纳入空气污染监控范围，又根据《2017 年中国温室气体公报》，二氧化碳（CO_2）和甲烷（CH_4）分别是影响地球辐射平衡的主要和次要长寿命温室气体，在全部长寿命温室气体浓度升高所产生的总辐射强度中的贡献率分别约为 66%、17%，因此，多数企业的碳核算主要对象是 CO_2 和 CH_4。

二、碳排放计算的方法简介

1. 排放因子法

排放因子法（Emission-Factor Approach）是 IPCC 提出的第一种碳排放估算方法，也是适用范围最广、应用最为普遍的一种碳核算办法。根据 IPCC 提供的碳核算基本方程：

$$\text{温室气体}(GHG)\text{排放}=\text{活动数据}(AD)\times\text{排放因子}(EF) \qquad (16\text{-}1\text{-}1)$$

式中，*AD* 为导致温室气体排放的生产或消费活动的活动量，如每种化石燃料的消耗量、石灰石原料的消耗量、净购入的电量、净购入的蒸汽量等；*EF* 为与活动水平数据对应的系数，包括单位热值含碳量或元素碳含量、氧化率等，表征单位生产或消费活动量的温室气体排放系数。*EF* 既可以直接采用 IPCC、美国环境保护署、欧洲环境机构等提供的已知数据（即缺省值），也可以基于代表性的测量数据来推算。我国基于实际情况设置了国家参数，例如《中国石油化工企业温室气体排放核算方法与报告指南(试行)》的附录二提供了常见化石燃料特性参数缺省值数据。

该方法适用于国家、省份、城市等较为宏观的核算层面，可以粗略地对特定区域的整体情况进行宏观把控。但在实际工作中，由于地区能源品质差异、机组燃烧效率不同等原因，各类能源消费统计及碳排放因子测度容易出现较大偏差，成为碳排放核算结果误差的主要来源。

2. 质量平衡法

质量平衡法(Mass-Balance Approach)是近年来提出的一种新方法。根据每年用于国家生产生活的新化学物质和设备，计算为满足新设备能力或替换去除气体而消耗的新化学物质份额。该方法的优势是可反映碳排放发生地的实际排放量，不仅能够区分各类设施之间的差异，还可以分辨单个和部分设备之间的区别；尤其在设备不断更新的情况下，该方法更简便。对于二氧化碳而言，在碳质量平衡法下，碳排放由输入碳含量减去非二氧化碳的碳输出量得到：

$$\text{二氧化碳}(CO_2)\text{排放}=(\text{原料投入量}\times\text{原料含碳量}-\text{产品产出量}\times\text{产品含碳量}-\text{废物输出量}\times\text{废物含碳量})\times 44/12 \tag{16-1-2}$$

3. 实测法

实测碳排放量方法是通过监测手段或相关部门认定的连续计量设施，测量排放气体(CO_2)的流速、流量和浓度等测量数据(该数据一般经环保部门认可)来计算碳排放总量的一种统计计算方法。该方法在美国和欧洲一些国家应用广泛。实测法的公式为：

$$G=K\times Q\times C \tag{16-1-3}$$

式中，G 为某气体排放量，t；Q 为介质(空气)流量，t 或 m^3；C 为介质(空气)中某气体浓度，%；K 为单位排放系数。

实测法的数据主要是由环境监测站对现场燃烧设备等通过科学合理地采集样品，并进行分析而得到的。由于此方法是从现场实地测定得到数据，因此，它比其他方法精确度更高、与实际更接近。但气候变化专门委员会认为，当单独对二氧化碳进行连续监测时，成本十分高，实测法并不适合这种情况。此外，由于环境监测站是实测法基础数据的主要来源，监测数据必须通过科学、合理地采集和分析样品而获得，如果采集的样品缺乏代表性，不管测试分析多精确，结果也是毫无意义的。

目前，实测法应用最好的是美国在火电行业实施的二氧化硫排污交易，该方法测定二氧化硫排放量准确度极高，但是存在一些缺点：费用昂贵，应用管理要求严格、产品性能还需要进一步提高、在单独测二氧化碳排放量其精度不是十分准确。现今连续监测系统主要的应用领域有：石化行业中的催化剂再生炉和自备电厂锅炉等；供热及电力行业的各种锅炉；建材行业的水泥、玻璃及陶瓷窑炉；冶金行业的焦炉、高炉、转炉等。在制造行业的应用中探索研究较少，且单独测二氧化碳排放量的应用也少，因此，该方法不适宜用于对制造业二氧化碳的估算。

三、碳排放计算体系构成与标准简介

鉴于碳中和目标的实现涉及从中央到地方、从政府到企业等各个跨部门、跨层级、跨组织的社会行为主体，碳核算体系的构成也因此成为了一个交错复杂的巨大网络——大到国家、小到产品。时至今日，发展出了共同目标下政府主体和市场主体独自推进又交互反馈的路线。

碳核算机制是一个多元主体的体系，各个主体所承担的角色和责任也直接影响核算结果的准确度及成果性质。整体而言，碳核算的方式可分为自上而下及自下而上两类，前者主要指国家或政府层面的宏观测量，而后者则包括企业的自测与披露、地方对中央的汇报汇总，及各国对国际社会提交反馈。

1. 国际碳排放计算方法

从国际层面而言，国际组织或国际协定主要依靠各国政府和企业自主进行核算及汇报来计算碳核算结果。自上而下的测算以《IPCC 国家温室气体清单指南》为主流国际标准，自下而上的测算则是《温室气体议定书(GHG Protocol)》系列标准最为广泛使用。这些由非政府组织出具的标准及指引，均鼓励国家、城市、社区及企业等主体对核算结果进行汇报和沟通，以此确保公开报告的一致性。以国际能源署(International Energy Agency，IEA)发布的碳核算报告为例，其数据来源主要为国家向 IEA 能源数据中心提交的月度数据、来自世界各地电力系统运营商的实时数据、国家管理部门发布的统计数据等。针对企业组织和项目层面的核算，ISO 于 2006 年在 GHG Protocol 基础上制定了 ISO 14064 标准体系，规定了统一的温室气体资料和数据的管理、汇报和验证模式。

碳核算的具体过程虽然是客观的测量与计算，但其测量范围的划定及具体标准的制定，仍存在巨大的空间和差异，也由此带来了不确定性。目前，中国对于碳核算框架的整合与标准制定已具有一定成效。而与此同时，国际社会上虽然存在广受认可的原则和标准，但在具体的执行中，其数据来源、采集及测量方式、数据呈现方式、汇报方式等，仍各有侧重。

2. 国内碳排放计算方法

中国是《联合国气候变化框架公约》首批缔约方之一，属于非附件一缔约方需提交国家信息通报，2023 年 12 月 29 日，中国正式向公约秘书处提交《中华人民共和国气候变化第四次国家信息通报》和《中华人民共和国气候变化第三次两年更新报告》。为了进一步加强省级温室气体清单编制能力建设，国家发展改革委气候司组织多个单位的多位专家在编制国家温室气体清单工作的基础上，参考《IPCC 指南》相关核算方法理论，编制出《省级温室气体清单编制指南》(下文简称《省级指南》)，并在广东、湖北、天津等七个省市进行试点编制。省级温室气体清单是对省级区域内一切活动排放和吸收的温室气体相关信息的汇总清单。《省级指南》主要用于指导编制省级温室气体清单，也逐步适用于区域层面的温室气体核算的指导工作，具有科学性、规范性和可操作性。但是《省级指南》存在一些不足之处，目前亟需修订。

2013 年，国家发展和改革委员会出台了首批十个行业的企业温室气体排放核算方法与报告指南，并开始试行，之后又于 2014 年以及 2015 年分别出台了第二批总共四个行业和第三批总共十个行业的企业温室气体排放核算方法与报告指南。历经两年多的时间，先后公布的二十四个行业的企业指南凸显了国家为落实《"十二五"规划纲要》《"十二五"控制温室气体排放工作方案》中提出的建立温室气体统计核算制度，构建国家、地方、企业三级温室气体排放核算工作体系，实施重点企业直接报送温室气体排放数据制度，建立全国碳排放权交易市场等重点改革任务的决心。该系列指南主要供开展碳排放权交易、建立企业温室气体排放报告制度等相关工作参考使用。

四、炼油厂碳排放计算方法

1. 确定计算边界

(1) 企业边界

报告主体应以独立法人企业或视同法人的独立核算单位为企业边界，核算和报告在运营上受其控制的所有生产设施产生的温室气体排放情况。设施范围包括基本生产系统、辅助生产系统，以及直接为生产服务的附属生产系统，其中辅助生产系统包括厂区内的动力、供电、供水、采暖、制冷、机修、化验、仪表、仓库(原料场)、运输等，附属生产系统包括生产指挥管理系统(厂部)以及厂区内为生产服务的部门和单位(如职工食堂、车间浴室等)。

(2) 排放源和气体种类

报告主体应核算的排放源类别和气体种类包括：

① 燃料燃烧 CO_2排放，主要指炼油与石油化工生产中化石燃料用于动力或热力供应的燃烧过程产生的 CO_2排放；

② 火炬燃烧 CO_2排放，出于安全等目的，石化企业通常将各生产活动中产生的可燃废气集中到一至数支火炬系统中进行排放前的燃烧处理。鉴于石油化工企业的火炬气甲烷含量很低，本指南仅要求核算火炬系统的 CO_2排放。

③ 工业生产过程 CO_2排放，报告主体在石油炼制与石油化工环节的工业生产过程 CO_2排放按装置分别核算：催化裂化装置，催化重整装置，其他生产装置催化剂烧焦再生，制氢装置，焦化装置，石油焦煅烧装置，氧化沥青装置，乙烯裂解装置，乙二醇/环氧乙烷生产装置，其他产品生产装置等。报告主体的工业生产过程 CO_2排放量应等于各个装置的工业生产过程 CO_2排放之和。

④ 报告主体如果除石油产品和石油化工产品之外，还存在其他产品生产活动且伴有温室气体排放的，还应参照其生产活动所属行业的企业温室气体排放核算方法与报告指南，核算并报告这些温室气体排放。

⑤ CO_2回收利用量，包括企业回收燃料燃烧或工业生产过程产生的 CO_2作为生产原料自用的部分，以及作为产品外供给其他单位的部分，CO_2回收利用量可从企业总排放量中予以扣除。

⑥ 净购入电力和热力隐含的 CO_2排放，该部分排放实际上发生在生产这些电力或热力的企业，但由报告主体的消费活动引起，依照约定也计入报告主体名下。

2. 碳排放计算

确定了核算边界以后，可采取以下步骤核算温室气体排放量：

① 识别炼油厂所涵盖的主要温室气体排放装置，确定排放源类别及气体种类。

② 选择相应的温室气体排放量计算公式。

③ 获取活动水平和排放因子数据。

④ 将收集的数据代入计算公式从而得到温室气体排放量结果。

⑤ 按照规定的格式，描述、归纳温室气体排放量计算过程和结果。

⑥ 报告主体的温室气体(GHG)排放总量应等于燃料燃烧 CO_2排放量，加上火炬燃烧 CO_2排放量，加上工业生产过程 CO_2排放量，减去企业 CO_2回收利用量，再加上企业净购入电力和热力隐含的 CO_2排放量。

$$E=E_{燃烧}+E_{火炬}+E_{过程}-R_{回收}+E_{净电}+E_{净热} \tag{16-1-4}$$

式中，E 为企业温室气体排放总量，tCO_2；$E_{燃烧}$ 为企业由于化石燃料燃烧活动产生的 CO_2 排放，tCO_2；$E_{火炬}$ 为企业火炬燃烧导致的 CO_2 直接排放，tCO_2；$E_{过程}$ 为企业的工业生产过程 CO_2 排放，tCO_2；$R_{回收}$ 为企业的 CO_2 回收利用量，tCO_2；$E_{净电}$ 为企业的净购入电力隐含的 CO_2 排放，tCO_2；$E_{净热}$ 为企业的净购入热力隐含的 CO_2 排放，tCO_2。

3. 质量保证和文件存档

报告主体应建立企业温室气体年度报告的质量控制与质量保证制度，主要包括以下工作：

① 建立企业温室气体量化和报告的规章制度，包括组织方式、负责机构、工作流程等。

② 建立企业主要温室气体排放源一览表，确定合适的温室气体排放量化方法，形成文件并存档。

③ 为计算过程涉及的每项参数制定可行的监测计划，监测计划的内容应包括：待测参数、采样点或计量设备的具体位置、采样方法和程序、监测方法和程序、监测频率或时间点、数据收集或交付流程、负责部门、质量保证和质量控制（QA/QC）程序等。企业应指定相关部门和专人负责数据的取样、监测、分析、记录、收集、存档工作。如果某些排放因子计算参数采用缺省值，则应说明缺省值的数据来源和定期检查更新的计划。

④ 制定计量设备的定期校准检定计划，按照相关规程对所有计量设备定期进行校验、校准。若发现设备性能未达到相关要求，企业应及时采取必要的纠正和矫正措施。

⑤ 制定数据缺失、生产活动或报告方法发生变化时的应对措施。若核算某项排放所需的活动水平或排放因子数据缺失，企业应采用适当的估算方法确定相应时期和缺失参数的保守替代数据。

⑥ 建立文档管理规范，保存、维护有关温室气体年度报告的文档和数据记录，确保相关文档在第三方核查以及向主管部门汇报时可用。

⑦ 建立数据的内部审核和验证程序，通过不同数据源的交叉验证、统计核算期内数据波动情况、与多年历史运行数据的比对等主要逻辑审核关系，确保活动水平数据的完整性和准确性。

4. 撰写碳排放报告

报告应包含以下五部分的内容：

① 报告主体基本信息。

报告主体基本信息应包括报告主体名称、报告年度、单位性质、所属行业、组织或分支机构、地理位置、成立时间、发展演变、法定代表人、填报负责人及其联系方式等。

② 温室气体排放量。

应报告的温室气体排放信息包括本企业在整个报告期内的温室气体排放总量，以及分排放源类别的化石燃料燃烧 CO_2 排放量、火炬燃烧 CO_2 排放量、工业生产过程 CO_2 排放量、企业 CO_2 回收利用量、企业净购入电力和热力的隐含 CO_2 排放量，以及本指南未涉及的但依照主管部门发布的其他指南应予核算和报告的相关温室气体排放源及排放量。

③ 活动水平数据及来源说明。

报告主体应结合核算边界和排放源的划分情况，分别报告所核算的各个排放源的活动水平数据，并详细阐述它们的监测计划及执行情况，包括数据来源或监测地点、监测方法、记录频率等。

④ 排放因子数据及来源说明。

报告主体应分别报告各项活动水平数据所对应的含碳量或其他排放因子计算参数，如实测则应介绍监测计划及执行情况，否则说明它们的数据来源、参考出处、相关假设及其理由等。

⑤ 其他希望说明的情况。

分条阐述企业希望在报告中说明的其他问题或对指南的修改建议。

第二节　碳排放计算公式

一、直接碳排放计算

1. 燃料燃烧排放计算

燃料燃烧 CO_2 排放主要指炼油与石油化工生产中化石燃料用于动力或热力供应的燃烧过程产生的 CO_2 排放。

燃料燃烧碳排放包括碳含量计算法以及热量计算法。本报告煤炭燃烧、运输用汽油、柴油燃料的碳排放采用热量计算法核算，燃料气、天然气、甲烷氢等气体燃料采用碳含量计算法核算碳排放。

（1）碳含量计算法

燃料燃烧 CO_2 排放量主要基于企业边界内各个燃烧设施分品种的化石燃料燃烧量，乘以相应的燃料含碳量和碳氧化率，按照式(16-2-1)计算：

$$EM_i = FQ_i \times FC_i \times CD_i \times 44/12 \tag{16-2-1}$$

式中，EM_i 为燃料燃烧所产生的碳排放量，tCO_2；FQ_i 为燃料的消耗量，t；FC_i 为燃料的含碳量，%（质）；CD_i 为燃料的碳氧化率，%。

（2）热量计算法

燃料燃烧 CO_2 排放量也可采用各个燃烧设施分品种的化石燃料燃烧量，乘以相应的低位发热量、碳排放因子和碳氧化率，按照式(16-2-2)计算：

$$EM_i = FQ_i \times LHV_i \times EF_i \times CD_i \tag{16-2-2}$$

式中，EM_i 为燃料燃烧所产生的碳排放量，tCO_2；FQ_i 为燃料 i 的消耗量，t；LHV_i 为燃料 i 的低位发热量，GJ/t；EF_i 为燃料 i 的排放因子，tCO_2/GJ。

燃料低位发热量的测定应遵循 GB/T 213《煤的发热量测定方法》、GB/T 384《石油产品热值测定法》、GB/T 22723《天然气能量的测定》等相关标准，其中对煤炭应在每批次燃料入厂时或每月至少进行一次检测，以燃料入厂量或月消费量加权平均作为该燃料品种的低位发热量；对油品可在每批次燃料入厂时或每季度进行一次检测，取算术平均值作为该油品的低位发热量；对天然气等气体燃料可在每批次燃料入厂时或每半年进行一次检测，取算术平均值作为低位发热量。

2. 工艺生产过程碳排放

石油化工企业生产运营边界内涉及的工业生产过程排放装置，主要包括催化裂化装置，催化重整装置，制氢装置，焦化装置，石油焦煅烧装置，氧化沥青装置，乙烯裂解装置，乙二醇/环氧乙烷生产装置等。石油化工生产过程中会使用各种催化剂，生产过程的副产物焦炭沉积在催化剂表面上，容易使催化剂失去活性，企业一般采用连续烧焦的方式来清除催化剂表面的结焦。典型的工艺过程包括：催化裂化、催化重整、各类加氢等。其中，催化裂化工艺对催化剂进行连续再生过程的CO_2排放量非常显著；催化重整和加氢催化剂再生存在间歇性特点，而且大多数加氢催化剂采用器外再生，催化剂再生产生的CO_2排放量要小得多。企业的工艺生产过程CO_2排放量应等于各装置的工艺生产过程CO_2排放之和。

（1）催化裂化装置

催化剂烧焦CO_2排放的计算方法：采用统计期内的实际烧焦量进行计算，假设焦炭完全燃烧为CO_2。按照公式物料衡算式(16-2-3)计算催化烧焦碳排放量：

$$CM_u = CC_u \times CF_u \times 44/12 \qquad (16-2-3)$$

式中，CM_u为催化剂烧焦导致的碳排放量，tCO_2；CC_u为催化剂的烧焦量，t；CF_u为催化剂烧焦的碳含量，%(质)。

（2）催化重整装置

催化重整是指在一定的温度和压力及催化剂作用下，烃分子发生重新排列，使环烷烃和烷烃转化成芳烃和异构烷烃，生产高辛烷值汽油及轻芳烃(苯、甲苯、二甲苯)的重要石油加工过程，同时也副产氢气、液化气。催化重整工艺中存在催化剂由于结焦失活的情况，需要烧焦再生，烧焦过程存在CO_2的排放。催化重整装置的催化剂烧焦可以由企业自身进行，也可以由专门进行催化剂再生或回收的其他企业进行。由企业自身进行的催化剂烧焦过程应计入报告主体的工业生产过程排放中，如果由其他企业进行，则该部分排放不计入。

如果采用连续烧焦方式，可参考式(16-2-3)对烧焦排放量进行核算；如果采用间歇烧焦方式，其CO_2排放量可用公式(16-2-4)计算：

$$E_{CH} = MC \times (1 - CF_{前}) \times \left(\frac{CF_{前}}{1 - CF_{前}} - \frac{CF_{后}}{1 - CF_{后}} \right) \times \frac{44}{12} \qquad (16-2-4)$$

式中，E_{CH}为催化剂间歇烧焦再生导致的CO_2排放量，tCO_2；MC为催化重整装置在整个报告期内待再生的催化剂量，t；$CF_{前}$为催化重整装置再生前催化剂上的含碳量，%；$CF_{后}$为催化重整装置再生后催化剂上的含碳量，%。

（3）制氢装置

石化企业中制氢工艺CO_2排放量非常大，产出的CO_2纯度很高，除有部分制成CO_2产品外，多数直接排到大气中。制氢装置CO_2排放量取决于制氢原料中的碳氢比例以及制氢工艺，目前，炼油企业制氢主要有两种工艺路线，一是以天然气、炼厂干气为原料采用蒸汽转化工艺，二是以煤、焦或沥青为原料采用部分氧化工艺。

对采用蒸汽转化工艺的制氢装置，采用实际进料和产品数量以及原料碳含量的物料平衡法计算工艺碳排放量。计算公式为：

$$HM = (HQ_1 \times HF_1 - HQ_2 \times HF_2) \times 44/12 \qquad (16-2-5)$$

式中，HM为统计期内制氢装置产生的CO_2排放量，tCO_2；HQ_1为统计期内制氢装置原料的用量，t；HF_1为统计期内制氢装置原料的含碳量，%(质)；HQ_2为统计期内制氢装置合成气的产量，t；HF_2为统计期内制氢装置合成气的含碳量，%(质)。

对于煤制氢装置采用实际进料和产品数量以及原料碳含量的物料平衡法计算工艺碳排放量。计算公式为：

$$HM=(HQ_1\times HF_1-HQ_2\times HF_2-HQ_3\times HF_3)\times 44/12 \tag{16-2-6}$$

式中，HM 为统计期内制氢装置产生的 CO_2 排放，tCO_2；HQ_1 为统计期内制氢装置原料的用量，t；HF_1 为统计期内制氢装置原料的含碳量，%(质)；HQ_2 为统计期内制氢装置解析气的产量，t。HF_2 为统计期内制氢装置解析气的含碳量，%(质)；HQ_3 为统计期内制氢装置煤渣的产量，t；HF_3 为统计期内制氢装置煤渣的含碳量，%(质)。

(4) 焦化装置

炼油厂的焦化装置可以分为延迟焦化装置、流化焦化装置和灵活焦化装置三种形式。延迟焦化装置不计算工艺过程排放。其工艺加热炉燃料燃烧的 CO_2 排放应在燃料燃烧排放类别下计算。

流化焦化装置中流化床燃烧器烧除附着在焦炭粒子上的多余焦炭所产生的 CO_2 排放，可参照催化裂化装置连续烧焦排放的计算方法进行核算，并报告为工业生产过程排放。

灵活焦化装置也不计算工业生产过程排放，因为附着在焦炭粒子上的焦炭在气化器中气化生成的低热值燃料气没有直接排放到大气中。该低热值燃料气在燃烧设备中燃烧产生的排放应在燃料燃烧排放类型下计算。

(5) 氧化沥青装置

氧化沥青可使沥青聚合和稳定化，增加沥青用于铺裹屋顶和墙面装修的耐气候性。氧化沥青工艺 CH_4 排放量很小，因为蒸馏过程已经脱除了大部分的轻质烃。该工艺过程中的 CO_2 排放量可以采用连续监测或按照式(16-2-7)估算：

$$E_{CO_2\text{沥青}}=\sum_{j}^{n}M_{oa,\ j}\times EF_{oa,\ j} \tag{16-2-7}$$

式中，$E_{CO_2\text{沥青}}$ 为沥青氧化装置 CO_2 年排放量，tCO_2；j 为氧化沥青装置序号；$M_{oa,j}$ 为第 j 套氧化沥青装置的氧化沥青产量，t；$EF_{oa,j}$ 为第 j 套装置沥青氧化过程的 CO_2 排放系数，tCO_2/t 氧化沥青。

第 j 套氧化沥青装置的氧化沥青产量 $M_{oa,j}$ 根据企业生产记录或企业台账记录获取，沥青氧化过程 CO_2 排放系数应优先采用企业实测值，无实测条件的企业可取缺省值 0.03t CO_2/t 氧化沥青。

(6) 乙烯裂解装置

乙烯裂解装置的工业生产过程排放来自于炉管内壁结焦后的烧焦排放，排放量可根据烧焦过程中炉管排气口的气体流量及其中的 CO_2 及 CO 浓度确定，见公式(16-2-8)：

$$E_{CO_2\text{乙烯}}=\sum_{j=1}^{n}\left[Q_{wg,\ j}\times T_{RC,\ j}\times(Con_{CO_2,\ j}+Con_{CO,\ j})\times 19.7\times 10^{-4}\right] \tag{16-2-8}$$

式中，$E_{CO_2\text{乙烯}}$ 为乙烯裂解装置炉管烧焦产生的 CO_2 排放量，t CO_2/a；$Q_{wg,j}$ 为第 j 套乙烯裂解装置的炉管烧焦尾气平均流量，需折算成标准状况下气体体积，为 Nm^3/h；$T_{RC,j}$ 为第 j 套乙烯裂解装置的年累计烧焦时间，h/a；$Con_{CO_2,j}$ 为第 j 套乙烯裂解装置炉管烧焦尾气中 CO_2 的体积浓度，%；$Con_{CO,j}$ 为第 j 套乙烯裂解装置炉管烧焦尾气中 CO 的体积浓度，%。

其中，第 j 套乙烯裂解装置炉管烧焦尾气的平均流量 $Q_{wg,j}$ 根据尾气监测气体流量计获取，尾气中 CO_2 及 CO 浓度根据尾气监测系统气体成分分析仪获取，第 j 套乙烯裂解装置的年累计烧焦时间根据生产原始记录获取。如果采用水力或机械清焦，则不需计算该工业生产过程排放。乙烯裂解反应尾气通常被回收利用，例如作为燃料气在裂解炉炉膛中燃烧，燃烧产生的 CO_2 排放应在燃料燃烧排放类型下计算。

（7）乙二醇/环氧乙烷生产装置

以乙烯为原料氧化生产乙二醇工艺过程中，乙烯氧化生产环氧乙烷单元会产生工艺 CO_2 排放。采用基于实际进料量和原料碳含量的物料平衡法计算其工艺 CO_2 排放量。计算方法与制氢过程相同。

$$GM=(GQ_1 \times GF_1 - GQ_2 \times GF_2) \times 44/12 \tag{16-2-9}$$

式中，GM 为统计期内乙二醇装置产生的 CO_2 排放量，tCO_2；GQ_1 为统计期内乙二醇装置原料的用量，t；GF_1 是统计期内乙二醇装置原料的含碳量，%(质)；GQ_2 为统计期内乙二醇装置产品的产量，t；GF_2 为统计期内乙二醇装置产品的含碳量，%(质)。

乙烯原料消耗量及产品产量根据企业原始生产记录或企业台账记录获取。乙烯原料、环氧乙烷产品的含碳量可以根据物质成分或纯度以及每种物质的化学分子式和碳原子的数目来计算，企业应定期检测和记录原料和产品的纯度。

（8）碳酸盐分解 CO_2 排放

碳酸盐使用过程产生的碳排放根据每种碳酸盐的使用量、纯度及其排放因子按式(16-2-10)计算。

$$E_C = CQ_C \times CF_C \times PUR \tag{16-2-10}$$

式中，E_C 为某种碳酸盐分解过程产生的工艺碳排放量，tCO_2；CQ_C 为某种碳酸盐的用量，t；CF_C 为某种碳酸盐分解的二氧化碳排放系数，t/t；PUR 为某种碳酸盐的纯度，%(质)。

二、间接碳排放计算

间接 CO_2 排放量主要是指企业外购的电力、蒸汽和热水所对应的 CO_2 排放量。

石化企业外购电力和热力(蒸汽、热水)所对应的 CO_2 排放量，可根据实际消耗量和相应的排放因子进行计算。企业净购入的电力消费量，以企业和电网公司结算的电表读数或企业能源消费台账或统计报表为据，等于购入电量与外供电量的净差。企业净购入的热力消费量，以热力购售结算凭证或企业能源消费台账或统计报表为据，等于购入蒸汽、热水的总热量与外供蒸汽、热水的总热量之差。

外购电力、蒸汽排放因子按对应年度国家公布的数据为准。其中：电网基准线排放因子参照国家发展和改革委员会公布的最新数据。企业外购热对应的间接排放则根据其热值换算为标准煤用量，再采用标准煤排放因子计算排放量。

第三节　典型企业碳排放

石油炼制工艺包括常减压蒸馏、催化裂化、催化重整、加氢裂化、加氢处理、延迟焦化、溶剂脱沥青、产品精制以及润滑油生产相关装置等多种工艺设备，炼油厂加工总流程就是根据加工的原油性质和目的产品需要，由不同工艺装置组成的加工流程。不同加工流程其碳排放也不尽相同。

一、典型炼化企业碳排放计算

分别以加工量比较接近的典型脱碳型和加氢型实际炼油厂为例，进行炼化企业碳排放的计算。为了便于对比，以平均加工量 9.3Mt/a 为基准对两个典型炼油厂各生产装置的加工负荷进行了归一化处理，生产装置的加工量见表 16-3-1。某脱碳型炼油厂加工的原油 *API* 度为 27.4，硫含量为 2.63%，某加氢型炼油厂加工的原油 *API* 度为 29.1，硫含量为 0.80%。由于实际炼油厂加工原油和产品结构的不同，也直接造成两个典型炼油厂同类装置的加工负荷存在差异。

两个典型炼油厂各生产装置的单耗数据分别见表 16-3-2 和表 16-3-3。根据各生产装置单耗和加工量，选择合适的能耗碳排放因子，见表 16-3-4，可以得到两个典型炼油厂各生产装置及全厂碳排放数据，见表 16-3-5。

表 16-3-1　两个典型炼油厂各生产装置的加工量　10kt/a

装置名称	某脱碳型炼油厂	某加氢型炼油厂
常减压	930.00	930.00
轻烃回收	154.60	180.60
气体分馏	52.67	66.99
干气脱硫 1	19.20	12.07
干气脱硫 2	—	11.14
液化气脱硫 1	34.48	25.66
液化气脱硫 2	—	67.09
S Zorb	126.96	141.76
航煤加氢 1	99.03	86.25
航煤加氢 2	—	38.86
柴油加氢	276.75	206.41
蜡油加氢	251.44	—
加氢裂化	93.02	147.52
渣油加氢	—	334.17
催化裂化	259.84	323.00
延迟焦化	255.99	—
硫黄回收	15.26	6.54
连续重整	172.11	185.18
乙苯-苯乙烯	3.71	6.84
聚丙烯	14.36	20.72
MTBE	5.69	9.62
异构化	—	23.00
制氢	4.78	3.08
RDS-PSA	—	9.57
PSA	—	1.38

表 16-3-2　某脱碳型炼油厂各生产装置的单耗数据

装置名称	新鲜水/(t/t)	循环水/(t/t)	软化水/(t/t)	除盐水/(t/t)	除氧水/(t/t)	电网/(kW·h/t)	3.5MPa蒸汽/(t/t)	1.0MPa蒸汽/(t/t)	0.5MPa蒸汽/(t/t)	小于0.3MPa蒸汽/(t/t)	燃料气/(t/t)	催化烧焦/(t/t)
常减压		2.45	0.01			6.33		0.02			0.01	
轻烃回收		0.13				0.51		0.57				
气体分馏		4.24	0.02			15.24						
干气脱硫 1		0.20				2.65						
液化气脱硫 1		0.21				1.69						
S Zorb		2.62			0.00	5.82					0.00	
航煤加氢 1		1.25				2.59					0.00	
柴油加氢		3.93				20.42	0.04	-0.02			0.00	
蜡油加氢		4.01				21.25	0.06	-0.07			0.00	
加氢裂化		17.11	0.10			51.81		0.14	-0.11		0.01	
催化裂化	0.01	11.90			0.35	28.94	-0.13	-0.10				0.05
延迟焦化		7.09		0.02	0.04	15.88		0.02	0.15	-0.13	0.02	
硫黄回收	0.01	10.71			1.39	27.61	-1.58				0.04	
连续重整		7.92	0.10		0.29	13.55	0.50	-0.45		-0.24	0.05	
乙苯-苯乙烯	0.00	192.70	0.24		0.23	65.85	1.56	0.42			0.05	
聚丙烯	0.00	143.90	0.17			279.98			0.45			
MTBE		63.10				13.50						
制氢		165.09				329.74	-8.25				2.58	

表 16-3-3　某加氢型炼油厂各生产装置的单耗数据

装置名称	新鲜水/(t/t)	循环水/(t/t)	软化水/(t/t)	除盐水/(t/t)	除氧水/(t/t)	凝结水(透平)/(t/t)	电网/(kW·h/t)	3.5MPa蒸汽/(t/t)	1.0MPa蒸汽/(t/t)	0.5MPa蒸汽/(t/t)	小于0.3MPa蒸汽/(t/t)	燃料气/(t/t)	催化烧焦/(t/t)
常减压		0.38	0.05				0.95		0.01			0.01	
轻烃回收		0.13					0.51		0.57				
气体分馏	0.03	79.6	0.31				12.37		0.03				
干气脱硫 1	0.07	11.7				-0.10	17.44			0.28			
干气脱硫 2	0.07					-0.10	17.44			0.28			
液化气脱硫 1	0.06	5.55				-0.03	9.18				0.23		
液化气脱硫 2	0.06	5.55				-0.03	9.18				0.23		
S Zorb		2.88			0.10		9.12			-0.01			
航煤加氢 1		1.31					11.33					0.01	
航煤加氢 2		1.36					6.45						
柴油加氢		1.95		0.05			21.46	0.13	-0.12			0.01	
加氢裂化		11.39					41.78			0.19	-0.29	0.01	
渣油加氢		8.36					27.10	0.19	-0.22		-0.04	0.01	
催化裂化	0.18	8.95	0.09		-0.30		31.10	-0.51			-0.01		0.08

续表

装置名称	新鲜水/(t/t)	循环水/(t/t)	软化水/(t/t)	除盐水/(t/t)	除氧水/(t/t)	凝结水(透平)/(t/t)	电网/(kW·h/t)	3.5MPa 蒸汽/(t/t)	1.0MPa 蒸汽/(t/t)	0.5MPa 蒸汽/(t/t)	小于 0.3MPa 蒸汽/(t/t)	燃料气/(t/t)	催化烧焦/(t/t)
硫黄回收	1.82	75.35			3.93		122.21	-2.97				0.06	
连续重整	0.05	27.09	0.19		0.20		15.75		0.12	-0.09		0.05	
乙苯-苯乙烯	0.05	406.41	0.45				143.25	4.11	0.45			0.13	
聚丙烯		112.70	0.01				281.12		0.23				
MTBE		62.89					15.60		0.83				
异构化		46.70		0.03			22.10			0.11		0.01	
制氢		147.00		22.19			623.83	0.83				1.35	
RDS-PSA							498.00						
PSA							30.15						

表 16-3-4 炼油厂能耗碳排放因子

能　　耗	单　　位	碳排放因子
新鲜水	$kgCO_2/t$	0.5972
循环水	$kgCO_2/t$	0.3706
软化水	$kgCO_2/t$	0.8780
除盐水	$kgCO_2/t$	8.0760
除氧水	$kgCO_2/t$	32.3158
凝结水(透平)	$kgCO_2/t$	12.8200
电网	$kgCO_2/kW·h$	0.5703
3.5MPa 蒸汽	$kgCO_2/t$	296.30
1.0MPa 蒸汽	$kgCO_2/t$	268.50
0.5MPa 蒸汽	$kgCO_2/t$	227.80
小于 0.3MPa 蒸汽	$kgCO_2/t$	189.80
燃料气	$kgCO_2/t$	2648.00
催化烧焦	$kgCO_2/t$	3520.00

注：电力排放因子来源为《关于做好 2023—2025 年部分重点行业企业温室气体排放报告与核查工作的通知》，其余能源排放因子根据能源相应的折标系数及热值计算所得。

表 16-3-5 两个典型炼油厂各生产装置的碳排放量及占比

装置名称	某脱碳型炼油厂		某加氢型炼油厂	
	碳排放量/($10ktCO_2/a$)	占比/%	碳排放量/($10ktCO_2/a$)	占比/%
常减压	22.83	13.02	15.91	8.03
轻烃回收	23.71	13.52	27.70	13.98
气体分馏	0.54	0.31	3.01	1.52
干气脱硫 1	0.03	0.02	0.93	0.47

续表

装置名称	某脱碳型炼油厂		某加氢型炼油厂	
	碳排放量/(10ktCO_2/a)	占比/%	碳排放量/(10ktCO_2/a)	占比/%
干气脱硫 2	—	—	0.81	0.41
液化气脱硫 1	0.04	0.02	1.30	0.66
液化气脱硫 2	—	—	3.39	1.71
S Zorb	0.54	0.31	1.02	0.51
航煤加氢 1	0.77	0.44	1.79	0.90
航煤加氢 2	—	—	0.50	0.25
柴油加氢	7.63	4.35	7.05	3.56
蜡油加氢	4.62	2.63	—	—
加氢裂化	6.58	3.75	7.37	3.72
渣油加氢	—	—	13.28	6.70
催化裂化	39.86	22.73	46.61	23.53
延迟焦化	17.71	10.10	—	—
硫黄回收	-4.35	-2.48	-3.24	-1.64
连续重整	24.94	14.22	31.33	15.82
乙苯-苯乙烯	3.06	1.74	13.10	6.61
聚丙烯	4.54	2.59	5.53	2.79
MTBE	0.18	0.10	2.45	1.24
异构化	—	—	1.93	0.97
制氢	22.16	12.63	13.57	6.85
RDS-PSA	—	—	2.72	1.37
PSA	—	—	0.02	0.01
合计	175.39	100.00	198.08	100.00

由表 16-3-5 计算结果看，某脱碳型炼油厂 CO_2 年排放量为 1753.9kt，吨原油加工量碳排放为 1.89t，某加氢型炼油厂 CO_2 年排放量为 1980.8kt，吨原油加工量碳排放为 2.13kt。两个相同加工量的实际炼油厂，某加氢型炼油厂全厂碳排放量高于某脱碳型炼油厂。

从单个生产装置的碳排放量数据看，两个典型炼油厂的催化裂化、连续重整和轻烃回收装置的 CO_2 年排放量最高，其中某脱碳型炼油厂的催化裂化、连续重整和轻烃回收装置的 CO_2 年排放量分别占全厂 CO_2 年排放总量的 22.73%、14.22%和 13.52%；某加氢型炼油厂的催化裂化、连续重整和轻烃回收装置的 CO_2 年排放量分别占全厂 CO_2 年排放总量的 23.53%、15.82%和 13.98%；两个典型炼油厂的三套生产装置 CO_2 年排放量加和均超过全厂 CO_2 年排放总量的 50%。

从单个生产装置的碳排放量数据看，某加氢型炼油厂的乙苯-苯乙烯、催化裂化、连续重整装置的碳排放量明显高于某脱碳型炼油厂，其主要原因是某加氢型炼油厂的乙苯-苯乙烯、催化裂化、连续重整装置的加工负荷高和装置单位加工量(或单位产量)CO_2 排放量高。此外，由于某加氢型炼油厂加工原油的渣油收率低、硫含量低，相应降低了重油加工和脱硫的难度，如果某加氢型炼油厂与某脱碳型炼油厂加工类似的原油，某加氢型炼油厂的全厂碳排放量将会进一步提高。

二、不同类型炼油厂碳排放对比分析

炼油厂类型、炼油厂规模、能耗水平、加工原油的性质等因素都会影响炼油厂 CO_2 排放。

图 16-3-1 为不同规模与单位原油加工碳排放对比图。随着炼油厂规模的增加，CO_2 排放系数呈现递减趋势，主要原因是炼油厂规模越大，相对的能源综合利用水平越高，节能与 CO_2 减排效果较好，对应的单位加工量的排放系数也小一些。

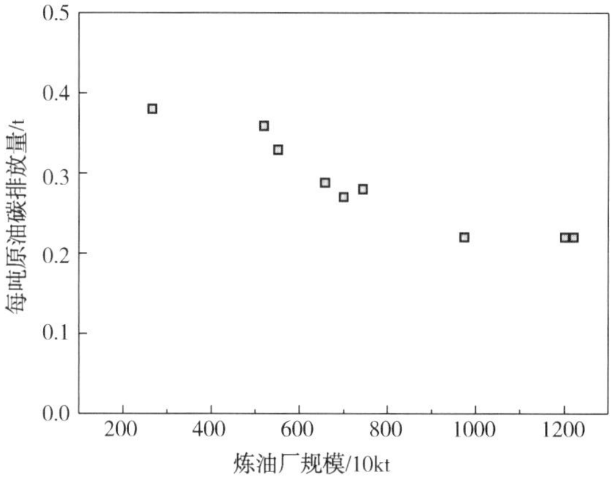

图 16-3-1 炼油厂规模与单位原油加工碳排放统计结果

三、炼油厂碳排放主要影响因素

1. 炼油厂碳排放主要影响因素

炼油过程的本质是将高碳氢比、高碳含量的原油，加工成低碳氢比、低碳含量的各类炼油产品的过程。从物质守恒角度，为实现碳氢比的改变有两种方法：一是给原油脱碳，排出多余的碳元素；二是给原油加氢，就是补足产品所需的氢碳比。脱碳最主要途径是生成焦炭，包括焦化装置生成的石油焦和催化裂化等装置催化剂上生成的积炭，这些碳元素中的大部分最终仍经过燃烧以二氧化碳的形式排放。加氢最主要途径是通过制氢装置生成氢气，再通过加氢装置加入产品中，补足产品氢碳比。

影响炼油厂碳排放的主要因素如下。

(1) 氢气来源

炼油企业生产过程中，需要通过加氢实现馏分的轻质化，以及满足产品质量要求。炼油企业生产的氢气主要为“灰氢”，即制氢过程也要排放大量二氧化碳，如煤制氢过程碳排放 $15\sim30tCO_2/tH_2$，天然气制氢过程碳排放 $5\sim15tCO_2/tH_2$，因此，不同的氢气来源对企业碳排放影响较大。

(2)加工流程的影响

炼油厂加工流程类型对碳排放也有较大的影响，根据测算，焦化型炼油厂碳排放因子低于采用渣油加氢路线的炼油厂。

（3）原油性质的影响

原油性质对炼油厂的碳排放强度及总量均有重要影响。在选择原油品种、产品结构时，应兼顾经济效益与碳排放。加工重质、高硫、高氮的劣质原油，可降低原料成本；但为生产满足质量要求的油品，要采用能量密集型工艺和更多加工单元，这必将导致生产过程更多碳排放。因此，在选择加工原油的种类时，要兼顾未来碳税对企业经营成本的影响。

（4）产品结构与质量的影响

从中长期来看，“减油增化”是炼油产品结构调整的主要途径，化工型炼油厂是未来发展的主流方向。据测算结果，与油品相比，基本有机化工原料生产过程的碳排放强度更大。

油品质量升级需要投入更大的能耗与氢耗，也意味着更大的碳排放量。我国汽油质量标准已处于世界先进水平，进一步降低汽油的有害物质含量对改善空气质量的效力已减弱，但需投入更多的技术、设备和能源。当前改善环境的紧迫任务是减少碳排放，油品质量升级应该在绿色清洁的基础上兼顾低碳。

（5）能耗水平的影响

炼油厂碳排放与能耗水平密切相关，因此，节能是目前炼油行业从源头减少碳排放实现绿色发展最有效的途径。经过多年发展，我国炼油单位综合能耗显著下降，但是多数炼油厂的耗能水平与国际先进水平相比仍有差距。

2. *炼厂碳减排主要措施*

从炼油厂各装置能耗来看，催化裂化、天然气制氢、连续重整、气体分馏、加氢裂化、延迟焦化等装置较高。加热炉燃料燃烧是炼油厂的主要能耗源和碳排放源之一。据测算，燃料燃烧占测算炼油厂总能耗的42%，主要源于常减压蒸馏、连续重整、延迟焦化、加氢等装置的加热炉消耗。炼油厂可通过换热网络优化、先进节能技术的应用、燃料低碳化以及生产用能电力化(甚至绿电化)等措施实现碳减排。

化石燃料制氢装置的工艺排放是炼油厂主要的碳排放源之一，加氢装置使用绿氢替代灰氢是实现炼油厂碳减排的有力措施。炼油厂可采用可再生电力电解水制氢来实现绿氢生产。目前，绿氢生产技术推广应用的最大障碍是成本高，但随着风、光发电，电解水制氢技术的改进和生产规模扩大，成本有望大幅降低。未来10年将是绿氢技术成熟期，炼油与绿氢生产耦合将极大推动炼油厂减碳。

与常规化石原料相比，以生物质生产的燃料或化学品的全生命周期碳排放较低。炼油厂在传统的炼油工艺中利用生物质，既可增加原料来源多样性、降低成本，又能降低生产过程的碳排放。废弃高分子材料回收利用与炼油过程融合是一种高效的资源循环利用途径，既能解决废塑料/橡胶污染环境的问题，同时也扩展了炼油原料。

为减少炼油向化工转型过程中碳排放量的增加，需通过新型催化剂开发、反应与分离工程创新等手段，加大重油催化裂解、加氢裂化、轻石脑油催化重整等现有工艺技术升级改造，以使其多产化工原料。此外，原油直接制烯烃工艺近年来在工业化方面取得较大进展，虽然该技术目前仍受原油品质的限制，但在多产化工料、简化生产流程、降低投资、控制碳排放等方面具有较大潜力。

催化裂化催化剂再生烧焦过程是炼油厂的第二大能耗源，催化裂化装置是其最大的碳排放源。减少催化剂生焦是从源头上实现炼油节能减碳的重要措施之一。从催化剂角度可采取以下措施：催化原料加氢处理催化剂要致力提高产物氢含量，催化裂化催化剂要进一步降低焦炭选择性。从反应器角度，实现进料与高温再生剂快速均匀接触也能强化反应和传质效果，从而减少生焦。近几年，催化进料乳化技术进步较大，取得了高附加值产物收率提高、生焦减少的效果。采用微纳尺度传质强化技术，可进一步改善催化进料的乳化和反应转化效果。此外，催化裂化本质上是脱碳过程，生焦不可避免。因此，还需重视通过换热网络优化、中低温余热回收等方式回收催化剂烧焦产生的热量。

加氢类装置的能耗在炼油系统占比也较大。传统加氢工艺的滴流床反应器需采用大氢油体积比，反应后大量过剩氢气经循环氢压缩机增压后反复通过加氢反应器，氢气循环过程由于物流升压、升温、降温导致耗能较大。液相循环加氢技术用液体溶氢循环取代了滴流床加氢技术所需的庞大氢气循环系统，具有能耗更低、投资更小、氢资源利用率更高的优势。化石燃料制氢装置产生大量 CO_2 工艺排放，同时制氢过程具有高温高压的特点，可通过有效的能量回收方式节能减碳。在绿氢生产技术推广应用前，炼油厂可采用气化联合循环发电(IGCC)技术，在制氢的同时通过生产廉价电力和蒸汽回收粗合成气携带的巨大能量，从而使制氢装置承担公用工程的功能，并达到大幅节能减碳的目的。

最后要推进 CO_2 捕集、封存与利用(CCUS)技术。炼油厂当前的碳排放主要集中在燃料燃烧和催化剂烧焦、化石燃料制氢。在用能电力化、绿氢规模化生产之前，炼油厂要进一步大幅减少碳排放，重视 CCUS 技术，在碳排放集中的装置增加 CCUS 设施。

第四节　石油化工产品碳足迹核算

碳足迹是一个用于衡量个人、组织、产品或活动直接或间接排放的二氧化碳和其他温室气体的总量。产品碳足迹是评估某一产品在生产、运输、销售、使用和回收等过程中产生的二氧化碳排放量，有助于企业了解产品的环境影响，找出潜在的减排机会。

一、碳足迹核算方法

石油化工产品碳足迹的计算方法有多种，这些方法在准确性和应用范围上各有特点。碳足迹核算方法主要采用生命周期评价方法(Life Cycle Assessment，LCA)，该方法涵盖产品或服务从摇篮到坟墓的整个生命周期过程，包括能源消耗和环境影响的评估。碳足迹作为衡量人类活动对气候变化影响的重要指标，其核算方法的选择对于实现全球温室气体排放的有效管理和减排具有重要意义。

生命周期评价方法(LCA)是当前最主流的碳足迹核算方法。这种方法通过全面分析产品或服务从原材料采集、生产、运输、使用到废弃处置的全部环节，来核算研究对象在其生命周期内所产生的直接和间接温室气体排放。LCA 能够提供详尽的碳排放信息，帮助企业和组织识别减排潜力并优化生产过程。然而，这种方法的挑战在于需要大量的数据支持并且计算过程复杂，且可能受到数据获取难度和边界设定主观性的影响。

投入产出生命周期评价(I-OLCA)提供了另一种核算途径。它借助经济投入产出表，采用自上而下的模型，先核算行业或部门层面的能源消耗和碳排放水平，然后根据平衡方程估算具体产品的环境影响。这种方法适用于宏观层面的计算，如国家、部门或企业的碳足迹评估。尽管它能够较完整地反映产品或服务的碳足迹，但受限于投入产出表的时效性和部门划分的精确度。

混合生命周期评价结合了过程分析法和投入产出法的优点，旨在克服单一方法的局限，提供更为全面和准确的碳足迹评估结果。这种方法既规避了截断误差，又能针对性地评价具体产品的整个生命周期阶段。然而，混合生命周期评价的实施需要较高的数据精度和复杂的模型设计，目前处于研究阶段，实际应用尚需进一步推广。

碳足迹的核算标准是确保评估准确性和一致性的关键。国际上已有多个关于碳足迹核算的标准，如《PAS2050：2011 产品与服务生命周期温室气体排放的评价规范》和《ISO14067 温室气体　产品碳足迹　量化要求与指南》等。这些标准为各类组织提供了明确的指引，助力企业开展碳足迹核算，优化生产流程，提升市场竞争力。

二、核算步骤

石油化工产品碳足迹的核算步骤通常包括以下几个方面：

① 确定核算对象与功能单位：明确要计算碳足迹的石油化工产品及其功能单位，如每吨产品、每立方米产品等。

② 过程图绘制和系统边界确定：绘制产品的生命周期流程图，确定数据核算的边界范围，包括原材料采集、生产制造、运输、使用和废弃处理等环节。

③ 活动水平数据收集：收集各个过程的活动水平数据，如能源消耗量、原材料使用量、运输距离等。

④ 排放因子确定：根据所收集的活动水平数据，确定相应的排放因子，如单位能源消耗量的碳排放量、单位原材料使用量的碳排放量等。

⑤ 碳足迹计算：利用所收集的数据和排放因子，计算产品生命周期中的直接和间接碳排放量，得出产品的碳足迹。

数据质量及不确定性分析：对计算结果进行数据质量分析和不确定性评估，确保计算结果的准确性和可靠性。

三、典型案例

1. 核算对象和边界

以某石油化工企业聚丙烯为评价对象，按照全生命周期评价方法，计算生产单位功能产品的温室气体排放量，以二氧化碳排放量计量。系统边界为摇篮到大门，即从原油开采、原油运输及原油加工到聚丙烯产品出厂的所有环节。

2. 聚丙烯碳足迹核算数据收集与处理

收集原油和各装置能耗数据，各装置能耗数据包括物料平衡和能源消耗等数据，能源消耗数据包括各装置的燃料气、水、电、风、蒸汽等耗能工质的消耗量。

3. 聚丙烯产品碳足迹核算

聚丙烯生产涉及常减压、渣油加氢、催化裂化、延迟焦化、气分以及聚丙烯装置，根据各装置物料流向及收集的数据，建立聚丙烯碳足迹核算模型，主要物料碳足迹如图 16-4-1 所示，最终计算出聚丙烯碳足迹为 0.9738tCO_2/t。

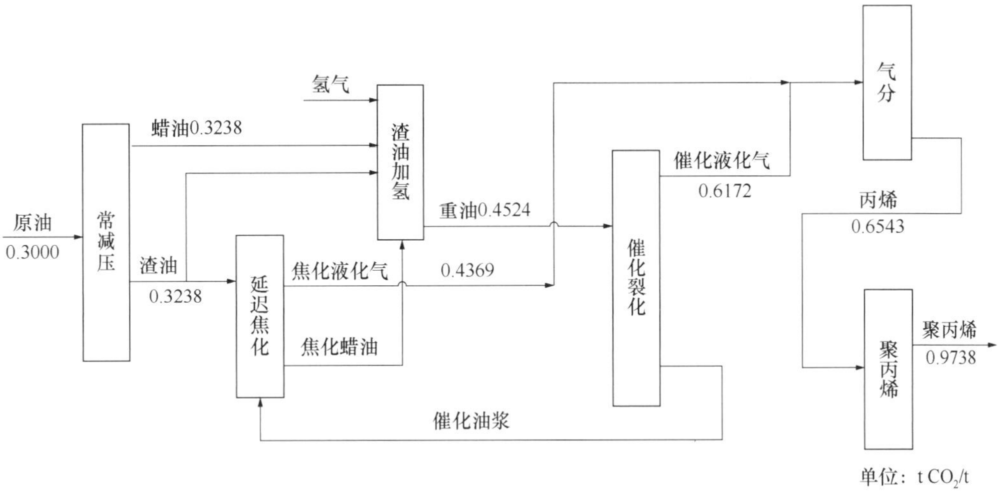

图 16-4-1　聚丙烯碳足迹

第十七章　典型的炼油厂加工总流程

第一节　原油加工总流程的发展

炼油加工总流程，准确地讲应该叫做原油加工总流程，就是根据所可能加工的原油性质和需要生产的产品结构，选择有关单元技术进行有机组合的原油及各馏分加工方案的集成。炼油加工总流程的选择，将决定炼油厂的装置结构、公用工程及配套辅助系统的构成与规模，同时决定项目投资与运行效益。

我国炼油工业经过40年的快速发展，目前已成为世界原油加工能力最大的国家，炼油企业也从单一的生产成品油发展到生产燃料、芳烃、化工产品的超大型石油化工企业。

随着炼油工艺技术、国内装备制造技术的快速发展，炼油总流程也从简单粗放的馏分加工逐渐发展到组分加工再到分子加工的过程。

原油加工总流程是将分子长短不一，结构各不相同烃类混合物通过化学和物理加工过程，生产出满足使用要求的组分，如汽油、柴油、喷气燃料等产品，或者是单一分子产品，如对二甲苯、乙烯、丙烯等。整个加工过程中包含的每个加工单元都是物流、能流、能源工质的耦合，因此，原油加工总流程的另一个重要因素是基于各自企业的能源禀赋差异，实现独特的能源利用与回收体系和网络，以期实现能量的最优化利用。

自21世纪20年代以来，在“双碳”目标和新能源技术革命的驱动下，汽柴油的需求快速降低，而各种功能性材料的需求快速增长，预计到2060年实现碳中和后，我国原油占能源消费总量将下降到10%以下，原油的能源属性将转向化工原材料属性，原油加工企业生产的燃料类产品将逐渐下降，甚至大部分企业将不再生产燃料，而转向全部生产化工品及各种特种油品。

在可以预期的未来，原油、天然气和生物质协同互补改变炼油厂加工流程的同时，炼化企业还将引入绿氢、核能、风、光电等可再生能源元素，并进入电气化时代。

本章按照原油加工企业生产的主要产品种类和主要加工工艺组合对炼油总流程进行了传统的分类；选编的典型案例将循序渐进地展示原油加工从单一生产燃料油的炼油加工总流程到生产基础化工原料、芳烃和特种油品组合产品的原油加工总流程演变历程。

一、燃料型

燃料型炼油厂以生产成品油为主，汽油和柴油产品收率高，一般成品油(汽油+煤油+柴油)收率60%以上。成品油市场消费结构不同，汽油和柴油收率也各有侧重。例如，欧洲柴油消费量大，其加工流程为多产柴油方案；美国汽油消费量大，其加工流程为多产汽油方案。

汽油调和组分主要包括催化裂化汽油、重整汽油、异构化油、烷基化油、MTBE以及石脑油等。柴油调和组分主要有直馏柴油、焦化柴油、加氢裂化柴油和催化裂化轻循环油。燃料型炼油厂加工流程中减压馏分和渣油加工路线选择目标是尽可能多生产汽油和柴油调和组分。

（一）低硫石蜡基原油加工流程

以加工低硫石蜡基原油为主的燃料型炼油厂加工流程如图17-1-1所示。该流程中石脑油去催化重整装置生产汽油调和组分，常压渣油直接去催化裂化装置生产汽油和柴油。该加工流程为短流程、深加工的典型代表。20世纪80年代我国加工低硫石蜡基原油的大多数炼油厂采用此加工流程。

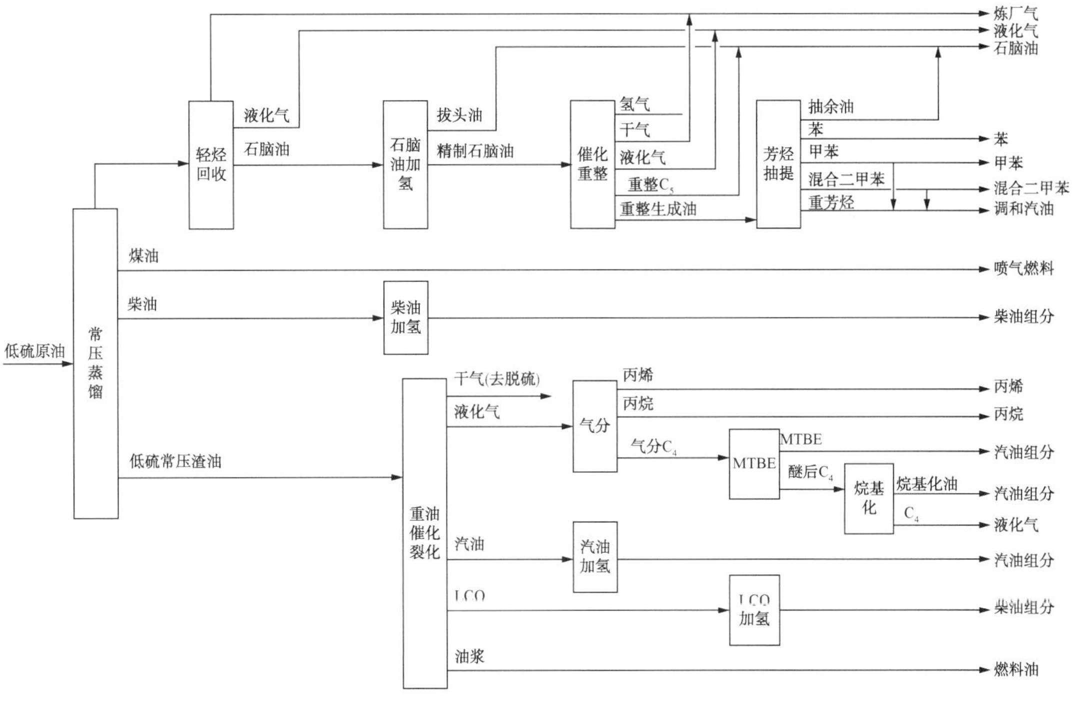

图17-1-1　低硫石蜡基原油加工流程示意图

（二）含（高）硫原油加工流程

1. 催化裂化-延迟焦化加工流程

该工艺流程中的常减压可采用减压深拔技术，尽可能提高减压馏分收率，减压馏分经过加氢处理后去催化裂化加工，减压渣油去延迟焦化加工。该加工流程对原油适应性强，可以加工劣质原油，其加工流程示意图如图17-1-2所示。

2. 加氢裂化-催化裂化-延迟焦化加工流程

该工艺流程中的常减压可采用减压深拔技术，尽可能提高减压馏分收率。轻减压馏分去加氢裂化加工，重减压馏分和焦化减压馏分加氢处理后去催化裂化加工，减压渣油去延迟焦化加工。该加工流程对原油适应性强，可以加工劣质原油。该加工流程中设置了加氢裂化装置，通过调整加氢裂化操作模式，可以多生产喷气燃料，也可以调整汽油和柴油收率，对调整产品结构有一定的灵活性。其加工流程示意图如图17-1-3所示。

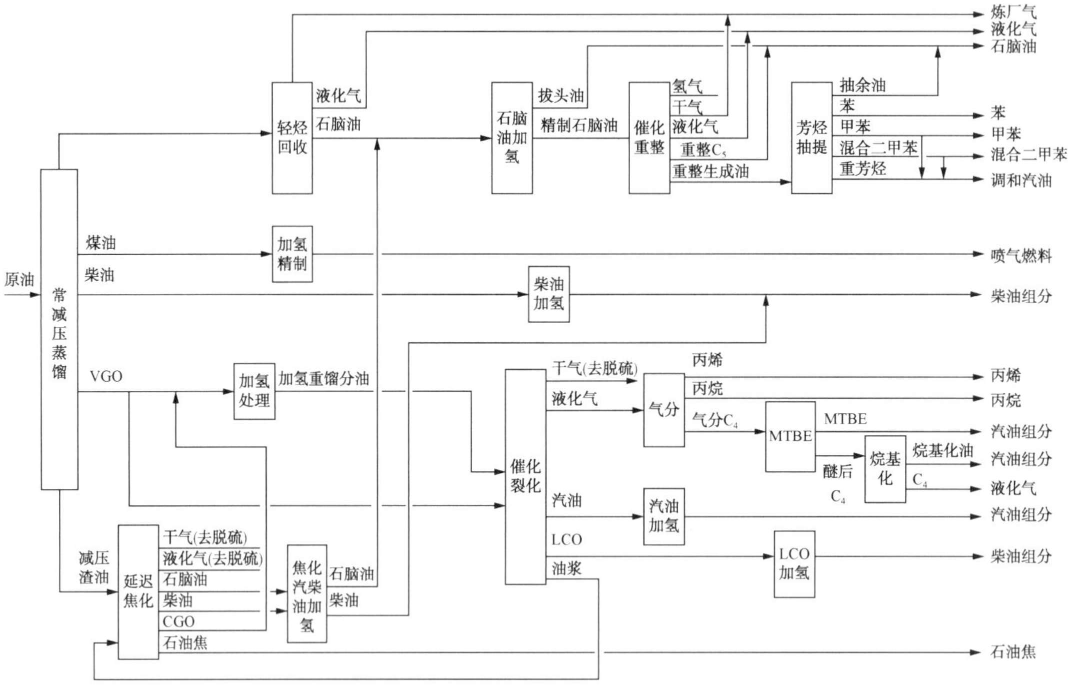

图 17-1-2　催化裂化-延迟焦化加工流程示意图

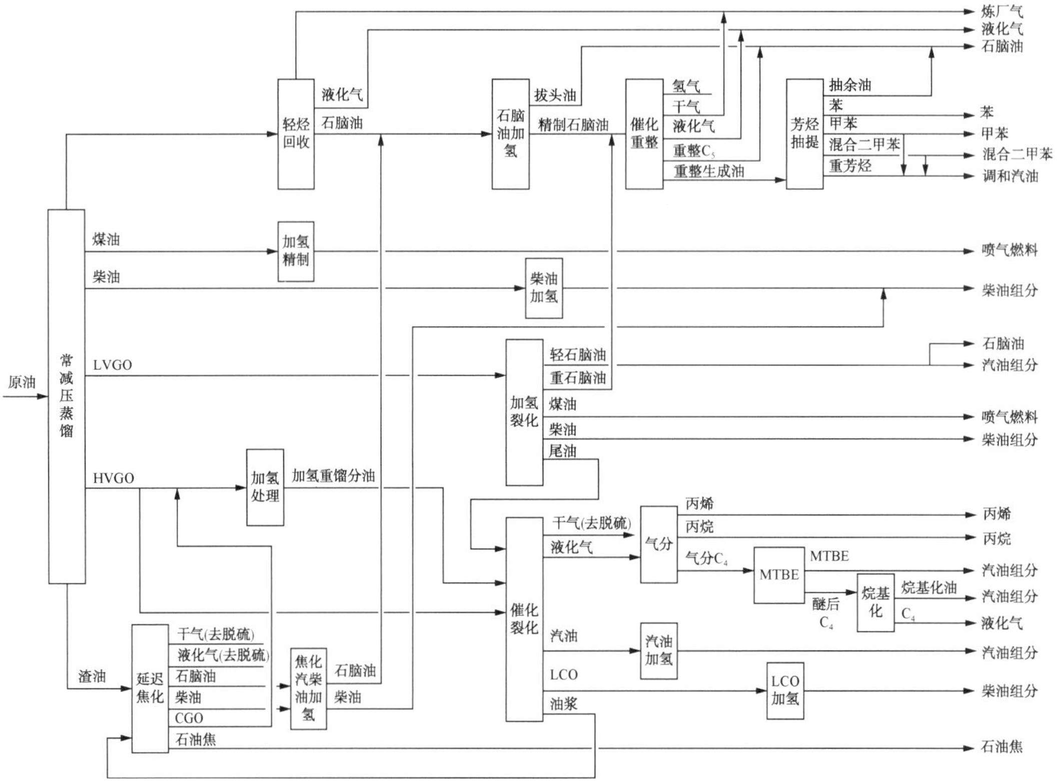

图 17-1-3　加氢裂化-催化裂化-延迟焦化加工流程示意图

3. 固定床渣油加氢–催化裂化加工流程

由于固定床渣油加氢对原料性质有一定的要求，该加工流程不能加工太劣质的原油。其加工流程示意图如图 17–1–4 所示。

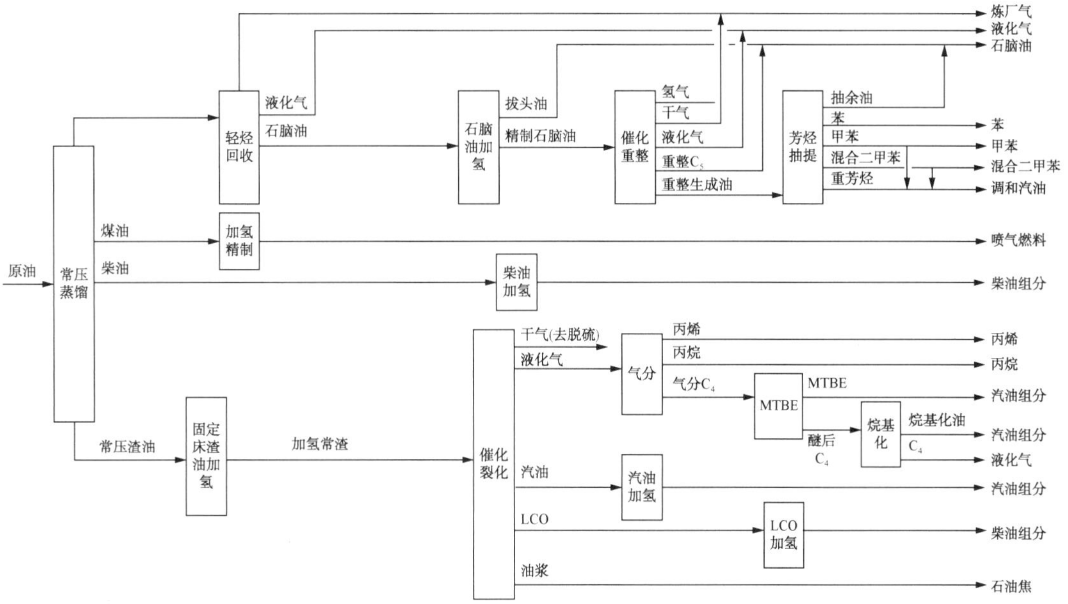

图 17–1–4　固定床渣油加氢–催化裂化加工流程示意图

二、燃料–润滑油型

燃料–润滑油型炼油厂除生产燃料产品外，润滑油基础油也是主要产品之一。润滑油基础油理想组分为长碳链异构烷烃和带有异构烷基的环烷烃，润滑油基础油生产目标就是尽可能提高理想组分的比例。润滑油基础油生产工艺主要有两类，一类是以物理过程为主的“老三套”生产工艺，另一类是以全加氢为主的生产工艺。

(一) “老三套”加工流程

“老三套”工艺以物理分离为主，该工艺路线主要以生产Ⅰ类基础油为主，少量生产Ⅱ类基础油。采用该工艺对原油性质要求较高，全球以“老三套”工艺生产润滑油基础油的企业，原油多以石蜡基原油为主，少量为环烷基原油。我国采用“老三套”工艺生产润滑油基础油的企业，绝大部分以大庆原油为原料，在生产润滑油基础油同时，得到石蜡产品。典型的以“老三套”工艺为主的燃料–润滑油型炼厂加工流程如图 17–1–5 所示。该流程中部分减二线、减三线、减四线作为基础油生产原料，去糠醛精制装置。部分减五线和减压渣油经过溶剂脱沥青加工后，脱沥青油去糠醛精制装置，作为生产光亮油的原料。其他减压馏分和渣油作为催化裂化原料。

(二) 全加氢工艺流程

由于“老三套”工艺对原油性质要求高，同时产品质量难以满足市场要求，全加氢工艺路线(高压加氢裂化+高压加氢异构)生产基础油被越来越多的企业采用。该工艺对原油性质要求不高，可以降低原油成本，同时产品质量好，可以生产Ⅲ类基础油。采用全加氢工艺的燃料–润滑油型炼油厂加工流程示意图如图 17–1–6 所示。

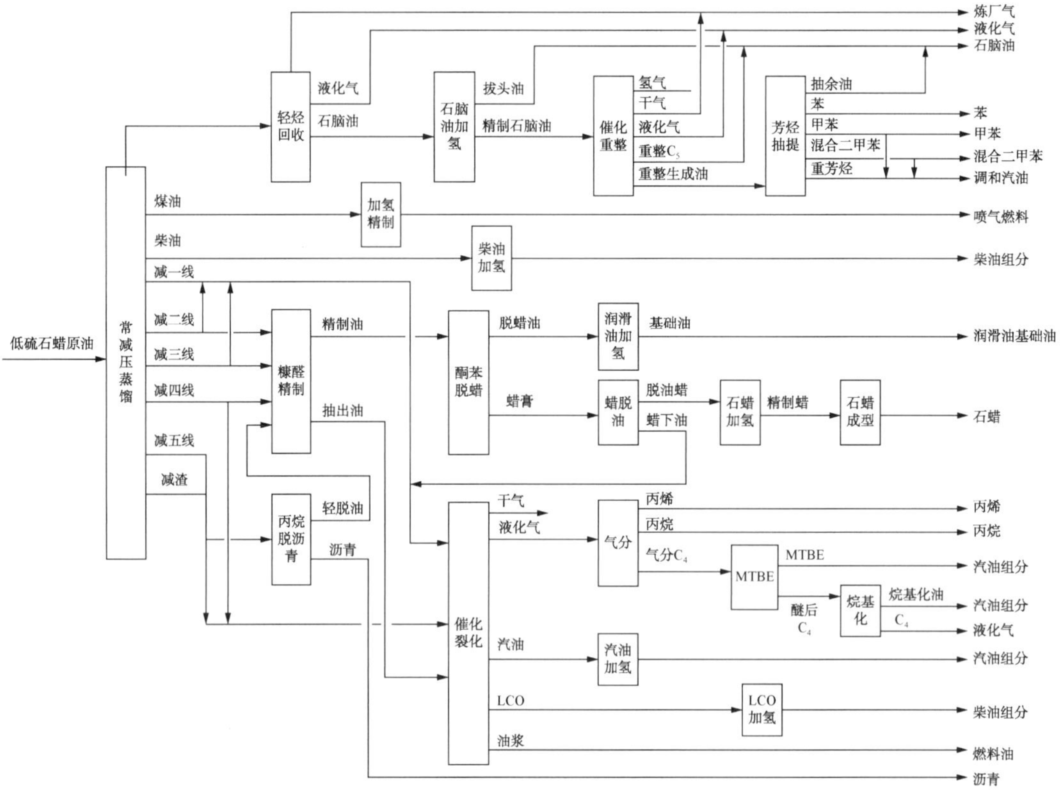

图 17-1-5　燃料-润滑油型(老三套)炼油厂加工流程示意图

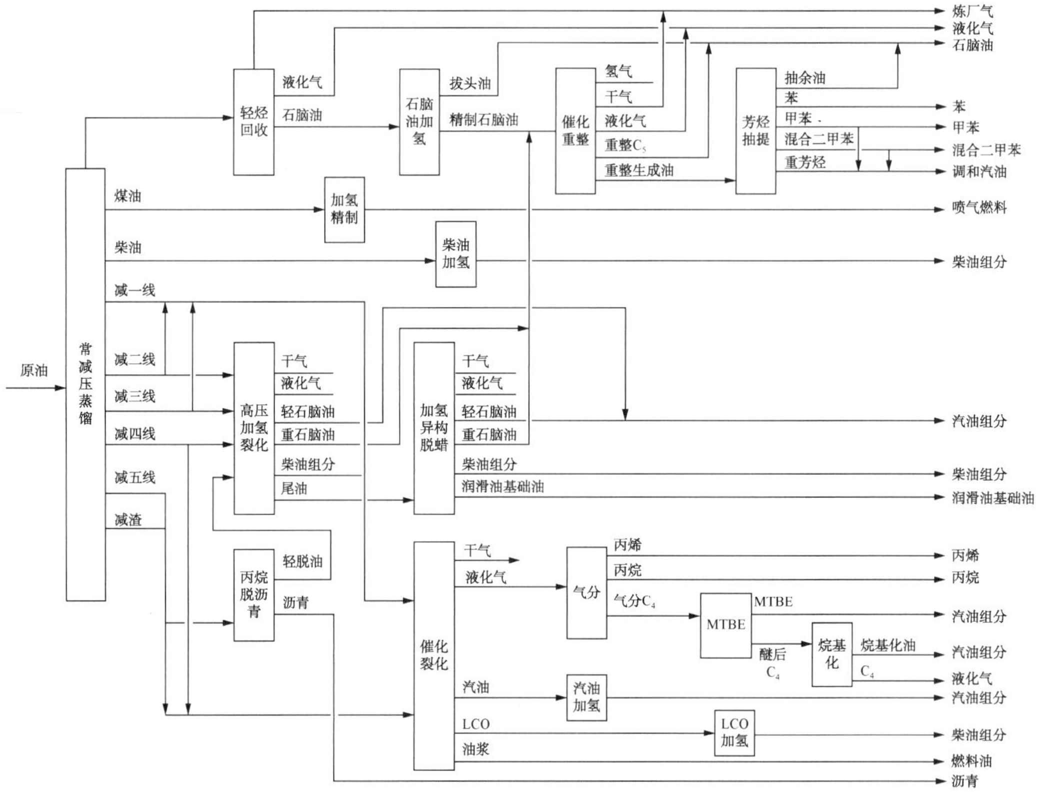

图 17-1-6　燃料-润滑油型(全加氢)炼油厂加工流程示意图

三、燃料–化工型

我国石油化工原料主要来自炼油厂，因此部分炼油厂在生产燃料产品同时，需要生产化工原料，其加工流程称为燃料–化工型。燃料–化工型炼油厂其成品油收率范围为 30%～60%，化工原料产率占 30%左右。炼油厂生产的化工原料有两类，一类是乙烯裂解原料，原料范围较宽，包括轻烃、石脑油、加氢裂化尾油等，其中占比较大的是石脑油馏分；另一类是生产 PX 的原料，主要是石脑油馏分。因此燃料–化工型炼油厂均配置加氢裂化装置，提高石脑油收率。

该类加工流程中，干气经过分离后得到的富乙烯气和富乙烷气作为乙烯裂解装置原料，液化气和轻石脑油也可进行正异构分离，正构烷烃作为乙烯裂解原料。

燃料–化工型根据后序化工目标产品不同，也可分为燃料–乙烯型、燃料–芳烃型和燃料–乙烯–芳烃型。

（一）燃料–乙烯型

燃料–乙烯型炼油厂，主要生产乙烯裂解原料，其石脑油馏分主要用作乙烯裂解原料，催化重整规模相对较小。加氢裂化多采用一次通过模式，多生产加氢裂化尾油。典型流程如图 17–1–7 所示。

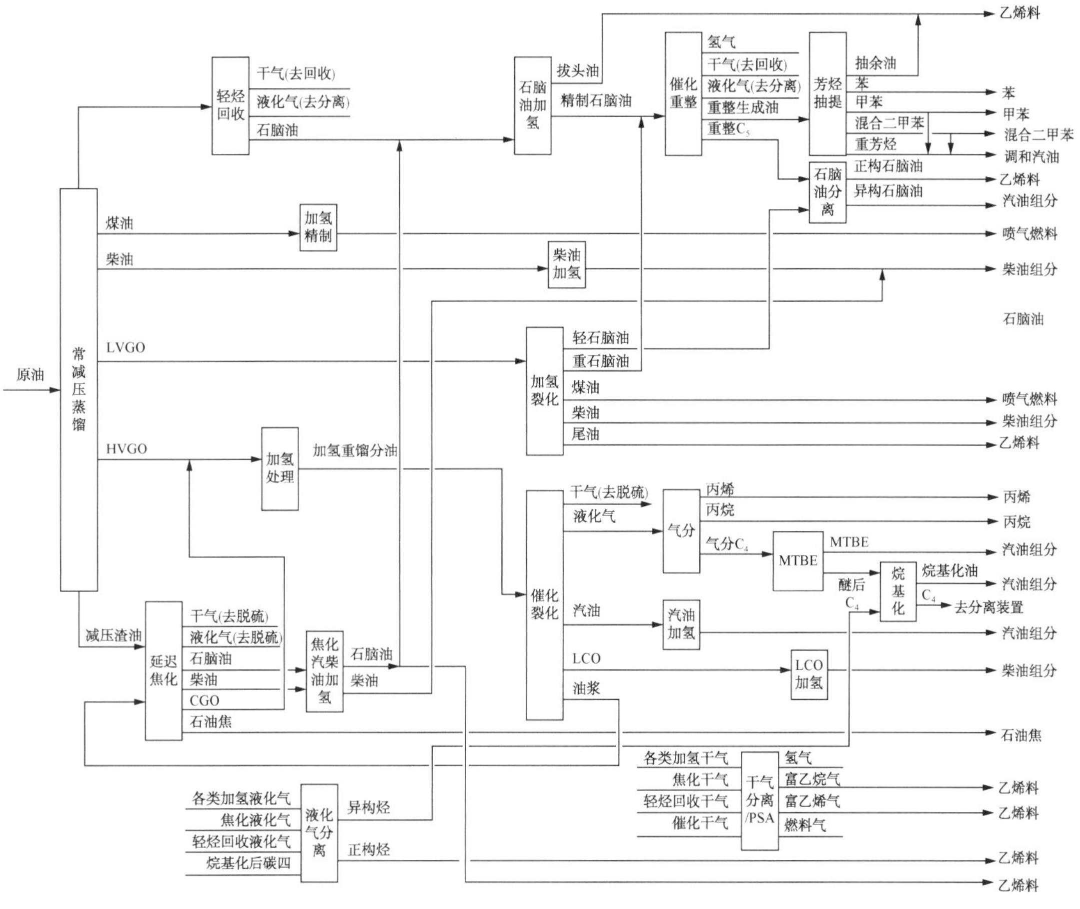

图 17–1–7　燃料–乙烯型加工流程示意图

(二) 燃料-芳烃型

燃料-芳烃型炼油厂，主要多生产催化重整需要的石脑油，加氢裂化多采用全循环模式，多生产重石脑油。典型流程如图 17-1-8 所示。

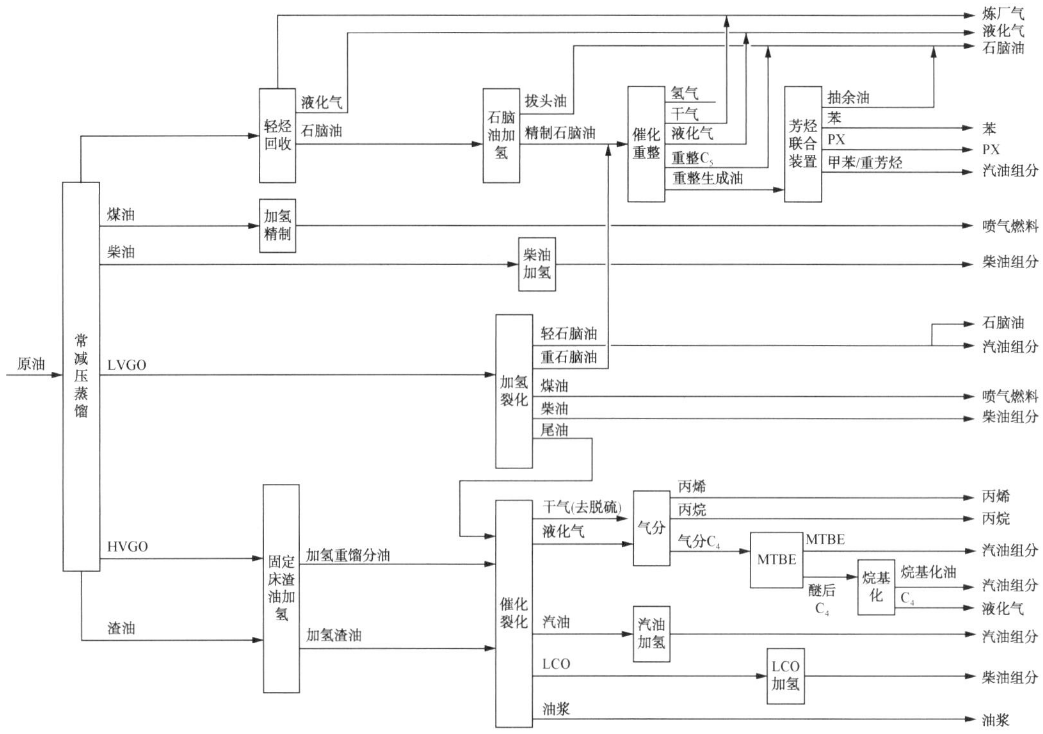

图 17-1-8　燃料-芳烃型加工流程示意图

(三) 燃料-乙烯-芳烃型

燃料-乙烯-芳烃型炼油厂，石脑油既可作乙烯裂解原料，也可作芳烃原料，石脑油要按照“宜烯则烯，宜芳则芳”原则分类使用。加氢裂化可采用部分循环模式，兼顾石脑油和加氢裂化尾油生产。典型流程如图 17-1-9 所示。

四、化工型

化工型炼油厂的总加工流程最大化生产乙烯裂解原料和芳烃料，尽量少生产或者不生产成品油，成品油收率一般低于 30%。

(一) 低硫石蜡基原油加工流程

低硫石蜡基原油的石脑油及轻烃组分均为优质的乙烯裂解原料，该加工流程中石脑油及轻烃组分作乙烯裂解原料，其余组分去催化热裂解(CPP)装置加工，生成的低碳烯烃组分去蒸汽裂解分离部分，汽油组分与裂解汽油一起去加氢、分离。典型加工流程示意图如图 17-1-10所示。

(二) 含(高)硫原油加工流程

以加工含(高)硫原油为主的化工型加工流程，柴油、减压馏分和渣油馏分均采用加氢裂化工艺，最大量生产芳烃料和乙烯裂解原料。典型的加工流程示意图如图 17-1-11 所示。

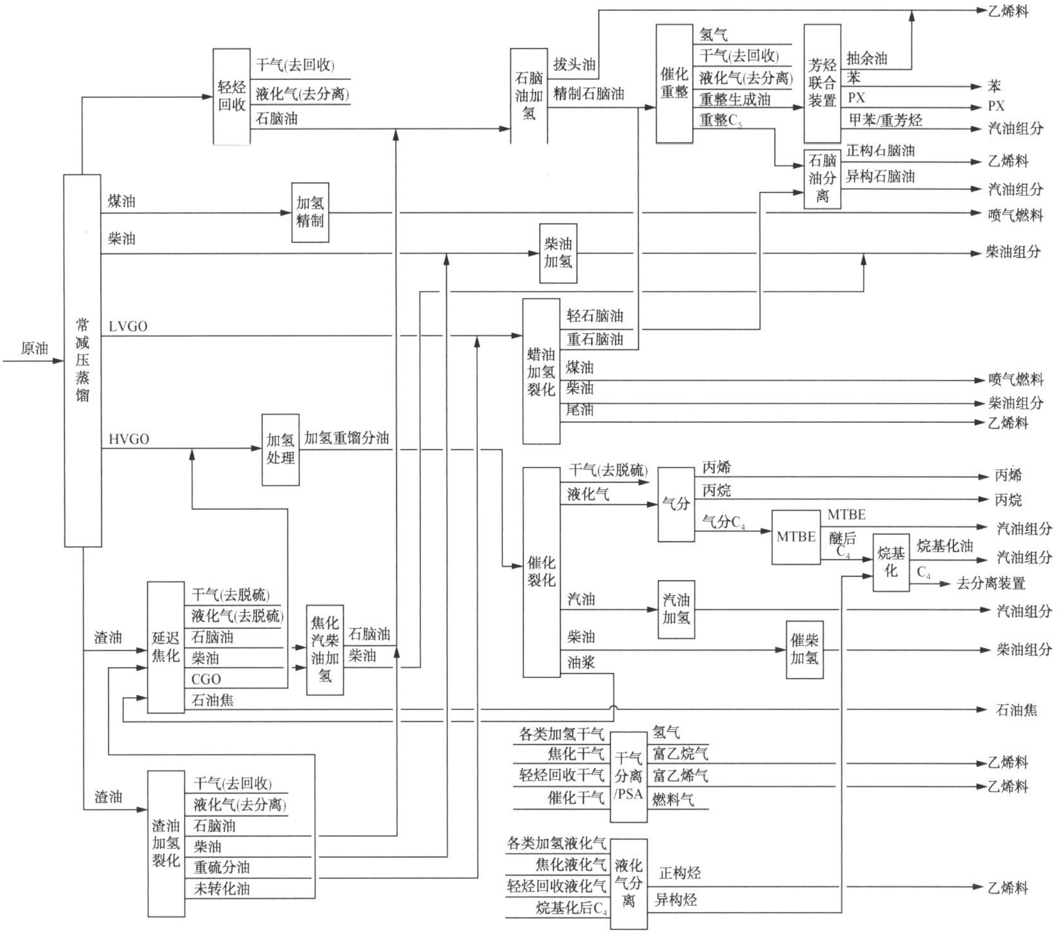

图 17-1-9　燃料-乙烯-芳烃型加工流程示意图

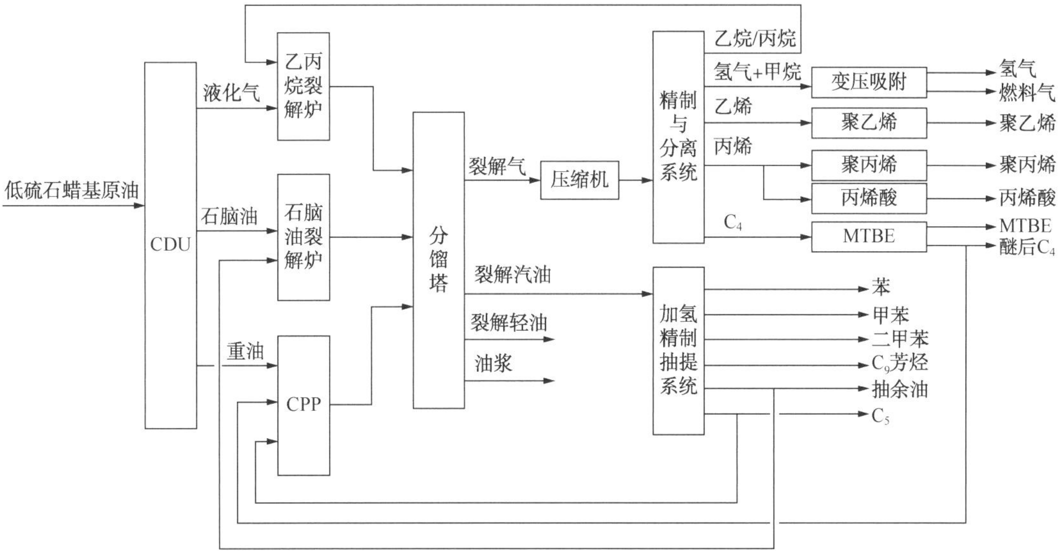

图 17-1-10　低硫石蜡基原油的化工型加工流程示意图

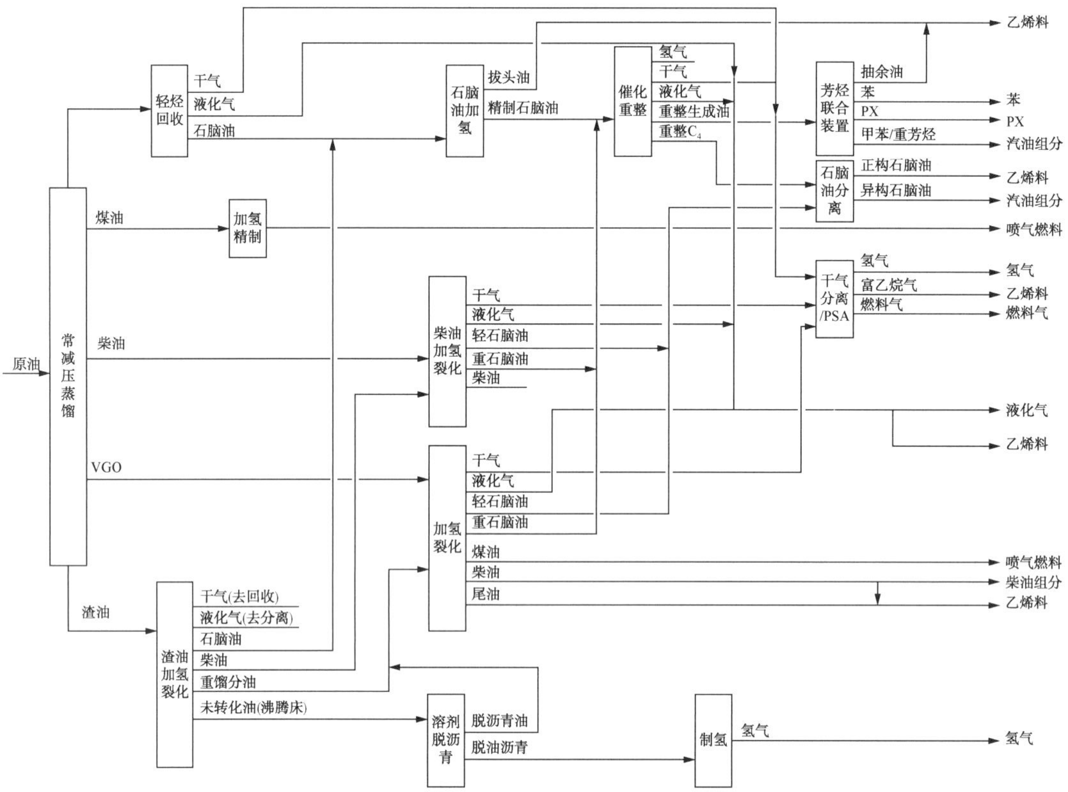

图 7-1-11　加工高硫原油的化工型加工流程示意图

第二节　A 企业原油加工总流程案例

一、总工艺流程

A 企业为典型的燃料型炼油厂，采用“延迟焦化-催化裂化”的脱碳型加工路线，目标是最大量生产成品油。该炼油厂的发展可分为三个阶段，初设计原油加工能力为 5.0Mt/a，拥有 12 套主要生产装置，生产汽柴油产品可满足国Ⅳ质量标准。

原油经常减压分离后，减压渣油作为焦化原料，直馏蜡油与焦化蜡油作为催化裂化原料，直馏柴油、催化柴油与焦化汽柴油进汽柴油加氢装置处理，直馏石脑油作为重整原料。催化汽油分轻汽油和重汽油，其中轻汽油直接作为调和组分，重汽油经加氢脱硫后调和生产汽油。催化液化气分离出丙烯作为聚丙烯原料，混合 C_4 作为 MTBE 原料。全厂总工艺流程示意如图 17-2-1 所示。

该炼油厂建成投产后，各项技术经济指标均达到或优于设计水平。为满足汽柴油国Ⅴ质量升级的要求，考虑利用大检修的机会，以最少的投入实施产品质量升级改造项目，使全厂汽柴油产品质量达到国Ⅴ标准，同时进一步降低能耗，优化产品结构，提高盈利能力。产品质量升级项目实施后，全厂原油加工能力提高到 6.5Mt/a，汽油、柴油产品质量达到国Ⅴ标准，同时轻油收率略有提高。该阶段全厂总共工艺流程示意如图 17-2-2 所示。

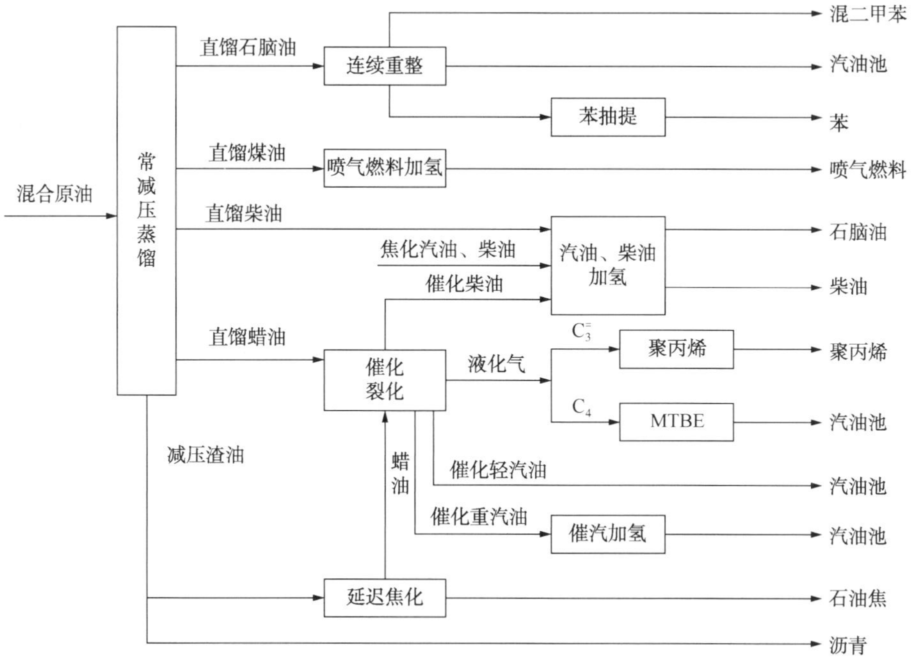

图 17-2-1　A 企业总流程示意图 1

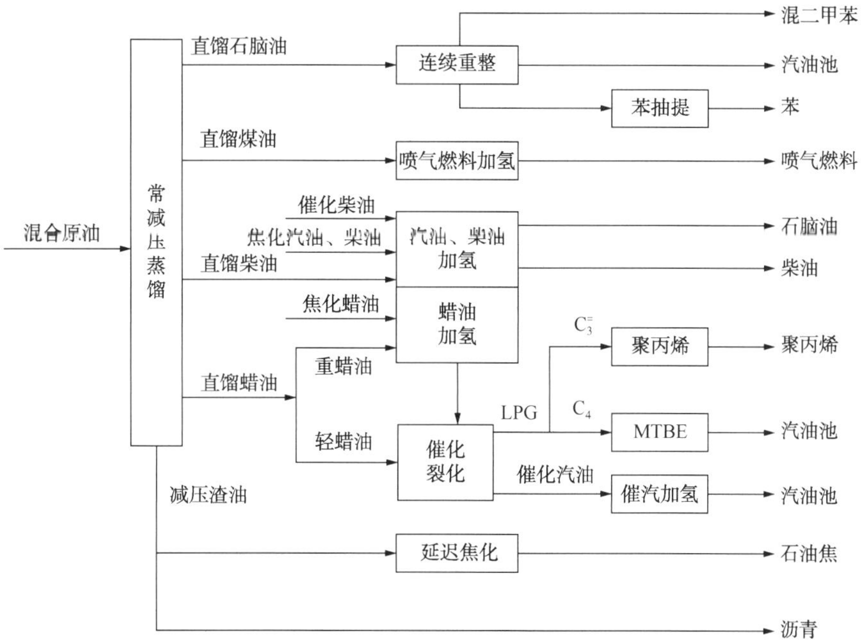

图 17-2-2　A 企业总流程示意图 2

产品质量升级项目投产后，为进一步提高高附加值产品的产量，降低柴汽比，同时解决催化柴油的出路，以满足普柴与车柴并轨的要求，实施了结构调整项目。主要通过新建 LTAG 联合装置并配套建设制氢装置，将催化柴油转化为汽油，大幅降低柴汽比，取得了良好经济效益。结构调整项目实施后全厂总流程示意图如图 17-2-3 所示。

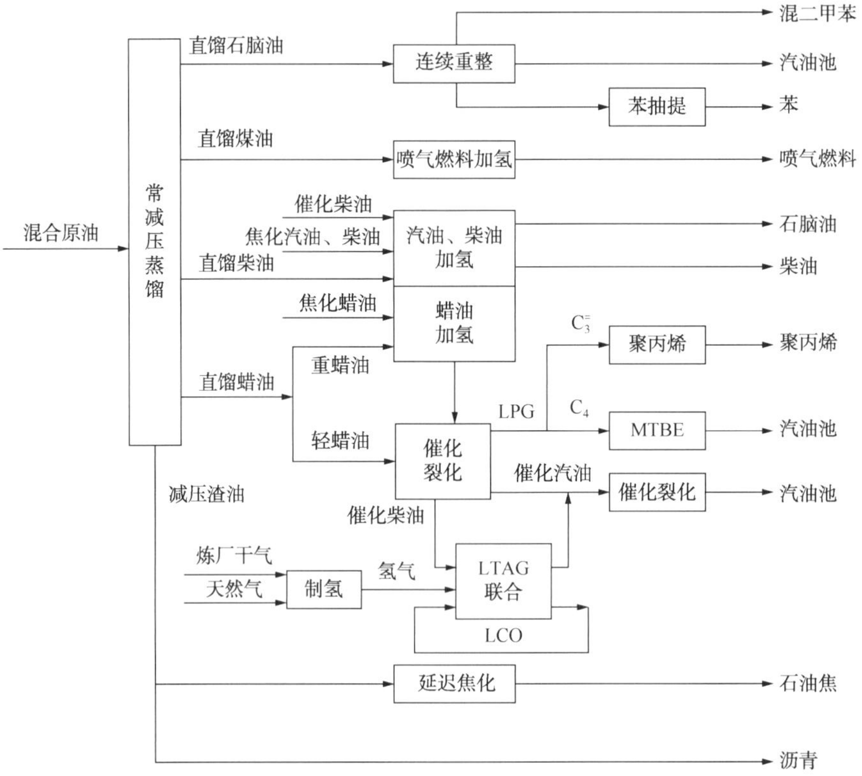

图 17-2-3　A 企业总流程示意图 3

该炼油厂总工艺流程主要特点如下：

1）加工流程短，采用最简单的流程高效地将原油转化为成品油。由于流程简单，相应投资强度低，原油加工成本低。

2）产品价值高，轻油收率达到 75%以上，高价值产品收率大于 80%。

3）催化裂化原料硫含量高，装置设计硫含量超过 2%(质)。

4）全厂用氢量小，同时氢源全部为重整副产氢和回收炼厂干气中少量氢气，氢气成本低。

5）利用有限的低成本氢气资源对部分催化原料进行加氢，改善催化产品分布。

总流程的相对劣势如下：

1）目标产品单一，总流程灵活性较差。

2）随着环保要求不断提高，与加氢路线相比焦化路线污染源相对更多，面临更大的环保风险。此外，未来高硫焦的出厂也存在一定风险。

二、装置构成

A 炼厂初设计原油加工能力 5.0Mt/a，拥有 12 套主要生产装置，生产国Ⅳ标准汽柴油产品。之后先后实施了质量升级项目和结构调整项目。

质量升级项目对汽柴油加氢装置进行改造，在原有反应器后串联增加一台新反应器，同时增加 S Zorb 装置，使全厂汽柴油产品可满足国Ⅴ质量标准硫含量小于 10mg/kg 的要求。

常减压蒸馏加工能力由5.0Mt/a扩建为6.5Mt/a，设计基准加工原油不变。催化裂化加工能力由1.7Mt/a增加到2.1Mt/a。改造的重点是在提升管底部增加预提升混合器将原MIP技术改为MIP-DCR技术，再生部分采用富氧再生技术和二次风分配技术。为改进催化产品分布，在汽柴油加氢装置界区内增加蜡油加氢单元，与汽柴油加氢共用氢气系统，新增氢气来源为回收全厂干气中的氢。此外，连续重整、苯抽提和硫黄回收也进行扩能改造。本项目实施后，全厂具备6.5Mt/a，产品质量达到国Ⅴ标准。结构调整项目主要增加了LTAG联合装置，包括LTAG单元、LCO加氢单元、烟气脱硫单元和产品精制单元。同时配套建设天然气制氢装置满足氢气需求。全厂主要装置构成见表17-2-1。

表17-2-1　工艺装置构成　10kt/a

装置	原设计	质量升级项目新增或改造	结构调整项目新增或改造
常减压蒸馏	500	500→65	
延迟焦化	120		
催化裂化	170	170→210	
汽柴油加氢	260	质量升级改造	
蜡油加氢		50	
LTAG联合			120
汽油加氢	50		
S Zorb		150	
喷气燃料加氢	50		
气体分馏	40		
连续重整	60	60→80	
苯抽提	12	12→15	
MTBE	8		
聚丙烯	14		
硫黄回收	6	6→9	
氢回收		8000Nm³/h	
制氢			30000Nm³/h

三、加工原料性质

该炼油厂加工原油以中东高硫原油为主，设计基准原油的平均*API*度为29.9，平均硫含量为1.51%，平均酸值为0.35mgKOH/g(设计选材按1.0mgKOH/g设防)。设计原油主要性质见表17-2-2。

表17-2-2　设计原油基本性质

项目	指标	项目	指标
API°	29.9	镍含量/(mg/kg)	16.48
密度(20℃)/(g/cm³)	0.8730	钒含量/(mg/kg)	23.7
硫含量/(mg/kg)	1.51	康氏残炭/%	5.38

结构调整项目实施后，考虑加工部分低硫原油，低硫原油与含硫原油分储分炼，低硫常渣直接作为催化原料。设计低硫原油平均 *API* 度为 31.51，平均硫含量为 0.37%，平均酸值为 0.86mgKOH/g。设计低硫原油主要性质见表 17-2-3。

表 17-2-3　设计低硫原油基本性质

项目	指标	项目	指标
API°	31.51	镍含量/(mg/kg)	10.1
密度(20℃)/(g/cm^3)	0.8639	钒含量/(mg/kg)	4.4
硫含量/(mg/kg)	0.37	康氏残炭/%	3.11

四、产品结构

该炼厂以生产成品油为主，兼顾生产部分聚丙烯、石脑油、液化气等产品。其中汽、柴油指标原设计为国Ⅳ标准，质量升级项目实施后可达到国Ⅴ标准，结构调整项目实施后可以达到国Ⅵ标准，其余产品质量满足现行国标。主要产品收率见表 17-2-4。

表 17-2-4　主要产品收率　　%

序号	项目	原设计	质量升级项目实施后	结构调整项目实施后
一	原料			
	原油小计	100.00	100.00	100.00
	混和高硫原油	100.00	100.00	84.62
	混合低硫原油			15.38
	外购料小计		0.40	2.29
	甲醇		0.40	0.45
	烷基化油			1.85
二	产品			
	汽煤柴小计	70.30	71.00	75.14
	国Ⅳ乙醇汽油基础油	24.90	25.30	39.25
	92#(93#)汽油	16.20	20.20	20.57
	95#(97#)汽油	8.70	5.10	16.83
	98#汽油			1.85
	喷气燃料		7.20	4.60
	国Ⅳ柴油	45.40	38.50	31.29
	普通柴油		19.30	
	车用柴油		19.30	31.29

续表

序号	项目	原设计	质量升级项目实施后	结构调整项目实施后
	石脑油	3.50	2.90	0.45
	液化气	7.90	6.00	7.61
	聚丙烯	2.60	2.00	3.13
	苯	0.70	0.60	0.59
	混二甲苯		2.30	
	沥青		1.50	
	石油焦	8.10	7.70	7.18
	硫黄	1.10	1.10	1.02
	自用小计	5.70	5.20	6.50
	催化烧焦	2.40	2.20	3.29
	自用燃料气	3.30	2.60	2.75
	动力站用燃料气		0.40	0.45

五、汽油调和

该炼厂全厂汽油调和组分包括精制催化汽油、重整脱苯汽油、轻石脑油、MTBE、烷基化油等。结构调整项目实施后汽油池构成详见表17-2-5。

表17-2-5　汽油调和组分构成

质量调和产品组分	比例/%(质)	硫含量/%(质)	辛烷值 *RON*	抗爆指数 *DON*	烯烃/%(体)	芳烃/%(体)	苯/%(体)	氧含量/%(质)
精制汽油	58.80	0.0015	90.8	85.65	20	25.6	0.75	
抽提料	0.51	0.0001	75	72.5		28	28	
重整重汽油	15.00		110	106		94.7		
预加氢拔头油	9.79		72	69				
抽余油	2.32	0.0001	65	63				
混二甲苯	5.74		112	108		100		
MTBE	3.14	0.0001	115	110				18
烷基化油	4.70	0.0001	95	93				
汽油池平均组成	100.00	0.0009	92.39	87.95	11.89	32.56	0.58	0.56

六、燃料平衡

加氢低分气一起去氢回收装置回收氢气，常减压三顶气、加氢干气及重整干气去焦化装置统一处理，脱硫后的焦化干气与PSA尾气作为制氢原料，剩余尾气作为自用燃料。全厂自产干气燃料气 267kt/a，装置加热炉消耗燃料气 179kt/a，制氢原料用干气 56kt/a 剩余 30kt/a 作为动力站燃料。

全厂燃料消耗见表 17-2-6。

表 17-2-6　全厂燃料消耗

项目	燃料气消耗/(kt/a)	项目	燃料气消耗/(kt/a)
常减压蒸馏	56	S Zorb	7
延迟焦化	33	连续重整	57
催化裂化		硫黄回收	3
柴油加氢	6	制氢原料	56
蜡油加氢	3	制氢燃料	6
LTAG(LCO 加氢单元)	7	富余干气供动力站	30

七、氢平衡

结构调整项目实施后，全厂主要耗氢装置有重整预加氢、汽柴油加氢、喷气燃料加氢、蜡油加氢、S Zorb、LTAG 加氢单元以及需要少量用氢的聚丙烯及硫黄回收装置。氢气来源为连续重整装置生产的重整氢，以及通过氢提浓装置回收加氢低分气中的氢气，不足部分由制氢装置提供，需制氢产氢 2.35×10^4Nm^3/h。全厂氢气平衡见表 17-2-7，氢管网示意如图 17-2-4 所示。

表 17-2-7　全厂氢气平衡　　kt/a

序号	项目	重整氢	纯氢
一	氢气产出		
	1#重整	82.3	
	氢回收		2.6
	制氢		17.6
	产氢合计	82.3	20.2
二	氢气消耗		
1	重整预加氢	3.1	
2	苯抽提	10.4	
3	S Zorb	7.5	
4	喷气燃料加氢	0.7	
5	1#柴油加氢	45	
6	催化原料改质	1.56	2.3
7	LTAG 联合装置加氢单元		17.9
	耗氢合计	82.3	20.2

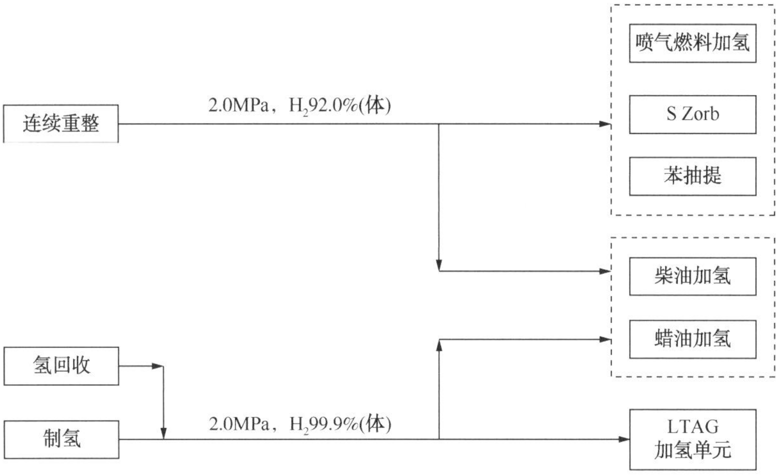

图 17-2-4　氢气管网示意图

八、硫平衡

全厂加工原油 6.5Mt/a，其中含硫原油 5.5Mt/a、平均硫含量为 1.51%，低硫原油 1.0Mt/a、平均硫含量 0.39%，混和原油带入硫总量约为 86.9kt/a。

硫平衡计算结果：全厂共回收硫黄 66.6kt/a，占全厂原有带入硫的 76.60%，其余硫为产品(主要是石油焦)带出、烟气带出、废渣带出。

全厂硫平衡情况见表 17-2-8。

表 17-2-8　硫平衡

序号	项目	占总硫/%	序号	项目	占总硫/%
入方	混合含硫原油	95.51	2.2	喷气燃料	0.07
	混合低硫原油	4.49	2.3	柴油	0.02
	入方合计	100	2.4	液化气	0.01
出方			2.5	石油焦	18.25
1	回收硫黄	76.60	3	烟气带出	0.06
2	产品带出	18.38	4	废渣带走	4.96
2.1	汽油	0.02		出方合计	100.00

九、公用工程消耗及节能措施

全厂主要节能措施如下：

1. 蒸汽动力系统逐级利用

本企业蒸汽系统设 3.5MPa、1.0MPa、0.4MPa 三个等级的蒸汽管网。其中 3.5MPa 中压蒸汽主要来自动力站锅炉及炼油装置内利用余热产生的过热蒸汽，主要用于汽轮机发电和各装置驱动工艺汽轮机；1.0MPa 低压蒸汽来自动力站汽轮机抽汽及装置内余热产生的蒸汽，主要用于各装置工艺加热和部分装置驱动工艺汽轮机；0.4MPa 低低压蒸汽来自装置内利用余热产生的蒸汽，主要用于工艺装置除氧器等装置工艺加热。

各压力等级的蒸汽管网之间设有一定容量的减温减压器，以便于整个系统的负荷调节。各等级蒸汽得到充分利用，满足全厂蒸汽系统运行要求且负荷调整灵活，安全可靠。

根据全厂的热力负荷和用电负荷需求，进行全厂范围内的调整与平衡；优化产、耗汽设备的形式与参数；确定热、电联产方案；达到蒸汽的逐级利用，使得全厂的能源利用效率达到最高。

2. 余热回收

低温余热的回收与利用已成为炼油企业节能的一个重要方面，因此必须综合考虑低温余热的回收与利用。

（1）低温余热回收利用原则

根据低温余热的利用特点以及本项目的情况，确定以下利用原则：

① 优化工艺装置换热流程，尽量少产低温余热。

② 低温余热回收与利用必须经济合理、运行可靠。

③ 温位为 80~158℃之间的热源可作为低温余热进行回收。

④ 低温热水回水温度按 70℃设计，低温热水出装置温度按 95℃设计。

⑤ 优先保证装置生产用热，多余部分再考虑其他热利用方案。

（2）装置低温余热的回收和利用

为集中回收各装置的低温余热，本企业已建设余热回收站一座，回收原料预处理、延迟焦化、催化裂化、柴油加氢等装置的低温余热，通过装置低温余热把热水温度从 70℃加热到 95℃，供装置和系统单元使用。

全厂主要公用工程消耗及能耗见表 17-2-9。

表 17-2-9　主要公用工程（水、电、蒸汽等）的消耗量及能耗指标

序号	指标名称	单位	数值	备注
1	炼油水耗指标			
	新鲜水单耗	t 水/t 油	0.45	
	污水单排	t 水/t 油	0.20	
2	全厂用电负荷	kW·h/t 原油	95.64	
	其中：自发电	kW·h/t 原油	18.09	
	外购电	kW·h/t 原油	77.54	
3	全厂蒸汽平衡			
	3.5MPa	t 蒸汽/t 油	-0.070	装置供动力站发电
	1.0MPa	t 蒸汽/t 油	-0.028	装置需动力站提供
4	全厂炼油综合能耗	ktEO/t 原油	64.11	
5	全厂炼油单因能耗	kgEO/单位因数	7.74	

十、其他

（1）占地面积

本炼油厂占地面积 90hm^2。

（2）投资

本炼油厂一期建设投资（不含增值税）63亿元（2010年价格水平），质量升级项目建设投资（不含增值税）6.2亿元（2013年价格水平），结构调整项目建设投资（不含增值税）9.7亿元（2017年价格水平）。

（3）主要环保指标

本炼油厂每加工10kt原油，平均排放SO_2 0.159t、NO_x 0.584t。

第三节　B企业原油加工总流程案例

一、总工艺流程

B企业一期设计为燃料型加工路线，全厂原油加工能力为8Mt/a，主要生产满足国Ⅲ类产品质量标准的汽油和柴油，采用“常减压蒸馏-催化原料预处理-重油催化裂化/加氢裂化”的全加氢加工路线，在轻油收率、产品质量、经济效益、环境保护等方面具有明显的优势。

原油经常压蒸馏分出塔顶气、常顶油、航煤馏分、柴油馏分和常压渣油，常压渣油一部分去减压部分拔出蜡油，剩余的常压渣油与减压渣油去催化原料预处理装置；塔顶气和常顶油经轻烃回收装置分离出气体、LPG和石脑油。

来自轻烃回收装置和加氢装置的石脑油经预加氢后，轻石脑油去异构化装置加工，重石脑油和加氢裂化重石脑油去连续重整装置，重整生成油抽提出苯产品后做调和汽油组分，既提高了产品的附加值，同时也降低了重整油中的苯含量。

直馏煤油馏分进喷气燃料加氢精制装置生产3#喷气燃料产品，根据市场需求灵活将部分煤油馏分调入柴油产品中。

由催化裂化、连续重整、异构化、MTBE装置生产的汽油组分调和生产的汽油满足国Ⅲ类排放对应的产品质量要求，并适当外卖部分高价值的MTBE产品。

直馏柴油馏分和催化柴油，进柴油加氢精制装置，加氢后的柴油与催化原料预处理生产的柴油、加氢裂化柴油及部分航煤调和后全厂柴油可满足国Ⅲ标准。

减压拔出减压蜡油去加氢裂化装置加工，加氢裂化装置按全循环设计，大量生产优质柴油，并可灵活调整石脑油、柴油等产品收率，可为续建项目向化工和芳烃方向发展打下良好的基础。

常压渣油和减压渣油进催化原料预处理装置加氢脱硫，主要目的是改善催化裂化进料性质，实现全厂的清洁化生产。

催化原料预处理装置加工后的重油作为重油催化裂化装置的原料，催化装置采用RIPP的MIP技术，生产富含丙烯的LPG、高品质汽油及柴油、油浆等。

为了合理回收利用全厂的气体，气体总体安排如下：

常顶气、催化原料预处理塔顶气、柴油加氢塔顶气和航煤加氢塔顶气一起进轻烃回收装置，尽量回收LPG，轻烃回收装置设在常减压装置内。

重整含氢气体除部分提供给重整石脑油加氢装置、异构化装置、柴油加氢、喷气燃料加氢和硫黄回收装置外，其余的与脱硫后的加氢低分气等一起进催化原料预处理装置内的PSA提纯。

柴油加氢低分气、加氢裂化低分气和催化原料预处理低分气一同脱硫，脱硫后的低分气与催化原料预处理装置的循环氢脱硫后排放的废氢也一起去 PSA 提纯回收 H_2，PSA 尾气作为制氢装置原料，替代部分天然气。

丙烯装置的排放气去催化裂化气压机回收。

加氢裂化装置单独设置吸收稳定系统回收 LPG。

根据全厂氢气安排，重整氢气除给重整石脑油加氢、柴油加氢、喷气燃料加氢、异构化装置及硫黄回收装置使用外，其余的与脱硫加氢低分气等一同去 PSA 提纯，99.9%的氢气供催化原料预处理装置。不足部分由制氢装置补充。

加工流程简图如图 17-3-1 所示。

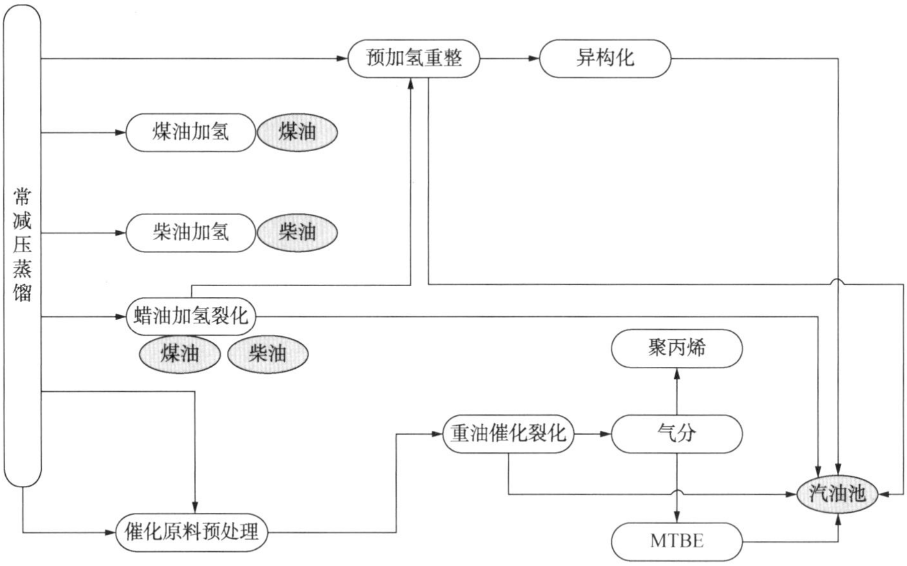

图 17-3-1　B 企业一期加工流程简图

B 企业一期总工艺流程主要特点如下：

1）采用全加氢型加工流程，相比焦化流程在轻质油收率、综合商品率、清洁品和环境保护方面具有优势。

2）该流程成品油收率为 81.2%，柴汽比为 1.58，非常高，属于燃料型加工流程。

为进一步发展化工和芳烃产业链，B 企业二期工程全厂原油加工能力提升到 9.2Mt/a，加工流程在原全加氢工艺路线的基础上，通过新建柴油加氢裂化装置，压降柴油，增产蒸汽裂解原料、芳烃原料和喷气燃料产品。92#和 95#汽油按 GB/T 22030—2017《车用乙醇汽油调和组分油》的要求生产。92#出口汽油仍维持现有的出厂性质要求。

二期维持现有常减压装置加工原设计原油（阿曼类原油）不变，设计原油按南巴、阿曼、吉拉索和沙轻混合原油考虑，一次原油加工能力 9.2Mt/a。

另外，需要加工外来的部分 C_8 芳烃，作为对二甲苯联合装置原料。外购部分混合石脑油作为重整原料和乙烯裂解装置原料。

渣油维持现有的渣油加工路线，现有常压渣油和减压渣油通过渣油加氢脱金属、脱硫、脱氮、脱残碳等杂质后，送到现有催化装置生产催化汽油、催化柴油、液化气和干气等产品。催化油浆外卖。催化柴油送新建的加氢裂化装置。

蜡油加氢采用现有加氢裂化以多产高芳潜重石脑油作为优质的重整原料；加氢裂化尾油作为生产乙烯的原料；降低柴油产品收率；同时副产喷气燃料煤油为目标。

直馏柴油、催化柴油、渣油加氢柴油馏分与少量直馏轻蜡油进入新建的柴油加氢裂化装置处理，采用全循环加氢裂化技术，最大化生产重石脑油进行设计，同时副产轻石脑油和液化气作为乙烯原料。该加氢裂化装置内设置轻石脑油正异构分离设施、低分气脱硫设施、PSA 设施。PSA 提纯加氢裂化脱硫后的低分气、新建的重整装置含氢气体、2#PX 歧化含氢气及化工乙烯氢。直馏柴油、催化柴油和渣油加氢柴油都用来转换成乙烯原料和芳烃原料，柴油出厂量较现状明显减少，且全部来自现有加氢裂化装置。调整现有装置操作可使柴油产品质量满足国Ⅵ车用柴油标准要求。

喷气燃料产品来自现有两套航煤加氢装置和现有加氢裂化装置，质量维持现有 3#喷气燃料标准要求，数量维持现状。

外购石脑油经过石脑油加氢，拔出轻石脑油作为乙烯料，精制重石脑油、加氢裂化重石脑油进新建的 260 万吨/年连续重整装置，重整生成油满足 2#对二甲苯装置生产对原料的要求。2# PX 联合装置异构化单元工艺路线仍维持乙苯转化工艺路线，新增歧化与芳烃抽提等设施。芳烃抽余油部分调和汽油，部分作为乙烯料。

部分外购石脑油从炼油码头上岸，直接送化工区作为乙烯裂解原料。

新建加氢裂化装置生产的部分富异构轻石脑油调和汽油，其余轻石脑油作为乙烯料。

二期实施后，全厂汽油产品由催化裂化(经过经 S Zorb 处理后)汽油、对二甲苯装置产的 C_9/C_{10}汽油组分油和甲苯、化工区来的甲苯、叠合汽油(MTBE 按改造为叠合)、部分芳烃抽余油和加氢裂化富异构轻石脑油调和而成。汽油产品可全部满足 92#出口汽油、92#和 95#乙醇汽油调和组分油质量要求。汽油产品数量维持现状。

现有装置的气体处理路线维持不变，对于新建装置气体的安排如下：

1）新建的 2#重整含氢气体除部分提供给 2#重整预加氢装置和 2#对二甲苯联合装置外，其余的重整氢、2#对二甲苯装置歧化含氢气、化工乙烯氢与脱硫后的 2#加氢裂化装置低分气一起进新建的 2#加氢裂化装置内的 PSA 提纯。

2）新建的 2#重整气体、1#和 2#对二甲苯装置歧化燃料气/异构化燃料气升压送乙烯作原料。

3）ARDS-PSA 尾气、新建的加氢裂化富气/PSA 尾气/粗液化气、新建 2#重整装置含硫燃料气和 2#对二甲苯装置异构化含氢气进新建的轻烃回收装置，脱硫后回收氢气，提浓气送乙烯作原料，尾气作为燃料并入全厂燃料气管网。

炼油加工流程简图如图 17-3-2 所示。

B 企业二期总工艺流程主要特点如下：

1）采用全加氢型加工流程，相比一期流程的柴油加氢装置调整为柴油加氢裂化装置，压降柴油，增产乙烯、芳烃原料和航煤产品。

2）二期实施后，成品油收率由 81.2%降低为 36.42%，柴汽比由 1.58 降低为 0.12，得到大幅降低，属于燃料-化工型加工流程。

二、装置构成

B 企业一期共新建 15 套工艺生产装置，其中除连续重整装置需购买国外专利使用权以外，其余工艺装置全部采用国产化技术，主要生产装置规模、技术路线见表 17-3-1。

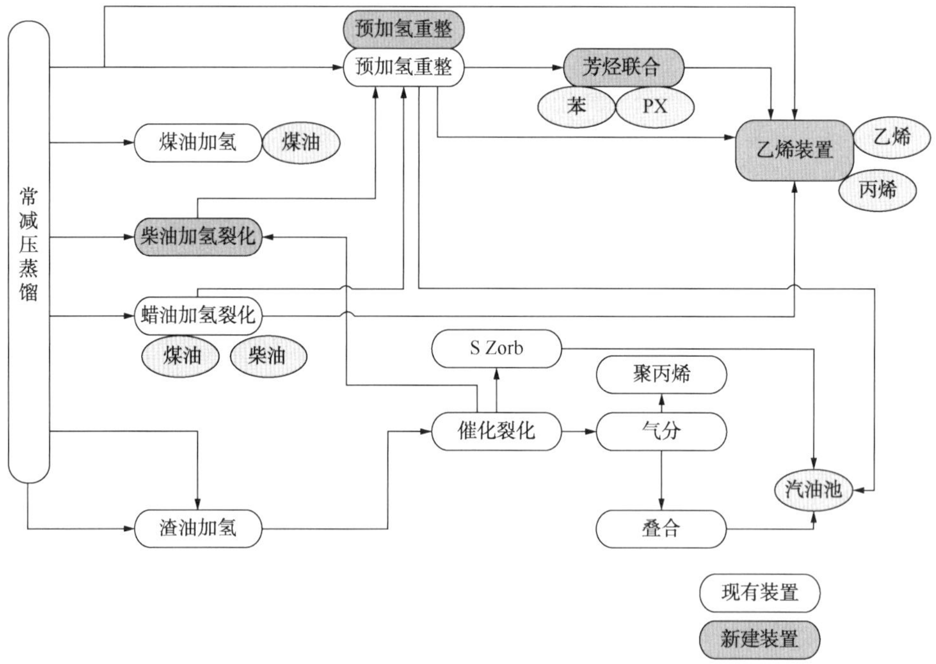

图 17-3-2　B 企业二期炼油加工简图

表 17-3-1　主要生产装置规模、技术路线

序号	装置名称	规模/(Mt/a)	工艺技术路线
1	常减压蒸馏装置	8.0	电脱盐→闪蒸塔→常压塔→减压塔
2	催化原料预处理装置	3.1	固定床加氢脱硫
3	重油催化裂化装置	2.8	MIP 技术
4	脱硫脱硫醇装置		无碱环保工艺 醇胺法脱硫工艺
5	气体分馏装置	0.6	四塔流程
6	连续重整装置(含苯抽提)	1.2	RIPP 催化剂
7	异构化装置	0.2	一次通过工艺
8	MTBE 装置	0.1	混相反应工艺
9	制氢装置	60000Nm^3/h	水蒸汽转化法和 PSA 提纯
10	柴油加氢装置	200	
11	航煤加氢装置	30	
12	硫黄回收和溶剂再生装置	8	2×4t/a 制硫+8t/a 尾气处理
13	酸性水汽提装置	180t/h	单塔低压汽提工艺
14	聚丙烯装置	20	国产第二代环管法

二期炼油新建和改造的装置技术路线见表 17-3-2。

表 17-3-2 炼油新建和改造装置技术路线一览表

序号	装置名称	技术路线
1	2.6Mt/a 加氢裂化装置	单段串联、尾油全循环加氢裂化工艺流程技术
2	2.6Mt/a 连续重整装置	中国石化逆流连续重整工艺技术
3	2#芳烃联合装置(改造)	歧化装置：甲苯歧化及烷基转移工艺技术 芳烃抽提：抽提蒸馏技术
4	轻烃回收装置	采用一体化轻烃回收技术

三、加工原油性质

设计原油为阿曼类中东原油和文昌原油的混合原油，混合原油的 *API* 度为 33.6，硫含量为 0.87%(质)，属含硫石蜡—中间基原油，一般性质详见表 17-3-3；同时设计中留有加工高硫原油改造的余地。

表 17-3-3 混合原油性质

项目	指标	项目	指标
API°	33.6	镍含量/(mg/kg)	5.06
密度(20℃)/(g/cm^3)	0.857	钒含量/(mg/kg)	5.93
硫含量/%(质)	0.87	康氏残碳/%	4.95
氮含量/(mg/kg)	1293		

四、产品结构

B 企业一期主要产品包括：汽油、喷气燃料、柴油、液化气、硫黄、燃料油、苯和聚丙烯等产品，以及为苯乙烯项目提供干气中的乙烯。汽油、柴油产品满足欧洲Ⅲ类产品质量标准。主要产品结构见表 17-3-4。

表 17-3-4 一期主要产品结构

序号	名 称	收率/%(质)	序号	名 称	收率/%(质)
1	汽油	30.48	5	聚丙烯	2.69
2	煤油	2.50	6	苯	0.73
3	柴油	48.25	7	MTBE	1.07
4	液化气	6.04	8	燃料油	1.74

二期项目实施后，炼油区主要产品包括汽油、喷气燃料、柴油、芳烃、硫黄等产品。主要产品规格安排如下：

1) 92#和 95#汽油按标准 GB/T 22030—2017《车用乙醇汽油调和组分油》生产。92#出口汽油仍维持现有的出厂性质要求。

2) 根据研究结果，调整现有装置操作可使柴油产品质量满足 GB 19147—2016《车用柴油》的要求。

3）喷气燃料仍维持现有GB 6537—2018《3号喷气燃料》标准。

4）混合二甲苯、邻二甲苯仍维持现有产品标准。

5）苯产品满足苯国家标准GB/T 3405—2011中石油苯-545技术要求。

6）其他产品如不饱和液化气、硫黄(液态)等仍维持现有出厂标准。

二期项目实施后主要产品结构见表17-3-5。

表17-3-5　二期项目实施后主要产品结构

序号	名　称	收率/%(质)	序号	名　称	收率/%(质)
一	产品		5	聚丙烯	1.78
1	汽油	21.08	6	苯	4.24
2	煤油	12.86	7	对二甲苯	15.19
3	柴油	2.48	8	邻二甲苯	1.85
4	乙烯料	22.59	9	燃料油	1.55

五、汽柴油调和组分

一期汽油和柴油产品质量满足国Ⅲ类标准，喷气燃料规格达到国家3#喷气燃料标准要求。汽油调和组分性质及汽油调和方案见表17-3-6、表17-3-7，柴油调和情况见表17-3-8。

表17-3-6　一期汽油组分性质

来源	数量/(kt/a)	S/%(质)	RON	MON	烯烃/%(体)	芳烃/%(体)	苯/%(体)
催化汽油	1131.2	0.013	92	82.5	28.2	25.6	1
重整汽油	1074.1		102			73.97	0.03
异构化汽油	165.7		78				
HC轻石脑油	52.2		78				
MTBE	100		115				
合计	2523.2						

表17-3-7　一期汽油调和表　　kt/a

汽油组分	汽油产品			合计
	97#	95#	93#	
催化汽油	102.32	420.59	608.29	1131.2
重整脱苯汽油	84.15	336.06	653.89	1074.1
异构化油		33.11	132.59	165.7
HC轻石脑油			52.2	52.2
MTBE	13.53	1.25		14.78
小计	200	800	1438.0	2438.0

续表

汽油组分	汽油产品			合计
	97#	95#	93#	
产品性质				国Ⅲ标准
RON/MON	97/88.28	95/85	93.3/87	
S/%(质)	0.005	0.005	0.004	0.015
烯烃/%(体)	17.67	18	14.2	18(21)
芳烃/%(体)	42	42	41	42
苯/%(体)	0.516	0.531	0.441	1
氧含量/%(质)	1.231	0.233		2.7

表 17-3-8　柴油调和表

项目	数量/(kt/a)	S/%(质)	十六烷指数(D 4737)	凝点/℃	多环芳烃/%(质)
加氢柴油	2082.5	0.014%	51.9	-4	8
部分直馏煤油	688	0.114%	50.2	-58	
精制煤油	98.9	0.004%	50.2	-58	
RDS 柴油	184.0	0.0195%	45	-15	
加氢裂化柴油	806.6	0.001%	60		
合计	3859.9	0.029%	50.8		
欧Ⅲ标准		0.035%	46		11

二期项目实施后92#和95#汽油按GB/T 22030—2017标准生产，92#出口汽油仍维持现有的出厂性质要求。二期汽油调和方案见表17-3-9。

表 17-3-9　二期汽油调和表

质量调和	数量	硫含量	辛烷值	芳烃	烯烃	氧含量	苯含量	蒸气压
产品、组分	kt/a	mg/kg	(*RON*)	%(体)	%(体)	%(体)	%(体)	kPa
【1】92#乙醇汽油组分	1389.4	5.11	90.60	29.79	13.40	0.00	0.59	51.22
(质量标准)		8.00	90.20	36.00	14.00	0.50	0.77	40~56
抽余油	240.0	0.50	72.00	5.56	0.21	0.00	0.80	50.00
芳烃汽油组分	245.8	1.00	112.00	100.00	1.00	0.00	0.01	5.00
叠合汽油	57.4	10.00	100.00	0.00	1.00	0.00	0.00	51.00
轻汽油	86.6	1.00	78.00	0.50	0.50	0.00	0.00	100.00
S Zorb 汽油	759.6	8.00	92.00	25.00	24.00	0.00	0.80	58.00
【2】95#乙醇汽油组分	231.1	5.57	93.81	33.49	13.39	0.00	0.52	48.55
(质量标准)		8.00	93.70	36.00	14.00	0.50	0.77	40~56

续表

质量调和	数量	硫含量	辛烷值	芳烃	烯烃	氧含量	苯含量	蒸气压
产品、组分	kt/a	mg/kg	(*RON*)	%(体)	%(体)	%(体)	%(体)	kPa
抽余油	22.0	0.50	72.00	5.56	0.21	0.00	0.80	50.00
芳烃汽油组分	51.8	1.00	112.00	100.00	1.00	0.00	0.01	5.00
叠合汽油	22.3	10.00	100.00	0.00	1.00	0.00	0.00	51.00
轻汽油	11.1	1.00	78.00	0.50	0.50	0.00	0.00	100.00
S Zorb 汽油	123.9	8.00	92.00	25.00	24.00	0.00	0.80	58.00
【3】92#出口汽油	740.0	4.19	92.64	35.80	11.39	0.00	0.37	57.77
(质量标准)		450	92.20			0.40	4.50	67 以下
抽余油		0.50	72.00	5.56	0.21	0.00	0.80	50.00
芳烃汽油组分	209.8	1.00	112.00	100.00	1.00	0.00	0.01	5.00
叠合汽油		10.00	100.00	0.00	1.00	0.00	0.00	51.00
轻汽油	193.0	1.00	78.00	0.50	0.50	0.00	0.00	100.00
S Zorb 汽油	337.2	8.00	92.00	25.00	24.00	0.00	0.80	58.00

六、乙烯料构成

二期项目实施后，炼油供新建乙烯原料 2.5298Mt/a，乙烯料构成见表 17-3-10。

表 17-3-10　乙烯料构成

乙烯料	数量/(10kt/a)	乙烯料	数量/(10kt/a)
提浓气	48.29	混合石脑油	41.49
未转化油(尾油)	34.06	液化气(饱和)	51.95
轻石脑油	77.19	合计	252.98

七、燃料平衡

一期全厂燃料消耗 359.1kt/a，一部分来自炼油厂自产脱硫后的干气 206kt/a，不足燃料外购 153.1kt/a 天然气作为补充。全厂燃料平衡见表 17-3-11。

表 17-3-11　一期全厂燃料平衡

序号	装置	自产燃料气/(kt/a)	自用燃料气/(kt/a)
1	常减压蒸馏		50.6
2	催化原料预处理		31.1
3	催化裂化		0.00
4	催化重整		90.3
5	异构化		1.7

续表

序号	装置	自产燃料气/(kt/a)	自用燃料气/(kt/a)
6	柴油加氢		15.6
7	航煤加氢		
8	硫黄回收		4.7
9	锅炉		109.2
10	制氢		16.8
11	干气脱硫	206.0	0.00
12	加氢裂化		39.1
	外购天然气	153.1	
	合计	359.1	359.1

注：燃料气热值按照标准热值。

二期炼油消耗燃料为873.6kt/a，其中自产干气289.9kt/a，其余730kt/a外购天然气解决。全厂燃料平衡见表17-3-12。

表17-3-12　二期全厂燃料平衡　kt/a

序号	装置	需求	产出	外购
		燃料气	燃料气	天然气
1	现有炼油装置	291.3		
2	1#对二甲苯装置	147.8		
3	2#加氢裂化装置	63		
4	2#连续重整	168.3		
5	2#对二甲苯装置	52.7		
6	锅炉用气量	150.4		
	合计	873.6	289.9	73.00

注：1. 装置及系统提供的消耗燃料气热值按10000kcal/kg计算；
2. 自产燃料气折算热值按9049.9kcal/kg计算；
3. 天然气热值按8372.68kcal/kg计算。

八、氢平衡

一期全厂主要消耗含氢气体的装置有石脑油加氢、异构化、喷气燃料加氢、柴油加氢及硫黄回收装置，氢气来源于重整氢。消耗纯氢的装置有催化原料预处理、加氢裂化装置，纯氢气体来源重整氢，加氢低分气PSA提纯氢，不足氢气由天然气制氢提供。全厂氢平衡及氢管网示意见表17-3-13及图17-3-3。

二期全厂仍设两类氢气管网，一是两套重整氢组成的重整氢管网；二是高浓度氢气管网，氢气平衡见表17-3-14、表17-3-15。

表 17-3-13 一期全厂氢气平衡 kt/a

序号	项目	数量	项目	数量
一	产氢(含氢气体)		耗氢(含氢气体)	
1	连续重整装置含氢气体	110.3	石脑油加氢	2.95
2			异构化	2.45
3			航煤加氢	1.11
4			柴油加氢	38.07
5			硫黄回收	0.51
6			PSA 进料	65.25
	小计	110.3	小计	110.3
二	产氢(纯氢)		耗氢(纯氢)	
1	PSA 回收氢	36	催化原料预处理	46.2
2	制氢装置	43.4	加氢裂化	33.2
	小计	79.4	小计	79.4

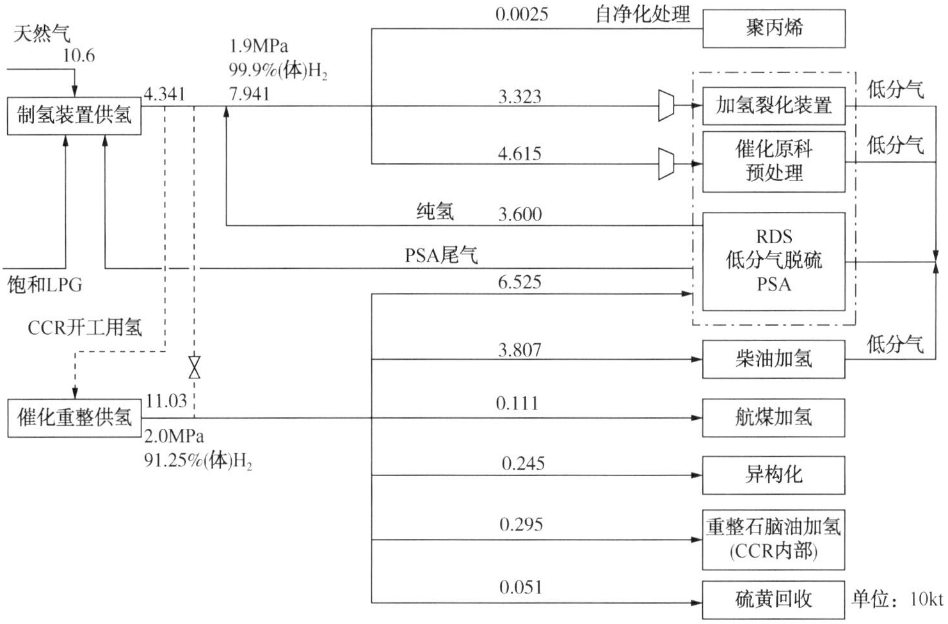

图 17-3-3 氢气管网示意图

表 17-3-14 二期重整氢气平衡表

产氢	数量/(kt/a)	耗氢	数量/(kt/a)
1#连续重整	94.8	1#、2#预加氢	6.6
2#连续重整	284.5	航煤加氢	1.2
化工氢气	47	柴油加氢	0.00
		1#、2#芳烃装置	89.9
		S Zorb，硫黄	3.5

续表

产氢	数量/(kt/a)	耗氢	数量/(kt/a)
		新建2#加氢裂化PSA	277.3
		RDS-PSA	47.8
		异构化	0.00
合计	426.3	合计	426.3

表17-3-15 二期纯氢气平衡表

产氢	数量/(kt/a)	耗氢	数量/(kt/a)
制氢	0.00	1#加氢裂化	29.7
RDS-PSA	33.3	渣油加氢	54.2
VPSA	9.1	新建的加氢裂化	107.6
新建2#加氢裂化PSA	147.9	叠合	0.1
新建的轻烃回收PSA	20.2	聚丙烯	0.1
		重整	13.1
		富裕	5.7
合计	210.5	合计	210.5

九、硫平衡

一期全厂加工原油8.0Mt/a，其中含硫原油6.4Mt/a、平均硫含量1.04%，低硫原油1.6Mt/a、平均硫含量0.183%，混和原油带入硫总量约为69.49Mt/a平均硫含量为0.869%。

硫平衡计算结果：全厂共回收硫黄66.2kt/a，占全厂原油带入硫的95.27%，其余硫为产品(主要是柴油)带出、烟气带出、废渣带出。

一期全厂硫平衡见表17-3-16。

表17-3-16 全厂硫平衡表

序号	装置名称	硫分布/%(质)	序号	装置名称	硫分布/%(质)
一	原料			汽油	0.22
1	阿曼原油	95.78		柴油	1.67
2	文昌原油	4.22	2	燃料油(催化油浆)	0.99
	合计	100	3	催化烧焦排放	1.6
二	产品		4	硫黄	95.27
1	油品		5	其他	0.25
	喷气燃料	0.01		合计	100

二期全厂加工原油9.2Mt/a，实际加工硫含量为0.973%，混和原油带入硫总量约为89.52kt/a。

硫平衡计算结果：全厂共回收硫黄78.1kt/a，占全厂原油带入硫的87.29%，其余硫为产品带出、烟气带出、废渣带出。

硫平衡情况见表 17-3-17。

表 17-3-17　硫平衡表

名称	硫分/%(质)	名称	硫分/%(质)
入方		柴油	0.00
原油	100.00	尾油	0.01
出方		催化烧焦	1.92
硫黄回收	87.29	油浆	1.21
化工轻油、乙烯料	0.00	其他(污水、烟气等)	9.28
汽油	0.01	合计	100.00
煤油	0.26		

十、节能措施及公用工程消耗

1. 主要节能措施

1）优化工艺加热炉设计，提高加热炉的热效率。

2）在选用低能耗工艺技术的同时，注意强化装置之间的热联合，提高能量利用率；强化装置间的紧密联合。所有装置间全部采用热出料与热进料，上游装置的出料经过装置的换热流程后不经空冷和水冷，直接以热进料方式送到下游装置，可避免物流在上游装置冷却，而在下游装置又加热的情况，实现了装置物料间温度的最优匹配。

3）合理确定工艺装置余热发汽参数，做好蒸汽逐级利用。充分利用装置内油品及烟气的余热来加热给水或发生蒸汽；在各装置的余热回收设计中，产汽设备根据热源温位，尽量发生高参数蒸汽；用汽设备在工艺条件允许的前提下，尽量采用较低参数的蒸汽。全厂利用油品及烟气的余热发生蒸汽；各等级的蒸汽管网之间尽可能选用背压式汽轮机发电或驱动较大功率的压缩机，背压透平排出的蒸汽供下一级管网使用，实现蒸汽能量的逐级利用并降低能耗。

4）低温热蒸汽利用：利用塔顶低温热发生蒸汽供重沸器和压缩机使用，剩余用来发电。

5）低温热热水利用：利用塔顶低温热与热媒水换热，用于装置外集中制冷和发电。

6）合理利用加热炉烟气余热，提高加热炉热效率：有效地利用烟气余热，提高加热炉热效率。

7）采用节电、节能、节水设备。

2. 公用工程消耗

一期全厂主要公用工程的消耗量见表 17-3-18。

表 17-3-18　主要公用工程消耗量

序号	项目(指标)名称	单位	数量	备注
1	新鲜水 新鲜水	t/h t/h	1231 900	含码头和聚丙烯 不含码头和聚丙烯

续表

序号	项目(指标)名称	单位	数量	备注
2	电	MW	104.9	外购
3	蒸汽 3.5MPa 1.0MPa 0.35MPa	 t/h t/h t/h	 383 271 51.1	 自产 自产 自产
4	循环冷却水	t/h	25973+8100	炼油+化工
5	脱盐水	t/h	750	
6	净化风	Nm^3/min	260	
7	非净化风	Nm^3/min	425	
8	氮气	Nm^3/h	5000~7620	

二期实施后的炼油装置主要公用工程的消耗量见表17-3-19。

表17-3-19　主要公用工程消耗量

项目	单位	数量	项目	单位	数量
电	kW	183600	0.4MPa蒸汽	t/h	295
除盐水	t/h	1334	净化风	Nm^3/h	23500
3.5MPa蒸汽	t/h	635	非净化风	Nm^3/h	29400
1.0MPa蒸汽	t/h	298	氮气	Nm^3/h	9515

十一、其他

(1) 占地面积

B企业一期占地面积103.8hm^2，二期占地51.78hm^2。

(2) 投资

B企业一期建设投资(不含增值税)103.8亿元。

(3) 主要环保指标

二期项目实施后主要环保指标见表17-3-20。

表17-3-20　主要环保指标

序号	进污水处理场污水量	单位	数量	
1	含油污水	m^3/h	82~89	新增量
2	含盐污水	m^3/h	113.2~150.3	新增量
3	处理后的污水排放量	m^3/h	113.2~150.3	新增量
4	有组织排放废气量	$10^4Nm^3/h$	70.215~84.424	新增量
5	固体废弃物出厂处理量	t/a	7570.46	

第四节　C 企业原油加工总流程案例

一、总工艺流程

目前 C 企业原油加工能力为 20.0Mt/a，乙烯生产能力为 1.0Mt/a，拥有动力、港口、铁路运输、原油和成品油输送管道、300kt 级单点系泊海上原油接卸系统等，是我国燃料-润滑油型的大型炼油厂。

炼油方面：1970 年，C 企业炼油加工量首次超过 1.0Mt。1974 年 9 月，2#常减压蒸馏装置建成投产，公司原油一次加工能力达到 6.0Mt/a。1990 年 9 月 25 日，3#常减压蒸馏装置建成投产，公司炼油加工能力扩大到 8.5Mt/a。1998 年 8 月，4#5.0Mt/a 常减压蒸馏装置投产，公司炼油能力扩大到 13.5Mt/a，成为我国首座千万吨级炼油基地。2011 年 1 月 19 日，2000 万吨/年炼油改扩建工程开工建设，2012 年 12 月，5#10.0Mt/a 常减压蒸馏装置建成投产，公司炼油一次加工能力达到 23.5Mt/a，2014 年 1 月 23 日，国内最大的煤制氢装置高标准一次开车成功，标志着公司炼油改扩建工程全面建成投产。

润滑油方面：C 企业现有 1 套可生产润滑油料的常减压装置，另有 11 套润滑油系统生产装置。润滑油总生产能力已达 600kt/a，其中 Ⅰ/Ⅱ/Ⅲ类基础油分别为 300kt/a，另外还有 100kt/a 石蜡产品生产能力。

（一）燃料油部分

1. 原油加工

C 企业原油处理量为 18.0Mt/a，加工装置包括现有 10.0Mt/a 5#常减压装置、3.0Mt/a 1#常减压装置以及 5.0Mt/a 4#常减压装置，其中 4#常减压装置为润滑油型常减压蒸馏装置，1#常减压装置和 5#常减压装置为燃料型常减压蒸馏装置。

燃料油部分通过常减压蒸馏装置，生产石脑油、煤油、柴油、直馏蜡油、减压渣油，作为下游装置加工原料。

5#常减压装置加工原油性质及原油切割方案见表 17-4-1、表 17-4-2。

表 17-4-1　5#常减压装置加工原油性质一览表

原油	占比/%	*API*°	S/%(质)	酸值/(mgKOH/g)	N/(mg/kg)	Ni/(mg/kg)	V/(mg/kg)	Ni+V/(mg/kg)	沥青质/%(质)
澳瑞特	9.35	22.8	1.6	0.14	2800	70.1	181.3	251.4	7.2
玛雅	2.34	20.94	3.83	0.18	3300	55.1	274	329.1	10.7
卡斯提利亚	1.87	18.5	1.43	0.255	3490	58.4	224	282.4	11.2
阿曼	18.69	31.71	1.4	0.5	1100	12.2	10.2	22.4	0.5
沙特(轻)	18.69	33.4	2	0.05	1000	3	10.2	13.2	1.1
科威特	14.49	30.77	2.9	0.13	1300	11.3	38	49.3	2.2
沙特重油	11.21	27.5	3.1	0.24	1300	17.7	55	72.7	3.7
巴士拉轻油	11.21	30.4	3.02	0.14	2000	12.6	43.6	56.2	2.24
巴士拉中油	12.15	29.4	2.97	0.14	1411	10.8	40.7	51.5	1.955
混合性质	100.0	29.66	2.37	0.20	1526.38	18.12	52.85	70.97	2.65

表 17-4-2　五蒸馏原油切割方案

馏分	切割温度(深拔)/℃	馏分	切割温度(深拔)/℃
直馏轻石脑油	0~65	减一线	350~365
直馏重石脑油	65~165	减二线	365~510
常一线	165~238	减三线	510~540
常二线	238~300	减四线	540~575
常三线	300~350	减压渣油	>575

1[#]常减压装置加工原油性质及原油切割方案见表 17-4-3 和表 17-4-4。

表 17-4-3　1[#]常减压装置加工原油性质一览表

原油	占比/%	*API*°	S/%(质)	酸值/(mgKOH/g)	N/(mg/kg)	Ni/(mg/kg)	V/(mg/kg)	Ni+V/(mg/kg)	沥青质/%(质)
达混	50.0	22.4	0.21	3.12	3200	72.63	12.49	85.12	0.25
杰诺	50.0	27.5	0.39	0.73	2500	26.1	26.1	52.2	0.86
混合性质	100	24.95	0.30	1.93	2850	49.37	19.30	68.66	0.56

表 17-4-4　1[#]常减压装置原油切割方案

馏分	切割温度(不深拔)/℃	馏分	切割温度(不深拔)/℃
直馏轻石脑油	0~65	减一线	350~365
直馏重石脑油	65~165	减二线	365~450
常一线	165~238	减三线	450~500
常二线	238~280	减四线	500~535
常三线	280~350	减压渣油	535+

2. 渣油、蜡油加工

1[#]常减压装置减压渣油、4[#]常减压装置减压渣油、油浆脱固滤后浓缩液以及浆态床未转化油作为延迟焦化装置的进料，生产焦化干气、焦化液化气、焦化汽油、焦化柴油、焦化蜡油、石油焦。

4[#]常减压装置的减压渣油作为 400kt/a 丙烷抽提装置的原料，生产丙烷轻脱油、丙烷重脱油、高等级道路沥青。

1[#]、5[#]常减压装置产的减压渣油作为浆态床加氢装置的原料，生产干气、渗透氢、浆态床石脑油、浆态床喷气燃料、浆态床柴油、浆态床蜡油、浆态床未转化油。少量的 5[#]常减压装置减压渣油作为高等级道路沥青出厂。

4[#]常减压装置产减压渣油、5[#]常减压装置产少量减压渣油、丙烷重脱油、浆态床蜡油作为 2.0Mt/a 固定床渣油加氢装置的原料，生产渣油加氢干气、富氢气、渣油加氢石脑油、渣油加氢重油。

外购催化油浆作为油浆脱固装置的原料，脱固后的催化滤后油浆依次经过油浆减压、加氢改质、针焦装置、煅烧装置生产针状焦产品。

1#常减压装置减二、三、四线，5#常减压装置减四线、部分浆态床蜡油、焦化蜡油作为蜡油加氢处理装置的原料，生产少量的加氢石脑油、加氢柴油、精制蜡油。

渣油加氢重油、少量的加氢柴油、加氢蜡油、减一线以及少量的1#减压渣油至RTC联合装置，生产的C_2组分和丙烷，作为优质的乙烯裂解原料，丙烯作为化工原料，混合C_4作为MTBE装置的原料，裂解C_6馏分作为石脑油预加氢装置的原料，裂解汽油作为S Zorb装置的原料，裂解柴油至浆态床轻馏分油加氢装置，少量裂解柴油作为船用燃料油调和组分。

4#常减压装置减一线、1#常减压装置部分减压渣油、渣油加氢重油、部分5#常减压装置减二线、轻脱抽出油、加氢柴油至4#催化裂化装置加工。

5#常减压装置和4#常减压装置减二线至1.0Mt/a加氢裂化装置加工，5#常减压装置减二线、减三线、4#常减压装置减二线、减三线、1#常减压装置减二线至24Mt/a加氢裂化装置加工。

3. 煤油柴油加工

直馏煤油馏分经加氢精制后和加氢裂化装置喷气燃料、浆态床渣油加氢喷气燃料调和后作为产品出厂。

直馏柴油、焦化柴油和催化柴油作为1#柴油加氢和5#柴油加氢装置进料，精制柴油、加氢异构轻柴油、加氢改质柴油调和，可生产满足国Ⅵ质量标准要求的柴油产品。少量成品柴油经过加工后作为工业白油出厂。

4. 汽油(石脑油)加工

常减压蒸馏装置的直馏石脑油、加氢石脑油、浆态床重石脑油作为石脑油预加氢部分原料，采用先加氢后分馏的工艺，拔头油与HC轻石脑油作为轻石脑油正异构分离装置的原料；重石脑油和加氢裂化重石脑油、乙烯来抽余油作为连续重整原料，重整生成油分别作为芳烃抽提装置的原料，生产抽余油、苯、甲苯、混合二甲苯、C_{9+}重芳烃。

富余的全馏分石脑油、渣油加氢石脑油、蜡油加氢石脑油等作为乙烯裂解的原料。

5. 轻烃回收及气体加工

4#常减压装置内轻烃回收单元回收常减压装置、渣油加氢、加氢裂化等装置的轻烃，回收的液化气经脱硫、脱硫醇后作为乙烯裂解原料，轻烃回收干气经精制后作为饱和干气回收装置原料。

加氢裂化、渣油加氢和汽柴油加氢装置的低分气脱硫后与部分重整氢气、浆态床二级渗透氢、化工乙烯氢等进PSA装置提纯氢气。全厂富氢干气进VPSA装置提纯氢气。

6. 氢气

加氢装置消耗氢气为重整氢、煤制氢、PSA提纯氢、VPSA提纯氢、干气回收氢、膜分离提纯氢、3#制氢等装置提供。

7. 酸性气

本项目统一规划全厂溶剂再生和酸性水汽提，酸性水汽提的酸性气和溶剂再生的酸性气统一送硫黄回收，回收硫黄。

（二）润滑油部分

1. 原油加工

5.0Mt/a的4#常减压装置为润滑油型常减压蒸馏装置，通过常减压蒸馏装置，生产石脑油、煤油、柴油、直馏蜡油、减压渣油，作为下游润滑油装置的原料。

目前，已知的可用溶剂精制法生产基础油的原油有：沙轻原油、科威特原油、阿曼原油、白虎原油、米纳斯原油、涠洲原油、西江原油、萨里尔原油、陆丰原油等，大部分都是石蜡基原油。

为满足润滑油基础油生产的需要，同时增加重质润滑油比例，减少对石蜡基原油的依赖，C企业选择阿曼原油和沙轻原油混合原油(中间基)共5.0Mt/a，作为4#常减压装置的原料，中间产品至下游润滑油生产装置继续加工。

原油切割方案见表17-4-5及表17-4-6。

表17-4-5 4#常减压装置加工原油性质一览表

原油	占比/%	*API°*	S/%(质)	酸值/(mgKOH/g)	N/(mg/kg)	Ni/(mg/kg)	V/(mg/kg)	Ni+V/(mg/kg)	沥青质/%(质)
阿曼	32	31.71	1.4	0.5	1100	12.2	10.2	22.4	0.5
沙特(轻)	68	33.4	2	0.05	1000	3	10.2	13.2	1.1
混合性质	100	32.86	1.81	0.19	1032	5.94	10.2	16.14	0.91

表17-4-6 4#常减压装置中间基原油切割方案

馏分	切割温度(不深拔)/℃	馏分	切割温度(不深拔)/℃
直馏轻石脑油	0~65	减一线	350~364
直馏重石脑油	65~160	减二线	364~424
常一线	160~238	减三线	424~458
常二线	238~300	减四线	458~477
常三线	300~350	减压渣油	477+

2. 渣油、蜡油加工

4#常减压装置产的中间基减压渣油作为400kt/a丙烷抽提装置的原料，生产丙烷轻脱油、丙烷重脱油、高等级道路沥青。

丙烷重脱油作为渣油加氢装置的原料，脱油沥青生产高等级道路沥青产品。

丙烷轻脱油与4#常减压装置产中间基减四线采用“正序”加工流程，依次经过260kt/a重质糠醛精制装置、160kt/a重质脱蜡脱油装置、120kt/a重质白土精制装置，生产减四基础油和轻脱基础油。

4#常减压装置切割后的中间基减三线亦采用“正序”加工流程，依次经过430kt/a糠醛精制装置，330kt/a轻质酮苯脱蜡脱油装置、180kt/a轻质白土精制装置，生产减三基础油。

经过3#糠醛精制装置和重质糠醛精制装置后的减三抽出油和减四抽出油，进入200kt/a环保橡胶油装置，经过催化加氢，进行脱硫、脱氮、稠环芳烃选择性加氢及加氢降凝反应，及后续精制流程，生产环保芳烃型橡胶填充油，并副产少量轻组分和少量干气。

经过轻质酮苯脱蜡脱油装置和重质酮苯脱蜡脱油装置后的脱油蜡，依次经过石蜡白土精制和石蜡加氢精制进行精制，而后经过石蜡成型装置后，生产石蜡产品出厂。

轻脱油蜡膏、减四线蜡膏以及减三线蜡下油经过加氢处理后，与加氢裂化尾油一起作为润滑油异构脱蜡装置用原料，生产润滑油2#、3#、4#、6#、8#、10#润滑油基础油，并副产少量石脑油和柴油。部分 HC 尾油作为乙烯裂解的原料。

4#常减压装置切割后中间基减二线以及部分减压渣油和减四线至燃料油系统，进一步加工利用。

3. 石脑油、煤油、柴油馏分加工

4#常减压装置的石脑油馏分、煤油馏分、柴油馏分进入相应的燃料油加工装置进一步加工利用。

二、装置构成

C 企业全厂工艺装置组成见表 17-4-7，其中润滑油生产采用“正序”流程，其装置组成见表 17-4-8。

表 17-4-7 全厂工艺装置组成

序号	装置名称	规模/(Mt/a)	备注
燃料油部分			
1	5#常减压装置	10.0	
2	4#常减压装置	5.0	
3	1#常减压装置	3.0	
4	2#连续重整装置	1.5	含石脑油预加氢
5	2#芳烃抽提	0.55	
6	延迟焦化装置	1.0	
7	渣油加氢装置	2.0	
8	浆态床渣油加氢装置	2.6	
9	浆态床轻馏分油加氢	1.5	
10	蜡油加氢处理	1.8	
11	RTC 联合装置	3.0	
12	MTBE 装置	0.15+0.06	
13	烷基化装置	0.3	
14	4#催化装置	2.2	
15	1#加氢裂化装置	1.0	
16	2#加氢裂化装置	2.4	
17	1#柴油加氢装置	2.6	
18	5#柴油加氢	3.0	
19	航煤加氢装置	1.4+2.0	
20	重芳烃轻质化	0.5	
21	S Zorb 装置	1.5+1.5	
22	干气回收乙烯装置	0.2	
23	饱和干气回收装置	0.5	
24	低分气膜分离装置	10000Nm³/h	
25	PSA 氢气提浓装置	12000Nm³/h	

续表

序号	装置名称	规模/(Mt/a)	备注
26	VPSA 装置	$50000Nm^3/h$	
27	轻石脑油吸附分离装置	1.0	
28	气体分馏装置	0.4	
29	3#制氢装置	$60000Nm^3/h$	
30	硫黄回收装置	0.34+0.15	
31	油浆脱固	0.35	
32	油浆减压	0.5	
33	加氢改质	0.3	
34	针焦装置	0.3	
35	煅烧装置	0.15	

表 17-4-8　润滑油生产工艺装置组成

序号	装置名称	规模/(kt/a)	备注
1	4#常减压装置	5000	润滑油型常减压
2	丙烷脱沥青装置	400	轻脱油至润滑油装置
3	3#套糠醛精制装置	430	
4	重质糠醛精制	260	
5	轻质酮苯精制	330	
6	重质酮苯精制	160	
7	轻质白土精制	180	
8	重质白土精制	120	
9	石蜡白土精制	50	
10	石蜡加氢精制	100	
11	石蜡成型	180	
12	蜡膏蜡下油加氢处理设施	80	
13	环保橡胶油装置	200	
14	润滑油加氢异构	500	以 HC 尾油为原料，生产润滑油基础

三、产品结构

C 企业商品总量占比为 93.39%，自用占比 6.32%，损失占比 0.29%。汽油产品满足国ⅥB 车用汽油质量标准要求，柴油产品满足国ⅥB 车用柴油质量标准要求，其中汽油产量占 13.58%，柴油产量占 8.42%。此外还生产煤油占 17.94%，乙烯原料占 23.83%，润滑油基础油占 3.64%，石蜡占 0.20%，高等级道路沥青占 1.24%，芳烃占 4.14，船用燃料油占 5.21%，丙烯占 3.11%，不饱和液化气占 0.53%，白油料占 6.19%，硫黄占 1.96%，针状焦、醚后碳四、芳烃油等其他产品占比 3.40%。全厂原料及产品结构一览表见表 17-4-9，润滑油系统部分原料及产品结构一览表见表 17-4-10。

表 17-4-9　项目实施后全厂原料及产品结构表

项目	加工量比例/%	备注	项目	加工量比例/%	备注
一原料汇总			富乙烯气体	0.26	
原(料)油名称			饱和液化气	2.84	
原油	93.86		轻烃	0.27	
澳瑞特	5.21		丙烷	0.73	
玛雅	1.30		富丙烯 C_2	1.40	
卡斯提利亚	1.04		烷基化液化气	0.19	
阿曼	18.77		润滑油基础油	3.64	
沙特(轻)	28.16		石蜡	0.20	
科威特	8.08		船用燃料油(RMG 180)	5.21	
沙特重油	6.26		高等级道路沥青	1.24	
巴士拉轻油	6.26		5#工业白油	6.19	
巴士拉中	6.78		芳烃	4.14	
达混	6.00		苯	0.37	
杰诺	6.00		甲苯	0.52	
其他	6.14		混合二甲苯	3.23	
合计	100.00		C_{9^+}芳烃	0.00	
二产品汇总			C_{11^+}	0.02	
产品名称	生产量比例/%		苯乙烯装置原料	1.12	
商品小计	93.39		不饱和液化气	0.53	
自用小计	6.32		精丙烯	3.11	
损失小计	0.29		芳烃油	0.74	
合计	100.00		环保橡胶增塑剂	0.59	
汽煤柴小计	39.94		高芳烃油	0.15	
汽油	13.58		其他	1.53	
92#国Ⅵ车用汽油	6.67		醚后 C_4	0.94	
95#国Ⅵ车用汽油	5.21		针状焦	0.60	
98#国Ⅵ车用汽油	1.70		硫黄	1.96	
煤油	17.94		炼油厂自用	6.32	
柴油	8.42		催化烧焦	2.11	
国Ⅵ柴油	8.42		燃料气	3.14	
乙烯原料	23.83		自用石油焦	0.83	
石脑油	14.64		制氢尾气	0.23	
加裂尾油	2.89		损失	0.29	
正构烷烃	0.61				

表 17-4-10　润滑油系统原料及产品结构一览表

项目	比例/%	备注	项目	比例/%	备注
一原料			8#基础油	1.47	
润滑油原料	99.42		10#基础油	0.27	
减三线	27.47		石蜡	2.54	
减四线	11.65		抽出油	3.09	
减压渣油	25.98		芳烃油	9.20	
加氢裂化尾油	34.32		环保橡胶增塑剂	7.29	
纯氢	0.58		高芳烃油	1.90	
合计	100.00				产品出厂或至燃料油部分加工
二产品			其他副产品	39.42	
合计	100.00				
润滑油基础油	45.32		干气	1.52	
减三基础油	13.16		酸性气	0.59	
减四基础油	5.16		石脑油	3.26	
轻脱基础油	2.64		加氢异构轻柴油	5.40	
2#基础油	1.95		加氢异构尾油	8.39	
3#基础油	0.73		丙烷重脱油	7.27	
4#基础油	9.77		丙脱沥青	12.99	
6#基础油	10.16		损失	0.43	

四、汽油调和组分

全厂汽油调和组分有加氢催化汽油、HC 轻石脑油、甲苯、烷基化油、异构化汽油和 MTBE，其中 92#国Ⅵ汽油比例为 49.12%，95#国Ⅵ汽油比例为 38.40%，98#国Ⅵ汽油比例为 12.48%。汽油、柴油调和情况见表 17-4-11。

五、乙烯料构成

乙烯原料详见表 17-4-12，各组分组成详见表 17-4-13～表 17-4-17。

六、燃料平衡

各装置共产燃料气 1.2519Mt/a，化工供燃料气 40kt/a，全厂工艺装置共消耗 603.0kt/a，此外，制氢原料需 89.5kt/a，饱和干气回收装置原料为 494.3kt/a，VPSA 装置原料为 198.5kt/a，不足部分补充天然气 93.3kt/a。全厂燃料气平衡见表 17-4-18。

七、氢平衡

炼油及润滑油系统耗氢装置包括浆态床渣油加氢、固定床渣油加氢、蜡油加氢处理、加氢裂化、汽柴油加氢、煤油加氢、重整石脑油加氢、重芳烃轻质化、润滑油加氢异构、蜡膏蜡下油加氢处理、环保橡胶油等装置。

表 17-4-11　汽油、柴油调和表

质量调和 产品、组分	调和比例/ %	密度最小值/ (g/cm^3)	硫含量/ (mg/kg)	研究法 辛烷值 (*RON*)	抗爆指数 (*DON*)	芳烃含量/ %(体)	烯烃含量/ %(体)	蒸气压/ kPa	氧含量/ %(质)	苯含量/ %(体)	十六烷指数 (*CTI*)
92#国Ⅵ汽油	100.00	0.73	7.02	92.20	87.67	21.94	13.00	60.94	1.68	0.30	
(质量标准)		0.72~0.775	10.00	92.00	87.00	35.00	15.00	65.00	2.70	0.80	
精制汽油	56.56	0.75	10.00	93.30	87.32	39.78	23.50	61.57		0.51	
MTBE	9.40	0.73	10.00	115.00	108.00	1.00	1.00	55.00	18.00		
加氢石脑油	2.86	0.72	10.00	65.00	63.00			55.00			
HC 轻石脑油	14.30	0.67	1.00	75.00	74.00			75.10		0.10	
烷基化油	16.88	0.70		95.00	94.00			50.00			
95#国Ⅵ汽油	100.00	0.74	6.35	95.20	90.10	32.66	13.00	61.38	1.39	0.30	
(质量标准)		0.72~0.775	10.00	95.00	90.00	35.00	15.00	65.00	2.70	0.80	
精制汽油	55.49	0.75	10.00	93.30	87.32	39.78	23.50	61.57		0.51	
MTBE	7.64	0.73	10.00	115.00	108.00	1.00	1.00	55.00	18.00		
甲苯	12.48	0.87		112.00	108.00	100.00		9.10			
重整戊烷油	4.91	0.69	0.48	80.00	78.00			110.0			
HC 轻石脑油	0.85	0.67	1.00	75.00	74.00			75.10		0.10	
异构汽油	16.15	0.67		85.10	84.10	0.50		75.00		0.10	
烷基化油	2.48	0.70		95.00	94.00			50.00			
98#国Ⅵ汽油	100.00	0.75	6.46	98.20	93.27	33.00	13.00	53.10	1.79	0.28	

续表

质量调和产品、组分	调和比例/%	密度最小值/(g/cm³)	硫含量/(mg/kg)	研究法辛烷值(*RON*)	抗爆指数(*DON*)	芳烃含量/%(体)	烯烃含量/%(体)	蒸气压/kPa	氧含量/%(质)	苯含量/%(体)	十六烷指数(*CTI*)
(质量标准)		0.72~0.775	10.00	98.00	93.00	35.00	15.00	65.00	2.70	0.80	
精制汽油	54.84	0.75	10.00	93.30	87.32	39.78	23.50	61.57		0.51	
MTBE	9.72	0.73	10.00	115.00	108.00	1.00	1.00	55.00	18.00		
甲苯	12.86	0.87		112.00	108.00	100.00		9.10			
烷基化油	22.58	0.70		95.00	94.00			50.00			
喷气燃料	100.00	0.79	63.57								
(质量标准)		0.775~0.83	2000.0								
HC 喷气燃料	23.79	0.79	2.00			4.87					
浆态床加氢喷气燃料	11.62	0.80	2.00			4.87					50.00
加氢精制喷气燃料	64.59	0.79	97.33								43.00
国Ⅵ柴油	100.00	0.84	8.85								52.30
(质量标准)		0.81~0.845	10.00								46.00
加氢柴油	0.39	0.89	5.00								50.00
加氢精制柴油	44.60	0.84	9.00								54.66
加氢改质柴油	53.05	0.83	9.00								50.20
加氢异构轻柴油	1.96	0.81	2.00								56.00

表 17-4-12　乙烯原料构成

序号	原料种类	含量/%(质)	序号	原料种类	含量/%(质)
1	石脑油(乙烯料)	61.43	6	富丙烯 C_2	5.88
2	加裂尾油(乙烯料)	12.11	7	轻烃	1.14
3	丙烷	3.05	8	烷基化液化气	0.81
4	正构烷烃	2.56	9	饱和液化气	11.93
5	富乙烯气体	1.09		合计	100

表 17-4-13　正构烷烃的性质

项目	数值	项目	数值
密度(20℃)/(kg/m^3)	620	C_P	0.02
研究法辛烷值	46.6	iC_6	0.34
蒸气压/kPa	81	nC_6	44.22
组成/%(质)		MCP+CH	0.09
C_4	1.32	苯	0.26
iC_5	0.23	C_{7+}	1.19
nC_5	52.33	合计	100.00

表 17-4-14　加氢裂化尾油的性质

项目	数值	项目	数值
密度(15℃)/(kg/m^3)	834	30	374.0
BMCI 值	13.1	50	397.0
硫含量/(mg/kg)	6.6	70	415.0
馏程/ASTM D1160 %(体)/℃		90	449.0
初馏点	240.0	95	477.0
5	312.0	终馏点	503.0
10	334.0		

表 17-4-15　饱和液化气的组成

项目	数值/%(质)	项目	数值/%(质)
甲烷	0.07	异丁烯及 2-丁烯	1.23
乙烷	1.74	1-丁烯	0.39
乙烯	0.01	丁二烯	0.02
丙烷	36.29	$C_5 \sim C_8$	2.84
丙烯	0.07	其他	0.54
正丁烷	40.81	合计	100.00
异丁烷	15.99		

表 17-4-16 石脑油的组成

项目	数值	项目	数值
密度(15℃)/(kg/m³)	700.5	环烷烃	20.0
硫含量/(mg/kg)	213.6	烯烃	0.3
组成/%(质)		芳烃	6.9
正构烷烃	37.0	合计	100.00
异构烷烃	35.8		

表 17-4-17 轻烃组成表

项目	数值/%(体)	项目	数值/%(体)
甲烷	1.59	异丁烯	0.74
乙烷	6.69	反丁烯	0.85
乙烯	0.29	顺丁烯	0.5
丙烷	24.5	异戊烷	1.48
丙烯	1.46	正戊烷	0.12
异丁烷	34.32	丁二烯	0.02
正丁烷	25.59	其他	0.54
正丁烯	1.31	合计	100.00

表 17-4-18 燃料平衡表 kt/a

序号	名称	有项目流程	序号	名称	有项目流程
一	燃料供应		14	5#柴油加氢干气	8.6
(一)	自产		15	4#喷气燃料加氢干气	1.8
1	2#石脑油预加氢	1.8	16	加氢改质干气	1.8
2	2#重整	26.2	17	饱和干气回收干气	207.5
3	浆态床加氢干气	229.2	18	蜡膏蜡下油加氢干气	1.6
4	渣油加氢干气	32.9	19	三顶气	0.6
5	蜡油加氢干气	13.3	20	干气回收乙烯干气	67.0
6	PSA 干气	136.0	21	RTC 干气	131.5
7	VPSA 干气	183.5	22	烷基化燃料气	3.0
8	膜分离干气	36.9		小计	1251.9
9	加氢裂化干气	80.7	(二)	化工供应	40.0
10	重芳烃轻质化干气	51.9	(三)	外购天然气	93.3
11	S Zorb 干气	10.5		合计	1385.2
12	润滑油装置干气	21.8	二	燃料消耗	
13	1#柴油加氢干气	4.0	1	5#常减压装置	94.37

续表

序号	名称	有项目流程	序号	名称	有项目流程
2	4#常减压装置	42.1	19	3#制氢	60.8
3	1#常减压装置	19.37	20	硫黄	11.2
4	2#重整	111.9	21	重质糠醛精制	5.1
5	芳烃抽提	19.1	22	石蜡加氢精制	0.2
6	延迟焦化	8.0	23	环保橡胶油	2.5
7	丙烷脱沥青	3.5	24	蜡膏蜡下油加氢处理	0.9
8	浆态床加氢	63.8	25	润滑油加氢异构	14.4
9	渣油加氢	10.6	26	油浆减压	5.6
10	蜡油加氢处理	8.7	27	加氢改质	2.2
11	加氢裂化	15.4	28	针焦装置	9.0
12	新加氢裂化	34.7	29	煅烧装置	17.6
13	1#柴油加氢	2.7		小计	603.0
14	喷气燃料加氢	7.1	1	制氢原料	89.5
15	5#柴油加氢	2.6	2	饱和干气回收原料	494.3
17	重芳烃轻质化	22.6	3	VPSA 原料	198.5
18	S Zorb 装置	7.2		合计	1385.2

工厂氢气管网设三个压力等级，分别为5.0MPa氢气管网(由煤制氢和升压的PSA氢组成)、2.2MPa氢气管网(由煤制氢、三制氢产氢、乙烯提浓氢、2#重整氢、饱和干气回收装置产氢及浆态床渗透氢等组成)和1.2MPa氢气管网(低分气及膜分离产氢组成)。其中，PSA产氢压力等级2.2MPa，可升压到5.0MPa；三制氢装置产氢可降压到1.2MPa。

5.0MPa氢管网供浆态床渣油加氢、2#加氢裂化、渣油加氢、2#柴油加氢(现改为喷气燃料加氢)装置使用；2.2MPa氢管网供蜡油加氢处理、5#柴油加氢及喷气燃料加氢、润滑油系统用氢装置使用；1.2MPa氢管网供1#加氢裂化、1#柴油加氢、汽油加氢、S Zorb、重芳烃轻质化及硫回收装置使用。

全厂氢平衡见表17-4-19。

表 17-4-19　氢气平衡表

序号	装置名称	数量/(kt/a)				
		重整氢	煤制氢	纯氢	低分气提纯氢	干气回收 H_2
一	氢气供应					
1	3#制氢			44.7		
2	PSA			93.4		
3	VPSA			15		
4	2#连续重整	126.8				

续表

序号	装置名称	数量/(kt/a)				
		重整氢	煤制氢	纯氢	低分气提纯氢	干气回收 H_2
5	低分气膜分离				1	
6	饱和干气回收					21.2
7	煤制氢		205			
	小计	126.8	205	153.1	1	21.2
二	氢气消耗					
1	2#石脑油加氢	1.8				
2	浆态床加氢		59.3	50.7		
3	浆态床轻馏分油加氢			28.7		
4	渣油加氢		45.5	0.4		
5	蜡油加氢处理					17.5
6	加氢裂化			26.5		
7	新加氢裂化		96.3			
8	PSA	125				
9	1#柴油加氢			3.1	1	
10	喷气燃料加氢			3.6		
11	重芳烃轻质化			14.0		
12	5#柴油加氢			14.0		3.7
13	S Zorb 装置			3.1		
14	石蜡加氢精制			0.00		
15	蜡膏蜡下油加氢处理			1.4		
16	环保橡胶油			4.8		
17	润滑油加氢异构			2.7		
18	加氢改质		3.9			
19	MTBE			0.2		
	小计	126.8	205	153.1	1	21.2

八、硫平衡

本项目原油、燃料煤共带入硫418.8kt/a，沥青、船用燃料油、润滑油产品等共带出硫23.5kt/a，占总硫的5.61%，回收硫黄376.7kt/a，占总硫的89.94%。烟气、硫黄尾气等排放共带出硫0.53kt/a，占总硫的0.13%，废渣等固体废物共带出硫18.1kt/a，占总硫的4.32%。全厂硫平衡见表17-4-20。

表 17-4-20　全厂硫平衡

序号	名称	占比/%(质)	序号	名称	占比/%(质)
一	原料带入			入方合计	100.00
1	阿曼	12.66	二	产品带出	
2	沙特(轻)	25.26	1	沥青产品	2.93
3	科威特	11.22	2	船用燃料油	1.19
4	沙特重油	8.87	3	石脑油乙烯料	0.24
5	巴士拉轻油	8.54	4	减三基础油	0.48
6	巴士拉中油	9.22	5	减四基础油	0.19
7	达混	0.57	6	轻脱基础油	0.04
8	杰诺	1.01	7	其他产品	0.54
9	澳瑞特	3.76		小计	5.61
10	玛雅	2.18	三	回收	
11	卡斯提利亚	0.98	1	硫黄	89.94
12	外购甲醇	0.00	四	排放	
13	酸性气	13.14	1	烟气、尾气等带出	0.13
14	外购催化油浆	0.66	2	废渣等固体废物	4.32
15	燃料煤	1.94		出方合计	100.00

九、公用工程

本项目的公用工程消耗见表 17-4-21。

表 17-4-21　公用工程消耗一览表

项目所需能源及耗能工质	项目需求量		备注
	单位	数值	
煤	kt/a	780.0	燃料煤，标煤
天然气	kt/a	93.3	
外购电	MW·h/a	1653.0004	
3.5MPa 蒸汽	t/h	20.00	市热电厂保供
1.0MPa 蒸汽	t/h	20.00	市热电厂保供
生产水	t/h	4020.3	正常量
生活水	t/h	47.00	

十、其他

C 企业废气污染物和废水污染物的排放分别见表 17-4-22 及表 17-4-23。

表 17-4-22　C 企业废气污染物排放

序号	项目	单位	有组织排放	无组织排放	合计
1	SO_2	t/a	978.25		978.25
2	NO_x	t/a	1929.72		1929.72
3	颗粒物	t/a	383.43		383.43
4	VOCs	t/a	304.02	1473.69	1777.71
5	硫化氢	t/a	0.75	2.11	2.86
6	氨	t/a	43.69	0.99	44.68
7	甲醇	t/a	82.5	1.41	83.91
8	苯	t/a	0.04	2.54	2.58
9	甲苯	t/a	0.43	6.26	6.69
10	二甲苯	t/a	0.35	7.05	7.4
11	镍及其化合物	t/a	1.36		1.36

表 17-4-23　废水外排污染物和水质情况

主要污染物	排水水质/(mg/L)	污染物排放量	
		kg/h	t/a
pH 值	6~9		
硫化物	0.0004	0.0005	0.0031
化学需氧量	30	22.2	186.498
石油类	2	1.3	10.7996
五日生化需氧量	7	5.0	42.3396
悬浮物	6	4.6	38.4641
总钒	0.04	0.03	0.2694
总磷(以 P 计)	0.2	0.15	1.31153
挥发酚	0.04	0.003	0.0288
总有机碳	7	5.6	46.9296
氨氮(NH_3-N)	0.28	0.21	1.7942
氟化物(以 F 计)	1	0.9	7.3135
总氮(以 N 计)	17	12.6	106.2225

第五节　D 企业原油加工总流程案例

一、总工艺流程

D 企业为全新规划、建设的炼化一体化企业，项目于 2017 年开工建设，2020 年全面建成投产。炼油部分加工方案如下：

(1) 原油加工

D 企业新建 10.0Mt/a 的常减压蒸馏装置，加工科威特原油，生产石脑油、直馏煤油、直馏柴油、直馏轻蜡油和减压渣油，作为下游工艺装置的加工原料。

原油切割基于总工艺流程安排，满足以下要求：

1）石脑油经催化重整后生产的重整汽油满足汽油产品干点的要求；

2）直馏煤油满足喷气燃料密度、烟点及冰点的要求；

3）柴油馏分满足柴油调和组分密度及馏程的要求；

4）常减压蒸馏装置正常不开减压炉，采用常压渣油减压闪蒸的工艺，拔出的轻蜡油 TBP 约 460℃，>460℃的馏分作为渣油加氢脱硫装置原料，可降低常减压装置能耗，加氢裂化原料也更优化。

(2) 渣油、蜡油、柴油加工

常减压蒸馏装置产减压渣油、催化轻油浆和部分催化重柴油作为 4.4Mt/a 渣油加氢脱硫装置原料，生产石脑油、渣油加氢柴油和加氢重油。

加氢重油和渣油加氢柴油作为催化裂化装置原料，生产液化气、汽油、轻柴油、重柴油、轻油浆和重油浆，并副产催化干气。

常减压蒸馏装置产直馏轻蜡油和催化轻柴油作为 2.0Mt/a 加氢裂化装置原料，生产液化气、轻石脑油、重石脑油、煤油、柴油和尾油。

直馏柴油和部分催化重柴油作为 2.0Mt/a 柴油加氢精制装置原料，生产的精制柴油和加氢裂化柴油调和，生产满足国Ⅵ质量标准的柴油产品。

(3) 煤油加工

直馏煤油馏分 1.135Mt/a 经 150Mt/a 的煤油加氢精制后，生产的精制煤油和加氢裂化煤油调和，生产满足质量标准要求的喷气燃料产品。

(4) 汽油(石脑油)加工

轻烃回收石脑油、加氢精制石脑油和常顶一级冷凝油作为重整预加氢原料，预加氢采用先分馏后加氢工艺。拔头油设石脑油分离，分离出的异戊烷与催化汽油一起作为 2.4Mt/a 汽油吸附脱硫(S Zorb)装置原料，剩余 C_5/C_6 石脑油作为乙烯裂解原料。

预加氢精制重石脑油与加氢裂化重石脑油作为 1.8Mt/a 连续重整原料(采用 C_{7+} 重整工艺)，重整生成油分离出混合二甲苯作为产品，其余作为汽油调和组分。

加氢裂化轻石脑油、重整汽油、MTBE、烷基化油、芳烃抽余油(化工部分)和催化脱硫汽油(含异戊烷)调和，生产满足国Ⅵ质量标准的汽油产品。

(5) 轻烃回收及气体加工

1）全厂统一设置轻烃回收，回收常减压蒸馏、加氢裂化、渣油加氢脱硫装置、柴油加氢精制和重整石脑油加氢等装置(单元)的轻烃，回收的液化气经精制后通过分馏，生产丙烷、正丁烷和异丁烷，异丁烷作为烷基化装置原料，丙烷、正丁烷、连续重整液化气和干气回收分离装置产的轻烃一起作为乙烯裂解原料。

2）加氢裂化、渣油加氢脱硫和柴油加氢精制装置的低分气送产品精制集中脱硫后，与部分重整氢气、乙烯氢和轻烃回收脱硫吸收塔顶气(在轻烃回收装置内脱硫)一起作为 PSA 装置原料，提浓氢气。

3）催化干气、气柜气、全厂加氢低分气的脱硫，以及催化液化气的脱硫、脱硫醇集中在产品精制装置，精制催化干气和 PSA 尾气作为干气回收分离装置原料，主要回收富 C_2 气体，作为化工部分蒸汽裂解装置的原料；精制催化液化气作为气体分馏装置原料，分馏出的丙烷作为乙烯裂解原料，丙烯与蒸汽裂解装置生产的丙烯一起作为化工部分聚丙烯装置原料；气柜气脱硫后并入燃料气管网。

4）气体分馏装置生产的混合 C_4 与化工部分的抽余 C_4 一起作为 MTBE 装置原料，MTBE 未反应 C_4 作为烷基化装置原料，通过轻烃回收装置生产的异丁烷调节烷烯比。

（6）氢气

加氢装置消耗氢气除重整氢、乙烯氢、富氢气体经 PSA 回收的氢气和干气回收分离装置产氢以外，全厂不足氢气由煤制氢装置提供。

（7）酸性气

本项目统一规划全厂溶剂再生和酸性水汽提，酸性水汽提的酸性气、溶剂再生的酸性气和煤制氢产生的酸性气统一送硫黄回收，回收硫黄。

炼油部分总工艺流程图如图 17-5-1 所示。

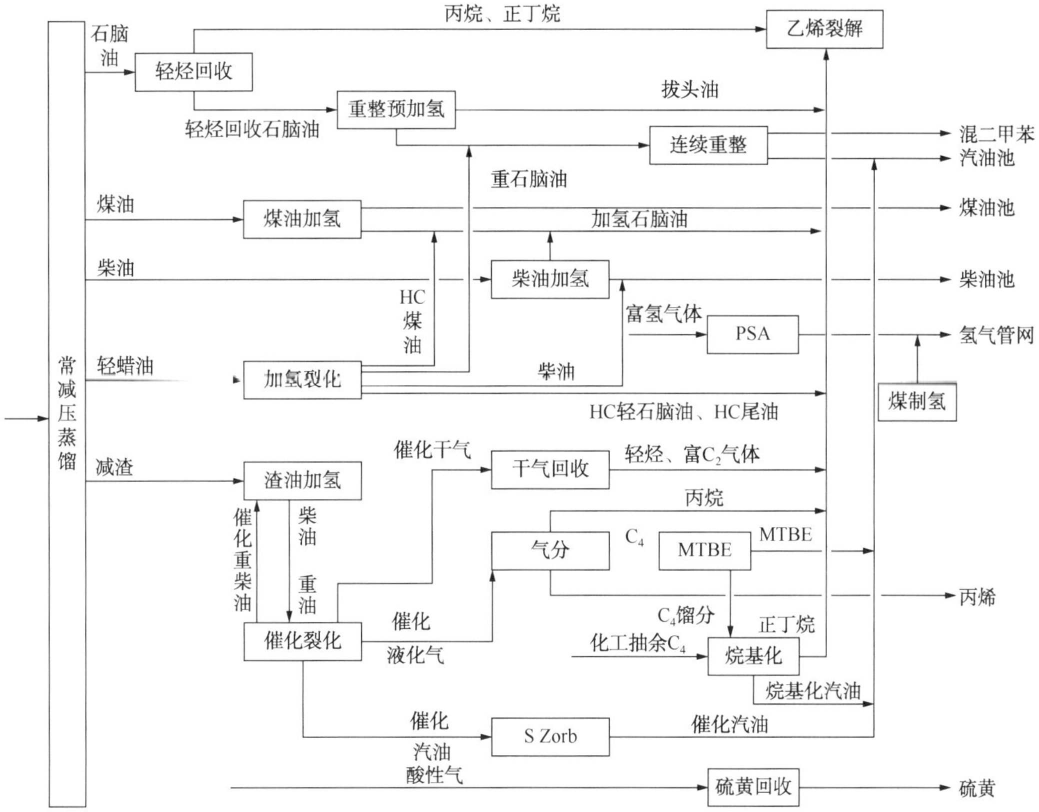

图 17-5-1　D 企业炼油部分总工艺流程图

化工部分加工方案如下：

1）800kt/a 蒸汽裂解装置的设计裂解原料大部分来自上游炼油，并以外购丙烷和液化气作为补充原料。在蒸汽裂解装置的工艺包设计中充分考虑了轻、重工况的适应性，自上游炼油工程来的裂解原料最大限度轻质化，气体原料占到总裂解原料的 26%。

2）蒸汽裂解装置下游 3 套分离生产装置分别为丁二烯抽提装置、裂解汽油加氢装置和芳烃抽提装置。蒸汽裂解装置生产的 C_4 经抽提丁二烯后，抽余 C_4 送炼油部分 MTBE 装置加工；裂解石脑油先分离为 C_5、C_6、C_7 和 C_{8+}馏分，C_5 和 C_{8+}馏分作为商品外售，C_6、C_7 馏分经两段加氢后，送芳烃抽提装置加工，抽提苯和甲苯，剩余抽余油作为汽油调和组分。

3）蒸汽裂解装置下游 3 套以乙烯为原料的生产装置分别为 EO/EG 装置、HDPE 装置、EVA 装置，生产 EO、EG、HDPE 和 EVA 产品。其中，HDPE 产品覆盖注塑、吹塑、薄膜、管材、单丝及电缆等应用范围；EVA 装置以乙烯、醋酸乙烯为原料，以有机过氧化物为引发剂，在高温高压条件下进行聚合反应，生产乙烯-醋酸乙烯树脂产品。EO/EG 装置下游设置 1 套乙醇胺生产装置，使用还原性胺化法生产乙醇胺系列产品。

4）蒸汽裂解装置下游 2 套以丙烯为原料的聚丙烯生产装置。其中，350kt/a PP 装置采用中国石化技术，产品范围广，性能好，分子量分布、等规度、共聚物组成等高度可控，能够生产高刚性/高结晶性产品和抗冲击性/刚性很好的抗冲共聚物产品。200kt/a PP 装置采用 LyondellBasell 公司最新开发的 Spherizone 聚丙烯工艺技术，由一条生产线生产均聚产品、无规共聚产品、抗冲共聚产品及三元共聚产品。

5）乙烯氢除满足化工部分裂解汽油加氢装置和化工部分总工艺流程如图 17-5-2 所示。

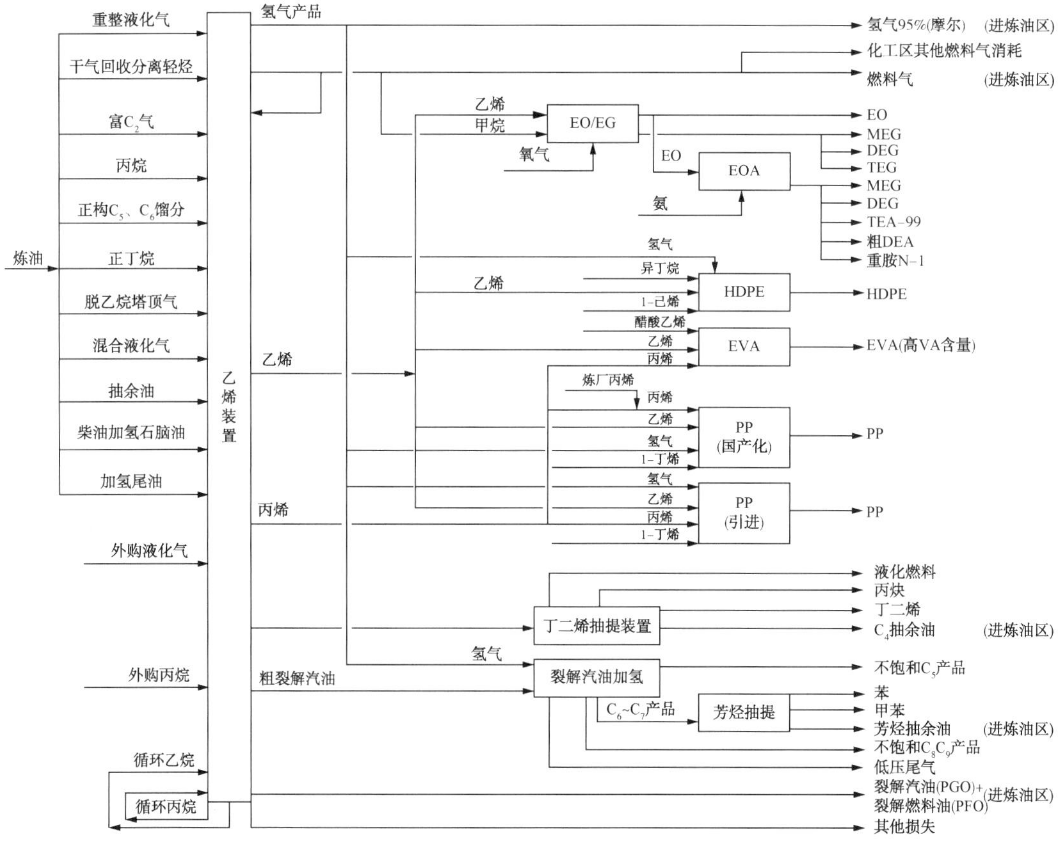

图 17-5-2　D 企业化工部分总工艺流程图

二、装置构成

全厂工艺装置组成见表 17-5-1。

表 17-5-1 工艺装置组成

序号	装置名称	备注
1	10.0Mt/a 常减压装置	
2	4.2Mt/a 催化裂化装置	包括烟气脱硝单元
3	2.0Mt/a 加氢裂化装置	与渣油加氢脱硫共用新氢压缩机
4	2.0Mt/a 轻烃回收装置	含干气脱硫、液化气脱硫、脱硫醇和液化气分离单元
5	1.8Mt/a 连续重整装置	含预加氢和轻石脑油正异构分离
6	$10^4Nm^3/h$ PSA 氢气提浓装置	
7	2.0Mt/a 柴油加氢精制装置	
8	4.4Mt/a 渣油加氢脱硫装置	反应部分双系列
9	700kt/a 气体分馏装置	含丙烯精制
10	300kt/a 烷基化装置	含废酸再生
11	200kt/a MTBE 装置	
12	气体、液化气精制装置	含气柜气脱硫
13	1.5Mt/a 煤油加氢精制装置	
14	3×130kt/a 硫黄回收装置	
15	酸性水汽提装置	
16	溶剂再生装置	
17	催化裂化烟气脱硫装置	
18	2.4Mt/a S Zorb 装置	
19	400kt/a 干气回收分离装置	含氢气回收部分
20	800kt/a 蒸汽裂解装置	
21	400kt/a 裂解汽油加氢装置	
22	200kt/a 芳烃抽提装置	
23	120kt/a 丁二烯抽提装置	
24	250kt/aEO～400kt/aEG 装置	
25	50kt/a 乙醇胺装置	
26	100kt/a EVA 装置	
27	350kt/a 高密度聚乙烯装置	
28	350kt/a 聚丙烯装置	
29	200kt/a 聚丙烯装置	
31	废碱处理装置	

三、加工原油性质

D 企业设计加工原油为科威特原油，20℃时的密度为 876.0kg/m^3，属于中质原油；倾点低，小于-36℃；黏度小，50℃时黏度为 8.79mm^2/s；硫含量高达 2.640%；氮含量为 956.2mg/kg；残炭为 6.21%；金属镍、钒含量分别为 10.9mg/kg 和 31.5mg/kg。属高硫石蜡中间基原油。科威特出口原油基本性质见表 17-5-2。

表 17-5-2　科威特出口原油基本性质

分析项目	分析结果	分析项目	分析结果
相对密度 $d_{15.6}^{15.6}$	0.876	氮含量/(mg/kg)	956.2
API°	30.2	碱性氮/(mg/kg)	394.6
K 值	11.84	盐含量/PTB	10.5
运动黏度		残炭/%(质)	6.21
20℃/(mm^2/s)	22.65	蜡含量/%(质)	3.80
37.8℃/(mm^2/s)	12.36	沥青质含量/%(质)	2.50
50℃/(mm^2/s)	8.79	灰分/%(质)	0.00
60℃/(mm^2/s)	6.89	酸值/(mg KOH/g)	0.18
倾点/℃	<-36	铁/(mg/kg)	0.7
雷氏蒸气压/kPa	26.2	镍/(mg/kg)	10.9
水含量/%	—	钒/(mg/kg)	31.5
硫含量/%(质)	2.64	钠/(mg/kg)	3.3
硫醇硫/(mg/kg)	135.0	属性	石蜡-中间基

四、产品结构

全厂加工原(料)油共 13.0575Mt/a(含动力站用煤)，产品结构中，汽油、煤油和柴油产品占 70.82%，汽油和柴油均能满足国Ⅵ质量标准要求，芳烃占 5.16%，化工部分产品包括乙二醇、乙醇胺、EVA、聚乙烯和聚丙烯等，占比为 19%。原料及产品结构见表 17-5-3。

表 17-5-3　原料及产品结构表

一、原料结构	原料占比(与原油)/%	催化重油浆	1.79
外购原油	100.00	化工部分产品	19.00
其他原料	30.575	液化燃料	0.11
二、产品结构	产品占比/%	丁二烯	0.95
汽煤柴	70.82	乙烯 C_5	0.71
汽油	37.78	环氧乙烷	1.11
喷气燃料	15.98	乙二醇	4.31
柴油	17.06	二乙二醇	0.35

续表

三乙二醇	0.02	硫黄	2.60
乙醇胺	0.49	硫酸铵	0.63
聚乙烯	3.43	三、自用燃料/原油(含动力站)	22.01
聚丙烯	5.45	四、技术经济指标	
EVA(高 VA 含量)	0.98	商品/原油	102.16
化工 C_8、C_9	0.50	轻油总量/原油	78.86
裂解燃料油	0.59	(柴+煤)/汽	0.87
石油芳烃	5.16	柴/汽	0.45
苯	0.74	炼油部分综合商品率/%	95.48
甲苯	0.28	炼油部分轻油收率/%	86.20
混合二甲苯	4.15		

五、汽柴油调和组分

全厂汽油调和组分有加氢催化汽油(含异戊烷)、重整汽油、加氢裂化轻石脑油、烷基化油和 MTBE，调和生产国Ⅵ汽油。

各汽油调和组分详细性质见表 17-5-4，汽油调和详见表 17-5-5，汽油产品 ASTM D86 数据详见表 17-5-6。

表 17-5-4 汽油调和组分性质表

质量调和	密度/(g/cm^3)	硫含量/(mg/kg)	研究法辛烷值(*RON*)	抗爆指数(*DON*)	烯烃含量/%(体)	苯含量/%(体)	氧含量/%(质)	芳烃含量/%(质)	蒸气压(夏)/kPa
产品组分									
加氢裂化轻石脑油	0.659	0.50	85.00	80.00		1.29		1.29	74.00
烷基化汽油	0.690	10.0	96.40	92.00					45.00
MTBE	0.739	10.0	115.00	110.00			18.18		55.00
重整汽油	0.820		101.00	96.77		1.00		75.60	20.00
乙烯抽余油	0.730	20.0	70.00	64.00					80.00
催化加氢汽油	0.718	0.50	90.22	85.22	20.11	0.70	0.00	24.03	73.25

表 17-5-5 汽油调和表

质量调和	调和比例/%	密度/(g/cm^3)	硫含量/(mg/kg)	研究法辛烷值(*RON*)	抗爆指数(*DON*)	烯烃含量/%(体)	苯含量/%(体)	氧含量/%(质)	芳烃含量/%(体)	蒸气压(夏)/kPa
产品组分										
92#汽油(国Ⅵ)	100.00	0.738	6.64	93.28	88.52	13	0.7	0	33	59.18

续表

质量调和	调和比例/%	密度/(g/cm³)	硫含量/(mg/kg)	研究法辛烷值(*RON*)	抗爆指数(*DON*)	烯烃含量/%(体)	苯含量/%(体)	氧含量/%(质)	芳烃含量/%(体)	蒸气压(夏)/kPa
(主要质量标准)		0.725	10	92	87	15	0.8	2.7	35	65
加氢裂化轻石脑油	1.34	0.659	0.5	85	80		1.29		1.29	74
烷基化汽油	10.02	0.69	10	96.4	92					45
重整汽油	25.66	0.82		101	96.77		1		75.6	20
乙烯抽余油	0.09	0.73	20	70	64					80
催化加氢汽油	62.89	0.718	0.5	90.23	85.23	20.12	0.7	0	24.04	73.23
95#汽油(国Ⅵ)	100.00	0.742	6.07	95.4	90.63	10.92	0.7	1.62	33	57.28
(主要质量标准)		0.725	10	95	90	15	0.8	2.7	35	65
加氢裂化轻石脑油	4.09	0.659	0.5	85	80		1.29		1.29	74
烷基化汽油	5.47	0.69	10	96.4	92					45
MTBE	8.89	0.739	10	115	110			18.18		55
重整汽油	29.07	0.82		101	96.77		1		75.6	20
催化加氢汽油	52.47	0.718	0.5	90.23	85.23	20.12	0.7	0	24.04	73.23
98#汽油(国Ⅵ)		0.746	4.28	98.2		2.37	0.7	2.6	32.74	46.37
(主要质量标准)		0.725	10	98		15	0.8	2.7	35	65
加氢裂化轻石脑油	15.19	0.659	0.5	85	80		1.29		1.29	74
烷基化汽油	16.00	0.69	10	96.4	92					45
MTBE	14.30	0.739	10	115	110			18.18		55
重整汽油	43.16	0.82		101	96.77		1		75.6	20
催化加氢汽油	11.32	0.718	0.5	90.23	85.23	20.12	0.7	0	24.04	73.23

注：催化加氢汽油含异戊烷。

表 17-5-6　汽油产品馏程

ASTM D86/℃	92#汽油	95#汽油	98#汽油
初馏点	26.08	23.81	18.26
5%	28.73	27.77	35.09
10%	31.66	32.16	51.92
30%	36.65	41.88	66.38
50%	70.54	64.53	109.93
70%	110.82	109.99	133.04
90%	143.40	143.64	156.50
95%	173.20	178.44	189.31
终馏点	<205	<205	<205

全厂柴油调和组分有加氢裂化装置柴油、柴油加氢精制柴油，调和生产满足国Ⅵ质量标准要求的柴油产品。

全厂柴油调和详见表17-5-7。

表17-5-7　全厂柴油调和表

质量调和	调和比例	密度	硫含量	十六烷指数
产品、组分	%	g/cm^3	mg/kg	(CTI)
柴油(国Ⅵ)	100.00	0.843	6.52	56.15
(质量标准)		0.845	10.00	46.00
加氢精制柴油	90.34	0.845	7.00	54.90
加氢裂化柴油	9.66	0.820	2.00	67.50

六、乙烯料构成

炼油部分生产的富C_2气体、丙烷、正丁烷、重整液化气、轻烃、C_5/C_6石脑油和加氢裂化尾油作为蒸汽裂解装置原料，另外，乙烯原料还包括少量的区域内资源优化的饱和液化气，不足部分由外购丙烷补充。乙烯原料详见表17-5-8。

表17-5-8　乙烯原料构成

乙烯原料	数量/%(质)	乙烯原料	数量/%(质)
一、炼油部分供		加氢裂化尾油	32.56
富C_2气体	7.60	二、区域资源优化	
丙烷	4.70	液化气	8.37
正丁烷	4.49	三、外购原料	
重整液化气	1.71	丙烷	19.38
轻烃	3.04	合计	100.00
C_5/C_6石脑油	18.15		

各乙烯原料组成详见表17-5-9~表17-5-14。

表17-5-9　富C_2气体组成

序号	组分	占比/%(体)	序号	杂质	含量
1	H_2	0.03	1	NO_x	<10μg/kg
2	C_1	4.81	2	CO_2	<100mg/kg
3	$C_2{\equiv}$	0.01	3	O_2	<1mg/kg
4	$C_2{=}$	23.04	4	H_2S	<50mg/kg
5	C_2	56.82	5	COS+RSH	<1mg/kg
6	$C_3{=}$	1.52	6	As	<5μg/kg
7	C_3	13.23	7	Hg	<5μg/kg
8	iC_4	0.26	8	CH_4	<5%(摩尔)
9	nC_4	0.28			
	合计	100.00			

表 17-5-10　丙烷和正丁烷

序号	组分	丙烷	正丁烷
相对分子质量		44.1	58.9
	组成/%(体)		
1	C_2	1.27	0.00
2	C_3	97.73	0.00
3	iC_4	1.00	1.01
4	nC_4	0.00	93.40
5	22PR	0.00	0.00
6	iC_5	0.00	3.59
7	nC_5	0.00	2.00

表 17-5-11　重整液化气

序号	项　目	组成	序号	项　目	组成
1	相对分子质量	52.52		iC_4	23.43
2	相对密度 d_4^{20}	0.523		nC_4	35.09
3	组成/%(体)			C_4 烯烃	1.43
	H_2	0.17		iC_5	2.20
	C_1	0.19		nC_5	0.16
	C_2	3.78		C_{6^+}	0.15
	C_3	33.40		合计	100.00

表 17-5-12　轻烃

序号	项目	组成/%(体)	序号	项目	组成/%(体)
1	C_2	0.09	6	$C_4^=$	0.17
2	$C_3^=$	0.35	7	iC_5	1.58
3	C_3	5.41	8	nC_5	14.34
4	iC_4	13.63	9	nC_6	0.59
5	nC_4	63.82		合计	100

表 17-5-13　C_5/C_6 石脑油

序号	项　目	贫料工况(方案 1)	富料工况(方案 2)
1	相对分子质量	79.96	79.08
2	相对密度 d_4^{20}	0.657	0.671
3	组成/%(质)		
	iC_5	5.50	5.94
	nC_5	35.14	38.66
	C_{6^+}	59.36	55.40
	合计	100.00	100.00

表 17-5-14　加氢裂化尾油

项目	主工况操作初期	主工况操作末期
密度(20℃)/(g/cm³)	0.8234	0.8252
馏程/℃		
初馏点/10%	317/328	317/328
30%/50%	341/355	341/356
70%/90%	393/439	394/440
终馏点	483	485
S/(mg/kg)	<10	<10
N/(mg/kg)	<2	<2
BMCI 值	10.5	11.3

七、燃料平衡

炼油部分各装置所用燃料为燃料气，常减压蒸馏装置三顶气在装置内脱硫后自用。炼油部分管网燃料气由干气回收分离装置干气、S Zorb 燃料气、化工部分供燃料气和煤制氢装置产燃料气组成。

化工部分燃料气为蒸汽裂解装置产出的甲烷，满足化工部分蒸汽裂解、EVA、HDPE、乙二醇、低压火炬等用燃料，剩余部分送炼油部分并入燃料气管网。

燃料气管网：压力 0.4MPa(表)；温度：常温。

全厂燃料平衡见表 17-5-15。

表 17-5-15　燃料平衡表　kt/a

装置名称	加热炉	燃料气产出	燃料气消耗
一、炼油部分			
常减压		13	47.91
加氢裂化			
	反应炉		7.10
	分馏炉		24.17
渣油加氢	反应炉		21.74
连续重整			
	石脑油加氢反应炉		4.87
	石脑油加氢重沸炉		18.46
	汽提塔重沸炉		88.25
	四合一炉		12.56
	稳定塔重沸炉		8.46
柴油加氢			
	反应炉		4.19
	分馏炉		7.67

续表

装置名称	加热炉	燃料气产出	燃料气消耗
煤油加氢			
	反应炉		1.75
	分馏炉		5.64
S Zorb	加热炉	26.5	11.13
气体分馏			
PSA			
干气回收分离		147.8	
烷基化			5.58
硫黄回收			9.94
煤制氢		71.6	
二、化工部分			
蒸汽裂解		340.9	317.8
EVA 装置			0.23
HDPE 装置			0.08
乙二醇装置			2.01
低压火炬			0.32
合计		599.8	599.8

注：干气回收分离装置燃料气计入催化干气带入的惰性气体。

八、氢平衡

全厂有两个全厂性氢气管网系统，包括重整氢管网和纯氢管网；在化工工艺装置设置乙烯氢气局部管网供化工装置用氢。

干气回收分离装置回收氢气和 PSA 氢气合并后，与煤制氢氢气混合作为纯氢管网，压力为 2.4MPa(表)；重整氢作为重整氢管网，压力为 2.4MPa(表)。

乙烯氢优先作为 HDPE 装置、PP 装置以及裂解汽油加氢装置氢源，剩余部分作为炼油部分干气回收分离装置用氢，部分送 PSA 装置提浓氢气；重整氢分为两部分，一部分进入全厂重整氢气管网作为重整预加氢单元、柴油加氢精制、煤油加氢精制、催化汽油吸附脱硫装置、硫黄回收装置氢源；另一部分重整氢作为 PSA 装置原料。

2.4MPa(表)的纯氢作为烷基化装置和连续重整装置的氢源，其余氢气由设在加氢裂化装置内的新氢压缩机升压至加氢裂化反应器入口所需的压力供加氢裂化和渣油加氢装置使用，渣油加氢装置的循环氢和新氢在循环氢压缩机入口合并后升压至渣油加氢反应所需的压力。

外购氢气作为煤制氢装置开工和本项目高纯氢补充氢源；同时，接通炼油部分高纯氢至化工局部氢气管网，外购氢气至化工局部氢气管网管线，满足乙烯裂解装置临时停工和化工倒开车需要。

全厂氢气平衡见表 17-5-16，氢气网络图如图 17-5-3 所示。

表 17-5-16　氢气平衡表　kt/a

项目	产氢	项目	产氢
1. 重整氢			
连续重整	123.8	重整预加氢	2.3
		煤油加氢	9.5
		柴油加氢	37.7
		催化汽油吸附脱硫(S Zorb)	12.4
		PSA	61.9
合计	123.8		123.8
2. 纯氢			
PSA	56.4	加氢裂化	64.7
煤纯氢	90.6	渣油加氢	93.8
干气回收分离	12.2	烷基化	0.1
		连续重整	0.5
合计	159.1		159.1
3. 乙烯氢			
乙烯裂解	29.7	裂解汽油加氢	2.2
		HDPE	0.2
		聚丙烯	0.06
		聚丙烯	0.04
		干气回收分离	0.000
		PSA	27.2
合计	29.7		29.7

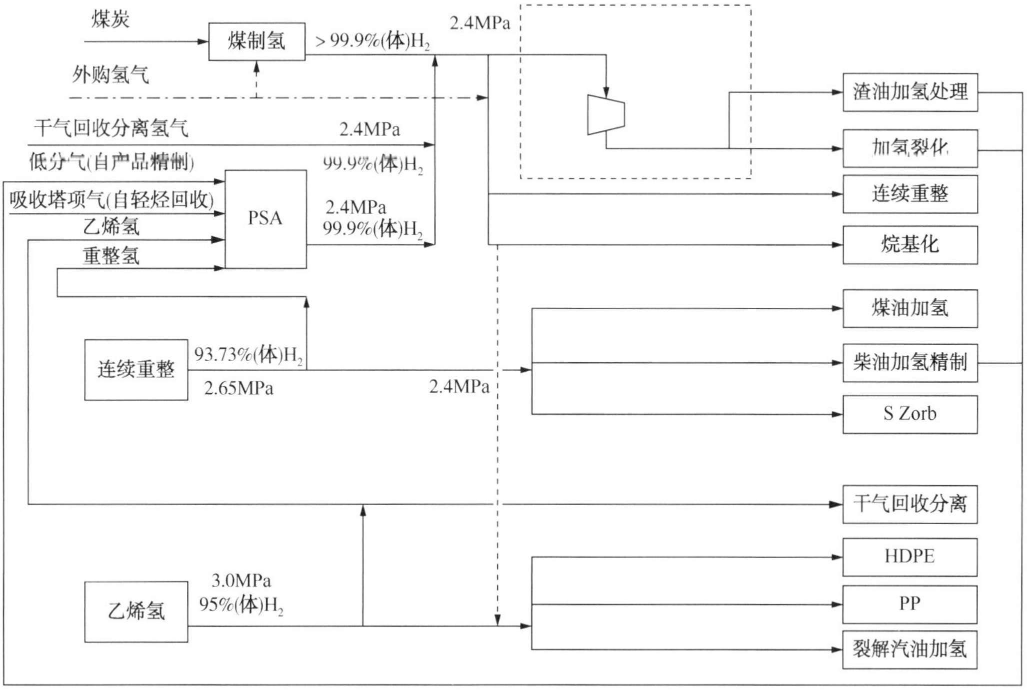

图 17-5-3　全厂氢气网络示意图

注：1)图中虚线框所示氢气增压部分设置在加氢裂化装置内。

2)为满足化工部分倒开车，将外购氢气和纯氢作为化工部分乙烯氢管网备用氢气，接入化工部分乙烯氢管网。

九、硫平衡

D 企业原油、原料煤和燃料煤共带入硫 291.67kt/a，回收硫黄 265.4kt/a，烟气和硫黄尾气排放共带出硫 0.618kt/a，其余由动力站灰渣带走。

为减少污染环境，满足环保要求，总流程按 $N+1$ 原则设置 3×130kt/a 硫黄回收装置，以回收酸性气中 H_2S。

全厂硫平衡见表 17-5-17。

表 17-5-17　全厂硫平衡

原料/产品	所占百分数/%(质)	原料/产品	所占百分数/%(质)
一、带入		喷气燃料	0.00
科威特原油	90.51	柴油(国Ⅵ)	0.00
原料煤炭	3.02	三、回收	
燃料煤	6.46	硫黄	90.99
硫总量	100.00	四、排放	
二、带出		烟气、硫黄尾气等带出	0.21
92#汽油(国Ⅵ)	0.00	五、其他	
95#汽油(国Ⅵ)	0.00	灰渣等带出等	8.80
98#汽油(国Ⅵ)		硫总量	100.00

十、全厂节能措施及公用工程消耗

1. 全厂节能措施亮点

D 企业项目设计中，非常注重整体效益，尤其注重从全厂和大系统出发，统筹考虑节能技术措施，如装置之间热联合，蒸汽动力系统实现逐级利用，全厂低温热回收利用，氢气资源优化利用等。

(1) 实现装置热联合，挖掘节能潜力

按照总流程确定的工艺路线，尽量减少中间环节，上下游装置间采用“嘴对嘴”的直接热进料，尽可能少设或不设中间储罐。炼油工艺装置间根据工艺物料温位、热量合理确定深度热联合，在平面布置上参与深度热联合工艺装置靠近布置，主要包括常减压蒸馏装置、催化裂化装置、渣油加氢脱硫装置。热联合情况如下：

① 常减压蒸馏的减压渣油热出料送渣油加氢脱硫。

② 常减压蒸馏装置减压轻蜡油热出料送加氢裂化装置。

③ 常减压蒸馏装置一级冷凝油热出料送重整预加氢装置。

④ 常减压蒸馏装置直馏煤油热出料送煤油加氢装置。

⑤ 常减压蒸馏装置直馏柴油热出料送柴油加氢精制装置。

⑥ 催化裂化装置循环油浆在高温位时与常减压装置进行深度热联合，正常工况下循环油浆供常减压装置，换热后返回催化装置与原料油换热，经蒸汽发生器后返回分馏塔。

⑦ 正常工况时，渣油加氢装置分馏塔底的加氢重油首先用作本装置柴油汽提塔重沸器热源，送常减压蒸馏装置，在常减压蒸馏装置换热后返回渣油加氢处理装置换热，直供部分

换热后热出料进催化裂化装置作为原料，送罐区物料换热至160℃。

⑧ 催化裂化装置分馏顶循作气体分馏装置脱丙烷塔重沸器的热源。

⑨ 渣油加氢装置重油及柴油热出料进催化裂化装置。

⑩ 催化轻柴油热出料送加氢裂化装置。

⑪ 催化重柴油热出料送渣油加氢/柴油加氢装置。

⑫ 催化轻油浆热出料进渣油加氢。

⑬ 催化汽油热出料进S Zorb装置。

⑭ 加氢裂化装置重石脑油热出料送连续重整装置。

装置间实施热联合使上游装置减少了冷却负荷，节约了下游装置的加热(换热)负荷；并节省了换热设备和空冷器；同时可降低全厂能耗。

(2) 蒸汽动力系统实现逐级利用，尽量做到产用平衡

本项目蒸汽系统设11MPa、3.8MPa、1.2MPa、0.4MPa四个等级的蒸汽管网，其中超高压蒸汽由动力站锅炉和乙烯裂解废热锅炉产生，供乙烯装置压缩机驱动汽轮机、动力站的抽凝式汽轮发电机组和其他装置内的汽轮机使用。高压蒸汽主要来自汽轮发电机组和乙烯装置压缩机汽轮机的抽汽及炼油装置内利用余热产生的过热蒸汽。高压蒸汽主要用于各装置驱动工艺汽轮机和工艺加热。中压蒸汽来自工艺汽轮机的背压蒸汽及装置内余热产生的蒸汽，主要用于各装置工艺加热。低压蒸汽来自各汽轮机排汽和各装置内利用余热产生的蒸汽，主要用于除氧器、各装置工艺加热及配套公用及辅助设施。

根据正常工况(所有工艺蒸汽用户均处于正常操作状态，各个装置及公用工程设施均处于100%负荷运行的工况)下负荷统计，需动力站外供各等级蒸汽为868.5t/h。

为确保全厂生产所需的蒸汽用量，动力站锅炉按N+1+1原则进行配置，即动力站设置4台450t/h高压CFB锅炉和3套100MW汽轮发电机组。

(3) 低温余热的回收与利用

低温余热的回收与利用已成为炼油企业节能的一个重要方面。对该项目来说，由于装置规模大，而且要求的产品质量高，加氢装置多，低温余热较多，因此必须综合考虑低温余热的回收与利用。

本项目为集中回收各装置的低温余热，新建余热回收站一座，回收催化裂化、加氢裂化等装置的低温余热，通过装置低温余热把热水温度从70℃加热到95℃，供装置和系统单元使用。

自催化裂化装置、柴油加氢精制装置、加氢裂化等装置来的0.5MPa 95℃热水，经热水循环泵加压至0.8MPa，其中部分送至气分、渣油加氢、气体液化气精制等工艺装置进行换热，剩余送制冷站，与各用户返回的低温热水混合后，经循环水换热器冷却至70℃后，送至热水氮封罐，经热水循环泵送回催化裂化、柴油加氢精制、加氢裂化等装置循环使用。

在装置热水进入余热回收站设置蒸汽加热器，在装置开工或者部分装置停工，供热不足时，采用蒸汽加热热水至95℃，保证全厂供热及制冷站使用。

同时在余热回收站内设置热水循环水换热器，一旦用热装置或单元出现停工时，将富余的95℃热水冷却至70℃，保证产热水装置的正常运行。

(4) 氢资源优化

通过合理利用重整氢、乙烯氢等氢成本较低的氢资源，将加氢装置低分气、重整氢、轻烃回收装置吸收塔顶气等富含氢气体作为PSA装置原料回收氢气，通过干气回收分离装置

回收 PSA 尾气中的氢气，以及采用煤制氢产氢等许多措施降低用氢成本，优化氢气资源。

2. 公用工程消耗

公用工程消耗详见表 17-5-18。

表 17-5-18 公用工程消耗汇总表

序号	指标名称	单位	数值	备注
1	新鲜水	t/t 原油	2.439	连续量
2	电(总用电负荷)	MW/t 原油	0.332	
	电(外购电负荷)	MW/t 原油	0.138	
3	污水	t/t 原油	0.315	全厂正常外排
4	蒸汽	t/t 原油	0.440	动力站供
	11MPa		0.165	动力站供
	3.8MPa		0.073	动力站供
	1.2MPa		0.198	动力站供
	0.4MPa		0.005	供煤制氢
5	除盐水	t/t 原油	0.782	
6	回收凝结水	t/t 原油	1.209	
7	回收低温热水	t/t 原油	3.462	
8	净化压缩空气	Nm^3/t 原油	28.730	
9	非净化压缩空气	Nm^3/t 原油	25.228	
10	氮气	Nm^3/t 原油	12.580	

十一、其他(占地、投资、主要技术指标)

1. 占地

厂区占地面积分析见表 17-5-19。

表 17-5-19 占地面积分析表

序号	主要内容	占地面积/公顷	用地系数/%	备注
	厂区土地	605.0		新征东海岛规划用地
1	厂区新建工程占地	423.1	100.00	不含煤制氢、空分用地 7.2 公顷
1.1	炼油装置区	62.2	14.70	含控制、配电、制冷站、余热回收站、循环水场及区内通道
1.2	化工装置区	67.3	15.91	含控制、配电、循环水场及区内通道
1.3	储运设施区	89.3	21.11	含控制、配电及区内通道
1.4	装卸区	25.5	6.03	含汽车、铁路装车，及立体仓库
1.5	辅助设施区	42.2	9.97	含总变、动力站、污水、仓库、消防站、空压站、除盐水站、凝结水站等
1.6	管理区	3.7	0.87	含中控、化验
1.7	行政办公区	5.0	1.18	厂区南侧新征地
1.8	火炬	3.8	0.90	

续表

序号	主要内容	占地面积/公顷	用地系数/%	备注
1.9	通道	124.1	29.03	含火炬防护用地
2	煤制氢、空分	7.2	29.33	
3	厂内预留	174.7		

2. 投资

建设投资见表17-5-20。

表17-5-20 概算投资表

序号	工程或费用名称	人民币/万元	占投资/%	外币金额/万美元
	概算总投资(含增值税)	4060573	100	56818.77
	概算总投资(不含增值税)	3672525.3	90.44	56818.77
一	建设投资(含增值税)	3825763.5	94.22	56818.77
	建设投资(不含增值税)	3437715.8	84.66	56818.77
(一)	固定资产投资	3563846.4	87.77	45826.95
1	工程费	3045398	75	45826.95
1)	工艺生产装置	1676286	41.28	43502.34
1.1	炼油装置	811589.72	19.99	13304.53
1.2	化工装置	864696.33	21.29	30197.81
2	系统配套工程	1135335.3	27.96	2028.86
2.1	总图运输	114008.18	2.81	
2.2	储运	392637.22	9.67	1966.14
2.3	给排水及消防	195871.97	4.82	61.16
2.4	供电及电信	96974.29	2.39	
2.5	热工	242943.63	5.98	
2.6	工厂管理	66172.07	1.63	1.56
2.7	辅助设施	26727.97	0.66	
3)	码头(含厂外油气回收设施)	187139.67	4.61	295.75
4)	厂外工程	7346.12	0.18	
5)	工器具及生产用具购置费	290.88	0.01	
6)	特定条件下费用	39000	0.96	
2	固定资产其他费	518448.4	12.77	
(二)	无形资产投资	107097.99	2.64	9339.98
(三)	其他资产投资	18229.4	0.45	537.75
(四)	预备费	136589.64	3.36	1114.09
(五)	增值税抵扣额	388047.7	9.56	
二	建设期借款利息	199809.49	4.92	
三	铺底流动资金	35000	0.86	

3. 主要技术指标

主要技术指标详见表 17-5-21。

表 17-5-21　主要技术经济指标汇总表

序号	指标名称	单位	数值	备注
1	新鲜水	t/t 原油	2.439	连续量
2	电(总用电负荷)	MW/t 原油	0.332	
	电(外购电负荷)	MW/t 原油	0.138	
3	污水	t/t 原油	0.315	正常外排
4	蒸汽	t/t 原油	0.440	动力站供
	11MPa		0.165	动力站供
	3.8MPa		0.073	动力站供
	1.2MPa		0.198	动力站供
	0.4MPa		0.005	供煤制氢
5	除盐水	t/t 原油	0.782	
6	回收凝结水	t/t 原油	1.209	
7	回收低温热水	t/t 原油	3.462	
8	净化压缩空气	Nm^3/t 原油	28.730	
9	非净化压缩空气	Nm^3/t 原油	25.228	
10	氮气	Nm^3/t 原油	12.580	
11	炼油部分单因能耗			
12	环保指标			
	SO_2	t/10^4t 原油	1.236	
	NO_x	t/10^4t 原油	2.238	
	烟尘	t/10^4t 原油	0.600	
	VOCs	t/10^4t 原油	1.469	
	COD	t/10^4t 原油	0.157	
	氨氮	t/10^4t 原油	0.016	
	石油类	t/10^4t 原油	0.009	

第六节　E 企业原油加工总流程案例

一、总工艺流程

E 企业为新建 11.0Mt/a 炼油和高端合成新材料项目，采用多产乙烯、丙烯等低碳烯烃的常压渣油加氢+催化裂解的工艺路线，目标是在最大化生产化工原料，提供优质乙烯原料的同时，也为下游高端合成新材料提供丙烷、丙烯、苯、醚后碳四、合成气和合成氨等化工原料，同时副产喷气燃料、船用燃料油和供老区的汽油调和组分。11.0Mt/a 炼油加工流程为化工型流程。

原油及各馏分加工流程说明如下：

原油由常压蒸馏装置加工，切割出常顶气、常顶油、常一线、常二线、常三线、常四线和常压渣油。

常压渣油进固定床渣油加氢装置加氢后，为满足船燃出厂量需求，加氢常压渣油一部分进行减压蒸馏，其中加氢减压渣油作为低硫船燃调和组分，减压蜡油和其余加氢常渣进深度催化裂化装置。深度催化裂化油浆作为油制氢原料。

常压装置的常四线和外购的混合蜡油进蜡油加氢装置加氢后作为深度催化裂化装置原料。

深度催化裂化柴油轻重分离，重柴油进入蜡油加氢装置加氢和分离后作为低硫船燃调和组分，催化轻柴油与渣油加氢柴油、直馏柴油（常二线、常三线）依托老区 2# 加氢裂化装置加工。

常压装置生产的直馏煤油馏分进入煤油加氢装置加工处理，加氢后的煤油生产满足 3 号喷气燃料标准要求的喷气燃料产品。

常压装置来的直馏石脑油在常压装置轻烃分离单元分为轻重石脑油后分别作为蒸馏裂解原料。

深度催化裂化汽油经加氢后的 $C_6 \sim C_8$ 馏分进入芳烃抽提，分离出苯作为化工原料，甲苯作为汽油调和组分，二甲苯作为老区芳烃扩能改造原料。经抽提后的非芳烃抽余油送至老区做重整料。催化裂化汽油加氢后的 C_5 馏分和 C_{9+} 芳烃作为汽油调和组分。

来自常压装置、煤油加氢装置、蜡油加氢装置和渣油加氢装置的含硫气体、轻烃和粗石脑油去常压蒸馏装置的轻烃回收单元，分离出饱和干气经脱硫处理后作为炼厂干气使用，脱硫饱和液化气作为蒸汽裂解原料。

深度催化裂化装置中的不饱和干气经脱硫处理后，进 C_2 回收装置回收氢气和富乙烯气，剩余尾气进入燃料气管网。脱硫脱硫醇后的不饱和液化气经气分装置分离出丙烷、丙烯、混合 C_4，其中丙烷作为丙烷脱氢装置原料，丙烯作为聚丙烯装置和丙烯腈装置原料，混合 C_4 作为 MTBE 原料生产 MTBE。醚后 C_4 部分作为下游的异壬醇原料。

渣油加氢装置、蜡油加氢装置的低分气脱硫后与送往 PSA 装置回收氢气，尾气进入燃料气管网。

不足氢气由油制氢装置提供。

炼油流程示意如图 17-6-1 所示。

E 企业总工艺流程主要特点如下：

1）采用常压渣油-催化裂解的加工路线，多产乙烯、丙烯等低碳烯烃为主；

2）乙烯料等化工原料收率在 43.57%，属于化工型炼油厂。

二、装置构成

E 企业原油加工能力为 11.0Mt/a，主要装置的规模和技术路线选择见表 17-6-1。

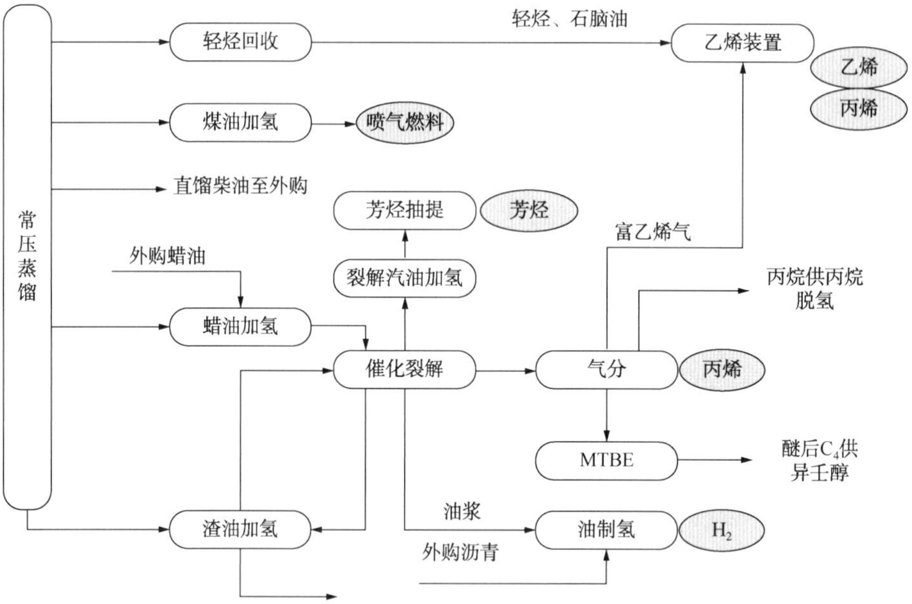

图 17-6-1　E 企业炼油加工流程简图

表 17-6-1　主要装置规模和技术路线选择

序号	装置名称	装置规模/(Mt/a)	技术路线
1	常压蒸馏装置	11.0	原油预处理-预闪蒸-常压蒸馏-负压闪蒸流程
	轻烃回收	1.5	吸收、再吸收→脱吸→石脑油稳定→石脑油分离
2	渣油加氢装置(含 PSA)	5.6	反应部分分为两系列：其中一个系列采用固定床渣油加氢处理技术；另一个系列采用复合床(沸腾床+下行式固定床)技术 PSA 单元选用国内成熟抽真空 VPSA 技术
3	航煤加氢装置	1.5	液相加氢工艺
4	蜡油加氢装置	4.0	固定床加氢工艺
5	1#/2#催化裂解装置	2×3.0	催化裂解 RTC 工艺
6	脱硫脱硫醇	4.2	干气液化气脱硫单元采用常规胺法脱硫工艺 液化气脱硫醇采用纤维膜接触脱硫醇和碱液氧化再生工艺
7	1#/2#气分装置	2×1.5	常规三塔流程，分子筛固碱脱水，吸附剂脱硫
8	MTBE 装置	0.3	MTBE 单元：醚化反应+催化蒸馏 MTBE 脱硫：萃取蒸馏 醚后 C_4 选择性加氢：贵金属催化剂一段加氢
9	C_2 回收装置	0.8	浅冷油吸收技术
10	催化汽油加氢装置	2.0	采用石科院的催化汽油加氢技术
11	芳烃抽提装置	1.5	液液抽提

续表

序号	装置名称	装置规模/(Mt/a)	技术路线
12	油制氢装置	200kNm³/h	油气化：SE 重质油气化技术 耐硫变换：S-COS 耐硫变换工艺技术及凝液汽提技术 酸性气体脱除：S-AGR 酸性气体脱 甲烷化 液氮洗 氨合成 压缩及制冷 气化废水预处理：气化废水预处理技术 开工锅炉
13	硫黄回收装置	0.45	采用"三头三尾"工艺方案 制硫部分采用二级转化 Claus 制硫工艺 尾气处理采用还原-吸收工艺 碱洗部分采用多级梯度吸收和多级梯度水洗净化烟气工艺
14	酸性水汽提装置	600t/h	非加氢两系列和加氢型一系列
15	溶剂再生装置	1100t/h	溶剂选用复合型 MDEA 溶剂 溶剂再生采用常规蒸汽汽提再生工艺

三、加工原油性质

设计加工的原油为沙轻、沙中、沙重、科威特、巴士拉和冷湖的混合原油，混合原油的 *API*°为 30.64，硫含量为 2.624%，酸值为 0.2mgKOH/g，具体性质见表 17-6-2。

表 17-6-2　混合原油性质

序号	原油	数值	序号	原油	数值
1	*API*°	30.64	6	Ni+V/(mg/kg)	53.97
2	硫含量/%(质)	2.624	7	沥青质/%(质)	3.20
3	N 含量/(mg/kg)	1445	8	酸值/(mgKOH/g)	0.2
4	Ni/(mg/kg)	13.60	9	康氏残炭/%	6.49
5	V/(mg/kg)	40.37			

四、产品结构

炼油主要产品为生产乙烯料以及为高端合成新材料提供丙烷、丙烯、苯、醚后 C_4、合成气和合成氨等化工原料。同时生产喷气燃料、船用燃料油和汽油调和组分。

主要产品指标见表 17-6-3。

五、乙烯料构成

乙烯料主要来自催化裂解装置产的富乙烯气和轻烃回收装置产的轻重石脑油和液化气组分。乙烯料构成见表 17-6-4。

表 17-6-3　主要产品指标

序号	产品	收率/%(质)	序号	产品	收率/%(质)
1	汽油调和组分	9.64	8	供高端新材料原料	20.76
2	喷气燃料	11.08		丙烷	2.02
3	船燃	12.05		丙烯	10.31
4	甲苯	2.20		醚后 C_4	5.27
5	二甲苯	3.28		合成氨	1.83
6	C_{9+}芳烃	3.88		其他原料	1.33
7	乙烯料	22.81			

表 17-6-4　乙烯料构成表

乙烯料	数量/(kt/a)	乙烯料	数量/(kt/a)
合计	2509.2	轻烃回收轻石脑油	317.6
富乙烯气	447.8	轻烃回收重石脑油	1579.6
饱和液化气	164.1		

六、燃料平衡

燃料气来自 C_2 回收干气、PSA 回收尾气、脱硫饱和干气和气分干气；硫化氢不大于 20mL/m^3。

炼油自产燃料 404.6kt/a，其中自用 247.9kt/a，富余 156.7kt/a 燃料供高端新材料和老区使用。

全厂燃料平衡见表 17-6-5。

表 17-6-5　燃料气平衡

装置	自产燃料气/(kt/a)	自用燃料气/(kt/a)	装置	自产燃料气/(kt/a)	自用燃料气/(kt/a)
常压蒸馏装置		80.4	油制氢		52.7
渣油加氢装置		31.6	净化饱和干气	20.8	
煤油加氢装置		4.5	PSA 回收尾气	52.0	
蜡油加氢装置		19.1	气分干气	15.2	
裂解汽油加氢		27.5	合计	404.6	247.9
硫黄回收装置		32.0	富余燃料	156.7	
C_2 回收干气	316.6				

注：以上数值按标准热值折算。

七、氢平衡

全厂氢气主要来自 PSA 回收氢、C_2 回收氢和新建油制氢，不足由外购氢来补充，全厂设置一个高纯氢气管网系统。氢气平衡如表 17-6-6 所示，氢气管网示意见图 17-6-2。

表 17-6-6　氢气平衡

装置名称	供氢(kt/a)	用氢(kt/a)	装置名称	供氢(kt/a)	用氢(kt/a)
渣油加氢装置		149.8	外购氢	3.3	
蜡油加氢装置		37.3	PSA 回收氢	39.8	
催化汽油加氢装置		23.1	C_2 回收回收氢	18.6	
喷气燃料加氢装置		2.3	油制氢	152.2	
MTBE		0.7	合计	213.9	213.9
硫黄回收		0.7			

注：以上数值按纯氢考虑。

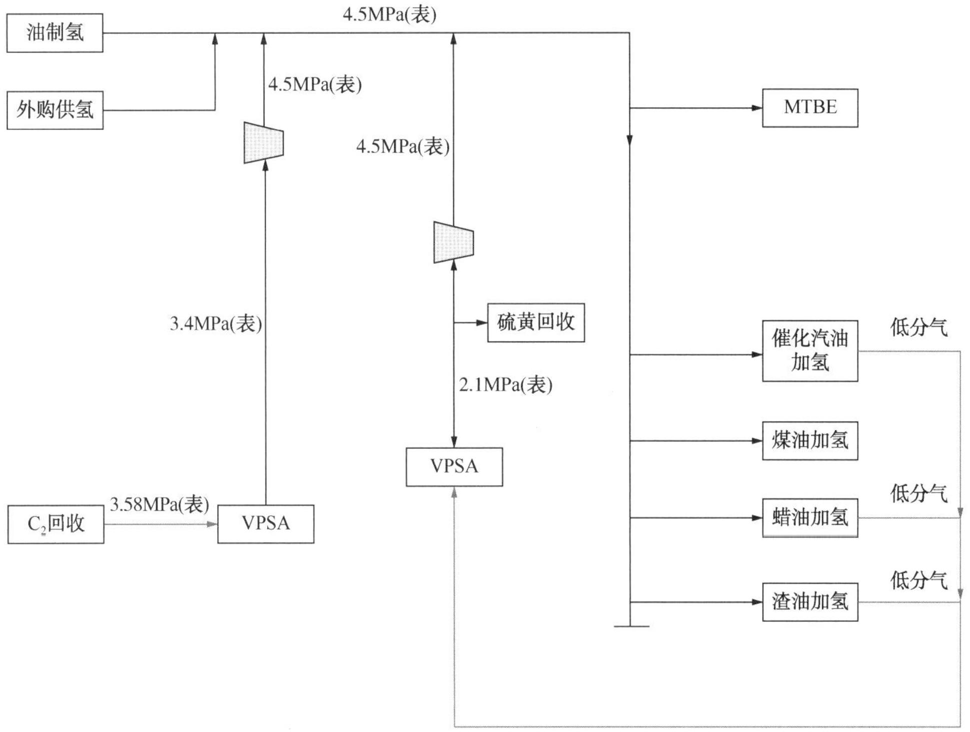

图 17-6-2　E 企业氢气管网示意图

八、硫平衡

E 企业加工原油 11.0Mt/a，平均硫含量 2.624%，混和原油带入硫总量约为 288.64kt/a，老区供沥青和蜡油带入硫为 72.99kt/a，合计为 361.6kt/a。

硫平衡计算结果：全厂共回收硫黄 316.3kt/a，占全厂原有带入硫的 87.46%，其余硫为产品带出、烟气带出、废渣带出。

全厂硫平衡见表 17-6-7。

表 17-6-7 硫平衡表

带入硫/%		带出硫/%	
原油	79.82	煤油	0.3
老区供沥青	5.54	船燃	1.83
老区蜡油	14.64	催化柴油	0.53
		直馏柴油	9.24
		石脑油	0.14
		硫黄	87.46
		损失	0.50
合计	100	合计	100

九、节能措施及公用工程消耗

全厂采用主要节能措施如下：

(1) 蒸汽优化利用

进行全项目范围内的蒸汽平衡，根据各装置的热力负荷，进行全项目范围内的平衡与调整；优化产、耗汽设备的型式与参数，达到蒸汽的逐级利用，使得全厂的能源利用效率达到最高。

(2) 余热回收

为减少全厂的能耗，在各装置间进行热进料与热联合的前提下，对低温热量进行有效利用，以减少对蒸汽和循环水的消耗。

(3) 强化装置之间的联合，提高能量利用率

利用新建装置联合布置的优势，强化装置间的紧密联合。所有装置间全部采用热出料与热进料，避免了物流在上游装置冷却，而在下游装置又加热的情况。物料实现直供，取消了经过中间罐区的转罐操作，既可降低物耗，也减少了储运系统水、电、汽、气等公用工程的消耗量。

(4) 提高加热炉的热效率

炉用燃料在全厂能耗所占的比例较大。因此设计中通过应用优化燃料系统，提供清洁炉用燃料、优化换热方案提高热效率以及采用新型的烟气余热回收预热器及燃烧器等各项综合技术来提高加热炉的热效率，减少燃料的耗量。

(5) 全厂电能利用措施

从供配电系统设置、高效节能设备选择等方面节能。

炼油装置主要公用工程的消耗量见表 17-6-8。

表 17-6-8 主要公用工程消耗量

项目	单位	数量	项目	单位	数量
电	kW	124308	3.0MPa 蒸汽	t/h	141.7
循环冷却水	t/h	48748	1.0MPa 蒸汽	t/h	-53.6
除盐水	t/h	1573	0.5MPa 低压蒸汽	t/h	35.6
4.2MPa 蒸汽	t/h	130.6	蒸汽凝液	t/h	-734

注：以上消耗不含高端合成新材料及公用工程。

十、其他

（1）占地面积

本炼油厂占地面积245.76公顷（含高端合成新材料）。

（2）投资

二期炼油装置工程费：110亿元。

（3）主要环保指标（含高端合成新材料）

主要环保指标见表17-6-9。

表17-6-9　主要环保指标

	污染物排放	单位	数量	备注
1	废气			
	SO_2	t/a	310.38	
	NO_x	t/a	1128.23	
	颗粒物	t/a	280.83	
	VOCs	t/a	1256.73	
2	废水			
	水量	t/h	909.7	
	COD	t/a	398.5	
	氨氮	t/a	35.7	
	总氮	t/a	239.1	
3	固体废物	10^4t/a		
1)	危险废物			
	外委处置	t/a	59152.6	废包装个数6275
	自建设施处理	t/a	77703.32~117099.32	
2)	一般固废			
	综合利用	t/a	56064~61670	废包装个数189
	自建填埋设施处理	t/a	321.3	

第七节　F企业原油加工总流程案例

F企业加工原油为12.0Mt/a沙特重质原油、6.0Mt/a沙特中质原油和2.0Mt/a马林原油，原油平均硫含量为2.68%、*API*度为27.57、康氏残炭为7.34%、镍+钒重金属含量67.44mg/kg，属于重质高硫、高酸、中间基原油，主要目标产品为4.5Mt/a对二甲苯和1.5Mt/a蒸汽裂解制乙烯的原料，并副产聚丙烯和满足国ⅥB质量标准的汽、柴油和喷气燃料。

项目采用全加氢总工艺总流程，总加氢能力为37.6Mt/a，实现生产工艺全过程环境友好。项目装置配置包括2套10.0Mt/a常减压装置、2套2.2Mt/a轻烃回收装置、1套2.0Mt/a煤油加氢精制装置、2套300Mt/a柴油加氢裂化装置、2套3.85Mt/a蜡油加氢裂化装置、2

套3.0Mt/a渣油加氢裂化装置、1套600kt/a润滑油异构脱蜡装置、2套2.25Mt/a对二甲苯联合装置、1.7Mt/a C_5/C_6 正异构分离装置、1.3Mt/a C_3/iC_4 混合脱氢装置、400kt/a聚丙烯装置、820kt/aMTBE装置和300kt/a烷基化装置工艺生产装置，以及配套的罐区、装卸设施、火炬设施、工艺及热力管网等储运系统，给排水、供电电信、供热供风、厂区管理等公用工程及辅助设施，安全、环保、消防设施等。

F企业20.0Mt/a炼化一体化项目通过总工艺流程物流、能流的创新集成优化，成功地实现了从以生产成品油为主，大宗化工原材料为辅的传统炼化一体化模式，转变为生产芳烃、低碳烯烃为主，生产成品油为辅的新型炼化一体化企业，开创了新型炼化一体化企业的新时代，为国内外炼油及传统炼化一体化企业实现转型发展提供了新的理念和标杆。

该项目开发的全加氢型新型炼化一体化总工艺流程技术，充分利用了宝贵的石油资源，使原油利用率得到大幅度提升。加氢总能力为原油加工量的185%，产品结构中，高附加值产品占到89.95%(质)，高于传统企业10个百分点以上；其中芳烃产率为23.27%，化工产品产率为22.94%，高于传统企业30.24个百分点；成品油收率为39.65%，低于传统企业16.28个百分点。项目的成功建成投产，缓解了生产化工产品对原油的过度依赖和消耗，同时也缓解了国内成品油产能日益过剩的压力。

项目芳烃生产工艺及能量利用通过能流/物流能量耦合优化，芳烃生产能耗降至236.7kgEO/t PX产品。

项目在国内首次采用海水串联分级使用技术，实现了全项目淡水“零用量”的同时，也大幅度减少了海水消耗和废水处理和回用环节的能耗，减排VOC 674t/a、COD 73t/a，海水利用水平处于国内领先地位，为国内炼化行业用水方案起到示范作用。

项目通过蒸汽管网优化，多回收电力95MW，折合20900kgEO/h，全厂回收低温热1054.17MW，正常工况(夏季)利用979.27MW，利用率92.8%；低温热基本全部是直接热交换利用，热利用率按照100%，折合84217.2kgEO/h，减少了全厂高品位热源如蒸汽、电力等的消耗，降低了循环水等用量，折合全年883.0ktEO，节能效果非常明显。

在国内首次采用静态泄放分析方法对各装置中关键泄放源的泄放量进行核算；采用严格动态模拟的方法进行单设备泄放分析和装置内的动态叠加分析，核算和缩减单设备泄放量和装置总泄放量。在确保全厂安全运行和安全保障的前提下，全厂火炬泄放量得到了大幅度缩减，全厂火炬泄放量由10031t/h减少为5383t/h，火炬辐射占地面积大幅度减小，火炬系统的投资也因此有效降低，达到国内领先水平。

本项目是国内首次对多装置综合烟道系统进行整合集成优化，加热炉烟囱数量由33个压缩为7个，数量大大降低，实现了清洁环保生产要求，实现了国内炼化设计行业的重大突破，其环保理念对未来具有深远和重大影响。

国内首次采用“嵌入式污水处理厂”的设计理念，通过对全工艺流程的梳理和分析，优化资源配置，将污水处理厂由原来的“污水治理者”转变为“环境友好的资源整合者”，实现循环经济和绿色生产，实现超过80%的污水回收，减少二氧化碳排放2.1kt/a，减少无机盐排放10kt/a。

项目全面建成投产后，根据国家产业政策和石化产业结构调整，F企业积极推动业减油增化”产品结构转型升级发展，将大部分成品油、化工轻油、轻质燃料油和工业用油等油品全部转化为化工产品，以实现企业转型发展，满足国家石化产业“十四五”规划“高质量”和“高端化”的发展要求，进一步提升我国石化产业安全、绿色、高效发展水平和整体竞争力，后续1.6Mt/a高性能树脂及新材料项目、600kt/a BDO及配套项目、1.6Mt/a精细化工项目和提质增效优化项目。

根据项目建设时序，分别对上述几个项目简要介绍如下。

一、第一阶段：20.0Mt/a 炼油+4.5Mt/a PX

1. 总工艺流程

全厂总工艺流程示意图如图17-7-1所示。

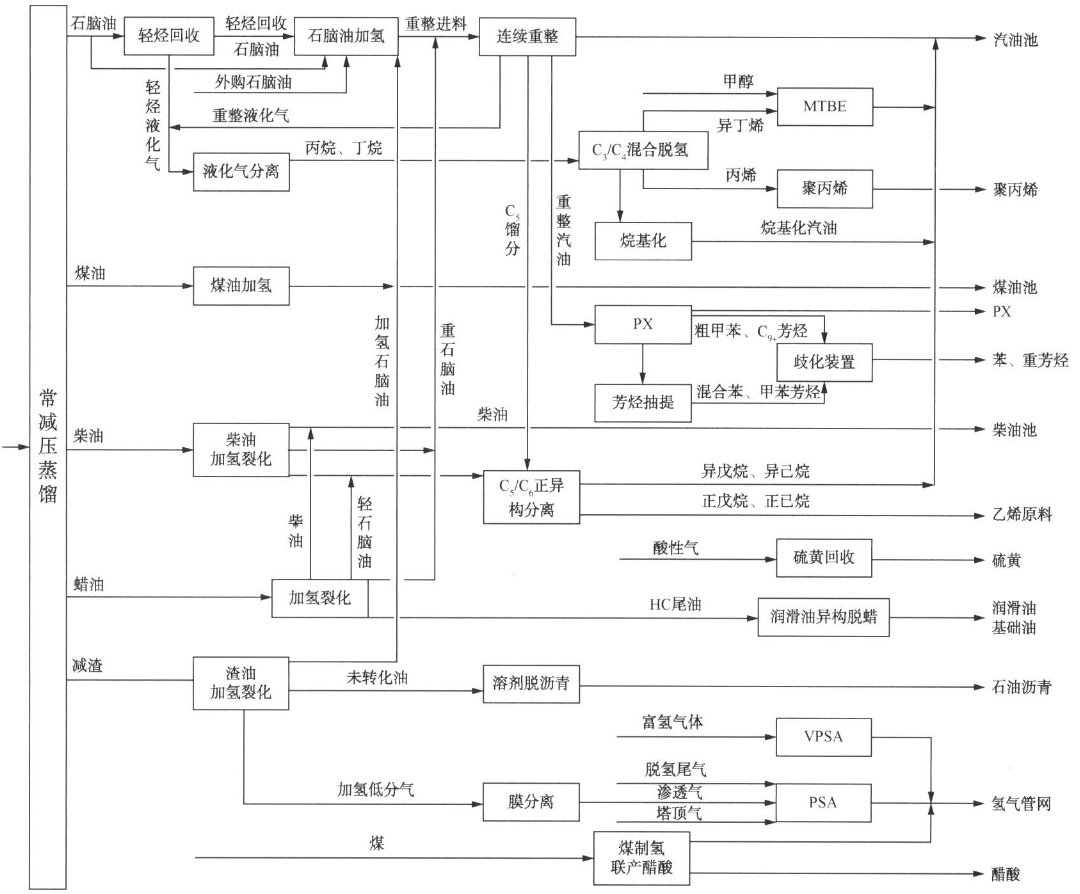

图17-7-1　20.0Mt/a炼化一体化项目总工艺流程图

（1）原油加工

项目新建2套10.0Mt/a的常减压蒸馏装置，设计加工沙重（60%）、沙中（30%）、马林（10%）原油，原油一般性质见表17-7-1~表17-7-3。

常减压蒸馏装置主要生产石脑油、直馏煤油、直馏柴油、直馏蜡油和减压渣油，作为下游工艺装置的加工原料。其中石脑油馏分经回收轻烃后作为芳烃联合装置石脑油加氢单元原料，直馏煤油作为煤油加氢精制装置原料，直馏柴油作为柴油加氢裂化装置原料，直馏蜡油作为蜡油加氢裂化装置原料，减压渣油作为沸腾床渣油加氢裂化装置原料。

原油切割基于总流程安排，各馏分切割要求见表 17-7-4。

表 17-7-1　沙重原油一般性质

项目		单位	数值	项目		单位	数值
API°			27.5	金属分析	Fe	mg/kg	1.8
密度 20℃		g/mL	0.8862		Ni		17.7
运动黏度 50℃		mm^2/s			Cu		
硫含量		%(质)	3.1		V		55
氮含量		mg/kg	1300		Ca		0.6
凝点		℃	-50		Mg		
元素分析	C	%(质)			Pb		
	H	%(质)			Na		1.1
酸值		mgKOH/g	0.24	残炭		%	8
水分		%(质)	0	灰分		%	
蜡含量		%(质)	3	盐含量		mgNaCl/L	13
胶质		%(质)	10.5	特性因数 *K*			11.9
沥青质		%(质)	3.7	原油类别		中间基	

表 17-7-2　沙中原油一般性质

项目		单位	数值	项目		单位	数值
API°			30.5	金属分析	Fe	mg/kg	3.6
密度 20℃		g/mL	0.8693		Ni		28.8
运动黏度 50℃		mm^2/s	8.19		Cu		
硫含量		%(质)	2.48		V		35.1
氮含量		mg/kg	1000		Ca		1.2
凝点		℃	-15		Mg		
元素分析	C	%(质)			Pb		
	H	%(质)			Na		0.01
酸值		mgKOH/g	0.22	残炭		%(质)	6.15
水分		%(质)	0.05	灰分		%(质)	
蜡含量		%(质)	2.8	盐含量		mgNaCl/L	3.3
胶质		%(质)	21.9	特性因数 *K*			11.9
沥青质		%(质)	7	原油类别		中间基	

表 17-7-3　马林原油一般性质

项目		单位	数值	项目		单位	数值
API°			19.56	金属分析	Fe	mg/kg	8.4
密度 20℃		g/mL	0.9334		Ni		19.5
运动黏度 50℃		mm^2/s			Cu		
硫含量		%(质)	0.76		V		27
氮含量		mg/kg	4400		Ca		4.7
凝固点		℃	-42		Mg		
元素分析	C	%(质)			Pb		
	H	%(质)			Na		19.5
酸值		mgKOH/g	1.35	残炭		%(质)	6.95
水分		%(质)	0	灰分		%(质)	
蜡含量		%(质)	2.5	盐含量		mgNaCl/L	77
胶质		%(质)	16.6	特性因数 *K*			11.4
沥青质		%(质)	2.9	原油类别		环烷基	

表 17-7-4　原油切割方案

馏分	切割温度(*TBP*)/℃	馏分	切割温度(*TBP*)/℃
石脑油	C_5~165	蜡油	350~540
煤油	165~240	减压渣油	540+
柴油	240~350		

各馏分性质详见表 17-7-5~表 17-7-7。

表 17-7-5　石脑油、煤油、柴油馏分性质

项目	直馏石脑油	直馏煤油	直馏柴油
密度(15.6℃)/(kg/m^3)	708.6	815.6	865.3
API°	68.19	41.99	32.03
酸度/(mgKOH/100mL)		4.25	
硫含量/%(质)	0.0362	0.321	1.39
氮含量/(mg/kg)	2.33	14.21	88.03
烟点/mm		23.92	
冰点/℃		-48.6	
十六烷指数		48.34	50.53
馏程(ASTM D86)/℃			
1%	46	166	198
10%	54	184	257
30%	57	195	278

续表

项目	直馏石脑油	直馏煤油	直馏柴油
50%	76	204	295
70%	123	216	312
90%	156	234	344
95%	164	243	361
98%	175	252	379
终馏点			

表 17-7-6　蜡油馏分性质

项目	减压蜡油	项目	减压蜡油
密度(15.6℃)/(kg/m^3)	930.7	馏程(ASTM D1160)/℃	
API°	20.54	1%	293
UOP *K*	11.71	5%	335
硫含量/%(质)	2.95	10%	360
氮含量/(mg/kg)	1035	30%	418
康氏残碳/%(质)	<0.2	50%	446
沥青质/(mg/kg)	<300	70%	480
V+Ni/(mg/kg)	<1	90%	532
Fe/(mg/kg)	<3	95%	552
Na+Ca/(mg/kg)		98%	575
黏度(100℃)/(mm^2/s)			

表 17-7-7　减压渣油性质

项　目	单位	数值	项　目	单位	数值
密度(15.6℃)	kg/m^3	1032	特性因数		
API°		5.61	馏程(D1160)(PRO Ⅱ模拟数据)	℃	
UOP *K*		11.46			
运动黏度	mm^2/s(100℃)		1%		464
硫	%(质)	5.21	5%		527
氮	mg/kg	3842	10%		558
氢	%(质)	9.582	30%		606
沥青质	%(质)	14.32	50%		646
净热值	GJ/m^3	—	70%		749
闪点	℃	/	90%		973
康氏残炭	%(质)	23.12	95%		1025
镍	mg/kg	56.41	98%		1055
钒	mg/kg	145			

（2）石脑油馏分加工

在总工艺流程中，全厂设置轻烃回收装置，统一回收常压装置和加氢装置的轻组分，轻烃回收装置产石脑油同煤油加氢石脑油、润滑油异构脱蜡石脑油及沸腾床渣油加氢裂化石脑油作为芳烃联合装置预加氢单元进料，精制石脑油、柴油加氢裂化重石脑油与蜡油加氢裂化重石脑油作为芳烃联合装置催化重整单元反应进料。芳烃联合装置生产对二甲苯、苯产品，少量重整汽油作为汽油调和组分，副产重整氢气作为 VPSA 装置原料，重整液化石油气送至轻烃回收装置进行液化石油气分离。

芳烃联合装置预加氢拔头油、戊烷油与柴油加氢裂化、蜡油加氢裂化副产的轻石脑油经 C_5/C_6 正异构分离装置分出的正构 C_5/C_6 馏分及抽余油作为化工轻油产品出厂（后期作为蒸汽裂解原料生产乙烯）。

全厂汽油调和组分包括芳烃联合装置产重整 C_7 馏分、歧化 C_9 馏分、MTBE、烷基化油及异构 C_5/C_6 馏分。

（3）煤油馏分加工

1#常减压蒸馏、2#常减压蒸馏常一线油作为煤油加氢精制装置原料，精制后煤油作为喷气燃料调和组分，考虑到煤油、柴油调和的灵活性，加氢煤油产品硫含量不大于 10mg/kg；全厂喷气燃料调和组分包括精制煤油和蜡油加氢裂化煤油。

（4）柴油馏分加工

为了满足芳烃联合装置原料需求，全厂新建柴油加氢裂化装置，以直馏柴油和沸腾床渣油加氢裂化装置柴油为原料，采用>177℃全循环工艺，最大限度生产作为芳烃联合装置原料的重石脑油馏分；柴油加氢裂化低分气在装置内脱硫后送至 PSA 装置，塔顶气、液化石油气送至轻烃回收装置回收轻烃。未裂化柴油作为柴油调和组分。

全厂柴油调和组分包括柴油加氢裂化装置未裂化柴油、蜡油加氢裂化装置柴油及润滑油异构脱蜡装置柴油。

（5）蜡油馏分加工

新建蜡油加氢裂化装置，按双系列设置，其中Ⅰ系列以直馏蜡油为原料，采用一次通过流程，尾油作为润滑油异构脱蜡装置原料；Ⅱ系列以部分直馏蜡油及沸腾床渣油加氢裂化装置蜡油、脱沥青油为原料，采用二段尾油全循环工艺，最大限度生产重石脑油作为重整装置的原料；塔顶气及液化石油气送至轻烃回收装置回收轻烃，煤油作为喷气燃料调和组分；柴油作为全厂柴油调和组分；低分气脱硫后送至 PSA 装置回收氢气。

润滑油异构脱蜡装置以加氢裂化尾油为原料生产润滑油基础油，副产石脑油作为芳烃联合装置石脑油加氢单元原料，柴油作为全厂柴油调和组分；低分气送至 PSA 装置回收氢气。

（6）渣油加工

渣油加工采用沸腾床渣油加氢裂化-溶剂脱沥青工艺路线。

沸腾床渣油加氢裂化装置以直馏减压渣油为原料生产的石脑油作为芳烃联合装置石脑油加氢单元进料，柴油作为柴油加氢裂化装置原料，蜡油作为蜡油加氢裂化装置Ⅱ系列原料，未转化油作为溶剂脱沥青装置原料，脱沥青油作为蜡油加氢裂化装置Ⅱ系列原料，脱油沥青作为产品出厂，塔顶气送至轻烃回收装置回收轻烃。

沸腾床渣油加氢裂化低分气同蜡油加氢裂化低分气合并脱硫后送至 PSA 装置。

（7）气体加工

全厂设置轻烃回收装置，回收直馏石脑油及各加氢装置产出的液化石油气，并设置液化石油气分离单元，将全部液化石油气分离为丙烷、异丁烷、正丁烷产品。

丙烷及异丁烷馏分作为 C_3/iC_4 混合脱氢装置原料，生产聚合级丙烯产品及异丁烯，副产脱氢尾气送至 PSA 装置回收氢气。

丙烯作为聚丙烯装置原料生产聚丙烯产品，异丁烯用于生产的 MTBE 和烷基化油作为汽油调和组分。

（8）制氢及氢气回收

全厂新建 PSA 装置回收重整氢气、轻烃回收塔顶气、各加氢装置低分气、C_3/iC_4 混合脱氢装置脱氢尾气、芳烃联合装置对二甲苯尾氢中氢气，PSA 尾气作为全厂工艺装置加热炉燃料气。

新建煤制氢联产醋酸装置满足全厂加氢装置用氢。

（9）其他

全厂统一设置产品精制装置处理含硫干气、含硫液化石油气及气柜气；新建硫黄回收装置、酸性水汽提、溶剂再生单元处理各装置酸性水、酸性气以及富溶剂，以满足环保要求。

2. 装置构成

全厂工艺装置组成见表 17-7-8。

表 17-7-8　工艺装置组成

序号	装置名称	装置规模	序号	装置名称	装置规模
1	1# 常减压蒸馏	1000	9	异构化	50
2	2# 常减压蒸馏	1000	10	C_3/iC_4 混合脱氢	130
3	轻烃回收	440	11	聚丙烯	30
4	煤油加氢精制	200	12	MTBE	82
5	柴油加氢裂化	600	13	PSA/($10^4Nm^3/h$)	75
6	重油加氢裂化	1150	14	煤制氢联产醋酸/($10^4Nm^3/h$)	50
7	润滑油异构脱蜡	60	15	硫黄回收(含酸性水汽提、溶剂再生)	5×13+0.4
8	芳烃联合装置	450	16	烷基化装置	30

3. 原料和产品结构

全厂加工原(料)油和产品的占比见表 17-7-9。

表 17-7-9　原料及产品结构表

一、原料	加工量(占原油的比例/%)	外购天然气	0.77
原油小计	100.00	外购石脑油	1.62
沙重	60.00	原料煤	14.38
沙中	30.00	二、产品	生产量(占商品总量的比例/%)
马林	10.00	商品小计	100.00

续表

汽煤柴小计	49.16	化工轻油	8.18
汽油	22.88	石油芳烃	26.69
92#国Ⅵ汽油	8.63	苯	4.75
95#国Ⅵ汽油	3.70	PX	21.30
欧Ⅴ汽油	7.54	重芳烃	0.64
92#乙醇调和组分油	1.51	化工产品	4.09
95#乙醇调和组分油	1.51	聚丙烯	2.33
煤油	14.14	醋酸	1.76
喷气燃料	14.14	润滑油基础油	2.58
柴油	12.14	石油沥青	3.24
国Ⅵ柴油	12.14	硫黄	2.61
正丁烷	3.44		

4. 汽柴油调和组分

全厂汽油调和组分有异戊烷、重整 C_7 馏分、歧化 C_9 馏分、加裂轻石脑油、抽余油、烷基化油和 MTBE，各汽油调和详见表 17-7-10。

表 17-7-10　汽油调和表　%

质量调和产品、组分	调和比例/%(质)	密度(*SPG*)	硫含量/(mg/kg)	芳烃含量(*ARO*)	辛烷值(*RON*)	烯烃含量(*OLV*)	苯含量(*BNZ*)	氧含量(*OXY*)	抗爆指数(*DON*)	蒸气压(夏)/kPa
92#国Ⅵ汽油	100.00	0.72	1.50	26.44	92.20	2.00	0.09	2.60	89.16	56.79
(质量标准)		0.72	10.00	35.00	92.00	15.00	0.90	2.70	87.00	65.00
其中：重整 C_7 馏分	1.25	0.86	1.00	92.27	105.00		0.24		102.00	7.38
歧化 C_9 馏分	30.64	0.87	1.00	99.92	112.00				107.00	0.69
MTBE	14.45	0.74	5.00	0.00	115.00	0.00	0.00	18.00	110.00	59.50
异戊烷	15.56	0.64	0.00		90.08				88.20	117.71
加裂轻石脑油	17.67	0.64	1.00		79.00	0.00		0.00	78.00	76.00
抽余油	18.62	0.68	1.00	0.40	65.00	10.00	0.44		62.50	35.80
烷基化油	1.82	0.70	5.00		94.00	0.20			93.70	40.00
95#国Ⅵ汽油	100.00	0.74	1.30	33.00	95.82	2.03	0.09	2.60	92.33	60.00
(质量标准)		0.72	10.00	35.00	95.00	15.00	0.80	2.70	90.00	65.00
其中：歧化 C_9 馏分	38.90	0.87	1.00	99.92	112.00				107.00	0.69
MTBE	14.44	0.74	5.00	0.00	115.00	0.00	0.00	18.00	110.00	59.50
异戊烷	28.07	0.64	0.00		90.08				88.20	117.71
抽余油	18.59	0.68	1.00	0.40	65.00	10.00	0.44		62.50	35.80
欧Ⅴ汽油	100.00	0.74	1.80	33.00	96.48	1.09	0.13	2.30	93.95	56.00
(质量标准)		0.72	10.00	35.00	95.00	18.00	1.00	2.70	90.20	56.00

续表

质量调和产品、组分	调和比例/%(质)	密度(*SPG*)	硫含量/(mg/kg)	芳烃含量(*ARO*)	辛烷值(*RON*)	烯烃含量(*OLV*)	苯含量(*BNZ*)	氧含量(*OXY*)	抗爆指数(*DON*)	蒸气压(夏)/kPa
其中：重整 C_7 馏分	41.18	0.86	1.00	92.27	105.00		0.24		102.00	7.38
MTBE	12.78	0.74	5.00	0.00	115.00	0.00	0.00	18.00	110.00	59.50
异戊烷	23.30	0.64	0.00		90.08				88.20	117.71
抽余油	9.71	0.68	1.00	0.40	65.00	10.00	0.44		62.50	35.80
烷基化油	13.03	0.70	5.00		94.00	0.20			93.70	40.00
92#乙醇调和组分油	100.00	0.72	1.49	33.00	90.20	0.03	0.09	0.00	88.57	49.95
(质量标准)		0.72	10.00	38.00	90.00	16.00	0.80	0.50	85.50	58.00
其中：重整 C_7 馏分	42.30	0.86	1.00	92.27	105.00		0.24		102.00	7.38
加裂轻石脑油	45.47	0.64	1.00		79.00	0.00		0.00	78.00	76.00
烷基化油	12.23	0.70	5.00		94.00	0.20			93.70	40.00
95#乙醇调和组分油	100.00	0.74	2.25	33.00	98.87	0.08	0.00	0.00	96.58	54.00
(质量标准)		0.72	10.00	38.00	93.50	16.00	0.80	0.50	89.00	58.00
其中：歧化 C_9 馏分	38.87	0.87	1.00	99.92	112.00				107.00	0.69
异戊烷	23.83	0.64	0.00		90.08				88.20	117.71
烷基化油	37.30	0.70	5.00		94.00	0.20			93.70	40.00

全厂柴油调和组分有加裂柴油、加氢精制柴油，调和生产满足国Ⅵ质量标准要求的柴油产品。

全厂柴油调和详见表 17-7-11。

表 17-7-11　全厂柴油调和表

质量调和产品、组分	调和比例/%(质)	密度/(g/cm³)	硫含量/(mg/kg)	十六烷指数(CTI)	凝点/℃
柴油(国Ⅵ)	100.00	0.816	7.00	66.52	<0
(质量标准)		0.845	10.00	46.00	
其中：加氢精制柴油	2.38	0.812	7.00	47.00	
加氢裂化柴油	97.62	0.816	7.00	67.00	

5. 化工轻油构成

化工轻油组成详见表 17-7-12。

表 17-7-12　化工轻油组成

名　称	占比/%(质)	名　称	占比/%(质)
正戊烷	26.75	抽余油	6.45
正己烷	22.75	合计	100.00
拔头油	44.05		

6. 燃料平衡

全厂燃料气管网由轻烃回收、芳烃联合装置、PSA 等装置的燃料气组成，不足部分由外购天然气作为补充。

燃料气管网：压力 0.4MPa(表)；温度：常温。

燃料平衡见表 17-7-13。

表 17-7-13　燃料平衡表　kt/a

装置名称	产出	消耗	装置名称	产出	消耗
1#常减压蒸馏	12.0	68.1	润滑油异构脱蜡	10.4	8.7
2#常减压蒸馏	13.0	68.1	C_3/iC_4 脱氢	15.5	143.9
轻烃回收	47.4		PSA	343.1	
石脑油加氢		13.4	VPSA	528.6	
连续重整	48.0	421.2	聚丙烯	11.2	
芳烃联合装置	172.5	588.0	硫黄回收		12.2
煤油加氢精制		10.8	煤制氢合成气	153.3	
柴油加氢裂化		60.5	外购天然气	154.6	
重油加氢裂化		122.2	合计	1517.1	1517.1

7. 氢平衡

全厂设置一个氢气管网，PSA 氢气与煤制氢氢气合并后进入全厂氢气管网，管网进装置边界条件：温度 40℃，压力 4.8MPa(表)；重整氢为石脑油加氢单元和异构化单元供氢。

全厂氢气平衡详见表 17-7-14。

表 17-7-14　全厂氢气平衡　kt/a

序号	项目	数量	序号	项目	数量
1	耗氢		1.6	烷基化	0.1
1.1	煤油加氢精制	5.2		合　计	777.3
1.2	柴油加氢裂化	178.5	2	供氢	
1.3	重油加氢裂化	446.4	2.1	PSA	497.1
1.4	润滑油异构脱蜡	5.4	2.2	煤制氢联产醋酸	280.2
1.5	芳烃联合装置	141.7		合　计	777.3

全厂氢气网络图如图 17-7-2 所示。

8. 硫平衡

全厂酸性气合计 578.8kt/a，其中来自煤制氢联产醋酸装置酸性气 32.2kt/a，H_2S 浓度为 34%(体)，为减少污染环境，满足环保要求，总流程设置总规模 654kt/a 硫黄回收装置，其中为煤制氢单独设置一套 4kt/a 硫黄回收装置，满足工厂首次开工时回收煤制氢联产醋酸装置酸性气中 H_2S，正常生产按 $N+1$ 原则设置 5×130kt/a 硫黄回收装置。

全厂加工沙重原油 12.0Mt/a，沙中原油 6.0Mt/a，马林原油 2.0Mt/a，合计共带入硫 536kt/a，煤制氢原料煤带入硫 11.5kt/a。工艺装置及煤制氢联产醋酸装置生成的酸性气经硫黄回收装置处理，回收硫黄 520. 2kt/a，其他为产品带出、烟气带出和石膏灰渣带出。

全厂硫平衡见表 17-7-15。

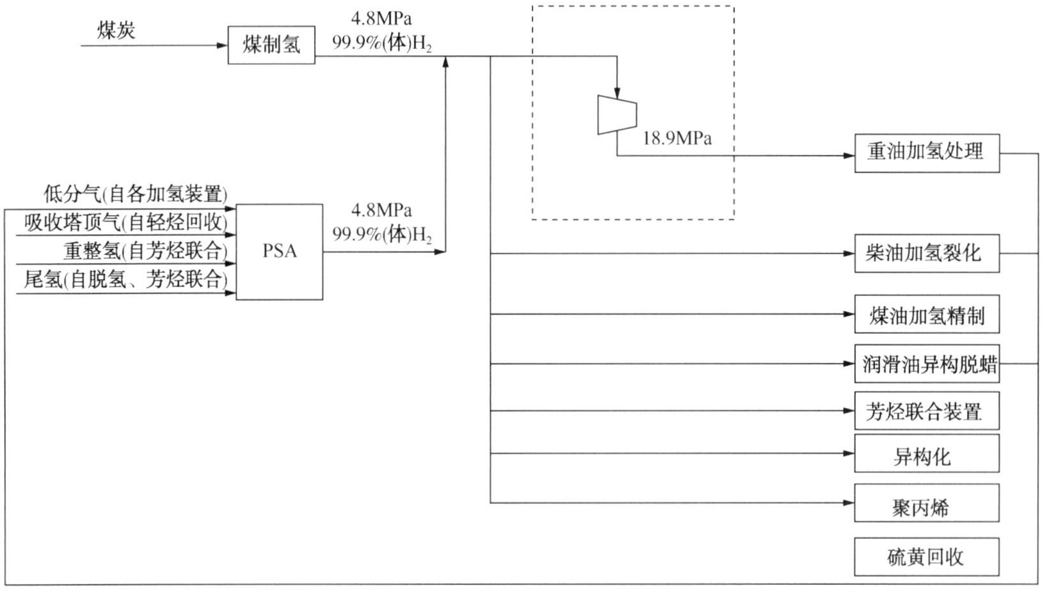

图 17-7-2　全厂氢气网络示意图

表 17-7-15　全厂硫平衡

序号	项目	数量/(Mt/a)	含硫/%(质)	含硫量/(kt/a)	占总硫/%
一	入方				
1	沙重原油	12. 00	3. 1	372	67. 94
2	沙中原油	6. 00	2. 48	148. 8	27. 18
3	马林原油	2. 00	0. 76	15. 2	2. 78
4	原料煤炭	2. 8769	0. 4	11. 51	2. 10
5	天然气	0. 1546	0. 0001	0. 2t/a	0. 00
	入方合计			547. 51	100. 00
二	出方				
(一)	产品			532. 26	97. 21
1	油气产品			12. 03	2. 20
2	硫黄			520. 23	95. 02
(二)	烟气带出			216. 2t/a	0. 04
1	硫黄回收尾气			169. 3t/a	0. 03
2	装置加热炉			46. 9t/a	0. 01
(三)	灰渣等其他带出			15. 04	2. 75
	出方合计			547. 51	100. 00

9. 主要技术指标

主要技术指标详见表 17-7-16。

表 17-7-16 主要技术指标汇总表

序号	指标名称	单位	数值	备注
1	新鲜水	t/t 原油	0.74	连续量
2	总用电负荷	MW/t 原油	0.28	
3	蒸汽	t/t 原油	1.88	动力站供
4	污水	t/t 原油	0.20	正常外排
5	环保指标			
	SO_2	t/a	≤786.13	
	NO_x	t/a	≤2345.59	
	COD	t/a	≤55.54	
	氨氮	t/a	≤0.76	
6	项目占地	公顷	645	
7	综合能耗	kgEO/t 原油	243.55	全厂

二、第二阶段：1.5Mt/a 乙烯项目

1. 项目概况

在炼化一体化项目建设过程中(20.0Mt/a 炼油+4.5Mt/a PX)，为了充分利用炼化项目的副产富乙烷气体、化工轻油等原料，F 企业获批建设 1.5Mt/a 乙烯项目，以更好地发挥炼化一体化的优势，最大化生产化工产品。项目于 2018 年 10 月开工建设，2020 年 1 月全面建成投产。

1.5Mt/a 乙烯项目以 1.5Mt/a 蒸汽裂解制乙烯装置为核心，乙烯装置及配套下游 C_2、C_3 烯烃深加工装置共 12 套化工装置，生产聚烯烃、乙二醇、苯乙烯、丁二烯等化工产品。装置规模见表 17-7-17。

表 17-7-17 工艺装置汇总表

序号	装置名称	规模/(kt/a)	备注
1	蒸汽裂解装置	1500	含干气回收
2	乙二醇(EG)1 装置	900	
3	乙二醇(EG)2 装置	900	
4	苯乙烯(SM)装置	720	
5	高密度聚乙烯(HDPE)装置	400	
6	聚丙烯(PP)装置 1 线	200	
7	聚丙烯(PP)装置 2 线	200	
8	裂解汽油加氢装置	350	
9	丁二烯抽提装置	140	
10	C_4 加氢装置	170	
11	燃料气转化装置	110000Nm^3/h	
12	海水淡化装置	45000m^3/d	
	装置数量	12 套	

2. 总工艺流程

全厂总工艺流程示意图如图 17-7-3 所示。

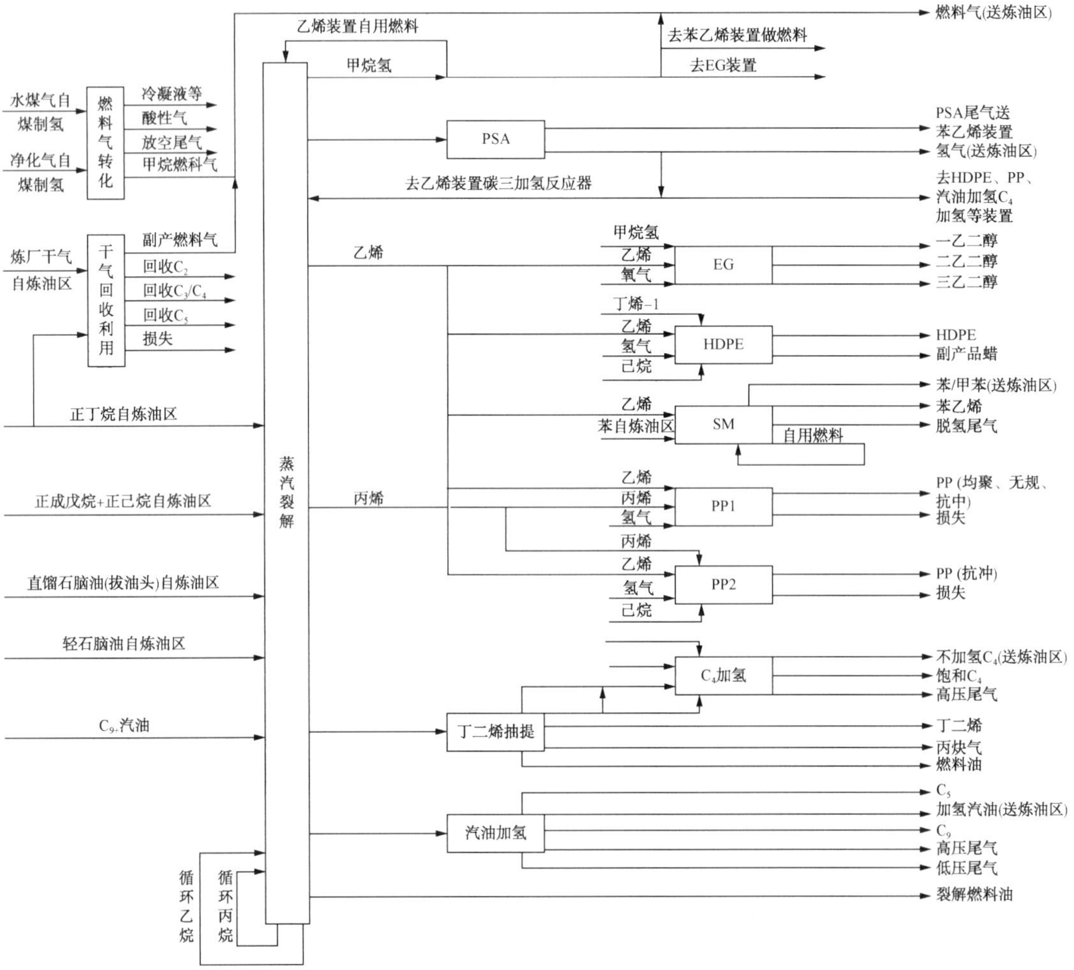

图 17-7-3　1.5Mt/a 乙烯项目总工艺流程图

3. 主要原料组成

项目主要原料主要来自炼化一体化项目，具体组成见表 17-7-18。

表 17-7-18　主要原料汇总表

序号	原料	占比/%(质)	序号	原料	占比/%(质)
1	炼厂干气	9.39	8	苯	4.86
2	正丁烷	5.33	9	粗异丁烷	0.41
3	正戊烷正己烷	4.39	10	C_{9+}汽油	0.33
4	拔头油	6.06	11	水煤气	63.42
5	轻石脑油	4.37	12	净化气	1.41
6	丁烯-1	0.01		合计	100.00
7	己烷	0.02			

乙烯原料组成详见表17-7-19~表17-7-23。

表17-7-19　炼厂干气组成

名称	组成/%(摩尔)	名称	组成/%(摩尔)
H_2	30.70	丙烯	0.52
H_2O	0.14	iC_4	0.93
甲烷	26.52	nC_4	0.68
乙烷	29.60	C_{5+}	2.55
乙烯	0.16	CO	0.93
丙烷	7.27	总计	100.00

表17-7-20　正丁烷组成

名称	组成/%(摩尔)	名称	组成/%(摩尔)
iC_4	2.16	nC_5	0.40
nC_4	95.69	总计	100.00
iC_5	1.75		

表17-7-21　正戊烷正己烷油组成

名称	组成/%(质)	名称	组成/%(质)
异戊烷	14.47	2,4-甲基戊烷	0.102
n-正戊烷	52.90	3,3-甲基戊烷	0.102
环戊烷	0.139	2,3-甲基戊烷	0.102
2-甲基戊烷	0.160	2-甲基己烷	0.209
3-甲基戊烷	2.55	3-甲基己烷	0.209
n-正己烷	18.44	3-甲基己烷	0.102
1-甲基环戊烷	4.46	*n*-正庚烷	0.554
环己烷	3.65	1,1-二甲基环戊烷	0.040
苯	1.66	甲基环己烷	0.040
2,2-甲基戊烷	0.102		

表17-7-22　轻石脑油族组成

项目	组成/%(质)	项目	组成/%(质)
相对分子质量	77.69	正己烷	9.0
相对密度 d_4^{15}	0.6437	异己烷	29.2
正丁烷	0.5	C_6 环烷	2.4
正戊烷	20.4	正庚烷	0.1
异戊烷	31.9	异庚烷	0.9
环戊烷	5.6		

表 17-7-23　拔头油组成

项目	组成/%(质)	项目	组成/%(质)
n 正丁烷	0.92	3-甲基戊烷	7.14
i 异丁烷	0.01	*n* 正己烷	10.52
n 正戊烷	39.97	环戊烷	2.22
i 异戊烷	21.66	*i*-甲基环戊烷	1.27
2,2-二甲基丁烷	0.66	环己烷	0.09
2,3-二甲基丁烷	2.24	苯	0.37
2-甲基戊烷	12.95		

4. 产品结构

项目主要产品方案和数量见表 17-7-24。

表 17-7-24　主要产品汇总表

序号	主要产品名称	产量/%(质)	备注
1	甲烷氢	8.32	裂解炉消耗 99.9%(体)
	氢气	0.89	
	裂解燃料油	1.18	
2	加氢汽油	6.46	
	C_5 馏分	1.56	
3	丁二烯	3.24	
	液化燃料	0.00	
4	高密度聚乙烯	9.74	
	副产品蜡	0.10	
5	苯/甲苯	0.40	
	脱氢尾气	0.68	
6	聚丙烯	10.46	
7	一乙二醇	37.61	
	二乙二醇	3.11	
	三乙二醇	0.16	
8	甲烷燃料气	16.25	
	总计	100.00	

5. 燃料平衡

本项目各工艺装置共产出燃料总热量为 2733.77MW，消耗总热量为 970.02MW，剩余 1763.75MW 热量送炼化一体化项目，具体平衡见表 17-7-25。

6. 主要技术经济指标

项目主要技术经济指标详见表 17-7-26。

表 17-7-25　燃料平衡

序号	装置名称		产出热量/MW	消耗热量/MW
1	干气回收	燃料气	535.05	
2	蒸汽裂解	燃料气	1024.58	896.37
3	PSA	燃料气	48.67	
4	乙二醇	燃料气		4.69
5	丁二烯抽提	燃料气	2.72	
		燃料油	0.41	
6	苯乙烯	燃料气自蒸汽裂解		12.92
		燃料气自 PSA		48.67
		燃料油	7.36	7.36
7	燃料气转化	燃料气	1114.98	
	小计		2733.77	970.02
	富余		1763.75	
	燃料气富余	自转化	1114.98	
		自干气回收	535.05	
		自蒸汽裂解	110.59	
		自丁二烯抽提	2.72	
	燃料油富余	自丁二烯抽提	0.41	
	小计		1763.75	

表 17-7-26　主要技术指标汇总表

序号	指标名称	单位	数量
1	生产规模	10^4t/a	150.00
2	产品方案(商品量)	10^4t/a	410.63
3	主要原料	10^4t/a	1150.73
4	供水	t/t 产品	7.55
5	用电量	MW/t 产品	0.8
6	蒸汽	t/t 产品	1.43
7	环保指标		
	污水	t/h	567
	SO_2	kg/h	17.42
	NO_x	kg/h	173.96
	烟尘、粉尘	kg/h	19.08
	非甲烷总烃	kg/h	22.20
8	定员	人	700
9	总占地面积	公顷	112.27

三、第三阶段：生产操作优化

在国内成品油市场日益过剩的形势下，F 企业充分发挥全加氢总流程及芳烃/乙烯炼化一体化的独特优势，通过优化调整装置操作条件和加大新产品开发力度，成功生产出燃料油、工业白油以及变压器油等市场需求的特种油品，取得了良好的效果。

通过生产操作优化，项目汽油产量由 4.5532Mt/a 减少为 3.044Mt/a，柴油产量由

2.4164Mt/a 减少为 964.5kt/a，取消喷气燃料产品，改为生产轻质燃料油，新增工业白油、变压器油等特种油品。

优化操作后，项目成品油(含轻质燃料油)产品占比为 33.13%(质)，芳烃产品占比 24.35%(质)，化工产品(原料)占比 26.38%(质)，特种油品占比 10.26%(质)，其他产品占比 5.88%(质)。具体主要原料及产品结构详见表 17-7-27。

表 17-7-27　主要原料及产品结构

种类名称	加工量[占原油总量比例/%(质)]	种类名称	加工量[占原油总量比例/%(质)]
一、原料		石油芳烃	24.35
原油小计	100.00	苯	2.31
混合原油	100.00	PX	21.42
外购原料油小计	24.80	重芳烃	0.62
氧气(自产)	4.01	化工产品	26.38
煤	19.97	化工轻油	2.38
丁烯-1	0.01	聚丙烯	2.10
己烷	0.01	MTBE	3.64
天然气	0.79	醋酸	1.70
二、产品	生产量[占商品总量比例/%(质)]	乙烯 C_5	0.31
商品小计	100.00	HDPE	1.94
汽油	14.75	苯乙烯	3.49
92#国Ⅵ汽油	10.33	MEG	7.48
95#国Ⅵ汽油	4.43	DEG	0.62
柴油	4.67	TEG	0.03
轻质燃料油	13.70	丁二烯	0.64
工业白油	6.94	均聚聚丙烯	1.00
7 号白油	4.33	抗冲聚丙烯	1.05
15 号白油	1.78	石油沥青	3.12
32 号白油	0.84	裂解重油	0.23
变压器油	3.32	硫黄	2.53

四、第四阶段：1.6Mt/a 高性能树脂及新材料项目

1. 项目概况

为了更好地适应市场变化，增强企业核心竞争力，F 企业依托现有的炼化一体化项目，新上 1.6Mt/a 高性能树脂及新材料项目，主要生产聚碳酸酯、聚苯乙烯、ABS、乙醇胺等高端化工产品。本项目通过增加高端化工品的产量，实现企业产品结构转型升级，满足国家石化产业“十四五”规划“高质量”和“高端化”的发展要求。

1.6Mt/a 高性能树脂及新材料项目主要工程内容包括 260kt/a 聚碳酸酯装置、300kt/aABS 装置、450kt/a 环氧乙烷装置和 200kt/a 乙醇胺等 14 套化工(联合)装置。主要工艺装置见表 17-7-28。

2. 总流程说明

该项目以炼化项目和乙烯项目来的环氧乙烷溶液(来自乙二醇装置)、丁二烯、苯乙烯、苯、丙烯、合成气、CO_2 等物料，以及外购液氨、THF 和丙烯腈等作为原料，生产聚碳酸酯、双酚 A、ABS、PS 和乙醇胺、聚甲醛、1,3 丙二醇、醋酸、电子级碳酸酯等高端化工产

品。项目总工艺流程具备环境友好、原料适应性强等优点，并具有较强的市场适应性，同时，可根据市场及效益情况灵活调整原料产品结构，最大限度发挥一体化优势。

表 17-7-28　工艺装置汇总表　kt/a

序号	装置名称	规模	序号	装置名称	规模
1	环氧乙烷	450	8	PS 装置	150
2	乙醇胺装置	200	9	ABS 装置	300
3	乙撑胺装置	30	10	甲醛装置	2×250
4	苯酚丙酮装置	420/260	11	聚甲醛装置	80
5	双酚 A 装置	2×240	12	PDO 装置	72
6	聚碳酸酯装置	包括 200kt/a 碳酸二甲酯、2×200kt/a CO_2 精制和 260kt/a 聚碳酸酯	13	PTMEG 装置	60
			14	醋酸装置	400
7	异丙醇装置	130			

全厂总工艺流程示意图如图 17-7-4 所示。

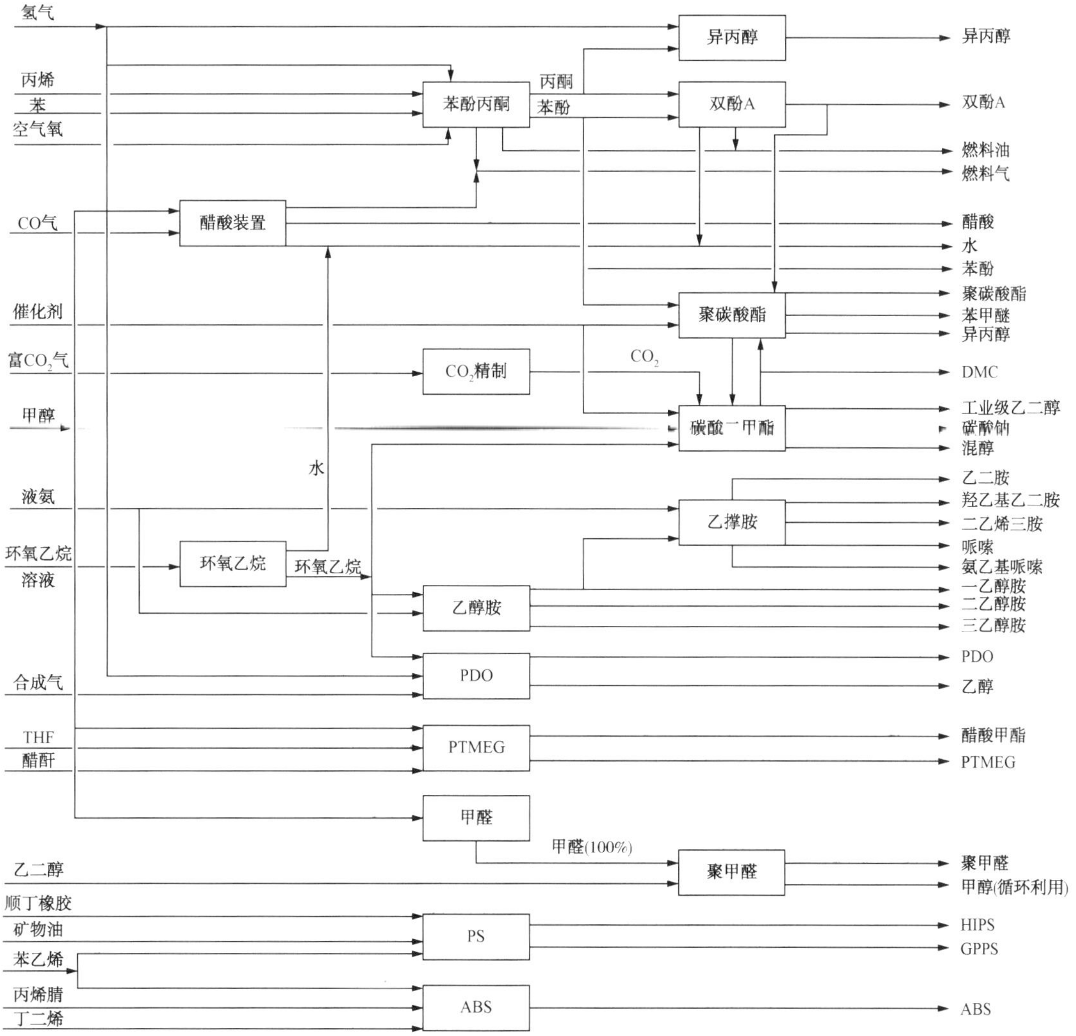

图 17-7-4　1.6Mt/a 高性能树脂及新材料项目总工艺流程图

3. 主要原料及产品结构

主要原料及产品结构见表17-7-29。

表17-7-29　主要原料及产品结构

序号	种类名称	占比/%(质)	备注
原料投入汇总			
1	丙烯	2.79	来自乙烯项目
2	环氧乙烷溶液	63.34	来自乙烯项目
3	液氨	0.77	外购
4	甲醇	7.30	来自炼化/外购
5	空气氧	2.16	来自大气
6	丙烯腈	0.93	外购
7	苯	5.20	来自炼化
8	富 CO_2 气	6.74	来自乙烯项目
9	氢气	0.12	来自炼化/乙烯项目
10	催化剂/三剂	0.16	外购
11	苯乙烯	4.79	来自乙烯项目
12	顺丁橡胶	0.09	外购
13	矿物油	0.06	外购
14	乙二醇	0.05	来自乙烯项目
15	合成气	0.59	来自炼化
16	CO气	3.35	来自炼化
17	醋酐	0.05	外购
18	THF	0.87	外购
19	丁二烯	0.63	来自乙烯项目
	合计	100.00	
产出汇总	产品		
1	双酚A	3.40	外销
2	苯酚	0.16	外销
3	异丙醇	1.92	外销
4	EO	1.92	外销
5	一乙醇胺	0.89	外销
6	二乙醇胺	0.88	外销
7	三乙醇胺	0.59	外销
8	二乙烯三胺	0.03	外销
9	哌嗪	0.01	外销
10	乙二胺	0.44	外销
11	羟乙基乙二胺	0.04	外销
12	聚碳酸酯	3.81	外销
13	工业级乙二醇	1.93	去化工
14	氨乙基哌嗪	0.00	外销

续表

序号	种类名称	占比/%(质)	备注
15	碳酸钠	0.04	外销
16	DMC	1.47	外销
17	水	60.67	去乙烯项目
18	混醇	0.07	外销
19	苯甲醚	0.02	外销
20	ABS	4.40	外销
21	GPPS	1.10	外销
22	HIPS	1.10	外销
23	聚甲醛	1.17	外销
24	PDO	1.05	外销
25	乙醇	0.13	外销
26	CO_2	4.13	外销
27	醋酸	5.95	外销
28	PTMEG	0.88	外销
29	醋酸甲酯	0.12	外销
30	甲醛	1.30	外销
31	燃料油	0.38	去乙烯项目
	合计	100.00	

4. 燃料气平衡

本项目各工艺装置产燃料气 19.4kt/a，消耗 19.4kt/a。燃料气热值暂按 11000kcal/kg 计算。燃料气平衡详见表 17-7-30。

表 17-7-30　燃料平衡表　kt/a

序号	装置名称	燃料气产出	燃料气消耗
1	聚苯乙烯装置		3.7
2	聚碳酸酯装置		11.9
3	ABS 装置		3.8
4	苯酚丙酮	2.5	
5	醋酸装置	16.9	
	小计	19.4	19.4

5. 主要技术经济指标

项目主要技术经济指标详见表 17-7-31。

表 17-7-31　主要技术指标汇总表

序号	项　目	单位	数量	备注
1	新鲜水	t/h	52	依托炼化项目现有净水场。
2	循环水	t/h	117393	正常量(含二级海水)
3	除盐水	t/h	2150.2	

续表

序号	项　目	单位	数量	备注
4	除氧水	t/h	75	
5	凝结水	t/h	1706.9	
6	用电	MW	161.6	
7	氮气	Nm^3/h	26668.4	依托炼化项目现有空分站
8	蒸汽		1734.8	由动力站提供
9	废水	t/h	381.48	
10	环保指标			
	SO_2	t/a	358.00	
	NO_x	t/a	720.60	
	COD	t/a	167.09	
	氨氮	t/a	26.73	
11	定员	人	1800	
12	总占地面积	公顷	247.56	
13	项目综合能耗	ktEC/a	1244.4	

五、第五阶段：600kt/a BDO 及配套项目

1. 项目概况

为了更好地适应市场变化并为先期建设的可降解材料提供丁二醇和丁二酸等原料，增强企业核心竞争力，F 企业以炼化项目现有的丁烷、甲醇、苯为原料，新上 600kt/a BDO 及配套项目，生产化工产品 1.2973Mt/a，主要有 BDO、PTMEG、NMP、丁二酸、尼龙等共计 11 种化工产品(原料)。本项目通过增加高端化工品的产量，实现企业产品结构转型升级，满足国家石化产业“十四五”规划“高质量”和“高端化”的发展要求。

600kt/a BDO 及配套项目主要工程内容包括 4×210kt/a 顺酐装置、2×300kt/a BDO 装置、2×60kt/a PTMEG 装置、100kt/a 丁二酸装置和 100kt/a NMP 等 10 套化工(联合)装置及配套总图等设施，装置规模见表 17-7-32 所示。

表 17-7-32　工艺装置汇总表

序号	装置名称	规模
1	顺酐装置	4×210kt/a(含正丁烷分离)
2	BDO 装置	2×300kt/a
3	丁二酸装置	100kt/a
4	PTMEG 装置	2 套 600kt/a(分为两期建设)
5	硝酸装置	300kt/a
6	己二酸装置	300kt/a
7	尼龙 66 装置	400kt/a
8	γ-丁内酯装置	100kt/a
9	NMP 装置	100kt/a

2. 总流程说明

本期项目以炼化项目来的苯、混合丁烷、甲醇等物料，以及外购己二胺、液氨、THF等作为原料，生产NMP、丁二酸、BDO、尼龙、PTMEG等高端化工品。项目总工艺流程具备环境友好、流程短、能源消费量少等优点，并具有较强的市场适应性，同时，可根据市场及效益情况灵活调整原料产品结构，最大限度发挥一体化优势。

1）该项目充分利用炼化项目来的正丁烷作为原料，通过氧化生产顺酐，顺酐加氢生产BDO(1,4丁二醇)，实现了丁烷→顺酐→BDO全产业链的发展，从丁烷生产高价值的化工产品。

2）该项目充分利用炼化项目的苯，通过加氢水和反应生产环己醇，环己醇通过硝酸氧化生产己二酸，然后和外购的己二胺溶液通过聚合反应生成尼龙66，生产出高端化工产品。

3）该项目充分利用自产的部分BDO，通过脱氢生产γ-丁内酯，然后和甲胺缩合生产NMP(*N*-甲基吡咯烷酮)，大大提高了产品价值。

4）该项目充分利用自产的部分BDO和THF(四氢呋喃)，通过聚合、醇解、中和窄化等工序，生产PTMEG(聚四氢呋喃)，大大提高了产品价值。

全厂总工艺流程示意图如图17-7-5所示。

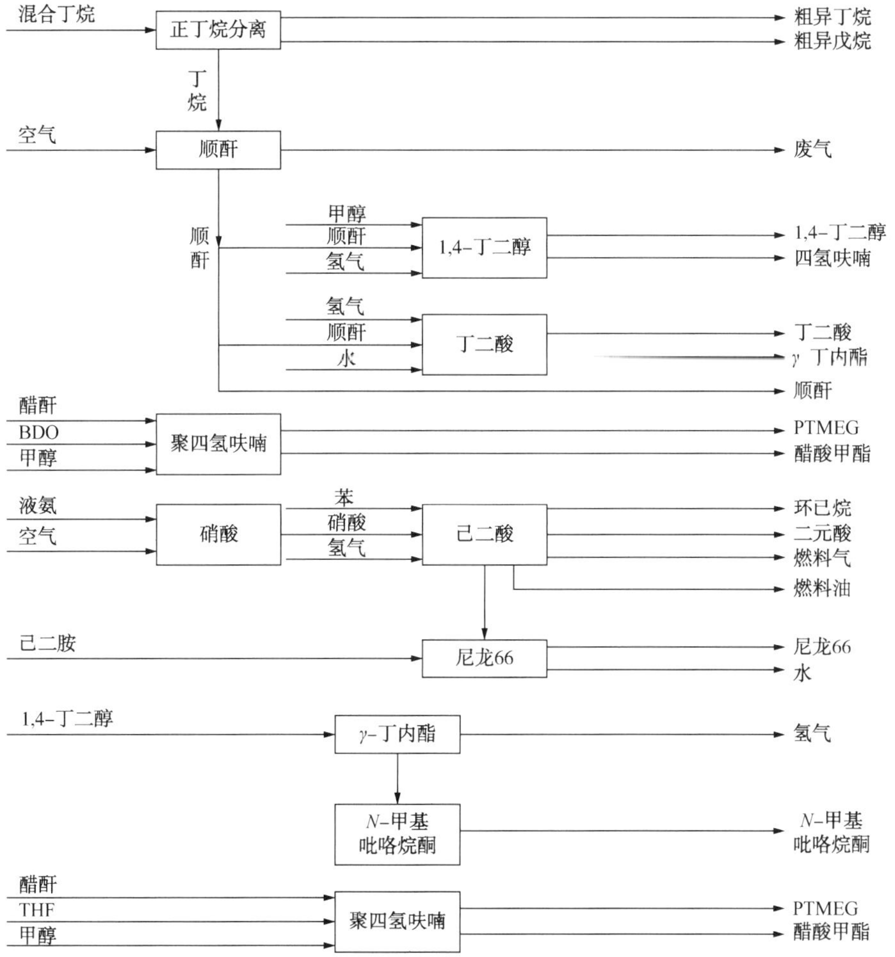

图17-7-5　600kt/a BDO及配套项目总工艺流程图

3. 主要原料及产品结构

主要原料及产品结构见表 17-7-33。

表 17-7-33　主要原料及产品结构

序号	原料种类名称	占比/%(质)	备注
原料投入汇总			
1	混合丁烷	32.96	来自炼化/外购
2	空气氧	42.12	
3	甲醇	0.84	来自炼化/外购
4	氢气	3.17	来自炼化
5	醋酐	0.27	外购
6	THF	1.06	外购
7	液氨	2.73	外购
8	苯	7.85	来自炼化
9	甲胺	1.13	外购
10	水	0.51	
11	己二胺	7.37	外购
	合计	100.00	
产出汇总	产品名称		
1	顺酐	1.11	外销
2	BDO	16.97	外销
3	PTMEG	4.95	外销
4	醋酸甲酯	0.68	外销
5	丁二酸	4.12	外销
6	己二酸	1.55	外销
7	环己烷	2.27	外销
8	二元酸	0.74	外销
9	γ-丁内酯	0.48	外销
10	NMP	4.12	外销
11	尼龙 66	16.49	外销
12	粗异丁烷	3.62	去炼化
13	粗异戊烷	0.71	去炼化
14	燃料油	0.07	去炼化
15	废气	39.17	
16	废水	2.95	
	合计	100.00	

4. 氢气平衡

本项目1,4-丁二醇装置、丁二酸装置和己二酸装置需要消耗氢气，全部依托炼化项目提供。氢气平衡见表17-7-34。

表17-7-34　氢气平衡表　kt/a

序号	装置名称	生产氢气	消耗氢气
1	1,4-丁二醇装置		79.1
2	丁二酸装置		1.9
3	己二酸装置		13.5
4	γ-丁内酯装置	4.6	
5	炼化项目供氢	89.9	
	合计	94.5	94.5

5. 燃料平衡

本项目各工艺装置产燃料气1kt/a，消耗42.3kt/a。燃料气热值暂按11000kcal/kg计算。燃料气平衡详见表17-7-35。

表17-7-35　燃料平衡表　kt/a

序号	装置名称	燃料气产出	燃料气消耗
1	尼龙66		37.7
2	顺酐		4.6
3	己二酸装置	1.0	
4	外购天然气	41.9	
5	焚烧装置		0.6
	小计	42.9	42.9

6. 主要技术经济指标

项目主要技术经济指标详见表17-7-36。

表17-7-36　主要技术指标汇总表

序号	项　目	单位	数量	备注
1	新鲜水	t/h	1.7	正常量
2	循环水	t/h	34062	正常量
3	除盐水	t/h	623.2	
4	除氧水	t/h	47.2	项目消耗除氧水(未考虑回用凝结水)
5	凝结水	t/h	378.7	回收凝结水补充项目除氧水消耗，自用
6	用电	MW	47.85	
7	氮气	Nm^3/h	2730	
8	蒸汽		-189.5	自产，外供

续表

序号	项　目	单位	数量	备注
9	废水	t/h	29.14	
10	环保指标			
	SO_2	t/a	155.20	
	NO_x	t/a	465.6	
	COD	t/a	11.81	
	氨氮	t/a	1.89	
11	定员	人	1282	
12	总占地面积	公顷	37.3	
13	项目综合能耗	ktEC/a	184.9	

在上述所有项目建成投产后 F 企业 20.0Mt/a 炼化一体化项目+1.5Mt/a 乙烯项目在维持现有 20.0Mt/a 原油、约 5.0Mt/a 原料煤和约 2.0Mt/a 其他原料条件下，可以生产约 80.5%[%(质)]的化工产品/原料、13.8%(质)油品和 5.7%(质)其他产品，实现了最大化生产化工产品/原料。

第十八章　炼油总流程发展趋势

第一节　“双碳”目标下炼油总流程发展趋势

一、短流程生产化学品技术

1. 原油裂解制烯烃技术

“双碳”目标背景下，随着原油消费需求的减少，短加工流程、特色产品方案、低碳排放的总流程将会成为炼化企业的发展趋势。采用原油直接蒸汽裂解制烯烃技术路线，即原油不经过炼油厂常减压分离，只进行必要的原料预处理和预闪蒸后，轻组分进蒸汽裂解，不能直接蒸汽裂解的重组分经过加氢后进入催化裂解。与常规炼化一体化相比，将原油作为裂解原料，直接生产低碳烯烃，缩短从原油到化学品生产的路径，有利于降低烯烃生产装置原料成本和能源消耗，快速适应市场裂解原料的供需变化，同时缓解炼油产能过剩和油品市场压力。采用“原油直接蒸汽裂解+重油催化裂解”集成工艺流程可实现化工产品收率达70%以上，可最大化生产化学品。

原油裂解制烯烃技术，是一条化工型利用原油的路径。但原油组分十分复杂，不同类型原油的组成和性质差别很大，其中石蜡基轻质低硫原油的裂解性能较好，可以直接用于裂解，有相对较好的经济效益。但对于重劣质原油，重馏分中含有较多的非挥发性胶质和沥青质，这些非挥发性组分在高温作用下易造成辐射段的结焦沉积，甚至堵塞，引起装置停车，影响连续性生产和裂解产品的收率。

如何处理原油中难以汽化的重组分，特别是沸点超过520℃(或更高，如590℃)馏分中的胶质、沥青质等非挥发性液相物(以下简称液相物)，是今后研究开发工作的重点。国内外各大公司也主要针对上述问题进行了相关技术开发。

(1) 国外技术现状

Exxon-Mobil公司等通过将轻质原油与加氢尾油等常规裂解料进行混合，改善原油的流动性及汽化性能，以提高烯烃转化率。同时，通过在裂解炉的对流段增设闪蒸分离器，去除原油中的高沸点物质以及各种无机盐或微粒，使得原油能在对流段完全汽化，不至于造成对流段的堵塞。

除此之外，Dow化学公司、千代田化工建设株式会社、富士石油株式会社采用间歇式绝热反应器对原油进行加工，利用部分原油燃烧产生的热量加热物料，使物料达到高温，并裂解产生低碳烯烃。Saudi Aramco石油公司则采用对原油进行淤浆式加氢处理，使原油中的多环和稠环的芳香化合物开环，形成包含大量支链的饱和烷烃，有效降低原油的黏度，减少易形成结焦前体的化合物，改善原油的裂解性能，提高低碳烯烃的收率。

到目前为止，只有 Exxon-Mobil 化工公司和 Saudi Aramco 公司报道了工业化进展。2014年，Exxon Mobil 在新加坡建成 1.0Mt/a 乙烯装置并启用投产，成功实现原油裂解制烯烃技术的工业化，采用终馏点不超过 593℃的轻质原油作为裂解原料，不设炼油装置。据了解，其裂解装置在原油脱盐、脱水处理后，先进入裂解炉对流段预热，预热到一定温度的原油与过热的稀释蒸汽混合，再经过设置在炉外的闪蒸罐处理，未能汽化的重质原料收集后去原油重组分处理装置，经处理后送往适当的炼油装置处理。占较大比例的轻质组分，与稀释蒸汽一起再进入裂解炉对流段进一步预热后进行裂解，根据原油品质选取不同的裂解温度。据介绍，其采用 *API*°>45 的原油直接裂解，与常规的炼油加工后的馏分油裂解流程相比，综合能耗可以降低 20%以上。

（2）国内技术进展

将原油直接用于裂解原料的技术，我国相关研究较少。中国科学院广州地球化学研究所采用间歇式绝热反应器对原油进行加工，采用类似于沙子炉裂解的方式，在绝热反应器中利用部分原油燃烧产生的热量加热物料，使物料达到高温，并裂解产生低碳烯烃。虽然使用此技术能够有效解决原油裂解过程中的流动性差、汽化困难以及易结焦等问题，但使用间歇式反应器加工效率低，并且工艺过程中部分原料被作为燃料消耗，大大降低了原油的利用率。

中国石化组织有关单位组成 CBL 型裂解炉技术开发团队，开展了原油直接裂解技术研究，并针对国内某油田生产的石蜡基轻质原油进行了裂解性能评价试验。初步研究表明，该轻质原油是相对较好的裂解原料，结合中国石化自行开发的扭曲片强化传热技术和辐射炉管原位涂层处理技术，原油直接裂解的运行周期将会控制在较为合理的范围内。

2. 原油直接催化裂解技术

（1）技术简介

原油催化裂解生产化学品（CCPP）技术是针对石化行业“油产化”及低碳目标开发的一种原油直接制化学品新技术，是由石科院、中石化工程建设公司、扬州石化共同研发的原油全馏分直接催化裂解技术。根据原油中不同馏分的烃类裂解性能差异，将原油按轻、重馏分在耦合配置的不同反应区中进行分区选择性催化裂解，实现原油全馏分最大化生产化学品。原油直接催化裂解设计了低活性大孔径基质新材料和具有多级孔分子筛的原油裂解专用催化剂，总化工品收率可达 50%以上。该技术路线具有总流程短、投资低、化工品收率高等技术优势。

相比现有成熟技术，原油直接制化学品技术可以“跳过”传统炼油的常减压蒸馏和原料精制等过程，直接将原油转化为轻质烯烃和芳烃，在显著降低综合能耗和碳排放的同时，大幅增加乙烯、丙烯和轻芳烃等高价值化学品产量。

石科院基于烃类的裂解反应特性和催化裂化反/再系统的工艺特性，开发了多反应区耦合转化催化裂解技术和原油催化裂解专用 MPE 催化剂，解决了不同烃类组分对不同活性组元需求的难题，实现了同一反应器内轻、重馏分油的高效转化，即在同一反应器内完成原油的高效转化。该技术低碳烯烃和轻芳烃总产率高达 50%以上，提升至原有水平的两倍，即采用该技术每加工 1000kt 原油可产出高价值化学品约 500kt，增产高价值化学品约 300kt，经济价值巨大。该技术的成功应用对缓解我国炼油产能过剩、化学品供应不足矛盾具有重要意义。

原油催化裂解生产化学品技术在扬州石化有限责任公司 300kt/a 催化裂解装置上进行了

工业试验，如图 18-1-1 所示。在工业应用过程中，装置运行平稳，专用剂流化正常，实现了该技术的全球首次工业化应用，乙烯、丙烯、丁烯及 BTX 总产率达到 50.99%，其中乙烯产率为 6.11%，丙烯产率为 24.58%。与现有总加工流程相比，吨原油毛利润提高 165 元，经济效益显著。2022 年，该技术通过了中国石化科技部组织的成果鉴定。原油催化裂解生产化学品技术形成了原油直接制化学品新技术路线，且原料适应性强，化学品产率高，低碳烯烃和轻芳烃总产率高达 50%以上，这一技术为原油制化学品开辟了一条新的途径。

图 18-1-1　扬州石化工业应用现场

（2）应用前景

目前，我国面临炼油能力过剩、化学品供应不足的矛盾，石油化工基础原料供不应求，炼油企业去产能、调结构、向化工转型势在必行。乙烯和丙烯作为重要的基本化工原料，目前仍需大量进口以维持供需平衡。随着可再生能源及新能源汽车行业的发展，全社会对汽油、柴油的需求增长放缓，成品油供大于求的矛盾开始显现并不断加剧，中国炼化行业呈“减油增化”的发展趋势，为了增产烯烃和芳烃，传统石脑油裂解制烯烃和芳烃工艺不得不配套大型炼油装置，导致其工艺流程长、投资大、能耗高。原油直接催化裂解生产基本化工原料技术不仅能够缩短工艺流程，降低装置投资，而且还能最大幅度地增产低碳烯烃和轻质芳烃等基本化工原料，可助力炼油企业实现由“燃料型”向“化工型”的一步式跨越。

二、碳价将影响原油选择方向

原油选择优化是炼化企业生产过程中的一个关键环节，对原油资源的高效利用有重要意义。通过不同加工装置之间的组合，再结合中间物料的调整使得全厂加工流程具有一定的弹性，能够适应原油性质在一定范围内的波动。一些内地炼油厂每年炼制的原油种类少则几种多则十几种，而沿海、沿江以加工进口油为主的炼油厂，每年加工的原油种类可达几十种。在确保装置安全和稳定生产的同时，通常考虑通过原油选择优化来降低原油的采购成本，而在“双碳”背景下，则需要进一步考虑碳排放带来的影响。目前纳入碳市场管理的行业主要为电力行业，全国碳市场扩容呈现加速态势，生态环境部已考虑在“十四五”期间将石化、化工、建材、钢铁、有色、造纸、电力、航空等八个重点排放行业陆续纳入全国碳市场。预计在碳达峰迈向碳中和的阶段减排压力增大，配额将加速收紧推动碳价上行，届时碳排放带来的额外成本对炼油厂生产运营的影响将逐渐显现，因此需要在炼油厂的各个生产环节综合考虑为降低碳排放所能采取的手段。通过研究发现，在全厂流程确定的情况下，原油性质的变化对全厂能耗和碳排放将产生巨大的影响。以某千万吨级炼油厂为研究对象，该厂炼油的主要流程如图 18-1-2 所示。

基于企业实际原油结构，设置三个对比方案，考察原油性质逐步轻质化对生产过程带来的影响，三个方案的原油结构对比见表 18-1-1。

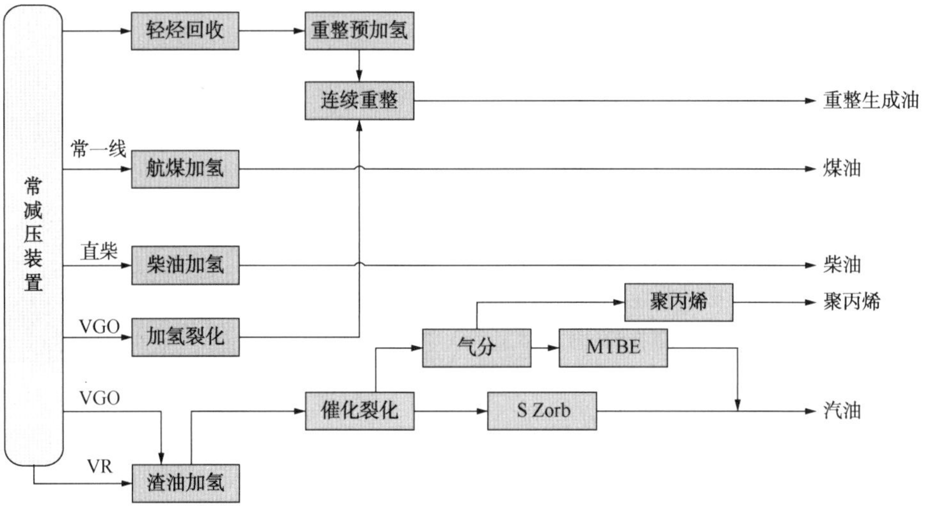

图 18-1-2　研究对象炼油的主要流程图

表 18-1-1　各方案原油结构对比

油种	API°	硫含量/%	方案 1		方案 2		方案 3	
			数量/Mt	占比/%	数量/Mt	占比/%	数量/Mt	占比/%
阿曼	31.7	1.40	4.0	43.48	2.0	21.74	0.0	0.00
卡滨达	32.8	0.16	1.3	14.13	1.3	14.13	1.3	14.13
埃斯锡德尔	35.9	0.41	2.6	28.26	4.6	50.00	6.6	71.74
蒂恩	32.9	0.44	1.3	14.13	1.3	14.13	1.3	14.13
合计			9.2	100.00	9.2	100.00	9.2	100.00

通过上述三个方案的设置，能够较为明显地区分各方案的混合原油性质，并且分别通过总流程模型对各方案的全厂能耗水平和碳排放水平进行计算，计算结果见表 18-1-2，由结果可以看出，随着原油轻质化、低硫化，全厂能耗和碳排放均呈降低的趋势。

表 18-1-2　混合原油性质及全厂能耗、碳排放水平

指标	方案 1	方案 2	方案 3
混合原油 API°	33.21	34.13	35.04
混合原油硫含量/%	0.81	0.59	0.38
能耗降低水平/%	基准	-3.77	-7.51
碳排放降低水平/%	基准	-4.41	-8.79

三、进一步向“组分炼油”和“分子炼油”转变

“分子炼油”指以分子水平认识石油加工过程，准确预测产品性质，优化工艺和加工流程，实现“宜油则油、宜烯则烯、宜芳则芳”，做到石油资源的有效利用，提升石油价值。

不同炼油工艺因反应原理与产品目标不同，进而对原料的分子结构需求不尽相同。分子

的定向利用是提升反应选择性的必然路径，然而以蒸馏为核心的传统馏分炼油并没有实现分子的高效利用。组分炼油是提升石油炼制效率、降低炼油过程能耗的可行路线，其核心是采用先进的分离技术对原油或其馏分进行烃组分分离，然后对分离后的组分进行炼制。以石脑油加工路线为例，蒸汽裂解优选的原料分子结构为链烷烃，特别是长链烷烃；而催化重整优选的原料分子结构则为环烷烃。若仅按照馏分切割，大量分子在各种工艺装置里"跑龙套"，会付出较大的加工代价。从分子水平加深对石油加工过程的认识，依托原油数据库和工艺技术模型进行组分炼油可大大提升反应过程选择性。通过为企业提供原油选择与产品经济性分析模型，建立以组分分离为核心的总流程加工路线，可大幅度提升单程转化效率和目标产物收率，减少无效循环，降低能耗及碳排放。

以 10.0Mt/a 科威特原油为原料设计不生产成品油的化工型炼油厂作为基础方案，如图 18-1-3所示，原油经预处理装置分为轻馏分、中馏分和重馏分后进入催化裂解装置加工，裂解干气、液化气和汽油经后续装置加工分离出乙烯、丙烯、C_4液化气和三苯产品，裂解柴油经柴油芳烃型改质(RLA)装置加工后，改质汽油经芳烃抽提分离出三苯产品，改质柴油回炼至催化裂解装置。

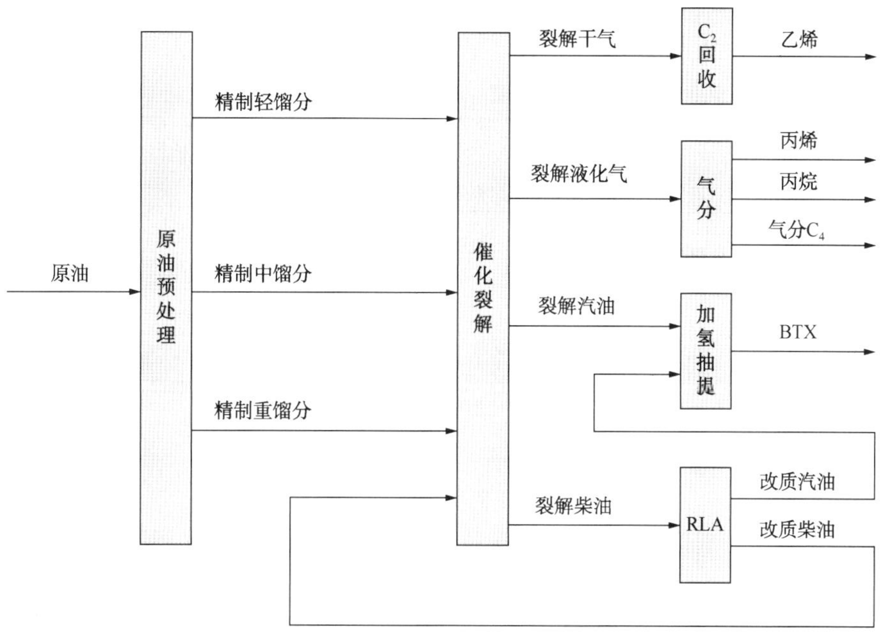

图 18-1-3　化工型炼油厂基础方案流程图

同样，以 10.0Mt/a 科威特原油为原料设计不生产成品油的组分分离化工型炼油厂方案，如图 18-1-4 所示，原油的轻馏分、中馏分和重馏分分别通过各组分分离装置分离出饱和分进入催化裂解装置加工，轻馏分非饱和分经抽提产三苯产品，重馏分非饱和分与油浆进入焦化装置加工，裂解干气、液化气和汽油经后续装置加工分离出乙烯、丙烯、C_4液化气和三苯产品，催化柴油和中馏分非饱和分进入循环油加氢-催化裂解装置加工，可产出甲基萘油和蒽油。

对化工型炼油厂基础方案及组分分离化工型炼油厂方案分别进行总流程研究，如图 18-1-5所示，通过对原油轻馏分、中馏分、重馏分进行组分分离后，催化裂化装置的转化效率提高，乙烯、丙烯和三苯产品的产量提高，同时通过将难转化组分从催化裂解装置的原料中分离出来，组分分离方案的裂解烧焦总量低于基础方案。图 18-1-6 为在 60 美元价格体系下对两个方案进行经济效益对比的结果，由于组分分离方案中低碳烯烃和三苯等高附加值产品产量提高，产品产值高于基础方案，通过组分分离后，加氢装置效率增加，全厂耗氢总量降低，组分分离方案的吨油原料成本低于基础方案，组分分离方案由于增加了分离过程，吨油操作成本和建设投资折旧均高于基础方案，但经过经济效益评估，组分分离的吨油毛利较基础方案提高 185 元/t 原料。对基础方案和组分分离方案进行二氧化碳排放核算后发现，由于组分分离方案的催化裂解装置烧焦量降低明显，组分分离方案的总碳排放量较基础方案降低 445.7ktCO_2/a，同时由于组分分离方案产品产值的提高，组分分离方案的万元产值碳排放较基础方案降低 0.26tCO_2/万元。

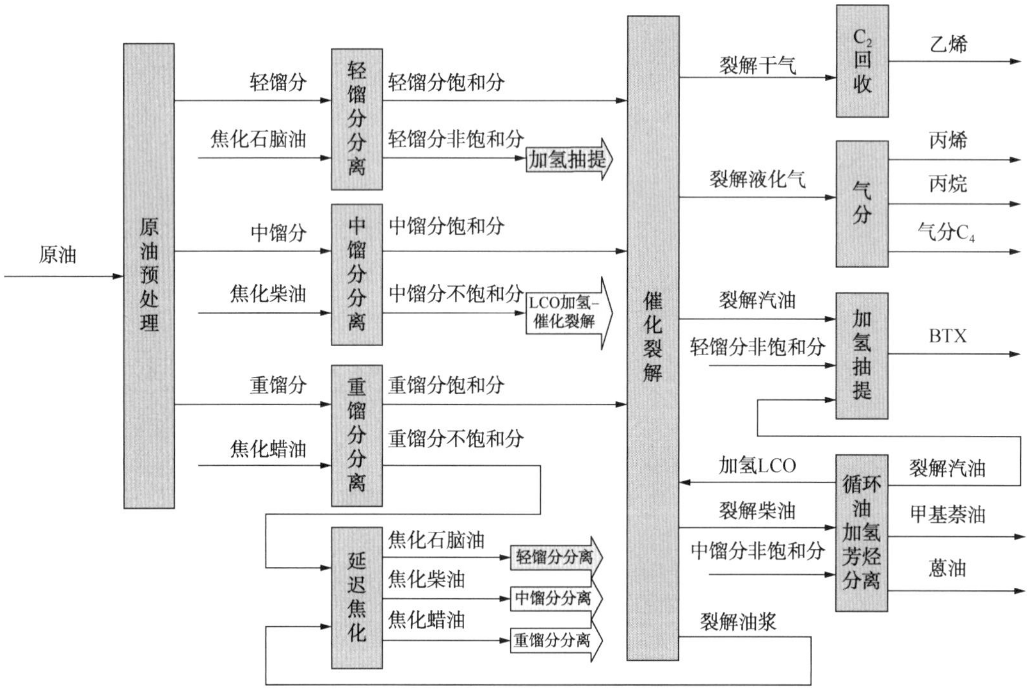

图 18-1-4　组分分离化工型炼油厂方案流程图

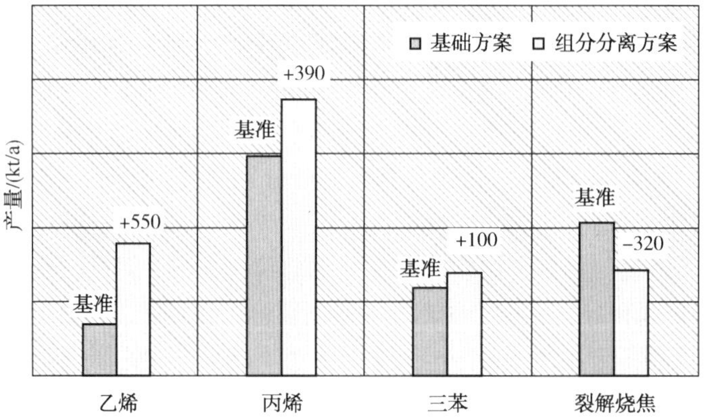

图 18-1-5　化工产品产量及裂解烧焦量方案对比

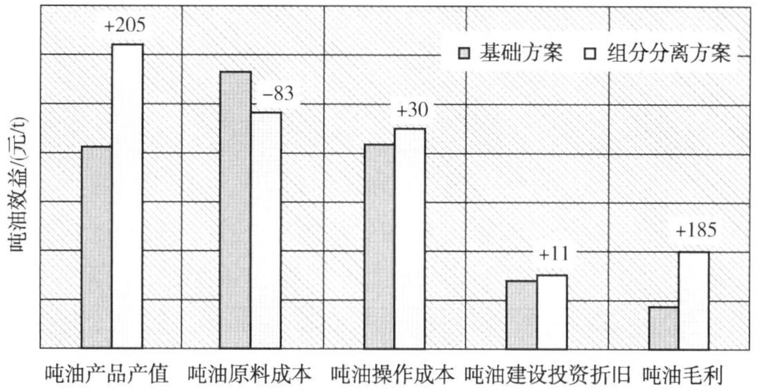

图 18-1-6　60 美元价格体系方案经济效益对比

四、制氢工艺选择优化

随着加氢工艺在炼油厂广泛应用，氢气消耗量大幅度增长。例如一座以加工高硫原油为主的全加氢型炼油厂，吨原油外补氢气消耗在 1%以上。因此对炼油厂而言，氢气既是十分重要的原料，也是成本较高的原料，在原料成本中占比仅次于原油。

炼油厂氢气来源主要有以下几个途径：一是炼油厂重整装置副产氢气以及含氢气体回收氢气；二是化工部分副产氢气，包括乙烯裂解装置的副产氢气、丙烷脱氢及其他烷烃脱氢的副产氢气；三是炼油厂制氢装置生产的氢气。

炼油厂制氢装置原料主要分为两大类。一类是轻质原料，主要包括天然气、炼油厂干气、石脑油等，采用水蒸气转化法生产。轻质原料制氢，投资相对较低，原料成本高。目前天然气、炼厂干气仍作为部分制氢装置的原料，石脑油制氢因成本太高逐渐被淘汰。另一类为重质原料，主要包括渣油、脱油沥青、石油焦和煤，采用部分氧化生产。

对于制氢原料，采用天然气或石脑油等轻质原料制氢，具有流程短、能耗低、操作简单和可靠性高的优点，但随着石油、天然气价格的不断上涨以及炼油厂对原油资源深加工利用的要求，轻质原料制氢在资源利用深度、成本效益上越来越难以体现经济性。在此背景下，采用煤作为制氢原料在经济性上表现出越来越强的优势。

“双碳”目标下，选择制氢原料，既要考虑可获得性及经济性，也要考虑碳排放因素。随着碳价和碳税的实施，煤制氢由于碳排放高，经济性将受到影响。因此，随着碳减排进程加快，制氢工艺应尽量选择平均分子质量小的轻烃作为原料，例如甲烷及天然气、以及炼厂干气等。另外可通过开展制氢装置碳捕集回收利用、实现灰氢变蓝氢，减少制氢的碳排放。

五、采用重油加工组合工艺提高渣油转化利用效率

渣油加工工艺多，可分为脱碳型(催化裂化、延迟焦化、溶剂脱沥青等)和加氢型(固定床渣油加氢处理、沸腾床渣油加氢裂化、浆态床渣油加氢裂化等)。重油加工工艺的选择根据原料油性质、产品要求、转化率、产品价格、经济和环境保护的要求等因素综合考虑。低硫、低金属含量的渣油应选择重油催化裂化工艺进行加工；高硫、低金属含量的渣油应采用加氢与催化裂化组合工艺进行加工；高硫、高金属含量的渣油需采用焦化、溶剂脱沥青或沸腾床及浆态床加氢裂化工艺进行加工。

虽然渣油加工技术种类很多，但没有适用于所有渣油、能够解决所有问题的单一技术，采用渣油加工组合技术可发挥各技术的优点，实现渣油高效利用。组合工艺得到广泛应用。常见的组合工艺如下。

(1) 延迟焦化-催化裂化组合工艺

该组合工艺中将高硫渣油进焦化装置，高硫蜡油和焦化蜡油加氢脱硫、脱氮后又作为催化裂化原料，重油催化裂化所产生的油浆作为延迟焦化的进料；通过调整焦化和催化的加工量可以大幅度改变柴/汽比，提高炼油厂的生产灵活性。该组合工艺通过脱碳过程，脱除渣油中的绝大部分重金属、沥青质等，轻质油品收率相对较高，但产生的油品须经后精制才能作为产品出厂，同时高硫石油焦的清洁化利用问题也很突出。一般用来处理高硫、高金属(>300mg/kg)、高残炭等非常劣质的渣油，其工艺特点为操作压力低、温度高，其转化率随原料油中的残炭含量的增加而增加。

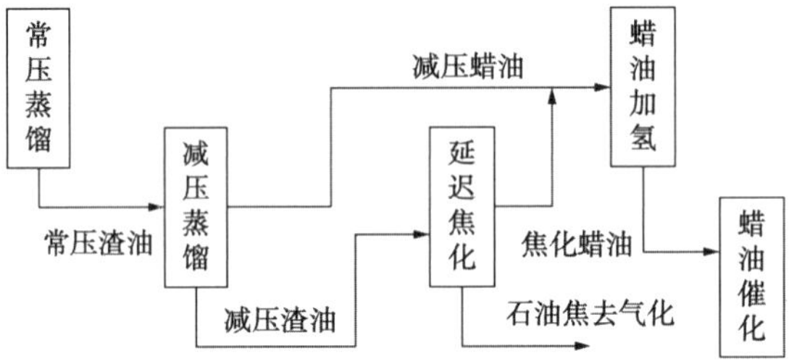

图 18-1-7 延迟焦化-催化裂化组合工艺

(2) 渣油加氢-重油催化裂化组合工艺

如图 18-1-8 所示，渣油加氢-重油催化裂化组合工艺是将劣质渣油经过渣油加氢处理后，生产部分轻质油品，加氢后的常压渣油作为重油催化裂化的原料；重油催化裂化装置产生的重循环油又可作为渣油加氢的进料，重循环油中的芳烃含量高，可以有效提高渣油中胶质和沥青质的溶解性，从而提高其渣油的转化率，减少催化剂的积炭，延长催化剂的寿命。

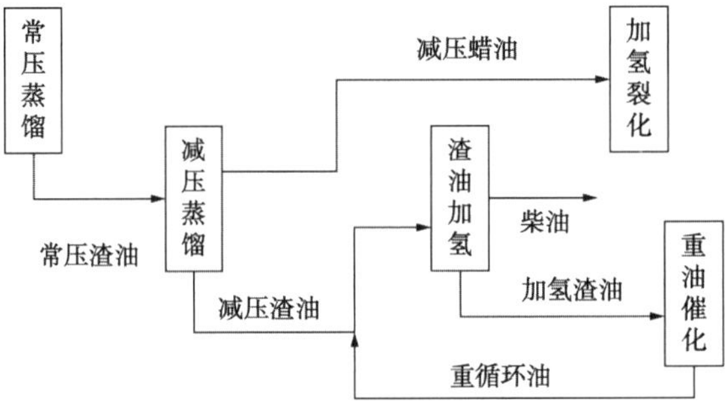

图 18-1-8 渣油加氢-重油催化裂化组合工艺

(3) 渣油溶剂脱沥青-沥青气化-脱沥青油加氢处理-催化裂化组合工艺

该工艺是利用溶剂脱沥青工艺，“浓缩”劣质渣油中的金属、硫和残炭等，脱油沥青去气化装置生产电、水蒸气和合成气，脱沥青油至加氢裂化或经加氢处理后经催化裂化进一步转化。由于其沥青的收率较焦化工艺所产生的焦炭高，故其轻油收率相对较低，通常用于炼化一体化的项目中，通过减少外供电量来进一步提高全厂的经济效益。这种组合工艺可以处理高硫、高金属和高残炭渣油。

该组合工艺的另外一个应用是在流程中增加延迟焦化装置，工艺流程如图 18-1-9 所示。将脱油沥青至延迟焦化装置，进一步“浓缩”原料油中的硫、金属、残炭等。脱沥青油和焦化蜡油经加氢处理后可以满足催化裂化的催化剂和工艺操作要求，以便生产所需要的轻质产品。由于采用了更进一步的“浓缩”工艺，故产生石油焦的量低，因此这种组合工艺较前者具有更高的渣油转化率和轻油收率。

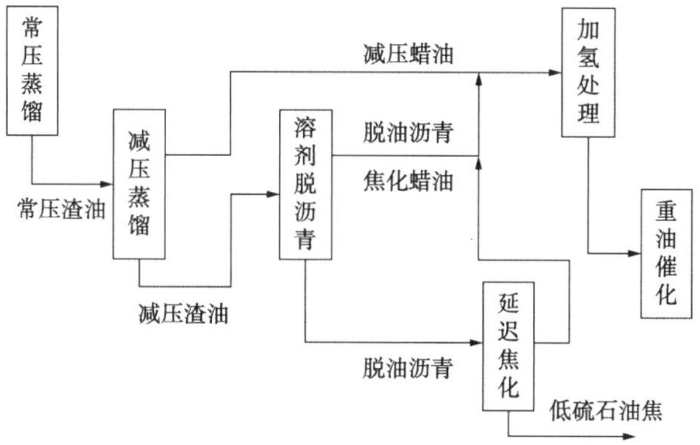

图 18-1-9 渣油加氢、重油催化裂化以及延迟焦化组合工艺

（4）渣油加氢-延迟焦化组合工艺

如图 18-1-10 所示，该工艺是将劣质渣油经过渣油加氢浅度处理，降低其硫含量后再进入延迟焦化装置，生产轻质油品，轻质油品经过浅度精制后作为产品出厂；同时焦化装置生产的低硫石油焦销路好且用途广泛。其优点是可以避免劣质渣油直接焦化生产的高硫石油焦所带来的二次环境污染。

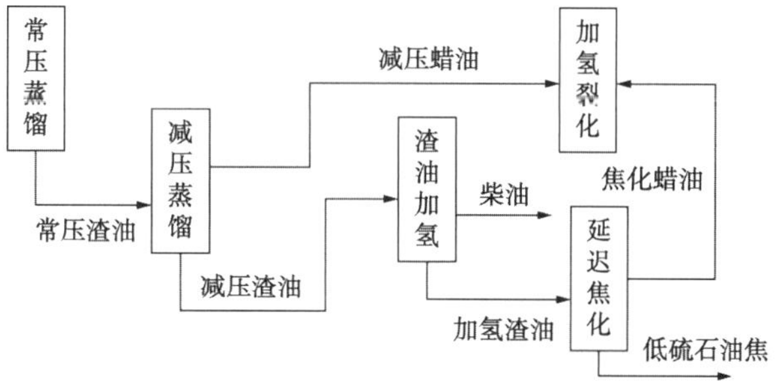

图 18-1-10 渣油加氢-延迟焦化组合工艺

每一种工艺都有其局限性，要根据渣油性质选择相应的加工工艺。通常重油加工工艺的选择应根据原料油性质、产品要求、转化率、产品价格、经济和环境保护的要求等因素综合考虑。低硫、低金属含量的渣油应选择重油催化裂化工艺进行加工；高硫、低金属含量的渣油应采用加氢与催化裂化组合工艺进行加工；高硫、高金属含量的渣油需采用焦化、溶剂脱沥青、沸腾床渣油加氢裂化或浆态床渣油加氢裂化工艺进行加工。

渣油加工路线的优化选择对企业的能量系统优化约束较强，在进行总加工流程优化时，应依据以上重油加工处理过程的理念，合理有效地优化组合，最大限度降低渣油加工成本和能耗。在进行原料优化时需要综合考虑各套装置的生产作用。例如：重油催化裂化装置的原料质量差且拥有渣油加氢装置时，可以考虑将全部或部分重油原料先进行加氢处理，以加氢处理油作为催化裂化原料，降低催化裂化生焦率。

当减压渣油的质量差不适合作为渣油加氢或者重油催化裂化装置的原料时，可以考虑先用溶剂脱沥青工艺，“浓缩”劣质渣油中的重金属、硫和残炭等，然后将脱沥青油作为加氢裂化原料，或者将其加氢处理后再作为催化裂化的原料。

六、利用低碳原料和能源，重构炼油加工流程

原油是炼油厂加工最主要的原料，但“双碳”目标下，石油这种高碳原料的加工量将下降，其他原料也将作为炼油原料的补充，原料结构多元化。一是拓展富氢原料，石油化工原料进一步轻质化。二是充分利用生物质能源，生物质(木质纤维素、植物/动物油脂等)处理后与原油或炼油厂馏分混合，经加氢处理等工艺生产低碳强度油品。尽管目前生物质替代化石原料成本仍然较高，但生物质原料的多样性、获得便利性及政策支持，有可能使其成为未来炼油低碳原料的重要组成部分。三是循环利用废塑料等废弃化工产品，目前将废塑料循环利用的部分研究已经实现了工业化应用。未来在市场和政策的推动下，可循环利用的废弃产品将成为石油产品的原料之一进入炼油厂的加工装置。

炼油厂生产过程的能耗也是碳排的主要来源，通过构建低碳用能系统，实现炼油厂碳减排。采用天然气、绿色燃料替代高碳燃料；充分利用周边的风力发电和太阳能发电资源，在保障炼厂电力系统可靠性的前提下，接入可再生电力。可考虑引入绿氢提高高碳制氢等。通过转变用能方式，实现绿色低碳发展。

第二节　智能化建设对总流程的影响

一、炼化智能化发展

随着新一轮工业革命的推进，工业转型的呼声日渐高涨。面对信息技术和工业技术的革命浪潮，德国提出了工业 4.0 战略，美国出台了先进制造业回流计划，中国加紧推进两化深度融合，并于 2015 年发布了中国制造 2025 战略。这些战略的核心都是利用新兴信息化技术来提升工业的智能化应用水平，进而提升工业在全球市场的竞争力。而数字工厂、智能工厂作为先进技术的实例与载体，是工业 4.0 的必经之路。

1. 智能工厂建设

数字化工厂是智能工厂的基础，而智能工厂又是工业 4.0 的基础与落脚点。只有实现了数字化工厂，才有可能实现工业 4.0。数字化工厂是在信息集成的基础上，对研发、制造、管理等各个环节进行全面的过程集成，构建数字化工厂是一项艰巨并且复杂的系统工程。而在此基础上建设的智能工厂，是一个实时、有效并能和供应链紧密配合的工厂管理系统。

离散工业即非流程工业，所说的智能工厂就是在数字化工厂的基础上，利用物联网技术和监控技术加强信息管理服务，提高生产过程可控性、减少生产线人工干预，以及合理计划排程。同时，集初步智能手段和智能系统等新兴技术于一体，构建高效、节能、绿色、环保、舒适的人性化工厂。

朱铎先提出了智能工厂建设“六维智能理论”，可以作为离散工业智能工厂建设内容的重要参考，其中包含智能计划排产、智能生产过程协同、智能设备互联互通、智能生产资源

管理、智能质量过程管控、智能大数据分析与决策支持。该理论分别从计划源头、过程协同、设备底层、资源优化、质量控制、决策支持6个方面入手，实现全面的精细化、精准化、自动化、信息化、网络化的智能化管理与控制。

(1) 智能计划排产

从源头上确保计划的科学化、精准化。通过集成，从企业资源计划(ERP)等上游系统读取主生产计划后，利用APS进行自动排产，按交货期、精益生产、生产周期、最优库存、同一装夹优先、已投产订单优先等多种高级排产算法，自动生成的生产计划可准确到每一道工序、每一台设备、每一分钟，并使交货期最短、生产效率最高、生产最均衡化。

(2) 智能生产过程协同

为避免贵重的生产设备因操作工忙于找刀、找料、检验等辅助工作而造成设备有效利用率低的情况，企业要从生产准备过程上，实现物料、刀具、工装、工艺等的并行协同准备，实现车间级的协同制造，可明显提升机床的有效利用率。

(3) 智能设备互联互通

无论是工业4.0、工业互联网、还是中国制造2025战略，其实质都是以CPS赛博物理系统为核心，通过信息化与生产设备等物理实体的深度融合，实现智能制造的生产模式。对企业来讲，将那些贵重的数控设备、机器人、自动化生产线等数字化设备，通过DNC/MDC的机床联网、数据采集、大数据分析、可视化展现、智能决策等功能，实现数字化生产设备的分布式网络化通信、程序集中管理、设备状态的实时监控等。

(4) 智能生产资源管理

通过对生产资源(物料、刀具、量具、夹具等)进行出入库、查询、盘点、报损、并行准备、切削专家库、统计分析等功能，有效地避免因生产资源的积压与短缺，实现库存的精益化管理，可最大限度地减少因生产资源不足带来的生产延误，也可避免因生产资源的积压造成生产辅助成本的居高不下。

(5) 智能质量过程管控

除了对生产过程中的质量问题进行及时的处理，分析出规律，减少质量问题的再次发生等技术手段以外，在生产过程中对生产设备的制造过程参数进行实时的采集、及时的干预，也是确保产品质量的一个重要手段。通过工业互联网的形式对熔炼、压铸、热处理、涂装等数字化设备进行采集与管理，如采集设备基本状态，对各类工艺过程数据进行实时监测、动态预警、过程记录分析等功能，可实现对加工过程实时的、动态的、严格的工艺控制，确保产品生产过程完全受控。当生产一段时间，质量出现一定的规律时，可以通过对工序过程的主要工艺参数与产品质量进行综合分析，为技术人员与管理人员进行工艺改进提供科学、量化的参考数据，在以后的生产过程中，减少不好的参数，确保最优的生产参数，从而保证产品的一致性与稳定性。

(6) 智能大数据分析与决策支持

在整个生产过程中，系统运行着大量的生产数据以及设备的实时数据，如某企业一个车间一年的数据量就高10亿条以上。对这些数据进行深入的挖掘与分析，系统自动生成各种直观的统计、分析报表，如计划制订情况、计划执行情况、质量情况、库存情况、设备情况等，可为相关人员决策提供帮助。这种基于大数据分析的决策支持，可以很好地帮助企业实现数字化、网络化、智能化的高效生产模式。

总之，通过以上 6 个方面智能化的打造，可极大提升企业计划科学化、生产过程协同化、生产设备与信息化的深度融合，并通过基于大数据分析与决策支持对企业进行透明化、量化的管理，可明显提升企业的生产效率与产品质量，是一种很好的数字化、网络化的智能生产模式。

2. 智能炼化建设

作为制造加工业中的一个大类，流程工业与离散工业存在较大不同。炼油、化工、冶金、造纸、制药、酿造、建筑、电力等原材料加工和能源工业行业属于流程工业，其特点是对生产原料按照一定的工艺流程，通过一系列设备和装置，连续不断地被加工处理成产品，原材料一般伴有化学、物理等物性变化的过程。流程工业在国民经济中是占主导地位的行业，其发展状况直接影响国家的经济基础。

炼油与石油化工是两个非常重要的与石油相关的行业，主要提供交通运输燃料和有机化工原料。与其他化工过程一样，希望其设计和操作都处于最优状态。目前，计算机技术为炼油与石油化工过程的最优设计和最优操作与控制创造了物质基础。企业推行“两化深度融合”，其实质就是推行智能工厂建设。

对于流程工业企业这样一个复杂的系统，可以“化整为零”，从生产控制和生产组织两个维度切入，将智能工厂建设分为智能机构、智能检测、智能控制、智能操作、智能运营、智能决策 6 个层面，再分别匹配先进的装备、技术、系统进行智能建设。

1）智能机构层：在合适的生产单元、工序中进行智能化操作改造，最大限度地利用机械臂、码垛机、巡检机器人、无人引导小车、自动化仓储、定量装车等装备，替代人的体力劳动，提高生产运行的工作效率和质量。

2）智能检测层：对生产资源、运行状态的检测进行系统化的设计和建设，包括泄漏、火灾、消防、视频、电子巡更、一卡通、全球定位系统、在线检测仪等内容，并实现这些系统的互联互通、智能联动、为安全的生产环境提供保障和服务。

3）智能控制层：对生产工艺的控制提供系统的解决方案，包括集散式控制系统（DCS）、数据监测控制与采集系统（SCADA）、控制参数（PID）性能评估等内容，实现生产工艺控制的高度自动化。

4）智能操作层：为生产、质量、设备、能源、安全等业务管理提供智能操作系统与平台，包括先进过程控制系统（APC）、实时优化系统（RTO）、制造执行系统（MES）、能源管理系统（EMS）、企业析产管理系统（EAM）、安全评价系统（SES）、质量健康安全环境管理系统（QHSE）等内容，优化生产管控的业务流程，丰富操作优化的指导工具，提升生产操作的业务协同水平。

5）智能运营层：为供应商关系管理、客户关系管理、企业资源计划、工程项目管理、科研管理等业务提供智能优化服务平台，包括企业资源计划（ERP）、供应链管理系统（SCM）、客户关系管理系统（CRM）等内容。

6）智能决策层：构建企业级专家级知识库，搭建面向主题的工业大数据分析决策平台，通过建立拟合不同模型、研究不同关系，发现有用信息，用于分析原因解决问题；发现潜在价值，预见可能发生的某种“坏的未来”并且给出相关建议，即预测并提供解决方案。

因此，智能炼化建设内容主要包括：智能服务数据交换体系、智能化管控平台、智能业务应用系统、过程模型库、算法库、数据集成等。

(1) 基于智能服务总线的数据交换体系

基于实时数据库、关系数据库，以及工程设计、工厂资源、生产动态、现场多媒体等信息融合技术与可视化技术，建立基于统一数据仓库的智能服务数据总线，实现生产管理系统、安全管理系统、能源管理系统、设备管理系统、质量管理系统、绩效管理系统等集成以及与 ERP 系统的互联互通，消除“信息孤岛”“应用孤岛”。

(2) 智能服务平台

1) 生产过程自动化智能控制平台：以控制系统(DCS)为基础，包括先进过程控制(APC)、实时优化控制(RTO)、安全仪表系统(SIS)、调制与编码策略(MCS)、机组综合控制系统(ITCC)、火灾报警系统(FAS)、全球分销系统(GDS)、电气自动化、三剂计量、外操巡检定位、在线分析小屋、电气防误闭锁、大型机组设备健康等。

2) 企业生产管理智能服务平台以 MES 为核心，包括企业级专家知识库、企业数字化资产模型、工作流引擎、优化分析模型库、分析算法库、智能报警库服务、IT 工具集等。

3) 企业生产运营智能服务平台：以 ERP 为核心，包括企业主数据、业务分析模型、绩效评估系统、企业门户等。

(3) 智能业务应用系统

根据示范情况以及实践探索，可以总结“十大”核心智能系统：

1) 工程数字化交付；

2) 过程控制自动化控制系统；

3) 实时数据库系统；

4) 先进控制优化系统；

5) 生产执行系统；

6) 能源管理系统；

7) 实验室信息管理系统；

8) 设备运行管理系统；

9) 安全风险分级管控与安全应急指挥系统；

10) 目标传导式绩效管理系统。

根据需求与情况的不同，各个系统的配置存在差异。

(4) 过程模型库

过程模型库能够作为理论研究以及实践的基本平台，也是创新的必要条件。这个模型库需要多个模型共同组成，如生产、工艺、产品、产品供需、设备材料等，这些模块相辅相成共同组成了流程工业的过程模型。这些模型主要包括：

1) 生产模型：用于展示生产过程中的设备及装置的生产情况、运行状态等，能为系统生产给予合理可行的方式，是过程模型库必不可少的组成部分。

2) 工艺模型：能够将对加工能力有影响的属性和工艺参数结合起来。

3) 产品模型：主要功能是可以不断地分析在加工过程中产品特性的变化，便于各个生产过程的结合。

4) 产品供需模型：主要用于描绘出生产需求与市场销售情况的关系。

5) 设备材料模型：在加工过程中设备材料的性能属性会发生变化，尤其是物理特性，本模型即为变化数据全程记录与还原。

（5）算法库

算法库也是智能炼化建设初步试验系统的组成部分之一，其中包含：

1）仿真算法库：主要用于模拟产品实际运作过程，判断生产操作过程中不同运行方式的合理性。

2）过程控制算法库：通过此算法库试验系统能够分析产品生产过程中控制方案对其的影响程度。

3）过程优化算法库：通过此算法库能够对产品生产过程的各个阶段进行设计和工艺流程优化。

4）辅助算法库：主要为工厂系统提供必要的计算方法。

5）专家知识库：通过知识工厂方法对曾经拥有的工程及管理方面的经验合理整合与利用。

（6）数据集成平台

数据集成平台准确地说是一种集成环境，它是在网络的基础上形成的，其组成包括：

1）实时数据库系统平台：它能够按照所需要状态产生数据源，可以提供相应接口的测试情况、数据收集、软件应用等测试环境，最终达到工程生产过程控制和智能化结合管理模式。

2）综合集成软件平台：为企业提供实际有用的分析，方便管理者做出合理的规划，对系统数据采样标准化管理，包括系统数据参考模型、接口标准以及远程访问标准等。

（7）其他

智能炼化的其他组成结构还包括优化计划、优化调度、数据协调、优化采购等方面内容流程，可以为工厂的研发、仿真、测试提供支持和参考。

中国石化是国内最早进行智能工厂建设探索与实践的国有特大型炼油化工企业集团。中国石化智能工厂以卓越运营为目标，贯穿运营管理全过程，具备高度“自动化、数字化、可视化、模型化和集成化”的炼化工厂。通过技术变革和业务变革，让企业具有更加优异的感知、预测、协同和分析优化能力。中国石化智能工厂总体架构由6个业务域智能化和2个技术体系组成，如图18-2-1所示。

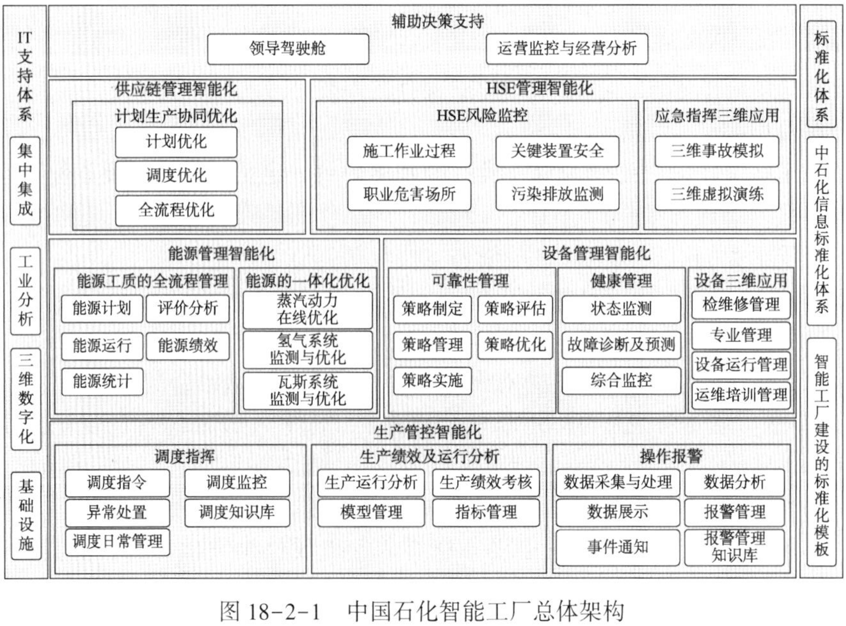

图18-2-1　中国石化智能工厂总体架构

3. 智能炼化到智慧炼化

面对制造模式的逐步转型升级，智能制造的本质仍是关注智能机器与人在生产过程中的融合，旨在使机器具备分析、推理、判断、构思和决策等能力，因此需要进一步对智慧炼化的设计、管理及运行进行深入研究。智慧炼化领域研究需要在智能制造的背景下，在综合考虑行业特征、技术现状和定制化生产的市场需求上设计工程架构、研究关键技术、开发应用系统并设计应用模式。

智慧化过程（智慧炼化）是从数字化工厂（数字炼化）、智能化工厂（智能炼化）发展起来的，特别是与智能化工厂（智能炼化）相比，在某些方面大致雷同，但细节上存在一定差异。

一般可以从两个方面来理解智慧炼化这一概念：

1）从智能优化制造和新一代智能制造角度来理解。

从智能优化制造以及新一代智能制造角度来说，智慧炼化是智能现代制造的第三阶段，是在数字炼化基础上，经过智能炼化建设，通过信息化手段特别是新一代人工智能等新技术去改造或应用于制造模式的改变或转型，在分布式、网络化、虚拟化的生产框架中，有针对性地解决生产系统的自治性、协同性问题，实现“人、机、物”的协调与一体化。在这个阶段，重点关注“人”在制造系统中的突出与核心地位，强调发挥人的潜能，并将人的智能与机器的智能真正有机地集成在一起，互相配合。在智能现代制造过程中，集成进行人与机器的智能活动，如分析、推理、判断、构思、决策等，通过人机合作，去扩大、延伸和部分取代技术专家再制造过程中的脑力劳动，把制造自动化扩展到柔性化、智能化和高度集成化，并独立承担分析、判断、决策任务，达到智能优化制造和新一代智能制造。

2）从人们熟悉的现代企业信息化的三层结构去理解。

现代企业信息化的三层结构从下至上为：过程控制系统层级、中间层级的制造执行系统和处于顶层的企业资源规划。以 ISA95 和 IEC62264 标准下的上述三层结构为原型，参考由生产、维护、质量和库存等运行管理系统共同构成的制造运行管理体系结构，将生产运行管理功能与实际生产场景紧密连接起来，同时考虑到在新的企业竞争环境和技术背景下，现代工厂的智能化逐渐聚焦于将物联网、大数据、云计算等新一代信息技术与产品全生命周期管理相融合，使工厂具备自组织、自律、自学习和自适应能力的现实状况。

对比于现代工厂生产、服务和运行模式，智能炼化、智慧炼化的主要差异以及功能性定义如下：

1）智能炼化更多地在于生产过程的信息化以及完善从下往上的信息化过程，而智慧炼化则是在智能炼化的基础上，更多地完善三层级之间的协调与优化，特别是强调了从上到下的信息化闭环。

2）智能炼化和智慧炼化的基础均为数字化炼化，它们均是借助信息化的力量，促进生产模式的转变。但其促进生产模式转变的方式，有一些区别。智慧炼化除了采用智能炼化的手段、方式外，更多地加入了一些诸如多智能体、人工智能的方式促进了生产过程的自治性、协同性等。

3）智能炼化和智慧炼化所采用的信息手段与所实施的项目在很多情况下是相似的。如两者的信息化项目的称谓基本相同或雷同，但在应用方面还是有些变化或不同，通常智慧炼化的信息化项目的应用会更加深入。

4. 炼化企业智能化现状

在智能炼厂建设方面，中国石化在燕山石化、镇海炼化、茂名石化和九江石化 4 家试点企业进行智能工厂建设，取得明显成效。通过实施智能炼厂建设，这 4 家试点企业的先进控制投用率、生产数据自动数采率分别提升了 10%和 20%，全部到达 90%以上；外排污染源自动检测率达到 100%；生产优化从局部优化、离线优化逐步提升为一体化优化和在线优化，劳动生产率提高 10%以上，提质增效作用明显，促进了集约型内涵式发展。

中国石油为贯彻落实国家关于发展工业互联网、推进智能制造和数字化转型的战略部署，2021 年，中国石油长庆石化公司“5G+智能炼厂”的建成，实现了生产运行智能优化、设备健康智能管控、安全环保智能监测，在提高劳动生产率、降低炼油能耗、降低运行成本等方面取得了明显成效。在 MEC 平台上部署的 5G+动设备智能预警系统，可自动跟踪厂区内数百台动设备的运行状态，实时计算、精准感知，故障预警准确率达 95%以上，检维修成本下降 10%左右，装置非计划停车次数降为 0，实现了设备预知性检维修，有效降低了设备的故障发生率和维修保养成本，保障了生产装置的安全平稳运行。建立了智能辅助巡检路线，员工可借助三维数字化平台，随时调取现场高清实景，查询异常参数的相关历史数据，有效提高了生产运行的受控管理水平。利用 5G 和视觉识别等新技术，实现 1s 内装置区火焰预警、烟雾预警、周界防护和人员行为检测等事件迹象智能识别，实时预警。建立了西北首家石油炼化 VOCs 网格化监管平台，对全厂 40 余项环保监测指标进行百米网格化精准监测、诊断报警及三维可视化展示，并可对厂区周界 3 公里区域 VOCs 进行溯源及污染联防联控，有效提升了厂区 VOCs 预警响应及处置效率。

二、智能化建设对炼化企业加工总流程影响

信息化和互联网的发展已经对企业产生了巨大影响，智能化是信息化和互联网发展在制造业中的深化和扩展，将对企业产生以下四方面的影响：产品从硬件为主转变为软硬并重；企业与用户从一次性交易转变为长期服务；大数据成为企业重要资源；企业之间的竞争演变为产业生态圈的竞争。

1. 智能化建设对管理决策的影响

所谓智能化管理，就是协同发挥人类智能和人工智能、个人智能与组织智能、企业智能与社会智能以应对可持续挑战的管理模式，应包含如下特征：集中人类智慧解决可持续发展难题；广泛开展基于开发人类智能的知识管理；大量开发应用人工智能工具；构建和完善智能化管理环境。

管理决策业务场景聚焦在协同工作环境下，集成所有为现实生产管理与优化操作的必要资源，提供数据分析和决策支持工具，实现各专业的有效合作，提高生产系统管理效率，降低生产管理成本，实现卓越运行。决策支持提供面向不同角色的差异化服务，面向企业主管生产领导，提供生产运营绩效分析、供需平衡分析、突发事件应急指挥服务；面向车间主管领导，提供计划、调度一体化优化、生产过程监控、设备运行监控服务；面向设备维护人员，提供设备报警汇总、设备预测性维护、专家支持及工作协同服务；面向成本分析人员，提供生产成本分析、对标分析以及绩效管理与优化功能。决策支持将实现生产过程的全程可视化，能够支持快速响应的信息通讯、现场监控与应急指挥；提供全面应急预案和故障分析服务，实现生产供应链协调、生产应急指挥中各专业的协调。

要依托移动应用平台、工业大数据平台、三维数字化、云服务平台等新一代信息技术，为炼化企业智能化建设的各项应用服务提供高性能、高可用性、高扩展性和高安全性的技术支持。要通过建立工业大数据驱动的智能决策基础支撑平台，实现数据获取、存储、处理、分析及智能决策，为企业生产、设备、安全、经营等各应用领域提供智能化的决策支持；各国建立移动应用服务平台，集成推送生产优化、设备管控、安全环保、能源管理等经营数据以及审核审批等业务数据，提供通信服务、信息和内容服务及个性化服务；通过建立全厂三维数字化模型，集成工厂全生命周期动静态数据，形成数字虚拟工厂，实现真实世界与虚拟世界的连接，有效支撑生产运营、设备监控、预测、安全等管理，为智能工厂建设打下数字化基础。

2. 智能化建设对计划优化的影响

炼化生产计划管理是炼油生产管理的首要环节，炼化生产计划的制订主要是根据产品的市场需求、原料的供应情况、企业的生产能力，在确保安全生产的前提下，利用企业现有的生产能力以经济效益最大化为目标，优化组织生产。

炼化且生产计划的编制方案主要包含：

（1）经验编制法

计划工程师基于多年生产经验，按照企业当前原料(原油)资源以及装置实际运行情况，根据原油及产品市场情况制定计划。该方法做出的生产计划准确性及时效性差，受到计划编制人业务水平及主观判断能力影响较大，对当今规模大、复杂性高的大型炼化企业而言，手工编制的生产计划已无法满足生产需求。

（2）线性规划法

炼化企业生产流程基本符合线性规划模型，通过建立原油与装置相关数据库，采用线性规划与递归(如 PIMS 软件)，以整体效益最大化为原则，可以实现原油品种选择、中间物料流向、产品产量的自动优化，特别适合大型炼化企业使用。缺点是不能反映装置机理模型，当装置工艺条件发生重大变化时测算会出现偏差。

（3）流程模拟法

通过对炼化企业生产装置进行全流程模拟生产(如 RSIM 软件)，准确度高，能准确反映装置操作条件变化影响，但需要操作人员具备相当水平的全厂各个装置相关知识。其软件涉及变量多、范围广、复杂度高、运算时间长，多数件软件不能进行物料及产品的自动优化，一般用于对单个装置进行优化。

对于炼化企业而言，计划优化业务在生产运营中占有重要地位，而在炼化企业智能化建设过程中，计划优化系统也是供应链协同优化实现的核心系统。目前炼化生产过程计划优化建模优化软件大多开发于 20 世纪，基于当时计算机硬件和软件技术制约，计划优化建模优化软件主要存在以下不足：单机版系统、非图形化开发、数据集成和结果共享不便等，并且由于是非国产软件，故使用年限短、购买服务价格昂贵。随着云计算技术的不断进步，其计算效能高、数据可共享等优化显而易见。故将计划优化系统以 B/S 架构进行开发，并部署于云平台上，从上至下与 ERP、MES、LIMS、RTO 等系统构成数据链接，形成有机整体，已是大势所趋。

3. 智能化建设对调度排产的影响

生产计划优化和流程模拟为炼化企业生产运行提供了较为明确的方向性指导，但加工工业模型化系统(PIMS)考虑不到更短周期，例如：每周每天的原料加工、存储顺序及可行性，

RSIM 等流程模拟工具同样不能解决这些问题。此外，炼化企业实际生产过程中还存在许多扰动因素，如装置操作不稳定乃至实际能采购到原料不完全符合计划等，这就需要生产调度部门根据实际运行情况进行生产指挥和调度，也就是指定短期调度排产计划。

目前，炼化企业常用的调度排产软件(如 Orion)可为调度人员模拟各种调度方案，预测短期内企业原料、中间产品、半成品及成品的产、运、销平衡衔接情况和公用工程系统产销平衡情况，关注调度排产指令、时序性和可行性。但 Orion 软件不具备生产方案全局优化功能，也不提供自动排产，而是需要调度人工指定方案，再运用 Orion 模拟并进行方案比选。炼化企业调度的自动排产问题高度分非线性，属于 NP 完全问题。

为了更好地执行生产计划与调度任务，部分炼化企业将生产运行执行系统(Manufacturing Execution System，MES)引入生产运营中。MES 通过计量管理系统，记录企业物流平衡、产品产量统计、装置实际运行情况，可跟踪物料动态，实现对生产动态情况的全程监控，做到物流的日平衡、旬确认、月结算和能源的日跟踪、旬平衡、月结算，大大提升了生产执行的效率。随着工业 4.0 背景不断深化，MES 系统也在不断地进行技术迭代与应用完善：更加完善的企业数据和知识库平台；完善的工艺和物料平衡模型；具备与智能设计模块连接的能力；完善智能生产、优化功能；成为新技术革命下智慧工厂体系成员；预制安全保护机制。

4. 智能化建设对生产操作的影响

随着自动化、信息化及数字化的技术水平的不断提升，原本由单控制仪表控制操作现场工艺生产状态的时代已经不再，完全由集散式控制系统(DCS)代替，而 DCS 也已成为工艺工程师、操作工程师对现场工艺装置生产状态“观测”与“掌控”的有效手段，而工艺参数仍然需要通过工艺工程师基于生产客观条件及计划调度排产目标进行确定，其人为技术水平差异及调整实时性给生产最优化状态带来影响。在日常运营中，也需要技术团队通力协作才能实现总体经济效益的最大化，故在保证安全生产并稳定产品质量的前提下，基于工艺流程工作中达到最优经济效益是炼化企业在运营中努力追求的目标，而实时优化(Real Time Optimization，RTO)就是其核心技术，即由原来通过人工确定关键工艺参数，升级为通过严格理化模型及智能优化算法计算得到。

严格在线实时优化解决方案，主要基于严格理化数学方程，并综合地进行数据采集、数据预处理、模型数据整定、实时开环优化、实时闭环优化等过程，最终计算得到关键工艺参数优化值。在实际生产过程中，实时优化能够响应原料物性的变化、工艺装置的扰动、下游处理装置的负荷变化及产品质量变化，更好地接近工艺的约束，降低装置综合能耗。通过这些功能来将各生产环节有效贯通，实现装置效益最大化。

实时优化基于计划调度的目标要求，结合当前实际工况、物料价格体系数据及装置的各约束条件，通过严格机理模型及智能优化算法得出工艺运行的最佳工作点(即关键工艺参数优化值)，通过 OPC 通信方式或其他数据传输方式传递给下层的先进控制系统(Advanced Process Control，APC)，而 APC 控制器收到 RTO 系统传递的稳态优化目标值后(APC-CV)，通过模型预测控制算法计算出动态最优操作值(APC-MV)序列，并于每一个控制周期将最新控制目标发送至 DCS 单回路控制器的设定值(DCS-SV)，而 DCS 控制系统通过 PID 单回路控制算法计算出执行装置(如阀门、机泵等)操作值(DCS-MV)，实现工艺转置的控制而达到装置运行的最优化。

实时优化的核心是工艺流程的模拟，而流程的模拟基于流程模拟软件，其关键点在于完整的组分数据库、严格的热力学计算方法、各类装置的稳态模拟模块(技术)及智能优化算法。炼油化工过程中每一套工艺装置乃至整个流程严格来说均为非线性过程，而对该过程的精准模拟也是流程模拟的巨大挑战。

在实时优化系统开发及应用过程中主要遵循以下步骤：

1）稳态判断：自动采集各类工艺实时数据(如装置运行操作参数、物料分析数据、催化剂数据等)，通过智能算法判断装置运行是否处于稳态或相对稳态，若装置运行进入稳态，则进行下一步。

2）数据整定：基于实际装置工艺流程及实际运行仪表数据，进行严格模拟计算，模型遵守物料平衡、能量平衡、热量平衡等，最终模拟模型跟踪实际装置运行工作点(模型部分参数可能与现场仪表存在一定偏差，但整体偏差最小)。

3）参数更新：将数据整定结果传递给模拟模型，为优化过程做准备。

4）模型优化：在明确优化目标(如经济效益)、约束条件(如质量指标、物料产量、操作约束等)前提下，通过使用智能优化算法，寻找经济效益最高的参数，实现全局最优。

此外，为保证实时优化的顺利建设，还需要满足几个重要条件：

1）现场仪表数据的可靠和准确，尽量减少模型中未检测变量的估计数。

2）可靠的单回路 PID，即 PID 参数的有效性整定。

3）完善的 APC，包含：

① 有效的 CV 变量接收 RTO 系统的优化结果；

② 有效的 MV 变量传递给下层 DCS 系统；

③ 可靠且精准描述过程动态特征的 MPC 动态控制模型。条件完善可保障实时优化的优化参数得以执行落实。

目前，实时优化技术已成功应用于常减压、催化裂化、催化重整、乙烯裂解等炼化过程主要生产单元，为装置提升经济效益、降低综合能耗、稳定运行生产起着至关重要的作用；同时，也在炼化智能化建设过程中起着承上启下的关键作用。

5. 智能化建设对控制执行的影响

在炼化经营生产过程中，生产经营管理层为最上层，其次是生产运营管理层，再次是生产操作控制层，最后通过现场仪表层与现场工艺装置进行“观测”与“调节”，如图 18-2-2 所示。

而在炼化智能化发展过程中，除了上层各类信息化系统的智能化升级外，下层的控制系统(控制器)、仪表传感器、执行装置(阀门、机泵等)也进行了相关的智能化升级，在提升了设备可靠性的同时，大大降低了人力成本。

先进过程控制技术作为在生产装置控制级的信息化应用，在优化装置的控制水平和提高生产过程的管理水平的同时，还为企业创造了可观的经济效益。一般来讲，通常所说的 APC 大致包含有三大类别的内容：

1）传统的先进控制技术，如变增益控制、时滞补偿控制、解耦控制、选择性控制等。

2）现行的先进控制技术，如模型预测控制(MPC)、统计质量控制(SQC)、内模控制(IMC)、自适控制、专家控制、神经网络控制器、模糊控制、最优控制等。

3）新兴的先进控制技术，如非线性控制、鲁棒控制等。

就目前来讲，应用比较广泛并且取得了良好效果的是模型预测控制，所以在现阶段人们讨论 APC 时，很多时候实际上是指 MPC，但模型预测控制亦有很多种形式，如动态矩阵控

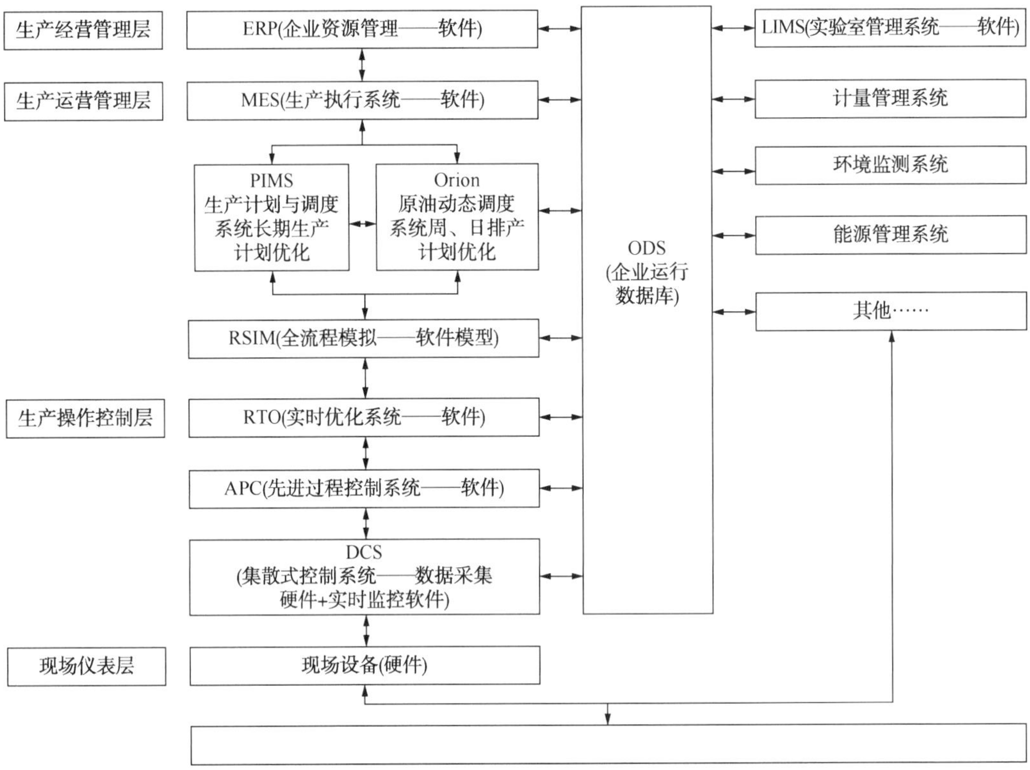

图 18-2-2　某企业智能工厂生产管理体系架构

制(DMC)、广义预测控制(GPC)等。但不管形式如何，都遵循一个基本的原理：模型预测、滚动优化、反馈校正。

相对于经典单回路控制器或控制系统而言，APC 系统具有以下优势：

1）APC 与经典 PID 控制器的最大区别是不再只是单个变量的控制，而是对被控对象的整体进行多个变量的控制，这样就消除了多个回路之间的相互影响。

2）APC 相较于经典 PID 控制器具有预测功能。可以根据目前多个回路的工况进行分析，从而对控制器内每一个回路的未来进行预测，根据预测的结果对回路进行调节，进而可以让控制效果尽可能地得到优化。

3）APC 相较于经典 PID 控制器具有更强的适应能力和更好的鲁棒性。适合于处理过程的大滞后、强耦合特性，并能有效地解决过程可测干扰。

4）相较于经典 PID 控制器，APC 策略采用多变量优化算法，适合处理多层次、多目标和多约束控制问题，能够更方便地让生产过程控制反应生产过程的经济指标。

APC 也有很多不同于经典 PID 的东西，它的控制目标不再是某个参数，而是整个被控对象的全部控制参数。而且被控变量也在传统的温度、压力、流量和液位四大参数的基础上进行了拓展，增加了诸如产品质量指标和设备负荷等工艺生产所需要的变量，能够从整体上提高装置的稳定性，实现了产品质量的卡边操作，为挖潜增效创造了条件。

APC 系统控制离不开经典的 PID 的联动控制，因为最终的调节还需要传统控制系统来执行。所以 PID 控制器的参数如何，能不能快速收敛，将直接影响控制的效果。

PID 控制器是指以比例-积分-微分算法为核心的控制方法，在实际工业过程中，以实例化于 DCS 控制器的单回路控制模块最为常见，在实际引用过程中几乎所有的控制方案均基于单回路控制，而控制性能的优劣均来源于 PID 控制参数的配置，而 PID 参数的优化配置即为 PID 参数整定。

早期 PID 参数整定过程主要依赖人工经验，通过反复试错与阶跃测试的方法，配置出符合当时工况的控制参数。由于人工经验的不同，生产运营操作控制的站位不同，其 PID 参数整定的结果也不尽相同，且 PID 参数并不能实时维护与优化来匹配随时变化的工况条件(PID 控制为线性控制，一般工况在较小工作区间变化内可视为线性特性，而在较大工作区间变化则可能出现非线性特性)。

而针对此问题，目前相对成熟的解决方案是让控制系统进行性能监控与评估(Control Performance Monitoring/Assessment，CPM/CPA)，此技术已经发展成为涉及控制理论、系统辨识、信号处理和概率统计等多门学科的交叉综合技术，通常被称作为控制回路的性能监控与评估、控制器的性能监控与评估、性能评估等。

目前已有一些较为成熟的商业化的控制器性能评价软件，不断应用于流程工业中，且大部分采用最小方差基准，例如：Aspentech 公司的 Aspen Watch，Rockwell 公司的 RSLoop Optimizer，霍尼韦尔公司的 Loop Scout，ABB 公司的 Optimize IT Loop Performance Manager，以及浙江中控技术公司的 PID-Suite 等。这些 CMP 软件可实时对控制回路进行性能监测与评估，并对问题控制回路进行报警显示，最终提出控制回路及控制参数的优化建议，实现装置自控率和运行平稳率的提升。

此外，智能仪表(传感器)、智能执行装置(如阀门、机泵等)、智能巡检设备、智能报警设备等带有一定智能化概念或元素技术的设备也应运而生，其主要应用无线通信技术、智能物联网技术、图像识别技术、AR(增强现实)技术、VR(虚拟现实)技术、大数据分析技术、数字孪生技术等。

三、智能化驱动总流程优化

1. 炼化生产计划与调度排产协同优化方案

A 企业基于原油分子工程、结合炼油厂典型流程和装置配置，研究适合炼油厂生产优化与调度排产的解决方案，并构建生产优化与调度排产软件原型。从原油选择和调和、装置加工、物料平衡、公用介质平衡、产品调和及出厂等方面提升炼油厂的优化水平，系统包括了：

1) 原油分子调和模块。建立原油分子调和优化模型，以中间产品的质量控制作为约束条件，利用非线性优化算法与大数据分析方法，获得一系列原油的调和方案和掺炼比例，从而完成对有限可配置原油调配比例的优化设定。通过对原油掺炼比例的有效控制，保证企业一次、二次加工装置原料物性稳定，从而达到平稳生产、节能降耗的目的。

2) 构建装置反应机理模型。针对催化裂化、延迟焦化、加氢裂化、连续重整、芳烃分离等炼化企业典型装置，结合大数据分析方法，研究构建生产装置的分子动力学模型，研究不同原料性质、不同操作条件对装置产品结构、产品性质、能耗物耗的影响。

3) 构建桌面炼油厂模型。在原油分子数据库和装置分子动力学模型的基础上，综合考虑炼厂综合影响因素，研究建立桌面炼油厂及生产调度的单厂模型，涵盖原油加工方案、全厂物料平衡、全厂公用工程平衡方案、物料性质预测、操作参数预估、质量控制方案。产品调和方案等主要生产阶段的全方面，开展全流程优化。

4）开发覆盖单厂所有装置的生产计划全局优化技术以及总部模型中原油资源配置优化集成和求解技术。优化处理技术，包括输入输出界面、计划优化结果分析报表、总部客户化报表等。建立模型标准化体系和业务标准化实施方法。

系统具备以下基本功能：

1）不同原油品种的调和结果及物性预测；

2）炼油厂全流程生产装置反应机理模型的构建；

3）针对不同原料性质或产品需求的装置加工方案的研究和优化；

4）生产加工与效益测算的结合；

5）任意生产装置停开工工况下，任意时间段内的全厂生产情况的预测和优化。

通过炼油厂生产计划与调度排产协同解决方案（优化系统）：

1）实现对潜在的可加工原油品种进行不同生产方案下的性价比测算，有利于更加精准地进行原油选择。

2）及早了解不同原油调和方案下常减压装置及后续二次装置的进料物性变化，有利于保障装置进料物性稳定，进而保障装置的安全平稳运行。

3）通过全流程模拟及早了解不同原油调和方案、不同装置操作条件下的产品质量变化，有利于根据经济效益情况或出厂需求情况及时调整产品调和方案。

4）根据不同的产品质量需求反推所需的二次装置操作条件，甚至混合原油的物性。

炼油厂生产计划与调度排产协调解决方案（优化系统）为炼油厂的各项生产计划的编制提供了一个更为科学、更加便捷的工具，提高生产计划统筹的准确性、可操作性，同时也可以让事故应急情况下的生产优化调度变得更为有效、更加全面，为炼油厂全流程的生产管理提供充分的信息支撑。

炼油厂生产计划与调度排产协同解决方案（优化系统）以海量的实际生产运行数据为基础，与模型测算有机结合，两者互为补充、互相促进，更有利于经验的积累和传承，使其更好地为生产服务，为炼化产品服务。

2. 生产运行与控制执行协同优化

中国石化J企业2015年建成智能工厂总体框架，2017年建设完成智能工厂1.0版本。

J企业智能工厂建设中不断提升流程管控智能优化。如图18-2-3所示，炼油全流程优化闭环管理，提升生产计划、流程模拟、生产调度与执行一体化联动优化。原料油快评分析系统建模461个，涵盖14套装置40余种物料，是国内率先完整建立从原油到各装置物料物性分析模型的企业；虚拟制造系统建立21套装置机理模型，实现“实施仿真”“性能评估”“操作优化”“计划优化”功能；19套主装置APC全覆盖，提升装置运行平稳率，主要工艺参数标准偏差平均可降低45%以上；基于稳态机理模型，在常减压装置投用国内首套炼油装置RTO，实现装置效益最大化，每小时增效2474元。

J企业常减压装置RTO项目于2016年12月开工，历经约3年时间完成投运与验收。作为国内炼化装置首套RTO系统建设，进行了一定探索与尝试。其总体建设范围包含：原油进料、换热网络系统、初馏塔系统、常压炉系统、常压塔系统、减压炉系统、减压塔系统。

整个RTO系统的核心是机理模型建设，项目主要完成原油更新与原油物性曲线计算模型；价值体系模型；常压装置严格机理模型；减压装置严格机理模型及完成的换热网络。为

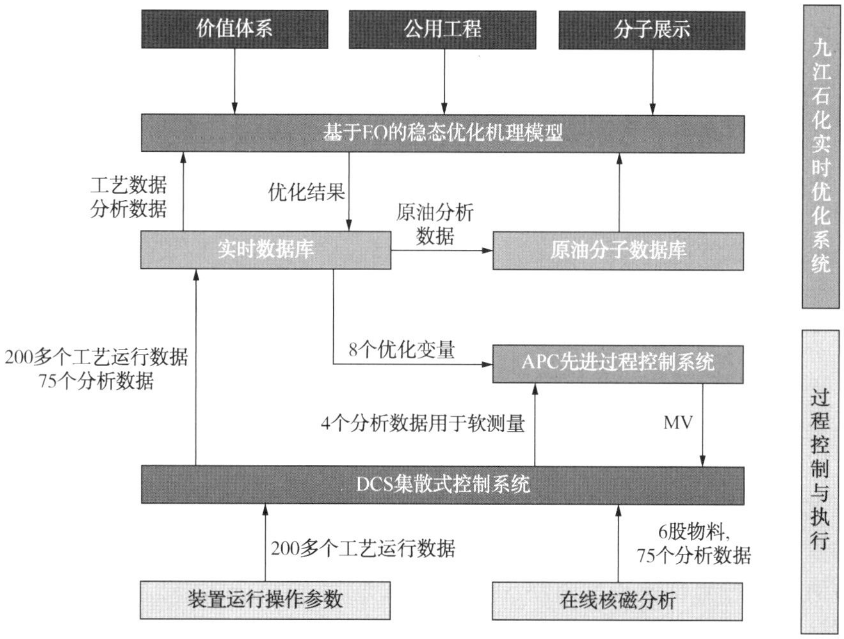

图 18-2-3　九江石化实时优化系统架构及数据流走向

支持 RTO 系统整体运行，开发并建设完成的数据采集与存储功能；工艺装置稳态检测与数据预处理功能；APC 系统升级改造(非新建)；APC 运行状态监控；RTO 专用数据库建设。此外还配置 RTO 专用操作站，实现优化结果综合展示及原油及产品物性展示等。

在整体 RTO 系统中物料(原油与产品)在线分析系统分析项目是至关重要的，直接影响到产品质量与原料物性的观测，而在此项目中应用在线核磁分析设备对 6 股物料 75 个物性进行实时在线分析，其中包含：

1) 原油：22 项(密度、酸值、碳、氢、硫、氮、水、残炭、凝点、胶质、沥青质和 11 个馏程)，优先分析馏程数据，主要用于原油数据更新及模型校正。

2) 初顶石脑油：10 项(烷烃、烯烃、环烷烃、芳烃、密度、5 个馏程)，优先分析终馏点，主要用于模型校正。

3) 常顶石脑油：10 项(烷烃、烯烃、环烷烃、芳烃、密度、5 个馏程)，优先分析终馏点，主要用于模型校正。

4) 常一线：9 项(碳、氢、密度、闪点和 5 个馏程)，优先分析终馏点，闪点、黏度，主要用于模型校正。

5) 常三线：13 项(碳、氢、硫、氮、密度、闪点、十六烷值和 6 个馏程)，优先分析 TBP95%点，主要用于模型校正。

6) 减三线：11 项(碳、氢、硫、氮、密度、残炭、碱性氮和 4 个馏程)，优先分析终馏点，主要用于模型校正。

通过原油分析数据对原油模型物性进行更新，包含：基础馏程数据，硫含量分布数据，碳含量分布数据，残炭分布数据，组分分布数据等，最终确保系统中原油数字化表征后与分析数据各重要指标相差小于 2%。在此基础上，进行相关核心模型的开发，其中包含：1 个顶层装置级模型(主流程模型)，8 个中间层子模型(进料、电脱盐前进料换热、电脱盐后进料换热、初馏塔子模型、常压炉子模型、常压塔子模型、减压炉子模型、减压塔子模型)。开发 3 个计算功能模块：原油更新模块、价值体系模块、能耗计算模块。完整的换热网络模拟包含 29 个换热器。整体模型初始化后，构建 62489 个方程及 63275 个非零变量。

主要优化变量为 8 个：初馏塔塔顶温度、常压塔塔顶温度、减压塔塔顶温度、常一线流量、常二线流量、常三线流量、常压炉出口温度、减压炉出口温度。

多个调整变量：初馏塔冷回流、常压塔中段循环、常压塔冷回流、减压塔中段循环、初馏塔侧线抽出、汽提蒸汽量等。

多个约束条件变量：初馏石脑油终馏点、常顶石脑油终馏点、常一线闪点、常一线终馏点、常三线 95%点、侧线抽出温度、常压塔过气化率等。

优化目标：控制初馏塔和常压塔塔顶抽出量；控制常一线航煤抽出量；提高装置切割清晰度，降低各馏分油重叠；提高装置深拔，降低装置能耗；提升装置平稳率和操作合格率。

在满足以上优化目标的前提下，全局优化系统经济指标。满足计划和调度要求，通过整体机理模型优化常减压装置的切割方案，促使整个装置经济效益最大化。

被优化变量发送至 APC 系统的 CV 值，通过模型预测控制算法计算出每个周期需要调节的变量数值，发送至 DCS 控制回路 SV，最终实现装置的优化运行与操作执行，完成生产运行与控制执行的协同优化，如图 18-2-4 所示。

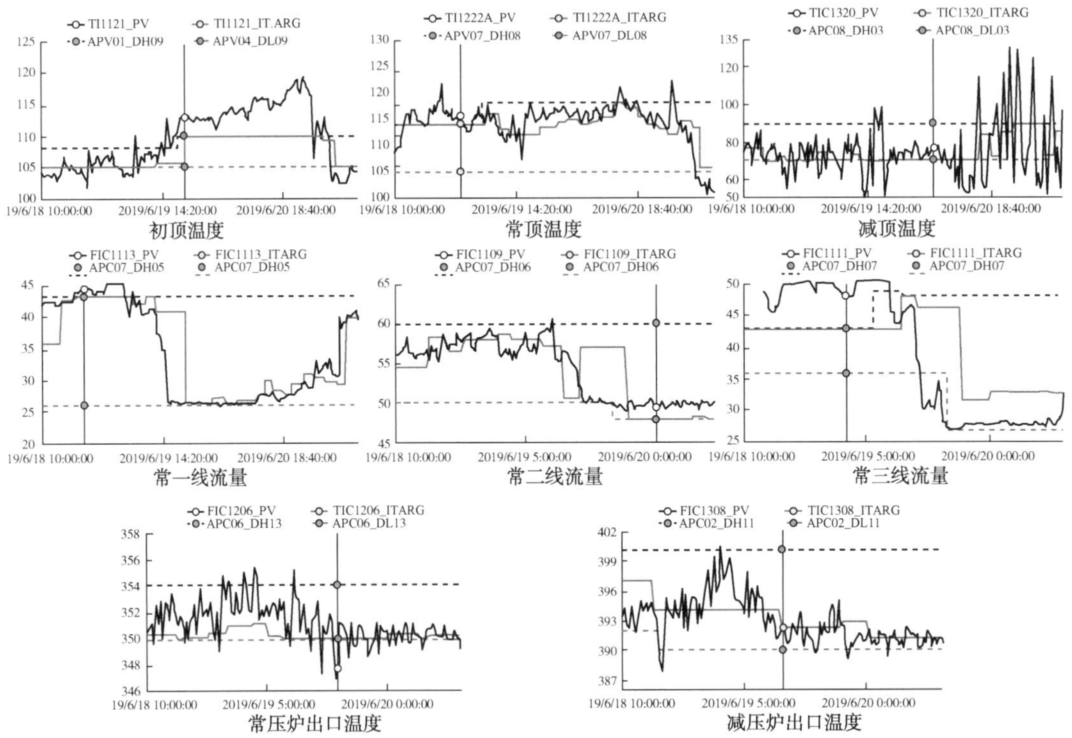

图 18-2-4　J 企业实时优化系统投用前后主要操作数据趋势对比

第十九章　炼油总流程优化工具

第一节　国外优化工具

炼油总流程使用的优化工具可以分为基于线性规划模型的经济优化软件和基于机理模型的流程模拟软件两大类型。第一类软件主要包括 Aspen Tech 公司的 PIMS、Honeywell 公司的 RPMS、AVEVA(剑维)公司的 Spiral Plan、Haverly 公司的 GRTMPS 等；第二类软件主要包括 KBC 公司的 Petro-Sim、Aspen Tech 公司的 Aspen Plus 和 Aspen Hysys、AVEVA 公司的 PRO/Ⅱ等软件。下文分别选取 Aspen PIMS 和 Petro-Sim 作为代表介绍这两类软件的基本情况。

一、Aspen PIMS

Aspen PIMS 软件全称是 Process Industry Modeling System，即流程工业建模系统，是美国 Aspen Tech 公司的一套应用于炼油化工等流程工业的经济优化软件。PIMS 软件解决的主要问题是对于特定的炼化企业，在价格体系确定后，受库存、装置负荷、调和能力等方面的约束，应采购哪些原油原料，采购多少，如何安排装置负荷，中间物料走向，调和比例、产品销售及库存，才能使企业的经济效益最佳。PIMS 软件采用的主要技术是线性规划技术，优化目标是生产利润最优。根据模型结构和使用场景，PIMS 模型主要分为 6 类，如表 19-1-1 所示。

表 19-1-1　PIMS 模型分类

种类	含义	种类	含义
PIMS-Small	1000 行左右的 PIMS	PPIMS	多周期 PIMS
PIMS-Medium	8000 行左右的 PIMS	MPIMS	多厂 PIMS
PIMS-Large	>16000 行的 PIMS	XPIMS	多厂多周期 PIMS

(一) 线性规划

线性规划的英文名称是 Linear Programming，简称为 LP，是运筹学中使用最为广泛的一个分支，研究的主要内容是如何通过统筹安排，达到使用最少的资源完成最多任务的目的。线性规划广泛地应用于各类经济领域，如物资调运、生产组织、计划排产、配料、布局等，解决了许多经济效益最大化的问题，取得了较好效果。

线性规划的三大要素分别是决策变量、目标函数和约束方程组。线性规划的一般形式如下所示：

$$\min Z = \sum_{j=1}^{n} c_j x_j$$

$$\begin{cases} a_{11}x_1 + a_{12}x_2 + \cdots + a_{1n}x_n = b_1 \\ a_{21}x_1 + a_{22}x_2 + \cdots + a_{2n}x_n = b_2 \\ \cdots\cdots \\ a_{m1}x_1 + a_{m2}x_2 + \cdots + a_{mn}x_n = b_m \\ x_j \geqslant 0,\ i = 1,\ \cdots,\ n \end{cases}$$

线性规划的主要特点包括：

1）存在一个目标，如利润最大或成本最小。

2）至少存在一个达到目标的路径，且可能存在无限多个解。

3）实现目标的资源供应是有限的。

4）目标和限制条件能用数学方程式或不等式表达。

5）线性指的是不含诸如 X^2，X^3，$\lg X$ 等非线性项。

PIMS 软件就是基于线性规划的数学模型，将其应用于流程工业的生产组织与计划中，通过计算机程序语言、先进的解题器完成求解过程，得出优化结果。对于 PIMS 软件，其目标函数是经济效益最大，即如等式(19-1-1)所示：

$$\text{目标函数}=\text{销售收入}-\text{原料成本}-\text{生产成本}=\text{外售产品}\times\text{出厂价}-\text{外购原料}\times\text{到厂价}-\text{公用工程消耗}\times\text{外购价} \tag{19-1-1}$$

决策变量包括原料购买量、产品销售量、中间物流的生产与使用数量、装置开工负荷等。约束方程组包括物流数量约束、装置负荷约束、产品质量约束和其他约束。PIMS 模型中所用到的数据都是目标函数和约束方程组的系数。PIMS 的运算过程就是求解线性规划问题的过程，得出的结果就是此线性规划问题的解。

（二）主要功能

PIMS 软件的结构示意图如图 19-1-1 所示，灰色框内为 PIMS 软件本身的模型和模块，主要包括原材料采购模块、常减压装置模块、二次加工装置模块、化工装置模块、产品调和模块、库存模块、产品销售模块、公用工程和三剂的采购销售模块。绿色框内是需要给定的模型参数，主要包括原材料购买参数、装置收率参数、装置操作参数、物料物性参数、能耗和三剂消耗参数、定额消耗参数、产品规格参数、公用工程和三剂购买销售参数、产品价格参数等。此外，PIMS 软件上游还需要有原油数据库和原油切割软件作为配套，提供原油评价数据和各馏分油性质数据。

PIMS 软件的主要功能包括：

1）原料优化，优化原油和原料油的品种和数量，特别是涉及多种原油采购的场景。

2）产品优化，优化产品生产和销售的经济效益。

3）物流优化，选择中间物流的最佳流向。

4）库存优化，优化各个物流的最佳库存量。

5）操作优化，生产模式及调和模式优化。

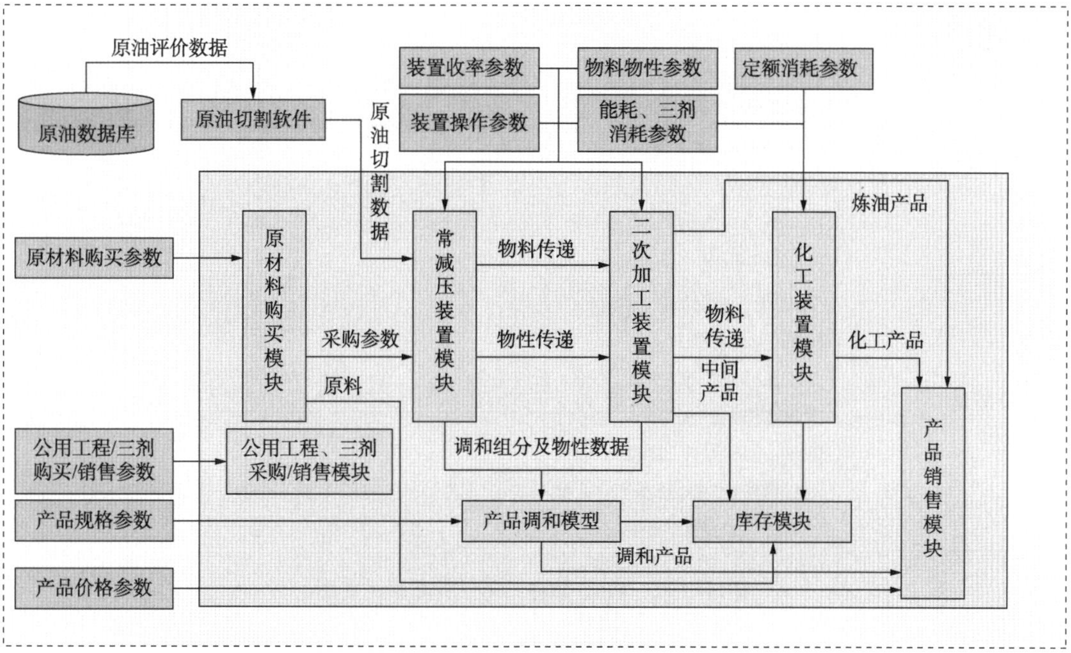

图 19-1-1　PIMS 软件结构示意图

6）计算盈亏平衡点，计算最高原料进价、最低产品售价等。

7）寻找系统瓶颈，计算生产装置的边际利润判定生产系统的瓶颈装置。

根据上述功能，炼化企业主要采用 PIMS 软件进行以下工作：

1）短期计划，为企业进行月度、季度、年度生产计划排产，实现经济效益最优。

2）长期计划，为企业进行五年计划、长期生产预测与安排等。

3）企业规划，计算新规划装置的生产效益，为计算投资回报率提供依据，为企业做长期规划提供参考。

4）原油评估，计算原油的盈亏平衡点，为企业进行原油选择与采购安排。

5）生产优化，计算中间物流最佳流向，实现企业生产流程优化调整。

6）经济分析，通过不同方案的对比研究与经济分析，确定最佳的优化方案。

（三）结果解读

PIMS 软件运行完毕后会生成优化结果文件，目录如图 19-1-2 所示，包含原料购买、产品销售、公用工程购买和销售、经济效益计算、装置负荷、产品调和、二次装置详细进出料信息等内容。

图 19-1-3 是原油原料购买结果，Unit/DAY 列展示优化后的各油种购买数量，Minimum 和 Maximum 列是建模时输入的购买量上、下限，$/Units 列是建模时输入的原油原料的单价，$/Day 是计算出的各个油种购买总价，Marg Val 是边际效益，此列有数值则代表目前购买量已经达到上限（或下限），再多买（少买）1 单位该原油可以增加的收益。以此表为例，阿曼原油购买量已经达到 180000 单位的设定上限，如果可以扩大上限，再购买 1 单位的阿曼原油，则可以增加效益 21.604。

Table of Contents

Material Purchases	3
Group Purchases	4
Material Sales	5
Utility Purchases	6
Utility Sales	7
Economic Summary Analysis	8
Capacity Utilization Summary	9
Recursion Log Report	10
Specification Blend	13
Stream Property Report	20
Stream Disposition Map	28
Stream Disposition Summary	43
Utility Disposition Map	46
Process Submodel Summary	47

图 19-1-2　PIMS 软件结果文件目录示意图

Material Purchases

Feedstock Purchases		Units	Units/DAY	Minimum	Maximum	$/Unit	$/DAY	Marg Val	Weight
OMN	阿曼	MTONS	180, 000	0	180, 000	3048.000	548, 640, 000	21.604	180, 000
IRH	伊朗重	MTONS	200, 000	0	200, 000	3064.330	612, 866, 016	24.206	200, 000
SRI	锡里	MTONS	6, 727	0	156, 000	3085.870	20, 757, 769		6, 727
SOR	索鲁士	MTONS	63, 015	0	156, 000	2747.100	173, 109, 601		63, 015
SAL	沙轻	MTONS	265, 549	0	400, 000	3158.720	838, 796, 025		265, 549
SAM	沙中	MTONS	304, 421	0	312, 000	3081.970	938, 216, 726		304, 421
SAH	沙重	MTONS	282, 010	0	312, 000	2985.170	841, 848, 254		282, 010
ZKM	阿布扎库姆	MTONS	78, 000	0	78, 000	3152.290	245, 878, 623	2.589	78, 000
KWT	科威特	MTONS	156, 000	0	156, 000	3067.550	478, 537, 808	21.874	156, 000
BSL	巴士拉	MTONS	73, 943	0	312, 000	3021.650	223, 428, 824		73, 943
CSL	冷湖	MTONS	11, 000	0	52, 000	2744.120	30, 185, 321		11, 000
MAY	玛雅	MTONS	52, 000	0	52, 000	2533.570	131, 745, 644	26.080	52, 000
DAR	达尔	MTONS	193	0	168, 000	2984.730	576, 655		193
MAL	马林	MTONS	77, 141	0	156, 000	2970.080	229, 116, 145		77, 141
RCD	荣卡多重	MTONS	100, 000	0	156, 000	2921.610	292, 161, 011		100, 000
	原油总量		1, 850, 000	0	1, 850, 000		5, 605, 864, 421	481.458	1, 850, 000
BME	甲醇	MTONS	2, 519	0	10, 000	2810.000	7, 078, 339		2, 519
BC4	混合碳四	MTONS	20, 000	0	20, 000	3092.000	61, 840, 000	770.000	20, 000
BLK	外购烷基化油	MTONS	16, 000	0	16, 000	5250.000	84, 000, 000	1098.642	16, 000
			38, 519				152, 918, 339		38, 519
	Total Purchases		1, 888, 519				5, 758, 782, 760		1, 888, 519

图 19-1-3　PIMS 软件结果文件-原油原料购买结果示意图

图 19-1-4 是产品销售结果，各列含义基本与原油购买结果表相同，Marg Val 是边际效益，以此表为例，95#国Ⅵ乙醇汽油销售量已经达到 100000 单位的设定上限，但如果可以扩大上限，多销售 1 单位 95#国Ⅵ乙醇汽油，则会增加效益 229.341。

Material Sales

Product Sales		Units	Units/DAY	Minimum	Maximum	$/Unit	$/DAY	Marg Val	Weight
E92	92#国Ⅵ乙醇汽油	MTONS+	26, 107	0	200, 000	4603.280	120, 176, 299		26, 107
E95	95#国Ⅵ乙醇汽油	MTONS+	100, 000	0	100, 000	5179.140	517, 914, 014	229.341	100, 000
E98	98#国Ⅵ乙醇汽油	MTONS+	40, 000	0	40, 000	5242.960	209, 718, 398		40, 000
JET	煤油	MTONS+	265, 005	0		4166.000	1, 104, 009, 198		265, 005
P00	0#国Ⅵ车用柴油	MTONS+	32, 833	0	60, 000	4041.000	132, 677, 953		32, 833
BV0	润滑油基础油	MTONS+	13, 403	0		4203.000	56, 331, 005		13, 403
EXT	糠醛抽提料	MTONS+	21, 318	0		3500.000	74, 613, 490		21, 318
BNZ	苯	MTONS+	12, 904	0		5444.000	70, 250, 987		12, 904
WAX	石蜡	MTONS+	23, 426	0		4710.000	110, 337, 164		23, 426
HAS	高等级道路沥青	MTONS+	135, 000	135, 000	135, 000	2273.000	306, 855, 000	-927.034	135, 000

图 19-1-4　PIMS 软件结果文件-产品销售结果示意图

图 19-1-5 是装置负荷结果，Activity 列为优化的各装置开工负荷。此表中 Marg Val 意义，如 4#蒸馏装置已经达到 567750 单位的设定上限，如果可以扩大上限，多增加 1 单位的产能，则会增加效益 30.556。

图 19-1-6 是产品调和结果，结果表包括三部分内容，第一部分是优化后参与调和的组分、调和比例和组分性质，第二部分是模型中允许调和，但优化后并未参与该产品调和的组分及性质，第三部分是最终调和产品的性质。

图 19-1-7 是装置数据，包括三部分内容，第一部分是装置进料组分的量和占比。第二部分是装置出料的量和收率，第三部分是总的进料性质。

图 19-1-8 是经济效益计算结果，包括原料总购买金额、产品总销售金额、毛利总额(销售-购买)、公用工程费用、固定费用、净利润(毛利-公用工程-固定)，还可以根据实际情况设定特定罚值。

Capacity Utilization Summary

Process Capacity		Activity	Minimum	Maximum	% Maximum	Marg Val
AT1	1#蒸馏	240，350	0	335，800	71.575	
AT2	2#蒸馏	0	0	300，000	0.000	
AT4	4#蒸馏	565，750	0	565，750	100.000	30.556
AT5	5#蒸馏	1，043，900	0	1，043，900	100.000	35.392
NAP	正异构吸附分离	61，027	0	70，000	87.182	
TP1	1#重整预分馏	160，000	0	160，000	100.000	8.588
RF1	1#连续重整	120，000	0	120，000	100.000	1160.719
TP2	2#重整预分馏	125，132	0	180，000	69.518	
RF2	2#连续重整	150，000	0	150，000	100.000	1204.047
FC1	一催化装置	0	0	0		3708.593
FC2	二催化装置	10，995	0	91，980	11.954	
FC3	三催化装置	153，300	0	153，300	100.000	125.123
FC4	新催化装置	228，125	0	228，125	100.000	56.942
HCU	加氢裂化	0	0	0		3818.617
HC2	2#加氢裂化	250，025	0	250，025	100.000	321.992
CK1	1#延迟焦化	8，328	0	122，640	6.791	
CK2	2#延迟焦化	0	0	122，640	0.000	
SDU	溶剂脱沥青	36，349	0	36，500	99.586	
VRS	渣油加氢	245，280	0	245，280	100.000	32.837
SRH	新建浆态床渣油加氢	252，465	0	260，000	97.102	
HFS	油浆脱固	0	0	50，000	0.000	
ZOB	吸附脱硫	180，000	0	180，000	100.000	865.374
HMU	航煤加氢	181，429	0	219，000	82.844	
HF1	焦化汽油加氢	1，235	0	80，300	1.538	
HF2	200万吨柴油加氢	219，000	0	219，000	100.000	10.720
HF3	260万吨柴油加氢	146，643	0	310，250	47.266	
HVG	蜡油加氢处理	47，427	0	186，150	25.478	
GFU	气体分馏	57，573	0	109，500	52.578	
MTB	MTBE	6，935	0	6，935	100.000	1630.115
H2U	制氢	0	0	3，723	0.000	
GAU	饱和干气回收	45，787	0	70，000	65.411	
SUL	硫黄回收	27，146	0	29，200	92.965	
FF1	糠醛精制	67，525	0	67，525	100.000	403.475
FF2	糠醛精制	67，525	0	67，525	100.000	366.284
LW1	酮苯脱蜡	46，438	0	52，925	87.742	
LW2	酮苯脱蜡	49，490	0	52，925	93.510	
LHI	润滑油加氢异构	0	0	55，000	0.000	
LP1	白土精制	49，275	0	49，275	100.000	35.683
LP2	白土精制	14，995	0	49，275	30.431	
WHU	石蜡装置	23，651	0	29，200	80.996	

图19-1-5　PIMS软件结果文件-装置负荷结果示意图

Product：E92 92#国Ⅵ乙醇汽油

Component to Blend		MTONS/DAY	Wt%	Inspections for Limiting Qualities		
				RON	ARW	MTB
HAR	重芳烃	10，486	11.65	112.0000	98.0000	0.0000
MC5	重整碳五	8，620	9.57	80.0000	0.0000	0.0000
TOL	甲苯	20，403	22.66	105.0000	100.0000	0.0000
HLN	HC 轻石脑油	25，416	28.22	76.0000	0.0000	0.0000
SZB	吸附脱硫汽油	25，125	27.90	92.0000	24.0000	0.0000
	Total	90，050	100.00			
Component Excluded		Marg Val	Inspections for Limiting Qualities			
		$/Units	RON	ARW	MTB	
BMT	乙烯来 MTBE	0.000	112.0000	0.0000	100.0000	
BLK	外购烷基化油	-4.407	95.0000	0.0000	0.0000	
MTB	MTBE	0.000	112.0000	0.0000	100.0000	
IN1	异构石脑油	-0.841	85.0000	0.0000	0.0000	
RAF	重整抽余油	-1.127	75.0000	0.0000	0.0000	
R1N	重整汽油	-1.059	103.5000	86.0000	0.0000	
Product Qualities		Minimum	Product	Maximum	Marg Val $/Unit/BBLS	
SUL+	最大硫含量		0.0003	0.0008		
RON	最小研究法辛烷值	90.2000	90.2000		-11.777	
DON	最小抗爆指数	85.7000	86.6219			
OLE	最大烯烃含量		6.5293	14.0000		
BNZ	最大苯含量		0.1419	0.7700		
ARW	最大芳烃含量		36.0000	36.0000	4.215	
MTB	MTBE		0.0000	0.0000	3.379	
RVP	雷氏蒸气压	20.0000	55.6639	80.0000		
RVI	蒸气压指数	12.0000	152.0063			

图 19-1-6　PIMS 软件结果-产品调和结果示意图

Submodel：SCD1 一蒸馏

Process Feeds		Units	Units/DAY	Wt%
SOR	索鲁士	MTONS	63，015	26.22
DAR	达混	MTONS	193	0.08
RCD	荣卡多重质	MTONS	100，000	41.61
MAL	马林	MTONS	77，141	32.10
	Total		240，350	100.00
Process Yields		Units	Units/DAY	Wt%
AG1	三顶气	MTONS	1，354	0.56
LN1	石脑油	MTONS	4，145	1.72
MN1	石脑油	MTONS	10，080	4.19
KE1	直馏煤油	MTONS	12，032	5.01
LD1	轻柴油(常二线)	MTONS	4，882	2.03
HD1	重柴油(常三线)	MTONS	28，466	11.84
V11	减一线	MTONS	10，468	4.36
V21	减二线	MTONS	31，967	13.30
V31	减三线	MTONS	22，473	9.35
V41	减四线	MTONS	16，122	6.71
VR1	含硫减压渣油	MTONS	97，639	40.62
LOS	损失	MTONS	721	0.30
	Total		240，350	100.00

Process Parameters	Value
常减压进料性质	
AT1 的 *API°*	18.97
AT1 的硫含量	1.50
AT1 的酸值	1.63

图 19-1-7　PIMS 软件结果-装置进出料结果示意图

Economic Summary Analysis

	$/DAY
Product Sales	7, 848, 127, 010
Feedstock Purchases	5, 772, 538, 321
Gross Margin	2, 075, 588, 689
Utility Purchases	86, 849, 221
Utility Sales	2, 055, 118
固定费用合计	4, 200, 000
Net Operating Margin	1, 986, 594, 586
Penalty Cost	0
Net Variable Margin	1, 990, 794, 586
Non Discounted Objective	1, 990, 794, 586

图 19-1-8　PIMS 软件结果-经济效益计算结果示意图

二、KBC Petro-Sim

(一) 模拟方法

炼化流程模拟软件是基于炼化工程学、热力学、系统工程、应用数理统计、计算方法及计算机技术等多学科理论，在计算机上实现综合性模拟的软件系统。

流程模拟过程是建立描述过程特性的数学模型并求解，实现对过程系统规律和行为的预测与分析。数学模型的基础是物理和化学定律，也称为机理模型。根据被模拟对象的性质，建立的数学模型包括下列方程组：物料衡算和能量衡算方程，物流局部微元过程方程，表达各种过程参数间关系的理论、半经验或经验关联式、过程参数约束等。

根据对系统数学模型的求解方法，可以将流程模拟分为序贯模块法、联立方程法和联立模块法三种建模方式。

1. *序贯模块法*

序贯模块法是通过模块依次顺序计算求解系统模型的一种方法。系统的基本组成部分是模块(子程序)，对每类单元设备编制一个子程序，如反应、精馏、吸收、萃取、换热、结晶等，该程序包含相应的单元模型方程和模型的求解程序，称为单元模块。在程序运行时，针对特定的对象系统，一个模块接一个模块地有序调用。序贯模块法应用最为广泛，也是目前大部分商业流程模拟软件采用的计算方法。其基本问题是迭代变量的选择、计算顺序的确定和修正循环流假定值的迭代方法。

序贯模块法的优点包括：

1）对每类设备单元建立通用的单元模型，根据单元模型的特点，选择适宜、高效的求解算法，共同构成单元模块，单元模块继承性强。

2）采用模块顺序求解的方法进行收敛计算，出现错误或计算不收敛时，便于依据流程纠错。

3）模拟计算中的信息流与实际过程中的物流和能流相互对应，直观联系强，有助于研究人员的理解和掌握。

序贯模块法的缺点主要是当流程中存在多层嵌套的循环物流，或遇到需要迭代的设计型及优化型问题时，需要在流程水平上反复迭代，计算效率较低。

2. 联立方程法

联立方程法是将描述流程系统的所有数学模型汇集到一起，形成一个非线性方程组，联立求解。涉及的方程组包括物性方程、单元模型方程（包括物料平衡方程、能量平衡方程、反应动力学方程、传递方程等）、单元间的连接方程以及设计规定方程等。联立方程法的核心问题是求解超大型稀疏非线性方程组，求解方法主要有降维求解法和线性联立求解法。求解过程的关键是保证收敛的稳定性和确定合适的决策变量初值。

联立方程法的优点包括：

1）可以根据问题需要灵活确定输入、输出变量。

2）可以实现物性计算、单元计算、流程计算、设计计算的同步收敛。

3）有利于求解设计约束问题和优化问题，效率较高。

联立方程法的缺点包括：

1）计算时间随方程维数的增大而急剧增大。

2）模型缺乏与实际流程的直观联系。

3）计算失败后难以诊断错误所在。

4）对初值的要求比较苛刻。

3. 联立模块法

联立模块法兼有序贯模块法和联立方程法的优点，并尽可能地避免两者的不足。联立模块法利用严格模块产生相应简化模型方程的系数，然后将流程各单元简化模型与物流联结方程联立求解，得到系统的一组状态变量。联立模块法的计算效率主要依赖于简化模型的形式。一般来说，简化模型是严格的近似，同时具有建模容易、求解方便的特点。

（二）主要功能

Petro-Sim 软件以蒸馏与反应器模型为核心，结合产品调和模型、原油拟合技术以及物流混合方法，建立完整工艺流程的非线性模拟，评估炼油厂原料、中间物流、工艺、操作条件等的变化对全厂物料平衡、产品性质、装置能耗及全厂经济效益的影响。

1. 软件主模块

输入、输出模块。

物性数据库：基础物性数据库、物性估算程序、实验数据处理系统。

算法子程序模块：非线性方程组的数值解法、稀疏线性方程组解法、最优化算法、参数拟合、插值计算方法和各种迭代算法等。

成本估算和经济评价模块：静态和动态的经济评价指标和各要素的估算方法。

单元操作模块：反应、换热、压缩、闪蒸、精馏或吸收等过程单元。每一个单元模块的数学模型包括：物料平衡、能量平衡、相平衡和速率方程等。这些模块从输入单元获得物流变量、设计变量值后，自物性数据库取得物性数据，求解模型方程等得到输出物流变量和单元中的状态变量。

2. 软件的主要特点和功能

具备全套的炼油反应器模型和产品调和模型，可以模拟催化裂化、催化重整、加氢裂化、加氢精制、延迟焦化等炼油过程，并且各装置模型相互连接，可以建立复杂、精细的炼油厂模型。

1）催化裂化装置模拟特点是原料按碳原子数进行分类模拟；裂化反应动力学随提升管和反应器的高度变化；用严格的焦炭燃烧动力学原理建立热量平衡模型。

2）加氢裂化装置模拟特点是对所有的反应进行严格的动力学表征；详细的热平衡计算反应器温度变化；准确预测产品收率和氢气消耗。

3）重整装置模拟特点是对连续重整和半再生重整均可建模；原料按碳原子数进行分类模拟。

4）加氢精制装置模拟特点是对所有的反应进行严格的动力学表征；详细的热平衡计算反应器温度变化；可以对超低硫(<10mg/kg)的脱硫反应进行准确表征。

5）延迟焦化装置模拟特点是一次通过和常规操作的焦化装置均可模拟；可以模拟加热炉炉管侧流体力学参数及温度和压力分布。

6）带有原油合成功能相当于在软件中嵌入了原油切割工具。

7）能生成线性规划模型供 PIMS 等软件调用。

8）支持用户接口，催化裂化 MIP、FDFCC 等技术可以二次开发，嵌入使用。

根据上述功能，炼化企业主要采用 Petro-Sim 软件进行以下工作：

1）优化生产装置，根据具体优化目标使企业利润或加工量达到最大化。

2）对原料变化以及关键工艺条件变化所带来的影响进行量化分析和处理。

3）针对设备更换或装置改造等投资建议进行模拟，评估其效果及经济性。

4）保持并更新炼厂的线性规划模型，为其他软件提供数据基础。

5）对新工程师进行培训，监测装置工况并跟踪关键绩效参数。

第二节　国内优化系统-VISPRO 系统

炼化资源可视化智能优化系统(VISPRO，即 Visualized Intelligent System for Petrochemical Resources Optimization)，是中国科学院拥有自主知识产权的一款适用于炼化企业总流程评估与优化的建模系统。

VISPRO 系统适用于炼化企业“物流”“能流”和“碳流”协同优化，采用图形化操作模式，通过基于业务流程的建模方式，能够显著降低建模门槛，提高建模效率，适用于生产计划优化、总流程规划、生产运营优化、碳排放和碳足迹核算与优化等多个应用场景。VISPRO 系统首页如图 19-2-1 所示。

VISPRO 系统基于模块化装置模型，采用图形化流程搭建方式建立全厂线性规划模型。系统开发了自动化数据导入工具，能够自动从石化企业已有信息系统中提取数据并高效、准确地批量导入模型，可大幅降低建模难度、缩短建模周期并降低使用门槛。系统通过与原油数据库及过程模型的集成，可显著提高全厂线性规划模型的精度。能够在控制全厂碳排放总量或碳排放强度的前提下，开展全厂总流程优化，并对所得的优化方案进行装置用能、碳排放量及产品碳足迹评估，极大地拓宽了系统的应用场景。系统根据国内炼厂业务流程和使用经验定制开发了多样化结果分析展示，使炼油厂能够获得直观的决策支持。VISPRO 系统的功能特点，如图 19-2-2 所示。

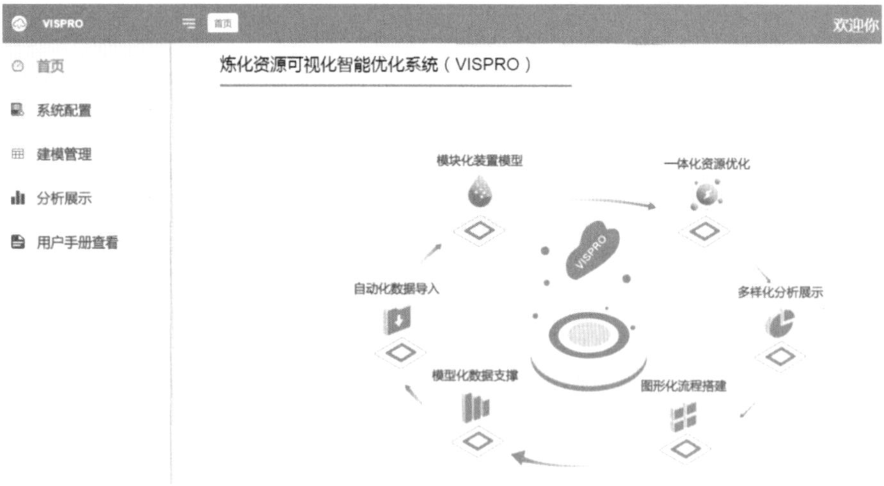

图 19-2-1　炼化资源可视化智能优化系统界面展示

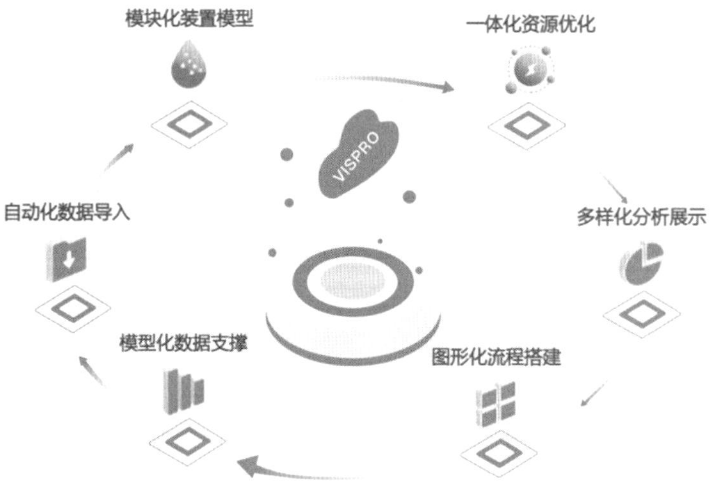

图 19-2-2　VISPRO 系统功能特点

VISPRO 系统基于微服务架构采用模块化设计，具有更好的灵活性、稳定性和通用性，可以采用云端部署、浏览器访问的应用方式，可充分利用云端计算资源，并显著提高系统应用的便捷性。

（一）VISPRO 系统功能架构及主要特点

VISPRO 系统主要功能架构包括：优化模型系统、数据支撑系统、分析展示系统等内容如图 19-2-3 所示。

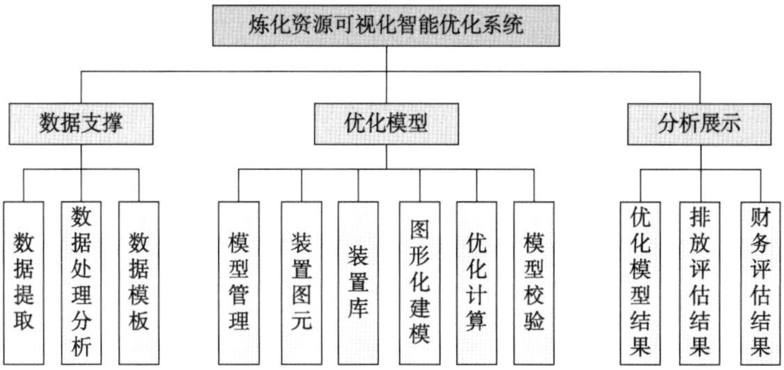

图 19-2-3　炼化资源可视化智能优化系统总体架构

VISPRO 系统具有多项创新性设计，包括装置模型统一性与灵活性兼顾、构建典型炼化装置库、图形化全厂流程建模、列表式模型管理、原油数据库便捷支撑、常减压装置自动校核、生产数据自动导入、碳排放数据可视化分析展示等。

1. 装置模型统一性与灵活性兼顾

将炼化生产过程划分为购买、常减压、二次装置、油品调合和销售五类，如图 19-2-4 所示根据各类过程特点设置对应模块的建模内容，利用开关、选项等功能配置适配不同建模情景，为模块设置合理的默认功能配置，使其直接满足常规的建模要求。

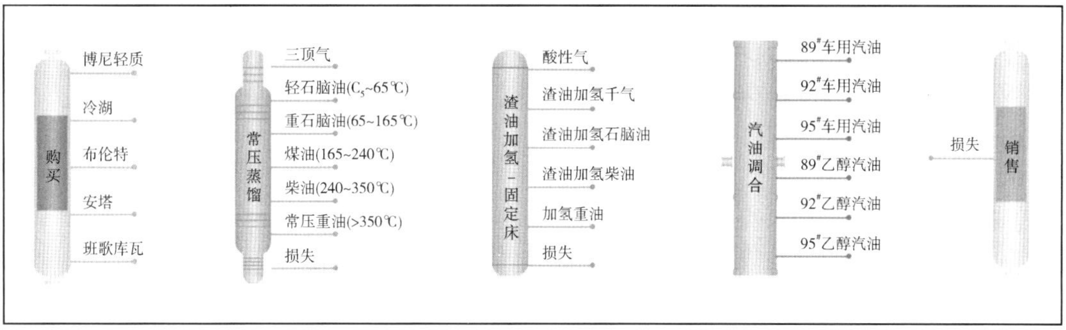

图 19-2-4　VISPRO 五类装置模块

2. 构建典型炼化装置库

基于五类炼化过程模块，系统预装 80 余套典型装置模型并内置典型数据，供资源优化模型建模使用。根据炼油厂实际需求，用户可自行补充新的装置模块，如图 12-2-5 所示。

图 19-2-5　VISPRO 典型装置库列表

3. 图形化全厂流程建模

基于典型装置库中的装置模块，采用连线、拖拽等图形化操作进行全厂流程模型搭建。建模界面中采用隐藏不相关装置连线、装置进料连线合并，以及不显示物料连线等方式提高页面整洁度，通过物料流向动态显示、装置查询以及物料查询等功能提高建模操作的便捷性，如图 19-2-6 所示。

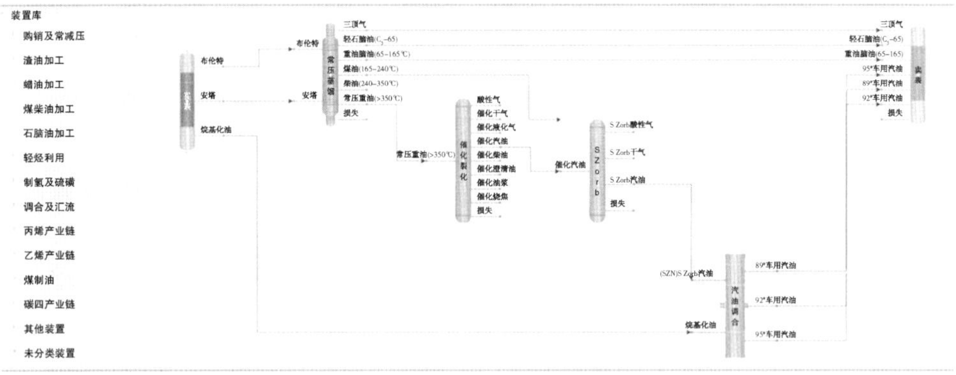

图 19-2-6　VISPRO 图形化建模界面

4. 列表式模型管理

如图 19-2-7 所示，采用模型列表方式展示所建模型，列表中采用父子级别关系展示基础模型与其应用案例间的关联。模型列表中显示模型建立/修改时间、求解状态等信息，同时也可以对模型进行包括模型修改、计算、校核、导出及结果分析等在内的多种操作，方便模型维护、运行和结果查看。

图 19-2-7　VISPRO 模型列表

5. 原油数据库便捷支撑

VISPRO 系统集成了原油评价数据库系统，拥有充足的原油评价数据支撑，如图 19-2-8 所示，在 VISPRO 系统中能够直接设定切割温度开展原油切算，实现常减压装置 ASSAY 数据的便捷、灵活调整。

6. 常减压装置自动校核

如图 19-2-9 所示，基于原油评价数据库系统，能够根据常减压装置投入、产出物料平衡数据自动反推其各侧线对应的切割温度，从而实现常减压装置的自动校核。

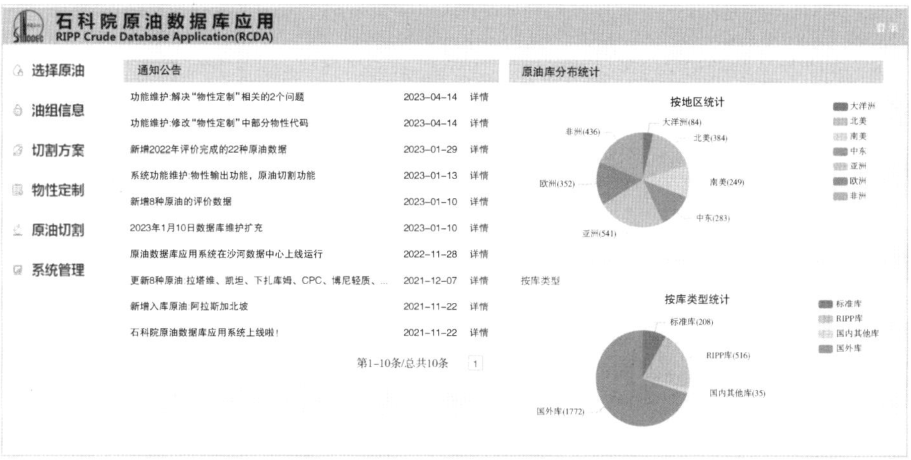

图 19-2-8　支撑 VISPRO 的原油数据库系统

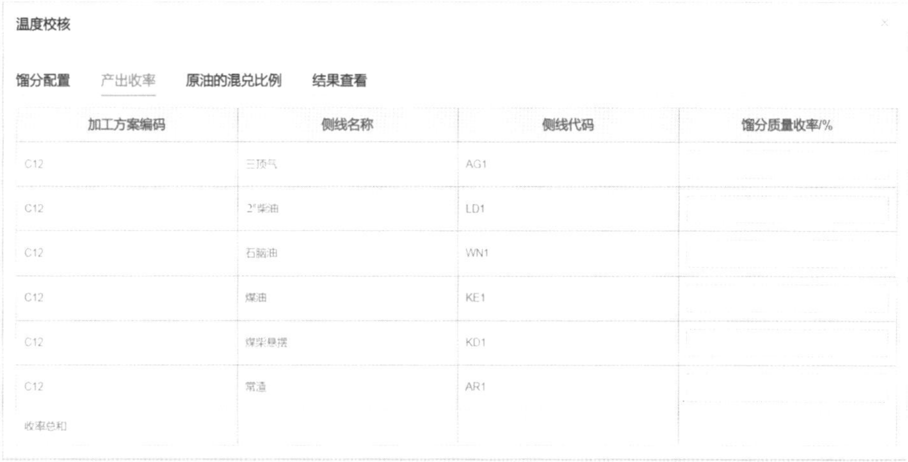

图 19-2-9　VISPRO 系统常减压自动校核界面

7. 生产数据自动导入

VISPRO 系统可以从炼油厂 MES、LIMS、能源管理系统等已有信息系统中快速提取有关数据并进行自动筛选、分析、处理和导入，如图 19-2-10 所示极大地提高了资源优化模型的校核效率和准确度，同时大大降低了人工数据处理和录入的工作强度，能够实现生产数据对全厂资源优化模型的快速校准。

8. 碳排放数据可视化分析展示

系统采用可视化图表的方式直观展示全厂加工流程、全厂物料平衡数据、油品调合情况、全厂碳排放结构、装置碳排放构成、吨原油碳排放强度以及万元产值碳排放强度。同时，可实现石化企业所有中间物料和终端产品的碳足迹核算与分析，为企业碳资产管理提供便捷有效的途径，如图 19-2-11 所示。

（二）VISPRO 系统应用场景介绍

1. 生产运营优化

根据市场变化及企业需求，对炼油装置运行情况和全厂加工流程进行深度分析，将装置优化与全厂总流程优化相结合，消除装置瓶颈，优化全厂物流走向，开展炼厂生产运营优化，从而助力企业提升盈利能力。生产运营优化内容主要包括原油选择优化、中间物料去向

图 19-2-10　VISPRO 数据导入界面

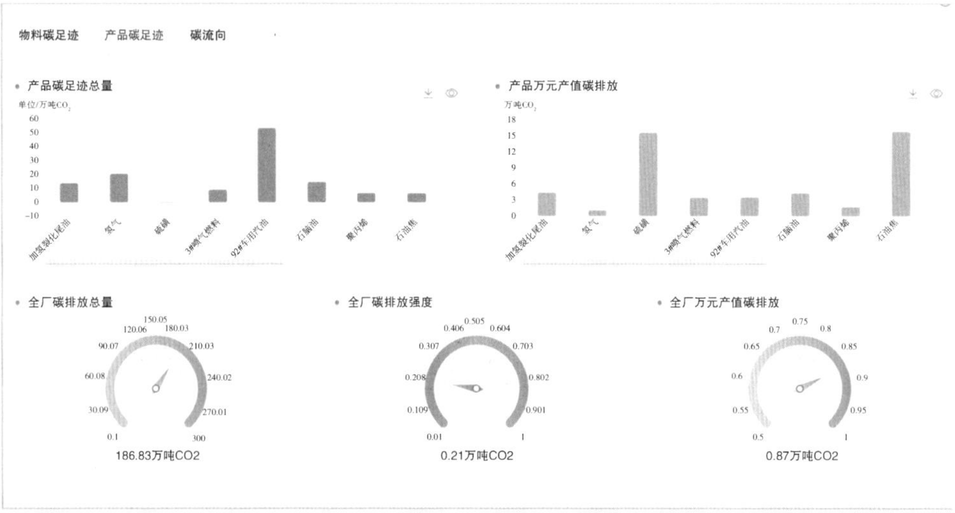

图 19-2-11　VISPRO 模型碳排放数据展示

优化、产品结构优化以及装置加工方案优化等。

基于某企业实际装置结构和物料走向，建立全厂总流程优化模型，综合考虑装置加工能力、公用工程供给能力、物料购销能力、储罐保障能力以及碳排放约束条件等因素，开展炼厂生产方案研究，高效发现企业一次加工能力与后续重油加工能力间存在的匹配性优化空间，为装置发挥整体最大效能提供依据，指导企业生产经营优化，如图 19-2-12 所示。

2. 规划流程研究

根据企业现状条件及未来市场定位，开展不同规划流程的方案测算和研究分析，推荐合理规划流程方案，为企业未来的发展规划提供辅助决策支持。

基于某企业现有装置结构和加工流程现状，利用典型装置库中化工型炼油装置模型，便捷地开展规划流程模型搭建，并针对各种路线的规划流程进行模拟测算和对比分析，为规划方案的比选提供了高效的工具，为企业转型发展提供了方向指导，如图 19-2-13 所示。

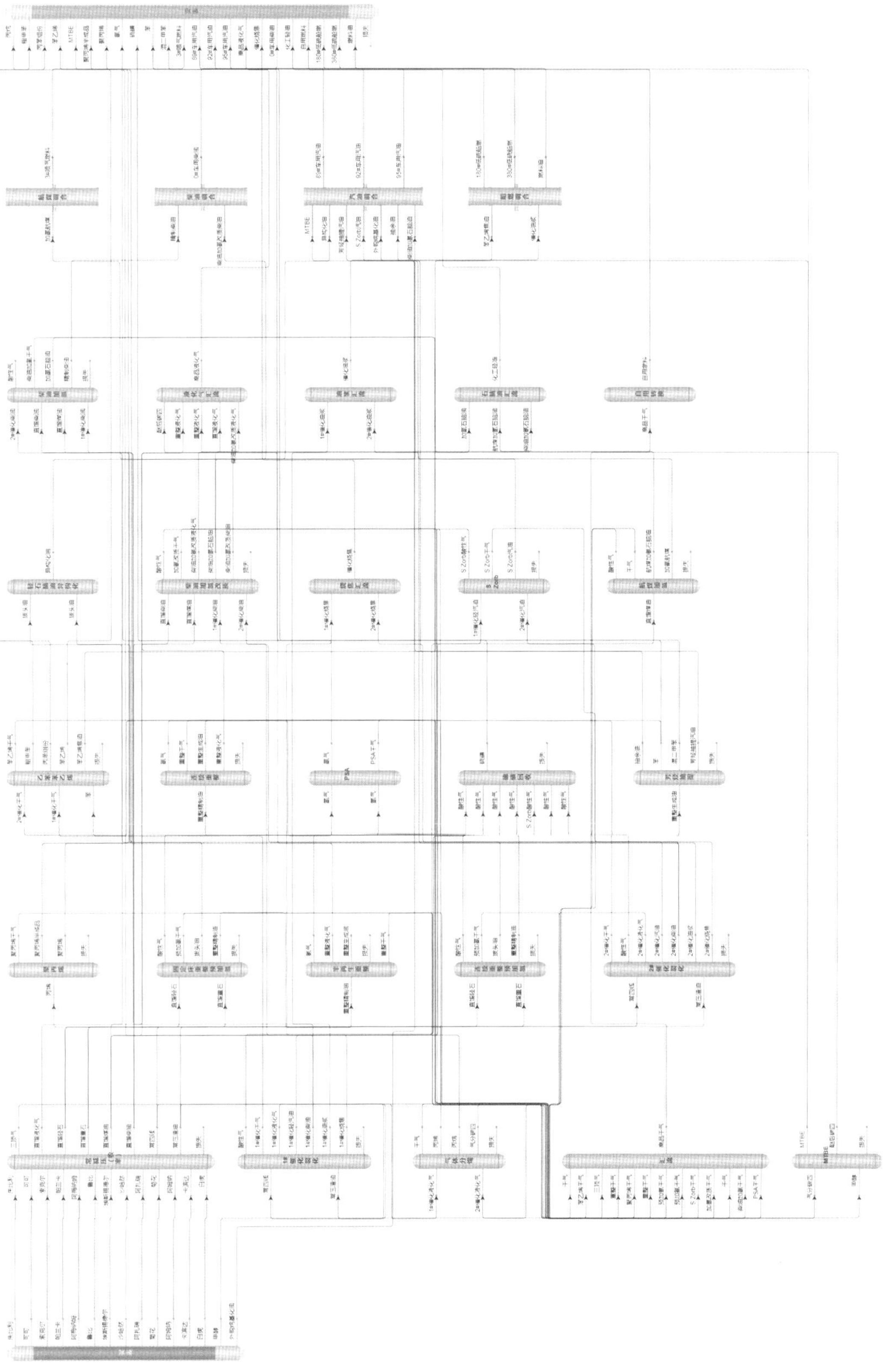

图19-2-12　炼油厂生产运营优化实施案例

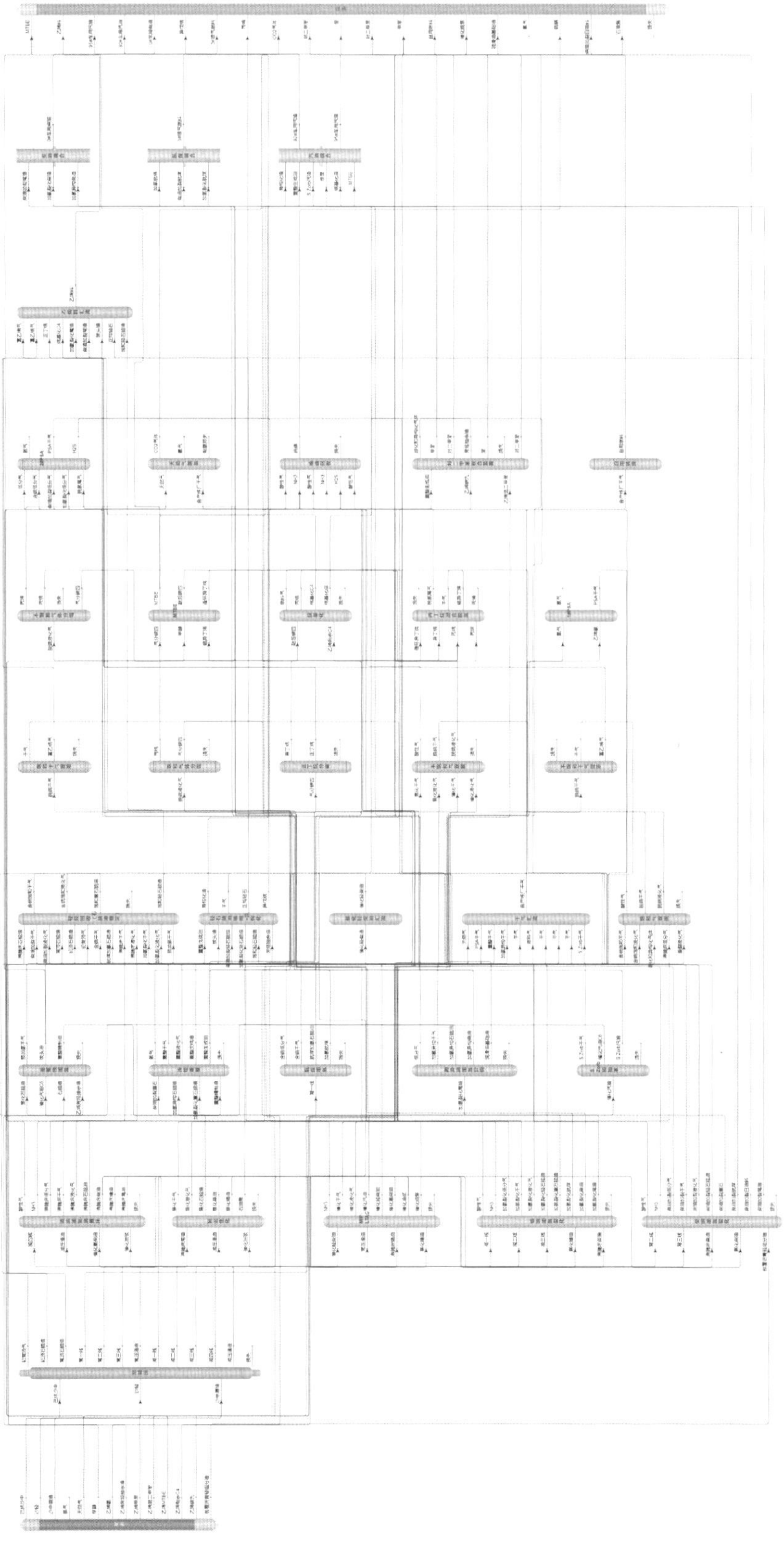

图19-2-13 炼油厂化工转型规划方案研究案例

3. 炼油厂能量优化

炼油厂能量优化是炼化企业降本增效的重要内容。如图 19-2-14 所示，本系统能够将“物流”优化和“能流”优化相结合，从总流程的物料优化角度和高效用能的能量优化角度进行炼厂协同优化，可以更好地挖掘企业的增效空间，提高企业市场竞争力。

图 19-2-14 “物流”“能流”双驱动

4. 碳排放评估

本系统能够基于炼油厂装置排放强度对炼油厂流程进行全厂碳排放评估，分析影响碳排放的主要因素，并可以对炼油厂采取的减排措施进行效果预测，如图 19-2-15 所示。

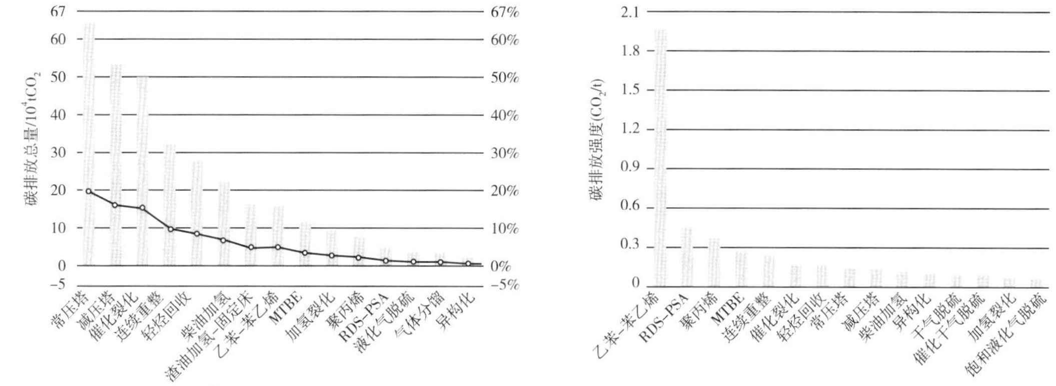

(1)装置碳排放总量对比 (2)装置碳排放强度对比

图 19-2-15 炼油厂碳排放评估结果展示

附录　炼油装置投资规模指数

序号	装置名称	规模指数	序号	装置名称	规模指数
1	常压蒸馏	0.7	18	气体脱硫	0.6
2	减压蒸馏	0.7	19	循环氢脱硫	0.7
3	常减压蒸馏	0.6	20	脱硫醇	0.65
4	减粘裂化	0.6	21	氧化沥青	0.65
5	延迟焦化	0.7~0.81	22	丙烷脱沥青	0.73
6	流化焦化	0.7	23	芳烃抽提	0.6
7	催化裂化	0.7~0.83	24	原油脱盐	0.6
8	宽馏分重整	0.62	25	气体分馏	0.7
9	宽馏分重整(带抽提)	0.7	26	酚精制	0.8
10	窄馏分重整(带抽提)	0.75	27	溶剂抽提	0.73
11	加氢裂化	0.71~0.82	28	溶剂脱蜡	0.76~0.82
12	干气制氢	0.65~0.7	29	尿素脱蜡	0.8
13	迭合	0.58~0.8	30	压榨脱蜡	0.7
14	烷基化	0.6~0.65	31	白土精制	0.53
15	加氢精制	0.65~0.85	32	石蜡发汗	0.7
16	渣油加氢脱硫	0.8	33	石蜡脱色	0.6
17	制硫	0.6~0.64	34	石蜡成型	0.7

注：本表所列规模指数，仅适用于由设备尺寸改变而改变生产能力的装置的投资估算。

数据来源：①SRI Process Economics Program report；②Petroleum Refinery ProcessEconomics by Robert Maples。